용도
면적
층수
높이
길이
허가

Check List

건축법용도·허가체크리스트

김경준 · 김홍용 공편저

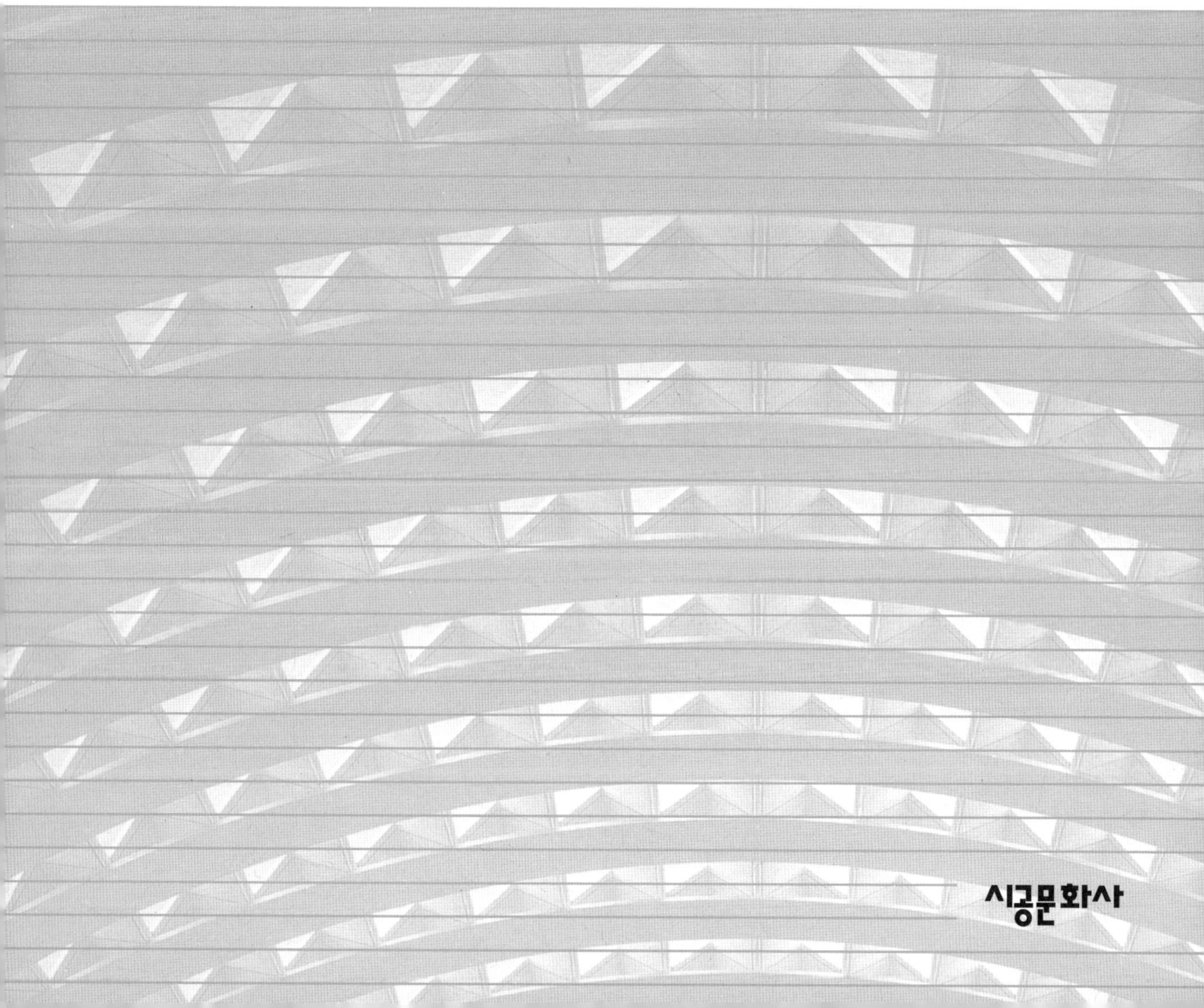

시공문화사

차례

제1편 용도별체크리스트

제1장 법원문요약

제2장 총칙

제3장 건축물의 건축

제4장 건축물의 대지 및 도로

제5장 건축물의 구조 및 재료

제6장 지역 및 지구안의 건축물

제7장 건축물의 설비등

제8장 특별건축구역

제9장 보칙

제10장 면적 · 층수 · 높이/길이별

제2편 허가체크리스트

1. 한국건축규정

2. 건축허가시 적합여부를 확인해야 할 법령

3. 의제허가 처리될 법령

4. 보조확인이 필요한 법령

Checklist

법원문요약

제1장
법원문요약

* 건축법, 시행령, 시행규칙의 내용

건축법	건축법 시행령	건축법 시행규칙(■ 구조/설비/피난·방화규칙)
1장 총칙		
제1조(목적)	제1조(목적)	제1조(목적)
제2조(정의)	제2조(정의) 제3조(대지의 범위) 제3조의2(대수선의 범위) 제3조의3(지형적 조건 등에 따른 도로의 구조와 너비) 제3조의4(실내건축의 재료 등) 제3조의5(용도별 건축물의 종류)	제1조의2(설계도서의 범위) ■ 건축물의 피난·방화구조 등에 관한 규칙 제2조(내수재료) 제3조(내화구조) 제4조(방화구조) 제5조(난연재료) 제6조(불연재료) 제7조(준불연재료)
제3조(적용 제외)		
	제4조 삭제 <2005.7.18.>	
제4조(건축위원회) 제4조의2(건축위원회의 건축 심의 등) 제4조의3(건축위원회 회의록의 공개) 제4조의4(건축민원전문위원회)	제5조(중앙건축위원회의 설치 등) 제5조의5(지방건축위원회) 제5조의6(전문위원회의 구성 등)	제2조(중앙건축위원회의 운영 등) 제2조의2(중앙건축위원회의 심의등의 결과 통보) 제2조의4(지방건축위원회의 심의 신청 등)
제5조(적용의 완화)	제6조(적용의 완화)	
제6조(기존의 건축물 등에 관한 특례) 제6조의2(특수구조 건축물의 특례) 제6조의3(부유식 건축물의 특례)	제6조의2(기존의 건축물 등에 대한 특례) 제6조의3(특수구조 건축물 구조 안전의 확인에 관한 특례) 제6조의4(부유식 건축물의 특례)	제2조의5(적용의 완화) 제3조(기존건축물에 대한 특례)
제7조(통일성을 유지하기 위한 도의 조례)		
	제7조 삭제	
제8조(리모델링에 대비한 특례 등)	제6조의5(리모델링이 쉬운 구조 등)	
제9조(다른 법령의 배제)		
제2장 건축물의 건축		
제10조(건축 관련 입지와 규모의 사전 결정)		제4조(건축에 관한 입지 및 규모의 사전 결정신청시 제출서류) 제5조(건축에 관한 입지 및 규모의 사전 결정서 등)
제11조(건축허가)	제8조(건축허가) 제9조(건축허가 등의 신청)	제6조(건축허가신청등) 제7조(건축허가의 사전승인) 제8조(건축허가서) 제10조(건축허가 등의 수수료) 제11조(건축 관계자 변경신고)
제12조(건축복합민원 일괄협의회)	제10조(건축복합민원 일괄협의회)	
제13조(건축 공사현장 안전관리 예치금 등) 제13조의2(건축물 안전영향평가)	제10조의2(건축 공사현장 안전관리 예치금) 제10조의3(건축물 안전영향평가)	제9조(건축공사현장 안전관리예치금)
제14조(건축신고)	제11조(건축신고) 제118조(옹벽 등의 공작물에의 준용)	제12조(건축신고)
제15조(건축주와의 계약 등)		
제16조(허가와 신고사항의 변경)	제12조(허가·신고사항의 변경 등)	
제17조(건축허가 등의 수수료) 제17조의2(매도청구 등) 제17조의3(소유자를 확인하기 곤란한 공유지분 등에 대한 처분)		
제18조(건축허가 제한 등)		

건축법	건축법 시행령	건축법 시행규칙(■ 구조/설비/피난·방화규칙)
제19조(용도변경) 제19조의2(복수 용도의 인정)	제14조(용도변경)	제12조의2(용도변경) 제12조의3(복수 용도의 인정)
제20조(가설건축물)	제15조(가설건축물) 제15조의2(가설건축물의 존치기간 연장) 제15조의3(공장에 설치한 가설건축물 등의 존치기간 연장)	제13조(가설건축물)
제21조(착공신고 등)		제14조(착공신고등)
		제15조 삭제 <1996.1.18.>
제22조(건축물의 사용승인)	제17조(건축물의 사용승인)	제16조(사용승인신청) 제17조(임시사용승인신청등)
제23조(건축물의 설계)	제18조(설계도서의 작성)	
제24조(건축시공) 제24조의2(건축자재의 제조 및 유통 관리)	제18조의2(건축자재 제조 및 유통에 관한 위법 사실의 점검 및 조치) 제18조의3(위법 사실의 점검업무 대행 전문기관)	제18조(건축허가표지판) 제18조의2(건축자재 제조 및 유통에 관한 위법 사실의 점검 절차 등)
제25조(건축물의 공사감리) 제25조의2(건축관계자등에 대한 업무제한)	제19조(공사감리) 제19조의2(허가권자가 공사감리자를 지정하는 건축물 등)	제19조(감리보고서등) 제19조의2(공사감리업무 등) 제19조의3(공사감리자 지정 신청 등) 제19조의4(허가권자의 공사감리자 지정 제외 신청 절차 등)
제26조(허용 오차)		제20조(허용오차)
제27조(현장조사·검사 및 확인업무의 대행)	제20조(현장조사·검사 및 확인업무의 대행)	제21조(현장조사·검사업무의 대행)
제28조(공사현장의 위해 방지 등)	제21조(공사현장의 위해 방지)	
제29조(공용건축물에 대한 특례)	제22조(공용건축물에 대한 특례)	제22조(공용건축물의 건축에 있어서의 제출서류)
제30조(건축통계 등)		
제31조(건축행정 전산화)		
제32조(건축허가 업무 등의 전산처리 등)	제22조의2(건축 허가업무 등의 전산처리 등)	제22조의2(전자정보처리시스템의 이용) 제22조의2(전자정보처리시스템의 이용) 제22조의3(건축 허가업무 등의 전산처리 등)
제33조(전산자료의 이용자에 대한 지도·감독)	제22조의3(전산자료의 이용자에 대한 지도·감독의 대상 등)	
제34조(건축종합민원실의 설치)	제22조의4(건축에 관한 종합민원실)	
제3장 건축물의 유지와 관리		
제35조(건축물의 유지·관리) 제35조의2(주택의 유지·관리 지원)	제23조(건축물의 유지·관리) 제23조의2(정기점검 및 수시점검 실시) 제23조의3(정기점검 및 수시점검 사항) 제23조의4(건축물 점검 관련 정보의 제공) 제23조의5(건축물의 점검 결과 보고) 제23조의6(유지·관리의 세부기준 등) 제23조의7(소규모 노후 건축물에 대한 안전점검) 제23조의8(주택관리지원센터의 설치 및 운영)	제23조(건축물의 유지·관리 점검 등)
제36조(건축물의 철거 등의 신고)		제24조(건축물 철거·멸실의 신고) 제24조의2(건축물 석면의 제거·처리)

건축법	건축법 시행령	건축법 시행규칙(■ 구조/설비/피난·방화규칙)
제37조(건축지도원)	제24조(건축지도원)	
제38조(건축물대장)	제25조(건축물대장)	
	제26조 삭제 <1999.4.30.>	
제39조(등기촉탁)		
제4장 건축물의 대지와 도로		
제40조(대지의 안전 등)		제25조(대지의 조성)
제41조(토지 굴착 부분에 대한 조치 등)		제26조(토지의 굴착부분에 대한 조치)
제42조(대지의 조경)	제27조(대지의 조경)	제26조의2(대지안의 조경)
제43조(공개 공지 등의 확보)	제27조의2(공개 공지 등의 확보)	
제44조(대지와 도로의 관계)	제28조(대지와 도로의 관계)	
	제29조 삭제 <1999.4.30.> 제30조 삭제 <1999.4.30.>	
제45조(도로의 지정·폐지 또는 변경)		제26조의4(도로관리대장 등)
제46조(건축선의 지정)	제31조(건축선)	
제47조(건축선에 따른 건축제한)		
제5장 건축물의 구조 및 재료 등		
제48조(구조내력 등) 제48조의2(건축물 내진등급의 설정) 제48조의3(건축물의 내진능력 공개) 제48조의4(부속구조물의 설치 및 관리)	제32조(구조 안전의 확인) 제32조의2(건축물의 내진능력 공개) 제91조의3(관계전문기술자와의 협력)	■ 건축물의 구조기준 등에 관한 규칙(전문해당) ■ 건축물의 설비기준 등에 관한 규칙 제2조(관계전문기술자의 협력을 받아야 하는 건축물) 제3조(관계전문기술자의 협력사항)
	제33조 삭제 <1999.4.30.>	
제49조(건축물의 피난시설 및 용도제한 등)	제34조(직통계단의 설치) 제35조(피난계단의 설치) 제36조(옥외 피난계단의 설치) 제37조(지하층과 피난층 사이의 개방공간 설치) 제38조(관람석 등으로부터의 출구 설치) 제39조(건축물 바깥쪽으로의 출구 설치) 제40조(옥상광장 등의 설치) 제41조(대지 안의 피난 및 소화에 필요한 통로 설치) 제44조(피난 규정의 적용례) 제47조(방화에 장애가 되는 용도의 제한) 제48조(계단·복도 및 출입구의 설치) 제50조(거실반자의 설치) 제51조(거실의 채광 등) 제52조(거실 등의 방습) 제53조(경계벽 등의 설치) 제54조(건축물에 설치하는 굴뚝) 제55조(창문 등의 차면시설)	■ 건축물의 설비기준 등에 관한 규칙 제14조(배연설비) ■ 건축물의 피난·방화구조 등에 관한 규칙 제8조(직통계단의 설치기준) 제8조의2(피난안전구역의 설치기준) 제9조(피난계단 및 특별피난계단의 구조) 제10조(관람석등으로부터의 출구의 설치기준) 제11조(건축물의 바깥쪽으로의 출구의 설치기준) 제12조(회전문의 설치기준) 제13조(헬리포트 및 구조공간 설치 기준) 제14조(방화구획의 설치기준) 제14조의2(복합건축물의 피난시설 등) 제15조(계단의 설치기준) 제15조의2(복도의 너비 및 설치기준) 제16조(거실의 반자높이) 제17조(채광 및 환기를 위한 창문등) 제18조(거실등의 방습) 제19조(경계벽 등의 구조) 제19조의2(침수 방지시설) 제20조(건축물에 설치하는 굴뚝)

건축법	건축법 시행령	건축법 시행규칙(■ 구조/설비/피난·방화규칙)
제50조(건축물의 내화구조와 방화벽) 제50조의2(고층건축물의 피난 및 안전관리)	제46조(방화구획 등의 설치) 제56조(건축물의 내화구조) 제57조(대규모 건축물의 방화벽 등) 제64조(방화문의 구조)	■ 건축물의 피난·방화구조 등에 관한 규칙 제20조의2(내화구조의 적용이 제외되는 공장건축물) 제21조(방화벽의 구조) 제22조(대규모 목조건축물의 외벽등) 제22조의2(고층건축물 피난안전구역 등의 피난 용도 표시) 제26조(방화문의 구조)
제51조(방화지구 안의 건축물)	제58조(방화지구의 건축물)	■ 건축물의 피난·방화구조 등에 관한 규칙 제23조(방화지구안의 지붕·방화문 및 외벽등)
	제59조 삭제 <1999.4.30.> 제60조 삭제 <1999.4.30.>	
제52조(건축물의 마감재료) 제52조의2(실내건축) 제52조의3(복합자재의 품질관리 등)	제61조(건축물의 마감재료) 제61조의2(실내건축) 제61조의4(복합자재의 품질관리 등)	제26조의5(실내건축의 구조·시공방법 등의 기준) ■ 건축물의 피난·방화구조 등에 관한 규칙 제24조(건축물의 마감재료) 제24조의2(소규모 공장용도 건축물의 마감재료) 제24조의3(복합자재의 품질관리)
제53조(지하층) 제53조의2(건축물의 범죄예방)	제61조의3(건축물의 범죄예방)	■ 건축물의 피난·방화구조 등에 관한 규칙 제25조(지하층의 구조)
	제62조 삭제 <1999.4.30.> 제63조 삭제 <1999.4.30.>	
제6장 지역 및 지구의 건축물		
제54조(건축물의 대지가 지역·지구 또는 구역에 걸치는 경우의 조치)	제77조(건축물의 대지가 지역·지구 또는 구역에 걸치는 경우)	
	제78조 삭제 <2002.12.26.> 제79조 삭제 <2002.12.26.>	
제55조(건축물의 건폐율)		
제56조(건축물의 용적률)		
제57조(대지의 분할 제한)	제80조(건축물이 있는 대지의 분할제한)	
제58조(대지 안의 공지)	제80조의2(대지 안의 공지)	
제59조(맞벽 건축과 연결복도)	제81조(맞벽건축 및 연결복도)	
제60조(건축물의 높이 제한)	제82조(건축물의 높이 제한)	
제61조(일조 등의 확보를 위한 건축물의 높이 제한)	제86조(일조 등의 확보를 위한 건축물이 높이 제한)	제36조(일조등의 확보를 위한 건축물의 높이제한)
		제37조 삭제 <2000.7.4.> 제38조 삭제 <2013.2.22.>
제7장 건축설비		

건축법	건축법 시행령	건축법 시행규칙(■ 구조/설비/피난·방화규칙)
제62조(건축설비기준 등)	제87조(건축설비 설치의 원칙)	■ 건축물의 설비기준 등에 관한 규칙 제11조(공동주택 및 다중이용시설의 환기설비기준 등) 제11조의2(환기구의 안전 기준) 제12조(온돌의 설치기준) 제13조(개별난방설비) 제17조(배관설비) 제17조의2(차수설비) 제18조(음용수용 배관설비) 제20조(피뢰설비) 제20조의2(전기설비 설치공간 기준) 제23조(건축물의 냉방설비 등)
제63조 삭제 <2015.5.18.>	제88조 삭제 <1995.12.30.>	
제64조(승강기)	제89조(승용 승강기의 설치) 제90조(비상용 승강기의 설치)	■ 건축물의 설비기준 등에 관한 규칙 제5조(승용승강기의 설치기준) 제6조(승강기의 구조) 제9조(비상용승강기를 설치하지 아니할 수 있는 건축물) 제10조(비상용승강기의 승강장 및 승강로의 구조) 제14조(배연설비) ■ 건축물의 피난·방화구조 등에 관한 규칙 제29조 삭제<2018. 10.18> 제30조(피난용승강기의 설치기준)
	제91조 삭제 <2013.2.20.>	
제65조 삭제 <2012.2.22.> 제65조의2(지능형건축물의 인증)		
제66조 삭제 <2012.2.22.>		
제67조(관계전문기술자)		
제68조(기술적 기준) 제68조의3(건축물의 구조 및 재료 등에 관한 기준의 관리)	제92조(건축모니터링의 운영)	
제8장 특별건축구역 등		
제69조(특별건축구역의 지정)	제105조(특별건축구역의 지정)	제38조의2(특별건축구역의 지정)
제70조(특별건축구역의 건축물)	제106조(특별건축구역의 건축물)	
제71조(특별건축구역의 지정절차 등)	제107조(특별건축구역의 지정 절차 등)	제38조의3(특별건축구역의 지정 절차 등)
제72조(특별건축구역 내 건축물의 심의 등)	제108조(특별건축구역 내 건축물의 심의 등)	제38조의4(특별건축구역 내 건축물의 심의 등)
제73조(관계 법령의 적용 특례)	제109조(관계 법령의 적용 특례)	
	제110조 삭제 <2016.7.19.>	
제74조(통합적용계획의 수립 및 시행)		
제75조(건축주 등의 의무)		
제76조(허가권자 등의 의무)		
제77조(특별건축구역 건축물의 검사 등) 제77조의2(특별가로구역의 지정) 제77조의3(특별가로구역의 관리 및 건축물의 건축기준 적용 특례 등)	제110조의2(특별가로구역의 지정)	제38조의6(특별가로구역의 지정 등의 공고) 제38조의7(특별가로구역의 관리)

건축법	건축법 시행령	건축법 시행규칙(■ 구조/설비/피난·방화규칙)
제8장의2 건축협정		
제77조의4(건축협정의 체결) 제77조의5(건축협정운영회의 설립) 제77조의6(건축협정의 인가) 제77조의7(건축협정의 변경) 제77조의8(건축협정의 관리) 제77조의9(건축협정의 폐지) 제77조의10(건축협정의 효력 및 승계) 제77조의11(건축협정에 관한 계획 수립 및 지원) 제77조의12(경관협정과의 관계) 제77조의13(건축협정에 따른 특례)	제110조의3(건축협정의 체결) 제110조의4(건축협정의 폐지 제한 기간) 제110조의5(건축협정에 따라야 하는 행위) 제110조의6(건축협정에 관한 지원) 제110조의7(건축협정에 따른 특례)	제38조의8(건축협정운영회의 설립 신고) 제38조의9(건축협정의 인가 등) 제38조의10(건축협정의 관리) 제38조의11(건축협정의 폐지)
제8장의3 결합건축		
제77조의14(결합건축 대상지) 제77조의15(결합건축의 절차) 제77조의16(결합건축의 관리)	제111조(결합건축 대상지) 제111조의2(건축위원회 및 도시계획위원회의 공동 심의) 제111조의3(결합건축 건축물의 사용승인)	제38조의12(결합건축협정서) 제38조의13(결합건축의 관리)
제9장 보칙		
제78조(감독)	제112조(건축위원회 심의 방법 및 결과 조사 등) 제113조(위법·부당한 건축위원회의 심의에 대한 조치)	제39조(건축행정의 지도·감독)
제79조(위반 건축물 등에 대한 조치 등)	제114조(위반 건축물에 대한 사용 및 영업행위의 허용 등) 제115조(위반건축물에 대한 조사 및 정비)	제40조(위반건축물의 표지 및 관리대장)
제80조(이행강제금) 제80조의2(이행강제금 부과에 관한 특례)	제115조의2(이행강제금의 부과 및 징수) 제115조의3(이행강제금의 탄력적 운영) 제115조의4(이행강제금의 감경)	제40조의2(이행강제금의 부과 및 징수절차)
제81조(기존의 건축물에 대한 안전점검 및 시정명령 등) 제81조의2(빈집 정비) 제81조의3(빈집 정비 절차 등)	제115조의5(기존 건축물에 대한 시정명령) 제116조(손실보상) 제116조의2(빈집 철거 통지) 제116조의3(철거보상비 지급)	
제82조(권한의 위임과 위탁)	제117조(권한의 위임·위탁)	
제83조(옹벽 등의 공작물에의 준용)	제118조(옹벽 등의 공작물에의 준용)	제41조(공작물축조신고)
제84조(면적·높이 및 층수의 산정)	제119조(면적 등의 산정방법)	제43조(태양열을 이용하는 주택 등의 건축면적 산정방법 등)
제85조(「행정대집행법」 적용의 특례)	제119조의2(「행정대집행법」 적용의 특례)	
제86조(청문)		
제87조(보고와 검사 등)		제42조(출입검사원증)
제88조(건축분쟁전문위원회)	제119조의3(분쟁조정) 제119조의4(선정대표자) 제119조의5(절차의 비공개)	제43조의2(분쟁조정의 신청) 제43조의3(분쟁위원회의 회의·운영 등)
제89조(분쟁위원회의 구성)	제119조의6(위원의 제척 등) 제119조의7(조정등의 거부와 중지)	

건축법	건축법 시행령	건축법 시행규칙(■ 구조/설비/피난·방화규칙)
제90조 삭제 <2014.5.28.>		
제91조(대리인)		
제92조(조정등의 신청)		
제93조(조정등의 신청에 따른 공사중지)		
제94조(조정위원회와 재정위원회)		
제95조(조정을 위한 조사 및 의견 청취)		
제96조(조정의 효력)		
제97조(분쟁의 재정)		
제98조(재정을 위한 조사권 등)		
제99조(재정의 효력 등)		
제100조(시효의 중단)		
제101조(조정 회부)		
제102조(비용부담)	제119조의8(조정등의 비용 예치)	제43조의4(비용부담)
제103조(분쟁위원회의 운영 및 사무처리 위탁)	제119조의9(분쟁위원회의 운영 및 사무처리)	
제104조(조정등의 절차) 제104조의2(건축위원회의 사무의 정보보호)		
제105조(벌칙 적용 시 공무원 의제)		
	제120조(규제의 재검토)	제44조(규제의 재검토)
제10장 벌칙		
제106조(벌칙)		
제107조(벌칙)		
제108조(벌칙)		
제110조(벌칙)		
제111조(벌칙)		
제112조(양벌규정)		
제113조(과태료)	제121조(과태료의 부과기준)	
		■ 건축물의 피난·방화구조 등에 관한 규칙 제27조(신제품에 대한 인정기준에 따른 인정) 제28조(인정기준의 제정·개정 신청)

1. 건축법의 목적 및 용어 정의

● 목적 (제1조)

이 법은 건축물의 대지·구조·설비 기준 및 용도 등을 정하여 건축물의 안전·기능·환경 및 미관을 향상시킴으로써 공공복리의 증진에 이바지하는 것을 목적으로 한다.

● 용어의 정의 (법 제2조, 영 제2조)

1. **대지(垈地)**
「공간정보의 구축 및 관리 등에 관한 법률」에 따라 각 필지(筆地)로 나눈 토지를 말한다. 다만, 대통령령으로 정하는 토지는 둘 이상의 필지를 하나의 대지로 하거나 하나 이상의 필지의 일부를 하나의 대지로 할 수 있다.
2. **건축물**
토지에 정착(定着)하는 공작물 중 지붕과 기둥 또는 벽이 있는 것과 이에 딸린 시설물, 지하나 고가(高架)의 공작물에 설치하는 사무소·공연장·점포·차고·창고, 그 밖에 대통령령으로 정하는 것을 말한다.
3. **건축물의 용도**
건축물의 송류를 유사한 구조, 이용 목적 및 형태별로 묶어 분류한 것을 말한다.
4. **건축설비**
건축물에 설치하는 전기·전화 설비, 초고속 정보통신 설비, 지능형 홈네트워크 설비, 가스·급수·배수(配水)·배수(排水)·환기·난방·냉방·소화(消火)·배연(排煙) 및 오물처리의 설비, 굴뚝, 승강기, 피뢰침, 국기 게양대, 공동시청 안테나, 유선방송 수신시설, 우편함, 저수조(貯水槽), 방범시설, 그 밖에 국토교통부령으로 정하는 설비를 말한다.
5. **지하층**
건축물의 바닥이 지표면 아래에 있는 층으로서 바닥에서 지표면까지 평균높이가 해당 층 높이의 2분의 1 이상인 것을 말한다.
6. **거실**
건축물 안에서 거주, 집무, 작업, 집회, 오락, 그 밖에 이와 유사한 목적을 위하여 사용되는 방을 말한다.
7. **주요구조부**
내력벽(耐力壁), 기둥, 바닥, 보, 지붕틀 및 주계단(主階段)을 말한다. 다만, 사이 기둥, 최하층 바닥, 작은 보, 차양, 옥외 계단, 그 밖에 이와 유사한 것으로 건축물의 구조상 중요하지 아니한 부분은 제외.
8. **건축**
건축물을 신축·증축·개축·재축(再築)하거나 건축물을 이전하는 것을 말한다.
9. **대수선**
건축물의 기둥, 보, 내력벽, 주계단 등의 구조나 외부 형태를 수선·변경하거나 증설하는 것으로서 대통령령으로 정하는 것을 말한다.
10. **리모델링**
건축물의 노후화를 억제하거나 기능 향상 등을 위하여 대수선하거나 건축물의 일부를 증축 또는 개축하는 행위를 말한다.
11. **도로**

보행과 자동차 통행이 가능한 너비 4미터 이상의 도로(지형적으로 자동차 통행이 불가능한 경우와 막다른 도로의 경우에는 대통령령으로 정하는 구조와 너비의 도로)로서 다음 각 목의 어느 하나에 해당하는 도로나 그 예정도로를 말한다.

가. 「국토의 계획 및 이용에 관한 법률」, 「도로법」, 「사도법」, 그 밖의 관계 법령에 따라 신설 또는 변경에 관한 고시가 된 도로

나. 건축허가 또는 신고 시에 특별시장·광역시장·특별자치시장 · 도지사 · 특별자치도지사(이하 "시 · 도지사"라 한다) 또는 시장·군수·구청장(자치구의 구청장을 말한다. 이하 같다)이 위치를 지정하여 공고한 도로

12. 건축주

건축물의 건축 · 대수선·용도변경, 건축설비의 설치 또는 공작물의 축조(이하 "건축물의 건축등"이라 한다) 에 관한 공사를 발주하거나 현장 관리인을 두어 스스로 그 공사를 하는 자를 말한다.

13. 제조업자

건축물의 건축 · 대수선 · 용도변경, 건축설비의 설치 또는 공작물의 축조 등에 필요한 건축자재를 제조하는 사람을 말한다.

14. 유통업자

건축물의 건축 · 대수선 · 용도변경, 건축설비의 설치 또는 공작물의 축조에 필요한 건축자재를 판매하거나 공사현장에 납품하는 사람을 말한다.

15. 설계자

자기의 책임(보조자의 도움을 받는 경우를 포함)으로 설계도서를 작성하고 그 설계도서에서 의도하는 바를 해설하며, 지도하고 자문에 응하는 자를 말한다.

16. 설계도서

건축물의 건축등에 관한 공사용 도면, 구조 계산서, 시방서(示方書), 그 밖에 국토교통부령으로 정하는 공사에 필요한 서류를 말한다.

17. 공사감리자

자기의 책임(보조자의 도움을 받는 경우를 포함)으로 이 법으로 정하는 바에 따라 건축물, 건축설비 또는 공작물이 설계도서의 내용대로 시공되는지를 확인하고, 품질관리 · 공사관리 · 안전관리 등에 대하여 지도 · 감독하는 자를 말한다.

18. 공사시공자

「건설산업기본법」 제2조제4호에 따른 건설공사를 하는 자를 말한다.

19. 건축물의 유지 · 관리

건축물의 소유자나 관리자가 사용 승인된 건축물의 대지 · 구조 · 설비 및 용도 등을 지속적으로 유지하기 위하여 건축물이 멸실될 때까지 관리하는 행위를 말한다.

20. 관계전문기술자

건축물의 구조 · 설비 등 건축물과 관련된 전문기술자격을 보유하고 설계와 공사감리에 참여하여 설계자 및 공사감리자와 협력하는 자를 말한다.

21. 특별건축구역

조화롭고 창의적인 건축물의 건축을 통하여 도시경관의 창출, 건설기술 수준향상 및 건축 관련 제도개선을 도모하기 위하여 이 법 또는 관계 법령에 따라 일부 규정을 적용하

지 아니하거나 완화 또는 통합하여 적용할 수 있도록 특별히 지정하는 구역을 말한다.

22. 고층건축물

층수가 30층 이상이거나 높이가 120미터 이상인 건축물을 말한다.

23. 실내건축

건축물의 실내를 안전하고 쾌적하며 효율적으로 사용하기 위하여 내부 공간을 칸막이로 구획하거나 벽지, 천장재, 바닥재, 유리 등 대통령령으로 정하는 재료 또는 장식물을 설치하는 것을 말한다.

24. 부속구조물

건축물의 안전·기능·환경 등을 향상시키기 위하여 건축물에 추가적으로 설치하는 환기시설물 등 대통령령으로 정하는 구조물을 말한다.

25. 신축

건축물이 없는 대지(기존 건축물이 철거되거나 멸실된 대지를 포함)에 새로 건축물을 축조(築造)하는 것[부속건축물만 있는 대지에 새로 주된 건축물을 축조하는 것을 포함하되, 개축(改築) 또는 재축(再築)하는 것은 제외]을 말한다.

26. 증축

기존 건축물이 있는 대지에서 건축물의 건축면적, 연면적, 층수 또는 높이를 늘리는 것을 말한다.

27. 개축

기존 건축물의 전부 또는 일부[내력벽·기둥·보·지붕틀(제16호에 따른 한옥의 경우에는 지붕틀의 범위에서 서까래는 제외) 중 셋 이상이 포함되는 경우를 말한다]를 철거하고 그 대지에 종전과 같은 규모의 범위에서 건축물을 다시 축조하는 것을 말한다.

28. 재축

건축물이 천재지변이나 그 밖의 재해(災害)로 멸실된 경우 그 대지에 다음 각 목의 요건을 모두 갖추어 다시 축조하는 것을 말한다.

가. 연면적 합계는 종전 규모 이하로 할 것

나. 동(棟)수, 층수 및 높이는 다음의 어느 하나에 해당할 것

1) 동수, 층수 및 높이가 모두 종전 규모 이하일 것

2) 동수, 층수 또는 높이의 어느 하나가 종전 규모를 초과하는 경우에는 해당 동수, 층수 및 높이가 「건축법」에 모두 적합할 것

29. 이전

건축물의 주요구조부를 해체하지 아니하고 같은 대지의 다른 위치로 옮기는 것을 말한다.

30. 내수재료(耐水材料)

인조석·콘크리트 등 내수성을 가진 재료로서 국토교통부령으로 정하는 재료를 말한다.

31. 내화구조(耐火構造)

화재에 견딜 수 있는 성능을 가진 구조로서 국토교통부령으로 정하는 기준에 적합한 구조를 말한다.

32. 방화구조(防火構造)

화염의 확산을 막을 수 있는 성능을 가진 구조로서 국토교통부령으로 정하는 기준에 적합한 구조를 말한다.

33. 난연재료(難燃材料)

불에 잘 타지 아니하는 성능을 가진 재료로서 국토교통부령으로 정하는 기준에 적합한 재료를 말한다.

34. 불연재료(不燃材料)

불에 타지 아니하는 성질을 가진 재료로서 국토교통부령으로 정하는 기준에 적합한 재료를 말한다.

35. 준불연재료

불연재료에 준하는 성질을 가진 재료로서 국토교통부령으로 정하는 기준에 적합한 재료를 말한다.

36. 부속건축물

같은 대지에서 주된 건축물과 분리된 부속용도의 건축물로서 주된 건축물을 이용 또는 관리하는 데에 필요한 건축물을 말한다.

37. 부속용도

건축물의 주된 용도의 기능에 필수적인 용도로서 다음 각 목의 어느 하나에 해당하는 용도를 말한다.

가. 건축물의 설비, 대피, 위생, 그 밖에 이와 비슷한 시설의 용도

나. 사무, 작업, 집회, 물품저장, 주차, 그 밖에 이와 비슷한 시설의 용도

다. 구내식당 · 직장어린이집 · 구내운동시설 등 종업원 후생복리시설, 구내소각시설, 그 밖에 이와 비슷한 시설의 용도.

38. 발코니

건축물의 내부와 외부를 연결하는 완충공간으로서 전망이나 휴식 등의 목적으로 건축물 외벽에 접하여 부가적(附加的)으로 설치되는 공간을 말한다. 이 경우 주택에 설치되는 발코니로서 국토교통부장관이 정하는 기준에 적합한 발코니는 필요에 따라 거실·침실·창고 등의 용도로 사용할 수 있다.

39. 초고층 건축물

층수가 50층 이상이거나 높이가 200미터 이상인 건축물을 말한다.

40. 준초고층 건축물

고층건축물 중 초고층 건축물이 아닌 것을 말한다.

41. 한옥

「한옥 등 건축자산의 진흥에 관한 법률」 제2조제2호에 따른 한옥을 말한다.

42. 다중이용 건축물

가. 다음에 해당하는 용도로 쓰는 바닥면적의 합계가 5천제곱미터 이상인 건축물로서 1) 문화 및 집회시설(동물원 및 식물원은 제외) 2) 종교시설 3) 판매시설 4) 운수시설 중 여객용 시설 5) 의료시설 중 종합병원 6) 숙박시설 중 관광숙박시설

나. 16층 이상인 건축물

43. 준다중이용 건축물

다중이용 건축물 외의 건축물로서 다음 각 목의 어느 하나에 해당하는 용도로 쓰는 바닥면적의 합계가 1천제곱미터 이상인 건축물로서 문화 및 집회시설(동물원 및 식물원은 제외), 종교시설, 판매시설, 운수시설 중 여객용 시설, 의료시설 중 종합병원, 교육연구시

설, 노유자시설, 운동시설, 숙박시설 중 관광숙박시설, 위락시설, 관광 휴게시설, 장례시설을 말한다.

44. 특수구조 건축물

가. 한쪽 끝은 고정되고 다른 끝은 지지(支持)되지 아니한 구조로 된 보·차양 등이 외벽(외벽이 없는 경우에는 외곽 기둥을 말한다)의 중심선으로부터 3미터 이상 돌출된 건축물

나. 기둥과 기둥 사이의 거리(기둥의 중심선 사이의 거리를 말하며, 기둥이 없는 경우에는 내력벽과 내력벽의 중심선 사이의 거리를 말한다. 이하 같다)가 20미터 이상인 건축물

다. 무량판 구조(보가 없이 바닥판·기둥으로 구성된 구조를 말한다. 이하 같다)를 가진 건축물로서 무량판 구조인 어느 하나의 층에 수직으로 배치된 주요구조부의 전체 단면적에서 보가 없이 배치된 기둥의 전체 단면적이 차지하는 비율이 4분의 1 이상인 건축물

라. 특수한 설계·시공·공법 등이 필요한 건축물로서 국토교통부장관이 정하여 고시하는 구조로 된 건축물

45. 환기시설물 등 대통령령으로 정하는 구조물

급기(給氣) 및 배기(排氣)를 위한 건축 구조물의 개구부(開口部)인 환기구를 말한다.

2. 건축물의 용도 (법 제2조)

● 건축물의 용도

1. 단독주택
2. 공동주택
3. 제1종 근린생활시설
4. 제2종 근린생활시설
5. 문화 및 집회시설
6. 종교시설
7. 판매시설
8. 운수시설
9. 의료시설
10. 교육연구시설
11. 노유자(老幼者: 노인 및 어린이)시설
12. 수련시설
13. 운동시설
14. 업무시설
15. 숙박시설
16. 위락(慰樂)시설
17. 공장
18. 창고시설
19. 위험물 저장 및 처리 시설
20. 자동차 관련 시설
21. 동물 및 식물 관련 시설
22. 자원순환 관련 시설
23. 교정시설(제1종 근린생활시설에 해당하는 것은 제외한다)

23의2. 국방군사시설(제1종 근린생활시설에 해당하는 것은 제외한다)

24. 방송통신시설
25. 발전시설
26. 묘지 관련 시설
27. 관광 휴게시설
28. 장례시설
29. 야영장 시설

● 용도별 건축물의 종류의 용도 (영 제3조의 5)

1. **단독주택**[단독주택의 형태를 갖춘 가정어린이집·공동생활가정·지역아동센터·공동

육아나눔터(「아이돌봄 지원법」 제19조에 따른 공동육아나눔터를 말한다. 이하 같다) · 작은도서관(「도서관법」 제2조제4호가목에 따른 작은 도서관을 말하며, 해당 주택의 1층에 설치한 경우만 해당한다. 이하 같다) 및 노인복지시설(노인복지주택은 제외한다)을 포함한다]

가. 단독주택

나. 다중주택: 다음의 요건을 모두 갖춘 주택을 말한다.

1) 학생 또는 직장인 등 여러 사람이 장기간 거주할 수 있는 구조로 되어 있는 것

2) 독립된 주거의 형태를 갖추지 않은 것(각 실별로 욕실은 설치할 수 있으나, 취사시설은 설치하지 않은 것을 말한다)

3) 1개 동의 주택으로 쓰이는 바닥면적(부설 주차장 면적은 제외한다. 이하 같다)의 합계가 660제곱미터 이하이고 주택으로 쓰는 층수(지하층은 제외한다)가 3개 층 이하일 것. 다만, 1층의 전부 또는 일부를 필로티 구조로 하여 주차장으로 사용하고 나머지 부분을 주택(주거 목적으로 한정한다) 외의 용도로 쓰는 경우에는 해당 층을 주택의 층수에서 제외한다.

4) 적정한 주거환경을 조성하기 위하여 건축조례로 정하는 실별 최소 면적, 창문의 설치 및 크기 등의 기준에 적합할 것

다. 다가구주택: 다음의 요건을 모두 갖춘 주택으로서 공동주택에 해당하지 아니하는 것을 말한다.

1) 주택으로 쓰는 층수(지하층은 제외한다)가 3개 층 이하일 것. 다만, 1층의 전부 또는 일부를 필로티 구조로 하여 주차장으로 사용하고 나머지 부분을 주택(주거 목적으로 한정한다) 외의 용도로 쓰는 경우에는 해당 층을 주택의 층수에서 제외한다.

2) 1개 동의 주택으로 쓰이는 바닥면적의 합계가 660제곱미터 이하일 것

3) 19세대(대지 내 동별 세대수를 합한 세대를 말한다) 이하가 거주할 수 있을 것

라. 공관(公館)

2. **공동주택**[공동주택의 형태를 갖춘 가정어린이집 · 공동생활가정 · 지역아동센터 · 노인복지시설(노인복지주택은 제외) 및 「주택법 시행령」 제3조제1항에 따른 원룸형 주택을 포함한다]. 다만, 가목이나 나목에서 층수를 산정할 때 1층 전부를 필로티 구조로 하여 주차장으로 사용하는 경우에는 필로티 부분을 층수에서 제외하고, 다목에서 층수를 산정할 때 1층의 전부 또는 일부를 필로티 구조로 하여 주차장으로 사용하고 나머지 부분을 주택 외의 용도로 쓰는 경우에는 해당 층을 주택의 층수에서 제외하며, 가목부터 라목까지의 규정에서 층수를 산정할 때 지하층을 주택의 층수에서 제외.

가. 아파트: 주택으로 쓰는 층수가 5개 층 이상인 주택

나. 연립주택: 주택으로 쓰는 1개 동의 바닥면적(2개 이상의 동을 지하주차장으로 연결하는 경우에는 각각의 동으로 본다) 합계가 660제곱미터를 초과하고, 층수

가 4개 층 이하인 주택

다. 다세대주택: 주택으로 쓰는 1개 동의 바닥면적 합계가 660제곱미터 이하이고, 층수가 4개 층 이하인 주택(2개 이상의 동을 지하주차장으로 연결하는 경우에는 각각의 동으로 본다)

라. 기숙사: 다음의 어느 하나에 해당하는 건축물로서 공간의 구성과 규모 등에 관하여 국토교통부장관이 정하여 고시하는 기준에 적합한 것. 다만, 구분소유된 개별 실(室)은 제외한다.

1) 일반기숙사: 학교 또는 공장 등의 학생 또는 종업원 등을 위하여 사용하는 것으로서 해당 기숙사의 공동취사시설 이용 세대 수가 전체 세대 수(건축물의 일부를 기숙사로 사용하는 경우에는 기숙사로 사용하는 세대 수로 한다. 이하 같다)의 50퍼센트 이상인 것(「교육기본법」 제27조제2항에 따른 학생복지주택을 포함한다)

2) 임대형기숙사: 「공공주택 특별법」 제4조에 따른 공공주택사업자 또는 「민간임대주택에 관한 특별법」 제2조제7호에 따른 임대사업자가 임대사업에 사용하는 것으로서 임대 목적으로 제공하는 실이 20실 이상이고 해당 기숙사의 공동취사시설 이용 세대 수가 전체 세대 수의 50퍼센트 이상인 것

3. 제1종 근린생활시설

가. 식품·잡화·의류·완구·서적·건축자재·의약품·의료기기 등 일용품을 판매하는 소매점으로서 같은 건축물(하나의 대지에 두 동 이상의 건축물이 있는 경우에는 이를 같은 건축물로 본다. 이하 같다)에 해당 용도로 쓰는 바닥면적의 합계가 1천 제곱미터 미만인 것

나. 휴게음식점, 제과점 등 음료·차(茶)·음식·빵·떡·과자 등을 조리하거나 제조하여 판매하는 시설(제4호너목 또는 제17호에 해당하는 것은 제외)로서 같은 건축물에 해당 용도로 쓰는 바닥면적의 합계가 300제곱미터 미만인 것

다. 이용원, 미용원, 목욕장, 세탁소 등 사람의 위생관리나 의류 등을 세탁·수선하는 시설(세탁소의 경우 공장에 부설되는 것과 「대기환경보전법」, 「물환경보전법」 또는 「소음·진동관리법」에 따른 배출시설의 설치 허가 또는 신고의 대상인 것은 제외)

라. 의원, 치과의원, 한의원, 침술원, 접골원(接骨院), 조산원, 안마원, 산후조리원 등 주민의 진료·치료 등을 위한 시설

마. 탁구장, 체육도장으로서 같은 건축물에 해당 용도로 쓰는 바닥면적의 합계가 500제곱미터 미만인 것

바. 지역자치센터, 파출소, 지구대, 소방서, 우체국, 방송국, 보건소, 공공도서관, 건강보험공단 사무소 등 공공업무시설로서 같은 건축물에 해당 용도로 쓰는 바닥면적의 합계가 1천 제곱미터 미만인 것

사. 마을회관, 마을공동작업소, 마을공동구판장, 공중화장실, 대피소, 지역아동센터(단독주택과 공동주택에 해당하는 것은 제외)등 주민이 공동으로 이용하는 시설

아. 변전소, 도시가스배관시설, 통신용 시설(해당 용도로 쓰는 바닥면적의 합계가 1천제곱미터 미만인 것에 한정한다), 정수장, 양수장 등 주민의 생활에 필요한 에너지공급·통신서비스제공이나 급수・배수와 관련된 시설

자. 금융업소, 사무소, 부동산중개사무소, 결혼상담소 등 소개업소, 출판사 등일반업무시설로서 같은 건축물에 해당 용도로 쓰는 바닥면적의 합계가 30제곱미터 미만인 것

카. 동물병원, 동물미용실 및 「동물보호법」 제73조제1항제2호에 따른 동물위탁관리업을 위한 시설로서 같은 건축물에 해당 용도로 쓰는 바닥면적의 합계가 300제곱미터 미만인 것

4. 제2종 근린생활시설

가. 공연장(극장, 영화관, 연예장, 음악당, 서커스장, 비디오물감상실, 비디오물소극장, 그 밖에 이와 비슷한 것을 말한다. 이하 같다)으로서 같은 건축물에 해당 용도로 쓰는 바닥면적의 합계가 500제곱미터 미만인 것

나. 종교집회장[교회, 성당, 사찰, 기도원, 수도원, 수녀원, 제실(祭室), 사당, 그 밖에 이와 비슷한 것을 말한다. 이하 같다]으로서 같은 건축물에 해당 용도로 쓰는 바닥면적의 합계가 500제곱미터 미만인 것

다. 자동차영업소로서 같은 건축물에 해당 용도로 쓰는 바닥면적의 합계가 1천제곱미터 미만인 것

라. 서점(제1종 근린생활시설에 해당하지 않는 것)

마. 총포판매소

바. 사진관, 표구점

사. 청소년게임제공업소, 복합유통게임제공업소, 인터넷컴퓨터게임시설제공업소, 그 밖에 이와 비슷한 게임 관련 시설로서 같은 건축물에 해당 용도로 쓰는 바닥면적의 합계가 500제곱미터 미만인 것

아. 휴게음식점, 제과점 등 음료・차(茶)・음식・빵・떡・과자 등을 조리하거나 제조하여 판매하는 시설(너목 또는 제17호에 해당하는 것은 제외)로서 같은 건축물에 해당 용도로 쓰는 바닥면적의 합계가 300제곱미터 이상인 것

자. 일반음식점

차. 장의사, 동물병원, 동물미용실, 「동물보호법」 제73조제1항제2호에 따른 동물위탁관리업을 위한 시설, 그 밖에 이와 유사한 것(제1종 근린생활시설에 해당하는 것은 제외한다)

카. 학원(자동차학원·무도학원 및 정보통신기술을 활용하여 원격으로 교습하는 것은 제외), 교습소(자동차교습・무도교습 및 정보통신기술을 활용하여 원격으로 교습하는 것은 제외), 직업훈련소(운전・정비 관련 직업훈련소는 제외)로서 같은 건축물에 해당 용도로 쓰는 바닥면적의 합계가 500제곱미터 미만인 것

타. 독서실, 기원

파. 테니스장, 체력단련장, 에어로빅장, 볼링장, 당구장, 실내낚시터, 골프연습장, 놀

이형시설(「관광진흥법」에 따른 기타유원시설업의 시설을 말한다. 이하 같다) 등 주민의 체육 활동을 위한 시설(제3호마목의 시설은 제외)로서 같은 건축물에 해당 용도로 쓰는 바닥면적의 합계가 500제곱미터 미만인 것

하. 금융업소, 사무소, 부동산중개사무소, 결혼상담소 등 소개업소, 출판사 등일반업무시설로서 같은 건축물에 해당 용도로 쓰는 바닥면적의 합계가 500제곱미터 미만인 것(제1종 근린생활시설에 해당하는 것은 제외)

거. 다중생활시설(「다중이용업소의 안전관리에 관한 특별법」에 따른 다중이용업 중 고시원업의 시설로서 국토교통부장관이 고시하는 기준에 적합한 것을 말한다. 이하 같다)로서 같은 건축물에 해당 용도로 쓰는 바닥면적의 합계가 500제곱미터 미만인 것

너. 제조업소, 수리점 등 물품의 제조・가공・수리 등을 위한 시설로서 같은 건축물에 해당 용도로 쓰는 바닥면적의 합계가 500제곱미터 미만이고, 다음 요건 중 어느 하나에 해당하는 것

1) 「대기환경보전법」, 「물환경보전법」 또는 「소음·진동관리법」에 따른 배출시설의 설치 허가 또는 신고의 대상이 아닌 것

2) 「대기환경보전법」, 「물환경보전법」 또는 「소음・진동관리법」에 따른 배출시설의 설치 허가 또는 신고의 대상 시설로서 발생되는 폐수를 전량 위탁처리하는 것

더. 단란주점으로서 같은 건축물에 해당 용도로 쓰는 바닥면적의 합계가 150제곱미터 미만인 것

러. 안마시술소, 노래연습장

5. 문화 및 집회시설

가. 공연장으로서 제2종 근린생활시설에 해당하지 아니하는 것

나. 집회장[예식장, 공회당, 회의장, 마권(馬券) 장외 발매소, 마권 전화투표소, 그 밖에 이와 비슷한 것을 말한다]으로서 제2종 근린생활시설에 해당하지 아니하는 것

다. 관람장(경마장, 경륜장, 경정장, 자동차 경기장, 그 밖에 이와 비슷한 것과 체육관 및 운동장으로서 관람석의 바닥면적의 합계가 1천 제곱미터 이상인 것을 말한다)

라. 전시장(박물관, 미술관, 과학관, 문화관, 체험관, 기념관, 산업전시장, 박람회장, 그 밖에 이와 비슷한 것을 말한다)

마. 동・식물원(동물원, 식물원, 수족관, 그 밖에 이와 비슷한 것을 말한다)

6. 종교시설

가. 종교집회장으로서 제2종 근린생활시설에 해당하지 아니하는 것

나. 종교집회장(제2종 근린생활시설에 해당하지 아니하는 것을 말한다)에 설치하는 봉안당(奉安堂)

7. 판매시설

가. 도매시장(「농수산물유통 및 가격안정에 관한 법률」에 따른 농수산물도매시장, 농

수산물공판장, 그 밖에 이와 비슷한 것을 말하며, 그 안에 있는 근린생활시설을 포함)

나. 소매시장(「유통산업발전법」 제2조제3호에 따른 대규모 점포, 그 밖에 이와 비슷한 것을 말하며, 그 안에 있는 근린생활시설을 포함)

다. 상점(그 안에 있는 근린생활시설을 포함)으로서 다음의 요건 중 어느 하나에 해당하는 것

1) 제3호가목에 해당하는 용도(서점은 제외)로서 제1종 근린생활시설에 해당하지 아니하는 것

2) 「게임산업진흥에 관한 법률」 제2조제6호의2가목에 따른 청소년게임제공업의 시설, 같은 호 나목에 따른 일반게임제공업의 시설, 같은 조 제7호에 따른 인터넷컴퓨터게임시설제공업의 시설 및 같은 조 제8호에 따른 복합유통게임제공업의 시설로서 제2종 근린생활시설에 해당하지 아니하는 것

8. 운수시설

가. 여객자동차터미널

나. 철도시설

다. 공항시설

라. 항만시설

9. 의료시설

가. 병원(종합병원, 병원, 치과병원, 한방병원, 정신병원 및 요양병원을 말한다)

나. 격리병원(전염병원, 마약진료소, 그 밖에 이와 비슷한 것을 말한다)

10. 교육연구시설(제2종 근린생활시설에 해당하는 것은 제외)

가. 학교(유치원, 초등학교, 중학교, 고등학교, 전문대학, 대학, 대학교, 그 밖에 이에 준하는 각종 학교를 말한다)

나. 교육원(연수원, 그 밖에 이와 비슷한 것을 포함)

다. 직업훈련소(운전 및 정비 관련 직업훈련소는 제외)

라. 학원(자동차학원·무도학원 및 정보통신기술을 활용하여 원격으로 교습하는 것은 제외)

마. 연구소(연구소에 준하는 시험소와 계측계량소를 포함)

바. 도서관

11. 노유자시설

가. 아동 관련 시설(어린이집, 아동복지시설, 그 밖에 이와 비슷한 것으로서 단독주택, 공동주택 및 제1종 근린생활시설에 해당하지 아니하는 것을 말한다)

나. 노인복지시설(단독주택과 공동주택에 해당하지 아니하는 것을 말한다)

다. 그 밖에 다른 용도로 분류되지 아니한 사회복지시설 및 근로복지시설

12. 수련시설

가. 생활권 수련시설(「청소년활동진흥법」에 따른 청소년수련관, 청소년문화의집, 청소년특화시설, 그 밖에 이와 비슷한 것을 말한다)

나. 자연권 수련시설(「청소년활동진흥법」에 따른 청소년수련원, 청소년야영장, 그 밖에 이와 비슷한 것을 말한다)

다. 「청소년활동진흥법」에 따른 유스호스텔

라. 「관광진흥법」에 따른 야영장 시설로서 제29호에 해당하지 아니하는 시설

13. 운동시설

가. 탁구장, 체육도장, 테니스장, 체력단련장, 에어로빅장, 볼링장, 당구장, 실내낚시터, 골프연습장, 놀이형시설, 그 밖에 이와 비슷한 것으로서 제1종 근린생활시설 및 제2종 근린생활시설에 해당하지 아니하는 것

나. 체육관으로서 관람석이 없거나 관람석의 바닥면적이 1천제곱미터 미만인 것

다. 운동장(육상장, 구기장, 볼링장, 수영장, 스케이트장, 롤러스케이트장, 승마장, 사격장, 궁도장, 골프장 등과 이에 딸린 건축물을 말한다)으로서 관람석이 없거나 관람석의 바닥면적이 1천 제곱미터 미만인 것

14. 업무시설

가. 공공업무시설: 국가 또는 지방자치단체의 청사와 외국공관의 건축물로서 제1종 근린생활시설에 해당하지 아니하는 것

나. 일반업무시설: 다음 요건을 갖춘 업무시설을 말한다.

1) 금융업소, 사무소, 결혼상담소 등 소개업소, 출판사, 신문사, 그 밖에 이와 비슷한 것으로서 제1종 근린생활시설 및 제2종 근린생활시설에 해당하지 않는 것

2) 오피스텔(업무를 주로 하며, 분양하거나 임대하는 구획 중 일부 구획에서 숙식을 할 수 있도록 한 건축물로서 국토교통부장관이 고시하는 기준에 적합한 것을 말한다)

15. 숙박시설

가. 일반숙박시설 및 생활숙박시설

나. 관광숙박시설(관광호텔, 수상관광호텔, 한국전통호텔, 가족호텔, 호스텔, 소형호텔, 의료관광호텔 및 휴양 콘도미니엄)

다. 다중생활시설(제2종 근린생활시설에 해당하지 아니하는 것을 말한다)

라. 그 밖에 가목부터 다목까지의 시설과 비슷한 것

16. 위락시설

가. 단란주점으로서 제2종 근린생활시설에 해당하지 아니하는 것

나. 유흥주점이나 그 밖에 이와 비슷한 것

다. 「관광진흥법」에 따른 유원시설업의 시설, 그 밖에 이와 비슷한 시설(제2종 근린생활시설과 운동시설에 해당하는 것은 제외)

라. 삭제 <2010.2.18>

마. 무도장, 무도학원

바. 카지노영업소

17. 공장

물품의 제조 · 가공[염색 · 도장(塗裝) · 표백 · 재봉 · 건조·인쇄 등을 포함한다] 또는 수리에

계속적으로 이용되는 건축물로서 제1종 근린생활시설, 제2종 근린생활시설, 위험물 저장 및 처리시설, 자동차 관련 시설, 자원순환 관련 시설 등으로 따로 분류되지 아니한 것

18. **창고시설**(위험물 저장 및 처리 시설 또는 그 부속용도에 해당하는 것은 제외)
    가. 창고(물품저장시설로서 「물류정책기본법」에 따른 일반창고와 냉장 및 냉동 창고를 포함)
    나. 하역장
    다. 「물류시설의 개발 및 운영에 관한 법률」에 따른 물류터미널
    라. 집배송 시설

19. **위험물 저장 및 처리 시설**

    「위험물안전관리법」, 「석유 및 석유대체연료 사업법」, 「도시가스사업법」, 「고압가스 안전관리법」, 「액화석유가스의 안전관리 및 사업법」, 「총포·도검·화약류 등 단속법」, 「유해화학물질 관리법」 등에 따라 설치 또는 영업의 허가를 받아야 하는 건축물로서 다음 각 목의 어느 하나에 해당하는 것. 다만, 자가난방, 자가발전, 그 밖에 이와 비슷한 목적으로 쓰는 저장시설은 제외.

    가. 주유소(기계식 세차설비를 포함) 및 석유 판매소
    나. 액화석유가스 충전소·판매소·저장소(기계식 세차설비를 포함)
    다. 위험물 제조소·저장소·취급소
    라. 액화가스 취급소·판매소
    마. 유독물 보관·저장·판매시설
    바. 고압가스 충전소·판매소·저장소
    사. 도료류 판매소
    아. 도시가스 제조시설
    자. 화약류 저장소
    차. 그 밖에 가목부터 자목까지의 시설과 비슷한 것

20. **자동차 관련 시설**(건설기계 관련 시설을 포함)
    가. 주차장
    나. 세차장
    다. 폐차장
    라. 검사장
    마. 매매장
    바. 정비공장
    사. 운전학원 및 정비학원(운전 및 정비 관련 직업훈련시설을 포함)
    아. 「여객자동차 운수사업법」, 「화물자동차 운수사업법」 및 「건설기계관리법」에 따른 차고 및 주기장(駐機場)
    자. 전기자동차 충전소로서 제1종 근린생활시설에 해당하지 않는 것

21. 동물 및 식물 관련 시설

가. 축사(양잠·양봉 · 양어시설 및 부화장 등을 포함)

나. 가축시설[가축용 운동시설, 인공수정센터, 관리사(管理舍), 가축용 창고, 가축시장, 동물검역소, 실험동물 사육시설, 그 밖에 이와 비슷한 것을 말한다]

다. 도축장

라. 도계장

마. 작물 재배사

바. 종묘배양시설

사. 화초 및 분재 등의 온실

아. 식물과 관련된 마목부터 사목까지의 시설과 비슷한 것(동 · 식물원은 제외)

22. 자원순환 관련 시설

가. 하수 등 처리시설

나. 고물상

다. 폐기물재활용시설

라. 폐기물 처분시설

마. 폐기물감량화시설

23. 교정시설(제1종 근린생활시설에 해당하는 것은 제외)

가. 교정시설(보호감호소, 구치소 및 교도소를 말한다)

나. 갱생보호시설, 그 밖에 범죄자의 갱생 · 보육 · 교육 · 보건 등의 용도로 쓰는 시설

다. 소년원 및 소년분류심사원

23의2. 국방군사시설(제1종 근린생활시설에 해당하는 것은 제외한다)

「국방군사시설 사업에 관한 법률」에 따른 국방군사시설

24. 방송통신시설(제1종 근린생활시설에 해당하는 것은 제외)

가. 방송국(방송프로그램 제작시설 및 송신 · 수신·중계시설을 포함)

나. 전신전화국

다. 촬영소

라. 통신용 시설

마. 데이터센터

바. 그 밖에 가목부터 마목까지의 시설과 비슷한 것

25. 발전시설

발전소(집단에너지 공급시설을 포함)로 사용되는 건축물로서 제1종 근린생활시설에 해당하지 아니하는 것

26. 묘지 관련 시설

가. 화장시설 나. 봉안당(종교시설에 해당하는 것은 제외)

다. 묘지와 자연장지에 부수되는 건축물 라. 동물화장시설, 동물건조장(乾燥葬)시설 및 동물 전용의 납골시설

27. 관광 휴게시설

가. 야외음악당
나. 야외극장
다. 어린이회관
라. 관망탑
마. 휴게소
바. 공원 · 유원지 또는 관광지에 부수되는 시설

28. 장례시설

가. 장례식장[의료시설의 부수시설(「의료법」 제36조제1호에 따른 의료기관의 종류에 따른 시설을 말한다)에 해당하는 것은 제외한다]
나. 동물 전용의 장례식장

29. 야영장 시설

「관광진흥법」에 따른 야영장 시설로서 관리동, 화장실, 샤워실, 대피소, 취사시설 등의 용도로 쓰는 바닥면적의 합계가 300제곱미터 미만인 것

■ 건축법의 적용 제외 시설 (법 제3조)

1. 「문화재보호법」에 따른 지정문화재나 가지정(假指定) 문화재
2. 철도나 궤도의 선로 부지(敷地)에 있는 다음 각 목의 시설
   가. 운전보안시설
   나. 철도 선로의 위나 아래를 가로지르는 보행시설
   다. 플랫폼
   라. 해당 철도 또는 궤도사업용 급수(給水)·급탄(給炭) 및 급유(給油) 시설
3. 고속도로 통행료 징수시설
4. 컨테이너를 이용한 간이창고(「산업집적활성화 및 공장설립에 관한 법률」 제2조제1호에 따른 공장의 용도로만 사용되는 건축물의 대지에 설치하는 것으로서 이동이 쉬운 것만 해당된다)
5. 「하천법」에 따른 하천구역 내의 수문조작실
6 「국토의 계획 및 이용에 관한 법률」에 따른 도시지역 및 같은 법 제51조제3항에 따른 지구단위계획구역(이하 "지구단위계획구역"이라 한다) 외의 지역으로서 동이나 읍(동이나 읍에 속하는 섬의 경우에는 인구가 500명 이상인 경우만 해당된다)이 아닌 지역
7 「국토의 계획 및 이용에 관한 법률」 제47조제7항에 따른 건축물이나 공작물을 도시·군계획시설로 결정된 도로의 예정지에 건축하는 경우

3. 대지의 범위(영 제3조)

● 둘 이상의 필지를 하나의 대지로 할 수 있는 토지

1. 하나의 건축물을 두 필지 이상에 걸쳐 건축하는 경우: 그 건축물이 건축되는 각 필

지의 토지를 합한 토지

2. 「공간정보의 구축 및 관리 등에 관한 법률」 제80조제3항에 따라 합병이 불가능한 경우 중 다음 각 목의 어느 하나에 해당하는 경우: 그 합병이 불가능한 필지의 토지를 합한 토지. 다만, 토지의 소유자가 서로 다르거나 소유권 외의 권리관계가 서로 다른 경우는 제외.
   가. 각 필지의 지번부여지역(地番附與地域)이 서로 다른 경우
   나. 각 필지의 도면의 축척이 다른 경우
   다. 서로 인접하고 있는 필지로서 각 필지의 지반(地盤)이 연속되지 아니한 경우
3. 「국토의 계획 및 이용에 관한 법률」 제2조제7호에 따른 도시·군계획시설(이하 "도시·군계획시설"이라 한다)에 해당하는 건축물을 건축하는 경우: 그 도시·군계획시설이 설치되는 일단(一團)의 토지
4. 「주택법」 제15조에 따른 사업계획승인을 받아 주택과 그 부대시설 및 복리시설을 건축하는 경우: 같은 법 제2조제12호에 따른 주택단지
5. 도로의 지표 아래에 건축하는 건축물의 경우: 특별시장·광역시장·특별자치시장·특별사지도지사·시장·군수 또는 구청장(자치구의 구청장을 말한다. 이하 같다)이 그 건축물이 건축되는 토지로 정하는 토지
6. 법 제22조에 따른 사용승인을 신청할 때 둘 이상의 필지를 하나의 필지로 합칠 것을 조건으로 건축허가를 하는 경우: 그 필지가 합쳐지는 토지. 다만, 토지의 소유자가 서로 다른 경우는 제외.

● **하나 이상의 필지를 하나의 대지로 할 수 있는 토지**

1. 하나 이상의 필지의 일부에 대하여 도시·군계획시설이 결정·고시된 경우: 그 결정·고시된 부분의 토지
2. 하나 이상의 필지의 일부에 대하여 「농지법」 제34조에 따른 농지전용허가를 받은 경우: 그 허가받은 부분의 토지
3. 하나 이상의 필지의 일부에 대하여 「산지관리법」 제14조에 따른 산지전용허가를 받은 경우: 그 허가받은 부분의 토지
4. 하나 이상의 필지의 일부에 대하여 「국토의 계획 및 이용에 관한 법률」 제56조에 따른 개발행위허가를 받은 경우: 그 허가받은 부분의 토지
5. 법 제22조에 따른 사용승인을 신청할 때 필지를 나눌 것을 조건으로 건축허가를 하는 경우: 그 필지가 나누어지는 토지

4. 건축물의 설계(법 제23조)

● **건축사만이 할 수 있는 건축물의 설계**

1. 건축물을 건축하거나 대수선하는데 있어 특별자치시장·특별자치도지사 또는 시장·군수·구청장의 허가를 받아야 하는 경우, 그리고 21층 이상의 건축물 등 대통령령으로

정하는 용도 및 규모의 건축물을 특별시나 광역시에 건축하려면 특별시장이나 광역시장의 허가를 받아야 하는 경우.

2. 바닥면적의 합계가 85제곱미터 이내의 증축・개축 또는 재축. 다만, 3층 이상 건축물인 경우에는 증축・개축 또는 재축하려는 부분의 바닥면적의 합계가 건축물 연면적의 10분의 1 이내인 경우
3. 「국토의 계획 및 이용에 관한 법률」에 따른 관리지역, 농림지역 또는 자연환경보전지역에서 연면적이 200제곱미터 미만이고 3층 미만인 건축물의 건축. 다만, 다음 각 목의 어느 하나에 해당하는 구역에서의 건축은 제외.
   가. 지구단위계획구역
   나. 방재지구 등 재해취약지역으로서 대통령령으로 정하는 구역
4. 연면적이 200제곱미터 미만이고 3층 미만인 건축물의 대수선
5. 주요구조부의 해체가 없는 등 대통령령으로 정하는 대수선
6. 그 밖에 소규모 건축물로서 대통령령으로 정하는 건축물의 건축
7. 공동주택(부대시설과 복리시설을 포함)의 입주자・사용자 또는 관리주체가 공동주택을 리모델링하려고 하는 경우
8. 대통령령으로 정하는 경우에는 리모델링주택조합이나 소유자 전원의 동의를 받은 입주자대표회의(「공동주택관리법」 제2조제1항제8호에 따른 입주자대표회의를 말하며, 이하 "입주자대표회의"라 한다)가 리모델링을 하는 경우

● 예외 사항

1. 바닥면적의 합계가 85제곱미터 미만인 증축·개축 또는 재축
2. 연면적이 200제곱미터 미만이고 층수가 3층 미만인 건축물의 대수선
3. 그 밖에 건축물의 특수성과 용도 등을 고려하여 대통령령으로 정하는 건축물의 건축
   - 읍・면지역(시장 또는 군수가 지역계획 또는 도시・군계획에 지장이 있다고 인정하여 지정・공고한 구역은 제외)에서 건축하는 건축물 중 연면적이 200제곱미터 이하인 창고 및 농막(「농지법」에 따른 농막을 말한다)과 연면적 400제곱미터 이하인 축사, 작물재배사, 종묘배양시설, 화초 및 분재 등의 온실
   - 령 제15조제5항 각 호의 어느 하나에 해당하는 가설건축물로서 건축조례로 정하는 가설건축물
     • 재해가 발생한 구역 또는 그 인접구역으로서 특별자치시장·특별자치도지사 또는 시장・군수・구청장이 지정하는 구역에서 일시사용을 위하여 건축하는 것
     • 특별자치시장·특별자치도지사 또는 시장・군수・구청장이 도시미관이나 교통소통에 지장이 없다고 인정하는 가설흥행장, 가설전람회장, 농・수·축산물 직거래용 가설점포, 그 밖에 이와 비슷한 것
     • 공사에 필요한 규모의 공사용 가설건축물 및 공작물
     • 전시를 위한 견본주택이나 그 밖에 이와 비슷한 것
     • 특별자치시장·특별자치도지사 또는 시장・군수・구청장이 도로변 등의 미관정비

를 위하여 지정 · 공고하는 구역에서 축조하는 가설점포(물건 등의 판매를 목적으로 하는 것을 말한다)로서 안전·방화 및 위생에 지장이 없는 것
- 조립식 구조로 된 경비용으로 쓰는 가설건축물로서 연면적이 10제곱미터 이하인 것
- 조립식 경량구조로 된 외벽이 없는 임시 자동차 차고
- 컨테이너 또는 이와 비슷한 것으로 된 가설건축물로서 임시사무실 · 임시창고 또는 임시숙소로 사용되는 것(건축물의 옥상에 축조하는 것은 제외. 다만, 2009년 7월 1일부터 2015년 6월 30일까지 및 2016년 7월 1일부터 2019년 6월 30일까지 공장의 옥상에 축조하는 것은 포함)
- 도시지역 중 주거지역 · 상업지역 또는 공업지역에 설치하는 농업 · 어업용 비닐하우스로서 연면적이 100제곱미터 이상인 것
- 연면적이 100제곱미터 이상인 간이축사용, 가축분뇨처리용, 가축운동용, 가축의 비가림용 비닐하우스 또는 천막(벽 또는 지붕이 합성수지 재질로 된 것과 지붕 면적의 2분의 1 이하가 합성강판으로 된 것을 포함)구조 건축물
- 농업 · 어업용 고정식 온실 및 간이작업장, 가축양육실
- 물품저장용, 간이포장용, 간이수선작업용 등으로 쓰기 위하여 공장 또는 창고시설에 설치하거나 인접 대지에 설치하는 천막(벽 또는 지붕이 합성수지 재질로 된 것을 포함), 그 밖에 이와 비슷한 것
- 유원지, 종합휴양업 사업지역 등에서 한시적인 관광 · 문화행사 등을 목적으로 천막 또는 경량구조로 설치하는 것
- 야외전시시설 및 촬영시설
- 야외흡연실 용도로 쓰는 가설건축물로서 연면적이 50제곱미터 이하인 것
- 그 밖에 위에 해당하는 것과 비슷한 것으로서 건축조례로 정하는 건축물

4. 건축물이 건축법과 이 법에 따른 명령이나 처분, 그 밖의 관계 법령에 맞고 안전·기능 및 미관에 지장이 없도록 설계되고 국토교통부장관이 정하여 고시하는 설계도서 작성기준에 따라 설계도서를 작성하여 건축 위원회의 심의를 거친 경우

5. 건축도서의 작성(영 제18조)

1. 설계도서란 건축물의 건축등에 관한 공사용 도면, 구조 계산서, 시방서(示方書), 그 밖에 국토교통부령으로 정하는 공사에 필요한 서류를 말한다.
2. 설계자는 건축물이 이 법과 이 법에 따른 명령이나 처분, 그 밖의 관계 법령에 맞고 안전·기능 및 미관에 지장이 없도록 설계하여야 하며, 국토교통부장관이 정하여 고시하는 설계도서 작성기준에 따라 설계도서를 작성하여야 한다.
3. 설계도서를 작성한 설계자는 설계가 이 법과 이 법에 따른 명령이나 처분, 그 밖의 관계 법령에 맞게 작성되었는지를 확인한 후 설계도서에 서명날인하여야 한다.

4. 공사시공자는 설계도서가 이 법과 이 법에 따른 명령이나 처분, 그 밖의 관계 법령에 맞지 아니하거나 공사의 여건상 불합리하다고 인정되면 건축주와 공사감리자의 동의를 받아 서면으로 설계자에게 설계를 변경하도록 요청할 수 있다. 이 경우 설계자는 정당한 사유가 없으면 요청에 따라야 한다.
5. 작성 예외
   - 해당 건축물의 공법(工法) 등이 특수한 경우로서 국토교통부령으로 정하는 바에 따라 건축위원회의 심의를 거친 때
   - 읍·면지역(시장 또는 군수가 지역계획 또는 도시·군계획에 지장이 있다고 인정하여 지정·공고한 구역은 제외)에서 건축하는 건축물 중 연면적이 200제곱미터 이하인 창고 및 농막(「농지법」에 따른 농막을 말한다)과 연면적 400제곱미터 이하인 축사, 작물재배사, 종묘배양시설, 화초 및 분재 등의 온실
   - 가설건축물로서 건축조례로 정하는 가설건축물

6. **도로의 구조**(법 제2조 제11호)

● **도로의 구조**

"도로"란 보행과 자동차 통행이 가능한 너비 4미터 이상의 도로(지형적으로 자동차 통행이 불가능한 경우와 막다른 도로의 경우에는 대통령령으로 정하는 구조와 너비의 도로)로서 다음 각 목의 어느 하나에 해당하는 도로나 그 예정도로를 말한다.

가. 「국토의 계획 및 이용에 관한 법률」, 「도로법」, 「사도법」, 그 밖의 관계 법령에 따라 신설 또는 변경에 관한 고시가 된 도로

나. 건축허가 또는 신고 시에 특별시장·광역시장·특별자치시장·도지사·특별자치도지사(이하 "시·도지사"라 한다) 또는 시장·군수·구청장(자치구의 구청장을 말한다. 이하 같다)이 위치를 지정하여 공고한 도로

● **지형적 조건 등에 따른 도로의 구조와 너비**(영 제3조의 3)

법 제2조 제1항 제11호 각 목 외의 부분에서 "대통령령으로 정하는 구조와 너비의 도로"란 다음 각 호의 어느 하나에 해당하는 도로를 말한다.

1. 특별자치시장·특별자치도지사 또는 시장·군수·구청장이 지형적 조건으로 인하여 차량 통행을 위한 도로의 설치가 곤란하다고 인정하여 그 위치를 지정·공고하는 구간의 너비 3미터 이상(길이가 10미터 미만인 막다른 도로인 경우에는 너비 2미터 이상)인 도로
2. 제1호에 해당하지 아니하는 막다른 도로로서 그 도로의 너비가 그 길이에 따라 각각 다음 표에 정하는 기준 이상인 도로

막다른 도로의 길이	도로의 너비
10미터 미만	2미터
10미터 이상 35미터 미만	3미터
35미터 이상	6미터(도시지역이 아닌 읍·면 지역은 4미터)

7. 대수선의 범위(영 제3조의 2)

법 제2조 제1항 제9호에서 "대통령령으로 정하는 것"이란 다음 각 호의 어느 하나에 해당하는 것으로서 증축·개축 또는 재축에 해당하지 아니하는 것을 말한다.

1. 내력벽을 증설 또는 해체하거나 그 벽면적을 30제곱미터 이상 수선 또는 변경하는 것
2. 기둥을 증설 또는 해체하거나 세 개 이상 수선 또는 변경하는 것
3. 보를 증설 또는 해체하거나 세 개 이상 수선 또는 변경하는 것
4. 지붕틀(한옥의 경우에는 지붕틀의 범위에서 서까래는 제외)을 증설 또는 해체하거나 세 개 이상 수선 또는 변경하는 것
5. 방화벽 또는 방화구획을 위한 바닥 또는 벽을 증설 또는 해체하거나 수선 또는 변경하는 것
6. 주계단·피난계단 또는 특별피난계단을 증설 또는 해체하거나 수선 또는 변경하는 것
7. 미관지구에서 건축물의 외부형태(담장을 포함)을 변경하는 것 **삭제 <2019. 10. 22.>**
8. 다가구주택의 가구 간 경계벽 또는 다세대주택의 세대 간 경계벽을 증설 또는 해체하거나 수선 또는 변경하는 것
9. 건축물의 외벽에 사용하는 마감재료(법 제52조제2항에 따른 마감재료를 말한다)를 증설 또는 해체하거나 벽면적 30제곱미터 이상 수선 또는 변경하는 것

8. 부설주차장 설치기준(주차장법)

● **용어의 정의**(주차장법 제2조)

1. "주차장"이란 자동차의 주차를 위한 시설로서 다음 각 목의 어느 하나에 해당하는 종류의 것을 말한다.
   가. 노상주차장(路上駐車場): 도로의 노면 또는 교통광장(교차점광장만 해당한다. 이하 같다)의 일정한 구역에 설치된 주차장으로서 일반(一般)의 이용에 제공되는 것
   나. 노외주차장(路外駐車場): 도로의 노면 및 교통광장 외의 장소에 설치된 주차장으로서 일반의 이용에 제공되는 것
   다. 부설주차장: 제19조에 따라 건축물, 골프연습장, 그 밖에 주차수요를 유발하는 시설에 부대(附帶)하여 설치된 주차장으로서 해당 건축물·시설의 이용자 또는 일반의 이용에 제공되는 것
2. "기계식주차장치"란 노외주차장 및 부설주차장에 설치하는 주차설비로서 기계장치에 의하여 자동차를 주차할 장소로 이동시키는 설비를 말한다.
3. "기계식주차장"이란 기계식주차장치를 설치한 노외주차장 및 부설주차장을 말한다.
4. "자동차"란 「도로교통법」 제2조제18호에 따른 자동차 및 같은 법 제2조제19호에 따른 원동기장치자전거를 말한다.
5. ""주차"란 「도로교통법」 제2조제24호에 따른 주차를 말한다.
6. "주차단위구획"이란 자동차 1대를 주차할 수 있는 구획을 말한다.

7. “주차구획”이란 하나 이상의 주차단위구획으로 이루어진 구획 전체를 말한다.
8. “전용주차구획”이란 제6조제1항에 따른 경형자동차(輕型自動車) 등 일정한 자동차에 한정하여 주차가 허용되는 주차구획을 말한다.
9. “주차전용건축물”이란 건축물의 연면적 중 대통령령으로 정하는 비율 이상이 주차장으로 사용되는 건축물을 말한다.
10. “기계식주차장치 보수업”이란 기계식주차장치의 고장을 수리하거나 고장을 예방하기 위하여 정비를 하는 사업을 말한다.

● **부설주차장의 설치·지정**(주차장법 제19조)

① 「국토의 계획 및 이용에 관한 법률」에 따른 도시지역, 같은 법 제51조제3항에 따른 지구단위계획구역 및 지방자치단체의 조례로 정하는 관리지역에서 건축물, 골프연습장, 그 밖에 주차수요를 유발하는 시설(이하 “시설물”이라 한다)을 건축하거나 설치하려는 자는 그 시설물의 내부 또는 그 부지에 부설주차장(화물의 하역과 그 밖의 사업 수행을 위한 주차장을 포함한다. 이하 같다)을 설치하여야 한다.

② 부설주차장은 해당 시설물의 이용자 또는 일반의 이용에 제공할 수 있다.

③ 제1항에 따른 시설물의 종류와 부설주차장의 설치기준은 대통령령으로 정한다.

④ 제1항의 경우에 부설주차장이 대통령령으로 정하는 규모 이하이면 같은 항에도 불구하고 시설물의 부지 인근에 단독 또는 공동으로 부설주차장을 설치할 수 있다. 이 경우 시설물의 부지 인근의 범위는 대통령령으로 정하는 범위에서 지방자치단체의 조례로 정한다.

⑤ 제1항의 경우에 시설물의 위치·용도·규모 및 부설주차장의 규모 등이 대통령령으로 정하는 기준에 해당할 때에는 해당 주차장의 설치에 드는 비용을 시장·군수 또는 구청장에게 납부하는 것으로 부설주차장의 설치를 갈음할 수 있다. 이 경우 부설주차장의 설치를 갈음하여 납부된 비용은 노외주차장의 설치 외의 목적으로 사용할 수 없다.

⑥ 시장·군수 또는 구청장은 제5항에 따라 주차장의 설치비용을 납부한 자에게 대통령령으로 정하는 바에 따라 납부한 설치비용에 상응하는 범위에서 노외주차장(특별시장·광역시장, 시장·군수 또는 구청장이 설치한 노외주차장만 해당한다)을 무상으로 사용할 수 있는 권리(이하 이 조에서 “노외주차장 무상사용권”이라 한다)를 주어야 한다. 다만, 시설물의 부지로부터 제4항 후단에 따른 범위에 노외주차장 무상사용권을 줄 수 있는 노외주차장이 없는 경우에는 그러하지 아니하다.

⑦ 시장·군수 또는 구청장은 제6항 단서에 따라 노외주차장 무상사용권을 줄 수 없는 경우에는 제5항에 따른 주차장 설치비용을 줄여 줄 수 있다.

⑧ 시설물의 소유자가 변경되는 경우에는 노외주차장 무상사용권은 새로운 소유자가 승계한다.

⑨ 제5항과 제7항에 따른 설치비용의 산정기준 및 감액기준 등에 관하여 필요한 사항은 해당 지방자치단체의 조례로 정한다.

⑩ 특별시장·광역시장·특별자치시장·특별자치도지사 또는 시장은 부설주차장을 설치하면 교통 혼잡이 가중될 우려가 있는 지역에 대하여는 제1항 및 제3항에도 불구하

고 부설주차장의 설치를 제한할 수 있다. 이 경우 제한지역의 지정 및 설치 제한의 기준은 국토교통부령으로 정하는 바에 따라 해당 지방자치단체의 조례로 정한다.

⑪ 시장 · 군수 또는 구청장은 설치기준에 적합한 부설주차장이 제3항에 따른 부설주차장 설치기준의 개정으로 인하여 설치기준에 미달하게 된 기존 시설물 중 대통령령으로 정하는 시설물에 대하여는 그 소유자에게 개정된 설치기준에 맞게 부설주차장을 설치하도록 권고할 수 있다.

⑫ 시장 · 군수 또는 구청장은 제11항에 따라 부설주차장의 설치권고를 받은 자가 부설주차장을 설치하려는 경우 제21조의2제6항에 따라 부설주차장의 설치비용을 우선적으로 보조할 수 있다.

⑬ 시장 · 군수 또는 구청장은 주차난을 해소하기 위하여 필요한 경우 공공기관, 그 밖에 대통령령으로 정하는 시설물의 부설주차장을 일반이 이용할 수 있는 개방주차장(이하 "개방주차장"이라 한다)으로 지정할 수 있다.

⑭ 시장 · 군수 또는 구청장은 개방주차장을 지정하기 위하여 그 시설물을 관리하는 자에게 협조를 요청할 수 있다. 이 경우 요청을 받은 자는 특별한 사정이 없으면 이에 따라야 한다.

⑮ 시장 · 군수 또는 구청장은 제13항에 따라 지정된 개방주차장의 위치, 개방시간 및 주차요금 등 국토교통부령으로 정하는 사항을 인터넷 홈페이지에 게재하는 등의 방법으로 홍보하여야 한다.

⑯ 개방주차장의 지정에 필요한 절차, 개방시간, 보조금의 지원, 시설물 관리 및 운영에 대한 손해배상책임 등에 관하여 필요한 사항은 해당 지방자치단체의 조례로 정한다.

● **부설주차장의 설치기준**(주차장법 시행령 제6조)

① 법 제19조제3항에 따라 부설주차장을 설치하여야 할 시설물의 종류와 부설주차장의 설치기준은 별표 1과 같다. 다만, 다음 각 호의 경우에는 특별시 · 광역시 · 특별자치도·시 또는 군(광역시의 군은 제외. 이하 이 조에서 같다)의 조례로 시설물의 종류를 세분하거나 부설주차장의 설치기준을 따로 정할 수 있다.

1. 오지·벽지 · 섬 지역, 도심지의 간선도로변이나 그 밖에 해당 지역의 특수성으로 인하여 별표 1의 기준을 적용하는 것이 현저히 부적합한 경우
2. 「국토의 계획 및 이용에 관한 법률」 제6조제2호에 따른 관리지역으로서 주차난이 발생할 우려가 없는 경우
3. 난녹수백 · 공동주택의 부설주차장 설치기준을 세대별로 정하거나 숙박시설 또는 업무시설 중 오피스텔의 부설주차장 설치기준을 호실별로 정하려는 경우
4. 기계식주차장을 설치하는 경우로서 해당 지역의 주차장 확보율, 주차장 이용 실태, 교통 여건 등을 고려하여 별표 1의 부설주차장 설치기준과 다르게 정하려는 경우
5. 대한민국 주재 외국공관 안의 외교관 또는 그 가족이 거주하는 구역 등 일반인의 출입이 통제되는 구역에 주택 등의 시설물을 건축하는 경우
6. 시설면적이 1만제곱미터 이상인 공장을 건축하는 경우
7. 판매시설, 문화 및 집회시설 등 「자동차관리법」 제3조제1항제2호에 따른 승합자동차(중형 또는 대형 승합자동차만 해당한다)의 출입이 빈번하게 발생하는 시설

물을 건축하는 경우

② 특별시·광역시·특별자치도·시 또는 군은 주차수요의 특성 또는 증감에 효율적으로 대처하기 위하여 필요하다고 인정하는 경우에는 별표 1의 부설주차장 설치기준의 2분의 1의 범위에서 그 설치기준을 해당 지방자치단체의 조례로 강화하거나 완화할 수 있다. 이 경우 별표 1의 시설물의 종류·규모를 세분하여 각 시설물의 종류·규모별로 강화 또는 완화의 정도를 다르게 정할 수 있다.

③ 제1항 단서 및 제2항에 따라 부설주차장의 설치기준을 조례로 정하는 경우 해당 지방자치단체는 해당 지역의 구역별로 부설주차장 설치기준을 각각 다르게 정할 수 있다.

④ 건축물의 용도를 변경하는 경우에는 용도변경 시점의 주차장 설치기준에 따라 변경 후 용도의 주차대수와 변경 전 용도의 주차대수를 산정하여 그 차이에 해당하는 부설주차장을 추가로 확보하여야 한다. 다만, 다음 각 호의 어느 하나에 해당하는 경우에는 부설주차장을 추가로 확보하지 아니하고 건축물의 용도를 변경할 수 있다.

1. 사용승인 후 5년이 지난 연면적 1천제곱미터 미만의 건축물의 용도를 변경하는 경우. 다만, 문화 및 집회시설 중 공연장·집회장·관람장, 위락시설 및 주택 중 다세대주택·다가구주택의 용도로 변경하는 경우는 제외.
2. 해당 건축물 안에서 용도 상호간의 변경을 하는 경우. 다만, 부설주차장 설치기준이 높은 용도의 면적이 증가하는 경우는 제외.

● **부설주차장의 인근 설치**(주차장법 시행령 제7조)

① 법 제19조제4항 전단에서 "대통령령으로 정하는 규모"란 주차대수 300대의 규모를 말한다. 다만, 다음 각 호의 어느 하나에 해당하는 경우에는 별표 1의 부설주차장 설치기준에 따라 산정한 주차대수에 상당하는 규모를 말한다.

1. 「도로교통법」 제6조에 따라 차량통행이 금지된 장소의 시설물인 경우
2. 시설물의 부지에 접한 대지나 시설물의 부지와 통로로 연결된 대지에 부설주차장을 설치하는 경우
3. 시설물의 부지가 너비 12미터 이하인 도로에 접해 있는 경우 도로의 맞은편 토지(시설물의 부지에 접한 도로의 건너편에 있는 시설물 정면의 필지와 그 좌우에 위치한 필지를 말한다)에 부설주차장을 그 도로에 접하도록 설치하는 경우
4. 「산업입지 및 개발에 관한 법률」 제2조제8호에 따른 산업단지 안에 있는 공장인 경우

② 법 제19조제4항 후단에 따른 시설물의 부지 인근의 범위는 다음 각 호의 어느 하나의 범위에서 특별자치도·시·군 또는 자치구(이하 "시·군 또는 구"라 한다)의 조례로 정한다.

1. 해당 부지의 경계선으로부터 부설주차장의 경계선까지의 직선거리 300미터 이내 또는 도보거리 600미터 이내
2. 해당 시설물이 있는 동·리(행정동·리를 말한다. 이하 이 호에서 같다) 및 그 시설물과의 통행 여건이 편리하다고 인정되는 인접 동·리

● 도시지역 내 지구단위계획구역에서의 건폐율 등의 완화적용

(국토의 계획 및 이용에 관한 법률 시행령 제46조)

지구단위계획구역의 지정목적이 다음 각호의 1에 해당하는 경우에는 법 제52조제3항의 규정에 의하여 지구단위계획으로 「주차장법」 제19조제3항의 규정에 의한 주차장 설치기준을 100퍼센트까지 완화하여 적용할 수 있다.

1. 한옥마을을 보존하고자 하는 경우
2. 차 없는 거리를 조성하고자 하는 경우(지구단위계획으로 보행자전용도로를 지정하거나 차량의 출입을 금지한 경우를 포함)
3. 그 밖에 국토교통부령이 정하는 경우

● 부설주차장의 설치 대상시설물 종류 및 설치기준(주차장법 시행령 제6조1항 관련)

시설물	설치기준
1. 위락시설	○ 시설면적 100㎡당 1대(시설면적/100㎡)
2. 문화 및 집회시설(관람장은 제외), 종교시설, 판매시설, 운수시설, 의료시설(정신병원·요양병원 및 격리병원은 제외), 운동시설(골프장·골프연습장 및 옥외수영장은 제외), 업무시설(외국공관 및 오피스텔은 제외), 방송통신시설 중 방송국, 장례시설	○ 시설면적 150㎡당 1대(시설면적/150㎡)
3. 제1종 근린생활시설[「건축법 시행령」 별표 1 제3호바목 및 사목(공중화장실, 대피소, 지역아동센터는 제외)은 제외], 제2종 근린생활시설, 숙박시설	○ 시설면적 200㎡당 1대(시설면적/200㎡)
4. 단독주택(다가구주택은 제외)	○ 시설면적 50㎡ 초과 150㎡ 이하: 1대 ○ 시설면적 150㎡ 초과: 1대에 150㎡를 초과하는 100㎡당 1대를 더한 대수[1+{(시설면적-150㎡)/100㎡}]
5. 다가구주택, 공동주택(기숙사는 제외), 업무시설 중 오피스텔	○ 「주택건설기준 등에 관한 규정」 제27조제1항에 따라 산정된 주차대수. 이 경우 다가구주택 및 오피스텔의 전용면적은 공동주택의 전용면적 산정방법을 따른다.
6. 골프장, 골프연습장, 옥외수영장, 관람장	○ 골프장: 1홀당 10대(홀의 수×10) ○ 골프연습장: 1타석당 1대(타석의 수×1) ○ 옥외수영장: 정원 15명당 1대(정원/15명) ○ 관람장: 정원 100명당 1대(정원/100명)
7. 수련시설, 공장(아파트형은 제외), 발전시설	○ 시설면적 350㎡당 1대(시설면적/350㎡)
8. 창고시설	○ 시설면적 400㎡당 1대(시설면적/400㎡)
9. 학생용 기숙사	○ 시설면적 400㎡당 1대(시설면적/400㎡)
10. 방송통신시설 중 데이터센터	○ 시설면적 400㎡당 1대(시설면적/400㎡)
11. 그 밖의 건축물	○ 시설면적 300㎡당 1대(시설면적/300㎡)

비고

1. 시설물의 종류는 다른 법령에 특별한 규정이 없으면 「건축법 시행령」 별표 1에 따르되, 다음 각 목의 어느 하나에 해당하는 시설물을 건축하거나 설치하려는 경우에는 부설주차장을 설치하지 않을 수 있다.
   가. 제1종 근린생활시설 중 변전소·양수장·정수장·대피소·공중화장실, 그 밖에 이와 유사한 시설
   나. 종교시설 중 수도원·수녀원·제실(祭室) 및 사당
   다. 동물 및 식물 관련 시설(도축장 및 도계장은 제외)
   라. 방송통신시설(방송국, 전신전화국, 통신용 시설 및 촬영소만을 말한다) 중 송신·수신 및 중계시설

마. 주차전용건축물(노외주차장인 주차전용건축물만을 말한다)에 주차장 외의 용도로 설치하는 시설물(판매시설 중 백화점·쇼핑센터·대형점과 문화 및 집회시설 중 영화관·전시장·예식장은 제외)

바. 「도시철도법」에 따른 역사(「철도건설법」 제2조제7호에 따른 철도건설사업으로 건설되는 역사를 포함)

사. 「건축법 시행령」 제6조제1항제4호에 따른 전통한옥 밀집지역 안에 있는 전통한옥

2. 시설물의 시설면적은 공용면적을 포함한 바닥면적의 합계를 말하되, 하나의 부지 안에 둘 이상의 시설물이 있는 경우에는 각 시설물의 시설면적을 합한 면적을 시설면적으로 하며, 시설물 안의 주차를 위한 시설의 바닥면적은 그 시설물의 시설면적에서 제외.

3. 시설물의 소유자는 부설주차장(해당 시설물의 부지에 설치하는 부설주차장은 제외)의 부지의 소유권을 취득하여 이를 주차장전용으로 제공해야 한다. 다만, 주차전용건축물에 부설주차장을 설치하는 경우에는 그 건축물의 소유권을 취득해야 한다.

4. 용도가 다른 시설물이 복합된 시설물에 설치해야 하는 부설주차장의 주차대수는 용도가 다른 시설물별 설치기준에 따라 산정(위 표 제5호의 시설물은 주차대수의 산정대상에서 제외하되, 비고 제8호에서 정한 기준을 적용하여 산정된 주차대수는 따로 합산한다)한 소수점 이하 첫째자리까지의 주차대수를 합하여 산정한다. 다만, 단독주택(다가구주택은 제외. 이하 이 호에서 같다)의 용도로 사용되는 시설의 면적이 50제곱미터 이하인 경우 단독주택의 용도로 사용되는 시설의 면적에 대한 부설주차장의 주차대수는 단독주택의 용도로 사용되는 시설의 면적을 100제곱미터로 나눈 대수로 한다.

5. 시설물을 용도변경하거나 증축함에 따라 추가로 설치해야 하는 부설주차장의 주차대수는 용도변경하는 부분 또는 증축으로 인하여 면적이 증가하는 부분(이하 "증축하는 부분"이라 한다)에 대해서만 설치기준을 적용하여 산정한다. 다만, 위 표 제5호에 따른 시설물을 증축하는 경우에는 증축 후 시설물의 전체면적에 대하여 위 표 제5호에 따른 설치기준을 적용하여 산정한 주차대수에서 증축 전 시설물의 면적에 대하여 증축 시점의 위 표 제5호에 따른 설치기준을 적용하여 산정한 주차대수를 뺀 대수로 한다.

6. 설치기준(위 표 제5호에 따른 설치기준은 제외. 이하 이 호에서 같다)에 따라 주차대수를 산정할 때 소수점 이하의 수(시설물을 증축하는 경우 먼저 증축하는 부분에 대하여 설치기준을 적용하여 산정한 수가 0.5 미만일 때에는 그 수와 나중에 증축하는 부분들에 대하여 설치기준을 적용하여 산정한 수를 합산한 수의 소수점 이하의 수. 이 경우 합산한 수가 0.5 미만일 때에는 0.5 이상이 될 때까지 합산해야 한다)가 0.5 이상인 경우에는 이를 1로 본다. 다만, 해당 시설물 전체에 대하여 설치기준(시설물을 설치한 후 법령·조례의 개정 등으로 설치기준 또는 설치제한기준이 변경된 경우에는 변경된 설치기준 또는 설치제한기준을 말한다)을 적용하여 산정한 총주차대수가 1대 미만인 경우에는 주차대수를 0으로 본다.

7. 용도변경되는 부분에 대하여 설치기준을 적용하여 산정한 주차대수가 1대 미만인 경우에는 주차대수를 0으로 본다. 다만, 용도변경되는 부분에 대하여 설치기준을 적용하여 산정한 주차대수의 합(2회 이상 나누어 용도변경하는 경우를 포함)이 1대 이상인 경우에는 그러하지 아니하다.

8. 단독주택 및 공동주택 중 「주택건설기준 등에 관한 규정」이 적용되는 주택에 대해서는 같은 규정에 따른 기준을 적용한다.

9. 승용차와 승용차 외의 자동차를 함께 주차하는 부설주차장의 경우에는 승용차 외의 자동차의 주차가 가능하도록 하여야 하며, 승용차 외의 자동차를 더 많이 주차하는 부설주차장의 경우에는 그 이용 빈도에 따라 승용차 외의 자동차의 주차에 적합하도록 승용차 외의 자동차를 주차할 주차장을 승용차용 주차장과 구분하여 설치해야 한다. 이 경우 주차대수의 산정은 승용차를 기준으로 한다.

10. 「장애인·노인·임산부 등의 편의증진 보장에 관한 법률 시행령」 제4조 또는 「교통약자의 이동편의 증진법 시행령」 제12조에 따라 장애인전용 주차구역을 설치해야 하는 시설물에는 부설주차장 설치기준에 따른 부설주차장 주차대수의 2퍼센트부터 4퍼센트까지의 범위에서 장애인의 주차수요를 고려하여 지방자치단체의 조례로 정하는 비율 이상을 장애인전용 주차구획으로 구분·설치해야 한다. 다만, 부설주차장의 설치기준에 따른 부설주차장의 주차대수가 10대 미만인 경우에는 그러하지 아니하다.

11. 제6조제2항에 따라 지방자치단체의 조례로 부설주차장 설치기준을 강화 또는 완화하는 때에는 시설물의 시설면적·홀·타석·정원을 기준으로 한다.

12. 경형자동차의 전용주차구획으로 설치된 주차단위구획은 전체 주차단위구획 수의 10퍼센트까지 부설주차장 설치기준에 따라 설치된 것으로 본다.

13. 2008년 1월 1일 전에 설치된 기계식주차장치로서 다음 각 목에 열거된 형태의 기계식주차장치를 설치한 주차장을 다른 형태의 주차장으로 변경하여 설치하는 경우에는 변경 전의 주차대수의 2분의 1에 해당하는 주차대수를 설치하더라도 변경 전의 주차대수로 인정한다.

가. 2단 단순승강 기계식주차장치: 주차구획이 2층으로 되어 있고 위층에 주차된 자동차를 출고하기 위하여는 반드시 아래층에 주차되어 있는 자동차를 출고해야 하는 형태로서, 주차구획 안에 있는 평평한 운반기구를 위·아래로만 이동하여 자동차를 주차하는 기계식주차장치

나. 2단 경사승강 기계식주차장치: 주차구획이 2층으로 되어 있고 주차구획 안에 있는 경사진 운반기구를 위·아래로만 이동하여 자동차를 주차하는 기계식주차장치

14. 비고 제13호에 따라 기계식주차장치를 설치한 주차장을 변경하여 변경 전의 주차대수로 인정받은 후 해당 시설물의 용도변경 또는 증축 등으로 인하여 주차장을 추가로 설치해야 하는 경우에는 비고 제13호 각 목의 기계식주차장치를 설치한 주차장을 변경하면서 줄어든 주차대수도 포함하여 설치해야 한다.

15. 위 표의 "학생용 기숙사"란 기숙사 중 「초·중등교육법」 제2조 및 「고등교육법」 제2조에 따른 학교에 재학 중인 학생을 위한 기숙사를 말한다.

9. 허용 오차(법 제26조, 시행규칙 제20조 별표 5)

대지의 측량(「공간정보의 구축 및 관리 등에 관한 법률」에 따른 지적측량은 제외)이나 건축물의 건축 과정에서 부득이하게 발생하는 오차는 이 법을 적용할 때 국토교통부령으로 정하는 범위에서 허용한다.

● 대지관련 건축기준의 허용오차

항목	허용되는 오차의 범위
건축선의 후퇴거리	3퍼센트 이내
인접대지 경계선과의 거리	3퍼센트 이내
인접건축물과의 거리	3퍼센트 이내
건폐율	0.5퍼센트 이내(건축면적 5제곱미터를 초과할 수 없다)
용적률	1퍼센트 이내(연면적 30제곱미터를 초과할 수 없다)

● 건축물관련 건축기준의 허용오차

항목	허용되는 오차의 범위
건축물 높이	2퍼센트 이내(1미터를 초과할 수 없다)
평면길이	2퍼센트 이내(건축물 전체길이는 1미터를 초과할 수 없고, 벽으로 구획된 각실의 경우에는 10센티미터를 초과할 수 없다)
출구너비	2퍼센트 이내
반자높이	2퍼센트 이내
벽체두께	3퍼센트 이내
바닥판두께	3퍼센트 이내

10. 건축물 용도별 체크리스트

● 단독 주택

연번	체크 항목	체크 페이지	비고
1	주택의 범위	24	
2	건축허가대상(건축, 대수선)	108	
3	건축신고	11	
4	건립이 가능한 용도지역	156-158	
5	건폐율	380	
6	용적률	383	
7	건축물의 공사감리	116	
8	대지안의 조경	121	
9	대지와 도로와의 관계	122	
10	구조내력등	126	
11	건축물의 피난시설·용도제한등	126	
12	대지안의 피난 및 소화에 필요한 통로의 설치	126	
13	옥상광장등의 설치	133	
14	방화구획의 설치	135	
15	계단 및 복도·출입구의 설치	139	
16	복도의 유효너비	132	
17	거실반자의 설치	141	
18	거실의 채광등	141	
19	거실 등의 방습	143	
20	건축물의 내화구조	145	
21	건축물의 내부마감재료	148	
22	지하층의 구조	149	
23	맞벽건축 및 연결복도	181	
24	건축물의 높이제한	182	
25	일조등의 확보를 위한 건축물의 높이제한	183	
26	건축물의 에너지이용	196	
27	관계전문기술자	200	
28	부설주차장	37	

● 공동주택

연번	체크 항목	체크 페이지	비고
1	공동주택의 범위	24	
2	교통영향평가	78	
3	건축허가대상(건축, 대수선)	108	
4	사업계획승인		
5	사업계획승인대상에서 제외		
6	용도지역	156-158	
7	건폐율	380	
8	용적률	383	
9	대지면적의 최소한도	383	
10	에너지절약계획서	88	
11	예술장식품심의	94	
12	건축허가 사전승인 대상	108	
13	건축신고	111	
14	건축물의 공사감리	116	
15	대지안의 조경	121	
16	대지와 도로와의 관계	121	
17	구조내력등	126	
18	건축물의 피난시설·용도제한등	126	
19	건축물 바깥쪽으로의 출구의 설치	131	
20	대지안의 피난 및 소화에 필요한 통로의 설치	134	
21	옥상광장등의 설치	133	
22	방화구획의 설치	135	
23	방화가 장애가 되는 용도의 제한	137	
24	복도의 유효너비	140	
25	계단 및 복도·출입구의 설치	139	
26	거실반자의 설치	141	
27	거실의 채광 등	141	
28	거실 등의 방습	143	
29	경계벽 및 층간바닥의 설치	143	
30	건축물의 내화구조	145	
31	대규모 건축물등의 방화벽등	146	
32	건축물의 내부마감재료	148	
33	지하층의 구조	149	
34	건축물의 범죄예방	150	
35	맞벽건축 및 연결복도	181	
36	건축물의 높이제한	182	
37	일조등의 확보를 위한 건축물의 높이제한	183	
38	개별난방설비	190	
39	배연설비	190	
40	승용승강기의 설치	194	
41	건축물의 에너지이용	196	
42	관계전문기술자	200	
43	부설주차장	37	

● 기숙사

연번	체크 항목	체크 페이지	비고
1	기숙사의 범위	25	
2	교통영향평가대상	78	
3	건축허가대상(건축, 대수선)	108	
4	건축신고	111	
5	건립이 가능한 용도지역	156-158	
6	건폐율	380	
7	용적률	383	
8	에너지절약계획서	88	
9	예술장식품심의	94	
10	건축물의 공사감리	116	
11	대지안의 조경	121	
12	대지와 도로와의 관계	122	
13	구조내력등	126	
14	건축물의 피난시설·용도제한등	126	
15	대지안의 피난 및 소화에 필요한 통로의 설치	134	
16	건축물 바깥쪽으로의 출구의 설치	131	
17	옥상광장등의 설치	133	
18	방화구획의 설치	135	
19	방화가 장애가 되는 용도의 제한	137	
20	계단 및 복도·출입구의 설치	139	
21	복도의 유효너비	140	
22	거실반자의 설치	141	
23	거실의 채광등	141	
24	거실등의 방습	143	
25	경계벽 및 간막이벽의 설치	143	
26	건축물의 내화구조	145	
27	대규모 건축물등의 방화벽등	146	
28	건축물의 내부마감재료	148	
29	지하층의 구조	149	
30	맞벽건축 및 연결복도	181	
31	건축물의 높이제한	182	
32	일조등의 확보를 위한 건축물의 높이제한	183	
33	배연설비	190	
34	승용승강기의 설치	194	
35	비상용승강기의 설치	195	
36	건축물의 에너지이용	196	
37	관계전문기술자	200	
38	부설주차장	37	
39			
40			
41			
42			

● 근린생활시설

연번	체크 항목	체크 페이지	비고
1	근린생활시설의 범위	25	
2	교통영향평가대상	78	
3	건축허가대상(건축, 대수선)	108	
4	건축신고	111	
5	건립이 가능한 용도지역	156-158	
6	건폐율	380	
7	용적률	383	
8	에너지절약계획서	88	
9	예술장식품심의	94	
10	건축물의 공사감리	116	
11	대지안의 조경	121	
12	대지와 도로와의 관계	122	
13	구조내력등	126	
14	건축물의 피난시설·용도제한등	126	
15	건축물 바깥쪽으로의 출구의 설치	131	
16	옥상광장등이 설치	133	
17	대지안의 피난 및 소화에 필요한 통로의 설치	134	
18	계단 및 복도·출입구의 설치	139	
19	복도의 유효너비	140	
20	거실반자의 설치	141	
21	거실등의 방습	143	
22	건축물의 내화구조	145	
23	건축물의 내부마감재료	148	
24	지하층의 구조	149	
25	맞벽건축 및 연결복도	181	
26	건축물의 높이제한	182	
27	일조등의 확보를 위한 건축물의 높이제한	183	
28	배연설비	190	
29	건축물의 에너지이용	194	
30	관계전문기술자	200	
31	부설주차장	37	
32			
33			
34			
35			
36			
37			
38			
39			
40			
41			
42			

● 근린공공시설

연번	체크 항목	체크 페이지	비고
1	근린공공시설의 범위	25	
2	교통영향평가대상	78	
3	건축허가대상(건축, 대수선)	108	
4	건축신고	111	
5	건립이 가능한 용도지역	156-158	
6	건폐율	380	
7	용적률	383	
8	예술장식품심의	94	
9	건축물의 공사감리	116	
10	대지안의 조경	121	
11	대지와 도로와의 관계	122	
12	구조내력등	126	
13	건축물의 피난시설·용도제한등	126	
14	건축물 바깥쪽으로의 출구의 설치	131	
15	옥상광장등의 설치	133	
16	대지안의 피난 및 소화에 필요한 통로의 설치	134	
17	계단 및 복도·출입구의 설치	139	
18	복도의 유효너비	140	
19	거실반자의 설치	141	
20	거실등의 방습	141	
21	건축물의 내화구조	145	
22	건축물의 내부마감재료	148	
23	지하층의 구조	149	
24	맞벽건축 및 연결복도	181	
25	건축물의 높이제한	182	
26	일조등의 확보를 위한 건축물의 높이제한	183	
27	배연설비	190	
28	건축물의 에너지이용	196	
29	관계전문기술자	200	
30	부설주차장	37	
31			
32			
33			
34			
35			
36			
37			
38			
39			
40			

● 종교시설

연번	체크 항목	체크 페이지	비고
1	종교시설의 범위	27	
2	교통영향평가대상	78	
3	건축허가대상(건축, 대수선)	108	
4	건축신고	111	
5	건립이 가능한 용도지역	156-158	
6	건폐율	380	
7	용적률	383	
8	건축물의 공사감리	116	
9	대지안의 조경	121	
10	대지와 도로와의 관계	122	
11	구조내력등	126	
12	건축물의 피난시설·용도제한등	126	
13	옥외피난계단의 설치	130	
14	건축물 바깥쪽으로의 출구의 설치	131	
15	옥상광장등의 설치	133	
16	대지안의 피난 및 소화에 필요한 통로의 설치	134	
17	계단 및 복도·출입구의 설치	139	
18	복도의 유효너비	140	
19	거실반자의 설치	141	
20	거실등의 방습	143	
21	건축물의 내화구조	145	
22	대규모 건축물의 방화벽 등	146	
23	건축물의 내부마감재료	148	
24	지하층의 구조	149	
25	맞벽건축 및 연결복도	181	
26	건축물의 높이제한	182	
27	일조등의 확보를 위한 건축물의 높이제한	183	
28	배연설비	190	
29	승용승강기의 설치	194	
30	비상용승강기의 설치	195	
31	건축물의 에너지이용	196	
32	관계전문기술자	200	
33	공개공지의 확보	125	
34	부설주차장	37	
35			
36			
37			
38			
39			
40			
41			
42			

● 관람집회시설

연번	체크 항목	체크 페이지	비고
1	관람집회시설의 범위	27	
2	교통영향평가대상	78	
3	건축허가대상(건축, 대수선)	108	
4	건축신고	111	
5	건립이 가능한 용도지역	156-158	
6	건폐율	380	
7	용적률	383	
8	지방건축위원회 심의대상	87	
9	에너지절약계획서	88	
10	예술장식품 심의	94	
11	건축물의 공사감리	116	
12	대지안의 조경	121	
13	대지와 도로와의 관계	122	
14	구조내력등	126	
15	건축물의 피난시설·용도제한등	126	
16	옥외피난계단의 설치	130	
17	관람석등으로부터의 출구의 설치	131	
18	건축물 바깥쪽으로의 출구의 설치	131	
19	옥상광장등의 설치	133	
20	방화구획의 설치	135	
21	대지안의 피난 및 소화에 필요한 통로의 설치	134	
22	계단 및 복도·출입구의 설치	139	
23	복도의 유효너비	140	
24	거실반자의 설치	141	
25	거실등의 방습	143	
26	건축물의 내화구조	145	
27	대규모 건축물의 방화벽 등	146	
28	건축물의 내부마감재료	148	
29	지하층의 구조	149	
30	맞벽건축 및 연결복도	181	
31	건축물의 높이제한	182	
32	일조등의 확보를 위한 건축물의 높이제한	183	
33	배연설비	190	
34	승용승강기의 설치	194	
35	비상용승강기의 설치	195	
36	건축물의 에너지이용	196	
37	관계전문기술자	200	
38	공개공지의 확보	125	
39	부설주차장	37	
40			
41			
42			

● 전시시설

연번	체크 항목	체크 페이지	비고
1	전시시설의 범위	27	
2	교통영향평가대상	78	
3	건축허가대상(건축, 대수선)	108	
4	건축신고	111	
5	건립이 가능한 용도지역	156-158	
6	건폐율	380	
7	용적률	383	
8	건축물의 공사감리	116	
9	대지안의 조경	121	
10	대지와 도로와의 관계	122	
11	구조내력등	126	
12	건축물의 피난시설·용도제한등	126	
13	옥외피난계단의 설치	130	
14	관람석등으로부터의 출구의 설치	131	
15	건축물 바깥쪽으로의 출구의 설치	131	
16	옥상광장등의 설시	133	
17	방화구획의 설치	135	
18	대지안의 피난 및 소화에 필요한 통로의 설치	134	
19	계단 및 복도·출입구의 설치	139	
20	복도의 유효너비	140	
21	거실반자의 설치	141	
22	거실의 채광등	141	
23	거실등의 방습	143	
24	건축물의 내화구조	145	
25	대규모 건축물의 방화벽 등	146	
26	건축물의 내부마감재료	148	
27	지하층의 구조	149	
28	건축물의 범죄예방	150	
29	맞벽건축 및 연결복도	181	
30	건축물의 높이제한	182	
31	일조등의 확보를 위한 건축물의 높이제한	183	
32	배연설비	190	
33	승용승강기의 설치	194	
34	비상용승강기의 설치	195	
35	건축물의 에너지이용	196	
36	관계전문기술자	200	
37	공개공지의 확보	125	
38	부설주차장	37	
39			
40			
41			
42			

● 판매시설

연번	체크 항목	체크 페이지	비고
1	판매시설의 범위	27	
2	교통영향평가대상	78	
3	건축허가대상(건축, 대수선)	108	
4	건축허가 사전승인 대상	108	
5	건축신고	111	
6	건립이 가능한 용도지역	156-158	
7	건폐율	380	
8	용적률	383	
9	지방건축위원회 심의대상	87	
10	에너지절약계획서	88	
11	예술장식품심의	94	
12	수도권정비심의	95	
13	건축물의 공사감리	116	
14	대지안의 조경	121	
15	대지와 도로와의 관계	122	
16	구조내력등	126	
17	건축물의 피난시설·용도제한등	126	
18	건축물 바깥쪽으로의 출구의 설치	131	
19	옥상광장등의 설치	133	
20	방화구획의 설치	135	
21	대지안의 피난 및 소화에 필요한 통로의 설치	134	
22	방화에 장애가 되는 용도의 제한	137	
23	계단 및 복도·출입구의 설치	139	
24	복도의 유효너비	140	
25	거실반자의 설치	141	
26	거실의 채광등	141	
27	거실등의 방습	143	
28	건축물의 내화구조	145	
29	대규모 건축물의 방화벽 등	146	
30	건축물의 내부마감재료	148	
31	지하층의 구조	149	
32	맞벽건축 및 연결복도	181	
33	건축물의 높이제한	182	
34	일조등의 확보를 위한 건축물의 높이제한	183	
35	배연설비	190	
36	승용승강기의 설치	194	
37	비상용승강기의 설치	195	
38	건축물의 에너지이용	196	
39	관계전문기술자	200	
40	공개공지의 확보	125	
41	부설주차장	37	
42			

● 운수시설

연번	체크 항목	체크 페이지	비고
1	운수시설의 범위	28	
2	교통영향평가대상	78	
3	건축허가대상(건축, 대수선)	100	
4	건축허가 사전승인 대상	100	
5	건축신고	111	
6	건립이 가능한 용도지역	156-158	
7	건폐율	380	
8	용적률	383	
9	지방건축위원회 심의대상	87	
10	예술장식품심의	94	
11	건축물의 공사감리	116	
12	대지안의 조경	121	
13	대지와 도로와의 관계	122	
14	구조내력등	126	
15	건축물의 피난시설·용도제한등	126	
16	건축물 바깥쪽으로의 출구의 설치	131	
17	옥상광장등의 설치	133	
18	방화구획의 설치	135	
19	대지안의 피난 및 소화에 필요한 통로의 설치	134	
20	계단 및 복도·출입구의 설치	139	
21	복도의 유효너비	140	
22	거실반자의 설치	141	
23	거실의 채광등	141	
24	거실등의 방습	143	
25	건축물의 내화구조	145	
26	대규모 건축물의 방화벽 등	146	
27	건축물의 내부마감재료	148	
28	지하층의 구조	149	
29	맞벽건축 및 연결복도	181	
30	건축물의 높이제한	182	
31	일조등의 확보를 위한 건축물의 높이제한	183	
32	배연설비	190	
33	승용승강기의 설치	194	
34	비상용승강기의 설치	195	
35	건축물의 에너지이용	196	
36	관계전문기술자	200	
37	공개공지의 확보	125	
38	부설주차장	37	
39			
40			
41			
42			

● 의료시설

연번	체크 항목	체크 페이지	비고
1	의료시설의 범위	28	
2	교통영향평가대상	78	
3	건축허가대상(건축, 대수선)	108	
4	건축허가 사전승인 대상	108	
5	건축신고	111	
6	건립이 가능한 용도지역	156-158	
7	건폐율	380	
8	용적률	383	
9	지방건축위원회 심의대상	87	
10	예술장식품심의	94	
11	건축물의 공사감리	116	
12	대지안의 조경	121	
13	대지와 도로와의 관계	122	
14	구조내력등	126	
15	건축물의 피난시설·용도제한등	126	
16	건축물 바깥쪽으로의 출구의 설치	131	
17	옥상광장등의 설치	133	
18	방화구획의 설치	135	
19	방화에 장애가 되는 용도의 제한	137	
20	대지안의 피난 및 소화에 필요한 통로의 설치	134	
21	계단 및 복도·출입구의 설치	139	
22	복도의 유효너비	140	
23	거실반자의 설치	141	
24	경계벽 및 층간바닥의 설치	143	
25	거실의 채광등	141	
26	거실등의 방습	143	
27	건축물의 내화구조	145	
28	대규모 건축물의 방화벽 등	146	
29	건축물의 내부마감재료	149	
30	지하층의 구조	149	
31	맞벽건축 및 연결복도	181	
32	건축물의 높이제한	182	
33	일조등의 확보를 위한 건축물의 높이제한	183	
34	배연설비	190	
35	승용승강기의 설치	194	
36	비상용승강기의 설치	195	
37	건축물의 에너지이용	196	
38	관계전문기술자	200	
39	공개공지의 확보	125	
40	부설주차장	37	
41			
42			

● 장례시설

연번	체크 항목	체크 페이지	비고
1	장례시설	31	
2	교통영향평가대상	78	
3	건축허가대상(건축, 대수선)	108	
4	건축신고	111	
5	건립이 가능한 용도지역	156-158	
6	건폐율	380	
7	용적률	383	
8	건축물의 공사감리	116	
9	대지안의 조경	121	
10	대지와 도로와의 관계	122	
11	구조내력등	126	
12	건축물의 피난시설·용도제한등	126	
13	관람석등으로부터의 출구의 설치	131	
14	건축물 바깥쪽으로의 출구의 설치	131	
15	옥상광장등의 설치	133	
16	방화구획의 설치	135	
17	방화에 장애가 되는 용도의 제한	137	
18	대지안의 피난 및 소화에 필요한 통로의 설치	134	
19	계단 및 복도·출입구의 설치	139	
20	복도의 유효너비	140	
21	거실반자의 설치	141	
22	경계벽 및 층간바닥의 설치	143	
23	거실의 채광등	141	
24	거실등의 방습	143	
25	건축물의 내화구조	145	
26	대규모 건축물의 방화벽 등	146	
27	건축물의 내부마감재료	148	
28	지하층의 구조	149	
29	맞벽건축 및 연결복도	181	
30	건축물의 높이제한	182	
31	일조등의 확보를 위한 건축물의 높이제한	183	
32	배연설비	190	
33	승용승강기의 설치	194	
34	비상용승강기의 설치	195	
35	건축물의 에너지이용	196	
36	관계전문기술자	200	
37	공개공지의 확보	125	
38	부설주차장	37	
39			
40			
41			
42			

● 교육연구시설

연번	체크 항목	체크 페이지	비고
1	교육연구시설의 범위	28	
2	교통영향평가대상	78	
3	건축허가대상(건축, 대수선)	108	
4	건축허가 사전승인 대상	108	
5	건축신고	111	
6	건립이 가능한 용도지역	156-158	
7	건폐율	380	
8	용적률	383	
9	지방건축위원회 심의대상	87	
10	에너지절약계획서	88	
11	수도권정비심의	95	
12	건축물의 공사감리	116	
13	대지안의 조경	121	
14	대지와 도로와의 관계	122	
15	구조내력등	126	
16	건축물의 피난시설·용도제한등	126	
17	건축물 바깥쪽으로의 출구의 설치	131	
18	옥상광장등의 설치	133	
19	방화구획의 설치	135	
20	방화에 장애가 되는 용도의 제한	137	
21	대지안의 피난 및 소화에 필요한 통로의 설치	134	
22	계단 및 복도·출입구의 설치	139	
23	복도의 유효너비	140	
24	거실반자의 설치	141	
25	경계벽 및 층간바닥의 설치	143	
26	거실의 채광등	141	
27	거실등의 방습	143	
28	건축물의 내화구조	145	
29	대규모 건축물의 방화벽 등	146	
30	건축물의 내부마감재료	148	
31	지하층의 구조	149	
32	맞벽건축 및 연결복도	181	
33	건축물의 높이제한	182	
34	일조등의 확보를 위한 건축물의 높이제한	183	
35	배연설비	190	
36	승용승강기의 설치	194	
37	비상용승강기의 설치	195	
38	건축물의 에너지이용	196	
39	관계전문기술자	200	
40	공개공지의 확보	125	
41	부설주차장	37	
42	건축물의 범죄예방	150	

● 노유자시설

연번	체크 항목	체크 페이지	비고
1	노유자시설의 범위	28	
2	교통영향평가대상	78	
3	건축허가대상(건축, 대수선)	108	
4	건축신고	111	
5	건립이 가능한 용도지역	156-158	
6	건폐율	380	
7	용적률	383	
8	지방건축위원회 심의대상	87	
9	건축물의 공사감리	116	
10	대지안의 조경	121	
11	대지와 도로와의 관계	122	
12	구조내력등	126	
13	건축물의 피난시설·용도제한등	126	
14	건축물 바깥쪽으로의 출구의 설치	131	
15	옥상광장등의 설치	133	
16	방화구획의 설치	135	
17	방화에 장애가 되는 용도의 제한	137	
18	대지안의 피난 및 소화에 필요한 통로의 설치	134	
19	계단 및 복도·출입구의 설치	139	
20	복도의 유효너비	140	
21	거실반자의 설치	141	
22	거실의 채광등	141	
23	거실등의 방습	143	
24	건축물의 내화구조	145	
25	대규모 건축물의 방화벽 등	146	
26	건축물의 내부마감재료	148	
27	지하층의 구조	149	
28	맞벽건축 및 연결복도	181	
29	건축물의 높이제한	182	
30	일조등의 확보를 위한 건축물의 높이제한	183	
31	배연설비	190	
32	승용승강기의 설치	194	
33	비상용승강기의 설치	195	
34	건축물의 에너지이용	196	
35	관계전문기술자	200	
36	공개공지의 확보	125	
37	부실조사상	37	
38	건축물의 범죄예방	150	
39			
40			
41			
42			

● 청소년수련시설

연번	체크 항목	체크 페이지	비고
1	청소년수련시설의 범위	28	
2	교통영향평가대상	78	
3	건축허가대상(건축, 대수선)	108	
4	건축신고	111	
5	건립이 가능한 용도지역	156-158	
6	건폐율	380	
7	용적률	383	
8	에너지절약계획서	88	
9	건축물의 공사감리	116	
10	대지안의 조경	121	
11	대지와 도로와의 관계	122	
12	구조내력등	126	
13	건축물의 피난시설·용도제한등	126	
14	건축물 바깥쪽으로의 출구의 설치	131	
15	옥상광장등의 설치	133	
16	방화구획의 설치	135	
17	방화에 장애가 되는 용도의 제한	137	
18	대지안의 피난 및 소화에 필요한 통로의 설치	134	
19	계단 및 복도·출입구의 설치	139	
20	복도의 유효너비	140	
21	거실반자의 설치	141	
22	거실의 채광등	141	
23	거실등의 방습	143	
24	건축물의 내화구조	145	
25	대규모 건축물의 방화벽 등	146	
26	건축물의 내부마감재료	148	
27	지하층의 구조	149	
28	맞벽건축 및 연결복도	181	
29	건축물의 높이제한	182	
30	일조등의 확보를 위한 건축물의 높이제한	183	
31	배연설비	190	
32	승용승강기의 설치	194	
33	비상용승강기의 설치	195	
34	건축물의 에너지이용	196	
35	관계전문기술자	200	
36	공개공지의 확보	125	
37	부설주차장	37	
38			
39			
40			
41			
42			

● 운동시설

연번	체크 항목	체크 페이지	비고
1	운동시설의 범위	28	
2	교통영향평가대상	78	
3	건축허가대상(건축, 대수선)	108	
4	건축신고	111	
5	건립이 가능한 용도지역	156-158	
6	건폐율	380	
7	용적률	383	
8	에너지절약계획서	88	
9	건축물의 공사감리	116	
10	대지안의 조경	121	
11	대지와 도로와의 관계	122	
12	구조내력등	126	
13	건축물의피난시설·용도제한등	126	
14	건축물 바깥쪽으로의 출구의 설치	131	
15	옥상광장등의 설치	133	
16	방화구획의 실시	135	
17	대지안의 피난 및 소화에 필요한 통로의 설치	134	
18	계단 및 복도·출입구의 설치	139	
19	복도의 유효너비	140	
20	거실반자의 설치	141	
21	거실의 채광등	141	
22	거실등의 방습	143	
23	건축물의 내화구조	145	
24	대규모 건축물의 방화벽 등	146	
25	건축물의 내부마감재료	148	
26	지하층의 구조	149	
27	맞벽건축 및 연결복도	181	
28	건축물의 높이제한	182	
29	배연설비	190	
30	승용승강기의 설치	194	
31	비상용승강기의 설치	195	
32	건축물의 에너지이용	196	
33	관계전문기술자	200	
34	공개공지의 확보	125	
35	부설주차장	37	
36			
37			
38			
39			
40			
41			
42			

● 업무시설

연번	체크 항목	체크 페이지	비고
1	업무시설의 범위	29	
2	교통영향평가대상	78	
3	건축허가대상(건축, 대수선)	108	
4	건축허가사전승인 대상	108	
5	건축신고	111	
6	건립이 가능한 용도지역	156-158	
7	건폐율	380	
8	용적률	383	
9	지방건축위원회 심의대상	87	
10	에너지절약계획서	88	
11	예술장식품심의	94	
12	수도권정비심의	95	
13	건축물의 공사감리	116	
14	대지안의 조경	121	
15	대지와 도로와의 관계	122	
16	구조내력등	126	
17	건축물의 피난시설·용도제한등	126	
18	건축물 바깥쪽으로의 출구의 설치	131	
19	옥상광장등의 설치	133	
20	방화구획의 설치	135	
21	대지안의 피난 및 소화에 필요한 통로의 설치	134	
22	계단 및 복도·출입구의 설치	139	
23	복도의 유효너비	140	
24	거실반자의 설치	141	
25	거실의 채광등	141	
26	거실등의 방습	143	
27	건축물의 내화구조	145	
28	대규모 건축물의 방화벽 등	146	
29	건축물의 내부마감재료	148	
30	지하층의 구조	149	
31	맞벽건축 및 연결복도	181	
32	건축물의 높이제한	182	
33	일조등의 확보를 위한 건축물의 높이제한	183	
34	개별난방설비	190	
35	배연설비	190	
36	승용승강기의 설치	194	
37	비상용승강기의 설치	185	
38	건축물의 에너지이용	196	
39	관계전문기술자	200	
40	공개공지의 확보	125	
41	부설주차장	37	
42	건축물의 범죄예방(오피스텔)	150	

● 숙박시설

연번	체크 항목	체크 페이지	비고
1	숙박시설의 범위	29	
2	교통영향평가대상	78	
3	건축허가대상(건축, 대수선)	108	
4	건축허가사전승인 대상	108	
5	건축신고	111	
6	건립이 가능한 용도지역	156-158	
7	건폐율	380	
8	용적률	383	
9	지방건축위원회 심의대상	87	
10	에너지절약계획서	88	
11	예술장식품심의	94	
12	건축물의 공사감리	116	
13	대지안의 조경	121	
14	대지와 도로와의 관계	122	
15	구조내력등	126	
16	건축물의 피난시설·용도제한등	126	
17	건축물 바깥쪽으로의 출구의 설치	131	
18	옥상광장등의 설치	133	
19	방화구획의 설치	135	
20	계단 및 복도·출입구의 설치	139	
21	복도의 유효너비	140	
22	거실반자의 설치	141	
23	거실의 채광등	141	
24	거실등의 방습	143	
25	경계벽 및 층간바닥의 설치	143	
26	건축물의 내화구조	145	
27	대규모 건축물의 방화벽 등	146	
28	건축물의 내부마감재료	148	
29	지하층의 구조	149	
30	맞벽건축 및 연결복도	101	
31	건축물의 높이제한	182	
32	배연설비	190	
33	승용승강기의 설치	194	
34	비상용승강기의 설치	195	
35	건축물의 에너지이용	196	
36	관계전문기술자	200	
37	공개공지의 확보	125	
38	부설주차장	37	
39	건축물의 범죄예방(다중생활시설)	150	
40			
41			
42			

● 위락시설

연번	체크 항목	체크 페이지	비고
1	위락시설의 범위	29	
2	교통영향평가대상	78	
3	건축허가대상(건축, 대수선)	108	
4	건축허가사전승인 대상	108	
5	건축신고	111	
6	건립이 가능한 용도지역	156-158	
7	건폐율	380	
8	용적률	383	
9	지방건축위원회 심의대상	87	
10	에너지절약계획서	88	
11	예술장식품심의	94	
12	수도권정비심의	95	
13	건축물의 공사감리	116	
14	대지안의 조경	121	
15	대지와 도로와의 관계	122	
16	구조내력등	126	
17	건축물의 피난시설·용도제한등	126	
18	관람석등으로부터의 출구의 설치	131	
19	건축물 바깥쪽으로의 출구의 설치	131	
20	옥상광장등의 설치	133	
21	방화구획의 설치	135	
22	방화에 장애가 되는 용도의 제한	137	
23	대지안의 피난 및 소화에 필요한 통로의 설치	134	
24	계단 및 복도·출입구의 설치	139	
25	복도의 유효너비	140	
26	거실반자의 설치	141	
27	거실의 채광등	141	
28	거실등의 방습	143	
29	건축물의 내화구조	145	
30	대규모 건축물의 방화벽 등	146	
31	건축물의 내부마감재료	148	
32	지하층의 구조	149	
33	맞벽건축 및 연결복도	181	
34	건축물의 높이제한	182	
35	배연설비	182	
36	승용승강기의 설치	194	
37	비상용승강기의 설치	195	
38	건축물의 에너지이용	196	
39	관계전문기술자	200	
40	공개공지의 확보	125	
41	부설주차장	37	
42			

● 공장시설

연번	체크 항목	체크 페이지	비고
1	공장시설의 범위	29	
2	교통영향평가대상	78	
3	건축신고	111	
4	건립이 가능한 용도지역	156-158	
5	건폐율	380	
6	용적률	383	
7	수도권정비심의	95	
8	건축물의 공사감리	116	
9	대지안의 조경	121	
10	대지와 도로와의 관계	122	
11	구조내력등	126	
12	건축물의 피난시설·용도제한등	126	
13	건축물 바깥쪽으로의 출구의 설치	131	
14	옥상광장등의 설치	133	
15	방화구획의 설치	135	
16	방화에 장애가 되는 용도의 제한	137	
17	대지안의 피난 및 소화에 필요한 통로의 설치	134	
18	계단 및 복도·출입구의 설치	139	
19	복도의 유효너비	140	
20	대규모 건축물의 방화벽 등	146	
21	건축물의 내부마감재료	148	
22	지하층의 구조	149	
23	맞벽건축 및 연결복도	181	
24	건축물의 높이제한	182	
25	일조등의 확보를 위한 건축물의 높이제한	183	
26	배연설비	190	
27	승용승강기의 설치	194	
28	비상용승강기의 설치	195	
29	건축물의 에너지이용	196	
30	관계전문기술자	200	
31	공개공지의 확보	125	
32	부설주차장	37	
33			
34			
35			
36			
37			
38			
39			
40			
41			
42			

● 창고시설

연번	체크 항목	체크 페이지	비고
1	창고시설의 범위	29	
2	교통영향평가대상	78	
3	건축허가대상(건축, 대수선)	108	
4	건축신고	111	
5	건립이 가능한 용도지역	156-158	
6	건폐율	380	
7	용적률	383	
8	건축물의 공사감리	116	
9	대지안의 조경	121	
10	대지와 도로와의 관계	122	
11	구조내력등	126	
12	건축물의 피난시설·용도제한등	126	
13	건축물 바깥쪽으로의 출구의 설치	131	
14	옥상광장등의 설치	133	
15	방화구획의 설치	135	
16	대지안의 피난 및 소화에 필요한 통로의 설치	134	
17	계단 및 복도·출입구의 설치	139	
18	거실등의 방습	143	
19	건축물의 내화구조	145	
20	대규모 건축물의 방화벽 등	146	
21	건축물의 내부마감재료	148	
22	지하층의 구조	149	
23	맞벽건축 및 연결복도	181	
24	건축물의 높이제한	182	
25	일조등의 확보를 위한 건축물의 높이제한	183	
26	배연설비	190	
27	승용승강기의 설치	194	
28	비상용승강기의 설치	195	
29	건축물의 에너지이용	196	
30	관계전문기술자	200	
31	부설주차장	37	
32			
33			
34			
35			
36			
37			
38			
39			
40			
41			
42			

● 위험물저장 및 처리시설

연번	체크 항목	체크 페이지	비고
1	위험물저장 및 처리시설의 범위	30	
2	교통영향평가대상	78	
3	건축허가대상(건축, 대수선)	108	
4	건축신고	111	
5	건립이 가능한 용도시역	156-158	
6	건폐율	380	
7	용적률	383	
8	건축물의 공사감리	116	
9	대지안의 조경	121	
10	대지와 도로와의 관계	122	
11	구조내력등	126	
12	건축물의 피난시설·용도제한등	126	
13	건축물 바깥쪽으로의 출구의 설치	131	
14	옥상광장등의 설치	133	
15	방화구획의 설치	135	
16	대지안의 피난 및 소화에 필요한 통로의 설치	134	
17	방화에 장애가 되는 용도의 제한	137	
18	계단 및 복도·출입구의 설치	139	
19	복도의 유효너비	140	
20	거실등의 방습	143	
21	건축물의 내화구조	145	
22	대규모 건축물의 방화벽 등	146	
23	건축물의 내부마감재료	148	
24	지하층의 구조	149	
25	맞벽건축 및 연결복도	181	
26	건축물의 높이제한	182	
27	일조등의 확보를 위한 건축물의 높이제한	183	
28	배연설비	190	
29	승용승강기의 설치	194	
30	비상용승강기의 설치	195	
31	건축물의 에너지이용	196	
32	관계전문기술자	200	
33	부설주차장	37	
34			
35			
36			
37			
38			
39			
40			
41			
42			

● 자동차관련시설

연번	체크 항목	체크 페이지	비고
1	자동차관련시설의 범위	30	
2	교통영향평가대상	78	
3	건축허가대상(건축, 대수선)	108	
4	건축신고	111	
5	건립이 가능한 용도지역	156-158	
6	건폐율	380	
7	용적률	383	
8	건축물의 공사감리	116	
9	대지안의 조경	121	
10	대지와 도로와의 관계	122	
11	구조내력등	126	
12	건축물의 피난시설·용도제한등	126	
13	건축물 바깥쪽으로의 출구의 설치	131	
14	옥상광장등의 설치	133	
15	방화구획의 설치	135	
16	대지안의 피난 및 소화에 필요한 통로의 설치	134	
17	방화에 장애가 되는 용도의 제한	137	
18	계단 및 복도·출입구의 설치	139	
19	복도의 유효너비	140	
20	거실등의 방습	143	
21	건축물의 내화구조	145	
22	대규모 건축물의 방화벽 등	146	
23	건축물의 내부마감재료	148	
24	지하층의 구조	149	
25	맞벽건축 및 연결복도	181	
26	건축물의 높이제한	182	
27	일조등의 확보를 위한 건축물의 높이제한	183	
28	배연설비	190	
29	승용승강기의 설치	194	
30	비상용승강기의 설치	195	
31	건축물의 에너지이용	196	
32	관계전문기술자	200	
33	부설주차장	37	
34			
35			
36			
37			
38			
39			
40			
41			
42			

● 동물관련시설

연번	체크 항목	체크 페이지	비고
1	동물관련시설의 범위	30	
2	교통영향평가대상	78	
3	건축허가대상(건축, 대수선)	108	
4	건축신고	111	
5	건립이 가능한 용도지역	156-158	
6	건폐율	380	
7	용적률	383	
8	건축물의 공사감리	116	
9	대지안의 조경	121	
10	대지와 도로와의 관계	122	
11	구조내력등	126	
12	건축물의 피난시설·용도제한등	126	
13	건축물 바깥쪽으로의 출구의 설치	131	
14	옥상광장등의 설치	133	
15	방화구획의 설치	135	
16	대지안의 피난 및 소화에 필요한 통로의 설치	134	
17	계단 및 복도·출입구의 설치	139	
18	복도의 유효너비	140	
19	거실등의 방습	143	
20	대규모 건축물의 방화벽 등	146	
21	건축물의 내부마감재료	148	
22	지하층의 구조	149	
23	맞벽건축 및 연결복도	181	
24	건축물의 높이제한	182	
25	일조등의 확보를 위한 건축물의 높이제한	183	
26	배연설비	190	
27	승용승강기의 설치	194	
28	비상용승강기의 설치	195	
29	건축물의 에너지이용	196	
30	관계전문기술자	200	
31	부설주차장	37	
32			
33			
34			
35			
36			
37			
38			
39			
40			
41			
42			

● 식물관련시설

연번	체크 항목	체크 페이지	비고
1	식물관련시설의 범위	30	
2	교통영향평가대상	78	
3	건축허가대상(건축, 대수선)	108	
4	건축신고	111	
5	건립이 가능한 용도지역	156-158	
6	건폐율	380	
7	용적률	383	
8	건축물의 공사감리	116	
9	대지안의 조경	121	
10	대지와 도로와의 관계	122	
11	구조내력등	126	
12	건축물의 피난시설·용도제한등	126	
13	건축물 바깥쪽으로의 출구의 설치	131	
14	옥상광장등의 설치	133	
15	방화구획의 설치	135	
16	계단 및 복도·출입구의 설치	139	
17	복도의 유효너비	140	
18	거실등의 방습	143	
19	대규모 건축물의 방화벽 등	146	
20	지하층의 구조	149	
21	맞벽건축 및 연결복도	181	
22	건축물의 높이제한	182	
23	일조등의 확보를 위한 건축물의 높이제한	183	
24	배연설비	190	
25	승용승강기의 설치	194	
26	비상용승강기의 설치	195	
27	건축물의 에너지이용	196	
28	관계전문기술자	200	
29	부설주차장	37	
30			
31			
32			
33			
34			
35			
36			
37			
38			
39			
40			
41			
42			

● 자원순환 관련 시설

연번	체크 항목	체크 페이지	비고
1	자원순환 관련 시설의 범위	31	
2	교통영향평가대상	78	
3	건축허가대상(건축, 대수선)	108	
4	건축신고	111	
5	건립이 가능한 용도지역	156-158	
6	건폐율	380	
7	용적률	383	
8	건축물의 공사감리	116	
9	대지안의 조경	121	
10	대지와 도로와의 관계	122	
11	구조내력등	126	
12	건축물의 피난시설·용도제한등	126	
13	건축물 바깥쪽으로의 출구의 설치	131	
14	옥상광장등의 설치	133	
15	방화구획의 설치	135	
16	대지안의 피난 및 소화에 필요한 통로의 설치	134	
17	계단 및 복도·출입구의 설치	139	
18	거실등의 방습	143	
19	건축물의 내화구조	145	
20	대규모 건축물의 방화벽 등	146	
21	건축물의 내부마감재료	148	
22	지하층의 구조	149	
23	맞벽건축 및 연결복도	181	
24	건축물의 높이제한	182	
25	일조등의 확보를 위한 건축물의 높이제한	183	
26	배연설비	190	
27	승용승강기의 설치	194	
28	비상용승강기의 설치	195	
29	건축물의 에너지이용	196	
30	관계전문기술자	200	
31	부설주차장	37	
32			
33			
34			
35			
36			
37			
38			
39			
40			
41			
42			

● 교정시설

연번	체크 항목	체크 페이지	비고
1	교정시설의 범위	31	
2	교통영향평가대상	78	
3	건축허가대상(건축, 대수선)	108	
4	건축신고	111	
5	건립이 가능한 용도지역	156-158	
6	건폐율	380	
7	용적률	383	
8	건축물의 공사감리	116	
9	대지안의 조경	121	
10	대지와 도로와의 관계	122	
11	구조내력등	126	
12	건축물의 피난시설·용도제한등	126	
13	건축물 바깥쪽으로의 출구의 설치	131	
14	옥상광장등의 설치	133	
15	방화구획의 설치	135	
16	대지안의 피난 및 소화에 필요한 통로의 설치	134	
17	계단 및 복도·출입구의 설치	139	
18	복도의 유효너비	140	
19	거실반자의 설치	141	
20	거실등의 방습	143	
21	건축물의 내화구조	145	
22	대규모 건축물의 방화벽 등	146	
23	건축물의 내부마감재료	148	
24	지하층의 구조	149	
25	맞벽건축 및 연결복도	181	
26	건축물의 높이제한	182	
27	일조등의 확보를 위한 건축물의 높이제한	183	
28	배연설비	190	
29	승용승강기의 설치	194	
30	비상용승강기의 설치	195	
31	건축물의 에너지이용	196	
32	관계전문기술자	200	
33	부설주차장	37	
34			
35			
36			
37			
38			
39			
40			
41			
42			

● 군사시설

연번	체크 항목	체크 페이지	비고
1	군사시설의 범위	31	
2	교통영향평가대상	78	
3	건축허가대상(건축, 대수선)	108	
4	건축신고	111	
5	건립이 가능한 용도지역	156-158	
6	건폐율	380	
7	용적률	383	
8	대지안의 조경	121	
9	대지와 도로와의 관계	122	
10	구조내력등	126	
11	건축물의 피난시설·용도제한등	126	
12	건축물 바깥쪽으로의 출구의 설치	131	
13	옥상광장등의 설치	133	
14	방화구획의 설치	135	
15	대지안의 피난 및 소화에 필요한 통로의 설치	134	
16	계단 및 복도·출입구의 설치	139	
17	거실등의 방습	143	
18	건축물의 내화구조	145	
19	대규모 건축물의 방화벽 등	146	
20	건축물의 내부마감재료	148	
21	지하층의 구조	149	
22	맞벽건축 및 연결복도	181	
23	건축물의 높이제한	182	
24	일조등의 확보를 위한 건축물의 높이제한	183	
25	배연설비	190	
26	승용승강기의 설치	194	
27	비상용승강기의 설치	195	
28	건축물의 에너지이용	196	
29	관계전문기술자	200	
30	부설주차장	37	
31			
32			
33			
34			
35			
36			
37			
38			
39			
40			
41			
42			

● 발전시설

연번	체크 항목	체크 페이지	비고
1	발전소시설의 범위	31	
2	교통영향평가대상	78	
3	건축허가대상(건축, 대수선)	108	
4	건축신고	111	
5	건립이 가능한 용도지역	156-158	
6	건폐율	380	
7	용적률	383	
8	건축물의 공사감리	116	
9	대지안의 조경	121	
10	대지와 도로와의 관계	122	
11	구조내력등	126	
12	건축물의 피난시설·용도제한등	126	
13	건축물 바깥쪽으로의 출구의 설치	131	
14	옥상광장등의 설치	133	
15	방화구획의 설치	135	
16	대지안의 피난 및 소화에 필요한 통로의 설치	134	
17	계단 및 복도·출입구의 설치	139	
18	거실반자의 설치	141	
19	거실등의 방습	143	
20	건축물의 내화구조	145	
21	대규모 건축물의 방화벽 등	146	
22	건축물의 내부마감재료	148	
23	지하층의 구조	149	
24	맞벽건축 및 연결복도	181	
25	건축물의 높이제한	182	
26	일조등의 확보를 위한 건축물의 높이제한	183	
27	배연설비	190	
28	승용승강기의 설치	194	
29	비상용승강기의 설치	195	
30	건축물의 에너지이용	196	
31	관계전문기술자	200	
32	부설주차장	37	
33			
34			
35			
36			
37			
38			
39			
40			
41			
42			

● 방송통신시설

연번	체크 항목	체크 페이지	비고
1	방송통신시설의 범위	31	
2	교통영향평가대상	78	
3	건축허가대상(건축, 대수선)	108	
4	건축허가사전승인 대상	108	
5	건축신고	111	
6	건립이 가능한 용도지역	156-158	
7	건폐율	380	
8	용적률	383	
9	지방건축위원회 심의대상	87	
10	건축물의 공사감리	116	
11	대지안의 조경	121	
12	대지와 도로와의 관계	122	
13	구조내력등	126	
14	건축물의 피난시설·용도제한등	126	
15	건축물 바깥쪽으로의 출구의 설치	131	
16	옥상광장등의 설치	133	
17	방화구획의 설치	135	
18	대지안의 피난 및 소화에 필요한 통로의 설치	134	
19	계단 및 복도·출입구의 설치	139	
20	복도의 유효너비	140	
21	거실반자의 설치	141	
22	거실의 채광등	141	
23	거실등의 방습	143	
24	건축물의 내화구조	145	
25	대규모 건축물의 방화벽 등	146	
26	건축물의 내부마감재료	148	
27	지하층의 구조	149	
28	맞벽건축 및 연결복도	181	
29	건축물의 높이제한	182	
30	일조등의 확보를 위한 건축물의 높이제한	183	
31	배연설비	190	
32	승용승강기의 설치	194	
33	비상용승강기의 설치	195	
34	건축물의 에너지이용	196	
35	관계전문기술자	200	
36	공개공지의 확보	125	
37	부설주차장	37	
38			
39			
40			
41			
42			

● 묘지관련시설

연번	체크 항목	체크 페이지	비고
1	묘지관련시설의 범위	31	
2	교통영향평가대상	78	
3	건축허가대상(건축, 대수선)	1008	
4	건축신고	111	
5	건립이 가능한 용도지역	156-158	
6	건폐율	380	
7	용적률	383	
8	건축물의 공사감리	116	
9	대지안의 조경	121	
10	대지와 도로와의 관계	122	
11	구조내력등	126	
12	건축물의 피난시설·용도제한등	126	
13	건축물 바깥쪽으로의 출구의 설치	131	
14	옥상광장등의 설치	133	
15	방화구획의 설치	135	
16	대지안의 피난 및 소화에 필요한 통로의 설치	134	
17	계단 및 복도·출입구의 설치	139	
18	거실등의 방습	143	
19	건축물의 내화구조	145	
20	대규모 건축물의 방화벽 등	146	
21	건축물의 내부마감재료	148	
22	지하층의 구조	149	
23	맞벽건축 및 연결복도	182	
24	건축물의 높이제한	182	
25	배연설비	190	
26	승용승강기의 설치	194	
27	비상용승강기의 설치	195	
28	건축물의 에너지이용	196	
29	관계전문기술자	200	
30	부설주차장	37	
31			
32			
33			
34			
35			
36			
37			
38			
39			
40			
41			
42			

● 관광휴게시설

연번	체크 항목	체크 페이지	비고
1	관광휴게시설의 범위	31	
2	교통영향평가대상	78	
3	건축허가대상(건축, 대수선)	108	
4	건축허가사전승인 대상	108	
5	건축신고	111	
6	건립이 가능한 용도지역	156-158	
7	건폐율	380	
8	용적률	383	
9	지방건축위원회 심의대상	87	
10	건축물의 공사감리	116	
11	대지안의 조경	121	
12	대지와 도로와의 관계	122	
13	구조내력등	126	
14	건축물의 피난시설·용도제한등	126	
15	건축물 바깥쪽으로의 출구의 설치	131	
16	옥상광장등의 설치	133	
17	방화구획의 설치	135	
18	대지안의 피난 및 소화에 필요한 통로의 설치	134	
19	계단 및 복도·출입구의 설치	139	
20	거실등의 방습	143	
21	건축물의 내화구조	145	
22	대규모 건축물의 방화벽 등	146	
23	건축물의 내부마감재료	148	
24	지하층의 구조	149	
25	맞벽건축 및 연결복도	181	
26	건축물의 높이제한	182	
27	배연설비	190	
28	승용승강기의 설치	194	
29	비상용승강기의 설치	195	
30	건축물의 에너지이용	196	
31	관계전문기술자	200	
32	공개공지의 확보	125	
33	부설주차장	37	
34			
35			
36			
37			
38			
39			
40			
41			
42			

Checklist

법원문요약

제2장 총 칙

1. 교통영향분석 · 개선대책의 수립 대상 지역, 사업
2. 지방건축위원회의 심의대상
3. 에너지 절약계획서 제출 대상
4. 건축물에 관한 효율적 에너지
   관리와 녹색건축물 조성의 활성화
5. 건축물의 에너지효율등급 인증
6. 건축물에 대한 미술작품의 설치
7. 수도권정비 심의

1. 교통영향평가 · 개선대책의 수립대상 지역, 사업(도시교통정비촉진법 제15조, 영 제13조의 2)

■ 교통영향평가의 실시대상 지역 및 사업(법 제15조)

① 도시교통정비지역 또는 도시교통정비지역의 교통권역에서 다음 각 호의 사업(이하 "대상사업"이라 한다)을 하려는 자(국가와 지방자치단체를 포함하며, 이하 "사업자"라 한다)는 교통영향평가를 실시하여야 한다.

1. 도시의 개발
2. 산업입지와 산업단지의 조성
3. 에너지 개발
4. 항만의 건설
5. 도로의 건설
6. 철도(도시철도를 포함)의 건설
7. 공항의 건설
8. 관광단지의 개발
9. 특정지역의 개발
10. 체육시설의 설치
11. 「건축법」에 따른 건축물 중 대통령령으로 정하는 건축물의 건축, 대수선, 리모델링 및 용도변경
12. 그 밖에 교통에 영향을 미치는 사업으로서 대통령령으로 정하는 사업

② 제1항에도 불구하고 다음 각 호의 어느 하나에 해당하는 사업에 대하여는 교통영향평가를 실시하지 아니할 수 있다.

1. 「재난 및 안전 관리기본법」 제37조에 따른 응급조치를 위한 사업
2. 국방부장관이 군사상의 기밀보호가 필요하거나 군사작전의 긴급한 수행을 위하여 필요하다고 인정하여 국토교통부장관과 협의한 사업
3. 국가정보원장이 국가안보를 위하여 필요하다고 인정하여 국토교통부장관과 협의한 사업

③ 대상사업의 구체적 범위, 교통영향평가의 평가항목 및 내용 등 세부기준과 그 밖에 필요한 사항은 대통령령으로 정한다.

④ 특별시 · 광역시 · 특별자치시 · 도 또는 특별자치도(이하 "시 · 도"라 한다)는 도시교통정비지역 또는 도시교통정비지역의 교통권역에서 제1항이나 제3항에 따른 대상사업 또는 그 범위 기준에 해당하지 아니하는 경우에도 지역의 특수성 등을 고려하여 교통영향평가를 실시하게 할 필요가 있는 때에는 대통령령으로 정하는 범위에서 해당 시 · 도의 조례로 대상사업 또는 그 범위를 달리 정할 수 있다.

● 교통영향평가의 대상 사업 등(영 제13조의2)

① 교통영향평가의 실시대상 지역 및 사업으로 법 제15제1항제11호에서 "대통령령으로 정하는 건축물"이란 다음 각 호의 건축물을 말한다.

1. 공동주택
2. 제1종 근린생활시설
3. 제2종 근린생활시설
4. 문화 및 집회시설
5. 종교시설
6. 판매시설
7. 운수시설
8. 의료시설
9. 교육연구시설
10. 운동시설
11. 업무시설
12. 숙박시설
13. 위락시설
14. 공장
15. 창고시설
16. 자동차 관련 시설(건설기계 관련 시설을 포함)
17. 방송통신시설(제1종 근린생활시설에 해당하는 것은 제외)
18. 묘지 관련 시설
19. 관광휴게시설
20. 장례시설

② 법 제15조제1항제12호에서 "대통령령으로 정하는 사업"이란 다음 각 호의 사업을 말한다.

1. 「연구개발특구 등의 육성에 관한 특별법」 제6조의2제2항제4호에 따른 특구개발사업
2. 「사회기반시설에 대한 민간투자법」 제2조제5호에 따른 민간투자사업

● 교통영향평가 대상사업의 범위 및 교통영향평가서의 제출·심의 시기 (영 제13조의2제3항 및 제13조의3제1항 관련)

1. 개발 사업

구분	교통영향평가 대상사업의 범위	교통영향평가서의 제출 · 심의시기
가. 도시의 개발	1) 「도시개발법」 제2조제1항제2호에 따른 도시개발사업 - 부지면적 10만㎡ 이상	「도시개발법」 제17조제2항에 따른 실시계획의 인가 전
	2) 「도시 및 주거환경정비법」 제2조제2호(마목은 제외)에 따른 정비사업 - 부지면적 5만㎡ 이상	「도시 및 주거환경정비법」 제28조에 따른 사업시행인가 전, 지방자치단체가 그 사업을 시행하는 경우에는 사업시행인가의 고시 전
	3) 「국토의 계획 및 이용에 관한 법률」 제2조제6호에 따른 기반시설 중 다음의 시설에 관한 도시계획시설사업 가) 도로 - 총길이 5㎞ 이상인 신설노선 중 인터체인지, 교차부분 및 다른 간선도로와의 접속부 나) 유통업무설비 - 건축 연면적 1만 5천㎡ 이상 또는 부지면적 5만 5천㎡ 이상 다) 공원 - 부지면적 30만㎡ 이상 라) 유원지 - 부지면적 15만㎡ 이상	「국토의 계획 및 이용에 관한 법률」 제88조제2항에 따른 실시계획의 인가 전
	4) 「주택법」 제16조에 따른 대지조성사업 - 부지면적 10만㎡ 이상	「주택법」 제16조에 따른 사업계획의 승인 전
	5) 「택지개발촉진법」에 따른 택지개발사업 또는 「공공주택건설 등에 관한 특별법」 제2조제3호가목에 따른 공공주택지구조성사업 - 부지면적 10만㎡ 이상	「택지개발촉진법」 제9조제1항에 따른 택지개발사업 실시계획의 승인 전 또는 「공공주택건설 등에 관한 특별법」 제17조에 따른 공공주택지구계획의 승인 전
	6) 「물류시설의 개발 및 운영에 관한 법률」 제2조제9호에 따른 물류단지개발사업 - 부지면적 5만㎡ 이상	「물류시설의 개발 및 운영에 관한 법률」 제28조제1항에 따른 실시계획의 승인 전
	7) 「물류시설의 개발 및 운영에 관한 법률」 제2조제2호 및 제4호에 따른 물류터미널 또는 복합물류터미널의 설치 - 부지면적 2만 5천㎡ 이상	「물류시설의 개발 및 운영에 관한 법률」 제9조제1항에 따른 공사시행의 인가 전
	8) 「국토의 계획 및 이용에 관한 법률」 제50조에 따른 도시지역 내 지구단위계획에 관한 도시 · 군관리계획의 결정 - 부지면적 10만㎡ 이상	「국토의 계획 및 이용에 관한 법률」 제30조제1항에 따른 도시지역 내 지구단위계획에 관한 도시 · 군관리계획의 결정 전
	9) 「공공기관 지방이전에 따른 혁신도시 건설 및 지원에 관한 특별법 제2조제5호에 따른 혁신도시개발사업 - 부지면적 10만㎡ 이상	「공공기관 지방이전에 따른 혁신도시 건설 및 지원에 관한 특별법」 제12조제1항에 따른 실시계획승인 전
	10) 「역세권의 개발 및 이용에 관한 법률」 제2조제1항제2호에 따른 역세권개발사업 중 사업면적이 25만제곱미터 이상인 사업	「역세권의 개발 및 이용에 관한 법률」 제13조제1항에 따른 실시계획의 승인 전

구분	교통영향평가 대상사업의 범위	교통영향평가서의 제출·심의시기
나. 산업입지 및 산업단지의 조성	1) 「산업입지 및 개발에 관한 법률」 제2조제9호에 따른 산업단지개발사업 - 부지면적 20만㎡ 이상	「산업입지 및 개발에 관한 법률」 제17조, 제17조의2, 제18조, 제18조의2 및 제19조에 따른 실시계획의 승인 전
	2) 「연구개발특구의 육성에 관한 특별법」 제6조의2제2항제4호에 따른 특구개발사업 - 부지면적 20만㎡ 이상	「연구개발특구의 육성에 관한 특별법」 제27조에 따른 실시계획의 승인 전
다. 에너지 개발	「전원개발촉진법」 제2조제2호에 따른 전원개발사업(송전선로의 경우는 제외) - 부지면적 300만㎡ 이상	「전원개발촉진법」 제5조제1항에 따른 실시계획의 승인 전
라. 항만의 건설	「항만법」 제2조제1호에 따른 항만의 건설 - 연간 하역능력 150만 톤 이상	「항만법」 제10조에 따른 실시계획의 수립 또는 승인 전, 다만, 「항만공사법」에 따른 항만시설공사가 시행되는 경우에는 같은 법 제22조에 따른 실시계획의 승인 전
마. 도로의 건설	「도로법」 제10조에 따른 도로의 건설 - 총길이 5㎞ 이상인 신설노선 중 인터체인지, 분기점, 교차 부분 및 다른 간선도로와의 접속부	「도로법」 제25조에 따른 도로구역의 결정 전
바. 철도의 건설	1) 「철도건설법」 제2조제1호 및 「국토의 계획 및 이용에 관한 법률」 제2조제6호에 따른 철도의 건설. 다만, 「철도사업법」 제2조제5호에 따른 전용철도를 공장 안에 설치하는 경우는 제외. - 정거장 1개소 이상을 포함하는 총길이 5㎞ 이상	「국토의 계획 및 이용에 관한 법률」에 따른 도시계획사업으로 시행하는 경우에는 같은 법 제88조제2항에 따른 실시계획의 인가 전, 그 밖의 경우에는 「철도건설법」 제9조제1항에 따른 실시계획의 승인 전
	2) 「도시철도법」 제2조제2호에 따른 도시철도의 건설사업 - 정거장 1개소 이상을 포함하는 총길이 3㎞ 이상	「도시철도법」 제7조에 따른 사업계획 승인 전
사. 공항의 건설	「항공법」 제2조제6호 및 제7호에 따른 비행장 및 공항의 설치 - 연간 여객처리능력 30만 명 이상	「항공법」 제75조에 따른 비행장의 설치 또는 허가 전, 같은 법 제95조에 따른 공항개발사업 실시계획의 수립 전 또는 승인 전
아. 관광단지의 개발	1) 「관광진흥법」 제2조제6호 및 제7호에 따른 관광지 및 관광단지의 조성사업 - 시설계획 면적 5만㎡ 이상 또는 부지면적 50만㎡ 이상	「관광진흥법」 제54조제1항에 따른 조성계획의 승인 전
	2) 「온천법」 제2조에 따른 온천의 개발사업 - 부지면적 10만㎡ 이상	「온천법」 제10조에 따른 온천개발계획의 승인 전
사. 특정지역의 개발	1) 「지역 개발 및 지원에 관한 법률」 제2조제3호에 따른 지역개발사업 - 부지면적 10만㎡ 이상	「지역 개발 및 지원에 관한 법률」 제23조제1항에 따른 실시계획의 승인 전
	2) 「주한미군기지 이전에 따른 평택시 등의 지원 등에 관한 특별법」 제2조제9호에 따른 국제화계획지구의 개발사업 또는 같은 법 제16조에 따른 평택시개발사업 - 부지면적 10만㎡ 이상	「주한미군기지 이전에 따른 평택시 등의 지원 등에 관한 특별법」 제17조에 따른 평택시개발사업의 시행승인 전 또는 같은 법 제23조에 따른 국제화계획지구 개발계획의 승인 전
	3) 「신행정수도 후속대책을 위한 연기·공주지역 행정중심복합도시 건설을 위한 특별법」 제2조제1호에 따른 행정중심복합도시 건설사업 - 부지면적 10만㎡ 이상	「신행정수도 후속대책을 위한 연기·공주지역 행정중심복합도시 건설을 위한 특별법」 제21조제1항에 따른 실시계획의 승인 전 또는 같은 법 제53조에 따른 주변지역지원사업의 계획 수립 전
	4) 「기업도시개발 특별법」 제2조제3호에 따른 기업도시개발사업 - 부지면적 10만㎡ 이상	「기업도시개발 특별법」 제12조에 따른 실시계획의 승인 전
	5) 「용산공원 조성 특별법」 제3조제4호에 따른 용산공원 정비구역 내 용산공원 조성 등 개발사업 - 부지면적 10만㎡ 이상	「용산공원 조성 특별법」 제16조에 따른 실시계획의 승인 전

구분	교통영향평가 대상사업의 범위	교통영향평가서의 제출·심의시기
차. 체육시설의 설치	1) 「체육시설의 설치·이용에 관한 법률」 제2조제1호에 따른 체육시설의 설치공사. 다만 골프장 설치공사의 경우에는 27홀 이상인 경우만 해당한다. - 부지면적 15만m² 이상	「체육시설의 설치·이용에 관한 법률」 제12조에 따른 사업계획의 승인 전(국가 또는 지방자치단체가 시행하는 경우에는 「국토의 계획 및 이용에 관한 법률」 제88조제2항에 따른 실시계획의 인가 전)
	2) 「경륜·경정법」 제2조제1호·제2호에 따른 경륜 또는 경정 시설의 설치사업 - 부지면적 15만m² 이상	「경륜·경정법」 제5조제1항에 따른 허가 전
	3) 「한국마사회법」 제4조에 따른 경마장 - 부지면적 15만m² 이상	「한국마사회법」 제4조에 따른 경마장 설치허가 전
카. 민간투자사업	「사회기반시설에 대한 민간투자법」 제2조제5호에 따른 민간투자사업 - 해당 사업 또는 시설 규모 이상	「사회기반시설에 대한 민간투자법」 제15조에 따른 실시계획의 승인 전

2. 건축물

가. 단일용도의 건축물

주용도	세부용도	도시교통정비지역	교통권역(m²)
1) 공동주택	아파트	건축 연면적 60,000m² 이상	건축 연면적 90,000m² 이상
2) 제1종 근린생활시설	의원, 한의원	건축 연면적 25,000m² 이상	건축 연면적 37,500m² 이상
	기타(대피소 및 무인변전소는 제외)	건축 연면적 12,000m² 이상	건축 연면적 18,000m² 이상
3) 제2종 근린생활시설		건축 연면적 15,000m² 이상	건축 연면적 22,500m² 이상
4) 문화 및 집회시설	공연장(극장·영화관 등) 집회장(공회당, 회의장, 마권 장외발매소 등) 관람장(경마장, 자동차경기장 등)	건축 연면적 15,000m² 이상	건축 연면적 22,500m² 이상
	예식장	건축 연면적 3,000m² 이상	건축 연면적 4,500m² 이상
	전시장(박물관, 미술관, 과학관, 기념관 등)	건축 연면적 15,000m² 이상	건축 연면적 22,500m² 이상
	동·식물원	부지면적 20,000m² 이상	부지면적 30,000m² 이상
5) 종교시설	종교집회장(교회, 성당, 사찰, 기도원)	건축 연면적 15,000m² 이상	건축 연면적 22,500m² 이상
6) 판매시설	도매시장	건축 연면적 13,000m² 이상	건축 연면적 19,500m² 이상
	상점	건축 연면적 11,000m² 이상	건축 연면적 16,500m² 이상
	할인점, 전문점, 백화점, 쇼핑센터	건축 연면적 6,000m² 이상	건축 연면적 9,000m² 이상

주용도	세부용도	도시교통정비지역	교통권역(m^2)
7) 운수시설	여객자동차터미널, 철도시설, 공항시설, 항만시설 및 종합여객시설	건축 연면적 11,000m^2 이상	건축 연면적 16,500m^2 이상
8) 의료시설	병원(종합병원, 병원, 치과병원, 한방병원, 정신병원 및 요양병원)	건축 연면적 25,000m^2 이상	건축 연면적 37,500m^2 이상
9) 교육연구시설	대학, 대학교	건축 연면적 100,000m^2 이상	건축 연면적 150,000m^2 이상
	교육원, 직업훈련소, 학원, 연구소, 도서관	건축 연면적 37,000m^2 이상	건축 연면적 55,500m^2 이상
10) 운동시설 (근린생활시설에 해당하는 것 제외)	탁구장 등, 체육관, 운동장(운동장 부속 건축물 포함)	건축 연면적 10,000m^2 이상 또는 관람석 2천석이상	건축 연면적 15,000m^2 이상 또는 관람석 3천석이상
11) 업무시설	공공업무시설	건축 연면적 7,000m^2 이상	건축 연면적 10,500m^2 이상
	일반업무시설	건축 연면적 25,000m^2 이상	건축 연면적 37,500m^2 이상
12) 숙박시설	호텔, 여관, 관광호텔 등 숙박시설	건축 연면적 40,000m^2 이상	건축 연면적 60,000m^2 이상
13) 위락시설 (근린생활시설과 운동시설에 해당하는 것 제외)	주점영업, 단란주점, 「관광진흥법」에 따른 유원시설업의 시설, 그 밖에 이와 유사한 것	건축 연면적 11,000m^2 이상	건축 연면적 16,500m^2 이상
	투전기업소 및 카지노업소, 무도장, 무도학원	건축 연면적 6,000m^2 이상	건축 연면적 9,000m^2 이상
14) 공장		건축 연면적 75,000m^2 이상	건축 연면적 112,500m^2 이상
15) 창고시설	창고, 화물터미널, 집배송시설	건축 연면적 55,000m^2 이상	건축 연면적 82,500m^2 이상
	하역장	부지면적 55,000m^2 이상	부지면적 82,500m^2 이상
16) 자동차 관련 시설 (건설기계 관련 시설 포함)	주차장, 검사장, 정비공장	건축 연면적 13,000m^2 이상	건축 연면적 19,500m^2 이상
	매매장	건축 연면적 또는 부지면적 25,000m^2 이상	건축 연면적 또는 부지면적 37,500m^2 이상
17) 방송통신시설 (제1종 근린생활시설에 해당하는 것 제외)	방송국, 전신전화국, 촬영소 등, 통신용 시설	건축 연면적 43,000m^2 이상	건축 연면적 64,500m^2 이상
18) 묘지 관련 시설	화장시설, 봉안당(奉安堂), 묘지와 자연장지에 부수되는 건축물	부지면적 12,000m^2 이상	부지면적 18,000m^2 이상
19) 관광휴게시설	야외음악당, 야외극장	건축 연면적 10,000m^2 이상	건축 연면적 15,000m^2 이상
	어린이회관, 관망탑, 휴게소, 공원·유원지 또는 관광지에 딸린 시설	건축 연면적 30,000m^2 이상	건축 연면적 45,000m^2 이상
20) 장례시설	장례식장, 동물 전용의 장례식장	건축 연면적 6,000m^2 이상	건축 연면적 9,000m^2 이상

나. 복합용도의 건축물

다음 계산식에 따라 계산한 건축 연면적의 합계(Swa)가 1만㎡ 이상인 복합용도의 건축물(동일건축물 또는 동일부지에서 제2호가목의 용도 중 둘 이상의 용도로 이용되는 건축물을 말한다. 이하 같다)의 신축은 교통영향평가 대상으로 한다.

$$Swa = \Sigma \quad (Pia/Mia) \times 10{,}000$$

여기서 Pia는 각 건축물의 용도별 건축 연면적 또는 부지연면적의 합계(㎡), Mia는 각 건축물의 최소 교통영향평가 대상규모(㎡)를 말한다.

● 비 고

1. 대상사업의 범위 중 사업의 규모는 인가·허가·승인 등을 받으려는 사업의 규모를 말한다.
2. 다른 법령에 따라 승인 등을 받은 것으로 의제(擬制)되는 사업으로서 대상사업의 범위에 해당되는 사업은 교통영향평가를 실시하여야 하는 것으로 본다.
3. 하나의 사업이 둘 이상의 대상사업 범위에 해당되는 경우 교통영향평가서를 제출하여야 하는 시기는 가장 먼저 승인 등을 받으려는 시기로 한다.
4. 건축물에 대한 교통영향평가서를 제출하여야 하는 시기는 「건축법」 제11조에 따른 허가 전으로 하되, 개별법에 따라 시행하는 건축물의 경우에는 그 건축물 건축을 위한 해당 법령에 따른 인가·허가 전까지로 한다.
5. 교통영향평가의 특례 사항
   가. 기존에 교통영향평가를 실시한 후 준공된 사업 또는 건축물을 다음과 같이 확장하는 경우에는 준공된 면적에 확장 부분을 합산한 면적을 대상으로 범위를 적용한다.
      1) 기존에 준공된 사업면적의 30퍼센트를 초과하여 확장하는 경우(여러 번 확장하는 경우에는 이를 모두 합산한다) 또는 확장규모가 위 표 제1호에 따른 대상규모 이상으로 증가하는 경우
      2) 항만건설사업의 경우 기존 연간 하역능력의 30퍼센트를 초과하여 증가하는 경우(여러 번 하역능력이 증가되는 경우에는 이를 모두 합산한다)
      3) 철도 또는 도시철도 건설사업의 경우 기존 노선에 정거장을 추가로 건설하거나 노선을 복선화하거나 기존 정거장의 건축 연면적의 30퍼센트를 초과하여 증축하는 경우(여러 번 증축하는 경우에는 이를 모두 합산한다)
      4) 도로건설사업의 경우 그 도로(차도와 보도를 포함한다. 이하 같다)의 건설구간 내 인터체인지, 분기점 및 교차 부분의 도로면적 합계가 기존 교차로의 인터체인지·분기점 및 교차 부분의 도로면적 합계의 30퍼센트를 초과하여 증가하는 경우(여러 번 확장하는 경우에는 이를 모두 합산한다). 다만, 도로폭

이 12m 미만의 도로만으로 접속하여 교차로가 생기는 경우에는 인터체인지·분기점 및 교차부분의 도로면적에 합산하지 않는다.

5) 기존에 준공된 건축물을 증축하여 건축 연면적 또는 부지면적의 합계가 30퍼센트를 초과하여 증가하는 경우(여러 번 증축하는 경우에는 이를 모두 합산한다) 및 확장규모가 위 표 제2호에 따른 교통영향평가 대상규모 이상으로 증가하는 경우

나. 기존에 준공된 건축물의 용도를 다른 용도로 변경하는 경우에는 용도 변경 후의 용도별 건축 연면적에 따라 교통영향평가 대상 여부를 결정한다.

다. 위 표 제1호가목1) 및 같은 호 나목에 따른 공업용지조성사업 또는 산업단지개발사업의 부지에 설치하는 공장 또는 읍·면지역에 설치하는 공장에 대해서는 교통영향평가를 실시하지 않는다.

라. 위 표 제1호가목2)·4)·5)·9), 같은 호 나목 및 같은 호 자목3)·4)에 따른 사업에 대하여 교통영향평가를 실시한 후 공동주택과 그 부대복리시설(상업지역에 설치하는 경우는 제외)를 설치하는 경우에는 교통영향평가를 실시하지 않는다.

마. 위 표 제1호가목2)·4)·5)·9), 같은 호 나목 및 같은 호 자목3)·4)를 제외한 위 표 제1호의 사업으로서 교통영향평가 대상시설의 배치, 건폐율, 용적률, 주차규모, 진입·출입구의 위치 및 가감속차선 등 구체적인 건축계획을 포함하여 교통영향평가를 실시하고 개선필요사항등대로 사업을 실시하거나 시설을 설치하는 경우에는 교통영향평가를 실시하지 않는다.

바. 사업의 인가·허가·승인 등을 받은 당시에 교통영향평가 대상사업에 해당되나 교통영향평가 대상규모 미만이어서 교통영향평가를 실시하지 않은 사업이 다음의 하나에 해당하게 된 경우에는 그 사업 전체에 대하여 교통영향평가를 실시하여야 한다.

1) 사업의 인가·허가·승인 등이 이루어진 후에 교통영향평가 대상규모의 기준이 강화되지 않은 경우로서 동일 영향권역에서 사업계획의 변경으로 사업규모가 교통영향평가 대상규모에 이르거나 신규허가 등으로 종전에 허가 등이 된 사업규모와 신규로 허가 등이 된 사업규모의 합이 교통영향평가 대상규모에 이른 경우

2) 사업의 인가·허가·승인 등이 이루어진 후에 이 표가 개정되어 교통영향평가 대상규모의 기준이 강화된 경우로서 다음의 어느 하나에 해당하는 경우

가) 이 표의 개정 당시에 해당 개정규정에 따른 교통영향평가 대상규모 미만인 사업이 동일 영향권역에서 사업계획의 변경 또는 신규허가 등으로 그 규모가 해당 사업의 인가·허가·승인 등을 받았던 당시 규모보다 30퍼센트 이상 증가되어 교통영향평가 대상규모에 이른 경우

나) 이 표의 개정 당시에 해당 개정규정에 따른 교통영향평가 대상규모에 해당하는 사업이 동일 영향권역에서 사업계획의 변경 또는 신규허가 등으로 그 규모가 해당 사업의 인가·허가·승인 등을 받았던 당시 규모보다

30퍼센트 이상 증가하거나 30퍼센트 미만이라 하더라도 증가되는 사업규모가 교통영향평가 대상규모 이상인 경우

사. 사업의 인가·허가·승인 등을 받은 당시에 교통영향평가 대상사업에 해당되지 아니하여 교통영향평가를 실시하지 않은 사업이 다음의 하나에 해당하게 된 경우에는 그 사업 전체에 대하여 교통영향평가를 실시하여야 한다.

1) 사업의 인가·허가·승인 등이 이루어진 후 이 표가 개정되어 교통영향평가 대상사업에 해당하게 된 사업으로서 그 개정 당시 해당 개정규정에 따른 교통영향평가 대상규모 미만인 사업이 동일 영향권역에서 사업계획의 변경 또는 신규허가 등으로 그 규모가 해당 사업의 인가·허가·승인 등을 받았던 당시 규모보다 30퍼센트 이상 증가하여 교통영향평가 대상규모에 이른 경우

2) 사업의 인가·허가·승인 등이 이루어진 후 이 표가 개정되어 교통영향평가 대상사업에 해당하게 된 사업으로서 그 개정 당시 해당 개정규정에 따른 교통영향평가 대상규모에 해당하는 사업이 동일 영향권역에서 사업계획의 변경 또는 신규허가 등으로 그 규모가 해당 사업의 인가·허가·승인 등을 받았던 당시 규모보다 30퍼센트 이상 증가하거나 30퍼센트 미만이라 하더라도 증가되는 사업규모가 교통영향평가 대상규모 이상인 경우

아. 위 표 제1호가목6)에 따른 물류단지개발사업에 대하여 교통영향평가를 실시한 경우에는 그 부지에 건축하는 위 표 제2호가목15)에 따른 창고시설에 대해서는 교통영향평가를 실시하지 않는다.

자. 「대학설립·운영 규정」 별표 2 교사시설 중 학생기숙사의 면적은 위 표 제2호가목9)에 따른 대학, 대학교의 건축 연면적 산정대상에서 제외.

2. 지방건축위원회 심의대상(건축법 제4조, 영 제5조의5)

■ 건축위원회(법 제4조)

국토교통부장관, 시·도지사 및 시장·군수·구청장은 다음 각 호의 사항을 조사·심의·조정 또는 재정(이하 이 조에서 "심의등"이라 한다)하기 위하여 각각 건축위원회를 두어야 한다.

1. 이 법과 조례의 제정·개정 및 시행에 관한 중요 사항
2. 건축물의 건축등과 관련된 분쟁의 조정 또는 재정에 관한 사항. 다만, 시·도지사 및 시장·군수·구청장이 두는 건축위원회는 제외.
3. 건축물의 건축등과 관련된 민원에 관한 사항. 다만, 국토교통부장관이 두는 건축위원회는 제외.
4. 건축물의 건축 또는 대수선에 관한 사항
5. 다른 법령에서 건축위원회의 심의를 받도록 규정한 사항

■ 지방건축위원회(영 제5조의5)

법 제4조제1항에 따라 특별시·광역시·특별자치시·도·특별자치도(이하 "시·도"라 한다) 및 시·군·구(자치구를 말한다. 이하 같다)에 두는 건축위원회(이하 "지방건축위원회"라 한다)는 다음 각 호의 사항에 대한 심의 등을 한다.

1. 법 제46조제2항에 따른 건축선(建築線)의 지정에 관한 사항

○ 건축선의 지정(법 제46조)

① 도로와 접한 부분에 건축물을 건축할 수 있는 선[이하 "건축선(建築線)"이라 한다]은 대지와 도로의 경계선으로 한다. 다만, 제2조제1항제11호에 따른 소요 너비에 못 미치는 너비의 도로인 경우에는 그 중심선으로부터 그 소요 너비의 2분의 1의 수평거리만큼 물러난 선을 건축선으로 하되, 그 도로의 반대쪽에 경사지, 하천, 철도, 선로부지, 그 밖에 이와 유사한 것이 있는 경우에는 그 경사지 등이 있는 쪽의 도로경계선에서 소요 너비에 해당하는 수평거리의 선을 건축선으로 하며, 도로의 모퉁이에서는 대통령령으로 정하는 선을 건축선으로 한다.

② 특별자치시장·특별자치도지사 또는 시장·군수·구청장은 시가지 안에서 건축물의 위치나 환경을 정비하기 위하여 필요하다고 인정하면 제1항에도 불구하고 대통령령으로 정하는 범위에서 건축선을 따로 지정할 수 있다.

○ 건축선에 따른 건축제한(제47조)

① 건축물과 담장은 건축선의 수직면(垂直面)을 넘어서는 아니 된다. 다만, 지표(地表) 아래 부분은 그러하지 아니하다.

② 도로면으로부터 높이 4.5미터 이하에 있는 출입구, 창문, 그 밖에 이와 유사한 구조물은 열고 닫을 때 건축선의 수직면을 넘지 아니하는 구조로 하여야 한다.

2. 법 또는 이 영에 따른 조례(해당 지방자치단체의 장이 발의하는 조례만 해당한다)의 제정·개정 및 시행에 관한 중요 사항

3. 다중이용 건축물 및 특수구조 건축물의 구조안전에 관한 사항

용 도	규 모 (비 고)
1) 문화 및 집회시설(동물원 및 식물원은 제외) 2) 종교시설 3) 판매시설 4) 운수시설 중 여객용 시설 5) 의료시설 중 종합병원 6) 숙박시설 중 관광숙박시설	바닥면적의 합계가 5천제곱미터 이상인 건축물
다중이용 건축물	16층 이상인 건축물
건축조례로 정하는 용도 및 규모에 해당하는 건축물	분양을 목적으로 하는 건축물
특수구조 건축물	가. 한쪽 끝은 고정되고 다른 끝은 지지(支持)되지 아니한 구조로 된 보·차양 등이 외벽의 중심선으로부터 3미터 이상 돌출된 건축물 나. 기둥과 기둥 사이의 거리(기둥의 중심선 사이의 거리를 말하며, 기둥이 없는 경우에는 내력벽과 내력벽의 중심선 사이의 거리를 말한다. 이하 같다)가 20미터 이상인 건축물 다. 특수한 설계·시공·공법 등이 필요한 건축물로서 국토교통부장관이 정하여 고시하는 구조로 된 건축물

4. 건축조례로 정하는 건축물의 건축등에 관한 것으로서 특별시장·광역시장·특별자치시장·도지사 또는 특별자치도지사(이하 "시·도지사"라 한다) 및 시장·군수·구청장이 지방건축위원회의 심의가 필요하다고 인정한 사항

■ 건축위원회 추가 심의 생략 대상(영 제5조 제2항)

건축 위원회의 심의 대상으로서 심의 등을 받은 건축물이 다음 각 호의 어느 하나에 해당하는 경우에는 해당 건축물의 건축 등에 관한 중앙건축위원회의 심의 등을 생략할 수 있다.

1. 건축물의 규모를 변경하는 것으로서 다음 각 목의 요건을 모두 갖춘 경우
   가. 건축위원회의 심의 등의 결과에 위반되지 아니할 것
   나. 심의 등을 받은 건축물의 건축면적, 연면적, 층수 또는 높이 중 어느 하나도 10분의 1을 넘지 아니하는 범위에서 변경할 것
2. 중앙건축위원회의 심의 등의 결과를 반영하기 위하여 건축물의 건축 등에 관한 사항을 변경하는 경우

3. 에너지 절약계획서 제출 대상(녹색건축물 조성 지원법)

■ 용어의 정의(제2조)

1. 녹색건축물

"녹색건축물"이란 「기후위기 대응을 위한 탄소중립·녹색성장 기본법」 제31조에 따른 건축물과 환경에 미치는 영향을 최소화하고 동시에 쾌적하고 건강한 거주환경을 제공하는 건축물을 말한다.

2. 녹색건축물 조성

"녹색건축물 조성"이란 녹색건축물을 건축하거나 녹색건축물의 성능을 유지하기 위한 건축활동 또는 기존 건축물을 녹색건축물로 전환하기 위한 활동을 말한다.

3. **건축물에너지평가사**

   제로에너지건축물 인증평가 등 건축물의 건축·기계·전기·신재생 분야의 효율적인 에너지 관리를 위한 업무를 하는 사람으로서 제31조에 따라 자격을 취득한 사람을 말한다.

4. **제로에너지건축물**

   건축물에 필요한 에너지 부하를 최소화하고 신에너지 및 재생에너지를 활용하여 에너지 소요량을 최소화하는 녹색건축물을 말한다.

■ 에너지 절약계획서 제출(법 제14조 제1항)

대통령령으로 정하는 건축물의 건축주가 다음 각 호의 어느 하나에 해당하는 신청을 하는 경우에는 대통령령으로 정하는 바에 따라 에너지 절약계획서를 제출하여야 한다.

1. 「건축법」 제11조에 따른 건축허가(대수선은 제외)
2. 「건축법」 제19조제2항에 따른 용도변경 허가 또는 신고
3. 「건축법」 제19조제3항에 따른 건축물대장 기재내용 변경

■ 에너지 절약계획서 제출 대상(영 제10조)

● 제출 대상 및 예외 대상

제 출 대 상	제 외 대 상
·연면적의 합계가 500제곱미터 이상인 건축물	1. 「건축법 시행령」 별표 1 제1호에 따른 단독주택 2. 문화 및 집회시설 중 동·식물원 3. 「건축법 시행령」 별표 1 제17호부터 제26호까지의 건축물 중 냉방 및 난방 설비를 모두 설치하지 아니하는 건축물 4. 그 밖에 국토교통부장관이 에너지 절약계획서를 첨부할 필요가 없다고 정하여 고시하는 건축물

● 연면적의 계산

1. 같은 대지에 모든 바닥면적을 합하여 계산한다.
2. 주거와 비주거는 구분하여 계산한다.
3. 증축이나 용도변경, 건축물대장의 기재내용을 변경하는 경우 이 기준을 해당 부분에만 적용할 수 있다.
4. 연면적의 합계 500제곱미터 미만으로 허가를 받거나 신고한 후 「건축법」 제16조에 따라 허가와 신고사항을 변경하는 경우에는 당초 허가 또는 신고 면적에 변경되는 면적을 합하여 계산한다.
5. 제2조제3항에 따라 열손실방지 등의 에너지이용합리화를 위한 조치를 하지 않아도 되는 건축물 또는 공간, 주차장, 기계실 면적은 제외한다.

● 에너지 절약계획서 제출 서류(시행규칙 제7조)

영 제10조제2항에서 "국토교통부령으로 정하는 에너지 절약계획서"란 다음 각 호의 서류를 첨부한 별지 제1호서식의 에너지 절약계획서를 말한다.

1. 국토교통부장관이 고시하는 건축물의 에너지 절약 설계기준에 따른 에너지 절약 설계 검토서
2. 설계도면, 설계설명서 및 계산서 등 건축물의 에너지 절약계획서의 내용을 증명할 수 있는 서류(건축, 기계설비, 전기설비 및 신·재생에너지 설비 부문과 관련된 것으로 한정한다)

4. 건축물에 관한 효율적인 에너지 관리와 녹색건축물 조성의 활성화

■ 건축물에 대한 효율적인 에너지 관리와 녹색건축물 조성의 활성화(녹색건축물 조성 지원법 제15조)

① 국토교통부장관은 건축물에 대한 효율적인 에너지 관리와 녹색건축물 건축의 활성화를 위하여 필요한 설계·시공·감리 및 유지·관리에 관한 기준을 정하여 고시할 수 있다.

② 「건축법」 제5조제1항에 따른 허가권자(이하 "허가권자"라 한다)는 녹색건축물의 조성을 활성화하기 위하여 대통령령으로 정하는 기준에 적합한 건축물에 대하여 제14조제1항 또는 제14조의2를 적용하지 아니하거나 다음 각 호의 구분에 따른 범위에서 그 요건을 완화하여 적용할 수 있다.

1. 「건축법」 제56조에 따른 건축물의 용적률: 100분의 115 이하
2. 「건축법」 제60조 및 제61조에 따른 건축물의 높이: 100분의 115 이하

③ 지방자치단체는 제1항에 따른 고시의 범위에서 건축기준 완화 기준 및 재정지원에 관한 사항을 조례로 정할 수 있다.

● 녹색건축물 조성의 활성화 대상 건축물 및 완화기준(녹색건축물 조성 지원법 시행령 제11조)

① 법 제15조제2항에서 "대통령령으로 정하는 기준에 적합한 건축물"이란 다음 각 호의 어느 하나에 해당하는 건축물을 말한다.

1. 법 제15조제1항에 따라 국토교통부장관이 정하여 고시하는 설계·시공·감리 및 유지·관리에 관한 기준에 맞게 설계된 건축물
2. 법 제16조에 따라 녹색건축의 인증을 받은 건축물
3. 법 제17조에 따라 건축물의 에너지효율등급 인증을 받은 건축물

3의2. 법 제17조에 따라 제로에너지건축물 인증을 받은 건축물

4. 법 제24조제1항에 따른 녹색건축물 조성 시범사업 대상으로 지정된 건축물
5. 건축물의 신축공사를 위한 골조공사에 국토교통부장관이 고시하는 재활용 건축자재를 100분의 15 이상 사용한 건축물

② 국토교통부장관은 제1항 각 호의 어느 하나에 해당하는 건축물에 대하여 허가권자가 법 제15조제2항에 따라 법 제14조제1항 또는 제14조의2를 적용하지 아

니하거나 건축물의 용적률 및 높이 등을 완화하여 적용하기 위한 세부기준을 정하여 고시할 수 있다.

● **녹색건축물 인증대상 건축물(녹색건축물 조성 지원법 시행령 제11조의3)**

법 제16조제7항 전단에서 "대통령령으로 정하는 건축물"이란 다음 각 호의 기준에 모두 해당하는 건축물을 말한다.

1. 제9조제2항 각 호의 기관이 소유 또는 관리하는 건축물일 것
2. 신축·재축 또는 증축하는 건축물일 것. 다만, 증축의 경우에는 건축물이 있는 대지에 별개의 건축물로 증축하는 경우로 한정한다.
3. 연면적(하나의 대지에 복수의 건축물이 있는 경우 모든 건축물의 연면적을 합산한 면적을 말한다)이 3천제곱미터 이상일 것
4. 법 제14조제1항에 따른 에너지 절약계획서 제출 대상일 것

■ 녹색건축물 조성의 완화(건축법 제73조제2항)

특별건축구역에 건축하는 건축물이 「녹색건축물 조성 지원법」 제15조에 해당할 때에는 해당 규정에서 요구하는 기준 또는 성능 등을 다른 방법으로 대신할 수 있는 것으로 지방건축위원회가 인정하는 경우에만 해당 규정의 전부 또는 일부를 완화하여 적용할 수 있다.

■ 녹색건축물의 확대(기후위기 대응을 위한 탄소중립 · 녹색성장 기본법 시행령 제30조)

정부는 중앙행정기관, 지방자치단체, 대통령령으로 정하는 공공기관 및 교육기관, 등의 건축물과 대통령령으로 정하는 일정 규모 이상의 신도시의 개발 또는 도시 재개발을 하는 경우 녹색건축물의 선도적 역할을 수행하도록 규정에 따른 시책을 적용하고 그 이행사항을 점검 · 관리하여야 한다.(기후위기 대응을 위한 탄소중립 · 녹색성장 기본법 제31조)

① 법 제31조제6항에서 "대통령령으로 정하는 공공기관 및 교육기관 등"이란 다음 각 호의 기관을 말한다.

1. 공공기관
2. 지방공사 및 지방공단
3. 정부출연연구기관 및 「정부출연연구기관 등의 설립 · 운영 및 육성에 관한 법률」 제18조에 따른 연구회
4. 과학기술분야정부출연연구기관 및 「과학기술분야 정부출연연구기관 등의 설립 · 운영 및 육성에 관한 법률」 제18조에 따른 연구회
5. 「지방자치단체출연 연구원의 설립 및 운영에 관한 법률」 에 따른 지방자치단체출연 연구원(이하 "지방자치단체출연연구원"이라 한다)
6. 「고등교육법」 제2조 및 제3조에 따른 국립대학 및 공립대학

② 국토교통부장관은 법 제31조제7항에 따라 다음 각 호에 해당하는 신도시 개발 또는 도시 재개발을 하는 경우에는 녹색건축물을 적극 보급해야 한다.

1. 「공공주택 특별법」에 따라 330만제곱미터 이상의 규모로 시행되는 공공주택지구조성사업
2. 「기업도시개발 특별법」에 따라 시행되는 기업도시개발사업
3. 「도시개발법」에 따라 시행되는 100만제곱미터 이상의 도시개발사업
4. 「신행정수도 후속대책을 위한 연기·공주지역 행정중심복합도시 건설을 위한 특별법」에 따라 시행되는 행정중심복합도시건설사업
5. 「택지개발촉진법」에 따라 330만제곱미터 이상의 규모로 시행되는 택지개발사업
6. 「혁신도시 조성 및 발전에 관한 특별법」에 따라 시행되는 혁신도시개발사업

5. 건축물의 에너지효율등급 인증(녹색건축물 조성 지원법 제17조 시행령 제12조)

① 건축물 에너지효율등급 인증제

국토교통부장관은 에너지성능이 높은 건축물을 확대하고, 건축물의 효과적인 에너지 관리를 위하여 건축물 에너지효율등급 인증제를 시행한다.

② 에너지효율등급 인증제 시행 운영기관 및 인증기관의 지정

국토교통부장관은 제1항에 따른 건축물의 에너지효율등급 인증제를 시행하기 위하여 운영기관 및 인증기관을 지정하고, 건축물 에너지효율등급 인증 업무를 위임할 수 있다.

③ 에너지효율등급 인증 평가업무 수행기관

건축물 에너지효율등급 인증을 받으려는 자는 대통령령으로 정하는 건축물의 용도 및 규모에 따라 제2항에 따른 인증기관에게 신청하여야 하며, 인증평가 업무는 인증기관에 소속되거나 등록된 건축물에너지평가사가 수행하여야 한다.

④ 제로에너지건축물의 인증

제3항의 인증평가 결과가 국토교통부와 산업통상자원부의 공동부령으로 정하는 기준 이상인 건축물에 대하여 제로에너지건축물 인증을 받으려는 자는 제2항에 따른 인증기관에 신청하여야 한다.

⑤ 인증업무의 내용

제1항에 따른 건축물 에너지효율등급 인증제 및 제로에너지건축물 인증제의 운영과 관련하여 다음 각 호의 사항에 대하여는 국토교통부와 산업통상자원부의 공동부령으로 정한다.

1. 인증 대상 건축물의 종류
2. 인증기준 및 인증절차
3. 인증유효기간
4. 수수료
5. 인증기관 및 운영기관의 지정 기준, 지정 절차 및 업무범위

6. 인증받은 건축물에 대한 점검이나 실태조사
7. 인증 결과의 표시 방법
8. 인증평가에 대한 건축물에너지평가사의 업무범위

⑥ **에너지효율등급 인증과 건축물의 사용승인**

대통령령으로 정하는 건축물을 건축 또는 리모델링하려는 건축주는 해당 건축물에 대하여 에너지효율등급 인증을 받아 그 결과를 표시하고, 「건축법」 제22조에 따라 건축물의 사용승인을 신청할 때 관련 서류를 첨부하여야 한다. 이 경우 사용승인을 한 허가권자는 「건축법」 제38조에 따른 건축물대장에 해당 사항을 지체 없이 적어야 한다.

● **건축물 에너지효율등급 인증 및 제로에너지건축물 인증 대상 건축물(건축물 에너지효율등급 인증에 관한 규칙 제2조)**

「녹색건축물 조성 지원법」(이하 "법"이라 한다) 제17조제5항 및 「녹색건축물 조성 지원법 시행령」(이하 "영"이라 한다) 제12조제1항에 따른 건축물 에너지효율등급 인증 및 제로에너지건축물 인증은 「건축법 시행령」 별표 1 각 호에 따른 건축물을 대상으로 한다. 다만, 「건축법 시행령」 별표 1 제3호부터 제13호까지 및 제15호부터 제29호까지의 규정에 따른 건축물 중 국토교통부장관과 산업통상자원부장관이 공동으로 고시하는 실내 냉방·난방 온도 설정조건으로 인증 평가가 불가능한 건축물 또는 이에 해당하는 공간이 전체 연면적의 100분의 50 이상을 차지하는 건축물은 제외한다.

1. **단독주택**[단독주택의 형태를 갖춘 가정어린이집·공동생활가정·지역아동센터·공동육아나눔터(「아이돌봄 지원법」 제19조에 따른 공동육아나눔터를 말한다. 이하 같다)·작은도서관(「도서관법」 제2조제4호가목에 따른 작은 도서관을 말하며, 해당 주택의 1층에 설치한 경우만 해당한다. 이하 같다) 및 노인복지시설(노인복지주택은 제외한다)을 포함한다]
   가. 단독주택
   나. 다중주택: 다음의 요건을 모두 갖춘 주택을 말한다.
      1) 학생 또는 직장인 등 여러 사람이 장기간 거주할 수 있는 구조로 되어 있는 것
      2) 독립된 주거의 형태를 갖추지 않은 것(각 실별로 욕실은 설치할 수 있으나, 취사시설은 설치하지 않은 것을 말한다)
      3) 1개 동의 주택으로 쓰이는 바닥면적(부설 주차장 면적은 제외한다. 이하 같다)의 합계가 660제곱미터 이하이고 주택으로 쓰는 층수(지하층은 제외한다)가 3개 층 이하일 것. 다만, 1층의 전부 또는 일부를 필로티 구조로 하여 주차장으로 사용하고 나머지 부분을 주택(주거 목적으로 한정한다) 외의 용도로 쓰는 경우에는 해당 층을 주택의 층수에서 제외한다.
      4) 적정한 주거환경을 조성하기 위하여 건축조례로 정하는 실별 최소 면적, 창문의 설치 및 크기 등의 기준에 적합할 것

다. 다가구주택: 다음의 요건을 모두 갖춘 주택으로서 공동주택에 해당하지 아니하는 것을 말한다.

1) 주택으로 쓰는 층수(지하층은 제외한다)가 3개 층 이하일 것. 다만, 1층의 전부 또는 일부를 필로티 구조로 하여 주차장으로 사용하고 나머지 부분을 주택(주거 목적으로 한정한다) 외의 용도로 쓰는 경우에는 해당 층을 주택의 층수에서 제외한다.

2) 1개 동의 주택으로 쓰이는 바닥면적의 합계가 660제곱미터 이하일 것

3) 19세대(대지 내 동별 세대수를 합한 세대를 말한다) 이하가 거주할 수 있을 것

라. 공관(公館)

2. **공동주택**[공동주택의 형태를 갖춘 가정어린이집 · 공동생활가정 · 지역아동센터 · 노인복지시설(노인복지주택은 제외) 및 「주택법 시행령」 제3조제1항에 따른 원룸형 주택을 포함한다]. 다만, 가목이나 나목에서 층수를 산정할 때 1층 전부를 필로티 구조로 하여 주차장으로 사용하는 경우에는 필로티 부분을 층수에서 제외하고, 다목에서 층수를 산정할 때 1층의 전부 또는 일부를 필로티 구조로 하여 주차장으로 사용하고 나머지 부분을 주택 외의 용도로 쓰는 경우에는 해당 층을 주택의 층수에서 제외하며, 가목부터 라목까지의 규정에서 층수를 산정할 때 지하층을 주택의 층수에서 제외.

가. 아파트: 주택으로 쓰는 층수가 5개 층 이상인 주택

나. 연립주택: 주택으로 쓰는 1개 동의 바닥면적(2개 이상의 동을 지하주차장으로 연결하는 경우에는 각각의 동으로 본다) 합계가 660제곱미터를 초과하고, 층수가 4개 층 이하인 주택

다. 다세대주택: 주택으로 쓰는 1개 동의 바닥면적 합계가 660제곱미터 이하이고, 층수가 4개 층 이하인 주택(2개 이상의 동을 지하주차장으로 연결하는 경우에는 각각의 동으로 본다)

라. 기숙사: 다음의 어느 하나에 해당하는 건축물로서 공간의 구성과 규모 등에 관하여 국토교통부장관이 정하여 고시하는 기준에 적합한 것. 다만, 구분소유된 개별 실(室)은 제외한다.

1) 일반기숙사: 학교 또는 공장 등의 학생 또는 종업원 등을 위하여 사용하는 것으로서 해당 기숙사의 공동취사시설 이용 세대 수가 전체 세대 수(건축물의 일부를 기숙사로 사용하는 경우에는 기숙사로 사용하는 세대 수로 한다. 이하 같다)의 50퍼센트 이상인 것(「교육기본법」 제27조제2항에 따른 학생복지주택을 포함한다)

2) 임대형기숙사: 「공공주택 특별법」 제4조에 따른 공공주택사업자 또는 「민간임대주택에 관한 특별법」 제2조제7호에 따른 임대사업자가 임대사업에 사용하는 것으로서 임대 목적으로 제공하는 실이 20실 이상이고 해당 기숙사의 공동취사시설 이용 세대 수가 전체 세대 수의 50퍼센트 이상인 것

3. **제1종 근린생활시설**

가. 식품 · 잡화 · 의류 · 완구 · 서적 · 건축자재 · 의약품 · 의료기기 등 일용품을 판매하는 소매점으로서 같은 건축물(하나의 대지에 두 동 이상의 건축물이 있는 경우에는 이를 같은 건축물로 본다. 이하 같다)에 해당 용도로 쓰는 바닥면적의 합계가 1천 제곱미터 미만인 것

나. 휴게음식점, 제과점 등 음료 · 차(茶) · 음식 · 빵 · 떡 · 과자 등을 조리하거나 제조하여 판매하는 시설(제4호너목 또는 제17호에 해당하는 것은 제외)로서 같은 건축물에 해당 용도로 쓰는 바닥면적의 합계가 300제곱미터 미만인 것

다. 이용원, 미용원, 목욕장, 세탁소 등 사람의 위생관리나 의류 등을 세탁 · 수선하는 시설(세탁소의 경우 공장에 부설되는 것과 「대기환경보전법」, 「물환경보전법」 또는 「소음 · 진동관리법」에 따른 배출시설의 설치 허가 또는 신고의 대상인 것은 제외)

라. 의원, 치과의원, 한의원, 침술원, 접골원(接骨院), 조산원, 안마원, 산후조리원 등 주민의 진료·치료 등을 위한 시설

마. 탁구장, 체육도장으로서 같은 건축물에 해당 용도로 쓰는 바닥면적의 합계가 500제곱미터 미만인 것

바. 지역자치센터, 파출소, 지구대, 소방서, 우체국, 방송국, 보건소, 공공도서관, 건강보험공단 사무소 등 공공업무시설로서 같은 건축물에 해당 용도로 쓰는 바닥면적의 합계가 1천 제곱미터 미만인 것

사. 마을회관, 마을공동작업소, 마을공동구판장, 공중화장실, 대피소, 지역아동센터(단독주택과 공동주택에 해당하는 것은 제외)등 주민이 공동으로 이용하는 시설

아. 변전소, 도시가스배관시설, 통신용 시설(해당 용도로 쓰는 바닥면적의 합계가 1천제곱미터 미만인 것에 한정한다), 정수장, 양수장 등 주민의 생활에 필요한 에너지공급·통신서비스제공이나 급수 · 배수와 관련된 시설

자. 금융업소, 사무소, 부동산중개사무소, 결혼상담소 등 소개업소, 출판사 등일반업무시설로서 같은 건축물에 해당 용도로 쓰는 바닥면적의 합계가 30제곱미터 미만인 것

카. 동물병원, 동물미용실 및 「동물보호법」 제73조제1항제2호에 따른 동물위탁관리업을 위한 시설로서 같은 건축물에 해당 용도로 쓰는 바닥면적의 합계가 300제곱미터 미만인 것

4. 제2종 근린생활시설

가. 공연장(극장, 영화관, 연예장, 음악당, 서커스장, 비디오물감상실, 비디오물소극장, 그 밖에 이와 비슷한 것을 말한다. 이하 같다)으로서 같은 건축물에 해당 용도로 쓰는 바닥면적의 합계가 500제곱미터 미만인 것

나. 종교집회장[교회, 성당, 사찰, 기도원, 수도원, 수녀원, 제실(祭室), 사당, 그 밖에 이와 비슷한 것을 말한다. 이하 같다]으로서 같은 건축물에 해당 용도로 쓰는 바닥면적의 합계가 500제곱미터 미만인 것

다. 자동차영업소로서 같은 건축물에 해당 용도로 쓰는 바닥면적의 합계가 1천제곱미터 미만인 것

라. 서점(제1종 근린생활시설에 해당하지 않는 것)
마. 총포판매소
바. 사진관, 표구점
사. 청소년게임제공업소, 복합유통게임제공업소, 인터넷컴퓨터게임시설제공업소, 그 밖에 이와 비슷한 게임 관련 시설로서 같은 건축물에 해당 용도로 쓰는 바닥면적의 합계가 500제곱미터 미만인 것
아. 휴게음식점, 제과점 등 음료·차(茶)·음식·빵·떡·과자 등을 조리하거나 제조하여 판매하는 시설(너목 또는 제17호에 해당하는 것은 제외)로서 같은 건축물에 해당 용도로 쓰는 바닥면적의 합계가 300제곱미터 이상인 것
자. 일반음식점
차. 장의사, 동물병원, 동물미용실, 「동물보호법」 제73조제1항제2호에 따른 동물위탁관리업을 위한 시설, 그 밖에 이와 유사한 것(제1종 근린생활시설에 해당하는 것은 제외한다)
카. 학원(자동차학원·무도학원 및 정보통신기술을 활용하여 원격으로 교습하는 것은 제외), 교습소(자동차교습·무도교습 및 정보통신기술을 활용하여 원격으로 교습하는 것은 제외), 직업훈련소(운전·정비 관련 직업훈련소는 제외)로서 같은 건축물에 해당 용도로 쓰는 바닥면적의 합계가 500제곱미터 미만인 것
타. 독서실, 기원
파. 테니스장, 체력단련장, 에어로빅장, 볼링장, 당구장, 실내낚시터, 골프연습장, 놀이형시설(「관광진흥법」에 따른 기타유원시설업의 시설을 말한다. 이하 같다) 등 주민의 체육 활동을 위한 시설(제3호마목의 시설은 제외)로서 같은 건축물에 해당 용도로 쓰는 바닥면적의 합계가 500제곱미터 미만인 것
하. 금융업소, 사무소, 부동산중개사무소, 결혼상담소 등 소개업소, 출판사 등일반업무시설로서 같은 건축물에 해당 용도로 쓰는 바닥면적의 합계가 500제곱미터 미만인 것(제1종 근린생활시설에 해당하는 것은 제외)
거. 다중생활시설(「다중이용업소의 안전관리에 관한 특별법」에 따른 다중이용업 중 고시원업의 시설로서 국토교통부장관이 고시하는 기준에 적합한 것을 말한다. 이하 같다)로서 같은 건축물에 해당 용도로 쓰는 바닥면적의 합계가 500제곱미터 미만인 것
너. 제조업소, 수리점 등 물품의 제조·가공·수리 등을 위한 시설로서 같은 건축물에 해당 용도로 쓰는 바닥면적의 합계가 500제곱미터 미만이고, 다음 요건 중 어느 하나에 해당하는 것
  1) 「대기환경보전법」, 「물환경보전법」 또는 「소음·진동관리법」에 따른 배출시설의 설치 허가 또는 신고의 대상이 아닌 것
  2) 「대기환경보전법」, 「물환경보전법」 또는 「소음·진동관리법」에 따른 배출시설의 설치 허가 또는 신고의 대상 시설로서 발생되는 폐수를 전량 위탁처리하는 것
더. 단란주점으로서 같은 건축물에 해당 용도로 쓰는 바닥면적의 합계가 150제곱미

터 미만인 것

러. 안마시술소, 노래연습장

5. 문화 및 집회시설

가. 공연장으로서 제2종 근린생활시설에 해당하지 아니하는 것

나. 집회장[예식장, 공회당, 회의장, 마권(馬券) 장외 발매소, 마권 전화투표소, 그 밖에 이와 비슷한 것을 말한다]으로서 제2종 근린생활시설에 해당하지 아니하는 것

다. 관람장(경마장, 경륜장, 경정장, 자동차 경기장, 그 밖에 이와 비슷한 것과 체육관 및 운동장으로서 관람석의 바닥면적의 합계가 1천 제곱미터 이상인 것을 말한다)

라. 전시장(박물관, 미술관, 과학관, 문화관, 체험관, 기념관, 산업전시장, 박람회장, 그 밖에 이와 비슷한 것을 말한다)

마. 동·식물원(동물원, 식물원, 수족관, 그 밖에 이와 비슷한 것을 말한다)

6. 종교시설

가. 종교집회장으로서 제2종 근린생활시설에 해당하지 아니하는 것

나. 종교집회장(제2종 근린생활시설에 해당하지 아니하는 것을 말한다)에 설치하는 봉안당(奉安堂)

7. 판매시설

가. 도매시장(「농수산물유통 및 가격안정에 관한 법률」에 따른 농수산물도매시장, 농수산물공판장, 그 밖에 이와 비슷한 것을 말하며, 그 안에 있는 근린생활시설을 포함)

나. 소매시장(「유통산업발전법」 제2조제3호에 따른 대규모 점포, 그 밖에 이와 비슷한 것을 말하며, 그 안에 있는 근린생활시설을 포함)

다. 상점(그 안에 있는 근린생활시설을 포함)으로서 다음의 요건 중 어느 하나에 해당하는 것

1) 제3호가목에 해당하는 용도(서점은 제외)로서 제1종 근린생활시설에 해당하지 아니하는 것

2) 「게임산업진흥에 관한 법률」 제2조제6호의2가목에 따른 청소년게임제공업의 시설, 같은 호 나목에 따른 일반게임제공업의 시설, 같은 조 제7호에 따른 인터넷컴퓨터게임시설제공업의 시설 및 같은 조 제8호에 따른 복합유통게임제공업의 시설로서 제2종 근린생활시설에 해당하지 아니하는 것

8. 운수시설

가. 여객자동차터미널

나. 철도시설

다. 공항시설

라. 항만시설

9. 의료시설

가. 병원(종합병원, 병원, 치과병원, 한방병원, 정신병원 및 요양병원을 말한다)

나. 격리병원(전염병원, 마약진료소, 그 밖에 이와 비슷한 것을 말한다)

10. **교육연구시설**(제2종 근린생활시설에 해당하는 것은 제외)

가. 학교(유치원, 초등학교, 중학교, 고등학교, 전문대학, 대학, 대학교, 그 밖에 이에 준하는 각종 학교를 말한다)

나. 교육원(연수원, 그 밖에 이와 비슷한 것을 포함)

다. 직업훈련소(운전 및 정비 관련 직업훈련소는 제외)

라. 학원(자동차학원・무도학원 및 정보통신기술을 활용하여 원격으로 교습하는 것은 제외)

마. 연구소(연구소에 준하는 시험소와 계측계량소를 포함)

바. 도서관

11. **노유자시설**

가. 아동 관련 시설(어린이집, 아동복지시설, 그 밖에 이와 비슷한 것으로서 단독주택, 공동주택 및 제1종 근린생활시설에 해당하지 아니하는 것을 말한다)

나. 노인복지시설(단독주택과 공동주택에 해당하지 아니하는 것을 말한다)

다. 그 밖에 다른 용도로 분류되지 아니한 사회복지시설 및 근로복지시설

12. **수련시설**

가. 생활권 수련시설(「청소년활동진흥법」에 따른 청소년수련관, 청소년문화의집, 청소년특화시설, 그 밖에 이와 비슷한 것을 말한다)

나. 자연권 수련시설(「청소년활동진흥법」에 따른 청소년수련원, 청소년야영장, 그 밖에 이와 비슷한 것을 말한다)

다. 「청소년활동진흥법」에 따른 유스호스텔

라. 「관광진흥법」에 따른 야영장 시설로서 제29호에 해당하지 아니하는 시설

13. **운동시설**

가. 탁구장, 체육도장, 테니스장, 체력단련장, 에어로빅장, 볼링장, 당구장, 실내낚시터, 골프연습장, 놀이형시설, 그 밖에 이와 비슷한 것으로서 제1종 근린생활시설 및 제2종 근린생활시설에 해당하지 아니하는 것

나. 체육관으로서 관람석이 없거나 관람석의 바닥면적이 1천제곱미터 미만인 것

다. 운동장(육상장, 구기장, 볼링장, 수영장, 스케이트장, 롤러스케이트장, 승마장, 사격장, 궁도장, 골프장 등과 이에 딸린 건축물을 말한다)으로서 관람석이 없거나 관람석의 바닥면적이 1천 제곱미터 미만인 것

14. **업무시설**

가. 공공업무시설: 국가 또는 지방자치단체의 청사와 외국공관의 건축물로서 제1종 근린생활시설에 해당하지 아니하는 것

나. 일반업무시설: 다음 요건을 갖춘 업무시설을 말한다.

1) 금융업소, 사무소, 결혼상담소 등 소개업소, 출판사, 신문사, 그 밖에 이와 비슷한 것으로서 제1종 근린생활시설 및 제2종 근린생활시설에 해당하지 않는 것

2) 오피스텔(업무를 주로 하며, 분양하거나 임대하는 구획 중 일부 구획에서 숙식을 할 수 있도록 한 건축물로서 국토교통부장관이 고시하는 기준에 적합

한 것을 말한다)

15. **숙박시설**

가. 일반숙박시설 및 생활숙박시설

나. 관광숙박시설(관광호텔, 수상관광호텔, 한국전통호텔, 가족호텔, 호스텔, 소형호텔, 의료관광호텔 및 휴양 콘도미니엄)

다. 다중생활시설(제2종 근린생활시설에 해당하지 아니하는 것을 말한다)

라. 그 밖에 가목부터 다목까지의 시설과 비슷한 것

16. **위락시설**

가. 단란주점으로서 제2종 근린생활시설에 해당하지 아니하는 것

나. 유흥주점이나 그 밖에 이와 비슷한 것

다. 「관광진흥법」에 따른 유원시설업의 시설, 그 밖에 이와 비슷한 시설(제2종 근린생활시설과 운동시설에 해당하는 것은 제외)

라. 삭제 <2010.2.18>

마. 무도장, 무도학원

바. 카지노영업소

17. **공장**

물품의 제조·가공[염색·도장(塗裝)·표백·재봉·건조·인쇄 등을 포함한다] 또는 수리에 계속적으로 이용되는 건축물로서 제1종 근린생활시설, 제2종 근린생활시설, 위험물 저장 및 처리시설, 자동차 관련 시설, 자원순환 관련 시설 등으로 따로 분류되지 아니한 것

18. **창고시설**(위험물 저장 및 처리 시설 또는 그 부속용도에 해당하는 것은 제외)

가. 창고(물품저장시설로서 「물류정책기본법」에 따른 일반창고와 냉장 및 냉동 창고를 포함)

나. 하역장

다. 「물류시설의 개발 및 운영에 관한 법률」에 따른 물류터미널

라. 집배송 시설

19. **위험물 저장 및 처리 시설**

「위험물안전관리법」, 「석유 및 석유대체연료 사업법」, 「도시가스사업법」, 「고압가스안전관리법」, 「액화석유가스의 안전관리 및 사업법」, 「총포·도검·화약류 등 단속법」, 「유해화학물질 관리법」 등에 따라 설치 또는 영업의 허가를 받아야 하는 건축물로서 다음 각 목의 어느 하나에 해당하는 것. 다만, 자가난방, 자가발전, 그 밖에 이와 비슷한 목적으로 쓰는 저장시설은 제외.

가. 주유소(기계식 세차설비를 포함) 및 석유 판매소

나. 액화석유가스 충전소·판매소·저장소(기계식 세차설비를 포함)

다. 위험물 제조소·저장소·취급소

라. 액화가스 취급소·판매소

마. 유독물 보관·저장·판매시설

바. 고압가스 충전소・판매소・저장소
사. 도료류 판매소
아. 도시가스 제조시설
자. 화약류 저장소
차. 그 밖에 가목부터 자목까지의 시설과 비슷한 것

20. **자동차 관련 시설**(건설기계 관련 시설을 포함)
가. 주차장
나. 세차장
다. 폐차장
라. 검사장
마. 매매장
바. 정비공장
사. 운전학원 및 정비학원(운전 및 정비 관련 직업훈련시설을 포함)
아. 「여객자동차 운수사업법」, 「화물자동차 운수사업법」 및 「건설기계관리법」에 따른 차고 및 주기장(駐機場)
자. 전기자동차 충전소로서 제1종 근린생활시설에 해당하지 않는 것

21. **동물 및 식물 관련 시설**
가. 축사(양잠·양봉・양어시설 및 부화장 등을 포함)
나. 가축시설[가축용 운동시설, 인공수정센터, 관리사(管理舍), 가축용 창고, 가축시장, 동물검역소, 실험동물 사육시설, 그 밖에 이와 비슷한 것을 말한다]
다. 도축장
라. 도계장
마. 작물 재배사
바. 종묘배양시설
사. 화초 및 분재 등의 온실
아. 식물과 관련된 마목부터 사목까지의 시설과 비슷한 것(동・식물원은 제외)

22. **자원순환 관련 시설**
가. 하수 등 처리시설
나. 고물상
다. 폐기물재활용시설
라. 폐기물 처분시설
마. 폐기물감량화시설

23. **교정시설**(제1종 근린생활시설에 해당하는 것은 제외)
가. 교정시설(보호감호소, 구치소 및 교도소를 말한다)
나. 갱생보호시설, 그 밖에 범죄자의 갱생・보육・교육・보건 등의 용도로 쓰는 시설
다. 소년원 및 소년분류심사원

23의2. **국방군사시설**(제1종 근린생활시설에 해당하는 것은 제외한다)
「국방군사시설 사업에 관한 법률」에 따른 국방군사시설

24. **방송통신시설**(제1종 근린생활시설에 해당하는 것은 제외)
가. 방송국(방송프로그램 제작시설 및 송신 · 수신·중계시설을 포함)
나. 전신전화국
다. 촬영소
라. 통신용 시설
마. 데이터센터
바. 그 밖에 가목부터 마목까지의 시설과 비슷한 것

25. **발전시설**
발전소(집단에너지 공급시설을 포함)로 사용되는 건축물로서 제1종 근린생활시설에 해당하지 아니하는 것

26. **묘지 관련 시설**
가. 화장시설 나. 봉안당(종교시설에 해당하는 것은 제외)
다. 묘지와 자연장지에 부수되는 건축물 라. 동물화장시설, 동물건조장(乾燥葬)시설 및 동물 전용의 납골시설

27. **관광 휴게시설**
가. 야외음악당
나. 야외극장
다. 어린이회관
라. 관망탑
마. 휴게소
바. 공원 · 유원지 또는 관광지에 부수되는 시설

28. **장례시설**
가. 장례식장[의료시설의 부수시설(「의료법」 제36조제1호에 따른 의료기관의 종류에 따른 시설을 말한다)에 해당하는 것은 제외한다]
나. 동물 전용의 장례식장

29. **야영장 시설**
「관광진흥법」에 따른 야영장 시설로서 관리동, 화장실, 샤워실, 대피소, 취사시설 등의 용도로 쓰는 바닥면적의 합계가 300제곱미터 미만인 것

● **건축물 사용승인 신청시 에너지효율등급 인증 관련 서류의 첨부 대상 건축물(녹색건축물 조성 지원법 시행령 제11조의3)**
1. 제9조제2항 각 호의 기관이 소유 또는 관리하는 건축물일 것
2. 신축 · 재축 또는 증축하는 건축물일 것. 다만, 증축의 경우에는 건축물이 있는 대지에 별개의 건축물로 증축하는 경우로 한정한다.
3. 연면적(하나의 대지에 복수의 건축물이 있는 경우 모든 건축물의 연면적을 합산한 면적을 말한다)이 3천제곱미터 이상일 것
4. 법 제14조제1항에 따른 에너지 절약계획서 제출 대상일 것

● **에너지효율등급 인증 또는 제로에너지건축물 인증 표시 의무 대상 건축물 (녹색건축물 조성 지원법 시행령 제12조제2항 관련) [별표 1]**

요건	에너지효율등급 인증 표시 의무 대상	제로에너지건축물 인증 및 에너지효율등급 인증 표시 의무 대상
1. 소유 또는 관리 주체	가. 제9조제2항 각 호의 기관 나. 교육감 다. 「공공주택 특별법」 제4조에 따른 공공주택사업자	가. 제9조제2항 각 호의 기관 나. 교육감 다. 「공공주택 특별법」 제4조에 따른 공공주택사업자
2. 건축 및 리모델링의 범위	가. 건축물을 신축 또는 재축하는 경우 나. 건축물을 전부 개축하는 경우 다. 기존 건축물의 대지에 별개의 건축물을 증축하는 경우	가. 건축물을 신축 또는 재축하는 경우 나. 건축물을 전부 개축하는 경우 다. 기존 건축물의 대지에 별개의 건축물을 증축하는 경우
3. 건축물의 범위	법 제17조제5항에 따라 국토교통부와 산업통상자원부의 공동부령으로 정하는 같은 항 제1호의 인증 대상건축물. 다만, 「건축법 시행령」 별표 1 제2호라목에따른 기숙사는 제외한다	법 제17조제5항에 따라 국토교통부와 산업통상자원부의 공동부령으로 정하는 같은 항 제1호의 인증 대상 건축물. 다만, 「건축법 시행령」 별표 1 제2호라목에따른 기숙사는 제외한다
4. 공동주택의 세대수 또는 건축물의 연면적	가. 공동주택의 경우: 전체 세대수 30세대 이상나. 공동주택 외의 건축물의 경우: 연면적 5백제곱미터 이상	가. 공동주택의 경우: 전체 세대수 30세대 이상나. 공동주택 외의 건축물의 경우: 연면적 5백제곱미터 이상
5. 에너지 절약계획서 등 제출 대상 여부	가. 공동주택의 경우: 법 제14조제1항에 따른 에너지절약계획서 제출 대상 또는 「주택건설기준 등에관한 규정」 제64조제2항에 따른 친환경 주택 에너지 절약계획 제출 대상일 것 나. 공동주택 외의 건축물의 경우: 법 제14조제1항에따른 에너지 절약계획서 제출 대상일 것	가. 공동주택의 경우: 법 제14조제1항에 따른 에너지절약계획서 제출 대상 또는 「주택건설기준 등에관한 규정」 제64조제2항에 따른 친환경 주택 에너지 절약계획 제출 대상일 것 나. 공동주택 외의 건축물의 경우: 법 제14조제1항에 따른 에너지 절약계획서 제출 대상일 것

6. 건축물에 대한 미술작품의 설치(문화예술진흥법 제9조)

① 대통령령으로 정하는 종류 또는 규모 이상의 건축물을 건축하려는 자(이하 "건축주"라 한다)는 건축 비용의 일정 비율에 해당하는 금액을 사용하여 회화·조각·공예 등 건축물 미술작품(이하 "미술작품"이라 한다)을 설치하여야 한다.

② 건축주(국가 및 지방자치단체는 제외)는 제1항에 따라 건축 비용의 일정 비율에 해당하는 금액을 미술작품의 설치에 사용하는 대신에 제16조에 따른 문화예술진흥기금에 출연할 수 있다.

③ 제1항 또는 제2항에 따라 미술작품의 설치 또는 문화예술진흥기금에 출연하는 금액은 건축비용의 100분의 1 이하의 범위에서 대통령령으로 정한다.

④ 제1항에 따른 미술작품 설치에 사용하여야 하는 금액, 제2항에 따른 건축비용, 기금 출연의 절차 및 방법, 그 밖에 필요한 사항은 대통령령으로 정한다

■ **건축물에 대한 미술작품의 정의**

"미술작품"이란 제13조에 따라 감정 또는 평가를 거친 다음 각 호의 것을 말한다.

1. 회화, 조각, 공예, 사진, 서예, 벽화, 미디어아트 등 조형예술물
2. 분수대 등 미술작품으로 인정할 만한 공공조형물

■ 건축물에 대한 미술작품의 설치 대상 (문화예술진흥법 시행령 제12조제1항)

대 상	규 모 (비 고)
1. 공동주택(기숙사 및 「공공주택 특별법」에 따른 공공건설임대주택은 제외한다) 2. 제1종 근린생활시설[「건축법 시행령」 별표 1 제3호바목, 사목 및 아목(도시가스배관시설은 제외한다)의 시설은 제외한다] 및 제2종 근린생활시설 3. 문화 및 집회시설 중 공연장· 집회장 및 관람장 4. 판매시설 5. 운수시설(항만시설 중 창고기능에 해당하는 시설은 제외한다) 6. 의료시설 중 병원 7. 업무시설 8. 숙박시설 9. 위락시설 10. 방송통신시설(제1종 근린생활시설에 해당하는 것은 제외한다)	·주차장· 기계실· 전기실· 변전실· 발전실 및 공기조화실(환기 및 냉난방 조정실)의 면적은 제외한다. 이하 같다]이 1만 제곱미터(증축하는 경우에는 증축되는 부분의 연면적이 1만 제곱미터) 이상인 경우 · 다만, 제1호에 따른 공동주택의 경우에는 각 동의 연면적의 합계가 1만 제곱미터 이상인 경우만을 말하며, 각 동이 위치한 단지 내의 특정한 장소에 건축물미술작품을 설치

■ 건축물에 대한 미술작품의 설치비용 (문화예술진흥법 시행령 제12조제4항)

「수도권정비계획법」 제14조제2항에 따라 국토교통부장관이 고시하는 표준건축비를 기준으로 연면적에 대하여 산정한 금액(설계변경을 한 경우에는 최종 설계변경시점의 연면적을 기준으로 산정한 금액)으로 한다. 다만, 특별시 · 광역시를 제외한 지역의 경우에는 표준건축비의 100분의 95를 기준으로 연면적에 대하여 산정한 금액으로 한다.

대 상	미술작품 설비 비용 (비 고)	
공동주택(건축주가 국가 또는 지방자치단체인 건축물은 제외)	건축비용의 1천분의 1 이상 1천분의 7 이하의 범위에서 시· 도의 조례로 정하는 비율에 해당하는 금액	
건축물에 대한 미술작품의 설치 대상 [공동주택, 제1종 근린생활시설, 문화 및 집회시설 중 공연장· 집회장 및 관람장, 판매시설, 운수시설(항만시설 중 창고기능에 해당하는 시설은 제외), 의료시설 중 병원, 업무시설, 숙박시설, 위락시설, 방송통신시설(제1종 근린생활시설에 해당하는 것은 제외)]	시(자치구가 설치되지 아니한 시를 말한다)· 군 지역에 소재하는 건축물	건축비용의 1천분의 5 이상 1천분의 7 이하의 범위에서 시· 도의 조례로 정하는 비율에 해당하는 금액
	기타 지역에 소재하는 건축물	1) 연면적 1만 제곱미터 이상 2만 제곱미터 이하인 건축물: 건축비용의 1천분의 7에 해당하는 금액 2) 연면적 2만 제곱미터 초과 건축물: 연면적 2만 제곱미터에 사용되는 건축비용의 1천분의 7에 해당하는 금액 + 2만 제곱미터를 초과하는 연면적에 대한 건축비용의 1천분의 5에 해당하는 금액
	건축주가 국가 또는 지방자치단체인 건축물	건축비용의 1백분의 1의 비율에 해당하는 금액

■ 건축물에 대한 미술작품의 심의 (문화예술진흥법 시행령 제14조)

법 제9조의2제2항에 따른 미술작품심의위원회(이하 "미술작품심의위원회"라 한다)는 미술・건축・공공디자인・조경・안전・유지관리 분야의 전문가 및 시민대표 등으로 구성한다. 이 경우 미술작품심의위원회의 위원은 해당 분야의 전문가가 3분의 2 이상이 되도록 해야 한다.미술작품심의위원회는 다음 각 호의 사항을 심의한다.

1. 건축물미술작품의 가격
2. 건축물미술작품의 예술성
3. 건축물미술작품과 건축물 및 환경의 조화
4. 건축물미술작품에 대한 접근성
5. 건축물미술작품의 도시미관에 대한 기여도
6. 건축물미술작품의 유지・관리 방안의 적정성

7. 수도권정비 심의(수도권정비계획법)

■ 용어의 정의

1. **수도권**

   서울특별시와 대통령령으로 정하는 그 주변 지역을 말한다.

2. **수도권정비계획**

   「국토기본법」 제6조제2항제1호에 따른 국토종합계획을 기본으로 하여 제4조에 따라 수립되는 계획을 말한다.

3. **인구집중유발시설**

   학교, 공장, 공공 청사, 업무용 건축물, 판매용 건축물, 연수 시설, 그 밖에 인구 집중을 유발하는 시설로서 대통령령으로 정하는 종류 및 규모 이상의 시설을 말한다.

4. **대규모개발사업**

   택지, 공업 용지 및 관광지 등을 조성할 목적으로 하는 사업으로서 대통령령으로 정하는 종류 및 규모 이상의 사업을 말한다.

5. **공업지역**

   가. 「국토의 계획 및 이용에 관한 법률」에 따라 지정된 공업지역

   나. 「국토의 계획 및 이용에 관한 법률」과 그 밖의 관계 법률에 따라 공업 용지와 이에 딸린 용도로 이용되고 있거나 이용될 일단(一團)의 지역으로서 대통령령으로 정하는 종류 및 규모 이상의 지역

■ 수도권정비계획의 수립과 심의(법 제4조)

국토교통부장관은 수도권의 인구 및 산업의 집중을 억제하고 적정하게 배치하기 위하여 중앙행정기관의 장과 서울특별시장・광역시장 또는 도지사(이하 "시・도지사"라 한다)의 의견을 들어 다음 각 호의 사항이 포함된 수도권정비계획안을 입안하고 수도권정비위원

회의 심의를 거친다.

1. 수도권 정비의 목표와 기본 방향에 관한 사항
2. 인구와 산업 등의 배치에 관한 사항
3. 권역(圈域)의 구분과 권역별 정비에 관한 사항
4. 인구집중유발시설 및 개발사업의 관리에 관한 사항
5. 광역적 교통 시설과 상하수도 시설 등의 정비에 관한 사항
6. 환경 보전에 관한 사항
7. 수도권 정비를 위한 지원 등에 관한 사항
8. 제1호부터 제7호까지의 사항에 대한 계획의 집행 및 관리에 관한 사항
9. 그 밖에 대통령령으로 정하는 수도권 정비에 관한 사항

■ 인구집중유발시설의 종류 등(영 제3조)

법 제2조제3호에 따른 인구집중유발시설은 다음 각 호의 어느 하나에 해당하는 시설을 말한다. 이 경우 해당하는 건축물의 연면적 또는 시설의 면적을 산정할 때 대지가 연접하고 소유자(공공 청사인 경우에는 사용자를 포함)이 같은 건축물에 대하여는 각 건축물의 연면적 또는 시설의 면적을 합산한다.

<table>
<tr><th>용 도</th><th>구 분</th><th>규 모</th></tr>
<tr><td colspan="2">「고등교육법」 제2조에 따른 학교로서 대학, 산업대학, 교육대학 또는 전문대학</td><td>이에 준하는 각종학교</td></tr>
<tr><td colspan="2">「산업집적활성화 및 공장설립에 관한 법률」 제2조제1호에 따른 공장</td><td>연면적(제조시설로 사용되는 기계 또는 장치를 설치하기 위한 건축물 및 사업장의 각 층 바닥면적의 합계)이 500제곱미터 이상인 것</td></tr>
<tr><td>공공 청사(도서관, 전시장, 공연장, 군사시설 중 군부대의 청사, 국가정보원 및 그 소속 기관의 청사는 제외. 이하 같다)</td><td>가. 중앙행정기관 및 그 소속 기관의 청사
나. 다음에 해당하는 법인 사무소(연구소와 연수 시설 등을 포함)
1) 정부가 자본금의 100분의 50 이상을 출자한 법인 및 그 법인이 자본금의 100분의 50 이상을 출자한 법인
2) 「국유재산법」에 따른 정부출자기업체
3) 법률에 따른 정부 출연 대상 법인으로서 정부로부터 출연을 받거나 받은 법인
4) 개별 법률에 따라 설립되는 법인으로서 주무부장관의 인가 또는 허가를 받지 아니하고 해당 법률에 따라 직접 설립된 법인</td><td>건축물의 연면적이 1천제곱미터 이상인 것</td></tr>
<tr><td rowspan="4">업무용 건축물, 판매용 건축물 및 복합 건축물.(다만, 지방자치단체가 출자하거나 출연한 법인의 사무소로 사용되는 건축물과 자연보전권역이 아닌 지역에 설치되는 「벤처기업육성에 관한 특별조치법」 제2조제4항에 따른 벤처기업집적시설 및 「국제회의산업 육성에 관한 법률 시행령」 제3조에 따른 국제회의시설 중 전문회의시설은 제외)</td><td>업무용 건축물
1) 「건축법 시행령」 별표 1 제10호마목의 연구소 및 같은 표 제14호나목의 일반업무시설
2) 「건축법 시행령」 별표 1 제3호의 제1종 근린생활시설, 같은 표 제4호의 제2종 근린생활시설, 같은 표 제5호의 문화 및 집회시설(같은 호 라목 및 마목의 시설만 해당) 및 같은 표 제18호의 창고시설. 다만, 각 시설의 면적이 1)에 따른 시설 면적의 합계보다 작은 경우만 해당</td><td>연면적이 2만5천제곱미터 이상인 건축물 또는 업무용시설이 주용도가 아닌 건축물로서 그 업무용시설 면적의 합계가 2만5천제곱미터 이상인 건축물</td></tr>
<tr><td>판매용 건축물
1) 「건축법 시행령」 별표 1 제7호의 판매시설 및 같은 표 제16호의 위락시설
2) 「건축법 시행령」 별표 1 제3호의 제1종 근린생활시설, 같은 표 제4호의 제2종 근린생활시설, 같은 표 제5호의 문화 및 집회시설, 같은 표 제13호의 운동시설 및 같은 표 제18호의 창고시설. 다만, 각 시설의 면적이 가)에 따른 시설 면적의 합계보다 작은 경우만 해당</td><td>연면적이 1만5천제곱미터 이상인 건축물 또는 판매용시설이 주용도가 아닌 건축물로서 그 판매용시설 면적의 합계가 1만5천제곱미터 이상인 건축물</td></tr>
<tr><td>업무용시설 및 판매용시설(복합시설)이 주용도(해당 건축물의 복합시설 면적의 합계가 용도별면적 중 가장 큰 경우)가 아닌 건축물</td><td>복합시설의 면적의 합계가 1만5천제곱미터 이상 2만5천제곱미터 미만이고 판매용시설 면적이 업무용시설 면적보다 큰 건축물의 복합시설에 해당하는 부분</td></tr>
<tr><td>복합 건축물: 복합시설이 주용도인 건축물</td><td>연면적이 2만5천제곱미터 이상인 건축물 또는 복합시설이 주용도가 아닌 건축물로서 그 복합시설의 면적의 합계가 2만5천제곱미터 이상인 건축물</td></tr>
<tr><td>연수 시설</td><td>「건축법 시행령」 별표 1 제10호나목의 교육원, 같은 호 다목의 직업훈련소 및 같은 표 제20호사목의 운전 및 정비 관련 직업훈련소로서 건축물(다만, 지방자치단체 또는 지방자치단체가 출자하거나 출연한 법인이 설치하는 시설은 제외)</td><td>연면적이 3만제곱미터 이상</td></tr>
</table>

Checklist

법원문요약

제3장
건축물의 건축

1. 건축허가 대상(건축, 대수선)
2. 건축허가 · 사전승인 대상
3. 건축허가 · 사전승인 제외대상
4. 건축물 안전영향평가
5. 건축신고
6. 허가 · 신고사항의 변경
7. 용도의 변경
8. 착공신고
9. 건축물의 사전승인
10. 건축물의 사용승인 · 임시사용승인
11. 건축물의 공사감리

1. 건축허가 대상(건축, 대수선) (건축법 제11조, 영 제8조)

건축물을 건축하거나 대수선하려는 자는 특별자치시장·특별자치도지사 또는 시장·군수·구청장의 허가를 받아야 한다.

허 가 대 상	허 가 권 자
·층수가 21층 이상이거나 연면적의 합계가 10만 제곱미터 이상인 건축물의 건축 ·연면적의 10분의 3 이상을 증축하여 층수가 21층 이상으로 되거나 연면적의 합계가 10만 제곱미터 이상으로 되는 경우를 포함	특별시장 또는 광역시장의 허가

● 건축허가 거부가능 대상(건축법 제11조, 영 제8조)

허가권자는 건축허가를 하고자 하는 때에 「건축기본법」 제25조에 따른 한국건축규정의 준수 여부를 확인하여야 한다. 다만, 다음 각 호의 어느 하나에 해당하는 경우에는 이 법이나 다른 법률에도 불구하고 건축위원회의 심의를 거쳐 건축허가를 하지 아니할 수 있다.

1. 위락시설이나 숙박시설에 해당하는 건축물의 건축을 허가하는 경우 해당 대지에 건축하려는 건축물의 용도·규모 또는 형태가 주거환경이나 교육환경 등 주변 환경을 고려할 때 부적합하다고 인정되는 경우
2. 「국토의 계획 및 이용에 관한 법률」 제37조제1항제4호에 따른 방재지구(이하 "방재지구"라 한다) 및 「자연재해대책법」 제12조제1항에 따른 자연재해위험개선지구 등 상습적으로 침수되거나 침수가 우려되는 대통령령으로 정하는 지역에 건축하려는 건축물에 대하여 일부 공간에 거실을 설치하는 것이 부적합하다고 인정되는 경우

2. 건축허가 · 사전승인 대상(건축법 제11조, 영 제8조, 규칙 제7조)

사 전 승 인 대 상	승인권자	허가권자
·층수가 21층 이상이거나 연면적의 합계가 10만 제곱미터 이상인 건축물의 건축 ·연면적의 10분의 3 이상을 증축하여 층수가 21층 이상으로 되거나 연면적의 합계가 10만 제곱미터 이상으로 되는 경우를 포함 ·도시환경, 광역교통 등을 고려하여 해당 도의 조례로 정하는 건축물은 제외	도지사	시장, 군수
자연환경이나 수질을 보호하기 위하여 도지사가 지정·공고한 구역에 건축하는 3층 이상 또는 연면적의 합계가 1천제곱미터 이상인 건축물로서 위락시설과 숙박시설 등 대통령령으로 정하는 용도에 해당하는 건축물 1. 공동주택 2. 제2종 근린생활시설(일반음식점만 해당한다) 3. 업무시설(일반업무시설만 해당한다) 4. 숙박시설 5. 위락시설		
주거환경이나 교육환경 등 주변 환경을 보호하기 위하여 필요하다고 인정하여 도지사가 지정·공고한 구역에 건축하는 위락시설 및 숙박시설에 해당하는 건축물		

시장 · 군수는 제1항에 따라 위 각 호의 어느 하나에 해당하는 건축물의 건축을 허가하려면 미리 건축계획서와 국토교통부령으로 정하는 건축물의 용도, 규모 및 형태가 표시된 기본설계도서를 첨부하여 도지사의 승인을 받아야 한다.

3. 건축허가 · 사전승인 제외대상(건축법 제11조, 영 제8조, 규칙 제7조)

다음에 해당하는 건축물의 건축은 건축 허가 대상에서 제외.

- 공장
- 창고
- 지방건축위원회의 심의를 거친 건축물(특별시 또는 광역시의 건축조례로 정하는 바에 따라 해당 지방건축위원회의 심의사항으로 할 수 있는 건축물에 한정하며, 초고층 건축물은 제외)

● 건축허가에 의한 확대 적용 대상(건축법 제11조제5항)

건축허가를 받으면 나음 각 호의 허가 등을 받거나 신고를 한 것으로 보며, 공장건축물의 경우에는 「산업집적활성화 및 공장설립에 관한 법률」 제13조의2와 제14조에 따라 관련 법률의 인 · 허가 등이나 허가 등을 받은 것으로 본다.

1. 제20조제3항에 따른 공사용 가설건축물의 축조신고
2. 제83조에 따른 공작물의 축조신고
3. 「국토의 계획 및 이용에 관한 법률」 제56조에 따른 개발행위허가
4. 「국토의 계획 및 이용에 관한 법률」 제86조제5항에 따른 시행자의 지정과 같은 법 제88조제2항에 따른 실시계획의 인가
5. 「산지관리법」 제14조와 제15조에 따른 산지전용허가와 산지전용신고, 같은 법 제15조의2에 따른 산지일시사용허가 · 신고. 다만, 보전산지인 경우에는 도시지역만 해당된다.
6. 「사도법」 제4조에 따른 사도(私道)개설허가
7. 「농지법」 제34조, 제35조 및 제43조에 따른 농지전용허가 · 신고 및 협의
8. 「도로법」 제36조에 따른 도로관리청이 아닌 자에 대한 도로공사 시행의 허가, 같은 법 제52조제1항에 따른 도로와 다른 시설의 연결 허가
9. 「도로법」 제61조에 따른 도로의 점용 허가
10. 「하천법」 제33조에 따른 하천점용 등의 허가
11. 「하수도법」 제27조에 따른 배수설비(配水設備)의 설치신고
12. 「하수도법」 제34조제2항에 따른 개인하수처리시설의 설치신고
13. 「수도법」 제38조에 따라 수도사업자가 지방자치단체인 경우 그 지방자치단체가 정한 조례에 따른 상수도 공급신청
14. 「전기사업법」 제62조에 따른 자가용전기설비 공사계획의 인가 또는 신고
15. 「수질 및 수생태계 보전에 관한 법률」 제33조에 따른 수질오염물질 배출시설 설치의 허가나 신고
16. 「대기환경보전법」 제23조에 따른 대기오염물질 배출시설설치의 허가나 신고
17. 「소음 · 진동관리법」 제8조에 따른 소음 · 진동 배출시설 설치의 허가나 신고
18. 「가축분뇨의 관리 및 이용에 관한 법률」 제11조에 따른 배출시설 설치허가나 신고
19. 「자연공원법」 제23조에 따른 행위허가
20. 「도시공원 및 녹지 등에 관한 법률」 제24조에 따른 도시공원의 점용허가
21. 「토양환경보전법」 제12조에 따른 특정토양오염관리대상시설의 신고

4. 건축물 안전영향평가(건축법 제13조의2, 영 제10조의2, 규칙 제9조의2)

허가권자는 초고층 건축물 등에 대하여 제11조에 따른 건축허가를 하기 전에 건축물의 구조안전과 인접 대지의 안전에 미치는 영향 등을 평가하는 건축물 안전영향평가(이하 "안전영향평가"라 한다)를 안전영향평가기관에 의뢰하여 실시하여야 한다.

<table>
<tr><th>대 상</th><th>규 모</th></tr>
<tr><td>초고층 건축물 등 대통령령으로 정하는 주요 건축물</td><td>1. 초고층 건축물
2. 다음 각 목의 요건을 모두 충족하는 건축물
가. 연면적(하나의 대지에 둘 이상의 건축물을 건축하는 경우에는 각각의 건축물의 연면적을 말한다)이 10만 제곱미터 이상일 것
나. 16층 이상일 것</td></tr>
<tr><td>첨부자료</td><td>1. 건축계획서 및 기본설계도서 등 국토교통부령으로 정하는 도서
2. 인접 대지에 설치된 상수도·하수도 등 국토교통부장관이 정하여 고시하는 지하시설물의 현황도
3. 그 밖에 국토교통부장관이 정하여 고시하는 자료
가. 건축물 안전영향평가 제출서류(제3조제1호 관련)
- 대상 건축물
<table>
<tr><td rowspan="3">구조</td><td>구조도</td><td>○ 구조내력상 주요한 부분의 평면 및 단면
○ 주요한 부분의 상세도면</td></tr>
<tr><td>구조계산서</td><td>○ 중력/횡력저항시스템 선정 및 검토내용
○ 기초/지하구조시스템의 선정 및 검토내용
○ 구조내력상 주요한 부분의 응력 및 단면 산정 과정
○ 내진설계 및 내풍설계의 내용</td></tr>
<tr><td>풍동실험 보고서</td><td>○ 풍력, 풍압실험 결과
○ 풍 환경평가 실험결과 또는 계획서</td></tr>
<tr><td rowspan="2">지반</td><td>지질조사서</td><td>○ 최소 2공 이상의 지반조사(전단파시험 포함)
○ 각종 토질시험내용
○ 지내력 산출근거
○ 지하수 흐름 분석결과
○ 지하물리탐사(지하 20미터 이상 터파기 공사시)
○ 흙, 암반의 분류 및 물성치</td></tr>
<tr><td>흙막이 가시설계획서</td><td>○ 토지굴착계획
○ 흙막이공법 선정사유
○ 흙막이 구조 관련 설계도면
○ 흙막이 구조계산 내역
○ 지반굴착으로 인한 지반침하 영향 검토
○ 흙막이 설치에 따른 지하수위 변화 분석</td></tr>
</table>
- 인접 대지
<table>
<tr><td rowspan="2">인접 대지 건축물</td><td>건축계획서</td><td>건축법 시행규칙 [별표 2] 의 건축계획서</td></tr>
<tr><td>배치도</td><td>건축법 시행규칙 [별표 2] 의 배치도</td></tr>
<tr><td>인접 대지 지반</td><td>지하시설물 현황도 및 영향 검토서</td><td>○ 지하시설물*의 현황도
○ 굴착공사에 따른 지반안전성 영향분석 결과
○ 주변 시설물의 안전성 분석 결과</td></tr>
<tr><td colspan="3">* "지하시설물"이란 상수도, 하수도, 전력시설물, 전기통신설비, 가스공급시설, 공동구, 지하차도, 지하철 등 지하를 개발·이용하는 시설물을 말한다.</td></tr>
</table>
나. 설계하중에 대해 주요 구조부재의 응력 및 변위를 산정한 구조해석 전산파일</td></tr>
<tr><td></td><td>1. 해당 건축물에 적용된 설계 기준 및 하중의 적정성
2. 해당 건축물의 하중저항시스템의 해석 및 설계의 적정성
3. 지반조사 방법 및 지내력(地耐力) 산정결과의 적정성
4. 굴착공사에 따른 지하수위 변화 및 지반 안전성에 관한 사항
5. 그 밖에 건축물의 안전영향평가를 위하여 국토교통부장관이 필요하다고 인정하는 사항</td></tr>
</table>

5. 건축신고(건축법 제14조, 영 제11조, 규칙 제12조)

허가 대상 건축물이라 하더라도 다음에 해당하는 경우에는 미리 특별자치시장 · 특별자치도지사 또는 시장 · 군수 · 구청장에게 국토교통부령으로 정하는 바에 따라 신고를 하면 건축허가를 받은 것으로 본다.

대 상	규 모	행 위
허가 대상 건축물	바닥면적의 합계가 85제곱미터 이내 건축물(다만, 3층 이상 건축물인 경우에는 증축 · 개축 또는 재축하려는 부분의 바닥면적의 합계가 건축물 연면적의 10분의 1 이내인 경우)	증축 · 개축 또는 재축
관리지역, 농림지역 또는 자연환경보전지역의 건축물	연면적이 200제곱미터 미만이고 3층 미만인 건축물의 건축 (지구단위계획구역, 방재지구 등 재해취약지역으로서 대통령령으로 정하는 구역에서의 건축은 제외)	건축
허가 대상 건축물	연면적이 200제곱미터 미만이고 3층 미만인 건축물	대수선
주요구조부의 해체가 없는 건축물	1. 내력벽의 면적을 30제곱미터 이상 수선하는 것 2. 기둥을 세 개 이상 수선하는 것 3. 보를 세 개 이상 수선하는 것 4. 지붕틀을 세 개 이상 수선하는 것 5. 방화벽 또는 방화구획을 위한 바닥 또는 벽을 수선하는 것 6. 주계단 · 피난계단 또는 특별피난계단을 수선하는 것	대수선
소규모 건축물로서 대통령령으로 정하는 건축물	1. 연면적의 합계가 100제곱미터 이하인 건축물 2. 건축물의 높이를 3미터 이하의 범위에서 증축하는 건축물 3. 법 제23조제4항에 따른 표준설계도서(이하 "표준설계도서"라 한다)에 따라 건축하는 건축물로서 그 용도 및 규모가 주위환경이나 미관에 지장이 없다고 인정하여 건축조례로 정하는 건축물 4. 「국토의 계획 및 이용에 관한 법률」 제36조제1항제1호다목에 따른 공업지역, 같은 법 제51조제3항에 따른 지구단위계획구역(같은 법 시행령 제48조제10호에 따른 산업 · 유통형만 해당) 및 「산업입지 및 개발에 관한 법률」에 따른 산업단지에서 건축하는 2층 이하인 건축물로서 연면적 합계 500제곱미터 이하인 공장(별표 1 제4호너목에 따른 제조업소 등 물품의 제조 · 가공을 위한 시설을 포함) 5. 농업이나 수산업을 경영하기 위하여 읍 · 면지역(특별자치시장 · 특별자치도지사 · 시장 · 군수가 지역계획 또는 도시 · 군계획에 지장이 있다고 지정 · 공고한 구역은 제외한다)에서 건축하는 연면적 200제곱미터 이하의 창고 및 연면적 400제곱미터 이하의 축사, 작물재배사(作物栽培舍), 종묘배양시설, 화초 및 분재 등의 온실	건축

6. 허가 · 신고사항의 변경(건축법 제16조, 영 제12조)

건축주가 제11조나 제14조에 따라 허가를 받았거나 신고한 사항을 변경하려면 변경하기 전에 대통령령으로 정하는 바에 따라 허가권자의 허가를 받거나 특별자치시장 · 특별자치도지사 또는 시장 · 군수 · 구청장에게 신고하여야 한다. 다만, 대통령령으로 정하는 경미한 사항의 변경은 그러하지 아니하다.

● 허가 및 신고사항의 변경시 재허가·재신고 대상

대 상	구 분
·바닥면적의 합계가 85제곱미터를 초과하는 부분에 대한 증축·개축	재허가
·바닥면적의 합계가 85제곱미터를 초과하는 부분에 대한 증축·개축에 해당하지 않는 경우 ·신고로써 허가를 갈음하는 건축물에 대하여 변경 후 각각 신고로써 허가를 갈음할 수 있는 규모(건축물의 연면적)에서 변경하는 경우 ·건축주·공사시공자 또는 공사감리자를 변경하는 경우	재신고
·대통령령으로 정하는 경미한 사항의 변경(신축·증축·개축·재축·이전·대수선 또는 용도변경에 해당하지 아니하는 변경)	예외

● 일괄신고 대상(사용승인 신청시)

대통령령으로 정하는 경미한 사항의 변경(법 제16조제2항)

대 상	구 분
변경되는 부분의 바닥면적의 합계가 50제곱미터 이하인 경우로서 다음 각 목의 요건을 모두 갖춘 경우 가. 변경되는 부분의 높이가 1미터 이하이거나 전체 높이의 10분의 1 이하일 것 나. 허가를 받거나 신고를 하고 건축 중인 부분의 위치 변경범위가 1미터 이내일 것 다. 법 제14조제1항에 따라 신고를 하면 법 제11조에 따른 건축허가를 받은 것으로 보는 규모에서 건축허가를 받아야 하는 규모로의 변경이 아닐 것	건축물의 동수나 층수의 변경이 없는 경우
변경되는 부분이 연면적 합계의 10분의 1 이하인 경우(연면적이 5천 제곱미터 이상인 건축물은 각 층의 바닥면적이 50제곱미터 이하의 범위에서 변경되는 경우)	
대수선에 해당하는 경우	건축물의 층수 변경이 없는 경우
변경되는 부분의 높이가 1미터 이하이거나 전체 높이의 10분의 1 이하인 경우	

7. 용도의 변경(건축법 제19조, 영 제14조, 규칙 제12조의2)

구 분	세 부 사 항	
원 칙	건축물의 용도변경은 변경하려는 용도의 건축기준에 맞게 하여야 한다.	
시설군에 속하는 건축물의 용도	사용승인을 받은 건축물의 용도를 변경	
	1. 자동차 관련 시설군	자동차 관련 시설
	2. 산업 등 시설군	가. 운수시설 나. 창고시설 다. 공장 라. 위험물저장 및 처리시설 마. 자원순환 관련 시설 바. 묘지 관련 시설 사. 장례시설
	3. 전기통신시설군	가. 방송통신시설 나. 발전시설
	4. 문화집회시설군	가. 문화 및 집회시설 나. 종교시설 다. 위락시설 라. 관광휴게시설
	5. 영업시설군	가. 판매시설 나. 운동시설 다. 숙박시설 라. 제2종 근린생활시설 중 다중생활시설
	6. 교육 및 복지시설군	가. 의료시설 나. 교육연구시설 다. 노유자시설(老幼者施設) 라. 수련시설 마. 야영장 시설
	7. 근린생활시설군	가. 제1종 근린생활시설 나. 제2종 근린생활시설(다중생활시설 제외)
	8. 주거업무시설군	가. 단독주택 나. 공동주택 다. 업무시설 라. 교정시설 마. 국방·군사시설
	9. 그 밖의 시설군	동물 및 식물 관련 시설
허가 대상	위의 어느 하나에 해당하는 시설군(施設群)에 속하는 건축물의 용도를 상위군에 해당하는 용도로 변경하는 경우	제2종 근린생활시설을 교육연구시설로 용도변경하려면 허가 대상이 됨
신고 대상	위의 어느 하나에 해당하는 시설군에 속하는 건축물의 용도를 하위군에 해당하는 용도로 변경하는 경우	종교시설을 의료시설로 용도변경하려면 허가 대상이 됨
동일시설군 용도변경	특별자치시장·특별자치도지사 또는 시장·군수·구청장에게 건축물대장 기재내용의 변경을 신청	단독주택에 속하는 다가구주택을 공동주택에 속하는 다세대주택으로 변경하는 경우
면적에 따른 준용	·용도변경하려는 부분의 바닥면적의 합계가 100제곱미터 이상인 경우 제22조에 준용하여 사용승인을 받아야 함(다만, 용도변경하려는 부분의 바닥면적의 합계가 500제곱미터 미만으로서 대수선에 해당되는 공사를 수반하지 아니하는 경우에는 그러하지 아니하다.) ·허가 대상인 경우로서 용도변경하려는 부분의 바닥면적의 합계가 500제곱미터 이상인 용도변경은 제23조에 준용하여 허가를 받아야 함(대통령령으로 정하는 경우는 제외)	1층인 축사를 공장으로 용도변경하는 경우(증축, 개축, 대수선이 동반되지 아니하고 구조안전이나 피난 등에 지장이 없는 경우

8. 착공신고(건축법 제21조, 규칙 제14조)

절 차	신 고 내 용
대상	·허가를 받거나 신고를 한 건축물의 공사를 착수하려는 건축주는 국토교통부령으로 정하는 바에 따라 허가권자에게 공사계획을 신고하여야 한다.
제출 서류	·건축공사의 착공신고를 하려는 자는 별지 제13호서식의 착공신고서(전자문서로 된 신고서를 포함)에 다음 각 호의 서류 및 도서를 첨부하여 허가권자에게 제출하여야 한다. ·법 제15조에 따른 건축관계자 상호간의 계약서 사본(해당사항이 있는 경우로 한정한다) ·별표 4의2의 설계도서, 다만, 법 제11조 또는 제14조에 따라 건축허가 또는 신고를 할 때 제출한 경우에는 제출하지 않으며, 변경사항이 있는 경우에는 변경사항을 반영한 설계도서를 제출한다. ·법 제25조제11항에 따른 감리 계약서(해당 사항이 있는 경우로 한정한다) ·「산업안전보건법」 제38조의2제2항에 따른 기관석면조사결과 사본(착공신고 대상 건축물 중 「산업안전보건법」 제38조의2제2항에 따른 기관석면조사 대상 건축물인 경우만 해당) ·「산업안전보건법 시행규칙」 별표 6의5 제2호가목 및 나목에 따른 기술지도계약서 사본(「산업안전보건법」 제30조의2에 따라 재해예방 전문기관의 지도를 받아야 하는 공사인 경우만 해당)
신고 절차	·공사계획을 신고하거나 변경신고를 하는 경우 해당 공사감리자(제25조제1항에 따른 공사감리자를 지정한 경우만 해당된다)와 공사시공자가 신고서에 함께 서명하여야 한다. ·허가를 받은 건축물의 건축주는 제1항에 따른 신고를 할 때에는 제15조제2항에 따른 각 계약서의 사본을 첨부하여야 한다. ·건축주는 법 제11조제7항 각 호 외의 부분 단서에 따라 공사착수시기를 연기하려는 경우에는 별지 제14호서식의 착공연기신청서(전자문서로 된 신청서를 포함)을 허가권자에게 제출하여야 한다. (허가를 받은 날 또는 신고를 한 날부터 1년 이내에 공사에 착수하지 않으면 허가가 취소됩니다. 다만, 허가권자가 정당한 이유가 있다고 인정하는 경우에는 1년의 범위에서 그 공사의 착수기간을 연장할 수 있다.)

9. 건축물의 사용승인(건축법 제22조, 영 제17조, 규칙 제16조)

● 사용승인 대상

건축주가 법 제11조·제14조 또는 제20조제1항에 따라 허가를 받았거나 신고를 한 건축물의 건축공사를 완료(하나의 대지에 둘 이상의 건축물을 건축하는 경우 동(棟)별 공사를 완료한 경우를 포함)한 경우

● 사용승인 신청

법 제22조제1항(법 제19조제5항에 따라 준용되는 경우를 포함)에 따라 건축물의 사용승인을 받으려는 자는 별지 제17호서식의 (임시)사용승인 신청서에 다음 각 호의 구분에 따른 도서를 첨부하여 허가권자에게 제출하여야 한다.

1. 법 제25조제1항에 따른 공사감리자를 지정한 경우 : 공사감리완료보고서
2. 법 제11조제1항에 따라 허가를 받아 건축한 건축물의 건축허가도서에 변경이 있는 경우 : 설계변경사항이 반영된 최종 공사완료도서
3. 법 제14조제1항에 따른 신고를 하여 건축한 건축물 : 배치 및 평면이 표시된 현황도면
4. 「액화석유가스의 안전관리 및 사업법」 제27조제2항 본문에 따라 액화석유가스의 사용시설에 대한 완성검사를 받아야 할 건축물인 경우 : 액화석유가스 완성검사 증

명서
5. 법 제22조제4항 각 호에 따른 사용승인·준공검사 또는 등록신청 등을 받거나 하기 위하여 해당 법령에서 제출하도록 의무화하고 있는 신청서 및 첨부서류(해당 사항이 있는 경우로 한정한다)
6. 법 제25조제11항에 따라 감리비용을 지불하였음을 증명하는 서류(해당 사항이 있는 경우로 한정한다)

● 사용승인 교부

허가권자는 제1항에 따른 사용승인신청을 받은 경우 국토교통부령으로 정하는 기간에 다음 각 호의 사항에 대한 검사를 실시하고, 검사에 합격된 건축물에 대하여는 사용승인서를 내주어야 한다. 다만, 해당 지방자치단체의 조례로 정하는 건축물은 사용승인을 위한 검사를 실시하지 아니하고 사용승인서를 내줄 수 있다.

1. 사용승인을 신청한 건축물이 이 법에 따라 허가 또는 신고한 설계도서대로 시공되었는지의 여부
2. 감리완료보고서, 공사완료도서 등의 서류 및 도서가 적합하게 작성되었는지의 여부

● 사용승인을 받은 경우 인정 내용

건축주가 사용승인을 받은 경우에는 다음 각 호에 따른 사용승인·준공검사 또는 등록신청 등을 받거나 한 것으로 보며, 공장건축물의 경우에는 「산업집적활성화 및 공장설립에 관한 법률」 제14조의2에 따라 관련 법률의 검사 등을 받은 것으로 본다.

관 련 법	대 상	검 사 종 류
「하수도법」 제27조	·배수설비(排水設備) ·개인하수처리시설의 준공검사	준공검사
「공간정보의 구축 및 관리 등에 관한 법률」 제64조	·지적공부(地籍公簿)의 변동사항	등록신청
「승강기시설 안전관리법」 제13조	·승강기	완성검사
「에너지이용 합리화법」 제39조	·보일러	설치검사
「전기안전관리법」 제9조	·전기설비	사용전검사
「정보통신공사업법」 제36조	·정보통신공사	사용전검사
「기계설비법」 제15조	·기계설비	사용전검사
「도로법」 제62조제2항	·도로점용 공사	준공확인
「국토의 계획 및 이용에 관한 법률」 제62조	·개발 행위	준공검사
「국토의 계획 및 이용에 관한 법률」 제98조	·도시·군계획시설사업	준공검사
「물환경보전법」 제37조	·수질오염물질 배출시설	가동개시 신고
「대기환경보전법」 제30조	·대기오염물질 배출시설	가동개시의 신고

10. 건축물의 사용승인 · 임시사용승인(건축법 제22조, 영 제17조, 규칙 제18조)

건축주는 제2항에 따라 사용승인을 받은 후가 아니면 건축물을 사용하거나 사용하게 할 수 없다. 다만, 다음 각 호의 어느 하나에 해당하는 경우에는 그러하지 아니하다.

1. 허가권자가 기간 내에 사용승인서를 교부하지 아니한 경우
2. 사용승인서를 교부받기 전에 공사가 완료된 부분이 건폐율, 용적률, 설비, 피난·방화 등 국토교통부령으로 정하는 기준에 적합한 경우로서 기간을 정하여 대통령령으로 정하는 바에 따라 임시로 사용의 승인을 한 경우

● 임시사용승인의 신청

건축주는 사용승인서를 받기 전에 공사가 완료된 부분에 대한 임시사용의 승인을 받으려는 경우에는 국토교통부령으로 정하는 바에 따라 임시사용승인신청서를 허가권자에게 제출(전자문서에 의한 제출을 포함)하여야 한다.

● 임시사용승인의 조건 및 기간

- 허가권자는 제2항의 신청서를 접수한 경우에는 공사가 완료된 부분이 법 제22조제3항제2호에 따른 기준에 적합한 경우에만 임시사용을 승인할 수 있으며, 식수 등 조경에 필요한 조치를 하기에 부적합한 시기에 건축공사가 완료된 건축물은 허가권자가 지정하는 시기까지 식수(植樹) 등 조경에 필요한 조치를 할 것을 조건으로 임시사용을 승인할 수 있다.
- 임시사용승인의 기간은 2년 이내로 한다. 다만, 허가권자는 대형 건축물 또는 암반공사 등으로 인하여 공사기간이 긴 건축물에 대하여는 그 기간을 연장할 수 있다.

11. 건축물의 공사감리(건축법 제25조, 영 제19조, 규칙 제19조)

● 공사감리의 대상

건축주는 대통령령으로 정하는 용도·규모 및 구조의 건축물을 건축하는 경우 건축사나 대통령령으로 정하는 자를 공사감리자(공사시공자 본인 및「독점규제 및 공정거래에 관한 법률」제2조에 따른 계열회사는 제외)로 지정하여 공사감리를 한다.

대 상	공 사 감 리 자
·법 제11조에 따라 건축허가를 받아야 하는 건축물(법 제14조에 따른 건축신고 대상 건축물은 제외)을 건축하는 경우 ·제6조제1항제6호에 따른 건축물을 리모델링하는 경우	건축사
·다중이용 건축물을 건축하는 경우 (감리원의 배치기준 및 감리대가는 「건설기술 진흥법」에서 정하는 바에 따른다.)	·건설엔지니어링사업자(공사시공자 본인이거나 「독점규제 및 공정거래에 관한 법률」 제2조제12호에 따른 계열회사인 건설엔지니어링사업자는 제외한다) 또는 ·건축사(「건설기술 진흥법 시행령」 제60조에 따라 건설사업관리기술자를 배치하는 경우만 해당한다)

● 감리보고서 제출

공사감리자는 국토교통부령으로 정하는 바에 따라 감리일지를 기록·유지하여야 하고, 공사의 공정(工程)이 대통령령으로 정하는 진도에 다다른 경우에는 감리중간보고서를, 공사를 완료한 경우에는 감리완료보고서를 국토교통부령으로 정하는 바에 따라 각각 작성하여 건축주에게 제출하여야 하며, 건축주는 제22조에 따른 건축물의 사용승인을 신청할 때 중간감리보고서와 감리완료보고서를 첨부하여 허가권자에게 제출하여야 한다.

● 감리중간보고서 제출시점 - 공사완료시 감리완료보고서와 함께 제출

구 조	해 당 공 사
·철근콘크리트조 ·철골철근콘크리트조 ·조적조 ·보강콘크리트블럭조	·기초공사 시 철근배치를 완료한 경우 ·지붕슬래브배근을 완료한 경우 ·지상 5개 층마다 상부 슬래브배근을 완료한 경우 ·지하층 각 층(제2조제18호다목에 따른 특수구조 건축물로서 무량판 구조인 해당 지하층에 수직으로 배치된 주요구조부의 전체 단면적에서 보가 없이 배치된 기둥의 전체 단면적이 차지하는 비율이 4분의 1 이상인 경우만 해당한다)의 상부 슬래브배근을 완료한 경우
·철골조	·기초공사 시 철근배치를 완료한 경우 ·지붕철골 조립을 완료한 경우 ·지상 3개 층마다 또는 높이 20미터마다 주요구조부의 조립을 완료한 경우
·기타 구조	·기초공사에서 거푸집 또는 주춧돌의 설치를 완료한 경우
·위 모두 해당 경우	·건축물이 3층 이상의 필로티형식 건축물인 경우: 다음 각 목의 어느 하나에 해당하는 단계 - 해당 건축물의 구조에 따라 제1호부터 제3호까지의 어느 하나에 해당하는 경우 1. 다중이용 건축물: 제19조제3항제1호부터 제3호까지의 구분에 따른 단계 2. 특수구조 건축물: 다음 각 목의 어느 하나에 해당하는 단계 가. 매 층마다 상부 슬래브배근을 완료한 경우 나. 매 층마다 주요구조부의 조립을 완료한 경우 3. 3층 이상의 필로티형식 건축물: 다음 각 목의 어느 하나에 해당하는 단계 가. 기초공사 시 철근배치를 완료한 경우 나. 건축물 상층부의 하중이 상층부와 다른 구조형식의 하층부로 전달되는 다음의 어느 하나에 해당하는 부재(部材)의 철근배치를 완료한 경우 1) 기둥 또는 벽체 중 하나 2) 보 또는 슬래브 중 하나

● 상세시공도면의 작성

연면적의 합계가 5천 제곱미터 이상인 건축공사의 공사감리자는 필요하다고 인정하면 공사시공자에게 상세시공도면을 작성하도록 요청할 수 있다.

● 건축사보 공사현장 감리업무 수행과 대상건축물

1. 건축사보 공사현장 감리

공사감리자는 수시로 또는 필요할 때 공사현장에서 감리업무를 수행하여야 하며, 책임감리 대상 건축물의 건축공사를 감리하는 경우에는 「건축사법」 제2조제2호에 따른 건축사보(「기술사법」 제6조에 따른 기술사사무소 또는 「건축사법」 제23조제8항 각 호의 건설기술용역업자 등에 소속되어 있는 자로서 「국가기술자격법」에 따른 해당 분야 기술계 자격을 취득한 자와 「건설기술 진흥법 시행령」 제4조에 따른 건설사업관리를 수행할 자격이 있는 자를 포함) 중 건축 분야의 건축사보 한 명 이상을 전체 공사기간 동안, 토목·전기 또는 기계 분야의 건축사보 한 명 이상을 각 분야별 해당 공사기간 동안 각각 공사현장에서 감리업무를 수행하게 하여야 한다. 이 경우 건축사보는 해당 분야의 건축공사의 설계・시공・시험・검사・공사감독 또는 감리업무 등에 2년 이상 종사한 경력이 있는 자이어야 한다.

2. 책임감리대상 건축물

<table>
<tr><th>대 상 공 사</th><th>감리원(1인 이상)</th><th>감리 기간</th></tr>
<tr><td rowspan="2">·바닥면적의 합계가 5천 제곱미터 이상인 건축공사. 다만, 축사 또는 작물 재배사의 건축공사는 제외.
·연속된 5개 층(지하층을 포함) 이상으로서 바닥면적의 합계가 3천 제곱미터 이상인 건축공사
·아파트 건축공사
·준다중이용 건축물 건축공사</td><td>건축 분야의 건축사보 1인 이상(2년 이상 경력소유자)</td><td>전체 공사기간</td></tr>
<tr><td>토목・전기 또는 기계 분야의 건축사보 한 명 이상</td><td>각 분야별 해당 공사기간</td></tr>
</table>

* 「주택법」 제15조에 따른 사업계획 승인 대상과 「건설기술 진흥법」 제39조제2항에 따라 건설사업관리를 하게 하는 건축물의 공사감리는 제1항부터 제9항까지, 제11항 및 제12항의 규정에도 불구하고 각각 해당 법령으로 정하는 바에 따른다.

Checklist

법원문요약

제4장
건축물의 대지 및 도로

1. 대지의 안전 등
2. 대지안의 조경
3. 대지와 도로와의 관계
4. 건축선의 지정
5. 건축선에 의한 건축제한
6. 공개공지 등의 확보

1. 대지의 안전 등(건축법 제40조, 규칙 제25조)

① 대지는 인접한 도로면보다 낮아서는 아니 된다.
다만, 대지의 배수에 지장이 없거나 건축물의 용도상 방습(防濕)의 필요가 없는 경우에는 인접한 도로면보다 낮아도 된다.

② 습한 토지, 물이 나올 우려가 많은 토지, 쓰레기, 그 밖에 이와 유사한 것으로 매립된 토지에 건축물을 건축하는 경우에는 성토(盛土), 지반 개량 등 필요한 조치를 하여야 한다.

③ 대지에는 빗물과 오수를 배출하거나 처리하기 위하여 필요한 하수관, 하수구, 저수탱크, 그 밖에 이와 유사한 시설을 하여야 한다.

④ 손궤(損壞: 무너져 내림)의 우려가 있는 토지에 대지를 조성하려면 국토교통부령으로 정하는 바에 따라 옹벽을 설치하거나 그 밖에 필요한 조치를 하여야 한다.

구 분	해 당 사 항
·성토 또는 절토하는 부분의 경사도가 1:1.5 이상으로서 높이가 1미터이상인 부분	·옹벽을 설치
·옹벽의 높이가 2미터이상인 경우	·콘크리트구조로 할 것(다만, 별표 6의 옹벽에 관한 기술적 기준에 적합한 경우에는 그러하지 아니하다.)
·옹벽의 외벽면	·지지 또는 배수를 위한 시설외의 구조물이 밖으로 튀어 나오지 아니하게 할 것
·옹벽의 윗가장자리로부터 안쪽으로 2미터 이내에 묻는 배수관	·주철관, 강관 또는 흡관으로 하고, 이음부분은 물이 새지 아니하도록 할 것
·옹벽의 배수관	·옹벽에는 3제곱미터마다 하나 이상의 배수구멍을 설치하여야 하고, 옹벽의 윗가장자리로부터 안쪽으로 2미터 이내에서의 지표수는 지상으로 또는 배수관으로 배수하여 옹벽의 구조상 지장이 없도록 할 것
·옹벽의 성토	·성토부분의 높이는 법 제40조에 따른 대지의 안전 등에 지장이 없는 한 인접대지의 지표면보다 0.5미터 이상 높게 하지 아니할 것. 다만, 절토에 의하여 조성된 대지 등 허가권자가 지형조건상 부득이하다고 인정하는 경우에는 그러하지 아니하다.

● 옹벽에 관한 기술적 기준(규칙 제25조관련, 별표6)

1. 석축인 옹벽의 경사도는 그 높이에 따라 다음 표에 정하는 기준 이하일 것

구분	1.5미터까지	3미터까지	5미터까지
멧쌓기	1 : 0.30	1 : 0.35	1 : 0.40
찰쌓기	1 : 0.25	1 : 0.30	1 : 0.35

2. 석축인 옹벽의 석축용 돌의 뒷길이 및 뒷채움돌의 두께는 그 높이에 따라 다음 표에 정하는 기준 이상일 것

구분높이		1.5미터까지	3미터까지	5미터까지
석축용돌의 뒷길이(센티미터)		30	40	50
뒷채움돌의 두께(센티미터)	상부 하부	30 40	30 50	30 50

3. 석축인 옹벽의 윗가장자리로부터 건축물의 외벽면까지 띄어야 하는 거리는 다음 표에 정하는 기준 이상일 것. 다만, 건축물의 기초가 석축의 기초 이하에 있는 경우에는 그러하니 아니하다.

건축물의 층수	1층	2층	3층 이상
띄우는 거리(미터)	1.5	2	3

2. 대지안의 조경(건축법 제42조, 영 제27조, 규칙 제26조의2)

① 면적이 200제곱미터 이상인 「대지에 건축을 하는 건축주는 용도지역 및 건축물의 규모에 따라 해당 지방자치단체의 조례로 정하는 기준에 따라 대지에 조경이나 그 밖에 필요한 조치를 하여야 한다. 다만, 조경이 필요하지 아니한 건축물로서 대통령령으로 정하는 건축물에 대하여는 조경 등의 조치를 하지 아니할 수 있으며, 옥상 조경 등 대통령령으로 따로 기준을 정하는 경우에는 그 기준에 따른다.

② 국토교통부장관은 식재(植栽) 기준, 조경 시설물의 종류 및 설치방법, 옥상 조경의 방법 등 조경에 필요한 사항을 정하여 고시할 수 있다.

● 조경이 불필요한 건축물

1. 녹지지역에 건축하는 건축물
2. 면적 5천 제곱미터 미만인 대지에 건축하는 공장
3. 연면적의 합계가 1천500제곱미터 미만인 공장
4. 「산업집적활성화 및 공장설립에 관한 법률」 제2조제14호에 따른 산업단지의 공장
5. 대지에 염분이 함유되어 있는 경우 또는 건축물 용도의 특성상 조경 등의 조치를 하기가 곤란하거나 조경 등의 조치를 하는 것이 불합리한 경우로서 건축조례로 정하는 건축물
6. 축사
7. 법 제20조제1항에 따른 가설건축물
8. 연면적의 합계가 1천500제곱미터 미만인 물류시설(주거지역 또는 상업지역에 건축하는 것은 제외)로서 국토교통부령으로 정하는 것
9. 「국토의 계획 및 이용에 관한 법률」에 따라 지정된 자연환경보전지역·농림지역 또는 관리지역(지구단위계획구역으로 지정된 지역은 제외)의 건축물
10. 다음 각 목의 어느 하나에 해당하는 건축물 중 건축조례로 정하는 건축물

가. 「관광진흥법」 제2조제6호에 따른 관광지 또는 같은 조 제7호에 따른 관광단지에 설치하는 관광시설
나. 「관광진흥법 시행령」 제2조제1항제3호가목에 따른 전문휴양업의 시설 또는 같은 호 나목에 따른 종합휴양업의 시설
다. 「국토의 계획 및 이용에 관한 법률 시행령」 제48조제10호에 따른 관광·휴양형 지구단위계획구역에 설치하는 관광시설
라. 「체육시설의 설치·이용에 관한 법률 시행령」 별표 1에 따른 골프장

● **대지안의 조경설치 기준(건축조례로 다음 각 호의 기준보다 더 완화된 기준을 정한 경우에는 그 기준에 따른다)**

시 설	면 적 기 준	조경설치 기준
·공장(제1항제2호부터 제4호까지의 규정에 해당하는 공장은 제외) 및 물류시설(제1항제8호에 해당하는 물류시설과 주거지역 또는 상업지역에 건축하는 물류시설은 제외)	연면적의 합계가 2천 제곱미터 이상인 경우	대지면적의 10퍼센트 이상
	연면적의 합계가 1천500 제곱미터 이상 2천 제곱미터 미만인 경우	대지면적의 5퍼센트 이상
·「항공법」 제2조제8호에 따른 공항시설	활주로·유도로·계류장·착륙대 등 항공기의 이륙 및 착륙시설로 쓰는 면적은 제외	대지면적의 10퍼센트 이상
·「철도건설법」 제2조제1호에 따른 철도 중 역시설	선로·승강장 등 철도운행에 이용되는 시설의 면적은 제외	대지면적의 10퍼센트 이상
·기타시설	면적 200제곱미터 이상 300제곱미터 미만인 대지에 건축하는 건축물	대지면적의 10퍼센트 이상

● **옥상 조경**

옥상에 법 제42조제2항에 따라 국토교통부장관이 고시하는 기준에 따라 조경이나 그 밖에 필요한 조치를 하는 경우에는 옥상부분 조경면적의 3분의 2에 해당하는 면적을 법 제42조제1항에 따른 대지의 조경면적으로 산정할 수 있다. 이 경우 조경면적으로 산정하는 면적은 법 제42조제1항에 따른 조경면적의 100분의 50을 초과할 수 없다.

3. 대지와 도로의 관계(건축법 제44조, 영 제28조)

① 건축물의 대지는 2미터 이상이 도로(자동차만의 통행에 사용되는 도로는 제외)에 접하여야 한다. 다만, 다음 각 호의 어느 하나에 해당하면 그러하지 아니하다. <개정 2016.1.19.>
1. 해당 건축물의 출입에 지장이 없다고 인정되는 경우
2. 건축물의 주변에 대통령령으로 정하는 공지가 있는 경우
3. 「농지법」 제2조제1호나목에 따른 농막을 건축하는 경우

② 건축물의 대지가 접하는 도로의 너비, 대지가 도로에 접하는 부분의 길이, 그 밖에 대지와 도로의 관계에 관하여 필요한 사항은 대통령령으로 정하는 바에 따른다.

구 분	도 로 너 비	접한면 길이
·연면적의 합계가 2천 제곱미터 이만	-	2미터 이상
·연면적의 합계가 2천 제곱미터 이상(공장인 경우에는 3천 제곱미터) 이상인 건축물(축사, 작물 재배사, 그 밖에 이와 비슷한 건축물로서 건축조례로 정하는 규모의 건축물은 제외)	너비 6미터 이상	4미터 이상

4. 건축선의 지정

● **건축선** : 도로와 접한 부분에 건축물을 건축할 수 있는 선

구 분	건 축 선 지 정
·소요 너비에 못 미치는 너비의 도로인 경우	도로 중심선으로부터 그 소요 너비의 2분의 1의 수평거리만큼 물러난 선
·도로의 반대쪽에 경사지, 하천, 철도, 선로부지, 그 밖에 이와 유사한 것이 있는 경우	경사지 등이 있는 쪽의 도로경계선에서 소요 너비에 해당하는 수평거리의 선
·도로의 모퉁이	대통령령으로 정하는 선

● 도로모퉁이 변의 길이

도로의 교차각	당해 도로의 너비(미터)		교차되는 도로의 너비(미터
	6이상 8미만	4이상 6미만	
90° 미만	4	3	6 이상 8 미만
	3	2	4 이상 6 미만
90° 이상 120° 미만	3	2	6 이상 8 미만
	2	2	4 이상 6 미만

● 특별자치시장 · 특별자치도지사 또는 시장 · 군수 · 구청장의 건축선 별도지정

대 상	해 당 사 항
도시지역. 다음 각 목의 어느 하나로 구분하여 지정한다. 가. 주거지역: 거주의 안녕과 건전한 생활환경의 보호를 위하여 필요한 지역 나. 상업지역: 상업이나 그 밖의 업무의 편익을 증진하기 위하여 필요한 지역 다. 공업지역: 공업의 편익을 증진하기 위하여 필요한 지역 라. 녹지지역: 자연환경·농지 및 산림의 보호, 보건위생, 보안과 도시의 무질서한 확산을 방지하기 위하여 녹지의 보전이 필요한 지역	4미터 이하의 범위에서 건축선을 별도 지정

5. 건축선에 의한 건축제한(건축법 제47조)

① 건축물과 담장은 건축선의 수직면(垂直面)을 넘어서는 아니 된다. 다만, 지표(地表) 아래 부분은 그러하지 아니하다.

② 도로면으로부터 높이 4.5미터 이하에 있는 출입구, 창문, 그 밖에 이와 유사한 구조물은 열고 닫을 때 건축선의 수직면을 넘지 아니하는 구조로 하여야 한다.

6. 공개 공지 등의 확보(건축법 제43조, 영 제27조의2)

● 공개 공지의 설치 목적 및 설치 대상

구 분	세 부 사 항
설치 목적	해당하는 지역의 환경을 쾌적하게 조성
설치 대상	1. 일반주거지역, 준주거지역 2. 상업지역 3. 준공업지역 4. 특별자치시장·특별자치도지사 또는 시장·군수·구청장이 도시화의 가능성이 크거나 노후 산업단지의 정비가 필요하다고 인정하여 지정·공고하는 지역

● 공개 공지의 확보 대상건축물 및 구조

구 분	세 부 사 항	비 고
대상 건축물	문화 및 집회시설, 종교시설, 판매시설(「농수산물 유통 및 가격안정에 관한 법률」에 따른 농수산물유통시설은 제외한다), 운수시설(여객용 시설만 해당한다), 업무시설 및 숙박시설로서 해당 용도로 쓰는 바닥면적의 합계가 5천 제곱미터 이상인 건축물	해당 용도로 쓰는 바닥면적의 합계가 5천 제곱미터 이상인 건축물
	다중이 이용하는 시설	건축조례로 정하는 건축물
면 적	대지면적의 100분의 10 이하의 범위에서 건축조례로 정함	
구 조	·공개공지등에는 물건을 쌓아 놓거나 출입을 차단하는 시설을 설치하지 아니할 것 ·환경친화적으로 편리하게 이용할 수 있도록 긴 의자 또는 파고라 등 건축조례로 정하는 시설을 설치할 것	필로티 구조로 설치 가능

● 공개 공지 등의 설치 대상건축물의 법적 완화

구 분	법 적 사 항	완 화 적 용
공개 공지 등의 설치 대상건축물	용적률	1.2배 이하
	높이제한	1.2배 이하
공개공지등의 설치대상이 아닌 건축물 (「주택법」 제15조제1항에 따른 사업계획승인 대상인 공동주택은 제외)	용적률	1.2배 이하
	높이제한	1.2배 이하

* 공개공지등에는 연간 60일 이내의 기간 동안 건축조례로 정하는 바에 따라 주민들을 위한 문화행사를 열거나 판촉활동을 할 수 있다. 다만, 울타리를 설치하는 등 공중이 해당 공개공지등을 이용하는데 지장을 주는 행위를 해서는 아니 된다.

Checklist

법원문요약

제5장

건축물의 구조 및 재료

1. 구조내력 등
2. 건축물의 피난시설 · 용도제한 등
3. 피난계단 및 특별피난계단의 구조
4. 옥외피난계단의 설치
5. 관람석 등으로부터의 출구의 설치
6. 건축물 바깥쪽으로의 출구의 설치
7. 옥상광장 등의 설치기준
8. 대지안의 피난 및 소화에 필요한 통로의 설치기준
9. 방화구획의 설치
10. 건축물의 대피공간의 설치
11. 방화에 장애가 되는 용도 제한
12. 계단 · 복도 및 출입구의 설치
13. 복도의 너비 및 설치기준
14. 거실반자의 설치
15. 거실의 채광 등
16. 거실 등의 방습
17. 경계벽 및 층간바닥의 설치
18. 건축물에 설치하는 굴뚝
19. 장분 등의 차면시설
20. 건축물의 내화구조
21. 대규모 건축물의 방하벽 등
22. 방화지구안의 건축물
23. 건축물의 마감재료
24. 지하층의 구조
25. 건축물의 범죄예방

1. 구조내력 등(건축법 제48조, 영 제32조)

● 구조 안전의 확인

대 상	행 위
1. 층수가 2층[주요구조부인 기둥과 보를 설치하는 건축물로서 그 기둥과 보가 목재인 목구조 건축물(이하 "목구조 건축물"이라 한다)의 경우에는 3층] 이상인 건축물 2. 연면적이 200제곱미터(목구조 건축물의 경우에는 500제곱미터) 이상인 건축물. 다만, 창고, 축사, 작물 재배사는 제외. 3. 높이가 13미터 이상인 건축물 4. 처마높이가 9미터 이상인 건축물 5. 기둥과 기둥 사이의 거리가 10미터 이상인 건축물 6. 국토교통부령으로 정하는 지진구역 안의 건축물 7. 국가적 문화유산으로 보존할 가치가 있는 건축물로서 국토교통부령으로 정하는 것 8. 제2조제18호가목, 다목 및 라목의 건축물 9. 별표 1 제1호의 단독주택 및 같은 표 제2호의 공동주택	건축 혹은 대수선

● 건축물 내진등급의 설정과 내진능력 공개

① 국토교통부장관은 지진으로부터 건축물의 구조 안전을 확보하기 위하여 건축물의 용도, 규모 및 설계구조의 중요도에 따라 내진등급(耐震等級)을 설정하여야 한다.

② 제1항에 따른 내진등급을 설정하기 위한 내진등급기준 등 필요한 사항은 국토교통부령으로 정한다.

대 상	행 위
1. 16층 이상인 건축물 2. 바닥면적이 5,000제곱미터 이상인 건축물 3. 제32조제2항제3호부터 제9호까지의 어느 하나에 해당하는 건축물 4. 창고, 축사, 작물 재배사 및 표준설계도서에 따라 건축하는 건축물로서 제32조제2항제1호 및 제3호부터 제9호까지의 어느 하나에도 해당하지 아니하는 건축물 5. 제32조제1항에 따른 구조기준 중 국토교통부령으로 정하는 소규모건축구조기준을 적용한 건축물	내진 능력 공개

2. 건축물의 피난시설 · 용도제한 등(건축법 제49조, 영 제34~46조)

● 피난을 위한 보행거리의 요약

구 분	보 행 거 리	
·피난층(직접 지상으로 통하는 출입구가 있는 층 및 제3항과 제4항에 따른 피난안전구역) 외의 층에서는 피난층 또는 지상으로 통하는 직통계단(경사로를 포함)과의 거리	30미터 이하	
·주요구조부가 내화구조 또는 불연재료로 된 건축물	-	50미터 이하
	16층 이상인 공동주택	40미터 이하
·자동화 생산시설에 스프링클러 등 자동식 소화설비를 설치한 공장	75미터(무인화 공장인 경우에는 100미터) 이하	

● 피난층이 아닌 층에서의 보행거리

- **직통계단** : 건축물의 피난층(직접 지상으로 통하는 출입구가 있는 층 및 제3항과 4항

에 따른 피난안전구역)외의 층에서 피난층 또는 지상으로 통하는 계단

- **보행거리** : 피난층 외의 층에서는 피난층 또는 지상으로 통하는 직통계단에서 거실의 각 부분으로부터 계단(거실로부터 가장 가까운 거리에 있는 계단)에 이르는 거리

● 피난층 또는 지상으로 통하는 직통계단 2개소 이상 설치

대 상	바 닥 면 적	제 한 조 건
·제2종 근린생활시설 중 공연장·종교집회장, 문화 및 집회시설(전시장 및 동·식물원은 제외) ·종교시설, 위락시설 중 주점영업 또는 장례시설	200제곱미터 이상 (제2종 근린생활시설 중 공연장·종교집회장은 각각 300제곱미터 이상)	해당 용도
·단독주택 중 다중주택·다가구주택 ·제1종 근린생활시설 중 정신과의원(입원실이 있는 경우) ·제2종 근린생활시설 중 인터넷컴퓨터게임시설제공업소((해당 용도로 쓰는 바닥면적의 합계가 300제곱미터 이상), 학원·독서실, 판매시설, 운수시설(여객용 시설만 해당), 의료시설(입원실이 없는 치과병원은 제외) ·교육연구시설 중 학원, 노유자시설 중 아동 관련 시설·노인복지시설·장애인 거주시설, 장애인 의료재활시설 ·수련시설 중 유스호스텔 또는 숙박시설	200제곱미터 이상	3층 이상의 층으로서 그 층의 해당 용도
·공동주택(층당 4세대 이하인 것은 제외) ·업무시설 중 오피스텔	300제곱미터 이상	해당 용도로 쓰는 거실
·기타 시설	400제곱미터 이상	3층 이상의 층으로서 그 층 거실
·지하층	200제곱미터 이상	지하층의 거실

- 초고층 건축물에는 피난층 또는 지상으로 통하는 직통계단과 직접 연결되는 피난안전구역(건축물의 피난·안전을 위하여 건축물 중간층에 설치하는 대피공간을 말한다. 이하 같다)을 지상층으로부터 최대 30개 층마다 1개소 이상 설치하여야 한다.
- 준초고층 건축물에는 피난층 또는 지상으로 통하는 직통계단과 직접 연결되는 피난안전구역을 해당 건축물 전체 층수의 2분의 1에 해당하는 층으로부터 상하 5개층 이내에 1개소 이상 설치하여야 한다. 다만, 국토교통부령으로 정하는 기준에 따라 피난층 또는 지상으로 통하는 직통계단을 설치하는 경우에는 그러하지 아니하다.

● 피난계단 또는 특별피난계단 설치(건축법 제 49조, 영 제35조, 피난규칙 제9조)

적 용 대 상	예 외 규 정	설 치 계 단	
·5층 이상 또는 지하 2층 이하의 층으로부터 피난층 또는 지상으로 통하는 직통계단	·건축물의 주요구조부가 내화구조 또는 불연재료로 되어 있고 1. 5층 이상인 층의 바닥면적의 합계가 200제곱미터 이하인 경우 2. 5층 이상인 층의 바닥면적 200제곱미터 이내마다 방화구획이 되어 있는 경우	-	피난계단 또는 특별피난계단 설치
		판매시설	1개소 이상을 특별피난계단으로 설치
·11층 이상 건축물 ·16층 이상 공동주택 ·지하 3층 이하인 층(으로부터 피난층 또는 지상으로 통하는 직통계단	·갓복도식 공동주택은 제외 ·바닥면적이 400제곱미터 미만인 층은 제외	특별피난계단	

적용대상	예외규정	설치계단
·5층 이상 ·문화 및 집회시설 중 전시장 또는 동·식물원 ·판매시설, 운수시설(여객용 시설만 해당) ·운동시설 ·위락시설 ·관광휴게시설(다중이 이용하는 시설만 해당) ·수련시설 중 생활권 수련시설		해당 용도로 쓰는 바닥면적의 합계가 2천 제곱미터를 넘는 경우에는 그 넘는 2천 제곱미터 이내마다 1개소의 피난계단 또는 특별피난계단을 설치(4층 이하의 층에는 쓰지 아니하는 피난계단 또는 특별피난계단만 해당)

·지하 1층인 건축물의 경우에는 5층 이상의 층으로부터 피난층 또는 지상으로 통하는 직통계단과 직접 연결된 지하 1층의 계단을 포함한다.

● **피난안전구역의 설치와 기준(건축법 제 49조, 영 제34조, 피난규칙 제8조의2)**

해당 건축물의 1개층을 대피공간으로 하며, 대피에 장애가 되지 아니하는 범위에서 기계실, 보일러실, 전기실 등 건축설비를 설치하기 위한 공간과 같은 층에 설치할 수 있다. 이 경우 피난안전구역은 건축설비가 설치되는 공간과 내화구조로 구획하여야 한다.

- 피난안전구역에 연결되는 특별피난계단은 피난안전구역을 거쳐서 상、하층으로 갈 수 있는 구조로 설치하여야 한다.
- 피난안전구역의 구조 및 설비는 다음 각 호의 기준에 적합하여야 한다.
  1. 피난안전구역의 바로 아래층 및 위층은 「녹색건축물 조성 지원법」 제15조제1항에 따라 국토교통부장관이 정하여 고시한 기준에 적합한 단열재를 설치할 것. 이 경우 아래층은 최상층에 있는 거실의 반자 또는 지붕 기준을 준용하고, 위층은 최하층에 있는 거실의 바닥 기준을 준용할 것
  2. 피난안전구역의 내부마감재료는 불연재료로 설치할 것
  3. 건축물의 내부에서 피난안전구역으로 통하는 계단은 특별피난계단의 구조로 설치할 것
  4. 비상용 승강기는 피난안전구역에서 승하차 할 수 있는 구조로 설치할 것
  5. 피난안전구역에는 식수공급을 위한 급수전을 1개소 이상 설치하고 예비전원에 의한 조명설비를 설치할 것
  6. 관리사무소 또는 방재센터 등과 긴급연락이 가능한 경보 및 통신시설을 설치할 것
  7. 「건축물의 피난 · 방화구조 등의 기준에 관한 규칙」의 별표 1의2에서 정하는 기준에 따라 산정한 면적 이상일 것
  8. 피난안전구역의 높이는 2.1미터 이상일 것
  9. 「건축물의 설비기준 등에 관한 규칙」 제14조에 따른 배연설비를 설치할 것
  10. 그 밖에 소방청장이 정하는 소방 등 재난관리를 위한 설비를 갖출 것

3. 피난계단 및 특별피난계단의 구조(피난규칙 제9조)

● **건축물 내부에 설치하는 피난계단의 구조**

가. 계단실은 창문ㆍ출입구 기타 개구부(이하 "창문등"이라 한다)를 제외한 당해 건축물의 다른 부분과 내화구조의 벽으로 구획할 것

나. 계단실의 실내에 접하는 부분(바닥 및 반자 등 실내에 면한 모든 부분을 말한다)의 마감(마감을 위한 바탕을 포함)은 불연재료로 할 것

다. 계단실에는 예비전원에 의한 조명설비를 할 것

라. 계단실의 바깥쪽과 접하는 창문등(망이 들어 있는 유리의 붙박이창으로서 그 면적이 각각 1제곱미터 이하인 것을 제외)은 당해 건축물의 다른 부분에 설치하는 창문등으로부터 2미터 이상의 거리를 두고 설치할 것

마. 건축물의 내부와 접하는 계단실의 창문등(출입구를 제외)은 망이 들어 있는 유리의 붙박이창으로서 그 면적을 각각 1제곱미터 이하로 할 것

바. 건축물의 내부에서 계단실로 통하는 출입구의 유효너비는 0.9미터 이상으로 하고, 그 출입구에는 피난의 방향으로 열 수 있는 것으로서 언제나 닫힌 상태를 유지하거나 화재로 인한 연기 또는 불꽃을 감지하여 자동적으로 닫히는 구조로 된 영 제64조제1항제1호의 60+방화문(이하 “60+방화문”이라 한다) 또는 같은 항 제2호의 방화문(이하 “60분방화문”이라 한다)을 설치할 것. 다만, 연기 또는 불꽃을 감지하여 자동적으로 닫히는 구조로 할 수 없는 경우에는 온도를 감지하여 자동적으로 닫히는 구조로 할 수 있다.

사. 계단은 내화구조로 하고 피난층 또는 지상까지 직접 연결되도록 할 것

● **건축물의 바깥쪽에 설치하는 피난계단의 구조**

가. 계단은 그 계단으로 통하는 출입구외의 창문등(망이 들어 있는 유리의 붙박이창으로서 그 면적이 각각 1제곱미터 이하인 것을 제외)으로부터 2미터 이상의 거리를 두고 설치할 것

나. 건축물의 내부에서 계단으로 통하는 출입구에는 제26조에 따른 갑종방화문을 설치할 것

다. 계단의 유효너비는 0.9미터 이상으로 할 것

라. 계단은 내화구조로 하고 지상까지 직접 연결되도록 할 것

● **특별피난계단의 구조**

가. 건축물의 내부와 계단실은 노대를 통하여 연결하거나 외부를 향하여 열 수 있는 면적 1제곱미터 이상인 창문(바닥으로부터 1미터 이상의 높이에 설치한 것에 한한다) 또는 「건축물의 설비기준 등에 관한 규칙」 제14조의 규정에 적합한 구조의 배연설비가 있는 면적 3제곱미터 이상인 부속실을 통하여 연결할 것

나. 계단실·노대 및 부속실(「건축물의 설비기준 등에 관한 규칙」 제10조제2호 가목의 규정에 의하여 비상용승강기의 승강장을 겸용하는 부속실을 포함)은 창문등을 제외하고는 내화구조의 벽으로 각각 구획할 것

다. 계단실 및 부속실의 실내에 접하는 부분(바닥 및 반자 등 실내에 면한 모든 부분을 말한다)의 마감(마감을 위한 바탕을 포함)은 불연재료로 할 것
라. 계단실에는 예비전원에 의한 조명설비를 할 것
마. 계단실·노대 또는 부속실에 설치하는 건축물의 바깥쪽에 접하는 창문등(망이 들어 있는 유리의 붙박이창으로서 그 면적이 각각 1제곱미터이하인 것을 제외)은 계단실·노대 또는 부속실외의 당해 건축물의 다른 부분에 설치하는 창문등으로부터 2미터 이상의 거리를 두고 설치할 것
바. 계단실에는 노대 또는 부속실에 접하는 부분외에는 건축물의 내부와 접하는 창문등을 설치하지 아니할 것
사. 계단실의 노대 또는 부속실에 접하는 창문등(출입구를 제외)은 망이 들어 있는 유리의 붙박이창으로서 그 면적을 각각 1제곱미터 이하로 할 것
아. 노대 및 부속실에는 계단실외의 건축물의 내부와 접하는 창문등(출입구를 제외)을 설치하지 아니할 것
자. 건축물의 내부에서 노대 또는 부속실로 통하는 출입구에는 제26조에 따른 갑종방화문을 설치하고, 노대 또는 부속실로부터 계단실로 통하는 출입구에는 제26조에 따른 갑종방화문 또는 을종방화문을 설치할 것. 이 경우 갑종방화문 또는 을종방화문은 언제나 닫힌 상태를 유지하거나 화재로 인한 연기 또는 불꽃을 감지하여 자동적으로 닫히는 구조로 해야 하고, 연기 또는 불꽃으로 감지하여 자동적으로 닫히는 구조로 할 수 없는 경우에는 온도를 감지하여 자동적으로 닫히는 구조로 할 수 있다.
차. 계단은 내화구조로 하되, 피난층 또는 지상까지 직접 연결되도록 할 것
카. 출입구의 유효너비는 0.9미터 이상으로 하고 피난의 방향으로 열 수 있을 것

● **옥상광장을 설치하는 건축물의 피난계단 또는 특별피난계단의 구조**

피난계단 또는 특별피난계단은 돌음계단으로 하여서는 아니되며, 영 제40조에 따라 옥상광장을 설치하여야 하는 건축물의 피난계단 또는 특별피난계단은 해당 건축물의 옥상으로 통하도록 설치하여야 한다. 이 경우 옥상으로 통하는 출입문은 피난방향으로 열리는 구조로서 피난시 이용에 장애가 없어야 한다.

4. 옥외피난계단의 설치

● **별도의 옥외피난계단 설치(건축법 제49조, 영 제36조)**

건축물의 3층 이상인 층(피난층은 제외)으로서 다음 각 호의 어느 하나에 해당하는 용도로 쓰는 층에는 법 제34조에 따른 직통계단 외에 그 층으로부터 지상으로 통하는 옥외피난계단을 따로 설치하여야 한다.

용 도	해당용도의 거실바닥면적 합계
·제2종 근린생활시설 중 공연장 ·문화 및 집회시설 중 공연장 ·위락시설 중 주점영업	300제곱미터 이상
·문화 및 집회시설 중 집회장	1천 제곱미터 이상

5. 관람실 등으로부터의 출구의 설치(건축법 제49조, 영 제38조, 피난규칙 제10조)

건축물의 관람실 또는 집회실로부터 바깥쪽으로의 출구로 쓰이는 문은 안여닫이로 하여서는 아니된다.

● 관람실 또는 집회실로부터의 출구 설치대상

1. 제2종 근린생활시설 중 공연장·종교집회장(해당 용도로 쓰는 바닥면적의 합계가 각각 300제곱미터 이상인 경우만 해당한다)
2. 문화 및 집회시설(전시장 및 동·식물원은 제외)
3. 종교시설
4. 위락시설
5. 장례시설

● 관람실 등으로부터의 출구의 설치기준

문화 및 집회시설 중 공연장의 개별 관람실(바닥면적이 300제곱미터 이상인 것만 해당한다)의 출구는 다음 각 호의 기준에 적합하게 설치

1. 관람실별로 2개소 이상 설치할 것
2. 각 출구의 유효너비는 1.5미터 이상일 것
3. 개별 관람실 출구의 유효너비의 합계는 개별 관람실의 바닥면적 100제곱미터마다 0.6미터의 비율로 산정한 너비 이상으로 할 것

6. 건축물 바깥쪽으로의 출구 설치(건축법 제49조, 영 제39조, 피난규칙 제11조)

● 건축물 바깥쪽으로의 출구 설치대상

1. 제2종 근린생활시설 중 공연장·종교집회장·인터넷컴퓨터게임시설제공업소(해당 용도로 쓰는 바닥면적의 합계가 각각 300제곱미터 이상인 경우만 해당한다)
2. 문화 및 집회시설(전시장 및 동·식물원은 제외)
3. 종교시설
4. 판매시설
5. 업무시설 중 국가 또는 지방자치단체의 청사
6. 위락시설
7. 연면적이 5천 제곱미터 이상인 창고시설
8. 교육연구시설 중 학교
9. 장례시설
10. 승강기를 설치하여야 하는 건축물

● 건축물 바깥쪽으로의 출구 설치기준

건축물의 바깥쪽으로 나가는 출구를 설치하는 경우 피난층의 계단으로부터 건축물의 바깥쪽으로의 출구에 이르는 보행거리(가장 가까운 출구와의 보행거리를 말한다. 이하 같다)는 영 제34조제1항의 규정에 의한 거리이하로 하여야 하며, 거실(피난에 지장이 없는 출입구가 있는 것을 제외)의 각 부분으로부터 건축물의 바깥쪽으로의 출구에 이르는 보행거리는 영 제34조제1항의 규정에 의한 거리의 2배 이하로 하여야 한다.

구 분	원 칙	주요구조부(내화구조), 불연재료
·계단 ~ 옥외출구	30미터 이하	50미터 이하 (층수가 16층 이상인 공동주택은 40미터)
·거실 ~ 옥외출구	60미터 이하	100미터 이하 (층수가 16층 이상인 공동주택은 40미터)

● 건축물 바깥쪽으로의 출구로 쓰이는 문의 안여닫이 불가 대상

문화 및 집회시설(전시장 및 동·식물원을 제외), 종교시설, 장례시설 또는 위락시설의 용도에 쓰이는 건축물의 바깥쪽으로의 출구로 쓰이는 문은 안여닫이로 할 수 없다.

● 주출입구외에 보조출구 또는 비상구 2개소 이상 설치 대상

바깥쪽으로 나가는 출구를 설치하는 경우 관람석의 바닥면적의 합계가 300제곱미터 이상인 집회장 또는 공연장에 있어서는 주된 출구외에 보조출구 또는 비상구를 2개소 이상 설치하여야 한다.

● 판매시설의 피난층에 설치하는 건축물의 바깥쪽으로의 출구 유효너비

판매시설의 용도에 쓰이는 피난층에 설치하는 건축물의 바깥쪽으로의 출구의 유효너비의 합계는 해당 용도에 쓰이는 바닥면적이 최대인 층에 있어서의 해당 용도의 바닥면적 100제곱미터마다 0.6미터의 비율로 산정한 너비 이상으로 하여야 한다.

● 경사로 설치 대상과 기준 (피난층 또는 피난층의 승강장으로부터 건축물의 바깥쪽에 이르는 통로)

설 치 대 상	제 한 조 건
·제1종 근린생활시설 중 지역자치센터·파출소·지구대·소방서·우체국·방송국·보건소·공공도서관·지역건강보험조합 기타 이와 유사한 것	당해 용도 바닥면적의 합계가 1천제곱미터 미만
·제1종 근린생활시설 중 마을회관·마을공동작업소·마을공동구판장·변전소·양수장·정수장·대피소·공중화장실 기타 이와 유사한 것	-
·판매시설, 운수시설	연면적 5천제곱미터 이상
·교육연구시설 중 학교	
·업무시설중 국가 또는 지방자치단체의 청사와 외국공관의 건축물로서 제1종 근린생활시설에 해당하지 아니하는 것	-
·승강기를 설치하여야 하는 건축물	-

비고 1. 경사도는 1 : 8을 넘지 아니할 것
2. 표면을 거친 면으로 하거나 미끄러지지 아니하는 재료로 마감할 것
3. 경사로의 직선 및 굴절부분의 유효너비는 「장애인·노인·임산부등의 편의증진보장에 관한 법률」이 정하는 기준에 적합할 것

● 건축물의 출입구에 설치하는 회전문 설치기준

1. 계단이나 에스컬레이터로부터 2미터 이상의 거리를 둘 것
2. 회전문과 문틀사이 및 바닥사이는 다음 각 목에서 정하는 간격을 확보하고 틈 사이를 고무와 고무펠트의 조합체 등을 사용하여 신체나 물건 등에 손상이 없도록 할 것
   가. 회전문과 문틀 사이는 5센티미터 이상
   나. 회전문과 바닥 사이는 3센티미터 이하
3. 출입에 지장이 없도록 일정한 방향으로 회전하는 구조로 할 것
4. 회전문의 중심축에서 회전문과 문틀 사이의 간격을 포함한 회전문날개 끝부분까지의 길이는 140센티미터 이상이 되도록 할 것
5. 회전문의 회전속도는 분당회전수가 8회를 넘지 아니하도록 할 것
6. 자동회전문은 충격이 가하여지거나 사용자가 위험한 위치에 있는 경우에는 전자감지장치 등을 사용하여 정지하는 구조로 할 것

7. 옥상광장 등의 설치기준(건축법 제49조, 영 제40조, 피난규칙 제13조)

● 옥상광장 등의 설치기준

설 치 용 도	설 치 기 준
·옥상광장 일반 ·2층 이상인 층에 있는 노대(露臺)나 그 밖에 이와 비슷한 것하여야 한다. 다만, 그 노대 등에 출입할 수 없는 구조인 경우에는 그러하지 아니하다.	주위에는 높이 1.2미터 이상의 난간을 설치
·5층 이상인 층의 건축물 - 제2종 근린생활시설 중 공연장·종교집회장·인터넷컴퓨터게임시설제공업소(해당 용도로 쓰는 바닥면적의 합계가 각각 300제곱미터 이상인 경우만 해당한다), 문화 및 집회시설(전시장 및 동·식물원은 제외), - 종교시설, 판매시설, 위락시설 중 주점영업 또는 장례시설의 용도로 쓰는 경우하여야 한다.	피난 용도로 쓸 수 있는 광장을 옥상에 설치
·위에 따라 피난 용도로 쓸 수 있는 광장을 옥상에 설치해야 하는 건축물 ·피난 용도로 쓸 수 있는 광장을 옥상에 설치하는 다음 각 목의 건축물 - 다중이용 건축물 - 연면저 1천제곱미터 이상인 공동주택	좌측에 해당하는 건축물은 옥상으로 통하는 출입문에 「화재예방, 소방시설 설치·유지 및 안전관리에 관한 법률」 제39조제1항에 따른 성능인증 및 같은 조 제2항에 따른 제품검사를 받은 비상문자동개폐장치(화재 등 비상시에 소방시스템과 연동되어 잠김 상태가 자동으로 풀리는 장치를 말한다)를 설치해야 한다.
·층수가 11층 이상인 건축물로서 11층 이상인 층의 바닥면적의 합계가 1만 제곱미터 이상인 건축물	1. 건축물의 지붕을 평지붕으로 하는 경우: 헬리포트를 설치하거나 헬리콥터를 통하여 인명 등을 구조할 수 있는 공간 2. 건축물의 지붕을 경사지붕으로 하는 경우: 경사지붕 아래에 설치하는 대피공간

● 경사지붕 아래에 설치하는 대피공간의 설치 기준

1. 대피공간의 면적은 지붕 수평투영면적의 10분의 1 이상 일 것
2. 특별피난계단 또는 피난계단과 연결되도록 할 것
3. 출입구・창문을 제외한 부분은 해당 건축물의 다른 부분과 내화구조의 바닥 및 벽으로 구획할 것
4. 출입구는 유효너비 0.9미터 이상으로 하고, 그 출입구에는 갑종방화문을 설치할 것
5. 내부마감재료는 불연재료로 할 것
6. 예비전원으로 작동하는 조명설비를 설치할 것
7. 관리사무소 등과 긴급 연락이 가능한 통신시설을 설치할 것

● 헬리포트 및 구조공간 설치기준

헬 리 포 트	인명 등을 구조할 수 있는 공간
1. 헬리포트의 길이와 너비는 각각 22미터이상으로 할 것. 다만, 건축물의 옥상바닥의 길이와 너비가 각각 22미터이하인 경우에는 헬리포트의 길이와 너비를 각각 15미터까지 감축할 수 있다. 2. 헬리포트의 중심으로부터 반경 12미터 이내에는 헬리콥터의 이・착륙에 장애가 되는 건축물, 공작물, 조경시설 또는 난간 등을 설치하지 아니할 것 3. 헬리포트의 주위한계선은 백색으로 하되, 그 선의 너비는 38센티미터로 할 것 4. 헬리포트의 중앙부분에는 지름 8미터의 "ⓗ" 표지를 백색으로 하되, "H" 표지의 선의 너비는 38센티미터로, "○" 표지의 선의 너비는 60센티미터로 할 것 5. 헬리포트로 통하는 출입문에 영 제40조제3항 각 호 외의 부분에 따른 비상문자동개폐장치(이하 "비상문자동개폐장치"라 한다)를 설치할 것	헬리콥터를 통하여 인명 등을 구조할 수 있는 공간을 설치하는 경우 ・직경 10미터 이상의 구조공간을 확보하여야 하며, 구조공간에는 구조활동에 장애가 되는 건축물, 공작물 또는 난간 등을 설치해서는 안 된다. 이 경우 구조공간의 표시기준 등에 관하여는 제1항제3호 및 제4호를 준용한다.

8. 대지안의 피난 및 소화에 필요한 통로의 설치 등의 설치기준(건축법시행령 제41조)

건축물의 대지 안에는 그 건축물 바깥쪽으로 통하는 주된 출구와 지상으로 통하는 피난계단 및 특별피난계단으로부터 도로 또는 공지(공원, 광장, 그 밖에 이와 비슷한 것으로서 피난 및 소화를 위하여 해당 대지의 출입에 지장이 없는 것을 말한다. 이하 이 조에서 같다)로 통하는 통로를 다음 각 호의 기준에 따라 설치하여야 한다.

설 치 대 상	유 효 너 비
・통로의 너비는 다음 각 목의 구분에 따른 기준에 따라 확보	가. 단독주택: 유효 너비 0.9미터 이상 나. 바닥면적의 합계가 500제곱미터 이상인 문화 및 집회시설, 종교시설, 의료시설, 위락시설 또는 장례시설: 유효 너비 3미터 이상 다. 그 밖의 용도로 쓰는 건축물: 유효 너비 1.5미터 이상

설 치 대 상	유 효 너 비
·필로티 내 통로의 길이가 2미터 이상인 경우	피난 및 소화활동에 장애가 발생하지 아니하도록 자동차 진입억제용 말뚝 등 통로 보호시설을 설치하거나 통로에 단차(段差)를 둘 것
·다중이용 건축물, 준다중이용 건축물 또는 층수가 11층 이상인 건축물이 건축되는 대지(예외 : 모든 다중이용 건축물, 준다중이용 건축물 또는 층수가 11층 이상인 건축물이 소방자동차의 접근이 가능한 도로 또는 공지에 직접 접하여 건축되는 경우로서 소방자동차가 도로 또는 공지에서 직접 소방활동이 가능한 경우)	대지 안의 모든 다중이용 건축물, 준다중이용 건축물 또는 층수가 11층 이상인 건축물에 「소방기본법」 제21조에 따른 소방자동차(이하 "소방자동차"라 한다)의 접근이 가능한 통로를 설치

9. 방화구획의 설치(건축법 제49조, 영 제46조, 피난규칙 제14조)

● 방화구획의 설치

법 제49조제2항 본문에 따라 주요구조부가 내화구조 또는 불연재료로 된 건축물로서 연면적이 1천 제곱미터를 넘는 것은 국토교통부령으로 정하는 기준에 따라 내화구조로 된 바닥·벽 및 64조제1항제1호、제2호에 따른 방화문 또는 자동방화셔터(국토교통부령으로 정하는 기준에 적합한 것을 말한다. 이하 같다)으로 구획(이하 "방화구획"이라 한다)하여야 한다. 다만,「원자력안전법」 제2조에 따른 원자로 및 관계시설은「원자력안전법」에서 정하는 바에 따른다.

● 방화구획의 설치기준

설 치 대 상	유 효 너 비
·10층 이하의 층	·바닥면적 1천제곱미터 이내마다 구획할 것. ·스프링클러 기타 이와 유사한 자동식 소화설비를 설치한 경우에는 바닥면적 3천제곱미터 이내마다 구획할 것.
·3층 이상의 층과 지하층	·층마다 구획할 것. ·지하 1층에서 지상으로 직접 연결하는 경사로 부위는 제외
·11층 이상의 층	·바닥면적 200제곱미터(스프링클러 기타 이와 유사한 자동식 소화설비를 설치한 경우에는 600제곱미터)이내마다 구획 ·벽 및 반자의 실내에 접하는 부분의 마감을 불연재료로 한 경우에는 바닥면적 500제곱미터 이내마다 구획 ·스프링클러 기타 이와 유사한 자동식 소화설비를 설치한 경우에는 1천500제곱미터 이내마다 구획
·필로티나 그 밖에 이와 비슷한 구조	·(벽면적의 2분의 1 이상이 그 층의 바닥면에서 위층 바닥 아래면까지 공간으로 된 것만 해당)의 부분주차장으로 사용하는 경우 그 부분은 건축물의 다른 부분과 구획할 것
·방화구획으로 사용하는 60+방화문 또는 60분방화문	·언제나 닫힌 상태를 유지하거나 화재로 인한 연기, 온도, 불꽃 등을 가장 신속하게 감지하여 자동적으로 닫히는 구조로 할 것
·외벽과 바닥 사이에 틈이 생긴 경우 ·급수관·배전관 그 밖의 관이 방화구획으로 되어 있는 부분을 관통하는 경우	·그로 인하여 방화구획에 틈이 생긴 때에는 그 틈을 별표 1 제1호에 따른 내화시간(내화채움성능이 인정된 구조로 메워지는 구성 부재에 적용되는 내화시간을 말한다) 이상 견딜 수 있는 내화채움성능이 인정된 구조로 메울 것

설 치 대 상	유 효 너 비
·환기·난방 또는 냉방시설의 풍도가 방화구획을 관통하는 경우	·관통부분 또는 이에 근접한 부분에 다음 각 목의 기준에 적합한 댐퍼를 설치할 것. 다만, 반도체공장건축물로서 방화구획을 관통하는 풍도의 주위에 스프링클러헤드를 설치하는 경우에는 그렇지 않다. 가. 화재로 인한 연기 또는 불꽃을 감지하여 자동적으로 닫히는 구조로 할 것. 다만, 주방 등 연기가 항상 발생하는 부분에는 온도를 감지하여 자동적으로 닫히는 구조로 할 수 있다. 나. 국토교통부장관이 정하여 고시하는 비차열(非遮熱) 성능 및 방연성능 등의 기준에 적합할 것
·하향식 피난구(덮개, 사다리, 경보시스템을 포함)의 구조	1. 피난구의 덮개는 품질시험을 실시한 결과 비차열 1시간 이상의 내화성능을 가져야 하며, 피난구의 유효 개구부 규격은 직경 60센티미터 이상일 것 2. 상층·하층간 피난구의 설치위치는 수직방향 간격을 15센티미터 이상 띄어서 설치할 것 3. 아래층에서는 바로 위층의 피난구를 열 수 없는 구조일 것 4. 사다리는 바로 아래층의 바닥면으로부터 50센티미터 이하까지 내려오는 길이로 할 것 5. 덮개가 개방될 경우에는 건축물관리시스템 등을 통하여 경보음이 울리는 구조일 것 6. 피난구가 있는 곳에는 예비전원에 의한 조명설비를 설치할 것

● 건축물의 일부가 법 제50조제1항에 따른 건축물에 해당하는 경우

문화 및 집회시설, 의료시설, 공동주택 등 대통령령으로 정하는 건축물은 국토교통부령으로 정하는 기준에 따라 주요구조부를 내화(耐火)구조로 하고 그 부분과 다른 부분을 방화구획으로 구획하여야 한다.

● 방화구획의 설치 완화대상

설 치 대 상	완 화 대 상
·문화 및 집회시설(동·식물원은 제외) ·종교시설, 운동시설 또는 장례시설	·당해 용도로 쓰는 거실로서 시선 및 활동공간의 확보를 위하여 불가피한 부분
·물품의 제조·가공·보관 및 운반 등에 필요한 부분	·물품의 제조·가공·보관 및 운반 등에 필요한 고정식 대형기기 설비의 설치를 위하여 불가피한 부분 ·지하층인 경우에는 지하층의 외벽 한쪽 면(지하층의 바닥면에서 지상층 바닥 아래면까지의 외벽 면적 중 4분의 1 이상이 되는 면) 전체가 건물 밖으로 개방되어 보행과 자동차의 진입·출입이 가능한 경우에 한정
·계단실부분·복도 ·승강기의 승강로 부분(해당 승강기의 승강을 위한 승강로비 부분을 포함)	·그 건축물의 다른 부분과 방화구획으로 구획된 부분
·건축물의 최상층 또는 피난층 ·대규모 회의장·강당·스카이라운지·로비 또는 피난안전구역 등의 용도로 쓰는 부분	·당해 용도로 사용하기 위하여 불가피한 부분
·복층형 공동주택	·세대별 층간 바닥 부분
·주요구조부가 내화구조 또는 불연재료	·주차장 부분
·단독주택 ·동물 및 식물 관련 시설 ·국방·군사시설(집회, 체육, 창고 등의 용도로 사용되는 시설만 해당한다)로 쓰는 건축물	-
·건축물의 1층과 2층의 일부를 동일한 용도로 사용하며 그 건축물의 다른 부분과 방화구획으로 구획된 부분	·바닥면적의 합계가 500제곱미터 이하인 경우로 한정한다

10. 건축물의 대피공간의 설치

● **공동주택 중 아파트의 대피공간 설치기준**

공동주택 중 아파트로서 4층 이상인 층의 각 세대가 2개 이상의 직통계단을 사용할 수 없는 경우에는 발코니(발코니의 외부에 접하는 경우를 포함한다)에 인접 세대와 공동으로 또는 각 세대별로 다음 각 호의 요건을 모두 갖춘 대피공간을 하나 이상 설치해야 한다. 이 경우 인접 세대와 공동으로 설치하는 대피공간은 인접 세대를 통하여 2개 이상의 직통계단을 쓸 수 있는 위치에 우선 설치되어야 한다.

1. 대피공간은 바깥의 공기와 접할 것
2. 대피공간은 실내의 다른 부분과 방화구획으로 구획될 것
3. 대피공간의 바닥면적은 인접 세대와 공동으로 설치하는 경우에는 3제곱미터 이상, 각 세대별로 설치하는 경우에는 2제곱미터 이상일 것
4. 국토교통부장관이 정하는 기준에 적합할 것

위 내용에도 불구하고 아파트의 4층 이상인 층에서 발코니에 다음 각 호의 어느 하나에 해당하는 구조 또는 시설을 갖춘 경우에는 대피공간을 설치하지 않을 수 있다.

1. 발코니와 인접 세대와의 경계벽이 파괴하기 쉬운 경량구조 등인 경우
2. 발코니의 경계벽에 피난구를 설치한 경우
3. 발코니의 바닥에 국토교통부령으로 정하는 하향식 피난구를 설치한 경우
4. 국토교통부장관이 제4항에 따른 대피공간과 동일하거나 그 이상의 성능이 있다고 인정하여 고시하는 구조 또는 시설(이하 이 호에서 "대체시설"이라 한다)을 갖춘 경우. 이 경우 국토교통부장관은 대체시설의 성능에 대해 미리 「과학기술분야 정부출연연구기관 등의 설립·운영 및 육성에 관한 법률」 제8조제1항에 따라 설립된 한국건설기술연구원(이하 "한국건설기술연구원"이라 한다)의 기술검토를 받은 후 고시해야 한다.

● **요양병원, 정신병원, 「노인복지법」 제34조제1항제1호에 따른 노인요양시설(이하 "노인요양시설"이라 한다), 장애인 거주시설 및 장애인 의료재활시설의 대피공간 설치기준**

당해 시설의 피난층 외의 층에는 다음 각 호의 어느 하나에 해당하는 시설을 설치하여야 한다.

1. 각 층마다 별도로 방화구획된 대피공간
2. 거실에 접하여 설치된 노대등
3. 계단을 이용하지 아니하고 건물 외부의 지상으로 통하는 경사로 또는 인접 건축물로 피난할 수 있도록 설치하는 연결복도 또는 연결통로

11. 방화에 장애가 되는 용도 제한

● **같은 건축물에 함께 설치할 수 없는 건축물**

· 의료시설, 노유자시설(아동 관련 시설 및 노인복지시설만 해당), 공동주택, 장례시설 또는 제1종 근린생활시설(산후조리원만 해당)과 위락시설, 위험물저장 및 처리시설, 공장

또는 자동차 관련 시설(정비공장만 해당)

- 노유자시설 중 아동 관련 시설 또는 노인복지시설과 판매시설 중 도매시장 또는 소매시장
- 단독주택(다중주택, 다가구주택에 한정한다), 공동주택, 제1종 근린생활시설 중 조산원 또는 산후조리원과 제2종 근린생활시설 중 다중생활시설

● 복합건축물의 피난시설 등

같은 건축물안에 공동주택·의료시설·아동관련시설 또는 노인복지시설(이하 이 조에서 "공동주택등"이라 한다)중 하나 이상과 위락시설·위험물저장 및 처리시설·공장 또는 자동차정비공장(이하 이 조에서 "위락시설등"이라 한다)중 하나 이상을 함께 설치하고자 하는 경우에는 다음 각 호의 기준에 적합하여야 한다.

1. 공동주택등의 출입구와 위락시설등의 출입구는 서로 그 보행거리가 30미터 이상이 되도록 설치할 것
2. 공동주택등(당해 공동주택등에 출입하는 통로를 포함)과 위락시설등(당해 위락시설등에 출입하는 통로를 포함)은 내화구조로 된 바닥 및 벽으로 구획하여 서로 차단할 것
3. 공동주택등과 위락시설등은 서로 이웃하지 아니하도록 배치할 것
4. 건축물의 주요 구조부를 내화구조로 할 것
5. 거실의 벽 및 반자가 실내에 면하는 부분(반자돌림대·창대 그 밖에 이와 유사한 것을 제외. 이하 이 조에서 같다)의 마감은 불연재료·준불연재료 또는 난연재료로 하고, 그 거실로부터 지상으로 통하는 주된 복도·계단 그밖에 통로의 벽 및 반자가 실내에 면하는 부분의 마감은 불연재료 또는 준불연재료로 할 것

● 예외 규정

다음 각 호의 어느 하나에 해당하는 경우로서 국토교통부령으로 정하는 경우에는 그러하지 아니하다.

1. 공동주택(기숙사만 해당한다)과 공장이 같은 건축물에 있는 경우
2. 중심상업지역·일반상업지역 또는 근린상업지역에서 「도시 및 주거환경정비법」에 따른 도시환경정비사업을 시행하는 경우
3. 공동주택과 위락시설이 같은 초고층 건축물에 있는 경우. 다만, 사생활을 보호하고 방범·방화 등 주거 안전을 보장하며 소음·악취 등으로부터 주거환경을 보호할 수 있도록 주택의 출입구·계단 및 승강기 등을 주택 외의 시설과 분리된 구조로 하여야 한다.
4. 「산업집적활성화 및 공장설립에 관한 법률」 제2조제13호에 따른 지식산업센터와 「영유아보육법」 제10조제4호에 따른 직장어린이집이 같은 건축물에 있는 경우

12. 계단, 복도 및 출입구의 설치(건축법 제49조, 영 제48조, 피난 규칙 제15조)

● 계단 및 복도의 설치

연면적 200제곱미터를 초과하는 건축물에 설치하는 계단 및 복도는 국토교통부령으로 정하는 기준에 적합하여야 한다.

● 계단의 설치기준

종 류	설 치 대 상	설 치 기 준
계단참	높이가 3미터를 넘는 계단	높이 3미터이내마다 유효너비 120센티미터 이상의 계단참을 설치
난 간	높이가 1미터를 넘는 계단 및 계단참의 양옆	난간(벽 또는 이에 대치되는 것을 포함)을 설치
중간난간	너비가 3미터를 넘는 계단	계단의 중간에 너비 3미터 이내마다 난간을 설치(계단의 단높이가 15센티미터 이하이고, 계단의 단너비가 30센티미터 이상인 경우에는 예외)
유효너비	계단	유효 높이(계단의 바닥 마감면부터 상부 구조체의 하부 마감면까지의 연직방향의 높이를 말한다)는 2.1미터 이상

● 계단의 세부 설치기준

구 분	계단 너비 및 계단참의 너비(옥내계단에 한함)	단 높 이	단 너 비
초등학교의 계단	150센티미터 이상	16센티미터 이하	26센티미터 이상
중·고등학교	150센티미터 이상	18센티미터 이하	26센티미터 이상
문화 및 집회시설(공연장·집회장 및 관람장에 한한다)·판매시설 기타 이와 유사한 용도에 쓰이는 건축물의 계단	120센티미터 이상		
윗층의 거실의 바닥면적의 합계가 200제곱미터 이상이거나 거실의 바닥면적의 합계가 100제곱미터 이상인 지하층의 계단	120센티미터 이상		
기타의 계단	60센티미터 이상		
「산업안전보건법」에 의한 작업장에 설치하는 계단	「산업안전 기준에 관한 규칙」에서 정한 구조		

* 돌음계단의 단너비는 그 좁은 너비의 끝부분으로부터 30센티미터의 위치에서 측정

● 주계단 · 피난계단 또는 특별피난계단에 설치하는 난간 및 바닥구조

용 도	세 부 기 준
공동주택(기숙사를 제외)·제1종 근린생활시설·제2종 근린생활시설·문화 및 집회시설·종교시설·판매시설·운수시설·의료시설·노유자시설·업무시설·숙박시설·위락시설 또는 관광휴게시설	건축물의 주계단·피난계단 또는 특별피난계단에 설치하는 난간 및 바닥 설치 ·아동의 이용에 안전하고 노약자 및 신체장애인의 이용에 편리한 구조 ·양쪽에 벽등이 있어 난간이 없는 경우에는 손잡이를 설치

● 난간 · 벽 등의 손잡이와 바닥마감 기준

1. 손잡이는 최대지름이 3.2센티미터 이상 3.8센티미터 이하인 원형 또는 타원형의 단면으로 할 것
2. 손잡이는 벽등으로부터 5센티미터 이상 떨어지도록 하고, 계단으로부터의 높이는 85센티미터가 되도록 할 것
3. 계단이 끝나는 수평부분에서의 손잡이는 바깥쪽으로 30센티미터 이상 나오도록 설치할 것

● 계단을 대체하여 설치하는 경사로

1. 경사도는 1 : 8을 넘지 아니할 것
2. 표면을 거친 면으로 하거나 미끄러지지 아니하는 재료로 마감할 것
3. 경사로의 직선 및 굴절부분의 유효너비는 「장애인 · 노인 · 임산부등의 편의증진보장에 관한 법률」이 정하는 기준에 적합할 것

● 피난층 또는 지상으로 통하는 직통계단을 설치하는 경우 계단 및 계단참의 유효너비

1. 공동주택: 120센티미터 이상
2. 공동주택이 아닌 건축물: 150센티미터 이상

● **설치 기준의 예외**: 승강기기계실용 계단, 망루용 계단 등 특수한 용도에만 쓰이는 계단

13. 복도의 너비 및 설치기준(건축법 제49조, 영 제48조, 피난 규칙 제15조의 2)

● 복도의 너비 : 건축물에 설치하는 복도의 유효너비는 다음 표와 같다.

구 분	양 옆에 거실이 있는 복도	기타의 복도
유치원, 초등학교, 중학교, 고등학교	2.4 미터 이상	1.8 미터 이상
공동주택, 오피스텔	1.8 미터 이상	1.2 미터 이상
당해 층 거실의 바닥면적 합계가 200제곱미터 이상인 경우	1.5 미터 이상 (의료시설의 복도 1.8 미터 이상)	1.2 미터 이상

● 제한 시설에 설치되는 복도의 유효너비

구 분	바 닥 면 적	유 효 너 비
·문화 및 집회시설(공연장 · 집회장 · 관람장 · 전시장에 한함) ·종교시설 중 종교집회장, 노유자시설 중 아동 관련 시설 · 노인복지시설, 수련시설 중 생활권수련시설 ·위락시설 중 유흥주점 및 장례시설의 관람석 또는 집회실과 접하는 복도의 유효너비	500제곱미터 미만	1.5미터 이상
	500제곱미터 이상 1천제곱미터 미만	1.8미터 이상
	1천제곱미터 이상	2.4미터 이상

● 공연장 복도의 설치기준 - 문화 및 집회시설중 공연장

바 닥 면 적	복도의 설치기준
바닥면적이 300제곱미터 이상인 경우	공연장의 개별 관람석의 바깥쪽에는 그 양쪽 및 뒤쪽에 각각 복도를 설치할 것
바닥면적이 300제곱미터 미만인 경우	하나의 층에 개별 관람석을 2개소 이상 연속하여 설치하는 경우에는 그 관람석의 바깥쪽의 앞쪽과 뒤쪽에 각각 복도를 설치할 것

14. 거실반자의 설치(건축법 제49조, 영 제50조, 피난 규칙 제16조)

용 도 구 분	반 자 높 이	예 외 규 정
공장, 창고시설, 위험물저장 및 처리시설, 동물 및 식물 관련 시설, 자원순환 관련 시설 또는 묘지 관련시설 외의 용도로 쓰는 건축물	2.1미터 이상	1.8 미터 이상
관람석 또는 집회실로서 그 바닥면적이 200제곱미터 이상 ·문화 및 집회시설(전시장 및 동·식물원은 제외) ·종교시설, 장례시설 ·위락시설 중 유흥주점	1.8 미터 이상	1.2 미터 이상

15. 거실의 채광 등(건축법 제49조, 영 제51조, 피난 규칙 제17조)

● 거실의 채광 및 환기

용 도 구 분	설 치 시 설	비 고
단독주택 및 공동주택의 거실, 교육연구시설 중 학교의 교실, 의료시설의 병실 및 숙박시설의 객실	채광 및 환기를 위한 창문등이나 설비를 설치	
·6층 이상인 건축물 가. 제2종 근린생활시설 중 공연장, 종교집회장, 인터넷컴퓨터게임시설제공업소 및 다중생활시설(공연장, 종교집회장 및 인터넷컴퓨터게임시설제공업소는 해당 용도로 쓰는 바닥면적의 합계가 각각 300제곱미터 이상인 경우만 해당) 나. 문화 및 집회시설 다. 종교시설 라. 판매시설 마. 운수시설 바. 의료시설(요양병원 및 정신병원은 제외) 사. 교육연구시설 중 연구소 아. 노유자시설 중 아동 관련 시설, 노인복지시설(노인요양시설은 제외) 자. 수련시설 중 유스호스텔 사. 운동시설 카. 업무시설 타. 숙박시설 파. 위락시설 하. 관광휴게시설 거. 장례시설 ·다음 해당 용도로 쓰는 건축물 가. 의료시설 중 요양병원 및 정신병원 나. 노유자시설 중 노인요양시설·장애인 거주시설 및 장애인 의료재활시설	배연설비(排煙設備) 설치	·피난층의 거실은 제외 ·11층 이하의 건축물에는 국토교통부령으로 정하는 기준에 따라 소방관이 진입할 수 있는 곳을 정하여 외부에서 주·야간 식별할 수 있는 표시

· 오피스텔에 거실 바닥으로부터 높이 1.2미터 이하 부분에 여닫을 수 있는 창문을 설치하는 경우에는 1.2미터 이상의 난간이나 그 밖에 이와 유사한 추락방지를 위한 안전시설을 설치

● 채광 및 환기를 위한 창문 등

구 분	창문의 설치면적	예 외 규 정
채 광	거실의 바닥면적의 10분의 1 이상	거실의 용도에 따라 별표 1의3에 따라 조도 이상의 조명장치를 설치하는 경우
환 기	거실의 바닥면적의 20분의 1 이상	기계환기장치 및 중앙관리방식의 공기조화설비를 설치하는 경우

· 수시로 개방할 수 있는 미닫이로 구획된 2개의 거실은 이를 1개의 거실로 본다.

● 거실의 용도에 따른 조도기준(별표 1의3, 피난규칙 제17조제1항 관련)

거실의 용도구분 \ 조도구분		바닥에서 85센티미터의 높이에 있는 수평면의 조도(룩스)
1. 거주	독서·식사·조리 기타	150 70
2. 집무	설계·제도·계산 일반사무 기타	700 300 150
3. 작업	검사·시험·정밀검사·수술 일반작업·제조·판매 포장·세척 기타	700 300 150 70
4. 집회	회의 집회 공연·관람	300 150 70
5. 오락	오락일반 기타	150 30
6. 기타		1란 내지 5란중 가장 유사한 용도에 관한 기준을 적용한다.

16. 거실 등의 방습(건축법 제49조, 영 제52조, 피난 규칙 제18조)

● 방습조치 대상(다음 각호의 해당하는 욕실 또는 조리장의 바닥)

· 욕실 또는 조리장의 바닥과 그 바닥으로부터 높이 1미터까지의 안쪽벽의 마감은 이를 내수재료로 해야 한다.

1. 제1종 근린생활시설중 목욕장의 욕실과 휴게음식점의 조리장
2. 제2종 근린생활시설중 일반음식점 및 휴게음식점의 조리장과 숙박시설의 욕실

● 거실 등의 방습

대 상	설 치 기 준	예 외 규 정
건축물의 최하층에 있는 거실바닥의 높이	지표면으로부터 45센티미터 이상	지표면을 콘크리트바닥으로 설치하는 등 방습을 위한 조치를 하는 경우
·제1종 근린생활시설 - 목욕장의 욕실 - 휴게음식점의 조리장 ·제2종 근린생활시설 - 일반음식점 및 휴게음식점의 조리장 - 숙박시설의 욕실	바닥으로부터 높이 1미터까지의 안벽의 마감은 이를 내수재료로 한다	

17. 경계벽 및 층간바닥의 설치(건축법 제49조, 영 제53조, 피난 규칙 제19조)

● 경계벽의 설치

법 제49조제4항에 따라 다음 각 호의 어느 하나에 해당하는 건축물의 경계벽은 국토교통부령으로 정하는 기준에 따라 설치해야 한다.

1. 단독주택 중 다가구주택의 각 가구 간 또는 공동주택(기숙사는 제외)의 각 세대 간 경계벽(제2조제14호 후단에 따라 거실·침실 등의 용도로 쓰지 아니하는 발코니 부분은 제외)
2. 공동주택 중 기숙사의 침실, 의료시설의 병실, 교육연구시설 중 학교의 교실 또는 숙박시설의 객실 간 경계벽
3. 제2종 근린생활시설 중 다중생활시설의 호실 간 경계벽
4. 노유자시설 중 「노인복지법」 제32조제1항제3호에 따른 노인복지주택(이하 "노인복지주택"이라 한다)의 각 세대 간 경계벽
5. 노유자시설 중 노인요양시설의 호실 간 경계벽

● 경계벽의 설치기준

· 법 제49조제4항에 따라 건축물에 설치하는 경계벽은 내화구조로 하고, 지붕밑 또는 바로 윗층의 바닥판까지 닿게 하여야 한다.

· 제1항에 따른 경계벽은 소리를 차단하는데 장애가 되는 부분이 없도록 다음 각 호의 어느 하나에 해당하는 구조로 하여야 한다. 다만, 다가구주택 및 공동주택의 세대간의 경계벽인 경우에는 「주택건설기준 등에 관한 규정」 제14조에 따른다.

  1. 철근콘크리트조 · 철골철근콘크리트조로서 두께가 10센티미터이상인 것
  2. 무근콘크리트조 또는 석조로서 두께가 10센티미터(시멘트모르타르 · 회반죽 또는 석고플라스터의 바름두께를 포함)이상인 것
  3. 콘크리트블록조 또는 벽돌조로서 두께가 19센티미터 이상인 것
  4. 제1호 내지 제3호의 것외에 국토교통부장관이 정하여 고시하는 기준에 따라 국토교통부장관이 지정하는 자 또는 한국건설기술연구원장이 실시하는 품질시험에서

그 성능이 확인된 것

5. 한국건설기술연구원장이 제27조제1항에 따라 정한 인정기준에 따라 인정하는 것

● **층간바닥의 설치**

. 다음 각 호의 어느 하나에 해당하는 건축물의 층간바닥(화장실의 바닥은 제외)은 국토교통부령으로 정하는 기준에 따라 설치하여야 한다.

1. 단독주택 중 다가구주택
2. 공동주택(「주택법」 제15조에 따른 주택건설사업계획승인 대상은 제외)
3. 업무시설 중 오피스텔
4. 제2종 근린생활시설 중 다중생활시설
5. 숙박시설 중 다중생활시설

● **층간바닥의 설치기준**

· 법 제49조제4항에 따른 가구·세대 등 간 소음방지를 위한 바닥은 경량충격음(비교적 가볍고 딱딱한 충격에 의한 바닥충격음을 말한다)과 중량충격음(무겁고 부드러운 충격에 의한 바닥충격음을 말한다)을 차단할 수 있는 구조로 하여야 한다.

· 위 항에 따른 가구·세대 등 간 소음방지를 위한 바닥의 세부 기준은 국토교통부장관이 정하여 고시한다.

18. 건축물에 설치하는 굴뚝(건축법 제49조, 영 제54조, 피난 규칙 제20조)

1. 굴뚝의 옥상 돌출부는 지붕면으로부터의 수직거리를 1미터 이상으로 할 것. 다만, 용마루·계단탑·옥탑등이 있는 건축물에 있어서 굴뚝의 주위에 연기의 배출을 방해하는 장애물이 있는 경우에는 그 굴뚝의 상단을 용마루·계단탑·옥탑등보다 높게 하여야 한다.
2. 굴뚝의 상단으로부터 수평거리 1미터 이내에 다른 건축물이 있는 경우에는 그 건축물의 처마보다 1미터 이상 높게 할 것
3. 금속제 굴뚝으로서 건축물의 지붕속·반자위 및 가장 아랫바닥밑에 있는 굴뚝의 부분은 금속외의 불연재료로 덮을 것
4. 금속제 굴뚝은 목재 기타 가연재료로부터 15센티미터 이상 떨어져서 설치할 것. 다만, 두께 10센티미터 이상인 금속외의 불연재료로 덮은 경우에는 그러하지 아니하다.

19. 창문 등의 차면시설(건축법 시행령 제55조)

인접 대지경계선으로부터 직선거리 2미터 이내에 이웃 주택의 내부가 보이는 창문 등을 설치하는 경우에는 차면시설(遮面施設)을 설치

20. 건축물의 내화구조(건축법 제50조, 영 제56조, 피난 규칙 제20조의2)

● 내화구조 대상 건축물

법 제50조제1항에 따라 다음 각 호의 어느 하나에 해당하는 건축물(제5호에 해당하는 건축물로서 2층 이하인 건축물은 지하층 부분만 해당한다)의 주요구조부는 내화구조로 하여야 한다.

대 상	바 닥 면 적	비 고
·제2종 근린생활시설 중 공연장·종교집회장	300제곱미터 이상	옥외관람석의 경우 1천 제곱미터 이상
·문화 및 집회시설(전시장 및 동·식물원은 제외), 종교시설 ·위락시설 중 주점영업 및 장례시설의 용도로 쓰는 건축물로서 관람실 또는 집회실	200제곱미터 이상	
·문화 및 집회시설 중 전시장 ·동·식물원, 판매시설, 운수시설 ·교육연구시설에 설치하는 체육관·강당 ·수련시설 ·운동시설 중 체육관·운동장 ·위락시설(주점영업의 용도로 쓰는 것은 제외) ·창고시설 ·위험물저장 및 처리시설 ·자동차 관련 시설 ·방송통신시설 중 방송국·전신전화국·촬영소 ·묘지 관련 시설 중 화장장 ·관광휴게시설	500제곱미터 이상	
. 공장의 용도로 쓰는 건축물	2천 제곱미터 이상	화재의 위험이 적은 공장으로서 주요구조부가 불연재료로 되어 있는 2층 이하의 공장은 제외
·건축물의 2층이 단독주택 중 다중주택 및 다가구주택 ·공동주택 ·제1종 근린생활시설(의료의 용도로 쓰는 시설만 해당) ·제2종 근린생활시설 중 다중생활시설 ·의료시설 ·노유자시설 중 아동 관련 시설 및 노인복지시설 ·수련시설 중 유스호스텔 ·업무시설 중 오피스텔 ·숙박시설 ·장례시설	400제곱미터 이상	
·3층 이상인 건축물 ·지하층이 있는 건축물	단독주택(다중주택 및 다가구주택은 제외), 동물 및 식물 관련 시설, 발전시설(발전소의 부속용도로 쓰는 시설은 제외), 교도소·감화원 또는 묘지 관련 시설(화장장은 제외)의 용도로 쓰는 건축물과 철강 관련 업종의 공장 중 제어실로 사용하기 위하여 연면적 50제곱미터 이하로 증축하는 부분은 제외	

예외 : 다만, 연면적이 50제곱미터 이하인 단층의 부속건축물로서 외벽 및 처마 밑면을 방화구조로 한 것과 무대의 바닥은 제외. 제1항제1호 및 제2호에 해당하는 용도로 쓰지 아니하는 건축물로서 그 지붕틀을 불연재료로 한 경우에는 그 지붕틀을 내화구조로 아니할 수 있다.

21. 대규모 건축물의 방화벽 등(건축법 제50조, 영 제57조, 피난 규칙 제21조 제22조)

● **방화벽 설치 대상 : 연면적 1천 제곱미터 이상인 건축물**

● **방화벽구획 기준면적 : 각 구획된 바닥면적의 합계는 1천 제곱미터 미만**

● **방화벽 설치 예외**

1. 주요구조부가 내화구조이거나 불연재료인 건축
2. 3층 이상인 건축물 및 지하층이 있는 건축물. 다만, 단독주택(다중주택 및 다가구주택은 제외), 동물 및 식물 관련 시설, 발전시설(발전소의 부속용도로 쓰는 시설은 제외), 교도소·감화원 또는 묘지 관련 시설(화장장은 제외)의 용도로 쓰는 건축물과 철강 관련 업종의 공장 중 제어실로 사용하기 위하여 연면적 50제곱미터 이하로 증축하는 부분은 제외.
3. 내부설비의 구조상 방화벽으로 구획할 수 없는 창고시설

● **방화벽의 구조**

1. 내화구조로서 홀로 설 수 있는 구조일 것
2. 방화벽의 양쪽 끝과 윗쪽 끝을 건축물의 외벽면 및 지붕면으로부터 0.5미터 이상 튀어 나오게 할 것
3. 방화벽에 설치하는 출입문의 너비 및 높이는 각각 2.5미터 이하로 하고, 해당 출입문에는 제26조에 따른 갑종방화문을 설치할 것

● **대규모 목조건축물의 외벽등**

(연면적 1천 제곱미터 이상인 목조 건축물의 구조는 국토교통부령으로 정하는 바에 따라 방화구조로 하거나 불연재료로 하여야 한다.)

1. 외벽 및 처마밑의 연소할 우려가 있는 부분 : 방화구조
2. 지붕 : 불연재료

* "연소할 우려가 있는 부분" 이라 함은 인접대지경계선·도로중심선 또는 동일한 대지안에 있는 2동 이상의 건축물(연면적의 합계가 500제곱미터 이하인 건축물은 이를 하나의 건축물로 본다) 상호의 외벽간의 중심선으로부터 1층에 있어서는 3미터

이내, 2층 이상에 있어서는 5미터 이내의 거리에 있는 건축물의 각 부분을 말한다. 다만, 공원·광장·하천의 공지나 수면 또는 내화구조의 벽 기타 이와 유사한 것에 접하는 부분을 제외.

22. 방화지구안의 건축물(건축법 제51조, 영 제58조, 피난 규칙 제23조)

「국토의 계획 및 이용에 관한 법률」 제37조제1항제4호에 따른 방화지구(이하 "방화지구"라 한다) 안에서는 건축물의 주요구조부와 외벽을 내화구조로 하여야 한다.

● 방화지구안의 건축물

구 분	적용기준
·방화지구 안의 건축물의 주요구조부와 외벽	내화구조
·방화지구 내 건축물의 지붕으로서 내화구조가 아닌 것 ·방화지구 안의 공작물로서 간판, 광고탑, 그 밖에 대통령령으로 정하는 공작물 중 건축물의 지붕 위에 설치하는 공작물이나 높이 3미터 이상의 공작물의 주요부	불연재료
·방화지구 안의 지붕·방화문 및 인접 대지 경계선에 접하는 외벽	국토교통부령으로 정하는 구조 및 재료

● 방화지구안의 건축물중 내화구조로 아니할 수 있는 건축물

1. 연면적 30제곱미터 미만인 단층 부속건축물로서 외벽 및 처마면이 내화구조 또는 불연재료로 된 것
2. 도매시장의 용도로 쓰는 건축물로서 그 주요구조부가 불연재료로 된 것

● 방화지구안의 건축물중 연소할 우려가 있는 부분

방화지구 내 건축물의 인접대지경계선에 접하는 외벽에 설치하는 창문등으로서 제22조 제2항에 따른 연소할 우려가 있는 부분에는 다음 각 호의 방화문 기타 방화설비를 하여야 한다.

1. 60+방화문 또는 60분방화문
2. 소방법령이 정하는 기준에 적합하게 창문등에 설치하는 드렌처
3. 당해 창문등과 연소할 우려가 있는 다른 건축물이 부분을 차단하는 내화구조나 불연재료로 된 벽·담장 기타 이와 유사한 방화설비
4. 환기구멍에 설치하는 불연재료로 된 방화커버 또는 그물눈이 2밀리미터 이하인 금속망

23. 건축물의 마감재료(건축법 제52조, 영 제61조, 피난 규칙 제24조)

● 건축물의 마감재료

<table>
<tr><th rowspan="2">건축물의 용도</th><th rowspan="2">당해 용도의 거실 바닥면적의 합계</th><th colspan="2">마 감 재 료</th></tr>
<tr><th>거실의 벽 및 실내부분 (반자돌림·창대등 제외)</th><th>복도, 계단, 기타 통로의 벽 및 반자</th></tr>
<tr><td>·단독주택 중 다중주택·다가구주택
·공동주택(다중이용시설 등의 실내공기질관리법」 제11조제1항 및 같은 법 시행규칙 제10조에 따라 환경부장관이 고시한 오염물질방출 건축자재를 사용할 수 없다.)</td><td>-</td><td rowspan="5">·불연재료
·준불연재료
·난연재료</td><td rowspan="7">·불연재료
·준불연재료</td></tr>
<tr><td>·제2종 근린생활시설 중 공연장·종교집회장·인터넷컴퓨터게임시설제공업소·학원·독서실·당구장·다중생활시설의 용도로 쓰는 건축물</td><td>-</td></tr>
<tr><td>·위험물저장 및 처리시설(자가난방과 자가발전 등의 용도로 쓰는 시설을 포함), 자동차 관련 시설, 발전시설, 방송통신시설 중 방송국·촬영소의 용도로 쓰는 건축물</td><td>-</td></tr>
<tr><td>·공장의 용도로 쓰는 건축물.
·예외 : 건축물이 1층 이하이고, 연면적 1천 제곱미터 미만으로서 다음 각 목의 요건을 모두 갖춘 경우
가. 국토교통부령으로 정하는 화재위험이 적은 공장용도로 쓸 것
나. 화재 시 대피가 가능한 국토교통부령으로 정하는 출구를 갖출 것
다. 복합자재[불연성인 재료와 불연성이 아닌 재료가 복합된 자재로서 외부의 양면(철판, 알루미늄, 콘크리트박판, 그 밖에 이와 유사한 재료로 이루어진 것을 말한다)과 심재(心材)로 구성된 것을 말한다]를 내부 마감재료로 사용하는 경우에는 국토교통부령으로 정하는 품질기준에 적합할 것</td><td>-</td></tr>
<tr><td>·5층 이상인 층 거실</td><td>500제곱미터 이상</td></tr>
<tr><td>·문화 및 집회시설, 종교시설, 판매시설, 운수시설, 의료시설
·교육연구시설 중 학교·학원, 노유자시설, 수련시설,
·업무시설 중 오피스텔, 숙박시설, 위락시설
·장례시설,
·「다중이용업소의 안전관리에 관한 특별법 시행령」 제2조에 따른 다중이용업의 용도로 쓰는 건축물</td><td>-</td><td>·불연재료
·준불연재료</td></tr>
<tr><td>·창고로 쓰이는 건축물(벽 및 지붕을 국토교통부장관이 정하여 고시하는 화재 확산 방지구조 기준에 적합하게 설치한 건축물은 제외)</td><td>600제곱미터 이상(스프링클러나 그 밖에 이와 비슷한 자동식 소화설비를 설치한 경우에는 1천200제곱미터)</td><td>·불연재료
·준불연재료
·난연재료</td></tr>
</table>

·주요구조부가 내화구조 또는 불연재료로 되어 있고 그 거실의 바닥면적(스프링클러나 그 밖에 이와 비슷한 자동식 소화설비를 설치한 바닥면적을 뺀 면적으로 한다. 이하 이 조에서 같다) 200제곱미터 이내마다 방화구획이 되어 있는 건축물은 제외.
·용도에 쓰이는 거실 등을 지하층 또는 지하의 공작물에 설치한 경우의 그 거실(출입문 및 문틀을 포함)의 실내에 접하는 부분의 마감은 불연재료 또는 준불연재료로 한다.
·「다중이용업소의 안전관리에 관한 특별법 시행령」 제3조에 따른 실내장식물을 제외.

● 방화에 지장이 없는 외벽 마감재료를 사용해야하는 건축물

구 분	적용기준
·상업지역(근린상업지역은 제외)의 건축물로서 다음 각 목의 어느 하나에 해당하는 것 가. 제1종 근린생활시설, 제2종 근린생활시설, 문화 및 집회시설, 종교시설, 판매시설, 운동시설 및 위락시설의 용도로 쓰는 건축물로서 그 용도로 쓰는 바닥면적의 합계가 2천제곱미터 이상인 건축물 나. 공장(국토교통부령으로 정하는 화재 위험이 적은 공장은 제외)의 용도로 쓰는 건축물로부터 6미터 이내에 위치한 건축물	·건축물의 외벽[필로티 구조의 외기(外氣)에 면하는 천장 및 벽체를 포함한다]에는 법 제52조제2항 후단에 따라 불연재료 또는 준불연재료를 마감재료(단열재, 도장 등 코팅재료 및 그 밖에 마감재료를 구성하는 모든 재료를 포함한다. ·외벽 마감재료를 구성하는 재료 전체를 하나로 보아 불연재료 또는 준불연재료에 해당하는 경우 마감재료 중 단열재는 난연재료로 사용할 수 있다. ·영 제61조제2항제2호에 해당하는 건축물의 외벽을 국토교통부장관이 정하여 고시하는 화재 확산 방지구조 기준에 적합하게 설치하는 경우에는 난연재료를 마감재료로 사용할 수 있다.
·의료시설, 교육연구시설, 노유자시설 및 수련시설의 용도로 쓰는 건축물 ·3층 이상 또는 높이 9미터 이상인 건축물 ·1층의 전부 또는 일부를 필로티 구조로 설치하여 주차장으로 쓰는 건축물	

24. 지하층의 구조(건축법 제53조, 피난 규칙 제25조)

● 지하층의 구조 및 설비

바닥면적 구분	내 용	비 고
지하층 거실 바닥면적 50제곱미터 이상인 층	·직통계단외에 피난층 또는 지상으로 통하는 비상탈출구 및 환기통을 설치할 것	직통계단이 2개소 이상 설치되어 있는 경우 제외
거실 바닥면적의 합계가 50제곱미터 이상인 건축물	·제2종근린생활시설 중 공연장·단란주점·당구장·노래연습장 ·문화 및 집회시설중 예식장·공연장 ·수련시설 중 생활권수련시설·자연권수련시설 ·숙박시설중 여관·여인숙 ·위락시설중 단란주점·유흥주점 ·「다중이용업소의 안전관리에 관한 특별법 시행령」 제2조에 따른 다중이용업의 용도에 쓰이는 층	직통계단을 2개소 이상 설치
바닥면적 1천제곱미터 이상의 지하층	·피난층 또는 지상으로 통하는 직통계단을 영 제46조의 규정에 의한 방화구획으로 구획되는 각 부분마다 1개소 이상 설치	피난계단 또는 특별피난계단의 구조로 할 것
지하층 거실 바닥면적 1천제곱미터 이상인 층	·환기설비를 설치	
지하층 거실 바닥면적이 300제곱미터 이상인 층	·식수공급을 위한 급수전을 1개소이상 설치	

※ 단독주택, 공동주택 등 대통령령으로 정하는 건축물의 지하층에는 거실을 설치할 수 없다. 다만, 다음 각 호의 사항을 고려하여 해당 지방자치단체의 조례로 정하는 경우에는 그러하지 아니하다.
1. 침수위험 정도를 비롯한 지역적 특성
2. 피난 및 대피 가능성
3. 그 밖에 주거의 안전과 관련된 사항

● 지하층의 비상탈출구(주택은 제외)

구 분	적 용 내 용	비 고
유효너비	0.75미터 이상	
유효높이	1.5미터 이상	
개폐방향	피난방향으로 열리도록 하고, 실내에서 항상 열 수 있는 구조	
표 시	내부 및 외부에는 비상탈출구의 표시	
설 치	출입구로부터 3미터 이상 떨어진 곳에 설치	
사다리의 설치	지하층의 바닥으로부터 비상탈출구의 아랫부분까지의 높이가 1.2미터 이상이 되는 경우에는 벽체에 발판의 너비가 20센티미터 이상인 사다리를 설치할 것	
피난통로	·피난층 또는 지상으로 통하는 복도나 직통계단에 직접 접하거나 통로 등으로 연결될 수 있도록 설치 ·피난층 또는 지상으로 통하는 복도나 직통계단까지 이르는 피난통로의 유효너비는 0.75미터 이상 ·피난통로의 실내에 접하는 부분의 마감과 그 바탕은 불연재료로 할 것	
기타사항	·진입부분 및 피난통로에는 통행에 지장이 있는 물건을 방치하거나 시설물을 설치하지 아니할 것 ·유도등과 피난통로의 비상조명등의 설치는 소방법령이 정하는 바에 의할 것	

25. 건축물의 범죄예방(건축법 제53조의2, 영 제63조의2)

다음의 건축물은 범죄를 예방하고 안전한 생활환경을 조성하기 위하여 건축물, 건축설비 및 대지에 관한 범죄예방 기준에 따라 건축하여야 한다.

1. 다가구주택, 아파트, 연립주택 및 다세대주택
2. 제1종 근린생활시설 중 일용품을 판매하는 소매점
3. 제2종 근린생활시설 중 다중생활시설
4. 문화 및 집회시설(동·식물원은 제외)
5. 교육연구시설(연구소 및 도서관은 제외)
6. 노유자시설
7. 수련시설
8. 업무시설 중 오피스텔
9. 숙박시설 중 다중생활시설

Checklist

법원문요약

제6장
지역 및 지구안의 건축물

1. 정의 및 용어의 정의
2. 국토의 용도 구분
3. 광역도시계획권 · 도시기본계획법
4. 용도지역의 지정과 세분
5. 용도지구의 지정
6. 용도구역의 지정
7. 도시 · 군계획시설
8. 지구단위계획
9. 도시지역 내 지구단위계획에서의 건폐율 등의 완화적용
10. 도시시역 외 지구단위계획에서의 건폐율 등의 완화적용
11. 용도지역안에서의 건축제한
12. 경관지구안에서의 건축제한
13. 미관지구안에서의 건축제한
14. 고도지구안에서의 건축제한
15. 방재지구안에서의 건축제한
16. 보존지구안에서의 건축제한
17. 취락지구안에서의 건축제한
18. 개발진흥지구안에서의 건축제한
19. 특정용도지구안에서의 건축제한
20. 복합용도지구안에서의 건축제한
21. 그 밖의 용도지구안에서의 건축제한
22. 용도지역 · 용도지구 및 용도구역안에서의 건축제한의 예외 등
23. 건축물의 대지가 용도지역 · 지구 또는 구역에 걸치는 경우의 조치
24. 대지안의 공지 기준
25. 건축물이 있는 대지의 분할제한
26. 맞벽건축 및 연결복도
27. 건축물의 높이제한
28. 일조등의 확보를 위한 건축물의 높이 제한

1. 정의 및 용어의 정의(국토의 계획 및 이용에 관한 법률 제2조, 영 제2조)

● 용어의 정의

1. **광역도시계획**

제10조에 따라 지정된 광역계획권의 장기발전방향을 제시하는 계획을 말한다.

2. **도시 · 군계획**

도시 · 군기본계획"이란 특별시 · 광역시 · 특별자치시 · 특별자치도 · 시 또는 군의 관할 구역 및 생활권에 대하여 기본적인 공간구조와 장기발전방향을 제시하는 종합계획으로서 도시 · 군관리계획 수립의 지침이 되는 계획을 말한다.

3. **도시 · 군기본계획**

특별시 · 광역시 · 특별자치시 · 특별자치도 · 시 또는 군의 관할 구역에 대하여 기본적인 공간구조와 장기발전방향을 제시하는 종합계획으로서 도시 · 군관리계획 수립의 지침이 되는 계획을 말한다.

4. **도시 · 군관리계획**

특별시 · 광역시 · 특별자치시 · 특별자치도 · 시 또는 군의 개발 · 정비 및 보전을 위하여 수립하는 토지 이용, 교통, 환경, 경관, 안전, 산업, 정보통신, 보건, 복지, 안보, 문화 등에 관한 다음 각 목의 계획을 말한다.

가. 용도지역 · 용도지구의 지정 또는 변경에 관한 계획

나. 개발제한구역, 도시자연공원구역, 시가화조정구역(市街化調整區域), 수산자원보호구역의 지정 또는 변경에 관한 계획

다. 기반시설의 설치 · 정비 또는 개량에 관한 계획

라. 도시개발사업이나 정비사업에 관한 계획

마. 지구단위계획구역의 지정 또는 변경에 관한 계획과 지구단위계획

바. 삭제 <2024. 2. 6.>

사. 도시혁신구역의 지정 또는 변경에 관한 계획과 도시혁신계획

아. 복합용도구역의 지정 또는 변경에 관한 계획과 복합용도계획

자. 도시 、군계획시설입체복합구역의 지정 또는 변경에 관한 계획

5. **지구단위계획**

도시 · 군계획 수립 대상지역의 일부에 대하여 토지 이용을 합리화하고 그 기능을 증진시키며 미관을 개선하고 양호한 환경을 확보하며, 그 지역을 체계적 · 계획적으로 관리하기 위하여 수립하는 도시 · 군관리계획을 말한다.

5의3. **성장관리계획**

성장관리계획구역에서의 난개발을 방지하고 계획적인 개발을 유도하기 위하여 수립하는 계획을 말한다.

5의4. **공간재구조화계획**

토지의 이용 및 건축물이나 그 밖의 시설의 용도 、건폐율 、용적률 、높이 등을 완화하는 용도구역의 효율적이고 계획적인 관리를 위하여 수립하는 계획을 말한다.

5의5. **도시혁신계획**

창의적이고 혁신적인 도시공간의 개발을 목적으로 도시혁신구역에서의 토지의 이용 및 건축물의 용도 · 건폐율 · 용적률 · 높이 등의 제한에 관한 사항을 따로 정하기 위하여 공간재구조화계획으로 결정하는 도시 · 군관리계획을 말한다.

5의6. **복합용도계획**

주거・상업・산업・교육・문화・의료 등 다양한 도시기능이 융복합된 공간의 조성을 목적으로 복합용도구역에서의 건축물의 용도별 구성비율 및 건폐율・용적률・높이 등의 제한에 관한 사항을 따로 정하기 위하여 공간재구조화계획으로 결정하는 도시・군관리계획을 말한다.

6. **기반시설**

다음 각 목의 시설로서 대통령령으로 정하는 시설을 말한다.

가. 도로・철도・항만・공항・주차장 등 교통시설

나. 광장・공원・녹지 등 공간시설

다. 유통업무설비, 수도・전기・가스공급설비, 방송・통신시설, 공동구 등 유통・공급시설

라. 학교・운동장・공공청사・문화시설 및 공공필요성이 인정되는 체육시설 등 공공・문화체육시설

마. 하천・유수지(遊水池)・방화설비 등 방재시설

바. 화장시설・공동묘지・봉안시설 등 보건위생시설

사. 하수도・폐기물처리시설 등 환경기초시설

7. **도시・군계획시설**

기반시설 중 도시・군관리계획으로 결정된 시설을 말한다.

8. **광역시설**

기반시설 중 광역적인 정비체계가 필요한 다음 각 목의 시설로서 대통령령으로 정하는 시설을 말한다.

가. 둘 이상의 특별시・광역시・특별자치시・특별자치도・시 또는 군의 관할 구역에 걸쳐 있는 시설

나. 둘 이상의 특별시・광역시・특별자치시・특별자치도・시 또는 군이 공동으로 이용하는 시설

9. **공동구**

전기・가스・수도 등의 공급설비, 통신시설, 하수도시설 등 지하매설물을 공동 수용함으로써 미관의 개선, 도로구조의 보전 및 교통의 원활한 소통을 위하여 지하에 설치하는 시설물을 말한다.

10. **도시・군계획시설사업**

도시・군계획시설을 설치・정비 또는 개량하는 사업을 말한다.

11. **도시・군계획사업**

도시・군관리계획을 시행하기 위한 다음 각 목의 사업을 말한다.

가. 도시・군계획시설사업

나. 「도시개발법」에 따른 도시개발사업

다. 「도시 및 주거환경정비법」에 따른 정비사업

12. **도시・군계획사업시행자**

이 법 또는 다른 법률에 따라 도시・군계획사업을 하는 자를 말한다.

13. **공공시설**

도로・공원・철도・수도, 그 밖에 대통령령으로 정하는 공공용 시설을 말한다.

14. **국가계획**

중앙행정기관이 법률에 따라 수립하거나 국가의 정책적인 목적을 이루기 위하여 수

립하는 계획 중 제19조제1항제1호부터 제9호까지에 규정된 사항이나 도시·군관리계획으로 결정하여야 할 사항이 포함된 계획을 말한다.

15. **용도지역**

토지의 이용 및 건축물의 용도, 건폐율(「건축법」 제55조의 건폐율을 말한다. 이하 같다), 용적률(「건축법」 제56조의 용적률을 말한다. 이하 같다), 높이 등을 제한함으로써 토지를 경제적·효율적으로 이용하고 공공복리의 증진을 도모하기 위하여 서로 중복되지 아니하게 도시·군관리계획으로 결정하는 지역을 말한다.

16. **용도지구**

토지의 이용 및 건축물의 용도·건폐율·용적률·높이 등에 대한 용도지역의 제한을 강화하거나 완화하여 적용함으로써 용도지역의 기능을 증진시키고 미관·경관·안전 등을 도모하기 위하여 도시·군관리계획으로 결정하는 지역을 말한다.

17. **용도구역**

토지의 이용 및 건축물의 용도·건폐율·용적률·높이 등에 대한 용도지역 및 용도지구의 제한을 강화하거나 완화하여 따로 정함으로써 시가지의 무질서한 확산방지, 계획적이고 단계적인 토지이용의 도모, 토지이용의 종합적 조정·관리 등을 위하여 도시·군관리계획으로 결정하는 지역을 말한다.

18. **개발밀도관리구역**

개발로 인하여 기반시설이 부족할 것으로 예상되나 기반시설을 설치하기 곤란한 지역을 대상으로 건폐율이나 용적률을 강화하여 적용하기 위하여 제66조에 따라 지정하는 구역을 말한다.

19. **기반시설부담구역**

개발밀도관리구역 외의 지역으로서 개발로 인하여 도로, 공원, 녹지 등 대통령령으로 정하는 기반시설의 설치가 필요한 지역을 대상으로 기반시설을 설치하거나 그에 필요한 용지를 확보하게 하기 위하여 제67조에 따라 지정·고시하는 구역을 말한다.

20. **기반시설설치비용**

단독주택 및 숙박시설 등 대통령령으로 정하는 시설의 신·증축 행위로 인하여 유발되는 기반시설을 설치하거나 그에 필요한 용지를 확보하기 위하여 제69조에 따라 부과·징수하는 금액을 말한다.

2. 국토의 용도 구분

● 국토의 용도 구분(국토의 계획 및 이용에 관한 법률 제6조)

구 분	내 용
도시지역	인구와 산업이 밀집되어 있거나 밀집이 예상되어 그 지역에 대하여 체계적인 개발·정비·관리·보전 등이 필요한 지역
관리지역	도시지역의 인구와 산업을 수용하기 위하여 도시지역에 준하여 체계적으로 관리하거나 농림업의 진흥, 자연환경 또는 산림의 보전을 위하여 농림지역 또는 자연환경보전지역에 준하여 관리할 필요가 있는 지역
농림지역	도시지역에 속하지 아니하는 「농지법」에 따른 농업진흥지역 또는 「산지관리법」에 따른 보전산지 등으로서 농림업을 진흥시키고 산림을 보전하기 위하여 필요한 지역
자연환경보전지역	자연환경·수자원·해안·생태계·상수원 및 문화재의 보전과 수산자원의 보호·육성 등을 위하여 필요한 지역

● 용도지역별 관리 의무(국토의 계획 및 이용에 관한 법률 제7조)

구 분	내 용
도시지역	이 법 또는 관계 법률에서 정하는 바에 따라 그 지역이 체계적이고 효율적으로 개발·정비·보전될 수 있도록 미리 계획을 수립하고 그 계획을 시행하여야 한다.
관리지역	이 법 또는 관계 법률에서 정하는 바에 따라 필요한 보전조치를 취하고 개발이 필요한 지역에 대하여는 계획적인 이용과 개발을 도모하여야 한다.
농림지역	이 법 또는 관계 법률에서 정하는 바에 따라 농림업의 진흥과 산림의 보전·육성에 필요한 조사와 대책을 마련하여야 한다.
자연환경보전지역	이 법 또는 관계 법률에서 정하는 바에 따라 환경오염 방지, 자연환경·수질·수자원·해안·생태계 및 문화재의 보전과 수산자원의 보호·육성을 위하여 필요한 조사와 대책을 마련하여야 한다.

3. 광역도시계획권 · 도시기본계획법

● 광역도시계획권의 지정(국토의 계획 및 이용에 관한 법률 제10조, 시행령 제7조)

법	시 행 령
① 국토교통부장관 또는 도지사는 둘 이상의 특별시·광역시·특별자치시·특별자치도·시 또는 군의 공간구조 및 기능을 상호 연계시키고 환경을 보전하며 광역시설을 체계적으로 정비하기 위하여 필요한 경우에는 다음 각 호의 구분에 따라 인접한 둘 이상의 특별시·광역시·특별자치시·특별자치도·시 또는 군의 관할 구역 전부 또는 일부를 대통령령으로 정하는 바에 따라 광역계획권으로 지정할 수 있다. 1. 광역계획권이 둘 이상의 특별시·광역시·특별자치시·도 또는 특별자치도(이하 "시·도"라 한다)의 관할 구역에 걸쳐 있는 경우: 국토교통부장관이 지정 2. 광역계획권이 도의 관할 구역에 속하여 있는 경우: 도지사가 지정	① 법 제10조제1항의 규정에 의한 광역계획권은 인접한 2 이상의 특별시·광역시·특별자치시·특별자치도·시 또는 군의 관할구역 단위로 지정한다. ② 국토교통부장관 또는 도지사는 제1항에도 불구하고 인접한 둘 이상의 특별시·광역시·특별자치시·특별자치도·시 또는 군의 관할구역의 일부를 광역계획권에 포함시키고자 하는 때에는 구·군(광역시의 관할구역안에 있는 군을 말한다)·읍 또는 면의 관할구역 단위로 하여야 한다.
② 중앙행정기관의 장, 시·도지사, 시장 또는 군수는 국토교통부장관이나 도지사에게 광역계획권의 지정 또는 변경을 요청할 수 있다.	
③ 국토교통부장관은 광역계획권을 지정하거나 변경하려면 관계 시·도지사, 시장 또는 군수의 의견을 들은 후 중앙도시계획위원회의 심의를 거쳐야 한다.	
④ 도지사가 광역계획권을 지정하거나 변경하려면 관계 중앙행정기관의 장, 관계 시·도지사, 시장 또는 군수의 의견을 들은 후 지방도시계획위원회의 심의를 거쳐야 한다.	
⑤ 국토교통부장관 또는 도지사는 광역계획권을 지정하거나 변경하면 지체 없이 관계 시·도지사, 시장 또는 군수에게 그 사실을 통보하여야 한다.	

● 도시기본계획의 수립권자와 대상지역(국토의 계획 및 이용에 관한 법률 제18조, 시행령 제14조)

법	시 행 령
① 별시장· 광역시장· 특별자치시장· 특별자치도지사· 시장 또는 군수는 관할 구역에 대하여 도시· 군기본계획을 수립하여야 한다. 다만, 시 또는 군의 위치, 인구의 규모, 인구감소율 등을 고려하여 대통령령으로 정하는 시 또는 군은 도시· 군기본계획을 수립하지 아니할 수 있다.	법 제18조제1항 단서에서 "대통령령이 정하는 시 또는 군"이라 함은 다음 각호의 1에 해당하는 시 또는 군을 말한다. 1. 「수도권정비계획법」 제2조제1호의 규정에 의한 수도권(이하 "수도권"이라 한다)에 속하지 아니하고 광역시와 경계를 같이하지 아니한 시 또는 군으로서 인구 10만명 이하인 시 또는 군 2. 관할구역 전부에 대하여 광역도시계획이 수립되어 있는 시 또는 군으로서 당해 광역도시계획에 법 제19조제1항 각호의 사항이 모두 포함되어 있는 시 또는 군
② 특별시장· 광역시장· 특별자치시장· 특별자치도지사· 시장 또는 군수는 지역여건상 필요하다고 인정되면 인접한 특별시· 광역시· 특별자치시· 특별자치도· 시 또는 군의 관할 구역 전부 또는 일부를 포함하여 도시· 군기본계획을 수립할 수 있다.	
③ 특별시장· 광역시장· 특별자치시장· 특별자치도지사· 시장 또는 군수는 제2항에 따라 인접한 특별시· 광역시· 특별자치시· 특별자치도· 시 또는 군의 관할 구역을 포함하여 도시· 군기본계획을 수립하려면 미리 그 특별시장· 광역시장· 특별자치시장· 특별자치도지사· 시장 또는 군수와 협의하여야 한다.	

4. 용도지역의 지정과 세분

● 용도지역의 지정(국토의 계획 및 이용에 관한 법률 제36조)

구 분	내 용
1. 도시지역	가. 주거지역: 거주의 안녕과 건전한 생활환경의 보호를 위하여 필요한 지역 나. 상업지역: 상업이나 그 밖의 업무의 편익을 증진하기 위하여 필요한 지역 다. 공업지역: 공업의 편익을 증진하기 위하여 필요한 지역 라. 녹지지역: 자연환경· 농지 및 산림의 보호, 보건위생, 보안과 도시의 무질서한 확산을 방지하기 위하여 녹지의 보전이 필요한 지역
2. 관리지역	가. 보전관리지역: 자연환경 보호, 산림 보호, 수질오염 방지, 녹지공간 확보 및 생태계 보전 등을 위하여 보전이 필요하나, 주변 용도지역과의 관계 등을 고려할 때 자연환경보전지역으로 지정하여 관리하기가 곤란한 지역 나. 생산관리지역: 농업· 임업· 어업 생산 등을 위하여 관리가 필요하나, 주변 용도지역과의 관계 등을 고려할 때 농림지역으로 지정하여 관리하기가 곤란한 지역 다. 계획관리지역: 도시지역으로의 편입이 예상되는 지역이나 자연환경을 고려하여 제한적인 이용· 개발을 하려는 지역으로서 계획적· 체계적인 관리가 필요한 지역
3. 농림지역	
4. 자연환경보전지역	

● 용도지역의 세분(국토의 계획 및 이용에 관한 법률 시행령 제30조)

국토교통부장관, 시 · 도지사 또는 대도시의 시장(이하 "대도시 시장"이라 한다)은 법 제36조제2항에 따라 도시 · 군관리계획결정으로 주거지역 · 상업지역 · 공업지역 및 녹지지역을 다음 각 호와 같이 세분하여 지정할 수 있다.

구 분	내 용
1. 주거지역	가. 전용주거지역 : 양호한 주거환경을 보호하기 위하여 필요한 지역 (1) 제1종전용주거지역 : 단독주택 중심의 양호한 주거환경을 보호하기 위하여 필요한 지역 (2) 제2종전용주거지역 : 공동주택 중심의 양호한 주거환경을 보호하기 위하여 필요한 지역 나. 일반주거지역 : 편리한 주거환경을 조성하기 위하여 필요한 지역 (1) 제1종일반주거지역 : 저층주택을 중심으로 편리한 주거환경을 조성하기 위하여 필요한 지역 (2) 제2종일반주거지역 : 중층주택을 중심으로 편리한 주거환경을 조성하기 위하여 필요한 지역 (3) 제3종일반주거지역 : 중고층주택을 중심으로 편리한 주거환경을 조성하기 위하여 필요한 지역 다. 준주거지역 : 주거기능을 위주로 이를 지원하는 일부 상업기능 및 업무기능을 보완하기 위하여 필요한 지역
2. 상업지역	가. 중심상업지역 : 도심·부도심의 상업기능 및 업무기능의 확충을 위하여 필요한 지역 나. 일반상업지역 : 일반적인 상업기능 및 업무기능을 담당하게 하기 위하여 필요한 지역 다. 근린상업지역 : 근린지역에서의 일용품 및 서비스의 공급을 위하여 필요한 지역 라. 유통상업지역 : 도시내 및 지역간 유통기능의 증진을 위하여 필요한 지역
3. 공업지역	가. 전용공업지역 : 주로 중화학공업, 공해성 공업 등을 수용하기 위하여 필요한 지역 나. 일반공업지역 : 환경을 저해하지 아니하는 공업의 배치를 위하여 필요한 지역 다. 준공업지역 : 경공업 그 밖의 공업을 수용하되, 주거기능·상업기능 및 업무기능의 보완이 필요한 지역
4. 녹지지역	가. 보전녹지지역 : 도시의 자연환경·경관·산림 및 녹지공간을 보전할 필요가 있는 지역 나. 생산녹지지역 : 주로 농업적 생산을 위하여 개발을 유보할 필요가 있는 지역 다. 자연녹지지역 : 도시의 녹지공간의 확보, 도시확산의 방지, 장래 도시용지의 공급 등을 위하여 보전할 필요가 있는 지역으로서 불가피한 경우에 한하여 제한적인 개발이 허용되는 지역

5. 용도지구의 지정(국토의 계획 및 이용에 관한 법률 제37조, 시행령 제31조)

국토교통부장관, 시·도지사 또는 대도시 시장은 다음 각 호의 어느 하나에 해당하는 용도지구의 지정 또는 변경을 도시·군관리계획으로 결정한다.

구 분	내 용
1. 경관지구	경관을 보호·형성하기 위하여 필요한 지구 가. 자연경관지구 : 산지·구릉지 등 자연경관을 보호하거나 유지하기 위하여 필요한 지구 나. 시가지경관지구 : 지역 내 주거지, 중심지 등 시가지의 경관을 보호 또는 유지하거나 형성하기 위하여 필요한 지구 다. 특화경관지구 : 지역 내 주요 수계의 수변 또는 문화적 보존가치가 큰 건축물 주변의 경관 등 특별한 경관을 보호 또는 유지하거나 형성하기 위하여 필요한 지구
2. 삭제 3. 삭제	<2017. 12. 29.> <2017. 12. 29.>
4. 방재지구	풍수해, 산사태, 지반의 붕괴, 그 밖의 재해를 예방하기 위하여 필요한 지구 가. 시가지방재지구: 건축물·인구가 밀집되어 있는 지역으로서 시설 개선 등을 통하여 재해 예방이 필요한 지구 나. 자연방재지구: 토지의 이용도가 낮은 해안변, 하천변, 급경사지 주변 등의 지역으로서 건축 제한 등을 통하여 재해 예방이 필요한 지구
5. 보호지구	「국가유산기본법」 제3조에 따른 국가유산, 중요 시설물(항만, 공항 등 대통령령으로 정하는 시설물을 말한다) 및 문화적·생태적으로 보존가치가 큰 지역의 보호와 보존을 위하여 필요한 지구 가. 역사문화환경보호지구 : 국가유산·전통사찰 등 역사·문화적으로 보존가치가 큰 시설 및 지역의 보호와 보존을 위하여 필요한 지구 나. 중요시설물보호지구 : 중요시설물(제1항에 따른 시설물을 말한다. 이하 같다)의 보호와 기능의 유지 및 증진 등을 위하여 필요한 지구 다. 생태계보호지구 : 야생동식물서식처 등 생태적으로 보존가치가 큰 지역의 보호와 보존을 위하여 필요한 지구

구 분	내 용
5. 방재지구	풍수해, 산사태, 지반의 붕괴, 그 밖의 재해를 예방하기 위하여 필요한 지구
6. 취락지구	녹지지역·관리지역·농림지역·자연환경보전지역·개발제한구역 또는 도시자연공원구역의 취락을 정비하기 위한 지구 가. 자연취락지구 : 녹지지역·관리지역·농림지역 또는 자연환경보전지역안의 취락을 정비하기 위하여 필요한 지구 나. 집단취락지구 : 개발제한구역안의 취락을 정비하기 위하여 필요한 지구
8. 개발진흥지구	주거기능·상업기능·공업기능·유통물류기능·관광기능·휴양기능 등을 집중적으로 개발·정비할 필요가 있는 지구 가. 주거개발진흥지구 : 주거기능을 중심으로 개발·정비할 필요가 있는 지구 나. 산업·유통개발진흥지구 : 공업기능 및 유통·물류기능을 중심으로 개발·정비할 필요가 있는 지구 다. 삭제 <2012.4.10> 라. 관광·휴양개발진흥지구 : 관광·휴양기능을 중심으로 개발·정비할 필요가 있는 지구 마. 복합개발진흥지구 : 주거기능, 공업기능, 유통·물류기능 및 관광·휴양기능중 2 이상의 기능을 중심으로 개발·정비할 필요가 있는 지구 바. 특정개발진흥지구 : 주거기능, 공업기능, 유통·물류기능 및 관광·휴양기능 외의 기능을 중심으로 특정한 목적을 위하여 개발·정비할 필요가 있는 지구

· 국토교통부장관, 시·도지사 또는 대도시 시장은 필요하다고 인정되면 대통령령으로 정하는 바에 따라 제1항 각 호의 용도지구를 도시·군관리계획결정으로 다시 세분하여 지정하거나 변경할 수 있다.

· 시·도지사 또는 대도시 시장은 지역여건상 필요한 때에는 해당 시·도 또는 대도시의 도시·군계획조례로 정하는 바에 따라 제2항제1호 및 제2호에 따른 경관지구 및 미관지구를 추가적으로 세분하거나 법 제37조제1항제10호에 따라 특정용도제한지구를 세분하여 지정할 수 있다.

· 법 제37조제3항에 따라 시·도 또는 대도시의 도시·군계획조례로 같은 조 제1항 각 호에 따른 용도지구외의 용도지구를 정할 때에는 다음 각호의 기준을 따라야 한다.

1. 용도지구의 신설은 법에서 정하고 있는 용도지역·용도지구·용도구역·지구단위계획구역 또는 다른 법률에 따른 지역·지구만으로는 효율적인 토지이용을 달성할 수 없는 부득이한 사유가 있는 경우에 한할 것
2. 용도지구안에서의 행위제한은 그 용도지구의 지정목적 달성에 필요한 최소한도에 그치도록 할 것
3. 당해 용도지역 또는 용도구역의 행위제한을 완화하는 용도지구를 신설하지 아니할 것

6. 용도구역의 지정

● **용도구역의 지정(국토의 계획 및 이용에 관한 법률 제8조)**

① 중앙행정기관의 장이나 지방자치단체의 장은 다른 법률에 따라 토지 이용에 관한 지역·지구·구역 또는 구획 등(이하 이 조에서 "구역등"이라 한다)을 지정하려면 그 구역등의 지정목적이 이 법에 따른 용도지역·용도지구 및 용도구역의 지정목적에 부합되도록 하여야 한다.

② 중앙행정기관의 장이나 지방자치단체의 장은 다른 법률에 따라 지정되는 구역등 중 대통령령으로 정하는 면적 이상의 구역등을 지정하거나 변경하려면 중앙행정기관의 장은 국토교통부장관과 협의하여야 하며 지방자치단체의 장은 국토교통부장관의 승인을 받아야 한다.

③ 지방자치단체의 장이 제2항에 따라 승인을 받아야 하는 구역등 중 대통령령으로 정하는 면적 미만의 구역등을 지정하거나 변경하려는 경우 특별시장·광역시장·특별자치시장·도지사·특별자치도지사(이하 "시·도지사"라 한다)는 제2항에도 불구하고 국토교통부장관의 승인을 받지 아니하되, 시장·군수 또는 구청장(자치구의 구청장을 말한다. 이하 같다)은 시·도지사의 승인을 받아야 한다.

④ 제2항 및 제3항에도 불구하고 다음 각 호의 어느 하나에 해당하는 경우에는 국토교통부장관과의 협의를 거치지 아니하거나 국토교통부장관 또는 시·도지사의 승인을 받지 아니한다.

1. 다른 법률에 따라 지정하거나 변경하려는 구역등이 도시·군기본계획에 반영된 경우
2. 제36조에 따른 보전관리지역·생산관리지역·농림지역 또는 자연환경보전지역에서 다음 각 목의 지역을 지정하려는 경우
   가. 「농지법」 제28조에 따른 농업진흥지역
   나. 「한강수계 상수원수질개선 및 주민지원 등에 관한 법률」 등에 따른 수변구역
   다. 「수도법」 제7조에 따른 상수원보호구역
   라. 「자연환경보전법」 제12조에 따른 생태·경관보전지역
   마. 「야생생물 보호 및 관리에 관한 법률」 제27조에 따른 야생생물 특별보호구역
   바. 「해양생태계의 보전 및 관리에 관한 법률」 제25조에 따른 해양보호구역
3. 군사상 기밀을 지켜야 할 필요가 있는 구역등을 지정하려는 경우
4. 협의 또는 승인을 받은 구역등을 대통령령으로 정하는 범위에서 변경하려는 경우

⑤ 국토교통부장관 또는 시·도지사는 제2항 및 제3항에 따라 협의 또는 승인을 하려면 제106조에 따른 중앙도시계획위원회(이하 "중앙도시계획위원회"라 한다) 또는 제113조제1항에 따른 시·도도시계획위원회(이하 "시·도도시계획위원회"라 한다)의 심의를 거쳐야 한다. 다만, 다음 각 호의 경우에는 그러하지 아니하다.

1. 보전관리지역이나 생산관리지역에서 다음 각 목의 구역등을 지정하는 경우
   가. 「산지관리법」 제4조제1항제1호에 따른 보전산지
   나. 「야생생물 보호 및 관리에 관한 법률」 제33조에 따른 야생생물 보호구역
   다. 「습지보전법」 제8조에 따른 습지보호지역
   라. 「토양환경보전법」 제17조에 따른 토양보전대책지역
2. 농림지역이나 자연환경보전지역에서 다음 각 목의 구역등을 지정하는 경우
   가. 제1호 각 목의 어느 하나에 해당하는 구역등
   나. 「자연공원법」 제4조에 따른 자연공원
   다. 「자연환경보전법」 제34조제1항제1호에 따른 생태·자연도 1등급 권역
   라. 「독도 등 도서지역의 생태계보전에 관한 특별법」 제4조에 따른 특정도서
   마. 「문화재보호법」 제25조 및 제27조에 따른 명승 및 천연기념물과 그 보호구역
   바. 「해양생태계의 보전 및 관리에 관한 법률」 제12조제1항제1호에 따른 해양생태도 1등급 권역

⑥ 중앙행정기관의 장이나 지방자치단체의 장은 다른 법률에 따라 지정된 토지 이용에 관한 구역등을 변경하거나 해제하려면 제24조에 따른 도시·군관리계획의 입안권자의 의견을 들어야 한다. 이 경우 의견 요청을 받은 도시·군관리계획의 입안권자는 이 법에 따른 용도지역·용도지구·용도구역의 변경이 필요하면 도시·군관리계획에 반영하여야 한다.

⑦ 시ㆍ도지사가 다음 각 호의 어느 하나에 해당하는 행위를 할 때 제6항 후단에 따라 도시ㆍ군관리계획의 변경이 필요하여 시·도도시계획위원회의 심의를 거친 경우에는 해당 각 호에 따른 심의를 거친 것으로 본다.
1. 「농지법」 제31조제1항에 따른 농업진흥지역의 해제: 「농업·농촌 및 식품산업 기본법」 제15조에 따른 시·도 농업·농촌및식품산업정책심의회의 심의
2. 「산지관리법」 제6조제3항에 따른 보전산지의 지정해제: 「산지관리법」 제22조제2항에 따른 지방산지관리위원회의 심의

● 개발제한구역의 지정(국토의 계획 및 이용에 관한 법률 제38조)

① 국토교통부장관은 도시의 무질서한 확산을 방지하고 도시주변의 자연환경을 보전하여 도시민의 건전한 생활환경을 확보하기 위하여 도시의 개발을 제한할 필요가 있거나 국방부장관의 요청이 있어 보안상 도시의 개발을 제한할 필요가 있다고 인정되면 개발제한구역의 지정 또는 변경을 도시·군관리계획으로 결정할 수 있다.

② 개발제한구역의 지정 또는 변경에 필요한 사항은 따로 법률로 정한다.

● 시가화조정구역의 지정(국토의 계획 및 이용에 관한 법률 제39조, 시행령 제32조)

법	시 행 령
① 시·도지사는 직접 또는 관계 행정기관의 장의 요청을 받아 도시지역과 그 주변지역의 무질서한 시가화를 방지하고 계획적·단계적인 개발을 도모하기 위하여 대통령령으로 정하는 기간 동안 시가화를 유보할 필요가 있다고 인정되면 시가화조정구역의 지정 또는 변경을 도시·군관리계획으로 결정할 수 있다. 다만, 국가계획과 연계하여 시가화조정구역의 지정 또는 변경이 필요한 경우에는 국토교통부장관이 직접 시가화조정구역의 지정 또는 변경을 도시·군관리계획으로 결정할 수 있다.	① 법 제39조제1항 본문에서 "대통령령으로 정하는 기간"이란 5년 이상 20년 이내의 기간을 말한다. ② 국토교통부장관 또는 시·도지사는 법 제39조제1항에 따라 시가화조정구역을 지정 또는 변경하고자 하는 때에는 당해 도시지역과 그 주변지역의 인구의 동태, 토지의 이용상황, 산업발전상황 등을 고려하여 도시·군관리계획으로 시가화유보기간을 정하여야 한다.
② 시가화조정구역의 지정에 관한 도시·군관리계획의 결정은 제1항에 따른 시가화 유보기간이 끝난 날의 다음날부터 그 효력을 잃는다. 이 경우 국토교통부장관 또는 시·도지사는 대통령령으로 정하는 바에 따라 그 사실을 고시하여야 한다.	① 법 제39조제2항 후단에 따른 시가화조정구역지정의 실효고시는 국토교통부장관이 하는 경우에는 관보와 국토교통부의 인터넷 홈페이지에, 시·도지사가 하는 경우에는 해당 시·도의 공보와 인터넷 홈페이지에 다음과 방법으로 한다. 1. 실효일자, 2. 실효사유, 3. 실효된 도시·군관리계획의 내용

● 수산자원보호구역의 지정(국토의 계획 및 이용에 관한 법률 제40조)

해양수산부장관은 직접 또는 관계 행정기관의 장의 요청을 받아 수산자원을 보호·육성하기 위하여 필요한 공유수면이나 그에 인접한 토지에 대한 수산자원보호구역의 지정 또는 변경을 도시·군관리계획으로 결정할 수 있다.

● 입지규제최소구역의 지정(국토의 계획 및 이용에 관한 법률 제40조의2)

① 제29조에 따른 도시·군관리계획의 결정권자(이하 "도시·군관리계획 결정권자"라 한다)는 도시지역에서 복합적인 토지이용을 증진시켜 도시 정비를 촉진하고 지역 거점을 육성할 필요가 있다고 인정되면 다음 각 호의 어느 하나에 해당하는 지역과 그 주변지역의 전부 또는 일부를 입지규제최소구역으로 지정할 수 있다.

1. 도시·군기본계획에 따른 도심·부도심 또는 생활권의 중심지역
2. 철도역사, 터미널, 항만, 공공청사, 문화시설 등의 기반시설 중 지역의 거점 역할을 수행하는 시설을 중심으로 주변지역을 집중적으로 정비할 필요가 있는 지역
3. 세 개 이상의 노선이 교차하는 대중교통 결절지로부터 1킬로미터 이내에 위치한 지역
4. 「도시 및 주거환경정비법」 제2조제3호에 따른 노후·불량건축물이 밀집한 주거지역 또는 공업지역으로 정비가 시급한 지역
5. 「도시재생 활성화 및 지원에 관한 특별법」 제2조제1항제5호에 따른 도시재생활성화지역 중 같은 법 제2조제1항제6호에 따른 도시경제기반형 활성화계획을 수립하는 지역

② 입지규제최소구역계획에는 입지규제최소구역의 지정 목적을 이루기 위하여 다음 각 호에 관한 사항이 포함되어야 한다.

1. 건축물의 용도·종류 및 규모 등에 관한 사항
2. 건축물의 건폐율·용적률·높이에 관한 사항

3. 간선도로 등 주요 기반시설의 확보에 관한 사항
4. 용도지역 · 용도지구, 도시 · 군계획시설 및 지구단위계획의 결정에 관한 사항
5. 제83조의2제1항 및 제2항에 따른 다른 법률 규정 적용의 완화 또는 배제에 관한 사항
6. 그 밖에 입지규제최소구역의 체계적 개발과 관리에 필요한 사항

③ 제1항에 따른 입지규제최소구역의 지정 및 변경과 제2항에 따른 입지규제최소구역계획은 다음 각 호의 사항을 종합적으로 고려하여 도시 · 군관리계획으로 결정한다.

1. 입지규제최소구역의 지정 목적
2. 해당 지역의 용도지역 · 기반시설 등 토지이용 현황
3. 도시 · 군기본계획과의 부합성
4. 주변 지역의 기반시설, 경관, 환경 등에 미치는 영향 및 도시환경 개선 · 정비 효과
5. 도시의 개발 수요 및 지역에 미치는 사회적 · 경제적 파급효과

④ 입지규제최소구역계획 수립 시 용도, 건폐율, 용적률 등의 건축제한 완화는 기반시설의 확보 현황 등을 고려하여 적용할 수 있도록 계획하고, 시 · 도지사, 시장, 군수 또는 구청장은 입지규제최소구역에서의 개발사업 또는 개발행위에 대하여 입지규제최소구역계획에 따른 기반시설 확보를 위하여 필요한 부지 또는 설치비용의 전부 또는 일부를 부담시킬 수 있다. 이 경우 기반시설의 부지 또는 설치비용의 부담은 건축제한의 완화에 따른 토지가치상승분(「감정평가 및 감정평가사에 관한 법률」에 따른 감정평가법인등이 건축제한 완화 전 · 후에 대하여 각각 감정평가한 토지가액의 차이를 말한다)을 초과하지 아니하도록 한다

⑤ 도시 · 군관리계획 결정권자가 제3항에 따른 도시 · 군관리계획을 결정하기 위하여 제30조제1항에 따라 관계 행정기관의 장과 협의하는 경우 협의 요청을 받은 기관의 장은 그 요청을 받은 날부터 10일(근무일 기준) 이내에 의견을 회신하여야 한다.

⑥ 제3항에 따른 도시 · 군관리계획의 다음 각 호에 해당하는 사항을 변경하는 경우에는 제1항 및 제2항에도 불구하고 해당 시 · 도지사가 결정할 수 있다.

1. 입지규제최소구역 면적의 10퍼센트 이내의 변경 및 동 변경지역 안에서의 입지규제최소구역계획을 변경하는 경우
2. 입지규제최소구역의 지정 목적을 저해하지 아니하는 범위에서 시 · 도지사가 필요하다고 인정하여 입지규제최소구역계획을 변경하는 경우. 다만, 건폐율 · 용적률의 최대한도의 경우 20퍼센트 이내의 변경에 한정한다. **삭제 <2019. 8. 20.>**

⑦ 다른 법률에서 제30조에 따른 도시 · 군관리계획의 결정을 의제하고 있는 경우에도 이 법에 따르지 아니하고 입지규제최소구역의 지정과 입지규제최소구역계획을 결정할 수 없다.

⑧ 입지규제최소구역계획의 수립기준 등 입지규제최소구역의 지정 및 변경과 입지규제최소구역계획의 수립 및 변경에 관한 세부적인 사항은 국토교통부장관이 정하여 고시한다.

● 공유수면매립지에 관한 용도지역의 지정(국토의 계획 및 이용에 관한 법률 제41조, 시행령 제33조)

법	시 행 령
① 유수면(바다만 해당한다)의 매립 목적이 그 매립구역과 이웃하고 있는 용도지역의 내용과 같으면 제25조와 제30조에도 불구하고 도시·군관리계획의 입안 및 결정 절차 없이 그 매립준공구역은 그 매립의 준공인가일부터 이와 이웃하고 있는 용도지역으로 지정된 것으로 본다. 이 경우 관계 특별시장·광역시장·특별자치시장·특별자치도지사·시장 또는 군수는 그 사실을 지체 없이 고 시하여야 한다.	① 법 제41조제1항 전단 및 동조제2항에서 "용도지역"이라 함은 법 제6조 각호의 규정에 의한 용도지역을 말한다. ② 법 제41조제1항 후단에 따른 고시는 해당 시·도의 공보와 인터넷 홈페이지에 게재하는 방법으로 한다.
② 공유수면의 매립 목적이 그 매립구역과 이웃하고 있는 용도지역의 내용과 다른 경우 및 그 매립구역이 둘 이상의 용도지역에 걸쳐 있거나 이웃하고 있는 경우 그 매립구역이 속할 용도지역은 도시·군관리계획결정으로 지정하여야 한다.	
② 관계 행정기관의 장은 「공유수면 관리 및 매립에 관한 법률」에 따른 공유수면 매립의 준공검사를 하면 국토교통부령으로 정하는 바에 따라 지체 없이 관계 특별시장·광역시장·특별자치시장·특별자치도지사·시장 또는 군수에게 통보하여야 한다.	

● 다른 법률에 따라 지정된 지역의 용도지역 지정 등의 의제(국토의 계획 및 이용에 관한 법률 제42조)

① 다음 각 호의 어느 하나의 구역 등으로 지정·고시된 지역은 이 법에 따른 도시지역으로 결정·고시된 것으로 본다.

1. 「항만법」 제2조제4호에 따른 항만구역으로서 도시지역에 연접한 공유수면
2. 「어촌·어항법」 제17조제1항에 따른 어항구역으로서 도시지역에 연접한 공유수면
3. 「산업입지 및 개발에 관한 법률」 제2조제8호가목부터 다목까지의 규정에 따른 국가산업단지, 일반산업단지 및 도시첨단산업단지
4. 「택지개발촉진법」 제3조에 따른 택지개발지구
5. 「전원개발촉진법」 제5조 및 같은 법 제11조에 따른 전원개발사업구역 및 예정구역(수력발전소 또는 송·변전설비만을 설치하기 위한 전원개발사업구역 및 예정구역은 제외. 이하 이 조에서 같다)

② 관리지역에서 「농지법」에 따른 농업진흥지역으로 지정·고시된 지역은 이 법에 따른 농림지역으로, 관리지역의 산림 중 「산지관리법」에 따라 보전산지로 지정·고시된 지역은 그 고시에서 구분하는 바에 따라 이 법에 따른 농림지역 또는 자연환경보전지역으로 결정·고시된 것으로 본다.

③ 관계 행정기관의 장은 제1항과 제2항에 해당하는 항만구역, 어항구역, 산업단지, 택지개발지구, 전원개발사업구역 및 예정구역, 농업진흥지역 또는 보전산지를 지정한 경우에는 국토교통부령으로 정하는 바에 따라 제32조에 따라 고시된 지형도면 또는 지형도에 그 지정 사실을 표시하여 그 지역을 관할하는 특별시장·광역시장·특별자치

치시장・특별자치도지사・시장 또는 군수에게 통보하여야 한다.

④ 제1항에 해당하는 구역・단지・지구 등이 해제되는 경우(개발사업의 완료로 해제되는 경우는 제외) 이 법 또는 다른 법률에서 그 구역등이 어떤 용도지역에 해당되는지를 따로 정하고 있지 아니한 경우에는 이를 지정하기 이전의 용도지역으로 환원된 것으로 본다. 이 경우 지정권자는 용도지역이 환원된 사실을 대통령령으로 정하는 바에 따라 고시하고, 그 지역을 관할하는 특별시장・광역시장・특별자치시장・특별자치도지사・시장 또는 군수에게 통보하여야 한다.

⑤ 제4항에 따라 용도지역이 환원되는 당시 이미 사업이나 공사에 착수한 자(이 법 또는 다른 법률에 따라 허가・인가・승인 등을 받아야 하는 경우에는 그 허가・인가・승인 등을 받아 사업이나 공사에 착수한 자를 말한다)는 그 용도지역의 환원에 관계없이 그 사업이나 공사를 계속할 수 있다.

7. 도시・군계획시설

● 도시・군계획시설의 설치・관리(국토의 계획 및 이용에 관한 법률 제43조, 시행령 제35조)

법	시행령
① 지상・수상・공중・수중 또는 지하에 기반시설을 설치하려면 그 시설의 종류・명칭・위치・규모 등을 미리 도시・군관리계획으로 결정하여야 한다. 다만, 용도지역・기반시설의 특성 등을 고려하여 대통령령으로 정하는 경우에는 그러하지 아니하다.	① 법 제43조제1항 단서에서 "대통령령으로 정하는 경우"란 다음 각 호의 경우를 말한다. 1. 도시지역 또는 지구단위계획구역에서 다음 각 목의 기반시설을 설치하고자 하는 경우 가. 주차장, 차량 검사 및 면허시설, 공공공지, 열공급설비, 방송・통신시설, 시장・공공청사・문화시설・공공필요성이 인정되는 체육시설・연구시설・사회복지시설・공공직업 훈련시설・청소년수련시설・저수지・방화설비・방풍설비・방수설비・사방설비・방조설비・장사시설・종합의료시설・빗물저장 및 이용시설・폐차장 나. 「도시공원 및 녹지 등에 관한 법률」의 규정에 의하여 점용허가대상이 되는 공원안의 기반시설 다. 그 밖에 국토교통부령으로 정하는 시설 2. 도시지역 및 지구단위계획구역외의 지역에서 다음 각목의 기반시설을 설치하고자 하는 경우 가. 제1호 가목 및 나목의 기반시설 나. 궤도 및 전기공급설비 다. 그 밖에 국토교통부령이 정하는 시설

법	시 행 령
② 도시·군계획시설의 결정·구조 및 설치의 기준 등에 필요한 사항은 국토교통부령으로 정하고, 그 세부사항은 국토교통부령으로 정하는 범위에서 시·도의 조례로 정할 수 있다. 다만, 다른 법률에 특별한 규정이 있는 경우에는 그 법률에 따른다.	
② 관제1항에 따라 설치한 도시·군계획시설의 관리에 관하여 이 법 또는 다른 법률에 특별한 규정이 있는 경우 외에는 국가가 관리하는 경우에는 대통령령으로, 지방자치단체가 관리하는 경우에는 그 지방자치단체의 조례로 도시·군계획시설의 관리에 관한 사항을 정한다.	② 법 제43조제3항의 규정에 의하여 국가가 관리하는 도시·군계획시설은 「국유재산법」 제2조제11호에 따른 중앙관서의 장이 관리한다.

8. 지구단위계획

● 지구단위계획의 수립(국토의 계획 및 이용에 관한 법률 제49조, 시행령 제42조의3)

① 지구단위계획은 다음 각 호의 사항을 고려하여 수립한다.

1. 도시의 정비·관리·보전·개발 등 지구단위계획구역의 지정 목적
2. 주거·산업·유통·관광휴양·복합 등 지구단위계획구역의 중심기능
3. 해당 용도지역의 특성
4. 그 밖에 대통령령으로 다음과 같이 정하는 사항
   가. 지역 공동체의 활성화
   나. 안전하고 지속가능한 생활권의 조성
   다. 해당 지역 및 인근 지역의 토지 이용을 고려한 토지이용계획과 건축계획의 조화

② 지구단위계획의 수립기준 등은 대통령령으로 정하는 바에 따라 국토교통부장관이 다음에 기준하여 정한다.

1. 개발제한구역에 지구단위계획을 수립할 때에는 개발제한구역의 지정 목적이나 주변환경이 훼손되지 아니하도록 하고, 「개발제한구역의 지정 및 관리에 관한 특별조치법」을 우선하여 적용할 것

1의2. 보전관리지역에 지구단위계획을 수립할 때에는 제44조제1항제1호의2 각 목 외의 부분 후단에 따른 경우를 제외하고는 녹지 또는 공원으로 계획하는 등 환경 훼손을 최소화할 것

1의3. 「문화재보호법」 제13조에 따른 역사문화환경 보존지역에서 지구단위계획을 수립하는 경우에는 문화재 및 역사문화환경과 조화되도록 할 것

2. 지구단위계획구역에서 원활한 교통소통을 위하여 필요한 경우에는 지구단위계획으로 건축물부설주차장을 해당 건축물의 대지가 속하여 있는 가구에서 해당 건축물의 대지 바깥에 단독 또는 공동으로 설치하게 할 수 있도록 할 것. 이 경우 대지 바깥에 공동으로 설치하는 건축물부설주차장의 위치 및 규모 등은 지구단위계획으로 정한다.

3. 제2호에 따라 대지 바깥에 설치하는 건축물부설주차장의 출입구는 간선도로변에

두지 아니하도록 할 것. 다만, 특별시장·광역시장·특별자치시장·특별자치도지사·시장 또는 군수가 해당 지구단위계획구역의 교통소통에 관한 계획 등을 고려하여 교통소통에 지장이 없다고 인정하는 경우에는 그러하지 아니하다.

4. 지구단위계획구역에서 공공사업의 시행, 대형건축물의 건축 또는 2필지 이상의 토지소유자의 공동개발 등을 위하여 필요한 경우에는 특정 부분을 별도의 구역으로 지정하여 계획의 상세 정도 등을 따로 정할 수 있도록 할 것
5. 지구단위계획구역의 지정 목적, 향후 예상되는 여건변화, 지구단위계획구역의 관리 방안 등을 고려하여 제25조제4항제8호에 따른 경미한 사항을 정하는 것이 필요한지를 검토하여 지구단위계획에 반영하도록 할 것
6. 지구단위계획의 내용 중 기존의 용도지역 또는 용도지구를 용적률이 높은 용도지역 또는 용도지구로 변경하는 사항이 포함되어 있는 경우 변경되는 구역의 용적률은 기존의 용도지역 또는 용도지구의 용적률을 적용하되, 공공시설부지의 제공현황 등을 고려하여 용적률을 완화할 수 있도록 계획할 것
7. 제46조 및 제47조에 따른 건폐율·용적률 등의 완화 범위를 포함하여 지구단위계획을 수립하도록 할 것
8. 법 제51조제1항제8호의2에 해당하는 도시지역 내 주거·상업·업무 등의 기능을 결합하는 복합적 토지 이용의 증진이 필요한 지역은 지정 목적을 복합용도개발형으로 구분하되, 3개 이상의 중심기능을 포함하여야 하고 중심기능 중 어느 하나에 집중되지 아니하도록 계획할 것
9. 법 제51조제2항제1호의 지역에 수립하는 지구단위계획의 내용 중 법 제52조제1항제1호 및 같은 항 제4호(건축물의 용도제한은 제외)의 사항은 해당 지역에 시행된 사업이 끝난 때의 내용을 유지함을 원칙으로 할 것
10. 도시지역 외의 지역에 지정하는 지구단위계획구역은 해당 구역의 중심기능에 따라 주거형, 산업·유통형, 관광·휴양형 또는 복합형 등으로 지정 목적을 구분할 것
11. 도시지역 외의 지구단위계획구역에서 건축할 수 있는 건축물의 용도·종류 및 규모 등은 해당 구역의 중심기능과 유사한 도시지역의 용도지역별 건축제한 등을 고려하여 지구단위계획으로 정할 것
12. 제45조제2항 후단에 따라 용적률이 높아지거나 건축제한이 완화되는 용도지역으로 변경되는 경우 또는 법 제43조에 따른 도시·군계획시설 결정의 변경 등으로 행위제한이 완화되는 사항이 포함되어 있는 경우에는 해당 지구단위계획구역 내에 다음 각 목의 시설(이하 이 항 및 제46조제1항에서 "공공시설등"이라 한다)의 부지를 제공하거나 공공시설등을 설치하여 제공하는 것을 고려하여 용적률 또는 건축제한을 완화할 수 있도록 계획할 것. 이 경우 공공시설등의 부지를 제공하거나 공공시설등을 설치하는 비용은 용도지역의 변경으로 인한 용적률의 증가 및 건축제한의 변경에 따른 토지가치 상승분(「감정평가 및 감정평가사에 관한 법률」에 따른 감정평가업자가 평가한 금액을 말한다)의 범위로 하고, 제공받은 공공시설등은 국유재산 또는 공유재산으로 관리한다.
   가. 공공시설
   나. 기반시설

다. 「공공주택특별법」 제2조제1호가목에 따른 공공임대주택 또는 「건축법 시행령」 별표 1 제2호라목에 따른 기숙사 등 공공필요성이 인정되어 해당 시·도 또는 대도시의 도시·군계획조례로 정하는 시설(해당 지구단위계획구역에 가목 및 나목의 시설이 충분히 설치되어 있는 경우로 한정한다)

13. 제12호는 해당 지구단위계획구역 안의 공공시설등이 충분할 때에는 해당 지구단위계획구역 밖의 관할 시·군·구에 지정된 고도지구, 역사문화환경보전지구, 방재지구 또는 공공시설등이 취약한 지역으로서 시·도 또는 대도시의 도시·군계획조례로 정하는 지역에 기반시설을 설치하거나 기반시설의 설치비용을 부담하는 것으로 갈음할 수 있다.
14. 제13호에 따른 기반시설의 설치비용은 해당 지구단위계획구역 밖의 관할 시·군·구에 지정된 고도지구, 역사문화환경보전지구, 방재지구 또는 기반시설이 취약한 지역으로서 시·도 또는 대도시의 도시·군계획조례로 정하는 지역 내 기반시설의 확보에 사용할 것
15. 제12호 및 제13호에 따른 공공시설등의 설치내용, 공공시설등의 설치비용에 대한 산정방법 및 구체적인 운영기준 등은 시·도 또는 대도시의 도시·군계획조례로 정할 것

● 지구단위계획의 지정(국토의 계획 및 이용에 관한 법률 제51조, 시행령 제43조 제44조)

법	시 행 령
제51조(지구단위계획구역의 지정 등) ① 국토교통부장관, 시·도지사, 시장 또는 군수는 다음 각 호의 어느 하나에 해당하는 지역의 전부 또는 일부에 대하여 지구단위계획구역을 지정할 수 있다. 1. 제37조에 따라 지정된 용도지구 2. 「도시개발법」 제3조에 따라 지정된 도시개발구역 3. 「도시 및 주거환경정비법」 제4조에 따라 지정된 정비구역 4. 「택지개발촉진법」 제3조에 따라 지정된 택지개발지구 5. 「주택법」 제15조에 따른 대지조성사업지구 6. 「산업입지 및 개발에 관한 법률」 제2조제8호의 산업단지와 같은 조 제12호의 준산업단지 7. 「관광진흥법」 제52조에 따라 지정된 관광단지와 같은 법 제70조에 따라 지정된 관광특구 8. 개발제한구역·도시자연공원구역·시가화조정구역 또는 공원에서 해제되는 구역, 녹지지역에서 주거·상업·공업지역으로 변경되는 구역과 새로 도시지역으로 편입되는 구역 중 계획적인 개발 또는 관리가 필요한 지역 8의2. 도시지역 내 주거·상업·업무 등의 기능을 결합하는 등 복합적인 토지 이용을 증진시킬 필요가 있는 지역으로서 대통령령으로 정하는 요건에 해당하는 지역 8의3. 도시지역 내 유휴토지를 효율적으로 개발하거나 교정시설, 군사시설, 그 밖에 대통령령으로 정하는 시설을 이전 또는 재배치하여 토지 이용을 합리화하고, 그 기능을 증진시키기 위하여 집중적으로 정비가 필요한 지역으로서 대통령령으로 정하는 요건에 해당하는 지역	**제43조(도시지역 내 지구단위계획구역 지정대상지역)** ① 법 제51조제1항제8호의2에서 "대통령령으로 정하는 요건에 해당하는 지역"이란 준주거지역, 준공업지역 및 상업지역에서 낙후된 도심 기능을 회복하거나 도시균형발전을 위한 중심지 육성이 필요하여 도시·군기본계획에 반영된 경우로서 다음 각 호의 어느 하나에 해당하는 지역을 말한다. 1. 주요 역세권, 고속버스 및 시외버스 터미널, 간선도로의 교차지 등 양호한 기반시설을 갖추고 있어 대중교통 이용이 용이한 지역 2. 역세권의 체계적·계획적 개발이 필요한 지역 3. 세 개 이상의 노선이 교차하는 대중교통 결절지(結節地)로부터 1킬로미터 이내에 위치한 지역 4. 「역세권의 개발 및 이용에 관한 법률」에 따른 역세권개발구역, 「도시재정비 촉진을 위한 특별법」에 따른 고밀복합형 재정비촉진지구로 지정된 지역 ② 법 제51조제1항제8호의3에서 "대통령령으로 정하는 시설"이란 다음 각 호의 시설을 말한다. 1. 철도, 항만, 공항, 공장, 병원, 학교, 공공청사, 공공기관, 시장, 운동장 및 터미널 2. 그 밖에 제1호와 유사한 시설로서 특별시·광역시·특별자치시·특별자치도·시 또는 군의 도시·군계획조례로 정하는 시설

법	시 행 령
제51조(지구단위계획구역의 지정 등) ① 국토교통부장관, 시·도지사, 시장 또는 군수는 다음 각 호의 어느 하나에 해당하는 지역의 전부 또는 일부에 대하여 지구단위계획구역을 지정할 수 있다. 8의3. 도시지역 내 유휴토지를 효율적으로 개발하거나 교정시설, 군사시설, 그 밖에 대통령령으로 정하는 시설을 이전 또는 재배치하여 토지 이용을 합리화하고, 그 기능을 증진시키기 위하여 집중적으로 정비가 필요한 지역으로서 대통령령으로 정하는 요건에 해당하는 지역 9. 도시지역의 체계적·계획적인 관리 또는 개발이 필요한 지역 10. 그 밖에 양호한 환경의 확보나 기능 및 미관의 증진 등을 위하여 필요한 지역으로서 대통령령으로 정하는 지역	**제43조(도시지역 내 지구단위계획구역 지정대상지역)** ③ 법 제51조제1항제8호의3에서 "대통령령으로 정하는 요건에 해당하는 지역"이란 1만제곱미터 이상의 유휴토지 또는 대규모 시설의 이전부지로서 다음 각 호의 어느 하나에 해당하는 지역을 말한다. 1. 대규모 시설의 이전에 따라 도시기능의 재배치 및 정비가 필요한 지역 2. 토지의 활용 잠재력이 높고 지역거점 육성이 필요한 지역 3. 지역경제 활성화와 고용창출의 효과가 클 것으로 예상되는 지역 ④ 법 제51조제1항제10호에서 "대통령령으로 정하는 지역"이란 다음 각 호의 지역을 말한다. 1. 법 제127조제1항의 규정에 의하여 지정된 시범도시 2. 법 제63조제2항의 규정에 의하여 고시된 개발행위허가제한지역 3. 지하 및 공중공간을 효율적으로 개발하고자 하는 지역 4. 용도지역의 지정·변경에 관한 도시·군관리계획을 입안하기 위하여 열람공고된 지역 5. 삭제 <2012.4.10.> 6. 주택재건축사업에 의하여 공동주택을 건축하는 지역 7. 지구단위계획구역으로 지정하고자 하는 토지와 접하여 공공시설을 설치하고자 하는 자연녹지지역 8. 그 밖에 양호한 환경의 확보 또는 기능 및 미관의 증진 등을 위하여 필요한 지역으로서 특별시·광역시·특별자치시·특별자치도·시 또는 군의 도시·군계획조례가 정하는 지역
제51조(지구단위계획구역의 지정 등) ② 국토교통부장관, 시·도지사, 시장 또는 군수는 다음 각 호의 어느 하나에 해당하는 지역은 지구단위계획구역으로 지정하여야 한다. 다만, 관계 법률에 따라 그 지역에 토지 이용과 건축에 관한 계획이 수립되어 있는 경우에는 그러하지 아니하다. 1. 제1항제3호 및 제4호의 지역에서 시행되는 사업이 끝난 후 10년이 지난 지역 2. 제1항 각 호 중 체계적·계획적인 개발 또는 관리가 필요한 지역으로서 대통령령으로 정하는 지역	**제43조(도시지역 내 지구단위계획구역 지정대상지역)** ⑤ 법 제51조제2항제2호에서 "대통령령이 정하는 지역"이라 함은 다음 각호의 지역으로서 그 면적이 30만제곱미터 이상인 지역을 말한다. <개정 2012.4.10.> 1. 시가화조정구역 또는 공원에서 해제되는 지역. 다만, 녹지지역으로 지정 또는 존치되거나 법 또는 다른 법령에 의하여 도시·군계획사업 등 개발계획이 수립되지 아니하는 경우를 제외. 2. 녹지지역에서 주거지역·상업지역 또는 공업지역으로 변경되는 지역
제51조(지구단위계획구역의 지정 등) ③ 도시지역 외의 지역을 지구단위계획구역으로 지정하려는 경우 다음 각 호의 어느 하나에 해당하여야 한다. 1. 지정하려는 구역 면적의 100분의 50 이상이 제36조에 따라 지정된 계획관리지역으로서 대통령령으로 정하는 요건에 해당하는 지역 2. 제37조에 따라 지정된 개발진흥지구로서 대통령령으로 정하는 요건에 해당하는 지역 3. 제37조에 따라 지정된 용도지구를 폐지하고 그 용도지구에서의 행위 제한 등을 지구단위계획으로 대체하려는 지역	**제44조(도시지역 외 지역에서의 지구단위계획구역 지정대상지역)** ① 법 제51조제3항제1호에서 "대통령령으로 정하는 요건"이란 다음 각 호의 요건을 말한다 1. 계획관리지역 외에 지구단위계획구역에 포함하는 지역은 생산관리지역 또는 보전관리지역일 것 1의2. 지구단위계획구역에 보전관리지역을 포함하는 경우 해당 보전관리지역의 면적은 다음 각 목의 구분에 따른 요건을 충족할 것. 이 경우 개발행위허가를 받는 등 이미 개발된 토지, 「산지관리법」 제25조에 따른 토석채취허가를 받고 토석의 채취가 완료된 토지로서 같은 법 제4조제1항제2호의 준보전산지에 해당하는 토지 및 해당 토지를 개발하여도 주변지역의 환경오염·환경훼손 우려가 없는 경우로서 해당 도시계획위원회 또는 제25조제2항에 따른 공동위원회의 심의를 거쳐 지구단위계획구역에 포함되는 토지의 면적은 다음 각 목에 따른 보전관리지역의 면적 산정에서 제외한다. 가. 전체 지구단위계획구역 면적이 10만제곱미터 이하인 경우: 전체 지구단위계획구역 면적의 20퍼센트 이내 나. 전체 지구단위계획구역 면적이 10만제곱미터 초과 20만제곱미터 이하인 경우: 2만제곱미터 다. 전체 지구단위계획구역 면적이 20만제곱미터를 초과하는 경우: 전체 지구단위계획구역 면적의 10퍼센트 이내

법

제51조(지구단위계획구역의 지정 등)

③ 도시지역 외의 지역을 지구단위계획구역으로 지정하려는 경우 다음 각 호의 어느 하나에 해당하여야 한다.

1. 지정하려는 구역 면적의 100분의 50 이상이 제36조에 따라 지정된 계획관리지역으로서 대통령령으로 정하는 요건에 해당하는 지역
2. 제37조에 따라 지정된 개발진흥지구로서 대통령령으로 정하는 요건에 해당하는 지역
3. 제37조에 따라 지정된 용도지구를 폐지하고 그 용도지구에서의 행위 제한 등을 지구단위계획으로 대체하려는 지역

시 행 령

제44조(도시지역 외 지역에서의 지구단위계획구역 지정대상지역)

① 법 제51조제3항제2호에서 "대통령령으로 정하는 요건"이란 다음 각 호의 요건을 말한다.

2. 지구단위계획구역으로 지정하고자 하는 토지의 면적이 다음 각목의 어느 하나에 규정된 면적 요건에 해당할 것
   가. 지정하고자 하는 지역에 「건축법 시행령」 별표 1 제2호의 공동주택중 아파트 또는 연립주택의 건설계획이 포함되는 경우에는 30만제곱미터 이상일 것. 이 경우 다음 요건에 해당하는 때에는 일단의 토지를 통합하여 하나의 지구단위계획구역으로 지정할 수 있다.
      (1) 아파트 또는 연립주택의 건설계획이 포함되는 각각의 토지의 면적이 10만제곱미터 이상이고, 그 총면적이 30만제곱미터 이상일 것
      (2) (1)의 각 토지는 국토교통부장관이 정하는 범위안에 위치하고, 국토교통부장관이 정하는 규모 이상의 도로로 서로 연결되어 있거나 연결도로의 설치가 가능할 것
   나. 지정하고자 하는 지역에 「건축법시행령」 별표 1 제2호의 공동주택중 아파트 또는 연립주택의 건설계획이 포함되는 경우로서 다음의 어느 하나에 해당하는 경우에는 10만제곱미터 이상일 것
      (1) 지구단위계획구역이 「수도권정비계획법」 제6조제1항제3호의 규정에 의한 자연보전권역인 경우
      (2) 지구단위계획구역 안에 초등학교 용지를 확보하여 관할 교육청의 동의를 얻거나 지구단위계획구역 안 또는 지구단위계획구역으로부터 통학이 가능한 거리에 초등학교가 위치하고 학생수용이 가능한 경우로서 관할 교육청의 동의를 얻은 경우
   다. 가목 및 나목의 경우를 제외하고는 3만제곱미터 이상일 것
3. 당해 지역에 도로·수도공급설비·하수도 등 기반시설을 공급할 수 있을 것
4. 자연환경·경관·미관 등을 해치지 아니하고 문화재의 훼손우려가 없을 것

② 법 제51조제3항제2호에서 "대통령령이 정하는 요건"이라 함은 다음 각 호의 요건을 말한다. <개정 2005.9.8., 2012.4.10.>

1. 제1항제2호부터 제4호까지의 요건에 해당할 것
2. 당해 개발진흥지구가 다음 각 목의 지역에 위치할 것
   가. 주거개발진흥지구, 복합개발진흥지구(주거기능이 포함된 경우에 한한다) 및 특정개발진흥지구 : 계획관리지역
   나. 산업·유통개발진흥지구 및 복합개발진흥지구(주거기능이 포함되지 아니한 경우에 한한다) : 계획관리지역·생산관리지역 또는 농림지역
   다. 관광·휴양개발진흥지구 : 도시지역외의 지역

③ 국토교통부장관은 지구단위계획구역이 합리적으로 지정될 수 있도록 하기 위하여 필요한 경우에는 제1항 각호 및 제2항 각호의 지정요건을 세부적으로 정할 수 있다.

● 지구단위계획의 내용(국토의 계획 및 이용에 관한 법률 제52조, 시행령 제45조 제46조)

법	시 행 령
① 지구단위계획구역의 지정목적을 이루기 위하여 지구단위계획에는 다음 각 호의 사항 중 제2호와 제4호의 사항을 포함한 둘 이상의 사항이 포함되어야 한다. 다만, 제1호의2를 내용으로 하는 지구단위계획의 경우에는 그러하지 아니하다. 1. 용도지역이나 용도지구를 대통령령으로 정하는 범위에서 세분하거나 변경하는 사항 1의2. 기존의 용도지구를 폐지하고 그 용도지구에서의 건축물이나 그 밖의 시설의 용도·종류 및 규모 등의 제한을 대체하는 사항 2. 대통령령으로 정하는 기반시설의 배치와 규모 3. 도로로 둘러싸인 일단의 지역 또는 계획적인 개발·정비를 위하여 구획된 일단의 토지의 규모와 조성계획 4. 건축물의 용도제한, 건축물의 건폐율 또는 용적률, 건축물 높이의 최고한도 또는 최저한도 5. 건축물의 배치·형태·색채 또는 건축선에 관한 계획 6. 환경관리계획 또는 경관계획 7. 교통처리계획 8. 그 밖에 토지 이용의 합리화, 도시나 농·산·어촌의 기능 증진 등에 필요한 사항으로서 대통령령으로 정하는 사항	② 법 제52조제1항제1호의 규정에 의한 용도지역 또는 용도지구의 세분 또는 변경은 제30조 각호의 용도지역 또는 제31조제2항 각호의 용도지구를 그 각호의 범위(제31조제3항의 규정에 의하여 도시·군계획조례로 세분되는 용도지구를 포함)안에서 세분 또는 변경하는 것으로 한다. 이 경우 법 제51조제1항제8호의2 및 제8호의3에 따라 지정된 지구단위계획구역에서는 제30조 각 호에 따른 용도지역 간의 변경을 포함한다. ③ 법 제52조제1항제2호에서 "대통령령으로 정하는 기반시설"이란 다음 각 호의 시설로서 당해 지구단위계획구역의 지정목적 달성을 위하여 필요한 시설을 말한다. 1. 법 제51조제1항제2호부터 제7호까지의 규정에 따른 지역인 경우에는 당해 법률에 의한 개발사업으로 설치하는 기반시설 2. 제2조제1항에 따른 기반시설. 다만, 다음 각 목의 시설 중 시·도 또는 대도시의 도시·군계획조례로 정하는 기반시설은 제외한다. 가. 철도 나. 항만 다. 공항 라. 궤도 마. 공원(「도시공원 및 녹지 등에 관한 법률」 제15조제1항제3호라목에 따른 묘지공원으로 한정한다) 바. 유원지 사. 방송·통신시설 아. 유류저장 및 송유설비 자. 학교(「고등교육법」 제2조에 따른 학교로 한정한다) 차. 저수지 카. 도축장 ④ 법 제52조제1항제8호에서 "대통령령으로 정하는 사항"이란 다음 각 호의 사항을 말한다. 1. 지하 또는 공중공간에 설치할 시설물의 높이·깊이·배치 또는 규모 2. 대문·담 또는 울타리의 형태 또는 색채 3. 간판의 크기·형태·색채 또는 재질 4. 장애인·노약자 등을 위한 편의시설계획 5. 에너지 및 자원의 절약과 재활용에 관한 계획 6. 생물서식공간의 보호·조성·연결 및 물과 공기의 순환 등에 관한 계획 7. 문화재 및 역사문화환경 보호에 관한 계획
② 지구단위계획은 도로, 상하수도 등 대통령령으로 정하는 도시·군계획시설의 처리·공급 및 수용능력이 지구단위계획구역에 있는 건축물의 연면적, 수용인구 등 개발밀도와 적절한 조화를 이룰 수 있도록 하여야 한다.	⑤ 법 제52조제2항에서 "대통령령이 정하는 도시·군계획시설"이라 함은 도로·주차장·공원·녹지·공공공지, 수도·전기·가스·열공급설비, 학교(초등학교 및 중학교에 한한다)·하수도 및 폐기물처리시설을 말한다.
③ 지구단위계획구역에서는 제76조부터 제78조까지의 규정과 「건축법」 제42조·제43조·제44조·제60조 및 제61조, 「주차장법」 제19조 및 제19조의2를 대통령령으로 정하는 범위에서 지구단위계획으로 정하는 바에 따라 완화하여 적용할 수 있다.	**. 제46조 (도시지역 내 지구단위계획구역에서의 건폐율 등의 완화적용)** **. 제47조 (도시지역 외 지구단위계획구역에서의 건폐율 등의 완화적용)**

9. 도시지역 내 지구단위계획에서의 건폐율 등의 완화적용(국토의 계획 및 이용에 관한 법률 시행령 제46조)

● **공공시설의 건폐율·용적률 및 높이제한 완화**

① 지구단위계획구역(도시지역 내에 지정하는 경우로 한정한다. 이하 이 조에서 같다)에서 건축물을 건축하려는 자가 그 대지의 일부를 법 제52조의2제1항 각 호의 시설(이하 이 조 및 제46조의2에서 "공공시설등"이라 한다)의 부지로 제공하거나 공공시설등을 설치하여 제공하는 경우[지구단위계획구역 밖의 「하수도법」 제2조제14호에 따른 배수구역에 공공하수처리시설을 설치하여 제공하는 경우(지구단위계획구역에 다른 공공시설 및 기반시설이 충분히 설치되어 있는 경우로 한정한다)를 포함한다]에는 법 제52조제3항에 따라 그 건축물에 대하여 지구단위계획으로 다음 각 호의 구분에 따라 건폐율·용적률 및 높이제한을 완화하여 적용할 수 있다. 이 경우 제공받은 공공시설등은 국유재산 또는 공유재산으로 관리한다.

1. 공공시설등의 부지를 제공하는 경우에는 다음 각 목의 비율까지 건폐율·용적률 및 높이제한을 완화하여 적용할 수 있다. 다만, 지구단위계획구역 안의 일부 토지를 공공시설등의 부지로 제공하는 자가 해당 지구단위계획구역 안의 다른 대지에서 건축물을 건축하는 경우에는 나목의 비율까지 그 용적률만 완화하여 적용할 수 있다.
   가. 완화할 수 있는 건폐율 = 해당 용도지역에 적용되는 건폐율 × [1 + 공공시설등의 부지로 제공하는 면적(공공시설등의 부지를 제공하는 자가 법 제65조제2항에 따라 용도가 폐지되는 공공시설을 무상으로 양수받은 경우에는 그 양수받은 부지면적을 빼고 산정한다. 이하 이 조에서 같다) ÷ 원래의 대지면적] 이내
   나. 완화할 수 있는 용적률 = 해당 용도지역에 적용되는 용적률 + [1.5 × (공공시설등의 부지로 제공하는 면적 × 공공시설등 제공 부지의 용적률) ÷ 공공시설등의 부지 제공 후의 대지면적] 이내
   다. 완화할 수 있는 높이 = 「건축법」 제60조에 따라 제한된 높이 × (1 + 공공시설등의 부지로 제공하는 면적 ÷ 원래의 대지면적) 이내
2. 공공시설등을 설치하여 제공(그 부지의 제공은 제외)하는 경우에는 공공시설등을 설치하는 데에 드는 비용에 상응하는 가액(價額)의 부지를 제공한 것으로 보아 제1호에 따른 비율까지 건폐율·용적률 및 높이제한을 완화하여 적용할 수 있다. 이 경우 공공시설등 설치비용 및 이에 상응하는 부지 가액의 산정 방법 등은 시·도 또는 대도시의 도시·군계획조례로 정한다.
3. 공공시설등을 설치하여 그 부지와 함께 제공하는 경우에는 제1호 및 제2호에 따라 완화할 수 있는 건폐율·용적률 및 높이를 합산한 비율까지 완화하여 적용할 수 있다.

● **반환금의 반환에 따른 건폐율·용적률 및 높이제한을 완화**

② 특별시장·광역시장·특별자치시장·특별자치도지사·시장 또는 군수는 지구단위계획구역에 있는 토지를 공공시설부지로 제공하고 보상을 받은 자 또는 그 포괄승계인이 그 보상금액에 국토교통부령이 정하는 이자를 더한 금액(이하 이 항에서 "반환금"이라 한다)을 반환하는 경우에는 당해 지방자치단체의 도시·군계획조례가 정하는 바에 따라 제1항제1호 각 목을 적용하여 당해 건축물에 대한 건폐율·용적률 및 높이제한을 완화 할 수 있다. 이 경우 그 반환금은 기반시설의 확보에 사용해야 한다.

● **공개공지 또는 공개공간 설치에 따른 용적률 및 높이제한의 완화**

③ 지구단위계획구역에서 건축물을 건축하고자 하는 자가 「건축법」 제43조제1항에 따른 공개공지 또는 공개공간을 같은 항에 따른 의무면적을 초과하여 설치한 경우에는 법 제52조제3항에 따라 당해 건축물에 대하여 지구단위계획으로 다음 각 호의 비율까지 용적률 및 높이제한을 완화하여 적용할 수 있다.

1. 완화할 수 있는 용적률 = 「건축법」 제43조제2항에 따라 완화된 용적률+(당해 용도지역에 적용되는 용적률×의무면적을 초과하는 공개공지 또는 공개공간의 면적의 절반÷대지면적) 이내
2. 완화할 수 있는 높이 = 「건축법」 제43조제2항에 따라 완화된 높이+(「건축법」 제60조에 따른 높이×의무면적을 초과하는 공개공지 또는 공개공간의 면적의 절반÷대지면적) 이내

● **기타 건폐율·용적률 및 높이제한의 완화**

④ 지구단위계획구역에서는 법 제52조제3항의 규정에 의하여 도시·군계획조례의 규정에 불구하고 지구단위계획으로 제84조에 규정된 범위안에서 건폐율을 완화하여 적용할 수 있다.

⑤ 지구단위계획구역에서는 법 제52조제3항의 규정에 의하여 지구단위계획으로 법 제76조의 규정에 의하여 제30조 각호의 용도지역안에서 건축할 수 있는 건축물(도시·군계획조례가 정하는 바에 의하여 건축할 수 있는 건축물의 경우 도시·군계획조례에서 허용되는 건축물에 한한다)의 용도·종류 및 규모 등의 범위안에서 이를 완화하여 적용할 수 있다.

⑥ 지구단위계획구역의 지정목적이 다음 각호의 1에 해당하는 경우에는 법 제52조제3항의 규정에 의하여 지구단위계획으로 「주차장법」 제19조제3항의 규정에 의한 주차장 설치기준을 100퍼센트까지 완화하여 적용할 수 있다.

1. 한옥마을을 보존하고자 하는 경우
2. 차 없는 거리를 조성하고자 하는 경우(지구단위계획으로 보행자전용도로를 지정하거나 차량의 출입을 금지한 경우를 포함)
3. 그 밖에 국토교통부령이 정하는 경우

⑦ 다음 각호의 1에 해당하는 경우에는 법 제52조제3항의 규정에 의하여 지구단위계획

으로 당해 용도지역에 적용되는 용적률의 120퍼센트 이내에서 용적률을 완화하여 적용할 수 있다.

1. 도시지역에 개발진흥지구를 지정하고 당해 지구를 지구단위계획구역으로 지정한 경우
2. 다음 각목의 1에 해당하는 경우로서 특별시장·광역시장·특별자치시장·특별자치도지사·시장 또는 군수의 권고에 따라 공동개발을 하는 경우
   가. 지구단위계획에 2필지 이상의 토지에 하나의 건축물을 건축하도록 되어 있는 경우
   나. 지구단위계획에 합벽건축을 하도록 되어 있는 경우
   다. 지구단위계획에 주차장·보행자통로 등을 공동으로 사용하도록 되어 있어 2필지 이상의 토지에 건축물을 동시에 건축할 필요가 있는 경우

⑧ 도시지역에 개발진흥지구를 지정하고 당해 지구를 지구단위계획구역으로 지정한 경우에는 법 제52조제3항에 따라 지구단위계획으로「건축법」제60조에 따라 제한된 건축물높이의 120퍼센트 이내에서 높이제한을 완화하여 적용할 수 있다.

⑨ 제1항제1호나목(제1항제2호 및 제2항에 따라 적용되는 경우를 포함), 제3항제1호 및 제7항은 다음 각 호의 어느 하나에 해당하는 경우에는 적용하지 아니한다.

1. 개발제한구역·시가화조정구역·녹지지역 또는 공원에서 해제되는 구역과 새로이 도시지역으로 편입되는 구역중 계획적인 개발 또는 관리가 필요한 지역인 경우
2. 기존의 용도지역 또는 용도지구가 용적률이 높은 용도지역 또는 용도지구로 변경되는 경우로서 기존의 용도지역 또는 용도지구의 용적률을 적용하지 않는 경우

⑩ 제1항 내지 제4항 및 제7항의 규정에 의하여 완화하여 적용되는 건폐율 및 용적률은 당해 용도지역 또는 용도지구에 적용되는 건폐율의 150퍼센트 및 용적률의 200퍼센트를 각각 초과할 수 없다.

⑪ 제1항에도 불구하고 법 제51조제1항제8호의2에 따라 지정된 지구단위계획구역 내 준주거지역(제45조제2항 전단에 따라 준주거지역으로 변경하는 경우를 포함한다. 이하 이 조에서 같다)에서 건축물을 건축하려는 자가 그 대지의 일부를 공공시설등의 부지로 제공하거나 공공시설등을 설치하여 제공하는 경우에는 법 제52조제3항에 따라 지구단위계획으로 법 제78조제1항제1호가목에 따른 용적률의 140퍼센트 이내의 범위에서 용적률을 완화하여 적용할 수 있다. 이 경우 공공시설등의 부지를 제공하거나 공공시설등을 설치하여 제공하는 비용은 용적률 완화에 따른 토지가치 상승분[「감정평가 및 감정평가사에 관한 법률」에 따른 감정평가법인등(이하 "감정평가법인등"이라 한다)이 용적률 완화 전후에 각각 감정평가한 토지가액의 차이를 말한다]의 범위로 하며, 그 비용 중 시·도 또는 대도시의 도시·군계획조례로 정하는 비율 이상은 「공공주택 특별법」 제2조제1호가목에 따른 공공임대주택을 제공하는 데에 사용해야 한다.

⑫ 법 제51조제1항제8호의2에 따라 지정된 지구단위계획구역 내 준주거지역에서는 법 제52조제3항에 따라 지구단위계획으로「건축법」제61조제2항에 따른 채광(採光) 등

의 확보를 위한 건축물의 높이 제한을 200퍼센트 이내의 범위에서 완화하여 적용할 수 있다.

10. 도시지역 외 지구단위계획에서의 건폐율 등의 완화적용(국토의 계획 및 이용에 관한 법률 시행령 제47조)

① 지구단위계획구역(도시지역 외에 지정하는 경우로 한정한다. 이하 이 조에서 같다)에서는 법 제52조제3항에 따라 지구단위계획으로 당해 용도지역 또는 개발진흥지구에 적용되는 건폐율의 150퍼센트 및 용적률의 200퍼센트 이내에서 건폐율 및 용적률을 완화하여 적용할 수 있다.

② 지구단위계획구역에서는 법 제52조제3항의 규정에 의하여 지구단위계획으로 법 제76조의 규정에 의한 건축물의 용도·종류 및 규모 등을 완화하여 적용할 수 있다. (개발진흥지구(계획관리지역에 지정된 개발진흥지구를 제외)에 지정된 지구단위계획구역에 대하여는「건축법 시행령」별표 1 제2호의 공동주택중 아파트 및 연립주택은 허용되지 아니한다)

11. 용도지역안에서의 건축제한(국토의 계획 및 이용에 관한 법률 시행령 제71조)

① 법 제76조제1항에 따른 용도지역안에서의 건축물의 용도·종류 및 규모 등의 제한(이하 "건축제한"이라 한다)은 다음 각호와 같다.

1. 제1종전용주거지역안에서 건축할 수 있는 건축물 : 별표 2에 규정된 건축물
2. 제2종전용주거지역안에서 건축할 수 있는 건축물 : 별표 3에 규정된 건축물
3. 제1종일반주거지역안에서 건축할 수 있는 건축물 : 별표 4에 규정된 건축물
4. 제2종일반주거지역안에서 건축할 수 있는 건축물 : 별표 5에 규정된 건축물
5. 제3종일반주거지역안에서 건축할 수 있는 건축물 : 별표 6에 규정된 건축물
6. 준주거지역안에서 건축할 수 없는 건축물 : 별표 7에 규정된 건축물
7. 중심상업지역안에서 건축할 수 없는 건축물 : 별표 8에 규정된 건축물
8. 일반상업지역안에서 건축할 수 없는 건축물 : 별표 9에 규정된 건축물
9. 근린상업지역안에서 건축할 수 없는 건축물 : 별표 10에 규정된 건축물
10. 유통상업지역안에서 건축할 수 없는 건축물 : 별표 11에 규정된 건축물
11. 전용공업지역안에서 건축할 수 있는 건축물 : 별표 12에 규정된 건축물
12. 일반공업지역안에서 건축할 수 있는 건축물 : 별표 13에 규정된 건축물
13. 준공업지역안에서 건축할 수 없는 건축물 : 별표 14에 규정된 건축물
14. 보전녹지지역안에서 건축할 수 있는 건축물 : 별표 15에 규정된 건축물
15. 생산녹지지역안에서 건축할 수 있는 건축물 : 별표 16에 규정된 건축물
16. 자연녹지지역안에서 건축할 수 있는 건축물 : 별표 17에 규정된 건축물
17. 보전관리지역안에서 건축할 수 있는 건축물 : 별표 18에 규정된 건축물

18. 생산관리지역안에서 건축할 수 있는 건축물 : 별표 19에 규정된 건축물
19. 계획관리지역안에서 건축할 수 없는 건축물 : 별표 20에 규정된 건축물
20. 농림지역안에서 건축할 수 있는 건축물 : 별표 21에 규정된 건축물
21. 자연환경보전지역안에서 건축할 수 있는 건축물 : 별표 22에 규정된 건축물

② 제1항의 규정에 의한 건축제한을 적용함에 있어서 부속건축물에 대하여는 주된 건축물에 대한 건축제한에 의한다.

③ 제1항에도 불구하고 「건축법 시행령」 별표 1에서 정하는 건축물 중 다음 각 호의 요건을 모두 충족하는 건축물의 종류 및 규모 등의 제한에 관하여는 해당 특별시·광역시·특별자치시·특별자치도·시 또는 군의 도시·군계획조례로 따로 정할 수 있다.

1. 2012년 1월 20일 이후에 「건축법 시행령」 별표 1에서 새로이 규정하는 건축물일 것
2. 별표 2부터 별표 22까지의 규정에서 정하지 아니한 건축물일 것

12. 경관지구안에서의 건축제한(국토의 계획 및 이용에 관한 법률 시행령 제72조)

건 축 금 지	건 축 가 능	조 례 위 임
관지구안에서는 그 지구의 경관의 보존·관리·형성에 장애가 된다고 인정하여 도시·군계획조례가 정하는 건축물을 건축할 수 없다.	특별시장·광역시장·특별자치시장·특별자치도지사·시장 또는 군수가 지구의 지정 목적에 위배되지 아니하는 범위안에서 도시·군계획조례가 정하는 기준에 적합하다고 인정하여 해당 지방자치단체에 설치된 도시계획위원회의 심의를 거친 경우	경관지구안에서의 건축물의 건폐율·용적률·높이·최대너비·색채 및 대지안의 조경 등에 관하여는 그 지구의 경관의 보존·관리·형성에 필요한 범위안에서 도시·군계획조례로 정한다.

13. 고도지구안에서의 건축제한(국토의 계획 및 이용에 관한 법률 시행령 제74조)

건 축 금 지	건 축 가 능	조 례 위 임
고도지구안에서는 도시·군관리계획으로 정하는 높이를 초과하거나 미달하는 건축물을 건축할 수 없다.		

14. 방재지구안에서의 건축제한(국토의 계획 및 이용에 관한 법률 시행령 제75조)

건 축 금 지	건 축 가 능	조 례 위 임
방재지구안에서는 풍수해·산사태·지반붕괴·지진 그 밖에 재해예방에 장애가 된다고 인정하여 도시·군계획조례가 정하는 건축물을 건축할 수 없다.	특별시장·광역시장·특별자치시장·특별자치도지사·시장 또는 군수가 지구의 지정 목적에 위배되지 아니하는 범위안에서 도시·군계획조례가 정하는 기준에 적합하다고 인정하여 당해 지방자치단체에 설치된 도시계획위원회의 심의를 거친 경우	

15. 보호지구안에서의 건축제한(국토의 계획 및 이용에 관한 법률 시행령 제76조)

건축금지	건축가능	조례위임
보존지구안에서는 다음 각호의 구분에 따른 건축물에 한하여 건축할 수 있다.	특별시장·광역시장·특별자치시장·특별자치도지사·시장 또는 군수가 지구의 지정목적에 위배되지 아니하는 범위안에서 도시·군계획조례가 정하는 기준에 적합하다고 인정하여 관계 행정기관의 장과의 협의 및 당해 지방자치단체에 설치된 도시계획위원회의 심의를 거친 경우	1. 역사문화환경보존지구 : 「문화재보호법」의 적용을 받는 문화재를 직접 관리·보호하기 위한 건축물과 문화적으로 보존가치가 큰 지역의 보호 및 보존을 저해하지 아니하는 건축물로서 도시·군계획조례가 정하는 것 2. 중요시설물보존지구 : 국방상 또는 안보상 중요한 시설물의 보호 및 보존을 저해하지 아니하는 건축물로서 도시·군계획조례가 정하는 것 3. 생태계보존지구 : 생태적으로 보존가치가 큰 지역의 보호 및 보존을 저해하지 아니하는 건축물로서 도시·군계획조례가 정하는 것

16. 취락지구안에서의 건축제한(국토의 계획 및 이용에 관한 법률 시행령 제78조)

건축금지	건축가능	조례위임
집단취락지구안에서의 건축제한에 관하여는 개발제한구역의지정및관리에관한특별조치법령이 정하는 바에 의한다.	법 제76조제5항제1호의 규정에 의하여 자연취락지구안에서 건축할 수 있는 건축물	

17. 개발진흥지구안에서의 건축제한(국토의 계획 및 이용에 관한 법률 시행령 제79조)

건축금지	건축가능	조례위임
법 제76조제5항제1호의2에 따라 지구단위계획 또는 관계 법률에 따른 개발계획을 수립하는 개발진흥지구에서는 지구단위계획 또는 관계 법률에 따른 개발계획에 위반하여 건축물을 건축할 수 없다.	·법 제76조제5항제1호의2에 따라 지구단위계획 또는 관계 법률에 따른 개발계획을 수립하지 아니하는 개발진흥지구에서는 해당 용도지역에서 허용되는 건축물을 건축할 수 있다. ·위 항에도 불구하고 산업·유통개발진흥지구에서는 해당 용도지역에서 허용되는 건축물 외에 해당 지구계획(해당 지구의 토지이용, 기반시설 설치 및 환경오염 방지 등에 관한 계획을 말한다)에 따라 다음 각 호의 구분에 따른 요건을 갖춘 건축물 중 도시·군계획조례로 정하는 건축물을 건축할 수 있다. 1. 계획관리지역: 계획관리지역에서 건축이 허용되지 아니하는 공장 중 다음 각 목의 요건을 모두 갖춘 것 가. 「대기환경보전법」, 「수질 및 수생태계 보전에 관한 법률」 또는 「소음·진동관리법」에 따른 배출시설의 설치 허가·신고 대상이 아닐 것 나. 「악취방지법」에 따른 배출시설이 없을 것 다. 「산업집적활성화 및 공장설립에 관한 법률」 제9조제1항 또는 제13조제1항에 따른 공장설립 가능 여부의 확인 또는 공장설립등의 승인에 필요한 서류를 갖추어 법 제30조제1항에 따라 관계 행정기관의 장과 미리 협의하였을 것	지구단위계획 또는 개발계획이 수립되기 전에는 개발진흥지구의 계획적 개발에 위배되지 아니하는 범위에서 도시·군계획조례로 정하는 건축물을 건축할 수 있다.

건 축 금 지	건 축 가 능	조 례 위 임
법 제76조제5항제1호의2에 따라 지구단위계획 또는 관계 법률에 따른 개발계획을 수립하는 개발진흥지구에서는 지구단위계획 또는 관계 법률에 따른 개발계획에 위반하여 건축물을 건축할 수 없다.	2. 자연녹지지역·생산관리지역·보전관리지역 또는 농림지역: 해당 용도지역에서 건축이 허용되지 않는 공장 중 다음 각 목의 요건을 모두 갖춘 것 가. 산업·유통개발진흥지구 지정 전에 계획관리지역에 설치된 기존 공장이 인접한 용도지역의 토지로 확장하여 설치하는 공장일 것 나. 해당 용도지역에 확장하여 설치되는 공장부지의 규모가 3천제곱미터 이하일 것. 다만, 해당 용도지역 내에 기반시설이 설치되어 있거나 기반시설의 설치에 필요한 용지의 확보가 충분하고 주변지역의 환경오염·환경훼손 우려가 없는 경우로서 도시계획위원회의 심의를 거친 경우에는 5천제곱미터까지로 할 수 있다.	지구단위계획 또는 개발계획이 수립되기 전에는 개발진흥지구의 계획적 개발에 위배되지 아니하는 범위에서 도시·군계획조례로 정하는 건축물을 건축할 수 있다.

18. 특정용도지구안에서의 건축제한(국토의 계획 및 이용에 관한 법률 시행령 제80조)

건 축 금 지	건 축 가 능	조 례 위 임
특정용도제한지구안에서는 주거기능을 훼손하거나 청소년 정서에 유해하다고 인정하여 도시·군계획조례가 정하는 건축물을 건축할 수 없다.		

19. 복합용도지구에서의 건축제한(국토의 계획 및 이용에 관한 법률 시행령 제81조)

건 축 금 지	건 축 가 능	조 례 위 임
1. 일반주거지역: 준주거지역에서 허용되는 건축물. 다만, 다음 각 목의 건축물은 제외한다. 가. 「건축법 시행령」 별표 1 제4호의 제2종 근린생활시설 중 안마시술소 나. 「건축법 시행령」 별표 1 제5호다목의 관람장 다. 「건축법 시행령」 별표 1 제17호의 공장 라. 「건축법 시행령」 별표 1 제19호의 위험물 저장 및 처리 시설 마. 「건축법 시행령」 별표 1 제21호의 동물 및 식물 관련 시설 바. 「건축법 시행령」 별표 1 제28호의 장례시설 2. 일반공업지역: 준공업지역에서 허용되는 건축물. 다만 다음 각 목의 건축물은 제외한다. 가. 「건축법 시행령」 별표 1 제2호가목의 아파트 나. 「건축법 시행령」 별표 1 제4호의 제2종 근린생활시설 중 단란주점 및 안마시술소 다. 「건축법 시행령」 별표 1 제11호의 노유자시설 3. 계획관리지역: 다음 각 목의 어느 하나에 해당하는 건축물 가. 「건축법 시행령」 별표 1 제4호의 제2종 근린생활시설 중 일반음식점·휴게음식점·제과점(별표 20 제1호라목에 따라 건축할 수 없는 일반음식점·휴게음식점·제과점은 제외한다) 나. 「건축법 시행령」 별표 1 제7호의 판매시설 다. 「건축법 시행령」 별표 1 제15호의 숙박시설(별표 20 제1호사목에 따라 건축할 수 없는 숙박시설은 제외한다) 라. 「건축법 시행령」 별표 1 제16호다목의 유원시설업의 시설, 그 밖에 이와 비슷한 시설	법 제76조제5항제1호의3에 따라 복합용도지구에서는 해당 용도지역에서 허용되는 건축물 외에 다음 각 호에 따른 건축물 중 도시·군계획조례가 정하는 건축물을 건축할 수 있다.	

20. 그 밖의 용도지구안에서의 건축제한(국토의 계획 및 이용에 관한 법률 시행령 제82조)

제72조부터 제80조까지에 규정된 용도지구외의 용도지구안에서의 건축제한에 관하여는 그 용도지구지정의 목적달성에 필요한 범위안에서 특별시·광역시·특별자치시·특별자치도·시 또는 군의 도시·군계획조례로 정한다.

21. 용도지역·용도지구 및 용도구역안에서의 건축제한의 예외 등(국토의 계획 및 이용에 관한 법률 시행령 제83조)

① **용도지역·용도지구안에서의 도시·군계획시설**에 대하여는 제71조 내지 제82조의 규정을 적용하지 아니한다.

② **경관지구·미관지구 또는 고도지구안에서의 「건축법 시행령」제6조제1항제6호의 규정에 의한 리모델링이 필요한 건축물**에 대하여는 제72조 내지 제74조의 규정에 불구하고 동시행령 제6조제1항제5호의 규정에 의하여 건축물의 높이·규모 등의 제한을 완화하여 제한할 수 있다.

③ **개발제한구역, 도시자연공원구역, 시가화조정구역 및 수산자원보호구역 안에서의 건축제한**에 관하여는 다음 각 호의 법령 또는 규정에서 정하는 바에 따른다.

1. 개발제한구역 안에서의 건축제한: 「개발제한구역의 지정 및 관리에 관한 특별조치법」
2. 도시자연공원구역 안에서의 건축제한: 「도시공원 및 녹지 등에 관한 법률」
3. 시가화조정구역 안에서의 건축제한: 제87조부터 제89조까지의 규정
4. 수산자원보호구역 안에서의 건축제한: 「수산자원관리법」

④ **용도지역·용도지구 또는 용도구역안에서의 건축물이 아닌 시설의 용도·종류 및 규모 등의 제한**에 관하여는 별표 2부터 별표 25까지, 제72조부터 제77조까지, 제79조, 제80조 및 제82조에 따른 건축물에 관한 사항을 적용한다. 다만, 다음 각 호의 시설의 용도·종류 및 규모 등의 제한에 관하여는 적용하지 아니한다.

1. 「관광진흥법」 제3조제1항제6호에 따른 유원시설업(이하 "유원시설업"이라 한다)을 위한 유기시설(遊技施設)·유기기구(遊技機具)로서 다음 각 목의 요건을 모두 갖춘 시설
   가. 철로를 활용하는 궤도주행형 유기시설·유기기구일 것
   나. 가목의 철로는 「철도사업법」 제4조에 따라 지정·고시된 사항의 변경으로 사업용철도노선에서 제외된 기존 선로일 것
2. 제1호의 유기시설·유기기구를 설치하는 유원시설업을 위하여 「관광진흥법」 제5조제2항에 따라 갖추어야 하는 시설

⑤ **용도지역·용도지구 또는 용도구역안에서 허용되는 건축물 또는 시설을 설치하기 위하여 공사현장에 설치하는 자재야적장, 레미콘·아스콘생산시설 등 공사용 부대시설**은 제4항 및 제55조·제56조의 규정에 불구하고 당해 공사에 필요한 최소한의 면적

의 범위안에서 기간을 정하여 사용후에 그 시설 등을 설치한 자의 부담으로 원상복구할 것을 조건으로 설치를 허가할 수 있다.

⑥ **방재지구안에서는 제71조에 따른 용도지역안에서의 건축제한 중 층수 제한**에 있어서는 1층 전부를 필로티 구조로 하는 경우 필로티 부분을 층수에서 제외.

⑦ **경관지구 또는 미관지구에서 제72조 및 제73조에 따라 도시·군계획조례로 정해진 건축제한의 전부를 적용하는 것이 주변지역의 토지이용 상황이나 여건 등에 비추어 불합리한 경우**에는 제72조 및 제73조에도 불구하고 해당 용도지구의 지정에 관한 도시·군관리계획으로 건축제한의 내용을 따로 정할 수 있다. 이 경우 도시·군관리계획으로 정할 수 있는 건축제한은 도시·군계획조례에 정해진 건축제한의 일부를 그 내용으로 하여야 하며, 도시·군계획조례에 정해진 건축제한 전부를 적용하지 아니하는 것으로 도시·군관리계획을 결정해서는 아니 된다.

22. 건축물의 대지가 용도지역·지구 또는 구역에 걸치는 경우의 조치 (건축법 제54조, 영 제77조)

걸치는 경우	조 치 기 준
대지가 이 법이나 다른 법률에 따른 지역·지구(녹지지역과 방화지구는 제외. 이하 이 조에서 같다) 또는 구역에 걸치는 경우	① 대통령령으로 정하는 바에 따라 그 건축물과 대지의 전부에 대하여 대지의 과반(過半)이 속하는 지역·지구 또는 구역 안의 건축물 및 대지 등에 관한 이 법의 규정을 적용한다. (건축물이 「국토의 계획 및 이용에 관한 법률」 제37조제1항제2호에 따른 미관지구(이하 "미관지구"라 한다)에 걸치는 경우에는 그 건축물과 대지의 전부에 대하여 미관지구 안의 건축물과 대지 등에 관한 이 법의 규정을 적용한다)
하나의 건축물이 방화지구와 그 밖의 구역에 걸치는 경우	② 그 전부에 대하여 방화지구 안의 건축물에 관한 이 법의 규정을 적용한다. (건축물의 방화지구에 속한 부분과 그 밖의 구역에 속한 부분의 경계가 방화벽으로 구획되는 경우 그 밖의 구역에 있는 부분에 대하여는 그러하지 아니하다)
대지가 녹지지역과 그 밖의 지역·지구 또는 구역에 걸치는 경우	③ 각 지역·지구 또는 구역 안의 건축물과 대지에 관한 이 법의 규정을 적용한다. (녹지지역 안의 건축물이 미관지구나 방화지구에 걸치는 경우에는 제1항 단서나 제2항에 따른다)
제1항에도 불구하고 해당 대지의 규모와 그 대지가 속한 용도지역·지구 또는 구역이 성격 등 그 대지에 관한 주변여건상 필요하다고 인정하여 해당 지방자치단체의 조례로 적용방법을 따로 정하는 경우에	④ 해당 조례에 다른다.

23. 대지안의 공지 기준(건축법 제58조, 시행령 제80조의2 별표2)

법 제58조에 따라 건축선(법 제46조제1항에 따른 건축선을 말한다. 이하 같다) 및 인접 대지경계선(대지와 대지 사이에 공원, 철도, 하천, 광장, 공공공지, 녹지, 그 밖에 건축이 허용되지 아니하는 공지가 있는 경우에는 그 반대편의 경계선을 말한다)으로부터 건축물의 각 부분까지 띄어야 하는 거리의 기준은 별표 2와 같다.

● 건축선으로부터 건축물까지 띄어야 하는 거리

대상 건축물	건축조례에서 정하는 건축기준
가. 해당 용도로 쓰는 바닥면적의 합계가 500제곱미터 이상인 공장(전용공업지역, 일반공업지역 또는 「산업입지 및 개발에 관한 법률」에 따른 산업단지에 건축하는 공장은 제외)으로서 건축조례로 정하는 건축물	·준공업지역: 1.5미터 이상 6미터 이하 ·준공업지역 외의 지역: 3미터 이상 6미터 이하
나. 해당 용도로 쓰는 바닥면적의 합계가 500제곱미터 이상인 창고(전용공업지역, 일반공업지역 또는 「산업입지 및 개발에 관한 법률」에 따른 산업단지에 건축하는 창고는 제외)로서 건축조례로 정하는 건축물	·준공업지역: 1.5미터 이상 6미터 이하 ·준공업지역 외의 지역: 3미터 이상 6미터 이하
다. 해당 용도로 쓰는 바닥면적의 합계가 1,000제곱미터 이상인 판매시설, 숙박시설(일반숙박시설은 제외), 문화 및 집회시설(전시장 및 동·식물원은 제외) 및 종교시설	·3미터 이상 6미터 이하
라. 다중이 이용하는 건축물로서 건축조례로 정하는 건축물	·3미터 이상 6미터 이하
마. 공동주택	·아파트: 2미터 이상 6미터 이하 ·연립주택: 2미터 이상 5미터 이하 ·다세대주택: 1미터 이상 4미터 이하
바. 그 밖에 건축조례로 정하는 건축물	·1미터 이상 6미터 이하(한옥의 경우에는 처마선 2미터 이하, 외벽선 1미터 이상 2미터 이하)

● 인접 대지경계선으로부터 건축물까지 띄어야 하는 거리

대상 건축물	건축조례에서 정하는 건축기준
가. 전용주거지역에 건축하는 건축물(공동주택은 제외)	·1미터 이상 6미터 이하(한옥의 경우에는 처마선 2미터 이하, 외벽선 1미터 이상 2미터 이하)
나. 해당 용도로 쓰는 바닥면적의 합계가 500제곱미터 이상인 공장(전용공업지역, 일반공업지역 또는 「산업입지 및 개발에 관한 법률」에 따른 산업단지에 건축하는 공장은 제외)으로서 건축조례로 정하는 건축물	·준공업지역: 1미터 이상 6미터 이하 ·준공업지역 외의 지역: 1.5미터 이상 6미터 이하
다. 상업지역이 아닌 지역에 건축하는 건축물로서 해당 용도로 쓰는 바닥면적의 합계가 1,000제곱미터 이상인 판매시설, 숙박시설(일반숙박시설은 제외), 문화 및 집회시설(전시장 및 동·식물원은 제외) 및 종교시설	·1.5미터 이상 6미터 이하
라. 다중이 이용하는 건축물(상업지역에 건축하는 건축물로서 스프링클러나 그 밖에 이와 비슷한 자동식 소화설비를 설치한 건축물은 제외)로서 건축조례로 정하는 건축물	·1.5미터 이상 6미터 이하
마. 공동주택(상업지역에 건축하는 공동주택으로서 스프링클러나 그 밖에 이와 비슷한 자동식 소화설비를 설치한 공동주택은 제외)	·아파트: 2미터 이상 6미터 이하 ·연립주택: 1.5미터 이상 5미터 이하 ·다세대주택: 0.5미터 이상 4미터 이하

비고

1) 제1호가목 및 제2호나목에 해당하는 건축물 중 법 제11조에 따른 허가를 받거나 법 제14조에 따른 신고를 하고 2009년 7월

1일부터 2015년 6월 30일까지, 2016년 7월 1일부터 2019년 6월 30일까지 또는 2021년 11월 2일부터 2024년 11월 1일까지 법 제21조에 따른 착공신고를 하는 건축물에 대해서는 건축조례로 정하는 건축기준을 2분의 1로 완화하여 적용한다.

2) 제1호에 해당하는 건축물(별표 1 제1호, 제2호 및 제17호부터 제19호까지의 건축물은 제외)이 너비가 20미터 이상인 도로를 포함하여 2개 이상의 도로에 접한 경우로서 너비가 20미터 이상인 도로(도로와 접한 공공공지 및 녹지를 포함)면에 접한 건축물에 대해서는 건축선으로부터 건축물까지 띄어야 하는 거리를 적용하지 않는다.

3) 제1호에 따른 건축물의 부속용도에 해당하는 건축물에 대해서는 주된 용도에 적용되는 대지의 공지 기준 범위에서 건축조례로 정하는 바에 따라 완화하여 적용할 수 있다. 다만, 최소 0.5미터 이상은 띄어야 한다.

24. 건축물이 있는 대지의 분할제한(건축법 제57조, 시행령 제80조)

① 건축물이 있는 대지는 대통령령으로 정하는 범위에서 해당 지방자치단체의 조례로 정하는 면적에 못 미치게 분할할 수 없다.

② 건축물이 있는 대지는 제44조, 제55조, 제56조, 제58조, 제60조 및 제61조에 따른 기준에 못 미치게 분할할 수 없다.

③ 제1항과 제2항에도 불구하고 제77조의6에 따라 건축협정이 인가된 경우 그 건축협정의 대상이 되는 대지는 분할할 수 있다.

* 법 제57조제1항에서 "대통령령으로 정하는 범위"란 다음 각 호의 어느 하나에 해당하는 규모 이상을 말한다.

1. 주거지역: 60제곱미터
2. 상업지역: 150제곱미터
3. 공업지역: 150제곱미터
4. 녹지지역: 200제곱미터
5. 제1호부터 제4호까지의 규정에 해당하지 아니하는 지역: 60제곱미터

25. 맞벽건축 및 연결복도(건축법 제59조, 제61조 및 민법 제242조)

① 다음 각 호의 어느 하나에 해당하는 경우에는 제58조, 제61조 및 「민법」 제242조를 적용하지 아니한다.

1. 대통령령으로 정하는 지역에서 도시미관 등을 위하여 둘 이상의 건축물 벽을 맞벽(대지경계선으로부터 50센티미터 이내인 경우를 말한다. 이하 같다)으로 하여 건축하는 경우
2. 대통령령으로 정하는 기준에 따라 인근 건축물과 이어지는 연결복도나 연결통로를 설치하는 경우

② 제1항 각 호에 따른 맞벽, 연결복도, 연결통로의 구조・크기 등에 관하여 필요한 사항은 대통령령으로 정한다.

대 상 지 역	적 용 기 준	적용제외 대상범위
·대통령령으로 정하는 지역 1. 상업지역(다중이용 건축물 및 공동주택은 스프링클러나 그 밖에 이와 비슷한 자동식 소화설비를 설치한 경우로 한정한다) 2. 주거지역(건축물 및 토지의 소유자 간 맞벽건축을 합의한 경우에 한정한다) 3. 허가권자가 도시미관 또는 한옥 보전·진흥을 위하여 건축조례로 정하는 구역 4. 건축협정구역 (용도지역(건축협정구역은 제외)에서 맞벽건축을 할 때 맞벽 대상 건축물의 용도, 맞벽 건축물의 수 및 층수 등 맞벽에 필요한 사항은 건축조례로 정한다)	·대통령령으로 정하는 기준 1. 주요구조부가 내화구조일 것 2. 마감재료가 불연재료일 것 3. 밀폐된 구조인 경우 벽면적의 10분의 1 이상에 해당하는 면적의 창문을 설치할 것. 다만, 지하층으로서 환기설비를 설치하는 경우에는 그러하지 아니하다. 4. 너비 및 높이가 각각 5미터 이하일 것. 다만, 허가권자가 건축물의 용도나 규모 등을 고려할 때 원활한 통행을 위하여 필요하다고 인정하면 지방건축위원회의 심의를 거쳐 그 기준을 완화하여 적용할 수 있다. 5. 건축물과 복도 또는 통로의 연결부분에 자동방화셔터 또는 방화문을 설치할 것 6. 연결복도가 설치된 대지 면적의 합계가 「국토의 계획 및 이용에 관한 법률 시행령」 제55조에 따른 개발행위의 최대 규모 이하일 것.(지구단위계획구역에서는 그러하지 아니하다)	

·법 제59조제1항제2호에 따른 연결복도나 연결통로는 건축사 또는 건축구조기술사로부터 안전에 관한 확인을 받아야 한다.

● 경계선 부근의 건축(민법 제242조)

① 건물을 축조함에는 특별한 관습이 없으면 경계로부터 반미터 이상의 거리를 두어야 한다.

② 인접지소유자는 전항의 규정에 위반한 자에 대하여 건물의 변경이나 철거를 청구할 수 있다. 그러나 건축에 착수한 후 1년을 경과하거나 건물이 완성된 후에는 손해배상만을 청구할 수 있다.

26. 건축물의 높이제한(건축법 제60조, 시행령 제82조)

● 가로구역별로 건축물의 높이를 지정·공고하는 경우

① 허가권자는 가로구역[(街路區域): 도로로 둘러싸인 일단(一團)의 지역]을 단위로 하여 대통령령으로 정하는 기준과 절차에 따라 다음 각호의 사항을 고려하여 건축물의 높이를 지정·공고할 수 있다.

1. 도시·군관리계획 등의 토지이용계획
2. 해당 가로구역이 접하는 도로의 너비
3. 해당 가로구역의 상·하수도 등 간선시설의 수용능력
4. 도시미관 및 경관계획
5. 해당 도시의 장래 발전계획

② 허가권자는 제1항에 따라 가로구역별 건축물의 높이를 지정하려면 지방건축위원회의 심의를 거쳐야 한다. 이 경우 주민의 의견청취 절차 등은 「토지이용규제 기본법」 제8조에 따른다.

③ 허가권자는 같은 가로구역에서 건축물의 용도 및 형태에 따라 건축물의 높이를 다르게 정할 수 있다.
④ 법 제60조제1항 단서에 따라 가로구역의 높이를 완화하여 적용하는 경우에 대한 구체적인 완화기준은 제1항 각 호의 사항을 고려하여 건축조례로 정한다.
※ 일조(日照)·통풍 등 주변 환경 및 도시미관에 미치는 영향이 크지 않다고 인정하는 경우에는 건축위원회의 심의를 거처 이 법 및 다른 법률에 따른 가로구역의 높이 완화에 관한 규정을 중첩하여 적용할 수 있다.

● **건축물의 최고 높이가 지정·공고되지 않은 경우**
건축법 시행령 제86조(일조 등의 확보를 위한 건축물의 높이 제한)에 따른다.

27. 일조등의 확보를 위한 건축물의 높이 제한(건축법 제61조, 시행령 제86조)

대상 건축물	건축물의 높이 제한
다음지역에 건축하는 건축물 ·전용주거지역 ·일반주거지역	·일조(日照) 등의 확보를 위하여 정북방향(正北方向)의 인접 대지경계선으로부터의 거리에 따라 대통령령으로 정하는 높이 이하로 하여야 한다.
·공동주택 (일반상업지역과 중심상업지역에 건축하는 것은 제외)	·채광(採光) 등의 확보를 위하여 대통령령으로 정하는 높이 이하로 하여야 한다. 1. 인접 대지경계선 등의 방향으로 채광을 위한 창문 등을 두는 경우 2. 하나의 대지에 두 동(棟) 이상을 건축하는 경우

● **정남(正南)방향의 인접 대지경계선으로부터의 거리에 따른 건축물의 높이 제한 적용**
다음 각 호의 어느 하나에 해당하면 위 내용에도 불구하고 건축물의 높이를 정남(正南)방향의 인접 대지경계선으로부터의 거리에 따라 대통령령으로 정하는 높이 이하로 할 수 있다.
1. 「택지개발촉진법」 제3조에 따른 택지개발지구인 경우
2. 「주택법」 제15조에 따른 대지조성사업지구인 경우
3. 「지역 개발 및 지원에 관한 법률」 제11조에 따른 지역개발사업구역인 경우
4. 「산업입지 및 개발에 관한 법률」 제6조, 제7조, 제7조의2 및 제8조에 따른 국가산업단지, 일반산업단지, 도시첨단산업단지 및 농공단지인 경우
5. 「도시개발법」 제2조제1항제1호에 따른 도시개발구역인 경우
6. 「도시 및 수거환경정비법」 제4조에 따른 정비구역인 경우
7. 정북방향으로 도로, 공원, 하천 등 건축이 금지된 공지에 접하는 대지인 경우
8. 정북방향으로 접하고 있는 대지의 소유자와 합의한 경우나 그 밖에 대통령령으로 정하는 경우

● 건축물의 높이 제한의 적용 제외

2층 이하로서 높이가 8미터 이하인 건축물에는 해당 지방자치단체의 조례로 정하는 바에 따라 제1항부터 제3항까지의 규정을 적용하지 아니할 수 있다.

● **인접 대지경계선으로부터 정북방향으로 건축물의 각 부분을 일정거리 이상 이격**

전용주거지역이나 일반주거지역에서 건축물을 건축하는 경우에는 법 제61조제1항에 따라 건축물의 각 부분을 정북(正北) 방향으로의 인접 대지경계선으로부터 다음 각 호의 범위에서 건축조례로 정하는 거리 이상을 띄어 건축하여야 한다.

건축물 부분의 높이	정북 방향으로 띄어야 할 거리
높이 10미터 이하인 부분	·인접 대지경계선으로부터 1.5미터 이상
높이 10미터를 초과하는 부분	·인접 대지경계선으로부터 해당 건축물 각 부분 높이의 2분의 1 이상

● 건축물의 각 부분의 거리 제한의 적용 제외

1. 다음 각 목의 어느 하나에 해당하는 구역 안의 대지 상호간에 건축하는 건축물로서 해당 대지가 너비 20미터 이상의 도로(자동차·보행자·자전거 전용도로를 포함하며, 도로에 공공공지, 녹지, 광장, 그 밖에 건축미관에 지장이 없는 도시·군계획시설이 접한 경우 해당 시설을 포함)에 접한 경우
   가. 「국토의 계획 및 이용에 관한 법률」 제51조에 따른 지구단위계획구역, 같은 법 제37조제1항제1호에 따른 경관지구 및 같은 항 제2호에 따른 미관지구
   나. 「경관법」 제9조제1항제4호에 따른 중점경관관리구역
   다. 법 제77조의2제1항에 따른 특별가로구역
   라. 도시미관 향상을 위하여 허가권자가 지정·공고하는 구역
2. 건축협정구역 안에서 대지 상호간에 건축하는 건축물(법 제77조의4제1항에 따른 건축협정에 일정 거리 이상을 띄어 건축하는 내용이 포함된 경우만 해당한다)의 경우
3. 건축물의 정북 방향의 인접 대지가 전용주거지역이나 일반주거지역이 아닌 용도지역에 해당하는 경우

● **공동주택의 일조등의 확보를 위한 건축물의 제한**

법 제61조제2항에 따라 공동주택은 다음 각 호의 기준에 적합하여야 한다.(채광을 위한 창문 등이 있는 벽면에서 직각 방향으로 인접 대지경계선까지의 수평거리가 1미터 이상으로서 건축조례로 정하는 거리 이상인 다세대주택은 제1호를 적용하지 아니한다)

1. 채광을 위한 창문 등이 향하는 방향의 높이 제한

건축물(기숙사는 제외)의 각 부분의 높이는 그 부분으로부터 채광을 위한 창문 등이 있는 벽면에서 직각 방향으로 인접 대지경계선까지의 수평거리의 2배(근린상업지역 또는 준주거지역의 건축물은 4배) 이하로 할 것

2. 동일한 대지 안에서 2동 이상의 건축물이 서로 마주보고 있는 경우의 높이 제한

건축물 각 부분 사이의 거리는 다음 각 목의 거리 이상을 띄어 건축할 것. 다만, 그

대지의 모든 세대가 동지(冬至)를 기준으로 9시에서 15시 사이에 2시간 이상을 계속하여 일조(日照)를 확보할 수 있는 거리 이상으로 할 수 있다.(한 동의 건축물 각 부분이 서로 마주보고 있는 경우를 포함)

적 용 대 상	건축물 각 부분의 높이에 따른 거리
가. 채광을 위한 창문 등이 있는 벽면으로부터 직각방향으로 건축물	·건축물 각 부분 높이의 0.5배(도시형 생활주택의 경우에는 0.25배) 이상의 범위에서 건축조례로 정하는 거리 이상
나. 가목에도 불구하고 서로 마주보는 건축물 중 남쪽 방향(마주보는 두 동의 축이 남동에서 남서 방향인 경우만 해당한다)의 건축물 높이가 낮고, 주된 개구부(거실과 주된 침실이 있는 부분의 개구부를 말한다)의 방향이 남쪽을 향하는 경우	·높은 건축물 각 부분의 높이의 0.4배(도시형 생활주택의 경우에는 0.2배) 이상의 범위에서 건축조례로 정하는 거리 이상이고 낮은 건축물 각 부분의 높이의 0.5배(도시형 생활주택의 경우에는 0.25배) 이상의 범위에서 건축조례로 정하는 거리 이상
다. 가목에도 불구하고 건축물과 부대시설 또는 복리시설이 서로 마주보고 있는 경우	·부대시설 또는 복리시설 각 부분 높이의 1배 이상
라. 채광창(창넓이가 0.5제곱미터 이상인 창을 말한다)이 없는 벽면과 측벽이 마주보는 경우	·8미터 이상
마. 측벽과 측벽이 마주보는 경우[마주보는 측벽 중 하나의 측벽에 채광을 위한 창문 등이 설치되어 있지 아니한 바닥면적 3제곱미터 이하의 발코니(출입을 위한 개구부를 포함)를 설치하는 경우를 포함]	·4미터 이상
·주택단지에 두 동 이상의 건축물이 법 제2조제1항제11호에 따른 도로를 사이에 두고 서로 마주보고 있는 경우에는 가목부터 다목까지의 규정을 적용하지 아니하되, 해당 도로의 중심선을 인접 대지경계선으로 보아 수평거리의 2배 이하로 한다.	

● **건축물을 건축하려는 대지와 다른 대지 사이에 다음 각 호의 시설 또는 부지가 있는 경우**

건축물의 높이 제한을 적용할 때 건축물을 건축하려는 대지와 다른 대지 사이에 다음 각 호의 시설 또는 부지가 있는 경우에는 그 반대편의 대지경계선(공동주택은 인접 대지경계선과 그 반대편 대지경계선의 중심선)을 인접 대지경계선으로 한다.

1. 공원(「도시공원 및 녹지 등에 관한 법률」 제2조제3호에 따른 도시공원 중 지방건축위원회의 심의를 거쳐 허가권자가 공원이 일조 등을 확보할 필요가 있다고 인정하는 공원은 제외), 도로, 철도, 하천, 광장, 공공공지, 녹지, 유수지, 자동차 전용도로, 유원지
2. 다음 각 목에 해당하는 대지
   가. 너비(대지경계선에서 가장 가까운 거리를 말한다)가 2미터 이하인 대지
   나. 면적이 제80조 각 호에 따른 분할제한 기준 이하인 대지
3. 제1호 및 제2호 외에 건축이 허용되지 아니하는 공지

Checklist

법원문요약

제7장
건축물의 설비 등

1. 공동주택 및 다중주택이용시설의 환기 설치기준
2. 개별난방설비
3. 배연설비
4. 음용수용 배관설비
5. 피뢰설비
6. 승용승강기의 설치
7. 비상승용승강기의 설치
8. 건축물의 에너지절약과 이용
9. 관계전문기술자

1. 공동주택 및 다중주택이용시설의 환기 설치기준(건축법 제 62조, 시행령 제87조, 설비기준 제11조)

● 환기설비를 해야 하는 건축물

① 영 제87조제2항의 규정에 따라 신축 또는 리모델링하는 다음 각 호의 어느 하나에 해당하는 주택 또는 건축물(이하 "신축공동주택등"이라 한다)은 시간당 0.5회 이상의 환기가 이루어질 수 있도록 자연환기설비 또는 기계환기설비를 설치하여야 한다.

신축 또는 리모델링하는 신축공동주택	설 치 기 준
1. 30세대 이상의 공동주택 2. 주택을 주택 외의 시설과 동일건축물로 건축하는 경우로서 주택이 30세대 이상인 건축물	·자연환기설비 또는 기계환기설비를 설치 ·시간당 0.5회 이상의 환기

·자연환기설비는 설치되는 실의 바닥부터 수직으로 1.2미터 이상의 높이에 설치하여야 하며, 2개 이상의 자연환기설비를 상하로 설치하는 경우 1미터 이상의 수직간격을 확보하여야 한다.
·기계환기설비는 세대의 환기량 조절을 위하여 환기설비의 정격풍량을 최소·적정·최대의 3단계 또는 그 이상으로 조절할 수 있는 체계를 갖추어야 하고, 적정 단계의 필요 환기량은 신축공동주택등의 세대를 시간당 0.5회로 환기할 수 있는 풍량을 확보하고 제11조제1항의 규정에 의한 환기횟수를 만족시킬 수 있도록 24시간 가동할 수 있어야 한다.

② 신축공동주택등에 자연환기설비를 설치하는 경우에는 자연환기설비가 제1항에 따른 환기횟수를 충족하는지에 대하여 법 제4조에 따른 지방건축위원회의 심의를 받아야 한다. 다만, 신축공동주택등에 「산업표준화법」에 따른 한국산업표준(이하 "한국산업표준"이라 한다)의 자연환기설비 환기성능 시험방법(KSF 2921)에 따라 성능시험을 거친 자연환기설비를 별표 1의3에 따른 자연환기설비 설치 길이 이상으로 설치하는 경우는 제외한다.

③ 신축공동주택등에 자연환기설비 또는 기계환기설비를 설치하는 경우에는 별표 1의4 또는 별표 1의5의 기준에 적합하여야 한다.

④ 특별시장·광역시장·특별자치시장、특별자치도지사 또는 시장·군수·구청장(자치구의 구청장을 말하며, 이하 "허가권자"라 한다)은 30세대 미만인 공동주택과 주택을 주택 외의 시설과 동일 건축물로 건축하는 경우로서 주택이 30세대 미만인 건축물 및 단독주택에 대해 시간당 0.5회 이상의 환기가 이루어질 수 있도록 자연환기설비 또는 기계환기설비의 설치를 권장할 수 있다.

● 기계환기설비를 설치해야 하는 다중이용시설 및 각 시설의 필요 환기량

⑤ 다중이용시설을 신축하는 경우에 기계환기설비를 설치하여야 하는 다중이용시설 및 각 시설의 필요 환기량은 별표 1의6과 같으며, 설치하여야 하는 기계환기설비의 구조 및 설치는 다음 각 호의 기준에 적합하여야 한다.

설치시설	설치대상	필요 환기량 (㎥/인·h)	비고
가. 지하시설	1) 모든 지하역사(출입통로·대기실·승강장 및 환승통로와 이에 딸린 시설을 포함)	25 이상	
	2) 연면적 2천제곱미터 이상인 지하도상가(지상건물에 딸린 지하층의 시설 및 연속되어 있는 둘 이상의 지하도상가의 연면적 합계가 2천제곱미터 이상인 경우를 포함)	36 이상	매장(상점) 기준
나. 문화 및 집회시설	1) 연면적 2천제곱미터 이상인 「건축법 시행령」 별표 1 제5호라목에 따른 전시장(실내 전시장으로 한정한다) 2) 연면적 2천제곱미터 이상인 「건전가정의례의 정착 및 지원에 관한 법률」에 따른 혼인예식장 3) 연면적 1천제곱미터 이상인 「공연법」 제2조제4호에 따른 (실내 공연장으로 한정한다) 4) 관람석 용도로 쓰이는 바닥면적이 1천제곱미터 이상인 「체육시설의 설치·이용에 관한 법률」 제2조제1호에 따른 체육시설 5) 「영화 및 비디오물의 진흥에 관한 법률」 제2조제10호에 따른 영화상영관	29 이상	
다. 판매시설	1) 「유통산업발전법」 제2조제3호에 따른 대규모점포 2) 연면적 300제곱미터 이상인 「게임산업 진흥에 관한 법률」 제2조제7호에 따른 인터넷컴퓨터게임시설제공업의 영업시설	29 이상	
라. 운수시설	1) 「항만법」 제2조제5호에 따른 항만시설 중 연면적 5천제곱미터 이상인 대기실 2) 「여객자동차 운수사업법」 제2조제5호에 따른 여객자동차터미널 중 연면적 2천제곱미터 이상인 대기실 3) 「철도산업발전기본법」 제3조제2호에 따른 철도시설 중 연면적 2천제곱미터 이상인 대기실 4) 「공항시설법」 제2조제7호에 따른 공항시설 중 연면적 1천5백제곱미터 이상인 여객터미널	29 이상	
마. 의료시설	연면적이 2천제곱미터 이상이거나 병상 수가 100개 이상인 「의료법」 제3조에 따른 의료기관	36 이상	
바. 교육연구시설	1) 연면적 3천제곱미터 이상인 「도서관법」 제2조제1호에 따른 도서관 2) 연면적 1천제곱미터 이상인 「학원의 설립·운영 및 과외교습에 관한 법률」 제2조제1호에 따른 학원	36 이상	
사. 노유자시설	1) 연면적 430제곱미터 이상인 「영유아보육법」 제2조제3호에 따른 어린이집 2) 연면적 1천제곱미터 이상인 「노인복지법」 제34조제1항제1호에 따른 노인요양시설	36 이상	
아. 업무시설	연면적 3천제곱미터 이상인 「건축법 시행령」 별표 1 제14호에 따른 업무시설	29 이상	
자. 자동차 관련 시설	자동차 관련 시설: 연면적 2천제곱미터 이상인 「주차장법」 제2조제1호에 따른 주차장(실내주차장으로 한정하며, 같은 법 제2조제3호에 따른 기계식주차장은 제외한다)	27 이상	
차. 장례시설	연면적 1천제곱미터 이상인 「장사 등에 관한 법률」 제28조의2제1항 및 제29조에 따른 장례식장(지하에 설치되는 경우로 한정한다)	36 이상	
카. 그 밖의 시설	1) 연면적 1천제곱미터 이상인 「공중위생관리법」 제2조제1항제3호에 따른 목욕장업의 영업시설 2) 연면적 5백제곱미터 이상인 「모자보건법」 제2조제10호에 따른 산후조리원 3) 연면적 430제곱미터 이상인 「어린이놀이시설 안전관리법」 제2조제2호에 따른 어린이놀이시설 중 실내 어린이놀이시설	25 이상	

비고
가. 연면적 또는 바닥면적을 산정할 때에는 실내공간에 설치된 시설이 차지하는 연면적 또는 바닥면적을 기준으로 산정한다.
나. 필요 환기량은 예상 이용인원이 가장 높은 시간대를 기준으로 산정한다.
다. 의료시설 중 수술실 등 특수 용도로 사용되는 실(室)의 경우에는 소관 중앙행정기관의 장이 달리 정할 수 있다.
라. 제1호자목의 자동차 관련 시설의 필요 환기량은 단위면적당 환기량(㎥/㎡·h)으로 산정한다.

2. 개별난방설비 등(건축법 제 62조, 시행령 제87조, 설비기준 제13조)

● 공동주택과 오피스텔의 난방설비의 설치 기준 : 개별난방방식으로 하는 경우

대 상 구 분	설 치 구 조
1. 보일러의 설치	보일러는 거실외의 곳에 설치하되, 보일러를 설치하는 곳과 거실사이의 경계벽은 출입구를 제외하고는 내화구조의 벽으로 구획할 것
2. 보일러실의 환기	보일러실의 윗부분에는 그 면적이 0.5제곱미터 이상인 환기창을 설치하고, 보일러실의 윗부분과 아랫부분에는 각각 지름 10센티미터 이상의 공기흡입구 및 배기구를 항상 열려있는 상태로 바깥공기에 접하도록 설치할 것. 다만, 전기보일러의 경우에는 그러하지 아니하다.
3.	삭제
4. 보일러실과 거실사이의 출입구	보일러실의 출입구는 그 출입구가 닫힌 경우에는 보일러가스가 거실에 들어갈 수 없는 구조로 할 것
5. 기름저장소의 설치	기름보일러를 설치하는 경우에는 기름저장소를 보일러실외의 다른 곳에 설치할 것
6. 오피스텔의 경우	난방구획을 방화구획으로 구획할 것
7. 보일러실의 연도	보일러의 연도는 내화구조로서 공동연도로 설치할 것

· 가스보일러에 의한 난방설비를 설치하고 가스를 중앙집중공급방식으로 공급하는 경우에는 제1항의 규정에 불구하고 가스관계법령이 정하는 기준에 의하되, 오피스텔의 경우에는 난방구획마다 내화구조로 된 벽·바닥과 갑종방화문으로 된 출입문으로 구획하여야 한다.
· 허가권자는 개별 보일러를 설치하는 건축물의 경우 소방청장이 정하여 고시하는 기준에 따라 일산화탄소 경보기를 설치하도록 권장할 수 있다.

3. 배연설비(건축법 제 62조, 시행령 제87조, 설비기준 제14조)

● 배연설비의 설치 기준

① 법 제49조제2항에 따라 배연설비를 설치하여야 하는 건축물에는 다음 각 호의 기준에 적합하게 배연설비를 설치해야 한다. 다만, 피난층인 경우에는 그렇지 않다.

구 분	대 상 및 구 조	비 고
배연설비의 설치 대상	가. 제2종 근린생활시설 중 공연장, 종교집회장, 인터넷컴퓨터게임시설제공업소 및 다중생활시설(공연장, 종교집회장 및 인터넷컴퓨터게임시설제공업소는 해당 용도로 쓰는 바닥면적의 합계가 각각 300제곱미터 이상인 경우만 해당) 나. 문화 및 집회시설 다. 종교시설 라. 판매시설 마. 운수시설 바. 의료시설(요양병원 및 정신병원은 제외) 사. 교육연구시설 중 연구소 아. 노유자시설 중 아동 관련 시설, 노인복지시설(노인요양시설은 제외) 자. 수련시설 중 유스호스텔 차. 운동시설 카. 업무시설 타. 숙박시설 파. 위락시설 하. 관광휴게시설 거. 장례시설	6층 이상인 건축물

구 분	대 상 및 구 조	비 고
배연창의 설치	건축물에 방화구획이 설치된 경우에는 그 구획마다 1개소 이상의 배연창을 설치하되, 배연창의 상변과 천장 또는 반자로부터 수직거리가 0.9미터 이내일 것. 다만, 반자높이가 바닥으로부터 3미터 이상인 경우에는 배연창의 하변이 바닥으로부터 2.1미터 이상의 위치에 놓이도록 설치하여야 한다.	
배연창의 유효면적	유효면적은 별표 2의 산정기준에 의하여 산정된 면적이 1제곱미터 이상으로서 그 면적의 합계가 당해 건축물의 바닥면적(영 제46조제1항 또는 제3항의 규정에 의하여 방화구획이 설치된 경우에는 그 구획된 부분의 바닥면적을 말한다)의 100분의 1이상일 것. 이 경우 바닥면적의 산정에 있어서 거실바닥면적의 20분의 1 이상으로 환기창을 설치한 거실의 면적은 이에 산입하지 아니한다.	별표 2 : 배연창의 유효면적 산정기준 참조
배연구	·연기감지기 또는 열감지기에 의하여 자동으로 열 수 있는 구조로 하되, 손으로도 열고 닫을 수 있도록 할 것 ·예비전원에 의하여 열 수 있도록 할 것	
기계식 배연설비	소방관계법령의 규정에 적합하도록 할 것	

● 특별피난계단 및 비상용승강기의 승강장에 설치하는 배연설비의 구조

② 특별피난계단 및 영 제90조제3항의 규정에 의한 비상용승강기의 승강장에 설치하는 배연설비의 구조는 다음의 기준에 적합하여야 한다.

구 분	대 상 및 구 조
배연구 및 배연풍도	·불연재료로 하고, 화재가 발생한 경우 원활하게 배연시킬 수 있는 규모로서 외기 또는 평상시에 사용하지 아니하는 굴뚝에 연결할 것
배연구에 설치하는 수동개방장치 또는 자동개방장치	·손으로도 열고 닫을 수 있도록 할 것 ·자동개방장치는 열감지기 또는 연기감지기에 의한 것을 말한다.
배연구	·평상시에는 닫힌 상태를 유지하고, 연 경우에는 배연에 의한 기류로 인하여 닫히지 아니하도록 할 것 ·배연구가 외기에 접하지 아니하는 경우에는 배연기를 설치할 것
배연기	·배연구의 열림에 따라 자동적으로 작동하고, 충분한 공기배출 또는 가압능력이 있을 것 ·예비전원을 설치할 것
공기유입방식을 급기가압방식 또는 급·배기방식으로 하는 경우	·소방관계법령의 규정에 적합하게 할 것

● 배연창의 유효면적 산정기준

배연창의 구분	유효면적 산정기준
1. 미서기창 : H×ℓ ℓ : 미서기 창의 유효폭 H : 창의 유효 높이 W : 창문의 폭	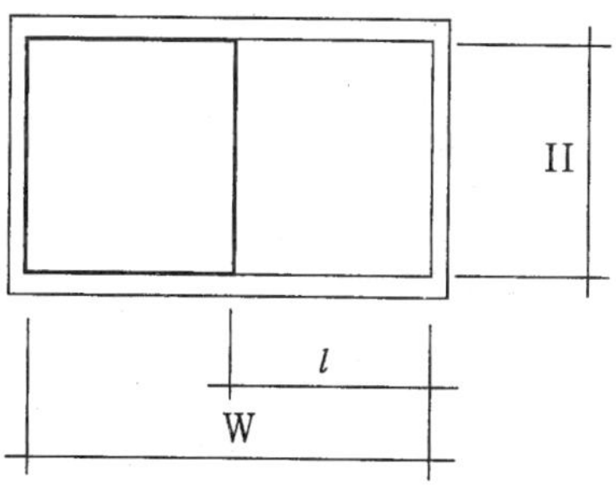

배연창의 구분	유효면적 산정기준
2. Pivot 종축창 : H× ℓ'/2×2 H : 창의 유효 높이 ℓ : 90° 회전시 창호와 직각방향으로 개방된 수평거리 ℓ' : 90° 미만 0° 초과시 창호와 직각방향으로 개방된 수평거리	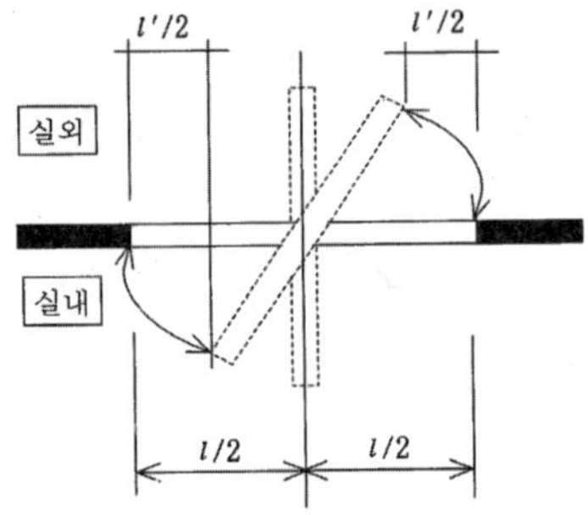
3. Pivot 횡축창:(W×ℓ1)+(W×ℓ2) W : 창의 폭 ℓ1 : 실내측으로 열린 상부창호의 길이방향으로 평행하게 개방된 순거리 ℓ2 : 실외측으로 열린 하부창호로서 창틀과 평행하게 개방된 순수수평투영거리	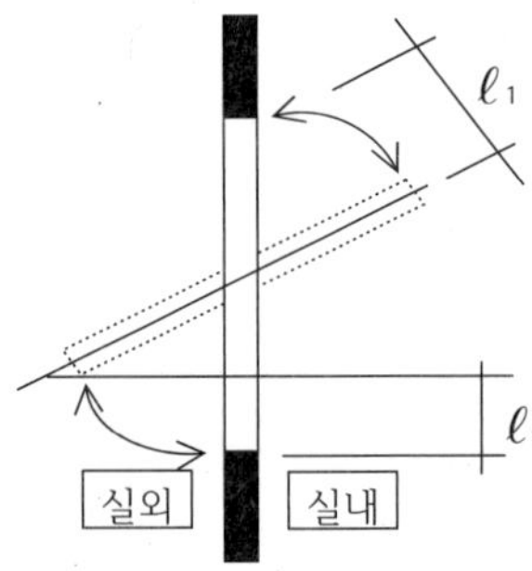
4. 들창 : W×ℓ2 H : 창의 폭 ℓ2: 창틀과 평행하게 개방된 순수수평투명면적	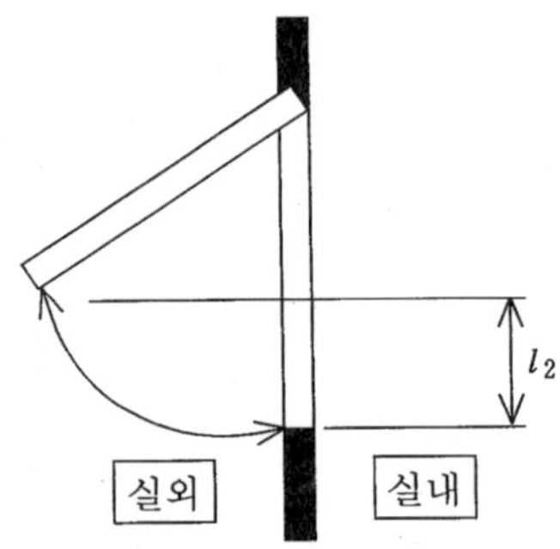
5. 미들창 : 창이 실외측으로 열리는 경우:W×ℓ 창이 실내측으로 열리는 경우:W×ℓ1 (단, 창이 천장(반자)에 근접하는 경우:W×ℓ2) W : 창의 폭 ℓ : 실외측으로 열린 상부창호의 길이방향으로 평행하게 개방된 순거리 ℓ1 : 실내측으로 열린 상호창호의 길이방향으로 개방된 순거리 ℓ2 : 창틀과 평행하게 개방된 순수수평투영면적 * 창이 천장(또는 반자)에 근접된 경우 창의 상단에서 천장면까지의 거리≤ℓ1	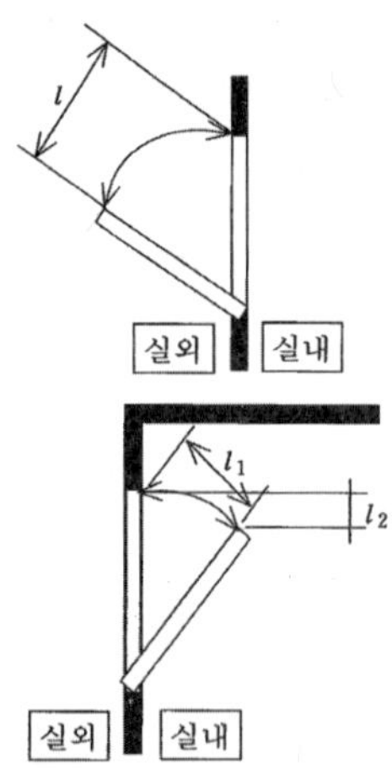

4. 음용수용 배수용 배관설비(건축법 제 62조, 시행령 제87조, 설비기준 제17조 제18조)

● 건축물에 설치하는 음용수용 급수 · 배수용 배관설비

구 분	대 상 및 구 조
배관설비의 설치 및 구조	1. 배관설비를 콘크리트에 묻는 경우 부식의 우려가 있는 재료는 부식방지조치를 할 것 2. 건축물의 주요부분을 관통하여 배관하는 경우에는 건축물의 구조내력에 지장이 없도록 할 것 3. 승강기의 승강로안에는 승강기의 운행에 필요한 배관설비외의 배관설비를 설치하지 아니할 것 4. 압력탱크 및 급탕설비에는 폭발등의 위험을 막을 수 있는 시설을 설치할 것
배수용으로 쓰이는 배관설비	1. 배출시키는 빗물 또는 오수의 양 및 수질에 따라 그에 적당한 용량 및 경사를 지게 하거나 그에 적합한 재질을 사용할 것 2. 배관설비에는 배수트랩·통기관을 설치하는 등 위생에 지장이 없도록 할 것 3. 배관설비의 오수에 접하는 부분은 내수재료를 사용할 것 4. 지하실등 공공하수도로 자연배수를 할 수 없는 곳에는 배수용량에 맞는 강제배수시설을 설치할 것 5. 우수관과 오수관은 분리하여 배관할 것 6. 콘크리트구조체에 배관을 매설하거나 배관이 콘크리트구조체를 관통할 경우에는 구조체에 덧관을 미리 매설하는 등 배관의 부식을 방지하고 그 수선 및 교체가 용이하도록 할 것
먹는물용 배관설비	·다른 용도의 배관설비와 직접 연결하지 아니할 것
급수관 및 수도계량기	·얼어서 깨지지 아니하도록 별표 3의2의 규정에 의한 기준에 적합하게 설치할 것 ·얼어서 깨지지 아니하도록 하기 위하여 지역실정에 따라 당해 지방자치단체의 조례로 기준을 정한 경우에는 동기준에 적합하게 설치할 것
급수 및 저수탱크	·수도시설의 청소 및 위생관리 등에 관한 규칙」 별표 1의 규정에 의한 저수조설치기준에 적합한 구조로 할 것
먹는물의 급수관	·급수관의 지름은 건축물의 용도 및 규모에 적정한 규격이상으로 할 것. 다만, 주거용 건축물은 당해 배관에 의하여 급수되는 가구수 또는 바닥면적의 합계에 따라 별표 3의 기준에 적합한 지름의 관으로 배관하여야 한다. ·「수도법 시행규칙」 제10조 및 별표 4에 따른 위생안전기준에 적합한 수도용 자재 및 제품을 사용할 것

● 주거용 건축물 급수관의 지름(설비기준 제18조관련 별표3)

가구 또는 세대수	1	2·3	4·5	6~8	9~16	17이상
급수관 지름의 최소기준(밀리미터)	15	20	25	32	40	50

비고

1. 가구 또는 세대의 구분이 불분명한 건축물에 있어서는 주거에 쓰이는 바닥면적의 합계에 따라 다음과 같이 가구수를 산정한다.
   가. 바닥면적 85제곱미터 이하 : 1가구
   나. 바닥면적 85제곱미터 초과 150제곱미터 이하 : 3가구
   다. 바닥면적 150제곱미터 초과 300제곱미터이하 : 5가구
   라. 바닥면적 300제곱미터 초과 500제곱미터이하 : 16가구
   마. 바닥면적 500제곱미터 초과 : 17가구
2. 가압설비 등을 설치하여 급수되는 각 기구에서의 압력이 1센티미터당 0.7킬로그램 이상인 경우에는 위 표의 기준을 적용하지 아니 할 수 있다.

5. 피뢰설비(건축법 제 62조, 시행령 제87조, 설비기준 제20조)

구 분	대 상 및 구 조
피뢰설비의 설치 및 구조	·낙뢰의 우려가 있는 건축물, 높이 20미터 이상의 건축물 또는 영 제118조제1항에 따른 공작물로서 높이 20미터 이상의 공작물(건축물에 영 제118조제1항에 따른 공작물을 설치하여 그 전체 높이가 20미터 이상인 것을 포함)에는 다음 각 호의 기준에 적합하게 피뢰설비를 설치해야 한다.
피뢰설비 수준	·한국산업표준이 정하는 피뢰레벨 등급에 적합한 피뢰설비일 것. 다만, 위험물저장 및 처리시설에 설치하는 피뢰설비는 한국산업표준이 정하는 피뢰시스템레벨 II 이상이어야 한다.
돌침 구조	·건축물의 맨 윗부분으로부터 25센티미터 이상 돌출시켜 설치하되, 「건축물의 구조기준 등에 관한 규칙」 제9조에 따른 설계하중에 견딜 수 있는 구조일 것
피뢰설비의 재료	·최소 단면적이 피복이 없는 동선(銅線)을 기준으로 수뢰부, 인하도선 및 접지극은 50제곱밀리미터 이상이거나 이와 동등 이상의 성능을 갖출 것
피뢰설비의 인하도선	·인하도선을 대신하여 철골조의 철골구조물과 철근콘크리트조의 철근구조체 등을 사용하는 경우에는 전기적 연속성이 보장될 것. 이 경우 전기적 연속성이 있다고 판단되기 위하여는 건축물 금속 구조체의 최상단부와 지표레벨 사이의 전기저항이 0.2옴 이하이어야 한다.
측면 낙뢰의 방지	·높이가 60미터를 초과하는 건축물 등에는 지면에서 건축물 높이의 5분의 4가 되는 지점부터 최상단부분까지의 측면에 수뢰부를 설치하여야 하며, 지표레벨에서 최상단부의 높이가 150미터를 초과하는 건축물은 120미터 지점부터 최상단부분까지의 측면에 수뢰부를 설치할 것. (건축물의 외벽이 금속부재(部材)로 마감되고, 금속부재 상호간에 제4호 후단에 적합한 전기적 연속성이 보장되며 피뢰시스템레벨 등급에 적합하게 설치하여 인하도선에 연결한 경우에는 측면 수뢰부가 설치된 것으로 본다)
접지(接地)	·환경오염을 일으킬 수 있는 시공방법이나 화학 첨가물 등을 사용하지 아니할 것
건축물에 설치하는 금속배관 및 금속재 설비	·급수·급탕·난방·가스 등을 공급하기 위하여 건축물에 설치하는 금속배관 및 금속재 설비는 전위(電位)가 균등하게 이루어지도록 전기적으로 접속할 것
통합접지공사	·전기설비의 접지계통과 건축물의 피뢰설비 및 통신설비 등의 접지극을 공용하는 통합접지공사를 하는 경우에는 낙뢰 등으로 인한 과전압으로부터 전기설비 등을 보호하기 위하여 한국산업표준에 적합한 서지보호장치[서지(surge: 전류· 전압 등의 과도 파형을 말한다)로부터 각종 설비를 보호하기 위한 장치를 말한다]를 설치할 것

6. 승용승강기의 설치(건축법 제 64조, 시행령 제89조, 제91조, 설비기준 제5조)

구 분	대 상 및 구 조
설치 대상	·6층 이상으로서 연면적이 2천제곱미터 이상인 건축물 ·높이 31미터를 초과하는 건축물에는 대통령령으로 정하는 바에 따라 제1항에 따른 승강기뿐만 아니라 비상용승강기를 추가로 설치 ·설치하는 승용승강기 중 1대 이상을 대통령령으로 정하는 바에 따라 피난용승강기로 설치하여야 한다.
설치 예외	·층수가 6층인 건축물로서 각 층 거실의 바닥면적 300제곱미터 이내마다 1개소 이상의 직통계단을 설치한 건축물
설치 기준	·「건축법」제64조제1항에 따라 건축물에 설치하는 승용승강기의 설치기준은 별표 1의2와 같다. (승용승강기가 설치되어 있는 건축물에 1개층을 증축하는 경우에는 승용승강기의 승강로를 연장하여 설치하지 아니할 수 있다) ·승강장의 바닥면적은 승강기 1대당 6제곱미터 이상으로 할 것 ·각 층으로부터 피난층까지 이르는 승강로를 단일구조로 연결하여 설치할 것 ·예비전원으로 작동하는 조명설비를 설치할 것 ·승강장의 출입구 부근의 잘 보이는 곳에 해당 승강기가 피난용승강기임을 알리는 표지를 설치할 것 ·그 밖에 화재예방 및 피해경감을 위하여 국토교통부령으로 정하는 구조 및 설비 등의 기준에 맞을 것

● 승용승강기의 설치 기준(별표1의2, 제5조 본문 관련)

건축물의 용도 \ 6층 이상의 거실 면적의 합계	3천제곱미터 이하	3천제곱미터 초과
가. 문화 및 집회시설(공연장·집회장 및 관람장만 해당) 나. 판매시설 다. 의료시설	2대	·2대에 3천제곱미터를 초과하는 2천제곱미터 이내마다 1대를 더한 대수
가. 문화 및 집회시설(전시장 및 동·식물원만 해당) 나. 업무시설 다. 숙박시설 라. 위락시설	1대	·1대에 3천제곱미터를 초과하는 2천제곱미터 이내마다 1대를 더한 대수
가. 공동주택 나. 교육연구시설 다. 노유자시설 라. 그 밖의 시설	1대	·1대에 3천제곱미터를 초과하는 3천제곱미터 이내마다 1대를 더한 대수

비고
1. 위 표에 따라 승강기의 대수를 계산할 때 8인승 이상 15인승 이하의 승강기는 1대의 승강기로 보고, 16인승 이상의 승강기는 2대의 승강기로 본다.
2. 건축물의 용도가 복합된 경우 승용승강기의 설치기준은 다음 각 목의 구분에 따른다.
   가. 둘 이상의 건축물의 용도가 위 표에 따른 같은 호에 해당하는 경우: 하나의 용도에 해당하는 건축물로 보아 6층 이상의 거실 면적의 총합계를 기준으로 설치하여야 하는 승용승강기 대수를 산정한다.
   나. 둘 이상의 건축물의 용도가 위 표에 따른 둘 이상의 호에 해당하는 경우: 다음의 기준에 따라 산정한 승용승강기 대수 중 적은 대수
      1) 각각의 건축물 용도에 따라 산정한 승용승강기 대수를 합산한 대수. 이 경우 둘 이상의 건축물의 용도가 같은 호에 해당하는 경우에는 가목에 따라 승용승강기 대수를 산정한다.
      2) 각각의 건축물 용도별 6층 이상의 거실 면적을 모두 합산한 면적을 기준으로 각각의 건축물 용도별 승용승강기 설치기준 중 가장 강한 기준을 적용하여 산정한 대수

7. 비상용승용승강기의 설치(건축법 제 64조, 시행령 제90조, 설비기준 제6조 제10조)

구 분	대 상 및 구 조
설치 대상	·높이 31미터를 넘는 건축물
설치 예외	1. 높이 31미터를 넘는 각층을 거실외의 용도로 쓰는 건축물 2. 높이 31미터를 넘는 각층의 바닥면적의 합계가 500제곱미터 이하인 건축물 3. 높이 31미터를 넘는 층수가 4개층이하로서 당해 각층의 바닥면적의 합계 200제곱미터(벽 및 반자가 실내에 접하는 부분의 마감을 불연재료로 한 경우에는 500제곱미터)이내마다 방화구획으로 구획된 건축물 4. 법 제64조제1항에 따라 설치되는 승강기를 비상용 승강기의 구조로 하는 경우
설치 기준	1. 높이 31미터를 넘는 각 층의 바닥면적 중 최대 바닥면적이 1천500제곱미터 이하인 건축물: 1대 이상 2. 높이 31미터를 넘는 각 층의 바닥면적 중 최대 바닥면적이 1천500제곱미터를 넘는 건축물: 1대에 1천500제곱미터를 넘는 3천 제곱미터 이내마다 1대씩 더한 대수 이상 3. 2대 이상의 비상용 승강기를 설치하는 경우에는 화재가 났을 때 소화에 지장이 없도록 일정한 간격을 두고 설치하여야 함

● 비상용승용승강기의 승강장 및 승강로의 구조(설비기준 제10조)

구 분		구조 및 예외 규정
승강장	창문·출입구 기타 개구부를 제외한 부분	·당해 건축물의 다른 부분과 내화구조의 바닥 및 벽으로 구획할 것. ·공동주택의 경우에는 승강장과 특별피난계단(「건축물의 피난·방화구조 등의 기준에 관한 규칙」 제9조의 규정에 의한 특별피난계단)의 부속실과의 겸용부분을 특별피난계단의 계단실과 별도로 구획하는 때에는 승강장을 특별피난계단의 부속실과 겸용할 수 있다.
	출입구의 구조	·각층의 내부와 연결될 수 있도록 하되, 그 출입구(승강로의 출입구를 제외한다)에는 60분+ 방화문 또는 60분 방화문을 설치할 것.. ·피난층에는 60분+ 방화문 또는 60분 방화문을 설치하지 않을 수 있다.
	배연설비	·노대 또는 외부를 향하여 열 수 있는 창문이나 제14조제2항의 규정에 의한 배연설비를 설치할 것
	마감재료	·벽 및 반자가 실내에 접하는 부분의 마감재료(마감을 위한 바탕을 포함)은 불연재료로 할 것
	조명설비	·채광이 되는 창문이 있거나 예비전원에 의한 조명설비를 할 것
	바닥면적	·승강장의 바닥면적은 비상용승강기 1대에 대하여 6제곱미터 이상으로 할 것. 다만, 옥외에 승강장을 설치하는 경우에는 그러하지 아니하다.
	출입구의 거리	·피난층이 있는 승강장의 출입구(승강장이 없는 경우에는 승강로의 출입구)로부터 도로 또는 공지(공원·광장 기타 이와 유사한 것으로서 피난 및 소화를 위한 당해 대지에의 출입에 지장이 없는 것을 말한다)에 이르는 거리가 30미터 이하일 것
	표 지	·승강장 출입구 부근의 잘 보이는 곳에 당해 승강기가 비상용승강기임을 알 수 있는 표지를 할 것
승강로		·승강로는 당해 건축물의 다른 부분과 내화구조로 구획할 것 ·각층으로부터 피난층까지 이르는 승강로를 단일구조로 연결하여 설치할 것

8. 건축물의 에너지절약과 이용(녹색건축물 조성 지원법, 건축물의 에너지절약 설계기준)

● 건축물의 열손실방지등 에너지이용합리화를 위한 조치(건축물의 에너지절약 설계기준 제2조)

건축물을 건축하거나 대수선, 용도변경 및 건축물대장의 기재내용을 변경하는 경우에는 다음 기준에 의한 열손실방지 등의 에너지이용합리화를 위한 조치를 하여야 한다.

적 용 구 분	설 계 기 준
·거실의 외벽 ·최상층에 있는 거실의 반자 또는 지붕 ·최하층에 있는 거실의 바닥 ·바닥난방을 하는 층간 바닥, 거실의 창 및 문	·별표1의 열관류율 기준 또는 별표3의 단열재 두께 기준을 준수하여야 하고, 단열조치 일반사항 등은 제6조의 건축부문 의무사항을 따른다.
·건축물의 배치·구조 및 설비 등의 설계를 하는 경우	·에너지가 합리적으로 이용될 수 있도록 한다.

적 용 구 분	설 계 기 준
·열손실의 변동이 없는 증축, 대수선, 용도변경, 건축물대장의 기재내용 변경의 경우	·관련 조치를 하지 아니할 수 있다. (다만 종전에 열손실방지 등의 조치 예외대상이었으나 조치대상으로 용도변경 또는 건축물대장의 기재내용 변경의 경우에는 관련 조치를 하여야 한다)
·열손실방지 등의 조치 예외대상 (다만, 냉·난방 설비를 설치할 계획이 있는 건축물 또는 공간은 위 사항을 적용하여야 한다.)	1. 창고·차고·기계실 등으로서 거실의 용도로 사용하지 아니하고, 냉·난방 설비를 설치하지 아니하는 건축물 또는 공간 2. 냉·난방 설비를 설치하지 아니하고 용도 특성상 건축물 내부를 외기에 개방시켜 사용하는 등 열손실 방지조치를 하여도 에너지절약의 효과가 없는 건축물 또는 공간

● 지역별 건축물 부위의 열관류율표(건축물의 에너지절약 설계기준 별표1)

(단위 : W/㎡· K)

<table>
<tr><th colspan="4">지역 / 건축물의 부위</th><th>중부1지역[1)]</th><th>중부2지역[2)]</th><th>남부지역[3)]</th><th>제 주 도</th></tr>
<tr><td rowspan="4">거실의 외벽</td><td rowspan="2">외기에 직접 면하는 경우</td><td colspan="2">공동주택</td><td>0.150 이하</td><td>0.170 이하</td><td>0.220 이하</td><td>0.290 이하</td></tr>
<tr><td colspan="2">공동주택 외</td><td>0.170 이하</td><td>0.240 이하</td><td>0.320 이하</td><td>0.410 이하</td></tr>
<tr><td rowspan="2">외기에 간접 면하는 경우</td><td colspan="2">공동주택</td><td>0.210 이하</td><td>0.240 이하</td><td>0.310 이하</td><td>0.410 이하</td></tr>
<tr><td colspan="2">공동주택 외</td><td>0.240 이하</td><td>0.340 이하</td><td>0.450 이하</td><td>0.560 이하</td></tr>
<tr><td rowspan="2">최상층에 있는 거실의 반자 또는 지붕</td><td colspan="3">외기에 직접 면하는 경우</td><td colspan="2">0.150 이하</td><td>0.180 이하</td><td>0.250 이하</td></tr>
<tr><td colspan="3">외기에 간접 면하는 경우</td><td colspan="2">0.210 이하</td><td>0.260 이하</td><td>0.350 이하</td></tr>
<tr><td rowspan="4">최하층에 있는 거실의 바닥</td><td rowspan="2">외기에 직접 면하는 경우</td><td colspan="2">바닥난방인 경우</td><td>0.150 이하</td><td>0.170 이하</td><td>0.220 이하</td><td>0.290 이하</td></tr>
<tr><td colspan="2">바닥난방이 아닌 경우</td><td>0.170 이하</td><td>0.200 이하</td><td>0.250 이하</td><td>0.330 이하</td></tr>
<tr><td rowspan="2">외기에 간접 면하는 경우</td><td colspan="2">바닥난방인 경우</td><td>0.210 이하</td><td>0.240 이하</td><td>0.310 이하</td><td>0.410 이하</td></tr>
<tr><td colspan="2">바닥난방이 아닌 경우</td><td>0.240 이하</td><td>0.290 이하</td><td>0.350 이하</td><td>0.470 이하</td></tr>
<tr><td colspan="4">바닥난방인 층간바닥</td><td colspan="4">0.810 이하</td></tr>
<tr><td rowspan="6">창 및 문</td><td rowspan="3">외기에 직접 면하는 경우</td><td colspan="2">공동주택</td><td>0.900 이하</td><td>1.000 이하</td><td>1.200 이하</td><td>1.600 이하</td></tr>
<tr><td rowspan="2">공동주택 외</td><td>창</td><td>1.300 이하</td><td rowspan="2">1.500 이하</td><td rowspan="2">1.800 이하</td><td rowspan="2">2.200 이하</td></tr>
<tr><td>문</td><td>1.500 이하</td></tr>
<tr><td rowspan="3">외기에 간접 면하는 경우</td><td colspan="2">공동주택</td><td>1.300 이하</td><td>1.500 이하</td><td>1.700 이하</td><td>2.000 이하</td></tr>
<tr><td rowspan="2">공동주택 외</td><td>창</td><td>1.600 이하</td><td rowspan="2">1.900 이하</td><td rowspan="2">2.200 이하</td><td rowspan="2">2.800 이하</td></tr>
<tr><td>문</td><td>1.900 이하</td></tr>
<tr><td rowspan="2">공동주택 세대현관문 및 방화문</td><td colspan="3">외기에 직접 면하는 경우 및 거실 내 방화문</td><td colspan="4">1.400 이하</td></tr>
<tr><td colspan="3">외기에 간접 면하는 경우</td><td colspan="4">1.800 이하</td></tr>
</table>

비 고

1) 중부1지역 : 강원도(고성, 속초, 양양, 강릉, 동해, 삼척 제외), 경기도(연천, 포천, 가평, 남양주, 의정부, 양주, 동두천, 파주), 충청북도(제천), 경상북도(봉화, 청송)
2) 중부2지역 : 서울특별시, 대전광역시, 세종특별자치시, 인천광역시, 강원도(고성, 속초, 양양, 강릉, 동해, 삼척), 경기도(연천, 포천, 가평, 남양주, 의정부, 양주, 동두천, 파주 제외), 충청북도(제천 제외), 충청남도, 경상북도(봉화, 청송, 울진, 영덕, 포항, 경주, 청도, 경산 제외), 전라북도, 경상남도(거창, 함양)
3) 남부지역 : 부산광역시, 대구광역시, 울산광역시, 광주광역시, 전라남도, 경상북도(울진, 영덕, 포항, 경주, 청도, 경산), 경상남도(거창, 함양 제외)

● 단열재의 두께(건축물의 에너지절약 설계기준 별표3)

[중부1지역] (단위: mm)

건축물의 부위 \ 단열재의 등급			단열재 등급별 허용 두께 가	나	다	라
거실의 외벽	외기에 직접 면하는 경우	공동주택	220	255	295	325
		공동주택 외	190	225	260	285
	외기에 간접 면하는 경우	공동주택	150	180	205	225
		공동주택 외	130	155	175	195
최상층에 있는 거실의 반자 또는 지붕	외기에 직접 면하는 경우		220	260	295	330
	외기에 간접 면하는 경우		155	180	205	230
최하층에 있는 거실의 바닥	외기에 직접 면하는 경우	바닥난방인 경우	215	250	290	320
		바닥난방이 아닌 경우	195	230	265	290
	외기에 간접 면하는 경우	바닥난방인 경우	145	170	195	220
		바닥난방이 아닌 경우	135	155	180	200
바닥난방인 층간바닥			30	35	45	50

[중부2지역] (단위: mm)

건축물의 부위 \ 단열재의 등급			단열재 등급별 허용 두께 가	나	다	라
거실의 외벽	외기에 직접 면하는 경우	공동주택	190	225	260	285
		공동주택 외	135	155	180	200
	외기에 간접 면하는 경우	공동주택	130	155	175	195
		공동주택 외	90	105	120	135
최상층에 있는 거실의 반자 또는 지붕	외기에 직접 면하는 경우		220	260	295	330
	외기에 간접 면하는 경우		155	180	205	230
최하층에 있는 거실의 바닥	외기에 직접 면하는 경우	바닥난방인 경우	190	220	255	280
		바닥난방이 아닌 경우	165	195	220	245
	외기에 간접 면하는 경우	바닥난방인 경우	125	150	170	185
		바닥난방이 아닌 경우	110	125	145	160
바닥난방인 층간바닥			30	35	45	50

[남부지역] (단위: mm)

건축물의 부위 \ 단열재의 등급			단열재 등급별 허용 두께 가	나	다	라
거실의 외벽	외기에 직접 면하는 경우	공동주택	145	170	200	220
		공동주택 외	100	115	130	145
	외기에 간접 면하는 경우	공동주택	100	115	135	150
		공동주택 외	65	75	90	95
최상층에 있는 거실의 반자 또는 지붕	외기에 직접 면하는 경우		180	215	245	270
	외기에 간접 면하는 경우		120	145	165	180
최하층에 있는 거실의 바닥	외기에 직접 면하는 경우	바닥난방인 경우	140	165	190	210
		바닥난방이 아닌 경우	130	155	175	195
	외기에 간접 면하는 경우	바닥난방인 경우	95	110	125	140
		바닥난방이 아닌 경우	90	105	120	130
바닥난방인 층간바닥			30	35	45	50

[제주도] (단위: mm)

건축물의 부위 ＼ 단열재의 등급			단열재 등급별 허용 두께			
			가	나	다	라
거실의 외벽	외기에 직접 면하는 경우	공동주택	110	130	145	165
		공동주택 외	75	90	100	110
	외기에 간접 면하는 경우	공동주택	75	85	100	110
		공동주택 외	50	60	70	75
최상층에 있는 거실의 반자 또는 지붕	외기에 직접 면하는 경우		130	150	175	190
	외기에 간접 면하는 경우		90	105	120	130
최하층에 있는 거실의 바닥	외기에 직접 면하는 경우	바닥난방인 경우	105	125	140	155
		바닥난방이 아닌 경우	100	115	130	145
	외기에 간접 면하는 경우	바닥난방인 경우	65	80	90	100
		바닥난방이 아닌 경우	65	75	85	95
바닥난방인 층간바닥			30	35	45	50

비 고

1) 중부1지역 : 강원도(고성, 속초, 양양, 강릉, 동해, 삼척 제외), 경기도(연천, 포천, 가평, 남양주, 의정부, 양주, 동두천, 파주), 충청북도(제천), 경상북도(봉화, 청송)

2) 중부2지역 : 서울특별시, 대전광역시, 세종특별자치시, 인천광역시, 강원도(고성, 속초, 양양, 강릉, 동해, 삼척), 경기도(연천, 포천, 가평, 남양주, 의정부, 양주, 동두천, 파주 제외), 충청북도(제천 제외), 충청남도, 경상북도(봉화, 청송, 울진, 영덕, 포항, 경주, 청도, 경산 제외), 전라북도, 경상남도(거창, 함양)

3) 남부지역 : 부산광역시, 대구광역시, 울산광역시, 광주광역시, 전라남도, 경상북도(울진, 영덕, 포항, 경주, 청도, 경산), 경상남도(거창, 함양 제외)

● 에너지절약계획서 제출 대상 및 예외 대상

제 출 대 상	제 외 대 상
·연면적의 합계가 500제곱미터 이상인 건축물	1. 「건축법 시행령」 별표 1 제1호에 따른 단독주택 2. 문화 및 집회시설 중 동·식물원 3. 「건축법 시행령」 별표 1 제17호부터 제26호까지의 건축물 중 냉방 및 난방 설비를 모두 설치하지 아니하는 건축물 4. 그 밖에 국토교통부장관이 에너지 절약계획서를 첨부할 필요가 없다고 정하여 고시하는 건축물

9. 관계전문기술자(건축법 제67조, 시행령 제91조의3, 규칙 제36조의2)

● 관계전문기술자의 협력

① 설계자와 공사감리자는 설계 및 공사감리를 할 때 대통령령으로 정하는 바에 따라 다음 각 호의 어느 하나의 자격을 갖춘 관계전문기술자(「기술사법」 제21조제2호에 따라 벌칙을 받은 후 대통령령으로 정하는 기간이 경과되지 아니한 자는 제외)의 협력을 받아야 한다.

1. 「기술사법」 제6조에 따라 기술사사무소를 개설등록한 자
2. 「건설기술 진흥법」 제26조에 따라 건설기술용역업자로 등록한 자
3. 「엔지니어링산업 진흥법」 제21조에 따라 엔지니어링사업자의 신고를 한 자
4. 「전력기술관리법」 제14조에 따라 설계업 및 감리업으로 등록한 자

② 관계전문기술자는 건축물이 이 법 및 이 법에 따른 명령이나 처분, 그 밖의 관계 법령에 맞고 안전·기능 및 미관에 지장이 없도록 업무를 수행하여야 한다.

적 용 구 분	세 부 사 항
·협력 대상	·설계자와 공사감리자
·협력요구 대상	·대지의 안전 ·건축물의 구조상 안전 ·부속구조물 및 건축설비의 설치
·협력 시기	·설계 및 공사감리

● 관계전문기술자의 협력을 받아야 하는 대상건축물

적 용 대 상	관계전문기술자
1. 6층 이상인 건축물 2. 특수구조 건축물 3. 다중이용 건축물 4. 준다중이용 건축물 5. 3층 이상의 필로티형식 건축물 6. 제32조제2항제6호에 해당하는 건축물 중 국토교통부령으로 정하는 건축물 ·국토교통부령으로 정하는 지진구역 안의 건축물	·해당 건축물에 대한 구조의 안전을 확인하는 경우에는 건축구조기술사의 협력
·연면적 1만제곱미터 이상인 건축물(창고시설은 제외) 또는 에너지를 대량으로 소비하는 건축물로서 국토교통부령으로 정하는 건축물에 건축설비를 설치하는 경우	1.전기, 승강기(전기 분야만 해당한다) 및 피뢰침: 「기술사법」에 따라 등록한 건축전기설비기술사 또는 발송배전기술사 2.급수·배수(配水)·배수(排水)·환기·난방·소화·배연·오물처리 설비 및 승강기(기계 분야만 해당한다): 「기술사법」에 따라 등록한 건축기계설비기술사 또는 공조냉동기계기술사 3.가스설비: 「기술사법」에 따라 등록한 건축기계설비기술사, 공조냉동기계기술사 또는 가스기술사
·깊이 10미터 이상의 토지 굴착공사 또는 높이 5미터 이상의 옹벽 등의 공사를 수반하는 건축물	·「기술사법」에 따라 등록한 토목 분야 기술사 또는 국토개발 분야의 지질 및 기반 기술사

적 용 대 상	관계전문기술자
·안전상 필요하다고 인정하는 경우 ·관계 법령에서 정하는 경우 ·설계계약 또는 감리계약에 따라 건축주가 요청하는 경우	·해당 관계전문기술자의 협력
·3층 이상인 필로티형식 건축물의 공사감리자	·법 제48조에 따른 건축물의 구조상 안전을 위한 공사감리를 할 때 공사가 제18조의2제2항제3호나목에 따른 단계에 다다른 경우마다 법 제67조제1항제1호부터 제3호까지의 규정에 따른 관계전문기술자의 협력을 받아야 한다. 이 경우 관계전문기술자는 「건설기술 진흥법 시행령」 별표 1 제3호라목1)에 따른 건축구조 분야의 특급 또는 고급기술자의 자격요건을 갖춘 소속 기술자로 하여금 업무를 수행하게 할 수 있다.
·특수구조 건축물 및 고층건축물의 공사	·제19조제3항제1호 각 목 및 제2호 각 목에 해당하는 공정에 다다를 때 건축구조기술사의 협력
	·해당 공정 1. 해당 건축물의 구조가 철근콘크리트조·철골철근콘크리트조·조적조 또는 보강콘크리트블럭조인 경우에는 다음 각 목의 어느 하나에 해당하게 된 경우 가. 기초공사 시 철근배치를 완료한 경우 나. 지붕슬래브배근을 완료한 경우 다. 지상 5개 층마다 상부 슬래브배근을 완료한 경우 2. 해당 건축물의 구조가 철골조인 경우에는 다음 각 목의 어느 하나에 해당하게 된 경우 가. 기초공사 시 철근배치를 완료한 경우 나. 지붕철골 조립을 완료한 경우 다. 지상 3개 층마다 또는 높이 20미터마다 주요구조부의 조립을 완료한 경우
·설계자 또는 공사감리자에게 협력한 관계전문기술자는 공사 현장을 확인하고, 그가 작성한 설계도서 또는 감리중간보고서 및 감리완료보고서에 설계자 또는 공사감리자와 함께 서명날인하여야 한다. ·구조 안전의 확인에 관하여 설계자에게 협력한 건축구조기술사는 구조의 안전을 확인한 건축물의 구조도 등 구조 관련 서류에 설계자와 함께 서명날인하여야 한다.	

Checklist

법원문요약

제8장
특별건축구역

1. 특별건축구역안의 건축물

1. 특별건축구역의 건축물(건축법 제70조, 시행령 제106조)

특별건축구역에서 제73조에 따라 건축기준 등의 특례사항을 적용하여 건축할 수 있는 건축물은 다음 각 호의 어느 하나에 해당되어야 한다.

1. 국가 또는 지방자치단체가 건축하는 건축물
2. 「공공기관의 운영에 관한 법률」 제4조에 따른 공공기관 중 대통령령으로 정하는 공공기관이 건축하는 건축물
   . 「한국토지주택공사법」에 따른 한국토지주택공사
   . 「한국수자원공사법」에 따른 한국수자원공사
   . 「한국도로공사법」에 따른 한국도로공사
   . 「한국철도공사법」에 따른 한국철도공사
   . 「한국철도시설공단법」에 따른 한국철도시설공단
   . 「한국관광공사법」에 따른 한국관광공사
   . 「한국농어촌공사 및 농지관리기금법」에 따른 한국농어촌공사
3. 그 밖에 대통령령으로 정하는 용도·규모의 건축물로서 도시경관의 창출, 건설기술 수준향상 및 건축 관련 제도개선을 위하여 특례 적용이 필요하다고 허가권자가 인정하는 건축물[특별건축구역의 특례사항 적용 대상 건축물(시행령 별표3)]

● 특별건축구역의 특례사항 적용 대상 건축물(시행령 제106조제2항 관련)

용 도	규 모(연면적, 세대 또는 동)
·문화 및 집회시설, 판매시설, 운수시설, 의료시설, 교육연구시설, 수련시설	2천제곱미터 이상
·운동시설, 업무시설, 숙박시설, 관광휴게시설, 방송통신시설	3천제곱미터 이상
·종교시설	-
·노유자시설	5백제곱미터 이상
·공동주택(아파트 및 연립주택만 해당한다)	300세대 이상 (주거용 외의 용도와 복합된 경우에는 200세대 이상)
·단독주택 가. 「한옥 등 건축자산의 진흥에 관한 법률」 제2조제2호 또는 제3호의 한옥 또는 한옥건축양식의 단독주택 나. 그 밖의 단독주택	1) 10동 이상 2) 30동 이상
·그 밖의 용도	1천제곱미터 이상

비고
1. 위 표의 용도에 해당하는 건축물은 허가권자가 인정하는 비슷한 용도의 건축물을 포함한다.
2. 용도가 복합된 건축물의 경우에는 해당 용도의 연면적 합계가 기준 연면적을 합한 값 이상이어야 한다. 이 경우 공동주택과 주거용 외의 용도가 복합된 건축물의 경우에는 각각 해당 용도의 연면적 또는 세대 기준에 적합해야 한다.
3. 위 표 제6호가목의 건축물에는 허가권자가 인정하는 범위에서 단독주택 외의 용도로 쓰는 한옥 또는 한옥건축양식의 건축물을 일부 포함할 수 있다.

Checklist

법원문요약

제9장 보칙

1. 옹벽 및 공작물 등에의 준용
2. 면적 등의 산정방법

1. 옹벽 및 공작물 등에의 준용(건축법 제83조, 영 제118조)

법 제83조제1항에 따라 공작물을 축조(건축물과 분리하여 축조하는 것을 말한다. 이하 이 조에서 같다)할 때 특별자치시장·특별자치도지사 또는 시장·군수·구청장에게 신고를 하여야 한다.

● 특별자치시장·특별자치도지사 또는 시장·군수·구청장에게 신고를 하여야 하는 공작물

기 준	규 모(연면적, 세대 또는 동)
·높이 2미터 이상	·옹벽 또는 담장
·높이 4미터 이상	·광고탑, 광고판, 그 밖에 이와 비슷한 것
·높이 5미터 이상	·「신에너지 및 재생에너지 개발·이용·보급 촉진법」 제2조제2호가목에 따른 태양에너지를 이용하는 발전설비와 그 밖에 이와 비슷한 것
·높이 6미터 이상	·굴뚝 ·장식탑, 기념탑, 그 밖에 이와 비슷한 것 ·골프연습장 등의 운동시설을 위한 철탑, 주거지역·상업지역에 설치하는 통신용 철탑, 그 밖에 이와 비슷한 것
·높이 8미터 이상	·고가수조나 그 밖에 이와 비슷한 것
·높이 8미터 이하 (위험을 방지하기 위한 난간의 높이는 제외)	·기계식 주차장 및 철골 조립식 주차장(바닥면이 조립식이 아닌 것을 포함)으로서 외벽이 없는 것
·바닥면적 30제곱미터 이상	·지하대피호
·건축조례로 정하는 시설	·제조시설, 저장시설(시멘트사일로를 포함), 유희시설, 그 밖에 이와 비슷한 것 ·건축물의 구조에 심대한 영향을 줄 수 있는 중량물

·위의 어느 하나에 해당하는 공작물을 축조하려는 자는 공작물 축조신고서와 국토교통부령으로 정하는 설계도서를 특별자치시장·특별자치도지사 또는 시장·군수·구청장에게 제출(전자문서에 의한 제출을 포함)하여야 한다.

● 공작물의 축조에 관하여 법의 일부 규정을 준용하는 경우

위 각호의 공작물에 대하여는 법 제83조제3항에 따라 법 제14조, 제21조제3항, 제29조, 제35조제1항, 제40조제4항, 제41조, 제47조, 제48조, 제55조, 제58조, 제60조, 제61조, 제79조, 제81조, 제84조, 제85조, 제87조 및「국토의 계획 및 이용에 관한 법률」 제76조를 준용한다. 다만 다음 사항에 대하여서는 다음과 같이 준용한다.

기 준	세 부 사 항
·높이 4미터를 넘는 광고탑, 광고판, 그 밖에 이와 비슷한 것	·「옥외광고물 등의 관리와 옥외광고산업 진흥에 관한 법률」에 따라 허가를 받거나 신고를 한 공작물에 대해서는 법 제14조를 준용하지 아니한다.
·높이 2미터를 넘는 옹벽 또는 담장	·법 제61조를 준용하되 법 제58조를 준용하지 아니한다.
·높이 8미터 이하의 기계식 주차장 및 철골 조립식 주차장으로서 외벽이 없는 것	·법 제61조를 준용하되 법 제55조를 준용하지 아니한다.

·위에 따라 법 제48조를 준용하는 경우 해당 공작물에 대한 구조 안전 확인의 내용 및 방법 등은 국토교통부령으로 정한다.
·특별자치시장·특별자치도지사 또는 시장·군수·구청장은 제1항에 따라 공작물 축조신고를 받았으면 국토교통부령으로 정하는 바에 따라 공작물 관리대장에 그 내용을 작성하고 관리하여야 한다.
·공작물 관리대장은 전자적 처리가 불가능한 특별한 사유가 없으면 전자적 처리가 가능한 방법으로 작성하고 관리하여야 한다.

2. 면적 등의 산정방법(건축법 제84조, 영 제119조)

건축물의 대지면적, 연면적, 바닥면적, 높이, 처마, 천장, 바닥 및 층수의 산정방법은 대통령령으로 정한다.

● 면적 등의 방법

구 분	정 의 및 세 부 내 용	
대지면적	대지의 수평투영면적	다음 각 목의 어느 하나에 해당하는 면적은 제외한다. 가. 법 제46조제1항 단서에 따라 대지에 건축선이 정하여진 경우: 그 건축선과 도로 사이의 대지면적 나. 대지에 도시·군계획시설인 도로·공원 등이 있는 경우: 그 도시·군계획시설에 포함되는 대지(「국토의 계획 및 이용에 관한 법률」 제47조제7항에 따라 건축물 또는 공작물을 설치하는 도시·군계획시설의 부지는 제외)면적
건축면적	건축물의 외벽(외벽이 없는 경우에는 외곽 부분의 기둥을 말한다. 이하 이 호에서 같다)의 중심선으로 둘러싸인 부분의 수평투영면적	가. 처마, 차양, 부연(附椽), 그 밖에 이와 비슷한 것으로서 그 외벽의 중심선으로부터 수평거리 1미터 이상 돌출된 부분이 있는 건축물의 건축면적은 그 돌출된 끝부분으로부터 다음의 구분에 따른 수평거리를 후퇴한 선으로 둘러싸인 부분의 수평투영면적으로 한다. 1) 「전통사찰의 보존 및 지원에 관한 법률」 제2조제1호에 따른 전통사찰: 4미터 이하의 범위에서 외벽의 중심선까지의 거리 2) 사료 투여, 가축 이동 및 가축 분뇨 유출 방지 등을 위하여 처마, 차양, 부연, 그 밖에 이와 비슷한 것이 설치된 축사: 3미터 이하의 범위에서 외벽의 중심선까지의 거리(두 동의 축사가 하나의 차양으로 연결된 경우에는 6미터 이하의 범위에서 축사 양 외벽의 중심선까지의 거리를 말한다) 3) 한옥: 2미터 이하의 범위에서 외벽의 중심선까지의 거리 4) 「환경친화적자동차의 개발 및 보급 촉진에 관한 법률 시행령」 제18조의5에 따른 충전시설(그에 딸린 충전 전용 주차구획을 포함한다)의 설치를 목적으로 처마, 차양, 부연, 그 밖에 이와 비슷한 것이 설치된 공동주택(「주택법」 제15조에 따른 사업계획승인 대상으로 한정한다): 2미터 이하의 범위에서 외벽의 중심선까지의 거리 5) 「신에너지 및 재생에너지 개발·이용·보급 촉진법」 제2조제3호에 따른 신·재생에너지 설비(신·재생에너지를 생산하거나 이용하기 위한 것만 해당한다)를 설치하기 위하여 처마, 차양, 부연, 그 밖에 이와 비슷한 것이 설치된 건축물로서 「녹색건축물 조성 지원법」 제17조에 따른 제로에너지건축물 인증을 받은 건축물: 2미터 이하의 범위에서 외벽의 중심선까지의 거리 6) 그 밖의 건축물: 1미터 나. 다음의 건축물의 건축면적은 국토교통부령으로 정하는 바에 따라 산정한다. 1) 태양열을 주된 에너지원으로 이용하는 주택 2) 창고 또는 공장 중 물품을 입출고하는 부위의 상부에 한쪽 끝은 고정되고 다른 쪽 끝은 지지되지 않는 구조로 설치된 돌출차양 3) 단열재를 구조체의 외기측에 설치하는 단열공법으로 건축된 건축물 다. 다음의 경우에는 건축면적에 산입하지 아니한다. 1) 지표면으로부터 1미터 이하에 있는 부분(창고 중 물품을 입출고하기 위하여 차량을 접안시키는 부분의 경우에는 지표면으로부터 1.5미터 이하에 있는 부분) 2) 「다중이용업소의 안전관리에 관한 특별법 시행령」 제9조에 따라 기존의 다중이용업소(2004년 5월 29일 이전의 것만 해당한다)의 비상구에 연결하여 설치하는 폭 2미터 이하의 옥외 피난계단(기존 건축물에 옥외 피난계단을 설치함으로써 법 제55조에 따른 건폐율의 기준에 적합하지 않게 된 경우만 해당한다) 3) 건축물 지상층에 일반인이나 차량이 통행할 수 있도록 설치한 보행통로나 차량통로 4) 지하주차장의 경사로 5) 건축물 지하층의 출입구 상부(출입구 너비에 상당하는 규모의 부분을 말한다) 6) 생활폐기물 보관시설(음식물쓰레기, 의류 등의 수거시설을 말한다. 이하 같다) 7) 「영유아보육법」 제15조에 따른 어린이집(2005년 1월 29일 이전에 설치된 것만 해당한다)의 비상구에 연결하여 설치하는 폭 2미터 이하의 영유아용 대피용 미끄럼대 또는 비상계단(기존 건축물에 영유아용 대피용 미끄럼대 또는 비상계단을 설치함으로써 법 제55조에 따른 건폐율 기준에 적합하지 않게 된 경우만 해당한다)

구 분		정 의 및 세 부 내 용
건축면적		8) 「장애인·노인·임산부 등의 편의증진 보장에 관한 법률 시행령」 별표 2의 기준에 따라 설치하는 장애인용 승강기, 장애인용 에스컬레이터, 휠체어리프트 또는 경사로 9) 「가축전염병 예방법」 제17조제1항제1호에 따른 소독설비를 갖추기 위하여 같은 호에 따른 가축사육시설(2015년 4월 27일 전에 건축되거나 설치된 가축사육시설로 한정한다)에서 설치하는 시설 10) 「매장문화재 보호 및 조사에 관한 법률 시행령」 제14조제1항제1호 및 제2호에 따른 현지보존 및 이전보존을 위하여 매장문화재 보호 및 전시에 전용되는 부분 11) 「가축분뇨의 관리 및 이용에 관한 법률」 제12조제1항에 따른 처리시설(법률 제12516호 가축분뇨의 관리 및 이용에 관한 법률 일부개정법률 부칙 제9조에 해당하는 배출시설의 처리시설로 한정한다) 12) 「영유아보육법」 제15조에 따른 설치기준에 따라 직통계단 1개소를 갈음하여 건축물의 외부에 설치하는 비상계단(같은 조에 따른 어린이집이 2011년 4월 6일 이전에 설치된 경우로서 기존 건축물에 비상계단을 설치함으로써 법 제55조에 따른 건폐율 기준에 적합하지 않게 된 경우만 해당한다)
바닥면적	건축물의 각 층 또는 그 일부로서 벽, 기둥, 그 밖에 이와 비슷한 구획의 중심선으로 둘러싸인 부분의 수평투영면적	다음에 해당하는 경우에는 각 목에서 정하는 바에 따른다. 가. 벽·기둥의 구획이 없는 건축물은 그 지붕 끝부분으로부터 수평거리 1미터를 후퇴한 선으로 둘러싸인 수평투영면적으로 한다. 나. 주택의 발코니 등 건축물의 노대나 그 밖에 이와 비슷한 것(이하 "노대등"이라 한다)의 바닥은 난간 등의 설치 여부에 관계없이 노대등의 면적(외벽의 중심선으로부터 노대등의 끝부분까지의 면적을 말한다)에서 노대등이 접한 가장 긴 외벽에 접한 길이에 1.5미터를 곱한 값을 뺀 면적을 바닥면적에 산입한다. 다. 필로티나 그 밖에 이와 비슷한 구조(벽면적의 2분의 1 이상이 그 층의 바닥면에서 위층 바닥 아래면까지 공간으로 된 것만 해당한다)의 부분은 그 부분이 공중의 통행이나 차량의 통행 또는 주차에 전용되는 경우와 공동주택의 경우에는 바닥면적에 산입하지 아니한다. 라. 승강기탑(옥상 출입용 승강장을 포함한다), 계단탑, 장식탑, 다락[층고(層高)가 1.5미터(경사진 형태의 지붕인 경우에는 1.8미터) 이하인 것만 해당한다], 건축물의 내부에 설치하는 냉방설비 배기장치 전용 설치공간(각 세대나 실별로 외부 공기에 직접 닿는 곳에 설치하는 경우로서 1제곱미터 이하로 한정한다), 건축물의 외부 또는 내부에 설치하는 굴뚝, 더스트슈트, 설비덕트, 그 밖에 이와 비슷한 것과 옥상·옥외 또는 지하에 설치하는 물탱크, 기름탱크, 냉각탑, 정화조, 도시가스 정압기, 그 밖에 이와 비슷한 것을 설치하기 위한 구조물과 건축물 간에 화물의 이동에 이용되는 컨베이어벨트만을 설치하기 위한 구조물은 바닥면적에 산입하지 않는다. 마. 공동주택으로서 지상층에 설치한 기계실, 전기실, 어린이놀이터, 조경시설 및 생활폐기물 보관시설의 면적은 바닥면적에 산입하지 않는다. 바. 「다중이용업소의 안전관리에 관한 특별법 시행령」 제9조에 따라 기존의 다중이용업소(2004년 5월 29일 이전의 것만 해당한다)의 비상구에 연결하여 설치하는 폭 1.5미터 이하의 옥외 피난계단(기존 건축물에 옥외 피난계단을 설치함으로써 법 제56조에 따른 용적률에 적합하지 아니하게 된 경우만 해당한다)은 바닥면적에 산입하지 아니한다. 사. 제6조제1항제6호에 따른 건축물을 리모델링하는 경우로서 미관 향상, 열의 손실 방지 등을 위하여 외벽에 부가하여 마감재 등을 설치하는 부분은 바닥면적에 산입하지 아니한다. 아. 제1항제2호나목3)의 건축물의 경우에는 단열재가 설치된 외벽 중 내측 내력벽의 중심선을 기준으로 산정한 면적을 바닥면적으로 한다. 자. 「영유아보육법」 제15조에 따른 어린이집(2005년 1월 29일 이전에 설치된 것만 해당한다)의 비상구에 연결하여 설치하는 폭 2미터 이하의 영유아용 대피용 미끄럼대 또는 비상계단의 면적은 바닥면적(기존 건축물에 영유아용 대피용 미끄럼대 또는 비상계단을 설치함으로써 법 제56조에 따른 용적률 기준에 적합하지 아니하게 된 경우만 해당한다)에 산입하지 아니한다. 차. 「장애인·노인·임산부 등의 편의증진 보장에 관한 법률 시행령」 별표 2의 기준에 따라 설치하는 장애인용 승강기, 장애인용 에스컬레이터, 휠체어리프트 또는 경사로는 바닥면적에 산입하지 아니한다. 카. 「가축전염병 예방법」 제17조제1항제1호에 따른 소독설비를 갖추기 위하여 같은 호에 따른 가축사육시설(2015년 4월 27일 전에 건축되거나 설치된 가축사육시설로 한정한다)에서 설치하는 시설은 바닥면적에 산입하지 아니한다.

구 분	정 의 및 세 부 내 용	
바닥면적		타. 「매장문화재 보호 및 조사에 관한 법률 시행령」 제14조제1항제1호 및 제2호에 따른 현지보존 및 이전보존을 위하여 매장문화재 보호 및 전시에 전용되는 부분은 바닥면적에 산입하지 아니한다. 파. 「영유아보육법」 제15조에 따른 설치기준에 따라 직통계단 1개소를 갈음하여 건축물의 외부에 설치하는 비상계단의 면적은 바닥면적(같은 조에 따른 어린이집이 2011년 4월 6일 이전에 설치된 경우로서 기존 건축물에 비상계단을 설치함으로써 법 제56조에 따른 용적률 기준에 적합하지 않게 된 경우만 해당한다)에 산입하지 않는다. 하. 지하주차장의 경사로(지상층에서 지하 1층으로 내려가는 부분으로 한정한다)는 바닥면적에 산입하지 않는다. 거. 제46조제4항제3호에 따른 대피공간의 바닥면적은 건축물의 각 층 또는 그 일부로서 벽의 내부선으로 둘러싸인 부분의 수평투영면적으로 한다. 너. 제46조제5항제3호 또는 제4호에 따른 구조 또는 시설(해당 세대 밖으로 대피할 수 있는 구조 또는 시설만 해당한다)을 같은 조 제4항에 따른 대피공간에 설치하는 경우 또는 같은 조 제5항제4호에 따른 대체시설을 발코니(발코니의 외부에 접하는 경우를 포함한다. 이하 같다)에 설치하는 경우에는 해당 구조 또는 시설이 설치되는 대피공간 또는 발코니의 면적 중 다음의 구분에 따른 면적까지를 바닥면적에 산입하지 않는다. 1) 인접세대와 공동으로 설치하는 경우: 4제곱미터 2) 각 세대별로 설치하는 경우: 3제곱미터
연면적	하나의 건축물 각 층의 바닥면적의 합계	용적률을 산정할 때에는 다음 각 목에 해당하는 면적은 제외한다. 가. 지하층의 면적 나. 지상층의 주차용(해당 건축물의 부속용도인 경우만 해당한다)으로 쓰는 면적 다. 제34조제3항 및 제4항에 따라 초고층 건축물과 준초고층 건축물에 설치하는 피난안전구역의 면적 라. 제40조제4항제2호에 따라 건축물의 경사지붕 아래에 설치하는 대피공간의 면적
건축물의 높이	지표면으로부터 그 건축물의 상단까지의 높이	·건축물의 1층 전체에 필로티(건축물을 사용하기 위한 경비실, 계단실, 승강기실, 그 밖에 이와 비슷한 것을 포함)이 설치되어 있는 경우에는 필로티의 층고를 제외한 높이 ·다음 각 목의 어느 하나에 해당하는 경우에는 각 목에서 정하는 바에 따른다. 가. 법 제60조에 따른 건축물의 높이는 전면도로의 중심선으로부터의 높이로 산정한다. 다만, 전면도로가 다음의 어느 하나에 해당하는 경우에는 그에 따라 산정한다. 1) 건축물의 대지에 접하는 전면도로의 노면에 고저차가 있는 경우에는 그 건축물이 접하는 범위의 전면도로부분의 수평거리에 따라 가중평균한 높이의 수평면을 전면도로면으로 본다. 2) 건축물의 대지의 지표면이 전면도로보다 높은 경우에는 그 고저차의 2분의 1의 높이만큼 올라온 위치에 그 전면도로의 면이 있는 것으로 본다.나. 법 제61조에 따른 건축물 높이를 산정할 때 건축물 대지의 지표면과 인접 대지의 지표면 간에 고저차가 있는 경우에는 그 지표면의 평균 수평면을 지표면으로 본다. 다만, 법 제61조제2항에 따른 높이를 산정할 때 해당 대지가 인접 대지의 높이보다 낮은 경우에는 해당 대지의 지표면을 지표면으로 보고, 공동주택을 다른 용도와 복합하여 건축하는 경우에는 공동주택의 가장 낮은 부분을 그 건축물의 지표면으로 본다. 다. 건축물의 옥상에 설치되는 승강기탑·계단탑·망루·장식탑·옥탑 등으로서 그 수평투영면적의 합계가 해당 건축물 건축면적의 8분의 1(「주택법」 제15조제1항에 따른 사업계획승인 대상인 공동주택 중 세대별 전용면적이 85제곱미터 이하인 경우에는 6분의 1) 이하인 경우로서 그 부분의 높이가 12미터를 넘는 경우에는 그 넘는 부분만 해당 건축물의 높이에 산입한다. 라. 지붕마루장식·굴뚝·방화벽의 옥상돌출부나 그 밖에 이와 비슷한 옥상돌출물과 난간벽(그 벽면적의 2분의 1 이상이 공간으로 되어 있는 것만 해당한다)은 그 건축물의 높이에 산입하지 아니한다.
처마높이	지표면으로부터 건축물의 지붕틀 또는 이와 비슷한 수평재를 지지하는 벽·깔도리 또는 기둥의 상단까지의 높이	

구 분	정 의 및 세 부 내 용
반자높이	방의 바닥면으로부터 반자까지의 높이 (한 방에서 반자높이가 다른 부분이 있는 경우에는 그 각 부분의 반자면적에 따라 가중평균한 높이로 한다)
층 고	방의 바닥구조체 윗면으로부터 위층 바닥구조체의 윗면까지의 높이 (한 방에서 층의 높이가 다른 부분이 있는 경우에는 그 각 부분 높이에 따른 면적에 따라 가중평균한 높이로 한다.)
층 수	·승강기탑(옥상 출입용 승강장을 포함), 계단탑, 망루, 장식탑, 옥탑, 그 밖에 이와 비슷한 건축물의 옥상 부분으로서 그 수평투영면적의 합계가 해당 건축물 건축면적의 8분의 1(「주택법」 제15조제1항에 따른 사업계획승인 대상인 공동주택 중 세대별 전용면적이 85제곱미터 이하인 경우에는 6분의 1) 이하인 것과 지하층은 건축물의 층수에 산입하지 아니한다. ·층의 구분이 명확하지 아니한 건축물은 그 건축물의 높이 4미터마다 하나의 층으로 보고 그 층수를 산정한다. ·건축물이 부분에 따라 그 층수가 다른 경우에는 그 중 가장 많은 층수를 그 건축물의 층수로 본다.
지하층의 지표면	각 층의 주위가 접하는 각 지표면 부분의 높이를 그 지표면 부분의 수평거리에 따라 가중평균한 높이의 수평면을 지표면으로 산정한다.

·위 항(지하층의 지표면은 제외)에 따른 기준에 따라 건축물의 면적·높이 및 층수 등을 산정할 때 지표면에 고저차가 있는 경우에는 건축물의 주위가 접하는 각 지표면 부분의 높이를 그 지표면 부분의 수평거리에 따라 가중평균한 높이의 수평면을 지표면으로 본다. 이 경우 그 고저차가 3미터를 넘는 경우에는 그 고저차 3미터 이내의 부분마다 그 지표면을 정한다.
·수평투영면적의 산정은 제1항제2호에 따른 건축면적의 산정방법에 따른다.
·다음 각 호의 요건을 모두 갖춘 건축물의 건폐율을 산정할 때에는 제1항제2호에도 불구하고 지방건축위원회의 심의를 통해 제2호에 따른 개방 부분의 상부에 해당하는 면적을 건축면적에서 제외할 수 있다.
  1. 다음 각 목의 어느 하나에 해당하는 시설로서 해당 용도로 쓰는 바닥면적의 합계가 1천제곱미터 이상일 것
    가. 문화 및 집회시설(공연장·관람장·전시장만 해당한다)
    나. 교육연구시설(학교·연구소·도서관만 해당한다)
    다. 수련시설 중 생활권 수련시설, 업무시설 중 공공업무시설
  2. 지면과 접하는 저층의 일부를 높이 8미터 이상으로 개방하여 보행통로나 공지 등으로 활용할 수 있는 구조·형태일 것
·제1항제5호다목 또는 제1항제9호에 따른 수평투영면적의 산정은 제1항제2호에 따른 건축면적의 산정방법에 따른다.
·국토교통부장관은 제1항부터 제4항까지에서 규정한 건축물의 면적, 높이 및 층수 등의 산정방법에 관한 구체적인 적용사례 및 적용방법 등을 작성하여 공개할 수 있다.

Checklist

법원문요약

제10장
면적 · 층수 · 높이 / 길이별

1. 건축물 면적별 법적용 사항
2. 건축물 층수별 법적용 사항
3. 건축물의 높이, 길이별 법적용 사항

1. 건축물 면적별 법적용 사항

면 적	검 토 항 목	법 조 문	내 용 요 약
30㎡	대수선의 범위	영3조의 2	내력벽을 증설 또는 해체하거나 그 벽면적을 30제곱미터 이상 수선 또는 변경하는 것
	건축신고	영11조	내력벽의 면적을 30제곱미터 이상 수선하는 것
	옹벽 등의 공작물의 준용	영118조	바닥면적 30제곱미터를 넘는 지하대피호(특별자치시장·특별자치도지사 또는 시장·군수·구청장에게 신고)
	방화지구의 건축물	용58조	주요구조부 및 외벽을 내화구조로 하지 아니할 수 있는 건축물 : 연면적 30제곱미터 미만인 단층 부속건축물로서 외벽 및 처마면이 내화구조 또는 불연재료로 된 것
50㎡	허가·신고사항의 변경 등	법16조 영12조	·건축물의 동수나 층수를 변경하지 아니하면서 변경되는 부분의 바닥면적의 합계가 50제곱미터 이하인 경우로서 변경되는 부분의 높이가 1미터 이하이거나 전체 높이의 10분의 1 이하 그리고 허가를 받거나 신고를 하고 건축 중인 부분의 위치 변경범위가 1미터 이내이면, 사용승인을 신청할 때 허가권자에게 일괄하여 신고할 수 있다.
	지하층의 구조	피난규칙25조	·거실의 바닥면적이 50제곱미터 이상인 층에는 직통계단외에 피난층 또는 지상으로 통하는 비상탈출구 및 환기통을 설치할 것. 다만, 직통계단이 2개소 이상 설치되어 있는 경우에는 그러하지 아니하다. ·제2종근린생활시설 중 공연장·단란주점·당구장·노래연습장, 문화 및 집회시설중 예식장·공연장, 수련시설 중 생활권수련시설·자연권수련시설, 숙박시설중 여관·여인숙, 위락시설중 단란주점·유흥주점 또는 「다중이용업소의 안전관리에 관한 특별법 시행령」 제2조에 따른 다중이용업의 용도에 쓰이는 층으로서 그 층의 거실의 바닥면적의 합계가 50제곱미터 이상인 건축물에는 직통계단을 2개소 이상 설치할 것
	건축물의 내화구조	영56조	·건축물의 주요구조부는 내화구조로 하여야 한다. 다만, 연면적이 50제곱미터 이하인 단층의 부속건축물로서 외벽 및 처마 밑면을 방화구조로 한 것과 무대의 바닥은 그러하지 아니하다. ·3층 이상인 건축물 및 지하층이 있는 건축물. 다만, 단독주택(다중주택 및 다가구주택은 제외), 동물 및 식물 관련 시설, 발전시설(발전소의 부속용도로 쓰는 시설은 제외), 교도소·감화원 또는 묘지 관련 시설(화장장은 제외)의 용도로 쓰는 건축물과 철강 관련 업종의 공장 중 제어실로 사용하기 위하여 연면적 50제곱미터 이하로 증축하는 부분은 제외한다.
60㎡	건축물이 있는 대지의 분할	법57조 영80조	주거지역의 경우 60제곱미터 범위에서 해당 지방자치단체의 조례로 정하는 면적에 못 미치게 분할할 수 없다.
80㎡	내력벽의 높이 및 길이 등	구조기준31조	조적식구조인 내력벽으로 둘러쌓인 부분의 바닥면적은 80제곱미터를 넘을 수 없다.
85㎡	건축신고	법14조	바닥면적의 합계가 85제곱미터 이내의 증축·개축 또는 재축(3층 이상 건축물인 경우에는 증축·개축 또는 재축하려는 부분의 바닥면적의 합계가 건축물 연면적의 10분의 1 이내인 경우)하는 경우 미리 특별자치시장·특별자치도지사 또는 시장·군수·구청장에게 국토교통부령으로 정하는 바에 따라 신고를 하면 건축허가를 받은 것으로 본다.
	허가·신고사항의 변경 등	영12조	바닥면적의 합계가 85제곱미터를 초과하는 부분에 대한 증축·개축에 해당하는 변경인 경우에는 허가를 받고, 그 밖의 경우에는 신고할 것
		영119조	건축물의 옥상에 설치되는 승강기탑·계단탑·망루·장식탑·옥탑 등으로서 그 수평투영면적의 합계가 해당 건축물 건축면적의 8분의 1(「주택법」 제15조제1항에 따른 사업계획승인 대상인 공동주택 중 세대별 전용면적이 85제곱미터 이하인 경우에는 6분의 1) 이하인 경우로서 그 부분의 높이가 12미터를 넘는 경우에는 그 넘는 부분만 해당 건축물의 높이에 산입한다.

면 적	검 토 항 목	법 조 문	내 용 요 약
85㎡	주택의 규모	주택법2조	"국민주택규모"란 주거의 용도로만 쓰이는 면적(이하 "주거전용면적"이라 한다)이 1호(戶) 또는 1세대당 85제곱미터 이하인 주택(「수도권정비계획법」 제2조제1호에 따른 수도권을 제외한 도시지역이 아닌 읍 또는 면 지역은 1호 또는 1세대당 주거전용면적이 100제곱미터 이하인 주택을 말한다)을 말한다.
100㎡	건축신고	영11조	연면적의 합계가 100제곱미터 이하인 건축물의 경우 경우에는 미리 특별자치시장·특별자치도지사 또는 시장·군수·구청장에게 국토교통부령으로 정하는 바에 따라 신고를 하면 건축허가를 받은 것으로 본다.
	용도변경	법19조 영14조	허가나 신고 대상인 경우로서 용도변경하려는 부분의 바닥면적의 합계가 100제곱미터 이상인 경우의 사용승인에 관하여는 건축물의 사용승인을 신청해야 한다.
	관람석등으로부터의 출구의 설치기준	피난규칙10조	개별 관람석 출구의 유효너비의 합계는 개별 관람석의 바닥면적 100제곱미터마다 0.6미터의 비율로 산정한 너비 이상으로 할 것
	건축물의 바깥쪽으로의 출구의 설치기준	피난규칙11조	판매시설의 용도에 쓰이는 피난층에 설치하는 건축물의 바깥쪽으로의 출구의 유효너비의 합계는 해당 용도에 쓰이는 바닥면적이 최대인 층에 있어서의 해당 용도의 바닥면적 100제곱미터마다 0.6미터의 비율로 산정한 너비 이상으로 하여야 한다.
	계단의 설치기준	영15조	윗층의 거실의 바닥면적의 합계가 200제곱미터 이상이거나 거실의 바닥면적의 합계가 100제곱미터 이상인 지하층의 계단인 경우에는 계단 및 계단참의 유효너비를 120센티미터 이상으로 할 것
	부설주차장의 설치기준	주차장법시행령6조별표1	위락시설 : 시설면적 100㎡당 1대(시설면적/100㎡)
150㎡	부설주차장의 설치기준	주차장법시행령6조별표1	. 문화 및 집회시설(관람장은 제외), 종교시설, 판매시설, 운수시설, 의료시설(정신병원·요양병원 및 격리병원은 제외), 운동시설(골프장·골프연습장 및 옥외수영장은 제외), 업무시설(외국공관 및 오피스텔은 제외), 방송통신시설 중 방송국, 장례시설 : 시설면적 150㎡당 1대(시설면적/150㎡) . 단독주택(다가구주택은 제외) - 시설면적 50㎡ 초과 150㎡ 이하: 1대 - 시설면적 150㎡ 초과: 1대에 150㎡를 초과하는 100㎡당 1대를 더한 대수 [1+{(시설면적-150㎡)/100㎡}]
	건축물이 있는 대지의 분할제한	법57조 영80조	상업지역 및 공업지역의 경우 150제곱미터 범위에서 해당 지방자치단체의 조례로 정하는 면적에 못 미치게 분할할 수 없다.
200㎡	건축신고	법14조	·「국토의 계획 및 이용에 관한 법률」에 따른 관리지역, 농림지역 또는 자연환경보전지역에서 연면적이 200제곱미터 미만이고 3층 미만인 건축물의 건축 ·연면적이 200제곱미터 미만이고 3층 미만인 건축물의 대수선
		영11조	농업이나 수산업을 경영하기 위하여 읍·면지역에서 건축하는 연면적 200제곱미터 이하의 창고 및 연면적 400제곱미터 이하의 축사, 작물재배사(作物栽培舍), 종묘배양시설, 화초 및 분재 등의 온실
	설계도서의 작성	법23조 영18조	읍·면지역(시장 또는 군수가 지역계획 또는 도시·군계획에 지장이 있다고 인정하여 지정·공고한 구역은 제외)에서 건축하는 건축물 중 연면적이 200제곱미터 이하인 창고 및 농막(「농지법」에 따른 농막을 말한다)과 연면적 400제곱미터 이하인 축사, 작물재배사, 종묘배양시설, 화초 및 분재 등의 온실 등은 건축사가 아니어도 설계할 수 있다.

면 적	검 토 항 목	법 조 문	내 용 요 약
200㎡	대지안의 조경	법42조 영27조	·면적이 200제곱미터 이상인 대지에 건축을 하는 건축주는 용도지역 및 건축물의 규모에 따라 해당 지방자치단체의 조례로 정하는 기준에 따라 대지에 조경이나 그 밖에 필요한 조치를 하여야 한다. 다만, 조경이 필요하지 아니한 건축물로서 대통령령으로 정하는 건축물에 대하여는 조경 등의 조치를 하지 아니할 수 있으며, 옥상 조경 등 대통령령으로 따로 기준을 정하는 경우에는 그 기준에 따른다. ·그 밖에 면적 200제곱미터 이상 300제곱미터 미만인 대지에 건축하는 건축물: 대지면적의 10퍼센트 이상
	직통계단의 설치	영34조	·피난층 외의 층이 다음에 해당하는 용도 및 규모의 건축물에는 피난층 또는 지상으로 통하는 직통계단을 2개소 이상 설치하여야 한다. - 제2종 근린생활시설 중 공연장·종교집회장, 문화 및 집회시설(전시장 및 동·식물원은 제외), 종교시설, 위락시설 중 주점영업 또는 장례시설의 용도로 쓰는 층으로서 그 층에서 해당 용도로 쓰는 바닥면적의 합계가 200제곱미터(제2종 근린생활시설 중 공연장·종교집회장은 각각 300제곱미터) 이상인 것 - 단독주택 중 다중주택·다가구주택, 제1종 근린생활시설 중 정신과의원(입원실이 있는 경우로 한정한다), 제2종 근린생활시설 중 인터넷컴퓨터게임시설제공업소(해당 용도로 쓰는 바닥면적의 합계가 300제곱미터 이상인 경우만 해당한다)·학원·독서실, 판매시설, 운수시설(여객용 시설만 해당한다), 의료시설(입원실이 없는 치과병원은 제외), 교육연구시설 중 학원, 노유자시설 중 아동 관련 시설·노인복지시설·장애인 거주시설(「장애인복지법」 제58조제1항제1호에 따른 장애인 거주시설 중 국토교통부령으로 정하는 시설을 말한다. 이하 같다) 및 「장애인복지법」 제58조제1항제4호에 따른 장애인 의료재활시설(이하 "장애인 의료재활시설"이라 한다), 수련시설 중 유스호스텔 또는 숙박시설의 용도로 쓰는 3층 이상의 층으로서 그 층의 해당 용도로 쓰는 거실의 바닥면적의 합계가 200제곱미터 이상인 것 - 지하층으로서 그 층 거실의 바닥면적의 합계가 200제곱미터 이상인 것
	피난계단의 설치	영35조	·건축물의 주요구조부가 내화구조 또는 불연재료로 되어 있는 경우로서 다음 각 호의 어느 하나에 해당하는 경우 직통계단을 피난계단 또는 특별피난계단 설치하지 않아도 된다. - 5층 이상인 층의 바닥면적의 합계가 200제곱미터 이하인 경우 - 5층 이상인 층의 바닥면적 200제곱미터 이내마다 방화구획이 되어 있는 경우
	방화구획의 설치기준	피난규칙14조	·건축물에 설치하는 방화구획 - 11층 이상의 층은 바닥면적 200제곱미터(스프링클러 기타 이와 유사한 자동식 소화설비를 설치한 경우에는 600제곱미터)이내마다 구획할 것. 다만, 벽 및 반자의 실내에 접하는 부분의 마감을 불연재료로 한 경우에는 바닥면적 500제곱미터(스프링클러 기타 이와 유사한 자동식 소화설비를 설치한 경우에는 1천500제곱미터)이내마다 구획하여야 한다.
	계단의 설치기준	피난규칙15조	·계단을 설치하는 경우 계단 및 계단참의 너비(옥내계단에 한한다), 계단의 단높이 및 단너비의 칫수 - 윗층의 거실의 바닥면적의 합계가 200제곱미터 이상이거나 거실의 바닥면적의 합계가 100제곱미터 이상인 지하층의 계단인 경우에는 계단 및 계단참의 유효너비를 120센티미터 이상으로 할 것
	거실의 반자높이	피난규칙16조	문화 및 집회시설(전시장 및 동·식물원은 제외), 종교시설, 장례시설 또는 위락시설 중 유흥주점의 용도에 쓰이는 건축물의 관람석 또는 집회실로서 그 바닥면적이 200제곱미터 이상인 것의 반자의 높이는(기준 높이 2.1미터 이상) 4미터(노대의 아랫부분의 높이는 2.7미터)이상이어야 한다. 다만, 기계환기장치를 설치하는 경우에는 그러하지 아니하다.
	건축물의 내화구조	영56조	제2종 근린생활시설 중 공연장·종교집회장(해당 용도로 쓰는 바닥면적의 합계가 각각 300제곱미터 이상인 경우만 해당한다), 문화 및 집회시설(전시장 및 동·식물원은 제외), 종교시설, 위락시설 중 주점영업 및 장례시설의 용도로 쓰는 건축물로서 관람석 또는 집회실의 바닥면적의 합계가 200제곱미터(옥외관람석의 경우에는 1천 제곱미터) 이상인 건축물의 주요구조부는 내화구조로 하여야 한다.

면 적	검 토 항 목	법 조 문	내 용 요 약
200㎡	건축물의 마감재료	법52조 영61조	·대통령령으로 정하는 용도 및 규모의 건축물의 벽, 반자, 지붕(반자가 없는 경우에 한정한다) 등 내부의 마감재료는 방화에 지장이 없는 재료로 하되, 「실내공기질 관리법」 제5조 및 제6조에 따른 실내공기질 유지기준 및 권고기준을 고려하고 관계중앙행정기관의 장과 협의하여 국토교통부령으로 정하는 기준에 따른 것이어야 한다. ·다만, 그 주요구조부가 내화구조 또는 불연재료로 되어 있고 그 거실의 바닥면적(스프링클러나 그 밖에 이와 비슷한 자동식 소화설비를 설치한 바닥면적을 뺀 면적으로 한다. 이하 이 조에서 같다) 200제곱미터 이내마다 방화구획이 되어 있는 건축물은 제외한다.
	건축물이 있는 대지의 분할제한	법57조 영80조	녹지지역의 경우 200제곱미터 범위에서 해당 지방자치단체의 조례로 정하는 면적에 못 미치게 분할할 수 없다.
	비상용승강기를 설치하지 아니할 수 있는 건축물	설비기준9조	·비상용승강기 설치 예외 건축물 - 높이 31미터를 넘는 층수가 4개층이하로서 당해 각층의 바닥면적의 합계 200제곱미터(벽 및 반자가 실내에 접하는 부분의 마감을 불연재료로 한 경우에는 500제곱미터)이내마다 방화구획으로 구획한 건축물
	부설주차장 설치기준	주차장법 영6조	· 제1종 근린생활시설[「건축법 시행령」 별표 1 제3호바목 및 사목(공중화장실, 대피소, 지역아동센터는 제외)은 제외한다], 제2종 근린생활시설, 숙박시설의 경우 - 시설면적 200㎡당 1대(시설면적/200㎡)
300㎡	옥외 피난계단의 설치	영36조	·직통계단 외에 그 층으로부터 지상으로 통하는 옥외피난계단을 따로 설치 - 제2종 근린생활시설 중 공연장(해당 용도로 쓰는 바닥면적의 합계가 300제곱미터 이상인 경우만 해당한다), 문화 및 집회시설 중 공연장이나 위락시설 중 주점영업의 용도로 쓰는 층으로서 그 층 거실의 바닥면적의 합계가 300제곱미터 이상인 것
	직통계단의 설치	영34조	·피난층 또는 지상으로 통하는 직통계단을 2개소 이상 설치 - 공동주택(층당 4세대 이하인 것은 제외) 또는 업무시설 중 오피스텔의 용도로 쓰는 층으로서 그 층의 해당 용도로 쓰는 거실의 바닥면적의 합계가 300제곱미터 이상인 것
	관람석등으로부터의 출구의 설치기준	피난규칙10조	·문화 및 집회시설중 공연장의 개별관람석(바닥면적이 300제곱미터 이상인 것에 한한다)의 출구는 다음 각호의 기준에 적합하게 설치하여야 한다. 1. 관람석별로 2개소 이상 설치할 것 2. 각 출구의 유효너비는 1.5미터 이상일 것 3. 개별 관람석 출구의 유효너비의 합계는 개별 관람석의 바닥면적 100제곱미터마다 0.6미터의 비율로 산정한 너비 이상으로 할 것
	건축물의 바깥쪽으로의 출구의 설치기준	피난규칙11조	·건축물의 바깥쪽으로 나가는 출구를 설치하는 경우 관람석의 바닥면적의 합계가 300제곱미터 이상인 집회장 또는 공연장에 있어서는 주된 출구외에 보조출구 또는 비상구를 2개소 이상 설치하여야 한다.
	복도의 너비 및 설치기준	피난규칙15조의2	·문화 및 집회시설중 공연장에 설치하는 복도는 다음 각 호의 기준에 적합하여야 한다. 1. 공연장의 개별 관람석(바닥면적이 300제곱미터 이상인 경우에 한한다)의 바깥쪽에는 그 양쪽 및 뒤쪽에 각각 복도를 설치할 것 2. 하나의 층에 개별 관람석(바닥면적이 300제곱미터 미만인 경우에 한한다)을 2개소 이상 연속하여 설치하는 경우에는 그 관람석의 바깥쪽의 앞쪽과 뒤쪽에 각각 복도를 설치할 것
	지하층의 구조	피난규칙25조	지하층의 바닥면적이 300제곱미터 이상인 층에는 식수공급을 위한 급수전을 1개소이상 설치할 것
	부설주차장의 설치기준	주차장법 영6조	·그 밖의 건축물의 주차대수산정 : 시설면적 300㎡당 1대(시설면적/300㎡)

면 적	검 토 항 목	법 조 문	내 용 요 약
400㎡	건축신고	영11조	·연면적 400제곱미터 이하의 축사, 작물재배사(作物栽培舍), 종묘배양시설, 화초 및 분재 등의 온실에 해당하는 경우에는 미리 특별자치시장·특별자치도지사 또는 시장·군수·구청장에게 국토교통부령으로 정하는 바에 따라 신고를 하면 건축허가를 받은 것으로 본다.
	직통계단의 설치	영34조	영34조의 제1호부터 제3호까지의 용도로 쓰지 아니하는 3층 이상의 층으로서 그 층 거실의 바닥면적의 합계가 400제곱미터 이상인 것
	피난계단의 설치	영35	건축물(갓복도식 공동주택은 제외)의 11층(공동주택의 경우에는 16층) 이상인 층(바닥면적이 400제곱미터 미만인 층은 제외) 또는 지하 3층 이하인 층(바닥면적이 400제곱미터미만인 층은 제외)으로부터 피난층 또는 지상으로 통하는 직통계단은 제1항에도 불구하고 특별피난계단으로 설치하여야 한다.
	건축물의 내화구조	영56조	건축물의 2층이 단독주택 중 다중주택 및 다가구주택, 공동주택, 제1종 근린생활시설(의료의 용도로 쓰는 시설만 해당한다), 제2종 근린생활시설 중 다중생활시설, 의료시설, 노유자시설 중 아동 관련 시설 및 노인복지시설, 수련시설 중 유스호스텔, 업무시설 중 오피스텔, 숙박시설 또는 장례시설의 용도로 쓰는 건축물로서 그 용도로 쓰는 바닥면적의 합계가 400제곱미터 이상인 건축물인 건축물의 주요구조부는 내화구조로 하여야 한다.
500㎡	건축신고	영11조	「국토의 계획 및 이용에 관한 법률」 제36조제1항제1호다목에 따른 공업지역, 같은 법 제51조제3항에 따른 지구단위계획구역(같은 법 시행령 제48조제10호에 따른 산업·유통형만 해당한다) 및 「산업입지 및 개발에 관한 법률」에 따른 산업단지에서 건축하는 2층 이하인 건축물로서 연면적 합계 500제곱미터 이하인 공장(별표 1 제4호 너목에 따른 제조업소 등 물품의 제조·가공을 위한 시설을 포함)에 해당하는 경우에는 미리 특별자치시장·특별자치도지사 또는 시장·군수·구청장에게 국토교통부령으로 정하는 바에 따라 신고를 하면 건축허가를 받은 것으로 본다.
	용도변경	법19조	법 제19조제2항에 따른 허가 대상인 경우로서 용도변경하려는 부분의 바닥면적의 합계가 500제곱미터 이상인 용도변경(대통령령으로 정하는 경우는 제외)의 설계에 관하여는 제23조를 준용한다.
	대지 안의 피난 및 소화에 필요한 통로 설치	영41조	바닥면적의 합계가 500제곱미터 이상인 문화 및 집회시설, 종교시설, 의료시설, 위락시설 또는 장례시설: 유효 너비 3미터 이상
	복도의 너비 및 설치 기준	피난규칙15조의2	·문화 및 집회시설(공연장·집회장·관람장·전시장에 한한다), 종교시설 중 종교집회장, 노유자시설 중 아동 관련 시설·노인복지시설, 수련시설 중 생활권수련시설, 위락시설 중 유흥주점 및 장례시설의 관람석 또는 집회실과 접하는 복도의 유효너비는 제1항의 규정에 불구하고 다음 각 호에서 정하는 너비로 하여야 한다. 1. 당해 층의 바닥면적의 합계가 500제곱미터 미만인 경우 1.5미터 이상 2. 당해 층의 바닥면적의 합계가 500제곱미터 이상 1천제곱미터 미만인 경우 1.8미터 이상
	건축물의 내화구조	영56조	문화 및 집회시설 중 전시장 또는 동·식물원, 판매시설, 운수시설, 교육연구시설에 설치하는 체육관·강당, 수련시설, 운동시설 중 체육관·운동장, 위락시설(주점영업의 용도로 쓰는 것은 제외), 창고시설, 위험물저장 및 처리시설, 자동차 관련 시설, 방송통신시설 중 방송국·전신전화국·촬영소, 묘지 관련 시설 중 화장장 또는 관광휴게시설의 용도로 쓰는 건축물로서 그 용도로 쓰는 바닥면적의 합계가 500제곱미터 이상인 건축물의 주요구조부는 내화구조로 하여야 한다.

면 적	검토항목	법조문	내용요약
500㎡	건축물의 마감재료	영61조	5층 이상인 층 거실의 바닥면적의 합계가 500제곱미터 이상인 건축물 벽, 반자, 지붕(반자가 없는 경우에 한정한다) 등 내부의 마감재료는 방화에 지장이 없는 재료로 하되, 「실내공기질 관리법」 제5조 및 제6조에 따른 실내공기질 유지기준 및 권고기준을 고려하고 관계 중앙행정기관의 장과 협의하여 국토교통부령으로 정하는 기준에 따른 것이어야 한다.
	관계전문기술자의 협력을 받아야 하는 건축물	영91조의3 설비규칙2조	·냉동냉장시설·항온항습시설(온도와 습도를 일정하게 유지시키는 특수설비가 설치되어 있는 시설을 말한다) 또는 특수청정시설(세균 또는 먼지등을 제거하는 특수설비가 설치되어 있는 시설을 말한다)로서 당해 용도에 사용되는 바닥면적의 합계가 5백제곱미터 이상인 건축물에 건축설비를 설치하는 경우에는 국토교통부령으로 정하는 바에 따라 다음 각 호의 구분에 따른 관계전문기술자의 협력을 받아야 한다. - 가스(제3호에 따른 가스설비는 제외)·급수·배수(配水)·배수(排水)·환기·난방·소화·배연·오물처리 설비 및 승강기(기계 분야만 해당한다): 「기술사법」에 따라 등록한 건축기계설비기술사 또는 공조냉동기계기술사 - 높이 31미터를 넘는 층수가 4개층이하로서 당해 각층의 바닥면적의 합계 200제곱미터(벽 및 반자가 실내에 접하는 부분의 마감을 불연재료로 한 경우에는 500제곱미터)이내마다 방화구획으로 구획한 건축물
	비상용승강기를 설치하지 아니할 수 있는 건축물	설비규칙9조	높이 31미터를 넘는 각층의 바닥면적의 합계가 500제곱미터 이하인 건축물
	에너지 절약계획서 제출대상 등	녹색건축물조성지원법 시행령10조	연면적의 합계가 500제곱미터 이상인 건축물을 건축하려는 건축주는 에너지 절약계획서를 제출한다.
	구조안전의 확인	영32조	연면적이 500제곱미터 이상인 건축물. 다만, 창고, 축사, 작물 재배사 및 표준설계도서에 따라 건축하는 건축물은 제외한다.
600㎡	건축물의 마감재료	영61조	창고로 쓰이는 바닥면적 600제곱미터(스프링클러나 그 밖에 이와 비슷한 자동식 소화설비를 설치한 경우에는 1천200제곱미터) 이상인 건축물.(벽 및 지붕을 국토교통부장관이 정하여 고시하는 화재 확산 방지구조 기준에 적합하게 설치한 건축물은 제외)
1,000㎡	건축허가	법11조	자연환경이나 수질을 보호하기 위하여 도지사가 지정·공고한 구역에 건축하는 3층 이상 또는 연면적의 합계가 1천제곱미터 이상인 건축물로서 위락시설과 숙박시설 등 대통령령으로 정하는 용도에 해당하는 건축물의 건축을 허가하려면 미리 건축계획서와 국토교통부령으로 정하는 건축물의 용도, 규모 및 형태가 표시된 기본설계도서를 첨부하여 도지사의 승인을 받아야 한다.
	옥외피난계단의 설치	영36조	문화 및 집회시설 중 집회장의 용도로 쓰는 층으로서 그 층 거실의 바닥면적의 합계가 1천 제곱미터 이상인 것은 직통계단 외에 그 층으로부터 지상으로 통하는 옥외피난계단을 따로 설치하여야 한다.
	건축물의 바깥쪽으로의 출구의 설치기준	피난규칙11조	제1종 근린생활시설 중 지역자치센터·파출소·지구대·소방서·우체국·방송국·보건소·공공도서관·지역건강보험조합 기타 이와 유사한 것으로서 동일한 건축물안에서 당해 용도에 쓰이는 바닥면적의 합계가 1천제곱미터 미만인 것의 피난층 또는 피난층의 승강장으로부터 건축물의 바깥쪽에 이르는 통로에는 제15조제5항에 따른 경사로를 설치하여야 한다.
	방화구획의 설치기준	피난규칙14조	10층 이하의 층은 바닥면적 1천제곱미터(스프링클러 기타 이와 유사한 자동식 소화설비를 설치한 경우에는 바닥면적 3천제곱미터)이내마다 구획할 것
	복도의 너비 및 설치기준	피난규칙15조의2	문화 및 집회시설(공연장·집회장·관람장·전시장에 한한다), 종교시설 중 종교집회장, 노유자시설 중 아동 관련 시설·노인복지시설, 수련시설 중 생활권수련시설, 위락시설 중 유흥주점 및 장례시설의 관람석 또는 집회실과 접하는 복도의 유효너비는 당해 층의 바닥면적의 합계가 1천제곱미터 이상인 경우 2.4미터 이상으로 한다.

면 적	검 토 항 목	법 조 문	내 용 요 약
1,000㎡	지하층의 구조	피난규칙25조	·바닥면적이 1천제곱미터이상인 층에는 피난층 또는 지상으로 통하는 직통계단을 영 제46조의 규정에 의한 방화구획으로 구획되는 각 부분마다 1개소 이상 설치하되, 이를 피난계단 또는 특별피난계단의 구조로 할 것 ·거실의 바닥면적의 합계가 1천제곱미터 이상인 층에는 환기설비를 설치할 것
	대규모 목조건축물의 외벽 등	피난규칙22조	영 제57조제3항의 규정에 의하여 연면적이 1천제곱미터 이상인 목조의 건축물은 그 외벽 및 처마밑의 연소할 우려가 있는 부분을 방화구조로 하되, 그 지붕은 불연재료로 하여야 한다.
1,500㎡	대지안의 조경	영27조	·조경 등의 조치 예외 - 연면적의 합계가 1천500제곱미터 미만인 공장 - 연면적의 합계가 1천500제곱미터 미만인 물류시설(주거지역 또는 상업지역에 건축하는 것은 제외)
	비상용승강기의 설치	영90조	법 제64조제2항에 따라 높이 31미터를 넘는 건축물에는 다음 각 호의 기준에 따른 대수 이상의 비상용 승강기(비상용 승강기의 승강장 및 승강로를 포함한다. 이하 이 조에서 같다)를 설치하여야 한다. 다만, 법 제64조제1항에 따라 설치되는 승강기를 비상용 승강기의 구조로 하는 경우에는 그러하지 아니하다. 1. 높이 31미터를 넘는 각 층의 바닥면적 중 최대 바닥면적이 1천500제곱미터 이하인 건축물: 1대 이상 2. 높이 31미터를 넘는 각 층의 바닥면적 중 최대 바닥면적이 1천500제곱미터를 넘는 건축물: 1대에 1천500제곱미터를 넘는 3천 제곱미터 이내마다 1대씩 더한 대수 이상
2,000㎡	대지안의 조경	영27조	공장(제1항제2호부터 제4호까지의 규정에 해당하는 공장은 제외) 및 물류시설(제1항제8호에 해당하는 물류시설과 주거지역 또는 상업지역에 건축하는 물류시설은 제외)의 연면적의 합계가 1천500 제곱미터 이상 2천 제곱미터 미만인 경우: 대지면적의 5퍼센트 이상
	대지와 도로의 관계	영28조	연면적의 합계가 2천 제곱미터(공장인 경우에는 3천 제곱미터) 이상인 건축물(축사, 작물 재배사, 그 밖에 이와 비슷한 건축물로서 건축조례로 정하는 규모의 건축물은 제외)의 대지는 너비 6미터 이상의 도로에 4미터 이상 접하여야 한다.
	피난계단의 설치	영35조	건축물의 5층 이상인 층으로서 문화 및 집회시설 중 전시장 또는 동·식물원, 판매시설, 운수시설(여객용 시설만 해당한다), 운동시설, 위락시설, 관광휴게시설(다중이 이용하는 시설만 해당한다) 또는 수련시설 중 생활권 수련시설의 용도로 쓰는 층에는 제34조에 따른 직통계단 외에 그 층의 해당 용도로 쓰는 바닥면적의 합계가 2천 제곱미터를 넘는 경우에는 그 넘는 2천 제곱미터 이내마다 1개소의 피난계단 또는 특별피난계단(4층 이하의 층에는 쓰지 아니하는 피난계단 또는 특별피난계단만 해당한다)을 설치하여야 한다.
	건축물의 내화구조	영56조	공장의 용도로 쓰는 건축물로서 그 용도로 쓰는 바닥면적의 합계가 2천 제곱미터 이상인 건축물(화재의 위험이 적은 공장으로서 국토교통부령으로 정하는 공장은 제외)의 주요구조부는 내화구조로 하여야 한다.
	건축물의 마감재료	영61조	제1종 근린생활시설, 제2종 근린생활시설, 문화 및 집회시설, 종교시설, 판매시설, 의료시설, 교육연구시설, 노유자시설, 운동시설 및 위락시설의 용도로 쓰는 건축물로서 그 용도로 쓰는 바닥면적의 합계가 2천제곱미터 이상인 건축물의 외벽에 사용하는 마감재료는 방화에 지장이 없는 재료로 하여야 한다.
	승강기	법64조	건축주는 6층 이상으로서 연면적이 2천제곱미터 이상인 건축물(대통령령으로 정하는 건축물은 제외)을 건축하려면 승강기를 설치하여야 한다. 이 경우 승강기의 규모 및 구조는 국토교통부령으로 정한다. 승용승강기 중 1대 이상을 대통령령으로 정하는 바에 따라 피난용승강기로 설치하여야 한다.
	관계전문기술자의 협력을 받아야 하는 건축물	영91조의3 설비규칙2조	바닥면적의 합계가 2천제곱미터 이상인 기숙사, 의료시설, 유스호스텔, 숙박시설에 건축설비를 설치하는 경우에는 국토교통부령으로 정하는 바에 따라 다음 각 호의 구분에 따른 관계전문기술자의 협력을 받아야 한다.

면 적	검 토 항 목	법 조 문	내 용 요 약
3,000㎡	지하층과 피난층 사이의 개방공간 설치	영37조	바닥면적의 합계가 3천 제곱미터 이상인 공연장·집회장·관람장 또는 전시장을 지하층에 설치하는 경우에는 각 실에 있는 자가 지하층 각 층에서 건축물 밖으로 피난하여 옥외 계단 또는 경사로 등을 이용하여 피난층으로 대피할 수 있도록 천장이 개방된 외부 공간을 설치하여야 한다.
	대지와 도로의 관계	영28조	법 제44조제2항에 따라 연면적의 합계가 2천 제곱미터(공장인 경우에는 3천 제곱미터) 이상인 건축물(축사, 작물 재배사, 그 밖에 이와 비슷한 건축물로서 건축조례로 정하는 규모의 건축물은 제외)의 대지는 너비 6미터 이상의 도로에 4미터 이상 접하여야 한다.
	공사감리	영19조	연속된 5개 층(지하층을 포함) 이상으로서 바닥면적의 합계가 3천 제곱미터 이상인 건축공사를 감리하는 경우에는 「건축사법」 제2조제2호에 따른 건축사보(「기술사법」 제6조에 따른 기술사사무소 또는 「건축사법」 제23조제8항 각 호의 감리전문회사 등에 소속되어 있는 자로서 「국가기술자격법」에 따른 해당 분야 기술계 자격을 취득한 자와 「건설기술 진흥법 시행령」 제4조에 따른 건설사업관리를 수행할 자격이 있는 자를 포함) 중 건축 분야의 건축사보 한 명 이상을 전체 공사기간 동안, 토목·전기 또는 기계 분야의 건축사보 한 명 이상을 각 분야별 해당 공사기간 동안 각각 공사현장에서 감리업무를 수행하게 하여야 한다. 이 경우 건축사보는 해당 분야의 건축공사의 설계·시공·시험·검사·공사감독 또는 감리업무 등에 2년 이상 종사한 경력이 있는 자이어야 한다.
	비상용승강기의 설치	영90조	높이 31미터를 넘는 각 층의 바닥면적 중 최대 바닥면적이 1천500제곱미터를 넘는 건축물: 1대에 1천500제곱미터를 넘는 3천 제곱미터 이내마다 1대씩 더한 대수 이상 비상용 승강기(비상용 승강기의 승강장 및 승강로를 포함한다. 이하 이 조에서 같다)를 설치하여야 한다.
	관계전문기술자의 협력을 받아야 하는 건축물	영91조의3 설비규칙2조	바닥면적의 합계가 3천제곱미터 이상인 판매시설, 연구소, 업무시설에 건축설비를 설치하는 경우에는 국토교통부령으로 정하는 바에 따라 다음 각 호의 구분에 따른 관계전문기술자의 협력을 받아야 한다.
	교통영향평가 대상	도시교통촉진법 별표1	교통영향평가 대상 : 문화 및 집회시설 중 예식장의 연면적 3,000㎡ 이상(도시교통정비지역)
5,000㎡	공사감리	영19조	연면적의 합계가 5천 제곱미터 이상인 건축공사의 공사감리자는 법 제25조제3항에 따라 공사시공자가 시정이나 재시공 요청을 받은 후 이에 따르지 아니하거나 공사중지 요청을 받고도 공사를 계속하면 국토교통부령으로 정하는 바에 따라 이를 허가권자에게 보고하여야 한다.
	대지안의 조경	영27조	면적 5천 제곱미터 미만인 대지에 건축하는 공장에 대하여는 조경 등의 조치를 하지 아니할 수 있다.
	공개공지의 확보	영27조의2	문화 및 집회시설, 종교시설, 판매시설(「농수산물 유통 및 가격안정에 관한 법률」에 따른 농수산물유통시설은 제외), 운수시설(여객용 시설만 해당한다), 업무시설 및 숙박시설로서 해당 용도로 쓰는 바닥면적의 합계가 5천 제곱미터 이상인 건축물의 대지에는 공개 공지 또는 공개공지등을 확보하여야 한다.
	건축물 바깥쪽으로의 출구의 설치	영39조	연면적이 5천 제곱미터 이상인 창고시설에는 국토교통부령으로 정하는 기준에 따라 그 건축물로부터 바깥쪽으로 나가는 출구를 설치하여야 한다.
	건축물의 바깥쪽으로의 출구의 설치기준	피난규칙11조	연면적이 5천제곱미터 이상인 판매시설, 운수시설의 피난층 또는 피난층의 승강장으로부터 건축물의 바깥쪽에 이르는 통로에는 제15조제5항에 따른 경사로를 설치하여야 한다.

면 적	검 토 항 목	법 조 문	내 용 요 약
5,000㎡	방송 공동수신설비 설치	영87조	바닥면적의 합계가 5천제곱미터 이상으로서 업무시설이나 숙박시설의 용도로 쓰는 건축물에는 방송 공동수신설비를 설치하여야 한다.
6,000㎡	교통영향평가 대상	도시교통촉진법 별표1	교통영향평가 대상 : 판매시설 중 할인점, 전문점, 백화점, 쇼핑센터의 연면적 6,000㎡ 이상(도시교통정비지역)
10,000㎡	차수설비	설비규칙17조의2	연면적 1만제곱미터 이상의 건축물을 건축하려는 자는 빗물 등의 유입으로 건축물이 침수되지 아니하도록 해당 건축물의 지하층 및 1층의 출입구(주차장의 출입구를 포함)에 차수판(遮水板) 등 해당 건축물의 침수를 방지할 수 있는 설비(이하 "차수설비"라 한다)를 설치하여야 한다.
	옥상광장 등의 설치	영40조	층수가 11층 이상인 건축물로서 11층 이상인 층의 바닥면적의 합계가 1만 제곱미터 이상인 건축물의 옥상에는 다음 각 호의 구분에 따른 공간을 확보하여야 한다. 1. 건축물의 지붕을 평지붕으로 하는 경우: 헬리포트를 설치하거나 헬리콥터를 통하여 인명 등을 구조할 수 있는 공간 2. 건축물의 지붕을 경사지붕으로 하는 경우: 경사지붕 아래에 설치하는 대피공간
10,000㎡	관계전문기술자의 협력을 받아야 하는 건축물	영91조의3 설비규칙2조	바닥면적의 합계가 1만제곱미터 이상인 문화 및 집회시설, 종교시설, 교육연구시설(연구소는 제외), 장례시설에 건축설비를 설치하는 경우에는 국토교통부령으로 정하는 바에 따라 다음 각 호의 구분에 따른 관계전문기술자의 협력을 받아야 한다.
	교통영향평가 대상	도시교통촉진법 별표1	교통영향평가 대상 : 운동시설(근린생활시설에 해당하는 것 제외) 중 탁구장 등, 체육관, 운동장(운동장 부속 건축물 포함) 또는 관광휴게시설 중 야외음악당과 야외극장의 연면적 10,000㎡ 이상, 또는 관람석 2천석이상(도시교통정비지역)
11,000㎡	교통영향평가 대상	도시교통촉진법 별표1	교통영향평가 대상 : 판매시설(상점), 운수시설(여객자동차터미널, 철도시설, 공항시설, 항만시설 및 종합여객시설), 위락시설(근린생활시설과 운동시설에 해당하는 것 제외, 주점영업, 단란주점, 「관광진흥법」에 따른 유원시설업의 시설, 그 밖에 이와 유사한 것)의 연면적 11,000㎡ 이상(도시교통정비지역)
12,000㎡	교통영향평가 대상	도시교통촉진법 별표1	교통영향평가 대상 : 제1종 근린생활시설 중 기타시설(대피소 및 무인변전소는 제외), 묘지 관련 시설 중 화장시설, 봉안당(奉安堂), 묘지와 자연장지에 부수되는 건축물의 연면적 12,000㎡ 이상(도시교통정비지역)
13,000㎡	교통영향평가 대상	도시교통촉진법 별표1	교통영향평가 대상 : 판매시설 중 도매시장의 연면적 13,000㎡ 이상(도시교통정비지역)
15,000㎡	교통영향평가 대상	도시교통촉진법 별표1	교통영향평가 대상 : 제2종 근린생활시설, 문화 및 집회시설[공연장(극장·영화관 등), 집회장(공회당, 회의장, 마권 장외발매소 등), 전시장(박물관, 미술관, 과학관, 기념관 등)], 종교시설[종교집회장(교회, 성당, 사찰, 기도원)]의 연면적 15,000㎡ 이상(도시교통정비지역)
20,000㎡	교통영향평가 대상	도시교통촉진법 별표1	교통영향평가 대상 : 문화 및 집회시설 중 동·식물원의 연면적 20,000㎡ 이상, 또는 관람석 2천석이상(도시교통정비지역)
25,000㎡	교통영향평가 대상	도시교통촉진법 별표1	교통영향평가 대상 : 의료시설[병원(종합병원, 병원, 치과병원, 한방병원, 정신병원 및 요양병원)], 업무시설(일반업무시설)의 연면적 25,000㎡ 이상, 또는 관람석 2천석이상(도시교통정비지역)
30,000㎡	교통영향평가 대상	도시교통촉진법 별표1	교통영향평가 대상 : 관광휴게시설(어린이회관, 관망탑, 휴게소, 공원·유원지 또는 관광지에 딸린 시설)의 연면적 30,000㎡ 이상(도시교통정비지역)
37,000㎡	교통영향평가 대상	도시교통촉진법 별표1	교통영향평가 대상 : 교육연구시설 중 교육원, 직업훈련소, 학원, 연구소, 도서관의 연면적 37,000㎡ 이상(도시교통정비지역)
40,000㎡	교통영향평가 대상	도시교통촉진법 별표1	교통영향평가 대상 : 숙박시설(호텔, 여관, 관광호텔 등 숙박시설)의 연면적 40,000㎡ 이상(도시교통정비지역)

면 적	검 토 항 목	법 조 문	내 용 요 약
43,000㎡	교통영향평가 대상	도시교통촉진법 별표1	교통영향평가 대상 : 방송통신시설(방송국, 전신전화국, 촬영소 등, 통신용 시설/제1종 근린생활시설에 해당하는 것 제외)의 연면적 43,000㎡ 이상(도시교통정비지역)
55,000㎡	교통영향평가 대상	도시교통촉진법 별표1	교통영향평가 대상 : 창고시설(창고, 화물터미널, 집배송시설, 하역장)의 연면적 55,000㎡ 이상(도시교통정비지역)
60,000㎡	교통영향평가 대상	도시교통촉진법 별표1	교통영향평가 대상 : 공동주택(아파트)의 연면적 60,000㎡ 이상(도시교통정비지역)
75,000㎡	교통영향평가 대상	도시교통촉진법 별표1	교통영향평가 대상 : 공장의 연면적 75,000㎡ 이상(도시교통정비지역)
100,000㎡	교통영향평가 대상	도시교통촉진법 별표1	교통영향평가 대상 : 대학, 대학교의 연면적 100,000㎡ 이상(도시교통정비지역)
	건축허가	영8조	법 제11조제1항 단서에 따라 특별시장 또는 광역시장의 허가를 받아야 하는 건축물의 건축은 층수가 21층 이상이거나 연면적의 합계가 10만 제곱미터 이상인 건축물의 건축(연면적의 10분의 3 이상을 증축하여 층수가 21층 이상으로 되거나 연면적의 합계가 10만 제곱미터 이상으로 되는 경우를 포함)을 말한다.

2. 건축물 층수별 법적용 사항

층 수	검 토 항 목	법 조 문	내 용 요 약
1층 (피난층)	직통계단의 설치	영34조	·건축물의 피난층 외의 층에서는 피난층 또는 지상으로 통하는 직통계단(경사로를 포함한다. 이하 같다)을 거실의 각 부분으로부터 계단(거실로부터 가장 가까운 거리에 있는 계단을 말한다)에 이르는 보행거리가 30미터 이하가 되도록 설치하여야 한다. ·초고층 건축물에는 피난층 또는 지상으로 통하는 직통계단과 직접 연결되는 피난안전구역(건축물의 피난·안전을 위하여 건축물 중간층에 설치하는 대피공간을 말한다. 이하 같다)을 지상층으로부터 최대 30개 층마다 1개소 이상 설치하여야 한다. ·준초고층 건축물에는 피난층 또는 지상으로 통하는 직통계단과 직접 연결되는 피난안전구역을 해당 건축물 전체 층수의 2분의 1에 해당하는 층으로부터 상하 5개층 이내에 1개소 이상 설치하여야 한다.
	지하층과 피난층 사이의 개방공간 설치	영37조	바닥면적의 합계가 3천 제곱미터 이상인 공연장·집회장·관람장 또는 전시장을 지하층에 설치하는 경우에는 각 실에 있는 자가 지하층 각 층에서 건축물 밖으로 피난하여 옥외 계단 또는 경사로 등을 이용하여 피난층으로 대피할 수 있도록 천장이 개방된 외부 공간을 설치하여야 한다.
	방화구획의 설치	영46조	건축물의 최상층 또는 피난층으로서 대규모 회의장·강당·스카이라운지·로비 또는 피난안전구역 등의 용도로 쓰는 부분으로서 그 용도로 사용하기 위하여 불가피한 부분에는 방화구획 등의 설치를 완화할 수 있다.
	거실 등의 방습	피난기준18조	영 제52조의 규정에 의하여 건축물의 최하층에 있는 거실바닥의 높이는 지표면으로부터 45센티미터 이상으로 하여야 한다. 다만, 지표면을 콘크리트바닥으로 설치하는 등 방습을 위한 조치를 하는 경우에는 그러하지 아니하다.
	건축물의 내화구조	영56조	연면적이 50제곱미터 이하인 단층의 부속건축물로서 외벽 및 처마 밑면을 방화구조로 한 것과 무대의 바닥의 주요구조부는 예외로 한다.
	방화지구 안의 건축물	영58조	연면적 30제곱미터 미만인 단층 부속건축물로서 외벽 및 처마면이 내화구조 또는 불연재료로 된 것
	대지의 조성	규칙25조 별표6	석축인 옹벽의 윗가장자리로부터 건축물의 외벽면까지 띄어야 하는 거리는 1층은 1.5미터, 2층은 2미터, 3층은 3미터 이상 띄워야 한다.
	비상용승강기의 승강장 및 승강로의 구조	설비규칙10조	피난층이 있는 승강장의 출입구(승강장이 없는 경우에는 승강로의 출입구)로부터 도로 또는 공지(공원·광장 기타 이와 유사한 것으로서 피난 및 소화를 위한 당해 대지에의 출입에 지장이 없는 것을 말한다)에 이르는 거리가 30미터 이하일 것
2층	옥상광장 등의 설치	영40조	옥상광장 또는 2층 이상인 층에 있는 노대(露臺)나 그 밖에 이와 비슷한 것의 주위에는 높이 1.2미터 이상의 난간을 설치하여야 한다. 다만, 그 노대 등에 출입할 수 없는 구조인 경우에는 그러하지 아니하다.
	건축물의 내화구조	영56조	건축물의 2층이 단독주택 중 다중주택 및 다가구주택, 공동주택, 제1종 근린생활시설(의료의 용도로 쓰는 시설만 해당한다), 제2종 근린생활시설 중 다중생활시설, 의료시설, 노유자시설 중 아동 관련 시설 및 노인복지시설, 수련시설 중 유스호스텔, 업무시설 중 오피스텔, 숙박시설 또는 장례시설의 용도로 쓰는 건축물로서 그 용도로 쓰는 바닥면적의 합계가 400제곱미터 이상인 건축물의 주요구조부는 내화구조로 하여야 한다.
	내화구조의 적용이 제외되는 공장건축물	피난규칙20조의2	별표 2의 업종에 해당하는 화재의 위험이 적은 공장으로서 요구조부가 불연재료로 되어 있는 2층 이하의 공장

층수	검토항목	법조문	내용요약
2층	건축신고	영11조	「국토의 계획 및 이용에 관한 법률」 제36조제1항제1호다목에 따른 공업지역, 같은 법 제51조제3항에 따른 지구단위계획구역(같은 법 시행령 제48조제10호에 따른 산업·유통형만 해당한다) 및 「산업입지 및 개발에 관한 법률」에 따른 산업단지에서 건축하는 2층 이하인 건축물로서 연면적 합계 500제곱미터 이하인 공장(별표 1 제4호너목에 따른 제조업소 등 물품의 제조·가공을 위한 시설을 포함)은 미리 특별자치시장·특별자치도지사 또는 시장·군수·구청장에게 국토교통부령으로 정하는 바에 따라 신고를 하면 건축허가를 받은 것으로 본다.
	대지의 조성	규칙25조 별표6	석축인 옹벽의 윗가장자리로부터 건축물의 외벽면까지 띄어야 하는 거리는 1층은 1.5미터, 2층은 2미터, 3층은 3미터 이상 띄워야 한다.
3층	구조안전의 확인	영32조	층수가 3층[대지가 연약(軟弱)하여 건축물의 구조 안전을 확보할 필요가 있는 지역으로서 건축조례로 정하는 지역에서는 2층] 이상인 건축물의 건축주는 해당 건축물의 설계자로부터 구조 안전의 확인 서류를 받아 법 제21조에 따른 착공신고를 하는 때에 그 확인 서류를 허가권자에게 제출하여야 한다.
	직통계단의 설치	영34조	단독주택 중 다중주택·다가구주택, 제1종 근린생활시설 중 정신과의원, 제2종 근린생활시설 중 인터넷컴퓨터게임시설제공업소·학원·독서실, 판매시설, 운수시설(여객용 시설만 해당한다), 의료시설, 교육연구시설 중 학원, 노유자시설 중 아동 관련 시설·노인복지시설·장애인 거주시설 및 장애인 의료재활시설, 수련시설 중 유스호스텔 또는 숙박시설의 용도로 쓰는 3층 이상의 층으로서 그 층의 해당 용도로 쓰는 거실의 바닥면적의 합계가 200제곱미터 이상인 것은 기준에 따라 피난층 또는 지상으로 통하는 직통계단을 2개소 이상 설치하여야 한다.
	건축허가	법11조	자연환경이나 수질을 보호하기 위하여 도지사가 지정·공고한 구역에 건축하는 3층 이상 또는 연면적의 합계가 1천제곱미터 이상인 건축물로서 위락시설과 숙박시설 등 대통령령으로 정하는 용도에 해당하는 건축물을 을 건축하거나 대수선하려는 자는 특별자치시장·특별자치도지사 또는 시장·군수·구청장의 허가를 받아야 한다. 시장·군수는 건축물의 건축을 허가하려면 미리 건축계획서와 국토교통부령으로 정하는 건축물의 용도, 규모 및 형태가 표시된 기본설계도서를 첨부하여 도지사의 승인을 받아야 한다.
	건축신고	법14조	·다음에 해당하는 경우에는 미리 특별자치시장·특별자치도지사 또는 시장·군수·구청장에게 국토교통부령으로 정하는 바에 따라 신고를 하면 건축허가를 받은 것으로 본다. 1. 바닥면적의 합계가 85제곱미터 이내의 증축·개축 또는 재축. 다만, 3층 이상 건축물인 경우에는 증축·개축 또는 재축하려는 부분의 바닥면적의 합계가 건축물 연면적의 10분의 1 이내인 경우로 한정한다. 2. 「국토의 계획 및 이용에 관한 법률」에 따른 관리지역, 농림지역 또는 자연환경보전지역에서 연면적이 200제곱미터 미만이고 3층 미만인 건축물의 건축. 다만, 다음 각 목의 어느 하나에 해당하는 구역에서의 건축은 제외한다. 가. 지구단위계획구역 나. 방재지구 등 재해취약지역으로서 대통령령으로 정하는 구역 3. 연면적이 200제곱미터 미만이고 3층 미만인 건축물의 대수선
	설계도서의 작성	법23조 영18조	·법 제11조제1항에 따라 건축허가를 받아야 하거나 제14조제1항에 따라 건축신고를 하여야 하는 건축물 또는 「주택법」 제66조제1항 또는 제2항에 따른 리모델링을 하는 건축물의 건축등을 위한 설계는 건축사가 아니면 할 수 없다. ·예외 : 연면적이 200제곱미터 미만이고 층수가 3층 미만인 건축물의 대수선

층 수	검 토 항 목	법 조 문	내 용 요 약
3층	옥외피난계단의 설치	영36조	·건축물의 3층 이상인 층(피난층은 제외)으로서 다음 각 호의 어느 하나에 해당하는 용도로 쓰는 층에는 제34조에 따른 직통계단 외에 그 층으로부터 지상으로 통하는 옥외피난계단을 따로 설치하여야 한다. 1. 제2종 근린생활시설 중 공연장(해당 용도로 쓰는 바닥면적의 합계가 300제곱미터 이상인 경우만 해당한다), 문화 및 집회시설 중 공연장이나 위락시설 중 주점영업의 용도로 쓰는 층으로서 그 층 거실의 바닥면적의 합계가 300제곱미터 이상인 것 2. 문화 및 집회시설 중 집회장의 용도로 쓰는 층으로서 그 층 거실의 바닥면적의 합계가 1천 제곱미터 이상인 것
	건축물의 내화구조	영56조	3층 이상인 건축물 및 지하층이 있는 건축물. 다만, 단독주택(다중주택 및 다가구주택은 제외), 동물 및 식물 관련 시설, 발전시설(발전소의 부속용도로 쓰는 시설은 제외), 교도소·감화원 또는 묘지 관련 시설(화장장은 제외)의 용도로 쓰는 건축물과 철강 관련 업종의 공장 중 제어실로 사용하기 위하여 연면적 50제곱미터 이하로 증축하는 부분의 주요구조부는 내화구조 적용에서 제외한다.
	대지의 조성	규칙25조 별표6	석축인 옹벽의 윗가장자리로부터 건축물의 외벽면까지 띄어야 하는 거리는 1층은 1.5미터, 2층은 2미터, 3층은 3미터 이상 띄워야 한다.
4층	공동주택의 종류와 범위	주택법 영2조	·연립주택: 주택으로 쓰는 1개 동의 바닥면적(2개 이상의 동을 지하주차장으로 연결하는 경우에는 각각의 동으로 본다) 합계가 660제곱미터를 초과하고, 층수가 4개 층 이하인 주택 ·다세대주택: 주택으로 쓰는 1개 동의 바닥면적 합계가 660제곱미터 이하이고, 층수가 4개 층 이하인 주택(2개 이상의 동을 지하주차장으로 연결하는 경우에는 각각의 동으로 본다)
5층	피난계단의 설치	영35조	·법 제49조제1항에 따라 5층 이상 또는 지하 2층 이하인 층에 설치하는 직통계단은 국토교통부령으로 정하는 기준에 따라 피난계단 또는 특별피난계단으로 설치하여야 한다. 다만, 건축물의 주요구조부가 내화구조 또는 불연재료로 되어 있는 경우로서 다음 각 호의 어느 하나에 해당하는 경우에는 그러하지 아니하다. 1. 5층 이상인 층의 바닥면적의 합계가 200제곱미터 이하인 경우 2. 5층 이상인 층의 바닥면적 200제곱미터 이내마다 방화구획이 되어 있는 경우 ·건축물의 5층 이상인 층으로서 문화 및 집회시설 중 전시장 또는 동·식물원, 판매시설, 운수시설(여객용 시설만 해당한다), 운동시설, 위락시설, 관광휴게시설(다중이 이용하는 시설만 해당한다) 또는 수련시설 중 생활권 수련시설의 용도로 쓰는 층에는 제34조에 따른 직통계단 외에 그 층의 해당 용도로 쓰는 바닥면적의 합계가 2천 제곱미터를 넘는 경우에는 그 넘는 2천 제곱미터 이내마다 1개소의 피난계단 또는 특별피난계단(4층 이하의 층에는 쓰지 아니하는 피난계단 또는 특별피난계단만 해당한다)을 설치하여야 한다.
	옥상광장 등의 설치	영40조	5층 이상인 층이 제2종 근린생활시설 중 공연장·종교집회장·인터넷컴퓨터게임시설제공업소(해당 용도로 쓰는 바닥면적의 합계가 각각 300제곱미터 이상인 경우만 해당한다), 문화 및 집회시설(전시장 및 동·식물원은 제외), 종교시설, 판매시설, 위락시설 중 주점영업 또는 장례시설의 용도로 쓰는 경우에는 피난 용도로 쓸 수 있는 광장을 옥상에 설치하여야 한다.
	건축물의 마감재료	영61조	·5층 이상인 층 거실의 바닥면적의 합계가 500제곱미터 이상인 건축물의 벽, 반자, 지붕(반자가 없는 경우에 한정한다) 등 내부의 마감재료는 방화에 지장이 없는 재료로 하되, 「실내공기질 관리법」 제5조 및 제6조에 따른 실내공기질 유지기준 및 권고기준을 고려하고 관계 중앙행정기관의 장과 협의하여 국토교통부령으로 정하는 기준에 따른 것이어야 한다. ·실내 : 불연 / 준불연 / 난영재료, 주복도 및 계단 : 불연 / 준불연
	공사감리	영19조	연속된 5개 층(지하층을 포함) 이상으로서 바닥면적의 합계가 3천 제곱미터 이상인 건축공사의 경우 건축 분야의 건축사보 한 명 이상을 전체 공사기간 동안, 토목·전기 또는 기계 분야의 건축사보 한 명 이상을 각 분야별 해당 공사기간 동안 각각 공사현장에서 감리업무를 수행하게 하여야 한다.

층수	검토항목	법조문	내용요약
6층	구조안전의 확인	영32조 구조기준규칙 58조	6층 이상 건축물: 영 제32조제2항 각 호의 어느 하나에 해당하는 건축물로서 같은 조 제1항에 따라 구조안전의 확인(지진에 대한 구조안전을 포함)을 한 건축물에 대해서는 법 제21조에 따른 착공신고를 하는 경우에 별지 1호서식에 따른 구조안전 및 내진설계 확인서를 작성하여 제출하여야 한다.
	승강기의 설치	법64조 영89조	건축주는 6층 이상으로서 연면적이 2천제곱미터 이상인 건축물(대통령령으로 정하는 건축물은 제외)을 건축하려면 승강기를 설치하여야 한다. 승용승강기 중 1대 이상을 대통령령으로 정하는 바에 따라 피난용승강기로 설치하여야 한다.
10층	방화구획의 설치기준	피난규칙14조	10층 이하의 층은 바닥면적 1천제곱미터(스프링클러 기타 이와 유사한 자동식 소화설비를 설치한 경우에는 바닥면적 3천제곱미터)이내마다 구획할 것
11층	피난계단의 설치	영35조	건축물(갓복도식 공동주택은 제외)의 11층(공동주택의 경우에는 16층) 이상인 층(바닥면적이 400제곱미터 미만인 층은 제외) 또는 지하 3층 이하인 층(바닥면적이 400제곱미터미만인 층은 제외)으로부터 피난층 또는 지상으로 통하는 직통계단은 제1항에도 불구하고 특별피난계단으로 설치하여야 한다.
	복상광상 등의 설치	영40조	층수가 11층 이상인 건축물로서 11층 이상인 층의 바닥면적의 합계가 1만 제곱미터 이상인 건축물의 옥상에는 다음 각 호의 구분에 따른 공간을 확보하여야 한다. 1. 건축물의 지붕을 평지붕으로 하는 경우: 헬리포트를 설치하거나 헬리콥터를 통하여 인명 등을 구조할 수 있는 공간 2. 건축물의 지붕을 경사지붕으로 하는 경우: 경사지붕 아래에 설치하는 대피공간
	방화구획 설치기준	피난규칙14조	11층 이상의 층은 바닥면적 200제곱미터(스프링클러 기타 이와 유사한 자동식 소화설비를 설치한 경우에는 600제곱미터)이내마다 구획할 것. 다만, 벽 및 반자의 실내에 접하는 부분의 마감을 불연재료로 한 경우에는 바닥면적 500제곱미터(스프링클러 기타 이와 유사한 자동식 소화설비를 설치한 경우에는 1천500제곱미터)이내마다 구획하여야 한다.
16층	피난계단의 설치	영35조	건축물(갓복도식 공동주택은 제외)의 11층(공동주택의 경우에는 16층) 이상인 층(바닥면적이 400제곱미터 미만인 층은 제외) 또는 지하 3층 이하인 층(바닥면적이 400제곱미터미만인 층은 제외)으로부터 피난층 또는 지상으로 통하는 직통계단은 제1항에도 불구하고 특별피난계단으로 설치하여야 한다.
	관계전문기술자의 협력을 받아야 하는 건축물	영91조의3 설비규칙2조	·다중이용 건축물을 건축하는 경우: 「건설기술 진흥법」에 따른 건설기술용역업자(공사시공자 본인이거나 「독점규제 및 공정거래에 관한 법률」 제2조에 따른 계열회사인 건설기술용역업자는 제외) 또는 건축사(「건설기술 진흥법 시행령」 제60조에 따라 건설사업관리기술자를 배치하는 경우만 해당한다) ·다중이용 건축물에 대한 구조의 안전을 확인하는 경우에는 건축구조기술사와 협력
21층	건축허가	영8조	법 제11조제1항 단서에 따라 특별시장 또는 광역시장의 허가를 받아야 하는 건축물의 건축은 층수가 21층 이상이거나 연면적의 합계가 10만 제곱미터 이상인 건축물의 건축(연면적의 10분의 3 이상을 증축하여 층수가 21층 이상으로 되거나 연면적의 합계가 10만 제곱미터 이상으로 되는 경우를 포함)을 말한다.
최상층	방화구획의 설치	영46조	건축물의 최상층 또는 피난층으로서 대규모 회의장·강당·스카이라운지·로비 또는 피난안전구역 등의 용도로 쓰는 부분으로서 그 용도로 사용하기 위하여 불가피한 부분에는 방화구획의 설치는 적용하지 아니하거나 완화할 수 있다.
옥상층	건축물에 설치하는 굴뚝	영54조 피난규칙20조	굴뚝의 옥상 돌출부는 지붕면으로부터의 수직거리를 1미터 이상으로 할 것. 다만, 용마루·계단탑·옥탑등이 있는 건축물에 있어서 굴뚝의 주위에 연기의 배출을 방해하는 장애물이 있는 경우에는 그 굴뚝의 상단을 용마루·계단탑·옥탑등보다 높게 하여야 한다.
	옥상광장의 설치	영40조	층수가 11층 이상인 건축물로서 11층 이상인 층의 바닥면적의 합계가 1만 제곱미터 이상인 건축물의 옥상에는 다음 각 호의 구분에 따른 공간을 확보하여야 한다. <개정 2009.7.16., 2011.12.30.> 1. 건축물의 지붕을 평지붕으로 하는 경우: 헬리포트를 설치하거나 헬리콥터를 통하여 인명 등을 구조할 수 있는 공간 2. 건축물의 지붕을 경사지붕으로 하는 경우: 경사지붕 아래에 설치하는 대피공간

층수	검토항목	법조문	내용요약
지하1층	직통계단의 설치	영34조	하층으로서 그 층 거실의 바닥면적의 합계가 200제곱미터 이상인 건축물에는 국토교통부령으로 정하는 기준에 따라 피난층 또는 지상으로 통하는 직통계단을 2개소 이상 설치하여야 한다.
	건축물의 마감재료	피난규칙24조	영 제61조제1항 각 호에 따른 용도에 쓰이는 거실 등을 지하층 또는 지하의 공작물에 설치한 경우의 그 거실(출입문 및 문틀을 포함)의 벽 및 반자의 실내에 접하는 부분(반자돌림대·창대 기타 이와 유사한 것을 제외)의 마감은 불연재료·준불연재료 또는 난연재료로 하여야 하며, 그 거실에서 지상으로 통하는 주된 복도·계단 기타 통로의 벽 및 반자의 실내에 접하는 부분의 마감은 불연재료 또는 준불연재료로 하여야 한다.
	지하층의 구조	피난규칙25조	·거실의 바닥면적이 50제곱미터 이상인 층에는 직통계단외에 피난층 또는 지상으로 통하는 비상탈출구 및 환기통을 설치할 것. ·제2종근린생활시설 중 공연장·단란주점·당구장·노래연습장, 문화 및 집회시설중 예식장·공연장, 수련시설 중 생활권수련시설·자연권수련시설, 숙박시설중 여관·여인숙, 위락시설중 단란주점·유흥주점 또는 「다중이용업소의 안전관리에 관한 특별법 시행령」 제2조에 따른 다중이용업의 용도에 쓰이는 층으로서 그 층의 거실의 바닥면적의 합계가 50제곱미터 이상인 건축물에는 직통계단을 2개소 이상 설치할 것 ·바닥면적이 1천제곱미터이상인 층에는 피난층 또는 지상으로 통하는 직통계단을 영 제46조의 규정에 의한 방화구획으로 구획되는 각 부분마다 1개소 이상 설치하되, 이를 피난계단 또는 특별피난계단의 구조로 할 것 ·거실의 바닥면적의 합계가 1천제곱미터 이상인 층에는 환기설비를 설치할 것 ·지하층의 바닥면적이 300제곱미터 이상인 층에는 식수공급을 위한 급수전을 1개소 이상 설치할 것
	건축물의 내화구조	영56조	·3층 이상인 건축물 및 지하층이 있는 건축물의 주요구조부는 내화구조로 하여야 한다. ·단독주택(다중주택 및 다가구주택은 제외), 동물 및 식물 관련 시설, 발전시설(발전소의 부속용도로 쓰는 시설은 제외), 교도소·감화원 또는 묘지 관련 시설(화장장은 제외)의 용도로 쓰는 건축물과 철강 관련 업종의 공장 중 제어실로 사용하기 위하여 연면적 50제곱미터 이하로 증축하는 부분은 제외한다.
지하2층	피난계단의 설치	영35조	법 제49조제1항에 따라 5층 이상 또는 지하 2층 이하인 층에 설치하는 직통계단은 국토교통부령으로 정하는 기준에 따라 피난계단 또는 특별피난계단으로 설치하여야 한다.
	착공신고 등	건축법 시행규칙 별지20호서식 / 주택법 규칙14조	지하2층 이상의 지하층을 설치하는 경우 착공신고서에 흙막이 구조도면 첨부
지하3층	피난계단의 설치	영35조	건축물(갓복도식 공동주택은 제외)의 11층(공동주택의 경우에는 16층) 이상인 층(바닥면적이 400제곱미터 미만인 층은 제외) 또는 지하 3층 이하인 층(바닥면적이 400제곱미터미만인 층은 제외)으로부터 피난층 또는 지상으로 통하는 직통계단은 제1항에도 불구하고 특별피난계단으로 설치하여야 한다.

3. 건축물의 높이, 길이별 법적용 사항

길 이	검 토 항 목	법 조 문	내 용 요 약
0.15m	건축물에 설치하는 굴뚝	피난규칙20조	금속제 굴뚝은 목재 기타 가연재료로부터 15센티미터 이상 떨어져서 설치할 것. 다만, 두께 10센티미터 이상인 금속외의 불연재료로 덮은 경우에는 그러하지 아니하다.
0.45m	거실 등의 방습	영52조 피난규칙18조	건축물의 최하층에 있는 거실바닥의 높이는 지표면으로부터 45센티미터 이상으로 하여야 한다. 다만, 지표면을 콘크리트바닥으로 설치하는 등 방습을 위한 조치를 하는 경우에는 그러하지 아니하다.
0.5m	방화벽의 구조	피난규칙21조	방화벽의 양쪽 끝과 윗쪽 끝을 건축물의 외벽면 및 지붕면으로부터 0.5미터 이상 튀어나오게 할 것
0.75m	지하층의 구조	피난규칙25조	비상탈출구의 유효너비는 0.75미터 이상으로 하고, 유효높이는 1.5미터 이상으로 할 것
0.9m	피난계단 및 특별피난계단의 구조	피난규칙9조	·건축물의 내부에서 계단실로 통하는 출입구의 유효너비는 0.9미터 이상 ·건축물의 바깥쪽에 설치하는 피난계단의 유효너비는 0.9미터 이상 ·특별피난계단의 출입구의 유효너비는 0.9미터 이상
	헬리포트 및 구조공간 설치 기준	피난규칙13조	대피공간의 출입구는 유효너비 0.9미터 이상
1m	대지의 조성	규칙25조	성토 또는 절토하는 부분의 경사도가 1:1.5이상으로서 높이가 1미터이상인 부분에는 옹벽을 설치할 것
	허가, 신고사항의 변경 등	영12조	사용승인 신청시 허가권자에게 일괄신고 가능 ·가. 변경되는 부분의 높이가 1미터 이하이거나 전체 높이의 10분의 1 이하일 것 ·허가를 받거나 신고를 하고 건축 중인 부분의 위치 변경범위가 1미터 이내일 것
	계단의 설치기준	피난규칙15조	높이가 1미터를 넘는 계단 및 계단참의 양옆에는 난간(벽 또는 이에 대치되는 것을 포함)을 설치할 것
	거실 등의 방습	영25조 피난규칙18조	다음시설의 욕실 또는 조리장의 바닥과 그 바닥으로부터 높이 1미터까지의 안벽의 마감은 이를 내수재료로 하여야 한다. 1. 제1종 근린생활시설중 목욕장의 욕실과 휴게음식점의 조리장 2. 제2종 근린생활시설중 일반음식점 및 휴게음식점의 조리장과 숙박시설의 욕실
	건축물에 설치하는 굴뚝	피난규칙20조	굴뚝의 옥상 돌출부는 지붕면으로부터의 수직거리를 1미터 이상으로 할 것. 다만, 용마루 계단탑 옥탑등이 있는 건축물에 있어서 굴뚝의 주위에 연기의 배출을 방해하는 장애물이 있는 경우에는 그 굴뚝의 상단을 용마루·계단탑·옥탑등보다 높게 하여야 한다.
	면적, 높이등의 산정방법	영119조	·건축면적은 처마, 차양, 부연(附椽), 그 밖에 이와 비슷한 것으로서 그 외벽의 중심선으로부터 수평거리 1미터 이상 돌출된 부분이 있는 건축물의 건축면적은 그 돌출된 끝부분으로부터 다음의 구분에 따른 수평거리를 후퇴한 선으로 둘러싸인 부분의 수평투영면적으로 한다. ·지표면으로부터 1미터 이하에 있는 부분(창고 중 물품을 입출고하기 위하여 차량을 접안시키는 부분의 경우에는 지표면으로부터 1.5미터 이하에 있는 부분)은 면적에 산정하지 아니한다. ·바닥면적의 산정은 벽·기둥의 구획이 없는 건축물은 그 지붕 끝부분으로부터 수평거리 1미터를 후퇴한 선으로 둘러싸인 수평투영면적으로 한다.
1m	허용오차	규칙20조 별표5	건축물 높이, 평면의 길이 : 2퍼센트 이내(1미터를 초과할 수 없다)

길 이	검 토 항 목	법 조 문	내 용 요 약
1.2m	옥상광장 등의 설치	영40조	상광장 또는 2층 이상인 층에 있는 노대(露臺)나 그 밖에 이와 비슷한 것의 주위에는 높이 1.2미터 이상의 난간을 설치하여야 한다. 다만, 그 노대 등에 출입할 수 없는 구조인 경우에는 그러하지 아니하다.
	내력벽의 두께	구조규칙32조	토압을 받는 부분의 높이가 1.2미터 이상인 때에는 그 내력벽의 두께는 그 바로 윗층의 벽의 두께에 100밀리미터를 가산한 두께 이상으로 하여야 한다.
	거실의 채광 등	영51조	오피스텔에 거실 바닥으로부터 높이 1.2미터 이하 부분에 여닫을 수 있는 창문을 설치하는 경우에는 국토교통부령으로 정하는 기준에 따라 추락방지를 위한 안전시설을 설치
1.5m	관람석등으로부터의 출구의 설치	피난규칙10조	문화 및 집회시설중 공연장의 개별관람석(바닥면적이 300제곱미터 이상인 것에 한한다)의 각 출구의 유효너비는 1.5미터 이상일 것
	대지안의 피난 및 소화에 필요한 통로 설치	영41조	단독주택 그리고 바닥면적의 합계가 500제곱미터 이상인 문화 및 집회시설, 종교시설, 의료시설, 위락시설 또는 장례시설을 제외한 기타 건축물에서 바깥쪽으로 통하는 주된 출구와 지상으로 통하는 피난계단 및 특별피난계단으로부터 도로 또는 공지로 통하는 통로의 유효 너비는 1.5미터 이상으로 한다.
	일조등의 확보를 위한 건축물의 높이제한		전용주거지역이나 일반주거지역에서 건축물을 건축하는 경우 높이 9미터 이하인 부분은 정북(正北) 방향으로의 인접 대지경계선으로부터 1.5미터 이상 띄어 건축한다.
	면적, 높이 등의 산정방법	영119조	·지표면으로부터 1미터 이하에 있는 부분(창고 중 물품을 입출고하기 위하여 차량을 접안시키는 부분의 경우에는 지표면으로부터 1.5미터 이하에 있는 부분)은 건축면적에 산정하지 않는다. ·주택의 발코니 등 건축물의 노대등의 바닥은 난간 등의 설치 여부에 관계없이 노대등의 면적(외벽의 중심선으로부터 노대등의 끝부분까지의 면적을 말한다)에서 노대등이 접한 가장 긴 외벽에 접한 길이에 1.5미터를 곱한 값을 뺀 면적을 바닥면적에 산입한다. ·층고가 1.5미터 이하인 다락은 바닥면적에 산입하지 않는다.
	대지의 조성	규칙25조 별표6	석축인 옹벽의 윗가장자리로부터 건축물의 외벽면까지 띄어야 하는 거리는 1층은 1.5미터, 2층은 2미터, 3층은 3미터 이상 띄워야 한다.
	토지의 굴착부분에 대한 조치	규칙26조	토지를 깊이 1.5미터 이상 굴착하는 경우에는 그 경사도가 별표 7에 의한 비율이하이거나 주변상황에 비추어 위해방지에 지장이 없다고 인정되는 경우를 제외하고는 토압에 대하여 안전한 구조의 흙막이를 설치할 것
	복도의 너비 및 설치기준	피난규칙15조의2	문화 및 집회시설(공연장·집회장·관람장·전시장에 한한다), 종교시설 중 종교집회장, 노유자시설 중 아동 관련 시설·노인복지시설, 수련시설 중 생활권수련시설, 위락시설 중 유흥주점 및 장례시설의 관람석 또는 집회실과 접하는 복도의 유효너비는 당해 층의 바닥면적의 합계가 500제곱미터 미만인 경우 1.5미터 이상으로 한다.
	지하층의 구조	피난규칙25조	지하층 비상탈출구의 유효너비는 0.75미터 이상으로 하고, 유효높이는 1.5미터 이상으로 할 것
2m	대지와 도로의 관계	법44조	건축물의 대지는 2미터 이상이 도로(자동차만의 통행에 사용되는 도로는 제외)에 접하여야 한다.
	대지의 조성	규칙25조 별표6	석축인 옹벽의 윗가장자리로부터 건축물의 외벽면까지 띄어야 하는 거리는 1층은 1.5미터, 2층은 2미터, 3층은 3미터 이상 띄워야 한다.
		규칙25조	옹벽의 높이가 2미터이상인 경우에는 이를 콘크리트구조로 할 것. 다만, 별표 6의 옹벽에 관한 기술적 기준에 적합한 경우에는 그러하지 아니하다.

길 이	검 토 항 목	법 조 문	내 용 요 약
2m	피난계단 및 특별피난계단의 구조	피난규칙9조	·건축물 내부의 피난계단의 계단실의 바깥쪽과 접하는 창문등(망이 들어 있는 유리의 붙박이창으로서 그 면적이 각각 1제곱미터 이하인 것을 제외)은 당해 건축물의 다른 부분에 설치하는 창문등으로부터 2미터 이상의 거리를 두고 설치할 것 ·건축물의 바깥쪽에 설치하는 피난계단은 그 계단으로 통하는 출입구외의 창문등(망이 들어 있는 유리의 붙박이창으로서 그 면적이 각각 1제곱미터 이하인 것을 제외)으로부터 2미터 이상의 거리를 두고 설치할 것
	대지 안의 피난 및 소화에 필요한 통로 설치	영41조	건축물의 대지 안에는 그 건축물 바깥쪽으로 통하는 주된 출구와 지상으로 통하는 피난계단 및 특별피난계단으로부터 도로 또는 공지로 통하는 필로티 내 통로의 길이가 2미터 이상인 경우에는 피난 및 소화활동에 장애가 발생하지 아니하도록 자동차 진입억제용 말뚝 등 통로 보호시설을 설치하거나 통로에 단차(段差)를 둘 것
	옹벽 및 공작물 등에의 준용	영118조	높이 2미터를 넘는 옹벽 또는 담장 축조시 시장, 군수, 구청장에게 신고한다.
	면적 등의 산정방법	영119조	처마, 차양, 부연(附椽), 그 밖에 이와 비슷한 것으로서 그 외벽의 중심선으로부터 수평거리 1미터 이상 돌출된 부분이 있는 건축물의 건축면적은 그 돌출된 끝부분으로부터 다음의 구분에 따른 수평거리를 후퇴한 선으로 둘러싸인 부분의 수평투영면적으로 한다. 한옥의 경우 2미터 이하의 범위에서 외벽의 중심선까지의 거리로 한다.
	기존건축물에 대한 특례	영6조의3	연면적 합계가 3천제곱미터 미만인 기존 공장이 증축으로 3천제곱미터 이상이 되는 경우 해당 대지가 접하여야 하는 도로의 너비는 4미터 이상으로 하고, 해당 대지가 도로에 접하여야 하는 길이는 2미터 이상으로 한다.
	창문 등의 차면시설	영55조	인접 대지경계선으로부터 직선거리 2미터 이내에 이웃 주택의 내부가 보이는 창문 등을 설치하는 경우에는 차면시설(遮面施設)을 설치하여야 한다.
	일조 등의 확보를 위한 건축물의 높이 제한	영86조	건축물을 건축하려는 대지와 다른 대지 사이에 너비(대지경계선에서 가장 가까운 거리를 말한다)가 2미터 이하인 대지가 있는 경우에는 그 반대편의 대지경계선(공동주택은 인접 대지경계선과 그 반대편 대지경계선의 중심선)을 인접 대지경계선으로 한다.
	회전문의 설치 기준	설비규칙12조	계단이나 에스컬레이터로부터 2미터 이상의 거리를 둘 것
2.1m	거실의 반자 높이	피난규칙16조	거실의 반자(반자가 없는 경우에는 보 또는 바로 윗층의 바닥판의 밑면 기타 이와 유사한 것을 말한다. 이하같다)는 그 높이를 2.1미터 이상으로 하여야 한다.
	계단의 설치기준	영15조	계단의 유효 높이(계단의 바닥 마감면부터 상부 구조체의 하부 마감면까지의 연직방향의 높이를 말한다)는 2.1미터 이상으로 할 것
	피난안전구역의 설치기준	피난규칙8조의2	피난안전구역의 높이는 2.1미터 이상일 것
2.5m	내력벽의 두께	구조규칙32조	토압을 받는 내력벽은 조적식구조로 하여서는 아니된다. 다만, 토압을 받는 부분의 높이가 2.5미터를 넘지 아니하는 경우에는 조적식구조인 벽돌구조로 할 수 있다.
	방화벽의 구조	피난규칙21조	방화벽에 설치하는 출입문의 너비 및 높이는 각각 2.5미터 이하로 하고, 해당 출입문에는 제26조에 따른 갑종방화문을 설치할 것
3m	건축신고	법14조 영11조	건축물의 높이를 3미터 이하의 범위에서 증축하는 건축물은 시장,군수,구청장에게 건교부령이 정하는 방에 의하여 신고함으로써 건축허가를 받은 것으로 본다.
	대지의 조성	규칙25조 별표6	석축인 옹벽의 윗가장자리로부터 건축물의 외벽면까지 띄어야 하는 거리는 1층은 1.5미터, 2층은 2미터, 3층은 3미터 이상 띄워야 한다.

길이	검토항목	법조문	내용요약
3m	방화지구 안의 건축물	법51조	방화지구 안의 공작물로서 간판, 광고탑, 그 밖에 대통령령으로 정하는 공작물 중 건축물의 지붕 위에 설치하는 공작물이나 높이 3미터 이상의 공작물은 주요부를 불연(不燃)재료로 하여야 한다.
	계단 및 복도의 설치 기준	피난규칙15조	·높이가 3미터를 넘는 계단에는 높이 3미터이내마다 유효너비 120센티미터 이상의 계단참을 설치할 것 ·너비가 3미터를 넘는 계단에는 계단의 중간에 너비 3미터 이내마다 난간을 설치할 것. 다만, 계단의 단높이가 15센티미터 이하이고, 계단의 단너비가 30센티미터 이상인 경우에는 그러하지 아니하다.
	대규모 목조건축물의 외벽등	피난규칙22조	"연소할 우려가 있는 부분"이라 함은 인접대지경계선·도로중심선 또는 동일한 대지안에 있는 2동 이상의 건축물(연면적의 합계가 500제곱미터 이하인 건축물은 이를 하나의 건축물로 본다) 상호의 외벽간의 중심선으로부터 1층에 있어서는 3미터 이내, 2층 이상에 있어서는 5미터 이내의 거리에 있는 건축물의 각 부분을 말한다.
	지하층의 구조	피난규칙25조	비상탈출구는 출입구로부터 3미터 이상 떨어진 곳에 설치할 것
	대지 안의 피난 및 소화에 필요한 통로 설치	영41조	바닥면적의 합계가 500제곱미터 이상인 문화 및 집회시설, 종교시설, 의료시설, 위락시설 또는 장례시설: 유효 너비 3미터 이상
	면적 등의 산정방법	영119조	건축물의 면적·높이 및 층수 등을 산정할 때 지표면에 고저차가 있는 경우에는 건축물의 주위가 접하는 각 지표면 부분의 높이를 그 지표면 부분의 수평거리에 따라 가중평균한 높이의 수평면을 지표면으로 본다. 이 경우 그 고저차가 3미터를 넘는 경우에는 그 고저차 3미터 이내의 부분마다 그 지표면을 정한다.
4m	정의	법2조	"도로"란 보행과 자동차 통행이 가능한 너비 4미터 이상의 도로(지형적으로 자동차 통행이 불가능한 경우와 막다른 도로의 경우에는 대통령령으로 정하는 구조와 너비의 도로)를 말한다.
	대지와 도로의 관계	영28조	연면적의 합계가 2천 제곱미터(공장인 경우에는 3천 제곱미터) 이상인 건축물(축사, 작물 재배사, 그 밖에 이와 비슷한 건축물로서 건축조례로 정하는 규모의 건축물은 제외)의 대지는 너비 6미터 이상의 도로에 4미터 이상 접하여야 한다.
	건축선	영31조	특별자치시장·특별자치도지사 또는 시장·군수·구청장은 법 제46조제2항에 따라 「국토의 계획 및 이용에 관한 법률」 제36조제1항제1호에 따른 도시지역에는 4미터 이하의 범위에서 건축선을 따로 지정할 수 있다.
	일조 등의 확보를 위한 건축물의 높이 제한	영86조	같은 대지에서 두 동(棟) 이상의 건축물이 서로 마주보고 있는 경우(한 동의 건축물 각 부분이 서로 마주보고 있는 경우를 포함)에 건축물 각 부분 사이의 거리는 측벽과 측벽이 마주보는 경우[마주보는 측벽 중 하나의 측벽에 채광을 위한 창문 등이 설치되어 있지 아니한 바닥면적 3제곱미터 이하의 발코니(출입을 위한 개구부를 포함)을 설치하는 경우를 포함한다]에는 4미터 이상 띄어 건축한다.
	옹벽 등의 공작물에의 준용	영118조	높이 4미터를 넘는 광고탑, 광고판, 그 밖에 이와 비슷한 것을 축조할 경우 특별자치시장·특별자치도지사 또는 시장·군수·구청장에게 신고를 해야 한다.
	면적 등의 산정 방법	영119조	·건축면적 :처마, 차양, 부연(附椽), 그 밖에 이와 비슷한 것으로서 그 외벽의 중심선으로부터 수평거리 1미터 이상 돌출된 부분이 있는 건축물의 건축면적은 그 돌출된 끝부분으로부터 다음의 구분에 따른 수평거리를 후퇴한 선으로 둘러싸인 부분의 수평투영면적으로 한다.「전통사찰의 보존 및 지원에 관한 법률」 제2조제1호에 따른 전통사찰의 경우 4미터 이하의 범위에서 외벽의 중심선까지의 거리 ·층수: 층의 구분이 명확하지 아니한 건축물은 그 건축물의 높이 4미터마다 하나의 층으로 보고 그 층수를 산정하며, 건축물이 부분에 따라 그 층수가 다른 경우에는 그 중 가장 많은 층수를 그 건축물의 층수로 본다.

길 이	검 토 항 목	법 조 문	내 용 요 약
4m	거실의 반자높이	피난규칙16조	문화 및 집회시설(전시장 및 동·식물원은 제외), 종교시설, 장례시설 또는 위락시설 중 유흥주점의 용도에 쓰이는 건축물의 관람석 또는 집회실로서 그 바닥면적이 200제곱미터 이상인 것의 반자의 높이는 제1항의 규정에 불구하고 4미터(노대의 아랫부분의 높이는 2.7미터)이상이어야 한다. 다만, 기계환기장치를 설치하는 경우에는 그러하지 아니하다.
4.5m	건축선에 의한 건축제한	법47조	도로면으로부터 높이 4.5미터 이하에 있는 출입구, 창문, 그 밖에 이와 유사한 구조물은 열고 닫을 때 건축선의 수직면을 넘지 아니하는 구조로 하여야 한다.
5m	대규모 목조건축물의 외벽 등	피난규칙22조	"연소할 우려가 있는 부분"이라 함은 인접대지경계선·도로중심선 또는 동일한 대지안에 있는 2동 이상의 건축물(연면적의 합계가 500제곱미터 이하인 건축물은 이를 하나의 건축물로 본다) 상호의 외벽간의 중심선으로부터 1층에 있어서는 3미터 이내, 2층 이상에 있어서는 5미터 이내의 거리에 있는 건축물의 각 부분을 말한다. 다만, 공원·광장·하천의 공지나 수면 또는 내화구조의 벽 기타 이와 유사한 것에 접하는 부분을 제외한다.
	테두리보	구조규칙20조	건축물의 각층의 조적식구조인 내력벽 위에는 그 춤이 벽두께의 1.5배 이상인 철골구조 또는 철근콘크리트구조의 테두리보를 설치하여야 한다. 다만, 1층인 건축물로서 벽두께가 벽의 높이의 16분의 1이상이거나 벽길이가 5미터 이하인 경우에는 목조의 테두리보를 설치할 수 있다.
	맞벽건축 및 연결복도	영81조	대통령령으로 정하는 기준에 따라 인근 건축물과 이어지는 연결복도나 연결통로를 설치하는 경우 너비 및 높이가 각각 5미터 이하일 것. 다만, 허가권자가 건축물의 용도나 규모 등을 고려할 때 원활한 통행을 위하여 필요하다고 인정하면 지방건축위원회의 심의를 거쳐 그 기준을 완화하여 적용할 수 있다.
	관계전문기술자와의 협력	영91조의3	깊이 10미터 이상의 토지 굴착공사 또는 높이 5미터 이상의 옹벽 등의 공사를 수반하는 건축물의 설계자 및 공사감리자는 토지 굴착 등에 관하여 국토교통부령으로 정하는 바에 따라 「기술사법」에 따라 등록한 토목 분야 기술사 또는 국토개발 분야의 지질 및 기반 기술사의 협력을 받아야 한다.
6m	대지와 도로의 관계	영28조	법 제44조제2항에 따라 연면적의 합계가 2천 제곱미터(공장인 경우에는 3천 제곱미터) 이상인 건축물(축사, 작물 재배사, 그 밖에 이와 비슷한 건축물로서 건축조례로 정하는 규모의 건축물은 제외한다)의 대지는 너비 6미터 이상의 도로에 4미터 이상 접하여야 한다.
	건축물의 마감재료	영61조	상업지역(근린상업지역은 제외한다)의 건축물로서 공장(국토교통부령으로 정하는 화재 위험이 적은 공장은 제외)의 용도로 쓰는 건축물로부터 6미터 이내에 위치한 건축물의 외벽에 사용하는 마감재료는 방화에 지장이 없는 재료로 하여야 한다. 이 경우 마감재료의 기준은 국토교통부령으로 정한다.
	옹벽 및 공작물 등에의 준용	영118조	높이 6미터를 넘는 굴뚝, 높이 6미터를 넘는 장식탑, 기념탑, 그 밖에 이와 비슷한 것 그리고 높이 6미터를 넘는 골프연습장 등의 운동시설을 위한 철탑, 주거지역·상업지역에 설치하는 통신용 철탑, 그 밖에 이와 비슷한 것과 같은 공작물을 축조할 때 특별자치시장·특별자치도지사 또는 시장·군수·구청장에게 신고를 하여야 한다.
8m	건축선	영31조	법 제46조제1항에 따라 너비 8미터 미만인 도로의 모퉁이에 위치한 대지의 도로모퉁이 부분의 건축선은 그 대지에 접한 도로경계선의 교차점으로부터 도로경계선에 따라 시행령 표에 따른 거리를 각각 후퇴한 두 점을 연결한 선으로 한다.
	일조 등의 확보를 위한 건축물의 높이 제한	법61조	2층 이하로서 높이가 8미터 이하인 건축물에는 해당 지방자치단체의 조례로 정하는 바에 따라 제1항부터 제3항까지의 규정을 적용하지 아니할 수 있다.
		영86조	같은 대지에서 두 동(棟) 이상의 건축물이 서로 마주보고 있는 경우(한 동의 건축물 각 부분이 서로 마주보고 있는 경우를 포함한다)에 건축물 각 부분 사이의 거리는 채광창(창넓이가 0.5제곱미터 이상인 창을 말한다)이 없는 벽면과 측벽이 마주보는 경우에는 8미터 이상
	옹벽 및 공작물 등에의 준용	영118조	높이 8미터를 넘는 고가수조나 그 밖에 이와 비슷한 것 그리고 높이 8미터(위험을 방지하기 위한 난간의 높이는 제외한다) 이하의 기계식 주차장 및 철골 조립식 주차장(바닥면이 조립식이 아닌 것을 포함한다)으로서 외벽이 없는 것과 같은 공작물을 축조할 때 특별자치시장·특별자치도지사 또는 시장·군수·구청장에게 신고를 하여야 한다.

길이	검토항목	법조문	내용요약
9m	구조안전의 확인	영32조	층수 3층 이상, 연면적 1,000제곱미터 이상, 높이 13미터 이상, 처마높이가 9미터 이상, 기둥과 기둥 사이의 거리가 10미터 이상인 건축물의 건축주는 해당 건축물의 설계자로부터 구조 안전의 확인 서류를 받아 법 제21조에 따른 착공신고를 하는 때에 그 확인 서류를 허가권자에게 제출하여야 한다.
	일조 등의 확보를 위한 건축물의 높이 제한	영86조	전용주거지역이나 일반주거지역에서 건축물을 건축하는 경우에는 법 제61조제1항에 따라 건축물의 각 부분을 정북(正北) 방향으로의 인접 대지경계선으로부터 다음 각 호의 범위에서 건축조례로 정하는 거리 이상을 띄어 건축하여야 한다. 1. 높이 9미터 이하인 부분: 인접 대지경계선으로부터 1.5미터 이상 2. 높이 9미터를 초과하는 부분: 인접 대지경계선으로부터 해당 건축물 각 부분 높이의 2분의 1 이상
10m	구조안전의 확인	영32조	층수 3층 이상, 연면적 1,000제곱미터 이상, 높이 13미터 이상, 처마높이가 9미터 이상, 기둥과 기둥 사이의 거리가 10미터 이상인 건축물의 건축주는 해당 건축물의 설계자로부터 구조 안전의 확인 서류를 받아 법 제21조에 따른 착공신고를 하는 때에 그 확인 서류를 허가권자에게 제출하여야 한다.
	관계전문기술자와의 협력	영91조의3	깊이 10미터 이상의 토지 굴착공사 또는 높이 5미터 이상의 옹벽 등의 공사를 수반하는 건축물의 설계자 및 공사감리자는 토지 굴착 등에 관하여 국토교통부령으로 정하는 바에 따라 「기술사법」에 따라 등록한 토목 분야 기술사 또는 국토개발 분야의 지질 및 기반 기술사의 협력을 받아야 한다.
12m	면적 등의 산정방법	영119조	건축물의 옥상에 설치되는 승강기탑·계단탑·망루·장식탑·옥탑 등으로서 그 수평투영면적의 합계가 해당 건축물 건축면적의 8분의 1(「주택법」 제15조제1항에 따른 사업계획승인 대상인 공동주택 중 세대별 전용면적이 85제곱미터 이하인 경우에는 6분의 1) 이하인 경우로서 그 부분의 높이가 12미터를 넘는 경우에는 그 넘는 부분만 해당 건축물의 높이에 산입한다.
13m	구조안전의 확인	영32조	층수 3층 이상, 연면적 1,000제곱미터 이상, 높이 13미터 이상, 처마높이가 9미터 이상, 기둥과 기둥 사이의 거리가 10미터 이상인 건축물의 건축주는 해당 건축물의 설계자로부터 구조 안전의 확인 서류를 받아 법 제21조에 따른 착공신고를 하는 때에 그 확인 서류를 허가권자에게 제출하여야 한다.
20m	피뢰설비	설비규칙20조	영 제87조제2항에 따라 낙뢰의 우려가 있는 건축물, 높이 20미터 이상의 건축물 또는 영 제118조제1항에 따른 공작물로서 높이 20미터 이상의 공작물(건축물에 영 제118조제1항에 따른 공작물을 설치하여 그 전체 높이가 20미터 이상인 것을 포함)에는 기준에 적합하게 피뢰설비를 설치하여야 한다.
30m	비상용승강기의 승강장 및 승강로의 구조	설비규칙10조	피난층이 있는 승강장의 출입구(승강장이 없는 경우에는 승강로의 출입구)로부터 도로 또는 공지(공원·광장 기타 이와 유사한 것으로서 피난 및 소화를 위한 당해 대지에의 출입에 지장이 없는 것을 말한다)에 이르는 거리가 30미터 이하일 것
30m 40m 50m	직통계단의 설치	영34조	건축물의 피난층외의 층에서는 피난층 또는 지상으로 통하는 직통계단(경사로를 포함)을 거실의 각 부분으로부터 계단(거실로부터 가장 가까운 거리에 있는 계단)에 이르는 보행거리가 30미터 이하가 되도록 설치하여야 한다. 다만, 건축물(지하층에 설치하는 것으로서 바닥면적의 합계가 300제곱미터 이상인 공연장·집회장·관람장 및 전시장은 제외한다)의 주요구조부가 내화구조 또는 불연재료로 된 건축물은 그 보행거리가 50미터(층수가 16층 이상인 공동주택은 40미터) 이하가 되도록 설치할 수 있다.
31m	비상용승강기를 설치하지 아니할 수 있는 건축물	설비규칙9조	·높이 31미터를 넘는 각층을 거실외의 용도로 쓰는 건축물 ·높이 31미터를 넘는 각층의 바닥면적의 합계가 500제곱미터 이하인 건축물 ·높이 31미터를 넘는 층수가 4개층 이하로서 당해 각층의 바닥면적의 합계 200제곱미터(벽 및 반자가 실내에 접하는 부분의 마감을 불연재료로 한 경우에는 500제곱미터)이내마다 방화구획으로 구획한 건축물

Checklist

법원문요약

11장

건축물의 면적, 높이 등 세부 산정기준

제1장 일반사항

1.1 목적

이 기준은 「건축법」 제84조 및 같은 법 시행령 제119조제5항에 따라 건축물의 면적, 높이 및 층수 등의 산정방법에 관한 구체적인 적용사례 및 적용방법 등을 참고할 수 있도록 하는 데 그 목적이 있다.

제2장 건축물의 면적 산정기준

2.1. 대지 면적

2.1.1. 대지면적은 대지의 수평투영면적으로 한다.

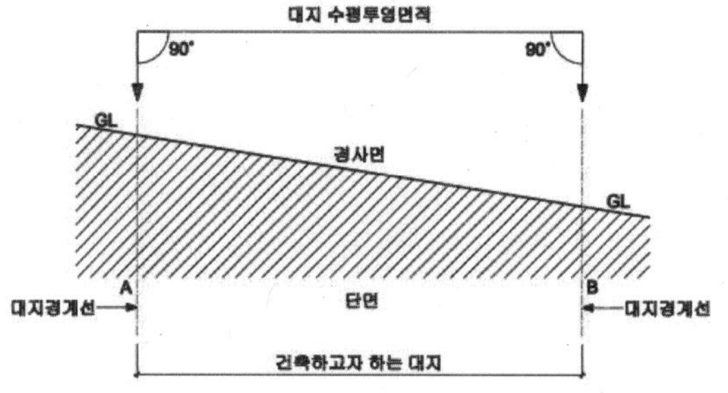

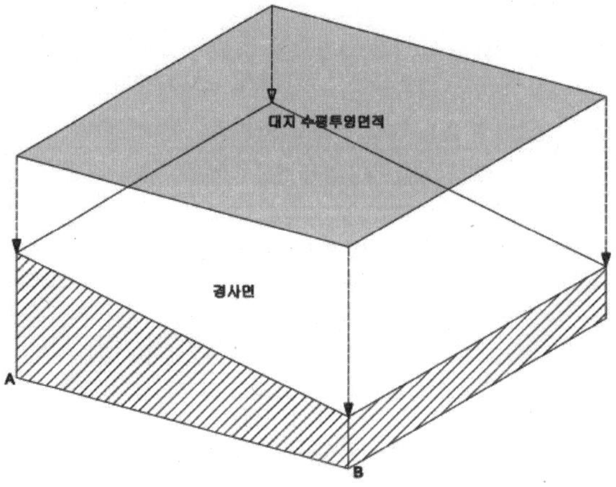

대지의 수평투영면적의 산정 예시

2.1.2. 다음 각 항목의 어느 하나에 해당하는 면적은 제외한다.

1) 「건축법」 제46조 제1항 단서에 따라 대지에 건축선이 정하여진 경우: 그 건축선과 도로 사이의 대지면적

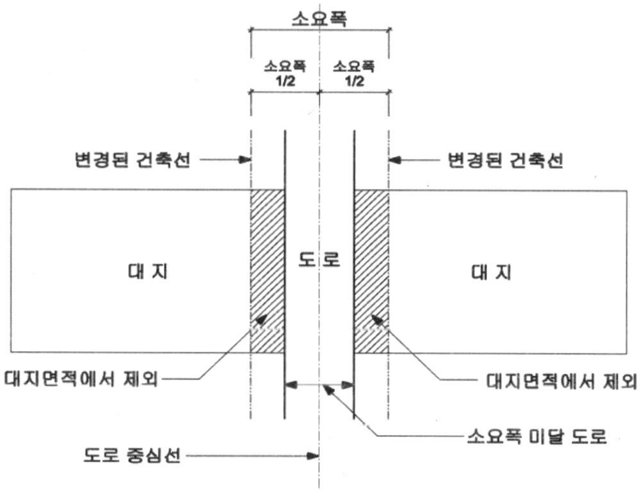

소요 너비에 못 미치는 너비의 도로의 경우 대지면적 산정 예시

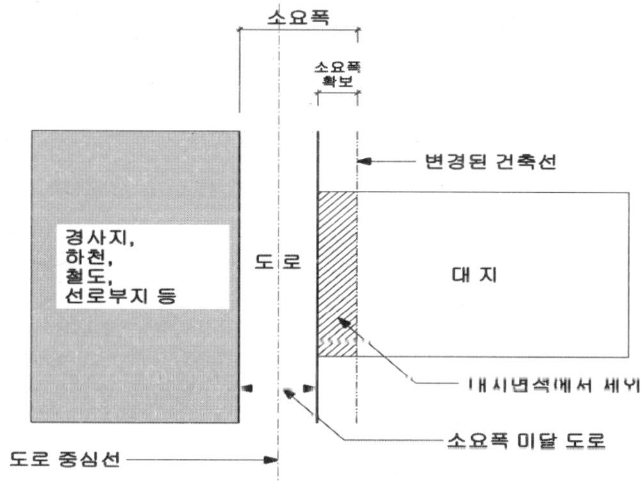

소요 너비에 못 미치는 너비의 도로 반대쪽에 경사지, 하천, 철도, 선로부지, 그 밖에 이와 유사한 것이 있는 경우 예시

* 소요 너비에 못 미치는 너비의 도로는 그 중심선으로부터 그 소요 너비의 2분의 1의 수평거리만큼 물러난 선을 건축선으로 하되, 그 도로의 반대쪽에 경사지, 하천, 철도, 선로부지, 그 밖에 이와 유사한 것이 있는 경우에는 그 경사지 등이 있는 쪽의 도로경계선에서 소요 너비에 해당하는 수평거리의 선을 건축선으로 하고, 그 건축선과 도로 사이의 면적은 대지면적에서 제외함

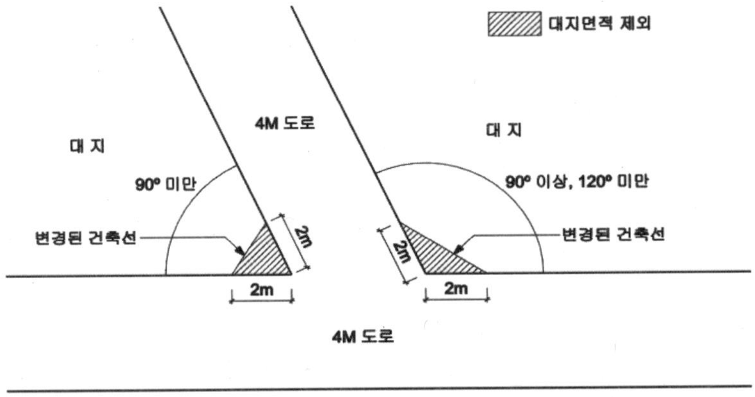

너비 4미터와 4미터 교차도로의 경우 대지면적(건축선 결정) 예시

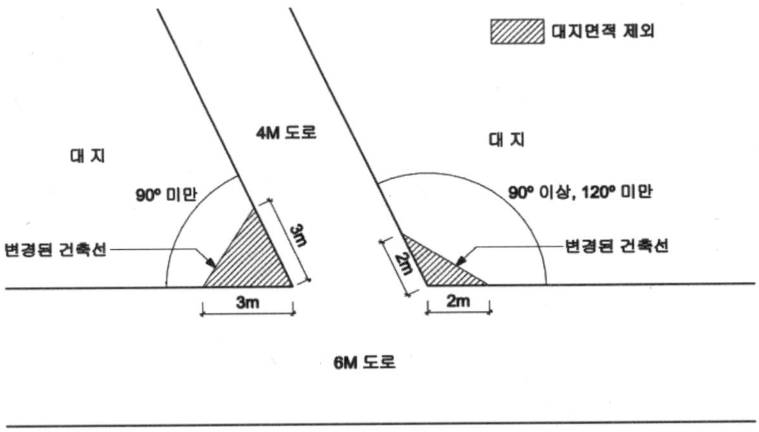

너비 4미터와 6미터 교차도로의 대지면적(건축선 결정) 예시

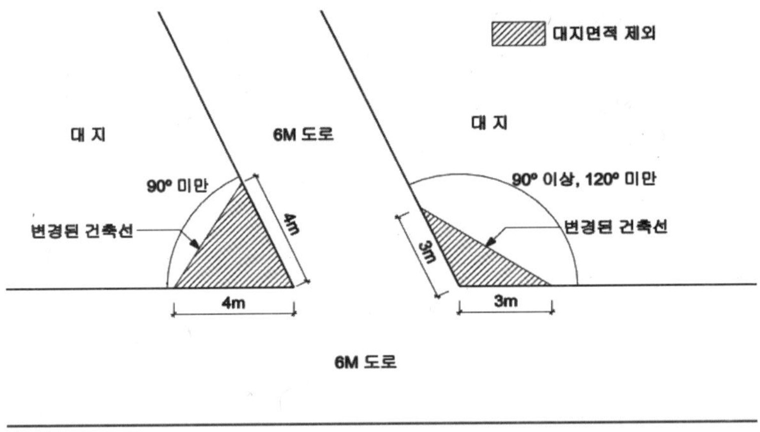

너비 6미터와 6미터 교차도로의 대지면적(건축선 결정) 예시

* 너비 8미터 미만인 도로모퉁이 부분의 건축선은 그 대지에 접한 도로경계선의 교차점으로부터 도로경계선에 따라 다음의 표에 따른 거리를 각각 후퇴한 두 점을 연결한 선으로 하고, 그 건축선과 도로 사이의 면적은 대지면적에서 제외함

< 건축법 시행령 제31조제1항에 따른 도로 모퉁이 부분의 건축선 지정 기준>

도로의 교차각	해당 도로의 너비		교차되는 도로의 너비
	6m 이상 8m 미만	4m 이상 6m 미만	
90도 미만	4m	3m	6m 이상 8m 미만
	3m	2m	4m 이상 6m 미만
90도 이상 120도 미만	3m	2m	6m 이상 8m 미만
	2m	2m	4m 이상 6m 미만
120도 이상	적용하지 않음		

2) 대지에 도시 · 군계획시설인 도로 · 공원 등이 있는 경우: 그 도시 · 군계획시설에 포함되는 대지(「국토의 계획 및 이용에 관한 법률」 제47조제7항에 따라 건축물 또는 공작물을 설치하는 도시 · 군계획시설의 부지는 제외)면적

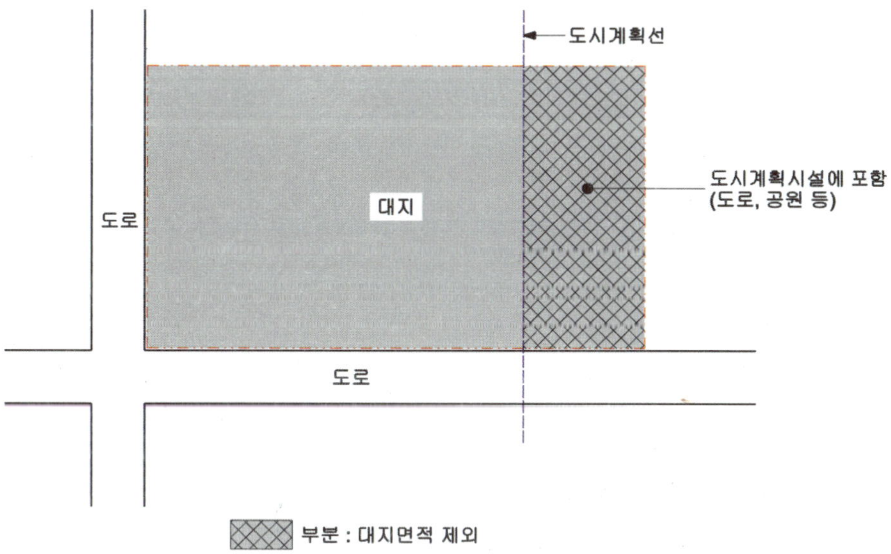

대지 안에 도시·군계획시설인 도로·공원 등이 있는 경우

2.2 건축 면적

2.2.1. 건축면적은 건축물의 외벽(외벽이 없는 경우에는 외곽 부분의 기둥으로 한다)의 중심선으로 둘러싸인 부분의 수평투영면적으로 한다.

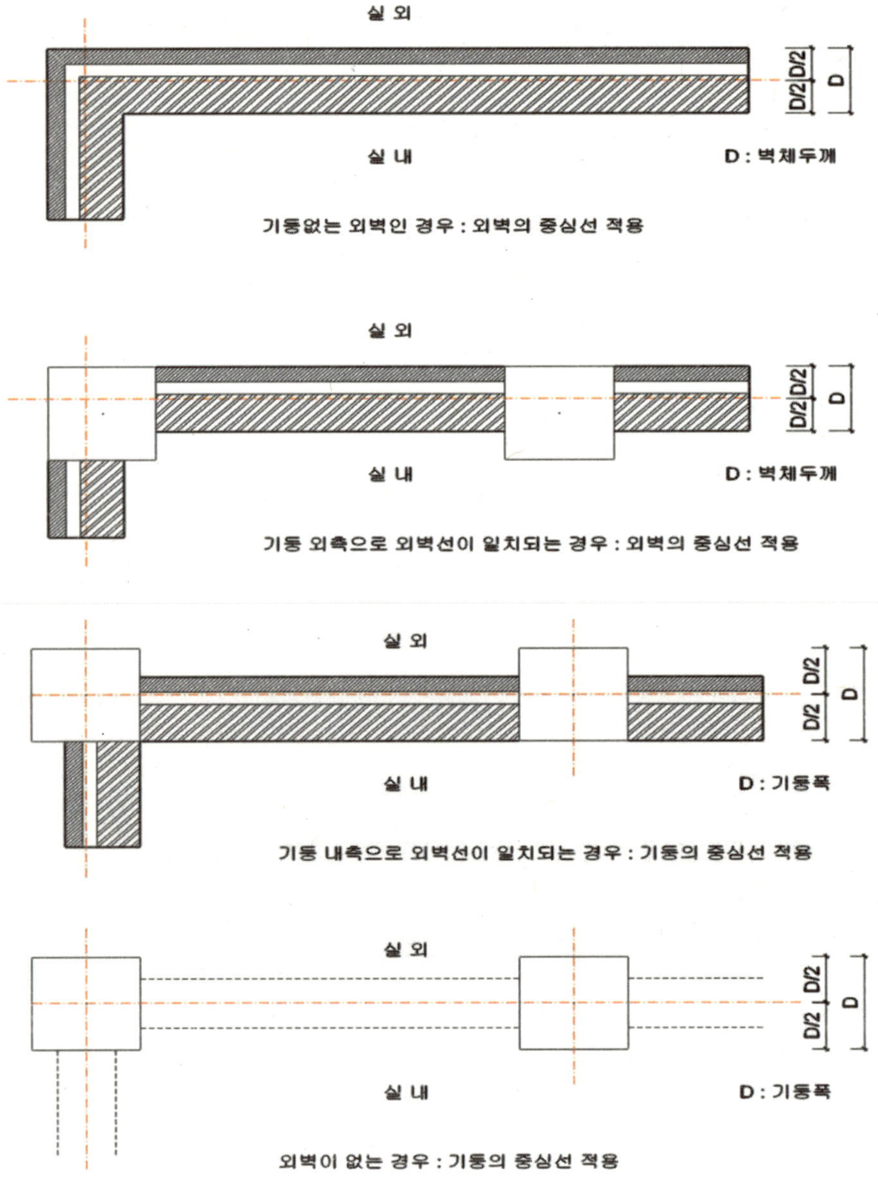

건축물의 외벽(기둥)의 중심선 적용 예시

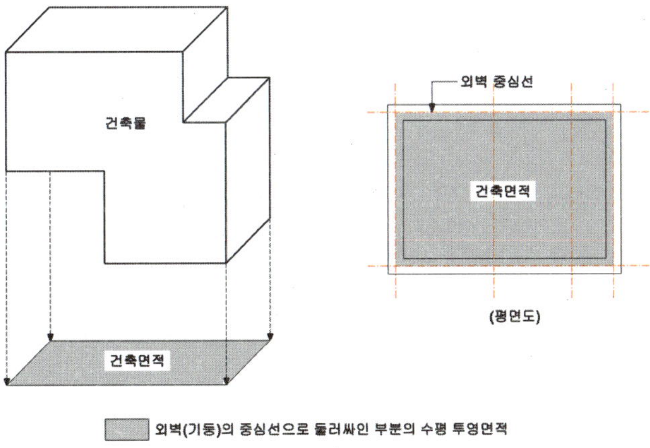

외벽의 중심선 적용 예시

2.2.2. 나음 각 항목의 어느 하나에 해당하는 경우에는 각 항목에서 정하는 기준에 따라 산정한다.

1) 처마, 차양, 부연(附椽), 그 밖에 이와 비슷한 것으로서 그 외벽의 중심선으로부터 수평거리가 1미터 이상 돌출된 부분이 있는 건축물의 건축면적은 그 돌출된 끝부분으로부터 다음의 구분에 따른 수평거리를 후퇴한 선으로 둘러싸인 부분의 수평투영면적으로 한다.

(1) 「전통사찰의 보존 및 지원에 관한 법률」 제2조제1호에 따른 전통사찰 : 4미터 이하의 범위에서 외벽의 중심선까지의 거리

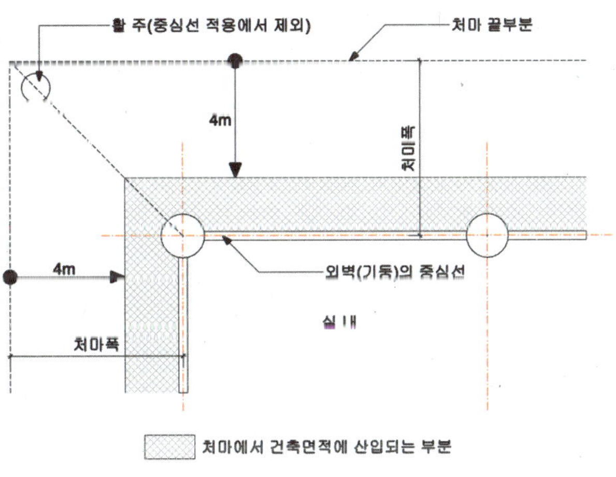

전통사찰 처마의 수평거리 후퇴선 적용 예시

(2) 사료 투여, 가축 이동 및 가축 분뇨 유출 방지 등을 위하여 처마, 차양, 부연, 그 밖에 이와 비슷한 것이 설치된 축사 : 3미터 이하의 범위에서 외벽의 중심선까지의 거리(두 동의 축사가 하나의 차양으로 연결된 경우에는 6미터 이하의 범위)

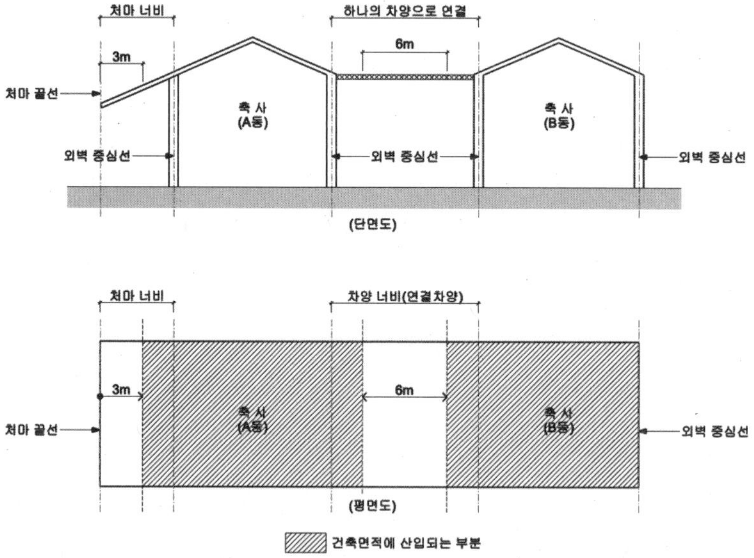

두 동의 축사가 하나의 차양으로 연결된 경우 적용 예시

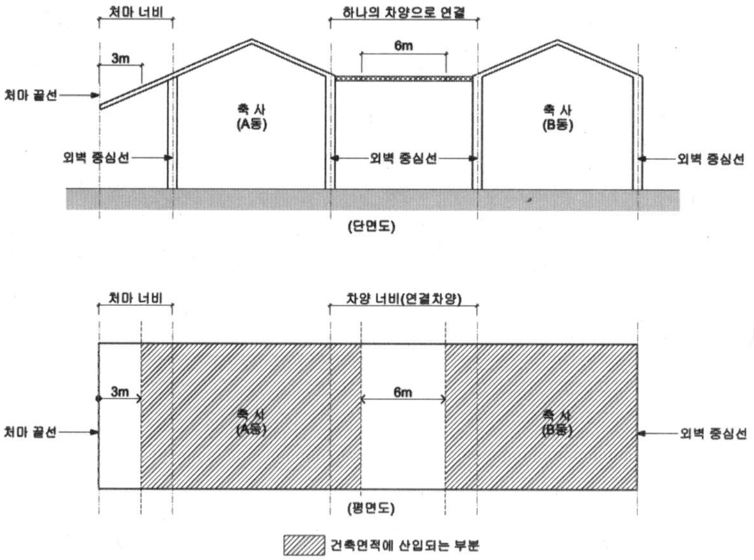

두 동의 축사가 하나의 차양으로 연결된 경우 적용 예시

(3) 한옥 : 2미터 이하의 범위에서 외벽의 중심선까지의 거리

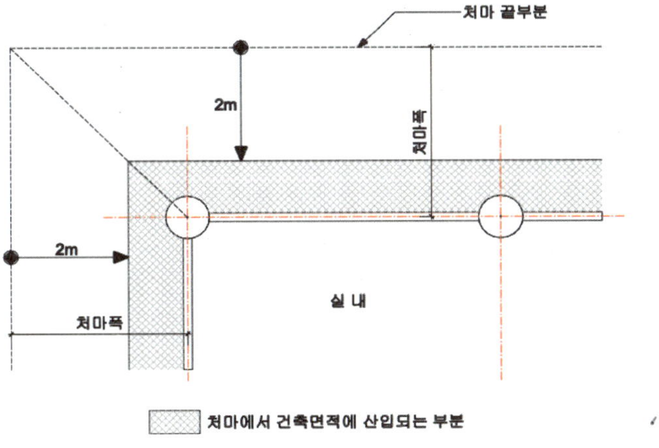

한옥 처마의 수평거리 후퇴선 적용 예시

(4) 「환경친화적자동차의 개발 및 보급 촉진에 관한 법률 시행령」 제18조의5에 따른 충전시설(그에 딸린 충전 전용 주차구획을 포함)의 설치를 목적으로 처마, 차양, 부연, 그 밖에 이와 비슷한 것이 설치된 공동주택(「주택법」 제15조에 따른 사업계획승인 대상으로 한정) : 2미터 이하의 범위에서 외벽의 중심선까지의 거리

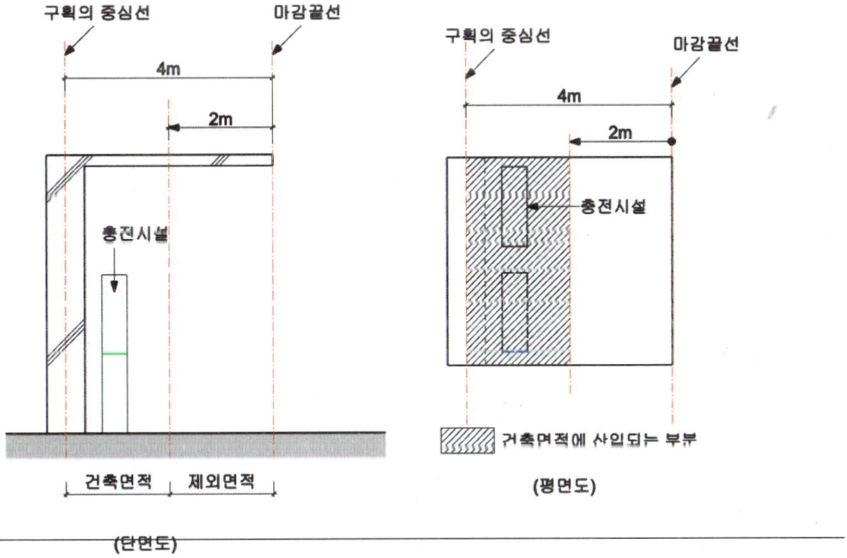

주택법 제15조에 따른 사업계획승인 대상 공동주택의 환경친화적자동차 충전시설 처마, 차양, 부연 등의 적용 예시

(5) 「신에너지 및 재생에너지 개발·이용·보급 촉진법」 제2조제3호에 따른 신·재생에너지 설비(신·재생에너지를 생산하거나 이용하기 위한 것만 해당)를 설치하기 위하여 처마, 차양, 부연, 그 밖에 이와 비슷한 것이 설치된 건축물로서 「녹색건축물 조성 지원법」 제17조에 따른 제로에너지건축물 인증을 받은 건축물: 2미터 이하의 범위에서 외벽의 중심선까지의 거리

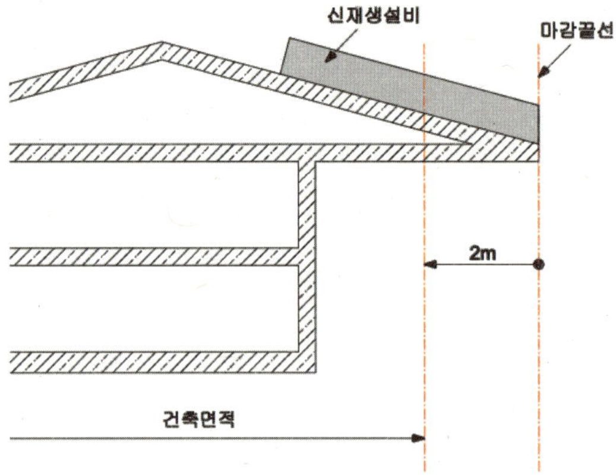

건축물의 지붕에 신재생에너지를 공급, 이용하는 시설을 설치하는 경우 그 부분 처마, 차양, 부연 등의 수평거리 후퇴선 적용 예시

(6) 그 밖의 건축물 : 1미터 이하의 범위에서 외벽의 중심선까지의 거리

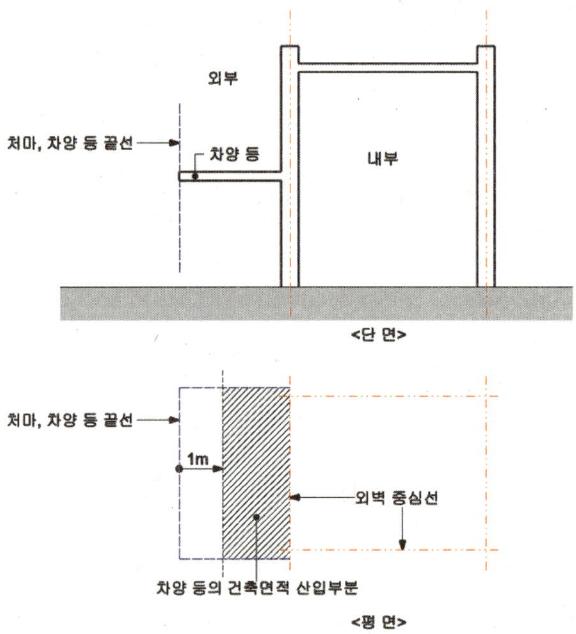

일반적인 형태의 처마, 차양, 부연 등의 수평거리 후퇴선 적용 예시

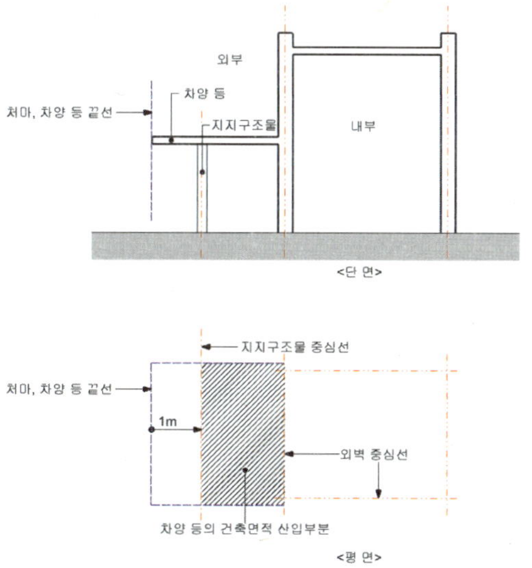

벽기둥 등으로 지지되는 처마, 차양, 부연 등의 수평거리 후퇴신 적용 예시

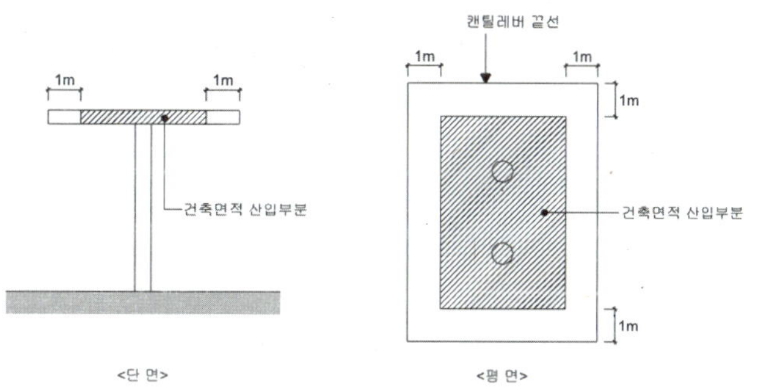

기둥으로만 지지되는 개방된 구조의 경우 수평거리 후퇴선 적용 예시

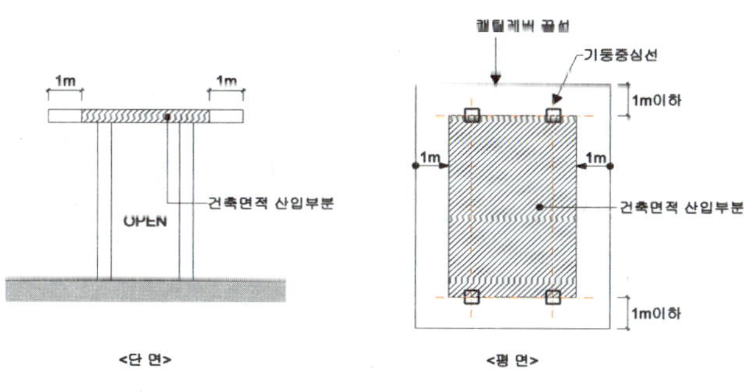

기둥으로 구획된 개방된 구조의 수평거리 후퇴선 적용 예시

* 지붕의 끝부분으로부터 1미터를 후퇴한 선으로 둘러싸인 부분의 수평투영면적을 건축면적으로 하되, 벽·기둥 등으로 구획을 형성하는 부분은 중심선으로 구획된 부분을 건축면적에 모두 산입함벽·기둥 등으로 구획을 형성하는 부분은 중심선으로 구획된 부분을 건축면적에 모두 산입함

2) 단열재를 구조체의 외기측에 설치하는 단열공법으로 건축된 건축물의 경우에는 건축물의 외벽 중 내측 내력벽의 중심선을 기준으로 산정한 면적을 건축면적으로 한다.

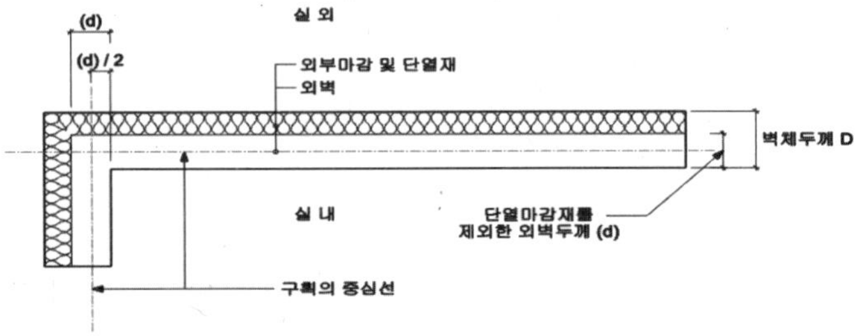

외단열 공법으로 건축된 건축물의 구획의 중심선 산정 예시

* 중심선 산정 시 내단열 건축물은 내단열 두께를 포함하여 벽체 전체의 중심선을 기준으로 산정하고, 외단열 건축물은 단열재가 설치된 외벽 중 내측 내력벽의 중심선을 기준으로 건축면적 산정함

3) 다음의 건축물의 건축면적은 각 항목에서 정하는 바에 따라 산정한다.

(1) 건축법 시행규칙 제43조제2항에 따라 창고 또는 공장 중 물품을 입출고하는 부위의 상부에 한쪽 끝은 고정되고 다른 쪽 끝은 지지되지 않는 구조로 된 돌출차양은 다음 각 호에 따라 산정한 면적 중 작은 값으로 한다.

1. 해당 돌출차양을 제외한 창고의 건축면적의 10퍼센트를 초과하는 면적
2. 해당 돌출차양의 끝부분으로부터 수평거리 6미터를 후퇴한 선으로 둘러싸인 부분의 수평투영면적

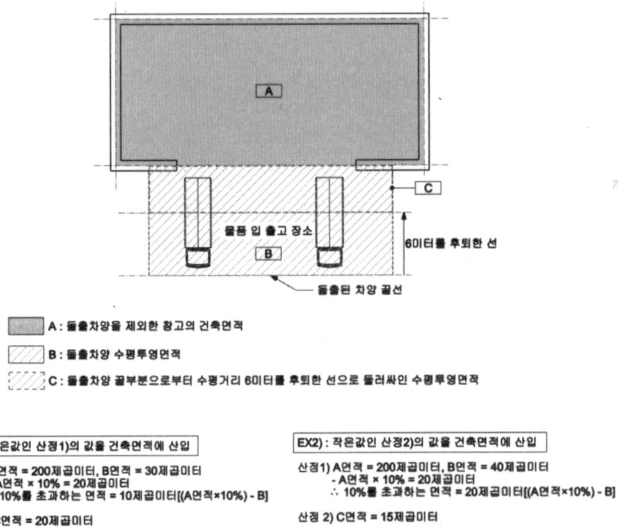

창고 또는 공장 중 물품을 입출고하는 부위 상부의 차양 건축면적 산정 예시

* '돌출차양을 제외한 창고의 건축면적'을 A라 하고 '돌출차양의 수평투영면적'을 B라 하며 '해당 돌출차양을 제외한 창고의 건축면적의 10퍼센트를 초과하는 면적'은 B-A×10%, 그리고 '해당 돌출차양의 끝부분으로부터 수평거리 6미터를 후퇴한 선으로 둘러싸인 부분의 수평투영면적'을 C, 이 때 (B-A×10%)< C 의 경우, 창고 또는 공장의 건축면적은 A+(B-A×10%)로 결정되며, (B-A×10%) >C의 경우, 창고 또는 공장의 건축면적은 A + C로 결정함

(2) 노대 등은 건축면적에 모두 산입한다. 다만, 건축구조 기준 등에 적합한 확장형 발코니 주택은 발코니 외부에 단열재를 시공 시 일반건축물 벽체와 동일하게 건축면적을 산정한다.

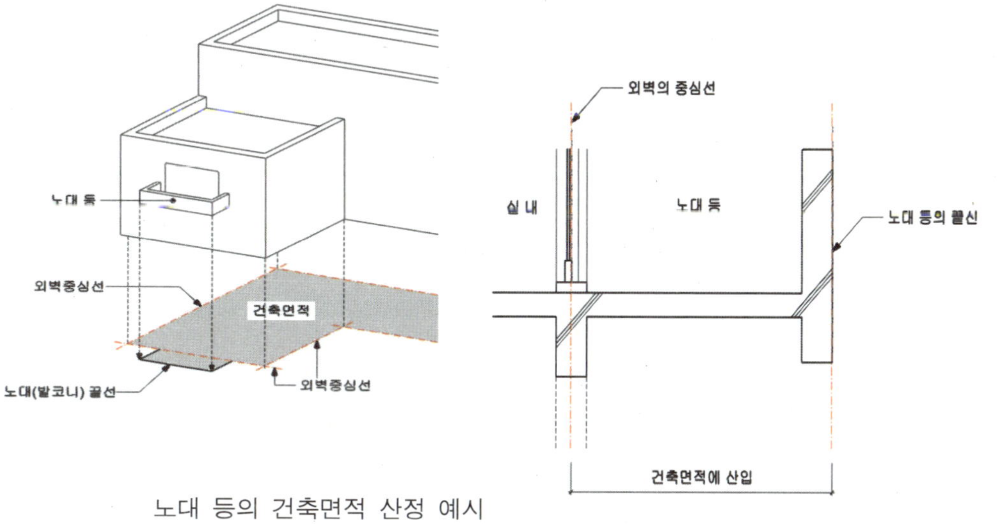

노대 등의 건축면적 산정 예시

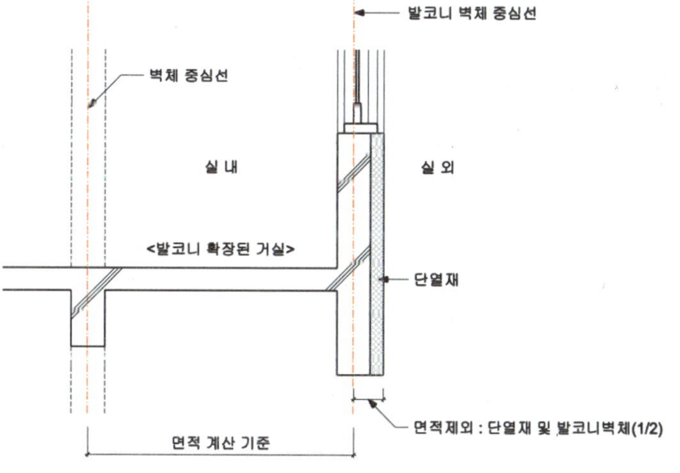

건축구조기준 등에 적합한 확장형 발코니 주택의 건축면적 산정 예시
(바닥면적 산정 시에도 동일하게 적용함)

4) 다음의 경우에는 건축면적에 산입하지 않는다.

(1) 지표면으로부터 1미터 이하에 있는 부분(창고 중 물품을 입출고하기 위하여 차량을 접안시키는 부분의 경우에는 지표면으로부터 1.5미터 이하에 있는 부분)

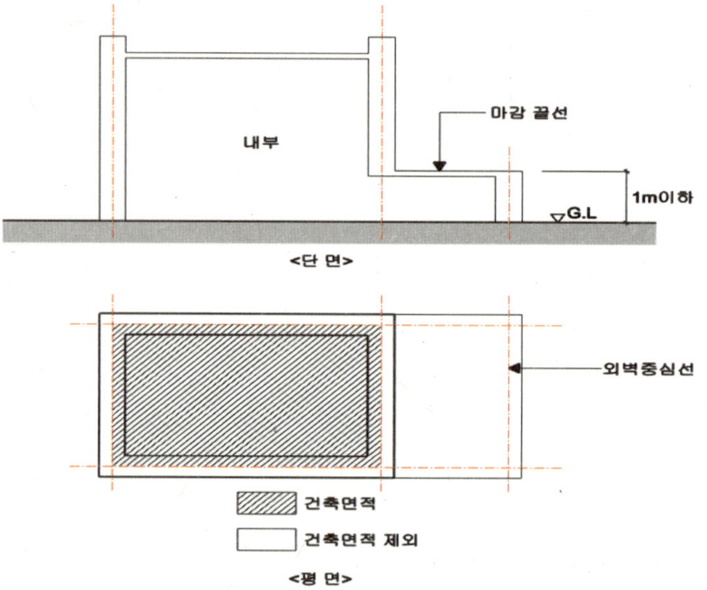

지표면으로부터 1미터 이하에 있는 부분의 건축면적 산정 예시

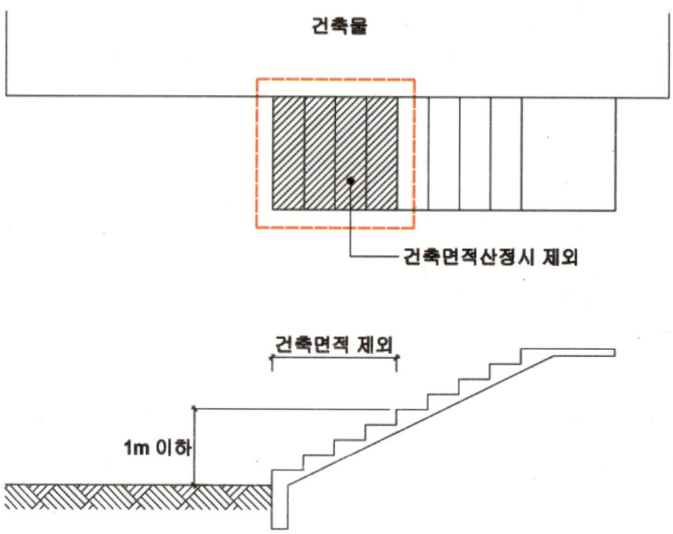

건축면적 산정 시 제외되는 외부계단 예시
(1미터 이하 부분을 제외한 외부계단 나머지 부분은 건축면적 산정시 포함)

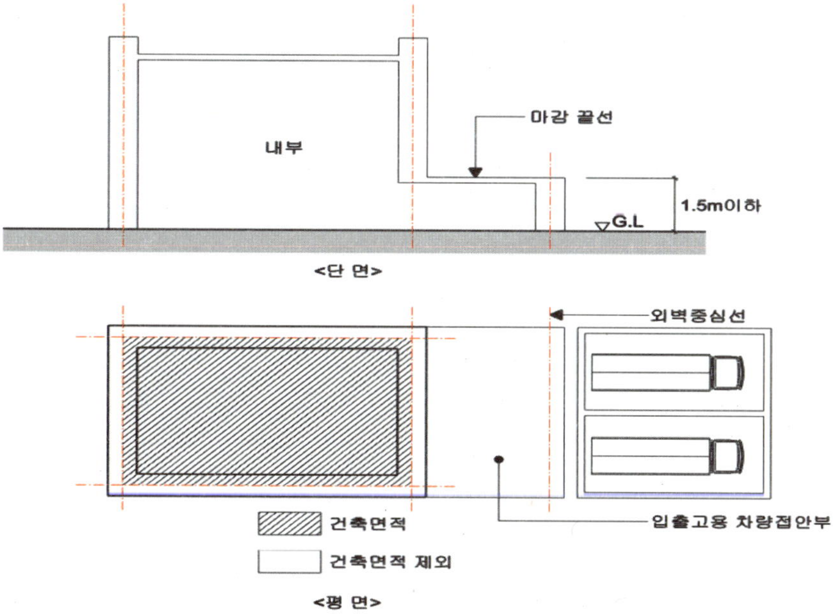

창고 중 물품을 입출고하기 위한 차량 접안부 건축면적 산정 예시

(2) 「다중이용업소의 안전관리에 관한 특별법 시행령」 제9조에 따라 기존의 다중이용업소(2004년 5월 29일 이전의 것만 해당)의 비상구에 연결하여 설치하는 폭 2미터 이하의 옥외 피난계단(기존 건축물에 옥외 피난계단을 설치함으로써 법 제55조에 따른 건폐율의 기준에 적합하지 아니하게 된 경우만 해당)

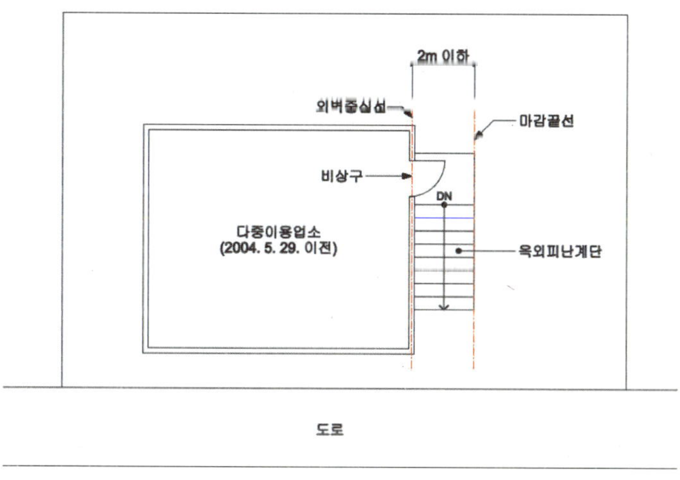

다중이용업소의 옥외 피난계단의 건축면적 산정 기준선

(3) 지하주차장의 경사로

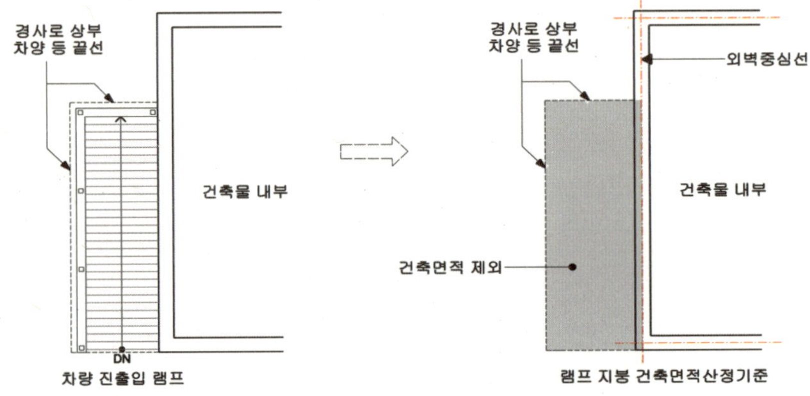

지하주차장으로 내려가는 경사로의 지붕의 건축면적 산정 예시

* 상부에 건축물 이용자 편의를 위해 비나 눈, 먼지 등을 차단하기 위한 지붕을 설치하는 경우 기둥의 설치 유무 등과 관계없이 건축면적에 산입하지 않음

(4) 「장애인 · 노인 · 임산부 등의 편의증진 보장에 관한 법률 시행령」 별표 2의 기준에 따라 설치하는 장애인용 승강기, 장애인용 에스컬레이터, 휠체어리프트 또는 경사로

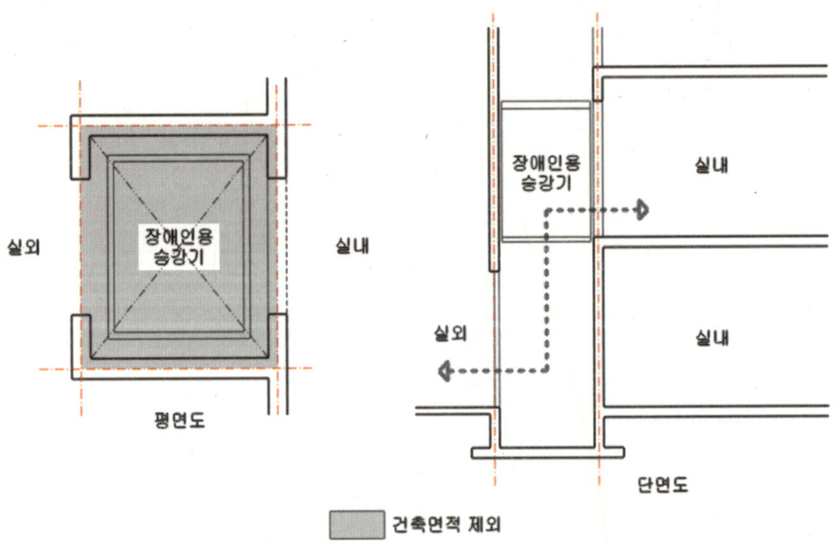

* 일반 승강기와 장애인용 승강기를 겸용으로 설치하는 경우에도 건축면적 산입에서 제외 다만, 장애인용 승강기의 승강장은 건축면적에 산입함(겸용으로 설치한 경우에도 동일하게 적용)

5) 다음의 요건을 모두 갖춘 건축물의 건폐율을 산정할 때에는 지방건축위원회의 심의를 통해 (2)에 따른 개방 부분의 상부에 해당하는 면적을 건축면적에서 제외할 수 있다.
   (1) 다음의 어느 하나에 해당하는 시설로서 해당 용도로 쓰는 바닥면적의 합계가 1천제곱미터 이상일 것
      ① 문화 및 집회시설(공연장·관람장·전시장만 해당)
      ② 교육연구시설(학교·연구소·도서관만 해당)
      ③ 수련시설 중 생활권 수련시설, 업무시설 중 공공업무시설
   (2) 지면과 접하는 저층의 일부를 높이 8미터 이상으로 개방하여 보행통로나 공지 등으로 활용할 수 있는 구조·형태일 것

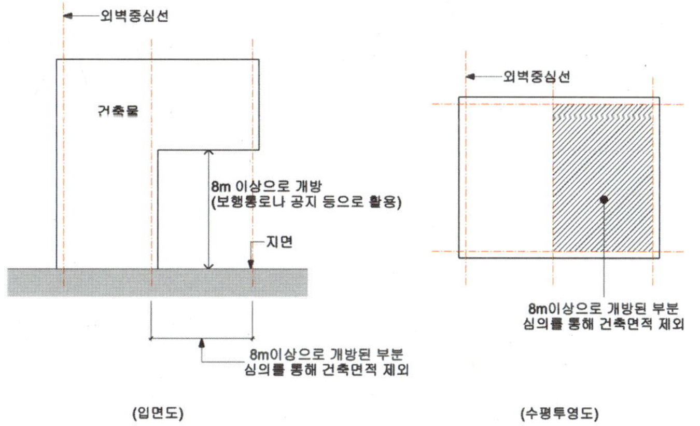

수직 형태의 높이 8미터 이상 개방부분의 건축면적 산정 예시

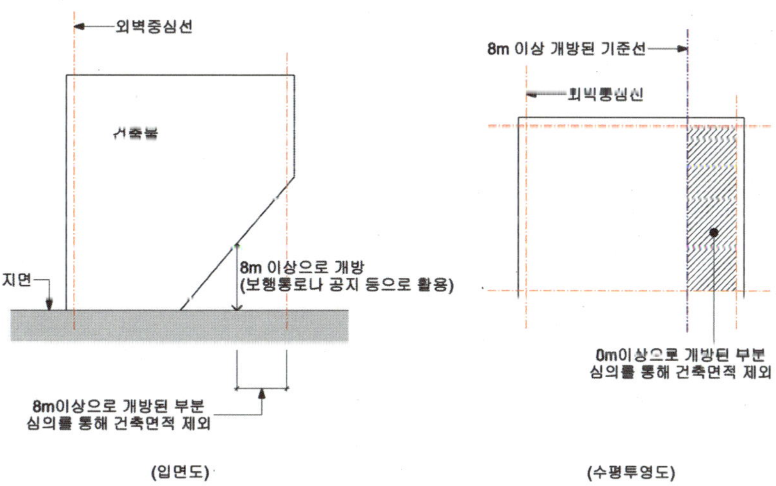

기울어진 형태의 높이 8미터 이상 개방부분의 건축면적 산정 예시

2.3 바닥면적

2.3.1. 건축물의 바닥면적은 건축물의 각 층 또는 그 일부로서 벽, 기둥, 그 밖에 이와 비슷한 구획의 중심선으로 둘러싸인 부분의 수평투영면적으로 산정한다.

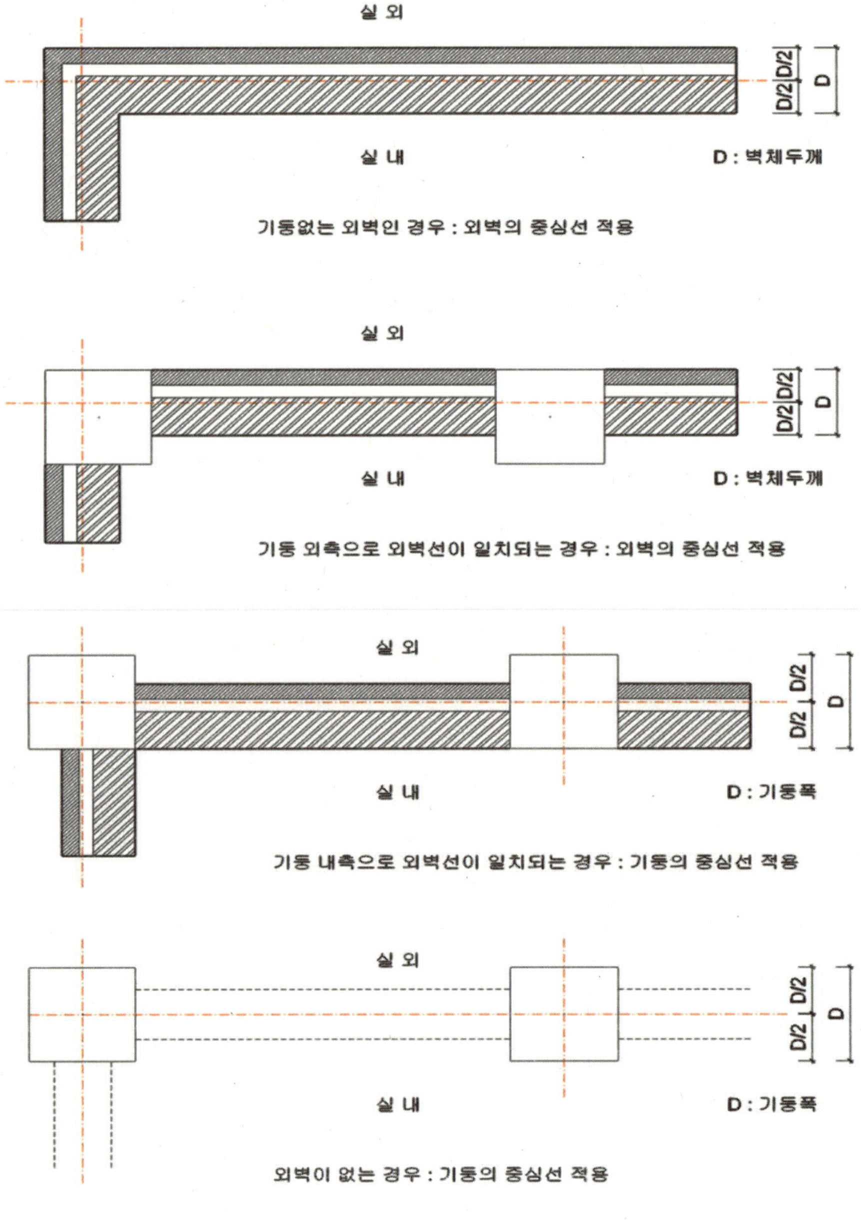

건축물의 벽, 기둥 등의 중심선 적용 기준

2.3.2. 다음 각 항목의 어느 하나에 해당하는 경우에는 각 항목에서 정하는 바에 따른다.

1) 벽 · 기둥의 구획이 없는 건축물은 그 지붕 끝부분으로부터 수평거리 1미터를 후퇴한 선으로 둘러싸인 수평투영면적으로 한다.

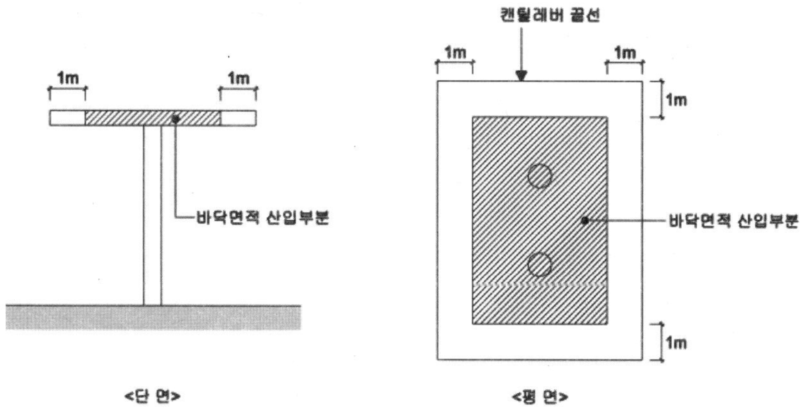

벽·기둥의 구획이 없는 건축물의 바닥면적 산정 예시

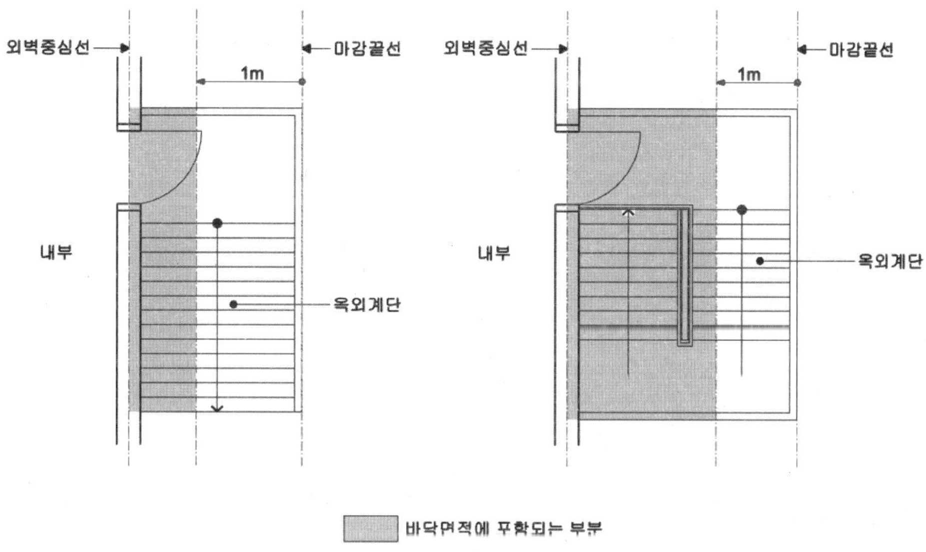

외부계단의 바닥면적 산정 예시

* 외부계단을 지지하는 벽·기둥 등의 구획이 없고 새시 등으로 구획되지 않은 개방형 외부계단의 바닥면적은 그 끝부분으로부터 수평거리 1미터를 후퇴한 선으로 둘러싸인 수평투영면적으로 하되, 외부계단을 지지하는 벽·기둥 등의 구획이 있는 경우 외부계단의 바닥면적은 그 벽, 기둥 등의 중심선으로 둘러싸인 부분의 수평투영면적으로 산정함

2) 건축물의 노대등의 바닥은 난간 등의 설치 여부에 관계없이 노대등의 면적(외벽의 중심선으로부터 노대등의 끝부분까지의 면적을 말함)에서 노대등이 접한 가장 긴 외벽에 접한 길이에 1.5미터를 곱한 값을 뺀 면적을 바닥면적에 산입한다.

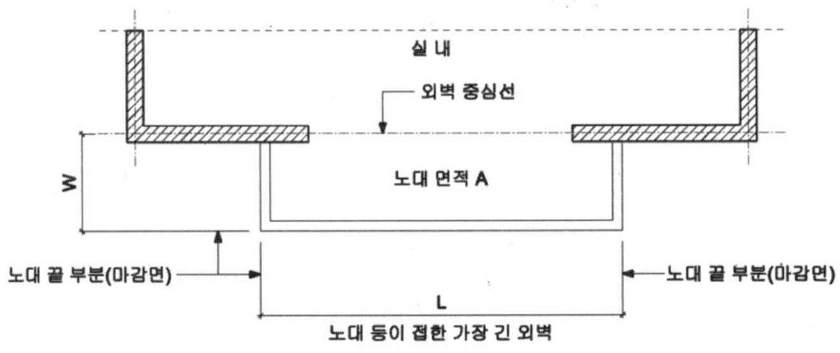

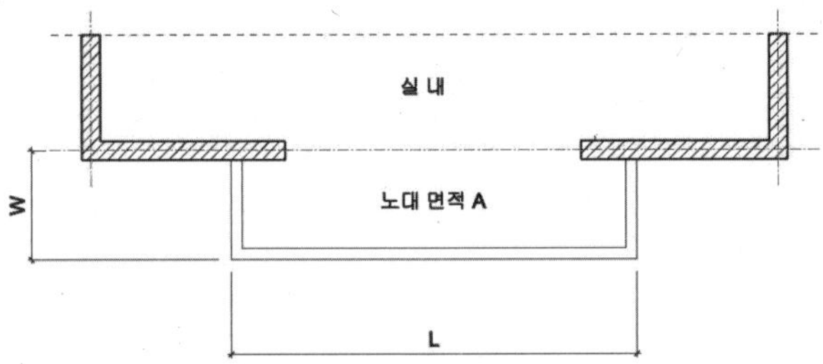

노대 면적 A = L × W

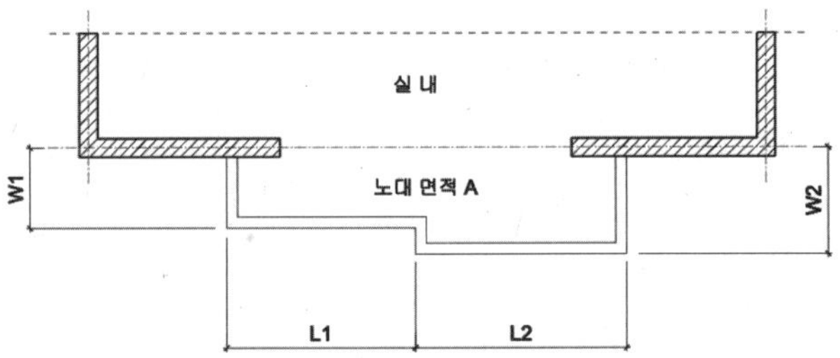

노대 면적 A = (L1 × W1) + (L2 × W2)

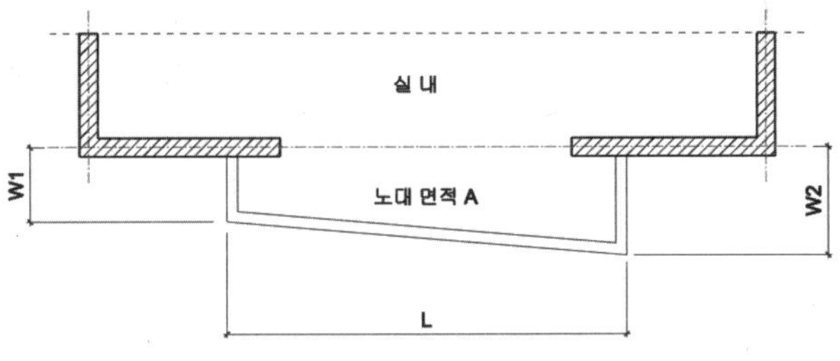

노대 면적 A = L × (W1 + W2) / 2

* 노대등의 면적 A = L × W
* 노대등의 바닥면적 산입부분 A' = 노대등의 면적(A) - (1.5미터 × L)

3) 필로티나 그 밖에 이와 비슷한 구조(벽면적의 2분의 1이상이 그 층의 바닥면에서 위층 바닥 아래면까지 공간으로 된 것만 해당)의 부분 : 그 부분이 공중의 통행이나 차량의 통행 또는 주차에 전용되는 경우와 공동주택의 경우에는 바닥면적에 산입하지 아니한다.

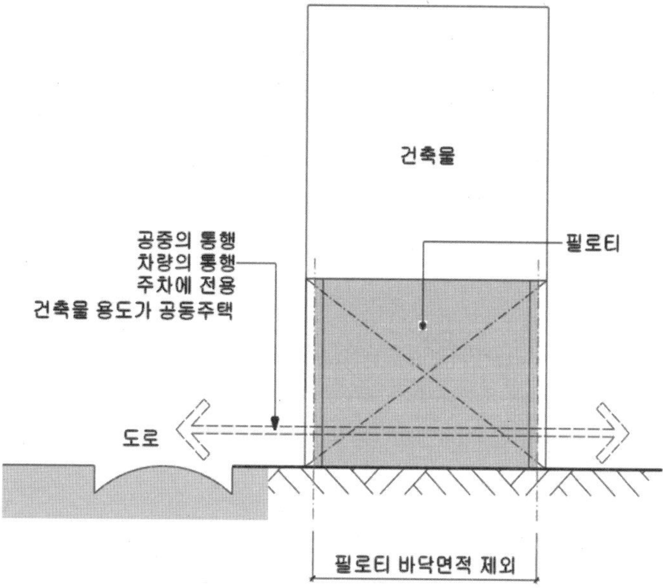

바닥면적에서 제외되는 필로티의 조건

* 공중의 통행이란 해당 건축물을 이용하는 사람뿐만 아니라 일반 대중의 통행을 포괄적으로 의미함

4) 승강기탑(옥상 출입용 승강장을 포함), 계단탑, 장식탑, 다락[층고가 1.5미터(경사진 형태의 지붕인 경우 1.8미터) 이하인 것만 해당], 건축물의 내부에 설치하는 냉방설비 배기장치 전용 설치공간(각 세대나 실별로 외부 공기에 직접 닿는 곳에 설치하는 경우로서 1제곱미터 이하로 한정), 건축물의 외부 또는 내부에 설치하는 굴뚝, 더스트슈트, 설비덕트, 그 밖에 이와 비슷한 것과 옥상·옥외 또는 지하에 설치하는 물탱크, 기름탱크, 냉각탑, 정화조, 도시가스 정압기, 그 밖에 이와 비슷한 것을 설치하기 위한 구조물과 건축물 간에 화물의 이동에 이용되는 컨베이어벨트만을 설치하기 위한 구조물은 바닥면적에 산입하지 아니한다.

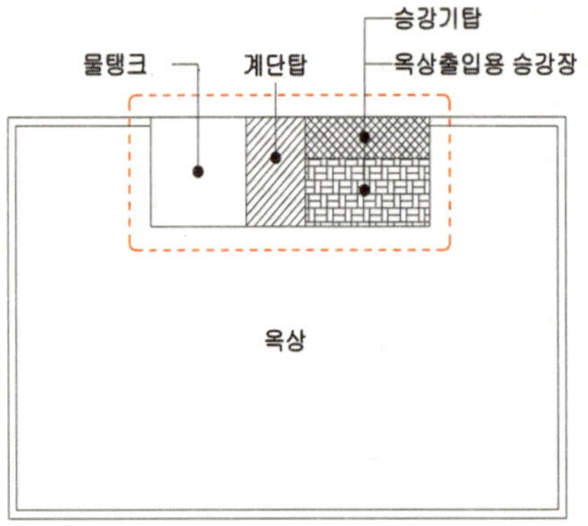

바닥면적에서 제외되는 승강기탑, 계단탑 등 예시

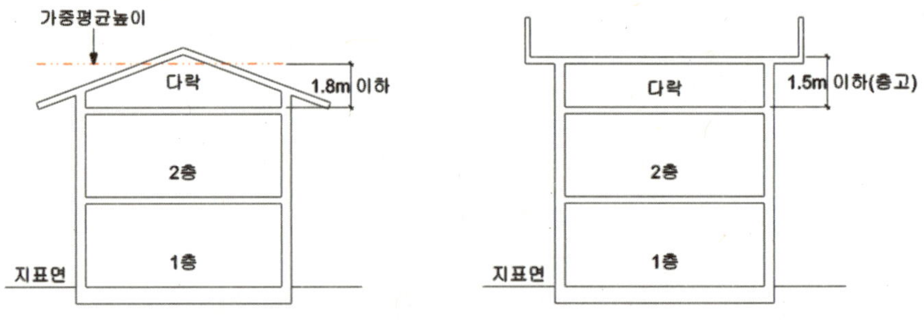

경사진 형태의 지붕　　　　평지붕

바닥면적에서 제외되는 다락의 높이 예시

5) 공동주택으로서 지상층에 설치한 기계실, 전기실, 어린이놀이터, 조경시설 및 생활폐기물 보관시설의 면적은 바닥면적에 산입하지 않는다.

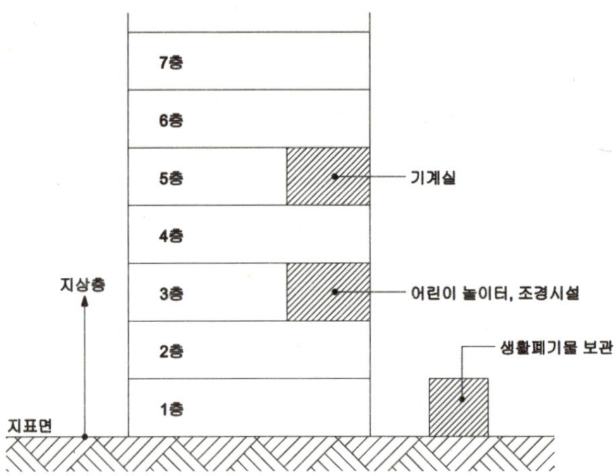

바닥면적에서 제외되는 공동주택의 각종 시설 위치 예시

6) 「건축법 시행령」 제6조제1항제6호에 따른 건축물을 리모델링하는 경우로서 미관 향상, 열의 손실 방지 등을 위하여 외벽에 부가하여 마감재 등을 설치하는 부분은 바닥면적에 산입하지 아니한다.

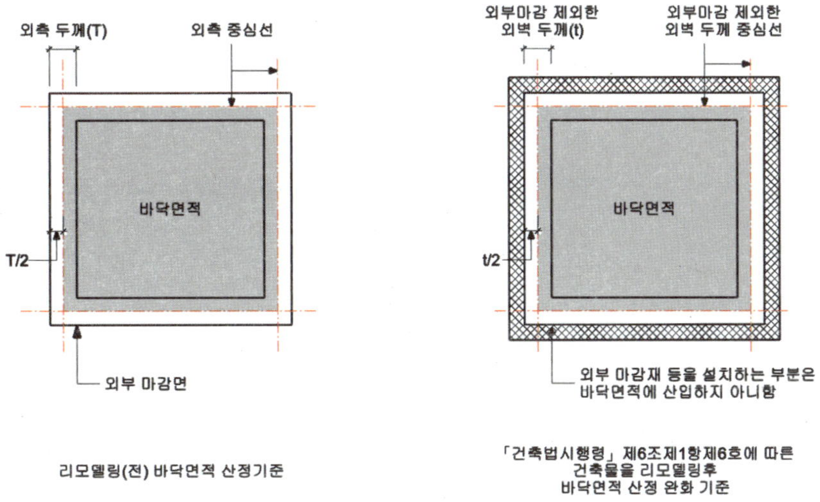

건축물 리모델링시 외벽에 부가하여 마감재를 설치하는 경우 바닥면적 산정 예시

7) 단열재를 구조체의 외기측에 설치하는 단열공법으로 건축된 건축물의 경우에는 단열재가 설치된 외벽 중 내측 내력벽의 중심선을 기준으로 산정한 면적을 바닥면적으로 한다.

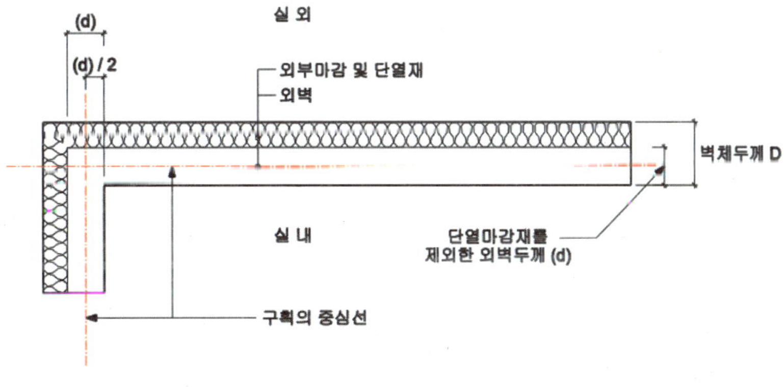

외단열 공법으로 건축된 건축물의 구획의 중심선 산정 예시

* 중심선 산정 시 내단열 건축물은 내단열 두께를 포함하여 벽체 전체의 중심선을 기준으로 산정하고, 외단열 건축물은 단열재가 설치된 외벽 중 내측 내력벽의 중심선을 기준으로 바닥면적 산정함

8) 「장애인 · 노인 · 임산부 등의 편의증진 보장에 관한 법률 시행령」 별표 2의 기준에 따라 설치하는 장애인용 승강기, 장애인용 에스컬레이터, 휠체어리프트 또는 경사로는 바닥면적에 산입하지 아니한다.

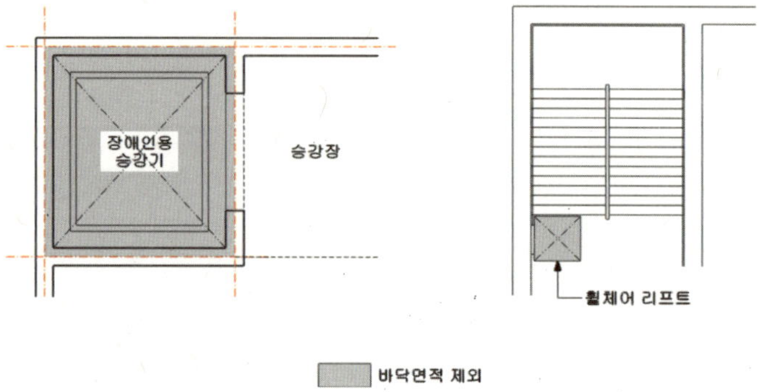

바닥면적에서 제외되는 장애인 편의시설 예시

* 일반 승강기와 장애인용 승강기를 겸용으로 설치하는 경우에도 바닥면적 산입에서 제외 다만, 장애인용 승강기의 승강장은 바닥면적에 산입함(겸용으로 설치한 경우에도 동일하게 적용)

9) 지하주차장의 경사로(지상층에서 지하 1층으로 내려가는 부분으로 한정)는 바닥면적에 산입하지 아니한다.

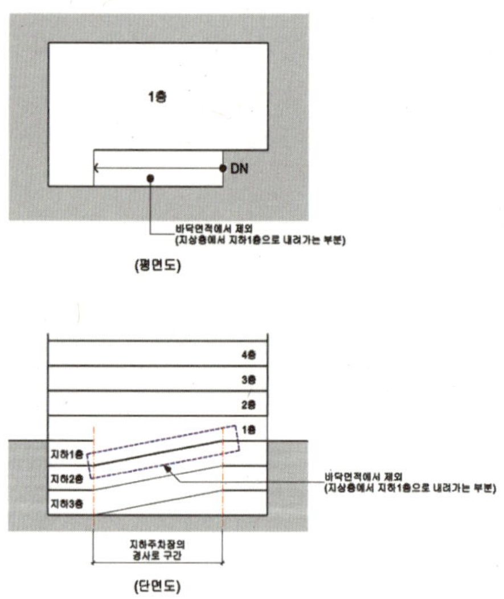

바닥면적에 산입하지 않는 지상층에서 지하 1층 주차장으로 내려가는 경사로

* 상부에 건축물 이용자 편의를 위해 비나 눈, 먼지 등을 차단하기 위한 지붕을 설치하는 경우 기둥의 설치 유무 등과 관계없이 바닥면적에 산입하지 않음

2.4 연면적

2.4.1. 연면적은 하나의 건축물 각 층의 바닥면적의 합계로 한다.

1) 대지에 한 동의 건축물이 있을 경우, 연면적은 건축물 각 층의 바닥면적의 합계로 한다.

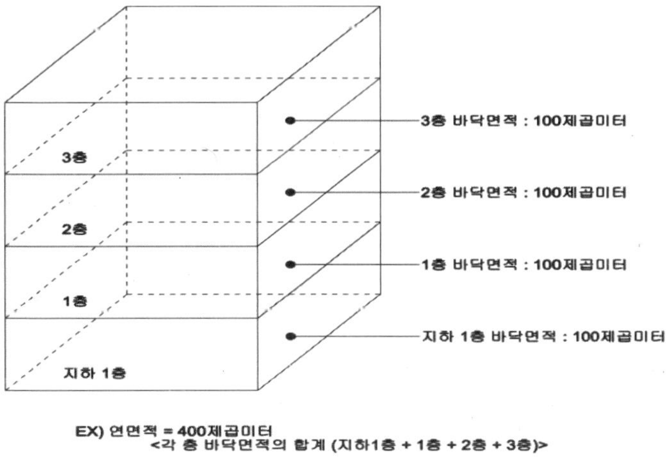

각 층 바닥면적과 연면적(각 층의 바닥면적의 합계)의 산정기준

2) 하나의 대지에 둘 이상의 건축물이 있는 경우, 각 동 건축물의 각 층의 바닥면적의 합계를 '연면적'으로 하고, 각 동 건축물의 연면적의 합을 '연면적의 합계'로 한다.

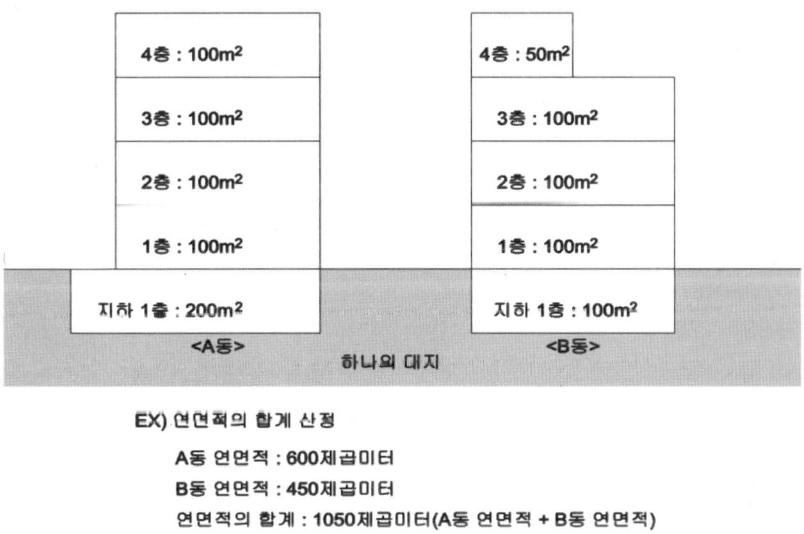

연면적과 연면적의 합계

2.4.2. 용적률 산정을 위한 연면적은 다음 각 항목에 해당하는 면적은 제외한다.

1) 지하층의 면적
2) 지상층의 주차용(해당 건축물의 부속용도인 경우만 해당)으로 쓰는 면적

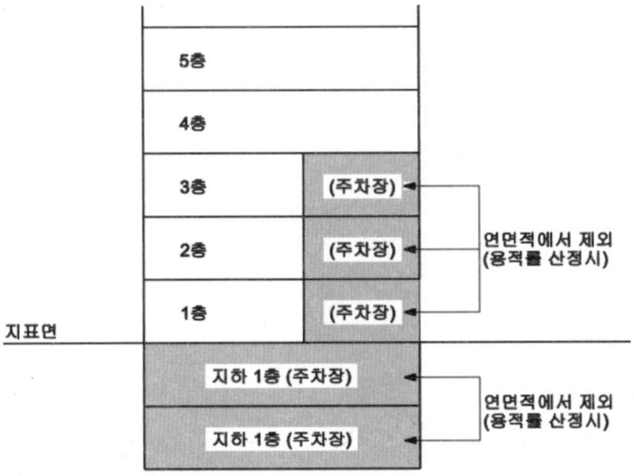

용적률 산정시 연면적에서 제외되는 부분 예시

3) 「건축법 시행령」 제34조제3항 및 제4항에 따라 초고층 건축물과 준초고층 건축물에 설치하는 피난안전구역의 면적

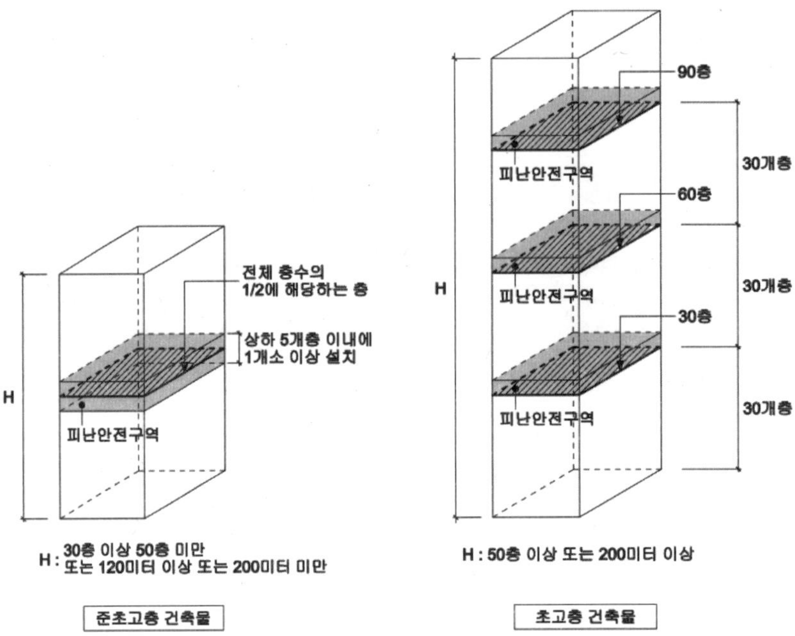

피난안전구역의 설치기준

4) 「건축법 시행령」 제40조제4항제2호에 따라 건축물의 경사지붕 아래에 설치하는 대피공간의 면적

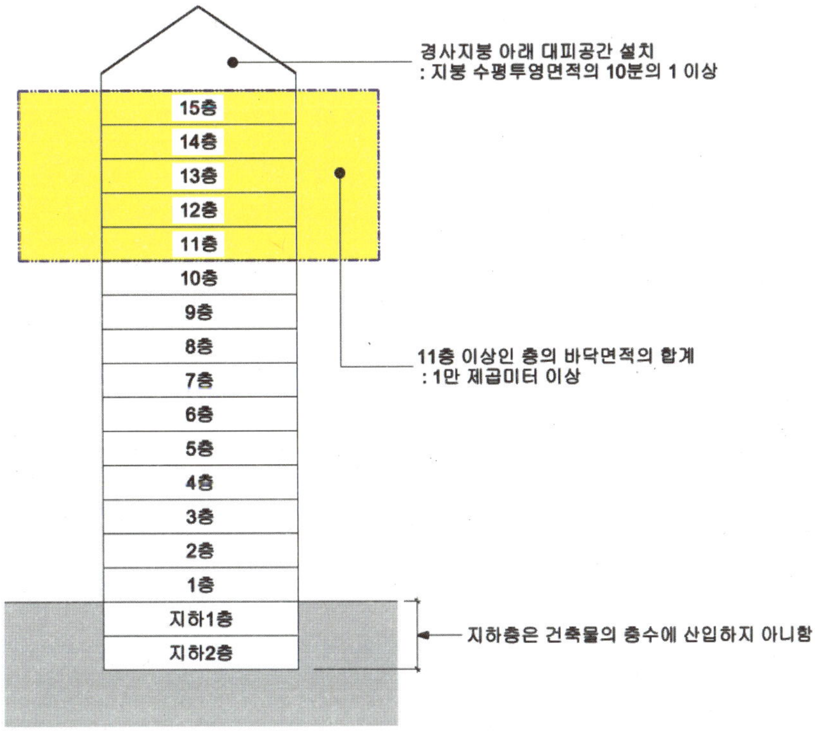

대피공간의 면적 산정기준(건축물의 피난·방화구조 등의 기준에 관한 규칙 제13조제3항 제1호)

제3장 건축물의 높이 및 층수 산정기준

3.1 건축물의 높이

3.1.1. 건축물의 높이는 지표면으로부터 그 건축물의 상단까지의 높이[건축물의 1층 전체에 필로티(건축물을 사용하기 위한 경비실, 계단실, 승강기실, 그 밖에 이와 비슷한 것을 포함)가 설치되어 있는 경우에는 「건축법」 제60조 및 제61조제2항을 적용할 때 필로티의 층고를 제외한 높이]로 한다.

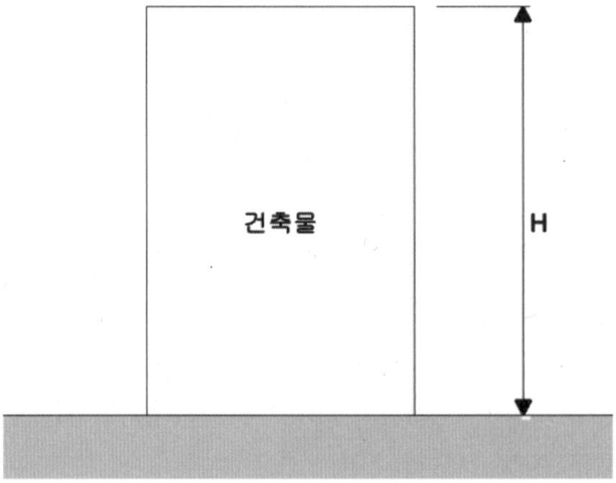

일반적인 건축물의 높이

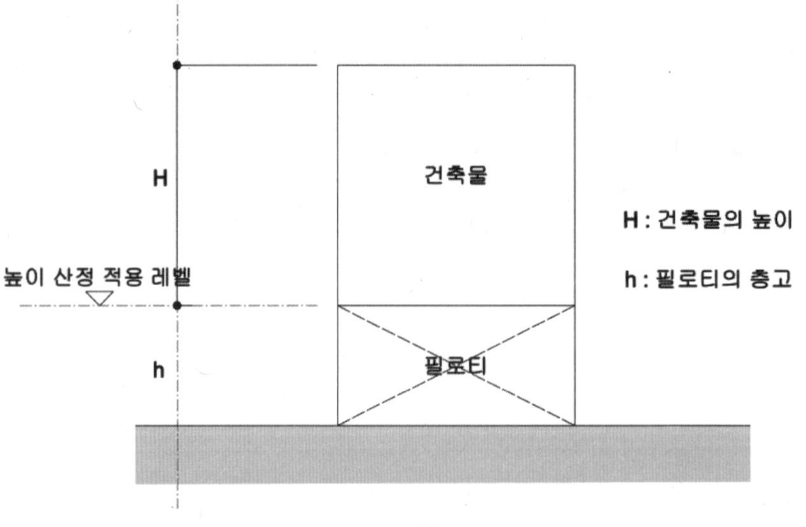

필로티(1층 전체)가 있는 건축물의 높이(건축법 제60조 및 제61조제2항 적용시)

3.1.2. 다음 각 항목의 어느 하나에 해당하는 경우에는 각 항목에서 정하는 바에 따른다.

1) 「건축법」 제60조에 따른 건축물의 높이는 전면도로의 중심선으로부터의 높이로 산정한다. 다만, 전면도로가 다음의 어느 하나에 해당하는 경우에는 그에 따라 산정한다.

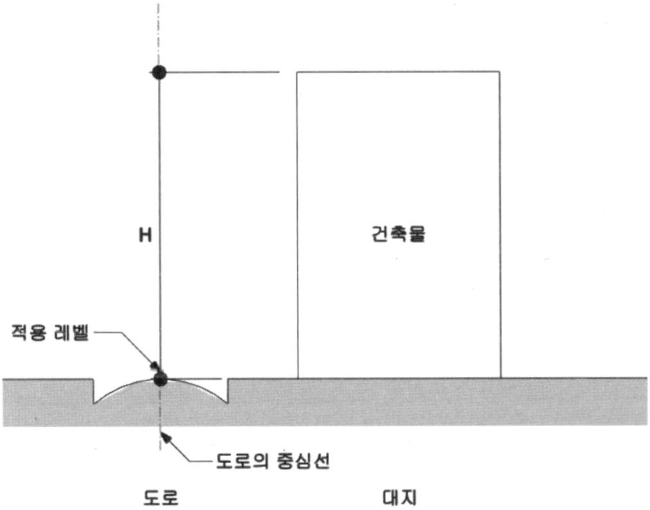

건축법 제60조에 따른 건축물의 높이 산정 예시

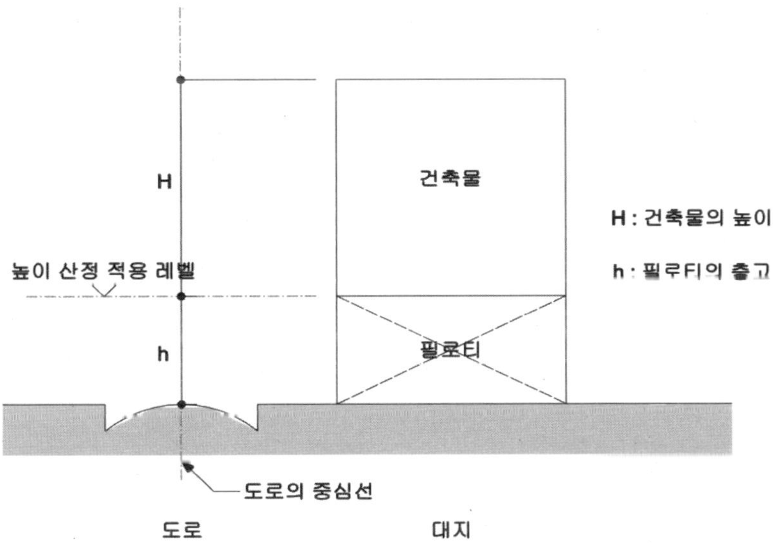

필로티(1층 전체)가 있는 건축물의 건축법 제60조에 따른 건축물 높이 산정 예시

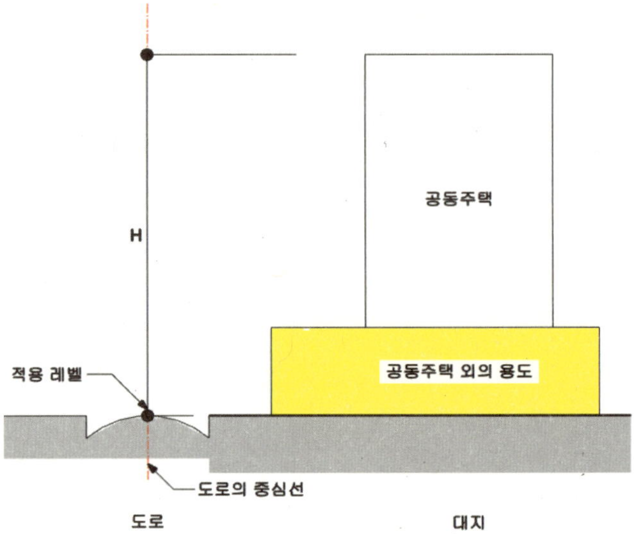

주상복합 건축물의 건축법 제60조에 따른 건축물의 높이 산정 예시

(1) 건축물의 대지에 접하는 전면도로의 노면에 고저차가 있는 경우에는 그 건축물이 접하는 범위의 전면도로부분의 수평거리에 따라 가중 평균한 높이의 수평면을 전면도로면으로 본다.

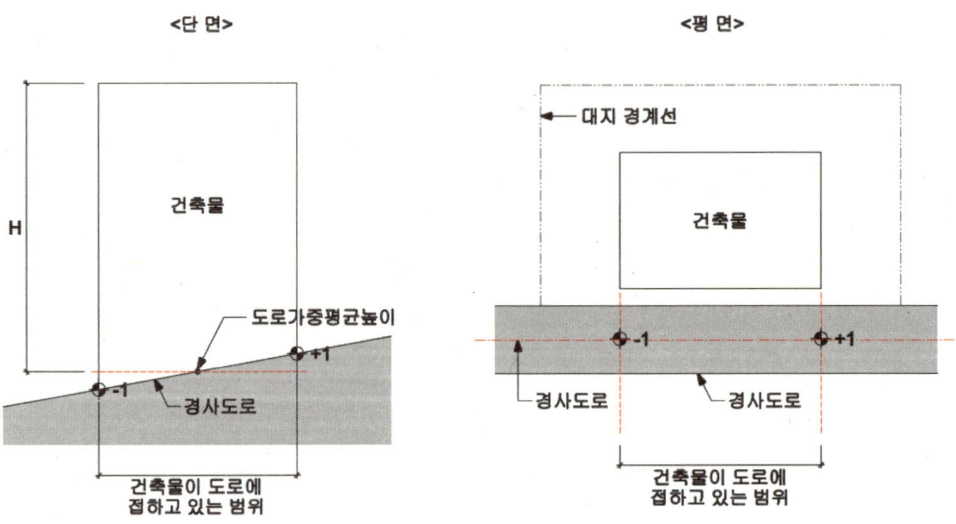

대지에 접하는 전면도로의 노면에 고저차가 있는 경우 산정 예시

(2) 건축물의 대지의 지표면이 전면도로보다 높은 경우에는 그 고저차의 2분의 1의 높이만큼 올라온 위치에 그 전면도로의 면이 있는 것으로 본다.

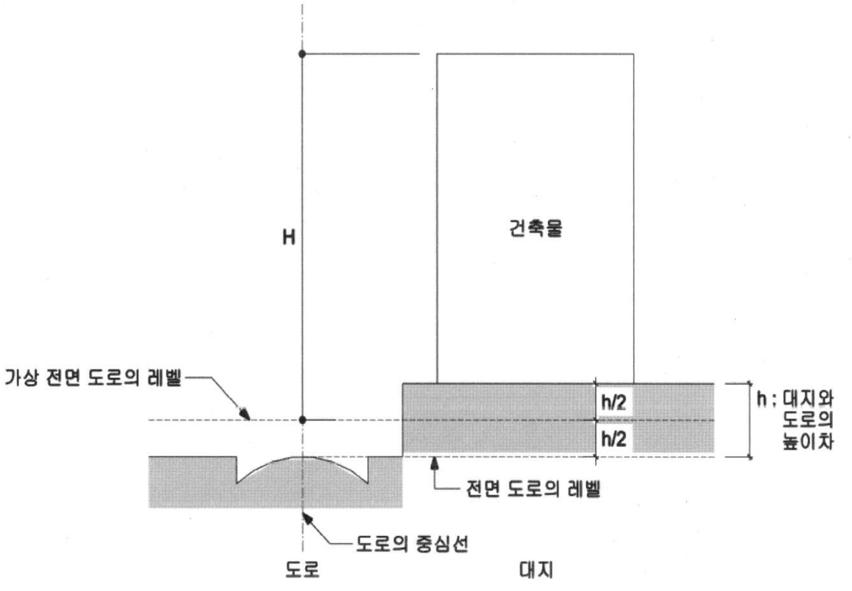

건축물 대지의 지표면이 전면도로보다 높은 경우 예시

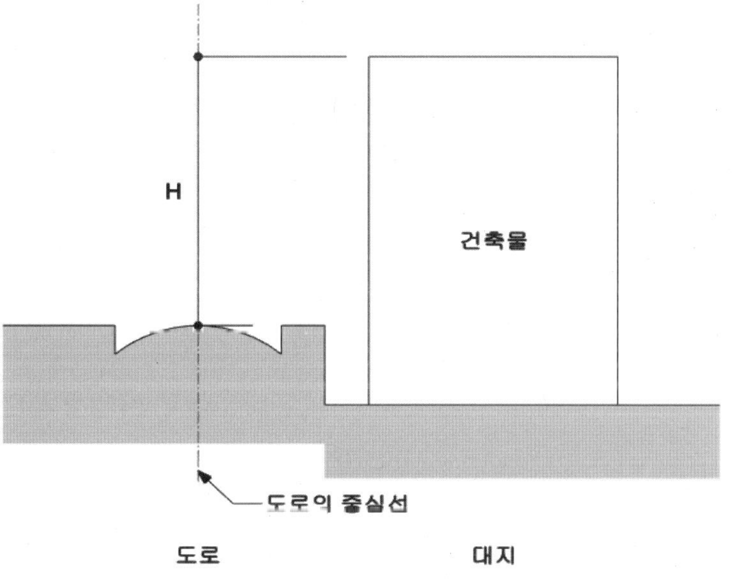

건축물 대지의 지표면이 전면도로보다 낮은 경우 예시

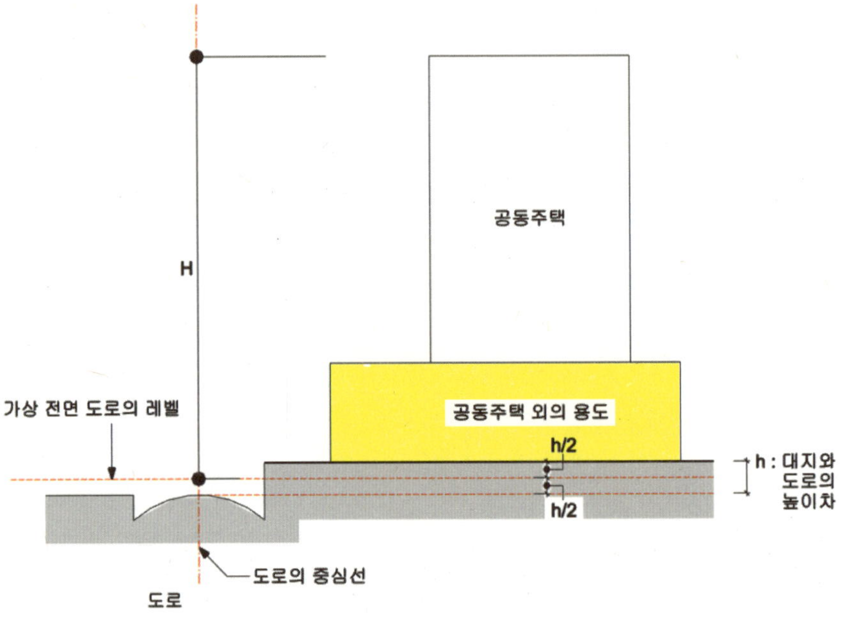

대지의 지표면이 전면도로보다 높은 경우 예시(주상복합 건축물)

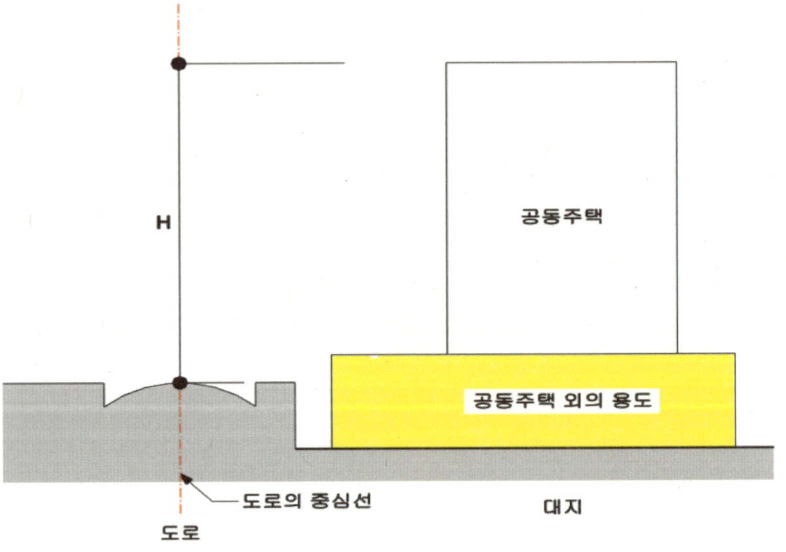

건축물 대지의 지표면이 전면도로보다 낮은 경우 예시(주상복합 건축물)

2) 「건축법」 제61조에 따른 건축물 높이를 산정할 때 건축물 대지의 지표면과 인접 대지의 지표면 간에 고저차가 있는 경우에는 그 지표면의 평균 수평면을 지표면으로 본다. 다만, 「건축법」 제61조제2항에 따른 높이를 산정할 때 해당 대지가 인접 대지의 높이보다 낮은 경우에는 해당 대지의 지표면을 지표면으로 보고, 공동주택을 다른 용도와 복합하여 건축하는 경우에는 공동주택의 가장 낮은 부분을 그 건축물의 지표면으로 본다. (단서 규정은 법 제61조제2항에 따른 채광등 일조에만 적용되는 것으로 법 제61조제1항에 따른 정북방향 일조와 구분 필요)

※ 「건축법」 제61조제1항에 따른 정북방향 일조 적용 예시

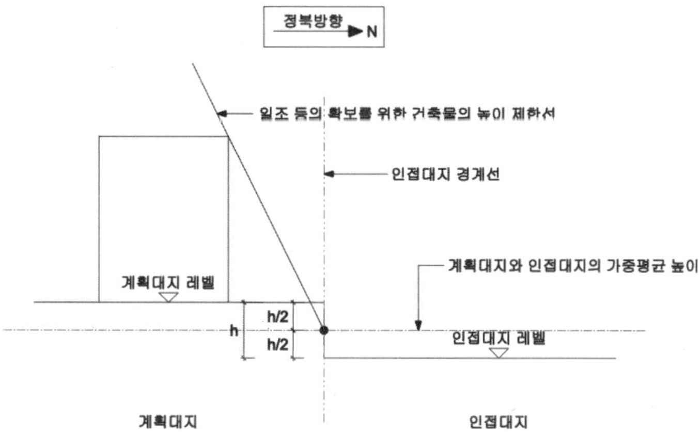

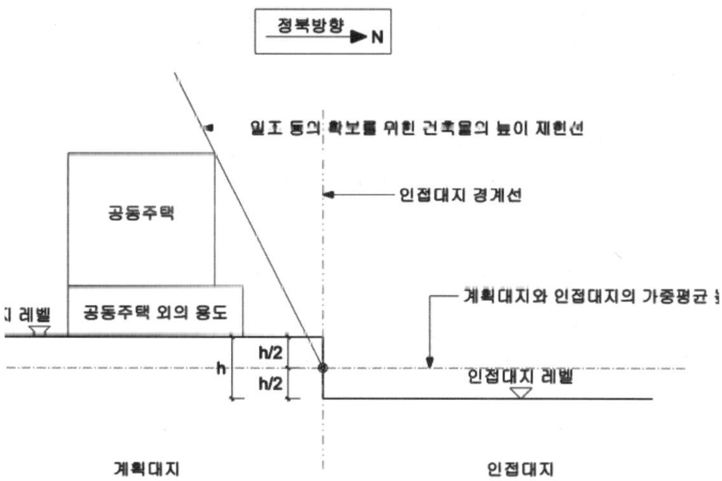

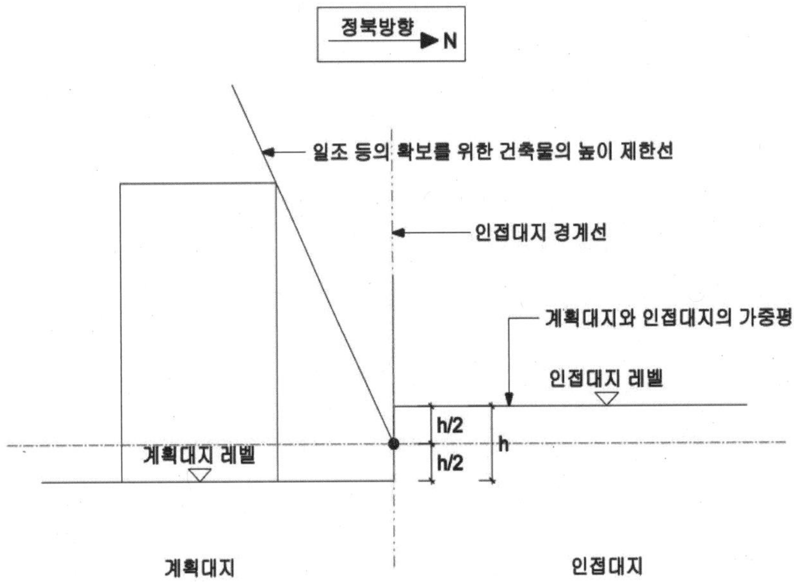
정북방향
N
일조 등의 확보를 위한 건축물의 높이 제한선
인접대지 경계선
계획대지와 인접대지의 가중평균 높이
인접대지 레벨
h/2
h
h/2
계획대지 레벨
계획대지
인접대지

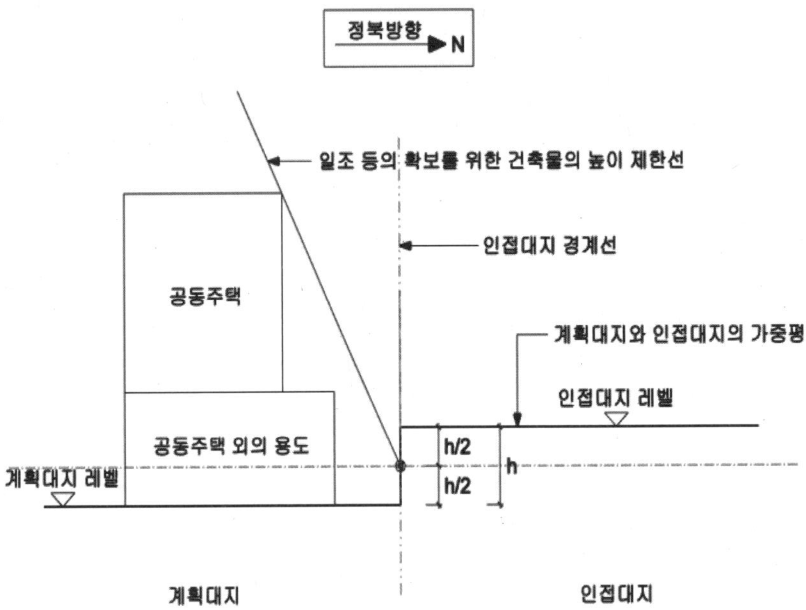
정북방향
N
일조 등의 확보를 위한 건축물의 높이 제한선
인접대지 경계선
공동주택
계획대지와 인접대지의 가중평균 높이
인접대지 레벨
공동주택 외의 용도
h/2
계획대지 레벨
h
h/2
계획대지
인접대지

※ 「건축법」 제61조제2항에 따른 채광등 일조 적용 예시

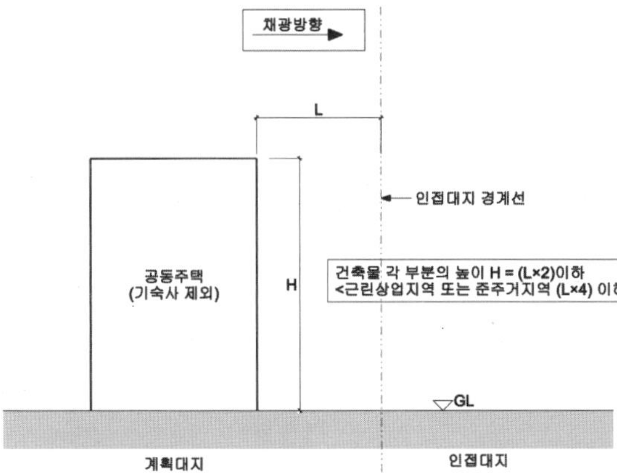

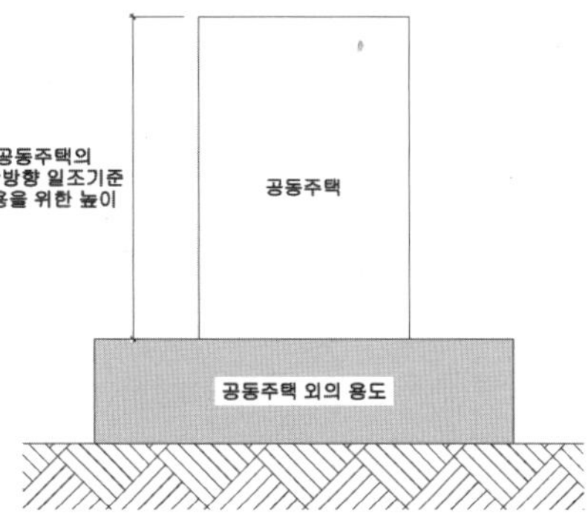

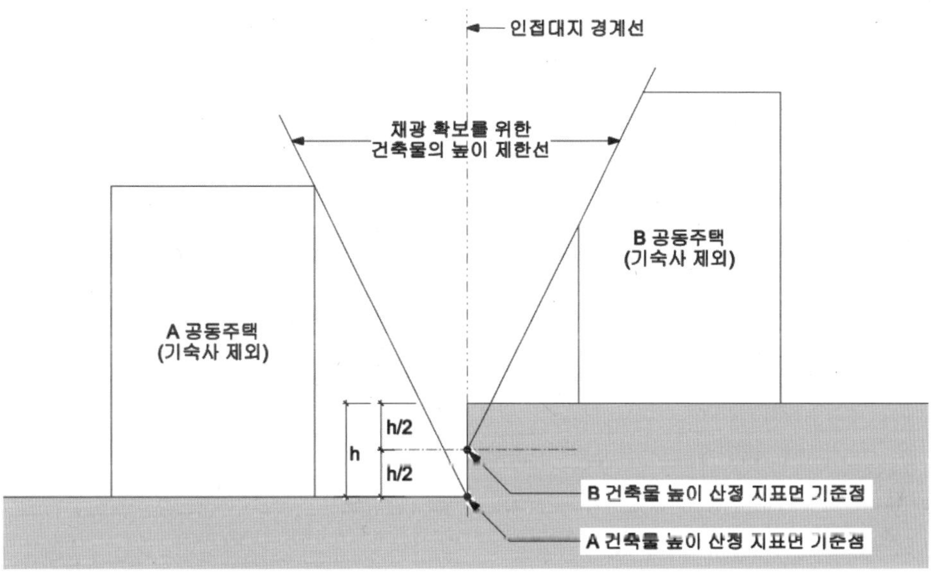

3) 건축물의 옥상에 설치되는 승강기탑·계단탑·망루·장식탑·옥탑 등으로서 그 수평투영면적의 합계가 해당 건축물 건축면적의 8분의 1(「주택법」 제15조제1항에 따른 사업계획승인 대상인 공동주택 중 세대별 전용면적이 85제곱미터 이하인 경우에는 6분의 1) 이하인 경우로서 그 부분의 높이가 12미터를 넘는 경우에는 그 넘는 부분만 해당 건축물의 높이에 산입한다.

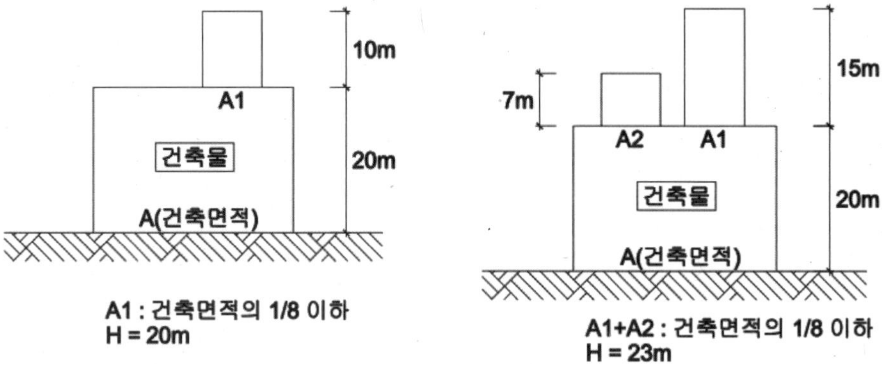

※ 승강기탑(장애인용 승강기의 승강기탑의 경우도 포함) 등 수평투영면적의 합계가 건축면적의 8분의 1(6분의 1) 이하인 경우

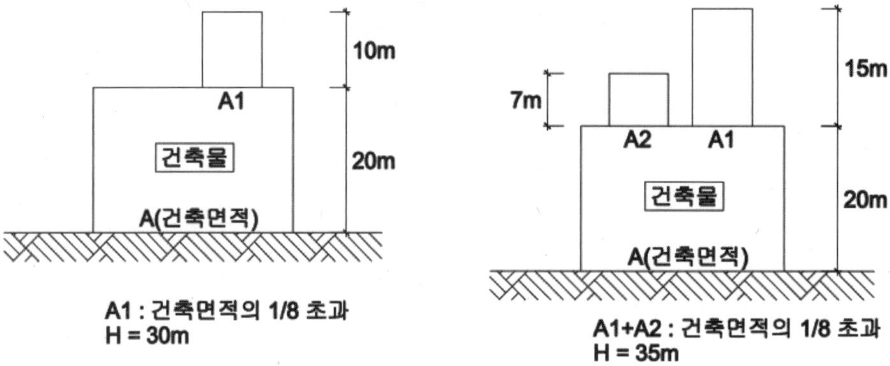

※ 승강기탑(장애인용 승강기의 승강기탑의 경우도 포함) 등 수평투영면적의 합계가 건축면적의 8분의 1(6분의 1) 초과인 경우

4) 지붕마루장식 · 굴뚝 · 방화벽의 옥상돌출부나 그 밖에 이와 비슷한 옥상돌출물과 난간벽(그 벽면적의 2분의 1 이상이 공간으로 되어 있는 것만 해당)은 그 건축물의 높이에 산입하지 아니한다.

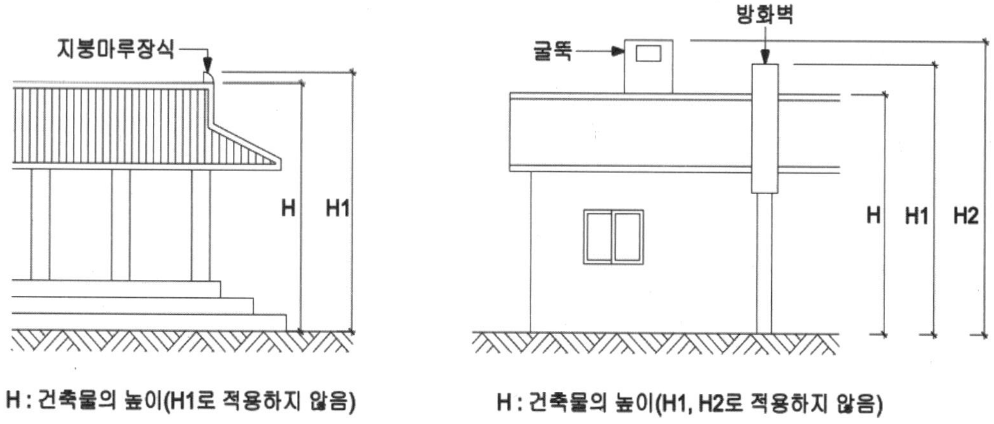

지붕마루장식 · 굴뚝 · 방화벽의 옥상돌출부 등 건축물의 높이 산정 예시

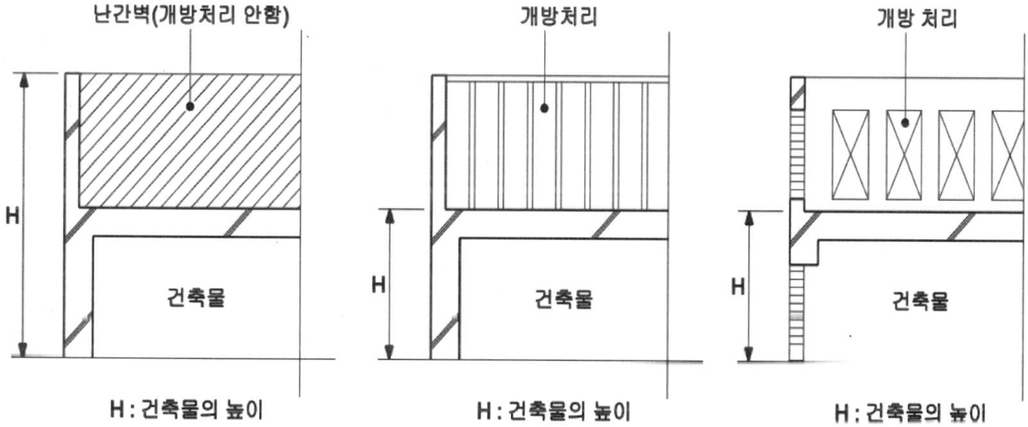

건축물의 높이에 산입되지 않는 난간벽 형태(1/2 이상 개방) 예시

3.2 반자높이

3.2.1. 반자높이는 방의 바닥면으로부터 반자까지의 높이로 한다. 다만, 한 방에서 반자높이가 다른 부분이 있는 경우에는 그 각 부분의 반자면적에 따라 가중평균한 높이로 한다.

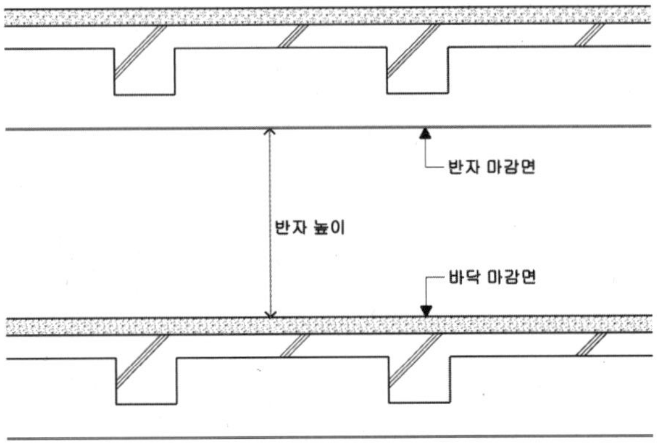

반자가 설치된 경우 반자높이

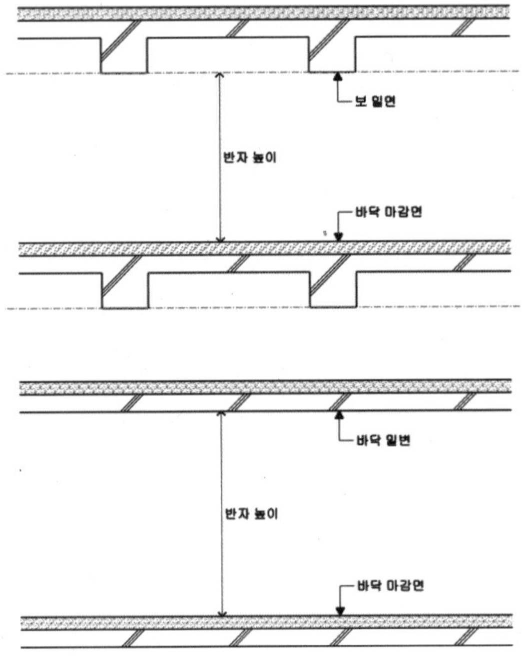

반자가 설치되지 않은 경우 반자높이

* 반자가 없는 경우에는 보 또는 바로 위층의 바닥판의 밑면, 그 밖에 이와 비슷한 것의 밑면까지의 높이까지로 함

3.3 층고

3.3.1. 층고는 방의 바닥구조체 윗면으로부터 위층 바닥구조체의 윗면까지의 높이로 한다. 다만, 한 방에서 층의 높이가 다른 부분이 있는 경우에는 그 각 부분 높이에 따른 면적에 따라 가중평균한 높이로 한다.

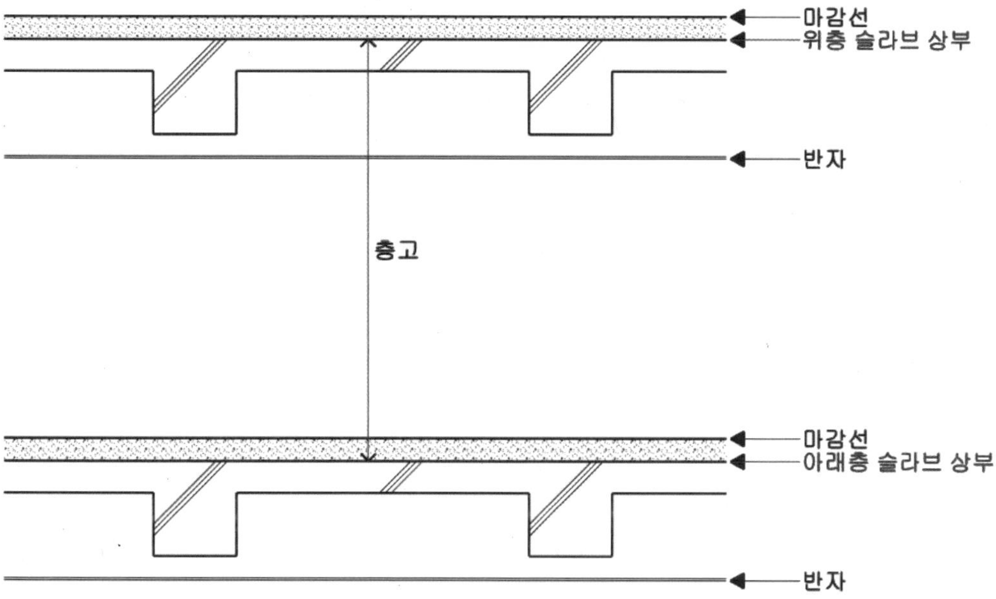

층고 산정 예시

3.4 층수

3.4.1. 승강기탑(옥상 출입용 승강장을 포함), 계단탑, 망루, 장식탑, 옥탑, 그 밖에 이와 비슷한 건축물의 옥상 부분으로서 그 수평투영면적의 합계가 해당 건축물 건축면적의 8분의 1(「주택법」 제15조제1항에 따른 사업계획승인 대상인 공동주택 중 세대별 전용면적이 85제곱미터 이하인 경우에는 6분의 1) 이하인 것과 지하층은 건축물의 층수에 산입하지 아니한다.

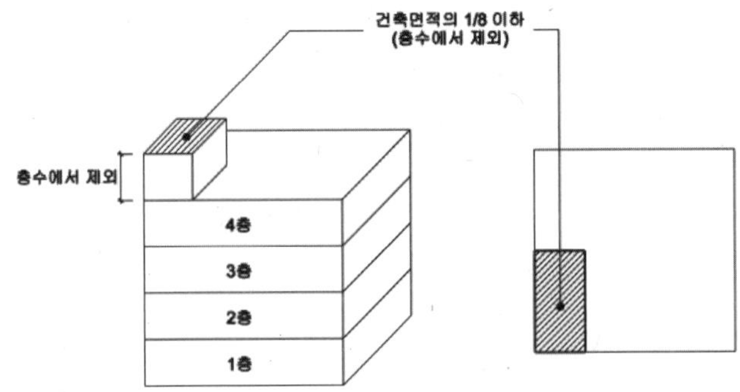

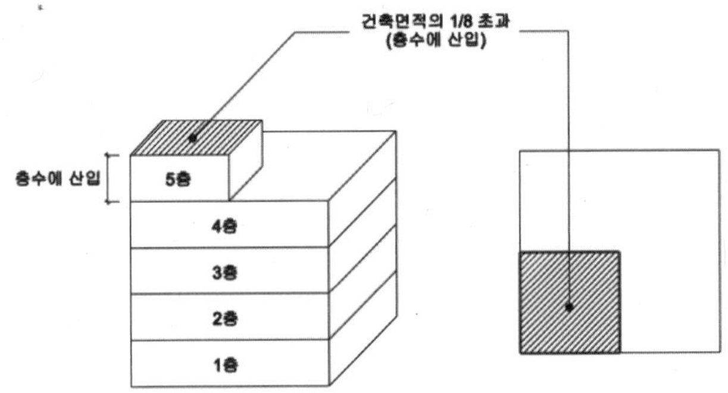

3.4.2. 아래 각 항목에 해당하는 경우에는 각 항목에서 정하는 바에 따른다.

1) 층의 구분이 명확하지 아니한 건축물은 그 건축물의 높이 4미터마다 하나의 층으로 보고 그 층수를 산정한다.
2) 건축물이 부분에 따라 그 층수가 다른 경우에는 그 중 가장 많은 층수를 그 건축물의 층수로 본다.

3.5 지표면

3.5.1. 건축물의 면적·높이 및 층수 등을 산정할 때 지표면에 고저차가 있는 경우에는 건축물의 주위가 접하는 각 지표면 부분의 높이를 그 지표면 부분의 수평거리에 따라 가중평균한 높이의 수평면을 지표면으로 본다.

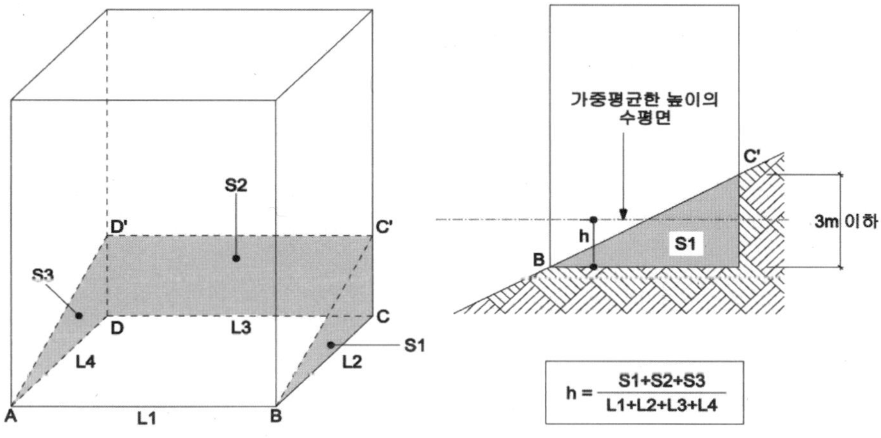

지표면에 고저차가 있는 경우 지표면 산정 예시

3.5.2. 다음 각 항목의 어느 하나에 해당하는 경우에는 해당 항목에서 정하는 기준에 따라 산정한다.

1) 지표면의 고저차가 3미터를 넘는 경우에는 그 고저차 3미터 이내의 부분마다 그 지표면을 산정한다.

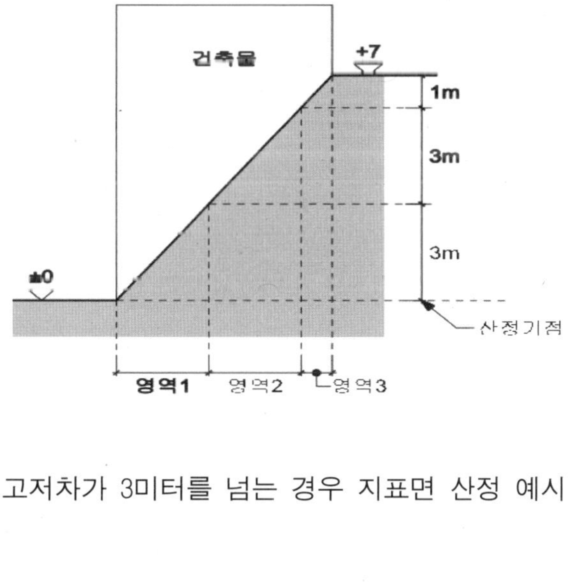

고저차가 3미터를 넘는 경우 지표면 산정 예시

2) 「건축법」 제2조제1항제5호에 따른 지하층의 지표면은 각 층의 주위가 접하는 각 지표면 부분의 높이를 그 지표면 부분의 수평거리에 따라 가중평균한 높이의 수평면을 지표면으로 산정한다.

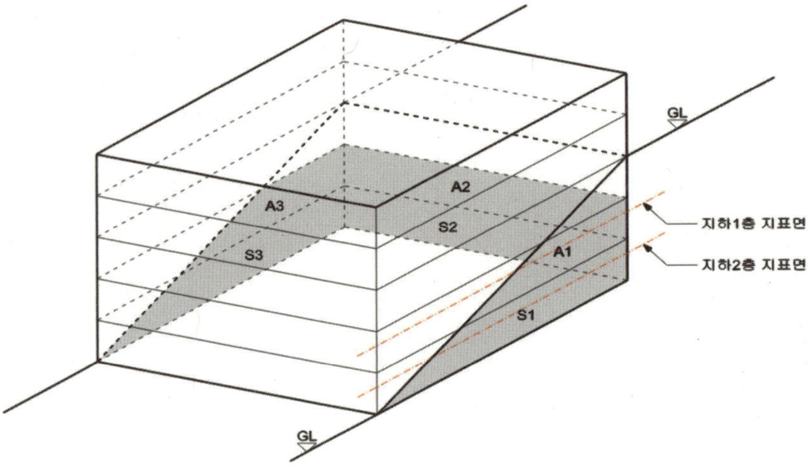

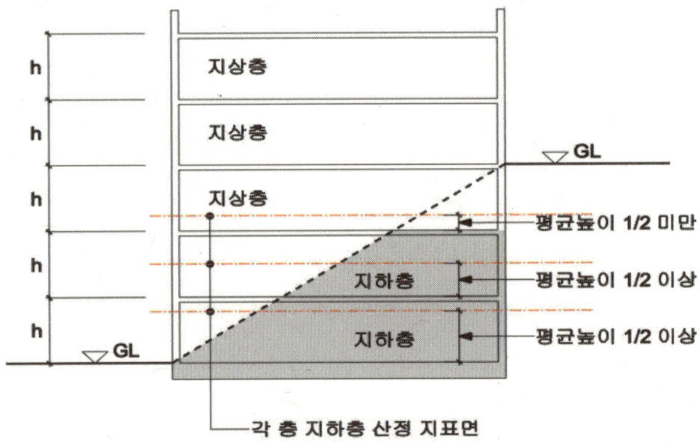

지하층의 지표면 산정 예시

4. 재검토 기한

4.1 국토교통부장관은 「훈령·예규 등의 발령 및 관리에 관한 규정」(대통령 훈령 제334호)에 따라 이 고시에 대하여 2022년 1월 1일 기준으로 매3년이 되는 시점(매 3년째의 12월 31일까지를 말한다)마다 그 타당성을 검토하여 개선 등의 조치를 하여야 한다.

부 칙

제1조(시행일) 이 고시는 발령한 날부터 시행한다.

건축법 허가체크리스트

1. 한국건축규정
2. 건축허가 시 적합여부를 확인해야 할 법령
3. 의제허가 처리될 법령
4. 보조확인이 필요한 법령
5. 검토서식

Checklist

허가체크리스트

1
한국건축규정

국토교통부공고 제2021-1466호

2021년 12월 31일

국토교통부공고 제2024-206호(2024년 4월 19일)

한국건축규정

제1조(목적) 이 공고는 「건축기본법」제25조에 따라 건축물의 설계, 시공, 공사감리 및 유지 · 관리 등과 관련된 「건축법」 및 그 관계 법령, 행정규칙 및 조례 등의 규정(이하 "건축물 관련 규정"이라 한다)을 종합적으로 안내하고, 합리적으로 운용하기 위하여 건축물 관련 규정을 관장하는 중앙행정기관의 장 및 지방자치단체의 장과 협의하여 건축물 관련 규정을 통합한 한국건축규정(이하 "한국건축규정"이라 한다)을 공고함으로서 위법 건축물을 방지하고 신속한 업무처리 지원을 통한 민원인의 편익 증진을 목적으로 한다.

제2조(한국건축규정) ① 한국건축규정은 별표 1과 같다.

② 민원인 및 허가권자는 한국건축규정 준수여부를 확인하기 위하여 별표 2를 활용할 수 있다.

③ 국토교통부장관은 한국건축규정에 대한 상세한 내용을 「건축기본법」제25조제2항에 따른 한국건축규정 정보체계(이하 "정보체계"라 한다)에 반영하여야 한다.

④ 국토교통부장관은 정보체계의 효율적인 운영·관리를 위하여 건축법 제32조제1항에 따른 전자정보시스템을 이용할 수 있다.

⑤ 국토교통부장관은 건축물 관련 규정이 제정, 개정 또는 폐지되는 경

우 해당 내용을 정보체계에 수시 반영하여야 한다.

제3조(적용방법) 이 공고는 공고 시점 당시 관계법령의 내용에 기초로 한 것으로, 민원인 및 허가권자는 실제 적용 시점에 맞춰 정보체계에 반영된 한국건축규정을 적용한다. 다만, 다음 각 호에 해당하여 정보체계와 건축물 관련 규정이 상이한 경우 해당 건축물 관련 규정을 적용한다.

1.「건축기본법」 제25조제4항 및「건축기본법 시행령」 제22조제2항에 따라 중앙행정기관의 장 및 지방자치단체의 장이 건축물 관련 규정의 제정, 개정 또는 폐지와 관련된 사항을 국토교통부장관에게 전자문서로 즉시 송부하지 않은 경우

2. 기술적인 사유 등으로 인해 정보체계 반영에 시간이 소요되는 경우

제4조(재검토기한) 국토교통부장관은「훈령·예규 등의 발령 및 관리에 관한 규정」에 따라 이 고시에 대하여 2022년 1월 1일 기준으로 매3년이 되는 시점(매 3년째의 12월 31일까지를 말한다)마다 그 타당성을 검토하여 개선 등의 조치를 하여야 한다.

부 칙

제1조(시행일) 이 공고는 발령한 날부터 시행한다.

제2조(다른 규정의 폐지)「건축관련 통합기준」은 폐지한다.

[별표 1]

<u>한국건축규정</u>

Ⅰ. 건축허가 시 반드시 확인해야 하는 법령 (140개)

□ 입지관련 법령 (68개)

1-1 개발제한구역의 지정 및 관리에 관한 특별조치법 제12조(개발제한구역에서의 행위제한)
1-2 개발제한구역의 지정 및 관리에 관한 특별조치법 제13조(존속중인 건축물 등에 대한 특례)
1-3 개발제한구역의 지정 및 관리에 관한 특별조치법 제15조(취락지구에 대한 특례)
2-1 건축법 제55조(건축물의 건폐율)
2-2 건축법 제56조(건축물의 용적률)
3-1 고도보존 및 육성에 관한 특별법 제11조(지정지구에서의 행위제한)
4-1 공유수면 관리 및 매립에 관한 법률 제8조(공유수면의 점용・사용허가)
5-1 공항시설법 제10조(행위 등의 제한)
5-2 공항시설법 제34조(장애물의 제한 등)
6-1 교육환경 보호에 관한 법률 제9조(교육환경보호구역에서의 금지행위 등)
7-1 국토의 계획 및 이용에 관한 법률 제54조(지구단위계획구역 안에서의 건축 등)
7-2 국토의 계획 및 이용에 관한 법률 제58조(개발행위허가의 기준)
7-3 국토의 계획 및 이용에 관한 법률 제63조(개발행위허가의 제한)
7-4 국토의 계획 및 이용에 관한 법률 제64조(도시 군 계획 시설 부지에서의 개발 행위)
7-5 국토의 계획 및 이용에 관한 법률 제76조(용도지역 및 용도지구에서의 건축물의 건축 제한 등)
7-6 국토의 계획 및 이용에 관한 법률 제77조(용도지역에서의 건폐율)
7-7 국토의 계획 및 이용에 관한 법률 제78조(용도지역에서의 용적률)
7-8 국토의 계획 및 이용에 관한 법률 제79조(용도지역 미정 또는 미세분지역에서의 행위 제한 등)
7-9 국토의 계획 및 이용에 관한 법률 제80조(개발제한구역 안에서의 행위 제한 등)
7-10 국토의 계획 및 이용에 관한 법률 제80조의2(도시자연공원구역에서의 행위 제한 등)
7-11 국토의 계획 및 이용에 관한 법률 제80조의3(입지 규제 최소구역에서의 행위 제한)
7-12 국토의 계획 및 이용에 관한 법률 제81조(시가화조정구역 안에서의 행위 제한 등)
7-13 국토의 계획 및 이용에 관한 법률 제84조(둘 이상의 용도지역・용도구역에 걸치는 대지에 대한 적용 기준)
8-1 군사기지 및 군사시설 보호법 제13조(행정기관의 처분에 관한 협의 등)
9-1 급경사지 재해예방에 관한 법률 제10조(붕괴위험지역에서의 행위 협의)
10-1 농어촌마을 주거환경 개선 및 리모델링 촉진을 위한 특별법 제10조(행위제한 등)
10-2 농어촌마을 주거환경 개선 및 리모델링 촉진을 위한 특별법 제29조(대지의 용도)
11-1 농어촌정비법 제69조(조성용지의 용도)
11-2 농어촌정비법 제111조(마을정비구역 등에서의 행위 등의 제한)
12-1 농지법 제32조(용도구역에서의 행위제한)
12-2 농지법 제37조(농지전용허가 등의 제한)

13-1 댐 주변지역 친환경 보전 및 활용에 관한 특별법 제8조(행위 등의 제한)
14-1 도로법 제27조(행위제한 등)
14-2 도로법 제40조(접도구역의 지정 및 관리)
15-1 도시공원 및 녹지 등에 관한 법률 제16조(공원조성계획의 입안)
15-2 도시공원 및 녹지 등에 관한 법률 제38조(녹지의 점용허가 등)
16-1 독도 등 도서지역의 생태계 보전에 관한 특별법 제8조(행위제한)
17-1 마리나항만의 조성 및 관리 등에 관한 법률 제12조(행위 등의 제한)
18-1 매장문화재 보호 및 조사에 관한 법률 제6조(매장문화재 지표조사)
18-2 매장문화재 보호 및 조사에 관한 법률 제8조(매장문화재 유존지역에서의 개발사업 협의)
19-1 물류시설의 개발 및 운영에 관한 법률 제25조(행위제한 등)
20-1 산림보호법 제9조(산림보호구역에서의 행위 제한)
21-1 산림자원의 조성 및 관리에 관한 법률 제36조(입목벌채등의 허가 및 신고 등)
22-1 산림자원의 조성 및 관리에 관한 법률 제36조(입목벌채등의 허가 및 신고 등)
22-1 산지관리법 제10조(산지전용, 일시사용 제한지역에서의 행위제한)
22-2 산지관리법 제12조(보전산지에서의 행위제한)
22-3 산지관리법 제18조(산지전용허가기준 등)
23-1 세계유산의 보존·관리 및 활용에 관한 특별법 제11조(세계유산지구의 보호)
24-1 수도권정비계획법 제7조(과밀억제권역의 행위 제한)
24-2 수도권정비계획법 제8조(성장관리권역의 행위 제한)
24-3 수도권정비계획법 제9조(자연보전권역의 행위 제한)
25-1 수도법 제7조(상수원보호구역 지정 등)
26-1 습지보전법 제13조(행위 제한)
27-1 어촌특화발전 지원 특별법 제18조(행위제한 등)
28-1 역사문화권 정비 등에 관한 특별법 제16조(행위 등의 제한)
29-1 역세권의 개발 및 이용에 관한 법률 제11조(행위 등의 제한)
30-1 연구개발특구의 육성에 관한 특별법 제36조(건축행위의 규제 등)
31-1 자연공원법 제20조(공원관리청이 아닌 자의 공원사업의 시행 및 공원시설의 관리)
31-2 자연공원법 제71조(허가에 관한 협의 등)
32-1 자연환경보전법 제15조(생태·경관보전지역에서의 행위제한 등)
32-2 자연환경보전법 제26조(시·도 생태·경관보전지역의 행위제한 등)
33-1 전통사찰의 보존 및 지원에 관한 법률 제10조(전통사찰 역사보존구역의 지정 등)
34-1 전파법 제52조(무선방위측정장치)
35-1 철도안전법 제45조(철도보호지구에서의 행위제한 등)
36-1 친수구역 활용에 관한 특별법 제09조(행위제한 등)
37-1 태지개발촉진법 제06조(행위제한 등)
38-1 동·서·남해안 및 내륙권 발전 특별법 제10조(행위 등의 제한)
39-1 혁신도시 조성 및 발전에 관한 특별법 제09조(행위 등의 제한)
40-1 환경정책기본법 제38조(특별종합대책의 수립)

□ 건축물 관련 법령 (72개)

1-1 건축법 제19조의2(복수 용도의 인정)
1-2 건축법 제23조(건축물의 설계)
1-3 건축법 제40조(대지의 안전 등)
1-4 건축법 제42조(대지의 조경)
1-5 건축법 제43조(공개공지 등의 확보)
1-6 건축법 제44조(대지와 도로의 관계)
1-7 건축법 제46조(건축선의 지정)
1-8 건축법 제47조(건축선에 따른 건축제한)
1-9 건축법 제48조(구조내력 등)
1-10 건축법 제48조의4(부속구조물의 설치 및 관리)
1-11 건축법 제49조(건축물의 피난시설 및 용도제한 등)
1-12 건축법 제50조(건축물의 내화구조와 방화벽)
1-13 건축법 제50조의2(고층건축물의 피난 및 안전관리)
1-14 건축법 제51조(방화지구 안의 건축물)
1-15 건축법 제52조(건축물의 마감재료)
1-16 건축법 제52조의2(실내건축)
1-17 건축법 제53조(지하층)
1-18 건축법 제53조의2(건축물의 범죄예방)
1-19 건축법 제54조(건축물의 대지가 지역·지구 또는 구역에 걸치는 경우의 조치)
1-20 건축법 제57조(대지의 분할 제한)
1-21 건축법 제58조(대지 안의 공지)
1-22 건축법 제59조(맞벽 건축과 연결복도)
1-23 건축법 제60조(건축물의 높이 제한)
1-24 건축법 제61조(일조 등의 확보를 위한 건축물의 높이 제한)
1-25 건축법 제62조(건축설비기준 등)
1-26 건축법 제64조(승강기)
1-27 건축법 제68조(기술적 기준)
1-28 건축법 제84조(면적·높이 및 층수의 산정)
2-1 공중화장실 등에 관한 법률 제7조(공중화장실 등의 설치기준)
2-2 공중화장실 등에 관한 법률 제7조의2(어린이용 대·소변기의 설치 등)
3-1 공항시설법 제36조(항공장애 표시등의 설치 등)
4-1 교통약자의 이동편의 증진법 제10조(이동편의시설의 설치기준)
5-1 녹색건축물 조성 지원법 제14조(에너지 절약계획서 제출)

5-2 녹색건축물 조성 지원법 제14조의2(건축물의 에너지 소비 절감을 위한 차양 등의 설치)
5-3 녹색건축물 조성 지원법 제15조(건축물에 대한 효율적인 에너지 관리와 녹색건축물 조성의 활성화)
6-1 다중이용업소의 안전관리에 관한 특별법 제09조(다중이용업소의 안전관리기준 등)
7-1 문화예술진흥법 제09조(건축물에 대한 미술작품의 설치 등)
8-1 문화재보호법 제35조(허가사항)
9-1 물의 재이용 촉진 및 지원에 관한 법률 제08조(빗물이용시설의 설치 · 관리)
9-2 물의 재이용 촉진 및 지원에 관한 법률 제09조(중수도의 설치 · 관리)
10-1 부동산개발업의 관리 및 육성에 관한 법률 제04조(부동산개발업의 등록 등)
11-1 소방기본법 제21조의2(소방자동차 전용구역 등)
12-1 소방시설 설치 및 관리에 관한 법률 제06조(건축허가등의 동의)
12-2 소방시설 설치 및 관리에 관한 법률 제08조(성능위주설계)
12-3 소방시설 설치 및 관리에 관한 법률 제12조(특정소방대상물에 설치하는 소방시설의 관리 등)
13-1 소음 · 진동관리법 제07조(공장 소음 · 진동배출허용기준)
13-2 소음 · 진동관리법 제09조(방지시설의 설치)
13-3 소음 · 진동관리법 제12조(공동 방지시설의 설치 등)
13-4 소음 · 진동관리법 제40조(방음시설의 성능과 설치 기준 등)
14-1 수도법 제15조(절수설비 등의 설치)
14-2 수도법 제18조(시설 기준 등)
15-1 신에너지 및 재생에너지 개발 · 이용 · 보급 촉진법 제12조(신 · 재생에너지사업에의 투자권고 및 신 · 재생에너지 이용의무화 등)
16-1 야생생물 보호 및 관리에 관한 법률 제8조의2(인공구조물로 인한 야생동물의 피해방지)
17-1 연구개발특구의 육성에 관한 특별법 제44조(국토의 계획 및 이용에 관한 법률의 특례)
18-1 위험물안전관리법 제05조(위험물의 저장 및 취급의 제한)
19-1 전기통신사업법 제69조(구내용 전기통신선로설비 등의 설치)
20-1 전력기술관리법 제10조(기술기준의 준수)
21-1 자전거 이용 활성화에 관한 법률 제11조(자전거 주차장의 설치 · 운영)
22-1 장애인 · 노인 · 임산부 등의 편의증진 보장에 관한 법률 제08조(편의시설의 설치기준)
22-2 장애인 · 노인 · 임산부 등의 편의증진 보장에 관한 법률 제17조(장애인전용주차구역 등)
23-1 주거기본법 제18조(최저주거기준 미달 가구에 대한 우선 지원 등)
24-1 주차장법 제6조(주차장설비기준 등)
24-2 주차장법 제12조(노외주차장의 설치 등)
24-3 주차장법 제12조의2(다른 법률과의 관계)
24-4 주차장법 제19조(부설주차장의 설치)
24-5 주차장법 제19조의2(부설주차장 설치계획서)
24-6 주차장법 제19조의4(부설주차장의 용도변경 금지 등)
24-7 주차장법 제19조의5(기계식주차장의 설치기준 등)
25-1 청소년활동 진흥법 제18조(수련시설의 안전점검 등)
26-1 초고층 및 지하연계 복합건축물 재난관리에 관한 특별법 제16조(종합방재실의 설치 · 운영)
26-2 초고층 및 지하연계 복합건축물 재난관리에 관한 특별법 제18조(피난안전구역 설치)
27-1 환경친화적 자동차의 개발 및 보급 촉진에 관한 법률 제11조의2(환경친화적 자동차의 전용주차구역 등)

II. 의제처리 법령 (30개)

1-1 가축분뇨의 관리 및 이용에 관한 법률 제11조(배출시설의 설치)
2-1 건축법 제20조(가설건축물)
2-2 건축법 제83조(옹벽 등의 공작물에의 준용)
3-1 국토의 계획 및 이용에 관한 법률 제56조(개발행위의 허가)
3-2 국토의 계획 및 이용에 관한 법률 제86조(도시・군계획시설사업의 시행자)
3-3 국토의 계획 및 이용에 관한 법률 제88조(실시계획의 작성 및 인가 등)
4-1 농지법 제34조(농지의 전용허가・협의)
4-2 농지법 제35조(농지전용신고)
4-3 농지법 제43조(농지전용허가의 특례)
5-1 대기환경보전법 제23조(배출시설의 설치 허가 및 신고)
6-1 도로법 제36조(도로관리청이 아닌 자의 도로공사 등)
6-2 도로법 제52조(도로와 다른 시설의 연결)
6-3 도로법 제61조(도로의 점용 허가)
7-1 도시공원 및 녹지 등에 관한 법률 제24조(도시공원의 점용허가)
8-1 도시 및 주거환경정비법 제57조(인·허가등의 의제 등)
9-1 물환경보전법 제33조(배출시설의 설치 허가 및 신고)
10-1 사도법 제4조(개설허가 등)
11-1 산지관리법 제14조(산지전용 허가)
11-2 산지관리법 제15조(산지전용 신고)
11-3 산지관리법 제15조의2(산지일시사용허가・신고)
12-1 소음・진동관리법 제8조(배출시설의 설치 신고 및 허가 등)
13-1 수도법 제38조(공급규정)
14-1 수산자원관리법 제52조(수산자원보호구역에서의 행위제한 등)
15-1 자연공원법 제23조(행위허가)
16-1 전기안전관리법 제8조(자가용전기설비의 공사계획의 인가 또는 신고
17-1 초지법 제23조(초지의 전용 등)
18-1 토양환경보전법 제12조(특정토양오염관리대상시설의 신고 등)
19-1 하수도법 제27조(배수설비의 설치 등)
19-2 하수도법 제34조(개인하수처리시설의 설치)
20-1 하천법 제33조(하천의 점용허가 등)

III. 추가 확인이 필요한 법령 (238개)

□ 심의관련 법령 (16개)

1-1 건축법 제4조의2(건축위원회의 건축 심의 등)

2-1 경관법 제28조(건축물의 경관 심의)

3-1 고도보존 및 육성에 관한 특별법 제05조(고도보존육성중앙심의위원회)

4-1 관광진흥법 제17조(관광숙박업 등의 등록심의위원회)

5-1 국토의 계획 및 이용에 관한 법률 제113조(지방도시계획위원회)

5-2 국토의 계획 및 이용에 관한 법률 제59조(개발행위에 대한 도시계획위원회의 심의)

6-1 도시공원 및 녹지 등에 관한 법률 제50조(도시공원위원회)

6-2 도시교통정비 촉진법 제17조(교통영향평가서의 심의)

6-3 도시교통정비 촉진법 제18조(승인등을 받지 아니하는 사업자의 교통영향평가서 심의)

7-1 산지관리법 제22조(산지관리위원회의 설치·운영)

8-1 신항만건설 촉진법 제10조(신항만건설심의위원회)

9-1 에너지 이용합리화법 제10조(에너지사용계획의 협의)

10-1 옥외광고물 등의 관리와 옥외광고산업 진흥에 관한 법률 제07조(옥외광고심의원회)

11-1 인공조명에 의한 빛공해 방지법 제06조(빛공해방지위원회)

12-1 화재예방, 소방시설 설치·유지 및 안전관리에 관한 법률 제11조의2(소방기술심의위원회)

13-1 새만금사업 추진 및 지원에 관한 특별법 제71조(「건축법」 및 「건축기본법」에 관한 특례)

□ 인증 및 평가관련 법령 (24개)

1-1 건축법 제13조의2(건축물 안전영향평가)

1-2 건축법 제65조의2(지능형건축물의 인증)

2-1 교육환경 보호에 관한 법률 제06조(교육환경평가서의 승인 등)

3-1 녹색건축물 조성 지원법 제16조(녹색건축의 인증)

3-2 녹색건축물 조성 지원법 제17조(건축물의 에너지효율등급 인증 및 제로에너지건축물 인증)

4-1 도시교통정비 촉진법 제15조(교통영향평가의 실시대상 지역 및 사업)

5-1 자연재해대책법 제04조(재해영향평가등의 협의)

6-1 장애인·노인·임산부 등의 편의증진 보장에 관한 법률 제10조의2(장애물 없는 생활환경 인증)

7-1 주한미군기지 이전에 따른 평택시 등의 지원 등에 관한 특별법 제06조(영향평가 등의 실시)

8-1 지진·화산재해대책법 제14조(내진설계기준의 설정)

9-1 지하안전관리에 관한 특별법 제14조(지하안전영향평가의 실시 등)

9-2 지하안전관리에 관한 특별법 제23조(소규모 지하안전영향평가의 실시 등)

10-1 초고속정보통신건물인증 업무처리 지침 초고속정보통신 건물 및 홈네트워크 건물 인증

10-2 초고층 및 지하연계 복합건축물 재난관리에 관한 특별법 제06조(사전재난영향성검토협의)

11-1 환경영향평가법 제06조(환경영향평가등의 대상지역)

11-2 환경영향평가법 제09조(전략환경영향평가의 대상)

11-3 환경영향평가법 제10조(전략환경영향평가 대상 제외)

11-4 환경영향평가법 제22조(환경영향평가의 대상)

11-5 환경영향평가법 제23조(환경영향평가 대상 제외)

11-6 환경영향평가법 제32조(재협의)

11-7 환경영향평가법 제33조(변경협의)

11-8 환경영향평가법 제42조(시·도의 조례에 따른 환경영향평가)

11-9 환경영향평가법 제43조(소규모 환경영향평가의 대상)

11-9 환경영향평가법 제46조의2(변경협의)

□ 입지 관련 특례법령 (28개)

1-1 건축법 제77조의13(건축협정에 따른 특례)

1-2 건축법 제77조의3(특별가로구역의 관리 및 건축물의 건축기준 적용 특례 등)

2-1 국토의 계획 및 이용에 관한 법률 제83조의2(입지규제최소구역에서의 다른 법률의 적용 특례)

3-1 규제자유특구 및 지역특화발전특구에 관한 규제특례법 제57조(「건축법」에 관한 특례)

3-2 규제자유특구 및 지역특화발전특구에 관한 규제특례법 제93조(「건축법」에 관한 특례)

4-1 기업활동 규제완화에 관한 특별조치법 제12조(사도 개설허가에 관한 특례)

5-1 농지법 제53조(농업진흥구역과 농업보호구역에 걸치는 한 필지의 토지등에 대한 행위제한의 특례)

6-1 도시 및 주거환경정비법 제58조(사업시행계획인가의 특례)

6-2 도시 및 주거환경정비법 제66조(용적률에 관한 특례)

6-3 도시 및 주거환경정비법 제68조(건축규제의 완화 등에 관한 특례)

7-1 도시개발법 제71조의2(결합개발 등에 관한 적용 기준 완화의 특례)

8-1 도시공원 및 녹지 등에 관한 법률 제28조(취락지구에 대한 특례)

9-1 도시재생 활성화 및 지원에 관한 특별법 제32조(건축규제의 완화 등에 관한 특례)

10-1 도시재정비 촉진을 위한 특별법 제19조(건축규제의 완화 등에 관한 특례)

11-1 동·서·남해안 및 내륙권 발전 특별법 제20조의3(해양관광진흥지구에서의 관계 법률의 적용 특례)

12-1 민간인 통제선 이북지역의 산지관리에 관한 특별법 제21조(보전산지에서의 행위제한에 관한 특례)

12-2 민간인 통제선 이북지역의 산지관리에 관한 특별법 제22조(산지전용허가기준에 관한 특례)

13-1 민간임대주택에 관한 특별법 제35조(촉진지구에서의 공공지원민간임대주택 건설에 관한 특례)

14-1 벤처기업육성에 관한 특별조치법 제21조(건축금지 등에 대한 특례)

15-1 빈집 및 소규모주택 정비에 관한 특례법 제46조(빈집정비사업에 대한 특례)

15-2 빈집 및 소규모주택 정비에 관한 특례법 제47조(정비구역의 행위제한에 관한 특례)

15-3 빈집 및 소규모주택 정비에 관한 특례법 제48조(건축규제의 완화 등에 관한 특례)

16-1 산업기술단지 지원에 관한 특례법 제12조(건축 등에 대한 특례)

17-1 신항만건설 촉진법 제11조(신항만건설사업의 촉진 및 품질향상 등을 위한 특례)

18-1 신행정수도 후속대책을 위한 연기·공주지역 행정중심복합도시 건설을 위한 특별법 제08조(개발행위허가 및 건축허가 제한의 특례)

18-2 신행정수도 후속대책을 위한 연기·공주지역 행정중심복합도시 건설을 위한 특별법 제60조의4(건축허가 등에 관한 특례)

19-1 전통시장 및 상점가 육성을 위한 특별법 제51조(용적률에 관한 특례)

19-2 전통시장 및 상점가 육성을 위한 특별법 제52조(건폐율에 관한 특례)

□ 건축물 관련 특례법령 (19개)

1-1 건축법 제03조(적용 제외)

1-2 건축법 제05조(적용의 완화)

1-3 건축법 제06조(기존의 건축물 등에 관한 특례)

1-4 건축법 제06조의2(특수구조 건축물의 특례)

1-5 건축법 제06조의3(부유식 건축물의 특례)

1-6 건축법 제08조(리모델링에 대비한 특례 등)

1-7 건축법 제29조(공용건축물에 대한 특례)

2-1 공공주택 특별법 제40조의6(건축기준 등에 대한 특례)

3-1 공사중단 장기방치 건축물의 정비 등에 관한 특별조치법 제12조의4(방치건축물 정비사업에 대한 특례 등)

4-1 국토의 계획 및 이용에 관한 법률 제82조(기존 건축물에 대한 특례)

5-1 노인복지법 제55조(「건축법」에 대한 특례)

6-1 녹색건축물 조성 지원법 제25조(녹색건축물 조성사업에 대한 지원·특례 등)

7-1 도시공원 및 녹지 등에 관한 법률 제21조의2(도시공원 부지에서의 개발행위 등에 관한 특례)

8-1 문화재보호법 제57조(국가등록문화재의 건폐율과 용적률에 관한 특례)

9-1 장애인·노인·임산부 등의 편의증진 보장에 관한 법률 제15조(적용의 완화)

10-1 전통시장 및 상점가 육성을 위한 특별법 제53조(일조 등의 확보를 위한 건축물의 높이제한에 관한 특례)

10-2 전통시장 및 상점가 육성을 위한 특별법 제53조의2(대지의 공지에 관한 특례)

11-1 한옥 등 건축자산의 진흥에 관한 법률 제26조(한옥에 대한 관계 법령의 특례)

12-1 소방시설 설치 및 관리에 관한 법률 제13조(소방시설기준 적용의 특례)

□ 개별용도 시설기준 (26개 시설, 146개)

○ 공장

1-1 산업집적활성화 및 공장설립에 관한 법률
2-1 건강기능식품에 관한 법률
3-1 먹는물관리법
4-1 식품위생법
5-1 원자력안전법

○ 관광 휴게시설

1-1 문화예술진흥법
2-1 자연공원법
3-1 공연법
4-1 도시공원 및 녹지 등에 관한 법률
5-1 관광진흥법
6-1 수목원·정원의 조성 및 진흥에 관한 법률

○ 교육연구시설

1-1 유아교육법
2-1 초·중등교육법
3-1 고등교육법
4-1 학교시설사업 촉진법
5-1 사립학교법
6-1 학원의 설립·운영 및 과외교습에 관한 법률
7-1 도서관법
8-1 경제자유구역 및 제주국제자유도시의 외국교육기관 설립·운영에 관한 특별법
9-1 국방과학연구소법
10-1 근로자직업능력 개발법
11-1 평생교육법
12-1 학교용지 확보 등에 관한 특례법
13-1 영유아보육법
14-1 제약산업 육성 및 지원에 관한 특별법
15-1 학교급식법

○ 교정 및 군사 시설

1-1 민영교도소 등의 설치·운영에 관한 법률
2-1 국방·군사시설 사업에 관한 법률
3-1 군사기지 및 군사시설 보호법
4-1 군 공항 이전 및 지원에 관한 특별법

○ 근린생활시설

1-1 식품위생법
2-1 공중위생 관리법
3-1 의료법
4-1 체육시설의 설치·이용에 관한 법률
5-1 아동복지법
6-1 건강기능식품에 관한 법률
7-1 약사법
8-1 관광진흥법
9-1 식품위생법
10-1 체육시설의 설치·이용에 관한 법률
11-1 공연법
12-1 게임산업 진흥에 관한 법률
13-1 영화 및 비디오물의 진흥에 관한 법류
14-1 제약산업 육성 및 지원에 관한 특별법
15-1 건설기계관리법
16-1 성매매방지 및 피해자보호 등에 관련한 법률
17-1 스포츠산업 진흥법
18-1 다중이용업소의 안전관리에 관한 특별법
19-1 주세법
20-1 대기환경보전법
21-1 물환경보전법
22-1 소음진동관리법
23-1 수의사법

○ 노유자시설

1-1 아동복지법
2-1 영유아보육법
3-1 노인복지법
4-1 사회복지사업법
5-1 장애인복지법
6-1 성폭력범죄의 처벌 등에 관한 특례법
7-1 성매매방지 및 피해자보호 등에 관한 법률
8-1 청소년기본법
9-1 장애아동 복지지원법
10-1 장애인고용촉진 및 직업재활법
11-1 장애인·노인·임산부 등의 편의증진 보장에 관한 법률

12-1 청소년 복지 지원법
13-1 한부모 가족 지원법
14-1 가정폭력방지 및 피해자보호 등에 관한 법률 시행규칙
15-1 장애인·고령자 등 주거약자 지원에 관한 법률
16-1 보호관찰 등에 관한 법률

○ 동물 및 식물 관련 시설

1-1 축산법
2-1 축산물 위생관리법
3-1 농지법

○ 묘지 관련 시설

1-1 장사 등에 관한 법률

○ 문화 및 집회시설

1-1 공연법
2-1 영화 및 비디오물의 진흥에 관한 법률
3-1 문화예술진흥법
4-1 한국마사회법
5-1 경륜·경정법
6-1 박물관 및 미술관 진흥법
7-1 과학관의 설립·운영 및 육성에 관한 법률
8-1 지방문화원진흥법
9-1 국제회의산업 육성에 관한 법률
10-1 문화산업진흥기본법
11-1 전시산업발전법

○ 발전시설

1-1 집단에너지사업법
2-1 전기사업법

○ 방송통신시설

1-1 방송통신발전 기본법
2-1 전기통신 사업법
3-1 정보통신산업 진흥법

○ 수련시설

1-1 청소년 활동진흥법
2-1 문화예술진흥법
3-1 관광진흥법

○ 숙박시설

1-1 관광진흥법
2-1 농어촌정비법
3-1 공중위생 관리법

○ 야영장 시설

1-1 관광진흥법

○ 업무시설

1-1 정부청사관리규정
2-1 지방문화원진흥법

○ 운동시설

1-1 체육시설의 설치·이용에 관한 법률
2-1 국민체육진흥법
3-1 생활체육진흥법
4-1 학교체육진흥법

○ 운수시설

1-1 여객자동차운수사업법
2-1 항만법
3-1 유통산업발전법
4-1 공항시설법
5-1 도시철도법
6-1 공항시설법
7-1 화물자동차운수사업법

○ 위락시설

1-1 식품위생법
2-1 풍속영업의 규제에 관한 법률
3-1 사행행위 등 규제 및 처벌특례법
4-1 관광진흥법

○ 위험물 저장 및 처리 시설

1-1 석유 및 석유대체연료 사업법
2-1 액화석유가스의 안전관리 및 사업법
3-1 고압가스 안전관리법
4-1 도시가스사업법
5-1 사격 및 사격장 안전관리에 관한 법률

6-1 위험물안전관리법
7-1 총포·도검·화학류 등의 안전관리에 관한 법률
8-1 화학물질관리법

○ 의료시설

1-1 의료법
2-1 감염병의 예방 및 관리에 관한 법률
3-1 마약류 관리에 관한 법률
4-1 마약류중독자 치료보호규정

○ 자동차관련시설

1-1 자동차관리법
2-1 주차장법
3-1 건설기계관리법
4-1 여객자동차 운수 사업법
5-1 화물자동차 운수사업법

○ 자원순환 관련 시설

1-1 폐기물처리시설 설치촉진 및 주변지역지원 등에 관한 법률
2-1 하수도법
3-1 악취방지법

○ 장례식장

1-1 장사 등에 관한 법률

○ 주택

1-1 주택법
2-1 공공주택 특별법
3-1 민간임대 주택에 관한 특별법
4-1 소방시설 설치 및 관리에 관한 법률
5-1 장기공공임대주택 입주자 삶의 질 향상 지원법
6-1 장애인·고령자 등 주거약자 지원에 관한 법률

○ 창고시설

1-1 물류시설의 개발 및 운영에 관한 법률
2-1 유통산업발전법
3-1 물류정책기본법

○ 판매시설

1-1 농수산물 유통 및 가격안정에 관한 법률
2-1 게임산업진흥에 관한 법률
3-1 유통산업발전법

□ 기타 법령 (5개)

1-1 건축법 제67조(관계전문기술자)

2-1 토지이용규제 기본법 별표1 토지이용규제를 하는 지역지구 등

2-2 토지이용규제 기본법 별표2 사업지구에 해당하는 지역지구 등

3-1 한옥 등 건축자산의 진흥에 관한 법률 제13조(우수건축자산의 증축·개축 및 철거 등)

3-2 한옥 등 건축자산의 진흥에 관한 법률 제27조(한옥 건축 등에 관한 기준 고시)

[별표 2]

<u>한국건축규정 체크리스트</u>

Ⅰ. 건축허가 시 반드시 확인해야 하는 법령 (140개)

□ 입지관련 법령 (68개)

번호	법령	체크항목		체크	비 고
1-1	**개발제한 구역법 제12조** (개발제한 구역에서의 행위제한)	개발 제한 구역 행위 제한	개발제한구역의 행위제한 □ 허가대상(1항 : □1호 □1의2호 □2호 □3호 □3의2호 □4호 □5호 □6호 □7호 □8호 □9호) □ 신고대상 □ 허가·신고 제외대상 □ 허가갈음대상		
		허가 또는 신고 기준	행위 허가 또는 신고의 기준 □ 적 합 □ 부적합		
		관리 계획 수립	관리계획의 수립대상 □ 해당있음 □ 해당없음		
		관계 기관 협의	관계기관 협의대상 □ 해당있음 □ 해당없음		
1-2	**개발제한 구역법 제13조** (존속중인 건축물 등에대한 특례)	존속 건축 물 특례	존속건축물의 건축이나 공작물의 설치와 토지형질변경 허가 □ 해당있음 □ 해당없음		
1-3	**개발제한 구역법 제15조** (취락지구에 대 한 특 례)	취락 지구 특례	국토계획법에 따른 취락지구 특례적용 □ 해당있음 (3항의 특례적용) □ 해당없음		
2-1	**건축법 제55조** (건축물의 건폐율)	건폐 율 기준	「국토계획법」에 따른 건폐율 최대한도 기준 □ 적 합 □ 부적합		
		건폐 율 특례	「국토계획법」에 따른 건폐율의 특례 적용 □ 완화대상 □ 강화대상		
2-2	**건축법 제56조** (건축물의 용적률)	용적 률 기준	「국토계획법」에 따른 용적률 최대한도 기준 □ 적 합 □ 부적합		
		용적 률 특례	「국토계획법」에 따른 용적률의 특례 적용 □ 완화대상 □ 강화대상		

번호	법령		체크항목	체크	비 고
3-1	**고도 육성법 제11조** (지정지구 에서의 행위제한)	특별 보존 지구	특별보존지구에서의 행위 ☐ 심의허가대상 (1항 : ☐ 1호 ☐ 2호 ☐ 3호 ☐ 4호 ☐ 5호) ☐ 심의제외 허가대상		
		보존 육성 지구	보존육성지구에서의 행위 ☐ 심의허가대상 (3항 : ☐ 1호 ☐ 2호 ☐ 3호 ☐ 4호 ☐ 5호) ☐ 심의제외 허가대상 ☐ 허가제외대상		
4-1	**공유수면법 제8조** (공유수면의 점용 · 사용허가)	공유 수면 점용 · 사용 허가	공유수면의 점유 또는 사용허가 ☐ 허가대상 (1항 : ☐ 1호 ☐ 2호 ☐ 3호 ☐ 4호 ☐ 5호 ☐ 6호 ☐ 7호 ☐ 8호 ☐ 9호 ☐ 10호 ☐ 11호) ☐ 변경허가대상 ☐ 허가제외대상(1항단서 : ☐ 「재난 및 안전관리 기본법」 제37조 ☐ 제28조)		
5-1	**공항시설법 제10조** (행위 등의 제한)	행위 제한	공항 · 비행장개발예정지역으로 지정 · 고시된 지역 또는 실시계획이 고시된 지역에서의 행위 ☐ 허가대상 ☐ 변경허가대상 ☐ 허가제외대상 (2항 : ☐ 1호 ☐ 2호) ☐ 신고대상		
5-2	**공항시설법 제34조** (장애물의 제한 등)	장애물 제한 표면 높이 제한	기본계획·실시계획의 고시에 따른 장애물 제한표면의 높이 제한 ☐ 대 상 ☐ 비대상 [☐1항 단서 (1항 : ☐1호 ☐2호)]		
6-1	**교육 환경법 제9조** (교육 환경보호 구역에서 의 금지행위 등)	교육환경보호 구역제 한행위 및 시설	교육환경보호구역에서의 제한행위 및 시설 ☐ 대 상 (1항 : ☐1호 ☐2호 ☐3호 ☐4호 ☐5호 ☐6호 ☐7호 ☐8호 ☐9호 ☐10호 ☐11호 ☐12호 ☐13호 ☐14호 ☐15호 ☐16호 ☐17호 ☐18호 ☐19호 ☐20호 ☐21호 ☐22호 ☐23호 ☐24호 ☐25호 ☐26호 ☐27호 ☐28호 ☐29호) ☐ 비대상 (1항 : 14~29호 중 상대보호구역 심의통과)		
7-1	**국토계획법 제54조** (지구 단위계획 구역 에서의 건축 등)	지구 단위 계획 구역 의 건축	지구단위계획구역의 건축 · 용도변경 · 공작물설치 ☐ 해당있음(지구단위계획에 적합) ☐ 해당없음		

<table>
<tr><th>번호</th><th>법령</th><th colspan="2">체크항목</th><th>체크</th><th>비 고</th></tr>
<tr><td rowspan="2">7-2</td><td rowspan="2">국토계획법 제58조
(개발행위허가의 기준 등)</td><td>개발행위허가</td><td>개발행위의 허가 또는 변경허가
□ 허가대상 (1항 : □ 1호 □ 2호 □ 3호 □ 4호 □ 5호)
□ 변경허가대상 (1항 준용)</td><td></td><td></td></tr>
<tr><td>허가기준</td><td>용도구분에 따라 대통령령으로 정하는 기준
□ 적 합 (2항 : □1호 □2호 □3호) □ 부적합</td><td></td><td></td></tr>
<tr><td>7-3</td><td>국토계획법 제63조
(개발행위허가의 제한)</td><td>개발행위허가제한</td><td>도시・군관리계획상 특히 필요하다고 인정되는 지역의 개발행위허가 제한
□ 제한대상(심의대상)
(3년이내, 1항 : □1호 □2호 □3호 □4호 □5호)
□ 제한연장대상(심의제외)
(2년이내, 1항 : □3호 □4호 □5호)</td><td></td><td></td></tr>
<tr><td>7-4</td><td>국토계획법 제64조
(도시・계획시설부지에서의 개발행위)</td><td>개발행위허가</td><td>도시・군계획시설부지의 계획시설이 아닌 건축물의 건축 및 공작물의 설치
□ 허가대상 (2항 : □ 1호 □ 2호 □ 3호)
□ 허가제외대상</td><td></td><td></td></tr>
<tr><td rowspan="3">7-5</td><td rowspan="3">국토계획법 제76조
(용도지역 및 용도지구에서의 건축물의 건축 제한 등)</td><td>용도지역제한</td><td>용도지역에 따른 건축물의 건축 제한사항 (대통령령)
□ 적 합 □ 부적합</td><td></td><td></td></tr>
<tr><td>용도지구제한</td><td>용도지구에 따른 건축물의 건축 제한사항 (조례)
□ 적 합 □ 부적합</td><td></td><td></td></tr>
<tr><td>개별제한규정</td><td>개별규정에 따른 건축물의 건축 제한사항
□ 해당있음 [적합, (5항 : □ 1호 □ 1의2호 □ 1의3호 □ 2호 □ 3호 □ 4호 □ 5호) □ 6항]
□ 해당없음</td><td></td><td></td></tr>
<tr><td rowspan="3">7-6</td><td rowspan="3">국토계획법 제77조
(용도지역의 건폐율)</td><td>국토계획법에 따른 건폐율</td><td>「국토계획법」에 따른 용도지역별 건폐율의 최대한도
□ 적 합 (1항 : □1호가목 □1호나목 □1호다목 □1호라목 □2호가목 □2호나목 □2호다목 □3호 □4호) □2항)
□ 부적합</td><td></td><td></td></tr>
<tr><td>조례에 따른 건폐율 필수적용</td><td>조례에 따른 건폐율 최대한도 (필수적용)
□ 적 합 (3항 : □1호 □2호 □3호 □4호 □5호 □6호)
□ 부적합</td><td></td><td></td></tr>
<tr><td>조례에 따른 건폐율 적용</td><td>조례로 정한 건폐율 최대한도가 있음
□ 해당있음 (적합, 4항 : □1호 □2호 □3호 □4호)
□ 해당없음</td><td></td><td></td></tr>
</table>

번호	법령	체크항목		체크	비 고
7-7	국토계획법 제78조 (용도 지역의 용적률)	국토계획법에 따른 용적률	「국토계획법」에 따른 용도지역별 용적률의 최대한도 □ 적 합 (1항 : □1호가목 □1호나목 □1호다목 □ 1호라목 □2호가목 □2호나목 □ 2호다목 □3호 □4호) □2항) □ 부적합		
		조례에 따른 용적률 필수적용	조례에 따른 용적률 최대한도 (필수적용) □ 적 합 (77조 3항 : □2호 □3호 □4호 □5호) □ 부적합		
		조례에 따른 용적률 적용	조례로 정한 용적률 최대한도가 있음 □ 해당있음 (적합, □4항 □6항) □ 해당없음		
		조례에 따른 높이로 규모 등 제한	조례로 정한 높이로 규모 등을 제한하고 있음 □ 해당있음 (적합) □ 해당없음		
		용적률 완화 중첩 적용	용적률 완화 규정 중첩 적용 대상 □ 대 상 (적합, 7항 : □1호 □2호) □ 심의대상 □ 비대상		
7-8	국토계획법 제79조 (용도지역 미지정 또는 미세분 지역에서의 행위 제한 등)	용도 미지정지역의 적용	용도가 지정되지 아니한 지역의 적용 규정 □ 해당있음 (자연환경보전지역에 관한 규정 적용) □ 해당없음		
		세부용도 미지정지역의 적용	도시지역 또는 관리지역 중 세부용도 미지정 지역에 관한 적용 규정 □ 해당있음 (2항 : □ 도시지역 □ 관리지역) □ 해당없음		
7-9	국토계획법 제80조 (개발제한구역에서의 행위 제한 등)	개발제한구역의 행위제한	개발제한구역에서의 행위 제한 및 관리에 관한 법률 □ 적 합 □ 부적합		

번호	법령	체크항목		체크	비 고
7-10	**국토계획법 제80조의2** (도시 자연공원 구역에서 의 행위 제한 등)	도시 자연 공원 구역 의 행위 제한	도시자연공원구역에서의 행위 제한 및 관리에 관한 법률 ☐ 적 합 ☐ 부적합		
7-11	**국토계획법 제80조의3** (입지 규제최소 구역에서 의 행위제한)	입지 규제 최소 구역 의 행위 제한	입지규제최소구역의 입지규제최소구역계획 ☐ 적 합 ☐ 부적합		
7-12	**국토계획법 제81조** (시가 화조징구 역에서의 행위제한)	허용 행위	시가화조정구역에서의 시행가능 사업(도시・군계획사업) ☐ 해당있음 ☐ 해당없음		
7-12	**국토계획법 제81조** (시가 화조징구 역에서의 행위제한)	행위 제한	시가화조정구역에서의 허가 대상 행위 ☐ 대 상 (2항 : ☐ 1호 ☐ 2호 ☐ 3호) ☐ 비대상		
7-13	**국토계획법 제84조** (둘 이상의 용도지 역・용 도지구・ 용도구역 에 걸치는 대지에 대한 적용 기준)	둘 이상 용도 지역 지구 구역 에 걸치 는 대지	하나의 대지가 둘 이상의 지역・지구 또는 구역에 걸치는 경우 적용 기준 ☐ 일반대상 (적합) ☐ 특수대상 (적합, ☐1항 ☐2항 ☐3항 ☐3항단서)		
8-1	**군사기지법 제13조** (행정 기관의 처분에 관한 협의 등)	보호 구역 의 행위	보호구역에서 허가나 처분 시 관계기관 협의대상 ☐ 협의대상 [(1항 : ☐1호 ☐2호 ☐3호 ☐4호 ☐5호 ☐6호 ☐7호 ☐8호 ☐9호 ☐10호 ☐11호 ☐12호 ☐ 13호 (2항 : ☐1호 ☐2호)) ☐ 협의제외대상		
9-1	**급경사지법 제10조** (붕괴 위험지역에 서의 행위협의)	붕괴 위험 지역 의 행위	붕괴위험지역에서 인・허가등을 할 시 관계기관 협의대상 ☐ 협의대상 (1항 : ☐ 1호 ☐ 2호 ☐ 3호 ☐ 4호 ☐ 5호) ☐ 협의제외대상		

번호	법령		체크항목	체크	비 고
10-1	**농어촌리 모델링법 제10조** (행위제한 등)	농어촌 정비구역 행위제한	농어촌정비구역에서의 행위 제한 □ 허가대상 □ 변경허가대상 □ 허가제외대상 (2항 : □1호 □2호)		
10-2	**농어촌리모델링법 제29조** (대지의 용도)	대지 실시 계획	실시계획에 따른 농어촌주택이나 시설물 등 건설 □ 적 합 □ 부적합		
11-1	**농어촌 정비법 제69조** (조성 용지의 용도)	조성 용지 승인 용도	생활환경정비사업 시행계획에 따라 승인을 받은 용도의 건설 □ 적 합 □ 부적합		
11-2	**농어촌 정비법 제111조** (마을 정비구역 등에서의 행위 등의 제한)	마을 정비 구역 행위 제한	마을정비구역에서의 행위 제한 □ 허가대상 □ 변경허가대상 □ 허가제외대상 (2항 : □1호 □2호)		
12-1	**농지법 제32조** (용도 구역에서의 행위제한)	농업 진흥 구역 행위 제한	농업진흥구역에서의 토지이용행위 □ 제한대상 □ 제한제외대상 [(1항 : □1호 □2호 □3호 □4호 □5호 □6호 □7호 □8호 □9호) □3항 □4항]		
		농업 보호 구역 행위 제한	농업보호구역에서의 토지이용행위 □ 제한대상 □ 제한제외대상 [(2항 : □1호 □2호 □3호) □3항 □4항]		
12-2	**농지법 제37조** (농지 전용허가 등의 제한)	농지 전용 허가	농지전용허가 □ 허가대상 □ 허가제한대상 (1항 : □ 1호 □ 2호 □ 3호)		
		농지 전용 및 타용도 일시 사용 제한	농지의 전용 및 타용도 일시사용 제한 대상 □ 대 상 (2항 : □ 1호 □ 2호 □ 3호 □ 4호 □ 5호) □ 비대상		

번호	법령		체크항목	체크	비 고
13-1	댐주변 친환경 보전법 제8조 (행위 등의 제한)	댐친 환경 활용 구역 행위 제한	댐 친환경 활용 구역에서의 행위 제한 □ 허가대상 □ 변경허가대상 □ 신고대상 □ 허가제외대상 (3항 : □1호 □2호)		
14-1	도로법 제27조 (행위제한 등)	도로 구역 행위 제한	도로구역 및 도로구역 예정지의 행위 제한 □ 허가대상 □ 변경허가대상 □ 신고대상 (3항 : □1호 □2호 □3호) □ 허가제외대상 (2항 : □1호 □2호)		
14-2	도로법 제40조 (접도 구역의 지정 및 관리)	접도 구역 행위 제한	접도구역 행위 제한 □ 대 상 (3항 : □ 1호 □2호) □ 비대상		
15-1	도시공원법 제16조 (공원 조성계획 의 입안)	공원 조성 계획 입안 여부	공원조성계획의 입안 □ 해당있음 □ 해당없음		
15-2	도시공원법 제38조 (녹지의 점용허가 등)	녹지 점용 허가	녹지점용허가 □ 허가대상 (1항 : □1호 □2호 □3호 □4호 □5호) □ 변경허가대상 (1항 준용) □ 허가제외대상 (□ 1항 단서 □ 5항)		
		점용 대상 및 기준	녹지점용 대상 및 기준 □ 적 합 □ 부적합		
16-1	도서 생태계법 제8조 (행위제 한)	특정 도서 행위 제한	특정도서에서의 행위 □ 제한대상 (1항 : □1호 □2호 □3호 □4호 □5호 □6호 □7호 □8호 □9호 □10호 □11호 □12호 □13호) □ 허용대상 (2항 : □1호 □2호 □3호 □4호 □5호)		
17-1	마리나 항만법 제12조 (행위 등의 제한)	마리 나 항만 구역 행위 제한	마리나항만구역에서의 행위 제한 □ 허가대상 □ 변경허가대상 □ 신고대상 □ 허가제외대상		
17-2	매장문화재 법 제6조 (매장문화재 지표조사)	매장 문화 재 지표 조사	사전 매장문화재 지표조사 대상 □ 대 상 □ 비대상		

번호	법령	체크항목		체크	비 고
18-2	**매장문화재법 제8조** (매장 문화재 유존지역 에서의 개발사업 협의)	매장 문화재 유존 지역 개발 사업	매장문화재 유존지역에서의 개발사업 (협의대상) □ 해당있음 □ 해당없음		
		인가 허가 기준	건설공사에 따른 매장문화재 보호방안 □ 적 합 □ 부적합		
19-1	**물류시설법 제25조** (행위제한 등)	물류 단지 행위 제한	물류단지 안에서의 행위 제한 □ 허가대상 □ 변경허가대상 □ 신고대상 □ 허가제외대상 (2항 : □1호 □2호)		
20-1	**산림 보호법 제9조** (산림 보호구역에 서의 행위제한)	산림 보호 구역 행위	산림보호구역에서의 행위 □ 제한대상 (1항 : □1호 □2호 □2의2호 □3호 □4호) □ 허가대상 □ 신고대상 □ 허가·신고 제외대상		
21-1	**산림자원법 제36조** (입목 벌채등의 허가 및 신고 등)	입목 벌채 등	산림(산림보호구역 제외)에서의 행위 □ 허가대상 (□1항 □2항 단서) □ 변경허가대상 □ 허가제한대상 □ 신고대상 □ 허가·신고 제외대상		
22-1	**산지 관리법 제10조** (산지 전용· 일시사용 제한지역 에서의 행위제한)	산지 전용 일시 사용 제한 지역 행위	산지전용 및 산지일시사용제한지역에서의 허용 행위 □ 대 상(1항 : □1호 □2호 □3호 □4호 □5호 □6호 □7호 □8호 □9호 □9의2호 □9의3호 □10호 □11호) □ 비대상		
22-2	**산지관리법 제12조** (보전 산지에서 의 행위제한)	임업 용 산지 행위	임업용산지에서의 허용 행위 □ 대 상 (1항 : □1호 □2호 □3호 □4호 □5호 □6호 □7호 □8호 □9호 □10호 □11호 □12호 □13호 □14호 □15호 □16호) □ 비대상		
		공익 용 산지 행위	공익용산지에서의 허용 행위 □ 대 상 (2항 : □1호 □2호 □3호 □4호 □5호 □6호 □7호 □8호) □ 비대상 □ 타법적용대상 (3항 : □1호 □2호)		

번호	법령	체크항목		체크	비 고
22-3	**산지관리법 제18조** (산지 전용허가 기준 등)	허가 기준	산지전용허가 기준 □ 적 합 (1항 : □1호 □2호 □3호 □4호 □5호 □6호 □ 7호 □8호) □ 부적합		
		기준 완화	산지전용허가 기준완화(1항1~4호 적용제외) □ 대 상 (□ 준보전산지 □ 2항) □ 비대상		
23-1	**세계유산법 제11조** (세계 유산지구의 보호)	세계 유산 지구 지정	세계유산지구의 지정 □ 해당있음 □ 해당없음		
24-1	**수도권 정비계획법 제7조** (과밀 억제권역의 행위제한)	과밀 억제 권역 의 행위	과밀억제권역에서의 행위나 허가 등 □ 제한대상 (1항 : □1호 □2호) □ 허용대상 (2항 : □1호 □2호)		
24-2	**수도권 정비계획법 제8조** (성장 관리권역의 행위제한)	성장 관리 권역 행위 제한	성장관리권역에서의 허가 제한 □ 대 상 □ 비대상		
24-3	**수도권 정비계획법 제9조** (자연 보전권역의 행위제한)	자연 보전 권역 행위	자연보전권역에서의 행위나 허가 등 □ 제한대상 (□ 1호 □ 2호) □ 허용대상		
25-1	**수도법 제7조** (상수원 보호구역 지정 등)	상수 원 보호 구역 의 행위	상수원보호구역에서의 행위 □ 제한대상 (3항 : □1호 □2호) □ 허가대상 (4항 : □1호 □2호 □3호) □ 신고대상		
26-1	**습지보전법 제13조** (행위제한)	습지 보호 지역 행위	습지보호지역에서의 행위 □ 제한대상 (1항 : □1호 □2호 □3호 □4호 □5호) □ 허용대상 [□1항 단서 (5항 : □1호 □2호 □3호)]		
27-1	**어촌특화 발전법 제18조** (행위제한 등)	어촌 특화 발전 구역 행위 제한	어촌특화발전계획 구역에서의 행위 제한 □ 허가대상 □ 변경허가대상 □ 신고대상 □ 허가제외대상 (2항 : □1호 □2호)		

번호	법령		체크항목	체크	비 고
28-1	**역사문화권 정비법 제16조** (행위 등의 제한)	역사문화정비구역 행위제한	역사문화정비구역에서의 행위 제한 ☐ 허가대상 (1항 : ☐1호 ☐2호 ☐3호 ☐4호 ☐5호) ☐ 변경허가대상 ☐ 타법적용대상(문화재보호법) ☐ 신고대상		
29-1	**역세권법 제11조** (행위 등의 제한)	개발구역 행위제한	역세권 개발구역에서의 행위 제한 ☐ 허가대상 ☐ 변경허가대상 ☐ 신고대상 ☐ 허가제외대상 ☐ 사전청취대상		
30-1	**연구개발 특구법 제36조** (건축 행위의 규제 등)	건축행위규제	건축이 허용되는 건축물의 종류 제한 ☐ 적 합 ☐ 부적합		
31-1	**자연 공원법 제20조** (공원 관리청이 아닌 자의 공원사업의 시행 및 공원시설의 관리)	공원사업 및 공원시설 관리	공원사업 및 공원시설의 관리 ☐ 허가대상 ☐ 변경허가대상 ☐ 허가제외대상		
31-2	**자연 공원법 제71조** (허가에 관한 협의 등)	공원관리청 허가협의	다른법령에 따른 허가 시, 공원관리청 협의 대상 ☐ 협의대상 [(2항 : ☐1호 ☐2호 ☐4호 ☐5호 ☐6호 ☐7호 ☐8호 ☐9호 ☐10호 ☐11호 ☐12호 ☐13호 ☐14호 ☐15호 ☐16호) (☐2항 단서)] ☐ 심의대상 ☐ 비대상		
32-1	**자연환경 보전법 제15조** (생태 경관 · 보전지역에서의 행위제한 등)	생태경관보전지역행위	생태경관보전지역의 행위 ☐ 제한대상 [(1항 : ☐1호 ☐2호 ☐3호 ☐4호 ☐5호) ☐5항]] ☐ 허용대상 [(2항 : ☐1호 ☐2호 ☐3호 ☐4호 ☐5호 ☐6호 ☐7호 ☐8호) (3항 : ☐1호 ☐2호 ☐3호 ☐4호 ☐5호) (4항 : ☐1호 ☐2호 ☐3호 ☐4호)] ☐ 타법적용대상		
32-2	**자연환경 보전법 제26조** (시 · 도 생태 · 경관보전 지역의 행위제한 등)	시도생태경관보전지역행위제한	조례로 정한 시 · 도 생태 · 경관보전지역의 행위 제한 ☐ 대 상 ☐ 비대상		

번호	법령	체크항목		체크	비 고
33-1	**전통사찰 보존법 제10조** (전통사찰 역사문화 보존구역 의 지정 등)	전통사찰 보존구역 허가	전통사찰 역사문화보존구역에서의 사업실시계획 허가 □ 대 상(사업계획서 제출) □ 비대상		
		전통사찰 보존구역 심의	전통사찰보존위원회 심의 대상 □ 대 상 □ 비대상		
34-1	**전파법 제52조** (무선방위 측정장치의 보호)	무선방위 측정장치 보호구역	무선방위측정장치보호구역에서의 행위 □ 승인대상 □ 승인제외대상		
35-1	**철도 안전법 제45조** (철도 보호지구에 서의 행위제한 등)	철도 보호 지구 행위 제한	철도보호지구에서의 행위 제한 □ 대 상(신고대상) □ 비대상		
36-1	**친수 구역법 제9조** (행위제한 등)	친수 구역 행위 제한	친수구역 안에서의 행위 제한 □ 허가대상 □ 변경허가대상 □ 신고대상 □ 허가제외대상 (2항 : □1호 □2호)		
37-1	**택지개발 촉진법 제6조** (행위제한 등)	택지 개발 지구 행위 제한	택지개발지구의 행위 제한 □ 허가대상 □ 변경허가대상 □ 신고대상 □ 허가제외대상 (3항 : □1호 □2호)		
38-1	**해안내륙 발전법 제10조** (행위 등의 제한)	개발 구역 행위 제한	해안권 또는 내륙권 개발구역에서의 행위 제한 □ 허가대상 □ 변경허가대상 □ 신고대상 □ 허가제외대상 (2항 : □1호 □2호)		
39-1	**혁신도시 법 제9조** (행위 등의 제한)	혁신 도시 개발 예정 지구 행위 제한	혁신도시개발예정지구 안에서의 행위 제한 □ 허가대상 □ 변경허가대상 □ 신고대상 □ 허가제외대상 (2항 : □1호 □2호)		
40-1	**환경징책 기본법 제38조** (특별 종합대책 의 수립)	설치 제한	토지 이용과 시설 설치 제한 □ 해당있음 □ 해당없음		

□ 건축물 관련 법령 (72개)

번호	법령	체크항목		체크	비 고
1-1	**건축법 제19조의2** (복수 용도의 인정)	복수 용도 허가	건축물의 복수 용도 신청 □ 해당있음 □해당없음		
		복수 용도 기준	복수 용도의 건축기준과 입지기준 □ 적 합 □ 부적합		
1-2	**건축법 제23조** (건축물의 설계)	설계자	건축사 설계 의무 대상 □ 대 상 □ 비대상 (1항 : □1호 □2호 □3호, □ 4항)		
		설계 도서 작성 기준	설계도서 작성기준 준수 □ 적 합 □ 부적합 □ 예외대상		
		설계 도서 서명 날인	설계자의 설계도서 서명날인 □ 적 합 □ 부적합		
1-3	**건축법 제40조** (대지의 안전 등)	대지 높이	대지와 인접한 도로면의 높이 □ 적 합 □ 부적합 □ 예외대상		
		안전 위험 토지	안전에 위험이 있는 토지에 건축 시 필요 조치 □ 적 합 □ 부적합		
		오수 처리 시설	빗물・오수 배출 및 처리시설 설치 □ 적 합 □ 부적합		
		손궤 우려 토지	손궤 우려 토지에 대지 조성 시 필요 조치 □ 적 합 □ 부적합		
1-4	**건축법 제42조** (대지의 조경)	조경 설치 대상	조경 의무 설치 대상 □ 대 상 □ 비대상 □ 예외대상		
1-5	**건축법 제43조** (공개 공지 등의 확보)	공개 공지 설치	공개 공지 또는 공개 공간의 설치 대상 □ 대 상 (1항 : □1호 □2호 □3호 □4호) □ 비대상		
		완화 적용 대상	공개 공지 또는 공개 공간 설치에 따른 기준 완화 □ 대 상 □ 비대상		
1-6	**건축법 제44조** (대지와 도로의 관계)	접도 준수 대상	건축물의 대지 접도 준수 □ 대 상 □ 비대상 (1항 : □1호 □2호 □3호)		
		접도 기준 준수	대통령령으로 정하는 접도 기준 준수 □ 적 합 □ 부적합		

번호	법령	체크항목		체크	비 고
1-7	**건축법 제46조** (건축선의 지정)	건축선 지정	건축선의 지정 □ 일반대상 □ 특수대상 (□1항단서 □3항)		
1-8	**건축법 제47조** (건축선에 따른 건축제한)	건축선 준수	건축물과 담장의 건축선 준수 (지표 아래 제외) □ 적 합 (모두 충족, □1항 □2항) □ 부적합		
1-9	**건축법 제48조** (구조내력 등)	건축물 구조안전	건축물의 구조안전 □ 적 합 □ 부적합		
		구조안전 확인	건축물의 구조안전 확인 대상 □ 대 상(내진성능 확인) □ 비대상		
1-10	**건축법 제48조의 4** (부속 구조물의 설치 및 관리)	부속구조물 설치관리	부속구조물의 설치 및 관리 기준 □ 적 합 □ 부적합		
1-11	**건축법 제49조** (건축물의 피난시설 및 용도제한)	피난시설 설치 및 용도제한	건축물의 피난시설 및 용도제한 등에 관한 기준 □ 적 합 (□1항 □2항 □3항 □4항 □5항1호 □5항2호) □ 부적합		
1-12	**건축법 제50조** (건축물의 내화구조와 방화벽)	내화구조 대상	주요구조부와 지붕을 내화구조로 하여야 하는 건축물 □ 대 상 □ 비대상 □ 예외대상		
		방화구획 대상	방화벽으로 구획하여야 하는 건축물 □ 대 상 □ 비대상		
1-13	**건축법 제50조의 2** (고층 건축물의 피난 및 안전관리)	고층건축물의 피난 및 안전	고층건축물의 피난 및 안전에 관한 기준 □ 적 합 □ 부적합		

번호	법령	체크항목		체크	비 고
		기준			
		기준 강화 대상	화재예방 및 피해경감을 위한 강화기준 적용 ☐ 대 상 ☐ 비대상		
1-14	**건축법 제51조** (방화지구 안의 건축물)	내화 구조 적용	방화지구에서 주요구조부와 지붕·외벽 내화구조 적용 ☐ 대 상 ☐ 비대상		
		불연 재료 적용	방화지구에서 주요부에 불연재료 적용 ☐ 대 상 ☐ 비대상		
		특정 구조 및 재료 적용	방화지구에서 지붕·방화문·외벽(인접대지 경계선)에 특정 구조 및 재료 적용 ☐ 대 상 ☐ 비대상		
1-15	**건축법 제52조** (건축물의 마감재료)	외벽 마감 재료	대통령령으로 정하는 건축물의 외벽마감재료 기준 ☐ 적 합 ☐ 부적합		
		창호 방화 성능	외벽에 설치되는 창호의 방화성능 기준 ☐ 적 합 ☐ 부적합		
1-16	**건축법 제52조2** (실내건축)	실내 건축 의 구조	대통령령으로 정하는 건축물의 실내건축 구조 ☐ 적 합(모두 충족, ☐1항 ☐2항) ☐ 부적합		
1-17	**건축법 제53조** (지하층)	지하 층 기준	지하층의 구조 및 설비에 관한 기준 ☐ 적 합 ☐ 부적합		
1-18	**건축법 제53조의 2** (건축물의 범죄예방)	범죄 예방 기준	범죄예방 건축기준 ☐ 적 합 ☐ 부적합		
1-19	**건축법 제54조** (건축물의 대지가 지역·지구 또는 구역에 걸치는 경우의 조치)	용도 지역 지구 구역 에 걸치 는 대지	하나의 대지가 둘 이상의 지역·지구 또는 구역에 걸치는 경우 적용 기준 ☐ 일반대상 (적합) ☐ 특수대상 (적합, ☐2항 ☐3항 ☐3항단서 ☐4항)		

번호	법령	체크항목		체크	비 고
1-20	**건축법 제57조** (대지의 분할제한)	대지 분할 제한	건축물이 있는 대지의 분할 □ 적 합 (□ 1항 □ 2항) □ 부적합 □ 예외대상		
1-21	**건축법 제58조** (대지 안의 공지)	대지 안의 공지	건축물의 건축선 및 인접 대지경계선으로부터 이격 거리 □ 적 합 □ 부적합		
1-22	**건축법 제59조** (맞벽 건축과 연결복도)	맞벽 건축 연결 복도	맞벽건축과 연결복도의 허용 대상 □ 대 상 (1항 : □1호 □2호) □ 비대상		
1-23	**건축법 제60조** (건축물의 높이 제한)	가로 구역 높이 제한	가로구역별 건축물의 높이 제한 기준 □ 적 합 (□1항 □3항) □ 부적합		
		가로 구역 높이 제한 완화	가로구역별 건축물의 높이 제한 완화 □ 해당있음 □ 해당없음		
1-24	**건축법 제61조** (일조 등의 확보를 위한 건축물의 높이 제한)	정북 일조	정북방향 일조확보를 위한 건축물의 높이 제한 □ 대 상 (적합) □ 비대상		
		정남 일조	정남방향 일조확보를 위한 건축물의 높이 제한 □ 대 상 [적합, (3항 : □1호 □2호 □3호 □4호 □5호 □6호□7호 □8호)] □ 비대상		
		공동 주택 채광 확보	공동주택 채광 확보를 위한 건축물의 높이제한 □ 대 상 [적합, (2항 : □1호 □2호)] □ 비대상		
		적용 제외	조례로 정하는 건축물의 높이 제한 적용 제외 □ 대 상 □ 비대상		
1-25	**건축법 제62조** (건축설비 기준 등)	건축 설비 기준	건축설비기준 □ 적 합 □ 부적합		
1-26	**건축법 제64조** (승강기)	승강 기 설치	승강기 설치 대상 건축물 □ 대 상 □ 비대상		
		비상 용 승강	비상용 승강기 추가설치 대상 건축물 □ 대 상 □ 비대상		

번호	법령	체크항목		체크	비 고
		기 설치			
		피난용 승강기 설치	피난용 승강기 추가설치 대상 건축물 ☐ 대 상 ☐ 비대상		
1-27	건축법 제68조 (기술적 기준)	기술적 기준 적용	대지와 건축물 관련 기술적 기준 ☐ 대 상 (적합, ☐1항 ☐4항) ☐ 비대상		
1-28	건축법 제84조 (면적·높이 및 층수의 산정)	면적 높이 층수 기준	건축물의 면적·높이·층수 산정 기준 ☐ 적 합 ☐ 부적합		
2-1	공중화장실법 제7조 (공중화장실 등의 설치기준)	공중화장실 설치 기준	공중화장실의 설치 기준 ☐ 적 합 (☐1항 ☐2항 ☐3항 ☐5항) ☐ 부적합		
2-2	공중화장실법 제7조의2 (어린이용 대·소변기의 설치 등)	어린이 영유아 설치 기준	어린이·영유아를 위한 공중화장실 설치 기준 ☐ 적 합 (☐1항 ☐2항) ☐ 부적합		
3-1	공항시설법 제36조 (항공장애 표시등의 설치 등)	항공장애 표시등의 설치	항공장애 표시등의 설치 ☐ 대 상 (☐1항 ☐2항 ☐3항) ☐ 비대상 ☐ 예외대상		
4-1	교통약자법 제10조 (이동편의시설의 설치기준)	설치 시설	설치하여야 하는 이동편의시설 ☐ 해당있음 ☐ 해당없음		
		설치 기준	이동편의시설의 설치 기준 ☐ 적 합 (☐2항 ☐3항 ☐ 부적합		
5-1	녹색건축법 제14조 (에너지 절약계획서 제출)	에너지절약계획서 제출	에너지 절약계획서 제출 대상 ☐ 대 상 (1항 : ☐1호 ☐2호 ☐3호) ☐ 비대상		
		검토 제외	에너지 절약계획서 검토 제외 ☐ 해당있음 ☐ 해당없음		

<table>
<tr><th>번호</th><th>법령</th><th colspan="2">체크항목</th><th>체크</th><th>비 고</th></tr>
<tr><td rowspan="3">5-2</td><td rowspan="3">녹색건축법 제14조의2
(건축물의 에너지 소비 절감을 위한 차양 등의 설치</td><td>일사 조절 장치</td><td>일사조절장치의 설치대상
□ 대 상 □ 비대상</td><td></td><td></td></tr>
<tr><td>에너지 절감 관리 설비</td><td>에너지 절감・관리 설비의 설치대상
□ 대 상 □ 비대상</td><td></td><td></td></tr>
<tr><td>설비 설치 기준</td><td>에너지 절감・관리 설비의 설치 기준
□ 적 합 □ 부적합</td><td></td><td></td></tr>
<tr><td rowspan="2">5-3</td><td rowspan="2">녹색건축법 제15조
(건축물에 대한 효율적인 에너지 관리와 녹색건축물 조성의 활성화)</td><td>녹색 건축 활성화 기준</td><td>녹색건축 활성화 기준
□ 해당있음 (적합) □ 해당없음</td><td></td><td></td></tr>
<tr><td>완화 적용</td><td>녹색건축물 조성 활성화를 위한 완화 기준 적용
□ 해당있음 (□1항 □1항1호 □1항2호)
□ 해당없음</td><td></td><td></td></tr>
<tr><td rowspan="4">6-1</td><td rowspan="4">다중이용업소법 제9조
(다중이용업소의 안전관리 기준 등)</td><td>설치 기준</td><td>다중이용업소의 안전시설등의 설치 기준
□ 적 합 □ 부적합</td><td></td><td></td></tr>
<tr><td>간이 스프링클러 설치</td><td>간이스프링클러설비 설치대상
□ 대 상 (1항 : □1호 □2호) □ 비대상</td><td></td><td></td></tr>
<tr><td>신고 대상</td><td>다중이용업소의 설치 신고 대상
□ 대 상 (3항 : □1호 □2호가목 □2호나목 □2호다목 □ 3호)
□ 비대상</td><td></td><td></td></tr>
<tr><td>설계 도서 기준</td><td>신고설계도서의 작성 기준
□ 적 합 □ 부적합</td><td></td><td></td></tr>
<tr><td rowspan="2">7-1</td><td rowspan="2">문화예술진흥법 제9조
(건축물에 대한 미술작품의 설치 등)</td><td>미술 작품 설치 대상</td><td>미술작품 설치대상
□ 대 상 □ 비대상</td><td></td><td></td></tr>
<tr><td>미술 작품 설치 기준</td><td>미술작품 설치기준
□ 적 합 □ 부적합 □ 예외대상</td><td></td><td></td></tr>
</table>

번호	법령	체크항목		체크	비 고
8-1	**문화재보호법 제35조** (허가사항)	국가지정문화재 등에 대한 행위	국가지정문화재 등에 대한 행위 ☐ 허가대상 [문화재청장, (1항 : ☐1호 ☐2호 ☐3호 ☐4호)] ☐ 변경허가대상 (문화재청장) ☐ 허가대상 (지자체) ☐ 변경허가대상 (지자체, ☐ 1항단서 ☐ 3항) ☐ 허가갈음대상		
9-1	**물재이용법 제8조** (빗물이용시설의 설치・관리)	빗물이용시설 설치대상	빗물이용시설의 설치 대상 ☐ 해당있음 ☐ 해당없음		
		시설기준	빗물이용시설의 시설 기준 ☐ 적 합 ☐ 부적합		
9-2	**물재이용법 제9조** (중수도의 설치・관리)	중수도 설치대상	중수도의 설치 대상 ☐ 대 상 (1항 : ☐1호 ☐2호 ☐2의2호 ☐3호 ☐4호 ☐5호 ☐6호 ☐7호] ☐ 비대상 ☐ 예외대상		
		시설기준	중수도의 시설 기준 ☐ 적 합 ☐ 부적합		
10-1	**부동산개발업법 제4조** (부동산개발 업의 등록 등)	부동산개발업등록	부동산개발업 등록 ☐ 해당있음 ☐ 해당없음 (1항 : ☐ 1호 ☐ 2호 ☐ 3호 ☐ 4호 ☐ 5호)		
11-1	**소방기본법 제21조의2** (소방자동차 전용구역 등)	소방자동차전용구역의 설치	소방자동차 전용구역의 설치 ☐ 대 상 (적합) ☐ 비대상		
12-1	**소방시설법 제6조** (건축허가등의 동의 등)	건축허가등의 소방동의	건축허가등의 소방 동의 ☐ 대 상 ☐ 비대상		
12-2	**소방시설법 제8조** (성능위주설계)	특정소방대상물의 설계기준	특정소방대상물의 소방시설 설계기준 ☐ 적 합 ☐ 부적합		
12-3	**소방시설법제12조** (특정소방대상물에 설치하는 소방시설의 관리 등)	소방시설	특정소방대상물의 소방시설 설치 ☐ 대 상(설치기준 적합) ☐ 비대상		

번호	법령	체크항목		체크	비 고
13-1	소음 · 진동 관리법 제7조 (공장소음 진동배출 허용기준)	배출 허용 기준	소음 · 진동배출시설을 설치한 공장의 배출허용기준 □ 적 합 (□1항 □3항) □ 부적합		
13-2	소음•진동 관리법 제9조 (방지 시설의 설치)	방지 시설 설치 대상	소음 · 진동방지시설 설치 □ 대 상 □ 비대상 □ 예외대상 (□1호 □2호)		
13-3	소음•진동 관리법 제12조 (공동 방지시설의 설치 등)	공동 방지 시설 설치 대상	소음 · 진동 공동방지시설의 설치 □ 대 상 □ 비대상		
		공동 방지 시설 기준	공동방지시설의 설치 · 운영 · 배출허용 기준 □ 적 합 □ 부적합		
13-4	소음•진동 관리법 제40조 (방음시설의 성능과 설치기준 등)	방음 시설 기준	방음시설의 설치기준 □ 적 합 □ 부적합		
14-1	수도법 제15조 (절수설비 등의설치)	절수 설비 설치	절수설비 설치 □ 대 상 □ 비대상		
		절수 설비 기기 설치	절수설비 및 절수기기 설치 □ 대 상 □ 비대상		
14-2	수도법 제18조 (시설 기준 등)	수도 시설 설치	수도시설 설치 기준 □ 적 합 □ 부적합		
		저수조 설치	저수조 설치 기준 □ 적 합 □ 부적합		
15-1	신에너지	신재	신 · 재생에너지 설비 설치 의무 대상		

번호	법령		체크항목	체크	비 고
	법 제12조 (신•재생에너지사업에의 투자권고 및 신•재생에너지 이용의무화 등)	생에너지설비설치의무	☐ 대 상 (2항 : ☐1호 ☐2호 ☐3호 ☐4호 ☐5호 ☐6호) ☐ 비대상		
		신재생에너지설비설치권고	신 · 재생에너지 설비 설치 권고 대상 ☐ 대 상 ☐ 비대상		
16-1	**연구개발특구법 제44조** (국토의 계획 및 이용에 관한 법률의 특례)	건폐율및용적률의특례	연구개발특구에서의 건폐율 · 용적률 특례 ☐ 대 상 ☐ 비대상		
17-1	**위험물안전관리법 제5조** (위험물의 저장 및 취급의 제한)	위험물저장제조시설기준	위험물 저장 · 제조시설의 설치 기준 ☐ 적 합 ☐ 부적합		
		위험물임시저장취급시설기준	위험물 임시 저장 · 취급시설의 설치 기준 ☐ 적 합 ☐ 부적합		
18-1	**전력기술관리법 제10조** (기술기준의 준수)	설계기준	전력시설물의 설계도서 작성기준 ☐ 적 합 ☐ 부적합		
19-1	**자전거법 제23조** (자전거 주차장의 설치•운영)	자전거주차창설치	자전거 주차장의 설치 ☐ 대 상 (☐1항 ☐2항 ☐3항) ☐ 비대상 ☐ 예외대상		
20-1	**장애인등편의법 제8조** (편의시설의 설치기준)	편의시설설치	설치하여야 하는 편의시설 설치 ☐ 적 합 ☐ 부적합		
		편의시설기준	편의시설의 설치기준 ☐ 적 합 ☐ 부적합		

번호	법령	체크항목		체크	비 고
20-2	**장애인등 편의법 제17조** (장애인 전용주차 구역 등)	장애인 전용 주차 구역	장애인전용주차구역 설치대상 □ 대 상 □ 비대상		
21-1	**주거기본법 제18조** (최저 주거기준 미달 가구에 대한 우선 지원 등)	주택 최저 주거 기준	주택의 최저주거기준 □ 적 합 □ 부적합 (사업계획승인신청서 보완대상) □ 예외대상		
22-1	**주차장법 제6조** (주차장 설비기준 등)	주차장 구조 설비 기준	주차장의 구조·설비 및 안전기준 □ 적 합 (□1항 □2항) □ 부적합		
22-2	**주차장법 제12조** (노외 주차장의 설치 등)	노외 주차장 기준	노외주차장의 화물자동차 주차공간 확보 대상 □ 대 상 □ 비대상		
		노외 주차장 제한	노외주차장의 설치 제한 □ 해당있음 □ 해당없음		
22-3	**주차장법 제12조의2** (다른 법률과의 관계)	주차 전용 건축물 기준	주차용건축물의 건축기준 □ 적 합 (1항 : □1호 □2호 □3호 □4호가목 □4호나목) □ 부적합		
22-4	**주차장법 제19조** (부설 주차장의 설치)	부설 주차장 설치	부설주차장의 설치 □ 설치대상 □ 비대상 □ 설치제한대상 □ 설치권고대상 □ 예외대상 (□4항 □5항)		
		설치 기준	부설주차장의 설치기준 □ 적 합 □ 부적합		
		개방 주차장 지정	개방주차장의 지정 □ 대 상 □ 비대상		
22-5	**주차장법 제19조의2** (부설주차장 설치계획서)	부설 주차 장설 치계 획서 제출	부설주차장 설치계획서 제출 □ 대 상 □ 비대상		
22-6	**주차장법 제19조의4** (부설 주차장의	부설 주차장 용도	부설주차장의 용도변경 □ 허용대상 (1항 : □1호 □2호 □3호) □ 제한대상		

번호	법령		체크항목	체크	비 고
	용도변경 금지 등)	변경			
22-7	**주차장법 제19조의5** (기계식주차장의 설치기준 등)	기계식주차장 설치기준	기계식주차장의 설치 기준 ☐ 적 합 [☐ 1항 ☐2항(해당 시)] ☐ 부적합		
23-1	**청소년활동 진흥법 제18조** (수련시설의 안전점검 등)	수련시설의 안전기준	수련시설의 안전기준 ☐ 적 합 ☐ 부적합		
24-1	**초고층 및 지하연계 복합건축물 재난관리에 관한 특별법 제16조** (종합방재실의 설치·운영)	종합방재실 설치기준	종합방재실의 설치기준 ☐ 적 합 ☐ 부적합		
24-2	**초고층재난관리법 제18조** (피난안전구역 설치)	피난안전구역 설치기준	피난안전구역의 설치기준 ☐ 적 합 ☐ 부적합		
25-1	**소방기본법 제21조의2** (소방자동차전용구역 등)	소방자동차전용구역의 설치	소방자동차 전용구역의 설치 ☐ 대 상 (적합) ☐ 비대상		
26-1	**소방시설법 제7조** (건축 가등의 동의 등)	건축허가등의 소방동의	건축허가등의 소방 동의 ☐ 대 상 ☐ 비대상		
26-2	**소방시설법 제9조3** (성능위주설계)	특정소방대상물의 설계기준	특정소방대상물의 소방시설 설계기준 ☐ 적 합 ☐ 부적합		
27-1	**친환경자동차법 제11조의2** (환경친화적 자동차의 충전시설 등)	충전시설 설치	환경친화적 자동차 충전시설의 설치 ☐ 대 상 (1항 : ☐ 1호 ☐ 2호 ☐ 3호 ☐ 4호) ☐ 비대상		
		충전시설	충전시설의 종류와 설치수량 등 ☐ 적합 ☐ 부적합		

II. 의제처리 법령 (30개)

번호	법령	체크항목		체크	비 고
1-1	가축 분뇨법 제11조 (배출시설의 설치)	배출시설 설치	□ 허가대상 □ 신고대상 □ 변경허가대상 □ 변경신고대상		
2-1	건축법 제20조 (가설건축물)	가설건축물 건축	□ 허가대상 □ 허가제한대상 (2항 : □1호 □2호 □3호 □4호) □ 신고대상		
2-2	건축법 제83조 (옹벽 등의 공작물에의 준용)	공작물 축조 신고	□ 해당있음 □ 해당없음		
3-1	국토계획법 제56조 (개발행위의 허가)	개발행위 허가	□ 허가대상 (1항 : □ 1호 □ 2호 □ 3호 □ 4호 □ 5호) □ 변경허가대상 □ 타법적용대상 (3항 단서 : □ 산림자원조성법/사방사업법 □ 산지관리법) □ 허가제외대상 [(4항 : □ 1호 □ 2호 □ 3호) □1항 단서] □ 신고대상 (4항 : 1호의 경우 1개월 이내 신고)		
3-2	국토계획법 제86조 (도시・군계획시설사업의 시행자)	도시・군계획시설사업 시행	□ 해당있음 □ 해당없음		
3-3	국토계획법 제88조 (실시계획의 작성 및 인가 등)	실시계획	□ 인가대상 □ 인가제외대상 □ 인가변경대상 □ 인가폐지대상		
4-1	농지법 제34조 (농지의 전용허가・협의)	농지전용	□ 허가대상 □ 변경허가대상 □ 허가제외대상 (1항 : □ 1호 □ 2호 □ 3호 □ 4호 □ 5호)		

번호	법령	체크항목		체크	비 고
			□ 협의대상 (2항 : □ 1호 □ 1의2호 □ 2호) □ 협의제외대상 (2항 : 1호단서)		
4-2	**농지법 제35조** (농지 전용신고)	농지 전용 신고	□ 신고대상 [(1항 : □ 1호 □ 2호 □ 3호), 3항에 해당 시] □ 변경신고대상		
4-3	**농지법 제43조** (농지 전용허가의 특례)	농지 전용 허가 특례	□ 해당있음 □ 해당없음		
5-1	**대기환경보전법 제23조** (배출 시설의 설치 허가 및 신고)	배출 시설 설치	□ 허가대상(시도지사) □ 신고대상(시도지사) □ 허가대상(환경부장관) □ 신고대상(환경부장관) □ 변경허가대상 □ 변경신고대상		
		허가 기준	□ 적 합 (7항 : □1호 □2호) □ 부적합		
6-1	**도로법 제36조** (도로관리청이 아닌자의 도로공사 등)	도로 관리 청이 아닌 자의 도로 공사	□ 허가대상 □ 허가제외대상 (1항 : □ 1호 □ 2호 □ 3호)		
6-2	**도로법 제52조** (도로와 다른 시설의 연결)	도로 와 다른 시설 연결	□ 허가대상 □ 변경허가대상		
6-3	**도로법 제61조** (도로의 점용허가)	도로 점용 허가	□ 허가대상 □ 허가연장대상 □ 변경허가대상		
7-1	**도시공원법 제24조** (도시 공원의 점용허가)	도시 공원 점용 허가	□ 허가대상 (1항 : □ 1호 □ 2호 □ 3호 □ 4호 □ 5호) □ 허가제외대상 □ 변경허가대상		
		허가 조건	□ 적 합 □ 부적합		
		우선 허가 대상	□ 해당있음 □ 해당없음		

번호	법령		체크항목	체크	비 고
8-1	도시정비법 제57조 (인·허가 등의 의제 등)	사업시행계획인가에 따른 의제	□ 해당있음 □ 해당없음		
9-1	물환경보전법 제33조 (배출시설의 설치 허가 및 신고)	배출시설설치	□ 허가대상 [□ 1항 □ 1항 단서(폐수무방류배출시설)] □ 변경허가대상 □ 신고대상 □ 변경신고대상 □ 설치제한대상		
		서류제출	□ 해당있음 □ 해당없음		
		허가 또는 변경허가 기준	□ 적 합 (11항 : □ 1호 □ 2호 □ 3호) □ 부적합		
10-1	사도법 제4조 (개설허가 등)	사도개설허가	□ 허가대상 □ 허가제한대상 (3항 : □ 1호 □ 2호 □ 2호 □ 4호)		
11-1	산지관리법 제14조 (산지전용허가)	산지전용허가	□ 허가대상 □ 변경허가대상 □ 변경신고대상		
11-2	산지관리법 제15조 (산지전용신고)	산지전용신고	□ 신고대상 (1항 : □ 1호 □ 2호 □ 3호) □ 변경신고대상		
11-3	산지관리법 제15조의2 (산지일시사용허가·신고)	산지일시사용	□ 허가대상 □ 변경허가대상 □ 신고대상 (4항 : □ 1호 □ 2호 □ 3호 □ 4호 □ 5호 □ 6호 □ 7호 □ 8호 □ 9호 □ 10호 □ 11호 □ 12호) □ 변경신고대상 (□ 1항 단서 □ 4항 준용)		
12-1	소음진동관리법 제8조 (배출시설의 설치 신고 및 허가 등)	배출시설설치	□ 허가대상 □ 신고대상 □ 변경신고대상 □ 신고·허가제외대상		
13-1	수도법 제38조 (공급규정)	수돗물의 공급	□ 승인대상 □ 변경승인대상		

번호	법령	체크항목		체크	비 고
14-1	**수산자원 관리법 제52조** (수산자원 보호구역 에서의 행위제한 등)	수산 자원 보호 구역 행위 허가	☐ 허가대상 (2항 : ☐ 1호 ☐ 2호 ☐ 3호) ☐ 허가제한대상 (3항 : ☐ 1호 ☐ 2호 ☐ 3호 ☐ 4호)		
15-1	**자연공원법 제23조** (행위허가)	행위 허가	☐ 허가대상 (1항 : ☐ 1호 ☐ 2호 ☐ 3호 ☐ 4호 ☐ 5호 ☐ 6호 ☐ 7호 ☐ 8호 ☐ 9호 ☐ 10호) ☐ 신고대상 ☐ 허가·신고 제외대상		
		허가 기준	☐ 적 합 (2항 : ☐ 1호 ☐ 2호 ☐ 3호 ☐ 4호) ☐ 부적합		
		관계 기관 협의	☐ 협의대상 ☐ 심의대상		
16-1	**전기안전 관리법 제8조** (자가용 전기설비 의 공사계획 의 인가 또는 신고)	자가용 전기 설비의 공사 계획의 인가 또는 신고	☐ 인가대상 ☐ 변경인가대상 ☐ 신고대상 ☐ 변경신고대상 ☐ 신고갈음대상 ☐ 착공 후 신고대상		
17-1	**초지법 제23조** (초지의 전용 등)	초지 전용 가능 대상	1항 : ☐ 1호 ☐ 2호 ☐ 3호 ☐ 4호 ☐ 5호 ☐ 6호 ☐ 7호 ☐ 8호 ☐ 9호		
		초지 의 전용	☐ 허가대상 ☐ 변경허가대상 ☐ 신고대상 ☐ 변경신고대상 ☐ 협의대상 ☐ 허가·신고 제외대상		
		대체 초지 조성 비	☐ 납부대상 ☐ 감면대상 (8항 : ☐1호 ☐2호 ☐3호 ☐4호 ☐5호)		
18-1	**토양환경 보전법 제12조** (특정토양 오염관리 대상시설 의 신고 등)	특정 토양 오염 관리 대상 시설	☐ 신고대상 ☐ 변경신고대상 ☐ 신고갈음대상		
		설치 조건	☐ 적 합 ☐ 부적합		
19-1	**하수도법 제27조** (배수설비 의 설치등)	배수 설비 설치 의무	☐ 해당있음(설치신고대상) ☐ 해당없음		

<table>
<tr><th>번호</th><th>법령</th><th colspan="2">체크항목</th><th>체크</th><th>비 고</th></tr>
<tr><td rowspan="2"></td><td rowspan="2"></td><td>설치 대행 요건</td><td>□ 설치대행대상
□ 설치대행제외대상 (2항 : □ 1호 □ 2호)</td><td></td><td></td></tr>
<tr><td>신고 내용</td><td>□ 일반사항 □ 특수사항</td><td></td><td></td></tr>
<tr><td rowspan="3">19-2</td><td rowspan="3">하수도법 제34조
(개인하수처리시설의 설치)</td><td>개인 하수 처리 시설</td><td>□ 설치대상
□ 설치제외대상 (1항 : □1호 □2호 □3호 □4호)</td><td></td><td></td></tr>
<tr><td>신고 종류</td><td>□ 설치신고 □ 변경신고 □ 폐쇄신고</td><td></td><td></td></tr>
<tr><td>설치 및 폐쇄 기준</td><td>□ 적 합 (설치 : □4항, 폐쇄 : □5항) □ 부적합</td><td></td><td></td></tr>
<tr><td rowspan="2">20-1</td><td rowspan="2">하천법 제33조
(하천의 점용허가 등)</td><td>하천 점용</td><td>□ 허가대상 □ 변경허가대상 □ 허가제한대상</td><td></td><td></td></tr>
<tr><td>점용 기준</td><td>□ 적 합 [(3항 : □1호 □2호 □3호 □4호) □ 8항]
□ 부적합</td><td></td><td></td></tr>
</table>

Checklist

허가체크리스트

2
건축허가 시 적합여부를 확인해야 할 법령

2. 건축허가 시 적합여부를 확인해야 할 법령

[1] 건축법 제43조(공개공지 등의 확보)

처 리 기 준	비 고
1. 공개공지 또는 공개공간을 설치하여야 하는 지역 (1) 일반주거지역, 준주거지역 (2) 상업지역 (3) 준공업지역 (4) 특별자치시장·특별자치도지사 또는 시장·군수·구청장이 도시화의 가능성이 크거나 노후 산업단지의 정비가 필요하다고 인정하여 지정·공고하는 지역 **2. 공개공지 또는 공개공간을 확보하여야 하는 건축물의 대지** (1) 문화 및 집회시설, 종교시설, 판매시설(「농수산물 유통 및 가격안정에 관한 법률」에 따른 농수산물유통시설은 제외한다), 운수시설(여객용 시설만 해당한다), 업무시설 및 숙박시설로서 해당 용도로 쓰는 바닥면적의 합계가 5천 제곱미터 이상인 건축물 (2) 그 밖에 다중이 이용하는 시설로서 건축조례로 정하는 건축물 **3. 공개공지등의 면적은 대지면적의 100분의 10 이하의 범위에서 건축조례로 정한다. 이 경우 법 제42조에 따른 조경면적과 「매장문화재 보호 및 조사에 관한 법률」 제14조제1항제1호에 따른 매장문화재의 현지보존 조치 면적을 공개공지등의 면적으로 할 수 있다.** **4. 공개공지 확보시 준수하여야 할 사항** (1) 누구든지 공개공지등에 물건을 쌓아놓거나 출입을 차단하는 시설을 설치하는 등 공개공지등의 활용을 저해하는 행위를 하여서는 안 됨. (2) 모든 사람들이 환경친화적으로 편리하게 이용할 수 있도록 긴 의자 또는 조경시설 등 건축조례로 정하는 시설을 설치할 것 **5. 건축물의 건폐율, 용적률, 높이제한 완화적용 범위(아래의 범위에서 건축조례에 정하는 바에 따름)** (1) 법 제56조에 따른 용적률은 해당 지역에 적용하는 용적률의 1.2배 이하 (2) 법 제60조에 따른 높이 제한은 해당 건축물에 적용하는 높이기준의 1.2배 이하	

[1-1] 건축법 제44조(대지와 도로의 관계)

처 리 기 준	비 고

1. 대지와 도로의 관계

1.1 원칙

대 상 건 축 물	대지가 접해야할 도로	
	너 비	접해야할 길이
모든 건축물	·통과도로 4m이상 ·막다른 도로 ※ 도로(자동차만의 통행에 사용되는 도로 제외)	2m이상
연면적 합계가 2,000㎡ 이상인(공장의 경우 3,000㎡) 건축물	6m이상 도로	4m이상

1.2 예외

(1) 해당 건축물의 출입에 지장이 없다고 인정되는 경우

(2) 건축물주변에 광장, 공원, 유원지, 그 밖에 관계 법령에 따라 건축이 금지되고 공중의 통행에 지장이 없는 공지로서 허가권자가 인정한 공지가 있는 경우

[1-2] 건축법 제47조(건축선에 따른 건축제한)

처 리 기 준	비 고
1. 건축선 침범제한 : 건축물과 담장은 건축선의 수직면을 넘어서는 아니 됨 ※ 다만, 지표 아래 부분은 그러하지 아니함 **2. 개폐물의 건축선 침범제한** : 도로면으로부터 높이 4.5m 이하에 있는 출입구, 창문, 그 밖에 이와 유사한 구조물은 열고 닫을 때 건축선의 수직면을 넘지 아니하는 구조로 하여야 함	

[1-3] 건축법 제55조(건축물의 건폐율)

처 리 기 준	비 고
1. 건축법의 건폐율 대지면적에 대한 건축면적(대지에 건축물이 둘 이상 있는 경우에는 이들 건축면적의 합계로 한다)의 비율의 최대한도는 「국토의 계획 및 이용에 관한 법률」 제77조에 따른 건폐율의 기준에 따른다. 다만, 이 법에서 기준을 완화하거나 강화하여 적용하도록 규정한 경우에는 그에 따른다. **2. 국토법에 따른 건폐율 기준** (1) 도시지역 가. 주거지역: 70퍼센트 이하 나. 상업지역: 90퍼센트 이하 다. 공업지역: 70퍼센트 이하 라. 녹지지역: 20퍼센트 이하 (2) 관리지역 가. 보전관리지역: 20퍼센트 이하 나. 생산관리지역: 20퍼센트 이하 다. 계획관리지역: 40퍼센트 이하 (3) 농림지역: 20퍼센트 이하 (4) 자연환경보전지역: 20퍼센트 이하	

[1-4] 건축법 제56조(건축물의 용적률)

처 리 기 준	비 고
1. 건축법의 용적률 대지면적에 대한 연면적(대지에 건축물이 둘 이상 있는 경우에는 이들 연면적의 합계로 한다)의 비율의 최대한도는 「국토의 계획 및 이용에 관한 법률」 제78조에 따른 용적률의 기준에 따른다. 다만, 이 법에서 기준을 완화하거나 강화하여 적용하도록 규정한 경우에는 그에 따른다. **2. 국토법에 따른 용적률 기준** (1) 도시지역 가. 주거지역: 500퍼센트 이하 나. 상업지역: 1천500퍼센트 이하 다. 공업지역: 400퍼센트 이하 라. 녹지지역: 100퍼센트 이하 (2) 관리지역 가. 보전관리지역: 80퍼센트 이하 나. 생산관리지역: 80퍼센트 이하 다. 계획관리지역: 100퍼센트 이하 (3) 농림지역: 80퍼센트 이하 (4) 자연환경보전지역: 80퍼센트 이하	

[1-5] 건축법 제57조(대지의 분할 제한)

처 리 기 준	비 고
건축물이 있는 대지는 아래의 범위에서 해당 지방자치단체의 조례로 정하는 면적에 못 미치게 분할할 수 없다. 1. 주거지역: 60제곱미터 2. 상업지역: 150제곱미터 3. 공업지역: 150제곱미터 4. 녹지지역: 200제곱미터 5. 제1호부터 제4호까지의 규정에 해당하지 아니하는 지역: 60제곱미터	

[1-6] 건축법 제60조(건축물의 높이제한)

처 리 기 준	비 고
1. 건축물의 높이제한 1.1 허가권자는 가로구역[(街路區域): 도로로 둘러싸인 일단(一團)의 지역을 말한다. 이하 같다]을 단위로 하여 대통령령으로 정하는 기준과 절차에 따라 건축물의 최고 높이를 지정·공고할 수 있다. 다만, 특별자치도지사 또는 시장·군수·구청장은 가로구역의 최고 높이를 완화하여 적용할 필요가 있다고 판단되는 대지에 대하여는 대통령령으로 정하는 바에 따라 건축위원회의 심의를 거쳐 최고 높이를 완화하여 적용할 수 있다. 1.2 특별시장이나 광역시장은 도시의 관리를 위하여 필요하면 제1항에 따른 가로구역별 건축물의 최고 높이를 특별시나 광역시의 조례로 정할 수 있다. 1.3 허가권자가 가로구역별로 건축물의 최고 높이를 지정·공고할 때 고려할 사항 (1) 도시·군관리계획 등의 토지이용계획 (2) 해당 가로구역이 접하는 도로의 너비 (3) 해당 가로구역의 상·하수도 등 간선시설의 수용능력 (4) 도시미관 및 경관계획 (5) 해당 도시의 장래 발전계획 1.4 허가권자는 같은 가로구역에서 건축물의 용도 및 형태에 따라 건축물의 높이를 다르게 정할 수 있다.	

[1-7] 건축법 제61조(일조 등의 확보를 위한 건축물의 높이 제한)

처 리 기 준	비 고
1. 일조 등의 확보를 위한 건축물의 높이 제한 1.1 전용주거지역이나 일반주거지역에서 건축물을 건축하는 경우 띄어야 하는 거리 (1) 높이 10미터 이하인 부분: 인접 대지경계선으로부터 1.5미터 이상 (2) 높이 10미터를 초과하는 부분: 인접 대지경계선으로부터 해당 건축물 각 부분 높이의 2분의 1 이상 1.2 공동주택의 경우 적합하여야 하는 기준 (1) 건축물(기숙사는 제외한다)의 각 부분의 높이는 그 부분으로부터 채광을 위한 창문 등이 있는 벽면에서 직각 방향으로 인접 대지경계선까지의 수평거리의 2배(근린상업지역 또는 준주거지역의 건축물은 4배) 이하로 할 것 (2) 같은 대지에서 두 동(棟) 이상의 건축물이 서로 마주보고 있는 경우(한 동의 건축물 각 부분이 서로 마주보고 있는 경우를 포함한다)에 건축물 각 부분 사이의 거리는 다음 각 목의 거리 이상을 띄어 건축할 것. 다만, 그 대지의 모든 세대가 동지(冬至)를 기준으로 9시에서 15시 사이에 2시간 이상을 계속하여 일조(日照)를 확보할 수 있는 거리 이상으로 할 수 있다. 가. 채광을 위한 창문 등이 있는 벽면으로부터 직각방향으로 건축물 각 부분 높이의 0.5배(도시형 생활주택의 경우에는 0.25배) 이상의 범위에서 건축조례로 정하는 거리 이상 나. 가목에도 불구하고 서로 마주보는 건축물 중 높은 건축물(높은 건축물을 중심으로 마주보는 두 동의 축이 시계방향으로 정동에서 정서 방향인 경우만 해당한다)의 주된 개구부(거실과 주된 침실이 있는 부분의 개구부를 말한다)의 방향이 낮은 건축물을 향하는 경우에는 10미터 이상으로서 낮은 건축물 각 부분의 높이의 0.5배(도시형 생활주택의 경우에는 0.25배) 이상의 범위에서 건축조례로 정하는 거리 이상 다. 가목에도 불구하고 건축물과 부대시설 또는 복리시설이 서로 마주보고 있는 경우에는 부대시설 또는 복리시설 각 부분 높이의 1배 이상 라. 채광창(창넓이가 0.5제곱미터 이상인 창을 말한다)이 없는 벽면과 측벽이 마주보는 경우에는 8미터 이상 마. 측벽과 측벽이 마주보는 경우[마주보는 측벽 중 하나의 측벽에 채광을 위한 창문 등이 설치되어 있지 아니한 바닥면적 3제곱미터 이하의 발코니(출입을 위한 개구부를 포함한다)를 설치하는 경우를 포함한다]에는 4미터 이상	

[2] 국도의 계획 및 이용에 관한 법률 제54조(지구단위계획구역 안에서의 건축 등)

처 리 기 준	비 고
지구단위계획구역에서 건축물(일정 기간 내 철거가 예상되는 경우 등 대통령령으로 정하는 가설건축물은 제외한다)을 건축 또는 용도변경하거나 공작물을 설치하려면 그 지구단위계획에 맞게 하여야 한다. 다만, 지구단위계획이 수립되어 있지 아니한 경우에는 그러하지 아니하다.	

[2-1] 국토의 계획 및 이용에 관한 법률 제56조(개발행위의 허가)

<table>
<tr><th>처 리 기 준</th><th>비 고</th></tr>
<tr><td>
1. 개발행위 허가
1.1 개발행위 허가대상
(1) 건축물의 건축 :「건축법」 제2조제1항제2호에 따른 건축물의 건축
(2) 토지의 형질 변경(경작을 위한 경우로서 대통령령으로 정하는 토지의 형질 변경은 제외한다)
(3) 토석의 채취
(4) 토지 분할(건축물이 있는 대지의 분할은 제외한다)
(5) 녹지지역 · 관리지역 또는 자연환경보전지역에 물건을 1개월 이상 쌓아놓는 행위
(6) 건축물의 건축 : 「건축법」 제2조제1항제2호에 따른 건축물의 건축
(7) 공작물의 설치 : 인공을 가하여 제작한 시설물(「건축법」 제2조제1항제2호에 따른 건축물을 제외한다)의 설치
(8) 토지의 형질변경 : 절토(땅깎기) · 성토(흙쌓기) · 정지 · 포장 등의 방법으로 토지의 형상을 변경하는 행위와 공유수면의 매립(경작을 위한 토지의 형질변경을 제외한다)
(9) 토석채취 : 흙 · 모래 · 자갈 · 바위 등의 토석을 채취하는 행위. 다만, 토지의 형질변경을 목적으로 하는 것을 제외한다.
(10) 토지분할 : 다음 각 목의 어느 하나에 해당하는 토지의 분할(「건축법」 제57조에 따른 건축물이 있는 대지는 제외한다)
- 녹지지역 · 관리지역 · 농림지역 및 자연환경보전지역 안에서 관계법령에 따른 허가 · 인가 등을 받지 아니하고 행하는 토지의 분할
-「건축법」 제57조제1항에 따른 분할제한면적 미만으로의 토지의 분할
- 관계 법령에 의한 허가 · 인가 등을 받지 아니하고 행하는 너비 5미터 이하로의 토지의 분할
(11) 물건을 쌓아놓는 행위 : 녹지지역 · 관리지역 또는 자연환경보전지역안에서 건축물의 울타리안(적법한 절차에 의하여 조성된 대지에 한한다)에 위치하지 아니한 토지에 물건을 1월 이상 쌓아놓는 행위

1.2 허가받지 않아도 되는 개발행위대상
(1) 재해복구나 재난수습을 위한 응급조치
(2)「건축법」에 따라 신고하고 설치할 수 있는 건축물의 개축·증축 또는 재축과 이에 필요한 범위에서의 토지의 형질 변경(도시·군계획시설사업이 시행되지 아니하고 있는 도시·군계획시설의 부지인 경우만 가능하다)
(3) 건축물의 건축 : 「건축법」 제11조제1항에 따른 건축허가 또는 같은 법 제14조제1항에 따른 건축신고 및 같은 법 제20조제1항에 따른 가설건축물 건축의 허가 또는 같은 조 제2항에 따른 가설건축물의 축조신고 대상에 해당하지 아니하는 건축물의 건축
</td><td></td></tr>
</table>

처 리 기 준	비 고

(4) 공작물의 설치
- 도시지역 또는 지구단위계획구역에서 무게가 50톤 이하, 부피가 50세제곱미터 이하, 수평투영면적이 25제곱미터 이하인 공작물의 설치. 다만, 「건축법 시행령」 제118조제1항 각 호의 어느 하나에 해당하는 공작물의 설치는 제외한다.
- 도시지역·자연환경보전지역 및 지구단위계획구역외의 지역에서 무게가 150톤 이하, 부피가 150세제곱미터 이하, 수평투영면적이 75제곱미터 이하인 공작물의 설치. 다만, 「건축법 시행령」 제118조제1항 각 호의 어느 하나에 해당하는 공작물의 설치는 제외한다.
- 녹지지역·관리지역 또는 농림지역안에서의 농림어업용 비닐하우스(비닐하우스안에 설치하는 육상어류양식장을 제외한다)의 설치

(5) 토지의 형질변경
- 높이 50센티미터 이내 또는 깊이 50센티미터 이내의 절토·성토·정지 등(포장을 제외하며, 주거지역·상업지역 및 공업지역외의 지역에서는 지목변경을 수반하지 아니하는 경우에 한한다)
- 도시지역·자연환경보전지역 및 지구단위계획구역 외의 지역에서 면적이 660제곱미터 이하인 토지에 대한 지목변경을 수반하지 아니하는 절토·성토·정지·포장 등(토지의 형질변경 면적은 형질변경이 이루어지는 당해 필지의 총면적을 말한다. 이하 같다)
- 조성이 완료된 기존 대지에 건축물이나 그 밖의 공작물을 설치하기 위한 토지의 형질변경(절토 및 성토는 제외한다)
- 국가 또는 지방자치단체가 공익상의 필요에 의하여 직접 시행하는 사업을 위한 토지의 형질변경

(6) 토석채취
- 도시지역 또는 지구단위계획구역에서 채취면적이 25제곱미터 이하인 토지에서의 부피 50세제곱미터 이하의 토석채취
- 도시지역·자연환경보전지역 및 지구단위계획구역외의 지역에서 채취면적이 250제곱미터 이하인 토지에서의 부피 500세제곱미터 이하의 토석채취

(7) 토지분할
- 「사도법」에 의한 사도개설허가를 받은 토지의 분할
- 토지의 일부를 공공용지 또는 공용지로 하기 위한 토지의 분할
- 행정재산중 용도폐지되는 부분의 분할 또는 일반재산을 매각·교환 또는 양여하기 위한 분할

  토지의 일부가 도시·군계획시설로 지형도면고시가 된 당해 토지의 분할
- 너비 5미터 이하로 이미 분할된 토지의 「건축법」 제57조제1항에 따른 분할제한면적 이상으로의 분할

(8) 물건을 쌓아놓는 행위
- 녹지지역 또는 지구단위계획구역에서 물건을 쌓아놓는 면적이 25제곱미터

처 리 기 준	비 고
이하인 토지에 전체무게 50톤 이하, 전체부피 50세제곱미터 이하로 물건을 쌓아놓는 행위 - 관리지역(지구단위계획구역으로 지정된 지역을 제외한다)에서 물건을 쌓아놓는 면적이 250제곱미터 이하인 토지에 전체무게 500톤 이하, 전체부피 500세제곱미터 이하로 물건을 쌓아놓는 행위 1.3 개발행위 허가의 경미한 변경 (1) 사업기간을 단축하는 경우 (2) 부지면적 또는 건축물 연면적을 5퍼센트 범위에서 축소(공작물의 무게, 부피 또는 수평투영면적을 5퍼센트 범위에서 축소하는 경우를 포함한다)하는 경우 (3) 관계 법령의 개정 또는 도시·군관리계획의 변경에 따라 허가받은 사항을 불가피하게 변경하는 경우 (4) 「공간정보의 구축 및 관리 등에 관한 법률」 제26조제2항 및 「건축법」 제26조에 따라 허용되는 오차를 반영하기 위한 변경인 경우	

[2-2] 국토의 계획 및 이용에 관한 법률 제57조(개발행위허가의 절차)

처 리 기 준	비 고
1. 개발행위 허가절차 1.1 개발행위를 하려는 자는 그 개발행위에 따른 기반시설의 설치나 그에 필요한 용지의 확보, 위해(危害) 방지, 환경오염 방지, 경관, 조경 등에 관한 계획서를 첨부한 신청서를 개발행위허가권자에게 제출하여야 한다. 이 경우 개발밀도관리구역 안에서는 기반시설의 설치나 그에 필요한 용지의 확보에 관한 계획서를 제출하지 아니한다. 다만, 제56조제1항제1호의 행위 중 「건축법」의 적용을 받는 건축물의 건축 또는 공작물의 설치를 하려는 자는 「건축법」에서 정하는 절차에 따라 신청서류를 제출하여야 한다. 1.2 특별시장·광역시장·특별자치시장·특별자치도지사·시장 또는 군수는 제1항에 따른 개발행위허가의 신청에 대하여 특별한 사유가 없으면 15일(도시계획위원회의 심의를 거쳐야 하거나 관계 행정기관의 장과 협의를 하여야 하는 경우에는 심의 또는 협의기간을 제외한다) 이내에 허가 또는 불허가의 처분을 하여야 한다. 1.3 특별시장·광역시장·특별자치시장·특별자치도지사·시장 또는 군수는 제2항에 따라 허가 또는 불허가의 처분을 할 때에는 지체 없이 그 신청인에게 허가증을 발급하거나 불허가처분의 사유를 서면으로 알려야 한다. 1.4 특별시장·광역시장·특별자치시장·특별자치도지사·시장 또는 군수는 개발행위허가를 하는 경우에는 대통령령으로 정하는 바에 따라 그 개발행위에 따른 기반시설의 설치 또는 그에 필요한 용지의 확보, 위해 방지, 환경오염 방지, 경관, 조경 등에 관한 조치를 할 것을 조건으로 개발행위허가를 할 수 있다.	

[2-3] 국토의 계획 및 이용에 관한 법률 제58조(개발행위허가의 기준)

처 리 기 준	비 고
1. 개발행위허가 기준 1.1 개발행위허가 기준 (1) 용도지역별 특성을 고려하여 아래 개발행위의 규모에 적합할 것 - 도시지역 가. 주거지역·상업지역·자연녹지지역·생산녹지지역 : 1만제곱미터 미만 나. 공업지역 : 3만제곱미터 미만 다. 보전녹지지역 : 5천제곱미터 미만 - 관리지역 : 3만제곱미터 미만 - 농림지역 : 3만제곱미터 미만 - 자연환경보전지역 : 5천제곱미터 미만 ※ 면적제한 적용하지 않는 경우 · 지구단위계획으로 정한 가구 및 획지의 범위안에서 이루어지는 토지의 형질변경으로서 당해 형질변경과 관련된 기반시설이 이미 설치되었거나 형질변경과 기반시설의 설치가 동시에 이루어지는 경우 · 해당 개발행위가 「농어촌정비법」 제2조제4호에 따른 농어촌정비사업으로 이루어지는 경우 · 해당 개발행위가 「국방·군사시설 사업에 관한 법률」 제2조제2호에 따른 국방·군사시설사업으로 이루어지는 경우 · 초지조성, 농지조성, 영림 또는 토석채취를 위한 경우 · 해당 개발행위가 다음 각 목의 어느 하나에 해당하는 경우. 이 경우 특별시장·광역시장·특별자치시장·특별자치도지사·시장 또는 군수는 그 개발행위에 대한 허가를 하려면 시·도도시계획위원회 또는 법 제113조제2항에 따른 시·군·구도시계획위원회(이하 "시·군·구도시계획위원회"라 한다) 중 대도시에 두는 도시계획위원회의 심의를 거쳐야 하고, 시장(대도시 시장은 제외한다) 또는 군수(특별시장·광역시장의 개발행위허가 권한이 법 제139조제2항에 따라 조례로 군수 또는 자치구의 구청장에게 위임된 경우에는 그 군수 또는 자치구의 구청장을 포함한다)는 시·도도시계획위원회에 심의를 요청하기 전에 해당 지방자치단체에 설치된 지방도시계획위원회에 자문할 수 있다. 가. 하나의 필지(법 제62조에 따른 준공검사를 신청할 때 둘 이상의 필지를 하나의 필지로 합칠 것을 조건으로 하여 허가하는 경우를 포함하되, 개발행위허가를 받은 후에 매각을 목적으로 하나의 필지를 둘 이상의 필지로 분할하는 경우는 제외한다)에 건축물을 건축하거나 공작물을 설치하기 위한 토지의 형질변경 나. 하나 이상의 필지에 하나의 용도에 사용되는 건축물을 건축하거나 공작물을 설치하기 위한 토지의 형질변경 · 건축물의 건축, 공작물의 설치 또는 지목의 변경을 수반하지 아니하고 시행하는 토지복원사업	

처 리 기 준	비 고

· 그 밖에 국토교통부령이 정하는 경우

(2) 도시·군관리계획의 내용에 어긋나지 아니할 것

(3) 도시·군계획사업의 시행에 지장이 없을 것

(4) 주변지역의 토지이용실태 또는 토지이용계획, 건축물의 높이, 토지의 경사도, 수목의 상태, 물의 배수, 하천·호소·습지의 배수 등 주변환경이나 경관과 조화를 이룰 것

(5) 해당 개발행위에 따른 기반시설의 설치나 그에 필요한 용지의 확보계획이 적절할 것

1.2 특별시장·광역시장·특별자치시장·특별자치도지사·시장 또는 군수는 개발행위허가를 하려면 그 개발행위가 도시·군계획사업의 시행에 지장을 주는지에 관하여 해당 지역에서 시행되는 도시·군계획사업의 시행자의 의견을 들어야 한다.

1.3 허가할 수 있는 경우 그 허가의 기준

(1) 시가화 용도: 주거지역·상업지역 및 공업지역

(2) 유보 용도: 계획관리지역·생산관리지역 및 녹지지역 중 자연녹지지역

(3) 보전 용도: 보전관리지역·농림지역·자연환경보전지역 및 녹지지역 중 생산녹지지역 및 보전녹지지역

개발행위허가기준(제56조관련)

1. 분야별 검토사항

검토분야	허 가 기 준
가. 공통분야	(1) 조수류 · 수목 등의 집단서식지가 아니고, 우량농지 등에 해당하지 아니하여 보전의 필요가 없을 것 (2) 역사적 · 문화적 · 향토적 가치, 국방상 목적 등에 따른 원형보전의 필요가 없을 것 (3) 토지의 형질변경 또는 토석채취의 경우에는 표고 · 경사도 · 임상 및 인근 도로의 높이, 배수 등을 참작하여 도시 · 군계획조례(특별시 · 광역시장 · 특별자치시장 · 특별자치도지사 · 시 또는 군의 도시 · 군계획조례를 말한다. 이하 이 표에서 같다)가 정하는 기준에 적합할 것. 다만, 다음의 어느 하나에 해당하는 경우에는 위해 방지, 환경오염 방지, 경관 조성, 조경 등에 관한 조치가 포함된 개발행위내용에 대하여 해당 개발행위허가권자에게 소속된 도시계획위원회(제55조제3항제3호의2 각 목 외의 부분 후단 및 제57조제4항에 따라 중앙도시계획위원회 또는 시 · 도도시계획위원회의 심의를 거치는 경우에는 중앙도시계획위원회 또는 시 · 도도시계획위원회를 말한다)의 심의를 거쳐 이를 완화하여 적용할 수 있다. (가) 골프장, 스키장, 기존 사찰, 풍력을 이용한 발전시설 등 개발행위의 특성상 도시·군계획조례가 정하는 기준을 그대로 적용하는 것이 불합리하다고 인정되는 경우 (나) 지형 여건 또는 사업수행상 도시·군계획조례가 정하는 기준을 그대로 적용하는 것이 불합리하다고 인정되는 경우
나. 도시·군관리계획	(1) 용도지역별 개발행위의 규모 및 건축제한 기준에 적합할 것 (2) 개발행위허가제한지역에 해당하지 아니할 것

처 리 기 준	비 고

다. 도시·군계획사업	(1) 도시·군계획사업부지에 해당하지 아니할 것(제61조의 규정에 의하여 허용되는 개발행위를 제외한다) (2) 개발시기와 가설시설의 설치 등이 도시·군계획사업에 지장을 초래하지 아니할 것
라. 주변지역과의 관계	(1) 개발행위로 건축 또는 설치하는 건축물 또는 공작물이 주변의 자연경관 및 미관을 훼손하지 아니하고, 그 높이·형태 및 색채가 주변건축물과 조화를 이루어야 하며, 도시·군계획으로 경관계획이 수립되어 있는 경우에는 그에 적합할 것 (2) 개발행위로 인하여 당해 지역 및 그 주변지역에 대기오염·수질오염·토질오염·소음·진동·분진 등에 의한 환경오염·생태계파괴·위해발생 등이 발생할 우려가 없을 것. 다만, 환경오염·생태계파괴·위해발생 등의 방지가 가능하여 환경오염의 방지, 위해의 방지, 조경, 녹지의 조성, 완충지대의 설치 등을 허가의 조건으로 붙이는 경우에는 그러하지 아니하다. (3) 개발행위로 인하여 녹지축이 절단되지 아니하고, 개발행위로 배수가 변경되어 하천·호소·습지로의 유수를 막지 아니할 것
마. 기반기설	(1) 주변의 교통소통에 지장을 초래하지 아니할 것 (2) 대지와 도로의 관계는 「건축법」에 적합할 것 (3) 도시·군계획조례로 정하는 건축물의 용도·규모(대지의 규모를 포함한다)·층수 또는 주택호수 등에 따른 도로의 너비 또는 교통소통에 관한 기준에 적합할 것
바. 그 밖의 사항	(1) 공유수면매립의 경우 매립목적이 도시·군계획에 적합할 것 (2) 토지의 분할 및 물건을 쌓아놓는 행위에 입목의 벌채가 수반되지 아니할 것.

2. 개발행위별 검토사항

검토분야	허 가 기 준
가. 건축물의 건축 또는 공작물의 설치	(1) 「건축법」의 적용을 받는 건축물의 건축 또는 공작물의 설치에 해당하는 경우 그 건축 또는 설치의 기준에 관하여는「건축법」의 규정과 법 및 이 영이 정하는 바에 의하고, 그 건축 또는 설치의 절차에 관하여는 「건축법」의 규정에 의할 것. 이 경우 건축물의 건축 또는 공작물의 설치를 목적으로 하는 토지의 형질변경, 토지분할 또는 토석의 채취에 관한 개발행위허가는 「건축법」에 의한 건축 또는 설치의 절차와 동시에 할 수 있다. (2) 도로·수도 및 하수도가 설치되지 아니한 지역에 대하여는 건축물의 건축(건축을 목적으로 하는 토지의 형질변경을 포함한다)을 허가하지 아니할 것. 다만, 무질서한 개발을 초래하지 아니하는 범위안에서 도시·군계획조례가 정하는 경우에는 그러하지 아니하다

처 리 기 준		비 고
나. 토지의 형질변경	(1) 토지의 지반이 연약한 때에는 그 두께·넓이·지하수위 등의 조사와 지반의 지지력·내려앉음·솟아오름에 관한 시험을 실시하여 흙바꾸기·다지기·배수 등의 방법으로 이를 개량할 것 (2) 토지의 형질변경에 수반되는 성토 및 절토에 의한 비탈면 또는 절개면에 대하여는 옹벽 또는 석축의 설치 등 도시·군계획조례가 정하는 안전조치를 할 것	
다. 토석채취	지하자원의 개발을 위한 토석의 채취허가는 시가화대상이 아닌 지역으로서 인근에 피해가 없는 경우에 한하도록 하되, 구체적인 사항은 도시·군계획조례가 정하는 기준에 적합할 것. 다만, 국민경제상 중요한 광물자원의 개발을 위한 경우로서 인근의 토지이용에 대한 피해가 최소한에 그치도록 하는 때에는 그러하지 아니하다.	
라. 토지분할	(1) 녹지지역·관리지역·농림지역 및 자연환경보전지역 안에서 관계법령에 따른 허가·인가 등을 받지 아니하고 토지를 분할하는 경우에는 다음의 요건을 모두 갖출 것 (가) 「건축법」 제57조제1항에 따른 분할제한면적(이하 이 칸에서 "분할제한면적"이라 한다) 이상으로서 도시·군계획조례가 정하는 면적 이상으로 분할할 것 (나) 「소득세법 시행령」 제168조의3제1항 각 호의 어느 하나에 해당하는 지역 중 토지에 대한 투기가 성행하거나 성행할 우려가 있다고 판단되는 지역으로서 국토교통부장관이 지정·고시하는 지역 안에서의 토지분할이 아닐 것. 다만, 다음의 어느 하나에 해당되는 토지의 경우는 예외로 한다. 1) 다른 토지와의 합병을 위하여 분할하는 토지 2) 2006년 3월 8일 전에 토지소유권이 공유로 된 토지를 공유지분에 따라 분할하는 토지 3) 그 밖에 토지의 분할이 불가피한 경우로서 국토교통부령으로 정하는 경우에 해당되는 토지 (다) 토지분할의 목적이 건축물의 건축 또는 공작물의 설치, 토지의 형질변경인 경우 그 개발행위가 관계법령에 따라 제한되지 아니할 것 (라) 이 법 또는 다른 법령에 따른 인가·허가 등을 받지 않거나 기반시설이 갖추어지지 않아 토지의 개발이 불가능한 토지의 분할 에 관한 사항은 해당 특별시·광역시·특별자치시·특별자치도·시 또는 군의 도시·군계획조례로 정한 기준에 적합할 것 (2) 분할제한면적 미만으로 분할하는 경우에는 다음의 어느 하나에 해당할 것 (가) 녹지지역·관리지역·농림지역 및 자연환경보전지역 안에서의 기존묘지의 분할 (나) 사설도로를 개설하기 위한 분할(「사도법」에 의한 사도개설허가를 받아 분할하는 경우를 제외한다) (다) 사설도로로 사용되고 있는 토지 중 도로로서의 용도가 폐지되는 부분을 인접토지와 합병하기 위하여 하는 분할 (라) <삭제> (마) 토지이용상 불합리한 토지경계선을 시정하여 당해 토지의 효용을 증진시키기 위하여 분할 후 인접토지와 합필하고자 하는 경우에는 다음의 1에 해당할 것. 이 경우 허가신청인은 분할 후 합필되는 토지의 소유권 또는 공유지분을 보유하고 있거나 그 토지를 매수하기 위한 매매계약을 체결하여야 한다. 1) 분할 후 남는 토지의 면적 및 분할된 토지와 인접토지가 합필된 후의 면적이 분할제한면적에 미달되지 아니할 것 2) 분할전후의 토지면적에 증감이 없을 것 3) 분할하고자 하는 기존토지의 면적이 분할제한면적에 미달되고, 분할된 토지와 인접토지를 합필한 후의 면적이 분할제한면적에 미달되지 아니할 것 (3) 너비 5미터 이하로 분할하는 경우로서 토지의 합리적인 이용에 지장이 없을 것	

처 리 기 준	비 고

마. 물건을 쌓아놓는 행위	당해 행위로 인하여 위해발생, 주변환경오염 및 경관훼손 등의 우려가 없고, 당해 물건을 쉽게 옮길 수 있는 경우로서 도시·군계획조례가 정하는 기준에 적합할 것

3. 용도지역별 검토시항

검토분야	허가 기준
가. 시가화 용도	1) 토지의 이용 및 건축물의 용도·건폐율·용적률·높이 등에 대한 용도지역의 제한에 따라 개발행위허가의 기준을 적용하는 주거지역·상업지역 및 공업지역일 것 2) 개발을 유도하는 지역으로서 기반시설의 적정성, 개발이 환경이 미치는 영향, 경관보호·조성 및 미관훼손의 최소화를 고려할 것
나. 유보 용도	1) 법 제59조에 다른 도시계획위원회의 심의를 통하여 개발행위허가의 기준을 강화 또는 완화하여 적용할 수 있는 계획관리지역·생산관리지역 및 녹지지역 중 자연녹지지역일 것 2) 지역 특성에 따라 개발 수요에 탄력적으로 적용할 적용할 지역으로서 입지타당성, 기반시설의 적정성, 개발이 환경이 미치는 영향, 경관 보호·조성 및 미관훼손의 최소화를 고려할 것
다. 보존 용도	1) 법 제59조에 다른 도시계획위원회의 심의를 통하여 개발행위허가의 기준을 강화하여 적용할 수 있는 보전관리지역·농림지역·자연환경보전지역 및 녹지지역 중 생산녹지지역 및 보전녹지지역일 것 2) 개발보다 보전이 필요한 지역으로서 입지타당성, 기반시설의 적정성, 개발이 환경이 미치는 영향, 경관 보호·조성 및 미관훼손의 최소화를 고려할 것

[2-4] 국토의 계획 및 이용에 관한 법률 제59조(개발행위에 대한 도시계획위원회의 심의)

처리기준	비고
1. 개발행위에 대한 도시계획위원회의 심의 * 중앙도시계획위원회의 심의를 거쳐야 하는 사항 - 면적이 1제곱킬로미터 이상인 토지의 형질변경 - 부피 1백만세제곱미터 이상의 토석채취 * 시·도도시계획위원회 또는 시·군·구도시계획위원회 중 대도시에 두는 도시계획위원회의 심의를 거쳐야 하는 사항 - 면적이 30만제곱미터 이상 1제곱킬로미터 미만인 토지의 형질변경 - 부피 50만세제곱미터 이상 1백만세제곱미터 미만의 토석채취 * 시·군·구도시계획위원회의 심의를 거쳐야 하는 사항 - 면적이 30만제곱미터 미만인 토지의 형질변경 - 부피 3만세제곱미터 이상 50만세제곱미터 미만의 토석채취 1.1 심의를 거쳐야 하는 행위 (1) 건축물의 건축 또는 공작물의 설치를 목적으로 하는 토지의 형질변경으로서 그 면적이 제55조제1항 각 호의 어느 하나에 해당하는 규모이상인 경우. 다만, 제55조제3항제3호의2에 따라 시·도도시계획위원회 또는 시·군·구도시계획위원회 중 대도시에 두는 도시계획위원회의 심의를 거치는 토지의 형질변경의 경우는 제외한다. (2) 녹지지역, 관리지역, 농림지역 또는 자연환경보전지역에서 건축물의 건축 또는 공작물의 설치를 목적으로 하는 토지의 형질변경으로서 그 면적이 제55조제1항 각 호의 어느 하나에 해당하는 규모 미만인 경우. 다만, 다음 각 목의 어느 하나에 해당하는 경우(법 제37조제1항제5호에 따른 방재지구 및 도시·군계획조례로 정하는 지역에서 건축물의 건축 또는 공작물의 설치를 목적으로 하는 토지의 형질변경에 해당하지 아니하는 경우로 한정한다)는 제외한다. 가. 해당 토지가 자연취락지구, 개발진흥지구, 기반시설부담구역, 「산업입지 및 개발에 관한 법률」 제8조의3에 따른 준산업단지 또는 같은 법 제40조의2에 따른 공장입지유도지구에 위치한 경우 나. 해당 토지가 특별시장·광역시장·특별자치시장·특별자치도지사·시장 또는 군수가 도로 등 기반시설이 이미 설치되어 있거나 설치에 관한 도시·군관리계획이 수립된 지역으로 인정하여 지방도시계획위원회의 심의를 거쳐 해당 지방자치단체의 공보에 고시한 지역에 위치한 경우 다. 해당 토지에 특별시·광역시·특별자치시·특별자치도·시 또는 군의 도시·군계획조례로 정하는 용도지역별 건축물의 용도·규모(대지의 규모를 포함한다)·층수 또는 주택호수 등의 범위에서 다음의 어느 하나에 해당하는 건축물을 건축하려는 경우	

처 리 기 준	비 고
1) 「건축법 시행령」 별표 1 제1호의 단독주택(「주택법」 제16조에 따른 사업계획승인을 받아야 하는 주택은 제외한다) 2) 「건축법 시행령」 별표 1 제2호의 공동주택(「주택법」 제16조에 따른 사업계획승인을 받아야 하는 주택은 제외한다) 3) 「건축법 시행령」 별표 1 제3호의 제1종 근린생활시설 4) 「건축법 시행령」 별표 1 제4호의 제2종 근린생활시설(같은 호 차목·타목 및 파목의 시설은 제외한다) 5) 「건축법 시행령」 별표 1 제18호가목의 창고(농업·임업·어업을 목적으로 하는 건축물로 한정한다)와 같은 표 제21호의 동물 및 식물 관련 시설(다목 및 라목은 제외한다) 중에서 도시·군계획조례로 정하는 시설(660제곱미터 이내의 토지의 형질변경으로 한정하며, 자연환경보전지역에 있는 시설은 제외한다) 6) 기존 부지면적의 100분의 5 이하의 범위에서 증축하려는 건축물 라. 해당 토지에 다음의 요건을 모두 갖춘 건축물을 건축하려는 경우 1) 건축물의 집단화를 유도하기 위하여 특별시·광역시·특별자치시·특별자치도·시 또는 군의 도시·군계획조례로 정하는 용도지역 안에 건축할 것 2) 특별시·광역시·특별자치시·특별자치도·시 또는 군의 도시·군계획조례로 정하는 용도의 건축물을 건축할 것 3) 2)의 용도로 개발행위가 완료되었거나 개발행위허가 등에 따라 개발행위가 진행 중이거나 예정된 토지로부터 특별시·광역시·특별자치시·특별자치도·시 또는 군의 도시·군계획조례로 정하는 거리(50미터 이내로 하되, 도로의 너비는 제외한다) 이내에 건축할 것 4) 1)의 용도지역에서 2) 및 3)의 요건을 모두 갖춘 건축물을 건축하기 위한 기존 개발행위의 전체 면적(개발행위허가 등에 의하여 개발행위가 진행 중이거나 예정된 토지면적을 포함한다)이 특별시·광역시·특별자치시·특별자치도·시 또는 군의 도시·군계획조례로 정하는 규모(제55조제1항에 따른 용도지역별 개발행위허가 규모 이상으로 정하되, 난개발이 되지 아니하도록 충분히 넓게 정하여야 한다) 이상일 것 5) 기반시설 또는 경관, 그 밖에 필요한 사항에 관하여 특별시·광역시·특별자치시·특별자치도·시 또는 군의 도시·군계획조례로 정하는 기준을 갖출 것 마. 계획관리지역(관리지역이 세분되지 아니한 경우에는 관리지역을 말한다) 안에서 다음의 공장 중 부지가 1만제곱미터 미만인 공장의 부지를 종전 부지면적의 50퍼센트 범위 안에서 확장하려는 경우. 이 경우 확장하려는 부지가 종전 부지와 너비 8미터 미만의 도로를 사이에 두고 접한 경우를 포함한다. 1) 2002년 12월 31일 이전에 준공된 공장	

처 리 기 준	비 고
2) 법률 제6655호 국토의계획및이용에관한법률 부칙 제19조에 따라 종전의 「국토이용관리법」, 「도시계획법」 또는 「건축법」의 규정을 적용받는 공장 3) 2002년 12월 31일 이전에 종전의 「공업배치 및 공장설립에 관한 법률」(법률 제6842호 공업배치및공장설립에관한법률중개정법률에 따라 개정되기 전의 것을 말한다) 제13조에 따라 공장설립 승인을 받은 경우 또는 같은 조에 따라 공장설립 승인을 신청한 경우(별표 27 제2호타목에 따른 면적제한 요건에 적합하지 아니하여 2003년 1월 1일 이후 그 신청이 반려된 경우를 포함한다)로서 2005년 1월 20일까지 「건축법」 제21조에 따른 착공신고를 한 공장 (3) 부피 3만세제곱미터 이상의 토석채취 1.2 심의를 거치지 않아도 되는 개발행위 (1) 제8조, 제9조 또는 다른 법률에 따라 도시계획위원회의 심의를 받는 구역에서 하는 개발행위 (2) 지구단위계획을 수립한 지역에서 하는 개발행위 (3) 주거지역·상업지역·공업지역에서 시행하는 개발행위 중 특별시·광역시·특별자치시·특별자치도·시 또는 군의 조례로 정하는 규모·위치 등에 해당하지 아니하는 개발행위 (4) 「환경영향평가법」에 따라 환경영향평가를 받은 개발행위 (5) 「도시교통정비 촉진법」에 따라 교통영향분석·개선대책에 대한 검토를 받은 개발행위 (6) 「농어촌정비법」 제2조제4호에 따른 농어촌정비사업 중 대통령령으로 정하는 사업을 위한 개발행위 (7) 「산림자원의 조성 및 관리에 관한 법률」에 따른 산림사업 및 「사방사업법」에 따른 사방사업을 위한 개발행위 1.3 「환경영향평가법」에 따라 환경영향평가를 받은 개발행위, 「도시교통정비 촉진법」에 따라 교통영향분석·개선대책에 대한 검토를 받은 개발행위가 도시·군계획에 포함되지 아니한 경우에는 관계 행정기관의 장에게 대통령령으로 정하는 바에 따라 중앙도시계획위원회나 지방도시계획위원회의 심의를 받도록 요청할 수 있다. 이 경우 관계 행정기관의 장은 특별한 사유가 없으면 요청에 따라야 한다.	

[2-5] 국토의 계획 및 이용에 관한 법률 제60조(개발행위허가의 이행 보증 등)

처 리 기 준	비 고
1. 이행보증금 예치 1.1 이행보증금 예치할 수 있는 경우 (1) 법 제56조제1항제1호 내지 제3호의 1에 해당하는 개발행위로서 당해 개발행위로 인하여 도로·수도공급설비·하수도 등 기반시설의 설치가 필요한 경우 (2) 토지의 굴착으로 인하여 인근의 토지가 붕괴될 우려가 있거나 인근의 건축물 또는 공작물이 손괴될 우려가 있는 경우 (3) 토석의 발파로 인한 낙석·먼지 등에 의하여 인근지역에 피해가 발생할 우려가 있는 경우 (4) 토석을 운반하는 차량의 통행으로 인하여 통행로 주변의 환경이 오염될 우려가 있는 경우 (5) 토지의 형질변경이나 토석의 채취가 완료된 후 비탈면에 조경을 할 필요가 있는 경우 1.2 이행보증금 예치 제외의 경우 (1) 국가나 지방자치단체가 시행하는 개발행위 (2) 「공공기관의 운영에 관한 법률」에 따른 공공기관(이하 "공공기관"이라 한다) 중 대통령령으로 정하는 기관이 시행하는 개발행위 (3) 그 밖에 해당 지방자치단체의 조례로 정하는 공공단체가 시행하는 개발행위 **2. 이행보증금 산정 및 예치금액** 2.1 이행보증금의 예치금액은 기반시설의 설치, 위해의 방지, 환경오염의 방지, 경관 및 조경에 필요한 비용의 범위안에서 산정하되 총공사비의 20퍼센트 이내가 되도록 하고, 그 산정에 관한 구체적인 사항 및 예치방법은 특별시·광역시·특별자치시·특별자치도·시 또는 군의 도시·군계획조례로 정한다. 이 경우 산지에서의 개발행위에 대한 이행보증금의 예치금액은 「산지관리법」 제38조에 따른 복구비를 포함하여 정하되, 복구비가 이행보증금에 중복하여 계상되지 아니하도록 하여야 한다. 2.2 이행보증금은 현금으로 납입하되, 「국가를 당사자로 하는 계약에 관한 법률 시행령」 제37조제2항 각 호 및 「지방자치단체를 당사자로 하는 계약에 관한 법률 시행령」 제37조제2항 각 호의 보증서 등 또는 「광산피해의 방지 및 복구에 관한 법률」 제39조제1항제5호에 따라 한국광해관리공단이 발행하는 이행보증서 등으로 이를 갈음할 수 있다. 2.3 이행보증금은 개발행위허가를 받은 자가 법 제62조제1항의 규정에 의한 준공검사를 받은 때에는 즉시 이를 반환하여야 한다. 2.4 특별시장·광역시장·특별자치시장·특별자치도지사·시장 또는 군수는 개발행위허가를 받은 자가 법 제60조제3항의 규정에 의한 원상회복명령을 이행하지 아니하는 때에는 이행보증금을 사용하여 동조제4항의 규정에 의한 대집행에 의하여 원상회복을 할 수 있다. 이 경우 잔액이 있는 때에는 즉시 이를 이행보증금의 예치자에게 반환하여야 한다.	

[2-6] 국토의 계획 및 이용에 관한 법률 제61조(관련 인·허가 등의 의제)

처 리 기 준	비 고
1. 인허가 의제 1.1 개발행위허가를 할 때에 특별시장·광역시장·특별자치시장·특별자치도지사·시장 또는 군수가 그 개발행위에 대한 다음 각 호의 인가·허가·승인·면허·협의·해제·신고 또는 심사 등에 관하여 미리 관계 행정기관의 장과 협의한 사항에 대하여는 그 인·허가등을 받은 것으로 본다. (1) 「공유수면 관리 및 매립에 관한 법률」 제8조에 따른 공유수면의 점용·사용허가, 같은 법 제17조에 따른 점용·사용 실시계획의 승인 또는 신고, 같은 법 제28조에 따른 공유수면의 매립면허 및 같은 법 제38조에 따른 공유수면매립실시계획의 승인 (2) 「광업법」 제42조에 따른 채굴계획의 인가 (3) 「농어촌정비법」 제23조에 따른 농업생산기반시설의 목적 외 사용의 승인 (4) 「농지법」 제34조에 따른 농지전용의 허가 또는 협의, 같은 법 제35조에 따른 농지전용의 신고 및 같은 법 제36조에 따른 농지의 타용도 일시사용의 허가 또는 협의 (5) 「도로법」 제36조에 따른 도로관리청이 아닌 자에 대한 도로공사 시행의 허가, 같은 법 제52조에 따른 도로와 다른 시설의 연결허가 및 같은 법 제61조에 따른 도로의 점용 허가 (6) 「장사 등에 관한 법률」 제27조제1항에 따른 무연분묘(無緣墳墓)의 개장(改葬) 허가 (7) 「사도법」 제4조에 따른 사도(私道) 개설(開設)의 허가 (8) 「사방사업법」 제14조에 따른 토지의 형질 변경 등의 허가 및 같은 법 제20조에 따른 사방지 지정의 해제 (9) 「산업집적활성화 및 공장설립에 관한 법률」 제13조에 따른 공장설립등의 승인 (10) 「산지관리법」 제14조·제15조에 따른 산지전용허가 및 산지전용신고, 같은 법 제15조의2에 따른 산지일시사용허가·신고, 같은 법 제25조제1항에 따른 토석채취허가, 같은 법 제25조제2항에 따른 토사채취신고 및 「산림자원의 조성 및 관리에 관한 법률」 제36조제1항·제4항에 따른 입목벌채(立木伐採) 등의 허가·신고 (11) 「소하천정비법」 제10조에 따른 소하천공사 시행의 허가 및 같은 법 제14조에 따른 소하천의 점용 허가 (12) 「수도법」 제52조에 따른 전용상수도 설치 및 같은 법 제54조에 따른 전용공업용수도설치의 인가 (13) 「연안관리법」 제25조에 따른 연안정비사업실시계획의 승인 (14) 「체육시설의 설치·이용에 관한 법률」 제12조에 따른 사업계획의 승인 (15) 「초지법」 제23조에 따른 초지전용의 허가, 신고 또는 협의 (16) 「공간정보의 구축 및 관리 등에 관한 법률」 제15조제3항에 따른 지도 등의 간행 심사 (17) 「하수도법」 제16조에 따른 공공하수도에 관한 공사시행의 허가 및 같은 법 제24조에 따른 공공하수도의 점용허가	

처 리 기 준	비 고
(18) 「하천법」 제30조에 따른 하천공사 시행의 허가 및 같은 법 제33조에 따른 하천 점용의 허가 (19) 「도시공원 및 녹지 등에 관한 법률」 제24조에 따른 도시공원의 점용허가 및 같은 법 제38조에 따른 녹지의 점용허가	

[2-7] 국토의 계획 및 이용에 관한 법률 제62조(준공검사)

처 리 기 준	비 고
1. 준공검사 1.1 준공검사를 받아야 하는 경우 공작물의 설치(「건축법」 제83조에 따라 설치되는 것은 제외한다), 토지의 형질변경 또는 토석채취를 위한 개발행위허가를 받은 자 ※ 건축물의 사용승인을 받은 건축물의 건축 또는 공작물의 설치 경우 제외 1.2 준공검사시 제출서류 (1) 개발행위준공검사신청서 (2) 준공사진 (3) 지적측량성과도(토지분할이 수반되는 경우와 임야를 형질변경하는 경우로서 「공간정보의 구축 및 관리 등에 관한 법률」 제78조에 따라 등록전환신청이 수반되는 경우에 한한다) (4) 법 제62조제3항의 규정에 의한 관계 행정기관의 장과의 협의에 필요한 서류	

[2-8] 국토의 계획 및 이용에 관한 법률 제63조(개발행위허가의 제한)

처 리 기 준	비 고
1. 개발행위허가 제한 1.1 개발행위허가 제한지역(1회에 한하여 3년 이내의 기간) ※ (3)~(5) 지역에 대하여는 1회에 한하여 2년 이내의 기간동안 개발행위허가의 제한을 연장할 수 있음 (1) 녹지지역이나 계획관리지역으로서 수목이 집단적으로 자라고 있거나 조수류 등이 집단적으로 서식하고 있는 지역 또는 우량 농지 등으로 보전할 필요가 있는 지역 (2) 개발행위로 인하여 주변의 환경·경관·미관·문화재 등이 크게 오염되거나 손상될 우려가 있는 지역 (3) 도시·군기본계획이나 도시·군관리계획을 수립하고 있는 지역으로서 그 도시·군기본계획이나 도시·군관리계획이 결정될 경우 용도지역·용도지구 또는 용도구역의 변경이 예상되고 그에 따라 개발행위허가의 기준이 크게 달라질 것으로 예상되는 지역 (4) 지구단위계획구역으로 지정된 지역 (5) 기반시설부담구역으로 지정된 지역	

[2-9] 국토의 계획 및 이용에 관한 법률 제64조(도시·군 계획시설 부지에서의 개발행위)

처 리 기 준	비 고
1. 도시·군 계획시설 부지에서의 개발행위 1.1 특별시장·광역시장·특별자치시장·특별자치도지사·시장 또는 군수는 도시·군계획시설의 설치 장소로 결정된 지상·수상·공중·수중 또는 지하는 그 도시·군계획시설이 아닌 건축물의 건축이나 공작물의 설치를 허가하여서는 아니 된다.(아래의 경우 제외) (1) 지상·수상·공중·수중 또는 지하에 일정한 공간적 범위를 정하여 도시·군계획시설이 결정되어 있고, 그 도시·군계획시설의 설치·이용 및 장래의 확장 가능성에 지장이 없는 범위에서 도시·군계획시설이 아닌 건축물 또는 공작물을 그 도시·군계획시설인 건축물 또는 공작물의 부지에 설치하는 경우 (2) 도시·군계획시설과 도시·군계획시설이 아닌 시설을 같은 건축물안에 설치한 경우(법률 제6243호 도시계획법개정법률에 의하여 개정되기 전에 설치한 경우를 말한다)로서 법 제88조의 규정에 의한 실시계획인가를 받아 다음 각목의 어느 하나에 해당하는 경우 가. 건폐율이 증가하지 아니하는 범위 안에서 당해 건축물을 증축 또는 대수선하여 도시·군계획시설이 아닌 시설을 설치하는 경우 나. 도시·군계획시설의 설치·이용 및 장래의 확장 가능성에 지장이 없는 범위 안에서 도시·군계획시설을 도시·군계획시설이 아닌 시설로 변경하는 경우 (3) 「도로법」등 도시·군계획시설의 설치 및 관리에 관하여 규정하고 있는 다른 법률에 의하여 점용허가를 받아 건축물 또는 공작물을 설치하는 경우 (4) 도시·군계획시설의 설치·이용 및 장래의 확장 가능성에 지장이 없는 범위에서 「신에너지 및 재생에너지 개발·이용·보급 촉진법」 제2조제3호에 따른 신·재생에너지 설비 중 태양에너지 설비 또는 연료전지 설비를 설치하는 경우 1.2 특별시장·광역시장·특별자치시장·특별자치도지사·시장 또는 군수는 도시·군계획시설결정의 고시일부터 2년이 지날 때까지 그 시설의 설치에 관한 사업이 시행되지 아니한 도시·군계획시설 중 제85조에 따라 단계별 집행계획이 수립되지 아니하거나 단계별 집행계획에서 제1단계 집행계획(단계별 집행계획을 변경한 경우에는 최초의 단계별 집행계획을 말한다)에 포함되지 아니한 도시·군계획시설의 부지에 대하여는 다음 각 호의 개발행위를 허가할 수 있다. (1) 가설건축물의 건축과 이에 필요한 범위에서의 토지의 형질 변경 (2) 도시·군계획시설의 설치에 지장이 없는 공작물의 설치와 이에 필요한 범위에서의 토지의 형질 변경	

처 리 기 준	비 고
(3) 건축물의 개축 또는 재축과 이에 필요한 범위에서의 토지의 형질 변경(「건축법」에 따라 신고하고 설치할 수 있는 건축물의 개축·증축 또는 재축과 이에 필요한 범위에서의 토지의 형질 변경(도시·군계획시설사업이 시행되지 아니하고 있는 도시·군계획시설의 부지인 경우만 가능하다) 경우는 제외한다) 1.3 특별시장·광역시장·특별자치시장·특별자치도지사·시장 또는 군수는 가설건축물의 건축이나 공작물의 설치를 허가한 토지에서 도시·군계획시설사업이 시행되는 경우에는 그 시행예정일 3개월 전까지 가설건축물이나 공작물 소유자의 부담으로 그 가설건축물이나 공작물의 철거 등 원상회복에 필요한 조치를 명하여야 한다. 다만, 원상회복이 필요하지 아니하다고 인정되는 경우에는 그러하지 아니하다. 1.4 특별시장·광역시장·특별자치시장·특별자치도지사·시장 또는 군수는 원상회복의 명령을 받은 자가 원상회복을 하지 아니하면 「행정대집행법」에 따른 행정대집행에 따라 원상회복을 할 수 있다.	

[2-10] 국토의 계획 및 이용에 관한 법률 제76조(용도지역 및 용도지구안에서의 건축물의 건축 제한 등)

처 리 기 준	비 고
1. 제1종전용주거지역안에서 건축할 수 있는 건축물 1. 건축할 수 있는 건축물 가. 「건축법 시행령」 별표 1 제1호의 단독주택(다가구주택을 제외한다) 나. 「건축법 시행령」 별표 1 제3호가목부터 바목까지 및 사목(공중화장실·대피소, 그 밖에 이와 비슷한 것 및 지역아동센터는 제외한다)의 제1종 근린생활시설로서 해당 용도에 쓰이는 바닥면적의 합계가 1천제곱미터 미만인 것 2. 도시·군계획조례가 정하는 바에 의하여 건축할 수 있는 건축물 가. 「건축법 시행령」 별표 1 제1호의 단독주택 중 다가구주택 나. 「건축법 시행령」 별표 1 제2호의 공동주택 중 연립주택 및 다세대주택 다. 「건축법 시행령」 별표 1 제3호사목(공중화장실·대피소, 그 밖에 이와 비슷한 것 및 지역아동센터만 해당한다) 및 아목에 따른 제1종 근린생활시설로서 해당 용도에 쓰이는 바닥면적의 합계가 1천제곱미터 미만인 것 라. 「건축법 시행령」 별표 1 제4호의 제2종 근린생활시설 중 종교집회장 마. 「건축법 시행령」 별표 1 제5호의 문화 및 집회시설 중 같은 호 라목[박물관, 미술관, 체험관(「건축법 시행령」 제2조제16호에 따른 한옥으로 건축하는 것만 해당한다) 및 기념관에 한정한다]에 해당하는 것으로서 그 용도에 쓰이는 바닥면적의 합계가 1천제곱미터 미만인 것 바. 「건축법 시행령」 별표 1 제6호의 종교시설에 해당하는 것으로서 그 용도에 쓰이는 바닥면적의 합계가 1천제곱미터 미만인 것 사. 「건축법 시행령」 별표 1 제10호의 교육연구시설 중 유치원·초등학교·중학교 및 고등학교 아. 「건축법 시행령」 별표 1 제11호의 노유자시설 자. 「건축법 시행령」 별표 1 제20호의 자동차관련시설 중 주차장 **2. 제2종전용주거지역안에서 건축할 수 있는 건축물** 1. 건축할 수 있는 건축물 가. 「건축법 시행령」 별표 1 제1호의 단독주택 나. 「건축법 시행령」 별표 1 제2호의 공동주택 다. 「건축법 시행령」 별표 1 제3호의 제1종 근린생활시설로서 당해 용도에 쓰이는 바닥면적의 합계가 1천제곱미터 미만인 것	

처 리 기 준	비 고
2. 도시 · 군계획조례가 정하는 바에 의하여 건축할 수 있는 건축물 가. 「건축법 시행령」 별표 1 제4호의 제2종 근린생활시설 중 종교집회장 나. 「건축법 시행령」 별표 1 제5호의 문화 및 집회시설 중 같은 호 라목[박물관, 미술관, 체험관(「건축법 시행령」 제2조제16호에 따른 한옥으로 건축하는 것만 해당한다) 및 기념관에 한정한다]에 해당하는 것으로서 그 용도에 쓰이는 바닥면적의 합계가 1천제곱미터 미만인 것 다. 「건축법 시행령」 별표 1 제6호의 종교시설에 해당하는 것으로서 그 용도에 쓰이는 바닥면적의 합계가 1천제곱미터 미만인 것 라. 「건축법 시행령」 별표 1 제10호의 교육연구시설 중 유치원 · 초등학교 · 중학교 및 고등학교 마. 「건축법 시행령」 별표 1 제11호의 노유자시설 바. 「건축법 시행령」 별표 1 제20호의 자동차관련시설 중 주차장 **3. 제1종일반주거지역안에서 건축할 수 있는 건축물** 1. 건축할 수 있는 건축물[4층 이하(「주택법 시행령」 제10조제1항제2호에 따른 단지형 연립주택 및 같은 항 제3호에 따른 단지형 다세대주택인 경우에는 5층 이하를 말하며, 단지형 연립주택의 1층 전부를 필로티 구조로 하여 주차장으로 사용하는 경우에는 필로티 부분을 층수에서 제외하고, 단지형 다세대주택의 1층 바닥면적의 2분의 1 이상을 필로티 구조로 하여 주차장으로 사용하고 나머지 부분을 주택 외의 용도로 쓰는 경우에는 해당 층을 층수에서 제외한다. 이하 이 호에서 같다)의 건축물만 해당한다. 다만, 4층 이하의 범위에서 도시 · 군계획조례로 따로 층수를 정하는 경우에는 그 층수 이하의 건축물만 해당한다] 가. 「건축법 시행령」 별표 1 제1호의 단독주택 나 「건축법 시행령」 별표 1 제2호의 공동주택(아파트를 제외한다) 다. 「건축법 시행령」 별표 1 제3호의 제1종 근린생활시설 라. 「건축법 시행령」 별표 1 제10호의 교육연구시설 중 유치원 · 초등학교 · 중학교 및 고등학교 마. 「건축법 시행령」 별표 1 제11호의 노유자시설 2. 도시 · 군계획조례가 정하는 바에 의하여 건축할 수 있는 건축물(4층 이하의 건축물에 한한다. 다만, 4층 이하의 범위안에서 도시 · 군계획조례로 따로 층수를 정하는 경우에는 그 층수 이하의 건축물에 한함) 가. 「건축법 시행령」 별표 1 제4호의 제2종 근린생활시설(단란주점 및 안마시술소를 제외한다)	

처 리 기 준	비 고
나. 「건축법 시행령」 별표 1 제5호의 문화 및 집회시설(공연장 및 관람장을 제외한다) 다. 「건축법 시행령」 별표 1 제6호의 종교시설 라. 「건축법 시행령」 별표 1 제7호의 판매시설 중 동호 나목 및 다목에 해당하는 것으로서 해당용도에 쓰이는 바닥면적의 합계가 2천제곱미터 미만인 것(너비 15미터 이상의 도로로서 도시·군계획조례가 정하는 너비 이상의 도로에 접한 대지에 건축하는 것에 한한다)과 기존의 도매시장 또는 소매시장을 재건축하는 경우로서 인근의 주거환경에 미치는 영향, 시장의 기능회복 등을 감안하여 도시·군계획조례가 정하는 경우에는 해당용도에 쓰이는 바닥면적의 합계의 4배 이하 또는 대지면적의 2배 이하인 것 마. 「건축법 시행령」 별표 1 제9호의 의료시설(격리병원을 제외한다) 바. 「건축법 시행령」 별표 1 제10호의 교육연구시설 중 제1호 라목에 해당하지 아니하는 것 사. 「건축법 시행령」 별표 1 제12호의 수련시설(같은 표 제29호의 야영장 시설을 포함하되, 유스호스텔의 경우 특별시 및 광역시 지역에서는 너비 15미터 이상의 도로에 20미터 이상 접한 대지에 건축하는 것에 한하며, 그 밖의 지역에서는 너비 12미터 이상의 도로에 접한 대지에 건축하는 것에 한한다) 자. 「건축법 시행령」 별표 1 제14호의 업무시설 중 오피스텔로서 그 용도에 쓰이는 바닥면적의 합계가 3천제곱미터 미만인 것 차. 「건축법 시행령」 별표 1 제17호의 공장 중 인쇄업, 기록매체복제업, 봉제업(의류편조업을 포함한다), 컴퓨터 및 주변기기제조업, 컴퓨터 관련 전자제품조립업, 두부제조업, 세탁업의 공장 및 지식산업센터로서 다음의 어느 하나에 해당하지 아니하는 것 (1) 「대기환경보전법」 제2조제9호에 따른 특정대기유해물질이 같은 법 시행령 제11조제1항제1호에 따른 기준 이상으로 배출되는 것 (2) 「대기환경보전법」 제2조제11호에 따른 대기오염물질배출시설에 해당하는 시설로서 같은 법 시행령 별표 1의3에 따른 1종사업장 내지 4종사업장에 해당하는 것 (3) 「물환경보전법」 제2조제8호에 따른 특정수질유해물질이 같은 법 시행령 제31조제1항제1호에 따른 기준 이상으로 배출되는 것. 다만, 동법 제34조에 따라 폐수무방류배출시설의 설치허가를 받아 운영하는 경우를 제외한다.	

처 리 기 준	비 고
(4) 「물환경보존법」 제2조제10호에 따른 폐수배출시설에 해당하는 시설로서 같은 법 시행령 별표 13에 따른 제1종사업장부터 제4종사업장까지에 해당하는 것 (5) 「폐기물관리법」 제2조제4호에 따른 지정폐기물을 배출하는 것 (6) 「소음·진동관리법」 제7조에 따른 배출허용기준의 2배 이상인 것 카. 「건축법 시행령」 별표 1 제17호의 공장 중 떡 제조업 및 빵 제조업(이에 딸린 과자 제조업을 포함한다. 이하 같다)의 공장으로서 다음 요건을 모두 갖춘 것 (1) 해당 용도에 쓰이는 바닥면적의 합계가 1천제곱미터 미만일 것 (2) 「악취방지법」에 따른 악취배출시설인 경우에는 악취방지시설 등 악취방지에 필요한 조치를 하였을 것 (3) 차목(1)부터 (6)까지의 어느 하나에 해당하지 아니할 것. 다만, 도시·군계획조례로 「대기환경보전법」, 「수질 및 수생태계 보전에 관한 법률」 및 「소음·진동관리법」에 따른 설치 허가·신고 대상 시설의 건축을 제한한 경우에는 그 건축제한시설에도 해당하지 아니하여야 한다. (4) 해당 특별시장·광역시장·특별자치시장·특별자치도지사·시장 또는 군수가 해당 지방도시계획위원회의 심의를 거쳐 인근의 주거환경 등에 미치는 영향 등이 적다고 인정하였을 것 타. 「건축법 시행령」 별표 1 제18호의 창고시설 파. 「건축법 시행령」 별표 1 제19호의 위험물저장 및 처리시설 중 주유소, 석유판매소, 액화가스 취급소·판매소, 도료류 판매소, 「대기환경보전법」에 따른 저공해자동차의 연료공급시설, 시내버스차고지에 설치하는 액화석유가스충전소 및 고압가스충전·저장소 하. 「건축법 시행령」 별표 1 제20호의 자동차관련시설 중 주차장 및 세차장 거. 「건축법 시행령」 별표 1 제21호의 동물 및 식물관련시설 중 화초 및 분재 등의 온실 너. 「건축법 시행령」 별표 1 제23호의 교정시설 더. 「건축법 시행령」 별표 1 제23호의2의 국방·군사시설 더 「건축법 시행령」 별표 1 제24호의 방송통신시설 러. 「건축법 시행령」 별표 1 제25호의 발전시설 머. 「건축법 시행령」 별표 1 제29호의 야영장 시설 **4. 제2종일반주거지역안에서 건축할 수 있는 건축물** 1. 건축할 수 있는 건축물(경관관리 등을 위하여 도시·군계획조례로 건축물의 층수를 제한하는 경우에는 그 층수 이하의 건축물로 한정한다) 가. 「건축법 시행령」 별표 1 제1호의 단독주택 나. 「건축법 시행령」 별표 1 제2호의 공동주택 다. 「건축법 시행령」 별표 1 제3호의 제1종 근린생활시설 라. 「건축법 시행령」 별표 1 제6호의 종교시설 마. 「건축법 시행령」 별표 1 제10호의 교육연구시설 중 유치원·초등학교·중학교 및 고등학교	

처 리 기 준	비 고
바. 「건축법 시행령」 별표 1 제11호의 노유자시설 2. 도시·군계획조례가 정하는 바에 따라 건축할 수 있는 건축물(경관관리 등을 위하여 도시·군계획조례로 건축물의 층수를 제한하는 경우에는 그 층수 이하의 건축물로 한정한다) 가. 「건축법 시행령」 별표 1 제4호의 제2종 근린생활시설(단란주점 및 안마시술소를 제외한다) 나. 「건축법 시행령」 별표 1 제5호의 문화 및 집회시설(관람장을 제외한다) 다. 「건축법 시행령」 별표 제7호의 판매시설 중 동호 나목 및 다목에 해당하는 것으로서 당해 용도에 쓰이는 바닥면적의 합계가 2천제곱미터 미만인 것(너비 15미터 이상의 도로로서 도시·군계획조례가 정하는 너비 이상의 도로에 접한 대지에 건축하는 것에 한한다)과 기존의 도매시장 또는 소매시장을 재건축하는 경우로서 인근의 주거환경에 미치는 영향, 시장의 기능회복 등을 감안하여 도시·군계획조례가 정하는 경우에는 당해 용도에 쓰이는 바닥면적의 합계의 4배 이하 또는 대지면적의 2배 이하인 것 라. 「건축법 시행령」 별표 1 제9호의 의료시설(격리병원을 제외한다) 마. 「건축법 시행령」 별표 1 제10호의 교육연구시설 중 제1호 마목에 해당하지 아니하는 것 바. 「건축법 시행령」 별표 1 제12호의 수련시설(같은 표 제29호의 야영장 시설을 포함하되, 유스호스텔의 경우 특별시 및 광역시 지역에서는 너비 15미터 이상의 도로에 20미터 이상 접한 대지에 건축하는 것에 한하며, 그 밖의 지역에서는 너비 12미터 이상의 도로에 접한 대지에 건축하는 것에 한한다) 사. 「건축법 시행령」 별표 1 제13호의 운동시설 아. 「건축법 시행령」 별표 1 제14호의 업무시설 중 오피스텔·금융업소·사무소 및 동호 가목에 해당하는 것으로서 해당용도에 쓰이는 바닥면적의 합계가 3천제곱미터 미만인 것 자. 별표 4 제2호차목 및 카목의 공장 차. 「건축법 시행령」 별표 1 제18호의 창고시설 카. 「건축법 시행령」 별표 1 제19호의 위험물저장 및 처리시설 중 주유소, 석유판매소, 액화가스 취급소·판매소, 도료류 판매소, 「대기환경보전법」에 따른 저공해자동차의 연료공급시설, 시내버스차고지에 설치하는 액화석유가스충전소 및 고압가스충전·저장소	

<table>
<tr><th>처 리 기 준</th><th>비 고</th></tr>
<tr><td>
타. 「건축법 시행령」 별표 1 제20호의 자동차관련시설 중 동호 아목에 해당하는 것과 주차장 및 세차장
파. 「건축법 시행령」 별표 1 제21호마목부터 사목까지의 규정에 따른 시설 및 같은 호 아목에 따른 시설 중 식물과 관련된 마목부터 사목까지의 규정에 따른 시설과 비슷한 것
하. 「건축법 시행령」 별표 1 제23호의 교정군사시설
거. 「건축법 시행령」 별표 1 제23호의2의 국방·군사시설
너. 「건축법 시행령」 별표 1 제24호의 방송통신시설
더. 「건축법 시행령」 별표 1 제25호의 발전시설
러. 「건축법 시행령」 별표 1 제29호의 야영장 시설

5. 제3종일반주거지역안에서 건축할 수 있는 건축물
1. 건축할 수 있는 건축물
가. 「건축법 시행령」 별표 1 제1호의 단독주택
나. 「건축법 시행령」 별표 1 제2호의 공동주택
다. 「건축법 시행령」 별표 1 제3호의 제1종 근린생활시설
라. 「건축법 시행령」 별표 1 제6호의 종교시설
마. 「건축법 시행령」 별표 1 제10호의 교육연구시설 중 유치원·초등학교·중학교 및 고등학교
바. 「건축법 시행령」 별표 1 제11호의 노유자시설
2. 도시·군계획조례가 정하는 바에 의하여 건축할 수 있는 건축물
가. 「건축법 시행령」 별표 1 제4호의 제2종 근린생활시설(단란주점 및 안마시술소를 제외한다)
나. 「건축법 시행령」 별표 1 제5호의 문화 및 집회시설(관람장을 제외한다)
다. 「건축법 시행령」 별표 1 제7호의 판매시설 중 동호 나목 및 다목에 해당하는 것으로서 당해 용도에 쓰이는 바닥면적의 합계가 2천제곱미터 미만인 것(너비 15미터 이상의 도로로서 도시·군계획조례가 정하는 너비 이상의 도로에 접한 대지에 건축하는 것에 한한다)과 기존의 도매시장 또는 소매시장을 재건축하는 경우로서 인근의 주거환경에 미치는 영향, 시장의 기능회복 등을 감안하여 도시·군계획조례가 정하는 경우에는 당해 용도에 쓰이는 바닥면적의 합계의 4배 이하 또는 대지면적의 2배 이하인 것
라. 「건축법 시행령」 별표 1 제9호의 의료시설(격리병원을 제외한다)
마. 「건축법 시행령」 별표 1 제10호의 교육연구시설 중 제1호 마목에 해당하지 아니하는 것
</td><td></td></tr>
</table>

처 리 기 준	비 고
바. 「건축법 시행령」 별표 1 제12호의 수련시설(같은 표 제29호의 야영장 시설을 포함하되, 유스호스텔의 경우 특별시 및 광역시 지역에서는 너비 15미터 이상의 도로에 20미터 이상 접한 대지에 건축하는 것에 한하며, 그 밖의 지역에서는 너비 12미터 이상의 도로에 접한 대지에 건축 하는 것에 한한다) 사. 「건축법 시행령」 별표 1 제13호의 운동시설 아. 「건축법 시행령」 별표 1 제14호의 업무시설로서 그 용도에 쓰이는 바닥면적의 합계가 3천제곱미터 이하인 것 자. 별표 4 제2호차목 및 카목의 공장 차. 「건축법 시행령」 별표 1 제18호의 창고시설 카. 「건축법 시행령」 별표 1 제19호의 위험물저장 및 처리시설 중 주유소, 석유판매소, 액화가스 취급소·판매소, 도료류 판매소, 「대기환경보전법」에 따른 저공해자동차의 연료공급시설, 시내버스차고지에 설치하는 액화석유가스충전소 및 고압가스충전 · 저장소 타. 「건축법 시행령」 별표 1 제20호의 자동차관련시설 중 동호 아목에 해당하는 것과 주차장 및 세차장 파. 「건축법 시행령」 별표 1 제21호마목부터 사목까지의 규정에 따른 시설 및 같은 호 아목에 따른 시설 중 식물과 관련된 마목부터 사목까지의 규정에 따른 시설과 비슷한 것 하. 「건축법 시행령」 별표 1 제23호의 교정시설 거. 「건축법 시행령」 별표 1 제23호의2의 국방 · 군사시설 너. 「건축법 시행령」 별표 1 제24호의 방송통신시설 더. 「건축법 시행령」 별표 1 제25호의 발전시설 러. 「건축법 시행령」 별표 1 제29호의 야영장 시설 **6. 준주거지역안에서 건축할 수 없는 건축물** 1. 건축할 수 없는 건축물 가. 「건축법 시행령」 별표 1 제4호의 제2종 근린생활시설 중 단란주점 나. 「건축법 시행령」 별표 1 제7호의 판매시설 중 같은 호 다목의 일반게임제공업의 시설 다. 「건축법 시행령」 별표 1 제9호의 의료시설 중 격리병원 라. 「건축법 시행령」 별표 1 제15호의 숙박시설(생활숙박시설로서 공원 · 녹지 또는 지형지물에 의하여 주택 밀집지역과 차단되거나 주택 밀집지역으로부터 도시 · 군계획조례로 정하는 거리 밖에 있는 대지에 건축하는 것은 제외한다) 마. 「건축법 시행령」 별표 1 제16호의 위락시설 바. 「건축법 시행령」 별표 1 제17호의 공장으로서 별표 4 제2호차목(1)부터 (6)까지의 어느 하나에 해당하는 것	

처 리 기 준	비 고
사. 「건축법 시행령」 별표 1 제19호의 위험물 저장 및 처리 시설 중 시내버스차고지 외의 지역에 설치하는 액화석유가스 충전소 및 고압가스 충전소·저장소(「환경친화적 자동차의 개발 및 보급 촉진에 관한 법률」 제2조제9호의 수소연료공급시설은 제외한다) 아. 「건축법 시행령」 별표 1 제20호의 자동차 관련 시설 중 폐차장 자. 「건축법 시행령」 별표 1 제21호의 가목·다목 및 라목에 따른 시설과 같은 호 아목에 따른 시설 중 같은 호 가목·다목 또는 라목에 따른 시설과 비슷한 것 차. 「건축법 시행령」 별표 1 제22호의 자원순환 관련 시설 카. 「건축법 시행령」 별표 1 제26호의 묘지 관련 시설 2. 지역 여건 등을 고려하여 도시·군계획조례로 정하는 바에 따라 건축할 수 없는 건축물 가. 「건축법 시행령」 별표 1 제4호의 제2종 근린생활시설 중 안마시술소 나. 「건축법 시행령」 별표 1 제5호의 문화 및 집회시설(공연장 및 전시장은 제외한다) 다. 「건축법 시행령」 별표 1 제7호의 판매시설 라. 「건축법 시행령」 별표 1 제8호의 운수시설 마. 「건축법 시행령」 별표 1 제15호의 숙박시설 중 생활숙박시설로서 공원·녹지 또는 지형지물에 의하여 주택 밀집지역과 차단되거나 주택 밀집지역으로부터 도시·군계획조례로 정하는 거리 밖에 있는 대지에 건축하는 것 바. 「건축법 시행령」 별표 1 제17호의 공장(제1호바목에 해당하는 것은 제외한다.) 사. 「건축법 시행령」 별표 1 제18호의 창고시설 아. 「건축법 시행령」 별표 1 제19호의 위험물 저장 및 처리 시설(제1호사목에 해당하는 것은 제외한다) 자. 「건축법 시행령」 별표 1 제20호의 자동차 관련 시설(제1호아목에 해당하는 것은 제외한다) 차. 「건축법 시행령」 별표 1 제21호의 동물 및 식물 관련 시설(제1호자목에 해당하는 것은 제외한다) 카. 「건축법 시행령」 별표 1 제23호의 교정시설 타. 「건축법 시행령」 별표 1 제23호의2의 국방·군사시설 파. 「건축법 시행령」 별표 1 제25호의 발전시설 하. 「건축법 시행령」 별표 1 제27호의 관광 휴게시설 거. 「건축법 시행령」 별표 1 제28호의 장례시설	

처 리 기 준	비 고
7. 중심상업지역안에서 건축할 수 없는 건축물 1. 건축할 수 없는 건축물 가. 「건축법 시행령」 별표 1 제1호의 단독주택(다른 용도와 복합된 것은 제외한다) 나. 「건축법 시행령」 별표 1 제2호의 공동주택. 다만, 다음의 어느 하나에 해당하는 공동주택은 제외한다. (1) 공동주택과 주거용 외의 용도가 복합된 건축물(다수의 건축물이 일체적으로 연결된 하나의 건축물을 포함한다)로서 공동주택 부분의 면적이 연면적의 합계의 90퍼센트(도시군계획조례로 90퍼센트 미만의 범위에서 별도로 비율을 정한 경우에는 그 비율) 미만인 것 (2) 「주택법」 제2조제20호에 따른 도시형 생활주택(주거전용면적이 60제곱미터 이하인 경우로 한정한다) 다. 「건축법 시행령」 별표 1 제15호의 숙박시설 중 일반숙박시설 및 생활숙박시설. 다만, 다음의 일반숙박시설 또는 생활숙박시설은 제외한다. (1) 공원·녹지 또는 지형지물에 따라 주거지역과 차단되거나 주거지역으로부터 도시·군계획조례로 정하는 거리 밖에 있는 대지에 건축하는 일반숙박시설 (2) 공원·녹지 또는 지형지물에 따라 준주거지역 내 주택 밀집지역, 전용주거지역 또는 일반주거지역과 차단되거나 준주거지역 내 주택 밀집지역, 전용주거지역 또는 일반주거지역으로부터 도시·군계획조례로 정하는 거리 밖에 있는 대지에 건축하는 생활숙박시설 라. 「건축법 시행령」 별표 1 제16호의 위락시설(공원·녹지 또는 지형지물에 따라 주거지역과 차단되거나 주거지역으로부터 도시·군계획조례로 정하는 거리 밖에 있는 대지에 건축하는 것은 제외한다) 마. 「건축법 시행령」 별표 1 제17호의 공장(제2호바목에 해당하는 것은 제외한다) 바. 「건축법 시행령」 별표 1 제19호의 위험물 저장 및 처리 시설 중 시내버스차고지 외의 지역에 설치하는 액화석유가스 충전소 및 고압가스충전소·저장소 사. 「건축법 시행령」 별표 1 제20호의 자동차 관련 시설 중 폐차장 아. 「건축법 시행령」 별표 1 제21호의 동물 및 식물 관련 시설 자. 「건축법 시행령」 별표 1 제22호의 자원순환 관련 시설 차. 「건축법 시행령」 별표 1 제26호의 묘지 관련 시설 2. 지역 여건 등을 고려하여 도시·군계획조례로 정하는 바에 따라 건축할 수 없는 건축물 가. 「건축법 시행령」 별표 1 제1호의 단독주택 중 다른 용도와 복합된 것 나. 「건축법 시행령」 별표 1 제2호의 공동주택(제1호나목에 해당하는 것은 제외한다) 다. 「건축법 시행령」 별표 1 제9호의 의료시설 중 격리병원 라. 「건축법 시행령」 별표 1 제10호의 교육연구시설 중 학교	

<table>
<tr><th>처 리 기 준</th><th>비 고</th></tr>
<tr><td>
마. 「건축법 시행령」 별표 1 제12호의 수련시설
바. 「건축법 시행령」 별표 1 제17호의 공장 중 출판업·인쇄업·금은세공업 및 기록매체복제업의 공장으로서 별표 4 제2호차목(1)부터 (6)까지의 어느 하나에 해당하지 않는 것
사. 「건축법 시행령」 별표 1 제18호의 창고시설
아. 「건축법 시행령」 별표 1 제19호의 위험물 저장 및 처리시설(제1호바목에 해당하는 것은 제외한다)
자. 「건축법 시행령」 별표 1 제20호의 자동차 관련 시설 중 같은 호 나목 및 라목부터 아목까지에 해당하는 것
차. 「건축법 시행령」 별표 1 제23호의 교정시설
카. 「건축법 시행령」 별표 1 제27호의 관광 휴게시설
타. 「건축법 시행령」 별표 1 제28호의 장례시설
파. 「건축법 시행령」 별표 1 제29호의 야영장 시설

8. 일반상업지역안에서 건축할 수 없는 건축물
1. 건축할 수 없는 건축물
가. 「건축법 시행령」 별표 1 제15호의 숙박시설 중 일반숙박시설 및 생활숙박시설. 다만, 다음의 일반숙박시설 또는 생활숙박시설은 제외한다.
(1) 공원·녹지 또는 지형지물에 따라 주거지역과 차단되거나 주거지역으로부터 도시·군계획조례로 정하는 거리 밖에 있는 대지에 건축하는 일반숙박시설
(2) 공원·녹지 또는 지형지물에 따라 준주거지역 내 주택 밀집지역, 전용주거지역 또는 일반주거지역과 차단되거나 준주거지역 내 주택 밀집지역, 전용주거지역 또는 일반주거지역으로부터 도시·군계획조례로 정하는 거리 밖에 있는 대지에 건축하는 생활숙박시설
나. 「건축법 시행령」 별표 1 제16호의 위락시설(공원·녹지 또는 지형지물에 따라 주거지역과 차단되거나 주거지역으로부터 도시·군계획조례로 정하는 거리 밖에 있는 대지에 건축하는 것은 제외한다)
나. 「건축법 시행령」 별표 1 제17호의 공장으로서 별표 4 제2호차목(1)부터 (6)까지의 어느 하나에 해당하는 것
다. 「건축법 시행령」 별표 1 제19호의 위험물 저장 및 처리 시설 중 시내버스차고지 외의 지역에 설치하는 액화석유가스 충전소 및 고압가스 충전소·저장소
마. 「건축법 시행령」 별표 1 제20호의 자동차 관련 시설 중 폐차장
바. 「건축법 시행령」 별표 1 제21호가목부터 라목까지의 규정에 따른 시설 및 같은 호 아목에 따른 시설 중 동물과 관련된 가목부터 라목까지의 규정에 따른 시설과 비슷한 것
사. 「건축법 시행령」 별표 1 제22호의 자원순환 관련 시설
아. 「건축법 시행령」 별표 1 제26호의 묘지 관련 시설
</td><td></td></tr>
</table>

처 리 기 준	비 고
2. 지역 여건 등을 고려하여 도시·군계획조례로 정하는 바에 따라 건축할 수 없는 건축물 가. 「건축법 시행령」 별표 1 제1호의 단독주택 나. 「건축법 시행령」 별표 1 제2호의 공동주택[공동주택과 주거용 외의 용도가 복합된 건축물(다수의 건축물이 일체적으로 연결된 하나의 건축물을 포함한다)로서 공동주택 부분의 면적이 연면적의 합계의 90퍼센트(도시·군계획조례로 90퍼센트 미만의 비율을 정한 경우에는 그 비율) 미만인 것은 제외한다] 다. 「건축법 시행령」 별표 1 제12호의 수련시설 라. 「건축법 시행령」 별표 1 제17호의 공장(제1호다목에 해당하는 것은 제외한다) 마. 「건축법 시행령」 별표 1 제19호의 위험물 저장 및 처리 시설(제1호라목에 해당하는 것은 제외한다) 바. 「건축법 시행령」 별표 1 제21호가목부터 라목까지의 규정에 따른 시설 및 같은 호 아목에 따른 시설 중 동물과 관련된 가목부터 라목까지의 규정에 따른 시설과 비슷한 것 사. 「건축법 시행령」 별표 1 제21호의 동물 및 식물 관련 시설(제1호바목에 해당하는 것은 제외한다) 아. 「건축법 시행령」 별표 1 제23호의 교정시설 자. 「건축법 시행령」 별표 1 제29호의 야영장 시설 **9. 근린상업지역안에서 건축할 수 없는 건축물** 1. 건축할 수 없는 건축물 가. 「건축법 시행령」 별표 1 제9호의 의료시설 중 격리병원 나. 「건축법 시행령」 별표 1 제15호의 숙박시설 중 일반숙박시설 및 생활숙박시설. 다만, 다음의 일반숙박시설 또는 생활숙박시설은 제외한다. (1) 공원·녹지 또는 지형지물에 따라 주거지역과 차단되거나 주거지역으로부터 도시·군계획조례로 정하는 거리 밖에 있는 대지에 건축하는 일반숙박시설 (2) 공원·녹지 또는 지형지물에 따라 준주거지역 내 주택 밀집지역, 전용주거지역 또는 일반주거지역과 차단되거나 준주거지역 내 주택 밀집지역, 전용주거지역 또는 일반주거지역으로부터 도시·군계획조례로 정하는 거리 밖에 있는 대지에 건축하는 생활숙박시설 다. 「건축법 시행령」 별표 1 제16호의 위락시설(공원·녹지 또는 지형지물에 따라 주거지역과 차단되거나 주거지역으로부터 도시·군계획조례로 정하는 거리 밖에 있는 대지에 건축하는 것은 제외한다) 라. 「건축법 시행령」 별표 1 제17호의 공장으로서 별표 4 제2호차목(1)부터 (6)까지의 어느 하나에 해당하는 것 마. 「건축법 시행령」 별표 1 제19호의 위험물 저장 및 처리 시설	

처 리 기 준	비 고
중 시내버스차고지 외의 지역에 설치하는 액화석유가스 충전소 및 고압가스 충전소·저장소(「환경친화적 자동차의 개발 및 보급 촉진에 관한 법률」 제2조제9호의 수소연료공급시설은 제외한다) 바. 「건축법 시행령」 별표 1 제20호의 자동차 관련 시설 중 같은 호 다목부터 사목까지에 해당하는 것 사. 「건축법 시행령」 별표 1 제21호가목부터 라목까지의 규정에 따른 시설 및 같은 호 아목에 따른 시설 중 동물과 관련된 가목부터 라목까지의 규정에 따른 시설과 비슷한 것 아. 「건축법 시행령」 별표 1 제22호의 자원순환 관련 시설 자. 「건축법 시행령」 별표 1 제26호의 묘지 관련 시설 2. 지역 여건 등을 고려하여 도시·군계획조례로 정하는 바에 따라 건축할 수 없는 건축물 가. 「건축법 시행령」 별표 1 제2호의 공동주택[공동주택과 주거용 외의 용도가 복합된 건축물(다수의 건축물이 일체적으로 연결된 하나의 건축물을 포함한다)로서 공동주택 부분의 면적이 연면적의 합계의 90퍼센트(도시·군계획조례로 90퍼센트 미만의 범위에서 별도로 비율을 정한 경우에는 그 비율) 미만인 것은 제외한다] 나. 「건축법 시행령」 별표 1 제5호의 문화 및 집회시설(공연장 및 전시장은 제외한다) 다. 「건축법 시행령」 별표 1 제7호의 판매시설로서 그 용도에 쓰이는 바닥면적의 합계가 3천제곱미터 이상인 것 라. 「건축법 시행령」 별표 1 제8호의 운수시설로서 그 용도에 쓰이는 바닥면적의 합계가 3천제곱미터 이상인 것 마. 「건축법 시행령」 별표 1 제16호의 위락시설(제1호다목에 해당하는 것은 제외한다) 바. 「건축법 시행령」 별표 1 제17호의 공장(제1호라목에 해당하는 것은 제외한다) 사. 「건축법 시행령」 별표 1 제18호의 창고시설 아. 「건축법 시행령」 별표 1 제19호의 위험물 저장 및 처리 시설(제1호마목에 해당하는 것은 제외한다) 자. 「건축법 시행령」 별표 1 제20호의 자동차 관련 시설 중 같은 호 아목에 해당하는 것 차. 「건축법 시행령」 별표 1 제21호의 동물 및 식물 관련 시설(제1호사목에 해당하는 것은 제외한다) 카. 「건축법 시행령」 별표 1 제23호의 교정시설 타. 「건축법 시행령」 별표 1 제23호의2의 국방·군사시설 파. 「건축법 시행령」 별표 1 제25호의 발전시설 하. 「건축법 시행령」 별표 1 제27호의 관광 휴게시설	

처 리 기 준	비 고
10. 유통상업지역안에서 건축할 수 없는 건축물 1. 건축할 수 없는 건축물 가. 「건축법 시행령」 별표 1 제1호의 단독주택 나. 「건축법 시행령」 별표 1 제2호의 공동주택 다. 「건축법 시행령」 별표 1 제9호의 의료시설 라. 「건축법 시행령」 별표 1 제15호의 숙박시설 중 일반숙박시설 및 생활숙박시설. 다만, 다음의 일반숙박시설 또는 생활숙박시설은 제외한다. (1) 공원·녹지 또는 지형지물에 따라 주거지역과 차단되거나 주거지역으로부터 도시·군계획조례로 정하는 거리 밖에 있는 대지에 건축하는 일반숙박시설 (2) 공원·녹지 또는 지형지물에 따라 준주거지역 내 주택 밀집지역, 전용주거지역 또는 일반주거지역과 차단되거나 준주거지역 내 주택 밀집지역, 전용주거지역 또는 일반주거지역으로부터 도시·군계획조례로 정하는 거리 밖에 있는 대지에 건축하는 생활숙박시설 마. 「건축법 시행령」 별표 1 제16호의 위락시설(공원·녹지 또는 지형지물에 따라 주거지역과 차단되거나 주거지역으로부터 도시·군계획조례로 정하는 거리 밖에 있는 대지에 건축하는 것은 제외한다) 바. 「건축법 시행령」 별표 1 제17호의 공장 사. 「건축법 시행령」 별표 1 제19호의 위험물 저장 및 처리 시설 중 시내버스차고지 외의 지역에 설치하는 액화석유가스 충전소 및 고압가스 충전소·저장소 아. 「건축법 시행령」 별표 1 제21호의 동물 및 식물 관련 시설 자. 「건축법 시행령」 별표 1 제22호의 자원순환 관련 시설 차. 「건축법 시행령」 별표 1 제26호의 묘지 관련 시설 2. 지역 여건 등을 고려하여 도시·군계획조례로 정하는 바에 따라 건축할 수 없는 건축물 가. 「건축법 시행령」 별표 1 제4호의 제2종 근린생활시설 나. 「건축법 시행령」 별표 1 제5호의 문화 및 집회시설(공연장 및 전시장은 제외한다) 다. 「건축법 시행령」 별표 1 제6호의 종교시설 라. 「건축법 시행령」 별표 1 제10호의 교육연구시설 마. 「건축법 시행령」 별표 1 제11호의 노유자시설 바. 「건축법 시행령」 별표 1 제12호의 수련시설(같은 표 제29호의 야영장 시설을 포함한다) 사. 「건축법 시행령」 별표 1 제13호의 운동시설 아. 「건축법 시행령」 별표 1 제15호의 숙박시설(제1호라목에 해당하는 것은 제외한다) 자. 「건축법 시행령」 별표 1 제16호의 위락시설(제1호마목에 해당하는 것은 제외한다)	

처 리 기 준	비 고
차. 「건축법 시행령」 별표 1 제19호의 위험물 저장 및 처리시설(제1호사목에 해당하는 것은 제외한다) 카. 「건축법 시행령」 별표 1 제20호의 자동차 관련 시설(주차장 및 세차장은 제외한다) 타. 「건축법 시행령」 별표 1 제23호의 교정시설 파. 「건축법 시행령」 별표 1 제23호의2의 국방・군사시설 하. 「건축법 시행령」 별표 1 제24호의 방송통신시설 거. 「건축법 시행령」 별표 1 제25호의 발전시설 너. 「건축법 시행령」 별표 1 제27호의 관광 휴게시설 더. 「건축법 시행령」 별표 1 제28호의 장례시설 러. 「건축법 시행령」 별표 1 제29호의 야영장 시설 **11. 전용공업지역안에서 건축할 수 있는 건축물** 1. 건축할 수 있는 건축물 가. 「건축법 시행령」 별표 1 제3호의 제1종 근린생활시설 나. 「건축법 시행령」 별표 1 제4호의 제2종 근린생활시설[같은 호 아목・자목・타목(기원만 해당한다)・더목 및 러목은 제외한다] 다. 「건축법 시행령」 별표 1 제17호의 공장 라. 「건축법 시행령」 별표 1 제18호의 창고시설 마. 「건축법 시행령」 별표 1 제19호의 위험물저장 및 처리시설 바. 「건축법 시행령」 별표 1 제20호의 자동차관련시설 사. 「건축법 시행령」 별표 1 제22호의 자원순환 관련 시설 아. 「건축법 시행령」 별표 1 제25호의 발전시설 2. 도시・군계획조례가 정하는 바에 의하여 건축할 수 있는 건축물 가. 「건축법 시행령」 별표 1 제2호의 공동주택 중 기숙사 나. 「건축법 시행령」 별표 1 제4호의 제2종 근린생활시설 중 같은 호 아목・자목・타목(기원만 해당한다) 및 러목에 해당하는 것 다. 「건축법 시행령」 별표 1 제5호의 문화 및 집회시설 중 산업전시장 및 박람회장 라. 「건축법 시행령」 별표 1 제7호의 판매시설(해당전용공업지역에 소재하는 공장에서 생산되는 제품을 판매하는 경우에 한한다) 마. 「건축법 시행령」 별표 1 제8호의 운수시설 바. 「건축법 시행령」 별표 1 제9호의 의료시설 사. 「건축법 시행령」 별표 1 제10호의 교육연구시설 중 직업훈련소(「근로자직업능력 개발법」 제2조제3호에 따른 직업능력개발훈련시설과 그 밖에 동법 제32조에 따른 직업능력개발훈련법인이 직업	

처 리 기 준	비 고
능력개발훈련을 실시하기 위하여 설치한 시설에 한한다)·학원(기술계학원에 한한다) 및 연구소(공업에 관련된 연구소, 「고등교육법」에 따른 기술대학에 부설되는 것과 공장대지 안에 부설되는 것에 한한다) 아. 「건축법 시행령」 별표 1 제11호의 노유자시설 자. 「건축법 시행령」 별표 1 제23호의 교정시설 차. 「건축법 시행령」 별표 1 제23호의2의 국방·군사시설 카. 「건축법 시행령」 별표 1 제24호의 방송통신시설 **12. 일반공업지역안에서 건축할 수 있는 건축물** 1. 건축할 수 있는 건축물 가. 「건축법 시행령」 별표 1 제3호의 제1종 근린생활시설 나. 「건축법 시행령」 별표 1 제4호의 제2종 근린생활시설(단란주점 및 안마시술소를 제외한다) 다. 「건축법 시행령」 별표 1 제7호의 판매시설(해당일반공업지역에 소재하는 공장에서 생산되는 제품을 판매하는 시설에 한한다) 라. 「건축법 시행령」 별표 1 제8호의 운수시설 마. 「건축법 시행령」 별표 1 제17호의 공장 바. 「건축법 시행령」 별표 1 제18호의 창고시설 사. 「건축법 시행령」 별표 1 제19호의 위험물저장 및 처리시설 아. 「건축법 시행령」 별표 1 제20호의 자동차관련시설 자. 「건축법 시행령」 별표 1 제22호의 자원순환 관련 시설 차. 「건축법 시행령」 별표 1 제25호의 발전시설 2. 도시·군계획조례가 정하는 바에 의하여 건축할 수 있는 건축물 가. 「건축법 시행령」 별표 1 제1호의 단독주택 나. 「건축법 시행령」 별표 1 제2호의 공동주택 중 기숙사 다. 「건축법 시행령」 별표 1 제4호의 제2종 근린생활시설 중 안마시술소 라. 「건축법 시행령」 별표 1 제5호의 문화 및 집회시설 중 동호 라목에 해당하는 것 마. 「건축법 시행령」 별표 1 제6호의 종교시설 바. 「건축법 시행령」 별표 1 제9호의 의료시설 사. 「건축법 시행령」 별표 1 제10호의 교육연구시설 아. 「건축법 시행령」 별표 1 제11호의 노유자시설 자. 「건축법 시행령」 별표 1 제12호의 수련시설(같은 표 제29호의 야영장 시설을 포함한다)	

처 리 기 준	비 고
차. 「건축법 시행령」 별표 1 제14호의 업무시설(일반업무시설로서 「산업집적활성화 및 공장설립에 관한 법률」 제2조제13호에 따른 지식산업센터에 입주하는 지원시설에 한정한다) 카. 「건축법 시행령」 별표 1 제21호의 동물 및 식물관련시설 타. 「건축법 시행령」 별표 1 제23호의 교정시설 파. 「건축법 시행령」 별표 1 제23호의2의 국방·군사시설 하. 「건축법 시행령」 별표 1 제24호의 방송통신시설 거. 「건축법 시행령」 별표 1 제28호의 장례시설 너. 「건축법 시행령」 별표 1 제29호의 야영장 시설 **13. 준공업지역안에서 건축할 수 없는 건축물** 1. 건축할 수 없는 건축물 가. 「건축법 시행령」 별표 1 제16호의 위락시설 나. 「건축법 시행령」 별표 1 제26호의 묘지 관련 시설 2. 지역 여건 등을 고려하여 도시·군계획조례로 정하는 바에 따라 건축할 수 없는 건축물 가. 「건축법 시행령」 별표 1 제1호의 단독주택 나. 「건축법 시행령」 별표 1 제2호의 공동주택(기숙사는 제외한다) 다. 「건축법 시행령」 별표 1 제4호의 제2종 근린생활시설 중 단란주점 및 안마시술소 라. 「건축법 시행령」 별표 1 제5호의 문화 및 집회시설(공연장 및 전시장은 제외한다) 마. 「건축법 시행령」 별표 1 제6호의 종교시설 바. 「건축법 시행령」 별표 1 제7호의 판매시설(해당 준공업지역에 소재하는 공장에서 생산되는 제품을 판매하는 시설은 제외한다) 사. 「건축법 시행령」 별표 1 제13호의 운동시설 아. 「건축법 시행령」 별표 1 제15호의 숙박시설 자. 「건축법 시행령」 별표 1 제17호의 공장으로서 해당 용도에 쓰이는 바닥면적의 합계가 5천제곱미터 이상인 것 차. 「건축법 시행령」 별표 1 제21호의 동물 및 식물 관련 시설 카. 「건축법 시행령」 별표 1 제23호의 교정시설 타. 「건축법 시행령」 별표 1 제23호의2의 국방·군사시설 파. 「건축법 시행령」 별표 1 제27호의 관광 휴게시설 하. 「건축법 시행령」 별표 1 제29호의 야영장 시설	

처 리 기 준	비 고
14. 보전녹지지역안에서 건축할 수 있는 건축물 1. 건축할 수 있는 건축물(4층 이하의 건축물에 한한다. 다만, 4층 이하의 범위안에서 도시·군계획조례로 따로 층수를 정하는 경우에는 그 층수 이하의 건축물에 한한다) 가. 「건축법 시행령」 별표 1 제10호의 교육연구시설 중 초등학교 나. 「건축법 시행령」 별표 1 제18호가목의 창고(농업·임업·축산업·수산업용만 해당한다) 다. 「건축법 시행령」 별표 1 제23호의 교정시설 라. 「건축법 시행령」 별표 1 제23호의2의 국방·군사시설 2. 도시·군계획조례가 정하는 바에 의하여 건축할 수 있는 건축물(4층 이하의 건축물에 한한다. 다만, 4층 이하의 범위안에서 도시·군계획조례로 따로 층수를 정하는 경우에는 그 층수 이하의 건축물에 한한다) 가. 「건축법 시행령」 별표 1 제1호의 단독주택(다가구주택을 제외한다) 나. 「건축법 시행령」 별표 1 제3호의 제1종 근린생활시설로서 해당 용도에 쓰이는 바닥면적의 합계가 500제곱미터 미만인 것 다. 「건축법 시행령」 별표 1 제4호의 제2종 근린생활시설 중 종교집회장 라. 「건축법 시행령」 별표 1 제5호의 문화 및 집회시설 중 동호 라목에 해당하는 것 마. 「건축법 시행령」 별표 1 제6호의 종교시설 바. 「건축법 시행령」 별표 1 제9호의 의료시설 사. 「건축법 시행령」 별표 1 제10호의 교육연구시설 중 유치원중학교·고등학교(졸업 시 중학교고등학교 졸업학력과 동등한 학력이 인정되는 학교를 포함한다) 아. 「건축법 시행령」 별표 1 제11호의 노유자시설 자. 「건축법 시행령」 별표 1 제19호의 위험물저장 및 처리시설 중 액화석유가스충전소 및 고압가스충전·저장소 차. 「건축법 시행령」 별표 1 제21호의 시설(같은 호 다목 및 라목에 따른 시설과 같은 호 아목에 따른 시설 중 동물과 관련된 다목 및 라목에 따른 시설과 비슷한 것은 제외한다) 카. 「건축법 시행령」 별표 1 제22호가목의 하수 등 처리시설(「하수도법」 제2조제9호에 따른 공공하수처리시설만 해당한다) 타. 「건축법 시행령」 별표 1 제26호의 묘지관련시설 파. 「건축법 시행령」 별표 1 제28호의 장례시설 하. 「건축법 시행령」 별표 1 제29호의 야영장 시설	

처 리 기 준	비 고
15. 생산녹지지역안에서 건축할 수 있는 건축물 1. 건축할 수 있는 건축물(4층 이하의 건축물에 한한다. 다만, 4층 이하의 범위안에서 도시·군계획조례로 따로 층수를 정하는 경우에는 그 층수 이하의 건축물에 한한다) 가. 「건축법 시행령」 별표 1 제1호의 단독주택 나. 「건축법 시행령」 별표 1 제3호의 제1종 근린생활시설 다. 「건축법 시행령」 별표 1 제10호의 교육연구시설 중 유치원초등학교(졸업 시 초등학교 졸업학력과 동등한 학력이 인정되는 학교를 포함한다) 라. 「건축법 시행령」 별표 1 제11호의 노유자시설 마. 「건축법 시행령」 별표 1 제12호의 수련시설(같은 표 제29호의 야영장 시설을 포함한다) 바. 「건축법 시행령」 별표 1 제13호의 운동시설 중 운동장 사. 「건축법 시행령」 별표 1 제18호가목의 창고(농업·임업·축산업·수산업용만 해당한다) 아. 「건축법 시행령」 별표 1 제19호의 위험물저장 및 처리시설 중 액화석유가스충전소 및 고압가스충전 · 저장소 자. 「건축법 시행령」 별표 1 제21호의 동물 및 식물관련시설(동호 다목 및 라목에 해당하는 것을 제외한다) 차. 「건축법 시행령」 별표 1 제23호의 교정시설 카. 「건축법 시행령」 별표 1 제23호의2의 국방·군사시설 타. 「건축법 시행령」 별표 1 제24호의 방송통신시설 파. 「건축법 시행령」 별표 1 제25호의 발전시설 하. 「건축법 시행령」 별표 1 제29호의 야영장 시설 2. 도시·군계획조례가 정하는 바에 의하여 건축할 수 있는 건축물(4층 이하의 건축물에 한한다. 다만, 4층 이하의 범위안에서 도시·군계획조례로 따로 층수를 정하는 경우에는 그 층수 이하의 건축물에 한한다) 가. 「건축법 시행령」 별표 1 제2호의 공동주택(아파트를 제외한다) 나. 「건축법 시행령」 별표 1 제4호의 제2종 근린생활시설로서 해당 용도에 쓰이는 바닥면적의 합계가 1천제곱미터 미만인 것(단란주점을 제외한다) 다. 「건축법 시행령」 별표 1 제5호의 문화 및 집회시설 중 동호 나목 및 라목에 해당하는 것 라. 「건축법 시행령」 별표 1 제7호의 판매시설(농업 · 임업 · 축산업 · 수산업용에 한한다) 마. 「건축법 시행령」 별표 1 제9호의 의료시설	

처 리 기 준	비 고
바. 「건축법 시행령」 별표 1 제10호의 교육연구시설 중 중학교 · 고등학교 · 교육원(농업 · 임업 · 축산업 · 수산업과 관련된 교육시설로 한정한다) · 직업훈련소 및 연구소(농업 · 임업 · 축산업 · 수산업과 관련된 연구소로 한정한다) 사. 「건축법 시행령」 별표 1 제13호의 운동시설(운동장을 제외한다) 아. 「건축법 시행령」 별표 1 제17호의 공장 중 도정공장 · 식품공장 · 제1차산업생산품 가공공장 및 「산업집적활성화 및 공장설립에 관한 법률 시행령」 별표 1의3 제2호마목의 첨단업종의 공장(이하 "첨단업종의 공장"이라 한다)으로서 다음의 어느 하나에 해당하지 아니하는 것 (1) 「대기환경보전법」 제2조제9호에 따른 특정대기유해물질이 같은 법 시행령 제11조제1항제1호에 따른 기준 이상으로 배출되는 것 (2) 「대기환경보전법」 제2조제11호에 따른 대기오염물질배출시설에 해당하는 시설로서 같은 법 시행령 별표 1에 따른 1종사업장 내지 3종사업장에 해당하는 것 (3) 「물환경보전법」 제2조제8호에 따른 특정수질유해물질이 같은 법 시행령 제31조제1항제1호에 따른 기준 이상으로 배출되는 것. 다만, 동법 제34조에 따라 폐수무방류배출시설의 설치허가를 받아 운영하는 경우를 제외한다. (4) 「물환경보전법」 제2조제10호에 따른 폐수배출시설에 해당하는 시설로서 같은 법 시행령 별표 13에 따른 제1종사업장부터 제4종사업장까지 해당하는 것 (5) 「폐기물관리법」 제2조제4호에 따른 지정폐기물을 배출하는 것 자. 「건축법 시행령」 별표 1 제18호가목의 창고(농업·임업·축산업·수산업용으로 쓰는 것은 제외한다) 차. 「건축법 시행령」 별표 1 제19호의 위험물저장 및 처리시설(액화석유가스충전소 및 고압가스충전 · 저장소를 제외한다) 카. 「건축법 시행령」 별표 1 제20호의 자동차관련시설 중 동호 사목 및 아목에 해당하는 것 타. 「건축법 시행령」 별표 1 제21호 다목 및 라목에 따른 시설과 같은 호 아목에 따른 시설 중 동물과 관련된 다목 및 라목에 따른 시설과 비슷한 것 파. 「건축법 시행령」 별표 1 제22호의 자원순환 관련 시설 하. 「건축법 시행령」 별표 1 제26호의 묘지관련시설 거. 「건축법 시행령」 별표 1 제28호의 장례시설	

처 리 기 준	비 고
16. 자연녹지지역안에서 건축할 수 있는 건축물 1. 건축할 수 있는 건축물(4층 이하의 건축물에 한한다. 다만, 4층 이하의 범위안에서 도시·군계획조례로 따로 층수를 정하는 경우에는 그 층수 이하의 건축물에 한한다) 가. 「건축법 시행령」 별표 1 제1호의 단독주택 나. 「건축법 시행령」 별표 1 제3호의 제1종 근린생활시설 다. 「건축법 시행령」 별표 1 제4호의 제2종 근린생활시설[같은 호 아목, 자목, 더목 및 러목(안마시술소만 해당한다)은 제외한다] 라. 「건축법 시행령」 별표 1 제9호의 의료시설(종합병원·병원·치과병원 및 한방병원을 제외한다) 마. 「건축법 시행령」 별표 1 제10호의 교육연구시설(직업훈련소 및 학원을 제외한다) 바. 「건축법 시행령」 별표 1 제11호의 노유자시설 사. 「건축법 시행령」 별표 1 제12호의 수련시설(같은 표 제29호의 야영장 시설을 포함한다) 아. 「건축법 시행령」 별표 1 제13호의 운동시설 자. 「건축법 시행령」 별표 1 제18호가목의 창고(농업·임업·축산업·수산업용만 해당한다) 차. 「건축법 시행령」 별표 1 제21호의 동물 및 식물관련시설 카. 「건축법 시행령」 별표 1 제22호의 자원순환 관련 시설 타. 「건축법 시행령」 별표 1 제23호의 교정시설 파. 「건축법 시행령」 별표 1 제23호의2의 국방·군사시설 하. 「건축법 시행령」 별표 1 제24호의 방송통신시설 거. 「건축법 시행령」 별표 1 제25호의 발전시설 너. 「건축법 시행령」 별표 1 제26호의 묘지관련시설 더. 「건축법 시행령」 별표 1 제27호의 관광휴게시설 러. 「건축법 시행령」 별표 1 제28호의 장례시설 머. 「건축법 시행령」 별표 1 제29호의 야영장 시설 2. 도시·군계획조례가 정하는 바에 의하여 건축할 수 있는 건축물(4층 이하의 건축물에 한한다. 다만, 4층 이하의 범위안에서 도시·군계획조례로 따로 층수를 정하는 경우에는 그 층수 이하의 건축물에 한한다) 가. 「건축법 시행령」 별표 1 제2호의 공동주택(아파트를 제외한다) 나. 「건축법 시행령」 별표 1 제4호아목·자목 및 러목(안마시술소만 해당한다)에 따른 제2종 근린생활시설 다. 「건축법 시행령」 별표 1 제5호의 문화 및 집회시설 라. 「건축법 시행령」 별표 1 제6호의 종교시설	

처 리 기 준	비 고
마. 「건축법 시행령」 별표 1 제7호의 판매시설 중 다음의 어느 하나에 해당하는 것 (1) 「농수산물유통 및 가격안정에 관한 법률」 제2조에 따른 농수산물공판장 (2) 「농수산물유통 및 가격안정에 관한 법률」 제68조제2항에 따른 농수산물직판장으로서 해당용도에 쓰이는 바닥면적의 합계가 1만제곱미터 미만인 것(「농어업·농어촌 및 식품산업 기본법」 제3조제2호 및 제4호에 따른 농업인·어업인 및 생산자단체, 같은 법 제25조에 따른 후계농어업경영인, 같은 법 제26조에 따른 전업농어업인 또는 지방자치단체가 설치·운영하는 것에 한한다) (3) 산업통상자원부장관이 관계중앙행정기관의 장과 협의하여 고시하는 대형할인점 및 중소기업공동판매시설 바. 「건축법 시행령」 별표 1 제8호의 운수시설 사. 「건축법 시행령」 별표 1 제9호의 의료시설 중 종합병원·병원·치과병원 및 한방병원 아. 「건축법 시행령」 별표 1 제10호의 교육연구시설 중 직업훈련소 및 학원 자. 「건축법 시행령」 별표 1 제21호가목, 마목부터 사목까지의 규정에 따른 시설과 같은 호 아목에 따른 시설 중 동물 또는 식물과 관련된 가목 및 마목부터 사목까지의 규정에 따른 시설과 비슷한 것 차. 「건축법 시행령」 별표 1 제17호의 공장 중 다음의 어느 하나에 해당하는 것 (1) 첨단업종의 공장, 지식산업센터, 도정공장 및 식품공장과 읍·면지역에 건축하는 제재업의 공장으로서 별표 16 제2호 아목(1) 내지 (5)의 어느 하나에 해당하지 아니하는 것 (2) 「공익사업을 위한 토지 등의 취득 및 보상에 관한 법률」에 따른 공익사업 및 「도시개발법」에 따른 도시개발사업으로 해당 특별시·광역시·시 및 군 지역으로 이전하는 레미콘 또는 아스콘공장 카. 「건축법 시행령」 별표 1 제18호가목의 창고(농업·임업·축산업·수산업용으로 쓰는 것은 제외한다) 및 같은 호 라목의 집배송시설 타. 「건축법 시행령」 별표 1 제19호의 위험물저장 및 처리시설 파. 「건축법 시행령」 별표 1 제20호의 자동차관련시설	

처 리 기 준	비 고
17. 보전관리지역안에서 건축할 수 있는 건축물 1. 건축할 수 있는 건축물(4층 이하의 건축물에 한한다. 다만, 4층 이하의 범위 안에서 도시·군계획조례로 따로 층수를 정하는 경우에는 그 층수 이하의 건축물에 한한다) 가. 「건축법 시행령」 별표 1 제1호의 단독주택 나. 「건축법 시행령」 별표 1 제10호의 교육연구시설 중 초등학교(졸업 시 초등학교 졸업학력과 동등한 학력이 인정되는 학교를 포함한다) 다. 「건축법 시행령」 별표 1 제23호의 교정시설 라. 「건축법 시행령」 별표 1 제23호의2의 국방·군사시설 2. 도시·군계획조례가 정하는 바에 의하여 건축할 수 있는 건축물(4층 이하의 건축물에 한한다. 다만, 4층 이하의 범위 안에서 도시·군계획조례로 따로 층수를 정하는 경우에는 그 층수 이하의 건축물에 한한다) 가. 「건축법 시행령」 별표 1 제3호의 제1종 근린생활시설(휴게음식점 및 제과점을 제외한다) 나. 「건축법 시행령」 별표 1 제4호의 제2종 근린생활시설(같은 호 아목, 자목, 너목 및 더목은 제외한다) 다. 「건축법 시행령」 별표 1 제6호의 종교시설 중 종교집회장 라. 「건축법 시행령」 별표 1 제9호의 의료시설 마. 「건축법 시행령」 별표 1 제10호의 교육연구시설 중 유치원·중학교·고등학교 바. 「건축법 시행령」 별표 1 제11호의 노유자시설 사. 「건축법 시행령」 별표 1 제18호가목의 창고(농업·임업·축산업·수산업용만 해당한다) 아. 「건축법 시행령」 별표 1 제19호의 위험물저장 및 처리시설 자. 「건축법 시행령」 별표 1 제21호의 동물 및 식물관련시설 중 동호 가목 및 마목 내지 아목에 해당하는 것 차. 「건축법 시행령」 별표 1 제24호의 방송통신시설 카. 「건축법 시행령」 별표 1 제25호의 발전시설 타. 「건축법 시행령」 별표 1 제26호의 묘지관련시설 파. 「건축법 시행령」 별표 1 제28호의 장례시설 하. 「건축법 시행령」 별표 1 제29호의 야영장 시설	

처 리 기 준	비 고
18. 생산관리지역안에서 건축할 수 있는 건축물 1. 건축할 수 있는 건축물(4층 이하의 건축물에 한한다. 다만, 4층 이하의 범위안에서 도시·군계획조례로 따로 층수를 정하는 경우에는 그 층수 이하의 건축물에 한한다) 가. 「건축법 시행령」 별표 1 제1호의 단독주택 나. 「건축법 시행령」 별표 1 제3호가목, 사목(공중화장실, 대피소, 그 밖에 이와 비슷한 것만 해당한다) 및 아목에 따른 제1종 근린생활시설 다. 「건축법 시행령」 별표 1 제10호의 교육연구시설 중 초등학교(졸업 시 초등학교 졸업학력과 동등한 학력이 인정되는 학교를 포함한다) 라. 「건축법 시행령」 별표 1 제13호의 운동시설 중 운동장 마. 「건축법 시행령」 별표 1 제18호가목의 창고(농업·임업·축산업·수산업용만 해당한다) 바. 「건축법 시행령」 별표 1 제21호마목부터 사목까지의 규정에 따른 시설 및 같은 호 아목에 따른 시설 중 식물과 관련된 마목부터 사목까지의 규정에 따른 시설과 비슷한 것 사. 「건축법 시행령」 별표 1 제23호의 교정시설 아. 「건축법 시행령」 별표 1 제23호의2의 국방·군사시설 자. 「건축법 시행령」 별표 1 제25호의 발전시설 2. 도시·군계획조례가 정하는 바에 의하여 건축할 수 있는 건축물(4층 이하의 건축물에 한한다. 다만, 4층 이하의 범위안에서 도시·군계획조례로 따로 층수를 정하는 경우에는 그 층수 이하의 건축물에 한한다) 가. 「건축법 시행령」 별표 1 제2호의 공동주택(아파트를 제외한다) 나. 「건축법 시행령」 별표 1 제3호의 제1종 근린생활시설[같은 호 가목, 나목, 사목(공중화장실, 대피소, 그 밖에 이와 비슷한 것만 해당한다) 및 아목은 제외한다] 다. 「건축법 시행령」 별표 1 제4호의 제2종 근린생활시설(같은 호 아목, 자목, 너목 및 더목은 제외한다) 라. 「건축법 시행령」 별표 1 제7호의 판매시설(농업·임업·축산업·수산업용에 한한다) 마. 「건축법 시행령」 별표 1 제9호의 의료시설 바. 「 「건축법 시행령」 별표 1 제10호의 교육연구시설 중 유치원·중학교·고등학교(졸업 시 중학교고등학교 졸업학력과 동등한 학력이 인정되는 학교를 포함한다) 및 교육원[농업임업축산업수산업과 관련된 교육시설(나목 및 다목에도 불구하고 「농촌융복합산업 육성 및 지원에 관한 법률」 제2조제2호에 따른 농업인등이 같은 법 제2조제5호에 따른 농촌융복합산업지구 내에서 교육시설과 일반음식점, 휴게음식점 또는 제과점을 함께 설치하는 경우를 포함한다)에 한정한다] 사. 「건축법 시행령」 별표 1 제11호의 노유자시설 아. 「건축법 시행령」 별표 1 제12호의 수련시설(같은 표 제29호의 야영장 시설을 포함한다) 자. 「건축법 시행령」 별표 1 제17호의 공장(동시행령 별표 1 제4호의 제2종 근린생활시설 중 제조업소를 포함한다) 중 도정공장 및 식품공장과 읍·면지역에 건축하는 제재업의 공장으로서 다음의 어느 하나에 해당하지 아니하는 것	

처 리 기 준	비 고
(1) 「대기환경보전법」 제2조제9호에 따른 특정대기유해물질이 같은 법 시행령 제11조제1항제1호에 따른 기준 이상으로 배출되는 것 (2) 「대기환경보전법」 제2조제11호에 따른 대기오염물질배출시설에 해당하는 시설로서 같은 법 시행령 별표 1에 따른 1종사업장 내지 3종사업장에 해당하는 것 (3) 「물환경보전법」 제2조제8호에 따른 특정수질유해물질이 같은 법 시행령 제31소제1항제1호에 따른 기준 이상으로 배출되는 것. 다만, 동법 제34조에 따라 폐수무방류배출시설의 설치허가를 받아 운영하는 경우를 제외한다. (4) 「물환경보전법」 제2조제10호에 따른 폐수배출시설에 해당하는 시설로서 같은 법 시행령 별표 13에 따른 제1종사업장부터 제4종사업장까지 해당하는 것 차. 「건축법 시행령」 별표 1 제19호의 위험물저장 및 처리시설 카. 「건축법 시행령」 별표 1 제20호의 자동차관련시설 중 동호 사목 및 아목에 해당하는 것 타. 「건축법 시행령」 별표 1 제21호가목부터 라목까지의 규정에 따른 시설 및 같은 호 아목에 따른 시설 중 동물과 관련된 가목부터 라목까지의 규정에 따른 시설과 비슷한 것 파. 「건축법 시행령」 별표 1 제22호의 자원순환 관련 시설 하. 「건축법 시행령」 별표 1 제24호의 방송통신시설 거. 「건축법 시행령」 별표 1 제26호의 묘지관련시설 너. 「건축법 시행령」 별표 1 제28호의 장례시설 더. 「건축법 시행령」 별표 1 제29호의 야영장 시설 **19. 계획관리지역안에서 건축할 수 없는 건축물** 1. 건축할 수 없는 건축물 가. 4층을 초과하는 모든 건축물 나. 「건축법 시행령」 별표 1 제2호의 공동주택 중 아파트 다. 「건축법 시행령」 별표 1 제3호의 제1종 근린생활시설 중 휴게음식점 및 제과점으로서 국토교통부령으로 정하는 기준에 해당하는 지역에 설치하는 것 라. 「건축법 시행령」 별표 1 제4호의 제2종 근린생활시설 중 다음의 어느 하나에 해당하는 것 (1) 「건축법 시행령」 별표 1 제4호아목의 시설 및 같은 호 자목의 일반음식점으로서 국토교통부령으로 정하는 기준에 해당하는 지역에 설치하는 것 (2) 「건축법 시행령」 별표 1 제4호너목의 시설로서 성장관리계획 및 지구단위계획이 수립되지 않은 지역에 설치하는 것 (3) 「건축법 시행령」 별표 1 제4호더목의 단란주점 마. 「건축법 시행령」 별표 1 제7호의 판매시설(성장관리계획구역에 설치하는 판매시설로서 그 용도에 쓰이는 바닥면적의 합계가 3천제곱미터 미만인 경우는 제외한다)	

처 리 기 준	비 고
바. 「건축법 시행령」 별표 1 제14호의 업무시설 사. 「건축법 시행령」 별표 1 제15호의 숙박시설로서 국토교통부령으로 정하는 기준에 해당하는 지역에 설치하는 것 아.「건축법 시행령」 별표 1 제16호의 위락시설 자. 「건축법 시행령」 별표 1 제17호의 공장 중 다음의 어느 하나에 해당하는 것. 다만, 「공익사업을 위한 토지 등의 취득 및 보상에 관한 법률」에 따른 공익사업 및 「도시개발법」에 따른 도시개발사업으로 해당 특별시·광역시·특별자치시·특별자치도·시 또는 군의 관할구역으로 이전하는 레미콘 또는 아스콘 공장과 성장관리방안이 수립된 지역에 설치하는 공장(「대기환경보전법」, 「물환경보전법」, 「소음·진동관리법」 또는 「악취방지법」에 따른 배출시설의 설치 허가 또는 신고 대상이 아닌 공장으로 한정한다)은 제외한다. (1) 별표 19 제2호자목(1)부터 (4)까지에 해당하는 것. 다만, 인쇄·출판시설이나 사진처리시설로서 「물환경보전법」 제2조제8호에 따라 배출되는 특정수질유해물질을 전량 위탁처리하는 경우는 제외한다. (2) 화학제품시설(석유정제시설을 포함한다). 다만, 다음의 어느 하나에 해당하는 시설로서 폐수를 「하수도법」 제2조제9호에 따른 공공하수처리시설 또는 「물환경보전법」 제48조제1항에 따른 폐수종말처리시설로 전량 유입하여 처리하거나 전량 재이용 또는 전량 위탁처리하는 경우는 제외한다. (가) 물, 용제류 등 액체성 물질을 사용하지 않고 제품의 성분이 용해·용출되는 공정이 없는 고체성 화학제품 제조시설 (나) 「화장품법」 제2조제3호에 따른 유기농화장품 제조시설 (다) 「농약관리법」 제30조제2항에 따른 천연식물보호제 제조시설 (라) 「친환경농어업 육성 및 유기식품 등의 관리·지원에 관한 법률」 제2조제6호에 따른 유기농어업자재 제조시설 (마) 동·식물 등 생물을 기원(起源)으로 하는 산물(이하 "천연물"이라 한다)에서 추출된 재료를 사용하는 다음의 시설[「대기환경보전법」 제2조제11호에 따른 대기오염물질배출시설 중 반응시설, 정제시설(분리·증류·추출·여과 시설을 포함한다), 용융·용해시설 및 농축시설을 설치하지 않는 경우로서 「물환경보전법」 제2조제4호에 따른 폐수의 1일 최대 배출량이 20세제곱미터 이하인 제조시설로 한정한다] (3) 제1차금속, 가공금속제품 및 기계장비 제조시설 중 「폐기물관리법 시행령」 별표 1 제4호에 따른 폐유기용제류를 발생시키는 것	

처 리 기 준	비 고
(4) 가죽 및 모피를 물 또는 화학약품을 사용하여 저장하거나 가공하는 것 (5) 섬유제조시설 중 감량·정련·표백 및 염색 시설. 다만, 다음의 기준을 모두 충족하는 염색시설은 제외한다. (가) 천연물에서 추출되는 염료만을 사용할 것 (나) 「대기환경보전법」 제2조제11호에 따른 대기오염물질 배출시설 중 표백시설, 정련시설이 없는 경우로서 금속성 매염제를 사용하지 않을 것 (다) 「물환경보전법」 제2조제4호에 따른 폐수의 1일 최대 배출량이 20세제곱미터 이하일 것 (라) 폐수를 「하수도법」 제2조제9호에 따른 공공하수처리시설 또는 「물환경보전법」 제48조제1항에 따른 폐수종말처리시설로 전량 유입하여 처리하거나 전량 재이용 또는 전량 위탁처리할 것 (6) 「수도권정비계획법」 제6조제1항제3호에 따른 자연보전권역 외의 지역 및 「환경정책기본법」 제38조에 따른 특별대책지역 외의 지역의 사업장 중 「폐기물관리법」 제25조에 따른 폐기물처리업 허가를 받은 사업장. 다만, 「폐기물관리법」 제25조제5항제5호부터 제7호까지의 규정에 따른 폐기물 중간·최종·종합재활용업으로서 특정수질유해물질이 「물환경보전법 시행령」 제31조제1항제1호에 따른 기준 미만으로 배출되는 경우는 제외한다. (7) 「수도권정비계획법」 제6조제1항제3호에 따른 자연보전권역 및 「환경정책기본법」 제38조에 따른 특별대책지역에 설치되는 부지면적(둘 이상의 공장을 함께 건축하거나 기존 공장부지에 접하여 건축하는 경우와 둘 이상의 부지가 너비 8미터 미만의 도로에 서로 접하는 경우에는 그 면적의 합계를 말한다) 1만제곱미터 미만의 것. 다만, 특별시장·광역시장·특별자치시장·특별자치도지사·시장 또는 군수가 1만5천제곱미터 이상의 면적을 정하여 공장의 건축이 가능한 지역으로 고시한 지역 안에 입지하는 경우나 자연보전권역 또는 특별대책지역에 준공되어 운영 중인 공장 또는 제조업소는 제외한다. 2. 지역 여건 등을 고려하여 도시·군계획조례로 정하는 바에 따라 건축할 수 없는 건축물 가. 4층 이하의 범위에서 도시·군계획조례로 따로 정한 층수를 초과하는 모든 건축물 나. 「건축법 시행령」 별표 1 제2호의 공동주택(제1호나목에 해당하는 것은 제외한다)	

처 리 기 준	비 고

다. 「건축법 시행령」 별표 1 제4호아목, 자목, 너목 및 러목(안마시술소만 해당한다)에 따른 제2종 근린생활시설
라. 「건축법 시행령」 별표 1 제4호의 제2종 근린생활시설 중 일반음식점·휴게음식점·제과점으로서 도시·군계획조례로 정하는 지역에 설치하는 것과 안마시술소 및 같은 호 너목에 해당하는 것
마. 「건축법 시행령」 별표 1 제5호의 문화 및 집회시설
바. 「건축법 시행령」 별표 1 제6호의 종교시설
사. 「건축법 시행령」 별표 1 제8호의 운수시설
아. 「건축법 시행령」 별표 1 제9호의 의료시설 중 종합병원·병원·치과병원 및 한방병원
자. 「건축법 시행령」 별표 1 제10호의 교육연구시설 중 같은 호 다목부터 마목까지에 해당하는 것
차. 「건축법 시행령」 별표 1 제13호의 운동시설(운동장은 제외한다)
카. 「건축법 시행령」 별표 1 제15호의 숙박시설로서 도시·군계획조례로 정하는 지역에 설치하는 것
타. 「건축법 시행령」 별표 1 제17호의 공장 중 다음의 어느 하나에 해당하는 것
  (1) 「수도권정비계획법」 제6조제1항제3호에 따른 자연보전권역 외의 지역 및 「환경정책기본법」 제38조에 따른 특별대책지역 외의 지역에 설치되는 경우(제1호자목에 해당하는 것은 제외한다)
  (2) 「수도권정비계획법」 제6조제1항제3호에 따른 자연보전권역 및 「환경정책기본법」 제38조에 따른 특별대책지역에 설치되는 것으로서 제1호자목(7)에 해당하지 아니하는 경우
  (3) 「공익사업을 위한 토지 등의 취득 및 보상에 관한 법률」에 따른 공익사업 및 「도시개발법」에 따른 도시개발사업으로 해당 특별시·광역시·특별자치시·특별자치도·시 또는 군의 관할구역으로 이전하는 레미콘 또는 아스콘 공장
파. 「건축법 시행령」 별표 1 제18호의 창고시설(창고 중 농업·임업·축산업·수산업용으로 쓰는 것은 제외한다)
하. 「건축법 시행령」 별표 1 제19호의 위험물 저장 및 처리 시설
거. 「건축법 시행령」 별표 1 제20호의 자동차 관련 시설
너. 「건축법 시행령」 별표 1 제27호의 관광 휴게시설

20. 농림지역안에서 건축할 수 있는 건축물

1. 건축할 수 있는 건축물
가. 「건축법 시행령」 별표 1 제1호의 단독주택으로서 현저한 자연훼손을 가져오지 아니하는 범위 안에서 건축하는 농어가주택

처리기준	비고
나. 「건축법 시행령」 별표 1 제3호사목(공중화장실, 대피소, 그 밖에 이와 비슷한 것만 해당한다) 및 아목에 따른 제1종 근린생활시설 다. 「건축법 시행령」 별표 1 제10호의 교육연구시설 중 초등학교 라. 「건축법 시행령」 별표 1 제18호가목의 창고(농업·임업·축산업·수산업용만 해당한다) 마. 「건축법 시행령」 별표 1 제21호마목부터 사목까지의 규정에 따른 시설 및 같은 호 아목에 따른 시설 중 식물과 관련된 마목부터 사목까지의 규정에 따른 시설과 비슷한 것 바. 「건축법 시행령」 별표 1 제25호의 발전시설 2. 도시·군계획조례가 정하는 바에 의하여 건축할 수 있는 건축물 가. 「건축법 시행령」 별표 1 제3호의 제1종 근린생활시설[같은 호 나목, 사목(공중화장실, 대피소, 그 밖에 이와 비슷한 것만 해당한다) 및 아목은 제외한다] 나. 「건축법 시행령」 별표 1 제4호의 제2종 근린생활시설[같은 호 아목, 자목, 너목, 더목 및 러목(안마시술소만 해당한다)은 제외한다] 다. 「건축법 시행령」 별표 1 제5호의 문화 및 집회시설 중 동호 마목에 해당하는 것 라. 「건축법 시행령」 별표 1 제6호의 종교시설 마. 「건축법 시행령」 별표 1 제9호의 의료시설 바. 「건축법 시행령」 별표 1 제12호의 수련시설 사. 「건축법 시행령」 별표 1 제19호의 위험물저장 및 처리시설 중 액화석유가스충전소 및 고압가스충전·저장소 아. 「건축법 시행령」 별표 1 제21호가목부터 라목까지의 규정에 따른 시설 및 같은 호 아목에 따른 시설 중 동물과 관련된 가목부터 라목까지의 규정에 따른 시설과 비슷한 것 자. 「건축법 시행령」 별표 1 제22호의 자원순환 관련 시설 차. 「건축법 시행령」 별표 1 제23호의 교정시설 카. 「건축법 시행령」 별표 1 제23호의2의 국방·군사시설 타. 「건축법 시행령」 별표 1 제24호의 방송통신시설 파. 「건축법 시행령」 별표 1 제26호의 묘지관련시설 하. 「건축법 시행령」 별표 1 제28호의 장례시설 거. 「건축법 시행령」 별표 1 제29호의 야영장 시설 비고 「국토의 계획 및 이용에 관한 법률」 제76조제5항제3호에 따라 농림지역 중 농업진흥지역, 보전산지 또는 초지인 경우에 건축물이나 그 밖의 시설의 용도·종류 및 규모 등의 제한에 관하여는 각각 「농지법」, 「산지관리법」 또는 「초지법」에서 정하는 바에 따른다.	

<table>
<tr><th>처 리 기 준</th><th>비 고</th></tr>
<tr><td>

21. 자연환경보전지역안에서 건축할 수 있는 건축물

1. 건축할 수 있는 건축물
   가. 「건축법 시행령」 별표 1 제1호의 단독주택으로서 현저한 자연훼손을 가져오지 아니하는 범위 안에서 건축하는 농어가주택
   나. 「건축법 시행령」 별표 1 제10호의 교육연구시설 중 초등학교
2. 도시・군계획조례가 정하는 바에 의하여 건축할 수 있는 건축물(수질오염 및 경관 훼손의 우려가 없다고 인정하여 도시・군계획조례가 정하는 지역내에서 건축하는 것에 한한다)
   가. 「건축법 시행령」 별표 1 제3호의 제1종 근린생활시설 중 같은 호 가목, 바목, 사목(지역아동센터는 제외한다) 및 아목에 해당하는 것
   나. 「건축법 시행령」 별표 1 제4호의 제2종 근린생활시설 중 종교집회장으로서 지목이 종교용지인 토지에 건축하는 것
   다. 「건축법 시행령」 별표 1 제6호의 종교시설로서 지목이 종교용지인 토지에 건축하는 것
   라. 「건축법 시행령」 별표 1 제21호의 동물 및 식물관련시설 중 동호 마목 내지 아목에 해당하는 것과 양어시설(양식장을 포함한다)
   마. 「건축법 시행령」 별표 1 제21호가목에 따른 시설 중 양어시설(양식장을 포함한다. 이하 이 목에서 같다), 같은 호 마목부터 사목까지의 규정에 따른 시설, 같은 호 아목에 따른 시설 중 양어시설과 비슷한 것 및 같은 목 중 식물과 관련된 마목부터 사목까지의 규정에 따른 시설과 비슷한 것
   바. 「건축법 시행령」 별표 1 제23호라목의 국방·군사시설 중 관할 시장·군수 또는 구청장이 입지의 불가피성을 인정한 범위에서 건축하는 시설
   사. 「건축법 시행령」 별표 1 제25호의 발전시설
   아. 「건축법 시행령」 별표 1 제26호의 묘지관련시설
   라. 「건축법 시행령」 별표 1 제19호바목의 고압가스 충전소・판매소・저장소 중 「환경친화적 자동차의 개발 및 보급 촉진에 관한 법률」 제2조제9호의 수소연료공급시설

22. 자연취락지구안에서 건축할 수 있는 건축물

1. 건축할 수 있는 건축물(4층 이하의 건축물에 한한다. 다만, 4층 이하의 범위안에서 도시・군계획조례로 따로 층수를 정하는 경우에는 그 층수 이하의 건축물에 한한다)
   가. 「건축법 시행령」 별표 1 제1호의 단독주택
   나. 「건축법 시행령」 별표 1 제3호의 제1종 근린생활시설
   다. 「건축법 시행령」 별표 1 제4호의 제2종 근린생활시설[같은 호 아목, 자목, 더목 및 러목(안마시술소만 해당한다)은 제외한다]
   라. 「건축법 시행령」 별표 1 제13호의 운동시설
   마. 「건축법 시행령」 별표 1 제18호가목의 창고(농업・임업・축산업・수산업용만 해당한다)

</td><td></td></tr>
</table>

처 리 기 준	비 고
바. 「건축법 시행령」 별표 1 제21호의 동물 및 식물관련시설 사. 「건축법 시행령」 별표 1 제23호의 교정시설 아. 「건축법 시행령」 별표 1 제23호의2의 국방・군사시설 자. 「건축법 시행령」 별표 1 제24호의 방송통신시설 차. 「건축법 시행령」 별표 1 제25호의 발전시설 2. 도시·군계획조례가 정하는 바에 의하여 건축할 수 있는 건축물(4층 이하의 건축물에 한한다. 다만, 4층 이하의 범위안에서 도시·군계획조례로 따로 층수를 정하는 경우에는 그 층수 이하의 건축물에 한한다) 가. 「건축법 시행령」 별표 1 제2호의 공동주택(아파트를 제외한다) 나. 「건축법 시행령」 별표 1 제4호아목·자목 및 러목(안마시술소만 해당한다)에 따른 제2종 근린생활시설 다. 「건축법 시행령」 별표 1 제5호의 문화 및 집회시설 라. 「건축법 시행령」 별표 1 제6호의 종교시설 마. 「건축법 시행령」 별표 1 제7호의 판매시설 중 다음의 어느 하나에 해당하는 것 (1) 「농수산물유통 및 가격안정에 관한 법률」 제2조에 따른 농수산물공판장 (2) 「농수산물유통 및 가격안정에 관한 법률」 제68조제2항에 따른 농수산물직판장으로서 해당용도에 쓰이는 바닥면적의 합계가 1만제곱미터 미만인 것(「농어업·농어촌 및 식품산업 기본법」 제3조제2호에 따른 농업인·어업인, 같은 법 제25조에 따른 후계농어업경영인, 같은 법 제26조에 따른 전업농어업인 또는 지방자치단체가 설치·운영하는 것에 한한다) 바. 「건축법 시행령」 별표 1 제9호의 의료시설 중 종합병원·병원·치과병원·한방병원 및 요양병원 사. 「건축법 시행령」 별표 1 제10호의 교육연구시설 아. 「건축법 시행령」 별표 1 제11호의 노유자시설 자. 「건축법 시행령」 별표 1 제12호의 수련시설(같은 표 제29호의 야영장 시설을 포함한다) 차. 「건축법 시행령」 별표 1 제15호의 숙박시설로서 「관광진흥법」에 따라 지정된 관광지 및 관광단지에 건축하는 것 카. 「건축법 시행령」 별표 1 제17호의 공장 중 도정공장 및 식품공장과 읍·면지역에 건축하는 제재업의 공장 및 첨단업종의 공장으로서 별표 16 제2호아목(1)부터 (4)까지의 어느 하나에 해당하지 아니하는 것 타. 「건축법 시행령」 별표 1 제19호의 위험물저장 및 처리시설 파 .「건축법시행령」 별표 1 제20호의 자동차 관련 시설중 주차장 및 세차장 하. 「건축법 시행령」 별표 1 제22호의 자원순환 관련 시설 거. 「건축법 시행령」 별표 1 제29호의 야영장 시설	

처 리 기 준	비 고
23. 시가화조정구역안에서 할 수 있는 행위 1. 법 제81조제2항제1호의 규정에 의하여 할 수 있는 행위 : 농업 · 임업 또는 어업을 영위하는 자가 행하는 다음 각목의 1에 해당하는 건축물 그 밖의 시설의 건축 가. 축 사 나. 퇴비사 다. 잠 실 라. 창고(저장 및 보관시설을 포함한다) 마. 생산시설(단순가공시설을 포함한다) 바. 관리용건축물로서 기존 관리용건축물의 면적을 포함하여 33제곱미터 이하인 것 사. 양어장 2. 법 제81조제2항제2호의 규정에 의하여 할 수 있는 행위 가. 주택 및 그 부속건축물의 건축으로서 다음의 1에 해당하는 행위 (1) 주택의 증축(기존주택의 면적을 포함하여 100제곱미터 이하에 해당하는 면적의 증축을 말한다) (2) 부속건축물의 건축(주택 또는 이에 준하는 건축물에 부속되는 것에 한하되, 기존건축물의 면적을 포함하여 33제곱미터 이하에 해당하는 면적의 신축·증축·재축 또는 대수선을 말한다) 나. 마을공동시설의 설치로서 다음의 1에 해당하는 행위 (1) 농로·제방 및 사방시설의 설치 (2) 새마을회관의 설치 (3) 기존정미소(개인소유의 것을 포함한다)의 증축 및 이축(시가화조정구역의 인접지에서 시행하는 공공사업으로 인하여 시가화조정구역안으로 이전하는 경우를 포함한다) (4) 정자 등 간이휴게소의 설치 (5) 농기계수리소 및 농기계용 유류판매소(개인소유의 것을 포함한다)의 설치 (6) 선착장 및 물양장의 설치 다. 공익시설·공용시설 및 공공시설 등의 설치로서 다음의 1에 해당하는 행위 (1) 공익사업을위한토지등의취득및보상에관한법률 제4조에 해당하는 공익사업을 위한 시설의 설치 (2) 국가유산의 복원과 국가유산관리용 건축물의 설치 (3) 보건소·경찰파출소·119안전센터·우체국 및 읍·면·동사무소의	

처 리 기 준	비 고
설치 (4) 공공도서관·전신전화국·직업훈련소·연구소·양수장·초소·대피소 및 공중화장실과 예비군운영에 필요한 시설의 설치 (5) 농업협동조합법에 의한 조합, 산림조합 및 수산업협동조합(어촌계를 포함한다)의 공동구판장·하치장 및 창고의 설치 (6) 사회복지시설의 설치 (7) 환경오염방지시설의 설치 (8) 교정시설의 설치 (9) 야외음악당 및 야외극장의 설치 라. 광공업 등을 위한 건축물 및 공작물의 설치로서 다음의 1에 해당하는 행위 (1) 시가화조정구역 지정당시 이미 외국인투자기업이 경영하는 공장, 수출품의 생산 및 가공공장, 「중소기업진흥에 관한 법률」 제29조에 따라 중소기업협동화실천계획의 승인을 얻어 설립된 공장 그 밖에 수출진흥과 경제발전에 현저히 기여할 수 있는 공장의 증축(증축면적은 기존시설 연면적의 100퍼센트에 해당하는 면적 이하로 하되, 증축을 위한 토지의 형질변경은 증축할 건축물의 바닥면적의 200퍼센트를 초과할 수 없다)과 부대시설의 설치 (2) 시가화조정구역 지정당시 이미 관계법령의 규정에 의하여 설치된 공장의 부대시설의 설치(새로운 대지조성은 허용되지 아니하며, 기존공장 부지안에서의 건축에 한한다) (3) 시가화조정구역 지정당시 이미 광업법에 의하여 설정된 광업권의 대상이 되는 광물의 개발에 필요한 가설건축물 또는 공작물의 설치 (4) 토석의 채취에 필요한 가설건축물 또는 공작물의 설치 마. 기존 건축물의 동일한 용도 및 규모안에서의 개축·재축 및 대수선 바. 시가화조정구역안에서 허용되는 건축물의 건축 또는 공작물의 설치를 위한 공사용 가설건축물과 그 공사에 소요되는 블록·시멘트벽돌·쇄석·레미콘 및 아스콘 등을 생산하는 가설공작물의 설치 사. 다음의 1에 해당하는 용도변경행위 (1) 관계법령에 의하여 적법하게 건축된 건축물의 용도를 시가화조정구역안에서의 신축이 허용되는 건축물로 변경하는 행위 (2) 공장의 업종변경(오염물질 등의 배출이나 공해의 정도가 변경전의 수준을 초과하지 아니하는 경우에 한한다)	

처 리 기 준	비 고

(3) 공장·주택 등 시가화조정구역안에서의 신축이 금지된 시설의 용도를 근린생활시설(수퍼마켓·일용품소매점·취사용가스판매점·일반음식점·다과점·다방·이용원·미용원·세탁소·목욕탕·사진관·목공소·의원·약국·접골시술소·안마시술소·침구시술소·조산소·동물병원·기원·당구장·장의사·탁구장 등 간이운동시설 및 간이수리점에 한한다) 또는 종교시설로 변경하는 행위

아. 종교시설의 증축(새로운 대지조성은 허용되지 아니하며, 증축면적은 시가화조정구역 지정당시의 종교시설 연면적의 200퍼센트를 초과할 수 없다)

3. 법 제81조제2항제3호의 규정에 의하여 할 수 있는 행위

가. 입목의 벌채, 조림, 육림, 토석의 채취

나. 다음의 1에 해당하는 토지의 형질변경

(1) 제1호 및 제2호의 규정에 의한 건축물의 건축 또는 공작물의 설치를 위한 토지의 형질변경

(2) 공익사업을위한토지등의취득및보상에관한법률 제4조에 해당하는 공익사업을 수행하기 위한 토지의 형질변경

(3) 농업·임업 및 어업을 위한 개간과 축산을 위한 초지조성을 목적으로 하는 토지의 형질변경

(4) 시가화조정구역 지정당시 이미 광업법에 의하여 설정된 광업권의 대상이 되는 광물의 개발을 위한 토지의 형질변경

다. 토지의 합병 및 분할

24. 시가화조정구역안에서 허가를 거부할 수 없는 행위

1. 제52조제1항 각호 및 제53조 각호의 경미한 행위

2. 다음 각목의 1에 해당하는 행위

가. 축사의 설치 : 1가구(시가화조정구역안에서 주택을 소유하면서 거주하는 경우로서 농업 또는 어업에 종사하는 1세대를 말한다. 이하 이 호에서 같다)당 기존축사의 면적을 포함하여 300제곱미터 이하(나환자촌의 경우에는 500제곱미터 이하). 다만, 과수원·초지 등의 관리사 인근에는 100제곱미터 이하의 축사를 별도로 설치할 수 있다.

나. 퇴비사의 설치 : 1가구당 기존퇴비사의 면적을 포함하여 100제곱미터 이하

처 리 기 준	비 고
다. 잠실의 설치 : 뽕나무밭 조성면적 2천제곱미터당 또는 뽕나무 1천 800주당 50제곱미터 이하 라. 창고의 설치 : 시가화조정구역안의 토지 또는 그 토지와 일체가 되는 토지에서 생산되는 생산물의 저장에 필요한 것으로서 기존창고면적을 포함하여 그 토지면적의 0.5퍼센트 이하. 다만, 감귤을 저장하기 위한 경우에는 1퍼센트 이하로 한다. 마. 관리용건축물의 설치 : 과수원·초지·유실수단지 또는 원예단지안에 설치하되, 생산에 직접 공여되는 토지면적의 0.5퍼센트 이하로서 기존관리용 건축물의 면적을 포함하여 33제곱미터 이하 3. 「건축법」 제14조제1항 각 호의 건축신고로서 건축허가를 갈음하는 행위	

[2-11] 국토의 계획 및 이용에 관한 법률 제77조(용도지역 안에서의 건폐율)

처 리 기 준	비 고
1.1 건폐율 (1) 도시지역 가. 주거지역: 70퍼센트 이하 나. 상업지역: 90퍼센트 이하 다. 공업지역: 70퍼센트 이하 라. 녹지지역: 20퍼센트 이하 (2) 관리지역 가. 보전관리지역: 20퍼센트 이하 나. 생산관리지역: 20퍼센트 이하 다. 계획관리지역: 40퍼센트 이하 (3) 농림지역: 20퍼센트 이하 (4) 자연환경보전지역: 20퍼센트 이하 (1) 제1종전용주거지역 : 50퍼센트 이하 (2) 제2종전용주거지역 : 50퍼센트 이하 (3) 제1종일반주거지역 : 60퍼센트 이하 (4) 제2종일반주거지역 : 60퍼센트 이하 (5) 제3종일반주거지역 : 50퍼센트 이하 (6) 준주거지역 : 70퍼센트 이하 (7) 중심상업지역 : 90퍼센트 이하 (8) 일반상업지역 : 80퍼센트 이하 (9) 근린상업지역 : 70퍼센트 이하 (10) 유통상업지역 : 80퍼센트 이하 (11) 전용공업지역 : 70퍼센트 이하 (12)일반공업지역 : 70퍼센트이하 (13) 준공업지역 : 70퍼센트 이하 (14) 보전녹지지역 : 20퍼센트 이하 (15) 생산녹지지역 : 20퍼센트 이하 (16) 자연녹지지역 : 20퍼센트 이하 (17) 보전관리지역 : 20퍼센트 이하 (18) 생산관리지역 : 20퍼센트 이하 (19) 계획관리지역 : 40퍼센트 이하 (20) 농림지역 : 20퍼센트 이하 (21) 자연환경보전지역 : 20퍼센트 이하	

처 리 기 준	비 고
1.2 다음 각 호의 지역에서의 건폐율은 각 호에서 정한 범위에서 특별시·광역시·특별자치시·특별자치도·시 또는 군의 도시·군계획조례로 정하는 비율 이하로 한다 (1) 취락지구 : 60퍼센트 이하(집단취락지구에 대하여는 개발제한구역의지정및관리에관한특별조치법령이 정하는 바에 의한다) (2) 개발진흥지구: 다음 각 목에서 정하는 비율 이하 -도시지역 외의 지역에 지정된 경우: 40퍼센트 -자연녹지지역에 지정된 경우: 30퍼센트 (3) 수산자원보호구역 : 40퍼센트 이하 (4) 「자연공원법」에 따른 자연공원 : 60퍼센트 이하 (5) 「산업입지 및 개발에 관한 법률」 제2조제8호라목에 따른 농공단지 : 70퍼센트 이하 (6) 공업지역에 있는 「산업입지 및 개발에 관한 법률」 제2조제8호가목부터 다목까지의 규정에 따른 국가산업단지·일반산업단지·도시첨단산업단지 및 같은 조 제12호에 따른 준산업단지: 80퍼센트 이하 1.3 다음 각 호의 어느 하나에 해당하는 건축물의 경우에는 그 건폐율은 다음 각 호에서 정하는 비율을 초과하여서는 아니된다. (1) 준주거지역·일반상업지역·근린상업지역·전용공업지역·일반공업지역·준공업지역 중 방화지구의 건축물로서 주요 구조부와 외벽이 내화구조인 건축물 중 도시·군계획조례로 정하는 건축물: 80퍼센트 이상 90퍼센트 이하의 범위에서 특별시·광역시·특별자치시·특별자치도·시 또는 군의 도시·군계획조례로 정하는 비율 (2) 녹지지역·관리지역·농림지역 및 자연환경보전지역의 건축물로서 법 제37조제4항 후단에 따른 방재지구의 재해저감대책에 부합하게 재해예방시설을 설치한 건축물: 제1항 각 호에 따른 해당 용도지역별 건폐율의 150퍼센트 이하의 범위에서 도시·군계획조례로 정하는 비율 (3) 자연녹지지역의 창고시설 또는 연구소(자연녹지지역으로 지정될 당시 이미 준공된 것으로서 기존 부지에서 증축하는 경우만 해당한다): 40퍼센트의 범위에서 최초 건축허가 시 그 건축물에 허용된 건폐율 (4) 계획관리지역의 기존 공장·창고시설 또는 연구소(2003년 1월 1일 전에 준공되고 기존 부지에 증축하는 경우로서 해당 지방도시계획위원회의 심의를 거쳐 도로·상수도·하수도 등의 기반시설이 충분히 확보되었다고 인정되거나, 도시·군계획조례로 정하는 기반시설 확보 요건을 충족하는 경우만 해당한다): 50퍼센트의 범위에서 도시·군계획조례로 정하는 비율	

처 리 기 준	비 고
(5) 녹지지역·보전관리지역·생산관리지역·농림지역 또는 자연환경보전지역의 건축물로서 다음 각 목의 어느 하나에 해당하는 건축물: 30퍼센트의 범위에서 도시·군계획조례로 정하는 비율가. 「전통사찰의 보존 및 지원에 관한 법률」 제2조제1호에 따른 전통사찰나. 「문화재보호법」 제2조제2항에 따른 지정문화재 또는 같은 조 제3항에 따른 등록문화재다. 「건축법 시행령」 제2조제16호에 따른 한옥 (6) 종전의 「도시계획법」(2000년 1월 28일 법률 제6243호로 개정되기 전의 것을 말한다) 제2조제1항제10호에 따른 일단의 공업용지조성사업 구역(이 조 제3항제6호에 따른 산업단지 또는 준산업단지와 연접한 것에 한정한다) 내의 공장으로서 관할 특별시장·광역시장·특별자치시장·특별자치도지사·시장 또는 군수가 해당 지방도시계획위원회의 심의를 거쳐 기반시설의 설치 및 그에 필요한 용지의 확보가 충분하고 주변지역의 환경오염 우려가 없다고 인정하는 공장: 80퍼센트 이하의 범위에서 도시·군계획조례로 정하는 비율 (7) 자연녹지지역의 학교(「초·중등교육법」 제2조에 따른 학교 및 「고등교육법」 제2조제1호부터 제5호까지의 규정에 따른 학교를 말한다)로서 다음 각 목의 요건을 모두 충족하는 학교: 30퍼센트의 범위에서 도시·군계획조례로 정하는 비율 1.4 생산녹지지역에 건축할 수 있는 다음 각 호의 건축물의 경우에 그 건폐율은 해당 생산녹지지역이 위치한 특별시·광역시·특별자치시·특별자치도·시 또는 군의 농어업 인구 현황, 농수산물 가공·처리시설의 수급실태 등을 종합적으로 고려하여 60퍼센트 이하의 범위에서 해당 특별시·광역시·특별자치시·특별자치도·시 또는 군의 도시·군계획조례로 정하는 비율 이하로 한다. (1) 「농지법」 제32조제1항제1호에 따른 농수산물의 가공·처리시설(해당 특별시·광역시·특별자치시·특별자치도·시 또는 군에서 생산된 농수산물의 가공·처리시설에 한정한다) 및 농수산업 관련 시험·연구시설 (2) 「농지법 시행령」 제29조제5항제1호에 따른 농산물 건조·보관시설 (3) 「농지법 시행령」 제29조제7항제2호에 따른 산지유통시설(해당 특별시·광역시·특별자치시·특별자치도·시 또는 군에서 생산된 농산물을 위한 산지유통시설만 해당한다) 1.5 자연녹지지역에 설치되는 도시·군계획시설 중 유원지의 건폐율은 30퍼센트의 범위에서 도시·군계획조례로 정하는 비율 이하로 하며, 공원의 건폐율은 20퍼센트의 범위에서 도시·군계획조례로 정하는 비율 이하로 한다.	

[2-12] 국토의 계획 및 이용에 관한 법률 제78조(용도지역 안에서의 용적률)

처 리 기 준	비 고
1.1 용적률 (1) 도시지역 가. 주거지역: 500퍼센트 이하 나. 상업지역: 1천500퍼센트 이하 다. 공업지역: 400퍼센트 이하 라. 녹지지역: 100퍼센트 이하 (2) 관리지역 가. 보전관리지역: 80퍼센트 이하 나. 생산관리지역: 80퍼센트 이하 다. 계획관리지역: 100퍼센트 이하 (3) 농림지역: 80퍼센트 이하 (4) 자연환경보전지역: 80퍼센트 이하 1. 제1종전용주거지역 : 50퍼센트 이상 100퍼센트 이하 2. 제2종전용주거지역 : 50퍼센트 이상 150퍼센트 이하 3. 제1종일반주거지역 : 100퍼센트 이상 200퍼센트 이하 4. 제2종일반주거지역 : 100퍼센트 이상 250퍼센트 이하 5. 제3종일반주거지역 : 100퍼센트 이상 300퍼센트 이하 6. 준주거지역 : 200퍼센트 이상 500퍼센트 이하 7. 중심상업지역 : 200퍼센트 이상 1천500퍼센트 이하 8. 일반상업지역 : 200퍼센트 이상 1천300퍼센트 이하 9. 근린상업지역 : 200퍼센트 이상 900퍼센트 이하 10. 유통상업지역 : 200퍼센트 이상 1천100퍼센트 이하 11. 전용공업지역 : 150퍼센트 이상 300퍼센트 이하 12. 일반공업지역 : 150퍼센트 이상 350퍼센트 이하 13. 준공업지역 : 150퍼센트 이상 400퍼센트 이하 14. 보전녹지지역 : 50퍼센트 이상 80퍼센트 이하 15. 생산녹지지역 : 50퍼센트 이상 100퍼센트 이하 16. 자연녹지지역 : 50퍼센트 이상 100퍼센트 이하 17. 보전관리지역 : 50퍼센트 이상 80퍼센트 이하 18. 생산관리지역 : 50퍼센트 이상 80퍼센트 이하 19. 계획관리지역 : 50퍼센트 이상 100퍼센트 이하 20. 농림지역 : 50퍼센트 이상 80퍼센트 이하 21. 자연환경보전지역 : 50퍼센트 이상 80퍼센트 이하	

처 리 기 준	비 고
1.2 도시·군계획조례로 용도지역별 용적률을 정함에 있어서 필요한 경우에는 당해 지방자치단체의 관할구역을 세분하여 용적률을 달리 정할 수 있다. 1.3 제1·2종전용주거지역, 제1·2·3종일반주거지역, 준주거지역에서는 특별시·광역시·특별자치시·특별자치도·시 또는 군의 도시·군계획조례로 용적률의 20퍼센트 이하의 범위 안에서 임대주택(「임대주택법」 제16조제1항에 따라 임대의무기간이 10년 이상인 경우에 한한다)의 추가건설을 허용할 수 있다. 다만, 「도시 및 주거환경정비법」 제30조의2의 규정에 의하여 임대주택 건설이 의무화되는 주택재건축사업의 경우를 제외한다. 1.4 다음 각 호의 지역 안에서의 용적률은 각 호에서 정한 범위 안에서 특별시·광역시·특별자치시·특별자치도·시 또는 군의 도시·군계획조례가 정하는 비율을 초과하여서는 아니된다. (1) 도시지역외의 지역에 지정된 개발진흥지구 : 100퍼센트 이하 (2) 수산자원보호구역 : 80퍼센트 이하 (3) 「자연공원법」에 따른 자연공원: 100퍼센트 이하 (4) 「산업입지 및 개발에 관한 법률」 제2조제8호라목에 따른 농공단지(도시지역외의 지역에 지정된 농공단지에 한한다) : 150퍼센트 이하 1.5 준주거지역·중심상업지역·일반상업지역·근린상업지역·전용공업지역·일반공업지역 또는 준공업지역안의 건축물로서 다음 각호의 1에 해당하는 건축물에 대한 용적률은 경관·교통·방화 및 위생상 지장이 없다고 인정되는 경우에는 해당 용적률의 120퍼센트 이하의 범위안에서 특별시·광역시·특별자치시·특별자치도·시 또는 군의 도시·군계획조례가 정하는 비율로 할 수 있다. (1) 공원·광장(교통광장을 제외한다. 이하 이 조에서 같다)·하천 그 밖에 건축이 금지된 공지에 접한 도로를 전면도로로 하는 대지안의 건축물이나 공원·광장·하천 그 밖에 건축이 금지된 공지에 20미터 이상 접한 대지안의 건축물 (2) 너비 25미터 이상인 도로에 20미터 이상 접한 대지안의 건축면적이 1천제곱미터 이상인 건축물 1.6 다음 각호의 지역·지구 또는 구역안에서 건축물을 건축하고자 하는 자가 그 대지의 일부를 공공시설부지로 제공하는 경우에는 당해 건축물에 대한 용적률은 해당 용적률의 200퍼센트 이하의 범위안에서 대지면적의 제공비율에 따라 특별시·광역시·특별자치시·특별자치도·시 또는 군의 도시·군계획조례가 정하는 비율로 할 수 있다. (1) 상업지역 (2) 「도시 및 주거환경정비법」에 의한 주택재개발사업, 도시환경정비사업 및 주택재건축사업을 시행하기 위한 정비구역	

[2-13] 국토의 계획 및 이용에 관한 법률 제79조(용도지역 미지정 또는 미세분지역에서의 행위제한 등)

처 리 기 준	비 고
1.1 도시지역, 관리지역, 농림지역 또는 자연환경보전지역으로 용도가 지정되지 아니한 지역에 대하여는 제76조부터 제78조까지의 규정을 적용할 때에 자연환경보전지역에 관한 규정을 적용한다. 1.2 제36조에 따른 도시지역 또는 관리지역이 같은 조 제1항 각 호 각 목의 세부 용도지역으로 지정되지 아니한 경우에는 제76조부터 제78조까지의 규정을 적용할 때에 해당 용도지역이 도시지역인 경우에는 녹지지역 중 보전녹지지역에 관한 규정을 적용하고, 관리지역인 경우에는 보전관리지역에 관한 규정을 적용한다.	

[2-14] 국토의 계획 및 이용에 관한 법률 제80조(개발제한구역에서의 행위제한 등)

처 리 기 준	비 고
1.1 개발제한구역에서의 행위 제한이나 그 밖에 개발제한구역의 관리에 필요한 사항은 따로 법률로 정한다.	

[2-15] 국토의 계획 및 이용에 관한 법률 제81조(시가화조정구역 안에서의 행위제한 등)

처 리 기 준	비 고
1. 시가화조정구역 안에서의 행위제한 1.1 시가화조정구역에서의 시행할 수 있는 도시·군계획사업 국방상 또는 공익상 시가화조정구역안에서의 사업시행이 불가피한 것으로서 관계 중앙행정기관의 장의 요청에 의하여 국토교통부장관이 시가화조정구역의 지정목적달성에 지장이 없다고 인정하는 도시·군계획사업 1.2 특별시장·광역시장·특별자치시장·특별자치도지사·시장 또는 군수의 허가를 받아 할 수 있는 행위 (1) 농업·임업 또는 어업을 영위하는 자가 행하는 다음 각목의 1에 해당하는 건축물 그 밖의 시설의 건축 가. 축사 나. 퇴비사 다. 잠실 라. 창고(저장 및 보관시설을 포함한다) 마. 생산시설(단순가공시설을 포함한다) 바. 관리용건축물로서 기존 관리용건축물의 면적을 포함하여 33제곱미터 이하인 것 사. 양어장	

처 리 기 준	비 고
(2) 마을공동시설, 공익시설·공공시설, 광공업 등 주민의 생활을 영위하는 데에 필요한 행위로서 아래에 해당하는 행위 가. 주택 및 그 부속건축물의 건축으로서 다음의 1에 해당하는 행위 - 주택의 증축(기존주택의 면적을 포함하여 100제곱미터 이하에 해당하는 면적의 증축을 말한다) - 부속건축물의 건축(주택 또는 이에 준하는 건축물에 부속되는 것에 한하되, 기존건축물의 면적을 포함하여 33제곱미터 이하에 해당하는 면적의 신축·증축·재축 또는 대수선을 말한다) 나. 마을공동시설의 설치로서 다음의 1에 해당하는 행위 - 농로·제방 및 사방시설의 설치 - 새마을회관의 설치 - 기존정미소(개인소유의 것을 포함한다)의 증축 및 이축(시가화조정구역의 인접지에서 시행하는 공공사업으로 인하여 시가화조정구역 안으로 이전하는 경우를 포함한다) - 정자 등 간이휴게소의 설치 - 농기계수리소 및 농기계용 유류판매소(개인소유의 것을 포함한다)의 설치 - 선착장 및 물양장의 설치 다. 공익시설·공용시설 및 공공시설 등의 설치로서 다음의 1에 해당하는 행위 - 공익사업을위한토지등의취득및보상에관한법률 제4조에 해당하는 공익사업을 위한 시설의 설치 - 문화재의 복원과 문화재관리용 건축물의 설치 - 보건소·경찰파출소·119안전센터·우체국 및 읍·면·동사무소의 설치 - 공공도서관·전신전화국·직업훈련소·연구소·양수장·초소·대피소 및 공중화장실과 예비군운영에 필요한 시설의 설치 - 농업협동조합법에 의한 조합, 산림조합 및 수산업협동조합(어촌계를 포함한다)의 공동구판장·하치장 및 창고의 설치 - 사회복지시설의 설치 - 환경오염방지시설의 설치 - 교정시설의 설치 - 야외음악당 및 야외극장의 설치 라. 광공업 등을 위한 건축물 및 공작물의 설치로서 다음의 1에 해당하는 행위 - 시가화조정구역 지정당시 이미 외국인투자기업이 경영하는 공장, 수출품의 생산 및 가공공장, 「중소기업진흥에 관한 법률」 제29조에 따라 중소기업협동화실천계획의 승인을 얻어 설립된 공장 그 밖에 수출진흥과 경제발전에 현저히 기여할 수 있는 공장의 증축(증축면적은 기존시설 연면적의 100퍼센트에 해당하는 면적 이하로 하되, 증축을 위한 토지의 형질변경은 증축할 건축물의 바닥면적의 200퍼센트를 초과할 수 없다)과 부대시설의 설치	

처 리 기 준	비 고
- 시가화조정구역 지정당시 이미 관계법령의 규정에 의하여 설치된 공장의 부대시설의 설치(새로운 대지조성은 허용되지 아니하며, 기존공장 부지안에서의 건축에 한한다) - 시가화조정구역 지정당시 이미 광업법에 의하여 설정된 광업권의 대상이 되는 광물의 개발에 필요한 가설건축물 또는 공작물의 설치 - 토석의 채취에 필요한 가설건축물 또는 공작물의 설치 마. 기존 건축물의 동일한 용도 및 규모안에서의 개축·재축 및 대수선 바. 시가화조정구역안에서 허용되는 건축물의 건축 또는 공작물의 설치를 위한 공사용 가설건축물과 그 공사에 소요되는 블록·시멘트벽돌·쇄석·레미콘 및 아스콘 등을 생산하는 가설공작물의 설치 사. 다음의 1에 해당하는 용도변경행위 - 관계법령에 의하여 적법하게 건축된 건축물의 용도를 시가화조정구역안에서의 신축이 허용되는 건축물로 변경하는 행위 - 공장의 업종변경(오염물질 등의 배출이나 공해의 정도가 변경전의 수준을 초과하지 아니하는 경우에 한한다) - 공상·주택 등 시가화조정구역안에서의 신축이 금지된 시설의 용도를 근린생활시설(수퍼마켓·일용품소매점·취사용가스판매점·일반음식점·다과점·다방·이용원·미용원·세탁소·목욕탕·사진관·목공소·의원·약국·접골시술소·안마시술소·침구시술소·조산소·동물병원·기원·당구장·장의사·탁구장 등 간이운동시설 및 간이수리점에 한한다) 또는 종교시설로 변경하는 행위 아. 종교시설의 증축(새로운 대지조성은 허용되지 아니하며, 증축면적은 시가화조정구역 지정당시의 종교시설 연면적의 200퍼센트를 초과할 수 없다) (3) 입목의 벌채, 조림, 육림, 토석의 채취, 그 밖에 아래의 경미한 행위 가. 입목의 벌채, 조림, 육림, 토석의 채취 나. 다음의 1에 해당하는 토지의 형질변경 - (1) 및 (2)에 의한 건축물의 건축 또는 공작물의 설치를 위한 토지의 형질변경 - 공익사업을위한토지등의취득및보상에관한법률 제4조에 해당하는 공익사업을 수행하기 위한 토지의 형질변경 - 농업·임업 및 어업을 위한 개간과 축산을 위한 초지조성을 목적으로 하는 토지의 형질변경 - 시가화조정구역 지정당시 이미 광업법에 의하여 설정된 광업권의 대상이 되는 광물의 개발을 위한 토지의 형질변경 다. 토지의 합병 및 분할	

처 리 기 준	비 고
1.3 특별시장·광역시장·특별자치시장·특별자치도지사·시장 또는 군수는 1.2에 따른 허가를 하려면 미리 다음 각 호의 어느 하나에 해당하는 자와 협의하여야 한다. (1) 산지전용허가, 산지일지사용허가, 입목벌채 등의 허가에 관한 권한이 있는 자 (2) 허가대상행위와 관련이 있는 공공시설의 관리자 (3) 허가대상행위에 따라 설치되는 공공시설을 관리하게 될 자 1.4 시가화조정구역에서 1.2에 따른 허가를 받지 아니하고 건축물의 건축, 토지의 형질 변경 등의 행위를 하는 자에 관하여는 제60조제3항 및 제4항을 준용한다. 1.5 1.2항에 따른 허가가 있는 경우에는 다음 각 호의 허가 또는 신고가 있는 것으로 본다. (1) 「산지관리법」 제14조·제15조에 따른 산지전용허가 및 산지전용신고, 같은 법 제15조의2에 따른 산지일시사용허가·신고 (2) 「산림자원의 조성 및 관리에 관한 법률」 제36조제1항·제4항에 따른 입목벌채 등의 허가·신고 1.6 시가화조정구역안에서의 행위허가의 기준 (1) 특별시장·광역시장·특별자치시장·특별자치도지사·시장 또는 군수는 시가화조정구역의 지정목적달성에 지장이 있거나 당해 토지 또는 주변토지의 합리적인 이용에 지장이 있다고 인정되는 경우에는 허가를 하여서는 아니된다. (2) 시가화조정구역안에 있는 산림안에서의 입목의 벌채, 조림 및 육림의 허가기준에 관하여는 「산림자원의 조성 및 관리에 관한 법률」의 규정에 의한다. (3) 시가화조정구역안에서 허가를 거부할 수 없는 행위 가. 제52조제1항 각호 및 제53조 각호의 경미한 행위 나. 다음 각목의 1에 해당하는 행위 - 축사의 설치 : 1가구(시가화조정구역안에서 주택을 소유하면서 거주하는 경우로서 농업 또는 어업에 종사하는 1세대를 말한다. 이하 이 호에서 같다)당 기존축사의 면적을 포함하여 300제곱미터 이하(나환자촌의 경우에는 500제곱미터 이하). 다만, 과수원·초지 등의 관리사 인근에는 100제곱미터 이하의 축사를 별도로 설치할 수 있다. - 퇴비사의 설치 : 1가구당 기존퇴비사의 면적을 포함하여 100제곱미터 이하 - 잠실의 설치 : 뽕나무밭 조성면적 2천제곱미터당 또는 뽕나무 1천800주당 50제곱미터 이하	

처 리 기 준	비 고
- 창고의 설치 : 시가화조정구역안의 토지 또는 그 토지와 일체가 되는 토지에서 생산되는 생산물의 저장에 필요한 것으로서 기존창고면적을 포함하여 그 토지면적의 0.5퍼센트 이하. 다만, 감귤을 저장하기 위한 경우에는 1퍼센트 이하로 한다. - 관리용건축물의 설치 : 과수원·초지·유실수단지 또는 원예단지안에 설치하되, 생산에 직접 공여되는 토지면적의 0.5퍼센트 이하로서 기존관리용 건축물의 면적을 포함하여 33제곱미터 이하 다. 「건축법」 제14조제1항 각 호의 건축신고로서 건축허가를 갈음하는 행위 (4) 특별시장·광역시장·특별자치시장·특별자치도지사·시장 또는 군수는 법 제81조제2항의 규정에 의한 허가를 함에 있어서 시가화조정구역의 지정목적상 필요하다고 인정되는 경우에는 조경 등 필요한 조치를 할 것을 조건으로 허가할 수 있다. (5) 특별시장·광역시장·특별자치시장·특별자치도지사·시장 또는 군수는 법 제81조제2항의 규정에 의한 허가를 하고자 하는 때에는 당해 행위가 도시·군계획사업의 시행에 지장을 주는지의 여부에 관하여 당해 시가화조정구역안에서 시행되는 도시·군계획사업의 시행자의 의견을 들어야 한다. (6) 개발해위허가의 규모 및 기준은 법 제81조제2항의 규정에 의한 허가에 관하여 이를 준용한다. (7) 허가를 신청하고자 하는 자는 아래의 서류를 특별시장·광역시장·특별자치시장·특별자치도지사·시장 또는 군수에게 제출하여야 한다. 가. 행위허가신청서(「건축법」에 의한 건축허가·신고대상인 건축물 또는 축조신고 대상인 공작물인 경우에는 「건축법 시행규칙」이 정하는 해당 신청서 또는 신고서) 나. 사업계획서 다. 공사설계도서(영 별표 24 제3호 및 영 별표 26 제3호의 규정에 의한 경미한 행위인 경우를 제외한다) 라. 당해 행위에 따른 기반시설의 설치 또는 그에 필요한 용지확보·위해방지·환경오염방지·경관 또는 조경 등에 관한 계획서	

[3] 농지법 제32조(용도구역에서의 행위제한)

처 리 기 준	비 고
1. 용도구역에서의 행위제한 1.1 농업진흥구역에서 할 수 있는 행위 (1) 대통령령으로 정하는 농수산물(농산물·임산물·축산물·수산물을 말한다. 이하 같다)의 가공·처리 시설의 설치 및 농수산업(농업·임업·축산업·수산업을 말한다. 이하 같다) 관련 시험·연구 시설의 설치 (2) 어린이놀이터, 마을회관, 그 밖에 대통령령으로 정하는 농업인의 공동생활에 필요한 편의 시설 및 이용 시설의 설치 (3) 농업인 주택, 어업인 주택이나 그 밖에 대통령령으로 정하는 농업용 시설, 축산업용 시설 또는 어업용 시설의 설치 (4) 국방·군사 시설의 설치 (5) 하천, 제방, 그 밖에 이에 준하는 국토 보존 시설의 설치 (6) 「국가유산기본법」 제3조에 따른 국가유산의 보수・복원・이전, 매장유산의 발굴, 비석이나 기념탑, 그 밖에 이와 비슷한 공작물의 설치 (7) 도로, 철도, 그 밖에 대통령령으로 정하는 공공시설의 설치 (8) 지하자원 개발을 위한 탐사 또는 지하광물 채광(採鑛)과 광석의 선별 및 적치(積置)를 위한 장소로 사용하는 행위 (9) 농어촌 소득원 개발 등 농어촌 발전에 필요한 시설로서 대통령령으로 정하는 시설의 설치 (10) 농작물의 경작 (11) 다년생식물의 재배 (12) 고정식온실·버섯재배사 및 비닐하우스와 그 부속시설의 설치 (13) 축사·곤충사육사와 농림축산식품부령으로 정하는 그 부속시설의 설치 (14) 농막 및 간이저온저장고·간이퇴비장 또는 간이액비저장조의 설치 (15) 농지개량사업 또는 농업용수개발사업의 시행 (16) 농림축산식품부령으로 정하는 지역, 지구 또는 구역 안에서 수직농장·식물공장의 설치 1.2 농업·축산업 영위 등에 필요한 농업용·축산업용 시설의 범위 (1) 탈곡장 및 잎담배건조실 (2) 농업인 또는 농업법인이 자기의 농업경영에 사용하는 비료·종자·농약·농기구·사료 등의 농업자재를 생산 또는 보관하기 위하여 설치하는 시설 (3) 농업용·축산업용 관리사(주거목적이 아닌 경우에 한정한다) (4) 총부지의 면적이 1천500제곱미터 이하인 콩나물재배사 1.3 농업보호구역에서 할 수 있는 행위 (1) 「농어촌정비법」 제2조제16호나목에 따른 관광농원사업으로 설치하는 시설로서 그 부지가 2만제곱미터 미만인 것 (2) 「농어촌정비법」 제2조제16호다목에 따른 주말농원사업으로 설치하는 시설로서 그 부지가 3천제곱미터 미만인 것 (3) 태양에너지 발전설비로서 농업보호구역 안의 부지 면적이 1만제곱미터 미만인 것	

[3-1] 농지법 제34조(농지의 전용허가·협의)

처 리 기 준	비 고
1. 농지의 전용허가·협의 1.1 농지의 전용허가를 받지 않아도 되는 경우 (1) 「국토의 계획 및 이용에 관한 법률」에 따른 도시지역 또는 계획관리지역에 있는 농지로서 제2항에 따른 협의를 거친 농지나 제2항제1호 단서에 따라 협의 대상에서 제외되는 농지를 전용하는 경우 (2) 제35조에 따라 농지전용신고를 하고 농지를 전용하는 경우 (3) 「산지관리법」 제14조에 따른 산지전용허가를 받지 아니하거나 같은 법 제15조에 따른 산지전용신고를 하지 아니하고 불법으로 개간한 농지를 산림으로 복구하는 경우 1.2 농지 전용협의를 받아야 하는 경우 (1) 「국토의 계획 및 이용에 관한 법률」에 따른 도시지역에 주거지역·상업지역·공업지역을 지정하거나 같은 법에 따른 도시지역에 도시·군계획시설을 결정할 때에 해당 지역 예정지 또는 시설 예정지에 농지가 포함되어 있는 경우. 다만, 이미 지정된 주거지역·상업지역·공업지역을 다른 지역으로 변경하거나 이미 지정된 주거지역·상업지역·공업지역에 도시·군계획시설을 결정하는 경우는 제외한다. (2) 「국토의 계획 및 이용에 관한 법률」에 따른 계획관리지역에 지구단위계획구역을 지정할 때에 해당 구역 예정지에 농지가 포함되어 있는 경우 (3) 「「국토의 계획 및 이용에 관한 법률」에 따른 도시지역의 녹지지역 및 개발제한구역의 농지에 대하여 같은 법 제56조에 따라 개발행위를 허가하거나 「개발제한구역의 지정 및 관리에 관한 특별조치법」 제12조제1항 각 호 외의 부분 단서에 따라 토지의 형질변경허가를 하는 경우 1.3 농지전용허가 제한대상시설 (1) 「대기환경보전법 시행령」 별표 1의3에 따른 1종사업장부터 4종사업장까지의 사업장에 해당하는 시설. 다만, 미곡종합처리장의 경우에는 3종사업장 또는 4종사업장에 해당하는 시설을 제외한다. (2) 「대기환경보전법 시행령」 별표 1의3에 따른 5종사업장에 해당하는 시설 중 「대기환경보전법」 제2조제9호에 따른 특정대기유해물질을 배출하는 시설. 다만, 「자원의 절약과 재활용촉진에 관한 법률」 제2조제10호에 따른 재활용시설, 「폐기물관리법」 제2조제8호에 따른 폐기물처리시설 및 「의료법」 제16조에 따른 세탁물의 처리시설을 제외한다. (3) 「물환경보전법 시행령」 별표 13에 따른 1종사업장부터 4종사업장까지의 사업장에 해당하는 시설	

처 리 기 준	비 고
(4)「물환경보전법 시행령」 별표 13에 따른 5종사업장에 해당하는 시설 중 농림축산식품부령으로 정하는 시설. 다만, 「자원의 절약과 재활용촉진에 관한 법률」 제2조제6호에 따른 재활용시설, 「폐기물관리법」 제2조제8호에 따른 폐기물처리시설 및 「농수산물유통 및 가격안정에 관한 법률」 제2조제5호에 따른 농수산물공판장 중 축산물공판장을 제외한다. (5)「건축법 시행령」 별표 1 제2호가목, 제3호나목, 제4호가목(일반음식점에 한한다)·나목·사목(이 영 제29조제2항제1호 및 제29조제7항제3호·제4호의 시설을 제외한다)·차목, 제5호, 제8호, 제10호다목·라목·바목, 제14호, 제15호(「제주특별자치도 설치 및 국제자유도시 조성을 위한 특별법」 제174조제1항에 따른 1천제곱미터 이하의 휴양펜션업 시설을 제외한다)·제16호, 제20호나목부터 바목까지 및 제27호에 해당하는 시설 (6)「건축법 시행령」 별표 1 제1호, 제3호가목·다목부터 바목까지·자목, 제4호가목(일반음식점을 제외한다)·다목부터 바목까지·아목·자목·카목·타목, 제6호, 제11호, 제12호, 제13호, 제19호, 제20호가목·사목·아목 및 제26호에 해당하는 시설로서 그 부지로 사용하려는 농지의 면적이 1천제곱미터를 초과하는 것 (7)「건축법 시행령」 별표 1 제2호나목 및 다목에 해당하는 시설로서 그 부지로 사용하려는 농지의 면적이 1만 5천제곱미터를 초과하는 것 (8)「건축법 시행령」 별표 1 제7호가목·나목, 제17호, 제18호에 해당하는 시설 및 「농어촌정비법」 제2조제16호나목에 따른 관광농원사업의 시설로서 그 부지로 사용하려는 농지의 면적이 3만제곱미터를 초과하는 것 (9) (5)부터 (8)까지의 규정에 해당되지 아니하는 시설로서 그 부지로 전용하려는 농지의 면적이 1만제곱미터를 초과하는 것. 다만, 그 시설이 법 제32조제1항제3호부터 제8호까지의 규정에 따라 농업진흥구역에 설치할 수 있는 시설, 도시·군계획시설, 「농어촌정비법」 제101조에 따른 마을정비구역으로 지정된 구역에 설치하는 시설, 「도로법」 제3조에 따른 도로부속물 중 고속국도관리청이 설치하는 고속국도의 도로부속물 시설, 「자연공원법」 제2조제10호에 따른 공원시설 및 「체육시설의 설치·이용에 관한 법률」 제3조에 따른 골프장에 해당되는 경우를 제외한다. (10) 그 밖에 해당 지역의 농지규모·농지보전상황 등 농업여건을 감안하여 시(특별시 및 광역시를 포함한다)·군의 조례로 정하는 농업의 진흥이나 농지의 보전을 저해하는 시설	

[3-2] 농지법 제35조(농지전용신고)

처 리 기 준

1. 농지전용신고

1.1 농지의 전용신고를 해야하는 시설

(1) 농업인 주택, 어업인 주택, 농축산업용 시설(제2조제1호나목에 따른 개량시설과 농축산물 생산시설은 제외한다), 농수산물 유통·가공 시설

(2) 어린이놀이터·마을회관 등 농업인의 공동생활 편의 시설

1.2 농지전용 신고대상시설의 범위·규모 등

시설의 범위	설치자의 범위	규모
1. 농업진흥지역 밖에 설치하는 제29조제4항에 해당하는 농업인 주택 또는 어업인 주택	제29조제4항제1호 각 목의 어느 하나에 해당하는 무주택인 세대의 세대주	세대당 660제곱미터 이하
2. 제29조제5항제1호에 해당하는 시설 및 같은 항 제4호에 해당하는 시설 중 농업용시설	제29조제4항제1호 각 목의 어느 하나에 해당하는 세대의 세대원인 농업인과 농업법인	· 농업인 : 세대당 1천500제곱미터 이하 · 농업법인 : 법인당 7천제곱미터(농업진흥지역 안의 경우에는 3천300제곱미터) 이하
3. 농업진흥지역 밖에 설치하는 제29조제5항제2호 · 제3호에 해당하는 시설 또는 같은 항 제4호에 해당하는 시설 중 축산업용시설	제29조제4항제1호 각 목의 어느 하나에 해당하는 세대의 세대원인 농업인과 농업법인	· 농업인 : 세대당 1천500제곱미터 이하 · 농업법인 : 법인당 7천제곱미터
4. 자기가 생산한 농수산물을 처리하기 위하여 농업진흥지역 밖에 설치하는 집하장 · 선과장 · 판매장 또는 가공공장등 농수산물 유통 · 가공시설(창고 · 관리사 등 필수적인 부대시설을 포함한다)	제29조제4항제1호 각 목의 어느 하나에 해당하는 세대의 세대원인 농업인과 이에 준하는 어업인세대의 세대원인 어업인	세대당 3천300제곱미터이하
5. 구성원(조합원)이 생산한 농수산물을 처리하기 위하여 농업진흥지역 밖에 설치하는 집하장 · 선과장 · 판매장 · 창고 또는 가공공장 등 농수산물 유통 · 가공시설	「농업 · 농촌 및 식품산업 기본법」에 따른 생산자단체, 「농어업경영체 육성 및 지원에 관한 법률」에 따른 영농조합법인 및 영농회사법인, 「수산업협동조합법」에 따른 어촌계 · 수산업협동조합 및 그 중앙회 또는 「농어업경영체 육성 및 지원에 관한 법률」 제16조에 따른 영어조합법인	단체당 7천제곱미터 이하
6. 농업진흥지역 밖에 설치하는 법 제32조제1항제2호에 해당하는 다음 각 목의 시설 가. 어린이놀이터 · 마을회관 나. 창고 · 작업장 · 농기계수리시설 · 퇴비장 다. 경로당 · 어린이집 · 유치원 등 노유자시설, 정자 및 보건진료소 라. 일반목욕장 · 구판장 · 운동시설 · 마을공동주차장 · 마을공동취수장 · 마을공동농산어촌체험장	제한없음	제한없음
7. 제29조제2항제2호에 해당하는 농수산업 관련 시험 · 연구시설	비영리법인	법인당 7천제곱미터(농업진흥지역 안의 경우에는 3천제곱미터) 이하
8. 농업진흥지역 밖에 설치하는 양어장 및 양식장	제29조제4항제1호 각 목의 어느 하나에 해당하는 세대의 세대원인 농업인 및 이에 준하는 어업인세대의 세대원인 어업인, 농업법인 및 「농어업경영체 육성 및 지원에 관한 법률」 제16조에 따른 영어조합법인	세대 또는 법인당 1만제곱미터 이하
9. 농업진흥지역 밖에 설치하는 제29조제7항제1호에 해당하는 어업용시설 중 양어장 및 양식장을 제외한 시설	제29조제4항제1호 각 목의 어느 하나에 해당하는 세대의 세대원인 농업인 및 이에 준하는 어업인세대의 세대원인 어업인, 농업법인 및 「농어업경영체 육성 및 지원에 관한 법률」 제16조에 따른 영어조합법인	세대 또는 법인당 1천500제곱미터 이하

비 고

<비고>

1. 제1호에 해당하는 시설은 해당 설치자가 생애 최초로 설치하는 시설로 한정한다.
2. 제2호부터 제9호까지에 해당하는 시설에 대하여 규모를 적용할 때에는 해당 시설의 설치자가 농지전용신고일 이전 5년간 그 시설의 부지로 전용한 면적을 합산한다.

[4] 군사기지 및 군사시설보호법 제13조(행정기관의 처분에 관한 협의 등)

처 리 기 준	비 고
1. 행정기관의 처분에 관한 협의 1.1 보호구역 안에서의 행정기관의 처분에 관한 협의를 하여야 하는 경우 (1) 건축물의 신축·증축 또는 공작물의 설치와 건축물의 용도변경 (2) 도로·철도·교량·운하·터널·수로·매설물 등과 그 부속 공작물의 설치 또는 변경 (3) 하천 또는 해면의 매립·준설(浚渫)과 항만의 축조 또는 변경 (4) 광물·토석(土石) 또는 토사(土砂)의 채취 (5) 해안의 굴착 (6) 조림 또는 임목(林木)의 벌채 (7) 토지의 개간 또는 지형의 변경 (8) 해저시설물의 부설 또는 변경 (9) 통신시설의 설치와 그 사용 (10)총포의 발사 또는 폭발물의 폭발 (11)해운의 영위 (12)어업권의 설정, 수산동식물의 포획 또는 채취 (13)부표(浮標)·입표(立標), 그 밖의 표지의 설치 또는 변경 1.2 비행안전구역, 대공방어협조구역 안에서의 행정기관의 처분에 관하여 협의를 하여야 하는 경우 (1) 비행안전구역 안에서 「군사기지 및 군사시설보호법」 제10조제1항제2호·제4호 및 제2항에 저촉될 우려가 있는 건축물의 건축, 공작물·등화의 설치·변경 또는 식물의 재배 (2) 대공방어협조구역 안에서 대통령령으로 정하는 일정 높이 이상의 건축물의 건축 및 공작물의 설치 1.3 행정기관의 처분에 관한 협의가 제외되는 경우(단, (1),(2),(7),(8)에 관한 사항은 통제보호구역과 폭발물 관련 군사시설이 있는 보호구역 안에서는 협의 필요) (1) 기존의 건축물·공작물의 개축·재축·대수선 (2) 「건축법 시행령」 제15조제5항에 따른 가설건축물의 건축. 다만, 전투진지 전방 500미터 이내 지역은 소각하거나 물리적으로 없애기 쉬운 시설에 한한다. (3) 입목의 간벌, 택벌 및 피해목 벌채 (4) 「산림자원의 조성 및 관리에 관한 법률」 제36조제4항에 따른 입목 벌채 등 (5) 「농어촌정비법」 제2조제5호나목에 따른 경지 정리, 배수 개선, 농업생산기반시설의 개수·보수 및 준설 등 농업생산기반 개량사업 (6) 「장사 등에 관한 법률」 제14조제1항제1호에 따른 개인묘지의 설치 및	

처 리 기 준	비 고
같은 법 제16조제1항제1호에 따른 개인·가족자연장지의 조성 (7) 「건축법」 제14조제1항 및 제16조제2항에 따른 신고의 대상이 되는 행위. 다만, 「건축법」 제14조제1항제2호에 해당하는 건축으로서 다음 각 목의 어느 하나에 해당하는 경우는 제외한다. 가. 기존 건축물이 있는 하나의 대지에 새로 건축물을 건축하여 이들 건축물의 연면적 합계가 200제곱미터 이상이 되는 경우 나. 하나의 대지에 둘 이상의 건축물을 건축하여 이들 건축물의 연면적 합계가 200제곱미터 이상이 되는 경우 (8) 「건축법」 제19조제2항에 따른 건축물의 용도변경. 다만, 「건축법」 제19조제2항제1호에 따른 허가 대상인 건축물의 용도변경 중 같은 법 시행령 제14조제5항제2호라목에 따른 위험물저장 및 처리시설, 같은 항 제3호가목에 따른 방송통신시설 및 같은 호 나목에 따른 발전시설로의 용도변경은 제외한다.	

[5] 자연공원법 제23조(행위허가)

처 리 기 준	비 고
1. 행정허가 1.1 공원관리청에 허가를 받아야 하는 행위 (1) 건축물이나 그 밖의 공작물을 신축·증축·개축·재축 또는 이축하는 행위 (2) 광물을 채굴하거나 흙·돌·모래·자갈을 채취하는 행위 (3) 개간이나 그 밖의 토지의 형질 변경(지하 굴착 및 해저의 형질 변경을 포함한다)을 하는 행위 (4) 수면을 매립하거나 간척하는 행위 (5) 하천 또는 호소(湖沼)의 물높이나 수량(水量)을 늘거나 줄게 하는 행위 (6) 야생동물[해중동물(海中動物)을 포함한다. 이하 같다]을 잡는 행위 (7) 나무를 베거나 야생식물(해중식물을 포함한다. 이하 같다)을 채취하는 행위 (8) 가축을 놓아먹이는 행위 (9) 물건을 쌓아 두거나 묶어 두는 행위 (10)경관을 해치거나 자연공원의 보전·관리에 지장을 줄 우려가 있는 건축물의 용도 변경과 그 밖의 행위로서 대통령령으로 정하는 행위 1.2 행위허가 신청서류 (1) 점용 또는 사업계획서(법 제23조제3항의 규정에 의한 공원위원회의 심의를 거치는 사항에 한한다) (2) 위치도·지적·임야도 및 평면도 (3) 토지사용승낙서(법 제23조제1항제1호 내지 제3호·제9호 및 이 영 제20조 각호의 1에 해당하는 행위로서 신청인 소유의 토지가 아닌 경우에 한한다) 1.3 공원관리청에 신고를 하고 할 수 있는 행위 (1) 공원마을지구에서 주거용·농림수산업용 건축물을 기존 연면적을 포함하여 200제곱미터 미만으로 증축하는 행위. 다만, 도로경계선으로부터 10미터 이내에 설치하는 경우에는 허가를 받아야 한다. (2)「산림자원의 조성 및 관리에 관한 법률」 제13조제1항에 따른 산림경영계획 및 「국유림의 경영 및 관리에 관한 법률」 제8조제1항에 따른 국유림경영계획 수립시 공원관리청과 협의된 벌채·육림·조림행위 (3) 공원자연환경지구에서 벌채목적이 아니면서 1헥타르당 50본 미만으로 자생종 나무를 심거나 1헥타르당 100제곱미터 미만의 면적에 풀을 심는 행위 (4) 공원마을지구에서 상업시설 또는 숙박시설을 주택으로 용도변경하는 행위 (5) 제14조제2호에 따른 섬지역에 거주하는 주민이 사망하여 그 섬지역의 공원구역에 「장사 등에 관한 법률」 제14조제1호에 따른 개인묘지를 설치하는 행위 1.4 신고를 생략하고 할 수 있는 행위 (1) 공원마을지구에서 주거용 또는 농림수산업용 건축물 기타 공작물을 개축·재축 또는 이축하는 행위. 다만, 도로경계선으로부터 10미터 이내인 경우에는 허가를 받아야 한다.	

처 리 기 준	비 고
(2) 공원자연환경지구·공원마을지구에서 연면적 10제곱미터의 범위 안에서 화장실을 개축하는 행위 (3) 공원자연환경지구·공원마을지구에서 농경지(실제로 사용되는 농경지만 해당한다) 정리를 위하여 토지의 형질을 변경하는 행위 (4) 공원구역에서 「도로법」 제20조에 따른 도로 관리청이 도로 주변의 정리를 위하여 토지의 형질을 변경하는 행위 (5) 영림계획이 수립되지 아니한 경우에 공원마을지구에서 자생종 나무 또는 풀을 심는 행위 (6) 공원자연환경지구·공원마을지구에서 농림수산 및 생활용수의 인수를 위하여 하천 또는 호수의 수면의 변동이나 수량의 증감을 초래하는 행위. 다만, 지하수를 개발하는 경우에는 허가를 받아야 한다. (7) 공원자연환경지구·공원마을지구에서 꿀벌을 기르거나 공원마을지구에서 1가구 5두 이하(조류는 1가구 20마리 이하)의 가축을 기르는 행위 (8) 공원자연환경지구·공원마을지구에서 농림수산물을 쌓아두거나 농작물수확을 위하여 일시적으로 10제곱미터 미만의 원두막을 설치하는 행위 (9) 자연공원 안의 거주민(공원구역 안에 거주하는 사로서 주민등록이 되어 있는 자를 말하며, 거주민이 협의체를 구성하는 경우에는 협의체를 포함한다)이 공원관리청과 자발적 협약을 체결하여 공원자연환경지구·공원마을지구에서 공원자원을 훼손하지 아니하는 범위안에서 약초·버섯·산나물·해산물 등을 채취하는 행위 (10)법 제18조제2항제1호사목에 따라 거주민(공원구역 안에 거주하는 자로서 주민등록이 되어 있는 자를 말한다)이 공원관리청과 자발적 협약을 체결하여 공원자연보존지구에서 행하는 임산물의 채취행위 (11)공원자연보존지구 외의 용도지구에서 농업용 비닐하우스를 설치하는 행위 (12)법 제23조제1항 각 호 외의 부분 본문에 따라 공원관리청의 허가를 받은 건축물의 규모를 축소하거나 주거용 건축물을 제14조의3부터 제14조의5까지의 규정에서 정하고 있는 행위기준 내에서 동수나 층수의 변경 없이 한 번만 연면적을 100분의 10 이내로 확대하는 행위 (13)산림청장 또는 지방산림청장이 「산림보호법」 제7조제1항제5호에 따른 산림유전자원보호구역에서 행하는 다음 각 목의 행위. 이 경우 공원관리청에 그 내용을 미리 알려야 한다. -「산림보호법」 제2조제4호 및 제5호에 따른 산림병해충의 예찰·방제를 위한 행위 -「산림보호법」 제2조제8호에 따른 산불방지를 위한 행위 -「산림보호법」 제9조제2항제1호에 따라 허가를 받은 행위(같은 법 시행령 제3조제2항제7호에 따른 전신주나 이동통신기지국의 설치 행위는 제외한다) -「산림보호법」 제13조제1항에 따른 보호수의 지정·관리를 위한 행위 -「산림보호법」 제43조에 따른 산불피해지의 복구 및 산림복원계획의 시행을 위한 행위 (14)법 제8조제2항에 따라 국립공원에 편입된 국유림 또는 공유림(2021년 12월 3일 이후 편입된 경우로 한정한다) 소관 중앙행정기관의 장 또는 지방자치단체의 장이 해당 국립공원(공원자연보존지구는 제외한다)에서 「산림자원의 조성 및 관리에 관한 법률」에 따른 산림사업을 하는 행위. 이 경우 공원관리청에 그 내용을 미리 알려야 한다. (15)자연환경의 훼손이나 공중의 이용에 지장을 초래할 염려가 없다고 공원관리청이 판단한 경미한 행위	

[6] 수도권정비계획법 제7조(과밀억제권역의 행위 제한)

처 리 기 준	비 고
1. 과밀억제권역의 행위 제한 1.1. 과밀억제권역의 범위 (1) 서울특별시 (2) 인천광역시[강화군, 옹진군, 서구 대곡동 · 불로동 · 마전동 · 금곡동 · 오류동 · 왕길동 · 당하동 · 원당동, 인천경제자유구역(경제자유구역에서 해제된 지역을 포함한다) 및 남동 국가산업단지는 제외한다] (3) 의정부시 (4) 구리시 (5) 남양주시(호평동, 평내동, 금곡동, 일패동, 이패동, 삼패동, 가운동, 수석동, 지금동 및 도농동만 해당한다) (6) 하남시 (7) 고양시 (8) 수원시 (9) 성남시 (10) 안양시 (11) 부천시 (12) 광명시 (13) 과천시 (14) 의왕시 (15) 군포시 (16) 시흥시[반월특수지역(반월특수지역에서 해제된 지역을 포함한다)은 제외한다] 1.2. 행위제한대상 (1) 고등교육법 제2조에 따른 학교로서 대학, 산업대학, 교육대학 또는 전문대학(이에 준하는 각종학교를 각각 포함한다. 이하 같다) (2) 산업집적활성화 및 공장설립에 관한 법률 제2조제1호에 따른 공장으로서 건축물의 연면적(제조시설로 사용되는 기계 또는 장치를 설치하기 위한 건축물 및 사업장의 각 층 바닥면적의 합계를 말한다)이 500㎡ 이상인 것 (3) 다음 각 목의 어느 하나에 해당하는 공공 청사(도서관, 전시장, 공연장, 군사시설 중 군부대의 청사, 국가정보원 및 그 소속 기관의 청사는 제외한다. 이하 같다)로서 건축물의 연면적이 1천㎡ 이상인 것 (가) 중앙행정기관 및 그 소속 기관의 청사	

처 리 기 준	비 고
(나) 다음에 해당하는 법인(이하 "공공법인"이라 한다)의 사무소(연구소와 연수 시설 등을 포함한다. 이하 같다) ① 정부가 자본금의 50/100 이상을 출자한 법인 및 그 법인이 자본금의 50/100 이상을 출자한 법인 ② 국유재산법에 따른 정부출자기업체 ③ 법률에 따른 정부 출연 대상 법인으로서 정부로부터 출연을 받거나 받은 법인 ④ 개별 법률에 따라 설립되는 법인으로서 주무부장관의 인가 또는 허가를 받지 아니하고 해당 법률에 따라 직접 설립된 법인 (가) 건축법 시행령 별표 1 제10호나목의 교육원, 같은 호 다목의 직업훈련소 및 같은 표 제20호사목의 운전 및 정비 관련 직업훈련소로서 건축물의 연면적이 3만㎡ 이상인 연수 시설. 다만, 지방자치단체 또는 지방자치단체가 출자하거나 출연한 법인이 설치하는 시설은 제외한다. (4) 공업지역의 지정 1.3. 허가등을 할 수 있는 행위 (1) 학교의 경우 (가) 제24조에 따른 총량규제의 내용에 적합한 범위에서의 산업대학, 전문대학, 대학원대학 또는 입학 정원이 50명 이내인 대학(컴퓨터, 통신, 디자인, 영상, 신소재, 생명공학 등 첨단 전문 분야의 대학으로서 교육부장관이 정하여 고시하는 대학의 경우에는 입학 정원이 100명 이내인 대학을 말한다. 이하 "소규모대학"이라 한다)의 신설. 다만, 소규모대학을 신설하는 경우에는 수도권정비위원회의 심의를 거친 경우만 해당한다. (나) 제24조에 따른 총량규제의 내용에 적합한 범위에서의 학교 입학 정원의 증원 (다) 신설된 지 8년이 지나지 아니한 소규모대학 입학 정원의 증원(최초 입학 정원의 100퍼센트 범위에서의 증원만 해당하며, 신설된 후 8년 이내에는 나목에 따른 증원을 할 수 없다)으로서 수도권정비위원회의 심의를 거친 것 (라) 수도권에서의 학교 이전 (마) 교육부장관이 대학의 구조개혁을 위하여 고시하는 국립대학 및 사립대학 통·폐합기준에 따른 대학과 전문대학 간 통·폐합으로 인한 대학의 신설·증설 또는 이전으로서 다음의 요건을 갖춘 것 ① 해당 대학 및 전문대학이 관할 시·도지사의 의견을 들어 교육부장관에게 요청한 것으로서 2012년 12월 31일까지 수도권정비위원회의 심의를 거칠 것	

처 리 기 준	비 고
② 대학 본부가 수도권 밖에서 성장관리권역으로 이전하거나 성장관리권역에 신설되지 아니할 것 ③ 대학의 교사(校舍)와 교지(校地) 등이 종전과 같이 사용되고, 폐지되는 전문대학의 교사와 교지 등은 대학의 교사와 교지 등으로 전환될 것 (바) 「고등교육법」 제40조의2에 따른 산업대학의 폐지로 인한 대학의 설립으로서 2011년 9월 28일까지 수도권정비위원회의 심의를 거친 것 2. 공공 청사의 경우 (가) 다음에 해당하는 공공 청사의 신축, 증축 또는 용도변경으로서 수도권정비위원회의 심의를 거친 것. 다만, 2)에 해당하는 공공 청사의 경우에는 증축이나 용도변경만 가능하며, 수도권이 아닌 지역에 있는 3)에 해당하는 공공법인이 성장관리권역에 사무소를 신축하는 경우는 제외한다. ① 중앙행정기관(청은 제외한다)의 청사 ② 중앙행정기관 중 청의 청사, 중앙행정기관의 소속 기관의 청사(교육, 연수 또는 시험기관의 청사는 제외한다) ③ 공공법인의 사무소 (나) 다음의 어느 하나에 해당하는 행위 ① 중앙행정기관의 소속 기관 및 공공법인(지점을 포함한다) 중 수도권만을 관할하는 기관 및 공공법인의 청사 또는 사무소의 신축, 증축 또는 용도변경 ② 중앙행정기관의 소속 기관 및 공공법인(지점을 포함한다) 중 관할 구역이 수도권과 그 인근의 도 지역만을 관할하는 기관 및 공공법인의 청사 또는 사무소의 신축, 증축 또는 용도변경으로서 국토교통부장관과 협의를 거친 것 3. 연수 시설의 경우 (가) 연수 시설의 신축, 증축 또는 용도변경으로서 수도권정비위원회의 심의를 거친 것 (나) 기존 연수 시설의 건축물 연면적의 100분의 20 범위에서의 증축 (다) 수도권에서 이전하는 연수 시설의 종전 규모의 범위에서의 신축, 증축 또는 용도변경 (라) 다음의 어느 하나에 해당하는 경우 ① 과밀억제권역에서 이전하는 공장 등을 계획적으로 유치하기 위하여 필요한 지역 ② 개발 수준이 다른 지역에 비하여 뚜렷하게 낮은 지역의 주민 소득 기반을 확충하기 위하여 필요한 지역 ③ 공장이 밀집된 지역을 재정비하기 위하여 필요한 지역 ④ 관계 중앙행정기관의 장이 산업정책상 필요하다고 인정하여 국토교통부장관에게 요청한 지역	

[6-1] 수도권정비계획법 제8조(성장관리권역의 행위 제한)

처 리 기 준	비 고
1. 성장관리권역의 행위 제한 2.1. 성장관리권역의 범위 (1) 인천광역시[강화군, 옹진군, 서구 대곡동 · 불로동 · 마전동 · 금곡동 · 오류동 · 왕길동 · 당하동 · 원당동, 인천경제자유구역(경제자유구역에서 해제된 지역을 포함한다) 및 남동 국가산업단지만 해당한다] (2) 동두천시 (3) 안산시 (4) 오산시 (5) 평택시 (6) 파주시 (7) 남양주시(별내동, 와부읍, 진전읍, 별내면, 퇴계원면, 진건읍 및 오남읍만 해당한다) (8) 용인시(신갈동, 하갈동, 영덕동, 구갈동, 상갈동, 보라동, 지곡동, 공세동, 고매동, 농서동, 서천동, 언남동, 청덕동, 마북동, 동백동, 중동, 상하동, 보정동, 풍덕천동, 신봉동, 죽전동, 동천동, 고기동, 상현동, 성복동, 남사면, 이동면 및 원삼면 목신리 · 죽릉리 · 학일리 · 독성리 · 고당리 · 문촌리만 해당한다) (9) 연천군 (10) 포천시 (11) 양주시 (12) 김포시 (13) 화성시 (14) 안안성시(가사동, 가현동, 명륜동, 숭인동, 봉남동, 구포동, 동본동, 영동, 봉산동, 성남동, 창전동, 낙원동, 옥천동, 현수동, 발화동, 옥산동, 석정동, 서인동, 인지동, 아양동, 신흥동, 도기동, 계동, 중리동, 사곡동, 금석동, 당왕동, 신모산동, 신소현동, 신건지동, 금산동, 연지동, 대천동, 대덕면, 미양면, 공도읍, 원곡면, 보개면, 금광면, 서운면, 양성면, 고삼면, 죽산면 두교리 · 당목리 · 칠장리 및 삼죽면 마전리 · 미장리 · 진촌리 · 기솔리 · 내강리만 해당한다) (15) 시흥시 중 반월특수지역(반월특수지역에서 해제된 지역을 포함한다) 2.2. 행위제한대상 (1) 허가등을 할 수 있는 행위를 제외한 학교, 공공 청사, 연수 시설, 그 밖의 인구집중유발시설의 신설·증설	

처 리 기 준	비 고
2.3. 허가등을 할 수 있는 행위 (1) 학교의 경우 (가) 영 제24조에 따른 총량규제의 내용에 적합한 범위에서의 산업대학, 전문대학, 대학원대학 또는 입학 정원이 50명 이내인 대학(컴퓨터, 통신, 디자인, 영상, 신소재, 생명공학 등 첨단 전문 분야의 대학으로서 교육부장관이 정하여 고시하는 대학의 경우에는 입학 정원이 100명 이내인 대학을 말한다. 이하 "소규모대학"이라 한다)의 신설. 다만, 소규모대학을 신설하는 경우에는 수도권정비위원회의 심의를 거친 경우만 해당한다. (나) 영 제24조에 따른 총량규제의 내용에 적합한 범위에서의 학교 입학 정원의 증원 (다) 신설된 지 8년이 지나지 아니한 소규모대학 입학 정원의 증원(최초 입학 정원의 100% 범위에서의 증원만 해당하며, 신설된 후 8년 이내에는 (나)목에 따른 증원을 할 수 없다)으로서 수도권정비위원회의 심의를 거친 것 (라) 수도권에서의 학교 이전 (마) 교육부장관이 대학의 구조개혁을 위하여 고시하는 국립대학 및 사립대학 통・폐합기준에 따른 대학과 전문대학 간 통・폐합으로 인한 대학의 신설・증설 또는 이전으로서 다음의 요건을 갖춘 것 ① 해당 대학 및 전문대학이 관할 시・도지사의 의견을 들어 교육부장관에게 요청한 것으로서 2012년 12월 31일까지 수도권정비위원회의 심의를 거칠 것 ② 대학 본부가 수도권 밖에서 성장관리권역으로 이전하거나 성장관리권역에 신설되지 아니할 것 ③ 대학의 교사와 교지 등이 종전과 같이 사용되고, 폐지되는 전문대학의 교사와 교지 등은 대학의 교사와 교지 등으로 전환될 것 (바) 고등교육법 제40조의2에 따른 산업대학의 폐지로 인한 대학의 설립으로서 2011년 9월 28일까지 수도권정비위원회의 심의를 거친 것 (2) 공공 청사의 경우 (가) 다음에 해당하는 공공 청사의 신축, 증축 또는 용도변경으로서 수도권정비위원회의 심의를 거친 것. 다만, ②에 해당하는 공공 청사의 경우에는 증축이나 용도변경만 가능하며, 수도권이 아닌 지역에 있는 ③에 해당하는 공공법인이 성장관리권역에 사무소를 신축하는 경우는 제외한다. ① 중앙행정기관(청은 제외한다)의 청사 ② 중앙행정기관 중 청의 청사, 중앙행정기관의 소속 기관의 청사(교육, 연수 또는 시험기관의 청사는 제외한다) ③ 공공법인의 사무소	

처 리 기 준	비 고
(나) 다음의 어느 하나에 해당하는 행위 ① 중앙행정기관의 소속 기관 및 공공법인(지점을 포함한다) 중 수도권만을 관할하는 기관 및 공공법인의 청사 또는 사무소의 신축, 증축 또는 용도변경 ② 중앙행정기관의 소속 기관 및 공공법인(지점을 포함한다) 중 관할 구역이 수도권과 그 인근의 도 지역만을 관할하는 기관 및 공공법인의 청사 또는 사무소의 신축, 증축 또는 용도변경으로서 국토교통부장관과 협의를 거친 것 (3) 연수 시설의 경우 (가) 연수 시설의 신축, 증축 또는 용도변경으로서 수도권정비위원회의 심의를 거친 것 (나) 기존 연수 시설의 건축물 연면적의 20/100 범위에서의 증축 (다) 수도권에서 이전하는 연수 시설의 종전 규모의 범위에서의 신축, 증축 또는 용도변경 2.4. 관계 행정기관의 장은 성장관리권역에서 공업지역을 지정하려면 다음의 범위에서 수도권정비계획으로 정하는 바에 따라야 한다. (가) 과밀억제권역에서 이전하는 공장 등을 계획적으로 유치하기 위하여 필요한 지역 (나) 개발 수준이 다른 지역에 비하여 뚜렷하게 낮은 지역의 주민 소득 기반을 확충하기 위하여 필요한 지역 (다) 공장이 밀집된 지역을 재정비하기 위하여 필요한 지역 (라) 관계 중앙행정기관의 장이 산업정책상 필요하다고 인정하여 국토교통부장관에게 요청한 지역	

[6-2] 수도권정비계획법 제9조(자연보전권역의 행위 제한)

처 리 기 준	비 고
1. 자연보전권역의 행위 제한 1.1 자연보전권역의 범위 (1) 이천시 (2) 남양주시(화도읍, 수동면 및 조안면만 해당한다) (3) 용인시(김량장동, 남동, 역북동, 삼가동, 유방동, 고림동, 마평동, 운학동, 호동, 해곡동, 포곡읍, 모현면, 백암면, 양지면 및 원삼면 가재월리·사암리·미평리·좌항리·맹리·두창리만 해당한다) (4) 가평군 (5) 양평군 (6) 여주군 (7) 광주시 (8) 안성시(일죽면, 죽산면 죽산리·용설리·장계리·매산리·장릉리·장원리·두현리 및 삼죽면 용월리·덕산리·율곡리·내장리·배태리만 해당한다) 1.2 행위제한대상 (1) 개발사업 (가) 택지조성사업 ① 건축법 시행령 별표 1 제2호의 공동주택 중 아파트 또는 연립주택의 건설계획이 포함되지 아니한 택지조성사업 ② 한강수계 상수원수질개선 및 주민지원 등에 관한 법률 제8조에 따른 오염총량관리계획을 수립・시행하는 시・군(이하 "오염총량관리계획 시행지역"이라 한다)이 아닌 지역에서 시행하는 택지조성사업은 그 면적이 3만㎡ 이상인 것 (나) 면적이 3만㎡ 이상인 공업용지조성사업 (다) 시설계획지구의 면적이 3만㎡ 이상인 관광지조성사업 (라) 면적이 3만㎡ 이상인 도시개발사업 (마) 면적이 3만㎡ 이상인 지역종합개발사업 ※ 같은 목적으로 여러 번에 걸쳐 부분적으로 개발하거나 연접하여 개발(이하 "연접개발"이라 한다)함으로써 사업의 전체 면적이 다음 각 호의 어느 하나에서 정하는 규모 이상으로 되는 사업(국토의 계획 및 이용에 관한 법률 제36조 및 제37조에 따른 도시지역 중 주거지역, 상업지역, 공업지역 및 개발진흥지구에서 시행하는 사업은 제외한다)을 포함한다. (2) 학교 (3) 공공 청사 (4) 업무용 건축물, 판매용 건축물 또는 복합 건축물로서 창고 시설(하수도법 제2조제1호에 따른 오수를 배출하지 아니하는 시설만 해당한다)과 주차장의 면적을 제외한 면적이 제3조제4호 각 목의 어느 하나에 해당하는 건축물	

처 리 기 준	비 고
(5) 연수 시설 중 건축법 시행령 별표 1 제10호나목의 교육원, 같은 호 다목의 직업훈련소 및 같은 표 제20호사목의 운전 및 정비 관련 직업훈련소 중 근로자직업능력 개발법에 따라 사업주가 설치·운영하는 직업능력개발훈련시설 1.3 허가등을 할 수 있는 행위 (1) 오염총량관리계획 시행지역이 아닌 지역에서 시행하는 택지조성사업, 도시개발사업, 지역종합개발사업 또는 관광지조성사업 중 그 면적(관광지조성사업의 경우에는 시설계획지구의 면적을 말한다)이 6만㎡이하인 것으로서 수도권정비위원회의 심의를 거친 것 (2) 오염총량관리계획 시행지역에서 시행하는 택지조성사업, 도시개발사업, 지역종합개발사업 또는 관광지조성사업의 경우 (가) 다음의 어느 하나에 해당하는 택지조성사업(다만, 한강수계 상수원수질개선 및 주민지원 등에 관한 법률 제4조제1항에 따라 지정·고시된 수변구역에서 시행하는 택지조성사업은 제외)	
① 국토의 계획 및 이용에 관한 법률 제36조 및 제37조에 따른 도시지역 중 주거지역, 상업지역, 공업지역 및 개발진흥지구(이하 이 조에서 "도시지역등"이라 한다)에서 시행되는 택지조성사업 중 국토의 계획 및 이용에 관한 법률 제51조에 따라 지정된 10만㎡ 이상의 지구단위계획구역에서 시행되는 것으로서 수도권정비위원회의 심의를 거친 것 ② 도시지역등에서 시행되는 택지조성사업 중 국토의 계획 및 이용에 관한 법률 제51조에 따라 지정된 10만㎡ 미만의 지구단위계획구역에서 시행되고 주변 지역이 이미 시가화 등이 완료되어 추가적으로 개발할 수 있는 지역이 없는 것으로서 국토교통부장관과 협의를 거친 것 ③ 도시지역등이 아닌 지역에서 시행되는 택지조성사업 중 국토의 계획 및 이용에 관한 법률 제51조에 따라 지정된 10만㎡ 이상 50만㎡ 이하의 지구단위계획구역에서 시행되는 것으로서 수도권정비위원회의 심의를 거친 것 ④ 도시지역등과 도시지역등이 아닌 지역에 걸쳐서 시행되는 택지조성사업 중 국토의 계획 및 이용에 관한 법률 제51조에 따라 지정된 10만㎡ 이상 50만㎡ 이하의 면적(각 지역의 지구단위계획구역 면적을 합산한 면적을 말한다)의 지구단위계획구역에서 시행되는 것으로서 수도권정비위원회의 심의를 거친 것 ※ 같은 지구단위계획구역에 여러 개의 택지조성사업이 포함된 경우에는 한꺼번에 수도권정비위원회의 심의를 요청하여야 한다.	국토부장관이 연접개발의 세부적인 적용기준 등을 정한 경우에는 관보에 고시

처 리 기 준	비 고
(나) 다음의 어느 하나에 해당하는 도시개발사업 또는 지역종합개발사업(다만, 한강수계 상수원수질개선 및 주민지원 등에 관한 법률 제4조 제1항에 따라 지정·고시된 수변구역에서 시행하는 도시개발사업 및 지역종합개발사업은 제외) ① 6만㎡ 이하의 도시개발사업 또는 지역종합개발사업③에 해당하는 경우는 제외한다)으로서 수도권정비위원회의 심의를 거친 것 ② 도시지역등에서 시행되는 도시개발사업 또는 지역종합개발사업 중 그 면적이 10만㎡ 이상인 것으로서 수도권정비위원회의 심의를 거친 것 ③ 도시지역등에서 시행되는 도시개발사업 또는 지역종합개발사업 중 그 면적이 10만㎡ 미만이고 주변 지역이 이미 시가화 등이 완료되어 추가적으로 개발할 수 있는 지역이 없는 것으로서 국토교통부장관과 협의를 거친 것 ④ 도시지역등이 아닌 지역에서 시행되거나 도시지역등과 도시지역등이 아닌 지역에 걸쳐서 시행되는 도시개발사업 또는 지역종합개발사업 중 그 면적이 10만㎡ 이상 50만㎡ 이하인 것으로서 수도권정비위원회의 심의를 거친 것 (다) 관광지조성사업 중 시설계획지구의 면적이 3만㎡ 이상인 것으로서 수도권정비위원회 심의를 거친 것 (3) 공업용지조성사업 중 면적이 6만㎡ 이하인 것으로서 수도권정비위원회의 심의를 거친 것 (4) 학교의 경우 (가) 영 제24조에 따른 총량규제의 내용에 적합한 범위에서의 전문대학, 대학원대학 또는 소규모대학의 신설로서 수도권정비위원회의 심의를 거친 것 (나) 영 제24조에 따른 총량규제의 내용에 적합한 범위에서의 학교 입학 정원의 증원 (다) 신설된 지 8년이 지나지 아니한 소규모대학 입학 정원의 증원(최초 입학 정원의 100% 범위에서의 증원만 해당하며, 신설된 후 8년 이내에는 나목에 따른 증원을 할 수 없다)으로서 수도권정비위원회의 심의를 거친 것 (라) 자연보전권역에서의 전문대학, 대학원대학 또는 소규모대학의 이전 (마) 교육부장관이 대학의 구조개혁을 위하여 고시하는 국립대학 및 사립대학 통·폐합기준에 따른 대학과 전문대학 간 통·폐합으로 인한 대학의 신설·증설 또는 이전으로서 다음의 요건을 갖춘 것 ① 해당 대학 및 전문대학이 관할 시·도지사의 의견을 들어 교육부장관에게 요청한 것으로서 2012년 12월 31일까지 수도권정비위원회의 심의를 거칠 것	

처 리 기 준	비 고
① 대학 본부가 자연보전권역 밖에서 자연보전권역으로 이전하거나 자연보전권역에 신설되지 아니할 것 ② 대학의 교사와 교지 등이 종전과 같이 사용되고, 폐지되는 전문대학의 교사와 교지 등은 대학의 교사와 교지 등으로 전환될 것 (5) 공공 청사의 경우 (가) 다음에 해당하는 공공 청사의 신축, 증축 또는 용도변경으로서 수도권정비위원회의 심의를 거친 것. 다만, ②에 해당하는 공공 청사의 경우에는 증축이나 용도변경만 가능하며, 수도권이 아닌 지역에 있는 ③에 해당하는 공공법인이 자연보전권역에 사무소를 신축하는 경우는 제외한다. ① 중앙행정기관(청은 제외한다)의 청사 ② 중앙행정기관 중 청의 청사, 중앙행정기관의 소속 기관의 청사(교육, 연수 또는 시험기관의 청사는 제외한다) ③ 공공법인의 사무소 (나) 다음의 어느 하나에 해당하는 행위 ① 중앙행정기관의 소속 기관 및 공공법인(지점을 포함한다) 중 수도권만을 관할하는 기관 및 공공법인의 청사 또는 사무소의 신축, 증축 또는 용도변경 ② 중앙행정기관의 소속 기관 및 공공법인(지점을 포함한다) 중 관할 구역이 수도권과 그 인근의 도 지역만을 관할하는 기관 및 공공법인의 청사 또는 사무소의 신축, 증축 또는 용도변경으로서 국토교통부장관과 협의를 거친 것 (6) 연수 시설의 경우 (가) 기존 연수 시설의 건축물 연면적의 10/100 범위에서의 증축 (나) 오염총량관리계획 시행지역에서 시행하는 연수 시설의 신축, 증축(기존 연수 시설의 건축물 연면적의 10/100 범위에서의 증축은 제외한다) 또는 용도변경으로서 수도권정비위원회의 심의를 거친 것 (7) 오염총량관리계획 시행지역에서 시행하는 업무용 건축물, 판매용 건축물 및 복합 건축물의 신축, 증축 또는 용도변경	

[7] 택지개발촉진법 제6조(행위제한 등)

처 리 기 준	비 고
1. 택지개발지구안에서의 허가행위 1.1. 허가권자 : 관할 특별자치도지사・시장・군수 또는 자치구의 구청장 1.2. 허가대상(변경 포함) (1) 건축물의 건축 등 : 건축법 제2조제1항제2호에 따른 건축물(가설건축물을 포함한다)의 건축, 대수선 또는 용도변경 (2) 공작물의 설치 : 인공을 가하여 제작한 시설물(건축법 제2조제1항제2호에 따른 건축물을 제외한다)의 설치 (3) 토지의 형질변경 : 절토・성토・정지・포장 등의 방법으로 토지의 형상을 변경하는 행위, 토지의 굴착 또는 공유수면의 매립 (4) 토석의 채취 : 흙・모래・자갈・바위 등의 토석을 채취하는 행위. 다만, 토지의 형질변경을 목적으로 하는 것은 제(3)호에 따른다. (5) 토지분할 (6) 물건을 쌓아놓는 행위 : 이동이 용이하지 아니한 물건을 1월 이상 쌓아놓는 행위 (7) 죽목의 벌채 및 식재 1.3. 허가받을 필요가 없는 대상 (1) 재해 복구 및 재난 수습에 필요한 응급조치를 위하는 하는 행위 (2) 국토의 계획 및 이용에 관한 법률 제56조에 따른 개발행위허가의 대상이 아닌 것 (가) 농림수산물의 생산에 직접 이용되는 것으로서 국토교통부령이 정하는 간이공작물의 설치 (나) 경작을 위한 토지의 형질변경 (다) 택지개발지구의 개발에 지장을 주지 아니하고 자연경관을 손상하지 아니하는 범위에서의 토석의 채취 (라) 택지개발지구에 존치하기로 결정된 대지 안에서 물건을 쌓아놓는 행위관상용 죽목의 임시식재(경작지에서의 임시식재를 제외한다) 1.4. 허가행위에 대한 특례 (1) 허가대상에 해당하는 행위로서 택지개발지구 지정·고시 당시 이미 관계 법령에 따라 행위허가를 받았거나 허가를 받을 필요가 없는 행위인 경우에 관하여 공사·사업을 착수한 자는 신고 후 이를 계속 시행할 수 있다. (2) 신고하려는 자는 택지개발지구 지정·고시가 있는 날부터 30일 이내에 공사·사업의 진행사항·시행계획을 첨부하여 허가권자에게 신고해야 한다.	

[8] 도시공원 및 녹지 등에 관한 법률 제24조(도시공원의 점용허가)

처 리 기 준	비 고
1. 도시공원의 점용허가 1.1. 도시공원의 점용허가 대상(변경허가 포함) (1) 전봇대·전선·변전소·지중변압기·개폐기·가로등분전반·전기통신설비(군용전기통신설비는 제외한다)·수소연료공급시설 및 태양에너지설비 등 분산형 전원설비의 설치 (2) 수도관·하수도관·가스관·송유관·가스정압시설·열수송시설·공동구(공동구의 관리사무소를 포함한다)·전력구·송전선로 및 지중정착장치(어스앵커)의 설치 (3) 도로·교량·철도 및 궤도·노외주차장·선착장의 설치 (4) 농업을 목적으로 하는 용수의 취수시설, 관개용수로(위험방지시설을 설치하는 경우에 한한다), 생활용수의 공급을 위하여 고지대에 설치하는 배수시설(자연유하방식으로 공급하는 경우에 한한다), 비상급수시설과 그 부대시설의 설치 (5) 지구대·파출소·초소·등대 및 항로표지 등의 표지의 설치 (6) 방화용 저수조·지하대피시설의 설치 (7) 군용전기통신설비·축성시설, 그 밖에 국방부장관이 군사작전상 불가피하다고 인정하는 최소한의 시설의 설치 (8) 농업·임업·축산업·수산업 또는 광업에 종사하는 자가 생산에 직접 공여할 목적으로 자기 소유의 토지에 설치하는 관리용 가설건축물의 설치 (9) 「건축법 시행령」 별표 1의 규정에 의한 다음 각 목의 어느 하나에 해당되는 시설로서 자기 소유의 토지에 설치하는 가설건축물의 설치 가. 제2종근린생활시설 중 사무소 나. 창고시설 다. 동물 및 식물관련시설 중 축사, 작물 재배사, 종묘배양시설, 화초 및 분재 등의 온실 라. 동물 및 식물관련시설 중 식물과 관련된 작물 재배사, 종묘배양시설, 화초 및 분재 등의 온실과 비슷한 것(동·식물원은 제외한다) (9의2) 법 제14조제2항에 따른 개발계획에 포함된 도시공원 및 녹지의 예정부지에 그 개발사업의 시행자가 해당 공사를 위하여 필요로 하는 가설건축물의 설치 (10) 공원관리청 또는 공원관리자가 도시공원의 관리 및 운영을 위하여 필요로 하는 가설건축물의 설치 (11) 비상재해로 인한 이재민을 수용하기 위한 가설공작물의 설치 (12) 공원관리청이 재해의 예방 또는 복구를 위하여 필요하다고 인정하는 공작물의 설치 (13) 경기·집회·전시회·박람회·공연·영화상영·영화촬영을 위하여 설치하는 단기의 가설건축물 또는 단기의 가설공작물의 설치 (14) 도시공원 결정 당시 기존 건축물 및 기존 공작물의 증축·개축·재축 또는 대수선 (14의2) 지하에 설치하는 운송통로, 창고시설 등의 시설로서 공원관리청이 시·도도시공원위원회(시·도도시공원위원회가 설치되지 아니한 경우에는 시·도도시계획위원회를 말한다) 또는 시·군도시공원위원회(시·군도시공원위원회가 설치되지 아니한 경우에는 시·군·구도시계획위원회를 말한다)의 심의를 거쳐 산업활동을 위하여 필요하다고 인정하는 시설의 설치	

<table>
<tr><th>처 리 기 준</th><th>비 고</th></tr>
<tr><td>(15) 제1호부터 제9호까지, 제9호의2, 제10호부터 제14호까지 및 제14호의2에 따른 시설의 설치에 필요한 공사용 비품 및 재료의 적치장의 설치
(15의2) 연접한 토지에 건축물 또는 공작물을 설치하기 위하여 필요한 공사용 비품 및 재료 적치장의 설치
(16) 토지의 형질변경, 토석의 채취 및 나무를 베거나 심는 행위
(17) 제1호부터 제9호까지, 제9호의2, 제10호부터 제13호까지의 규정에 따른 시설과 유사한 기능을 갖는 시설의 설치
(18) 다음 각 목의 요건을 모두 갖춘 시설로서 특별시·광역시·특별자치시·특별자치도·시 또는 군의 조례로 정하는 시설의 설치. 이 경우 하나의 도시공원에 5개 이내의 시설로 한정한다.
가. 도시공원의 기능에 지장을 주지 아니하고 공원이용객에게 불편을 초래하지 아니하는 시설일 것
나. 법 제15조제1항제3호아목에 따른 도시공원에 설치하는 시설일 것
다. 「국토의 계획 및 이용에 관한 법률」 제2조제6호에 따른 기반시설일 것
라. 개별 시설의 건축연면적이 200제곱미터 이하인 시설일 것
(19) 제1호부터 제9호까지, 제9호의2, 제10호부터 제13호까지, 제14호의2, 제15호, 제17호 및 제18호에 따른 시설 등을 지하에 설치하는 경우 공원관리청이 해당 시설 등의 관리·운영을 위하여 설치가 불가피하다고 인정하는 출입구, 환기구 등 필수 부대시설의 설치
1.2. 도시공원의 점용허가를 받지 않고 할 수 있는 경미한 행위
(1) 산림의 경영을 목적으로 간벌을 하는 행위
(2) 나무를 베는 행위 없이 나무를 심는 행위
(3) 농사를 짓기 위하여 자기 소유의 논·밭을 갈거나 파는 행위
(4) 자기 소유 토지의 이용 용도가 과수원인 경우로서 과수목을 베거나 보충하여 심는 행위
1.3. 도시공원의 점용허가 신청
(1) 점용허가신청서(별지 제1호서식)
(2) 첨부서류
(가) 사업계획서(위치도 및 평면도를 포함한다)
(나) 공사시행계획서
(다) 원상회복계획서
1.1. 도시공원의 점용허가 절차
[점용허가 신청 / 신 청 인] → [점용가능 여부 판단 / 공원관리청] → [점용허가 / 공원관리청]
1.2. 도시공원 점용허가의 일반적 기준
(1) 점용목적물은 도시공원의 풍치 및 미관과 도시공원으로서의 기능을 저해하지 아니하도록 배치할 것
(2) 지상에 설치하는 점용목적물의 구조는 넘어지거나 무너지는 것 등을 예방할 수 있도록 하여야 하며, 공원시설의 보전과 도시공원의 이용에 지장이 없도록 할 것</td><td></td></tr>
</table>

처 리 기 준	비 고
(3) 지하에 설치하는 점용목적물의 구조는 견고하고 오래 견딜 수 있도록 하여야 하며, 공원시설 및 다른 점용목적물의 보전과 도시공원의 이용에 지장이 없도록 할 것 (4) 토지의 형질변경, 토석의 채취, 나무를 베거나 심는 행위 및 물건을 쌓아 두는 행위는 도시공원의 풍치 및 미관을 저해하지 아니하도록 하여야 하고, 공원시설의 보전과 도시공원의 이용에 지장이 없도록 하여야 하며, 그로 인한 위해가 발생하지 아니하도록 할 것 1.3. 도시공원 점용허가의 구체적 기준 (1) 전주·전선·변전소·지중변압기·개폐기·가로등분전반·전기통신설비(군용전기설비를 제외한다) 및 태양에너지설비 등 분산형 전원설비의 설치 (가) 전선은 불가피한 경우를 제외하고는 지하에 설치할 것 (나) 변전소는 지하에 설치하여야 하며, 그 시설의 최상단부와 지면과의 거리가 3m 이상이 되도록 할 것 (다) 분산형 전원설비는 도시공원 안의 건축물 및 주차장에 설치할 것 (라) 전기통신설비는 불가피한 경우를 제외하고는 지하에 설치하여야 하며, 전기통신관은 그 설비의 최상단부와 지면과의 거리가 1.5m 이상이 되도록 할 것 (1) 수도관·하수도관·가스관·송유관·가스정압시설·열수송관·공동구(공동구의 관리사무소를 포함한다) 및 지중정착장치(어스앵커)의 설치 (가) 수도관·하수도관·가스관·송유관·열수송관 및 공동구(공동구의 관리사무소를 제외한다)는 지하에 설치하여야 하며, 본선은 그 시설의 최상단부와 지면과의 거리가 1.5미터 이상이 되도록 할 것. 다만, 노폭 5미터 이상의 도로 또는 중량물의 압력을 받을 위험이 많은 장소의 지하에 설치하는 하수도관의 본선은 그 시설의 최상단부와 지면과의 거리를 3미터 이상이 되도록 하여야 한다. (나) 가스정압시설은 안전을 고려하여 가능한 지하구조물로 설치하여야 하며 다음의 요건에 모두 적합하게 설치할 것 ① 주변지역의 입지여건을 고려하여 불가피하게 가스정압시설을 설치하여야 하는 경우를 제외하고는 소공원 또는 어린이공원에 설치하지 아니할 것 ② 삭제 <2009.12.31> ③ 주변환경을 고려하여 특별히 안전에 이상이 없는 경우에 한할 것 ④ 도시공원의 미관을 해치지 아니하는 범위에서 주위에 철망 혹은 산울타리 등을 설치하고 외부사람이 허가 없이 출입하는 것을 금하는 내용의 경계표지를 보기 쉬운 장소에 부착할 것 (다) 그 밖에 도시공원 내 설치하거나 설치된 가스관 및 가스정압시설 등 가스공급시설의 안전에 관한 사항은 「도시가스사업법」에서 정하는 바에 의할 것	

처 리 기 준	비 고
(라) 공동구의 관리사무소는 도시공원의 미관을 해치지 아니하는 범위 안에서 불가피하게 도시공원 안에 설치하여야 하는 경우에 한할 것 (2) 도로·교량·철도 및 궤도·노외주차장·선착장의 설치 : 도로는 「국토의 계획 및 이용에 관한 법률」 제2조제13호에 따른 공공시설에 해당하는 도로를 말하며, 철도 및 궤도는 지하 또는 고가로, 노외주차장은 지하에 설치하여야 하고, 지하에 설치하는 시설은 그 시설의 최상단부와 지면과의 거리를 1.5미터 이상이 되도록 하여야 하며, 도로 위에 고가로 설치하는 시설은 그 시설의 최하단부와 도로 노면과의 거리를 4.8미터 이상이 되도록 할 것. 다만, 다음의 요건을 모두 갖춘 노외주차장은 지상에 설치할 수 있다. (가) 소공원 또는 어린이공원이 아닐 것 (나) 「공간정보의 구축 및 관리 등에 관한 법률」에 의한 지목이 대·공장용지·철도용지·학교용지·수도용지 또는 잡종지인 토지로서 건축물이 건축되어 있지 아니하거나 공작물이 설치되어 있지 아니한 토지일 것 (가) 형질변경[정지(整地)와 포장은 제외한다]을 수반하지 아니하는 자연친화적인 시설로 설치하고 공원조성계획에 의한 도시계획사업이 시행될 때 원상복구가 가능할 것 (다) 존속기간이 공원조성계획에 의한 도시계획사업이 시행되기 전까지일 것 (3) 취수시설·관개용수로 및 배수시설 등 : 농업을 목적으로 하는 용수의 취수시설, 관개용수로(위험방지시설을 설치하는 경우에 한한다), 생활용수의 공급을 위하여 고지대에 설치하는 배수시설(자연유하방식으로 공급하는 경우에 한한다), 비상급수시설과 그 부대시설의 설치에 한할 것 (4) 지구대 · 파출소 · 초소 · 등대 · 표지의 설치 (가) 지구대 · 파출소의 건축연면적은 430제곱미터 이하가 되도록 설치할 것. 다만, 필요한 경우에는 시 · 도도시공원위원회 또는 시 · 군도시공원위원회(시 · 도도시공원위원회 또는 시 · 군도시공원위원회를 설치하지 아니한 경우에는 「국토의 계획 및 이용에 관한 법률」 제113조제1항 및 제2항에 따른 시 · 도도시계획위원회 또는 시 · 군 · 구도시계획위원회를 말한다)의 심의를 거쳐 그 이상의 면적으로 설치할 수 있다. (나) 지구대 · 파출소는 소공원에는 설치하지 아니할 것 (5) 방화용 저수조·지하대피시설의 설치 : 방화용 저수조 및 지하대피시설은 지하에 설치하여야 하며, 그 시설의 최상단부와 지면과의 거리가 1.5m 이상이 되도록 할 것 (6) 군용전기통신설비·축성시설 등 : 군용전기통신설비·축성시설, 그 밖에 국방부장관이 군사작전상 불가피하다고 인정하는 최소한의 시설의 설치에 한할 것	

처 리 기 준	비 고
(7) 영 제22조제8호 및 제9호의 규정에 의한 가설건축물의 설치 (가) 가설건축물을 설치할 토지는 다음의 어느 하나의 요건에 해당될 것 ① 「공간정보의 구축 및 관리 등에 관한 법률」에 의한 지목이 대·공장용지·철도용지·학교용지·수도용지 또는 잡종지인 토지로서 건축물이 건축되어 있지 아니하거나 공작물이 설치되어 있지 아니한 토지. 다만, 농업·임업・축산업·수산업 또는 광업에 종사하는 자가 생산에 직접 공여할 목적으로 설치하는 경우와 이를 관리하기 위한 관리용 가설건축물을 설치하는 경우에는 지목 또는 건축물 및 공작물의 설치 유무에 관계없이 이를 설치할 수 있다. ② 「공간정보의 구축 및 관리 등에 관한 법률」에 의한 지목이 전·답으로서 농업용수의고갈, 토양의 오염 등으로 인하여 경작이 불가능하다고 특별시장·광역시장·특별자치시장·특별자치도지사·시장 또는 군수가 인정한 토지 (나) 건축면적(연면적을 말한다)이 200제곱미터 이하가 되도록 할 것. 다만, 「공간정보의 구축 및 관리 등에 관한 법률」에 의한 지목이 전·답으로서 농업용수의 고갈 또는 토양의 오염 등으로 인하여 경작이 불가능하다고 특별시장·광역시장·특별자치시장·특별자치도지사·시장 또는 군수가 인정한 토지의 경우에는 66제곱미터 이하가 되도록 할 것 (다) 존속기간이 공원조성계획에 의한 도시계획사업이 시행되기 전까지일 것 (라) 층수는 3층 이하로서 철근콘크리트조 또는 철골철근콘크리트조가 아닌 구조로서 판매 및 영업시설 등으로의 분양을 목적으로 하는 시설이 아닐 것 (8) 영 제22조제10호의 규정에 의한 가설건축물의 설치 (가) 건축면적(연면적을 말한다)이 200㎡(하나의 공원을 둘 이상의 공원관리자가 관리하는 경우에는 공원관리자별로 200㎡) 이하일 것 (나) 존속기간이 6개월 이하일 것 (9) 제22조제9호의2에 따른 가설건축물의 설치 (나) 해당 개발사업 시행을 위한 공사에 필요한 규모의 공사용 가설건축물이거나 전시를 위한 견본주택일 것 (나) 나. 존속기간은 해당 개발사업의 공사 완료일까지 일 것 (10) 경기·집회·전시회·박람회·공연・영화상영・영화촬영을 위하여 설치하는 단기의 가설건축물 또는 단기의 가설공작물의 설치 (가) 존속기간은 1년의 범위 안에서 공원관리청의 조례로 정할 것 (나) 허가목적이 교육·종교·예술·과학 및 산업 등의 발전을 위한 것일 것 (11) 도시공원의 설치에 관한 도시관리계획 결정 당시 기존건축물 및 기존공작물의 증축·개축·재축 또는 대수선	

처 리 기 준	비 고
(가) 새로운 대지조성이 수반되지 아니할 것. 다만, 다음의 어느 하나에 해당하는 경우에는 그러하지 아니하다. ① 전통사찰의 보존 및 지원에 관한 법률 제2조제1호에 따른 전통사찰(이하 "전통사찰"이라 한다), 문화재보호법 제2조제2항 및 제3항에 따른 지정문화재와 국가등록문화재(이하 "문화재"라 한다) 및 문화체육관광부장관이 인정한 종교시설의 경내지에서 공작물(탑·불상·종각 등 종교목적의 시설만 해당한다)을 설치하는 경우 ② 기존 건축물 또는 공작물을 증축·개축·재축 또는 대수선하는 데에 대지를 정형화하는 것이 불가피하여 기존 대지면적의 10% 범위에서 추가로 대지를 조성하는 경우 ③ (나)목 (2) 및 (3)에 따라 전통사찰 및 문화재를 증축하는 경우로서 추가로 조성되는 부분을 포함한 전체 대지면적이 그 건축면적을 「국토의 계획 및 이용에 관한 법률」 제77조에 따른 건폐율로 나눈 면적(기존 대지면적보다 작은 경우에는 기존 대지면적)에 기존 대지면적의 30퍼센트(1만제곱미터를 초과하는 경우에는 1만제곱미터)를 더한 면적 이내인 경우 (나) 증축하는 부분의 연면적은 기존시설의 연면적의 범위 이내일 것. 다만, 다음에 해당하는 종교시설 및 문화재는 각각 다음에 따른다. ① 연면적이 225㎡ 이내인 종교시설(전통사찰은 제외한다): 기존 연면적을 포함하여 450㎡까지 증축이 가능하다. ② 연면적이 330㎡ 이내인 전통사찰: 기존의 연면적을 포함하여 660㎡까지 증축이 가능하다. ③ 종전의 도시공원법(법률 제7476호로 개정되기 전의 것을 말한다)에 따른 도시자연공원 내의 전통사찰(연면적이 330㎡ 이내인 전통사찰은 제외한다) 및 문화재: 문화체육관광부장관(문화재의 경우에는 문화재청장을 말한다)이 국토교통부장관과 협의하여 정하는 연면적까지 증축이 가능하다. (다) 증건축면적이 증가되지 아니할 것(어린이집인 경우에 한한다) (라) 증축 후의 층수가 3층 이내(어린이집인 경우에는 2층 이내를 말한다)일 것 (12) 지하에 설치하는 운송통로, 창고시설 등의 시설 (가) 점용허가의 면적은 산업활동을 위하여 필요한 최소한의 면적으로 할 것 (나) 공원시설의 보존과 식생에 지장이 없도록 지하에 설치하는 시설의 최상단부와 지면과의 거리가 1.5미터 이상이 되도록 할 것 (13) 제22조제15호의2에 따른 공사용 비품 및 재료 적치장 (가)조성이 완료된 도시공원 부분에는 설치하지 아니할 것 (나)점용허가의 면적은 공원 이용객의 통행과 이용에 지장이 없도록 최소한의 면적으로 할 것 (14) 제22조제18호에 따른 조례로 정하는 시설 (가) 도시공원의 기능에 지장을 주지 아니하고 공원이용객에게 불편을 초래하지 아니할 것 (나) 층수는 3층 이하로 할 것	

[8-1] 도시공원 및 녹지 등에 관한 법률 제38조 (녹지의 점용허가)

처 리 기 준	비 고
1. 녹지의 점용허가 1.1. 녹지의 점용허가 대상(변경허가 포함) (1) 전봇대 · 전선 · 변전소 · 지중변압기 · 개폐기 · 가로등분전반 · 전기통신설비(군용전기통신설비는 제외한다) · 수소연료공급시설 및 태양에너지설비 등 분산형 전원설비의 설치, 수도관 · 하수도관 · 가스관 · 송유관 · 가스정압시설 · 열수송시설 · 공동구(공동구의 관리사무소를 포함한다) · 전력구 · 송전선로 및 지중정착장치(어스앵커)의 설치, 도로 · 교량 · 철도 및 궤도 · 노외주차장 · 선착장의 설치, 농업을 목적으로 하는 용수의 취수시설, 관개용수로(위험방지시설을 설치하는 경우에 한한다), 생활용수의 공급을 위하여 고지대에 설치하는 배수시설(자연유하방식으로 공급하는 경우에 한한다), 비상급수시설과 그 부대시설의 설치, 방화용 저수조 · 지하대피시설의 설치, 농업 · 임업 · 축산업 · 수산업 또는 광업에 종사하는 자가 생산에 직접 공여할 목적으로 자기 소유의 토지에 설치하는 관리용 가설건축물의 설치, 비상재해로 인한 이재민을 수용하기 위한 가설공작물의 설치, 「건축법 시행령」 별표 1의 규정에 의한 다음 각 목의 어느 하나에 해당되는 시설로서 자기 소유의 토지에 설치하는 가설건축물의 설치, 법 제14조제2항에 따른 개발계획에 포함된 도시공원 및 녹지의 예정부지에 그 개발사업의 시행자가 해당 공사를 위하여 필요로 하는 가설건축물의 설치, 비상재해로 인한 이재민을 수용하기 위한 가설공작물의 설치 가. 제2종근린생활시설 중 사무소 나. 창고시설 다. 동물 및 식물관련시설 중 축사, 작물 재배사, 종묘배양시설, 화초 및 분재 등의 온실 라. 동물 및 식물관련시설 중 식물과 관련된 작물 재배사, 종묘배양시설, 화초 및 분재 등의 온실과 비슷한 것(동·식물원은 제외한다) (2) 농업 또는 임업을 목적으로 하는 토지의 형질변경, 토석의 채취 또는 나무를 베거나 심는 행위 (3) 녹지를 가로지르는 진입도로의 설치 (4) 녹지의 설치에 관한 도시관리계획 결정 당시 기존건축물 및 기존공작물의 증축 · 개축 · 재축 또는 대수선 (5) 제(1)호 내지 제(4)호의 규정에 의한 시설의 설치에 필요한 공사용 비품 및 재료의 적치장의 설치 (6) 당해 녹지의 설치원인이 되는 시설의 설치에 필요한 공사용 비품 및 재료의 적치장의 설치 (7) 제(1)호의 시설과 유사한 기능을 갖는 시설의 설치	

처 리 기 준	비 고

(8) 다음 각 목의 요건을 모두 갖춘 시설로서 특별시·광역시·시 또는 군의 조례로 정하는 시설의 설치. 이 경우 하나의 녹지에 5개 이내의 시설로 한정한다.

가. 녹지의 기능에 지장을 주지 않는 시설일 것

나. 국토의 계획 및 이용에 관한 법률 제2조제6호에 따른 기반시설일 것

다. 개별 시설의 건축연면적이 200㎡ 이하인 시설일 것

1.2. 녹지의 점용허가 신청

(1) 점용허가신청서(별지 제1호서식)

(2) 첨부서류

(가) 사업계획서(위치도 및 평면도를 포함한다)

(나) 공사시행계획서

(다) 원상회복계획서

1.3. 녹지의 점용허가 절차

점용허가 신청	→	점용가능 여부 판단	→	점용허가
신 청 인		녹지관리청		녹지관리청

1.4. 녹지 점용허가의 일반적 기준

(1) 녹지의 설치 및 관리에 지장이 없을 것. 다만, 연결녹지는 점용허가로 인하여 녹지축이 단절되지 아니하는 경우에 한한다.

(2) 영 제22조제1호부터 제4호까지 및 제6호에 따른 시설은 별표 1 제1호부터 제4호까지 및 제6호에 따른 기준에 적합할 것. 다만, 제22조제2호의 시설 중 송유관 및 열수송관은 다음 각 목의 요건을 모두 충족한 경우에는 지상에 설치할 수 있다.

(가) 지형상황 등에 따라 지하에 설치할 수 없는 부득이한 사유가 있을 것

(다) (나)송유관 및 열수송관의 맨 밑부분과 지면과의 거리를 5미터 이상이 되도록 할 것

(3) 영 제22조제1호 내지 제4호 및 제6호의 규정에 의한 시설은 별표 1 제1호 내지 제4호 및 제6호의 규정에 의한 기준에 적합할 것

(4) 영 제22조제8호 및 제9호의 규정에 의한 가설건축물은 별표 1 제8호의 규정에 의한 기준에 적합할 것. 다만, 가설건축물의 존속기간은 녹지조성을 위한 도시·군계획사업의 시행 전까지로 한다.

(5) 영 제43조제4호의 규정에 의한 기존건축물의 증축은 별표 1 제11호의 규정에 의한 기준에 적합할 것

■ 도시공원 및 녹지 등에 관한 법률 시행규칙 [별지 제1호서식] <개정 2014.8.7>

[ ]도시공원, [ ]녹지 점용허가신청서

접수번호	접수일	처리기간 15일

신청자	성명(법인인 경우 그 명칭 및 대표자 성명)	생년월일(법인등록번호)
	주소	전화번호
도시공원(녹지)	명칭	
	위치	
점용목적 및 대상		
점용장소 및 면적	장소	
	면적	
점용기간	년 월 일부터 년 월 일까지( ) 일	

「도시공원 및 녹지 등에 관한 법률」 제24조제1항, 제38조제1항 및 같은 법 시행령 제20조제1항, 제41조제1항에 따라 위와 같이 신청합니다.

년 월 일

신청인 (서명 또는 인)

특별시장·광역시장·특별자치시장·특별자치도지사·시장 또는 군수 귀하

첨부서류	1. 사업계획서(위치도 및 평면도를 포함합니다) 2. 공사시행계획서 3. 원상회복계획서	수수료 없음
담당 공무원 확인사항	지적도(도시공원 점용허가 신청의 경우에만 확인합니다)	

처리절차

신청서 작성	➔	접수	➔	검토 · 조사	➔	결재	➔	결과 통지
신청인		처리기관: 특별시 · 광역시 · 특별자치시 · 특별자치도 · 시 또는 군						

210㎜×297㎜[백상지 80g/㎡(재활용품)]

[9] 공항시설법 제34조(장애물의 제한 등)

처 리 기 준	비 고
1. 항공장애물의 설치제한 1.1 장애물설치 제한기준 기본계획의 고시(변경 고시를 포함) 또는 제7조제6항에 따른 실시계획의 고시(변경 고시를 포함) 이후에는 해당 고시에 따른 장애물 제한표면의 높이 이상의 건축물·구조물(고시 당시 이미 관계 법령에 따라 행위허가를 받았거나 허가를 받을 필요가 없는 행위에 관하여 그 공사에 착수한 건축물 또는 구조물은 제외)·식물 및 그 밖의 장애물을 설치·재배하거나 방치해서는 아니 된다. 1.2 예외적으로 허용하는 장애물(비행장설치자와 협의하여 설치·방치함) (1)「건축법」에 따른 가설건축물 및 피뢰설비 (2) 건축물 옥상에 설치되어 있는 7미터 미만의 안테나(유사 구조물을 포함) (3) 레이저광선 발사 장치의 위치, 발사 방향 등 국토교통부장관이 정하여 고시하는 기준에 적합한 레이저광선 (4) 별표 6의 장애물의 차폐기준에 적합한 건축물이나 구조물 (5) 비행장설치자와 협의하여 설치할 수 있는 장애물의 기준 - 수평표면 또는 원추표면에서 기준장애물(법 제4조제6항에 따른 고시 또는 변경 고시 당시 법 제4조제3항제3호의2의 존치장애물 중 수목을 제외한 존치장애물을 말한다. 이하 이 표에서 같다)을 기준으로 활주로를 향한 전면 및 측면 방향으로 건축물·구조물을 설치하는 경우에는 기준장애물의 정상으로부터 가장 가까운 활주로의 중심선을 향하여 하방경사도가 10분의 1인 경사면이 수평표면 또는 원추표면과 만나는 경계면의 높이보다 낮은 건축물·구조물 - 수평표면 또는 원추표면에서 기준장애물을 기준으로 활주로를 향한 반대방향으로 건축물·구조물을 설치하는 경우에는 기준장애물 정상의 높이보다 낮은 건축물·구조물 - 진입표면에서 진입표면의 활주로 중심선에 직각이고 수평이며 활주로 시단에 서 60미터 떨어진 지점의 착륙대 폭(이하 "내측저변"이라 한다)으로부터 3천미터 밖에서 기준장애물을 기준으로 활주로를 향한 반대방향으로 건축물·구조물을 설치하는 경우에는 기준장애물 정상의 높이와 같거나 낮은 건축물·구조물 (1) 소유자 및 그 밖의 이해관계인의 성명과 주소 (2) 장애물 또는 토지의 소재지·종류·면적 및 수량 (3) 손실보상 명세 1.4 장애물의 제거로 인한 손실보상 금액의 결정을 신청시 첨부서류 (1) 소유자 및 그 밖의 이해관계인의 성명과 주소 (2) 장애물 및 그 밖에 그와 관련되는 물건의 소재지·종류·면적 및 수량	

[9-1] 공항시설법 제10조 (행위 등의 제한)

처 리 기 준	비 고
1. 공항·비행장개발예정지역으로 지정·고시된 지역에서의 행위제한 1.1 허가받아야 하는 행위 (1) 건축물의 건축: 「건축법」 제2조제1항제2호에 따른 건축물(가설건축물을 포함한다)의 건축, 대수선 또는 용도변경 (2) 인공구조물의 설치: 인공을 가하여 제작한 시설물(「건축법」 제2조제1항 제2호에 따른 건축물은 제외한다)의 설치 (3) 토지의 형질변경: 절토(切土)·성토(盛土)·정지(整地)·포장(鋪裝) 등의 방법으로 토지의 형상을 변경하는 행위, 토지를 굴착하거나 공유수면을 매립하는 행위 (4) 토석의 채취: 흙·모래·자갈·바위 등의 토석을 채취하는 행위. 다만, 토지의 형질변경을 목적으로 하는 것은 제3호에 따른다. (5) 토지분할 (6) 물건을 쌓아 놓는 행위: 이동이 쉽지 아니한 물건을 1개월 이상 쌓아 놓는 행위 (7) 수산동식물의 포획·채취 또는 양식: 「수산업법」 제2조제7호·제10호 및 제19호에 따른 양식·입어 및 유어(遊漁) (8) 죽목(竹木)을 베거나 심는 행위 1.2 허가를 받지 않고 할 수 있는 행위 (1) 재해복구 또는 재난수습에 필요한 응급조치를 위하여 하는 행위 (2) 경작을 위한 토지의 형질변경 등 아래와 같은 행위 가. 경작을 위한 토지의 형질변경 나. 공항개발사업에 지장을 주지 아니하고 자연경관을 손상하지 아니하는 범위에서의 토석채취 다. 이동이 쉬운 물건을 1개월 이내의 기간 동안 쌓아 놓는 행위 라. 관상용 죽목의 임시 식재(경작지에서의 임시 식재는 제외한다)	

[10] 교육환경 보호에 관한 법률 제9조(교육환경보호구역에서의 금지행위 등)

처 리 기 준	비 고
누구든지 학생의 보건·위생, 안전, 학습과 교육환경 보호를 위하여 교육환경보호구역에서는 다음 각 호의 어느 하나에 해당하는 행위 및 시설을 하여서는 아니 된다. 다만, 상대보호구역에서는 제14호부터 제27호까지 및 제29호에 규정된 행위 및 시설 중 교육감이나 교육감이 위임한 자가 지역위원회의 심의를 거쳐 학습과 교육환경에 나쁜 영향을 주지 아니한다고 인정하는 행위 및 시설은 제외한다. 1. 「대기환경보전법」 제16조제1항에 따른 배출허용기준을 초과하여 대기오염물질을 배출하는 시설 2. 「물환경보전법」 제32조제1항에 따른 배출허용기준을 초과하여 수질오염물질을 배출하는 시설과 제48조에 따른 폐수종말처리시설 3. 「가축분뇨의 관리 및 이용에 관한 법률」 제11조에 따른 배출시설, 제12조에 따른 처리시설 및 제24조에 따른 공공처리시설 4. 「하수도법」 제2조제11호에 따른 분뇨처리시설 5. 「악취방지법」 제7조에 따른 배출허용기준을 초과하여 악취를 배출하는 시설 6. 「소음·진동관리법」 제7조 및 제21조에 따른 배출허용기준을 초과하여 소음·진동을 배출하는 시설 7. 「폐기물관리법」 제2조제8호에 따른 폐기물처리시설(규모, 용도, 기간 및 학습과 학교보건위생에 대한 영향 등을 고려하여 대통령령으로 정하는 시설은 제외한다) 8. 「가축전염병 예방법」 제11조제1항·제20조제1항에 따른 가축 사체, 제23조제1항에 따른 오염물건 및 제33조제1항에 따른 수입금지 물건의 소각·매몰지 9. 「장사 등에 관한 법률」 제2조제8호에 따른 화장시설 및 제9호에 따른 봉안시설 10. 「축산물 위생관리법」 제21조제1항제1호에 따른 도축업 시설 11. 「축산법」 제34조제1항에 따른 가축시장 12. 「영화 및 비디오물의 진흥에 관한 법률」 제2조제11호의 제한상영관 13. 「청소년 보호법」 제2조제5호가목7)에 해당하는 업소와 같은 호 가목8), 가목9) 및 나목7)에 따라 여성가족부장관이 고시한 영업에 해당하는 업소 14. 「고압가스 안전관리법」 제2조에 따른 고압가스, 「도시가스사업법」 제2조제1호에 따른 도시가스 또는 「액화석유가스의 안전관리 및 사업법」 제2조제1호에 따른 액화석유가스의 제조, 충전 및 저장하는 시설(관계 법령에서 정한 허가 또는 신고 이하의 시설이라 하더라도 동일 건축물 내에 설치되는 각각의 시설용량의 총량이 허가 또는 신고 규모 이상이 되는 시설은 포함하되, 규모, 용도 및 학습과 학교보건위생에 대한 영향 등을 고려하여 대통령령으로 정하는 시설의 전부 또는 일부는 제외한다) 가. 학교에서 교육 또는 연구 목적으로 설치하는 시설	

처 리 기 준	비 고
나. 「고압가스 안전관리법 시행령」 제4조제2호에 따른 고압가스제조의 신고대상 중 건축물의 냉·난방용 냉동제조에 사용되는 시설 다. 「의료법」 제3조에 따른 의료기관의 의료용 산소 공급 시설 라. 「화재예방, 소방시설 설치·유지 및 안전관리에 관한 법률」 제2조제1항제1호에 따른 소방시설 마. 다음 각 목의 기관에서 설치하는 소방·의료용 시설 -「소방기본법」 제3조제1항에 따른 소방기관 - 중앙소방학교 및 중앙119구조본부 15. 「폐기물관리법」 제2조제1호에 따른 폐기물을 수집·보관·처분하는 장소(규모, 용도, 기간 및 학습과 학교보건위생에 대한 영향 등을 고려하여 대통령령으로 정하는 장소는 제외한다) 가. 「폐기물관리법」 제8조제1항에 따라 특별자치시장, 특별자치도지사, 시장·군수·구청장이나 공원·도로 등 시설의 관리자가 폐기물의 수집을 위하여 마련한 장소 나. 「폐기물관리법」 제46조제1항제2호에 해당하는 자가 해당 폐기물의 수집을 위하여 마련한 장소 16. 「총포·도검·화약류 등의 안전관리에 관한 법률」 제2조에 따른 총포 또는 화약류의 제조소 및 저장소 17. 「감염병의 예방 및 관리에 관한 법률」 제37조제1항제2호에 따른 격리소·요양소 또는 진료소 18. 「담배사업법」에 의한 지정소매인, 그 밖에 담배를 판매하는 자가 설치하는 담배자동판매기(「유아교육법」 제2조제2호에 따른 유치원 및 「고등교육법」 제2조 각 호에 따른 학교의 교육환경보호구역은 제외한다) 19. 「게임산업진흥에 관한 법률」 제2조제6호, 제7호 또는 제8호에 따른 게임제공업, 인터넷컴퓨터게임시설제공업 및 복합유통게임제공업(「유아교육법」 제2조제2호에 따른 유치원 및 「고등교육법」 제2조 각 호에 따른 학교의 교육환경보호구역은 제외한다) 20. 「게임산업진흥에 관한 법률」 제2조제6호다목에 따라 제공되는 게임물 시설(「고등교육법」 제2조 각 호에 따른 학교의 교육환경보호구역은 제외한다) 21. 「체육시설의 설치·이용에 관한 법률」 제3조에 따른 체육시설 중 무도학원 및 무도장(「유아교육법」 제2조제2호에 따른 유치원, 「초·중등교육법」 제2조제1호에 따른 초등학교, 같은 법 제60조의3에 따라 초등학교 과정만을 운영하는 대안학교 및 「고등교육법」 제2조 각 호에 따른 학교의 교육환경보호구역은 제외한다) 22. 「한국마사회법」 제4조에 따른 경마장 및 제6조제2항에 따른 장외발매소, 「경륜·경정법」 제5조에 따른 경주장 및 제9조제2항에 따른 장외매장	

처 리 기 준	비 고
23. 「사행행위 등 규제 및 처벌 특례법」 제2조제1항제2호에 따른 사행행위영업 24. 「음악산업진흥에 관한 법률」 제2조제13호에 따른 노래연습장업(「유아교육법」 제2조제2호에 따른 유치원 및 「고등교육법」 제2조 각 호에 따른 학교의 교육환경보호구역은 제외한다) 25. 「영화 및 비디오물의 진흥에 관한 법률」 제2조제16호가목 및 라목에 해당하는 비디오물감상실업 및 복합영상물제공업의 시설(「유아교육법」 제2조제2호에 따른 유치원 및 「고등교육법」 제2조 각 호에 따른 학교의 교육환경보호구역은 제외한다) 26. 「식품위생법」 제36조제1항제3호에 따른 식품접객업 중 단란주점영업 및 유흥주점영업 27. 「공중위생관리법」 제2조제1항제2호에 따른 숙박업 및 「관광진흥법」 제3조제1항제2호에 따른 관광숙박업(「국제회의산업 육성에 관한 법률」 제2조제3호에 따른 국제회의시설에 부속된 숙박시설과 규모, 용도, 기간 및 학습과 학교보건위생에 대한 영향 등을 고려하여 대통령령으로 정하는 숙박업 또는 관광숙박업은 제외한다) 28. 「화학물질관리법」 제39조에 따른 사고대비물질의 취급시설 중 대통령령으로 정하는 수량 이상으로 취급하는 시설 -「화학물질관리법」 제41조제1항에 따른 수량을 말한다. 29. 「통계법」 제22조제1항에 따라 통계청장이 고시하는 한국표준산업분류에 따른 제조업 중 레미콘 제조업(시멘트와 모래, 자갈 등의 광물성 물질 혼합물에 물을 첨가하여 굳지 아니한 상태로 구매자에게 공급하는 콘크리트용 비내화 혼합물을 제조하는 산업활동) 30. 「정신건강증진 및 정신질환자 복지서비스 지원에 관한 법률」 제3조제7호에 따른 정신재활시설 중 중독자재활시설(알코올 중독, 약물 중독 또는 게임 중독 등으로 인한 정신질환자등을 치유하거나 재활을 돕는 시설) 31. 「관광진흥법」 제3조제1항제5호에 따른 카지노업	

■ 교육환경 보호에 관한 법률 시행규칙 [별지 제2호서식]

금지행위 및 시설 제외 신청서

접수번호	접수일시	처리기간 15일(40일)

신청인	성명(상호)	생년월일(사업자 또는 법인 등록번호)
	주소(주사무소 소재지)	전화번호
해당 행위 및 시설	행위 및 시설 유형	
	소재지	
	위치 ( )층 건물의 ( )층	면적(제곱미터)

교육환경보호구역 설정 학교 및 학교와의 거리	학 교 명	출입문(미터)	경계선(미터)

「교육환경 보호에 관한 법률」 제9조 단서에 따라 교육환경보호구역 내 금지행위 및 시설에서의 제외를 신청합니다.

년 월 일

신청인 (서명 또는 인)

○○○시(도)교육감 또는 ○○○시(도) ○○교육지원청 교육장 귀하

구분	내용	수수료
신청인 제출서류	1. 해당 행위를 하려는 시설 또는 해당 시설의 건축설계도면(건축물대장이 없는 경우에만 제출합니다) 1부 2. 보호구역이 설정된 학교와 해당 행위를 하려는 장소·시설 또는 해당 시설이 설치된 위치를 파악할 수 있는 주변 약도 1부	수수료 없음
담당공무원 확인사항	1. 건축물대장 2. 토지이용계획확인서	

행정정보 공동이용 동의서

본인은 이 건의 업무처리와 관련하여 담당공무원이 「전자정부법」 제36조제1항에 따른 행정정보의 공동이용을 통해 이용 기관의 업무처리담당자가 전자적으로 담당 공무원 확인사항을 확인하는 것에 동의합니다.

*동의하지 않는 경우에는 신청인이 직접 관련 서류를 제출해야 합니다.

신청인 (서명 또는 인)

처 리 절 차

신청서 작성	→	접수	→	서류검토	→	현장확인	→	위원회 심의·의결 의뢰	→	위원회 심의·의결	→	결재	→	결과서 통보
신청인		지역교육지원청 또는 교육청		지역교육지원청 또는 교육청		지역교육지원청 또는 교육청		지역교육지원청 또는 교육청		지역교육지원청 또는 교육청		지역교육지원청 또는 교육청		지역교육지원청 또는 교육청

210mm×297mm[백상지(80g/㎡) 또는 중질지(80g/㎡)]

[11] 산지관리법 제6조(보전산지의 변경·해제)

처 리 기 준	비 고
1. 보전산지의 변경·해제 1.1 산림청장은 보전산지 중 임업용산지가 공익용산지의 지정대상 산지에 해당하게 되는 경우에는 그 산지를 공익용산지로 변경·지정할 수 있다. 1.2 산림청장은 보전산지 중 공익용산지가 공익용산지의 지정대상 산지에 해당되지 아니하고 임업용산지의 지정대상 산지에 해당하게 되는 경우에는 그 산지를 임업용산지로 변경·지정할 수 있다. 1.3 산림청장은 다음 각 호의 어느 하나에 해당하는 경우에는 보전산지의 지정을 해제할 수 있다. (1) 보전산지가 임업용산지 또는 공익용산지의 지정요건에 해당하지 아니하게 되는 경우 (2) 제8조에 따른 협의를 한 경우로서 보전산지의 지정을 해제할 필요가 있는 경우 (3) 제14조에 따른 산지전용허가 또는 제15조에 따른 산지전용신고(다른 법률에 따라 산지전용허가 또는 산지전용신고가 의제되거나 배제되는 행정처분을 포함한다)에 의하여 산지를 다른 용지로 변경한 경우로서 해당 산지전용의 목적사업을 완료한 후 제39조제3항에 따라 복구의무를 면제받거나 제42조에 따라 복구준공검사를 받은 경우 (4) 그 밖에 보전산지의 지정이 적합하지 아니하다고 인정되는 경우 1.4 보전산지의 지정·해제 등의 고시 (1) 보전산지를 지정시 고시하여야 할 사항 (가) 보전산지의 구역이 표시된 축척 2만5천분의 1 이상의 지적이 표시된 지형도(「토지이용규제 기본법」 제12조에 따른 국토이용정보체계에 지적이 표시된 지형도의 데이터베이스가 구축되어 있지 아니하거나 지형과 지적의 불일치로 지형도의 활용이 곤란한 경우에는 지적도)의 번호 및 해당 도면의 명칭 (나) 보전산지의 구역안에 포함되는 행정구역의 명칭 (2) 보전산지의 변경이나 지정해제시 고시하여야 할 사항 (가) 변경이나 지정해제되는 보전산지의 구역이 표시된 축척 2만5천분의 1 이상의 지적이 표시된 지형도(「토지이용규제 기본법」 제12조에 따른 국토이용정보체계에 지적이 표시된 지형도의 데이터베이스가 구축되어 있지 아니하거나 지형과 지적의 불일치로 지형도의 활용이 곤란한 경우에는 지적도)의 번호 및 해당 도면의 명칭 (나) 변경이나 지정해제되는 보전산지의 구역안에 포함되는 행정구역의 명칭 (3) 심의를 거치지 않을 수 있는 경우 (가) 이 법 또는 다른 법률에 따라 관계 행정기관의 장과 협의를 거쳐 산지가 제1항 또는 제2항에 따른 보전산지의 변경대상이 되어 변경하는 경우 (나) 이 법 또는 다른 법률에 따라 관계 행정기관의 장과 협의를 거쳐 산지가 제3항제1호 및 제2호에 따른 보전산지의 지정해제 대상이 되어 지정을 해제하는 경우 (다) 제3항제3호 및 제4호에 따라 보전산지의 지정을 해제하는 경우	

[11-1] 산지관리법 제8조(산지에서의 구역 등의 지정 등)

처 리 기 준	비 고

1. 산지에서의 구역 등의 지정

1.1 산지에서의 구역 등 지정 및 결정하기 위한 협의

관계 행정기관의 장은 협의요청서에 수산식품부령으로 정하는 서류를 첨부하여 다음 각 호의 구분에 따른 자에게 제출하여야 한다.

(1) 산지면적(법 제8조제1항 후단에 따라 변경협의를 하려는 경우에는 이미 협의한 산지면적을 제외한 변경하려는 산지의 면적을 말한다.)이 200만제곱미터 이상(보전산지의 경우에는 100만제곱미터 이상)인 경우: 산림청장

(2) 산지면적이 50만제곱미터 이상 200만제곱미터 미만(보전산지의 경우에는 3만제곱미터 이상 100만제곱미터 미만)인 경우

(가) 산림청장 소관인 국유림의 산지인 경우: 산림청장

(나) 산림청장 소관이 아닌 국유림, 공유림 또는 사유림의 산지인 경우: 시·도지사

(3) 산지면적이 50만제곱미터 미만(보전산지의 경우에는 3만제곱미터 미만)인 경우

(가) 산림청장 소관인 국유림의 산지인 경우: 산림청장

(나) 산림청장 소관이 아닌 국유림, 공유림 또는 사유림의 산지인 경우: 시장·군수·구청장

1.2 통보하여야 하는 경미한 사항

(1) 관계 행정기관의 장이 산림청장등과 협의하여 지정 또는 결정한 지역등의 면적을 축소하는 것

(2) 「공간정보의 구축 및 관리 등에 관한 법률」 제79조에 따른 분할 측량 결과 지역등이 구역의 변경 없이 그 면적이 증감되는 것

1.3 산지에서의 지역 등의 협의범위

구 분	협 의 대 상 지 역 등
1. 보전목적 및 개발목적으로 이용하기 위한 지역 등의 지정 또는 결정	「국토의 계획 및 이용에 관한 법률」 제2조제15호부터 제17호까지의 규정에 따른 용도지역·용도지구 및 용도구역
	「연안관리법」 제2조제3호에 따른 연안육역
	그 밖에 다른 법률에 따라 보전목적 및 개발목적으로 이용하기 위하여 지정 또는 결정되는 지역 등
2. 보전목적으로 이용하기 위한 지역등의 지정 또는 결정	「문화재보호법」 제7조에 따른 사적·명승·천연기념물, 같은 법 제9조에 따른 보호구역, 같은 법 제10조에 따른 국가지정문화재 및 「고도(古都)보존에 관한 특별법」 제8조에 따른 특별보존지구·역사문화환경지구
	「소하천정비법」 제2조제2호 및 제4조에 따른 소하천구역 및 소하천예정지
	「습지보전법」 제8조에 따른 습지보호지역·습지주변관리지역 및 습지개선지역
	「수도법」 제7조에 따른 상수원보호구역
	「전통사찰의 보존 및 지원에 관한 법률」 제6조에 따른 전통사찰보존구역
	「지하수법」 제12조에 따른 지하수보전구역
	「토양환경보전법」 제17조에 따른 토양보전대책지역
	「환경정책기본법」 제22조에 따른 환경보전을 위한 특별대책지역
	그 밖에 다른 법률에 따라 보전목적으로 이용하기 위하여 지정 또는 결정되는 지역 등

처 리 기 준	비 고

3. 개발목적으로 이용하기 위한 지역등의 지정 또는 결정	「경제자유구역의 지정 및 운영에 관한 법률」 제4조에 따른 경제자유구역
	「관광진흥법」 제52조에 따른 관광지 및 관광단지와 같은 법 제70조에 따른 관광특구
	「농어촌정비법」 제94조에 따른 한계농지등 정비지구
	「댐건설 및 주변지역지원 등에 관한 법률」 제7조에 따른 기본계획
	「도시 및 주거환경 정비법」 제4조에 따른 정비구역
	「도시개발법」 제3조에 따른 도시개발구역
	「문화산업진흥 기본법」 제24조에 따른 문화산업단지
	「산업입지 및 개발에 관한 법률」 제2조제5호에 따른 산업단지
	「산업집적 활성화 및 공장설립에 관한 법률」 제22조에 따른 지식기반산업 집적지구
	「석탄산업법」 제39조의8에 따른 탄광지역진흥사업 추진대상지역
	「수도권신공항건설 촉진법」 제2조제3호에 따른 수도권신공항건설예정지역
	「신항만건설촉진법」 제5조에 따른 신항만건설예정지역
	「물류시설의 개발 및 운영에 관한 법률」 제22조에 따른 물류단지
	「유통산업발전법」 제29조에 따른 공동집배송센터
	「자유무역지역의 지정 등에 관한 법률」 제4조에 따른 자유무역지역
	「전원개발촉진법」 제11조에 따른 전원개발사업예정구역
	「지역균형개발 및 지방중소기업 육성에 관한 법률」 제4조·제9조 및 제26조의3에 따른 광역개발권역·개발촉진지구 및 특정지역과 같은 법 제38조의2에 따른 지역종합개발지구 등
	「청소년활동진흥법」 제47조제1항에 따른 청소년수련지구
	「택지개발촉진법」 제2조제3호에 따른 택지개발예정지구
	「폐광지역개발 지원에 관한 특별법」 제3조에 따른 폐광지역 진흥지구
	「항공법」 제2조제7호에 따른 공항구역 중 국토교통부장관이 공항개발예정구역으로 고시한 지역
	「항만법」 제9조에 따른 항만공사의 시행 및 허가와 관련된 지역 등 및 동법 제43조에 따른 항만배후단지
	그 밖에 다른 법률에 따라 개발목적으로 이용하기 위하여 지정 또는 결정되는 지역 등

1.4 산지에서의 지역 등의 협의기준

(1) 산림경영을 위하여 장기간 투자된 보전산지이거나 임업 및 산촌의 진흥을 위하여 필요한 보전산지는 특정 용도로 이용하려는 지역등의 지정·결정의 목적에 필요한 최소한의 면적이어야 한다.

(2) 집단적인 조림성공지 및 형질이 우량한 천연림으로서 지속가능한 산림경영을 위하여 필요하다고 인정되는 보전산지는 가능한 한 특정 용도로 이용하기 위한 지역등으로 지정·결정되어서는 아니 된다.

(3) 분수령·하천·소계류·소능선 등 자연경계의 밖에 위치하는 지역으로서 지역등의 지정·결정의 목적과 직접적으로 관련되지 아니하는 산지는 그 지정·결정의 범위를 최소화하여야 한다.

처 리 기 준	비 고
(4) 보전산지에 대하여 산지의 보전과 유사한 목적으로 다른 법률에 따라 지역등으로 지정·결정하려는 경우에는 그 지정·결정의 범위가 최소화되도록 하여야 한다. (5) 법 제9조에 따른 산지전용・일시사용제한지역이 편입되어서는 아니 된다. 다만, 법 제10조 각 호에 따른 행위와 관련된 협의의 경우에는 그러하지 아니하다. (6) 전용하려는 산지의 경우에는 법 제12조에 따른 행위제한에 위반되어서는 아니 된다. (7) 지역등의 지정으로 인하여 주변 산림경영에 지장을 초래하여서는 아니 된다. (8) 기반시설의 설치를 수반하여 지역등을 지정하려는 경우 주변 산림경영을 위한 기반시설과 연계하여야 한다. (9) 불가피하게 원형보전되는 산지에 대하여는 다음 각 목의 대책을 수립하여야 한다. (가) 소나무재선충병 등 산림병해충의 예방 및 방제를 위한 대책 (나) 산불·산사태 등 산림재해를 방지하기 위한 대책 (10) 지역등으로 지정・결정하려는 산지의 평균경사도가 25도(「체육시설의 설치·이용에 관한 법률」 제10조제1항제1호에 따른 스키장업의 시설을 설치하는 경우의 평균경사도는 35도) 이하일 것. (11) 지역등으로 지정・결정하려는 산지의 헥타르당 입목축적이 산림기본통계(산림청장이 고시하는 산림기본통계를 말한다. 이하 같다)상의 관할 시·군·자치구의 헥타르당 입목축적의 150퍼센트 이하일 것. 다만, 산불발생·솎아베기 또는 인위적인 벌채를 실시한 후 5년이 지나지 아니한 때에는 그 산불발생·솎아베기 또는 벌채 전의 입목축적으로 환산하여 적용한다. 다만, 산림기본통계의 발표 다음 연도부터 다시 새로운 산림기본통계가 발표되기 전까지는 산림청장이 고시하는 시・도별 평균생장률을 적용하여 해당 연도의 관할 시・군・구의 헥타르당 입목축적을 구하며, 산불발생・솎아베기 또는 인위적인 벌채를 실시한 후 5년이 지나지 않은 때에도 해당 시・도별 평균생장률을 적용하여 그 산불발생・솎아베기 또는 벌채 전의 입목축적을 환산한다. (12) 지역등으로 지정・결정하려는 경우 산림 및 경관 보전, 자연환경 및 재해방지에 위해가 없어야 한다. (13) 지역등으로 지정・결정하려는 산지의 면적이 30만제곱미터 이상인 경우로서 해당 사업계획부지에 대한 보전산지의 면적비율은 매년 산림청장이 발표하는 임업통계연보상의 해당 시・군・구의 산지면적에 대한 보전산지의 면적비율(보전산지의 면적 비율이 100분의 50 이하인 경우에는 100분의 50)을 초과하여서는 아니 된다. 다만, 다음 각 목의 어느 하나에 해당하는 경우에는 그러하지 아니하다.	

처 리 기 준	비 고
(가) 스키장, 집단묘지(공설묘지 및 법인묘지에 한정한다), 대중골프장, 송・배선 철탑을 설치하기 위한 경우 (나) 지역등으로 지정하여 전용하려는 산지의 평균경사도가 15도 미만이고 평균입목축적(산불발생·솎아베기 또는 인위적인 벌채를 실시한 후 5년이 지나지 아니한 때에는 그 산불발생·솎아베기 또는 벌채전의 입목축적으로 환산하여 적용한다)이 산림기본통계상 해당 시·군·구의 평균입목축적의 75퍼센트 미만인 경우에는 해당 사업계획부지의 100분의 10의 범위에서 보전산지를 추가하여 편입할 수 있다. (14) 개발이 수반되는 지역등으로 지정・결정하려는 경우에는 주변의 개발상황을 고려해야 하고 기반시설과 연계되어야 한다. ※ 비고 1. 다음 각 목의 어느 하나에 해당하는 경우에는 제10호・제11호 및 제13호를 적용하지 아니한다. 가. 사업시행자가 지정되지 아니하거나 주민제안에 의하여 개발계획이 수립되지 아니하는 경우 나. 국가 또는 지방자치단체가 시행하는 공용·공공용시설의 설치에 필요한 경우 2. 제1호부터 제14호까지의 기준 적용에 필요한 세부사항은 농림축산식품부령으로 정한다. 3. 지역등을 지정・결정하려는 산지의 지형여건 또는 사업수행상 위 기준을 적용하는 것이 불합리하다고 인정되는 경우에는 중앙산지관리위원회 또는 지방산지관리위원회의 심의를 거쳐 이를 완화할 수 있다. 4. 「군사기지 및 군사시설 보호법」 제5조제1항제1호의 통제보호구역의 산지가 있는 시・군・구의 1만제곱미터당 입목축적은 임업통계연보에 수록된 해당 시・군・구의 입목축적에 통제보호구역의 산지를 제외한 산지면적으로 나눈 값을 적용한다. 5. 산림청장은 제13호에 따른 보전산지 면적비율과 관련하여 전체산지면적 또는 보전산지 면적의 변경으로 보전산지 면적비율이 증가된 경우에는 임업통계연보상의 보전산지 면적비율에도 불구하고 그 증가된 보전산지 면적비율을 적용할 수 있다.	

[11-2] 산지관리법 제10조(산지전용·일시사용 제한지역에서의 행위제한)

처 리 기 준	비 고

1. 산지전용・일시사용제한지역에서의 행위제한

1.1 산지전용·일시사용제한지역에서는 다음 각 호의 어느 하나에 해당하는 행위를 하기 위하여 산지전용 또는 산지일시사용을 하는 경우를 제외하고는 산지전용 또는 산지일시사용을 할 수 없다.

(1) 국방·군사시설의 설치

(2) 사방시설, 하천, 제방, 저수지, 그 밖에 이에 준하는 국토보전시설의 설치

(3) 도로, 철도, 석유 및 가스의 공급시설, 그 밖에 아래에서 정하는 공용·공공용 시설의 설치

(가) 국가 또는 지방자치단체가 설치하는 궤도시설

(나) 방풍시설 또는 방화시설

(다) 「기상법」 제2조제13호에 따른 기상시설 및 「지진・지진해일・화산의 관측 및 경보에 관한 법률」 제2조제6호에 따른 관측소

(라) 국가 또는 지방자치단체가 설치하는 공용청사

(마) 「자연공원법」에 의한 자연공원안에 설치하는 탐방로·전망대 및 대피소와 탐방자의 안전을 도모하는 보호 및 안전시설

(바) 「자연환경보전법」에 의한 자연환경보전·이용시설

(사) 국가 또는 지방자치단체가 설치하는 자연휴양림, 산림욕장, 치유의 숲, 유아숲체험원, 산림생태원 및 산책로·탐방로·등산로 등 숲길

(아) 국립수목원 및 「수목원조성 및 진흥에 관한 법률」 제7조의 규정에 따라 수목원조성계획의 승인을 얻어 조성되는 수목원시설

(자) 국가통신시설 또는 「전기통신기본법」 제2조제2호의 전기통신설비

(차) 「수도법」 제3조제17호에 따른 수도시설

(카) 「하수도법」 제2조제3호에 따른 하수도

(타) 「지하수법」 제17조제1항에 따른 지하수 관측시설

(4) 산림보호, 산림자원의 보전 및 증식을 위한 시설로서 아래에서 정하는 시설의 설치

(가) 병해충의 구제(驅除) 및 예방을 위한 시설

(나) 산불·산사태 등 산림재해의 예방 및 복구를 위한 시설

(다) 「산림보호법」 제13조제1항에 따라 지정된 보호수 및 야생동·식물의 보전·관리를 위한 시설

(5) 임업시험연구를 위한 시설로서 산림청(그 소속기관을 포함) 소속의 임업시험연구기관, 지방자치단체 소속의 임업시험연구기관, 「고등교육법」 제2조의 규정에 의한 학교로서 산림과 관련된 학과 또는 학부를 둔 학교의 설치

(6) 매장문화재의 발굴(지표조사를 포함한다), 문화재와 전통사찰의 복원·보수·이전 및 그 보존관리를 위한 시설의 설치, 문화재·전통사찰과 관련된 비석, 기념탑, 그 밖에 이와 유사한 시설의 설치

처 리 기 준	비 고
(7) 다음 각 목의 어느 하나에 해당하는 시설 중 발전소, 변전소(변환소를 포함), 송전시설 및 풍황(風況)계측시설의 설치 (가) 발전·송전시설 등 전력시설 (나) 「신에너지 및 재생에너지 개발・이용・보급 촉진법」에 따른 신・재생에너지 설비. 다만, 태양에너지 설비는 제외한다. (8) 「광업법」에 따른 광물의 탐사·시추시설의 설치 및 산지의 일시사용면적이 갱구 및 광물의 선별·가공시설을 포함하여 2만제곱미터 미만인 굴진채굴 (9) 「광산피해의 방지 및 복구에 관한 법률」에 따른 광해방지시설의 설치 (9-2) 공공의 안전을 방해하는 위험시설이나 물건의 제거 (9-3) 「6·25 전사자유해의 발굴 등에 관한 법률」에 따른 전사자유해의 조사·발굴, 「대일항쟁기 강제동원 피해조사 및 국외강제동원 희생자 등 지원에 관한 특별법」에 따른 피해자 등 유해의 조사·발굴, 그 밖에 사고실종자, 범죄피해자 등 유해의 발견을 목적으로 국가나 지방자치단체가 직접 시행하는 유해의 조사·발굴 (10) 제1호부터 제9호까지, 제9호의2 및 제9호의3에 따른 행위를 하기 위하여 1년 이내의 기간(다만, 목적사업의 수행을 위한 산지전용기간 또는 산지일시사용기간이 1년을 초과하는 경우에는 그 산지전용기간 또는 산지일시사용기간을 말한다) 동안 임시로 설치하는 다음 각 목의 어느 하나에 해당하는 부대시설의 설치 (가) 진입로 (나) 현장사무소 (다) 지질·토양의 조사·탐사시설 (라) 그 밖에 주차장 등 농림축산식품부령으로 정하는 부대시설 (11) 제1호부터 제9호까지, 제9호의2 및 제9호의3에 따라 설치되는 시설 중 「건축법」에 따른 건축물과 도로(「건축법」 제2조제1항제11호의 도로를 말한다)를 연결하기 위한 절·성토사면을 제외한 유효너비가 3미터 이하이고, 그 길이가 50미터 이하인 진입로의 설치	

[11-3] 산지관리법 제12조(보전산지에서의 행위제한)

처 리 기 준	비 고
1. 임업용산지 안에서의 행위제한 1.1 제10조제1호부터 제9호까지, 제9호의2 및 제9호의3에 따른 시설의 설치 등 1.2 임도·산림경영관리사(山林經營管理舍) 등 산림경영과 관련된 시설 및 산촌산업개발시설 등 산촌개발사업과 관련된 시설로서 아래에서 정하는 시설의 설치 (1) 임도·작업로 및 임산물 운반로 (2) 「임업 및 산촌 진흥촉진에 관한 법률 시행령」 제2조제1호의 임업인(「산림자원의 조성 및 관리에 관한 법률」에 따라 산림경영계획의 인가를 받아 산림을 경영하고 있는 자를 말한다), 같은 조 제2호 및 제3호의 임업인이 설치하는 다음 각 목의 어느 하나에 해당하는 시설 (가) 부지면적 1만제곱미터 미만의 임산물 생산시설 또는 집하시설 (나) 부지면적 3천제곱미터 미만의 임산물 가공·건조·보관시설 (다) 부지면적 1천제곱미터 미만의 임업용기자재 보관시설(비료·농약·기계 등을 보관하기 위한 시설을 말한다) 및 임산물 전시·판매시설 (라) 부지면적 200제곱미터 미만의 산림경영관리사(산림작업의 관리를 위한 시설로서 작업대기 및 휴식 등을 위한 공간이 바닥면적의 100분의 25 이하인 시설을 말한다) 및 대피소 (3) 「궤도운송법」에 따른 궤도 (4) 「임업 및 산촌 진흥촉진에 관한 법률」 제25조에 따른 산촌개발사업으로 설치하는 부지면적 1만제곱미터 미만의 시설 1.3 수목원, 산림생태원, 자연휴양림, 수목장림(樹木葬林), 그 밖에 아래의 산림공익시설의 설치 (1) 산림욕장, 치유의 숲, 산책로·탐방로·등산로 등 숲길, 전망대 (2) 자연관찰원·산림전시관·목공예실·숲속교실·숲속수련장·유아숲체험원·산림박물관·산악박물관·산림교육센터 등 산림교육시설 (3) 목재이용의 홍보·전시·교육 등을 위한 목조건축시설 (4) 국가, 지방자치단체 또는 비영리법인이 설치하는 임산물의 홍보・전시・교육 등을 위한 시설 1.4 농림어업인이 자기소유의 산지에서 직접 농림어업을 경영하면서 실제로 거주하기 위하여 부지면적 660제곱미터 미만으로 건축하는 주택 및 그 부대시설의 설치 *부지면적을 적용함에 있어서 산지를 전용하여 농림어업인의 주택 및 그 부대시설을 설치하고자 하는 경우에는 그 전용하고자 하는 면적에 당해 농림어업인이 당해 시·군·구(자치구에 한한다)에서 그 전용허가신청일 이전 5년간 농림어업인 주택 및 그 부대시설의 설치를 위하여 전용한 임업용산지의 면적을 합산한 면적(공공사업으로 인하여 철거된 농림어업인 주택 및 그 부대시설의 설치를 위하여 전용하였거나 전용하고자 하는 산지면적을 제외한다)을 당해 농림어업인 주택 및 그 부대시설의 부지면적으로 본다. 1.5 농림어업용 생산·이용·가공시설 및 농어촌휴양시설로서 아래에서 정하는 시설의 설치	

처 리 기 준	비 고
(1) 농림어업인, 「농어업·농어촌 및 식품산업 기본법」 제3조제4호에 따른 생산자단체, 「농어업경영체 육성 및 지원에 관한 법률」 제16조에 따른 영농조합법인과 영어조합법인 또는 같은 법 제19조에 따른 농업회사법인이 설치하는 다음 각 목의 어느 하나에 해당하는 시설 (가) 부지면적 3만제곱미터 미만의 축산시설 (나) 부지면적 1만제곱미터 미만의 다음의 시설 1) 야생조수의 인공사육시설 2) 양어장·양식장·낚시터시설 3) 폐목재·짚·음식물쓰레기 등을 이용한 유기질비료 제조시설(「폐기물관리법 시행령」 별표 3 제1호라목에 따른 퇴비화 시설에 한한다) 4) 가축분뇨를 이용한 유기질비료 제조시설 5) 버섯재배시설, 농림업용 온실 (다) 부지면적 3천제곱미터 미만의 다음의 시설 1) 누에사육시설·농기계수리시설·농기계창고 2) 농축수산물의 창고·집하장 또는 그 가공시설 (라) 부지면적 200제곱미터 미만의 다음의 시설(작업대기 및 휴식 등을 위한 공간이 바닥면적의 100분의 25 이하인 시설을 말한다) 1) 농막 2) 농업용·축산업용 관리사(주거용이 아닌 경우에 한한다) (2) 「농어촌정비법」 제82조 및 같은 법 제83조에 따라 개발되는 3만 제곱미터 미만의 농어촌 관광휴양단지 및 관광농원 1.6 광물, 지하수, 그 밖에 대통령령으로 정하는 지하자원 또는 석재의 탐사·시추 및 개발과 이를 위한 시설의 설치 1.7 산사태 예방을 위한 지질·토양의 조사와 이에 따른 시설의 설치 1.8 석유비축 및 저장시설·방송통신설비, 액화석유가스를 저장하기 위한 시설로서 농림축산식품부령이 정하는 시설, 「대기환경보전법」 제2조제16호에 따른 저공해자동차에 연료를 공급하기 위한 시설의 설치 1.9 「장사 등에 관한 법률」에 따라 허가를 받거나 신고를 한 묘지·화장시설·봉안시설·자연장지 시설의 설치 1.10 문화체육관광부장관이 「민법」 제32조의 규정에 따라 종교법인으로 허가한 종교단체 또는 그 소속단체에서 설치하는 부지면적 1만5천제곱미터 미만의 사찰·교회·성당 등 종교의식에 직접적으로 사용되는 시설과 농림축산식품부령으로 정하는 부대시설의 설치 1.11 병원, 사회복지시설, 청소년수련시설, 근로자복지시설, 공공직업훈련시설 등 공익시설로서 대통령령으로 정하는 시설의 설치 (1) 「의료법」 제3조제2항에 따른 의료기관중 종합병원·병원·치과병원·한방병원·요양병원 (2) 「사회복지사업법」 제2조제4호에 따른 사회복지시설	

처 리 기 준	비 고
(3) 「청소년활동진흥법」 제10조제1호의 규정에 의한 청소년수련시설 (4) 근로자의 복지증진을 위한 시설로서 다음 각 목의 어느 하나에 해당하는 것 (가) 근로자 기숙사(「건축법 시행령」 별표 1 제2호 라목의 규정에 의한 기숙사에 한한다) (나) 영유아보육법」 제10조제3호의 규정에 의한 직장어린이집 (다) 「수도권정비계획법」 제2조제1호의 규정에 의한 수도권 또는 광역시 지역의 주택난 해소를 위하여 공급되는 「근로자복지 기본법」 제13조 제2항의 규정에 의한 근로자주택 (라) 비영리법인이 건립하는 근로자의 여가·체육 및 문화활동을 위한 복지회관 (5) 「근로자직업능력 개발법」 제2조제3호의 규정에 따라 국가·지방자치단체 및 공공단체가 설치·운영하는 직업능력개발훈련시설 1.12 교육·연구 및 기술개발과 관련된 시설로서 아래에서 정하는 시설의 설치 (1)「기초연구진흥 및 기술개발지원에 관한 법률」 제14조제1항제2호에 따른 기업부설연구소로서 교육부장관의 추천이 있는 시설 (2) 「특정연구기관 육성법」 제2조의 규정에 의한 특정연구기관이 교육 또는 연구목적으로 설치하는 시설 (3) 「과학기술기본법」 제9조제1항의 규정에 의한 국가과학기술위원회에서 심의한 연구개발사업중 우주항공기술개발과 관련된 시설 (4) 「초·중등교육법」 및 「고등교육법」에 따른 학교 시설 1.13 관계 행정기관의 장이 다른 법률의 규정에 따라 산림청장등과 협의하여 산지전용허가·산지일시사용허가 또는 산지전용신고·산지일시사용신고가 의제되는 허가·인가 등의 처분을 받아 설치되는 시설의 설치(단 아래에 해당하는 시설은 제외) (1) 「대기환경보전법」 제2조제9호의 규정에 의한 특정대기유해물질을 배출하는 시설 (2) 「대기환경보전법」 제2조제11호의 규정에 의한 대기오염물질배출시설(동법 시행령 별표 1의 1종사업장 내지 4종사업장에 설치되는 시설에 한한다) (3) 「물환경보전법」 제2조제8호에 따른 특정수질유해물질을 배출하는 시설. 다만, 같은 법 제34조에 따라 폐수무방류배출시설의 설치허가를 받아 운영하는 경우를 제외한다. (4) 「물환경보전법」제2조제10호에 따른 폐수배출시설(같은 법 시행령 별표 13에 따른 1종사업장부터 4종사업장까지의 사업장에 설치되는 시설에 한정한다) (5) 「폐기물관리법」 제2조제4호의 규정에 의한 지정폐기물을 배출하는 시설. 다만, 당해 사업장에 지정폐기물을 처리하기 위한 폐기물처리시설을 설치하거나 지정폐기물을 위탁하여 처리하는 경우에는 그러하지 아니하다.	

처 리 기 준	비 고
(6) 다음 각 목의 어느 하나에 해당하는 처분을 받아 설치하는 시설. 다만, 「국토의 계획 및 이용에 관한 법률」 제51조에 따른 지구단위계획구역을 지정하기 위한 산지전용허가·산지일시사용허가 또는 산지전용신고·산지일시사용신고의 의제에 관한 협의 내용에 다음 각 목의 어느 하나에 해당하는 사항이 포함된 경우에는 그 처분을 받아 설치하는 시설은 제외한다. (가) 「주택법」 제16조에 따른 사업계획의 승인 (나) 「건축법」 제11조에 따른 건축허가 및 같은 법 제14조에 따른 건축신고 (다) 「국토의 계획 및 이용에 관한 법률」 제56조에 따른 개발행위허가 1.14 제1호부터 제13호까지의 규정에 따른 시설을 설치하기 위하여 1년 이내의 기간(다만, 목적사업의 수행을 위한 산지전용기간·산지일시사용기간이 1년을 초과하는 경우에는 그 산지전용기간·산지일시사용기간) 동안 임시로 설치하는 다음 각 목의 어느 하나에 해당하는 부대시설의 설치 (1) 진입로 (2) 현장사무소 (3) 지질·토양의 조사·탐사시설 (4) 그 밖에 주차장 등 농림축산식품부령으로 정하는 부대시설 1.15 제1호부터 제13호까지의 시설 중 「건축법」에 따른 건축물과 도로(「건축법」 제2조제1항제11호의 도로를 말한다)를 연결하기 위한 절·성토사면을 제외한 유효너비가 3미터 이하이고, 그 길이가 50미터 이하인 진입로의 설치 1.16 그 밖에 가축의 방목, 산나물·야생화·관상수의 재배, 물건의 적치(積置), 농도(農道)의 설치 등 임업용산지의 목적 달성에 지장을 주지 아니하는 범위에서 아래에서 정하는 행위 (1) 「농어촌 도로정비법」 제4조제2항제3호에 따른 농도, 「농어촌정비법」 제2조제6호에 따른 양수장·배수장·용수로 및 배수로를 설치하는 행위 (2) 부지면적 100제곱미터 미만의 제각(祭閣)을 설치하는 행위 (3) 「사도법」 제2조의 규정에 의한 사도(私道)를 설치하는 행위 (4) 「자연환경보전법」 제2조제9호의 규정에 의한 생태통로 및 조수의 보호·번식을 위한 시설을 설치하는 행위 (5) 농림어업인이 3만제곱미터 미만의 산지에 「임업 및 산촌 진흥촉진에 관한 법률 시행령」 제8조제1항에 따른 임산물 소득원의 지원 대상 품목을 재배하는 행위 (6) 농림어업인이 3만제곱미터 미만의 산지에서 「축산법」 제2조제1호의 규정에 의한 가축을 방목하는 경우로서 다음 각목의 요건을 갖춘 행위 (가) 조림지의 경우에는 조림후 15년이 지난 산지일 것 (나) 대상지의 경계에 울타리를 설치할 것 (다) 입목·죽의 생육에 지장이 없도록 보호시설을 설치할 것	

처 리 기 준	비 고
(7) 농림어업인 또는 관상수생산자가 3만제곱미터 미만의 산지에서 관상수를 재배하는 행위 (8) 「측량·수로조사 및 지적에 관한 법률」 제8조에 따른 측량기준점표지를 설치하는 행위 (9) 「폐기물관리법」 제2조제1호의 규정에 의한 폐기물이 아닌 물건을 1년 이내의 기간동안 산지에 적치하는 행위로서 다음 각목의 요건을 모두 갖춘 행위 (가) 입목의 벌채·굴취를 수반하지 아니할 것 (나) 당해 물건의 적치로 인하여 주변환경의 오염, 자연경관 등의 훼손 우려가 없을 것 (10) 법 제26조의 규정에 의한 채석경제성평가를 위하여 시추하는 행위 (11) 「영화 및 비디오물의 진흥에 관한 법률」, 「방송법」 또는 「문화산업진흥 기본법」에 따른 영화제작업자·방송사업자 또는 방송영상독립제작사가 영화 또는 방송프로그램의 제작을 위하여 야외촬영시설을 설치하는 행위 (12) 부지면적 200제곱미터 미만의 간이농림어업용시설(농업용수개발시설을 포함한다) 및 농림수산물 간이처리시설을 설치하는 행위 **2. 공익용산지에서의 행위제한** 2.1 제10조제1호부터 제9호까지, 제9호의2 및 제9호의3에 따른 시설의 설치 등 2.2 제1항제2호, 제3호, 제6호 및 제7호의 시설의 설치 2.3 「과학기술기본법」 제9조제1항의 규정에 의한 국가과학기술위원회에서 심의한 연구개발사업중 우주항공기술개발과 관련된 시설의 설치 2.4 표에서 정하는 규모 미만으로서 다음 각 목의 어느 하나에 해당하는 행위 - 농림어업인의 주택 또는 종교시설을 증축하는 경우: 종전 주택·시설 연면적의 100분의 130 이하 - 농림어업인의 주택 또는 종교시설을 개축하는 경우: 종전 주택·시설 연면적의 100분의 100 이하 - 농림어업인의 주택 또는 사찰림의 산지 안에서의 사찰을 신축하는 경우: 다음 각 목의 구분에 따른 규모 이하 가. 법 제12조제2항제4호가목 단서에 따라 농림어업인이 자기 소유의 산지에서 직접 농림어업을 경영하면서 실제로 거주하기 위하여 신축하는 주택 및 그 부대시설: 부지면적 660제곱미터 이하 나. 법 제12조제2항제4호다목에 따라 신축하는 사찰 및 그 부대시설: 부지면적 1만5천제곱미터 이하 (1) 농림어업인 주택의 신축, 증축 또는 개축. 다만, 신축의 경우에는 대통령령으로 정하는 주택 및 시설에 한정한다. (2) 종교시설의 증축 또는 개축 (3) 제4조제1항제1호나목2)에 해당하는 사유로 공익용산지로 지정된 사찰림의 산지에서의 사찰 신축	

처 리 기 준	비 고
2.5 공용·공공용 사업을 위하여 필요한 아래 시설의 설치 (1) 국가·지방자치단체, 「공공기관의 운영에 관한 법률」 제5조에 따른 공기업·준정부기관(이하 "공기업·준정부기관"이라 한다), 「지방공기업법」 제49조에 따른 지방공사(이하 "지방공사"라 한다) 및 같은 법 제76조에 따른 지방공단(이하 "지방공단"이라 한다)이 관계 법령에 따라 시행하는 사업으로 설치하는 시설로서 농림축산식품부령으로 정하는 시설 (2) 「폐기물관리법」 제2조제8호에 따른 폐기물처리시설 중 국가 또는 지방자치단체가 설치하는 폐기물처리시설 (3) 「광산보안법」 제2조제5호의 규정에 의한 광해를 방지하기 위한 시설 2.6 제1호부터 제5호까지에 따른 시설을 설치하기 위하여 1년 이내의 기간(다만, 목적사업의 수행을 위한 산지전용기간·산지일시사용기간이 1년을 초과하는 경우에는 그 산지전용기간·산지일시사용기간)동안 임시로 설치하는 다음 각 목의 어느 하나에 해당하는 부대시설의 설치 (1) 진입로 (2) 현장사무소 (3) 지질·토양의 조사·탐사시설 (4) 그 밖에 주차장 등 농림축산식품부령으로 정하는 부대시설 2.7 제1호부터 제5호까지의 시설 중 「건축법」에 따른 건축물과 도로(「건축법」 제2조제1항제11호의 도로를 말한다)를 연결하기 위한 절·성토사면을 제외한 유효너비가 3미터 이하이고, 그 길이가 50미터 이하인 진입로의 설치 2.8 그 밖에 산나물·야생화·관상수의 재배, 농도의 설치 등 공익용산지의 목적 달성에 지장을 주지 아니하는 범위에서 아래에서 정하는 행위 (1) 영 제12조제13항제1호부터 제5호까지, 제8호 및 제10호에 해당하는 행위 (2) 농림어업인이 1만제곱미터 미만의 산지에서 관상수를 재배하는 행위 (3) 「국토의 계획 및 이용에 관한 법률」 제40조의 규정에 의한 수산자원보호구역안에서 농림어업인이 3천제곱미터 미만의 산지에 양어장 및 양식장을 설치하는 행위 2.9 공익용산지(산지전용·일시사용제한지역은 제외한다) 중 다음 각 호의 어느 하나에 해당하는 산지에서의 행위제한에 대하여는 해당 법률을 각각 적용한다. (1) 제4조제1항제1호나목4)부터 14)까지의 산지 (2) 「국토의 계획 및 이용에 관한 법률」 제38조의2제1항에 따른 도시자연공원구역으로 지정된 산지, 「국토의 계획 및 이용에 관한 법률」 제40조에 따른 수산자원보호구역으로 지정된 산지	

[11-4] 산지관리법 제14조(산지전용허가)

처 리 기 준	비 고
1. 산지전용허가 1.1 산지전용허가 또는 변경허가 (1) 산지면적이 200만제곱미터 이상(보전산지의 경우에는 100만제곱미터 이상)인 경우: 산림청장 (2) 산지면적이 50만제곱미터 이상 200만제곱미터 미만(보전산지의 경우에는 3만제곱미터 이상 100만제곱미터 미만)인 경우 (가) 산림청장 소관인 국유림의 산지인 경우: 산림청장 (나) 산림청장 소관이 아닌 국유림, 공유림 또는 사유림의 산지인 경우: 시·도지사 (3) 산지면적이 50만제곱미터 미만(보전산지의 경우에는 3만제곱미터 미만)인 경우 (가) 산림청장 소관인 국유림의 산지인 경우: 산림청장 (나) 산림청장 소관이 아닌 국유림, 공유림 또는 사유림의 산지인 경우: 시장·군수·구청장 ** 첨부해야 하는 서류 1. 사업계획서(산지전용의 목적, 사업기간, 산지전용을 하고자 하는 산지의 이용계획, 입목·죽의 벌채를 통한 이용 또는 처리 계획, 토사처리계획 및 피해방지계획 등이 포함되어야 한다) 1부 2. 법 제18조의2에 따른 산지전용타당성조사에 관한 결과서 1부. 이 경우 해당 결과서는 허가신청일 전 2년 이내에 완료된 산지전용타당성조사의 결과서를 말한다. 3. 산지전용을 하고자 하는 산지의 소유권 또는 사용·수익권을 증명할 수 있는 서류 1부(토지 등기사항증명서로 확인할 수 없는 경우에 한정하고, 사용·수익권을 증명할 수 있는 서류에는 사용·수익권의 범위 및 기간이 명시되어야 한다) 4. 산지전용예정지가 표시된 축척 2만5천분의 1 이상의 지적이 표시된 지형도(「토지이용규제 기본법」 제12조에 따라 국토이용정보체계에 지적이 표시된 지형도의 데이터베이스가 구축되어 있지 아니하거나 지형과 지적의 불일치로 지형도의 활용이 곤란한 경우에는 지적도) 1부 5. 「측량·수로조사 및 지적에 관한 법률」 제44조제3항에 따른 측량업의 등록을 한 자 또는 같은 법 제58조에 따른 대한지적공사(이하 "측량업자등"이라 한다)가 측량한 축척 6천분의 1 내지 1천200분의 1의 산지전용예정지실측도 1부 6 「산림자원의 조성 및 관리에 관한 법률 시행령」 제30조제1항에 따른 기술2급 이상의 산림경영기술자가 조사·작성한 것으로서 다음 각 목의 요건을 갖춘 산림조사서 1부(수목이 있는 경우에 한정하고, 제4조제2항제4호에 따라 산림조사서를 제출한 경우와 660제곱미터 이하로 산지를 전용하려는 경우에는 제출하지 아니한다)	

처 리 기 준	비 고
1.2 신고로 갈음할 수 있는 경미한 사항 (1) 산지전용허가를 받은 자의 명의변경 (2) 산지전용을 하려는 산지의 이용계획 및 토사처리계획 등 사업계획의 변경(건축물의 면적에 관한 것은 제외한다) (3) 산지전용면적의 축소 1.3 산지전용에 관한 협의시 제출서류 (1) 산지전용허가에 관한 협의 (가) 사업계획서(산지전용의 목적, 사업기간, 산지전용을 하려는 산지의 이용계획, 입목·죽의 벌채를 통한 이용 또는 처리 계획, 토사처리계획 및 피해방지계획 등이 포함되어야 합니다) 1부 (나) 「산지관리법」 제18조의2에 따른 산지전용타당성조사에 관한 결과서 1부. 이 경우 해당 결과서는 협의요청일 전 2년 이내에 완료된 산지전용타당성조사의 결과서를 말합니다. (다) 산지전용을 하려는 산지의 소유권 또는 사용·수익권을 증명할 수 있는 서류 1부(토지 등기사항증명서로 확인할 수 없는 경우에 한정하고, 사용·수익권을 증명할 수 있는 서류에는 사용·수익권의 범위 및 기간이 명시되어야 합니다) (라) 산지전용예정지가 표시된 축척 2만5천분의 1 이상의 지적이 표시된 지형도(「토지이용규제 기본법」 제12조에 따라 국토이용정보체계에 지적이 표시된 지형도의 데이터베이스가 구축되어 있지 않거나 지형과 지적의 불일치로 지형도의 활용이 곤란한 경우에는 지적도) 1부 (마) 「측량·수로조사 및 지적에 관한 법률」 제44조제3항에 따른 측량업의 등록을 한 자 또는 같은 법 제58조에 따른 대한지적공사(이하 "측량업자등"이라 합니다)가 측량한 축척 6천분의 1부터 1천200분의 1까지의 산지전용예정지실측도 1부 (바) 「산림자원의 조성 및 관리에 관한 법률 시행령」 제30조제1항에 따른 기술2급 이상의 산림경영기술자가 조사·작성한 것으로서 다음 각 목의 요건을 갖춘 산림조사서 1부(수목이 있는 경우에 한정하고, 「산지관리법 시행규칙」 제4조제2항제4호에 따라 산림조사서를 제출한 경우와 660㎡ 이하로 산지를 전용하려는 경우에는 이를 제출하지 않습니다) 1) 임종·임상·수종·임령·평균수고·입목축적이 포함될 것 2) 산불발생·솎아베기·벌채 후 5년이 지나지 않았을 때에는 그 산불발생·솎아베기·벌채 전의 입목축적을 환산하여 조사·작성한 시점까지의 생장율을 반영한 입목축적이 포함될 것 3) 협의요청일 전 2년 이내에 조사·작성되었을 것 (사) 복구대상산지의 종단도 및 횡단도와 복구공종·공법 및 겨냥도가 포함된 복구계획서 1부(복구해야 할 산지가 있는 경우에 한정합니다)	

처 리 기 준	비 고
(아)「산림자원의 조성 및 관리에 관한 법률 시행령」 제30조제1항에 따른 산림공학기술자 또는 「국가기술자격법」에 따른 산림기사·토목기사·측량및지형공간정보기사 이상의 자격증 소지자가 조사·작성한 표고 및 평균경사도조사서(수치지형도를 이용하여 표고 및 평균경사도를 산출한 경우에는 원본이 저장된 디스크 등 저장장치를 포함합니다) 1부. 다만, 「산지관리법 시행규칙」 제4조제2항제5호에 따라 평균경사도조사서를 제출하였거나 660㎡ 이하로 산지를 전용하려는 경우에는 평균경사도조사서를 제출하지 않습니다. (자)「농지법」 제49조에 따른 농지원부 사본 1부(「산지관리법 시행규칙」 제7조제1호에 따른 농업인임을 증명해야 하는 경우만 해당합니다) (2) 산지전용신고에 관한 협의: 제1호가목, 다목부터 마목까지, 사목 및 자목의 서류 (3) 산지전용 변경협의: 변경사실을 증명할 수 있는 서류	

[11-5] 산지관리법 제18조(산지전용허가기준 등)

처　리　기　준	비　고
1. 산지전용허가기준 1.1 산지전용허가기준 (1) 제10조와 제12조에 따른 행위제한사항에 해당하지 아니할 것 (2) 인근 산림의 경영·관리에 큰 지장을 주지 아니할 것 (3) 집단적인 조림 성공지 등 우량한 산림이 많이 포함되지 아니할 것 (4) 희귀 야생 동·식물의 보전 등 산림의 자연생태적 기능유지에 현저한 장애가 발생하지 아니할 것 (5) 토사의 유출·붕괴 등 재해가 발생할 우려가 없을 것 (6) 산림의 수원 함양 및 수질보전 기능을 크게 해치지 아니할 것 (7) 산지의 형태 및 임목(林木)의 구성 등의 특성으로 인하여 보호할 가치가 있는 산림에 해당되지 아니할 것 (8) 사업계획 및 산지전용면적이 적정하고 산지전용방법이 자연경관 및 산림훼손을 최소화하며 산지전용 후의 복구에 지장을 줄 우려가 없을 것 1.2 준보전산지의 경우 또는 다음 각 호의 요건을 모두 충족하는 경우에는 제1항제1호부터 제4호까지의 기준을 적용하지 아니한다. (1) 전용하려는 산지 중 임업용산지의 비율이 100분의 20 이내일 것 (2) 전용하려는 산지에 1개의 필지 또는 2개 이상의 연접한 필지의 면적이 3만제곱미터 이상인 임업용산지가 포함되지 아니할 것 (3) 전용하려는 산지 중 제1호의 임업용산지를 제외한 나머지가 준보전산지일 것 1.3 산지전용허가시 붙일 수 있는 조건 (1) 10만제곱미터 이상의 산지를 전용하는 경우에는 산지의 형질변경을 단계별로 실시하거나 형질변경이 완료된 부분을 중간복구할 것 (2) 경관유지를 위한 차폐림(遮蔽林)을 조성할 것 (3) 사업시행중 발생한 토사는 당해 사업시행지역밖으로 반출할 것 (4) 산림으로 존치되는 지역은 조림·숲가꾸기 등 산림자원의 조성을 위한 사업을 실시할 것 (5) 토사유출방지시설·낙석방지시설·옹벽·사방댐·침사지(沈砂池) 및 배수시설 등 재해방지시설을 설치할 것 (6) 그 밖에 산림기능의 유지, 경관보전 등을 위하여 산림청장등이 정하여 고시하는 조건 1.4 산림청장등은 제1항에 따른 산지전용허가 중 대통령령으로 정하는 면적 이상의 산지(보전산지가 50만제곱미터 이상의 산지를 포함되는 경우로 한정한다)에 대한 산지전용허가를 할 때에는 미리 그 산지전용타당성에 관하여 중앙산지관리위원회 또는 지방산지관리위원회의 심의를 거쳐야 한다. 1.5 산지전용허가기준의 적용범위와 사업별·규모별 세부기준	

처　리　기　준	비　고
(1)산지전용 시 공통으로 적용되는 허가기준	

허가기준	세부기준
가. 인근 산림의 경영·관리에 큰 지장을 주지 아니할 것	산지전용으로 인하여 임도가 단절되지 아니할 것. 다만, 단절되는 임도를 대체할 수 있는 임도를 설치하거나 산지전용 후에도 계속하여 임도에 대체되는 기능을 수행할 수 있는 경우에는 그러하지 아니하다.
나. 희귀 야생동·식물의 보전 등 산림의 자연생태적 기능 유지에 현저한 장애가 발생되지 아니할 것	개체수나 자생지가 감소되고 있어 계속적인 보호·관리가 필요한 야생동·식물이 집단적으로 서식하는 산지 또는 「산림자원의 조성 및 관리에 관한 법률」 제19조제1항에 따라 지정된 수형목(秀型木) 및 「산림보호법」 제13조에 따라 지정된 보호수가 생육하는 산지가 편입되지 아니할 것. 다만, 원형으로 보전하거나 생육에 지장이 없도록 이식하는 경우에는 그러하지 아니하다.
다. 토사의 유출·붕괴 등 재해발생이 우려되지 않을 것	1) 산지의 경사도, 모암(母巖), 산림상태 등 농림축산식품부령으로 정하는 산사태위험지판정기준표상의 위험요인에 따라 산사태가 발생할 가능성이 높은 것으로 판정된 지역 또는 산사태가 발생한 지역이 아닐 것. 다만, 재해방지시설의 설치를 조건으로 허가하는 경우에는 그렇지 않다. 2) 하천·소하천·구거의 선형은 자연 그대로 유지되도록 계획을 수립할 것. 다만, 재해방지시설의 설치를 조건으로 허가하는 경우에는 그렇지 않다. 3) 배수시설은 배수를 하천 또는 다른 배수시설까지 안전하게 분산 유도할 수 있도록 계획을 수립할 것. 다만, 배수량이 토사유출 또는 붕괴를 발생시킬 우려가 없는 경우에는 그렇지 않다. 4) 성토비탈면은 토양의 붕괴·침식·유출 및 비탈면의 고정과 안정을 유도하기 위한 공법을 적용할 것 5) 돌쌓기, 옹벽 등 재해방지시설을 그 절토·성토면에 설치하는 경우에는 해당 재해방지시설의 높이를 고려하여 그 재해방지시설과 건축물을 수평으로 적절히 이격할 것
라. 산림의 수원함양 및 수질보전기능을 크게 해치지 아니할 것	전용하려는 산지는 상수원보호구역 또는 취수장(상수원보호구역 미고시 지역의 경우를 말한다)으로부터 상류방향 유하거리 10킬로미터 밖으로서 하천 양안 경계로부터 500미터 밖에 위치하여 상수원·취수장 등의 수량 및 수질에 영향을 미치지 아니할 것. 다만, 다음의 어느 하나에 해당하는 시설을 설치하는 경우에는 그러하지 아니하다. 1) 「하수도법」 제2조제9호·제10호·제13호에 따른 공공하수처리시설·분뇨처리시설·개인하수처리시설 2) 「가축분뇨의 관리 및 이용에 관한 법률」 제2조제8호에 따른 처리시설 3) 도수로·침사지 등 산림의 수원함양 및 수질보전을 위한 시설
마. 사업계획 및 산지전용면적이 적정하고 산지전용방법이 자연경관 및 산림훼손을 최소화하고 산지전용 후의 복구에 지장을 줄 우려가 없을 것	1) 산지전용행위와 관련된 사업계획의 내용이 구체적이고 타당하여야 하며, 허가신청자가 허가받은 후 지체 없이 산지전용의 목적사업 시행이 가능할 것 2) 목적사업의 성격, 주변경관, 설치하려는 시설물의 배치 등을 고려할 때 전용하려는 산지의 면적이 과다하게 포함되지 아니하도록 하되, 공장 및 건축물의 경우는 다음의 기준을 고려할 것

처 리 기 준		비 고
마.사업계획 및 산지전용면적이 적정하고 산지전용방법이 자연경관 및 산림훼손을 최소화하고 산지전용 후의 복구에 지장을 줄 우려가 없을 것	가) 공장: 「산업집적활성화 및 공장설립에 관한 법률」 제8조에 따른 공장입지의 기준 나) 건축물: 「국토의 계획 및 이용에 관한 법률」 제77조에 따른 건축물의 건폐율 3) 가능한 한 기존의 지형이 유지되도록 시설물이 설치될 것 4) 산지전용으로 인한 비탈면은 토질에 따라 적정한 경사도와 높이를 유지하여 붕괴의 위험이 없을 것 5) 산지전용으로 인하여 주변의 산림과 단절되는 등 산림생태계가 고립되지 아니할 것. 다만, 생태통로 등을 설치하는 경우에는 그러하지 아니하다. 6) 전용하려는 산지의 표고(標高)가 높거나 설치하려는 시설물이 자연경관을 해치지 아니할 것 7) 전용하려는 산지의 규모가 별표 4의2의 기준에 적합할 것 8) 「장사 등에 관한 법률」에 따른 화장장 · 납골시설 · 공설묘지 · 법인묘지 · 장례식장 또는 「폐기물관리법」에 따른 폐기물처리시설을 도로 또는 철도로부터 보이는 지역에 설치하는 경우에는 차폐림을 조성할 것 9) 사업계획부지 안에 원형으로 존치되거나 조성되는 산림 또는 녹지에 대하여 적정한 관리계획이 수립될 것 10) 다음의 어느 하나에 해당하는 도로를 이용하여 산지전용을 할 것. 다만, 개인묘지의 설치나 광고탑 설치사업 등 그 성격상 가)부터 바)까지의 규정에 따른 도로를 이용할 필요가 없는 경우로서 산림청장이 산지구분별로 조건과 기준을 정하여 고시하는 경우는 제외한다. 가) 「도로법」, 「사도법」, 「농어촌도로 정비법」 또는 「국토의 계획 및 이용에 관한 법률」(이하 "도로관계법"이라 한다)에 따라 고시 · 공고된 후 준공검사가 완료되었거나 사용개시가 이루어진 도로 나) 도로관계법에 따라 고시 · 공고된 후 공사가 착공된 도로로서 준공검사가 완료되지 않았으나 도로관리청 또는 도로관리자가 이용에 동의하는 도로 다) 이 법에 따른 산지전용허가 또는 도로관계법 외의 다른 법률에 따른 허가 등을 받아 준공검사가 완료되었거나 사용개시가 이루어진 도로로서 가)에 따른 도로와 연결된 도로 라) 이 법에 따른 산지전용허가 또는 도로관계법 외의 다른 법률에 따른 허가 등을 받아 공사가 착공된 후 준공검사가 완료되지 않았으나 실제로 차량통행이 가능한 도로로서 다음의 요건을 모두 갖춘 도로 (1) 가)에 따른 도로와 연결된 도로일 것 (2) 산지전용허가를 받은 자 또는 도로관리자가 도로 이용에 동의할 것 마) 지방자치단체의 장이 공공의 목적으로 사용하기 위하여 토지 소유자의 동의를 얻어 설치한 도로 바) 도로 설치 계획이 포함된 산지전용허가를 받은 자가 계획상 도로의 이용에 동의하는 경우 해당 계획상 도로(「산업집적활성화 및 공장설립에 관한 법률」에 따른 공장설립 승인을 받으려는 경우에만 해당한다) 11) 「건축법 시행령」 별표 1 제1호에 따른 단독주택을 축조할 목적으로 산지를 전용하는 경우에는 자기 소유의 산지일 것(공동 소유인 경우에는 다른 공유자 전원의 동의가 있는 등 해당 산지의 처분에 필요한 요건과 동일한 요건을 갖출 것)	

처 리 기 준		비 고
마.사업계획 및 산지전용면적이 적정하고 산지전용방법이 자연경관 및 산림훼손을 최소화하고 산지전용 후의 복구에 지장을 줄 우려가 없을 것	12) 「사방사업법」 제3조제2호에 따른 해안사방사업에 따라 조성된 산림이 사업계획부지안에 편입되지 아니할 것. 다만, 원형으로 보전하거나 시설물로 인하여 인근의 수목생육에 지장이 없다고 인정되는 경우에는 그러하지 아니한다. 13) 분묘의 중심점으로부터 5미터 안의 산지가 산지전용예정지에 편입되지 아니할 것. 다만, 다음의 어느 하나에 해당하는 조치를 할 것을 조건으로 허가하는 경우에는 그러하지 아니하다. 가) 해당 산지의 산지전용에 대하여 「장사 등에 관한 법률」 제2조제16호에 따른 연고자의 동의를 받을 것(연고자가 있는 경우에 한정한다) 나) 연고자가 없는 분묘의 경우에는 「장사 등에 관한 법률」 제27조 또는 제28조에 따라 분묘를 처리할 것 14) 산지전용으로 인하여 해안의 경관 및 해안산림생태계의 보전에 지장을 초래하지 아니할 것 15) 농림어업인이 자기 소유의 산지에서 직접 농림어업을 경영하면서 실제로 거주하기 위하여 건축하는 주택 및 부대시설을 설치하는 경우에는 자기 소유의 기존 임도를 활용하여 시설할 수 있다.	

(2) 산지전용면적에 따라 적용되는 허가기준

허가기준	전용면적	세부기준
가. 집단적인 조림성공지 등 우량한 산림이 많이 포함되지 아니할 것	30만제곱미터 이상의 산지전용에 적용	집단으로 조성되어 있는 조림성공지 또는 우량한 입목·죽이 집단적으로 생육하는 천연림의 편입을 최소화할 것
나. 토사의 유출·붕괴 등 재해발생이 우려되지 아니할 것	2만제곱미터 이상의 산지전용에 적용	1) 산지전용을 하려는 산지 및 그 주변 지역에 산사태가 발생할 가능성이 높지 않을 것. 다만, 산림청장은 산지전용을 하려는 자에게 재해방지시설을 설치할 것을 조건으로 산지전용허가를 할 수 있다. 2) 산지전용으로 인하여 홍수 시 하류지역의 유량상승에 현저한 영향을 미치거나 토사유출이 우려되지 아니할 것. 다만, 홍수조절지, 침사지 또는 사방시설을 설치하는 경우에는 그러하지 아니하다.
다. 산지의 형태 및 임목의 구성 등의 특성으로 인하여 보호할 가치가 있는 산림에 해당되지 아니할 것	660제곱미터 이상의 산지전용에 적용. 다만, 비고 제1호에 해당하는 시설에는 적용하지 아니한다.	1) 전용하려는 산지의 평균경사도는 다음의 기준을 모두 충족하여야 한다. 다만, 산지 외의 토지로 둘러싸인 면적이 1만제곱미터 미만인 일단의 산지를 산지전용으로 비탈면 없이 평탄지로 조성하려는 경우와 법 제8조에 따라 산지에서의 구역 등의 지정을 위한 협의 과정에서 평균경사도 기준을 이미 검토한 경우(법 제8조에 따른 협의 과정에서 평균경사도 기준을 검토한 후 전용하려는 산지면적을 100분의 10 미만의 범위에서 변경하는 경우를 포함한다)에는 평균경사도 산정대상에서 제외할 수 있다.

처 리 기 준	비 고
<table><tr><th>허가기준</th><th>전용면적</th><th>세부기준</th></tr><tr><td>다. 산지의 형태 및 임목의 구성 등의 특성으로 인하여 보호할 가치가 있는 산림에 해당되지 아니할 것</td><td>660제곱미터이상의 산지전용에 적용. 다만, 비고 제1호에 해당하는 시설에는 적용하지 아니한다.</td><td>가) 전용하려는 산지의 평균경사도가 25도(「체육시설의 설치·이용에 관한 법률」 제10조제1항제1호에 따른 스키장업의 시설을 설치하는 경우에는 35도) 이하일 것 나) 전용하려는 산지를 면적 100제곱미터의 지역으로 분할하여 각 지역의 경사도를 측정하는 경우 경사도가 25도 이상인 지역의 면적이 전체 지역 면적의 100분의 40 이하일 것. 다만, 스키장업의 시설을 설치하는 경우에는 그렇지 않다. 2) 전용하려는 산지의 헥타르당 입목축적이 산림기본통계상의 관할 시·군·구의 헥타르당 입목축적(산림기본통계의 발표 다음 연도부터 다시 새로운 산림기본통계가 발표되기 전까지는 산림청장이 고시하는 시·도별 평균생장률을 적용하여 해당 연도의 관할 시·군·구의 헥타르당 입목축적으로 구하며, 산불발생·솎아베기·벌채를 실시한 후 5년이 지나지 않은 때에도 해당 시·도별 평균생장률을 적용하여 그 산불발생·솎아베기 또는 벌채 전의 입목축적을 환산한다)의 150% 이하일 것. 다만, 법 제8조에 따른 산지에서의 구역 등의 지정협의를 거친 경우로서 입목축적조사기준이 검토된 경우에는 입목축적에 대한 검토를 생략할 수 있다. 3) 전용하려는 산지 안에 생육하고 있는 50년생 이상인 활엽수림의 비율이 50퍼센트 이하일 것</td></tr><tr><td>라. 사업계획 및 산지전용면적이 적정하고 산지전용방법이 자연경관 및 산림훼손을 최소화하고 산지전용 후의 복구에 지장을 줄 우려가 없을 것</td><td>30만제곱미터 이상의 산지전용에 적용</td><td>1) 사업계획에 편입되는 보전산지의 면적이 해당 목적사업을 고려할 때 과다하지 아니할 것. 다만, 법 제8조에 따른 산지에서의 구역 등의 지정 협의를 거친 경우로서 사업계획면적에 대한 보전산지의 면적비율이 이미 검토된 경우에는 해당 산지의 보전산지 면적비율에 대한 검토를 생략할 수 있다. 2) 시설물이 설치되거나 산지의 형질이 변경되는 부분 사이에 적정면적의 산림을 존치하고 수림(樹林)을 조성할 것 3) 산지전용으로 인한 토사의 이동량은 해당 목적사업 달성에 필요한 최소한의 양일 것 4) 전용하려는 산지에 대한 산지경관 영향 모의실험을 실시하여 경관훼손 저감대책을 수립할 것(「자연환경보전법」 제28조제2항에 따른 심의를 거친 경우는 제외한다)</td></tr></table>	

처 리 기 준	비 고
(3) 산지전용대상 사업에 따라 적용되는 허가기준	

허가기준	적용대상 사업	세부기준
가.사업계획 및 산지전용면적이 적정하고 산지전용방법이 자연경관 및 산림훼손을 최소화하고 산지전용 후의 복구에 지장을 줄 우려가 없을 것	공장	공장부지 면적(「환경영향평가법」에 따른 협의 시 원형대로 보전하도록 한 지역을 포함한다)이 1만제곱미터(둘 이상의 공장을 함께 건축하거나 기존 공장부지에 접하여 건축하는 경우와 둘 이상의 부지가 너비 8미터 미만의 도로에 서로 접하는 경우에는 그 면적의 합계를 말한다) 이상일 것. 다만, 다음의 어느 하나에 해당하는 경우에는 그러하지 아니하다. 1) 「국토의 계획 및 이용에 관한 법률」 제36조에 따른 관리지역 안에서 농공단지 내에 입주가 허용되는 업종의 공장을 설치하기 위하여 전용하려는 경우 2) 「산업집적활성화 및 공장설립에 관한 법률」 제9조제2항에 따라 고시한 공장설립이 가능한 지역 안에서 공장을 설치하기 위하여 전용하려는 경우 3) 「국토의 계획 및 이용에 관한 법률」 제36조에 따른 주거지역, 상업지역, 공업지역, 계획관리지역, 생산녹지지역, 자연녹지지역에서 공장을 설치하기 위하여 전용하려는 경우
	도로	1) 산지전용·일시사용제한지역, 백두대간보호지역, 산림보호구역, 자연휴양림, 수목원, 채종림에는 터널 또는 교량으로 도로를 시설할 것. 다만, 지형여건상 우회 노선을 선정하기 어렵거나 터널·교량을 설치할 수 없는 경우 등 불가피한 경우에는 그러하지 아니하다. 2) 도로를 시설하기 위하여 산지전용을 하는 경우로서 능선방향 단면의 절취고(切取高)가 해당 도로의 표준터널 단면 유효높이의 3배 이상일 경우에는 지형여건에 따라 터널 또는 개착터널을 설치하여 주변 산림과 단절되지 아니하도록 할 것. 다만, 지형여건 또는 사업수행상 불가피하다고 인정되는 경우에는 그러하지 아니하다. 3) 해안에 인접한 산지에 도로를 시설하는 경우에는 해당 도로시설로 인하여 해안의 유실 또는 해안 형태의 변화를 초래하지 아니할 것
	송전시설	1) 산지전용·일시사용제한지역, 백두대간보호지역, 생태·경관보전지역, 산림유전자원보호구역 및 자연휴양림에서 송전탑을 설치하려는 경우에는 산지경관 영향 모의실험을 실시하여 산지경관 훼손을 줄이는 대책을 수립할 것(「자연환경보전법」 제28조제2항에 따른 심의를 거친 경우는 제외한다) 2) 복구준공검사일부터 3년이 되는 날까지 산지보전협회가 수행하는 현장점검을 받도록 현장점검계획을 수립하여 이를 사업계획서에 반영할 것 3) 전용하려는 산지면적이 660제곱미터 이상인 경우에는 전용하려는 산지의 평균경사도는 다음의 기준을 모두 충족할 것. 이 경우 전용하려는 산지가 분리되어 있는 경우에는 각각의 분리된 산지 중 면적이 660제곱미터 이상인 산지에 대해서도 다음의 기준을 모두 충족하여야 한다. 가) 전용하려는 산지의 평균경사도가 25도 이하일 것

처 리 기 준	비 고
(3) 산지전용대상 사업에 따라 적용되는 허가기준	

허가기준	적용대상 사업	세부기준
	송전시설	나) 전용하려는 산지를 면적 100제곱미터의 지역으로 분할하여 각 지역의 경사도를 측정하는 경우 경사도가 25도 이상인 지역의 면적이 전체 지역 면적의 100분의 40 이하일 것

비고

1. 제2호 다목의 전용면적란 단서에 따라 해당 허가기준을 적용하지 아니하는 시설
   가. 국방 · 군사시설 및 재해복구시설
   나. 국가 또는 지방자치단체가 시행하거나 국가 또는 지방자치단체 외의 자가 국가 또는 지방자치단체의 위탁을 받아 시행하는 제46조제1항제2호 각 목의 어느 하나에 해당하는 시설
   다. 관계 법령 또는 인 · 허가 등의 조건에 따라 민간사업자가 시행하여 국가 또는 지방자치단체에 기부채납 또는 무상귀속하게 되는 공용 · 공공용 시설
2. 제1호부터 제3호까지의 기준을 적용하는 데 필요한 세부적인 사항은 농림축산식품부령으로 정한다.
3. 해당 산지를 분할하여 660제곱미터 미만으로 산지전용하고자 사업계획을 수립한 것으로 인정되는 경우에는 제2호다목의 전용면적란의 규정에 불구하고 같은 목 세부기준란의 1)부터 3)까지를 적용할 수 있다.
4. 산지의 지형여건 또는 사업수행 상 제20조제7항에 따라 조례로써 완화된 허가기준(제2호가목 및 같은 호 다목1) · 2)에 따른 허가기준만 해당한다)보다 더 완화된 기준을 적용하는 것이 타당하다고 인정되는 경우에는 산지전용타당성조사 후 지방산지관리위원회의 심의를 거쳐 당초 허가기준의 100분의 10의 범위에서 추가로 완화된 기준을 정할 수 있다.
5. 산지의 지형여건 또는 사업수행 상 제2호가목 및 같은 호 다목1) · 2)에 따른 허가기준보다 더 완화된 기준을 적용하는 것이 타당하다고 인정되는 경우에는 산지전용타당성조사 후 중앙산지관리위원회 또는 지방산지관리위원회의 심의를 거쳐 해당 기준의 100분의 10의 범위에서 완화된 기준을 정할 수 있다.
6. 제2호라목4)의 산지경관 영향 모의실험의 대상시설 · 규모 및 방법 · 절차 · 기준 등에 관하여 필요한 사항은 산림청장이 정하여 고시한다.
7. 제3호가목의 송전시설에 대해서는 제1호마목3) · 6) · 10), 제2호다목1) 및 같은 호 라목1)의 기준은 적용하지 않는다.

처 리 기 준	비 고
1.6 산지의 면적에 관한 허가기준 1. 법 제18조제5항에 따라 산지전용허가는 다음 각 호의 어느 하나에 해당하는 경우를 제외하고는 허가면적을 3만제곱미터 이상으로 할 수 없다. 가. 국방·군사시설을 설치하는 경우 나. 국가, 지방자치단체, 공기업·준정부기관, 지방공사 또는 지방공단이 공용·공공용 시설을 설치하는 경우 나. 국가 또는 지방자치단체에 무상귀속되는 공용·공공용 시설을 설치하는 경우 라. 「국토의 계획 및 이용에 관한 법률」 제2조제4호에 따른 도시·군관리계획에 따라 도시·군계획시설 등을 설치하는 경우 마. 「농어촌정비법」 제2조제4호의 농어촌정비사업에 따라 농업생산기반을 조성·확충하기 위한 농업생산기반 정비사업 또는 생활환경을 개선하기 위한 생활환경 정비사업을 하는 경우 바. 「광업법」에 따라 광물을 채굴하거나 「초지법」 제5조에 따라 초지를 조성하려는 경우 사. 「국토의 계획 및 이용에 관한 법률」 제36조제1항제1호 및 제2호에 따른 주거지역·상업지역·공업지역·녹지지역 및 계획관리지역에서 산지전용을 하는 경우 아. 공장의 증·개축, 「건축법 시행령」 별표 1 제1호에 따른 660제곱미터 미만의 본인 거주 목적의 단독주택(본인 소유의 산지에 건축하는 경우만 해당한다) 및 같은 표 제3호에 따른 제1종근린생활시설을 설치하는 경우 자. 법 제10조제10호, 제12조제1항제14호 및 같은 조 제2항제6호에 따라 임시로 시설을 설치하는 경우 차. 제12조제13항제9호에 따라 1년 이내의 기간 동안 물건을 적치하는 경우 카. 「국가과학기술자문회의법」에 따른 국가과학기술자문회의에서 심의한 연구개발사업에 따라 인공위성 발사 등을 위하여 설치하는 우주센터시설 ※ 비고 1. 산림청장등은 위 기준을 적용하는 것이 현저히 불합리하다고 인정되는 경우에는 중앙산지관리위원회 또는 지방산지관리위원회의 심의를 거쳐 그 기준을 완화하여 적용할 수 있다. 2. 다음 각 목의 어느 하나에 해당하는 경우 제1호에 따른 허가면적은 목적사업의 동일성이 인정되는 범위에서 해당 산지전용허가(변경허가를 포함한다. 이하 이 호에서 같다)를 신청하거나 산지전용허가를 받은 산지 중 연접한 산지의 면적을 합산하여 산정한다. 가. 동일인이 다수의 산지전용허가를 신청한 경우 나. 산지전용허가를 받은 자가 해당 산지전용허가의 기간 중에 산지전용허가를 다시 신청한 경우	

[12] 산림자원의 조성 및 관리에 관한 법률 제36조(입목벌채등의 허가 및 신고 등)

<table>
<tr><th>처 리 기 준</th><th>비 고</th></tr>
<tr><td>1. 입목벌채의 허가 및 신고
1.1 허가받아야 하는 경우
(1) 산림(제19조에 따른 채종림등과 「산림보호법」 제7조에 따른 산림보호구역은 제외한다.) 안에서 입목의 벌채, 임산물(「산지관리법」 제2조제4호·제5호에 따른 석재 및 토사는 제외한다.)의 굴취·채취
(2) 허가받은 사항 중 구역면적, 벌채·굴취·채취면적, 허가수량(벌채의 경우 30 퍼센트 이상 변경하는 경우에 한한다)의 변경
1.2 허가시 제출서류
(1) 벌채구역도 또는 위성항법장치(GPS)를 이용한 실측도 1부
(2) 벌채예정수량조사서 1부
(3) 사업계획서 등 「산지관리법 시행규칙」 제15조의3제2항에 따른 서류(작업로 및 임산물 운반로를 설치하는 경우만 해당하며, 설치 및 복구 계획 등이 포함되어 있어야 한다)
(4) 벌채를 하려는 산림의 소유권 또는 사용권·수익권을 증명할 수 있는 서류(토지 등기사항증명서로 확인할 수 없는 경우만 해당하고, 사용권·수익권을 증명할 수 있는 서류에는 사용권·수익권의 범위와 존속기간이 명시되어 있어야 한다)
1.3 입목벌채 등의 허가가 제한되는 지역
명승지·유적지·휴양지·유원지 등 자연경관 보존을 위하여 시장·군수·구청장 또는 지방산림청장이 고시한 지역과 「산지관리법 시행령」 제8조제4항에 따른 산사태 위험지역(다만, 병해충의 예방·구제 등 대통령령으로 정하는 사유로 입목벌채등을 하려는 경우 제외)
1.4 벌채가 허용되는 경우
(1) 병충해의 예방·구제를 위한 벌채
(2) 산불·산사태 등 각종 재해 피해임지의 벌채
(3) 어린나무가꾸기·솎아베기 등 숲가꾸기를 위한 벌채
1.5 지방산림청장에게 신고하고 벌채할 수 있는 경우
(1) 「산지관리법」 제14조·제15조·제15조의2에 따른 산지전용허가·산지전용신고·산지일시사용허가 또는 산지일시사용신고(다른 법령에 따라 허가 또는 신고가 의제되거나 배제되는 행정처분을 받아 산지전용·산지일시사용하는 경우를 포함한다)에 따른 형질변경 계획면적 외의 면적에 대하여 추가로 입목을 벌채하는 경우
(2) 입목벌채로 토사유출·산사태 등의 재해발생이 우려되지 아니하는 지역에서 병해충·산불피해·풍설해 또는 자연적인 재해로 인하여 넘어지거나 줄기가 부러진 입목을 벌채하는 경우
(3) 불량치수림의 수종갱신을 위한 벌채 그 밖에 농림축산식품부령이 정하는 경미한 벌채를 하는 경우
(4) 그 밖에 농림축산식품부령으로 정하는 경미한 벌채 또는 굴취를 하는 경우</td><td></td></tr>
</table>

처 리 기 준	비 고
1.6 허가 또는 신고 없이 입목벌채등을 할 수 있는 경우 (1) 풀베기·가지치기 또는 어린나무 가꾸기를 위한 벌채를 하는 경우 (1-2) 지목이 임야가 아닌 토지에 목재펠릿, 목재칩 등 산림바이오매스에너지를 생산하기 위하여 새로 조림을 하고 5년 이내의 기간마다 수시로 벌채를 하는 경우 (2) 법 제13조에 따른 산림경영계획에 따라 시업을 하거나 「국유림의 경영 및 관리에 관한 법률」 제9조에 따른 국유림경영계획의 승인을 받은 경우 (3) 「산림문화·휴양에 관한 법률」 제14조에 따른 자연휴양림조성계획의 승인을 얻은 산림의 경우 (4) 「수목원조성 및 진흥에 관한 법률」 제7조에 따른 수목원조성계획의 승인을 얻은 산림의 경우 (5) 산림청장 소속의 시험연구기관이 소관 국유림에서 시험·연구에 필요한 사업을 하는 경우 (6) 문화재청장이 소관 국유림에서 문화재보호를 위한 사업을 하는 경우 (7) 「산지관리법」 제14조·제15조의2제1항에 따른 산지전용허가·산지일시사용허가를 받거나 같은 법 제15조·제15조의2제2항에 따른 산지전용신고·산지일시사용신고를 한 자(다른 법령에 따라 허가 또는 신고가 의제되거나 배제되는 행정처분을 받은 자를 포함한다)가 산지전용에 수반되는 입목벌채등을 하려는 경우 (8) 다음 각 목의 어느 하나에 해당하는 자가 토석의 굴취·채취에 수반되는 입목벌채등을 하려는 경우 (가) 「산지관리법」 제25조제1항에 따라 토석채취허가를 받거나 제30조제1항에 따라 채석신고를 한 자 (나) 「산지관리법」 제25조제2항에 따라 토사채취신고를 한 자 (다) 「산지관리법」 제35조에 따라 국유림의 산지에서의 토석의 매각 또는 무상양여를 받은 자 (9) 그 밖에 국민생활의 편의를 위한 행위로서 농림축산식품부령이 정하는 경우 1.7 입목벌채등의 허가를 받거나 신고를 한 경우에는 입목벌채등에 필요한 운재로(運材路) 및 작업로(作業路) 설치에 관하여 「산지관리법」 제15조의2에 따른 산지일시사용신고를 한 것으로 본다.	

[13] 산림보호법 제9조(산림보호구역에서의 행위제한)

처 리 기 준	비 고
1. 산림보호구역에서의 행위제한 1.1 제한되는 행위 (1) 입목(立木)·죽(竹)의 벌채 (2) 임산물의 굴취(掘取)·채취 (3) 가축의 방목 (4) 절토(切土), 성토(盛土) 또는 정지(整地) 등으로 토지의 형상을 변경하는 행위 (5) 토석을 굴취·채취하는 행위 1.2 할 수 있는 행위 (1) 시·도지사 또는 지방산림청장의 허가를 받으면 할 수 있는 행위: 산불예방 안내간판, 산림보호 안내간판, 근무초소, 관리사(管理舍), 산림유전자원 증식 및 연구 시설, 소화전, 무인감시카메라 시설물, 무인안내방송 시설물, 차량차단기의 설치, 산림병해충의 방제, 그 밖에 아래에서 정하는 행위를 하기 위하여 부수적으로 하는 제1항 각 호의 행위 (다만 (나)~(라)는 산림유전자원보호구역에 적용하지 아니함) (가) 병해충, 산불 또는 자연적인 재해로 인하여 피해를 입은 입목(立木)의 벌채. 다만, 산불피해지에서의 입목벌채로 인하여 토사 유출,산사태 등의 재해가 발생될 우려가 있는 경우는 제외한다. (나) 조림(造林) 실패지에 다시 조림을 하기 위한 벌채 또는 형질 불량림(곧게 자라지 않거나 경제적 가치가 없는 수목 등을 말한다)의 수종(樹種)을 바꾸기 위한 벌채. 이 경우 벌채면적은 5만제곱미터 이하로 한다. (다) 표고버섯 재배용으로 이용하기 위하여 총 입목 수량의 3분의 1 이내에서 연간 50세제곱미터 범위에서 하는 입목 벌채 (라) 산림소유자 또는 산림을 사용·수익할 수 있는 자가 객토용(客土用)으로 또는 비영리 목적의 자가 소비용으로 동일 지역에서 30세제곱미터 이하의 토사를 채취하는 행위 (마) 「산림문화·휴양에 관한 법률」 제2조제6호에 따른 너비 2미터 이내의 숲길의 설치. 다만, 배향곡선지(背向曲線地) 또는 휴식을 위한 장소 등 부득이한 경우에는 2미터를 초과할 수 있다. (바) 산림의 보전 및 관리에 필요한 임도(林道) 및 임산물을 운반하는 도로·작업로 시설의 설치 (사) 전신주나 이동통신기지국의 설치 (아) 법 제11조제1항제1호다목 및 제2호나목과 이 항 제7호의 시설을 설치하기 위한 진입로 및 현장사무실 등 부대시설의 설치 (자) 산림유전자원보호구역의 지정 목적에 위배되지 아니하는 범위에서 하는 숲 가꾸기를 위한 벌채, 그 밖에 산림의 기능을 증진시키기 위한 입목·죽(竹)의 벌채나 임산물의 굴취·채취	

처 리 기 준	비 고
(차) 송전탑 등의 안전관리·긴급복구 등을 위한 행위 (카) 「사방사업법」 제2조제3호의 사방시설 및 산불이나 산사태 등 산림재해의 예방을 위한 시설의 설치12. 병해충의 구제 및 예방을 위한 시설의 설치 (파) 「장사 등에 관한 법률」 제2조제14호에 따른 수목장림의 설치. 이 경우 수목장림의 설치면적은 국가 또는 지방자치단체가 설치하는 경우에는 10만제곱미터 미만, 국가 또는 지방자치단체 외의 자가 설치하는 경우에는 3만제곱미터 미만으로 한다.(법 제7조제1항제3호에 따른 수원함양보호구역 중 농림축산식품부령으로 정하는 구역, 법 제7조제1항제4호에 따른 재해방지보호구역 및 산림유전자원보호구역에 적용하지 아니한다.) (하) 「산림교육의 활성화에 관한 법률」 제12조제1항에 따른 유아숲체험원의 조성 (거) 입목이 농경지 또는 주택에 연접된 지역에 있어 해가림이나 그 밖의 피해 우려가 있는 경우(농경지 또는 주택의 외곽 경계선으로부터 그 입목까지의 거리가 나무 높이에 해당하는 거리 이내인 경우로 한정한다) 해당 입목을 산림소유자의 동의를 얻어 벌채하는 행위 (너) 「광업법」 제3조제1호에 따른 광물의 탐사·시추시설의 설치 (더) 「6·25 전사자유해의 발굴 등에 관한 법률」 제9조에 따른 전사자유해의 조사·발굴 (러) 「매장유산 보호 및 조사에 관한 법률」 제6조에 따른 매장유산 지표조사 및 같은 법 제11조제1항 단서에 따른 매장유산의 발굴 (머) 「산림문화·휴양에 관한 법률」 제2조제5호에 따른 치유의 숲 조성 (2) 산림청장 또는 시·도지사에게 신고하면 할 수 있는 행위: 산림보호구역(산림유전자원보호구역은 제외한다)의 지정 목적에 위배되지 아니하는 범위에서 숲 가꾸기를 위한 벌채, 그 밖에 산림의 기능을 증진하기 위한 입목·죽의 벌채나 임산물의 굴취·채취 행위로서 대통령령으로 정하는 경우 (가) 수원(水源)의 함양·증진을 위하여 활엽수림 또는 혼효림(混淆林)을 조성하려고 벌채하는 경우. 이 경우 벌채면적은 5만제곱미터 이내로 한정하며, 벌채 후 토사 등이 유출되지 아니하도록 조치하여야 한다. (나) 복층림(複層林)을 조성하기 위하여 벌채하는 경우 (다) 입목벌채를 수반하지 아니하는 경우로서 수실류(樹實類)·버섯류·산나물류·약초류 또는 약용류를 재배 및 굴취·채취하는 경우 (3) 산림청장 또는 시·도지사의 허가나 신고 없이 할 수 있는 행위: 산림보호구역(산림유전자원보호구역은 제외한다)의 지정 목적에 위배되지 아니하는 범위에서 방화선(防火線)을 설치하기 위한 입목벌채 등 아래에서 정하는 경우 (가) 방화선을 설치하기 위하여 입목을 벌채하거나 임산물을 굴취·채취하는 경우 (나) 「산림자원의 조성 및 관리에 관한 법률 시행령」 제43조제1호부터 제9호까지의 규정에 해당하는 경우 (다) 자연적인 재해지역에 대하여 「재난구호 및 재난복구 비용 부담기준 등에 관한 규정」 제3조제6호의 기능복원사업을 시행하는 경우	

[14] 도로법 제61조(도로의 점용)

처 리 기 준	비 고
1. 도로의 점용 1.1 도로점용 허가를 받으려는 자는 점용의 목적, 점용의 장소와 면적, 점용의 기간, 공작물 또는 시설의 구조, 공사시설의 방법, 공사의 시기, 도로의 복구방법을 적은 신청서를 관리청에 제출(전자문서를 통한 제출을 포함한다)하여야 한다. 1.2 도로의 점용허가를 받을 수 있는 공작물·물건, 그 밖의 시설의 종류 (1) 전봇대 · 전선, 공중선, 가로등, 변압탑, 지중배전용기기함, 무선전화기지국, 종합유선방송용단자함, 발신전용휴대전화기지국, 교통량검지기, 주차측정기, 전기자동차 충전시설, 태양광발전시설, 태양열발전시설, 풍력발전시설, 우체통, 소화전, 모래함, 제설용구함, 공중전화, 송전탑, 그 밖에 이와 유사한 것 (2) 수도관 · 하수도관 · 가스관 · 송유관 · 전기관 · 전기통신관 · 송열관 · 농업용수관 · 작업구(맨홀) · 전력구 · 통신구 · 공동구 · 배수시설 · 수질자동측정시설 · 지중정착장치(어스앵커) · 암거, 그 밖에 이와 유사한 것 (3) 주유소 · 수소자동차 충전시설 · 주차장 · 여객자동차터미널 · 화물터미널 · 자동차수리소 · 승강대 · 화물적치장 · 휴게소, 그 밖에 이와 유사한 것과 이를 위한 진입로 및 출입로 (4) 철도 · 궤도, 그 밖에 이와 유사한 것 (5) 지하상가 · 지하실(「건축법」 제2조제1항제2호에 따른 건축물로서 「국토의 계획 및 이용에 관한 법률 시행령」 제61조제1호에 따라 설치하는 경우만 해당한다) · 통로 · 육교, 그 밖에 이와 유사한 것 (6) 간판(돌출간판을 포함한다), 표지, 깃대, 현수막, 현수막 게시시설 및 아치. 다만, 현수막 게시시설은 국가 또는 지방자치단체가 설치 · 관리하는 경우만 해당한다. (7) 버스표판매대 · 구두수선대 · 노점 · 자동판매기 · 현금자동입출금기 · 상품진열대, 그 밖에 이와 유사한 것 (8) 공사용 판자벽 · 발판 · 대기소 등의 공사용 시설 및 자재 (9) 고가도로의 노면 밑에 설치하는 사무소 · 점포 · 창고 · 자동차주차장 · 광장 · 공원, 체육시설, 그 밖에 이와 유사한 시설(유류 · 가스 등 인화성 물질을 취급하는 사무소 · 점포 · 창고 등은 제외한다) (10) 「장애인 · 노인 · 임산부 등의 편의증진보장에 관한 법률」 제2조제2호에 따른 편의시설 중 높이차이 제거시설 또는 주출입구 접근로, 그 밖에 이와 유사한 것 (11) 제1호부터 제10호까지의 규정에 따른 공작물 · 물건 및 시설의 설치를 위하여 일시적으로 설치하는 공사장, 그 밖에 이와 유사한 것과 이를 위한 진입로 및 출입로 (12) 제1호부터 제11호까지에서 규정한 것 외에 도로관리청이 도로구조의 안전과 교통에 지장이 없다고 인정한 공작물 · 물건(식물을 포함한다) 및 시설로서 국토교통부령 또는 해당 도로관리청이 속해 있는 지방자치단체의 조례로 정한 것 1.3 도로점용기준 (1) 점용장소 (가) 도로에 설치하는 점용물은 도로비탈면(비탈면이 없는 경우에는 길가쪽)의 끝부분에 설치하되, 보도가 있는 도로의 경우에는 차도쪽의 보도에 설치하여야 한다. 다만, 도로의 구조 또는 교통에 현저한 지장을 미칠 우려가 있다고 인정되는 경우에는 분리대 · 교차로, 그 밖에 이와 유사한 부분에 이를 설치할 수 있다.	

처 리 기 준	비 고
(나) 도로가 교차·접속 또는 굴곡되는 부분에는 점용물을 설치하여서는 아니 된다. 다만, 전선 및 전주에 대하여는 그러하지 아니하다. (다) 점용물을 지하에 설치하는 경우에는 다음 기준에 적합하여야 한다. 1) 점용물은 다른 점용물과 뒤섞이지 아니하게 설치하되, 공사시행 또는 안전에 지장이 없는 한 다른 점용물에 가까운 곳에 설치할 것 2) 점용물은 가능한 한 지면에 가까운 곳에 설치할 것 (라) 점용물이 전주·전신 또는 공중전화소인 경우에는 다음의 기준에 적합하여야 한다. 1) 도로 외에는 설치할 만한 장소가 없을 것 2) 동일노선의 전주는 도로와 평행하게 설치하고, 보도가 없는 도로의 경우로서 그 건너편 쪽에 점용물이 있는 경우에는 이와 8미터 이상의 거리를 띄울 것. 다만, 도로가 교차·접속 또는 굴곡되는 경우에는 그러하지 아니하다. 3) 지상에 설치하는 전선은 도로노면에서 6미터(통신용 전선의 경우에는 4.5미터) 이상의 높이로 설치할 것. 다만, 보도의 윗부분에 설치하는 경우에는 노면에서 5미터(통신용 전선의 경우에는 3미터) 이상의 높이로 할 수 있다. 4) 이미 설치되어 있는 전선에 새로 전선을 가설하는 경우에는 서로 뒤섞이지 아니하게 할 것 5) 지하에 전선을 매설하는 경우(도로를 횡단하여 매설하는 경우는 제외한다)에는 차도 및 길어깨 외의 부분의 지하에 매설할 것. 다만, 부득이한 경우에는 전선의 본선에 한하여 차도 및 길어깨 부분의 지하에 매설할 수 있다. 6) 지하에 설치하는 전선의 상단부는 차도의 지하인 경우에는 0.8미터 이상, 보도의 지하인 경우에는 0.6미터 이상을 노면으로부터 띄울 것. 다만, 「환경친화적 자동차의 개발 및 보급촉진에 관한 법률」 제2조제3호에 따른 전기자동차의 충전시설을 설치하는 경우 또는 도로공사의 시행 및 도로안전에 지장이 없는 경우에는 그러하지 아니한다. 7) 전선을 교량에 설치하는 경우에는 보의 양쪽 또는 상판의 밑에 설치할 것 (마) 점용물이 수도관·하수도관·가스관·전기관 또는 전기통신관인 경우에는 다음 기준에 적합하여야 한다. 1) 도로 외에는 설치할 만한 장소가 없을 것 2) 수도관·하수도관·가스관·전기관 또는 전기통신관을 매설하는 경우(도로를 횡단하여 매설하는 경우는 제외한다)에는 보도 및 도로비탈면의 지하부분에 매설할 것. 다만, 부득이한 경우에는 본선에 한하여 차도 및 길어깨 부분의 지하부분에 매설할 수 있다. 3) 수도관·가스관·전기관 또는 전기통신관의 본선을 매설하는 경우에는 그 윗부분과 노면까지의 거리를 다음과 같이 할 것. 다만, 공사시행에 따라 부득이한 경우에는 0.6미터 이상으로 한다. - 수도관: 1.2미터 이상 - 가스관·전기관: 1.0미터 이상 - 전기통신관: 0.8미터 이상	

처 리 기 준	비 고
4) 하수도관의 본선을 매설하는 경우에는 그 윗부분과 노면까지의 거리를 3미터(공사시행으로 인하여 부득이한 경우에는 1미터) 이상으로 할 것 5) 수도관·하수도관·가스관·전기관 또는 전기통신관을 교량에 설치하는 경우에는 보의 양측 또는 상판 밑에 이를 설치할 것 6) 통신구 또는 작업구는 차도 바깥쪽에 설치하여야 하며, 길어깨 또는 보도에 설치할 경우에는 그 높이를 길어깨 또는 보도와 같은 높이로 하는 등 안전대책을 수립하여 교통의 안전이나 보행자의 통행에 지장을 주지 아니할 것 (바) 점용물이 송유관인 경우에는 다음의 기준에 적합하여야 한다. 1) 송유관은 지하에 매설할 것. 다만, 지형상황 기타 부득이한 사유가 있는 경우에는 지상(터널 안의 경우는 제외한다)에 이를 설치할 수 있다. 2) 송유관을 지하에 매설하는 경우(도로를 횡단하여 매설하는 경우는 제외한다)에는 원칙적으로 차량하중의 영향이 적은 장소에 매설하되, 송유관과 도로경계선 사이에는 안전거리를 둘 것 3) 송유관을 도로노면의 지하부분에 매설하는 경우 그 깊이는 다음과 같이 할 것 - 시가지에서 방호구조물에 의하여 송유관을 보호하는 경우에는 당해 방호구조물의 윗부분을 노면으로부터 1.5미터(공사시행으로 인하여 부득이한 경우에는 1.2미터) 이상을 띄우고, 송유관에 방호구조물을 보호하지 아니하는 경우에는 송유관의 윗부분을 노면으로부터 1.8미터 이상 띄울 것 - 시가지외의 지역에서는 송유관의 윗부분(방호구조물에 의하여 송유관을 보호하는 경우에는 당해 방호구조물의 윗부분을 말한다)을 노면으로부터 1.5미터(공사시행으로 인하여 부득이한 경우에는 1.2미터) 이상 띄울 것 4) 송유관을 노면 외의 지하부분에 매설하는 경우에는 송유관의 상단부에서 지면까지의 거리를 1.2미터(방호구조물에 의하여 송유관을 보호하는 경우에는 시가지에서는 0.9미터, 시가지외의 지역에서는 0.6미터) 이상 띄울 것 5) 송유관을 지상에 설치하는 경우에는 송유관이 맨 밑부분을 노면으로부터 5미터이상 띄울 것 6) 송유관을 교량에 설치하는 경우에는 보의 양측 또는 상판 밑에 설치할 것 (사) 점용물을 고가도로의 노면 밑에 설치하는 경우에는 다음 기준에 적합하여야 한다. 이 경우 고가도로의 노면 밑에 다른 도로가 있는 경우에는 그 도로의 점용에 지장을 주지 아니하여야 된다. 1) 고가도로의 구조보전에 지장이 없는 곳에 설치할 것 2) 전주·전선·공중전화소·수도관·하수도관·가스관·전기통신관로서 부득이 한 경우에는 고가도로의 노면 밑에 설치할 수 있다. 3) 송유관은 고가도로의 노면 밑의 지하부분에 매설할 것. 다만, 지형상황 기타 부득이한 사유가 있는 경우에는 고가도로 밑의 보 또는 상판 밑에 붙여 설치할 수 있다.	

처 리 기 준	비 고
(아) 점용물이 사설안내표지(관리청이 아닌 자가 자신이 관리하는 시설물을 안내하기 위하여 관리청으로부터 도로점용허가를 받아 도로구역에 설치하는 안내표지를 말한다. 이하 같다)인 경우에는 국토교통부장관이 정하는 기준에 적합하여야 한다. (2) 점용기간 제55조제1호부터 제5호까지, 제7호, 제9호 및 제10호에 따른 점용물의 점용기간은 10년 이내로 하고, 그 밖의 점용물의 점용기간은 3년 이내로 한다. 점용기간이 만료되어 갱신할 때에도 또한 같다. (3) 점용물의 구조 (가) 지상에 설치하는 점용물의 구조는 다음 기준에 적합하여야 한다. 1) 도괴・낙하・벗겨짐・오손・화재・하중・누수 등에 의하여 도로의 구조안전 또는 교통에 지장을 주지 아니할 것 2) 전주의 디딤쇠는 도로방향과 평행되게 설치할 것 3) 가설점포 등은 도로의 교통에 지장을 주지 아니하는 범위에서 최소한도의 규모로 설치할 것 (나) 지하에 설치하는 점용물의 구조는 다음 기준에 적합하여야 한다. 1) 견고하고 내구력이 있으며, 다른 점용물에 지장을 주지 아니할 것 2) 차도에 매설하는 경우에는 도로의 구조안전에 지장을 주지 아니할 것 (다) 점용물을 교량 또는 고가도로에 붙여 설치하는 경우에는 교량 또는 고가도로의 구조안전에 지장을 주지 아니하는 것이라야 한다. (4) 공사방법 (가) 점용물의 유지에 지장을 미치지 아니하도록 필요한 조치를 할 것 (나) 도로 한쪽을 통행할 수 있도록 하여 가능한 한 도로교통에 지장을 주지 아니하도록 하고, 1개 차로 이상 차로의 통행을 막는 경우에는 교통소통대책을 수립할 것. 이 경우 교통소통대책의 수립에 관하여 필요한 사항은 고속국도 및 일반국도에 대하여는 국토교통부장관이 정하고, 그 밖의 도로에 대하여는 당해 도로의 관리청이 속하는 지방자치단체의 조례로 정한다. (다) 공사현장에는 울타리 또는 덮개를 설치하고, 야간에는 적색등 또는 황색등을 켜는 등 도로교통의 위험방지를 위하여 필요한 조치를 할 것 (5) 공사의 시기 (가) 다른 점용공사 또는 도로공사의 시기를 감안할 것 (나) 가능한 한 야간시간대 등 교통량이 가장 적은 시간대에 공사를 할 것 (6) 도로의 복구 (가) 굴착공사에 따른 원상복구공사는 도로의 구조와 기능이 굴착공사를 시행하기 전과 같이 유지되도록 하되, 사용재료・다짐도 등 품질관리는 도로공사표준시방서・도로포장설계 및 시공지침과 「건설기술관리법」에 의한 품질관리기준 등에 부합되도록 하여야 한다.	

처 리 기 준	비 고
(나) 도로관리청은 아스팔트 포장도로를 복구할 때에는 노면을 평탄하게 개선하고 도로 이용자의 편의를 증진시키기 위하여 굴착공사시행자에게 굴착면 주변의 표층을 깎아낸 후에 복구하게 할 수 있다. (다) 나목에 따른 복구의 범위는 도로 가로방향으로는 굴착된 해당 차로의 전체 폭, 세로방향으로는 굴착면으로부터 0.5미터를 초과할 수 없다. 다만, 차선 표시가 없는 도로로서 포장된 폭이 5미터 미만인 경우에는 전체를 한 개 차로로 보며, 포장된 폭이 5미터 이상 8미터 미만인 경우에는 포장된 폭 중앙에 차선이 있는 것으로 본다. (라) 비포장도로의 표면은 기존 도로에 부설된 동질의 재료 및 두께로 표면을 마무리하여 굴착전의 노면상태로 복구시켜야 한다. (7) 매설물의 위치 표시 (가) 굴착공사를 착공하기 전에 도로굴착지점을 표시하기 위한 표지 등은 다음의 기준에 적합하게 설치하여야 한다. 1) 설계도서대로 도로를 굴착하여 점용물이 매설될 수 있도록 도로굴착지점을 표시하는 표지 등을 설치하고 관리청의 확인을 받은 후 시공할 것 2) 주요지하매설물 및 일반매설물이 가스관과 같은 선형시설의 경우에는 그 매설물의 바로 위에, 작업구와 같이 면적형인 시설의 경우에는 굴착지점의 경계선의 안팎에 설치할 것 (나) 굴착공사를 준공한 후 주요지하매설물 및 일반매설물의 위치를 표시하는 때에는 매설물위의 지상에 표지 등을 설치하여야 한다. 이 경우 표지 등은 주요 지하매설물 및 일반매설물의 관리자가 유지·관리하여야 한다. (다) 가목 및 나목에 따른 표지 등의 설치기준에 관하여 필요한 사항은 국토교통부령으로 정한다. 1.3 도로의 점용허가를 받은 자가 도로의 굴착, 그 밖에 형질 변경이 수반되는 공사를 마친 때에는 국토교통부령으로 정하는 바에 따라 관리청의 확인을 받아야 한다. 다만, 아래 주요 지하 매설물을 설치하는 공사를 마친 때에는 준공도면을 관리청에 제출하여야 하며, 관리청은 국토교통부령으로 정하는 바에 따라 이를 보관·관리하여야 한다. (1) 「도시가스사업법」 제2조제5호의 가스공급시설 (2) 「송유관안전관리법」 제2조제2호의 송유관 (3) 「수도법」 제3조제7호의 광역상수도와 같은 조 제8호 및 제10호의 지방상수도 및 공업용수도 중 관로시설 (4) 「전기사업법」 제2조제16호의 전기설비 중 발전소 상호 간, 변전소 상호 간 또는 변전소와 발전소 간의 154,000볼트 이상의 송전시설 (5) 「전기통신기본법」 제2조제3호의 전기통신회선설비 중 외접관경이 3미터 이상인 전기통신관에 수용되는 전송·선로설비 (6) 「고압가스 안전관리법」 제2조의 고압가스를 수송하는 배관 (7) 「위험물안전관리법」 제2조제1항제1호의 위험물을 수송하는 배관 (8) 「유해화학물질 관리법」 제2조제3호의 유독물을 수송하는 배관 (9) 「도시철도법」 제3조제1호의 도시철도 중 지하에 설치한 시설	

처 리 기 준	비 고
(10) 「집단에너지사업법」 제2조제6호에 따른 공급시설 중 열수송관(열원시설 및 같은 법 제2조제7호에 따른 사용시설 안의 배관은 제외한다) 1.4 도로의 점용허가에 따른 안전사고 방지를 위해 준수해야 할 사항 (1) 공사를 할 때에는 공사 중임을 관할 경찰관서에 통지하고 다음 각 목에 따라 보행자 안전사고가 발생하지 아니하도록 할 것 (가) 안전펜스, 안내표지판 및 주의표지판 등 안전표지를 설치할 것 (나) 교통사고를 방지하고 도로의 통행에 지장이 없도록 공사구간 양측에 신호원(信號員)을 배치하거나 신호장치를 설치할 것 (2) 공사용 자재 및 장비, 토사 등은 허가된 점용부지 외에 방치하거나 야적해서는 아니 되고, 사업부지 및 점용공사 구간 내의 공사용 이물질 등이 도로에 묻어나거나 먼지가 발생하지 아니하도록 할 것 (3) 공사로 인하여 도로점용지에 있는 다음 각 목의 어느 하나에 해당하는 시설에 대하여 이전 등의 조치를 하여야 하는 경우에 사전에 관리청과 협의하고, 그 협의 내용을 이행할 것 (가)가로수, 전주 등 지장물(支障物) (나)통신관로, 상수도 등 지하매설물 (다) 가드레일, 안전표시 등 안전시설물(이미 설치된 것만 해당한다)	

[14-1] 도로법 제40조(접도구역의 지정 및 관리)

처 리 기 준	비 고
1. 접도구역의 지정 1.1. 접도구역 지정 제외대상 지역 (1) 「국토의 계획 및 이용에 관한 법률」 제51조제3항에 따른 지구단위계획구역(주거형에 한한다) (2) 해당 지역의 도로 중 차도·길어깨·비탈면·측도·보도 및 측구(側溝) 등에 제공되지 아니하는 부지의 폭이 인접한 접도구역의 폭 이상인 지역 (3) 해당 지역의 일반국도·지방도 또는 군도의 폭 및 구조 등이 인접한 도시지역(「국토의 계획 및 이용에 관한 법률」 제6조제1호에 따른 도시지역을 말한다. 이하 이 조에서 같다)의 도로의 폭 및 구조 등과 유사하게 정비된 지역으로서 그 도시지역으로부터 1킬로미터 이내에 있는 지역 중 주민의 집단적 생활근거지로 이용되는 지역 (4) 해당 지역의 일반국도·지방도 또는 군도의 폭 및 구조 등이 인접한 도시지역의 도로의 폭 및 구조 등과 유사하게 정비된 지역으로서 해당 지역의 양측에 인접한 도시지역 상호간의 거리가 10킬로미터 이내인 지역 1.2 접도구역 지정시 도로의 종류 및 노선명, 접도구역의 지정구간 및 그 범위를 고시하여야 한다. 1.3 접도구역에서 할 수 없는 행위 (1) 토지의 형질을 변경하는 행위 (2) 건축물이나 그 밖의 공작물을 신축·개축 또는 증축하는 행위	

처 리 기 준	비 고
1.4 접도구역에서 허용되는 행위 (1) 연면적 10제곱미터 이하의 변소, 연면적 50제곱미터 이하의 퇴비사, 연면적 20제곱미터 이하의 축사 또는 농·어업용 창고의 신축 (2) 증축되는 부분의 바닥면적의 합계가 30제곱미터 이하인 건축물의 증축 (3) 건축물의 개축·재축·이전(접도구역 밖에서 접도구역 안으로 이전하는 경우는 제외한다) 또는 대수선 (4) 도로의 이용증진을 위하여 필요한 주차장의 설치 (5) 도로 또는 교통용 통로의 설치 (6) 도로와 잇닿아 있지 아니하는 용배수로의 설치 (7) 「산업입지 및 개발에 관한 법률」에 따른 산업단지조성사업, 「국토의 계획 및 이용에 관한 법률」 제51조제3항에 따른 지구단위계획구역(주거형에 한한다)에서의 개발사업 또는 「농어촌정비법」에 따른 농업생산기반 정비사업 (8) 「문화재보호법」에 따른 문화재의 수리 (9) 건축물이 아닌 것으로서 국방상 필요한 시설의 설치 (10) 철도의 관리를 위하여 필요한 운전보안시설 또는 공작물의 설치 (11) 토지의 형질변경으로서 경작지의 조성, 도로 노면의 수평연장선으로부터 1.4미터 미만의 성토 또는 접도구역 안의 지면으로부터 깊이 1미터 미만의 굴착절토 (12) 울타리·철조망의 설치로서 운전자의 시계(視界)를 방해하지 아니하는 경미한 행위 (13) 재해 복구 또는 재난 수습에 필요한 응급조치를 위하여 하는 행위 (14) 담장(출입문을 포함한다)의 설치 (15) 건물에 부속된 기존의 변소·퇴비사·축사 등을 같은 면적의 범위에서 같은 대지 안으로 이전하는 행위 (16) 도로공사를 위하여 설치하는 가설건축물로서 2년 이내에 철거될 건축물의 설치 (17) 국가 또는 지방자치단체가 아치와 각종 표지판을 설치하는 행위 (18) 전기공급시설·가스공급시설·전기통신시설·송유관·열수송시설·수도시설 및 하수도시설의 설치 (19) 농산물의 저장을 위한 굴착행위 (20) 농업용 분뇨장 및 원두막의 설치 (21) 원예용 비닐하우스(영구시설이 아닌 것만 해당한다)의 설치 (22) 마을도로 및 농로(農路)의 보수행위 (23) 기존건축물의 용도변경 (24) 건축물의 외벽과 담장 사이에 볕가리개를 설치하는 행위 (25) 건축물이나 도로의 안전을 위한 축대·옹벽의 설치 1.5 도로의 구조나 교통안전에 대한 위험 예방을 위한 조치 (1) 시설등이 시야에 장애를 주면 그 장애물을 제거할 것 (2) 시설등이 붕괴하여 도로에 위해(危害)를 끼치거나 끼칠 우려가 있으면 그 위해를 제거하고 필요하면 방지시설을 할 것 (3) 도로에 토사 등이 쌓이거나 쌓일 우려가 있으면 그 토사 등을 제거하거나 방지시설을 할 것 (4) 시설등으로 도로 배수시설에 장애가 발생하거나 발생할 우려가 있으면 그 장애를 제거하거나 방지시설을 할 것	

[14-2] 도로법 제51, 52조(교차방법과 다른 시설의 연결)

처 리 기 준	비 고
1. 교차방법과 다른 시설의 연결 1.1. 자동차 전용도로나 일반국도 및 지방도, 4차로 이상으로 도로구역이 결정된 도로와 다른 도로, 철도, 궤도, 교통용으로 제공하는 통로, 그 밖의 시설을 교차시키려고 할 때에는 특별한 사유가 없으면 입체교차시설로 하여야 한다. 1.2 자동차 전용도로나 일반국도 및 지방도, 4차로 이상으로 도로구역이 결정된 도로에 다른 도로, 통로, 그 밖의 시설을 연결시키려는 자는 도로 관리청의 허가를 받아야 한다. 허가 받은 사항을 변경하려는 때에도 또한 같다. 1.3 제2항에 따른 허가의 기준·절차 등 허가에 관하여 필요한 사항은 국도(제23조제2항이 적용되는 국도는 제외한다)인 경우에는 국토교통부령으로 정하고, 그 밖의 도로인 경우에는 그 도로의 관리청이 속하여 있는 지방자치단체의 조례로 정한다. 1.4 관리청은 제2항에 따른 허가를 할 때 도로, 통로, 그 밖의 시설을 연결함에 따라 대량의 교통수요를 유발할 우려가 있거나 교통체계상 다른 시설의 설치가 필요하다고 인정되면 그 시설의 연결을 허가받는 자에게 교통의 소통을 위한 시설의 설치·관리 등 필요한 조치를 하도록 할 수 있다. 1.5 제2항에 따라 도로 등의 연결허가를 받은 경우 제61조에 따른 도로 점용허가를 받은 것으로 본다.	

[15] 주차장법 제19조(부설주차장의 설치)

<table>
<tr><th>처 리 기 준</th><th>비 고</th></tr>
<tr><td>

1. 부설주차장 설치대상지역

1.1. 도시지역

1.2. 지구단위계획구역

1.3. 지방자치단체 조례로 정하는 관리지역

2. 부설주차장 설치기준

2.1. 부설주차장 설치기준

시설물	설치기준
1. 위락시설	○ 시설면적 100㎡당 1대(시설면적/100㎡)
2. 문화 및 집회시설(관람장은 제외한다), 종교시설, 판매시설, 운수시설, 의료시설(정신병원·요양병원 및 격리병원은 제외한다), 운동시설(골프장·골프연습장 및 옥외수영장은 제외한다), 업무시설(외국공관 및 오피스텔은 제외한다), 방송통신시설 중 방송국, 장례시설	○ 시설면적 150㎡당 1대(시설면적/150㎡)
3. 제1종 근린생활시설(「건축법 시행령」 별표 1 제3호바목 및 사목은 제외한다), 제2종 근린생활시설, 숙박시설	○ 시설면적 200㎡당 1대(시설면적/200㎡)
4. 단독주택(다가구주택은 제외한다)	○ 시설면적 50㎡ 초과 150㎡ 이하: 1대 ○ 시설면적 150㎡ 초과: 1대에 150㎡를 초과하는 100㎡당 1대를 더한 대수[1+{(시설면적-150㎡)/100㎡}]
5. 다가구주택, 공동주택(기숙사는 제외한다), 업무시설 중 오피스텔	○ 「주택건설기준 등에 관한 규정」 제27조제1항에 따라 산정된 주차대수. 이 경우 다가구주택 및 오피스텔의 전용면적은 공동주택의 전용면적 산정방법을 따른다.
6. 골프장, 골프연습장, 옥외수영장, 관람장	○ 골프장: 1홀당 10대(홀의 수×10) ○ 골프연습장: 1타석당 1대(타석의 수×1) ○ 옥외수영장: 정원 15명당 1대(정원/15명) ○ 관람장: 정원 100명당 1대(정원/100명)
7. 수련시설, 공장(아파트형은 제외한다), 발전시설	○ 시설면적 350㎡당 1대(시설면적/350㎡)
8. 창고시설	○ 시설면적 400㎡당 1대(시설면적/400㎡)
9. 학생용 기숙사	○ 시설면적 400㎡당 1대(시설면적/400㎡)
10. 방송통신시설 중 데이터센터	○ 시설면적 400㎡당 1대(시설면적/400㎡)
11. 그 밖의 건축물	○ 시설면적 300㎡당 1대(시설면적/300㎡)

2.2. 다음 각 호의 경우에는 특별시·광역시·특별자치도·시 또는 군(광역시의 군은 제외한다. 이하 이 조에서 같다)의 조례로 시설물의 종류를 세분하거나 부설주차장의 설치기준을 따로 정할 수 있다.

(1) 오지·벽지·섬 지역, 도심지의 간선도로변이나 그 밖에 해당 지역의 특수성으로 인하여 별표 1의 기준을 적용하는 것이 현저히 부적합한 경우

(2) 국토의 계획 및 이용에 관한 법률 제6조제2호에 따른 관리지역으로서 주차난이 발생할 우려가 없는 경우

</td><td>※ 해당 지방자치단체 조례로 정하는 기준에 따름</td></tr>
</table>

처 리 기 준	비 고
(3) 단독주택·공동주택의 부설주차장 설치기준을 세대별로 정하거나 업무시설 중 오피스텔의 부설주차장 설치기준을 호실별로 정하려는 경우 (4) 기계식주차장을 설치하는 경우로서 해당 지역의 주차장 확보율, 주차장 이용 실태, 교통 여건 등을 고려하여 별표 1의 부설주차장 설치기준과 다르게 정하려는 경우 (5) 대한민국 주재 외국공관 안의 외교관 또는 그 가족이 거주하는 구역 등 일반인의 출입이 통제되는 구역에 주택 등의 시설물을 건축하는 경우 (6) 시설면적이 10,000㎡ 이상인 공장을 건축하는 경우 ※ 비고 1. 시설물의 종류는 다른 법령에 특별한 규정이 없으면 「건축법 시행령」 별표 1에 따르되, 다음 각 목의 어느 하나에 해당하는 시설물을 건축하거나 설치하려는 경우에는 부설주차장을 설치하지 않을 수 있다. 가. 제1종 근린생활시설 중 변전소·양수장·정수장·대피소·공중화장실, 그 밖에 이와 유사한 시설 나. 종교시설 중 수도원·수녀원·제실(祭室) 및 사당 다. 동물 및 식물 관련 시설(도축장 및 도계장은 제외한다) 라. 방송통신시설(방송국, 전신전화국, 통신용 시설 및 촬영소만을 말한다) 중 송신·수신 및 중계시설 마. 주차전용건축물(노외주차장인 주차전용건축물만을 말한다)에 주차장 외의 용도로 설치하는 시설물(판매시설 중 백화점·쇼핑센터·대형점과 문화 및 집회시설 중 영화관·전시장·예식장은 제외한다) 바. 「도시철도법」에 따른 역사(「철도의 건설 및 철도시설 유지관리에 관한 법률」 제2조제7호에 따른 철도건설사업으로 건설되는 역사를 포함한다) 사. 「건축법 시행령」 제6조제1항제4호에 따른 전통한옥 밀집지역 안에 있는 전통한옥 2. 시설물의 시설면적은 공용면적을 포함한 바닥면적의 합계를 말하되, 하나의 부지 안에 둘 이상의 시설물이 있는 경우에는 각 시설물의 시설면적을 합한 면적을 시설면적으로 하며, 시설물 안의 주차를 위한 시설의 바닥면적은 그 시설물의 시설면적에서 제외한다. 3. 시설물의 소유자는 부설주차장(해당 시설물의 부지에 설치하는 부설주차장은 제외한다)의 부지의 소유권을 취득하여 이를 주차장전용으로 제공해야 한다. 다만, 주차전용건축물에 부설주차장을 설치하는 경우에는 그 건축물의 소유권을 취득해야 한다. 4. 용도가 다른 시설물이 복합된 시설물에 설치해야 하는 부설주차장의 주차대수는 용도가 다른 시설물별 설치기준에 따라 산정(위 표 제5호의 시설물은 주차대수의 산정대상에서 제외하되, 비고 제8호에서 정한 기준을 적용하여 산정된 주차대수는 따로 합산한다)한 수수점 이하 첫째자리까지의 주차대수를 합하여 산정한다. 다만, 단독주택(다가구주택은 제외한다. 이하 이 호에서 같다)의 용도로 사용되는 시설의 면적이 50㎡ 이하인 경우 단독주택의 용도로 사용되는 시설의 면적에 대한 부설주차장의 주차대수는 단독주택의 용도로 사용되는 시설의 면적을 100㎡로 나눈 대수로 한다.	

<table>
<tr><th>처 리 기 준</th><th>비 고</th></tr>
<tr><td>5. 시설물을 용도변경하거나 증축함에 따라 추가로 설치해야 하는 부설주차장의 주차대수는 용도변경하는 부분 또는 증축으로 인하여 면적이 증가하는 부분(이하 "증축하는 부분"이라 한다)에 대해서만 설치기준을 적용하여 산정한다. 다만, 위 표 제5호에 따른 시설물을 증축하는 경우에는 증축 후 시설물의 전체면적에 대하여 위 표 제5호에 따른 설치기준을 적용하여 산정한 주차대수에서 증축 전 시설물의 면적에 대하여 증축 시점의 위 표 제5호에 따른 설치기준을 적용하여 산정한 주차대수를 뺀 대수로 한다.
6. 설치기준(위 표 제5호에 따른 설치기준은 제외한다. 이하 이 호에서 같다)에 따라 주차대수를 산정할 때 소수점 이하의 수(시설물을 증축하는 경우 먼저 증축하는 부분에 대하여 설치기준을 적용하여 산정한 수가 0.5 미만일 때에는 그 수와 나중에 증축하는 부분들에 대하여 설치기준을 적용하여 산정한 수를 합산한 수의 소수점 이하의 수. 이 경우 합산한 수가 0.5 미만일 때에는 0.5 이상이 될 때까지 합산해야 한다)가 0.5 이상인 경우에는 이를 1로 본다. 다만, 해당 시설물 전체에 대하여 설치기준(시설물을 설치한 후 법령·조례의 개정 등으로 설치기준 또는 설치제한기준이 변경된 경우에는 변경된 설치기준 또는 설치제한기준을 말한다)을 적용하여 산정한 총주차대수가 1대 미만인 경우에는 주차대수를 0으로 본다.
7. 용도변경되는 부분에 대하여 설치기준을 적용하여 산정한 주차대수가 1대 미만인 경우에는 주차대수를 0으로 본다. 다만, 용도변경되는 부분에 대하여 설치기준을 적용하여 산정한 주차대수의 합(2회 이상 나누어 용도변경하는 경우를 포함한다)이 1대 이상인 경우에는 그러하지 아니하다.
8. 단독주택 및 공동주택 중 주택건설기준 등에 관한 규정이 적용되는 주택에 대해서는 같은 규정에 따른 기준을 적용한다.
9. 승용차와 승용차 외의 자동차를 함께 주차하는 부설주차장의 경우에는 승용차 외의 자동차의 주차가 가능하도록 하여야 하며, 승용차 외의 자동차를 더 많이 주차하는 부설주차장의 경우에는 그 이용 빈도에 따라 승용차 외의 자동차의 주차에 적합하도록 승용차 외의 자동차를 주차할 주차장을 승용차용 주차장과 구분하여 설치해야 한다. 이 경우 주차대수의 산정은 승용차를 기준으로 한다.
10. 장애인·노인·임산부 등의 편의증진 보장에 관한 법률 시행령 제4조 또는 교통약자의 이동편의 증진법 시행령 제12조에 따라 장애인전용 주차구역을 설치해야 하는 시설물에는 부설주차장 설치기준에 따른 부설주차장 주차대수의 2%부터 4%까지의 범위에서 장애인의 주차수요를 고려하여 지방자치단체의 조례로 정하는 비율 이상을 장애인전용 주차구획으로 구분·설치해야 한다. 다만, 부설주차장의 설치기준에 따른 부설주차장의 주차대수가 10대 미만인 경우에는 그러하지 아니하다.
11. 제6조제2항에 따라 지방자치단체의 조례로 부설주차장 설치기준을 강화 또는 완화하는 때에는 시설물의 시설면적·홀·타석·정원을 기준으로 한다.
12. 경형자동차의 전용주차구획으로 설치된 주차단위구획은 전체 주차단위구획 수의 10%까지 부설주차장 설치기준에 따라 설치된 것으로 본다.
13. 2008년 1월 1일 전에 설치된 기계식주차장치로서 다음 각 목에 열거된 형태의 기계식주차장치를 설치한 주차장을 다른 형태의 주차장으로 변경하여 설치하는 경우에는 변경 전의 주차대수보다 1대(총주차대수가 8대 이하인 주차장에서는 기계식주차장치에 주차하는 대수의 1/2을 뺀 대수)를 적게 설치하더라도 변경 전의 주차대수로 인정한다</td><td>설치의무대상:
공공건물 및 공중이용시설, 공동주택, 여객시설, 도로(도로, 준용도로)</td></tr>
</table>

처 리 기 준	비 고

가. 2단 단순승강 기계식주차장치: 주차구획이 2층으로 되어 있고 위층에 주차된 자동차를 출고하기 위하여는 반드시 아래층에 주차되어 있는 자동차를 출고해야 하는 형태로서, 주차구획 안에 있는 평평한 운반기구를 위·아래로만 이동하여 자동차를 주차하는 기계식주차장치

나. 2단 경사승강 기계식주차장치: 주차구획이 2층으로 되어 있고 주차구획 안에 있는 경사진 운반기구를 위·아래로만 이동하여 자동차를 주차하는 기계식주차장치

14. 비고 제13호에 따라 기계식주차장치를 설치한 주차장을 변경하여 변경 전의 주차대수로 인정받은 후 해당 시설물의 용도변경 또는 증축 등으로 인하여 주차장을 추가로 설치해야 하는 경우에는 비고 제13호 각 목의 기계식주차장치를 설치한 주차장을 변경하면서 줄어든 주차대수도 포함하여 설치해야 한다.

15. "학생용 기숙사"란 기숙사 중 「초·중등교육법」 제2조 및 「고등교육법」 제2조에 따른 학교에 재학 중인 학생을 위한 기숙사를 말한다.

3. 주차장의 시설기준

3.1. 주차단위구획

(1) 평행주차형식의 경우

구 분	너비	길이
경형	1.7m 이상	4.5m 이상
일반형	2.0m 이상	6.0m 이상
보도와 차도의 구분이 없는 주거지역의 도로	2.0m 이상	5.0m 이상
이륜자동차전용	1.0m 이상	2.3m 이상

(2) 평행주차형식 외의 경우

구 분	너비	길이
경형	2.0m 이상	3.6m 이상
일반형	2.3m 이상	5.0m 이상
확장형	2.5m 이상	5.1m 이상
장애인 전용	3.3m 이상	5.0m 이상
이륜자동차전용	1.0m 이상	2.3m 이상

3.2. 부설주차장의 구조 및 설비기준

(1) 노외주차장과 연결되는 도로가 둘 이상인 경우에는 자동차교통에 미치는 지장이 적은 도로에 노외주차장의 출구와 입구를 설치하여야 한다. 다만, 보행자의 교통에 지장을 가져올 우려가 있거나 그 밖의 특별한 이유가 있는 경우에는 그러하지 아니하다.

(2) 주차대수 400대를 초과하는 규모의 노외주차장의 경우에는 노외주차장의 출구와 입구를 각각 따로 설치하여야 한다. 다만, 출입구의 너비의 합이 5.5m 이상으로서 출구와 입구가 차선 등으로 분리되는 경우에는 함께 설치할 수 있다.

(3) 노외주차장의 출구와 입구에서 자동차의 회전을 쉽게 하기 위하여 필요한 경우에는 차로와 도로가 접하는 부분을 곡선형으로 하여야 한다.

처 리 기 준	비 고
(4) 노외주차장의 출구 부근의 구조는 해당 출구로부터 2m를 후퇴한 노외주차장의 차로의 중심선상 1.4m의 높이에서 도로의 중심선에 직각으로 향한 왼쪽·오른쪽 각각 60도의 범위에서 해당 도로를 통행하는 자를 확인할 수 있도록 하여야 한다. (5) 노외주차장에는 자동차의 안전하고 원활한 통행을 확보하기 위하여 다음 각 목에서 정하는 바에 따라 차로를 설치하여야 한다. (가) 주차구획선의 긴 변과 짧은 변 중 한 변 이상이 차로에 접하여야 한다. (나) 차로의 너비는 주차형식 및 출입구(지하식 또는 건축물식 주차장의 출입구를 포함한다. 이하 제(6)호에서 같다)의 개수에 따라 다음 표에 따른 기준 이상으로 하여야 한다.	

주차형식	차로의 너비(m)	
	출입구가 2개 이상인 경우	출입구가 1개인 경우
평행주차	3.3	5.0
직각주차	6.0	6.0
60도 대향주차	4.5	5.5
45도 대향주차	3.5	5.0
교차주차	3.5	5.0

처 리 기 준	비 고
(6) 노외주차장의 출입구 너비는 3.5m 이상으로 하여야 하며, 주차대수 규모가 50대 이상인 경우에는 출구와 입구를 분리하거나 너비 5.5m 이상의 출입구를 설치하여 소통이 원활하도록 하여야 한다. (7) 지하식 또는 건축물식 노외주차장의 차로는 제3호의 기준에 따르는 외에 다음 각 목에서 정하는 바에 따른다. (가) 높이는 주차바닥면으로부터 2.3m 이상으로 하여야 한다. (나) 곡선 부분은 자동차가 6m(같은 경사로를 이용하는 주차장의 총주차대수가 50대 이하인 경우에는 5m) 이상의 내변반경으로 회전할 수 있도록 하여야 한다. (다) 경사로의 차로 너비는 직선형인 경우에는 3.3m 이상(2차로의 경우에는 6m 이상)으로 하고, 곡선형인 경우에는 3.6m 이상(2차로의 경우에는 6.5m 이상)으로 하며, 경사로의 양쪽 벽면으로부터 30㎝ 이상의 지점에 높이 10㎝ 이상 15㎝ 미만의 연석을 설치하여야 한다. 이 경우 연석 부분은 차로의 너비에 포함되는 것으로 본다. (라) 경사로의 종단경사도는 직선 부분에서는 17%를 초과하여서는 아니되며, 곡선 부분에서는 14%를 초과하여서는 아니 된다. (마) 경사로의 노면은 거친 면으로 하여야 한다. (바) 주차대수 규모가 50대 이상인 경우의 경사로는 너비 6m 이상인 2차로를 확보하거나 진입차로와 진출차로를 분리하여야 한다.	

처 리 기 준	비 고
(8) 자동차용 승강기로 운반된 자동차가 주차구획까지 자주식으로 들어가는 노외주차장의 경우에는 주차대수 30대마다 1대의 자동차용 승강기를 설치하여야 한다. 이 경우 제16조의2제1호 및 제3호를 준용하되, 자동차용 승강기의 출구와 입구가 따로 설치되어 있거나 주차장의 내부에서 자동차가 방향전환을 할 수 있을 때에는 제16조의2제3호에 따른 진입로를 설치하고 제16조의2제1호에 따른 전면공지 또는 방향전환장치를 설치하지 아니할 수 있다. (9) 노외주차장에서 주차에 사용되는 부분의 높이는 주차바닥면으로부터 2.1m 이상으로 하여야 한다. (10) 노외주차장 내부 공간의 일산화탄소 농도는 주차장을 이용하는 차량이 가장 빈번한 시각의 앞뒤 8시간의 평균치가 50ppm 이하(다중이용시설등의 실내공기질관리법 제3조제1항제9호에 따른 실내주차장은 25ppm 이하)로 유지되어야 한다. (11) 노외주차장에는 자동차의 출입 또는 도로교통의 안전을 확보하기 위하여 필요한 경보장치를 설치하여야 한다. (12) 주차대수 30대를 초과하는 지하식 또는 건축물식 형태의 자주식주차장으로서 판매시설, 숙박시설, 운동시설, 위락시설, 문화 및 집회시설, 종교시설 또는 업무시설(이하 이 항에서 "판매시설등"이라 한다)의 용도로 이용되는 건축물과 판매시설등과 다른 용도의 시설이 복합적으로 설치된 건축물의 부설주차장으로서 각각의 시설에 대한 부설주차장을 구분하여 사용·관리하는 것이 곤란한 건축물의 부설주차장은 다음을 준용한다. (가) 자주식주차장으로서 지하식 또는 건축물식 노외주차장에는 바닥으로부터 85㎝의 높이에 있는 지점이 평균 70럭스 이상의 조도를 유지할 수 있도록 조명장치를 설치하여야 한다. (나) 주차대수 30대를 초과하는 규모의 자주식주차장으로서 지하식 또는 건축물식 노외주차장에는 관리사무소에서 주차장 내부 전체를 볼 수 있는 폐쇄회로 텔레비전 및 녹화장치를 포함하는 방범설비를 설치·관리하여야 하되, 다음 각 목의 사항을 준수하여야 한다 ① 방범설비는 주차장의 바닥면으로부터 170㎝터의 높이에 있는 사물을 알아볼 수 있도록 설치하여야 한다. ② 폐쇄회로 텔레비전과 녹화장치의 모니터 수가 같아야 한다. ③ 선명한 화질이 유지될 수 있도록 관리하여야 한다. ④ 촬영된 자료는 컴퓨터보안시스템을 설치하여 1개월 이상 보관하여야 한다. (13) 제(12)항에 따른 건축물 외의 건축물(단독주택 및 다세대주택은 제외한다)의 부설주차장으로서 지하식 또는 건축물식 형태의 자주식주차장에는 바닥으로부터 85㎝의 높이에 있는 지점이 평균 70럭스 이상의 조도를 유지할 수 있도록 조명장치를 설치하여야 한다.	

처 리 기 준	비 고
3.3. 총주차대수 규모가 8대 이하인 자주식주차장(지평식만 해당한다)의 구조 및 설비기준	

(1) 차로의 너비는 2.5m 이상으로 한다. 다만, 주차단위구획과 접하여 있는 차로의 너비는 주차형식에 따라 다음 표에 따른 기준 이상으로 하여야 한다.

주차형식	차로의 너비(m)
평행주차	3.0
직각주차	6.0
60도 대향주차	4.0
45도 대향주차	3.5
교차주차	3.5

(2) 보도와 차도의 구분이 없는 너비 12m 미만의 도로에 접하여 있는 부설주차장은 그 도로를 차로로 하여 주차단위구획을 배치할 수 있다. 이 경우 차로의 너비는 도로를 포함하여 6m 이상(평행주차형식인 경우에는 도로를 포함하여 4m 이상)으로 하며, 도로의 포함 범위는 중앙선까지로 하되, 중앙선이 없는 경우에는 도로 반대쪽 경계선까지로 한다.

(3) 보도와 차도의 구분이 있는 12m 이상의 도로에 접하여 있고 주차대수가 5대 이하인 부설주차장은 그 주차장의 이용에 지장이 없는 경우만 그 도로를 차로로 하여 직각주차형식으로 주차단위구획을 배치할 수 있다.

(4) 주차대수 5대 이하의 주차단위구획은 차로를 기준으로 하여 세로로 2대까지 접하여 배치할 수 있다.

(5) 출입구의 너비는 3m 이상으로 한다. 다만, 막다른 도로에 접하여 있는 부설주차장으로서 시장·군수 또는 구청장이 차량의 소통에 지장이 없다고 인정하는 경우에는 2.5m 이상으로 할 수 있다.

(6) 보행인의 통행로가 필요한 경우에는 시설물과 주차단위구획 사이에 0.5m 이상의 거리를 두어야 한다.

4. 부설주차장의 인근 설치

4.1. 대상규모

(1) 주차대수 300대 이하

(2) 다음 각 목에 해당하는 경우에는 부설주차장 설치기준에 따라 산정한 규모

(가) 도로교통법 제6조에 따라 차량통행이 금지된 장소의 시설물인 경우

(나) 시설물의 부지에 접한 대지나 시설물의 부지와 통로로 연결된 대지에 부설주차장을 설치하는 경우

(다) 시설물의 부지가 너비 12m 이하인 도로에 접해 있는 경우 도로의 맞은편 토지(시설물의 부지에 접한 도로의 건너편에 있는 시설물 정면의 필지와 그 좌우에 위치한 필지를 말한다)에 부설주차장을 그 도로에 접하도록 설치하는 경우

<table>
<tr><th>처 리 기 준</th><th>비 고</th></tr>
<tr><td>
4.2. 부지 인근의 범위
(1) 해당 부지의 경계선으로부터 부설주차장의 경계선까지의 직선거리 300m이내 또는 도보거리 600m 이내
(2) 해당 시설물이 있는 동·리(행정동·리를 말한다. 이하 이 호에서 같다) 및 그 시설물과의 통행 여건이 편리하다고 인정되는 인접 동·리
4.3. 설치계획서의 제출
(1) 설치계획서(별지 제2호서식)
(2) 첨부 서류
(가) 부설주차장의 배치도
(나) 공사설계도서(공사가 필요한 경우)
(다) 시설물의 부지와 주차장의 설치 부지를 포함한 지역의 토지이용 상황을 판단할 수 있는 축척 1/1,200 이상의 지형도
(라) 토지의 지번·지목 및 면적이 적힌 토지조서(건축물식 주차장인 경우에는 건축면적·건축연면적·층수 및 높이와 주차형식이 적힌 건물조서를 포함한다)
※ (나)~(라)의 서류는 부지 인근에 설치한 경우만 첨부
4.4. 처리절차
[설치계획서 작성 / 신 청 인] → [토지(건물)등기부 등본 확인 / 시·군·구]

5. 부설주차장 설치의무 면제
5.1. 시설물의 위치
(1) 도로교통법 제6조에 따른 차량통행의 금지 또는 주변의 토지이용 상황으로 인하여 제6조 및 제7조에 따른 부설주차장의 설치가 곤란하다고 특별자치도지사·시장·군수 또는 자치구의 구청장(이하 "시장·군수 또는 구청장"이라 한다)이 인정하는 장소
(2) 부설주차장의 출입구가 도심지 등의 간선도로변에 위치하게 되어 자동차 교통의 혼잡을 가중시킬 우려가 있다고 시장·군수 또는 구청장이 인정하는 장소
5.2. 시설물의 용도 및 규모
연면적 10,000㎡ 이상의 판매시설 및 운수시설에 해당하지 아니하거나 연면적 15,000㎡ 이상의 문화 및 집회시설(공연장·집회장 및 관람장만을 말한다), 위락시설, 숙박시설 또는 업무시설에 해당하지 아니하는 시설물(도로교통법 제6조에 따라 차량통행이 금지된 장소의 시설물인 경우에는 건축법에서 정하는 용도별 건축허용 연면적의 범위에서 설치하는 시설물을 말한다.)
5.3. 부설주차장의 규모
주차대수 300대 이하의 규모(도로교통법 제6조에 따라 차량통행이 금지된 장소의 경우에는 별표 1의 부설주차장 설치기준에 따라 산정한 주차대수에 상당하는 규모를 말한다)
</td><td>※ 지방자치단체 조례로 정함</td></tr>
</table>

처 리 기 준	비 고
5.4. 설치의무 면제신청 서류 (1) 설치의무 면제신청서(별지 제4호서식) (가) 시설물의 위치·용도 및 규모 (나) 설치하여야 할 부설주차장의 규모 (다) 부설주차장의 설치에 필요한 비용 및 주차장 설치의무가 면제되는 경우의 해당 비용의 납부에 관한 사항 (라) 신청인의 성명(법인인 경우에는 명칭 및 대표자의 성명) 및 주소 ※ 5.1.(2)의 장소에 있는 시설물의 경우에는 화물의 하역과 그 밖에 해당 시설물의 기능 유지에 필요한 부설주차장은 설치하고 이를 제외한 규모의 부설주차장에 대해서만 설치의무 면제 신청을 할 수 있다. 이 경우 시설물의 기능 유지에 필요한 부설주차장의 규모는 시·군 또는 구의 조례로 정한다. 5.5. 처리 절차 면제신청서 작성 (신 청 인) → 주차장 설치비용, 납부장소 및 납부기한 통보 (시·군·구) → 비용 납부 (신 청 인) → 설치의무 면제서 발급 (시·군·구)	

[15-1] 주차장법 제19조의2(부설주차장 설치계획서)

처 리 기 준	비 고
1. 부설주차장 설치계획서 1.1. 부설주차장 설치계획서를 제출하는 경우에는 별지 제2호서식의 부설주차장 설치계획서(부설주차장 인근설치계획서)에 다음 각 호의 서류(전자문서를 포함한다) 및 도면을 첨부하여야 한다. 다만, 제2호부터 제4호까지의 서류는 법 제19조제4항에 따라 시설물의 부지 인근에 부설주차장을 설치하는 경우만 첨부한다. (1) 부설주차장의 배치도 (2) 공사설계도서(공사가 필요한 경우만 해당한다) (3) 시설물의 부지와 주차장의 설치 부지를 포함한 지역의 토지이용 상황을 판단할 수 있는 축척 1천200분의 1 이상의 지형도 (4) 토지의 지번 · 지목 및 면적이 적힌 토지조서(건축물식 주차장인 경우에는 건축면적 · 건축연면적 · 층수 및 높이와 주차형식이 적힌 건물조서를 포함한다) (5) 경사진 주차장을 건설하는 경우 미끄럼 방지시설 및 미끄럼 주의 안내 표지 설치계획 1.2 제1항에 따른 부설주차장 설치계획서를 제출받은 시장·군수 또는 구청장은 법 제19조제4항에 따라 시설물의 부지 인근에 부설주차장을 설치하는 경우만 「전자정부법」 제36조제1항에 따른 행정정보의 공동이용을 통하여 토지등기부 등본(건축물식 주차장인 경우에는 건물등기부 등본을 포함한다)을 확인하여야 한다.	

[15-2] 주차장법 제19조의4(부설주차장의 용도변경 금지 등)

처 리 기 준	비 고

1. 부설주차장의 용도변경

1.1. 용도변경 금지원칙

부설주차장은 주차장 외의 용도로 사용할 수 없다.

1.2. 용도변경 가능대상

(1) 도로교통법 제6조에 따른 차량통행의 금지 또는 주변의 토지이용 상황 등으로 인하여 시장·군수 또는 구청장이 해당 주차장의 이용이 사실상 불가능하다고 인정한 경우. 이 경우 변경 후의 용도는 주차장으로 이용할 수 없는 사유가 소멸되었을 때에 즉시 주차장으로 환원하는 데에 지장이 없는 경우로 한정하고, 변경된 용도로의 사용기간은 주차장으로 이용이 불가능한 기간으로 한정한다.

(2) 시설물의 내부 또는 그 부지(제7조제1항제2호 또는 제3호에 따라 해당 시설물의 부지 인근에 부설주차장을 설치하는 경우에는 그 인근 부지를 말한다) 안에서 주차장의 위치를 변경하는 경우로서 시장·군수 또는 구청장이 주차장의 이용에 지장이 없다고 인정하는 경우

(3) 제6조 또는 법 제19조제10항에 따른 해당 시설물의 부설주차장의 설치기준 또는 설치제한기준(시설물을 설치한 후 법령·조례의 개정 등으로 설치기준 또는 설치제한기준이 변경된 경우에는 그 변경된 설치기준 또는 설치제한기준을 말한다)을 초과하는 주차장으로서 그 초과 부분에 대하여 시장·군수 또는 구청장의 확인을 받은 경우

(4) 국토의 계획 및 이용에 관한 법률 제2조제10호에 따른 도시계획시설사업으로 인하여 그 전부 또는 일부를 사용할 수 없게 된 주차장으로서 시장·군수 또는 구청장의 확인을 받은 경우

(5) 법 제19조제4항에 따라 시설물의 부지 인근에 설치한 부설주차장을 그 부지 인근의 범위에서 이전하여 설치하는 경우

※ 제(2)호 경우에 종전의 부설주차장은 새로운 부설주차장의 사용이 시작된 후에 용도변경하여야 한다. 다만, 기존 주차장 부지에 증축되는 건축물 안에 주차장을 설치하는 경우에는 그러하지 아니하다.

※ 법 제19조의4제2항 단서에 따라 부설주차장 본래의 기능을 유지하지 아니하여도 되는 경우는 제(1)호·제(3)호 또는 제(4)호에 해당하는 경우와 기존 주차장을 보수 또는 증축하는 경우(보수 또는 증축하는 기간으로 한정한다)로 한다.

1.3. 용도변경 신청

(1) 부설주차장 용도변경 신청서(별지 제8호서식)

(2) 용도변경을 증명할 수 있는 서류 첨부

처 리 기 준	비 고
1.4. 용도변경 신청 처리절차 신청서 작성 / 신청인 → 검토 / 시·군·구 → 협의 / 관계부서 → 용도변경 처리 / 시·군·구 1.5. 용도변경시의 주차대수 산정 건축물의 용도를 변경하는 경우에는 용도변경 시점의 주차장 설치기준에 따라 변경 후 용도의 주차대수와 변경 전 용도의 주차대수를 산정하여 그 차이에 해당하는 부설주차장을 추가로 확보하여야 한다. 1.6. 부설주차장의 추가 확보없이 용도변경 가능한 경우 (1) 사용승인 후 5년이 지난 연면적 1,000㎡ 미만의 건축물의 용도를 변경하는 경우. 다만, 문화 및 집회시설 중 공연장·집회장·관람장, 위락시설 및 주택 중 다세대주택·다가구주택의 용도로 변경하는 경우는 제외한다. (2) 해당 건축물 안에서 용도 상호간의 변경을 하는 경우. 다만, 부설주차장 설치기준이 높은 용도의 면적이 증가하는 경우는 제외한다.	

[별지 제2호서식] <개정 2010.10.29> (앞 쪽)

부설주차장 설치계획서(부설주차장 인근설치계획서)				처리기간 7일
제출인	① 성 명		② 생 년 월 일	
	③ 주 소		④ 전 화 번 호	
시설물	⑤ 위 치		⑥ 용도 및 규모	
주차장	⑦ 위 치		⑧ 주차대수 및 면적	대, ㎡
	⑨ 부지 경계선으로부터의 거리		⑩ 주차장의 형태	
	⑪ 착공 예정일		⑫ 준공 예정일	

「주차장법」 제19조의2 및 같은 법 시행규칙 제12조에 따라 위와 같이 부설주차장 설치계획서(부설주차장 인근설치계획서)를 제출합니다.

년 월 일

제출인 (서명 또는 인)

특별자치도지사·시장·군수·구청장 귀하

수수료	없 음	
첨부서류	제출인(대표자) 제출서류	특별자치도지사·시장·군수·구청장 확인사항
	1. 부설주차장의 배치도 2. 공사설계도서(공사가 필요한 경우만 제출합니다) 3. 시설물의 부지와 주차장의 설치 부지를 포함한 지역의 토지이용 상황을 판단할 수 있는 축척 1천200분의 1 이상의 지형도 4. 토지의 지번·지목 및 면적이 적힌 토지조서(건축물식 주차장인 경우에는 건축면적·건축연면적·층수 및 높이와 주차형식이 적힌 건물조서를 포함합니다) ※ 제2호부터 제4호까지의 서류는 「주차장법」 제19조제4항에 따라 시설물의 부지 인근에 부설주차장을 설치하는 경우만 제출합니다.	「주차장법」 제19조제4항에 따라 시설물의 부지 인근에 부설주차장을 설치하는 경우에는 토지등기부 등본(건축물식 주차장인 경우에는 건물등기부 등본을 포함합니다)

210mm×297mm
(보존용지(1종) 120g/㎡)

[별지 제4호서식]　　　　　　　　　　　　　　　　　　　　　　　　　　(앞 쪽)

부설주차장 설치의무 면제신청서 및 면제서				처리기간 5 일
신청인	① 성 명		② 생 년 월 일	
	③ 주 소		④ 전 화 번 호	
시설물	⑤ 위 치		⑥ 용 도	
	⑦ 규 모			
주차장	⑧ 총 규 모	대(㎡)		
	⑨ 이미 설치된 규모	대(㎡)		
	⑩ 추가 설치할 규모	대(㎡)		

「주차장법」 제19조제5항 및 같은 법 시행령 제8조제2항에 따라 부설주차장 설치의무를 면제받고자 부설주차장의 설치에 필요한 비용을 첨부하여 신청합니다.

년　　월　　일

신청인　　　　(서명 또는 인)

특별자치도지사 · 시장 · 군수 · 구청장　귀하

	수수료
	없 음

30303-01011민　　　　　　　　　　　　　　　　　　190mm×268mm

84.12.5 승인　　　　　　　　　　　　　　　　　(인쇄용지(2급) 60g/㎡)

[별지 제8호서식] (앞 쪽)

<table>
<tr><td colspan="5">부설주차장 용도변경 신청서</td><td>처리기간
7 일</td></tr>
<tr><td rowspan="2">신청인</td><td>① 성 명</td><td></td><td>② 생년월일</td><td colspan="2"></td></tr>
<tr><td>③ 주 소</td><td></td><td>④ 전화번호</td><td colspan="2"></td></tr>
<tr><td rowspan="4">주차장</td><td>⑤ 위 치</td><td></td><td>⑥ 총 규 모</td><td colspan="2">대, ㎡</td></tr>
<tr><td rowspan="2">⑦ 용도변경 사항</td><td colspan="2">당 초</td><td colspan="2">변 경</td></tr>
<tr><td colspan="2"></td><td colspan="2"></td></tr>
<tr><td>⑧ 용도변경 사유</td><td colspan="4"></td></tr>
<tr><td colspan="6">「주차장법 시행령」 제12조제1항 및 같은 법 시행규칙 제16조에 따라 부설주차장의 용도를 변경하고자 신청서를 제출합니다.

년 월 일

신청인 (서명 또는 인)

특별자치도지사 · 시장 · 군수 · 구청장 귀하</td></tr>
<tr><td colspan="5">※ 첨부서류
용도변경을 증명할 수 있는 서류</td><td>수수료
없 음</td></tr>
</table>

30303-03711민 190mm×268mm

90.10.8 승인 (신문용지 54g/㎡)

[16] 환경정책기본법 제38조(특별종합대책의 수립)

처 리 기 준	비 고
1. 특별대책지역내의 환경개선을 위한 토지이용과 시설설치 제한 1.1. 특별대책지역 환경오염·환경훼손 또는 자연생태계의 변화가 현저하거나 현저하게 될 우려가 있는 지역과 제12조제1항의 규정에 의한 환경기준을 자주 초과하는 지역을 관계중앙행정기관의 장 및 시·도지사와 협의하여 환경보전을 위한 특별대책지역으로 지정·고시하고 당해 지역안의 환경보전을 위한 특별종합대책을 수립하여 관할시·도지사에게 이를 시행하게 할 수 있다. 1.2. 특별대책지역내의 토지이용과 시설설치 제한 (1) 법 제12조제1항 또는 제3항에 따른 환경기준을 초과하여 주민의 건강·재산이나 생물의 생육에 중대한 위해(危害)를 가져올 우려가 있다고 인정되는 경우 (2) 자연생태계가 심하게 파괴될 우려가 있다고 인정되는 경우 (3) 토양이나 수역(水域)이 특정유해물질에 의하여 심하게 오염된 경우 1.3. 제한방법 환경부장관은 특별대책지역내의 토지이용과 시설설치를 제한하고자 할 때에는 그 제한의 대상·내용·기간·방법등을 정하여 고시하여야 한다. (1) 환경부고시 제19998-82호('98. 7.23) : 여천공단주변대기보전특별종합대책 (2) 환경부고시 제2018-23호, (2018. 2. 9) : 대기보전특별대책지역 지정 및 동지역내 대기오염저감을 위한 종합대책 고시 (3) 환경부고시 제2023-123호, (2023. 6. 2) : 팔당·대청호 상수원 수질보전 특별대책지역 지정 및 특별종합대책	

[17] 자연환경보전법 제16조(생태 · 경관보전지역에서의 금지행위)

처 리 기 준	비 고
1. 생태·경관보전지역에서의 금지행위 1.1 생태·경관보전지역에서의 금지행위 (1) 「물환경보전법」 제2조에 따른 특정수질유해물질, 「폐기물관리법」 제2조에 따른 폐기물 또는 「화학물질관리법」 제2조에 따른 유독물질을 버리는 행위 (2) 환경부령으로 정하는 인화물질을 소지하거나 환경부장관이 지정하는 장소외에서 취사 또는 야영을 하는 행위(핵심구역 및 완충구역에 한정한다) (3) 자연환경보전에 관한 안내판 그 밖의 표지물을 오손 또는 훼손하거나 이전하는 행위 (4) 그 밖에 생태 · 경관보전지역의 보전을 위하여 금지하여야 할 행위로서 풀 · 나무의 채취 및 벌채 등 대통령령(아래)이 정하는 행위 1. 소리 · 빛 · 연기 · 악취 등을 내어 야생동물을 쫓는 행위 2. 야생동 · 식물의 둥지 · 서식지를 훼손하는 행위 3. 완충구역 또는 전이구역 안에서 풀 · 입목 · 죽을 채취 · 벌채하거나 고사시키는 행위 또는 고사시키기 위하여 유독물 · 농약 등을 살포 · 주입하는 행위. 다만, 「문화재보호법」에 따른 문화재 및 그 보호구역에서는 「문화재보호법」이 정하는 바에 따르며, 다음 각 목의 어느 하나에 해당하여 법 제15조의 규정에 따른 행위제한의 대상에 해당되지 아니하는 경우를 제외한다. 가. 법 제15조제2항제3호 내지 제8호에 해당하는 경우 나. 법 제15조제3항제1호 내지 제5호의 규정에 해당하는 경우 다. 법 제15조제4항제1호 내지 제4호의 규정에 해당하는 경우 4. 가축의 방목 5. 완충구역 또는 전이구역 안에서 동물을 포획하거나 알을 채취하는 행위 또는 화약류 · 덫 · 올무 · 그물 · 함정 등을 설치하는 행위. 다만, 「문화재보호법」에 따른 문화재 및 그 보호구역에서는 「문화재보호법」이 정하는 바에 따른다. 6. 동물의 방사. 다만, 조난된 동물을 구조 · 치료하여 동일지역에 방사하거나 관계행정기관의 장이 야생동 · 식물의 복원을 위하여 환경부장관과 협의하여 동물을 방사하는 경우에는 그러하지 아니하다.	

[18] 수도법 제7조(상수원보호구역 지정 등)

처 리 기 준	비 고
1. 상수원보호구역안에서 할 수 없는 행위 1.1 「물환경보전법」 제2조제7호 및 제8호에 따른 수질오염물질·특정수질유해물질, 「화학물질관리법」 제2조제3호에 따른 허가물질, 같은 조 제4호에 따른 제한물질, 같은 조 제5호에 따른 금지물질 및 같은 조 제7호에 따른 유해화학물질, 「농약관리법」 제2조제1호에 따른 농약, 「폐기물관리법」 제2조제1호에 따른 폐기물, 「하수도법」 제2조제1호·제2호에 따른 오수·분뇨 또는 「가축분뇨의 관리 및 이용에 관한 법률」 제2조제2호에 따른 가축분뇨를 사용하거나 버리는 행위. 다만, 다음 각 목의 어느 하나에 해당하는 행위는 제외한다. 가. 가. 취수시설, 정수시설, 「물환경보전법」 제2조제17호에 따른 공공폐수처리시설, 「하수도법」 제2조제9호에 따른 공공하수처리시설 또는 국가·지방자치단체에 소속된 시험·분석·연구 기관에서 「화학물질관리법」 제2조제3호에 따른 허가물질, 같은 조 제4호에 따른 제한물질, 같은 조 제5호에 따른 금지물질 및 같은 조 제7호에 따른 유해화학물질을 수처리제(「먹는물관리법」 제3조제5호에 따른 수처리제를 말한다), 중화제, 소독제 또는 시약으로 사용하는 행위 나. 법률 제10976호 수도법 일부개정법률의 시행일(2012년 1월 29일을 말한다), 「화학물질관리법」 제2조제3호에 따른 허가물질, 같은 조 제4호에 따른 제한물질, 같은 조 제5호에 따른 금지물질 및 같은 조 제7호에 따른 유해화학물질 고시일 또는 상수원보호구역 공고일 이전부터 「화학물질관리법」 제2조제3호에 따른 허가물질, 같은 조 제4호에 따른 제한물질, 같은 조 제5호에 따른 금지물질 및 같은 조 제7호에 따른 유해화학물질을 사용하고 있는 사업장에서 그 허가물질, 제한물질, 금지물질 및 유해화학물질이나 그 대체물질을 사용하는 행위 1.2 가축을 놓아기르는 행위 1.3 수영·목욕·세탁·선박운항(수질정화활동, 수질 및 수생태계 조사 등 환경부령으로 정하는 바에 따라 선박을 운항하는 경우는 제외한다) 또는 수면을 이용한 레저행위 1.4 행락·야영 또는 야외 취사행위 1.5 어패류를 잡거나 양식하는 행위. 다만, 환경부령으로 정하는 자가 하는 환경부령으로 정하는 어로행위는 제외한다. 1.6 자동차를 세차하는 행위 1.7「하천법」 제2조제2호에 따른 하천구역에 해당하는 지역에서 농작물을 경작하는 행위. 다만, 「친환경농업육성법」 제16조제1항에 따른 친환경농산물(일반친환경농산물은 제외한다. 이하 같다)은 같은 법 제17조 제3항에 따른 인증기준에 따라 경작하는 행위는 제외한다. **2. 상수원보호구역안에서의 행위허가** 2.1. 허가받아야 하는 행위 (1) 건축물, 그 밖의 공작물의 신축·증축·개축·재축·이전·용도변경 또는 제거 (2) 입목 및 대나무의 재배 또는 벌채 (3) 토지의 굴착·성토, 그 밖에 토지의 형질변경 2.2 행위허가 기준 (1) 다음에 해당하는 건축물이나 그 밖의 공작물의 건축 및 설치 가. 공익상 필요한 건축물이나 그 밖의 공작물의 건축 및 설치	

처 리 기 준	비 고

나. 상수원보호구역에 거주하는 주민의 생활환경 개선 및 소득 향상에 필요한 환경부령으로 정하는 건축물이나 그 밖의 공작물의 건축 및 설치

다. 상수원보호구역에 거주하는 주민이 공동으로 이용하거나 필요로 하는 환경부령으로 정하는 건축물이나 그 밖의 공작물의 건축 및 설치

라. 오염물질의 발생 정도가 종전의 경우보다 높지 아니한 범위에서의 환경부령으로 정하는 용도 및 규모의 건축물이나 그 밖의 공작물의 개축·재축

마. 상수원보호구역에서 환경부령으로 정하는 부락공동시설·공익시설·공동시설 및 공공시설의 설치로 철거된 건축물이나 그 밖의 공작물의 이전

바. 빈발하는 수해 등 재해로 그 이전이 불가피한 경우의 건축물의 이전 및 고속도로·철도변의 소음권(騷音圈)에 있는 주택 등 주거환경이 심히 불량한 지역에 있는 주택의 인근 토지나 부락으로의 이전. 이 경우 이전한 후의 종전 토지는 농지나 녹지로 환원하여야 한다.

사. 상수원보호구역 지정 전부터 타인 소유의 토지에 건축되어 있는 주택으로서 토지소유자의 동의를 받지 못하여 증축·개축할 수 없는 경우에 그 기존 주택의 철거 및 인근 부락으로의 이전

아. 취락에 있는 주택으로서 영농의 편의를 위하여 그 주택 소유자가 소유하는 농장이나 과수원으로의 주택의 이전. 이 경우 이전된 후의 종전 토지는 농지나 녹지로 환원하여야 한다.

(2) 오염물질의 발생 정도가 종전의 경우보다 높지 아니한 범위에서의 건축물이나 그 밖의 공작물의 용도변경

(3) 상수원보호구역의 유지·보호에 지장이 없다고 인정되는 경우로서 상하수도시설·환경오염방지시설 또는 보호구역관리시설의 제거

(4) 상수원의 보호를 위한 수원림(水源林)의 조성·관리를 위하여 필요한 나무의 재배·벌채와 공공사업의 시행 등으로 불가피한 대나무 및 입목(立木)의 벌채

(5) 경지정리만을 목적으로 하거나 상수원보호구역의 지정목적에 지장이 없다고 인정되는 토지의 형질변경행위

3. 상수원보호구역안에서의 행위신고

3.1 신고할 수 있는 경미한 행위

(1) 상하수도시설·환경오염방지시설 및 상수원보호구역관리시설을 제외한 건축물이나 그 밖의 공작물의 제거

(2) 주택지에서의 나무의 재배·벌채

(3) 농업개량시설의 보수나 농지개량 등을 위한 복토(覆土) 등 토지의 형질변경

(4) 수해 등 천재지변으로 손괴된 건축물과 공작물의 원상복구

(5) 공장(「산업집적활성화 및 공장설립에 관한 법률」 제2조제1호에 따른 공장을 말한다. 이하 같다)·숙박시설·일반음식점의 주택·창고시설로의 용도변경

[19] 도시교통정비 촉진법 제17조(교통영향평가서의 심의)

처 리 기 준	비 고
1. 승인관청은 제16조제1항에 따라 제출된 교통영향평가서를 검토할 때에는 제19조에 따른 승인관청 소속의 교통영향평가심의위원회의 심의를 거쳐야 한다. 2. 승인관청은 제1항에도 불구하고 제15조제1항제11호에 따른 건축물로서 「건축법」 제4조에 따른 건축위원회(이하 "건축위원회"라 한다)의 건축심의 대상인 건축물의 교통영향평가서를 검토할 때에는 참석위원의 4분의 1 이상이 대통령령으로 정하는 교통분야의 관계 전문가로 구성된 건축위원회의 심의를 거쳐야 한다. 3. 교통영향평가서의 심의를 요청하여야 하는 경우 (1) 대상사업이 둘 이상의 승인관청의 관할 구역에 걸치거나 대상사업의 시행으로 인하여 교통에 미치는 영향 범위 및 교통영향평가가 필요한 지역적 범위가 해당 승인관청의 관할 구역을 벗어나는 등 대통령령으로 정하는 요건에 해당하는 경우 (2) 승인관청이 국토교통부장관 또는 시·도지사와 미리 협의하여 국토교통부장관 또는 시·도지사 소속의 교통영향평가심의위원회에서 교통영향평가서를 심의하도록 한 경우 (3) 교통영향평가서의 심의를 요청받은 날부터 1개월이 지날 때까지 교통영향평가심의위원회를 구성하지 못하거나 건축위원회가 제2항 본문의 요건을 충족하지 못하는 경우	

[19-1] 도시교통정비 촉진법 제22조(교통영향평가의 이행)

처 리 기 준	비 고
1. 교통영향분석·개선대책의 이행 1.1 사업자는 대상사업을 시행할 때 교통영향평가 결과 해당 사업계획등에 반영된 이행의무사항(이하 "이행의무사항"이라 한다)을 이행하여야 한다. 1.2 사업자는 이행의무사항을 성실히 이행하기 위하여 공사현장에 국토교통부령으로 정하는 바에 따라 이행의무사항을 적은 관리대장을 비치 및 관리하고, 이행의무사항의 이행을 점검·보고하는 관리책임자(이하 "관리책임자"라 한다)를 지정하여야 한다. 1.3 관리책임자의 자격기준, 준수사항, 그 밖에 필요한 사항은 국토교통부령으로 정한다. 1.4 사업자가 변경되는 경우에는 제1항과 제2항에 따른 사업자의 의무는 변경된 사업자에게 승계된다. 이 경우 승계받은 사업자는 국토교통부령으로 정하는 바에 따라 승계내용 등을 승인관청에 통보하여야 한다.	

[19-2] 도시교통정비 촉진법 제34조(자동차의 운행제한)

처　리　기　준	비　고
1. 자동차의 운행제한 1.1 시장은 도시교통정비지역 안의 일정한 지역에서 자동차의 운행을 억제하여야 할 필요가 있다고 인정되면 1회에 30일 이내의 기간을 정하여 자동차의 운행을 제한할 수 있다. 1.2 시장은 제1항에 따라 자동차의 운행을 제한하려면 미리 그 목적, 기간, 대상지역, 자동차의 종류·용도·사용목적, 그 밖에 필요한 사항을 고시하여야 한다.	

[19-3] 도시교통정비 촉진법 제36조(교통유발부담금의 부과 · 징수)

처　리　기　준	비　고
1. 교통유발부담금의 부과대상 1.1 해당 시설물의 각층 바닥면적을 합한 면적이 1천 제곱미터 이상인 시설물로 한다. 다만, 부과대상 시설물이 「주택법」 제2조제6호에 따른 주택단지에 위치한 시설물로서 도로(같은 법 제2조제8호가목에 따른 주택단지의 도로는 제외한다)변에 위치하지 아니한 시설물인 경우에는 그 시설물의 각층 바닥면적을 합한 면적이 3천 제곱미터 이상인 경우로 한다. 1.2 해당 지역의 특수성을 고려하여 부과대상 시설물의 규모를 해당 지방자치단체의 조례로 정하는 바에 따라 100분의 50의 범위에서 이를 조정할 수 있다. 1.3 제1항을 적용할 때 연접대지에 있는 소유자가 같은 두 동 이상의 시설물은 동일한 시설물로 본다. 1.4 제3항에서 "연접대지"란 지번이 같거나 지번이 다르더라도 대지경계선이 접하고 있는 둘 이상의 대지를 말한다. 다만, 둘 이상의 대지가 「도로법」 제11조에 따른 도로나 「국토의 계획 및 이용에 관한 법률」 제2조제6호에 따른 기반시설로 설치되는 도로로서 그 너비가 12미터 이상인 도로로 분리되어 있는 경우는 제외한다. **2. 교통유발부담금을 부과하지 않는 대상** 2.1 주한 외국 정부기관, 주한 국제기구 및 외국 원조단체 소유의 시설물 2.2 주거용 건물(복합용도 시설물의 주거용 부분을 포함한다) 2.3 교통유발량(交通誘發量)이 현저히 적거나 공익상 불가피한 사유로 부담금 부과가 적절하지 아니한 시설물 2.4 「국가유공자 등 단체설립에 관한 법률」에 따른 국가유공자단체 등 비영리공공단체가 직접 업무에 사용하는 시설물 (1) 주차장 및 차고　(2) 새마을사업을 위한 마을 공동 시설물 (3) 「정당법」에 따라 설립된 정당의 소유인 시설물　(4) 종교시설 (5) 「유아교육법」, 「초·중등교육법」, 「고등교육법」 또는 특별법에 따라 설립된 각급학교의 교육용 시설물(대학부속병원은 제외한다) (6) 「사회복지사업법」에 따른 사회복지시설과 「대한적십자사 조직법」에 따른 대한적십자사의 소유인 시설물	

처 리 기 준	비 고
(7) 「박물관 및 미술관 진흥법」에 따른 박물관 및 미술관 시설 (8) 「문화예술진흥법」에 따른 한국문화예술위원회의 소유인 시설물과 「지방문화원진흥법」에 따른 지방문화원의 소유인 시설물 (9)「도서관법」에 따른 도서관과 「문화예술진흥법」 제5조에 따라 국가 또는 지방자치단체가 설치하여 직접 관리하거나 위탁하여 관리하는 문화시설 (10)「한국보훈복지의료공단법」에 따른 보훈병원 (11)「산업집적활성화 및 공장설립에 관한 법률」 제2조제1호에 따른 공장 (12)「건축법 시행령」 별표 1 제21호에 따른 동물 및 식물 관련 시설과 같은 표 제23호라목에 따른 국방·군사시설(골프장, 회관시설, 그 밖에 휴양을 위한 시설 등은 제외한다) (13)「특정연구기관 육성법」 제2조에 따른 특정연구기관의 연구용 시설물 (14)「대한민국재향군인회법」에 따른 대한민국재향군인회와 「국가유공자 등 단체설립에 관한 법률」에 따른 국가유공자단체가 직접 업무에 사용하는 시설물 (15)「물류시설의 개발 및 운영에 관한 법률」에 따른 물류터미널 및 창고 (16)「여객자동차 운수사업법」 제2조제5호에 따른 여객자동차터미널, 「도시철도법」 제3조제3호에 따른 도시철도시설, 「철도사업법」 제2조제2호에 따른 철도시설 및 「고속국도법」 제2조제2호에 따른 고속국도의 도로 부속물 중 통행료 징수 및 관리용 시설, 휴게시설(화물자동차 운전자를 위하여 설치한 휴게시설을 포함한다) 및 대기실 (17)「국가정보원법」 제2조에 따른 국가정보원 소유 시설물 (18) 관계 법률에 따라 국가 또는 지방자치단체의 부과금을 면제하도록 규정된 시설물 (19) 그 밖에 교통유발량이 현저히 적거나 공익상 불가피한 사유로 부담금을 부과하는 것이 적절하지 아니한 시설물로서 해당 지방자치단체의 조례로 정하는 시설물 **3. 「수도권정비계획법」 제12조에 따라 과밀부담금이 납부된 다음 각 호의 어느 하나에 해당하는 시설물의 소유자로서 법 제38조제2호 및 이 영 제24조제2항에 따른 1개 이상의 교통량 감축활동계획을 시장에게 신고한 후 그 계획을 이행한 자에게는 다음 각 호의 구분에 따른 기산일부터 3년의 범위에서 교통량 감축활동계획을 이행한 기간의 부담금을 부과하지 아니한다.** 3.1 신축된 시설물: 사용승인일(임시사용승인일은 제외) 3.2 증축된 시설물(증축으로 인하여 최초로 과밀부담금 부과대상 시설물이 된 경우만 해당): 그 증축된 부분의 사용승인일 3.3 용도변경된 시설물(용도변경으로 인하여 최초로 과밀부담금 부과대상 시설물이 된 경우만 해당): 그 용도변경된 부분의 용도변경일(사용승인이 필요한 경우에는 그 용도변경된 부분의 사용승인일)	

[20] 문화유산의 보존 및 활용에 관한 법률 제35조(허가사항)

처 리 기 준	비 고
1. 허가를 받아야 하는 행위 1.1. 국가지정문화유산(보호물 및 보호구역을 포함한다)의 현상을 변경하는 행위 (1) 국가지정문화재, 보호물 또는 보호구역을 수리, 정비, 복구, 보존처리 또는 철거하는 행위 (2) 국가지정문화재, 보호물 또는 보호구역 안에서 하는 다음 각 목의 행위 (가) 건축물 또는 도로·관로·전선·공작물·지하구조물 등 각종 시설물을 신축, 증축, 개축, 이축 또는 용도 변경하는 행위 (나) 수목을 심거나 제거하는 행위 (다) 토지 및 수면의 매립·간척·굴착·천공·절토·성토 등 지형이나 지질의 변경을 가져오는 행위 (라) 수로, 수질 및 수량에 변경을 가져오는 행위 (마) 소음·진동 등을 유발하거나 대기오염물질·화학물질·먼지 또는 열 등을 방출하는 행위 (바) 오수·분뇨·폐수 등을 살포, 배출, 투기하는 행위 (사) 동물을 사육하거나 번식하는 등의 행위 (아) 토석, 골재 및 광물과 그 부산물 또는 가공물을 채취, 반입, 반출, 제거하는 행위 (사) 광고물 등을 설치, 부착하거나 각종 물건을 야적하는 행위 1.2. 국가지정문화유산(동산에 속하는 문화유산은 제외한다)의 보존에 영향을 미칠 우려가 있는 행위 (1) 역사문화환경 보존지역에서 하는 다음 각 목의 행위 (가) 해당 국가지정문화유산의 경관을 저해할 우려가 있는 건축물 또는 시설물을 설치·증설하는 행위 (나) 해당 국가지정문화유산의 경관을 저해할 우려가 있는 수목을 심거나 제거하는 행위 (다) 해당 국가지정문화유산의 보존에 영향을 줄 수 있는 소음·진동·악취 등을 유발하거나 대기오염물질·화학물질·먼지·빛 또는 열 등을 방출하는 행위 (라) 해당 국가지정문화유산의 보존에 영향을 줄 수 있는 지하 50미터 이상의 땅파기 행위 (마) 해당 국가지정문화유산의 보존에 영향을 미칠 수 있는 토지·임야의 형질을 변경하는 행위 (2) 국가지정문화유산이 소재하는 지역의 수로의 수질과 수량에 영향을 줄 수 있는 수계에서 하는 건설공사 등의 행위 (3) 국가지정문화유산과 연결된 유적지를 훼손함으로써 국가지정문화유산 보존에 영향을 미칠 우려가 있는 행위 (4) 그 밖에 국가지정문화유산 외곽 경계의 외부 지역에서 하는 행위로서 국가유산청장 또는 해당 지방자치단체의 장이 국가지정문화유산의 역사적·예술적·학술적·경관적 가치에 영향을 미칠 우려가 있다고 인정하여 고시하는 행위 (5) 국가지정문화유산을 탁본 또는 영인(影印: 원본을 사진 등의 방법으로 복제하는 것)하거나 그 보존에 영향을 미칠 우려가 있는 촬영 행위	

1.3 국가지정문화유산을 다른 장소로 옮겨 촬영하는 행위 1.4 국가지정문화유산의 표면에 촬영 장비를 접촉하여 촬영하는 행위 1.5 빛 또는 열 등이 지나치게 방출되어 국가지정문화유산의 보존에 영향을 줄 수 있는 촬영 행위 1.6 그 밖에 촬영 장비의 충돌·추락 등으로 국가지정문화유산에 물리적 충격을 줄 수 있는 촬영 행위	

[21] 전통사찰의 보존 및 지원에 관한 법률 제10조(전통사찰 역사문화보존구역의 지정 등)

처 리 기 준	비 고
1. 전통사찰 역사문화보존구역의 지정 1.1 시·도지사는 직권에 의하거나 전통사찰 주지가 요청한 경우 전통사찰을 보존하기 위하여 필요하다고 인정되면 전통사찰보존지 주변 지역을 전통사찰 역사문화보존구역으로 지정할 수 있다. 1.2 시·도지사는 제1항에 따라 전통사찰 역사문화보존구역을 지정하려면 미리 전통사찰보존위원회의 심의와 관계 행정기관의 장과의 협의를 거쳐야 하며, 전통사찰 역사문화보존구역으로 지정한 경우에는 지체 없이 이를 고시하여야 한다. 1.3 전통사찰 역사문화보존구역에서 아래의 사업을 하려는 자는 그 사업의 실시계획 등에 관하여 관계 법령에 따른 인·허가 등을 받기 전에 시·도지사에게 사업계획서를 제출하여야 하며, 시·도지사는 전통사찰 보존을 위하여 필요하다고 인정하면 사업계획에 대한 전통사찰보존위원회의 심의를 거쳐 사업계획의 조정이나 보완을 권고할 수 있다. (1) 도로·철도의 건설 (2) 건축물이나 그 밖의 공작물의 건축 (3) 토지의 형질변경 (4) 토석(土石)의 채취 (5) 기존 건축물의 전부 또는 일부의 용도를 다음 각 목의 용도로 변경 (가) 「식품위생법」에 따른 식품접객업 중 일반음식점, 단란주점 또는 유흥주점 (나) 「음악산업진흥에 관한 법률」에 따른 노래연습장 1.4 「건축법」 제11조제1항의 허가권자는 전통사찰 역사문화보존구역에서의 건축을 허가하는 경우 그 건축물의 용도·규모 및 형태가 전통사찰 및 수행 환경의 보호와 풍치 보존을 위하여 적합하지 아니하다고 인정되면 전통사찰보존위원회의 심의를 거쳐 건축허가를 하지 아니할 수 있다. 1.5 시·도지사는 전통사찰 역사문화보존구역이 천재·지변, 그 밖의 사유로 인하여 전통사찰 역사문화보존구역으로서의 가치를 상실하거나 보존할 필요가 없게 된 경우에는 그 구역을 변경·해제할 수 있다. 1.6 전통사찰 역사문화보존구역의 지정 범위는 전통사찰보존지 외곽의 경계로부터 300미터 이내로 한다.	

[22] 개발제한구역의 지정 및 관리에 관한 특별조치법 제12조(개발제한구역 안에서의 행위제한)

처리기준	비고
1. 허가받아 할 수 있는 행위 1.1 다음 각 목의 어느 하나에 해당하는 건축물이나 공작물로서 대통령령으로 정하는 건축물의 건축 또는 공작물의 설치와 이에 따르는 토지의 형질변경 가. 공원, 녹지, 실외체육시설, 시장·군수·구청장이 설치하는 노인의 여가활용을 위한 소규모 실내 생활체육시설 등 개발제한구역의 존치 및 보전관리에 도움이 될 수 있는 시설 나. 도로, 철도 등 개발제한구역을 통과하는 선형(線形)시설과 이에 필수적으로 수반되는 시설 다. 개발제한구역이 아닌 지역에 입지가 곤란하여 개발제한구역 내에 입지하여야만 그 기능과 목적이 달성되는 시설 라. 국방·군사에 관한 시설 및 교정시설 마. 개발제한구역 주민의 주거·생활편익·생업을 위한 시설 1.2 도시공원, 물류창고 등 정비사업을 위하여 필요한 시설로서 대통령령으로 정하는 시설을 정비사업 구역에 설치하는 행위와 이에 따르는 토지의 형질변경 1.3 개발제한구역의 건축물로서 제15조에 따라 지정된 취락지구로의 이축 1.4 「공익사업을 위한 토지 등의 취득 및 보상에 관한 법률」 제4조에 따른 공익사업(개발제한구역에서 시행하는 공익사업만 해당)의 시행에 따라 철거된 건축물을 이축하기 위한 이주단지의 조성 1.5 「공익사업을 위한 토지 등의 취득 및 보상에 관한 법률」 제4조에 따른 공익사업의 시행에 따라 철거되는 건축물 중 취락지구로 이축이 곤란한 건축물로서 개발제한구역 지정 당시부터 있던 주택, 공장 또는 종교시설을 취락지구가 아닌 지역으로 이축하는 행위 1.6 건축물의 건축을 수반하지 아니하는 토지의 형질변경으로서 영농을 위한 경우 등 대통령령으로 정하는 토지의 형질변경 1.7 벌채 면적 및 수량(樹量), 그 밖에 대통령령으로 정하는 규모 이상의 죽목(竹木) 벌채 1.8 대통령령으로 정하는 범위의 토지 분할 1.9 모래·자갈·토석 등 대통령령으로 정하는 물건을 대통령령으로 정하는 기간까지 쌓아 놓는 행위 1.10 제1호 또는 제13조에 따른 건축물 중 대통령령으로 정하는 건축물을 근린생활시설 등 대통령령으로 정하는 용도로 용도변경하는 행위 1.11 개발제한구역 지정 당시 지목(地目)이 대(垈)인 토지가 개발제한구역 지정 이후 지목이 변경된 경우로서 제1호마목의 시설 중 대통령령으로 정하는 건축물의 건축과 이에 따르는 토지의 형질변경	

[22-1] 개발제한구역의 지정 및 관리에 관한 특별조치법 제13조(존속 중인 건축물 등에 대한 특례)

처리기준	비고
1. 존속 중인 건축물 등에 대한 특례 1.1 도시·군관리계획을 결정 또는 변경하거나 행정구역을 변경하는 경우 1.2 도시·군계획시설을 설치하거나 「도시개발법」에 따른 도시개발사업을 시행하는 경우 1.3 「특정건축물 정리에 관한 특별조치법」(법률 제3719호 및 법률 제6253호를 말한다)에 따라 준공검사필증을 받았거나 사용승인서를 받은 경우 1.4 「도시저소득주민의 주거환경개선을 위한 임시조치법」(법률 제4115호로 제정되어 2004년 12월 31일까지 시행되던 것을 말한다)에 따라 준공검사필증·사용검사필증 또는 사용승인서를 발급받은 경우 1.5 종전의 「공유토지분할에 관한 특례법」(법률 제3811호로 제정되어 1991년 12월 31일까지 시행되던 것, 법률 제4875호로 제정되어 2000년 12월 31일까지 시행되던 것 및 법률 제7037호로 제정되어 2006년 12월 31일까지 시행되던 것을 말한다)에 따라 대지가 분할된 경우 1.6 법률 제10926호 국방·군사시설 사업에 관한 법률 일부개정법률 부칙 제2조제3항에 따라 「건축법」에 적합하다고 국방부장관이 확인하여 고시한 경우	

[22-2] 개발제한구역의 지정 및 관리에 관한 특별조치법 제15조(취락지구에 대한 특례)

처 리 기 준	비 고
1. 취락지구 지정기준 1.1 취락을 구성하는 주택의 수가 10호 이상일 것 1.2 취락지구 1만 제곱미터당 주택의 수(이하 "호수밀도"라 한다)가 10호 이상일 것. 다만, 시·도지사는 해당 지역이 상수원보호구역에 해당하거나 이축(移築) 수요를 수용할 필요가 있는 등 지역의 특성상 필요한 경우에는 취락지구의 지정 면적, 취락지구의 경계선 설정 및 제4항에 따른 취락지구정비계획의 내용에 대하여 국토교통부장관과 협의한 후, 해당 시·도의 도시·군계획에 관한 조례로 정하는 바에 따라 호수밀도를 5호 이상으로 할 수 있다. 1.3 취락지구의 경계 설정은 도시·군관리계획 경계선, 다른 법률에 따른 지역·지구 및 구역의 경계선, 도로, 하천, 임야, 지적 경계선, 그 밖의 자연적 또는 인공적 지형지물을 이용하여 설정하되, 지목이 대인 경우에는 가능한 한 필지가 분할되지 아니하도록 할 것 **2. 취락을 구성하는 주택 수의 산정기준** 2.1 해당 취락의 토지로서 영 별표 1 제5호다목가) 및 라목나)에 따른 주택 또는 근린생활시설을 신축할 수 있는 토지는 1필지를 주택 1호로 산정한다. 이 경우 영 제16조 본문에 따라 토지 분할이 가능한 토지는 분할이 가능한 필지 수만큼 주택의 수를 산정할 수 있다. 2.2 개발제한구역 지정 당시부터 개발제한구역에 거주하고 있는 자가 종전의 「도시계획법 시행규칙」(2000년 7월 4일 건설교통부령 제245호로 개정되기 전의 것을 말한다) 제7조제1항제2호나목(3)에 따라 동거하는 기혼 자녀를 분가시키기 위하여 건축한 다세대주택은 다 합쳐서 주택 1호로 산정하고, 그 밖의 공동주택은 1가구를 주택 1호로 산정한다. 2.3 주택을 용도변경한 근린생활시설 및 사회복지시설은 그 시설을 주택의 수로 산정할 수 있다. **3. 취락지구 지정면적 산정기준** 취락지구로 지정할 수 있는 면적 = 기본 면적 + 경계선의 정형화를 위하여 기본 면적의 30퍼센트 범위에서 가산하는 면적 ※ 기본면적(㎡) = 취락을 구성하는 주택의 수(호) ÷ 호수밀도(호/10,000㎡) + 도시계획시설 부지면적(㎡) 3.1 "경계선의 정형화"란 영 제25조제1항제3호에 따라 취락지구의 경계선을 직사각형·타원형 등 합리적인 형태로 설정하는 것을 말한다. 3.2 "취락을 구성하는 주택의 수"란 제14조에 따라 산정된 수를 말한다. 3.3 "호수밀도"란 영 제25조제1항제2호에 따른 호수밀도를 말한다. 3.4 "도시계획시설 부지면적"이란 취락에 설치되었거나 설치될 예정인 도시계획시설의 부지면적을 말한다.	

[23] 고도보존 및 육성에 관한 특별법 제11조(지정지구에서의 행위제한)

처 리 기 준	비 고
1. 지정지구에서 제한되는 행위 1.1 건축물이나 각종 시설물의 신축·개축·증축·이축 및 용도 변경 1.2 택지의 조성, 토지의 개간 또는 토지의 형질 변경 1.3 수목(樹木)을 심거나 벌채 또는 토석류(土石類)의 채취·적치(積置) 1.4 도로의 신설·확장 및 포장 1.5 고도의 역사문화환경의 보존에 영향을 미치거나 미칠 우려가 있는 아래와 같은 행위 (1) 토지 및 수면의 매립 · 땅깎기 · 흙쌓기 · 땅파기 · 구멍뚫기 등 지형을 변경시키는 행위 (2) 수로·수질 및 수량을 변경시키는 행위 (3) 소음·진동을 유발하거나 대기오염물질, 화학물질, 먼지, 열 등을 방출하는 행위 (4) 오수·분뇨·폐수 등을 살포·배출·투기하는 행위 (5) 「옥외광고물 등의 관리와 옥외광고산업 진흥에 관한 법률 시행령」 제4조제1항 각 호의 광고물을 설치 · 부착하는 행위 **2. 보존육성지구 안에서 허가받아야 하는 행위** 2.1 건축물이나 각종 시설물의 신축·개축·증축 및 이축 2.2 택지의 조성, 토지의 개간 또는 토지의 형질변경 2.3 수목을 심거나 벌채 또는 토석류의 채취 2.4 도로의 신설·확장 2.5 고도의 역사문화환경 보존·육성에 영향을 미치는 행위 (1) 토지 및 수면의 매립 · 땅깎기 · 흙쌓기 · 땅파기 · 구멍뚫기 등 지형을 변경시키는 행위 (2) 수로·수질 및 수량을 변경시키는 행위 (3) 소음·진동을 유발하거나 대기오염물질, 화학물질, 먼지, 열 등을 방출하는 행위 (3) 오수·분뇨·폐수 등을 살포·배출·투기하는 행위 (4) 「옥외광고물 등의 관리와 옥외광고산업 진흥에 관한 법률 시행령」 제4조제1항 각 호의 광고물을 설치·부착하는 행위 **3. 허가받지 않고 할 수 있는 행위** 3.1 건조물의 외부형태를 변경시키지 아니하는 내부시설의 개·보수 3.2 60제곱미터 이하 토지의 형질변경(같은 목적으로 몇 회에 걸쳐 부분적으로 형질변경하거나 연접하여 형질변경하는 경우 그 전체면적을 말한다) 3.3 고사(枯死)한 수목의 벌채 3.4 그 밖에 시설물의 외형을 변경시키지 아니하는 개·보수 **4. 지정지구 안에서의 행위에 대한 구체적인 허가기준** 4.1 일반기준 가. 허가 대상 행위는 기본계획 및 시행계획에 적합해야 하며, 고도의 역사문화환경과 조화를 이루어야 한다.	

처 리 기 준	비 고
나. 건축물이나 각종 시설물(이하 "건축물등"이라 한다)의 신축·개축·증축·이축(이하 "신축등"이라 한다), 도로의 신설·확장 및 포장, 「옥외광고물 등 관리법 시행령」 제4조제1항 각 호의 광고물을 설치·부착하는 행위를 하는 경우에는 건축물등, 도로 및 광고물의 형태, 색상 등 외관과 규모 및 용도가 고도의 역사문화환경과 조화를 이루어야 한다. 다. 건축물등의 신축등, 도로의 신설·확장, 택지의 조성, 토지의 개간 또는 토지의 형질 변경 시 땅파기 과정이 수반되는 경우에는 토지의 땅파기에에 따른 지형 변형과 「매장문화재 보호 및 조사에 관한 법률」 제2조에 따른 매장문화재의 훼손 가능성을 최소화할 수 있는 공법을 적용하여야 한다. 라. 허가 대상 행위를 하면서 기계, 중장비 및 차량 등을 사용해야 하는 경우 기계, 중장비 및 차량 등에 의해 고도의 역사문화환경이 훼손되지 않아야 한다. 4.2 건축물등의 신축등 가. 건축물등의 신축등을 하는 경우 건축물등의 외관, 규모 및 용도는 다음의 구분에 따른 기준에 적합해야 한다. 1) 특별보존지구에서 건축물등의 외관, 규모 및 용도 가) 건축물등의 지붕, 담장 및 대문은 해당 고도의 특성을 나타낼 수 있는 형태, 색상, 재료를 사용해야 한다. 나) 건축물등을 개축, 이축하는 경우 층수는 기존 층수를 유지하며, 신축하는 경우 2층 이하의 저층으로 한다. 다) 고도의 역사문화환경에 대한 조망을 저해하는, 한 변이 지나치게 긴 건축물등을 배치하지 않아야 한다. 라) 건축물등은 다음의 용도에 속하는 건축물등이 아니어야 한다. (1) 「건축법 시행령」 별표 1 제17호의 공장 (2) 「건축법 시행령」 별표 1 제19호의 위험물 저장 및 처리 시설 (3) 「건축법 시행령」 별표 1 제21호의 동물 및 식물 관련 시설 (4) 「건축법 시행령」 별표 1 제22호의 분뇨 및 쓰레기 처리시설 (5) 그 밖에 고도의 역사문화환경에 유해한 시설물 2) 역사문화환경 보존육성지구에서 건축물등의 외관, 규모 및 용도 가) 건축물등의 외관, 규모는 가능하면 1)가)부터 다)까지의 기준에 따른다. 나) 건축물등의 용도는 1)라)의 기준에 따른다. 다만, 역사문화환경에 미치는 영향이 크지 않고 전통 담장이나 녹지 등을 이용한 가림시설을 설치하는 경우에는 그렇지 않다. 나. 건축물등의 신축 및 이축이 가능한 경우는 다음의 어느 하나에 해당하는 경우로 한다.	

처 리 기 준	비 고
1) 고도보존육성사업 및 주민지원사업을 시행하기 위하여 신축 및 이축하는 경우 2) 고도의 역사문화환경을 보존·관리하기 위해 신축 및 이축하는 경우 3) 역사적·예술적·학술적 가치가 큰 건축물을 원형 복원하기 위해 신축 및 이축하는 경우 4) 「문화재보호법」에 따라 문화재를 보존·관리하기 위해 신축 및 이축하는 경우 5) 공중화장실이나 경찰, 소방, 방재 등을 위한 공용·공공용 건축물등을 신축 및 이축하는 경우 6) 해당 지역에 설치할 필요성이 큰 생활편의시설 및 사회기반시설을 신축 및 이축하는 경우 7) 「건축법」 제20조에 따른 가설건축물 중 다음의 어느 하나에 해당하는 가설건축물을 신축 및 이축하는 경우. 다만, 존치기간은 2년으로 하며 불가피한 경우 그 기간을 연장할 수 있다. 가) 다음의 요건을 갖춘 농업용·임업용·어업용으로 사용할 가설 창고, 작업장 및 그 밖에 이와 유사한 가설건축물 (1) 최고높이는 특별보존지구에서 5미터(경사지붕이 있는 경우 7.5미터), 역사문화환경 보존육성지구에서 10미터(경사지붕이 있는 경우 12미터)를 초과하지 않을 것 (2) 특별보존지구에서 가설건축물의 면적은 농업용·임업용·어업용으로 사용되는 토지면적의 10분의 1 이하로 하며 50제곱미터를 초과하지 않을 것 나) 「건축법 시행령」 제15조제5항제1호부터 제3호까지, 제6호부터 제8호까지, 제13호 및 제14호에 해당하는 가설건축물 다) 그 밖에 생활편익을 위해 신축하는 가설건축물 8) 그 밖에 고도의 역사문화환경을 보존 및 육성하기 위해 반드시 필요하다고 인정되는 경우 다. 특별보존지구에서 건축물등의 증축은 다음의 어느 하나에 해당하는 경우로서 지구 지정 당시의 건축물등 연면적 합계의 10% 이내에서 증축하는 것이어야 하며, 같은 필지 내에서 건축물등의 증축은 한 차례만 허용된다. 1) 층수를 늘리지 않는 경우 2) 역사문화환경을 훼손하지 않으면서 주거환경 등을 개선하기 위해 불가피하게 층수를 늘리는 경우 라. 역사문화환경 보존육성지구에서 건축물등의 증축은 다음의 어느 하나에 해당하는 경우로서 지구 지정 당시의 건축물등 연면적 합계의 50% 이내에서 증축하는 것이어야 한다.	

처 리 기 준	비 고
1) 2층 이내에서 주변 건축물등의 높이를 넘지 않도록 증축하는 경우 2) 고도의 역사문화환경을 개선하기 위해 필요한 경우 마. 지정지구의 건축물등을 다른 장소로 이축할 경우 이축 후 건축물등이 있던 토지를 주변의 표고(標高), 경사도 등 지형과 배수를 고려하여 고도의 역사문화환경이 훼손되지 않도록 땅고르기를 해야 한다. 4.3 건축물등의 용도변경 특별보존지구에서 건축물등의 용도변경이 가능한 경우는 다음의 어느 하나에 해당하는 경우로 한다. 가. 「건축법」 제19조제2항제2호에 따른 용도변경 나. 「건축법」 제19조제3항에 따른 용도변경 다. 기존 건축물등의 용도를 「건축법 시행령」 별표 1 제1호, 제3호 및 제27호로 변경하는 경우 4.4 택지의 조성, 토지의 개간 또는 토지의 형질 변경 가. 택지의 조성, 토지의 개간 또는 토지의 형질 변경이 가능한 경우는 다음의 어느 하나에 해당하는 경우로 한다. 1) 고도보존육성사업 및 주민지원사업을 시행하기 위한 경우 2) 허가받은 건축물등의 신축등을 위해 필요한 경우 3) 「문화재보호법」에 따라 문화재를 보수·정비·조사하기 위한 경우 4) 「매장문화재 보호 및 조사에 관한 법률 시행령」 제7조제1항제3호에 따른 건설공사 시 관련 전문가의 입회조사 및 같은 항 제4호에 따른 매장문화재 발굴조사를 위한 경우 5) 용수·배수 시설의 설치, 농도(農道)·임도(林道)의 설치, 도로의 신설·확장 및 포장을 위한 경우 6) 공원, 유원지 또는 관광지에 부수되는 시설로서 광장, 주차장, 매점 등 이용자 편의시설을 조성하기 위한 경우 7) 재해방지 및 복구를 위해 필요한 경우 8) 높이 50센티미터 이내 또는 깊이 20센티미터 이내의 땅깎기·흙쌓기·땅고르기(포장은 제외하며, 주거지역·상업지역·공업지역 외의 지역에서는 지목변경을 수반하지 않는 경우로 한정한다)를 하는 경우 9) 국가 또는 지방자치단체가 공익상 필요하여 직접 시행하는 사업을 위한 경우 10) 그 밖에 고도의 역사문화환경의 보존·육성 및 주민지원을 위해 필요하다고 인정되는 경우 나. 토지의 형질변경에 수반되는 땅깎기 및 흙쌓기를 하면서 생긴 경사면 또는 절개면은 석축 또는 옹벽 등을 설치하는 등 안전조치를 해야 하며, 석축 또는 옹벽 등을 설치하는 경우 그 외장은 석재, 목재 등 전통형 재료를 사용해야 한다.	

처 리 기 준	비 고
4.5 수목을 심거나 벌채하는 행위 가. 수목을 심는 경우 가능하면 우리나라 고유 수종(樹種)을 심어야 한다. 나. 고도의 역사문화환경에 대한 조망 경관을 향상시키기 위해 가림막이 필요한 건축물등은 수목을 심어 그 건축물등을 가려야 한다. 다. 수목을 심거나 벌채하는 행위가 가능한 경우는 다음의 어느 하나에 해당하는 경우로 한다. 1) 고도의 역사문화환경에 대한 양호한 조망을 위해 수목을 벌채하는 경우 2) 「매장문화재 보호 및 조사에 관한 법률」 제11조에 따른 발굴을 위해 수목을 벌채하는 경우 3) 산불, 천재지변 또는 병해충 방제를 위해 수목을 벌채하는 경우 4) 허가받은 건축물등의 신축등, 토지의 형질 변경 등을 위해 필요한 최소한의 수목을 벌채하는 경우 5) 「산림자원의 조성 및 관리에 관한 법률」에 따라 산림의 조성 및 관리를 목적으로 산림지역에서 수목을 벌채하거나 조림(造林)을 위해 수목을 심는 경우 6) 고도의 역사문화환경에 적합한 경관을 조성하기 위해 외래 수종을 벌채하거나 고유 수종을 심는 경우 7) 고도보존육성사업 및 주민지원사업을 시행하기 위해 수목을 벌채하거나 심는 경우 8) 개별 사유지에서 텃밭을 가꾸거나 미관 및 조경을 위해 수목을 벌채 또는 심는 경우 9) 급경사지에서 재해예방을 위해 수목을 심는 경우 4.6 토석류(土石類)의 채취·적치(積置) 가. 토석류의 채취는 다음의 기준에 적합해야 한다. 1) 고도의 역사문화환경 보존에 지장을 초래할 우려가 적어야 한다. 2) 인근 주거지역 및 상업지역에 피해가 없어야 한다. 3) 대기·수질·토질오염, 소음, 진동, 분진, 악취 등 환경오염을 발생시키지 않아야 한다. 나. 토석류의 적치는 다음의 기준에 적합해야 한다. 1) 가목 1)부터 3)까지의 기준에 따라야 한다. 2) 고도보존육성사업 및 주민지원사업의 시행이나 「매장문화재 보호 및 조사에 관한 법률」 제11조에 따른 발굴 등을 위해 필요한 행위이어야 한다. 3) 토석류의 적치로 역사문화환경의 조망을 가리지 않아야 하며 적치의 목적을 달성한 후 1개월 내에 원상 복구해야 한다.	

처 리 기 준	비 고
4.7 도로의 신설·확장 및 포장 가. 가능하면 가로시설물에는 전통 디자인을 적용하고 가로수는 고유 수종을 심어야 한다. 나. 포장재의 재질, 무늬, 색채 등이 전통성을 띠도록 하며, 보도(步道)의 무늬는 해당 고도의 특징을 나타낼 수 있는 형상을 활용하고, 가능하면 원색 계열의 색채는 사용하지 않아야 한다. 다. 주택가 주변에 형성되어 있는 도로의 규모는 현재의 규모를 유지하도록 하며, 도로를 신설할 경우 도로의 규모는 6미터 이내를 원칙으로 한다. 4.8 그 밖의 행위 가. 토지 및 수면의 매립·땅깎기·흙쌓기·땅파기·구멍뚫기 등 지형을 변경시키는 행위와 수로·수질 및 수량을 변경시키는 행위는 고도의 역사문화환경의 개선 및 주민지원을 위하여 필요한 경우에만 할 수 있다. 나. 특별보존지구에서 소음·진동을 유발하거나 대기오염물질, 화학물질, 먼지, 열 등을 방출하는 행위와 오수·분뇨·폐수 등을 살포·배출·투기하는 행위는 인근 주거지역 및 상업지역에 피해가 없고, 해당 행위로 인하여 심각한 환경오염 등을 유발하지 않으며, 고도의 역사문화환경의 개선 및 주민지원을 위해 필요한 경우에만 할 수 있다. 다. 특별보존지구에서 「옥외광고물 등 관리법 시행령」 제4조제1항 각 호의 광고물을 설치·부착하는 행위는 다음의 기준에 적합해야 한다. 1) 광고물의 표시 위치 및 크기 등이 해당 영업내용 등의 표시를 위해 일반적으로 필요하다고 인정되어야 한다. 2) 광고물의 색채는 고도의 역사문화환경과 어울리도록 하며, 원색 계열의 색채는 사용하지 않아야 한다. 3) 다음의 어느 하나에 해당하는 조명은 사용하지 않아야 한다. 가) 빛이 점멸하는 조명 나) 화면의 변화가 있는 네온류 및 전광류 조명 다) 원색의 조명 4) 광고물의 재질은 합성 및 인공 재질을 사용하지 않고, 목재, 석재, 동판 등 전통적 재질을 사용해야 한다. 5) 광고물의 서체는 전통적인 서체를 사용해야 한다. 6) 「옥외광고물 등 관리법 시행령」 제3조제1항제3호(제4조제1항제2호 가목에 따른 의료기관·약국의 표지등은 제외한다), 제4조제1항제4호, 제5호, 제6호, 제10호, 제11호에 해당하는 광고물은 가능하면 사용하지 않도록 한다.	

[24] 소방시설 설치 및 관리에 관한 법률 제6조(건축허가 등의 동의)

처 리 기 준	비 고
1. 건축허가 등의 동의 1.1 건축물 등의 신축·증축·개축·재축(再築)·이전·용도변경 또는 대수선(大修繕)의 허가·협의 및 사용승인(「주택법」 제15조에 따른 승인 및 같은 법 제49조에 따른 사용검사, 「학교시설사업 촉진법」 제4조에 따른 승인 및 같은 법 제13조에 따른 사용승인을 포함하며, 이하 "건축허가등"이라 한다)의 권한이 있는 행정기관은 건축허가등을 할 때 미리 그 건축물 등의 시공지(施工地) 또는 소재지를 관할하는 소방본부장이나 소방서장의 동의를 받아야 한다. 1.2 건축물 등의 증축 · 개축 · 재축 · 용도변경 또는 대수선의 신고를 수리(受理)할 권한이 있는 행정기관은 그 신고를 수리하면 그 건축물 등의 시공지 또는 소재지를 관할하는 소방본부장이나 소방서장에게 지체 없이 그 사실을 알려야 한다. 1.3 소방본부장이나 소방서장은 제1항에 따른 동의를 요구받으면 그 건축물 등이 이 법 또는 이 법에 따른 명령을 따르고 있는지를 검토한 후 안전행정부령으로 정하는 기간 이내에 해당 행정기관에 동의 여부를 알려야 한다. 1.4 제1항에 따라 사용승인에 대한 동의를 할 때에는 「소방시설공사업법」 제14조제3항에 따른 소방시설공사의 완공검사증명서를 교부하는 것으로 동의를 갈음할 수 있다. 이 경우 제1항에 따른 건축허가등의 권한이 있는 행정기관은 소방시설공사의 완공검사증명서를 확인하여야 한다. 1.5 건축허가등을 할 때에 소방본부장이나 소방서장의 동의를 받아야 하는 건축물 등의 범위 (1) 연면적(「건축법 시행령」 제119조제1항제4호에 따라 산정된 면적을 말한다. 이하 같다)이 400제곱미터 이상인 건축물이나 시설. 다만, 다음 각 목의 어느 하나에 해당하는 건축물이나 시설은 해당 목에서 정한 기준 이상인 건축물이나 시설로 한다. 가. 「학교시설사업 촉진법」 제5조의2제1항에 따라 건축등을 하려는 학교시설: 100제곱미터 나. 노유자시설(老幼者施設) 및 수련시설: 200제곱미터 다 「정신건강증진 및 정신질환자 복지서비스 지원에 관한 법률」 제3조제5호에 따른 정신의료기관(입원실이 없는 정신건강의학과 의원은 제외하며, 이하 "정신의료기관"이라 한다): 300제곱미터 라. 「장애인복지법」 제58조제1항제4호에 따른 장애인 의료재활시설(이하 "의료재활시설"이라 한다): 300제곱미터 (2) 지하층 또는 무창층이 있는 건축물로서 바닥면적이 150제곱미터(공연장의 경우에는 100제곱미터) 이상인 층이 있는 것 (3) 층수(「건축법 시행령」 제119조제1항제9호에 따라 산정된 층수를 말한다. 이하 같다)가 6층 이상인 건축물 (4) 차고·주차장 또는 주차용도로 사용되는 시설로서 다음 각 목의 어느 하나에 해당하는 것 가. 차고·주차장으로 사용되는 층 중 바닥면적이 200제곱미터 이상인 층이 있는 시설	

처 리 기 준	비 고
나. 승강기 등 기계장치에 의한 주차시설로서 자동차 20대 이상을 주차할 수 있는 시설 (4) 층수(「건축법 시행령」 제119조제1항제9호에 따라 산정된 층수를 말한다. 이하 같다)가 6층 이상인 건축물 (5) 항공기격납고, 관망탑, 항공관제탑, 방송용 송수신탑 (6) 별표 2의 특정소방대상물 중 공동주택, 의원(입원실 또는 인공신장실이 있는 것으로 한정한다)·조산원·산후조리원, 숙박시설, 위험물 저장 및 처리 시설, 발전시설 중 풍력발전소·전기저장시설, 지하구(地下溝) (7) 제1호에 해당하지 않는 노유자시설 중 다음 각 목의 어느 하나에 해당하는 시설. 다만, 나목부터 바목까지의 시설 중 「건축법 시행령」 별표 1의 단독주택 또는 공동주택에 설치되는 시설은 제외한다. 가. 노인 관련 시설(「노인복지법」 제31조제3호 및 제5호에 따른 노인여가복지시설 및 노인보호전문기관은 제외한다) 나. 「아동복지법」 제52조에 따른 아동복지시설(아동상담소, 아동전용시설 및 지역아동센터는 제외한다) 다. 「장애인복지법」 제58조제1항제1호에 따른 장애인 거주시설 라. 정신질환자 관련 시설(「정신보건법」 제16조제1항제2호에 따른 공동생활가정을 제외한 정신질환자지역사회재활시설, 같은 항 제3호에 따른 정신질환자직업재활시설과 같은 법 시행령 제4조의2제3호에 따른 정신질환자종합시설 중 24시간 주거를 제공하지 아니하는 시설은 제외한다) 마. 별표 2 제9호마목에 따른 노숙인 관련 시설 중 노숙인자활시설, 노숙인재활시설 및 노숙인요양시설 바. 결핵환자나 한센인이 24시간 생활하는 노유자시설 (8) 「의료법」 제3조제2항제3호라목에 따른 요양병원(이하 "요양병원"이라 한다). 다만, 정신의료기관 중 정신병원(이하 "정신병원"이라 한다)과 의료재활시설은 제외한다. 1.6 건축허가등의 동의대상에서 제외되는 특정소방대상물 (1) 별표 4에 따라 특정소방대상물에 설치되는 소화기구, 자동소화장치, 누전경보기, 단독경보형감지기, 가스누설경보기 및 피난구조설비(비상조명등은 제외한다)가 화재안전기준에 적합한 경우 해당 특정소방대상물 (2) 건축물의 증축 또는 용도변경으로 인하여 해당 특정소방대상물에 추가로 소방시설이 설치되지 않는 경우 해당 특정소방대상물 (3) 「소방시설공사업법 시행령」 제4조에 따른 소방시설공사의 착공신고 대상에 해당하지 않는 경우 해당 특정소방대상물	

Checklist

허가체크리스트

3
의제허가 처리될 법령

3. 의제허가 처리될 법령

[1] 건축법 제20조(가설건축물)

처 리 기 준	비 고
1. 가설건축물 1.1 도시계획시설 또는 도시계획시설예정지에서 가설건축물을 건축하는 경우에는 「국토의 계획 및 이용에 관한 법률」 제64조에 적합하여야 하고, 3층 이하로서 아래 기준의 범위에서 조례로 정하는 바에 따라 특별자치도지사 또는 시장·군수·구청장의 허가를 받아야 한다. (1) 철근콘크리트조 또는 철골철근콘크리트조가 아닐 것 (2) 존치기간은 3년 이내일 것. 다만, 도시·군계획사업이 시행될 때까지 그 기간을 연장할 수 있다. (3) 전기·수도·가스 등 새로운 간선 공급설비의 설치를 필요로 하지 아니할 것 (4) 공동주택·판매시설·운수시설 등으로서 분양을 목적으로 건축하는 건축물이 아닐 것 1.2 제1항에 따른 가설건축물 외에 재해복구, 흥행, 전람회, 공사용 가설건축물 등 아래 용도의 가설건축물을 축조하려는 자는 대통령령으로 정하는 존치기간, 설치 기준 및 절차에 따라 특별자치도지사 또는 시장·군수·구청장에게 신고한 후 착공하여야 한다. (1) 재해가 발생한 구역 또는 그 인접구역으로서 특별자치시장/도지사 또는 시장·군수·구청장이 지정하는 구역에서 일시사용을 위하여 건축하는 것 (2) 특별자치시장/도지사 또는 시장·군수·구청장이 도시미관이나 교통소통에 지장이 없다고 인정하는 가설흥행장, 가설전람회장, 농·수·축산물 직거래용 가설점포, 그 밖에 이와 비슷한 것 (3) 공사에 필요한 규모의 공사용 가설건축물 및 공작물 (4) 전시를 위한 견본주택이나 그 밖에 이와 비슷한 것 (5) 특별자치시장/도지사 또는 시장·군수·구청장이 도로변 등의 미관정비를 위하여 지정·공고하는 구역에서 축조하는 가설점포(물건 등의 판매를 목적으로 하는 것을 말한다)로서 안전·방화 및 위생에 지장이 없는 것 (6) 조립식 구조로 된 경비용으로 쓰는 가설건축물로서 연면적이 10제곱미터 이하인 것 (7) 조립식 경량구조로 된 외벽이 없는 임시 자동차 차고 (8) 컨테이너 또는 이와 비슷한 것으로 된 가설건축물로서 임시사무실·임시창고 또는 임시숙소로 사용되는 것(건축물의 옥상에 축조하는 것은 제외한다. 다만, 2009년 7월 1일부터 2013년 6월 30일까지 공장의 옥상에 축조하는 것은 포함한다) (9) 도시지역 중 주거지역·상업지역 또는 공업지역에 설치하는 농업·어업용 비닐하우스로서 연면적이 100제곱미터 이상인 것 (10) 연면적이 100제곱미터 이상인 간이축사용, 가축분뇨처리용, 가축운동용, 가축의 비가림용 비닐하우스 또는 천막(벽 또는 지붕이 합성수지 재질로 된 것과 지붕 면적의 2분의 1 이하가 합성강판으로 된 것을 포함한다)구조 건축물 (11) 농업 · 어업용 고정식 온실 및 간이작업장, 가축양육실	

처 리 기 준	비 고
(12) 물품저장용, 간이포장용, 간이수선작업용 등으로 쓰기 위하여 공장 또는 창고시설에 설치하거나 인접 대지에 설치하는 천막(벽 또는 지붕이 합성수지 재질로 된 것을 포함한다), 그 밖에 이와 비슷한 것 (13) 유원지, 종합휴양업 사업지역 등에서 한시적인 관광·문화행사 등을 목적으로 천막 또는 경량구조로 설치하는 것 (14) 야외전시시설 및 촬영시설 (15) 야외흡연실 용도로 쓰는 가설건축물로서 연면적이 50제곱미터 이하인 것 16. 그 밖에 제1호부터 제14호까지의 규정에 해당하는 것과 비슷한 것으로서 건축조례로 정하는 건축물 (16) 그 밖에 제1호부터 제14호까지의 규정에 해당하는 것과 비슷한 것으로서 건축조례로 정하는 건축물 1.3 가설건축물을 건축하거나 축조할 때에는 대통령령으로 정하는 바에 따라 제25조, 제38조부터 제42조까지, 제44조부터 제64조까지, 제66조부터 제68조까지의 규정과 「국토의 계획 및 이용에 관한 법률」 제76조 중 일부 규정을 적용하지 아니한다. 1.4 특별자치도지사 또는 시장·군수·구청장은 가설건축물의 건축을 허가하거나 축조신고를 받은 경우 국토교통부령으로 정하는 바에 따라 가설건축물대장에 이를 기재하여 관리하여야 한다.	

[1-1] 건축법 제83조(옹벽 등의 공작물에의 준용)

처 리 기 준	비 고
1. 옹벽 등의 공작물에의 준용 1.1 설치시 신고하여야 하는 대상 (1) 높이 6미터를 넘는 굴뚝 (2) 높이 6미터를 넘는 장식탑, 기념탑, 그 밖에 이와 비슷한 것 (3) 높이 4미터를 넘는 광고탑, 광고판, 그 밖에 이와 비슷한 것 (4) 높이 8미터를 넘는 고가수조나 그 밖에 이와 비슷한 것 (5) 높이 2미터를 넘는 옹벽 또는 담장 (6) 바닥면적 30제곱미터를 넘는 지하대피호 (7) 높이 6미터를 넘는 골프연습장 등의 운동시설을 위한 철탑, 주거지역·상업지역에 설치하는 통신용 철탑, 그 밖에 이와 비슷한 것 (8) 높이 8미터(위험을 방지하기 위한 난간의 높이는 제외한다) 이하의 기계식 주차장 및 철골 조립식 주차장(바닥면이 조립식이 아닌 것을 포함한다)으로서 외벽이 없는 것 (9) 건축조례로 정하는 제조시설, 저장시설(시멘트사일로를 포함한다), 유희시설, 그 밖에 이와 비슷한 것 (10) 건축물의 구조에 심대한 영향을 줄 수 있는 중량물로서 건축조례로 정하는 것 (11) 높이 5미터를 넘는 「신에너지 및 재생에너지 개발・이용・보급 촉진법」 제2조제2호가목에 따른 태양에너지를 이용하는 발전설비와 그 밖에 이와 비슷한 것	

[2] 국토의 계획 및 이용에 관한 법률 제56조(개발행위의 허가)

처 리 기 준	비 고
1. 개발행위 허가 1.1 개발행위 허가대상 (1) 건축물의 건축 또는 공작물의 설치 (2) 토지의 형질 변경(경작을 위한 경우로서 대통령령으로 정하는 토지의 형질 변경은 제외한다) (3) 토석의 채취 (4) 토지 분할(건축물이 있는 대지의 분할은 제외한다) (5) 녹지지역·관리지역 또는 자연환경보전지역에 물건을 1개월 이상 쌓아놓는 행위 (6) 건축물의 건축 : 「건축법」 제2조제1항제2호에 따른 건축물의 건축 (7) 공작물의 설치 : 인공을 가하여 제작한 시설물(「건축법」 제2조제1항 제2호에 따른 건축물을 제외한다)의 설치 (8) 토지의 형질변경 : 절토(땅깎기)·성토(흙쌓기)·정지·포장 등의 방법으로 토지의 형상을 변경하는 행위와 공유수면의 매립(경작을 위한 토지의 형질변경을 제외한다) (9) 토석채취 : 흙·모래·자갈·바위 등의 토석을 채취하는 행위. 다만, 토지의 형질변경을 목적으로 하는 것을 제외한다. (10)토지분할 : 다음 각 목의 어느 하나에 해당하는 토지의 분할(「건축법」 제57조에 따른 건축물이 있는 대지는 제외한다) - 녹지지역·관리지역·농림지역 및 자연환경보전지역 안에서 관계법령에 따른 허가·인가 등을 받지 아니하고 행하는 토지의 분할 -「건축법」 제57조제1항에 따른 분할제한면적 미만으로의 토지의 분할 - 관계 법령에 의한 허가·인가 등을 받지 아니하고 행하는 너비 5미터 이하로의 토지의 분할 (11)물건을 쌓아놓는 행위 : 녹지지역·관리지역 또는 자연환경보전지역안에서 「건축법」 제22조에 따라 사용승인을 받은 건축물의 울타리안(적법한 절차에 의하여 조성된 대지에 한한다)에 위치하지 아니한 토지에 물건을 1개월 이상 쌓아놓는 행위 1.2 허가받지 않아도 되는 개발행위대상 (1) 재해복구나 재난수습을 위한 응급조치 (2)「건축법」에 따라 신고하고 설치할 수 있는 건축물의 개축·증축 또는 재축과 이에 필요한 범위에서의 토지의 형질 변경(도시·군계획시설사업이 시행되지 아니하고 있는 도시·군계획시설의 부지인 경우만 가능하다) (3) 건축물의 건축 : 「건축법」 제11조제1항에 따른 건축허가 또는 같은 법 제14조제1항에 따른 건축신고 및 같은 법 제20조제1항에 따른 가설건축물 건축의 허가 또는 같은 조 제2항에 따른 가설건축물의 축조 신고 대상에 해당하지 아니하는 건축물의 건축	

처 리 기 준	비 고
(4) 공작물의 설치 - 도시지역 또는 지구단위계획구역에서 무게가 50톤 이하, 부피가 50세제곱미터 이하, 수평투영면적이 25제곱미터 이하인 공작물의 설치. 다만, 「건축법 시행령」 제118조제1항 각 호의 어느 하나에 해당하는 공작물의 설치는 제외한다. - 도시지역·자연환경보전지역 및 지구단위계획구역외의 지역에서 무게가 150톤 이하, 부피가 150세제곱미터 이하, 수평투영면적이 75제곱미터 이하인 공작물의 설치. 다만, 「건축법 시행령」 제118조제1항 각 호의 어느 하나에 해당하는 공작물의 설치는 제외한다. - 녹지지역·관리지역 또는 농림지역안에서의 농림어업용 비닐하우스(비닐하우스안에 설치하는 육상어류양식장을 제외한다)의 설치 (5) 토지의 형질변경 - 높이 50센티미터 이내 또는 깊이 50센티미터 이내의 절토·성토·정지 등(포장을 제외하며, 주거지역·상업지역 및 공업지역외의 지역에서는 지목변경을 수반하지 아니하는 경우에 한한다) - 도시지역·자연환경보전지역 및 지구단위계획구역 외의 지역에서 면적이 660제곱미터 이하인 토지에 대한 지목변경을 수반하지 아니하는 절토·성토·정지·포장 등(토지의 형질변경 면적은 형질변경이 이루어지는 당해 필지의 총면적을 말한다. 이하 같다) - 조성이 완료된 기존 대지에 건축물이나 그 밖의 공작물을 설치하기 위한 토지의 형질변경(절토 및 성토는 제외한다) - 국가 또는 지방자치단체가 공익상의 필요에 의하여 직접 시행하는 사업을 위한 토지의 형질변경 (6) 토석채취 - 도시지역 또는 지구단위계획구역에서 채취면적이 25제곱미터 이하인 토지에서의 부피 50세제곱미터 이하의 토석채취 - 도시지역·자연환경보전지역 및 지구단위계획구역외의 지역에서 채취면적이 250제곱미터 이하인 토지에서의 부피 500세제곱미터 이하의 토석채취 (7) 토지분할 -「사도법」에 의한 사도개설허가를 받은 토지의 분할 - 토지의 일부를 공공용지 또는 공용지로 하기 위한 토지의 분할 - 행정재산 중 용도폐지되는 부분의 분할 또는 일반재산을 매각·교환 또는 양여하기 위한 분할 - 토지의 일부가 도시·군계획시설로 지형도면고시가 된 당해 토지의 분할 - 너비 5미터 이하로 이미 분할된 토지의 「건축법」 제57조제1항에 따른 분할제한면적 이상으로의 분할 (8) 물건을 쌓아놓는 행위 - 녹지지역 또는 지구단위계획구역에서 물건을 쌓아놓는 면적이 25제곱	

처리기준	비고
미터 이하인 토지에 전체무게 50톤 이하, 전체부피 50세제곱미터 이하로 물건을 쌓아놓는 행위 - 관리지역(지구단위계획구역으로 지정된 지역을 제외한다)에서 물건을 쌓아놓는 면적이 250제곱미터 이하인 토지에 전체무게 500톤 이하, 전체부피 500세제곱미터 이하로 물건을 쌓아놓는 행위 1.3 개발행위 허가의 경미한 변경 (1) 사업기간을 단축하는 경우 (2) 다음 각 목의 어느 하나에 해당하는 경우 가. 부지면적 또는 건축물 연면적을 5퍼센트 범위에서 축소(공작물의 무게, 부피 또는 수평투영면적을 5퍼센트 범위에서 축소하는 경우를 포함한다)하는 경우 나. 관계 법령의 개정 또는 도시·군관리계획의 변경에 따라 허가받은 사항을 불가피하게 변경하는 경우 다. 「공간정보의 구축 및 관리 등에 관한 법률」 제26조제2항 및 「건축법」 제26조에 따라 허용되는 오차를 반영하기 위한 변경인 경우 라. 「건축법 시행령」 제12조제3항 각 호의 어느 하나에 해당하는 변경(공작물의 위치를 1미터 범위에서 변경하는 경우를 포함한다)인 경우	

[2-1] 국토의 계획 및 이용에 관한 법률 제86조(도시·군계획시설사업의 시행자)국토의 계획 및 이용에 관한 법률 제88조(실시계획의 작성 및 인가 등)

처 리 기 준	비 고
1. 도시·군계획시설사업 시행자 지정대상 특별시장·광역시장·시장·군수가 아닌 자로서 도시계획시설사업을 시행하고자 하는 자 **2. 시행자 지정을 위한 토지 소유 면적·토지 소유자 동의 비율** 2.1. 도시계획시설사업의 대상인 토지(국·공유지를 제외)면적의 2/3 이상에 해당하는 토지를 소유하고, 토지소유자 총수의 1/2 이상에 해당하는 자의 동의를 얻어야 한다. 2.2. 다음에 해당하는 자는 토지 소유 면적·토지 소유자 동의 비율을 갖추지 않아도 된다. (1) 국가 또는 지방자치단체 (2) 공공기관 (가) 한국농수산식품유통공사법에 따른 한국농수산식품유통공사 (나) 대한석탄공사법에 따른 대한석탄공사 (다) 한국토지주택공사법에 따른 한국토지주택공사 (라) 한국관광공사법에 따른 한국관광공사 (마) 한국농어촌공사 및 농지관리기금법에 따른 한국농어촌공사 (바) 한국도로공사법에 따른 한국도로공사 (사) 한국석유공사법에 따른 한국석유공사 (아) 한국수자원공사법에 따른 한국수자원공사 (자) 한국전력공사법에 따른 한국전력공사 (차) 한국철도공사법에 따른 한국철도공사 (3) 지방공기업법에 의한 지방공사 및 지방공단 (4) 다른 법률에 의하여 도시계획시설사업이 포함된 사업의 시행자로 지정된 자 (5) 법 제65조의 규정에 의하여 공공시설을 관리할 관리청에 무상으로 귀속되는 공공시설을 설치하고자 하는 자 (6) 국유재산법 제13조 또는 공유재산 및 물품관리법 제7조에 따라 기부를 조건으로 시설물을 설치하려는 자	

처 리 기 준	비 고
3. 시행자의 지정 신청서 기재사항 2.1. 사업의 종류 및 명칭 2.2. 사업시행자의 성명 및 주소(법인인 경우에는 법인의 명칭 및 소재지와 대표자의 성명 및 주소) 2.3. 토지 또는 건물의 소재지·지번·지목 및 면적, 소유권과 소유권외의 권리의 명세 및 그 소유자·권리자의 성명·주소 2.4. 사업의 착수예정일 및 준공예정일 2.5. 자금조달계획 ※ 당해 도시계획시설사업이 다른 법령에 의하여 면허·허가·인가 등을 받아야 하는 사업인 경우에는 그 사업시행에 관한 면허·허가·인가 등의 사실을 증명하는 서류의 사본을 신청서에 첨부하여야 한다. **4. 인가신청 대상자** 도시계획시설사업 시행자 **5. 실시계획인가 신청** 5.1 기재사항 (1) 사업의 종류 및 명칭 (2) 사업의 면적 또는 규모 (3) 사업시행자의 성명 및 주소(법인인 경우에는 법인의 명칭 및 소재지와 대표자의 성명 및 주소) (4) 사업의 착수예정일 및 준공예정일 5.2 첨부서류 (1) 사업시행지의 위치도 및 계획평면도 (2) 공사설계도서(건축법제29조에 따른 건축협의를 하여야 하는 사업인 경우에는 개략설계도서) (3) 수용 또는 사용할 토지 또는 건물의 소재지·지번·지목 및 면적, 소유권과 소유권외의 권리의 명세 및 그 소유자·권리자의 성명·주소 (4) 도시계획시설사업의 시행으로 새로이 설치하는 공공시설 또는 기존의 공공시설의 조서 및 도면(행정청이 시행자인 경우에 한한다) (5) 도시계획시설사업의 시행으로 용도폐지되는 공공시설에 대한 2 이상의 감정평가업자의 감정평가서(행정청이 아닌 자가 시행자인 경우에 한정한다). 다만, 제2항에 따른 해당 도시계획시설사업의 실시계획 인가권자가 새로운 공공시설의 설치비용이 기존의 공공시설의 감정평가액보다 현저히 많은 것이 명백하여 이를 비교할 실익이 없다고 인정하거나 사업 시행기간 중에 제출하도록 조건을 붙이는 경우는 제외한다.	

[3] 산지관리법 제14조(산지전용허가), 제15조(산지전용신고)

처 리 기 준	비 고
1. 산지전용허가 1.1 산지전용허가의 절차 및 심사 (1) 산지전용허가 또는 변경허가를 받거나 변경신고를 하려는 자는 신청서에 농림축산식품부령으로 정하는 서류를 첨부하여 다음 각 호의 구분에 따른 자에게 제출하여야 한다. (가) 산지면적이 200만제곱미터 이상(보전산지의 경우에는 100만제곱미터 이상)인 경우: 산림청장 (나) 산지면적이 50만제곱미터 이상 200만제곱미터 미만(보전산지의 경우에는 3만제곱미터 이상 100만제곱미터 미만)인 경우 1) 산림청장 소관인 국유림의 산지인 경우: 산림청장 2) 산림청장 소관이 아닌 국유림, 공유림 또는 사유림의 산지인 경우: 시·도지사 (다) 산지면적이 50만제곱미터 미만(보전산지의 경우에는 3만제곱미터 미만)인 경우 1) 산림청장 소관인 국유림의 산지인 경우: 산림청장 2) 산림청장 소관이 아닌 국유림, 공유림 또는 사유림의 산지인 경우: 시장·군수·구청장 (2) 산림청장등은 제1항에 따라 산지전용허가 또는 변경허가의 신청을 받거나 변경신고가 있는 때에는 허가·변경허가 또는 변경신고 대상 산지에 대하여 경계표시 확인 등 현지조사를 실시하고, 그 신청내용이 법 제18조의 허가기준에 적합한지 여부를 심사하여야 한다. 다만, 법 제18조의2에 따른 산지전용타당성조사를 받은 경우에는 현지조사를 아니하고 심사할 수 있다 (3) 산림청장등은 제2항에 따라 심사한 결과 산지전용허가 또는 변경허가를 하거나 변경신고를 수리하는 것이 타당하다고 인정되는 경우에는 농림축산식품부령으로 정하는 산지전용허가증을 신청인에게 발급하거나 신고를 수리하여야 한다. 다만, 신청인이 법 제19조제1항에 따라 대체산림자원조성비를 미리 납부하여야 하거나 법 제38조제1항 본문에 따라 복구비를 미리 예치하여야 하는 경우에는 그 납부·예치사실을 확인한 후 산지전용허가증을 발급하거나 신고를 수리하여야 한다.	

처 리 기 준	비 고
2. 산지전용신고 2.1 신고대상 (1) 산림경영·산촌개발·임업시험연구를 위한 시설과 그 부대시설 (2) 수목원·산림생태원·자연휴양림과 그 부대시설 (3) 「산림문화·휴양에 관한 법률」 제2조제3호·제5호에 따른 삼림욕장, 치유의 숲과 그 부대시설 (4)「산림교육의 활성화에 관한 법률」 제12조·제13조에 따른 유아숲체험원·산림교육센터와 그 부대시설 (5) 농림어업인의 주택시설과 그 부대시설의 설치 (6) 농축수산물의 창고·집하장·가공시설, 농기계수리시설 및 농기계 창고, 누에사육시설의 설치 2.2 산지전용신고 대상시설 및 행위의 범위 · 지역 · 조건	

(1) 산림경영을 위한 영구시설과 그 부대시설의 경우

대상시설 · 행위의 범위	대상시설 · 행위의 지역	대상시설 · 행위의 조건
가. 임산물 생산시설 또는 집하시설	산지전용 · 일시사용제한지역이 아닌 산지	임업인이 설치하는 시설로서 부지면적이 1만제곱미터 미만일 것
나. 임산물 가공 · 건조 · 보관시설, 임업용기자재(비료 · 농약 등) 보관시설, 임산물 전시 · 판매시설		임업인이 설치하는 시설로서 부지면적이 3천제곱미터 미만일 것

(2)「임업 및 산촌진흥 촉진에 관한 법률」에 따른 산촌개발사업으로 설치하는 영구시설과 그 부대시설의 경우

대상시설 · 행위의 범위	대상시설 · 행위의 지역	대상시설 · 행위의 조건
가. 임산물 생산 · 저장 · 판매 · 가공 · 이용시설	산지전용 · 일시사용제한지역이 아닌 산지	부지면적이 1만제곱미터 미만일 것
나. 산림의 홍보 · 전시 · 교육시설		
다. 산림휴양 · 치유시설		
라. 산촌주민의 소득증대시설		

처 리 기 준	비 고
(3) 임업시험연구를 위한 영구시설과 그 부대시설의 경우 (4) 산림 관계 법령에 따라 조성하는 산림공익시설과 그 부대시설의 경우	

(3) 임업시험연구를 위한 영구시설과 그 부대시설의 경우

대상시설 · 행위의 범위	대상시설 · 행위의 지역	대상시설 · 행위의 조건
가. 국가 또는 지방자치단체가 임업시험연구를 위하여 설치하는 시설	제한없음	부지면적이 1만제곱미터 미만일 것
나. 「고등교육법」 제2조에 따른 학교(산림과 관련된 학과 · 학부가 설치된 학교만 해당한다)가 임업시험연구 또는 산림과 관련된 교육목적 달성을 위하여 설치하는 시설		

(4) 산림 관계 법령에 따라 조성하는 산림공익시설과 그 부대시설의 경우

대상시설 · 행위의 범위	대상시설 · 행위의 지역	대상시설 · 행위의 조건
가. 자연휴양림		「산림문화 · 휴양에 관한 법률」 제14조제3항에 따른 시설의 종류 및 기준 등에 적합할 것
나. 수목원		「수목원 조성 및 진흥에 관한 법률」 제2조제1호에 따른 기준에 적합할 것
다. 산림생태원		「산림보호법」 제18조제5항에 따른 기준에 적합할 것
라. 산림욕장, 치유의 숲, 숲속야영장 또는 산림레포츠시설		「산림문화 · 휴양에 관한 법률」 제20조제4항에 따른 시설의 종류 및 기준 등에 적합할 것
마. 유아숲체험원		「산림교육 활성화에 관한 법률」 제12조제1항의 기준에 적합할 것
바. 산림교육센터		「산림교육 활성화에 관한 법률」 제13조제3항의 지정기준에 적합할 것
사. 산림복지단지		「산림복지 진흥에 관한 법률」 제31조에 따른 생태적 산지이용 기준에 적합할 것

처 리 기 준	비 고

(5) 농림어업인의 주택시설과 그 부대시설의 경우

대상시설 · 행위의 범위	대상시설 · 행위의 지역	대상시설 · 행위의 조건
가. 농림어업인의 주택시설과 그 부대시설	산지전용 · 일시사용제한지역이 아닌 산지	농림어업인이 농림어업을 직접 경영하면서 실제로 거주하기 위하여 자기 소유 산지에 설치하는 시설로서 부지면적이 330제곱미터 미만일 것(이 경우 자기 소유의 기존 임도를 활용하여 설치 가능하며, 부지면적의 산정방법은 제12조제4항을 준용한다)

(6) 「건축법」에 따른 건축허가 또는 건축신고 대상이 되는 영구시설과 그 부대시설의 경우

대상시설 · 행위의 범위	대상시설 · 행위의 지역	대상시설 · 행위의 조건
가. 농축수산물의 창고 · 집하장 · 가공시설	공익용산지가 아닌 산지	농림어업인등이 농림어업의 경영을 목적으로 설치하는 시설일 것. 이 경우 부지면적은 다음의 구분에 따른다. 1) 5천제곱미터 이상의 농지에 농업경영을 하거나 3만제곱미터 이상의 산지에 산림경영을 하는 경우: 3천제곱미터 미만 2) 5천제곱미터 미만의 농지에 농업경영을 하거나 3만제곱미터 미만의 산지에 산림경영을 하는 경우: 1천제곱미터 미만 3) 수산물의 창고 · 집하장 또는 그 가공시설인 경우: 1천제곱미터 미만
나. 농기계수리시설 및 농기계 창고		농림어업인등이 농림어업의 경영을 목적으로 설치하는 시설일 것. 이 경우 부지면적은 다음의 구분에 따른다. 1) 5천제곱미터 이상의 농지에 농업경영을 하거나 3만제곱미터 이상의 산지에 산림경영을 하는 경우: 3천제곱미터 미만 2) 5천제곱미터 미만의 농지에 농업경영을 하거나 3만제곱미터 미만의 산지에 산림경영을 하는 경우: 1천제곱미터 미만
다. 누에사육시설		농림어업인등이 농림어업의 경영을 목적으로 설치하는 시설로서 부지면적이 3천제곱미터 미만일 것

처 리 기 준	비 고
※ 비고 1. 대상시설·행위의 지역은 이 법령 또는 다른 법령에 따라 해당 시설·행위가 허용되는 지역이어야 한다. 2. 「수목원 조성 및 진흥에 관한 법률」 제19조에 따라 지정된 국립수목원완충지역에서 할 수 있는 시설 및 행위는 제3호 및 제4호만 해당한다. 3. 제1호에서 "임업인"이란 「임업 및 산촌 진흥촉진에 관한 법률 시행령」 제2조제1호의 임업인(「산림자원의 조성 및 관리에 관한 법률」에 따라 산림경영계획의 인가를 받아 산림을 경영하고 있는 자를 말한다), 같은 조 제2호·제3호의 임업인을 말한다. 4. 제5호에서 "농림어업인"이란 「농지법」 제2조제2호에 따른 농업인, 「임업 및 산촌 진흥촉진에 관한 법률 시행령」 제2조제1호의 임업인(「산림자원의 조성 및 관리에 관한 법률」에 따라 산림경영계획의 인가를 받아 산림을 경영하고 있는 자를 말한다), 같은 조 제2호·제3호의 임업인 및 「수산업법」 제2조제11호에 따른 어업인을 말한다. 5. 제6호에서 "농림어업인등"이란 농림어업인, 「농어업·농어촌 및 식품산업 기본법」 제3조제4호에 따른 생산자단체, 「농어업경영체 육성 및 지원에 관한 법률」 제16조에 따른 영농조합법인과 영어조합법인 및 같은 법 제19조에 따른 농업회사법인을 말한다. 6. 산지전용신고 대상시설 및 행위의 범위·지역·조건을 적용하는 데 필요한 세부적인 사항은 산림청장이 정하여 고시한다.	

[4] 농지법 제34조(농지의 전용허가·협의), 제35조(농지전용신고)

처 리 기 준	비 고
1. 농지전용허가 1.1 농지의 전용허가를 받지 않아도 되는 경우 (1)「국토의 계획 및 이용에 관한 법률」에 따른 도시지역 또는 계획관리지역에 있는 농지로서 제2항에 따른 협의를 거친 농지나 제2항제1호 단서에 따라 협의 대상에서 제외되는 농지를 전용하는 경우 (2) 제35조에 따라 농지전용신고를 하고 농지를 전용하는 경우 (3)「산지관리법」 제14조에 따른 산지전용허가를 받지 아니하거나 같은 법 제15조에 따른 산지전용신고를 하지 아니하고 불법으로 개간한 농지를 산림으로 복구하는 경우 1.2 농지 전용협의를 받아야 하는 경우 (1)「국토의 계획 및 이용에 관한 법률」에 따른 도시지역에 주거지역·상업지역·공업지역을 지정하거나 같은 법에 따른 도시지역에 도시·군계획시설을 결정할 때에 해당 지역 예정지 또는 시설 예정지에 농지가 포함되어 있는 경우. 다만, 이미 지정된 주거지역·상업지역·공업지역을 다른 지역으로 변경하거나 이미 지정된 주거지역·상업지역·공업지역에 도시·군계획시설을 결정하는 경우는 제외한다. (2)「국토의 계획 및 이용에 관한 법률」에 따른 계획관리지역에 지구단위계획구역을 지정할 때에 해당 구역 예정지에 농지가 포함되어 있는 경우 (3)「「국토의 계획 및 이용에 관한 법률」에 따른 도시지역의 녹지지역 및 개발제한구역의 농지에 대하여 같은 법 제56조에 따라 개발행위를 허가하거나 「개발제한구역의 지정 및 관리에 관한 특별조치법」 제12조제1항 각 호 외의 부분 단서에 따라 토지의 형질변경허가를 하는 경우 1.3 농지전용허가 제한대상시설 (1)「대기환경보전법 시행령」 별표 1의3에 따른 1종사업장부터 4종사업장까지의 사업장에 해당하는 시설. 다만, 미곡종합처리장의 경우에는 3종사업장 또는 4종사업장에 해당하는 시설을 제외한다. (2)「대기환경보전법 시행령」 별표 1의3에 따른 5종사업장에 해당하는 시설 중 「대기환경보전법」 제2조제9호에 따른 특정대기유해물질을 배출하는 시설. 다만, 「자원의 절약과 재활용촉진에 관한 법률」 제2조제10호에 따른 재활용시설, 「폐기물관리법」 제2조제8호에 따른 폐기물처리시설 및 「의료법」 제16조에 따른 세탁물의 처리시설을 제외한다. (3)「물환경보전법 시행령」 별표 13에 따른 1종사업장부터 4종사업장까지의 사업장에 해당하는 시설	

처 리 기 준	비 고
(4) 「물환경보전법 시행령」 별표 13에 따른 5종사업장에 해당하는 시설 중 농림축산식품부령으로 정하는 시설. 다만, 「자원의 절약과 재활용촉진에 관한 법률」 제2조제6호에 따른 재활용시설, 「폐기물관리법」 제2조제8호에 따른 폐기물처리시설 및 「농수산물유통 및 가격안정에 관한 법률」 제2조제5호에 따른 농수산물공판장 중 축산물공판장을 제외한다. (5) 「건축법 시행령」 별표 1 제2호가목, 제3호나목, 제4호아목·자목·너목(이 영 제29조제2항제1호 및 제29조제7항제3호·제4호·제4호의2·제9호의 시설은 제외한다)·더목, 제5호, 제8호, 제10호다목·라목·바목, 제14호, 제15호(「제주특별자치도 설치 및 국제자유도시 조성을 위한 특별법」 제251조제1항에 따른 1천제곱미터 이하의 휴양펜션업 시설을 제외한다)·제16호, 제20호나목부터 바목까지 및 제27호에 해당하는 시설 (6) 「건축법 시행령」 별표 1 제1호, 제3호가목, 다목부터 마목까지, 사목(지역아동센터만 해당한다), 자목부터 카목까지, 제4호가목부터 사목까지, 차목부터 거목까지, 러목·머목, 제19호, 제20호가목, 사목부터 자목까지 및 제26호에 해당하는 시설로서 그 부지로 사용하려는 농지의 면적이 1천제곱미터를 초과하는 것 (7) 「건축법 시행령」 별표 1 제2호나목 및 다목에 해당하는 시설로서 그 부지로 사용하려는 농지의 면적이 1만 5천제곱미터를 초과하는 것 (8) 「건축법 시행령」 별표 1 제7호가목·나목, 제17호, 제18호에 해당하는 시설 및 「농어촌정비법」 제2조제16호나목에 따른 관광농원사업의 시설로서 그 부지로 사용하려는 농지의 면적이 3만제곱미터를 초과하는 것 (9) (5)부터 (8)까지의 규정에 해당되지 아니하는 시설로서 그 부지로 전용하려는 농지의 면적이 1만제곱미터를 초과하는 것. 다만, 그 시설이 법 제32조제1항제3호부터 제8호까지의 규정에 따라 농업진흥구역에 설치할 수 있는 시설, 도시·군계획시설, 「농어촌정비법」 제101조에 따른 마을정비구역으로 지정된 구역에 설치하는 시설, 「도로법」 제3조에 따른 도로부속물 중 고속국도관리청이 설치하는 고속국도의 도로부속물 시설, 「자연공원법」 제2조제10호에 따른 공원시설 및 「체육시설의 설치·이용에 관한 법률」 제3조에 따른 골프장에 해당되는 경우를 제외한다. (10) 그 밖에 해당 지역의 농지규모·농지보전상황 등 농업여건을 감안하여 시(특별시 및 광역시를 포함한다)·군의 조례로 정하는 농업의 진흥이나 농지의 보전을 저해하는 시설	

처 리 기 준	비 고

2. 농지전용신고

2.1 농지전용신고

(1) 농업인 주택, 어업인 주택, 농축산업용 시설(제2조제1호나목에 따른 개량시설과 농축산물 생산시설은 제외한다), 농수산물 유통·가공 시설

(2) 린이놀이터·마을회관 등 농업인의 공동생활 편의 시설

(3) 농수산 관련 연구 시설과 양어장·양식장 등 어업용 시설

2.2 농지전용신고대상시설의 범위·규모 등

시설의 범위	설치자의 범위	규모
1. 농업진흥지역 밖에 설치하는 제29조제4항에 해당하는 농업인 주택 또는 어업인 주택	제29조제4항제1호 각 목의 어느 하나에 해당하는 무주택인 세대의 세대주	세대당 660제곱미터 이하
2. 제29조제5항제1호에 해당하는 시설 및 같은 항 제4호에 해당하는 시설 중 농업용시설	제29조제4항제1호 각 목의 어느 하나에 해당하는 세대의 세대원인 농업인과 농업법인	· 농업인 : 세대당 1천500제곱미터 이하 · 농업법인 : 법인당 7천제곱미터(농업진흥지역 안의 경우에는 3천300제곱미터) 이하
3. 농업진흥지역 밖에 설치하는 제29조제5항제2호 · 제3호에 해당하는 시설 또는 같은 항 제4호에 해당하는 시설 중 축산업용시설	제29조제4항제1호 각 목의 어느 하나에 해당하는 세대의 세대원인 농업인과 농업법인	· 농업인 : 세대당 1천500제곱미터 이하 · 농업법인 : 법인당 7천제곱미터
4. 자기가 생산한 농수산물을 처리하기 위하여 농업진흥지역 밖에 설치하는 집하장 · 선과장 · 판매장 또는 가공공장등 농수산물 유통 · 가공시설(창고 · 관리사 등 필수적인 부대시설을 포함한다)	제29조제4항제1호 각 목의 어느 하나에 해당하는 세대의 세대원인 농업인과 이에 준하는 임 · 어업인세대의 세대원인 임 · 어업인	세대당 3천300제곱미터이하
5.구성원(조합원)이 생산한 농수산물을 처리하기 위하여 농업진흥지역 밖에 설치하는 집하장 · 선과장 · 판매장 · 창고 또는 가공공장 등 농수산물 유통 · 가공시설	「농업 · 농촌 및 식품산업 기본법」에 따른 생산자단체, 「농어업경영체 육성 및 지원에 관한 법률」에 따른 영농조합법인 및 영농회사법인, 「수산업협동조합법」에 따른 어촌계 · 수산업협동조합 및 그 중앙회 또는 「농어업경영체 육성 및 지원에 관한 법률」 제16조에 따른 영어조합법인	단체당 7천제곱미터 이하

처 리 기 준			비 고
6. 농업진흥지역 밖에 설치하는 법 제32조제1항제2호에 해당하는 다음 각 목의 시설 가. 어린이놀이터 · 마을회관 나. 창고 · 작업장 · 농기계수리시설 · 퇴비장 다. 경로당 · 어린이집 · 유치원 등 노유자시설, 정자 및 보건진료소 라. 일반목욕장 · 구판장 · 운동시설 · 마을공동주차장 · 마을공동취수장 · 마을공동농산어촌체험장	제한없음	제한없음	
7. 제29조제2항제2호에 해당하는 농수산업 관련 시험 · 연구시설	비영리법인	법인당 7천제곱미터(농업진흥지역 안의 경우에는 3천제곱미터) 이하	
8. 농업진흥지역 밖에 설치하는 양어장 및 양식장	제29조제4항제1호 각 목의 어느 하나에 해당하는 세대의 세대원인 농업인 및 이에 준하는 어업인세대의 세대원인 어업인, 농업법인 및 「농어업경영체 육성 및 지원에 관한 법률」 제16조에 따른 영어조합법인	세대 또는 법인당 1만제곱미터 이하	
9. 농업진흥지역 밖에 설치하는 제29조제5항제5호에 해당하는 어업용시설 중 양어장 및 양식장을 제외한 시설	제29조제4항제1호 각 목의 어느 하나에 해당하는 세대의 세대원인 농업인 및 이에 준하는 어업인세대의 세대원인 어업인, 농업법인 및 「농어업경영체 육성 및 지원에 관한 법률」 제16조에 따른 영어조합법인	세대 또는 법인당 1천500제곱미터 이하	

비고

1. 제1호에 해당하는 시설은 해당 설치자가 생애 최초로 설치하는 시설로 한정한다.
2. 제2호부터 제9호까지에 해당하는 시설에 대하여 규모를 적용할 때에는 해당 시설의 설치자가 농지전용신고일 이전 5년간 그 시설의 부지로 전용한 면적을 합산한다.

[5] 사도법 제4조(사도개설허가)

처 리 기 준	비 고
1. 사도개설허가 1.1 사도를 개설·개축(改築)·증축(增築) 또는 변경하려는 자는 특별자치시장, 특별자치도지사 또는 시장·군수·구청장의 허가를 받아야 한다. 1.2 사도개설 허가시 제출서류 (1) 착공연월일·준공연월일·공사방법 및 공사예산 등의 내용이 포함된 허가신청서 (2) 계획도면 (3) 타인의 소유에 속하는 토지를 사용하고자 할 때에는 그 권한을 증명하는 서류 1.3 시장 또는 군수가 위의 서류외에 필요하다고 인정할 때에는 다음 각호의 서류를 제출하게 할 수 있다. (1) 공사계획서 (2) 경비예산명세서 (3) 설계도(평면도·종단면도·횡단면도 그 밖에 주요부분에 대한 상세도를 말한다) (4) 구조검토서(교량 등 주요구조물을 설치하는 경우에 한한다) (5) 수리검토서(기존 배수체계를 저해할 우려가 있는 경우에 한한다) 1.4 허가되지 않는 경우 (1) 개설하려는 사도가 제5조에 따른 기준에 맞지 아니한 경우 (2) 허가를 신청한 자에게 해당 토지의 소유 또는 사용에 관한 권리가 없는 경우 (3) 이 법 또는 다른 법령에 따른 제한에 위배되는 경우 (4) 해당 사도의 개설·개축·증축 또는 변경으로 인하여 주변에 거주하는 주민의 사생활 등 주거환경을 심각하게 침해하거나 사람의 통행에 위험을 가져올 것으로 인정되는 경우	

[6] 도로법 제61조(도로의 점용)

처 리 기 준	비 고

1. 도로의 점용

1.1 허가신청서에 포함되어야 하는 사항

(1) 점용의 목적
(2) 점용의 장소와 면적
(3) 점용의 기간
(4) 공작물 또는 시설의 구조
(5) 공사시설의 방법
(6) 공사의 시기
(7) 도로의 복구방법

1.2 도로의 점용허가를 받을 수 있는 공작물·물건, 그 밖의 시설의 종류

(1) 전봇대・전선, 공중선, 가로등, 변압탑, 지중배전용기기함, 무선전화기지국, 종합유선방송용단자함, 발신전용휴대전화기지국, 교통량검지기, 주차측정기, 전기자동차 충전시설, 태양광발전시설, 태양열발전시설, 풍력발전시설, 우체통, 소화전, 모래함, 제설용구함, 공중전화, 송전탑, 그 밖에 이와 유사한 것

(2) 수도관・하수도관・가스관・송유관・전기관・전기통신관・송열관・농업용수관・작업구(맨홀)・전력구・통신구・공동구・배수시설・수질자동측정시설・지중정착장치(어스앵커)・암거, 그 밖에 이와 유사한 것

(3) 주유소・수소자동차 충전시설・주차장・여객자동차터미널・화물터미널・자동차수리소・승강대・화물적치장・휴게소, 그 밖에 이와 유사한 것과 이를 위한 진입로 및 출입로

(4) 철도・궤도, 그 밖에 이와 유사한 것

(5) 지하상가・지하실(「건축법」 제2조제1항제2호에 따른 건축물로서 「국토의 계획 및 이용에 관한 법률 시행령」 제61조제1호에 따라 설치하는 경우만 해당한다)・통로・육교, 그 밖에 이와 유사한 것

(6) 간판(돌출간판을 포함한다), 표지, 깃대, 현수막, 현수막 게시시설 및 아치. 다만, 현수막 게시시설은 국가 또는 지방자치단체가 설치・관리하는 경우만 해당한다.

(7) 버스표판매대・구두수선대・노점・자동판매기・현금자동입출금기・상품진열대, 그 밖에 이와 유사한 것

(8) 공사용 판자벽・발판・대기소 등의 공사용 시설 및 자재

(9) 고가도로의 노면 밑에 설치하는 사무소・점포・창고・자동차주차장・광장・공원, 체육시설, 그 밖에 이와 유사한 시설(유류・가스 등 인화성 물질을 취급하는 사무소・점포・창고 등은 제외한다)

(10) 「장애인・노인・임산부 등의 편의증진보장에 관한 법률」 제2조제2호에 따른 편의시설 중 높이차이 제거시설 또는 주출입구 접근로, 그 밖에 이와 유사한 것

(11) 제1호부터 제10호까지의 규정에 따른 공작물・물건 및 시설의 설치를 위하여 일시적으로 실시하는 공사상, 그 밖에 이와 유사한 것과 이를 위한 진입로 및 출입로

(12) 제1호부터 제11호까지에서 규정한 것 외에 도로관리청이 도로구조의 안전과 교통에 지장이 없다고 인정한 공작물・물건(식물을 포함한다) 및 시

처 리 기 준	비 고
설로서 국토교통부령 또는 해당 도로관리청이 속해 있는 지방자치단체의 조례로 정한 것 1.3 도로점용허가의 기준 (1) 점용장소 (가) 도로에 설치하는 점용물은 도로비탈면(비탈면이 없는 경우에는 길가쪽)의 끝부분에 설치하되, 보도가 있는 도로의 경우에는 차도쪽의 보도에 설치하여야 한다. 다만, 도로의 구조 또는 교통에 현저한 지장을 미칠 우려가 있다고 인정되는 경우에는 분리대·교차로, 그 밖에 이와 유사한 부분에 이를 설치할 수 있다. (나) 도로가 교차·접속 또는 굴곡되는 부분에는 점용물을 설치하여서는 아니 된다. 다만, 전선 및 전주에 대하여는 그러하지 아니하다. (다) 점용물을 지하에 설치하는 경우에는 다음 기준에 적합하여야 한다. 1) 점용물은 다른 점용물과 뒤섞이지 아니하게 설치하되, 공사시행 또는 안전에 지장이 없는 한 다른 점용물에 가까운 곳에 설치할 것 2) 점용물은 가능한 한 지면에 가까운 곳에 설치할 것 (라) 점용물이 전주·전선 또는 공중전화소인 경우에는 다음의 기준에 적합하여야 한다. 1) 도로 외에는 설치할 만한 장소가 없을 것 2) 동일노선의 전주는 도로와 평행하게 설치하고, 보도가 없는 도로의 경우로서 그 건너편 쪽에 점용물이 있는 경우에는 이와 8미터 이상의 거리를 띄울 것. 다만, 도로가 교차·접속 또는 굴곡되는 경우에는 그러하지 아니하다. 3) 지상에 설치하는 전선은 도로노면에서 6미터(통신용 전선의 경우에는 4.5미터) 이상의 높이로 설치할 것. 다만, 보도의 윗부분에 설치하는 경우에는 노면에서 5미터(통신용 전선의 경우에는 3미터) 이상의 높이로 할 수 있다. 4) 이미 설치되어 있는 전선에 새로 전선을 가설하는 경우에는 서로 뒤섞이지 아니하게 할 것 5) 지하에 전선을 매설하는 경우(도로를 횡단하여 매설하는 경우는 제외한다)에는 차도 및 길어깨 외의 부분의 지하에 매설할 것. 다만, 부득이한 경우에는 전선의 본선에 한하여 차도 및 길어깨 부분의 지하에 매설할 수 있다. 6) 지하에 설치하는 전선의 상단부는 차도의 지하인 경우에는 0.8미터 이상, 보도의 지하인 경우에는 0.6미터 이상을 노면으로부터 띄울 것. 다만, 「환경친화적 자동차의 개발 및 보급촉진에 관한 법률」 제2조제3호에 따른 전기자동차의 충전시설을 설치하는 경우 또는 도로공사의 시행 및 도로안전에 지장이 없는 경우에는 그러하지 아니한다.	

처 리 기 준	비 고
7) 전선을 교량에 설치하는 경우에는 보의 양쪽 또는 상판의 밑에 설치할 것	
(마) 점용물이 수도관·하수도관·가스관·전기관 또는 전기통신관인 경우에는 다음 기준에 적합하여야 한다.	
1) 도로 외에는 설치할 만한 장소가 없을 것	
2) 수도관·하수도관·가스관·전기관 또는 전기통신관을 매설하는 경우(도로를 횡단하여 매설하는 경우는 제외한다)에는 보도 및 도로 비탈면의 지하부분에 매설할 것. 다만, 부득이한 경우에는 본선에 한하여 차도 및 길어깨 부분의 지하부분에 매설할 수 있다.	
3) 수도관·가스관·전기관 또는 전기통신관의 본선을 매설하는 경우에는 그 윗부분과 노면까지의 거리를 1.2미터(공사시행으로 인하여 부득이한 경우에는 0.6미터) 이상으로 할 것	
4) 하수도관의 본선을 매설하는 경우에는 그 윗부분과 노면까지의 거리를 3미터(공사시행으로 인하여 부득이한 경우에는 1미터) 이상으로 할 것	
5) 수도관·하수도관·가스관·전기관 또는 전기통신관을 교량에 설치하는 경우에는 보의 양측 또는 상판 밑에 이를 설치할 것	
6) 통신구 또는 작업구는 차도 바깥쪽에 설치하여야 하며, 길어깨 또는 보도에 설치할 경우에는 그 높이를 길어깨 또는 보도와 같은 높이로 하는 등 안전대책을 수립하여 교통의 안전이나 보행자의 통행에 지장을 주지 아니할 것	
(바) 점용물이 송유관인 경우에는 다음의 기준에 적합하여야 한다.	
1) 송유관은 지하에 매설할 것. 다만, 지형상황 기타 부득이한 사유가 있는 경우에는 지상(터널 안의 경우는 제외한다)에 이를 설치할 수 있다.	
2) 송유관을 지하에 매설하는 경우(도로를 횡단하여 매설하는 경우는 제외한다)에는 원칙적으로 차량하중의 영향이 적은 장소에 매설하되, 송유관과 도로경계선 사이에는 안전거리를 둘 것	
3) 송유관을 도로노면의 지하부분에 매설하는 경우 그 깊이는 다음과 같이 할 것	
가) 시가지에서 방호구조물에 의하여 송유관을 보호하는 경우에는 당해 방호구조물의 윗부분을 노면으로부터 1.5미터(공사시행으로 인하여 부득이한 경우에는 1.2미터) 이상을 띄우고, 송유관에 방호구조물을 보호하지 아니하는 경우에는 송유관의 윗부분을 노면으로부터 1.8미터 이상 띄울 것	
나) 시가지외의 지역에서는 송유관의 윗부분(방호구조물에 의하여 송유관을 보호하는 경우에는 당해 방호구조물의 윗부분을 말한다)을 노면으로부터 1.5미터(공사시행으로 인하여 부득이한 경우에는 1.2미터) 이상 띄울 것	

처 리 기 준	비 고
4) 송유관을 노면 외의 지하부분에 매설하는 경우에는 송유관의 상단부에서 지면까지의 거리를 1.2미터(방호구조물에 의하여 송유관을 보호하는 경우에는 시가지에서는 0.9미터, 시가지외의 지역에서는 0.6미터) 이상 띄울 것 5) 송유관을 지상에 설치하는 경우에는 송유관이 맨 밑부분을 노면으로부터 5미터이상 띄울 것 6) 송유관을 교량에 설치하는 경우에는 보의 양측 또는 상판 밑에 설치할 것 (사) 점용물을 고가도로의 노면 밑에 설치하는 경우에는 다음 기준에 적합하여야 한다. 이 경우 고가도로의 노면 밑에 다른 도로가 있는 경우에는 그 도로의 점용에 지장을 주지 아니하여야 된다. 1) 고가도로의 구조보전에 지장이 없는 곳에 설치할 것 2) 전주·전선·공중전화소·수도관·하수도관·가스관·전기통신관로서 부득이 한 경우에는 고가도로의 노면 밑에 설치할 수 있다. 3) 송유관은 고가도로의 노면 밑의 지하부분에 매설할 것. 다만, 지형상황 기타 부득이한 사유가 있는 경우에는 고가도로 밑의 보 또는 상판 밑에 붙여 설치할 수 있다. (아) 점용물이 사설안내표지(관리청이 아닌 자가 자신이 관리하는 시설물을 안내하기 위하여 관리청으로부터 도로점용허가를 받아 도로구역에 설치하는 안내표지를 말한다. 이하 같다)인 경우에는 국토교통부장관이 정하는 기준에 적합하여야 한다. (2) 점용기간 제28조제5항제1호부터 제5호까지 및 제8호에 따른 점용물의 점용기간은 10년 이내로 하고, 그 밖의 점용물의 점용기간은 3년 이내로 한다. 점용기간이 만료되어 갱신할 때에도 또한 같다. (3) 점용물의 구조 (가) 지상에 설치하는 점용물의 구조는 다음 기준에 적합하여야 한다. 1) 도괴·낙하·벗겨짐·오손·화재·하중·누수 등에 의하여 도로의 구조안전 또는 교통에 지장을 주지 아니할 것 2) 전주의 디딤쇠는 도로방향과 평행되게 설치할 것 3) 가설점포 등은 도로의 교통에 지장을 주지 아니하는 범위에서 최소한도의 규모로 설치할 것 (나) 지하에 설치하는 점용물의 구조는 다음 기준에 적합하여야 한다. 1) 견고하고 내구력이 있으며, 다른 점용물에 지장을 주지 아니할 것 2) 차도에 매설하는 경우에는 도로의 구조안전에 지장을 주지 아니할 것 (다) 점용물을 교량 또는 고가도로에 붙여 설치하는 경우에는 교량 또는 고가도로의 구조안전에 지장을 주지 아니하는 것이라야 한다. (4) 공사방법 (가) 점용물의 유지에 지장을 미치지 아니하도록 필요한 조치를 할 것	

처 리 기 준	비 고
(나) 도로 한쪽을 통행할 수 있도록 하여 가능한 한 도로교통에 지장을 주지 아니하도록 하고, 1개 차로 이상 차로의 통행을 막는 경우에는 교통소통대책을 수립할 것. 이 경우 교통소통대책의 수립에 관하여 필요한 사항은 고속국도 및 일반국도에 대하여는 국토교통부장관이 정하고, 그 밖의 도로에 대하여는 당해 도로의 관리청이 속하는 지방자치단체의 조례로 정한다. (다) 공사현장에는 울타리 또는 덮개를 설치하고, 야간에는 적색등 또는 황색등을 켜는 등 도로교통의 위험방지를 위하여 필요한 조치를 할 것 (5) 공사의 시기 (가) 다른 점용공사 또는 도로공사의 시기를 감안할 것 (나) 가능한 한 야간시간대 등 교통량이 가장 적은 시간대에 공사를 할 것 (6) 도로의 복구 (가) 굴착공사에 따른 원상복구공사는 도로의 구조와 기능이 굴착공사를 시행하기 전과 같이 유지되도록 하되, 사용재료·다짐도 등 품질관리는 도로공사표준시방서·도로포장설계 및 시공지침과 「건설기술관리법」에 의한 품질관리기준 등에 부합되도록 하이야 한다. (나) 도로관리청은 아스팔트 포장도로를 복구할 때에는 노면을 평탄하게 개선하고 도로 이용자의 편의를 증진시키기 위하여 굴착공사시행자에게 굴착면 주변의 표층을 깎아낸 후에 복구하게 할 수 있다. (다) 나목에 따른 복구의 범위는 도로 가로방향으로는 굴착된 해당 차로의 전체 폭, 세로방향으로는 굴착면으로부터 0.5미터를 초과할 수 없다. 다만, 차선 표시가 없는 도로로서 포장된 폭이 5미터 미만인 경우에는 전체를 한 개 차로로 보며, 포장된 폭이 5미터 이상 8미터 미만인 경우에는 포장된 폭 중앙에 차선이 있는 것으로 본다. (라) 비포장도로의 표면은 기존 도로에 부설된 동질의 재료 및 두께로 표면을 마무리하여 굴착전의 노면상태로 복구시켜야 한다. (7) 매설물의 위치 표시 (가) 굴착공사를 착공하기 전에 도로굴착지점을 표시하기 위한 표지 등은 다음의 기준에 적합하게 설치하여야 한다. 1) 설계도서대로 도로를 굴착하여 점용물이 매설될 수 있도록 도로굴착지점을 표시하는 표지 등을 설치하고 관리청의 확인을 받은 후 시공할 것 2) 주요지하매설물 및 일반매설물이 가스관과 같은 선형시설의 경우에는 그 매설물의 바로 위에, 작업구와 같이 면적형인 시설의 경우에는 굴착지점이 경계선의 안팎에 설치할 것 (나) 굴착공사를 준공한 후 주요지하매설물 및 일반매설물의 위치를 표시하는 때에는 매설물위의 지상에 표지 등을 설치하여야 한다. 이 경우 표지 등은 주요 지하매설물 및 일반매설물의 관리자가 유지·관리하여야 한다. (다) 가목 및 나목에 따른 표지 등의 설치기준에 관하여 필요한 사항은 국토교통부령으로 정한다.	

처 리 기 준	비 고
1.4 도로의 점용허가에 따른 안전사고 방지대책 (1) 공사를 할 때에는 공사 중임을 관할 경찰관서에 통지하고 다음 각 목에 따라 보행자 안전사고가 발생하지 아니하도록 할 것 (가) 안전울타리, 안내표지판 및 주의표지판 등 안전표지를 설치할 것 (나) 교통사고를 방지하고 도로의 통행에 지장이 없도록 공사구간 양측에 신호원(信號員)을 배치하거나 신호장치를 설치할 것 (2) 공사용 자재, 장비 및 토사 등은 허가된 점용부지 외에 방치하거나 야적해서는 아니 되고, 사업부지 및 점용공사 구간 내의 공사용 이물질 등이 도로에 묻어나거나 먼지가 발생하지 아니하도록 할 것 (3) 공사로 인하여 도로점용지에 있는 다음 각 목의 어느 하나에 해당하는 시설에 대하여 이전 등의 조치를 해야 하는 경우에는 사전에 도로관리청과 협의하고, 그 협의 내용을 이행할 것 (가) 가로수, 전주 등 지장물(支障物) (나) 통신관로, 상수도 등 지하매설물 (다) 가드레일, 안전표지 등 안전시설물(이미 설치된 것만 해당한다) (4) 다음 각 목의 안전시설 중 도로관리청이 보행자의 안전확보를 위하여 도로점용지의 진입로 및 출입로 등에 설치하도록 한 안전시설을 설치할 것 (가) 속도저감시설, 횡단시설, 교통안내시설, 교통신호기 등 보행시설물 (나) 시선유도시설, 방호울타리, 조명시설, 도로반사경 등 도로안전시설 (다) 자동차의 출입을 알리는 경보장치 (5) 다음 각 목의 어느 하나에 해당하는 시설은 도로관리청이 보행자의 안전확보를 위해 도로점용지의 진입로 및 출입로 등에 배치하도록 한 안전요원을 배치할 것. 이 경우 도로관리청은 안전요원의 배치에 관하여 미리 관할 경찰관서의 장과 협의해야 한다. (가) 제54조제6항에 따른 차량에 승차한 상태로 식품의 구매가 가능한 시설 (나) 그 밖에 국토교통부령 또는 해당 도로관리청이 속해 있는 지방자치단체의 조례로 정하는 시설	

[6-1] 도로법 제36조(도로관리청이 아닌 자의 도로공사 등), 제51, 52조(교차방법과 다른 시설의 연결)

처 리 기 준	비 고
1. 관리청 아닌 자의 공사시행 1.1 관리청의 허가를 받지 않아도 되는 경우 (1) 상급도로의 관리청이 상급도로의 공사를 시행할 때 상급도로와 연결되거나 접속되는 하급도로의 연결구간 또는 접속구간의 도로공사를 시행하는 경우. 이 경우 미리 하급도로의 관리청과 협의하여야 한다. (2) 도로의 손상을 방지하기 위하여 필요한 자갈·모래 또는 흙의 부분적인 보충이나 그 밖에 도로의 구조에 영향을 주지 아니하는 도로의 유지의 경우 1.2 관리청 아닌 자의 공사시행 허가기준 (1) 법 제50조에 따른 도로의 구조·시설 등의 기준에 맞고 교통소통이 원활하게 이루어지는 구조일 것 (2) 공사를 시행하려는 도로의 설계속도, 곡선반경 등 설계기준이 그 도로공사가 시행되거나 연결되는 기존의 도로와 같거나 그 이상일 것 (3) 공사를 시행하려는 도로의 폭, 포장단면, 포장의 재질 등 시설구조가 그 도로공사가 시행되거나 연결되는 기존의 도로와 같거나 그 이상일 것 (4) 신호등, 도로표지, 가드레일 등을 설치하여 차량(「자동차관리법」 제2조제1호에 따른 자동차와 「건설기계관리법」 제2조제1항제1호에 따른 건설기계를 말한다. 이하 같다) 주행 시 교통안전이 확보되도록 할 것 (5) 배수시설 및 비탈면 보호시설 등을 적정하게 설치하여 도로의 유지관리에 문제가 없도록 할 것 (6) 그 밖에 도로관리청이 공사시행에 필요하다고 판단하여 정하는 사항 **2. 교차방법과 다른 시설의 연결** 2.1 자동차 전용도로나 일반국도 및 지방도, 4차로 이상으로 도로구역이 결정된 도로와 다른 도로, 철도, 궤도, 교통용으로 제공하는 통로, 그 밖의 시설을 교차시키려고 할 때에는 특별한 사유가 없으면 입체교차시설로 하여야 한다. 2.2 자동차 전용도로나 일반국도 및 지방도, 4차로 이상으로 도로구역이 결정된 도로에 다른 도로, 통로, 그 밖의 시설을 연결시키려는 자는 도로 관리청의 허가를 받아야 한다. 허가 받은 사항을 변경하려는 때에도 또한 같다. 2.3 제1항에 따른 허가(이하 "연결허가"라 한다)의 기준·절차 등 필요한 사항은 고속국도 및 일반국도(제23조제2항에 따라 시·도지사 또는 시장·군수·구청장이 도로관리청이 되는 일반국도는 제외한다)에 관하여는 국토교통부령으로 정하고, 그 밖의 도로에 관하여는 해당 도로관리청이 속해 있는 지방자치단체의 조례로 정한다. 2.4 도로관리청은 연결허가를 할 때 도로와 다른 도로, 통로나 그 밖의 시설을 연결하면 대량의 교통수요가 발생할 우려가 있거나 교통체계상 다른 시설의 설치가 필요하다고 인정하는 경우에는 그 연결허가를 받는 자에게 원활한 교통 소통을 위한 시설의 설치·관리 등 필요한 조치를 하도록 할 수 있다. 2.5 연결허가를 받아 도로에 연결하는 시설에 대하여는 제61조에 따른 도로점용허가를 받은 것으로 본다.	

[7] 하천법 제33조(하천의 점용허가 등)

처 리 기 준	비 고
1. 하천의 점용허가 1.1 하천의 점용허가 받아야 하는 행위 (1) 토지의 점용 (2) 하천시설의 점용 (3) 공작물의 신축·개축·변경 (4) 토지의 굴착·성토·절토, 그 밖의 토지의 형질변경 (5) 토석·모래·자갈의 채취 (6) 죽목·갈대·목초 또는 수초 등을 채취하는 행위 (7) 식물을 식재하는 행위 (8) 선박을 운항하는 행위 (9) 스케이트장, 유선장·도선장 및 계류장(유선장·도선장 및 계류장은 부유식인 경우로 한정한다)을 설치하는 행위 (10)「수상레저안전법」에 따른 수상레저기구를 이용한 수상레저사업 목적의 물놀이 행위 (11)하천관리청이 아닌 자가 하천을 점용하는 물건에 새로 하천의 보전에 영향을 미칠 수 있는 물건을 추가하는 행위 1.2 하천점용허가의 금지 (1)「농약관리법 시행령」 별표 1 제1호 중 급성독성의 정도가 Ⅰ급(맹독성) 또는 Ⅱ급(고독성)인 농약과 같은 표 제2호가목 중 미꾸라지에 대한 어독성이 Ⅰ급 또는 Ⅱs급인 농약을 사용하여 농작물을 경작하는 행위 (2)「비료관리법 시행령」 별표 1에 따른 중금속의 위해성기준을 초과하는 비료를 사용하여 농작물을 경작하는 행위 (3)「비료관리법」 제4조에 따라 고시된 비료의 공정규격에 퇴비의 원료로 사용하지 못하도록 규정되어 있는 물질을 사용하여 제조한 비료를 사용하여 농작물을 경작하는 행위 (4) 퇴적구간을 우선 채취하여야 한다는 원칙에 위배되는 채취 행위 (5) 하천 상류측에서 하류측으로 채취하거나 하천 양쪽 기슭[양안]에서 중심으로 채취하는 행위 (6) 하천구역에 골재를 쌓아 두는 행위. 다만, 해당 하천관리청이 하천관리상 지장이 없다고 인정하여 허용한 범위에서는 채취한 골재를 쌓아 두거나 선별 또는 세척할 수 있다. (7) 평탄하게 골고루 채취하지 아니하여 웅덩이가 생기도록 채취하는 행위 (8) 골재채취 후 하천 바닥에 남아 있는 토석을 정리하지 아니하고 방치하는 행위 (9) 구조물의 구조 강도를 유지하기 위하여 불가피한 고정구조물을 설치하는 행위	

처 리 기 준	비 고
(10)하천의 비탈면 및 바닥을 훼손할 우려가 있는 죽목·갈대·목초 또는 수초 등 식물을 채취하는 행위 (11)선박사고가 자주 발생하는 지역 또는 선박운항 구간이 중복되는 지역에서의 선박운항 행위 또는 물놀이 행위 (12)하천으로 통행하기 어렵게 하는 공작물을 설치하는 행위 (13)온실(비닐하우스를 포함한다) 및 이와 유사한 시설을 설치하는 행위 1.3 하천관리청이 하천점용허가시 고려해야 할 사항 (1) 제13조에 따른 하천의 구조·시설 기준에의 적합 여부 (2) 하천기본계획에의 적합 여부 (3) 공작물의 설치로 인근 지대에 침수가 발생하지 아니하도록 하는 배수시설의 설치 여부 (4) 하천수 사용 및 공작물 설치 등으로 수문조사시설 등 하천시설에 미치는 영향	

[8] 하수도법 제34조(개인하수처리시설의 설치)

처 리 기 준	비 고
1. 개인하수처리시설의 설치 1.1 개인하수처리시설을 설치하지 않아도 되는 경우 (1) 「물환경보전법」 제2조제17호에 따른 공공폐수처리시설로 오수를 유입시켜 처리하는 경우 (2) 오수를 흐르도록 하기 위한 분류식하수관거로 배수설비를 연결하여 오수를 공공하수처리시설에 유입시켜 처리하는 경우 (3) 공공하수도관리청이 환경부령이 정하는 기준·절차에 따라 하수관거정비구역으로 공고한 지역에서 합류식하수관거로 배수설비를 연결하여 공공하수처리시설에 오수를 유입시켜 처리하는 경우 (4) 건물등을 설치하는 자가 오수를 법 제45조에 따른 분뇨수집·운반업자에게 위탁하여 공공하수처리시설·폐수종말처리시설 또는 자기의 오수처리시설로 운반하여 처리하는 경우 (5) 건물등을 설치하는 자가 오수를 같은 사업장에 설치된 오수처리시설로 운반하여 처리하는 경우 1.2 개인하수처리시설의 설치·변경 신고 (1) 개인하수처리시설 설치시 신고서에 첨부하여 제출해야 하는 서류 (가) 개인하수처리시설의 설계도서{법 제52조제1항에 따라 개인하수처리시설제조업의 등록을 한 자가 제조·판매하는 개인하수처리시설을 설치하는 경우에는 그 개인하수처리시설의 주요 치수가 구체적으로 기록된 설계도서} (나) 건물·시설 등의 배수 계통도 (2) 개인하수처리시설을 변경시 신고서에 첨부하여 제출해야 하는 서류 (가) 개인하수처리시설의 변경 설계도서(개인하수처리시설제조업자가 제조·판매하는 개인하수처리시설로 변경하는 경우에는 그 개인하수처리시설의 주요 치수가 구체적으로 기록된 설계도서) (나) 그 밖에 개인하수처리시설의 변경사항을 증명하는 서류 1.3 개인하수처리시설의 폐쇄 (1) 개인하수처리시설을 철거하는 경우에는 오수와 찌꺼기를 완전히 제거할 것 (2) 개인하수처리시설을 철거하지 아니하는 경우에는 오수와 찌꺼기를 완전히 제거하고, 오수가 다시 유입되지 아니하도록 밀폐할 것 (3) 오수와 찌꺼기의 제거방법이 관할 공공하수도의 기능을 현저히 저해하거나 시설을 훼손하지 않도록 할 것 1.4 개인하수처리시설의 폐쇄시 신고서에 각 호의 서류를 첨부하여 제출 (1) 개인하수처리시설의 폐쇄방법 설명서 (2) 오수 배수관로 약식 도면 (3) 오수와 찌꺼기 제거방법 설명서	

[8-1] 하수도법 제27조(배수설비의 설치 등)

처 리 기 준	비 고
1. 배수설비의 설치 1.1 공공하수도의 사용이 개시된 때에는 배수구역 안의 토지의 소유자·관리자(그 토지 위에 시설물이 있는 경우에는 그 시설물의 소유자 또는 관리자를 말한다) 또는 국·공유시설물의 관리자는 그 배수구역의 하수를 공공하수도에 유입시켜야 하며, 이에 필요한 배수설비를 설치하여야 한다. 1.2 공공하수도관리청은 배수설비의 부실시공을 방지하기 위하여 필요한 경우에는 제1항의 규정에 따라 배수설비를 설치하여야 하는 자에게 그 배수설비의 시공을 대통령령으로 정하는 요건을 갖춘 자로 하여금 대행하게 하도록 명할 수 있다. 다만, 다음 각 호의 어느 하나에 해당하는 공사의 경우에는 그러하지 아니하다. (1) 옥내의 배수설비 공사 (2) 배수설비의 준설·보수 등 공공하수도의 기능에 장애를 주지 아니하는 배수설비의 유지·관리 공사 1.3 제1항의 규정에 따라 배수설비를 설치하고자 하는 자는 배수설비의 재질 및 물량, 배수설비설계서, 공사실시의 방법 및 시공자, 공공하수도시설의 복구방법을 기재한 배수설비설치신고서를 공공하수도관리청에 신고하여야 한다. 1.4 제1항의 규정에 따라 배수설비를 설치하여야 하는 자로서 생물화학적 산소요구량이 「물환경보전법」 제32조제8항에 따라 환경부장관이 별도로 정하여 고시한 배출허용기준 이하이고 부유물질이 리터당 80밀리그램 이상인 수질의 하수(하루에 내보내는 폐수의 최대량이 50세제곱미터 미만인 경우는 제외한다), 또는 하루에 내보내는 오수의 최대량이 100세제곱미터 이상인 하수 이상의 하수를 공공하수도에 유입시키고자 하는 자는 당해 하수의 수질 또는 수량, 배수설비의 사용개시 예정일자 등에 관한 사항을 제3항의 규정에 따라 배수설비의 설치 신고를 하는 때에 함께 신고를 하여야 한다. 신고한 하수의 수질 또는 수량을 변경하고자 하는 경우에도 또한 같다. 1.5 제1항의 규정에 따른 배수설비의 설치의무자가 그 설치공사를 완료한 때에는 지방자치단체의 조례가 정하는 바에 따라 공공하수도관리청의 준공검사를 받아야 한다. 1.6 제5항에 따라 배수설비의 준공검사를 받은 자는 다음 각 호의 어느 하나에 해당하는 경우에는 지방자치단체의 조례로 정하는 바에 따라 공공하수도관리청에 신고하여야 한다. (1) 해당 배수설비의 사용을 중지하거나 폐쇄하려는 경우 (2) 사용 중지 중인 배수설비를 다시 사용하려는 경우 (3) 준공검사를 받은 배수설비의 구조를 변경하려는 경우 (4) 그 밖에 공공하수도 관리를 위하여 필요한 경우로서 해당 지방자치단체의 조례로 정하는 경우 1.7 공공하수도관리청은 제3항에 따른 설치신고, 제4항 전단에 따른 신고, 같은 항 후단에 따른 변경신고 또는 제6항에 따른 신고를 받은 날부터 5일 이내에 신고수리 여부를 신고인에게 통지하여야 한다. 1.8 공공하수도관리청이 제7항에서 정한 기간 내에 신고수리 여부 또는 민원 처리 관련 법령에 따른 처리기간의 연장을 신고인에게 통지하지 아니하면 그 기간(민원 처리 관련 법령에 따라 처리기간이 연장 또는 재연장된 경우에는 해당 처리기간을 말한다)이 끝난 날의 다음 날에 신고를 수리한 것으로 본다. 1.9 제1항의 규정에 따라 설치된 배수설비의 유지·관리는 해당 지방자치단체의 조례로 정하는 바에 따라 그 설치자가 하여야 한다. 다만, 그 토지의 경계로부터 공공하수도까지의 배수설비는 해당 지방자치단체의 조례로 정하는 바에 따라 공공하수도관리청이 유지·관리할 수 있다. 1.10. 배수설비의 설치 및 구조에 관하여는 「건축법」 그 밖의 다른 법령의 규정에 따르는 것을 제외하고는 환경부령으로 정하는 기준에 따라야 한다.	

[별표 7] <개정 2019.12.20>

배수설비의 설치기준(제23조제2항 관련)

1. 오수관의 크기는 공공하수도관리청이 특별한 사유가 있다고 인정하는 경우 외에는 다음 표에 따른다. 다만, 오수 일부를 배제하기 위한 지관(支管)으로서 총 길이가 3m 미만인 것은 지름이 75㎜인 관을 사용할 수 있다.

배수 인구(명)	150 이하	300 이하	600 이하	1,000 이하
관의 지름 (㎜)	100 이상	150 이상	200 이상	250 이상

2. 합류관과 우수관의 크기는 공공하수도관리청이 특별한 사유가 있다고 인정하는 경우 외에는 다음 표와 같다. 다만, 우수관의 지관으로서 총 길이가 3m 미만인 것은 지름이 75㎜인 관을 사용할 수 있다.

배수면적(㎡)	200 미만	600 미만	1,200 미만	1,200 이상
관의 지름 (㎜)	100 이상	150 이상	200 이상	왼쪽 기준에 따라 관의 지름 또는 개수를 늘린다.

3. 배수량이 특히 많은 장소의 관의 크기는 다음 표에 따른다.

배수량(㎥)	1,000 미만	2,000 미만	4,000 미만	6,000 미만	6,000 이상
관의 지름 (㎜)	150 이상	200 이상	250 이상	300 이상	왼쪽 기준에 따라 관의 지름 또는 개수를 늘린다.

4. 배수관의 경사는 배수관 내 유속이 초당 0.6m에서 1.5m가 되도록 하여야 한다.
5. 배수관이나 배수거의 기점·종점·합류점·굴곡점 및 안지름 또는 안 폭이나 관의 종류가 달라지는 곳에는 물받이를 설치하여야 하며, 배수관이나 배수거가 직선으로 된 부분에는 안지름 또는 안 폭의 120배 이하의 간격으로 물받이를 설치하여야 한다. 다만, 배수관의 합류점이나 굴곡점에 물받이를 설치하기가 곤란한 경우에는 점검 및 청소·보수를 할 수 있는 청소구를 설치할 수 있다.
6. 고형물질(固形物質)이 유입되는 유입구에는 유효간격 10㎜ 이하인 스크린을 설치하여야 하며, 유지류(油脂類)가 유입되는 유입구에는 유지차단장치를, 다량의 토사(土砂)가 유입되는 유입구에는 적당한 크기의 모래받이를 각각 설치하여야 하며, 배수관이나 배수거의 필요한 부분에는 악취방지트랩을 설치하여야 한다.

[9] 수도법 제38조(공급규정)

처 리 기 준	비 고
1. 공급규정 1.1 일반수도사업자는 대통령령으로 정하는 바에 따라 수돗물의 요금, 급수설비에 관한 공사의 비용부담, 그 밖에 수돗물의 공급 조건에 관한 규정을 정하여 수돗물의 공급을 시작하기 전까지 인가관청의 승인을 받아야 하고, 승인을 받은 사항을 변경하려는 경우에도 또한 같다. 다만, 수도사업자가 지방자치단체이면 그 지방자치단체의 조례로 정한다. 1.2 공급규정의 승인신청 (1) 수돗물의 요금 산정에 필요한 기초자료 (2) 급수설비에 관한 공사비용의 산출기준과 방법 (3) 역류에 따른 수돗물의 오염을 방지하기 위한 계량기 후단의 역류방지밸브 설치 등 급수설비의 설치 및 관리에 관한 사항 (4) 그 밖에 수돗물의 공급에 관하여 환경부령으로 정하는 사항 1.3 제1항 본문에 따른 일반수도사업자 및 인가관청은 수돗물의 공급 조건에 관한 규정을 정하거나 승인할 때에 그 수도의 설치에 든 비용을 전액 수돗물의 요금으로 회수할 수 있도록 하여야 한다. 1.4 일반수도사업자는 다음 각 호의 어느 하나에 해당하는 자 및 「초·중등교육법」 제2조 각 호에 따른 학교, 「사회복지사업법」 제2조제4호에 따른 사회복지시설, 그 밖에 지방자치단체의 조례로 정하는 시설에 대하여는 대통령령으로 정하는 바에 따라 수돗물의 요금을 할인하여 줄 수 있다. (1) 65세 이상인 자 (2) 「장애인복지법」의 적용을 받는 장애인 (3) 「국민기초생활 보장법」에 따른 수급권자 및 차상위계층 (4) 그 밖에 지방자치단체가 요금의 할인이 필요하다고 인정하여 조례로 정하는 자	

[10] 전기사업법 제61조(전기사업용전기설비의 공사계획의 인가 또는 신고)

처 리 기 준			비 고
전기사업용 전기설비 공사계획의 인가 및 신고의 대상			
공사의 종류	인가가 필요한 것	신고가 필요한 것	
1. 발전소			
가. 설치공사	출력 1만킬로와트 이상의 발전소 설치	출력 1만킬로와트 미만의 발전소 설치	
나. 변경공사			
1) 발전설비의 설치	출력 1만킬로와트 이상의 발전설비 설치	출력 1만킬로와트 미만의 발전설비 설치	
2) 발전설비의 변경공사			
가) 원동력설비	출력 1만킬로와트 이상의 발전소로서 다음에 해당하는 것		
(1)수력설비 (가)댐	댐의 설치	(1) 출력 1만킬로와트 미만의 발전소 댐의 설치 (2) 댐을 개조하는 것으로서 본체의 강도나 안정도 또는 홍수토의 용량 변경을 수반하는 것	
(나)취수설비	취수설비의 설치	(1) 출력 1만킬로와트 미만의 발전소 취수설비 설치 (2) 개조하는 것으로서 통수 용량 또는 취수탑의 강도 변경을 수반한 것	
(다)침사지(沈砂池)	침사지의 설치 또는 개조	출력 1만킬로와트 미만의 발전소 침사지의 설치 또는 개조	
(라)도수로(導水路) 또는 방수로	도수로 또는 방수로의 설치·연장 및 개조	출력 1만킬로와트 미만의 발전소 도수로 또는 방수로의 설치·연장 및 개조	
(마)헤드탱크 또는 서지 탱크(surge tank)	헤드탱크 또는 서지 탱크의 설치	(1) 출력 1만킬로와트 미만의 발전소의 헤드탱크 또는 서지 탱크의 설치 (2) 개조하는 것으로서 다음과 같은 것 (가) 여수로(餘水路)의 용량 또는 여수로의 통수 용량의 변경을 수반하는 것 (나) 여수로 또는 여수로의 종류의 변경을 수반하는 것 (다) 서지 탱크에 영향을 미치는 것 (라) 서지 탱크의 강도의 변경을 수반하는 것	

처리기준			비고
(바)수압관로	수압관로의 설치 및 연장	(1) 출력 1만킬로와트 미만의 발전소의 수압관로 설치 및 연장 (2) 개조하는 것으로서 관 본체의 강도 변경을 수반하는 것	
(사)수 차	수차의 설치	(1) 출력 1만킬로와트 미만의 발전소의 수차 설치 (2) 대체 또는 개조	
(아)양수식발전소의 양수용 펌프	펌프의 설치	(1) 출력 1만킬로와트 미만의 발전소의 펌프 설치 (2) 대체 및 개조	
(자)저수지 또는 조정지	저수지 또는 조정지의 설치	(1) 출력 1만킬로와트 미만의 발전소의 저수지 또는 조정지 설치 (2) 개조하는 것으로서 상시 만수위(滿水位) 또는 최저수위의 변경을 수반하는 것	
(2)기력설비			
(가)증기터빈 또는 왕복기관	(1) 증기터빈 또는 왕복기관의 설치	(1) 출력 1만킬로와트 미만의 발전소의 증기터빈 또는 왕복기관 설치	
	(2) 증기터빈 또는 왕복기관을 개조하는 것으로서 20퍼센트 이상의 출력변경을 수반하는 것	(2) 출력 1만킬로와트 미만의 발전소의 증기터빈 또는 왕복기관을 개조하는 것으로서 20퍼센트 이상의 출력변경을 수반하는 것 (3) 증기터빈을 개조하는 것으로서 다음과 같은 것 (가) 차실·원판 또는 차축의 강도 변경을 수반하는 것 (나) 조속장치 또는 비상조속장치의 종류 변경을 수반하는 것 (4) 대 체	
(나)보일러	(1) 보일러의 설치	(1) 출력 1만킬로와트 미만의 발전소 보일러 설치	
	(2) 보일러를 개조하는 것으로서 다음과 같은 것	(2) 출력 1만킬로와트 미만의 발전소 보일러를 개조하는 것으로서 다음과 같은 것	
	(가) 최고 사용압력 또는 최고 사용온도의 20퍼센트 이상의 변경을 수반하는 것	(가) 최고 사용압력 또는 최고 사용온도의 20퍼센트 이상의 변경을 수반하는 것	

처리기준			비고
	(나) 재열기(再熱器)의 최고 사용압력 또는 최고 사용온도의 20퍼센트 이상의 변경을 수반하는 것 (다) 드럼 또는 안전밸브에 관한 것	(나) 재열기의 최고 사용압력 또는 최고 사용온도의 20퍼센트 이상의 변경을 수반하는 것 (다) 드럼 또는 안전밸브에 관한 것	
		(3) 보일러를 개조하는 것으로서 20퍼센트 이상의 가열면적 변경을 수반하는 것 (4) 대 체 (5) 수리하는 것으로서 다음과 같은 것 (가) 드럼 또는 안전밸브의 대체 (나) 드럼의 강도에 영향을 미치는 것 (다) 안전밸브의 성능에 영향을 미치는 것	
(다)연료연소설비	(1) 연료연소설비의 설치 또는 대체	(1) 출력 1만킬로와트 미만의 발전소의 연료연소설비의 설치 또는 대체	
	(2) 연료연소설비를 개조하는 것으로서 연료의 종류 변경을 수반하는 것	(2) 출력 1만킬로와트 미만의 발전소의 연료연소설비를 개조하는 것으로서 연료의 종류 변경을 수반하는 것	
(라)공해방지설비	공해방지설비를 설치·개조 또는 폐지하는 것. 다만, 개조하는 것은 공해방지능력의 감소를 수반하는 것만 해당한다.	출력 1만킬로와트 미만의 발전소의 공해방지설비를 설치·개조 또는 폐지하는 것. 다만, 개조하는 것은 공해방지능력의 감소를 수반하는 것만 해당한다.	
(마)증기밸브	증기밸브의 설치 또는 대체	출력 1만킬로와트 미만의 발전소의 증기밸브의 설치 또는 대체	
(바)보조설비	제31조제2항의 용기 및 관의 설치 또는 대체	출력 1만킬로와트 미만의 발전소로서 제31조제2항의 용기 및 관의 설치 또는 대체	
(3)가스터빈 설치 (가)가스터빈	가스터빈의 설치 또는 대체	(1) 출력 1만킬로와트 미만의 발전소의 가스터빈의 설치 또는 대체 (2) 개조하는 것으로서 20퍼센트 이상의 출력 변경을 수반하는 것	
(나)공기압축기	공기압축기의 설치 또는 대체	(1) 출력 1만킬로와트 미만의 발전소의 공기압축기 설치 또는 대체 (2) 차실 또는 차축의 강도 변경을 수반하는 개조	

처리기준			비고
(다)연료연소설비	연료연소설비의 설치 또는 대체	(1) 출력 1만킬로와트 미만의 발전소의 연료연소설비 설치 및 대체 (2) 개조하는 것으로서 연료의 종류 변경을 수반하는 것	
(라)보조설비	제31조제2항의 용기 및 관의 설치 또는 대체	출력 1만킬로와트 미만의 발전소로서 제31조제2항의 용기 및 관의 설치 또는 대체	
(4)복합화력설비			
(가)가스터빈	가스터빈의 설치 또는 대체	(1) 출력 1만킬로와트 미만의 발전소의 가스터빈 설치 또는 대체 (2) 개조하는 것으로서 20퍼센트 이상의 출력 변경을 수반하는 것	
(나)공기압축기	공기압축기의 설치 또는 대체	(1) 출력 1만킬로와트 미만의 발전소의 공기압축기 설치 또는 대체 (2) 차실 또는 차축의 강도 변경을 수반하는 개조	
(다)연료연소설비	연료연소설비의 설치 또는 대체	(1) 출력 1만킬로와트 미만의 발전소의 연료연소설비 설치 및 대체 (2) 개조하는 것으로서 연료의 종류 변경을 수반하는 것	
(라)보일러	(1) 보일러의 설치	(1) 출력 1만킬로와트 미만의 발전소의 보일러 설치	
	(2) 보일러를 개조하는 것으로서 다음과 같은 것	(2) 출력 1만킬로와트 미만의 발전소 보일러를 개조하는 것으로서 다음과 같은 것	
	(가) 최고 사용압력 또는 최고 사용온도의 20퍼센트 이상의 변경을 수반하는 것	(가) 최고 사용압력 또는 최고 사용온도의 20퍼센트 이상의 변경을 수반하는 것	
	(나) 재열기의 최고 사용압력 또는 최고 사용온도의 20퍼센트 이상의 변경을 수반하는 것	(나) 재열기의 최고 사용압력 또는 최고 사용온도의 20퍼센트 이상의 변경을 수반하는 것	
	(다) 드럼 또는 안전밸브에 관한 것	(다) 드럼 또는 안전밸브에 관한 것 (3) 보일러를 개조하는 것으로서 가열면적의 20퍼센트 이상의 변경을 수반하는 것 (4) 대 체 (5) 수리하는 것으로서 다음과 같은 것	

처 리 기 준			비 고
		(가) 드럼 또는 안전밸브의 대체 (나) 드럼의 강도에 영향을 미치는 것 (다) 안전밸브의 성능에 영향을 미치는 것	
(마)공해방지설비	공해방지설비를 설치·개조 또는 폐지하는 것. 다만, 개조하는 것은 공해방지 처리능력의 감소를 수반하는 것만 해당한다.	출력 1만킬로와트 미만의 발전소의 공해방지설비를 설치·개조 또는 폐지하는 것. 다만, 개조하는 것은 공해방지처리능력의 감소를 수반하는 것만 해당한다.	
(바)증기밸브	증기밸브의 설치 또는 대체	출력 1만킬로와트 미만의 발전소의 증기밸브 설치 또는 대체	
(사)증기터빈	(1) 증기터빈 또는 왕복기관의 설치	(1) 출력 1만킬로와트 미만의 발전소의 증기터빈 또는 왕복기관의 설치	
	(2) 증기터빈 또는 왕복기관의 개조로서 20퍼센트 이상의 출력의 변경을 수반하는 것	(2) 출력 1만킬로와트 미만의 발전소의 증기터빈 또는 왕복기관의 개조로서 20퍼센트 이상의 출력 변경을 수반하는 것 (3) 증기터빈을 개조하는 것으로서 다음과 같은 것 (가) 차실·원판 또는 차축의 강도 변경을 수반하는 것 (나) 조속장치 또는 비상조속장치의 종류 변경을 수반하는 것 (4) 대 체	
(아)보조설비	제31조제2항의 용기 및 관의 설치 또는 대체	출력 1만킬로와트 미만의 발전소로서 제31조제2항의 용기 및 관의 설치 또는 대체	
(5)내연력설비 (가)내연기관	내연기관의 설치 또는 대체	출력 1만킬로와트 미만의 발전소의 내연기관 설치 또는 대체	
(6)풍력설비	풍차의 설치 또는 대체	출력 1만킬로와트 미만의 발전소의 풍차 설치 또는 대체	
(7)원자력설비		출력 1만킬로와트 미만의 원자력발전소로서 다음과 같은 것	

처 리 기 준			비 고
(가)증기터빈설비	(1) 증기터빈의 설치 또는 대체 (2) 증기밸브의 설치 또는 대체 (3) 습분분리재열기의 설치 또는 대체 (4) 증기터빈을 개조하는 것으로서 다음과 같은 것 (가) 차실·원판 또는 차축의 강도 변경을 수반하는 것 (나) 조속장치 또는 비상조속장치의 종류 변경을 수반하는 것	(1) 증기터빈의 설치 또는 대체 (2) 증기밸브의 설치 또는 대체 (3) 습분분리재열기의 설치 또는 대체 (4) 증기터빈을 개조하는 것으로서 다음과 같은 것 (가) 차실·원판 또는 차축의 강도 변경을 수반하는 것 (나) 조속장치 또는 비상조속장치의 종류 변경을 수반하는 것	
(나)급수설비	급수펌프의 설치 또는 대체	급수펌프의 설치 또는 대체	
(다)복수설비	복수기(復水器)의 설치 또는 대체	복수기의 설치 또는 대체	
(라)보조설비	(1) 공기압축기의 설치 또는 대체 (2) 제31조제2항의 용기 및 관의 설치 또는 대체	(1) 공기압축기의 설치 또는 대체 (2) 제31조제2항의 용기 및 관의 설치 또는 대체	
나) 발전기계통설비 (1)발전기	(1) 용량 1만킬로볼트암페어 이상의 발전기 설치 또는 대체 (2) 용량 1만킬로볼트암페어 이상의 발전기를 개조하는 것으로서 20퍼센트 이상의 전압 또는 용량 변경을 수반하는 것	(1) 용량 1만킬로볼트암페어 미만의 발전기 설치 또는 대체 (2) 용량 1만킬로볼트암페어 미만의 발전기를 개조하는 것으로서 20퍼센트 이상의 전압 또는 용량 변경을 수반하는 것	
(2)변압기	전압 20만볼트 이상의 변압기 설치 또는 대체	전압 10만볼트 이상 20만볼트 미만의 변압기 설치 또는 대체(원자력발전소의 경우 1만볼트 이상 20만볼트 미만의 변압기 설치 또는 대체)	
(3)차단기		전압 20만볼트 이상의 차단기 설치 또는 대체(원자력발전소의 경우 1만볼트 이상의 차단기 설치 또는 대체)	
나) 신재생에너지 발전설비 등 (1) 태양광설비 (가) 태양전지	출력 1만킬로와트 이상의 태양전지의 설치 또는 전체 모듈 대체	출력 1만킬로와트 미만의 태양전지의 설치 또는 전체모듈대체	
(나) 전력변환장치	출력 1만킬로와트 이상의 전력변환장치의 설치 또는 대체	출력 1만킬로와트 미만의 전력변환장치의 설치 또는 대체	
(2) 연료전지설비 (가) 연료전지	출력 1만킬로와트 이상의 연료전지의 설치 또는 전체 대체	출력 1만킬로와트 미만의 연료전지의 설치 또는 전체 대체	

처 리 기 준			비 고
(나) 전력변환장치	출력 1만킬로와트 미만의 전력변환장치의 설치 또는 대체	출력 1만킬로와트 미만의 전력변환장치의 설치 또는 대체	
(3) 전기저장장치 (가) 이차전지	용량 1만킬로와트h 미만의 이차전지 설치 또는 전체 대체	용량 1만킬로와트h 미만의 이차전지 설치 또는 전체 대체	
(나) 전력변환장치	출력 1만킬로와트 미만의 전력변환장치의 설치 또는 대체	출력 1만킬로와트 미만의 전력변환장치의 설치 또는 대체	
(다) 부대설비		온도·습도·분진 조절을 위한 공조시설의 설치 또는 대체	
(4) 전기설비계통 (가) 차단기 (나) 변압기	전압 20만볼트 이상의 변압기의 설치 또는 대체	전압 1만볼트 이상 20만볼트 미만의 변압기의 설치 또는 대체	
(다) 전선로	전압 20만볼트 이상의 전선로의 설치·연장 또는 변경	전압 1만볼트 이상 20만볼트 미만의 전선로의 설치·연장 또는 변경	
2. 변전소 가. 설치공사	전압 20만볼트 이상의 변전소 설치	전압 20만볼트 미만의 변전소 설치	
나. 변경공사 1) 변압기	전압 20만볼트 이상의 변전소 설치 또는 대체	전압 20만볼트 미만의 변전소 설치 또는 대체	
2) 차단기		전압 20만볼트 이상의 차단기 설치 또는 대체	
3. 송전선로 가. 설치공사	전압 20만볼트 이상의 송전선로 설치	(1) 전압 20만볼트 미만으로서 선로 길이 10킬로미터 이상의 송전선로 설치 (2) 전압 20만볼트 미만으로서 선로 길이 1킬로미터 이상의 지중(地中) 송전선로 설치	
나. 변경공사 1) 전선로	전압 20만볼트 이상으로서 선로 길이 5킬로미터 이상의 송전선로 연장 또는 변경	전압 20만볼트 미만으로서 선로 길이 10킬로미터 이상의 송전선로 연장 또는 변경	
2) 개폐소	전압 20만볼트 이상의 개폐소 설치 또는 개조	전압 20만볼트 미만의 개폐소 설치 또는 개조	
4. 배전선로(공동구 또는 전력구만 해당한다)			
가. 설치공사(전력케이블 및 부대설비)		전압 1만볼트 이상으로서 선로 길이 0.5킬로미터 이상의 배전선로 설치	
나. 변경공사(전력케이블 및 부대설비)		전압 1만볼트 이상으로서 선로 길이 0.5킬로미터 이상의 배전선로 연장 또는 변경	

[11] 물환경보전법 제33조(배출시설의 설치허가 및 신고)

처 리 기 준	비 고
1. 배출시설의 설치허가 및 신고 1.1 설치허가를 받아야 하는 폐수배출시설 (1) 특정수질유해물질이 환경부령으로 정하는 기준 이상으로 배출되는 배출시설 (2) 「환경정책기본법」 제38조에 따른 특별대책지역(이하 "특별대책지역"이라 한다)에 설치하는 배출시설 (3) 법 제33조제8항에 따라 환경부장관이 고시하는 배출시설 설치제한지역에 설치하는 배출시설 (4) 「수도법」 제7조에 따른 상수원보호구역(이하 "상수원보호구역"이라 한다)에 설치하거나 그 경계구역으로부터 상류로 유하거리(流下距離) 10킬로미터 이내에 설치하는 배출시설 (5) 상수원보호구역이 지정되지 아니한 지역 중 상수원 취수시설이 있는 지역의 경우에는 취수시설로부터 상류로 유하거리 15킬로미터 이내에 설치하는 배출시설 (6) 법 제33조제1항 본문에 따른 설치신고를 한 배출시설로서 원료·부원료·제조공법 등이 변경되어 특정수질유해물질이 새로 발생되는 배출시설 1.2 배출시설의 설치신고를 하여야 하는 경우 (1) 설치허가 대상 배출시설 외의 배출시설을 설치하는 경우 (2) 제1항 각 호에 해당하는 배출시설 중 폐수를 전량 위탁처리하는 경우로서 위탁받은 폐수를 처리하는 시설이 제1항제2호부터 제5호까지의 규정에서 정하는 지역 또는 구역 밖에 있는 경우 (3) 제1항제2호부터 제5호까지에 해당하는 배출시설 중 특정수질유해물질이 발생되지 아니하는 배출시설로서 배출되는 폐수를 전량 폐수종말처리시설 또는 공공하수처리시설에 유입시키는 경우 1.3 배출시설의 변경허가를 받아야 하는 경우 (1) 폐수배출량이 허가 당시보다 100분의 50(특정수질유해물질이 배출되는 시설의 경우에는 100분의 30) 이상 또는 1일 700세제곱미터 이상 증가하는 경우 (2) 법 제32조에 따른 배출허용기준(이하 "배출허용기준"이라 한다)을 초과하는 새로운 수질오염물질이 발생되어 배출시설 또는 법 제35조제1항에 따른 수질오염방지시설(이하 "방지시설"이라 한다)의 개선이 필요한 경우 (3) 법 제33조제1항 단서에 따라 허가를 받은 폐수무방류배출시설로서 제7항제2호에 따른 고체상태의 폐기물로 처리하는 방법에 대한 변경이 필요한 경우	

처 리 기 준	비 고
1.4 변경신고로 변경허가를 갈음할 수 있는 경우 (1) 제35조제4항에 따른 공동방지시설의 대표자 또는 폐수종말처리시설의 운영자와 폐수의 처리 및 그 비용 부담에 관한 협의를 한 경우 (2) 폐수처리능력 또는 처리용량을 초과하지 아니하는 범위에서 배출시설을 변경한 경우 1.5 배출시설의 설치허가·변경허가를 받거나 설치신고시 제출서류 (1) 배출시설 설치허가·변경허가신청서 또는 배출시설 설치신고서 (2) 배출시설의 위치도 및 폐수배출공정흐름도 (3) 원료(용수를 포함한다)의 사용명세 및 제품의 생산량과 발생할 것으로 예측되는 수질오염물질의 내역서 (4) 방지시설의 설치명세서와 그 도면. 다만, 설치신고를 하는 경우에는 도면을 배치도로 갈음할 수 있다. (5) 배출시설 설치허가증(변경허가를 받는 경우에만 제출한다) 1.6 허가 또는 변경허가의 기준 (1) 배출시설에서 배출되는 오염물질을 제32조에 따른 배출허용기준 이하로 처리할 수 있을 것 (2) 다른 법령에 따른 배출시설의 설치제한에 관한 규정에 위반되지 아니할 것 (3) 폐수무방류배출시설을 설치하는 경우에는 폐수가 공공수역으로 유출·누출되지 아니하도록 아래의 시설 전부를 폐수무방류배출시설의 세부 설치기준에 따라 설치할 것 (가) 폐수무방류배출시설에서 발생되는 폐수가 다른 배출시설에서 발생되는 폐수와 섞이지 아니하도록 하는 분리·집수시설(集水施設) (나) 폐수 중 수질오염물질을 고체상태의 폐기물로 처리하는 방지시설 (다) 시설의 고장, 사고 등으로 폐수가 유출·누출되거나 빗물 등에 의하여 폐수가 공공수역으로 배출되지 아니하도록 하는 차단·저류(貯留)시설 1.7 폐수무방류배출시설의 세부 설치기준 (1) 배출시설에서 분리·집수시설로 유입하는 폐수의 관로는 육안으로 관찰할 수 있도록 설치하여야 한다. (2) 배출시설의 처리공정도 및 폐수 배관도는 누구나 알아 볼 수 있도록 주요 배출시설의 설치장소와 폐수처리장에 부착하여야 한다. (3) 폐수를 고체 상태의 폐기물로 처리하기 위하여 증발·농축·건조·탈수 또는 소각시설을 설치하여야 하며, 탈수 등 방지시설에서 발생하는 폐수가 방지시설에 재유입하도록 하여야 한다. (4) 폐수를 수집·이송·처리 또는 저장하기 위하여 사용되는 설비는 폐수의 누출을 방지할 수 있는 재질이어야 하며, 방지시설이 설치된 바닥은 폐수가 땅속으로 스며들지 아니하는 재질이어야 한다. (5) 폐수는 고정된 관로를 통하여 수집·이송·처리·저장되어야 한다. (6) 폐수를 수집·이송·처리·저장하기 위하여 사용되는 설비는 폐수의 누출을 육안으로 관찰할 수 있도록 설치하되, 부득이한 경우에는 누출을 감지할 수 있는 장비를 설치하여야 한다.	

처 리 기 준	비 고
(7) 누출된 폐수의 차단시설 또는 차단 공간과 저류시설은 폐수가 땅속으로 스며들지 아니하는 재질이어야 하며, 폐수를 폐수처리장의 저류조에 유입시키는 설비를 갖추어야 한다. (8) 폐수무방류배출시설과 관련된 방지시설, 차단·저류시설, 폐기물보관시설 등은 빗물과 접촉되지 아니하도록 지붕을 설치하여야 하며, 폐기물보관시설에서 침출수가 발생될 경우에는 침출수를 폐수처리장의 저류조에 유입시키는 설비를 갖추어야 한다. (9) 폐수무방류배출시설에서 발생된 폐수를 폐수처리장으로 유입·재처리할 수 있도록 세정식·응축식 대기오염방지시설 등을 설치하여야 한다. (10)특별대책지역에 설치되는 폐수무방류배출시설의 경우 1일 24시간 연속하여 가동되는 것이면 배출 폐수를 전량 처리할 수 있는 예비 방지시설을 설치하여야 하고, 1일 최대 폐수발생량이 200세제곱미터 이상이면 배출 폐수의 무방류 여부를 실시간으로 확인할 수 있는 원격유량감시장치를 설치하여야 한다. 1.8 배출시설 설치제한 지역 (1) 취수시설이 있는 지역 (2) 「환경정책기본법」 제38조에 따라 수질보전을 위해 지정·고시한 특별대책지역 (3) 「수도법」 제7조의2제1항에 따라 공장의 설립이 제한되는 지역(제31조제1항제1호에 따른 배출시설의 경우만 해당한다) (4) 제1호부터 제3호까지에 해당하는 지역의 상류지역 중 배출시설이 상수원의 수질에 미치는 영향 등을 고려하여 환경부장관이 고시하는 지역(제31조제1항제1호에 따른 배출시설의 경우만 해당한다)	

[12] 대기환경보전법 제23조(배출시설의 설치 허가 및 신고)

처 리 기 준	비 고
1. 배출시설의 설치허가 및 신고 1.1 설치허가를 받아야 하는 배출시설 (1) 특정대기유해물질이 환경부령으로 정하는 기준 이상으로 발생되는 배출시설 (2) 「환경정책기본법」 제38조에 따라 지정·고시된 특별대책지역(이하 "특별대책지역"이라 한다)에 설치하는 배출시설. 다만, 특정대기유해물질이 제1호에 따른 기준 이상으로 배출되지 아니하는 배출시설로서 별표 1의3에 따른 5종사업장에 설치하는 배출시설은 제외한다. 1.2 배출시설 설치허가 또는 신고할 때 제출서류 (1) 배출시설 설치허가신청서 또는 배출시설 설치신고서 (2) 원료(연료를 포함한다)의 사용량 및 제품 생산량과 오염물질 등의 배출량을 예측한 명세서 (3) 배출시설 및 대기오염방지시설(이하 "방지시설"이라 한다)의 설치명세서 (4) 방지시설의 일반도(一般圖) (5) 방지시설의 연간 유지관리 계획서 (6) 사용 연료의 성분 분석과 황산화물 배출농도 및 배출량 등을 예측한 명세서(법 제41조제3항 단서에 해당하는 배출시설의 경우에만 해당한다) (7) 배출시설설치허가증(변경허가를 신청하는 경우에만 해당한다) 1.3 변경허가를 받아야 하는 중요한 사항 (1) 법 제23조제1항 또는 제2항에 따라 설치허가 또는 변경허가를 받거나 변경신고를 한 배출시설 규모의 합계나 누계의 100분의 50 이상(제1항제1호에 따른 특정대기유해물질 배출시설의 경우에는 100분의 30 이상으로 한다) 증설. 이 경우 배출시설 규모의 합계나 누계는 배출구별로 산정한다. (2) 법 제23조제1항 또는 제2항에 따른 설치허가 또는 변경허가를 받은 배출시설의 용도 추가 1.4 허가 또는 변경허가의 기준 (1) 배출시설에서 배출되는 오염물질을 제16조나 제29조제3항에 따른 배출허용기준 이하로 처리할 수 있을 것 (2) 다른 법률에 따른 배출시설 설치제한에 관한 규정을 위반하지 아니할 것 1.5 배출시설설치의 제한 (1) 배출시설 설치 지점으로부터 반경 1킬로미터 안의 상주 인구가 2만명 이상인 지역으로서 특정대기유해물질 중 한 가지 종류의 물질을 연간 10톤 이상 배출하거나 두 가지 이상의 물질을 연간 25톤 이상 배출하는 시설을 설치하는 경우 (2) 대기오염물질(먼지·황산화물 및 질소산화물만 해당한다)의 발생량 합계가 연간 10톤 이상인 배출시설을 특별대책지역(법 제22조에 따라 총량규제구역으로 지정된 특별대책지역은 제외한다)에 설치하는 경우	

[13] 소음·진동 관리법 제8조(배출시설의 설치 신고 및 허가 등)

처 리 기 준	비 고
1. 배출시설의 설치 신고 및 허가 1.1 배출시설 설치신고하거나 설치허가시 제출서류 (1) 배출시설 설치신고서 또는 배출시설 설치허가신청서 (2) 배출시설의 설치명세서 및 배치도(허가신청인 경우만 제출한다) (3) 방지시설의 설치명세서와 그 도면(신고의 경우 도면은 제외한다) (4) 법 제9조 각 호의 어느 하나에 해당하여 방지시설의 설치의무를 면제받으려는 경우에는 제2호의 서류를 갈음하여 이를 인정할 수 있는 서류 1.2 특별자치시장/도지사 또는 시장·군수·구청장의 허가를 받아야 하는 지역 (1) 「의료법」 제3조제2항제3호마목에 따른 종합병원의 부지 경계선으로부터 직선거리 50미터 이내의 지역 (2) 「도서관법」 제2조제4호에 따른 공공도서관의 부지 경계선으로부터 직선거리 50미터 이내의 지역 (3) 「초·중등교육법」 제2조 및 「고등교육법」 제2조에 따른 학교의 부지 경계선으로부터 직선거리 50미터 이내의 지역 (4) 「주택법」 제2조제3호에 따른 공동주택의 부지 경계선으로부터 직선거리 50미터 이내의 지역 (5) 「국토의 계획 및 이용에 관한 법률」 제36조제1항제1호가목에 따른 주거지역 또는 같은 법 제51조제3항에 따른 제2종지구단위계획구역(주거형만을 말한다) (6) 「의료법」제3조제2항제3호라목에 따른 요양병원 중 100개 이상의 병상을 갖춘 노인을 대상으로 하는 요양병원 (7) 「영유아보육법」 제2조제3호에 따른 어린이집 중 입소규모 100명 이상인 어린이집의 부지경계선으로부터 직선거리 50미터 이내의 지역 1.3 배출시설의 설치신고 또는 설치허가 대상에서 제외되는 지역 (1) 「산업입지 및 개발에 관한 법률」 제2조제8호에 따른 산업단지 (2) 「국토의 계획 및 이용에 관한 법률 시행령」 제30조에 따라 지정된 전용공업지역 및 일반공업지역 (3) 「자유무역지역의 지정 및 운영에 관한 법률」 제4조에 따라 지정된 자유무역지역 (4) 제1호부터 제3호까지의 규정에 따라 지정된 지역과 유사한 지역으로 특별시장·광역시장·도지사 또는 특별자치도지사(이하 "시·도지사"라 한다)가 환경부장관의 승인을 받아 지정·고시한 지역 1.4 배출시설의 변경신고대상 (1) 배출시설의 규모를 100분의 50 이상(신고 또는 변경신고를 하거나 허가를 받은 규모를 증설하는 누계를 말한다) 증설하는 경우 (2) 사업장의 명칭이나 대표자를 변경하는 경우 (3) 배출시설의 전부를 폐쇄하는 경우	<참고> 1.배출시설의 규모는 마력기준시설 및 기계·기구는 총마력의 합계, 대수기준시설 및 기계·기구는 총대수의 합계, 기타 시설 및 기계·기구는 각각의 단위의 합계로 한다. 2.하나의 사업장에 마력기준시설 및 기계·기구, 대수기준시설 및 기계·기구, 기타 시설 및 기계·기구가 섞여 있는 경우에는 각각의 증설비율에 따라 제1호를 적용한다.

[14] 가축분뇨의 관리 및 이용에 관한 법률 제11조(배출시설의 설치)

처 리 기 준 | **비 고**

1. 배출시설에 대한 설치허가

1.1 허가대상 배출시설

배출시설의 종류	규모
돼지 사육시설	면적 1,000㎡ 이상. 다만, 수질보전특별대책지역 등에서는 면적 500㎡ 이상으로 한다.
소(젖소는 제외한다) 사육시설	축사 면적 900㎡ 이상 또는 운동장 면적 450㎡ 이상. 다만, 수질보전특별대책지역 등에서는 축사 면적 450㎡ 이상 또는 운동장 면적 200㎡ 이상으로 한다.
젖소 사육시설	축사 면적 900㎡ 이상 또는 운동장 면적 2,700㎡ 이상. 다만, 수질보전특별대책지역 등에서는 축사 면적 450㎡ 이상 또는 운동장 면적 1,350㎡ 이상으로 한다.
말 사육시설	면적 900㎡ 이상. 다만 수질보전특별대책지역 등에서는 면적 450㎡ 이상으로 한다.
닭 또는 오리 사육시설	면적 3,000㎡ 이상

비고

1. "수질보전특별대책지역 등"이란 제12조제1호부터 제5호까지 및 제8호에 해당하는 지역 또는 구역을 말한다.
2. "운동장"이란 휴식이나 운동을 목적으로 소·젖소가 일시적으로 머무르는 곳을 말한다. 다만, 소·젖소가 운동장에서 1일 8시간 이상 상시적으로 머무르는 경우에는 이를 축사로 본다.
3. 동일 사업장에 같은 종류의 시설이 2 이상 있는 경우에는 각 시설의 면적을 합산한 것을 해당 시설의 규모로 한다.
4. 동일 사업장에 다른 종류의 시설이 2 이상 있는 경우에는 다음 식에 따라 산출한 수치의 합이 1 이상이면 허가대상 배출시설로 본다.

$$\frac{\text{제1 배출시설의 면적}}{\text{해당 배출시설의 기준면적}} + \frac{\text{제2 배출시설의 면적}}{\text{해당 배출시설의 기준면적}} + \cdots$$

1.2 배출시설의 설치허가시 제출서류

(1) 허가신청서
(2) 배출시설의 설치내역서
(3) 가축사육 마릿수와 가축분뇨의 배출량에 대한 예측내역서
(4) 처리시설의 설치내역서와 그 도면 또는 법 제16조 단서에 따른 표준설계도서(법 제12조제1항 단서에 따라 처리시설의 설치 의무가 면제된 자의 경우에는 이를 인정할 수 있는 서류)
(5) 초지·농경지의 확보명세서의 작성이나 액비(液肥)의 살포를 법 제27조제1항에 따른 가축분뇨의 재활용 신고자(이하 "재활용신고자"라 한다)에게 위탁한 경우 액비 살포에 관한 계약서(배출시설에서 배출되는 가축분뇨를 액비로 자원화하는 시설을 설치하는 경우에만 첨부한다)
(6) 사업장배치도 및 가축분뇨배출배관도
(7) 오니(汚泥)의 예측 발생량과 처리방법내역서(정화시설을 설치하는 경우에만 첨부한다)

처 리 기 준	비 고

1.3 허가여부 결정시 검토해야 할 사항

(1)가축분뇨를 법 제13조에 따른 방류수수질기준 이하로 처리할 수 있는지 여부

(2) 가축분뇨의 배출량에 대한 예측내역서의 정확성 여부

(3) 초지·농경지의 확보 여부 및 확보된 초지·농경지가 다른 축산업자 등이 확보한 초지·농경지와 중복되는지의 여부

(4) 액비의 살포를 재활용신고자에게 위탁하는 계약의 체결 여부 및 액비를 실제로 뿌릴 수 있는지의 여부(배출시설에서 배출되는 가축분뇨를 액비로 자원화하는 시설을 설치하는 경우로 한정한다)

(5) 배출시설의 설치 예정지역이 「환경정책기본법」 등 관계 법령에 따라 입지가 제한되는지 여부

1.4 신고대상 배출시설

배출시설의 종류	규모
돼지 사육시설	면적 50㎡ 이상 1,000㎡ 미만. 다만, 수질보전특별대책지역 등에서는 면적 50㎡ 이상 500㎡ 미만으로 한다.
소(젖소는 제외한다) 사육시설	축사 면적 100㎡ 이상 900㎡ 미만 또는 운동장 면적 200㎡ 이상 450㎡ 미만. 다만, 수질보전특별대책지역 등에서는 축사 면적 100㎡ 이상 450㎡ 미만 또는 운동장 면적 100㎡ 이상 200㎡ 미만으로 한다.
젖소 사육시설	축사 면적 100㎡ 이상 900㎡ 미만 또는 운동장 면적 300㎡ 이상 2,700㎡ 미만. 다만, 수질보전특별대책지역 등에서는 축사 면적 100㎡ 이상 450㎡ 미만 또는 운동장 면적 300㎡ 이상 1,350㎡ 미만으로 한다.
말 사육시설	면적 100㎡ 이상 900㎡ 미만. 다만, 수질보전특별대책지역 등에서는 면적 100㎡ 이상 450㎡ 미만으로 한다.
닭, 오리 또는 메추리 사육시설	닭 또는 오리는 면적 200㎡ 이상 3,000㎡ 미만으로 하고, 메추리는 면적 200㎡ 이상으로 한다.
양 사육시설	면적 200㎡ 이상
사슴 사육시설	면적 200㎡ 이상
개 사육시설	면적 60㎡ 이상
방목 사육시설	돼지 36마리 이상, 소·젖소·말 9마리 이상, 닭·오리 1,500마리 이상 또는 양·사슴 50마리 이상으로 한다. 다만, 「초지법」에 따른 초지에서 가축을 사육하거나 자연순환농법으로 논에서 오리를 사육하는 경우는 제외한다.

비고

1. "수질보전특별대책지역 등"이란 제12조제1호부터 제5호까지 및 제8호에 해당하는 지역 또는 구역을 말한다.
2. "운동장"이란 휴식이나 운동을 목적으로 소·젖소가 일시적으로 머무르는 곳을 말한다. 다만, 소·젖소가 운동장에서 1일 8시간 이상 상시적으로 머무르는 경우에는 이를 축사로 본다.
3. 동일 사업장에 같은 종류의 시설이 2 이상 있는 경우에는 각 시설의 면적을 합산한 것을 해당 시설의 규모로 한다.
4. 동일 사업장에 다른 종류의 시설이 2 이상 있는 경우에는 다음 식에 따라 산출한 수치의 합이 1 이상이면 신고대상 배출시설로 본다.

$$\frac{\text{제1 배출시설의 면적}}{\text{해당 배출시설의 기준면적}} + \frac{\text{제2 배출시설의 면적}}{\text{해당 배출시설의 기준면적}} + \cdots$$

5. 동일 사업장에 다른 종류의 가축의 방목 사육시설이 둘 이상 있는 경우에는 다음 계산식에 따라 산출한 수치의 합이 1 이상이면 신고대상 배출시설로 본다.

$$\frac{\text{제1 방목가축의 실제 사육마릿수}}{\text{해당 가축별 신고기준 사육마릿수}} + \frac{\text{제2 방목가축의 실제 사육마릿수}}{\text{해당 가축별 신고기준 사육마릿수}} + \cdots$$

5. 개 사육시설의 면적은 사육 케이지를 포함한다.

[15] 자연공원법 제23조(행위허가)

처 리 기 준	비 고
1. 행위허가 1.1 허가받아야 하는 행위 (1) 건축물이나 그 밖의 공작물을 신축·증축·개축·재축 또는 이축하는 행위 (2) 광물을 채굴하거나 흙·돌·모래·자갈을 채취하는 행위 (3) 개간이나 그 밖의 토지의 형질 변경(지하 굴착 및 해저의 형질 변경을 포함한다)을 하는 행위 (4) 수면을 매립하거나 간척하는 행위 (5) 하천 또는 호소(湖沼)의 물높이나 수량(水量)을 늘거나 줄게 하는 행위 (6) 야생동물[해중동물(海中動物)을 포함한다. 이하 같다]을 잡는 행위 (7) 나무를 베거나 야생식물(해중식물을 포함한다. 이하 같다)을 채취하는 행위 (8) 가축을 놓아먹이는 행위 (9) 물건을 쌓아 두거나 묶어 두는 행위 (10)경관을 해치거나 자연공원의 보전·관리에 지장을 줄 우려가 있는 건축물의 용도 변경과 그 밖의 행위로서 아래의 행위 (가) 선전이나 광고를 위한 입간판을 설치하는 행위 (나) 계곡 등에 좌판대를 설치하는 행위 (다) 전신주·철조망 등을 설치하는 행위 (라) 비닐하우스 기타 조립식 가설 건조물을 설치하는 행위 1.2 행위허가 신청시 제출서류 (1) 허가신청서 (2) 점용 또는 사업계획서(법 제23조제3항의 규정에 의한 공원위원회의 심의를 거치는 사항에 한한다) (3) 위치도·지적·임야도 및 평면도 (4) 토지사용승낙서(법 제23조제1항제1호 내지 제3호·제9호 및 이 영 제20조 각호의 1에 해당하는 행위로서 신청인 소유의 토지가 아닌 경우에 한한다) 1.3 신고할 수 있는 행위 (1) 공원마을지구에서 주거용·농림수산업용 건축물을 기존 연면적을 포함하여 200제곱미터 미만으로 증축하는 행위. 다만, 도로경계선으로부터 10미터 이내에 설치하는 경우에는 허가를 받아야 한다. (2) 「산림자원의 조성 및 관리에 관한 법률」 제13조제1항에 따른 산림경영계획 및 「국유림의 경영 및 관리에 관한 법률」 제8조제1항에 따른 국유림경영계획 수립시 공원관리청과 협의된 벌채·육림·조림행위 (3) 공원자연환경지구에서 벌채목적이 아니면서 1헥타르당 50본 미만으로 자생종 나무를 심거나 1헥타르당 100제곱미터 미만의 면적에 풀을 심는 행위 (4) 공원마을지구에서 상업시설 또는 숙박시설을 주택으로 용도변경하는 행위	

처 리 기 준	비 고
(5) 제14조제2호에 따른 섬지역에 거주하는 주민이 사망하여 그 섬지역의 공원구역에 「장사 등에 관한 법률」 제14조제1호에 따른 개인묘지를 설치하는 행위 (6) 「어촌·어항법 시행령」 제10조제3호에 따른 시설의 보수·개량사업을 하는 행위(시설이 증축되거나 부지면적이 증가되는 경우는 제외한다) 1.4 신고를 생략하고 할 수 있는 행위 (1) 공원마을지구에서 주거용 또는 농림수산업용 건축물 기타 공작물을 개축·재축 또는 이축하는 행위. 다만, 도로경계선으로부터 10미터 이내인 경우에는 허가를 받아야 한다. (2) 공원자연환경지구·공원마을지구에서 연면적 10제곱미터의 범위 안에서 화장실을 개축하는 행위 (3) 공원자연환경지구·공원마을지구에서 농경지(실제로 사용되는 농경지만 해당한다) 정리를 위하여 토지의 형질을 변경하는 행위 (3-2) 공원구역에서 「도로법」 제20조에 따른 도로 관리청이 교통안전을 위하여 같은 법 제25조에 따른 도로구역 안에서 토지의 형질을 변경하거나 낙석방지시설 등 안전시설을 설치하는 행위 (4) 영림계획이 수립되지 아니한 경우에 공원마을지구에서 자생종 나무 또는 풀을 심는 행위 (5) 공원자연환경지구·공원마을지구에서 농림수산 및 생활용수의 인수를 위하여 하천 또는 호수의 수면의 변동이나 수량의 증감을 초래하는 행위. 다만, 지하수를 개발하는 경우에는 허가를 받아야 한다. (6) 공원자연환경지구·공원마을지구에서 꿀벌을 기르거나 공원마을지구에서 1가구 5두 이하(조류는 1가구 20마리 이하)의 가축을 놓아먹이는 행위 (7) 공원자연환경지구·공원마을지구에서 농림수산물을 쌓아두거나 농작물수확을 위하여 일시적으로 10제곱미터 미만의 원두막을 설치하는 행위 (8) 자연공원 안의 거주민(공원구역 안에 거주하는 자로서 주민등록이 되어 있는 자를 말하며, 거주민이 협의체를 구성하는 경우에는 협의체를 포함한다)이 공원관리청과 자발적 협약을 체결하여 공원자연환경지구·공원마을지구에서 공원자원을 훼손하지 아니하는 범위안에서 약초·버섯·산나물·해산물 등을 채취하는 행위 (8-2)법 제18조제2항제1호사목에 따라 거주민(공원구역 안에 거주하는 자로서 주민등록이 되어 있는 자를 말한다)이 공원관리청과 자발적 협약을 체결하여 공원자연보존지구에서 행하는 임산물의 채취행위 (9)공원자연보존지구 외의 용도지구에서 농업용 비닐하우스를 설치하는 행위 (9-2)법 제23조제1항 각 호 외의 부분 본문에 따라 공원관리청의 허가를 받은 건축물의 규모를 축소하거나 주거용 건축물을 제14조의3부터 제14조의5까지의 규정에서 정하고 있는 행위기준 내에서 동수나 층수의 변경 없이 한 번만 연면적을 100분의 10 이내로 확대하는 행위 (10)산림청장 또는 지방산림청장이 「산림보호법」 제7조제1항제5호에 따른 산림유전자원보호구역에서 행하는 다음 각 목의 행위. 이 경우 공원관리청에 그 내용을 미리 알려야 한다.	

처 리 기 준	비 고
(가) 「산림보호법」 제2조제4호 및 제5호에 따른 산림병해충의 예찰·방제를 위한 행위 (나) 「산림보호법」 제2조제8호에 따른 산불방지를 위한 행위 (다) 「산림보호법」 제9조제2항제1호에 따라 허가를 받은 행위(같은 법 시행령 제3조제2항제7호에 따른 전신주나 이동통신기지국의 설치 행위는 제외한다) (라) 「산림보호법」 제13조제1항에 따른 보호수의 지정·관리를 위한 행위 (마) 「산림보호법」 제43조에 따른 산불피해지의 복구 및 산림복원계획의 시행을 위한 행위 (11)법 제8조제2항에 따라 국립공원에 편입된 국유림 또는 공유림(2021년 12월 3일 이후 편입된 경우로 한정한다) 소관 중앙행정기관의 장 또는 지방자치단체의 장이 해당 국립공원(공원자연보존지구는 제외한다)에서 「산림자원의 조성 및 관리에 관한 법률」에 따른 산림사업을 하는 행위. 이 경우 공원관리청에 그 내용을 미리 알려야 한다. (12) 제1호부터 제3호까지, 제3호의2, 제4호부터 제8호까지, 제8호의2, 제9호, 제9호의2, 제10호 및 제11호에서 규정한 행위 외에 자연환경의 훼손이나 공중의 이용에 지장을 초래할 염려가 없다고 공원관리청이 판단한 경미한 행위 1.5 공원관리청은 다음 각 호의 기준에 맞는 경우에만 제1항에 따른 허가를 할 수 있다. (1) 제18조제2항에 따른 용도지구에서 허용되는 행위의 기준에 맞을 것 (2) 공원사업의 시행에 지장을 주지 아니할 것 (3) 보전이 필요한 자연 상태에 영향을 미치지 아니할 것 (4) 일반인의 이용에 현저한 지장을 주지 아니할 것 1.6 공원관리청이 행위허가를 함에 있어서 공원위원회의 심의를 거쳐야 하는 경우 (1) 부지면적이 5천제곱미터(공원자연보존지구는 2천제곱미터) 이상인 시설을 설치하는 경우(군사시설의 경우에는 부대의 증설·창설 또는 이전을 위하여 시설을 설치하는 경우에 한한다) (2) 도로·철도·궤도 등의 교통·운수시설을 1킬로미터 이상 신설하거나 1킬로미터 이상 확장 또는 연장하는 경우 (3) 광물을 채굴(해저광물채굴을 포함한다)하는 경우 또는 채취면적이 1천제곱미터 이상이거나 채취량이 1만톤 이상인 흙·돌·모래 등을 채취하는 경우 (4) 5천제곱미터 이상의 개간·매립·간척 그 밖의 토지형질변경을 하는 경우(군사시설의 경우에는 부대의 증설·창설 또는 이전을 위하여 시설을 설치하는 경우에 한한다) (5) 만수면적이 10만제곱미터 이상이거나 총저수용량이 100만세제곱미터 이상이 되는 댐·하구언·저수지·보 등 수자원개발사업을 하는 경우	

[16] 도시공원 및 녹지 등에 관한 법률 제24조(도시공원의 점용허가)

처 리 기 준	비 고
1. 도시공원의 점용허가 1.1. 도시공원의 점용허가 대상(변경허가 포함) (1) 전봇대・전선・변전소・지중변압기・개폐기・가로등분전반・전기통신설비(군용전기통신설비는 제외한다)・수소연료공급시설 및 태양에너지설비 등 분산형 전원설비의 설치 (2) 수도관・하수도관・가스관・송유관・가스정압시설・열수송시설・공동구(공동구의 관리사무소를 포함한다)・전력구・송전선로 및 지중정착장치(어스앵커)의 설치 (3) 도로・교량・철도 및 궤도・노외주차장・선착장의 설치 (4) 농업을 목적으로 하는 용수의 취수시설, 관개용수로(위험방지시설을 설치하는 경우에 한한다), 생활용수의 공급을 위하여 고지대에 설치하는 배수시설(자연유하방식으로 공급하는 경우에 한한다), 비상급수시설과 그 부대시설의 설치 (5) 지구대・파출소・초소・등대 및 항로표지 등의 표지의 설치 (6) 방화용 저수조・지하대피시설의 설치 (7) 군용전기통신설비・축성시설, 그 밖에 국방부장관이 군사작전상 불가피하다고 인정하는 최소한의 시설의 설치 (8) 농업・임업・축산업・수산업 또는 광업에 종사하는 자가 생산에 직접 공여할 목적으로 자기 소유의 토지에 설치하는 관리용 가설건축물의 설치 (9) 「건축법 시행령」 별표 1의 규정에 의한 다음 각 목의 어느 하나에 해당되는 시설로서 자기 소유의 토지에 설치하는 가설건축물의 설치 (가) 제2종근린생활시설 중 사무소 (나) 창고시설 (다) 동물 및 식물관련시설 중 축사, 작물 재배사, 종묘배양시설, 화초 및 분재 등의 온실 (라) 동물 및 식물관련시설 중 식물과 관련된 작물 재배사, 종묘배양시설, 화초 및 분재 등의 온실과 비슷한 것(동・식물원은 제외한다) (9의2) 법 제14조제2항에 따른 개발계획에 포함된 도시공원 및 녹지의 예정부지에 그 개발사업의 시행자가 해당 공사를 위하여 필요로 하는 가설건축물의 설치 (10) 공원관리청 또는 공원관리자가 도시공원의 관리 및 운영을 위하여 필요로 하는 가설건축물의 설치 (11) 비상재해로 인한 이재민을 수용하기 위한 가설공작물의 설치 (12) 공원관리청이 재해의 예방 또는 복구를 위하여 필요하다고 인정하는 공작물의 설치 (13) 경기・집회・전시회・박람회・공연・영화상영・영화촬영을 위하여 설치하는 단기의 가설건축물 또는 단기의 가설공작물의 설치 (14) 도시공원 결정 당시 기존 건축물 및 기존 공작물의 증축・개축・재축 또는 대수선 (14의2) 지하에 설치하는 운송통로, 창고시설 등의 시설로서 공원관리청이 시・도도시공원위원회(시・도도시공원위원회가 설치되지 아니한 경우에는 시・도도시계획위원회를 말한다) 또는 시・군도시공원위원회(시・군도시공원위원회가 설치되지 아니한 경우에는 시・군・구도시계획위원회를 말한다)의 심의를 거쳐 산업활동을 위하여 필요하다고 인정하는 시설의 설치	

처 리 기 준	비 고

(15) 제1호부터 제9호까지, 제9호의2, 제10호부터 제14호까지 및 제14호의 2에 따른 시설의 설치에 필요한 공사용 비품 및 재료의 적치장의 설치
(15의2) 연접한 토지에 건축물 또는 공작물을 설치하기 위하여 필요한 공사용 비품 및 재료 적치장의 설치
(16) 토지의 형질변경, 토석의 채취 및 나무를 베거나 심는 행위
(17) 제1호부터 제9호까지, 제9호의2, 제10호부터 제13호까지의 규정에 따른 시설과 유사한 기능을 갖는 시설의 설치
(18) 다음 각 목의 요건을 모두 갖춘 시설로서 특별시·광역시·특별자치시·특별자치도·시 또는 군의 조례로 정하는 시설의 설치. 이 경우 하나의 도시공원에 5개 이내의 시설로 한정한다.
(가) 도시공원의 기능에 지장을 주지 아니하고 공원이용객에게 불편을 초래하지 아니하는 시설일 것
(나) 법 제15조제1항제3호아목에 따른 도시공원에 설치하는 시설일 것
(다) 「국토의 계획 및 이용에 관한 법률」 제2조제6호에 따른 기반시설일 것
(라) 개별 시설의 건축연면적이 200제곱미터 이하인 시설일 것
(19) 제1호부터 제9호까지, 제9호의2, 제10호부터 제13호까지, 제14호의2, 제15호, 제17호 및 제18호에 따른 시설 등을 지하에 설치하는 경우 공원관리청이 해당 시설 등의 관리·운영을 위하여 설치가 불가피하다고 인정하는 출입구, 환기구 등 필수 부대시설의 설치

1.2 도시공원의 점용허가를 받지 않고 할 수 있는 경미한 행위
(1) 산림의 경영을 목적으로 솎아베는 행위
(2) 나무를 베는 행위 없이 나무를 심는 행위
(3) 농사를 짓기 위하여 자기 소유의 논·밭을 갈거나 파는 행위
(4) 자기 소유 토지의 이용 용도가 과수원인 경우로서 과수목을 베거나 보충하여 심는 행위
(5) 「산림보호법」에 따른 산림병해충 방제 또는 수목진료에 수반되는 다음 각 목의 행위
(가) 나무를 베는 행위
(나) 물건을 일시적으로 쌓아놓는 행위
(다) 땅을 파는 행위

1.3 도시공원의 점용허가 신청
(1) 점용허가신청서(별지 제1호서식)
(2) 첨부서류
(가) 사업계획서(위치도 및 평면도를 포함한다)
(나) 공사시행계획서
(다) 원상회복계획서

1.4 도시공원의 점용허가 절차

점용허가 신청	→	점용가능 여부 판단	→	점용허가
신 청 인		공원관리청		공원관리청

1.5 도시공원 점용허가의 일반적 기준
(1) 점용목적물은 도시공원의 풍치 및 미관과 도시공원으로서의 기능을 저해하지 아니하도록 배치할 것
(2) 지상에 설치하는 점용목적물의 구조는 넘어지거나 무너지는 것 등을 예방할 수 있도록 하여야 하며, 공원시설의 보전과 도시공원의 이용에 지장이 없도록 할 것

처 리 기 준	비 고
(3) 지하에 설치하는 점용목적물의 구조는 견고하고 오래 견딜 수 있도록 하여야 하며, 공원시설 및 다른 점용목적물의 보전과 도시공원의 이용에 지장이 없도록 할 것 (4) 토지의 형질변경, 토석의 채취, 나무를 베거나 심는 행위 및 물건을 쌓아 두는 행위는 도시공원의 풍치 및 미관을 저해하지 아니하도록 하여야 하고, 공원시설의 보전과 도시공원의 이용에 지장이 없도록 하여야 하며, 그로 인한 위해가 발생하지 아니하도록 할 것 1.1. 도시공원 점용허가의 구체적 기준 (1) 전주·전선·변전소·지중변압기·개폐기·가로등분전반·전기통신설비(군용전기설비를 제외한다) 및 태양에너지설비 등 분산형 전원설비의 설치 (가) 전선은 불가피한 경우를 제외하고는 지하에 설치할 것 (나) 변전소는 지하에 설치하여야 하며, 그 시설의 최상단부와 지면과의 거리가 3m 이상이 되도록 할 것 (다) 분산형 전원설비는 도시공원 안의 건축물 및 주차장에 설치할 것 (라) 전기통신설비는 불가피한 경우를 제외하고는 지하에 설치하여야 하며, 전기통신관은 그 설비의 최상단부와 지면과의 거리가 1.5m 이상이 되도록 할 것 (2) 수도관·하수도관·가스관·송유관·가스정압시설·열수송관·공동구(공동구의 관리사무소를 포함한다) 및 지중정착장치(어스앵커)의 설치 (가) 수도관·하수도관·가스관·공동구(공동구의 관리사무소를 제외한다)는 지하에 설치하여야 하며, 본선은 그 시설의 최상단부와 지면과의 거리가 1.5m 이상이 되도록 할 것. 다만, 노폭 5m 이상의 도로 또는 중량물의 압력을 받을 위험이 많은 장소의 지하에 설치하는 하수도관의 본선은 그 시설의 최상단부와 지면과의 거리를 3m 이상이 되도록 하여야 한다. (나) 가스정압시설은 안전을 고려하여 가능한 지하구조물로 설치하여야 하며 다음의 요건에 모두 적합하게 설치할 것 ① 주변지역의 입지여건을 고려하여 불가피하게 가스정압시설을 설치하여야 하는 경우를 제외하고는 소공원 또는 어린이공원에 설치하지 아니할 것 ② 삭제 <2009.12.31> ③ 주변환경을 고려하여 특별히 안전에 이상이 없는 경우에 한할 것 ④ 도시공원의 미관을 해치지 아니하는 범위에서 주위에 철망 혹은 산울타리 등을 설치하고 외부사람이 허가 없이 출입하는 것을 금하는 내용의 경계표지를 보기 쉬운 장소에 부착할 것 (나) 그 밖에 도시공원 내 설치하거나 설치된 가스관 및 가스정압시설 등 가스공급시설의 안전에 관한 사항은 「도시가스사업법」에서 정하는 바에 의할 것	

처 리 기 준	비 고
(라) 공동구의 관리사무소는 도시공원의 미관을 해치지 아니하는 범위 안에서 불가피하게 도시공원 안에 설치하여야 하는 경우에 한할 것 (3) 도로·교량·철도 및 궤도·노외주차장·선착장의 설치 : 도로는 「국토의 계획 및 이용에 관한 법률」 제2조제13호에 따른 공공시설에 해당하는 도로를 말하며, 철도 및 궤도는 지하 또는 고가로, 노외주차장은 지하에 설치하여야 하고, 지하에 설치하는 시설은 그 시설의 최상단부와 지면과의 거리를 1.5미터 이상이 되도록 하여야 하며, 도로 위에 고가로 설치하는 시설은 그 시설의 최하단부와 도로 노면과의 거리를 4.8미터 이상이 되도록 할 것. 다만, 다음의 요건을 모두 갖춘 노외주차장은 지상에 설치할 수 있다. (가) 소공원 또는 어린이공원이 아닐 것 (나) 측량·수로조사 및 지적에 관한 법률에 의한 지목이 대·공장용지·철도용지·학교용지·수도용지 또는 잡종지인 토지로서 건축물이 건축되어 있지 아니하거나 공작물이 설치되어 있지 아니한 토지일 것 (다) 형질변경을 수반하지 아니하는 자연친화적인 시설로 설치하고 공원조성계획에 의한 도시계획사업이 시행될 때 원상복구가 가능할 것 (라) 존속기간이 공원조성계획에 의한 도시계획사업이 시행되기 전까지일 것 (4) 취수시설·관개용수로 및 배수시설 등 : 농업을 목적으로 하는 용수의 취수시설, 관개용수로(위험방지시설을 설치하는 경우에 한한다), 생활용수의 공급을 위하여 고지대에 설치하는 배수시설(자연유하방식으로 공급하는 경우에 한한다), 비상급수시설과 그 부대시설의 설치에 한할 것 (5) 지구대 · 파출소 · 초소 · 등대 · 표지의 설치 (가) 지구대 · 파출소의 건축연면적은 430제곱미터 이하가 되도록 설치할 것. 다만, 필요한 경우에는 시 · 도도시공원위원회 또는 시 · 군도시공원위원회(시 · 도도시공원위원회 또는 시 · 군도시공원위원회를 설치하지 아니한 경우에는 「국토의 계획 및 이용에 관한 법률」 제113조제1항 및 제2항에 따른 시 · 도도시계획위원회 또는 시 · 군 · 구도시계획위원회를 말한다)의 심의를 거쳐 그 이상의 면적으로 설치할 수 있다. (나) 지구대 · 파출소는 소공원에는 설치하지 아니할 것 (6) 방화용 저수조·지하대피시설의 설치 : 방화용 저수조 및 지하대피시설은 지하에 설치하여야 하며, 그 시설의 최상단부와 지면과의 거리가 1.5m 이상이 되도록 할 것 (7) 군용전기통신설비·축성시설 등 : 군용전기통신설비·축성시설, 그 밖에 국방부장관이 군사작전상 불가피하다고 인정하는 최소한의 시설의 설치에 한할 것	

처 리 기 준	비 고
(8) 영 제22조제8호 및 제9호의 규정에 의한 가설건축물의 설치 (가) 가설건축물을 설치할 토지는 다음의 어느 하나의 요건에 해당될 것 ① 「공간정보의 구축 및 관리 등에 관한 법률」에 의한 지목이 대·공장용지·철도용지·학교용지·수도용지 또는 잡종지인 토지로서 건축물이 건축되어 있지 아니하거나 공작물이 설치되어 있지 아니한 토지. 다만, 농업·임업 · 축산업·수산업 또는 광업에 종사하는 자가 생산에 직접 공여할 목적으로 설치하는 경우와 이를 관리하기 위한 관리용 가설건축물을 설치하는 경우에는 지목 또는 건축물 및 공작물의 설치유무에 관계없이 이를 설치할 수 있다. ② 「공간정보의 구축 및 관리 등에 관한 법률」에 의한 지목이 전·답으로서 농업용수의고갈, 토양의 오염 등으로 인하여 경작이 불가능하다고 특별시장·광역시장·특별자치시장·특별자치도지사·시장 또는 군수가 인정한 토지 (나) 건축면적(연면적을 말한다)이 200㎡ 이하가 되도록 할 것. 다만, 「측량·수로조사 및 지적에 관한 법률」에 의한 지목이 전·답으로서 농업용수의 고갈 또는 토양의 오염 등으로 인하여 경작이 불가능하다고 특별시장·광역시장·시장 또는 군수가 인정한 토지의 경우에는 66㎡ 이하가 되도록 할 것 (다) 존속기간이 공원조성계획에 의한 도시계획사업이 시행되기 전까지일 것 (라) 층수는 3층 이하로서 철근콘크리트조 또는 철골철근콘크리트조가 아닌 구조로서 판매 및 영업시설 등으로의 분양을 목적으로 하는 시설이 아닐 것 (마) 창고시설은 「건축법 시행령」 별표 1 제18호가목 또는 나목의 시설일 것 (8의2) 제22조제9호의2에 따른 가설건축물의 설치 (가) 해당 개발사업 시행을 위한 공사에 필요한 규모의 공사용 가설건축물이거나 전시를 위한 견본주택일 것 (나) 존속기간은 해당 개발사업의 공사 완료일까지 일 것 (9) 영 제22조제10호의 규정에 의한 가설건축물의 설치 (가) 건축면적(연면적을 말한다)이 200㎡(하나의 공원을 둘 이상의 공원관리자가 관리하는 경우에는 공원관리자별로 200㎡) 이하일 것 (나) 존속기간이 6개월 이하일 것 (10) 경기·집회·전시회·박람회·공연을 위하여 설치하는 단기의 가설건축물 또는 단기의 가설공작물의 설치 (가) 존속기간은 1년의 범위 안에서 공원관리청이 정할 것 (나) 허가목적이 교육·종교·예술·과학 및 산업 등의 발전을 위한 것일 것 (11) 도시공원의 설치에 관한 도시관리계획 결정 당시 기존건축물 및 기존공작물의 증축·개축·재축 또는 대수선 (가) 새로운 대지조성이 수반되지 아니할 것. 다만, 다음의 어느 하나에 해당하는 경우에는 그러하지 아니하다. ①「전통사찰의 보존 및 지원에 관한 법률」 제2조제1호에 따른 전통사찰(이하 "전통사찰"이라 한다), 「문화재보호법」 제2조제2항 및 제3항에 따른 지정문화재와 국가등록문화재(이하 "문화재"라 한다) 및 문화체육관광부장관이 인정한 종교시설의 경내지에서 공작물(탑·불상·종각 등 종교목적의 시설만 해당한다)을 설치하는 경우	

처 리 기 준	비 고
① 기존 건축물 또는 공작물을 증축·개축·재축 또는 대수선하는 데에 대지를 정형화하는 것이 불가피하여 기존 대지면적의 10% 범위에서 추가로 대지를 조성하는 경우 ③ 나목(2)에 따라 전통사찰 및 문화재를 증축하는 경우로서 추가로 조성되는 부분을 포함한 전체 대지면적이 그 건축면적을 「국토의 계획 및 이용에 관한 법률」 제77조에 따른 건폐율로 나눈 면적(기존 대지면적보다 작은 경우에는 기존 대지면적)에 기존 대지면적의 30퍼센트(1만제곱미터를 초과하는 경우에는 1만제곱미터)를 더한 면적 이내인 경우 (나) 증축하는 부분의 연면적은 기존시설의 연면적의 범위 이내일 것. 다만, 다음에 해당하는 종교시설 및 문화재는 각각 다음에 따른다. ① 연면적이 225㎡ 이내인 종교시설(전통사찰은 제외한다): 기존 연면적을 포함하여 450㎡까지 증축이 가능하다. ② 전통사찰 및 문화재: 문화체육관광부장관(문화재의 경우에는 문화재청장을 말한다)이 해당 공원관리청과 협의하여 정하는 연면적까지 증축이 가능하다. (다) 증건축면적이 증가되지 아니할 것(어린이집인 경우에 한한다) (라) 증축 후의 층수가 3층 이내(어린이집인 경우에는 2층 이내를 말한다)일 것 (12) 지하에 설치하는 운송통로, 창고시설 등의 시설 (가) 점용허가의 면적은 산업활동을 위하여 필요한 최소한의 면적으로 할 것 (나) 공원시설의 보존과 식생에 지장이 없도록 지하에 설치하는 시설의 최상단부와 지면과의 거리가 1.5미터 이상이 되도록 할 것 (13) 제22조제15호의2에 따른 공사용 비품 및 재료 적치장 (가) 조성이 완료된 도시공원 부분에는 설치하지 아니할 것 (나) 점용허가의 면적은 공원 이용객의 통행과 이용에 지장이 없도록 최소한의 면적으로 할 것 (14) 제22조제18호에 따른 조례로 정하는 시설 (가) 도시공원의 기능에 지장을 주지 아니하고 공원이용객에게 불편을 초래하지 아니할 것 (나) 층수는 3층 이하로 할 것 (15) 제22조제19호에 따라 지하 시설물의 관리·운영을 위하여 설치가 불가피하다고 인정되는 부대시설 (가) 도시공원 외의 지역에는 설치가 곤란할 것 (나) 지하에 설치하는 것을 원칙으로 하되, 불가피하게 일부를 지상에 설치하는 경우에는 그 규모를 최소화하고, 성토·차폐·수목 식재 등의 조경을 하여 주변경관과 조화를 이루도록 할 것 (다) 안전대책을 수립하여 공원이용자의 안전이나 통행에 지장을 주지 않을 것	

■ 도시공원 및 녹지 등에 관한 법률 시행규칙 [별지 제1호서식] <개정 2014.8.7>

[ ]도시공원, [ ]녹지 점용허가신청서

접수번호	접수일	처리기간 15일

신청자	성명(법인인 경우 그 명칭 및 대표자 성명)	생년월일(법인등록번호)
	주소	전화번호
도시공원(녹지)	명칭	
	위치	
점용목적 및 대상		
점용장소 및 면적	장소	
	면적	
전용기간	년 월 일부터 년 월 일까지( ) 일	

「도시공원 및 녹지 등에 관한 법률」 제24조제1항, 제38조제1항 및 같은 법 시행령 제20조제1항, 제41조제1항에 따라 위와 같이 신청합니다.

년 월 일

신청인 (서명 또는 인)

특별시장·광역시장·특별자치시장·특별자치도지사·시장 또는 군수 귀하

첨부서류	1. 사업계획서(위치도 및 평면도를 포함합니다) 2. 공사시행계획서 3. 원상회복계획서	수수료 없음
담당 공무원 확인사항	지적도(도시공원 점용허가 신청의 경우에만 확인합니다)	

처리절차

신청서 작성	→	접수	→	검토·조사	→	결재	→	결과 통지
신청인		처리기관: 특별시·광역시·특별자치시·특별자치도·시 또는 군						

210㎜×297㎜[백상지 80g/㎡(재활용품)]

[17] 토양환경보전법 제12조(특정토양오염관리대상시설의 신고 등)

처 리 기 준	비 고
1. 특정토양오염관리대상시설의 신고 등 1.1. 특정토양오염관리대상시설 설치신고서 첨부서류 (1) 특정토양오염관리대상시설의 위치·구조 및 설비에 관한 도면 (2) 「위험물안전관리법」 제6조에 따른 위험물 제조소·저장소·취급소의 설치허가서 및 저장시설별 구조 설비 명세표 (3) 그 밖에 토양오염을 방지하기 위하여 특별자치도지사·시장·군수·구청장이 필요하다고 인정하는 사항 1.2. 특정토양오염관리대상시설의 변경신고 사항 (1) 사업장의 명칭 또는 대표자가 변경되는 경우 (2) 특정토양오염관리대상시설의 사용을 종료하거나 폐쇄하는 경우 (3) 특정토양오염관리대상시설을 교체하거나 토양오염방지시설을 변경하는 경우 (4) 특정토양오염관리대상시설에 저장하는 오염물질을 변경하는 경우 (5) 특정토양오염관리대상시설의 저장용량을 신고용량 대비 30퍼센트 이상 증설(신고용량 대비 30퍼센트 미만의 증설이 누적되어 신고용량의 30퍼센트 이상이 되는 경우를 포함한다)하는 경우 **2. 다른 법령에 의한 허가 또는 등록의 통보** 2.1. 다른 법령 (1) 위험물안전관리법 (2) 유해화학물질 관리법 (3) 송유관 안전관리법 2.2. 통보서의 첨부서류 (1) 「위험물안전관리법」 제6조의 규정에 의한 제조소 등 설치허가의 경우에는 동법 시행규칙 제6조 및 제7조의 규정에 의한 설치허가신청서(변경허가신청서) 및 구조설비명세표 (2) 「화학물질관리법」 제28조에 따른 유해화학물질 영업허가의 경우에는 다음 각 목의 서류 (가) 「화학물질관리법 시행규칙」 제27조제1항에 따른 신청서 및 유해화학물질을 취급하는 시설·장비 등의 내역서 사본 1부 (나) 「화학물질관리법 시행규칙」 제29조제1항에 따른 변경사항을 증명할 수 있는 서류 사본 1부 (3) 「송유관안전관리법」 제3조의 규정에 의한 공사계획의 인가의 경우에는 같은 법 시행규칙 제3조제1항제1호에 따른 송유용시설의 위치도(관경, 긴급차단밸브 위치 기재)	

처 리 기 준	비 고
3. 토양오염방지시설 설치 및 유지·관리 3.1. 특정토양오염관리대상시설의 부식·산화방지를 위한 처리를 하거나 토양오염물질이 누출되지 아니하도록 하기 위하여 누출방지성능을 가진 재질을 사용하거나 이중벽탱크 등 누출방지시설을 설치하고 적정하게 유지·관리할 것 3.2 특정토양오염관리대상시설중 지하에 매설되는 저장시설의 경우에는 토양오염물질이 누출되는 것을 감지하거나 누출여부를 확인할 수 있는 측정기기등의 시설을 설치하고 적정하게 유지·관리할 것 3.3 특정토양오염관리대상시설로부터 토양오염물질이 누출될 경우에 대비하여 오염확산방지 또는 독성저감등의 조치에 필요한 시설을 설치하고 적정하게 유지·관리할 것	

Checklist

허가체크리스트

4
보조확인이 필요한 법령

4. 보조확인이 필요한 법령

1. 대기오염물질 배출시설의 사업장 〈대기환경보전법 시행령 별표1의3〉

[별표 1] <개정 2016.3.29>

사업장 분류기준(제13조 관련)

종별	오염물질발생량 구분
1종사업장	대기오염물질발생량의 합계가 연간 80톤 이상인 사업장
2종사업장	대기오염물질발생량의 합계가 연간 20톤 이상 80톤 미만인 사업장
3종사업장	대기오염물질발생량의 합계가 연간 10톤 이상 20톤 미만인 사업장
4종사업장	대기오염물질발생량의 합계가 연간 2톤 이상 10톤 미만인 사업장
5종사업장	대기오염물질발생량의 합계가 연간 2톤 미만인 사업장

※ 비고: "대기오염물질발생량"이란 방지시설을 통과하기 전의 먼지, 황산화물 및 질소산화물의 발생량을 환경부령으로 정하는 방법에 따라 산정한 양을 말한다.

2. 특정대기유해물질의 종류〈대기환경보전법 시행규칙 별표2〉

[별표 2]

특정대기유해물질(제4조 관련)

1. 카드뮴 및 그 화합물
2. 시안화수소
3. 납 및 그 화합물
4. 폴리염화비페닐
5. 크롬 및 그 화합물
6. 비소 및 그 화합물
7. 수은 및 그 화합물
8. 프로필렌 옥사이드
9. 염소 및 염화수소
10. 불소화물
11. 석　면
12. 니켈 및 그 화합물
13. 염화비닐
14. 다이옥신
15. 페놀 및 그 화합물
16. 베릴륨 및 그 화합물
17. 벤　젠
18. 사염화탄소
19. 이황화메틸
20. 아닐린
21. 클로로포름
22. 포름알데히드
23. 아세트알데히드
24. 벤지딘
25. 1,3-부타디엔
26. 다환 방향족 탄화수소류
27. 에틸렌옥사이드
28. 디클로로메탄
29. 스틸렌
30. 테트라클로로에틸렌
31. 1,2-디클로로에탄
32. 에틸벤젠
33. 트리클로로에틸렌
34. 아크릴로니트릴
35. 히드라진

3. 폐기물처리시설 〈폐기물관리법 시행령 별표3〉

[별표 3] <개정 2022. 11. 29.>

폐기물 처리시설의 종류(제5조 관련)

1. 중간처분시설
  가. 소각시설
    1) 일반 소각시설
    2) 고온 소각시설
    3) 열분해 소각시설
    4) 고온 용융시설
    5) 열처리 조합시설 [1)에서 4)까지의 시설 중 둘 이상의 시설이 조합된 시설]
  나. 기계적 처분시설
    1) 압축시설(동력 7.5kW 이상인 시설로 한정한다)
    2) 파쇄·분쇄 시설(동력 15kW 이상인 시설로 한정한다)
    3) 절단시설(동력 7.5kW 이상인 시설로 한정한다)
    4) 용융시설(동력 7.5kW 이상인 시설로 한정한다)
    5) 증발·농축 시설
    6) 정제시설(분리·증류·추출·여과 등의 시설을 이용하여 폐기물을 처분하는 단위시설을 포함한다)
    7) 유수 분리시설
    8) 탈수·건조 시설
    9) 멸균분쇄 시설
  다. 화학적 처분시설
    1) 고형화·고화·안정화 시설
    2) 반응시설(중화·산화·환원·중합·축합·치환 등의 화학반응을 이용하여 폐기물을 처분하는 단위시설을 포함한다)
    3) 응집·침전 시설
  라. 생물학적 처분시설
    1) 소멸화 시설(1일 처분능력 100킬로그램 이상인 시설로 한정한다)
    2) 호기성(好氣性: 산소가 있을 때 생육하는 성질)·혐기성(嫌氣性: 산소가 없을 때 생육하는 성질) 분해시설
  마. 그 밖에 환경부장관이 폐기물을 안전하게 중간처분할 수 있다고 인정하여 고시하는 시설
2. 최종 처분시설
  가. 매립시설
    1) 차단형 매립시설
    2) 관리형 매립시설(침출수 처리시설, 가스 소각·발전·연료화 시설 등 부대시설을 포함한다)
  나. 그 밖에 환경부장관이 폐기물을 안전하게 최종처분할 수 있다고 인정하여 고시하는 시설

3. 재활용시설
 가. 기계적 재활용시설
  1) 압축 · 압출 · 성형 · 주조시설(동력 7.5kW 이상인 시설로 한정한다)
  2) 파쇄 · 분쇄 · 탈피 시설(동력 15kW 이상인 시설로 한정한다)
  3) 절단시설(동력 7.5kW 이상인 시설로 한정한다)
  4) 용융 · 용해시설(동력 7.5kW 이상인 시설로 한정한다)
  5) 연료화시설
  6) 증발 · 농축 시설
  7) 정제시설(분리 · 증류 · 추출 · 여과 등의 시설을 이용하여 폐기물을 재활용하는 단위시설을 포함한다)
  8) 유수 분리 시설
  9) 탈수 · 건조 시설
  10) 세척시설(철도용 폐목재 받침목을 재활용하는 경우로 한정한다)
 나. 화학적 재활용시설
  1) 고형화 · 고화 시설
  2) 반응시설(중화 · 산화 · 환원 · 중합 · 축합 · 치환 등의 화학반응을 이용하여 폐기물을 재활용하는 단위시설을 포함한다)
  3) 응집 · 침전 시설
  4) 열분해시설(가스화시설을 포함한다)
 다. 생물학적 재활용시설
  1) 1일 재활용능력이 100킬로그램 이상인 다음의 시설
   가) 부숙(썩혀서 익히는 것) 시설(미생물을 이용하여 유기물질을 발효하는 등의 과정을 거쳐 제품의 원료 등을 만드는 시설을 말한다. 이하 같다). 다만, 1일 재활용능력이 100킬로그램 이상 200킬로그램 미만인 음식물류 폐기물 부숙시설은 제외한다.
   나) 사료화 시설(건조에 의한 사료화 시설을 포함한다)
   다) 퇴비화 시설(건조에 의한 퇴비화 시설, 지렁이분변토 생산시설 및 생석회 처리시설을 포함한다)
   라) 동애등에분변토 생산시설
   마) 부숙토(腐熟土: 썩혀서 익힌 흙) 생산시설
  2) 호기성 · 혐기성 분해시설
  3) 버섯재배시설
 라. 시멘트 소성로
 마. 용해로(폐기물에서 비철금속을 추출하는 경우로 한정한다)
 바. 소성(시멘트 소성로는 제외한다) · 탄화 시설
 사. 골재가공시설
 아. 의약품 제조시설
 자. 소각열회수시설(시간당 재활용능력이 200킬로그램 이상인 시설로서 법 제13조의2제1항제5호에 따라 에너지를 회수하기 위하여 설치하는 시설만 해당한다)
 차. 수은회수시설
 카. 그 밖에 환경부장관이 폐기물을 안전하게 재활용할 수 있다고 인정하여 고시하는 시설

4. 폐수배출시설 사업장 규모 〈물환경보전법 시행령 별표13〉

[별표 13]

사업장의 규모별 구분(제44조제2항 관련)

종류	배출규모
제1종 사업장	1일 폐수배출량이 2,000㎥ 이상인 사업장
제2종 사업장	1일 폐수배출량이 700㎥ 이상, 2,000㎥ 미만인 사업장
제3종 사업장	1일 폐수배출량이 200㎥ 이상, 700㎥ 미만인 사업장
제4종 사업장	1일 폐수배출량이 50㎥ 이상, 200㎥ 미만인 사업장
제5종 사업장	위 제1종부터 제4종까지의 사업장에 해당하지 아니하는 배출시설

※비고

1. 사업장의 규모별 구분은 1년 중 가장 많이 배출한 날을 기준으로 정한다.
2. 폐수배출량은 그 사업장의 용수사용량(수돗물·공업용수·지하수·하천수 및 해수 등 그 사업장에서 사용하는 모든 물을 포함한다)을 기준으로 다음 산식에 따라 산정한다. 다만, 생산 공정에 사용되는 물이나 방지시설의 최종 방류구에 방류되기 전에 일정 관로를 통하여 생산공정에 재이용되는 물은 제외하되, 희석수, 생활용수, 간접냉각수, 사업장 내 청소용 물, 원료야적장 침출수 등을 방지시설에 유입하여 처리하는 물은 포함한다.

   : 폐수배출량 = 용수사용량 - (생활용수량+ 간접냉각수량+ 보일러용수량+ 제품함유수량+ 공정 중 증발량+ 그 밖의 방류구로 배출되지 아니한다고 인정되는 물의 양)+ 공정 중 발생량
3. 최초 배출시설 설치허가시의 폐수배출량은 사업계획에 따른 예상용수사용량을 기준으로 산정한다.

5. 특정수질유해물질의 종류 〈물환경보전법 시행규칙 별표3〉

[별표 3] <개정 2017. 1. 19.>

특정수질유해물질(제4조 관련)

1. 구리와 그 화합물
2. 납과 그 화합물
3. 비소와 그 화합물
4. 수은과 그 화합물
5. 시안화합물
6. 유기인 화합물
7. 6가크롬 화합물
8. 카드뮴과 그 화합물
9. 테트라클로로에틸렌
10. 트리클로로에틸렌
11. 삭제 <2016. 5. 20.>
12. 폴리클로리네이티드바이페닐
13. 셀레늄과 그 화합물
14. 벤젠
15. 사염화탄소
16. 디클로로메탄
17. 1, 1-디클로로에틸렌
18. 1, 2-디클로로에탄
19. 클로로포름
20. 1,4-다이옥산
21. 디에틸헥실프탈레이트(DEHP)
22. 염화비닐
23. 아크릴로니트릴
24. 브로모포름
25. 아크릴아미드
26. 나프탈렌
27. 폼알데하이드
28. 에피클로로하이드린
29. 페놀
30. 펜타클로로페놀
31. 스티렌
32. 비스(2-에틸헥실)아디페이트
33. 안티몬

6. 지정폐기물의 종류 〈폐기물관리법 시행령 별표1〉

[별표 1] <개정 2021.3.9.>

지정폐기물의 종류(제3조 관련)

1. 특정시설에서 발생되는 폐기물
  가. 폐합성 고분자화합물
    1) 폐합성 수지(고체상태의 것은 제외한다)
    2) 폐합성 고무(고체상태의 것은 제외한다)
  나. 오니류(수분함량이 95퍼센트 미만이거나 고형물함량이 5퍼센트 이상인 것으로 한정한다)
    1) 폐수처리 오니(환경부령으로 정하는 물질을 함유한 것으로 환경부장관이 고시한 시설에서 발생되는 것으로 한정한다)
    2) 공정 오니(환경부령으로 정하는 물질을 함유한 것으로 환경부장관이 고시한 시설에서 발생되는 것으로 한정한다)
  다. 폐농약(농약의 제조·판매업소에서 발생되는 것으로 한정한다)
2. 부식성 폐기물
  가. 폐산(액체상태의 폐기물로서 수소이온 농도지수가 2.0 이하인 것으로 한정한다)
  나. 폐알칼리(액체상태의 폐기물로서 수소이온 농도지수가 12.5 이상인 것으로 한정하며, 수산화칼륨 및 수산화나트륨을 포함한다)
3. 유해물질함유 폐기물(환경부령으로 정하는 물질을 함유한 것으로 한정한다)
  가. 광재(鑛滓)[철광 원석의 사용으로 인한 고로(高爐)슬래그(slag)는 제외한다]
  나. 분진(대기오염 방지시설에서 포집된 것으로 한정하되, 소각시설에서 발생되는 것은 제외한다)
  다. 폐주물사 및 샌드블라스트 폐사(廢砂)
  라. 폐내화물(廢耐火物) 및 재벌구이 전에 유약을 바른 도자기 조각
  마. 소각재
  바. 안정화 또는 고형화·고화 처리물
  사. 폐촉매
  아. 폐흡착제 및 폐흡수제[광물유·동물유 및 식물유{폐식용유(식용을 목적으로 식품 재료와 원료를 제조·조리·가공하는 과정, 식용유를 유통·사용하는 과정 또는 음식물류 폐기물을 재활용하는 과정에서 발생하는 기름을 말한다. 이하 같다)는 제외한다}의 정제에 사용된 폐토사(廢土砂)를 포함한다]
  자. 폐형광등의 파쇄물(폐형광등을 재활용하는 과정에서 발생되는 것으로 한정한다)
    <삭제 2020년 7월 21일> 시행 2021년 7월 21일
4. 폐유기용제
  가. 할로겐족(환경부령으로 정하는 물질 또는 이를 함유한 물질로 한정한다)
  나. 그 밖의 폐유기용제(가목 외의 유기용제를 말한다)
5. 폐페인트 및 폐래커(다음 각 목의 것을 포함한다)
  가. 페인트 및 래커와 유기용제가 혼합된 것으로서 페인트 및 래커 제조업, 용적 5세제곱미터 이상 또는 동력 3마력 이상의 도장(塗裝)시설, 폐기물을 재활용하는 시설에서 발생되는 것
  나. 페인트 보관용기에 남아 있는 페인트를 제거하기 위하여 유기용제와 혼합된 것
  다. 폐페인트 용기(용기 안에 남아 있는 페인트가 건조되어 있고, 그 잔존량이 용기 바닥에서 6밀리미터를 넘지 아니하는 것은 제외한다)

6. 폐유[기름성분을 5퍼센트 이상 함유한 것을 포함하며, 폴리클로리네이티드비페닐(PCBs)함유 폐기물, 폐식용유와 그 잔재물, 폐흡착제 및 폐흡수제는 제외한다]
7. 폐석면
   가. 건조고형물의 함량을 기준으로 하여 석면이 1퍼센트 이상 함유된 제품·설비(뿜칠로 사용된 것은 포함한다) 등의 해체·제거 시 발생되는 것
   나. 슬레이트 등 고형화된 석면 제품 등의 연마·절단·가공 공정에서 발생된 부스러기 및 연마·절단·가공 시설의 집진기에서 모아진 분진
   다. 석면의 제거작업에 사용된 바닥비닐시트(뿜칠로 사용된 석면의 해체·제거작업에 사용된 경우에는 모든 비닐시트)·방진마스크·작업복 등
8. 폴리클로리네이티드비페닐 함유 폐기물
   가. 액체상태의 것(1리터당 2밀리그램 이상 함유한 것으로 한정한다)
   나. 액체상태 외의 것(용출액 1리터당 0.003밀리그램 이상 함유한 것으로 한정한다)
9. 폐유독물질[「화학물질관리법」 제2조제2호의 유독물질을 폐기하는 경우로 한정하되, 제1호다목의 폐농약(농약의 제조・판매업소에서 발생되는 것으로 한정한다), 제2호의 부식성 폐기물, 제4호의 폐유기용제, 제8호의 폴리클로리네이티드비페닐 함유 폐기물 및 제11호의 수은폐기물은 제외한다]
10. 의료폐기물(환경부령으로 정하는 의료기관이나 시험·검사 기관 등에서 발생되는 것으로 한정한다)
10의2. 천연방사성제품폐기물[「생활주변방사선 안전관리법」 제2조제4호에 따른 가공제품 중 같은 법 제15조제1항에 따른 안전기준에 적합하지 않은 제품으로서 방사능 농도가 그램당 10베크렐 미만인 폐기물을 말한다. 이 경우 가공제품으로부터 천연방사성핵종(天然放射性核種)을 포함하지 않은 부분을 분리할 수 있는 때에는 그 부분을 제외한다
11. 수은폐기물
   가. 수은함유폐기물[수은과 그 화합물을 함유한 폐램프(폐형광등은 제외한다), 폐계측기기(온도계, 혈압계, 체온계 등), 폐전지 및 그 밖의 환경부장관이 고시하는 폐제품을 말한다]
   나. 수은구성폐기물(수은함유폐기물로부터 분리한 수은 및 그 화합물로 한정한다)
   다. 수은함유폐기물 처리잔재물(수은함유폐기물을 처리하는 과정에서 발생되는 것과 폐형광등을 재활용하는 과정에서 발생되는 것을 포함하되, 「환경분야 시험・검사 등에 관한 법률」 제6조제1항제7호에 따라 환경부장관이 고시한 폐기물 분야에 대한 환경오염공정시험기준에 따른 용출시험 결과 용출액 1리터당 0.005밀리그램 이상의 수은 및 그 화합물이 함유된 것으로 한정한다)
12. 그 밖에 주변환경을 오염시킬 수 있는 유해한 물질로서 환경부장관이 정하여 고시하는 물질

7. 화약류저장소별 저장할 수 있는 화약류 〈총포 · 도검 · 화약류 등의 안전관리에 관한 법률 시행령 별표7〉

화약류저장소별로 저장할 수 있는 화약류(제28조제3항관련)

저장소의 종별	저장할 수 있는 화약류	동일 저장소 내의 저장금지화약류
1급 저장소	1. 화약(신호염관·신호화전 및 꽃불류의 원료용 화약을 제외한다) 2. 폭약(신호염관·신호화전 및 꽃불류의 원료용 폭약을 제외한다) 3. 화공품(신호염관·신호화전 및 꽃불류를 제외한다) 4. 신호염관·신호화전 및 꽃불류와 이의 원료용 화약 및 폭약	1. 화약 또는 폭약과화공품(공포탄·미진동파쇄기·도폭선·전기도화선 및 도화선과 포장된 실탄제외)을 동일한 저장소에 저장하여서는 아니된다. 2. 신호염관·신호화전 및 꽃불류와 이의원료용 화약 및 폭약은 동일한 저장소 내에 다른 화약류와 함께 저장할 수 없다.
2급 저장소	1. 화약(신호염관·신호화전 및 꽃불류의 원료용 화약을 제외한다) 2. 폭약(신호염관·신호화전 및 꽃불류의 원료용 폭약을 제외한다) 3. 도폭선·전기도화선·도화선 및 미진동파쇄기 4. 공업뇌관·전기뇌관 및 타정총용공포탄	화약 또는 폭약과 공업뇌관·전기뇌관·타정총용공포탄 및 미진동파쇄기를 동일한 저장소에 저장하여서는 아니된다.
3급 저장소	1. 화약(신호염관·신호화전 및 꽃불류의 원료용 화약을 제외한다) 2. 폭약(신호염관·신호화전 및 꽃불류의 원료용 폭약을 제외한다) 3. 화공품(신호염관·신호화전 및 꽃불류를 제외한다) 4. 신호염관·신호화전 및 꽃불류와 이의 원료용 화약 및 폭약	1. 화약 또는 폭약과 화공품을 동일한 저장소에 저장하여서는 아니된다. 다만, 저장소 내에 격벽을 설치하여 이를 저장할 수 있다. 2. 신호염관·신호화전 및 꽃불류와 이의원료용 화약 및 폭약은 동일한 저장소 내에 다른 화약류와 함께 저장할 수 없다
수중저장소	1. 무연화약 2. 트리니트로트투엔, 트리메치렌, 트리니트로아민 및 이들의 혼합물과 이들을 주로하는 폭약	무연화약과 제2호의화약류를 동일한 저장소 내에 저장하여서는 아니된다.
실탄저장소	실탄 및 공포탄	
꽃불류 저장소	1. 신호염관·신호화전·꽃불류·전기도화선 및 시동약 2. 신호염관·신호화전·꽃불류의 원료용 화약 및 폭약·미진동파쇄기	
장난감용꽃불류저장소	장난감용꽃불류	
도화선 저장소	도화선 및 전기도화선	
간이저장소	1. 타정총용공포탄 2. 화약·폭약·도화선·공업뇌관 및 전기뇌관 3. 신호염관·신호화전 및 꽃불류와 이의 원료용 화약 및 폭약	3급저장소에 준한다.

8. 재활용시설 〈자원의 절약과 재활용촉진에 관한 법률 제2조제10호, 동시행규칙 제3조〉

1. 재활용가능자원의 수집·운반·보관을 위하여 특별히 제조 또는 설치되어 사용되는 수집·운반 장비 또는 보관시설
2. 재활용가능자원의 효율적인 운반 또는 가공을 위한 압축시설, 파쇄시설, 용융시설(溶融施設) 등의 중간가공시설
3. 재활용제품을 제조·가공·보관하는 데 사용되는 장치·장비·시설
4. 재활용제품의 제조에 필요한 전처리(前處理) 장치·장비·설비
5. 유기성(有氣性) 폐기물을 이용하여 퇴비·사료를 제조하는 퇴비화·사료화 시설 및 에너지화 시설
6. 「폐기물관리법」 제25조제5항제5호의 폐기물 중간재활용업, 같은 항 제6호의 폐기물 최종재활용업 및 같은 항 제7호의 폐기물 종합재활용업의 허가를 받은 자와 같은 법 제46조에 따른 폐기물처리 신고자가 폐기물의 재활용에 사용하는 시설 및 장비
7. 「건설폐기물의 재활용촉진에 관한 법률」 제21조제3항에 따라 건설폐기물 중간처리업 허가를 받은 자가 건설폐기물의 재활용에 사용하는 시설 및 장비
8. 그 밖에 환경부장관이 재활용가능자원의 효율적인 재활용을 위하여 필요하다고 인정하여 고시하는 장치·장비·설비 등

9. 세탁물의 처리시설 〈의료법 제16조(세탁물 처리)〉

① 의료기관에서 나오는 세탁물은 의료인·의료기관 또는 특별자치시장·특별자치도지사·시장·군수·구청장(자치구의 구청장을 말한다. 이하 같다)에게 신고한 자가 아니면 처리할 수 없다.
② 제1항에 따라 세탁물을 처리하는 자는 보건복지부령으로 정하는 바에 따라 위생적으로 보관·운반·처리하여야 한다. <의료기관세탁물 관리규칙>
③ 제1항에 따른 세탁물을 처리하는 자의 시설·장비 기준, 신고 절차 및 지도·감독, 그 밖에 관리에 필요한 사항은 보건복지부령으로 정한다. <의료기관세탁물 관리규칙>

10. 농수산물공판장 〈농수산물유통 및 가격안정에 관한 법률 제2조제5호, 동시행령 제3조〉

1. 농수산물공판장 개설 · 운영자

1.1. 농수산물공판장 : "농림수협등"및 "공익법인"이 농수산물을 도매하기 위하여 특별시장·광역시장·특별자치시장·도지사 또는 특별자치도지사의 승인을 받아 개설·운영하는 사업장

(1) 농림수협등 : 지역농업협동조합, 지역축산업협동조합, 품목별·업종별협동조합, 조합공동사업법인, 품목조합연합회, 산림조합 및 수산업협동조합과 그 중앙회(농협경제지주회사를 포함한다.)

(2) 공익법인

(가) 「농어업경영체 육성 및 지원에 관한 법률」 제16조에 따른 영농조합법인 및 영어조합법인과 같은 법 제19조에 따른 농업회사법인 및 어업회사법인

(나) 「농업협동조합법」 제161조의2에 따른 농협경제지주회사의 자회사

(다) 「한국농수산식품유통공사법」에 따른 한국농수산식품유통공사

[별표 2] <개정 2017.6.9.>

농수산물도매시장 · 공판장 및 민영도매시장의 시설기준(제44조제1항 관련)

시설 \ 부류별 / 도시 인구별(명)	양곡	청과			수산			축산			화훼	약용작물
	-	30만미만	30만 이상~100만 미만	100만 이상	30만 미만	30만 이상 100만 미만	100만 이상	30만 미만	30만 이상 100만 미만	100만 이상	-	-
	㎡	㎡	㎡	㎡	㎡	㎡	㎡	㎡	㎡	㎡	㎡	㎡
대 지	1,650	3,300	8,250	16,500	1,650	3,300	6,600	1,320	2,640	5,280	1,650	1,650
건 물	660	1,320	3,300	6,600	660	1,320	2,640	530	1,060	2,110	660	660
필수시설 경매장(유개[有蓋])	500	990	2,480	4,950	500	990	1,980	170	330	660	500	500
주 차 장	500	330	830	1,650	170	330	660	170	330	660	330	330
저온창고(농수산물도 매시장만)		300	500	1,000								
냉 장 실					17	30	50	70	130	200		
					(20톤)	(40톤)	(60톤)	(80톤)	(160톤)	(240톤)		
저 빙 실					17	30	50					
					(20톤)	(40톤)	(60톤)					
쓰레기 처리장	30	30	70	100	30	70	100	70	130	200	30	30
위생시설 (수세식 화장실)	30	30	70	100	30	70	100	30	70	100	30	30
사 무 실	30	30	50	70	30	50	70	30	70	100	30	30
하주대기실	30	30	50	70	30	50	70	30	70	100	30	30
출하상담실												

부류별	양곡	청과	수산	축산	화훼	약용작물
부수 시설	상온창고, 중도매인 점포, 중도매인 사무실	저온창고(공판장 및 민영도매시장만 해당한다), 상온창고, 가공처리장, 재발효 및 추열실, 중도매인 점포, 중도매인 사무실, 소각시설, 농산물 품질관리실, 대금정산조직 사무실, 수출지원실	상온창고, 가공처리장, 제빙시설, 염장조, 염장실, 중도매인 점포, 중도매인 사무실, 소각시설, 용융기, 대금정산조직 사무실	식육운반차량, 중도매인 사무실, 축산물 위생검사시설 및 사무실, 도체 등급판정시설 및 사무실, 부산물처리시설, 농산물 품질관리실, 부분육 가공처리시설, 대금정산조직 사무실	저온창고, 상온창고, 중도매인 점포, 중도매인 사무실	상온창고, 중도매인 점포, 중도매인 사무실
기타 시설	가. 회의실, 경비실, 기계실등 나. 금융기관의 점포 다. 기타 이용자의 편의를 위하여 필요한 시설					

비고
1. ( ) 내는 처리능력을 말한다.
2. 필수시설 중 "사무실"은 해당 도매시장 · 공판장 또는 민영도매시장에서 영업하는 도매시장법인 · 시장도매인 · 공판장의 사무실을 말한다.
3. 도매시장법인을 두지 않는 도매시장의 경우 경매장을 설치하지 않을 수 있으며, 이 경우 부수시설 중 "중도매인 점포" · "중도매인 사무실"을 적용하지 않고, 필수시설에 "시장도매인 점포"를 추가한다. 도매시장법인과 시장도매인을 함께 두는 도매시장의 경우 필수시설에 "시장도매인 점포"를 추가하되, 도매시장법인의 영업장소(중도매인의 영업장소등 관련 시설을 포함한다)와 시장도매인의 영업장소는 업무규정으로 정하는 바에 따라 분리하여 운영할 수 있도록 하여야 한다.
4. 부수시설 또는 그 밖의 시설은 도매시장 · 공판장 또는 민영도매시장의 여건에 따라 보유하지 않을 수 있다.
5. 충분한 주차장 · 차량진입도로 및 상하차대와 상 · 하수도시설을 갖추어야 한다.
6. 인구는 개설허가 또는 승인신청 당시 인구를 기준으로 한다. 다만, 특별시 및 광역시의 공판장 · 민영도매시장의 경우에는 그 시설이 설치되는 자치구의 인구를 기준으로 한다.
7. 청과부류를 취급하는 공판장 · 민영도매시장에 대해서는 청과부류 시설기준의 50퍼센트를 낮추어 적용할 수 있으며, 민영도매시장 · 공판장이 청과부류와 기타부류를 겸영하는 경우에는 청과부류의 시설기준만을 적용한다.
8. 수산부류중 활어류 · 패류 · 해조류 · 건어류 · 염건어류 · 염장어류 · 건해조류 및 젓갈류만을 취급하는 경우에는 냉장실 및 저빙실을 보유하지 아니할 수 있으며, 이 경우의 시설기준은 기준시설의 50퍼센트를 감하여 적용할 수 있다.
9. 축산부류중에서 조류 및 난류만을 취급하는 도매시장 · 공판장 · 민영도매시장에 대해서는 축산부류시설기준의 50퍼센트를 낮추어 적용할 수 있다.
10. 산지에 설치되는 공판장의 경우 위 시설기준에서 50퍼센트를 낮추어 적용할 수 있다. 다만, 산지에 설치되는 수산물공판장은 위 시설기준에서 80퍼센트를 낮추어 적용할 수 있고, 주차장 · 사무실 · 하주대기실 · 출하상담실을 필수시설에서 제외할 수 있다.

11. 골재 〈골재채취법 제2조〉

① 이 법에서 사용하는 용어의 뜻은 다음과 같다. <개정 2012.2.22>

1. "골재"란 하천, 산림, 공유수면이나 그 밖의 지상·지하 등 자연상태에 부존(賦存)하는 암석[쇄석용(碎石用)에 한정한다], 모래 또는 자갈로서 콘크리트 및 아스팔트콘크리트의 재료 또는 그 밖에 건설공사의 기초재료로 쓰이는 것을 말한다.
2. "채취"란 골재를 캐거나 들어내는 등 자연상태로부터 분리하여 내는 것을 말한다.
3. "골재채취업"이란 영리를 목적으로 골재를 채취·선별·세척 또는 파쇄(破碎)하는 사업을 말한다.
4. "골재자원조사"란 지질조사, 물리탐사, 시추탐사 등을 통한 골재자원의 부존위치·부존량·심도(深度)·표토량(表土量)·부존구조 등에 관한 조사와 골재채취 대상지역의 토지이용 상태, 수송여건 등 입지 및 개발 여건에 관한 조사를 말한다.

② 골재채취업은 대통령령으로 정하는 바에 따라 그 업종을 세분할 수 있다.

1. 육상골재채취업 : 육상골재와 하상골재를 채취하는 업을 말한다.
2. 수중골재채취업 : 하천구역에서 수중골재를 채취하는 업을 말한다.
3. 바다골재채취업 : 바다골재를 채취하는 업을 말한다.
4. 산림골재채취업 : 산림골재를 채취하는 업을 말한다.
5. 골재선별·파쇄업 : 바다골재외의 골재를 선별 또는 파쇄하는 업을 말한다.
6. 바다골재선별·세척업 : 바다골재를 선별 또는 세척하는 업을 말한다.

12. 식품접객업의 종류와 시설기준 〈식품위생법 시행규칙 별표14〉

[별표 14] <개정 2024. 7. 8.>

업종별시설기준(제36조 관련)

1. 식품제조·가공업의 시설기준
가. 식품의 제조시설과 원료 및 제품의 보관시설 등이 설비된 건축물(이하 "건물"이라 한다)의 위치 등
1) 건물의 위치는 축산폐수·화학물질, 그 밖에 오염물질의 발생시설로부터 식품에 나쁜 영향을 주지 아니하는 거리를 두어야 한다.
2) 건물의 구조는 제조하려는 식품의 특성에 따라 적정한 온도가 유지될 수 있고, 환기가 잘 될 수 있어야 한다.
3) 건물의 자재는 식품에 나쁜 영향을 주지 아니하고 식품을 오염시키지 아니하는 것이어야 한다.
나. 작업장
1) 작업장은 독립된 건물이거나 식품제조·가공 외의 용도로 사용되는 시설과 분리(별도의 방을 분리함에 있어 벽이나 층 등으로 구분하는 경우를 말한다. 이하 같다)되어야 한다.
2) 작업장은 원료처리실·제조가공실·포장실 및 그 밖에 식품의 제조·가공에 필요한 작업실을 말하며, 각각의 시설은 분리 또는 구획(칸막이·커튼 등으로 구분하는 경우를 말한다. 이하 같다)되어야 한다. 다만, 제조공정의 자동화 또는 시설·제품의 특수성으로 인하여 분리 또는 구획할 필요가 없다고 인정되는 경우로서 각각의 시설이 서로 구분(선·줄 등으로 구분하는 경우를 말한다. 이하 같다)될 수 있는 경우에는 그러하지 아니하다.
3) 작업장의 바닥·내벽 및 천장 등은 다음과 같은 구조로 설비되어야 한다.
가) 바닥은 콘크리트 등으로 내수처리를 하여야 하며, 배수가 잘 되도록 하여야 한다.
나) 내벽은 바닥으로부터 1.5미터까지 밝은 색의 내수성으로 설비하거나 세균방지용 페인트로 도색하여야 한다. 다만, 물을 사용하지 않고 위생상 위해발생의 우려가 없는 경우에는 그러하지 아니하다.
다) 작업장의 내부 구조물, 벽, 바닥, 천장, 출입문, 창문 등은 내구성, 내부식성 등을 가지고, 세척 · 소독이 용이하여야 한다
4) 작업장 안에서 발생하는 악취·유해가스·매연·증기 등을 환기시키기에 충분한 환기시설을 갖추어야 한다.
5) 작업장은 외부의 오염물질이나 해충, 설치류, 빗물 등의 유입을 차단할 수 있는 구조이어야 한다.
6) 작업장은 폐기물 · 폐수 처리시설과 격리된 장소에 설치하여야 한다.
다. 식품취급시설 등
1) 식품을 제조·가공하는데 필요한 기계·기구류 등 식품취급시설은 식품의 특성에 따라 식품등의 기준 및 규격에서 정하고 있는 제조·가공기준에 적합한 것이어야 한다.
2) 식품취급시설 중 식품과 직접 접촉하는 부분은 위생적인 내수성재질[스테인레스·알루미늄·에프알피(FRP)·테프론 등 물을 흡수하지 아니하는 것을 말한다. 이하 같다]로서 씻기 쉬운 것이거나 위생적인 목재로서 씻는 것이 가능한 것이어야 하며, 열탕·증기·살균제 등으로 소독·살균이 가능한 것이어야 한다.
3) 냉동·냉장시설 및 가열처리시설에는 온도계 또는 온도를 측정할 수 있는 계기를 설치하여야 한다.
라. 급수시설
1) 수돗물이나 「먹는물관리법」 제5조에 따른 먹는 물의 수질기준에 적합한 지하수 등을 공급할 수 있는 시설을 갖추어야 한다.
2) 지하수 등을 사용하는 경우 취수원은 화장실·폐기물처리시설·동물사육장, 그 밖에 지하수가 오염될 우려가 있는 장소로부터 영향을 받지 아니하는 곳에 위치하여야 한다.
3) 먹기에 적합하지 않은 용수는 교차 또는 합류되지 않아야 한다.
마. 화장실
1) 작업장에 영향을 미치지 아니하는 곳에 정화조를 갖춘 수세식화장실을 설치하여야 한다. 다만, 인근

에 사용하기 편리한 화장실이 있는 경우에는 화장실을 따로 설치하지 아니할 수 있다.

2) 화장실은 콘크리트 등으로 내수처리를 하여야 하고, 바닥과 내벽(바닥으로부터 1.5미터까지)에는 타일을 붙이거나 방수페인트로 색칠하여야 한다.

바. 창고 등의 시설

1) 원료와 제품을 위생적으로 보관·관리할 수 있는 창고를 갖추어야 한다. 다만, 창고에 갈음할 수 있는 냉동·냉장시설을 따로 갖춘 업소에서는 이를 설치하지 아니할 수 있다.

2) 창고의 바닥에는 양탄자를 설치하여서는 아니 된다.

사. 검사실

1) 식품등의 기준 및 규격을 검사할 수 있는 검사실을 갖추어야 한다. 다만, 다음 각 호의 어느 하나에 해당하는 경우에는 이를 갖추지 아니할 수 있다.

가) 법 제31조제2항에 따라 「식품・의약품분야 시험・검사 등에 관한 법률」 제6조제3항제2호에 따른 자가품질위탁 시험・검사기관 등에 위탁하여 자가품질검사를 하려는 경우

나) 같은 영업자가 다른 장소에 영업신고한 같은 업종의 영업소에 검사실을 갖추고 그 검사실에서 법 제31조제1항에 따른 자가품질검사를 하려는 경우

다) 같은 영업자가 설립한 식품 관련 연구·검사기관에서 자사 제품에 대하여 법 제31조제1항에 따른 자가품질검사를 하려는 경우

라) 「독점규제 및 공정거래에 관한 법률」 제2조제2호에 따른 기업집단에 속하는 식품관련 연구·검사기관 또는 같은 조 제3호에 따른 계열회사가 영업신고한 같은 업종의 영업소의 검사실에서 법 제31조제1항에 따른 자가품질검사를 하려는 경우

마) 같은 영업자, 동일한 기업집단(「독점규제 및 공정거래에 관한 법률」 제2조제2호에 따른 기업집단을 말한다)에 속하는 식품관련 연구・검사기관 또는 영업자의 계열회사(같은 법 제2조제3호에 따른 계열회사를 말한다)가 영 제21조제1항제3호에 따른 식품첨가물제조업, 「축산물 위생관리법」 제21조제1항제3호에 따른 축산물가공업, 「건강기능식품에 관한 법률 시행령」 제2조제1호가목에 따른 건강기능식품전문제조업, 「약사법」 제31조제1항・제4항에 따른 의약품・의약외품을 제조하는 영업 또는 「화장품법」 제3조제1항에 따른 화장품의 전부 또는 일부를 제조하는 영업을 하면서 해당 영업소에 검사실 또는 시험실을 갖추고 법 제31조제1항에 따른 자가품질검사를 하려는 경우

2) 검사실을 갖추는 경우에는 자가품질검사에 필요한 기계·기구 및 시약류를 갖추어야 한다.

아. 운반시설

식품을 운반하기 위한 차량, 운반도구 및 용기를 갖춘 경우 식품과 직접 접촉하는 부분의 재질은 인체에 무해하며 내수성・내부식성을 갖추어야 한다.

자. 시설기준 적용의 특례

1) 선박에서 수산물을 제조·가공하는 경우에는 다음의 시설만 설비할 수 있다.

가) 작업장

작업장에서 발생하는 악취·유해가스·매연·증기 등을 환기시키는 시설을 갖추어야 한다.

나) 창고 등의 시설 등

냉동·냉장시설을 갖추어야 한다.

다) 화장실

수세식 화장실을 두어야 한다.

2) 식품제조·가공업자가 제조·가공시설 등이 부족한 경우에는 영 제21조 각 호에 따른 영업자, 「축산물 위생관리법」 제21조제1항제3호에 따른 축산물가공업의 영업자 또는 「건강기능식품에 관한 법률 시행령」 제2조제1호가목에 따른 건강기능식품전문제조업의 영업자에게 위탁하여 식품을 제조·가공할 수 있다.

3) 하나의 업소가 둘 이상의 업종의 영업을 할 경우 또는 둘 이상의 식품을 제조·가공하고자 할 경우로서 각각의 제품이 전부 또는 일부의 동일한 공정을 거쳐 생산되는 경우에는 그 공정에 사용되는 시설 및 작업장을 함께 쓸 수 있다. 이 경우 「축산물 위생관리법」 제22조에 따라 축산물가공업의 허가를 받은 업소, 「먹는물관리법」 제21조에 따라 먹는샘물제조업의 허가를 받은 업소, 「주세법」 제6조에 따라 주류제조의 면허를 받아 주류를 제조하는 업소 및 「건강기능식품에 관한 법률」 제5

조에 따라 건강기능식품제조업의 허가를 받은 업소 및 「양곡관리법」 제19조에 따라 양곡가공업 등록을 한 업소의 시설 및 작업장도 또한 같다.

4) 「농업·농촌 및 식품산업 기본법」 제3조제2호에 따른 농업인, 같은 조 제4호에 따른 생산자단체, 「수산업·어촌 발전 기본법」 제3조제2호에 따른 수산인, 같은 조 제3호에 따른 어업인, 같은 조 제5호에 따른 생산자단체, 「농어업경영체 육성 및 지원에 관한 법률」 제16조에 따른 영농조합법인·영어조합법인 또는 같은 법 제19조에 따른 농업회사법인·어업회사법인이 국내산 농산물과 수산물을 주된 원료로 식품을 직접 제조·가공하는 영업과 「전통시장 및 상점가 육성을 위한 특별법」 제2조제1호에 따른 전통시장에서 식품을 제조·가공하는 영업에 대해서는 특별자치도지사·시장·군수·구청장은 그 시설기준을 따로 정할 수 있다.

5) 식품제조·가공업을 함께 영위하려는 의약품제조업자 또는 의약외품제조업자는 제조하는 의약품 또는 의약외품 중 내복용 제제가 식품에 전이될 우려가 없다고 식품의약품안전처장이 인정하는 경우에는 해당 의약품 또는 의약외품 제조시설을 식품제조·가공시설로 이용할 수 있다. 이 경우 식품제조·가공시설로 이용할 수 있는 기준 및 방법 등 세부사항은 식품의약품안전처장이 정하여 고시한다.

6) 「곤충산업의 육성 및 지원에 관한 법률」 제2조제3호에 따른 곤충농가가 곤충을 주된 원료로 하여 식품을 제조·가공하는 영업을 하려는 경우 특별자치시장·특별자치도지사·시장·군수·구청장은 그 시설기준을 따로 정할 수 있다.

7) 식품제조·가공업자가 바목1)에 따른 창고의 용량이 부족하여 생산한 반제품을 보관할 수 없는 경우에는 영업등록을 한 영업소의 소재지와 다른 곳에 설치하거나 임차한 창고에 일시적으로 보관할 수 있다.

8) 공유주방 운영업의 시설을 사용하는 경우에는 제10호의 공유주방 운영업의 시설기준에 따른다.

2. 즉석판매제조·가공업의 시설기준

가. 건물의 위치 등

1) 독립된 건물이거나 즉석판매제조·가공 외의 용도로 사용되는 시설과 분리 또는 구획되어야 한다. 다만, 백화점 등 식품을 전문으로 취급하는 일정장소(식당가·식품매장 등을 말한다) 또는 일반음식점·휴게음식점·제과점 영업장과 직접 접한 장소에서 즉석판매제조·가공업의 영업을 하려는 경우, 「축산물 위생관리법」 제21조제7호가목에 따른 식육판매업소에서 식육을 이용하여 즉석판매제조·가공업의 영업을 하려는 경우 및 「건강기능식품에 관한 법률 시행령」 제2조제3호가목에 따른 건강기능식품일반판매업소에서 즉석판매제조·가공업의 영업을 하려는 경우로서 식품위생상 위해발생의 우려가 없다고 인정되는 경우에는 그러하지 아니하다.

2) 건물의 위치·구조 및 자재에 관하여는 1. 식품제조·가공업의 시설기준 중 가. 건물의 위치 등의 관련 규정을 준용한다.

나. 작업장

1) 식품을 제조·가공할 수 있는 기계·기구류 등이 설치된 제조·가공실을 두어야 한다. 다만, 식품제조·가공업 영업자가 제조·가공한 식품 또는 「수입식품안전관리 특별법」 제15조제1항에 따라 등록한 수입식품등 수입·판매업 영업자가 수입·판매한 식품을 소비자가 원하는 만큼 덜어서 판매하는 것만 하고, 식품의 제조·가공은 하지 아니하는 영업자인 경우에는 제조·가공실을 두지 아니할 수 있다.

2) 제조가공실의 시설 등에 관하여는 1. 식품제조·가공업의 시설기준 중 나. 작업장의 관련규정을 준용한다.

다. 식품취급시설 등

식품취급시설 등에 관하여는 1. 식품제조·가공업의 시설기준 중 다. 식품취급시설 등의 관련규정을 준용한다.

라. 급수시설

급수시설은 1. 식품제조·가공업의 시설기준 중 라. 급수시설의 관련 규정을 준용한다. 다만, 인근에 수돗물이나 「먹는물관리법」 제5조에 따른 먹는물 수질기준에 적합한 지하수 등을 공급할 수 있는 시설이 있는 경우에는 이를 설치하지 아니할 수 있다.

마. 판매시설

식품을 위생적으로 유지·보관할 수 있는 진열·판매시설을 갖추어야 한다. 다만, 신고관청은 즉석판매제조·가공업의 영업자가 제조·가공하는 식품의 형태 및 판매 방식 등을 고려해 진열·판매의 필요성 및 식품위생에의 위해성이 모두 없다고 인정하는 경우에는 진열·판매시설의 설치를 생략하게 할 수 있다.

바. 화장실

1) 화장실을 작업장에 영향을 미치지 아니하는 곳에 설치하여야 한다.

2) 정화조를 갖춘 수세식 화장실을 설치하여야 한다. 다만, 상·하수도가 설치되지 아니한 지역에서는 수세식이 아닌 화장실을 설치할 수 있다.

3) 2)단서에 따라 수세식이 아닌 화장실을 설치하는 경우에는 변기의 뚜껑과 환기시설을 갖추어야 한다.

4) 공동화장실이 설치된 건물 안에 있는 업소 및 인근에 사용이 편리한 화장실이 있는 경우에는 따로 설치하지 아니할 수 있다.

사. 시설기준 적용의 특례

1) 「전통시장 및 상점가 육성을 위한 특별법」 제2조제1호에 따른 전통시장 또는 「관광진흥법 시행령」 제2조제1항제5호가목에 따른 종합유원시설업의 시설 안에서 이동판매형태의 즉석판매제조·가공업을 하려는 경우에는 특별자치시장·특별자치도지사·시장·군수·구청장이 그 시설기준을 따로 정할 수 있다.

2) 「도시와 농어촌 간의 교류촉진에 관한 법률」 제10조에 따라 농어촌체험·휴양마을사업자가 지역 농·수·축산물을 주재료로 이용한 식품을 제조·판매·가공하는 경우에는 특별자치시장·특별자치도지사·시장·군수·구청장이 그 시설기준을 따로 정할 수 있다.

3) 지방자치단체의 장이 주최·주관 또는 후원하는 지역행사 등에서 즉석판매제조·가공업을 하려는 경우에는 특별자치시장·특별자치도지사·시장·군수·구청장이 그 시설기준을 따로 정할 수 있다.

4) 지방자치단체 및 농림축산식품부장관이 인정한 생산자단체등에서 국내산 농·수·축산물을 주재료로 이용한 식품을 제조·판매·가공하는 경우에는 특별자치시장·특별자치도지사·시장·군수·구청장이 그 시설기준을 따로 정할 수 있다.

5) 「전시산업발전법」 제2조제4호에 따른 전시시설 또는 「국제회의산업 육성에 관한 법률」 제2조제3호에 따른 국제회의시설에서 즉석판매제조·가공업을 하려는 경우에는 특별자치시장·특별자치도지사·시장·군수·구청장이 그 시설기준을 따로 정할 수 있다.

6) 그 밖에 특별자치시장·특별자치도지사·시장·군수·구청장이 별도로 지정하는 장소에서 즉석판매제조·가공업을 하려는 경우에는 특별자치시장·특별자치도지사·시장·군수·구청장이 그 시설기준을 따로 정할 수 있다.

아. 삭제 <2017. 12. 29.>

자. 삭제 <2017. 12. 29.>

3. 식품첨가물제조업의 시설기준

식품제조·가공업의 시설기준을 준용한다. 다만, 건물의 위치·구조 및 작업장에 대하여는 신고관청이 위생상 위해발생의 우려가 없다고 인정하는 경우에는 그러하지 아니하다.

4. 식품운반업의 시설기준

가. 운반시설

1) 냉동 또는 냉장시설을 갖춘 적재고(積載庫)가 설치된 운반 차량 또는 선박이 있어야 한다. 다만, 어패류에 식용얼음을 넣어 운반하는 경우와 냉동 또는 냉장시설이 필요 없는 식품만을 취급하는 경우에는 그러하지 아니하다.

2) 냉동 또는 냉장시설로 된 적재고의 내부는 식품등의 기준 및 규격 중 운반식품의 보존 및 유통기준에 적합한 온도를 유지하여야 하며, 시설외부에서 내부의 온도를 알 수 있도록 온도계를 설치하여야 한다.

3) 적재고는 혈액 등이 누출되지 아니하고 냄새를 방지할 수 있는 구조이어야 한다.

나. 세차시설

세차장은 「수질환경보전법」에 적합하게 전용세차장을 설치하여야 한다. 다만, 동일 영업자가 공동으로 세차장을 설치하거나 타인의 세차장을 사용계약한 경우에는 그러하지 아니하다.

다. 차고

식품운반용 차량을 주차시킬 수 있는 전용차고를 두어야 한다. 다만, 타인의 차고를 사용계약한 경우와 「화물자동차 운수사업법」 제55조에 따른 사용신고 대상이 아닌 자가용 화물자동차의 경우에는 그러하지 아니하다.

라. 사무소

영업활동을 위한 사무소를 두어야 한다. 다만, 영업활동에 지장이 없는 경우에는 다른 사무소를 함께 사용할 수 있고, 「화물자동차 운수사업법」 제3조제1항제2호에 따른 개인화물자동차 운송사업의 영업자가 식품운반업을 하려는 경우에는 사무소를 두지 않을 수 있다.

5. 식품소분·판매업의 시설기준

가. 공통시설기준

1) 작업장 또는 판매장(식품자동판매기영업 및 유통전문판매업을 제외한다)

가) 건물은 독립된 건물이거나 주거장소 또는 식품소분·판매업 외의 용도로 사용되는 시설과 분리 또는 구획되어야 한다.

나) 식품소분업의 소분실은 1. 식품제조·가공업의 시설기준 중 나. 작업장의 관련규정을 준용한다.

2) 급수시설(식품소분업 등 물을 사용하지 아니하는 경우를 제외한다)

수돗물이나 「먹는물관리법」 제5조에 따른 먹는 물의 수질기준에 적합한 지하수 등을 공급할 수 있는 시설을 갖추어야 한다.

3) 화장실(식품자동판매기영업을 제외한다)

가) 화장실은 작업장 및 판매장에 영향을 미치지 아니하는 곳에 설치하여야 한다.

나) 정화조를 갖춘 수세식 화장실을 설치하여야 한다. 다만, 상·하수도가 설치되지 아니한 지역에서는 수세식이 아닌 화장실을 설치할 수 있다.

다) 나)단서에 따라 수세식이 아닌 화장실을 설치한 경우에는 변기의 뚜껑과 환기시설을 갖추어야 한다.

라) 공동화장실이 설치된 건물 안에 있는 업소 및 인근에 사용이 편리한 화장실이 있는 경우에는 따로 화장실을 설치하지 아니할 수 있다.

4) 공통시설기준의 적용특례

지방자치단체 및 농림축산식품부장관이 인정한 생산자단체 등에서 국내산 농·수·축산물의 판매촉진 및 소비홍보 등을 위하여 14일 이내의 기간에 한하여 특정장소에서 농·수·축산물의 판매행위를 하려는 경우에는 공통시설기준에 불구하고 특별자치도지사·시장·군수·구청장(시·도에서 농·수·축산물의 판매행위를 하는 경우에는 시·도지사)이 시설기준을 따로 정할 수 있다.

나. 업종별 시설기준

1) 식품소분업

가) 식품등을 소분·포장할 수 있는 시설을 설치하여야 한다.

나) 소분·포장하려는 제품과 소분·포장한 제품을 보관할 수 있는 창고를 설치하여야 한다.

2) 식용얼음판매업

가) 판매장은 얼음을 저장하는 창고와 취급실이 구획되어야 한다.

나) 취급실의 바닥은 타일·콘크리트 또는 두꺼운 목판자 등으로 설비하여야 하고, 배수가 잘 되어야 한다.

다) 판매장의 주변은 배수가 잘 되어야 한다.

라) 배수로에는 덮개를 설치하여야 한다.

마) 얼음을 저장하는 창고에는 보기 쉬운 곳에 온도계를 비치하여야 한다.

바) 소비자에게 배달판매를 하려는 경우에는 위생적인 용기가 있어야 한다.

3) 식품자동판매기영업

가) 식품자동판매기(이하 "자판기"라 한다)는 위생적인 장소에 설치하여야 하며, 옥외에 설치하는 경우에는 비·눈·직사광선으로부터 보호되는 구조이어야 한다.

나) 더운 물을 필요로 하는 제품의 경우에는 제품의 음용온도는 68℃ 이상이 되도록 하여야 하고, 자판기 내부에는 살균등(더운 물을 필요로 하는 경우를 제외한다)·정수기 및 온도계가 부착되어야 한다. 다만, 물을 사용하지 않는 경우는 제외한다.

다) 자판기 안의 물탱크는 내부청소가 쉽도록 뚜껑을 설치하고 녹이 슬지 아니하는 재질을 사용하여

야 한다.

라) 내부에서의 자동적인 혼합처리과정을 거친 식품을 판매하는 자판기의 경우 식품과 직접 접촉하는 부분은 적절하게 세척관리할 수 있고 그 상태를 확인할 수 있는 구조여야 하고, 내수생 재질로서 씻기 쉬워야 하며, 열탕증지살균제 등으로 소독 및 살균이 가능해야 한다.

마) 내부에서의 자동적인 혼합처리과정을 거친 식품을 판매하는 자판기의 경우 혼합처리과정에 사용하는 식품을 위생적으로 보관할 수 있는 시설을 갖춰야 한다

4) 유통전문판매업

가) 영업활동을 위한 독립된 사무소가 있어야 한다. 다만, 영업활동에 지장이 없는 경우에는 다른 사무소를 함께 사용할 수 있으며, 「방문판매 등에 관한 법률」 제2조제1호제3호제5호에 따른 방문판매전화권유판매다단계판매 및 「전자상거래 등에서의 소비자보호에 관한 법률」 제2조세1호세2호에 따른 전자상거래통신판매 형태의 영업으로서 구매자가 직접 영업활동을 위한 사무소를 방문하지 않는 경우에는 「건축법」에 따른 주택 용도의 건축물 또는 「벤처기업육성에 관한 특별조치법」 제18조의3제1항에 따른 창업보육센터를 사무소로 사용할 수 있다.

나) 식품을 위생적으로 보관할 수 있는 창고를 갖추어야 한다. 이 경우 보관창고는 영업신고를 한 영업소의 소재지와 다른 곳에 설치하거나 임차하여 사용할 수 있다.

다) 상시 운영하는 반품·교환품의 보관시설을 두어야 한다.

5) 집단급식소 식품판매업

가) 사무소

영업활동을 위한 독립된 사무소가 있어야 한다. 다만, 영업활동에 지장이 없는 경우에는 다른 사무소를 함께 사용할 수 있다.

나) 작업장

(1) 식품을 선별·분류하는 작업은 항상 찬 곳(0~18℃)에서 할 수 있도록 하여야 한다.

(2) 작업장은 식품을 위생적으로 보관하거나 선별 등의 작업을 할 수 있도록 독립된 건물이거나 다른 용도로 사용되는 시설과 분리되어야 한다.

(3) 작업장 바닥은 콘크리트 등으로 내수처리를 하여야 하고, 물이 고이거나 습기가 차지 아니하게 하여야 한다.

(4) 작업장에는 쥐, 바퀴 등 해충이 들어오지 못하게 하여야 한다.

(5) 작업장에서 사용하는 칼, 도마 등 조리기구는 육류용과 채소용 등 용도별로 구분하여 그 용도로만 사용하여야 한다.

다) 창고 등 보관시설

(1) 식품등을 위생적으로 보관할 수 있는 창고를 갖추어야 한다. 이 경우 창고는 영업신고를 한 소재지와 다른 곳에 설치하거나 임차하여 사용할 수 있다.

(2) 창고에는 식품의약품안전처장이 정하는 보존 및 유통기준에 적합한 온도에서 보관할 수 있도록 냉장시설 및 냉동시설을 갖추어야 한다. 다만, 창고에서 냉장처리나 냉동처리가 필요하지 아니한 식품을 처리하는 경우에는 냉장시설 또는 냉동시설을 갖추지 아니하여도 된다.

(3) 시고 오염원이 될 수 있는 식품을 보관·운반하는 경우 구분하여 보관·운반하여야 한다.

라) 운반차량

(1) 식품을 위생적으로 운반하기 위하여 냉동시설이나 냉장시설을 갖춘 적재고가 설치된 운반차량을 1대 이상 갖추어야 한다. 다만, 법 제37조에 따라 허가, 신고 또는 등록한 영업자와 계약을 체결하여 냉동 또는 냉장시설을 갖춘 운반차량을 이용하는 경우에는 운반차량을 갖추지 아니하여도 된다.

(2) (1)의 규정에도 불구하고 냉동 또는 냉장시설이 필요 없는 식품만을 취급하는 경우에는 운반차량에 냉동시설이나 냉장시설을 갖춘 적재고를 설치하지 아니하여도 된다.

6) 삭제 <2016.2.4.>

7) 기타식품판매업

가) 냉동시설 또는 냉장고·진열대 및 판매대를 설치하여야 한다. 다만, 냉장·냉동 보관 및 유통을 필요로 하지 않는 제품을 취급하는 경우는 제외한다.

나) 삭제 <2012.1.17>

6. 식품보존업의 시설기준

가. 식품조사처리업

원자력관계법령에서 정한 시설기준에 적합하여야 한다.

나. 식품냉동·냉장업

1) 작업장은 독립된 건물이거나 다른 용도로 사용되는 시설과 분리되어야 한다. 다만, 다음 각 호의 어느 하나에 해당하는 경우에는 그러하지 아니할 수 있다.

가) 밀봉 포장된 식품과 밀봉 포장된 축산물(「축산물 위생관리법」 제2조제2호에 따른 축산물을 말한다)을 같은 작업장에 구분하여 보관하는 경우

나) 「수입식품안전관리 특별법」 제15조제1항에 따라 등록한 수입식품등 보관업의 시설과 함께 사용하는 작업장의 경우

2) 작업장에는 적하실(積下室)·냉동예비실·냉동실 및 냉장실이 있어야 하고, 각각의 시설은 분리 또는 구획되어야 한다. 다만, 냉동을 하지 아니할 경우에는 냉동예비실과 냉동실을 두지 아니할 수 있다.

3) 작업장의 바닥은 콘크리트 등으로 내수처리를 하여야 하고, 물이 고이거나 습기가 차지 아니하도록 하여야 한다.

4) 냉동예비실·냉동실 및 냉장실에는 보기 쉬운 곳에 온도계를 비치하여야 한다.

5) 작업장에는 작업장 안에서 발생하는 악취·유해가스·매연·증기 등을 배출시키기 위한 환기시설을 갖추어야 한다.

6) 작업장에는 쥐·바퀴 등 해충이 들어오지 못하도록 하여야 한다.

7) 상호오염원이 될 수 있는 식품을 보관하는 경우에는 서로 구별할 수 있도록 하여야 한다.

8) 작업장 안에서 사용하는 기구 및 용기·포장 중 식품에 직접 접촉하는 부분은 씻기 쉬우며, 살균소독이 가능한 것이어야 한다.

9) 수돗물이나 「먹는물관리법」 제5조에 따른 먹는 물의 수질기준에 적합한 지하수 등을 공급할 수 있는 시설을 갖추어야 한다.

10) 화장실을 설치하여야 하며, 화장실의 시설은 2. 즉석판매제조·가공업의 시설기준 중 바. 화장실의 관련규정을 준용한다.

7. 용기·포장류 제조업의 시설기준

식품제조·가공업의 시설기준을 준용한다. 다만, 신고관청이 위생상 위해발생의 우려가 없다고 인정하는 경우에는 그러하지 아니하다.

8. 식품접객업의 시설기준

가. 공통시설기준

1) 영업장

가) 독립된 건물이거나 식품접객업의 영업허가를 받거나 영업신고를 한 업종 외의 용도로 사용되는 시설과 분리, 구획 또는 구분되어야 한다(일반음식점에서 「축산물위생관리법 시행령」 제21조제7호가목의 식육판매업을 하려는 경우, 휴게음식점에서 「음악산업진흥에 관한 법률」 제2조제10호에 따른 음반·음악영상물판매업을 하는 경우 및 관할 세무서장의 의제 주류판매 면허를 받고 제과점에서 영업을 하는 경우는 제외한다). 다만, 다음의 어느 하나에 해당하는 경우에는 분리되어야 한다.

(1) 식품접객업의 영업허가를 받거나 영업신고를 한 업종과 다른 식품접객업의 영업을 하려는 경우. 다만, 휴게음식점에서 일반음식점영업 또는 제과점영업을 하는 경우, 일반음식점에서 휴게음식점영업 또는 제과점영업을 하는 경우 또는 제과점에서 휴게음식점영업 또는 일반음식점영업을 하는 경우는 제외한다.

(2) 「음악산업진흥에 관한 법률」 제2조제13호의 노래연습장업을 하려는 경우

(3) 「다중이용업소의 안전관리에 관한 특별법 시행규칙」 제2조제3호의 콜라텍업을 하려는 경우

(4) 「체육시설의 설치·이용에 관한 법률」 제10조제1항제2호에 따른 무도학원업 또는 무도장업을 하려는 경우

(5) 「동물보호법」 제2조제1호에 따른 동물의 출입, 전시 또는 사육이 수반되는 영업을 하려는 경우

나) 영업장은 연기·유해가스등의 환기가 잘 되도록 하여야 한다.

다) 음향 및 반주시설을 설치하는 영업자는 「소음·진동관리법」 제21조에 따른 생활소음·진동이 규제기준에 적합한 방음장치 등을 갖추어야 한다.

라) 공연을 하려는 휴게음식점·일반음식점 및 단란주점의 영업자는 무대시설을 영업장 안에 객석과 구분되게 설치하되, 객실 안에 설치하여서는 아니 된다.

마) 「동물보호법」 제2조제1호에 따른 동물의 출입, 전시 또는 사육이 수반되는 시설과 직접 접한 영업장의 출입구에는 손을 소독할 수 있는 장치, 용품 등을 갖추어야 한다.

2) 조리장

가) 조리장은 손님이 그 내부를 볼 수 있는 구조로 되어 있어야 한다. 다만, 영 제21조제8호바목에 따른 제과점영업소로서 같은 건물 안에 조리장을 설치하는 경우와 「관광진흥법 시행령」 제2조제1항제2호가목 및 같은 항 제3호마목에 따른 관광호텔업 및 관광공연장업의 조리장의 경우에는 그러하지 아니하다.

나) 조리장 바닥에 배수구가 있는 경우에는 덮개를 설치하여야 한다.

다) 조리장 안에는 취급하는 음식을 위생적으로 조리하기 위하여 필요한 조리시설·세척시설·폐기물용기 및 손 씻는 시설을 각각 설치하여야 하고, 폐기물용기는 오물·악취 등이 누출되지 아니하도록 뚜껑이 있고 내수성 재질로 된 것이어야 한다.

라) 1명의 영업자가 하나의 조리장을 둘 이상의 영업에 공동으로 사용할 수 있는 경우는 다음과 같다.

(1) 같은 건물 내에서 휴게음식점, 제과점, 일반음식점 및 즉석판매제조·가공업의 영업 중 둘 이상의 영업을 하려는 경우

(2) 「관광진흥법 시행령」에 따른 전문휴양업, 종합휴양업 및 유원시설업 시설 안의 같은 장소에서 휴게음식점·제과점영업 또는 일반음식점영업 중 둘 이상의 영업을 하려는 경우

(3) 삭제 <2017. 12. 29.>

(4) 제과점 영업자가 식품제조·가공업 또는 즉석판매제조·가공업의 제과·제빵류 품목 등을 제조·가공하려는 경우

(5) 제과점영업자가 다음의 구분에 따라 둘 이상의 제과점영업을 하는 경우

(가) 기존 제과점의 영업신고관청과 같은 관할 구역에서 제과점영업을 하는 경우

(나) 기존 제과점의 영업신고관청과 다른 관할 구역에서 제과점영업을 하는 경우로서 제과점 간 거리가 5킬로미터 이내인 경우

마) 조리장에는 주방용 식기류를 소독하기 위한 자외선 또는 전기살균소독기를 설치하거나 열탕세척소독시설(식중독을 일으키는 병원성 미생물 등이 살균될 수 있는 시설이어야 한다. 이하 같다)을 갖추어야 한다. 다만, 주방용 식기류를 기구등의 살균·소독제로만 소독하는 경우에는 그러하지 아니하다.

바) 충분한 환기를 시킬 수 있는 시설을 갖추어야 한다. 다만, 자연적으로 통풍이 가능한 구조의 경우에는 그러하지 아니하다.

사) 식품등의 기준 및 규격 중 식품별 보존 및 유통기준에 적합한 온도가 유지될 수 있는 냉장시설 또는 냉동시설을 갖추어야 한다.

3) 급수시설

가) 수돗물이나 「먹는물관리법」 제5조에 따른 먹는 물의 수질기준에 적합한 지하수 등을 공급할 수 있는 시설을 갖추어야 한다.

나) 지하수를 사용하는 경우 취수원은 화장실·폐기물처리시설·동물사육장, 그 밖에 지하수가 오염될 우려가 있는 장소로부터 영향을 받지 아니하는 곳에 위치하여야 한다.

4) 화장실

가) 화장실은 콘크리트 등으로 내수처리를 하여야 한다. 다만, 공중화장실이 설치되어 있는 역·터미널·유원지 등에 위치하는 업소, 공동화장실이 설치된 건물 안에 있는 업소 및 인근에 사용하기 편리한 화장실이 있는 경우에는 따로 화장실을 설치하지 아니할 수 있다.

나) 화장실은 조리장에 영향을 미치지 아니하는 장소에 설치하여야 한다.

다) 정화조를 갖춘 수세식 화장실을 설치하여야 한다. 다만, 상·하수도가 설치되지 아니한 지역에서는 수세식이 아닌 화장실을 설치할 수 있다.

라) 다)단서에 따라 수세식이 아닌 화장실을 설치하는 경우에는 변기의 뚜껑과 환기시설을 갖추어야

한다.

마) 화장실에는 손을 씻는 시설을 갖추어야 한다.

5) 공통시설기준의 적용특례

가) 공통시설기준에도 불구하고 다음의 경우에는 특별자치시장·특별자치도지사·시장·군수·구청장(시·도에서 음식물의 조리·판매행위를 하는 경우에는 시·도지사)이 시설기준을 따로 정할 수 있다.

(1) 「전통시장 및 상점가 육성을 위한 특별법」 제2조제1호에 따른 전통시장에서 음식점영업을 하는 경우

(2) 해수욕장 등에서 계절적으로 음식점영업을 하는 경우

(3) 고속도로·자동차전용도로·공원·유원시설 등의 휴게장소에서 영업을 하는 경우

(4) 건설공사현장에서 영업을 하는 경우

(5) 지방자치단체 및 농림축산식품부장관이 인정한 생산자단체등에서 국내산 농·수·축산물의 판매촉진 및 소비홍보 등을 위하여 특정장소에서 음식물의 조리·판매행위를 하려는 경우

(6) 「전시산업발전법」 제2조제4호에 따른 전시시설에서 휴게음식점영업, 일반음식점영업 또는 제과점영업을 하는 경우

(7) 지방자치단체의 장이 주최, 주관 또는 후원하는 지역행사 등에서 휴게음식점영업, 일반음시점영업 또는 제과점영업을 하는 경우

(8) 「국제회의산업 육성에 관한 법률」 제2조제3호에 따른 국제회의시설에서 휴게음식점, 일반음식점, 제과점 영업을 하려는 경우

(9) 그 밖에 특별자치시장·특별자치도지사·시장·군수·구청장이 별도로 지정하는 장소에서 휴게음식점, 일반음식점, 제과점 영업을 하려는 경우

나) 「도시와 농어촌 간의 교류촉진에 관한 법률」 제10조에 따라 농어촌체험·휴양마을사업자가 농어촌체험·휴양프로그램에 부수하여 음식을 제공하는 경우로서 그 영업시설기준을 따로 정한 경우에는 그 시설기준에 따른다.

다) 백화점, 슈퍼마켓 등에서 휴게음식점영업 또는 제과점영업을 하려는 경우와 음식물을 전문으로 조리하여 판매하는 백화점 등의 일정장소(식당가를 말한다)에서 휴게음식점영업·일반음식점영업 또는 제과점영업을 하려는 경우로서 위생상 위해발생의 우려가 없다고 인정되는 경우에는 각 영업소와 영업소 사이를 분리 또는 구획하는 별도의 차단벽이나 칸막이 등을 설치하지 아니할 수 있다.

라) 삭제 <2020. 12. 31>

마) 삭제 <2020. 12. 31>

나. 업종별시설기준

1) 휴게음식점영업·일반음식점영업 및 제과점영업

가) 일반음식점에 객실(투명한 칸막이 또는 투명한 차단벽을 설치하여 내부가 전체적으로 보이는 경우는 제외한다)을 설치하는 경우 객실에는 잠금장치를 설치할 수 없다.

나) 휴게음식점 또는 제과점에는 객실(투명한 칸막이 또는 투명한 차단벽을 설치하여 내부가 전체적으로 보이는 경우는 제외한다)을 둘 수 없으며, 객석을 설치하는 경우 객석에는 높이 1.5미터 미만의 칸막이(이동식 또는 고정식)를 설치할 수 있다. 이 경우 2면 이상을 완전히 차단하지 아니하여야 하고, 다른 객석에서 내부가 서로 보이도록 하여야 한다.

다) 기차·자동차·선박 또는 수상구조물로 된 유선장(遊船場)·도선장(渡船場) 또는 수상레저사업장을 이용하는 경우 다음 시설을 갖추어야 한다.

(1) 1일의 영업시간에 사용할 수 있는 충분한 양의 물을 저장할 수 있는 내구성이 있는 식수탱크

(2) 1일의 영업시간에 발생할 수 있는 음식물 찌꺼기 등을 처리하기에 충분한 크기의 오물통 및 폐수탱크

(3) 음식물의 재료(원료)를 위생적으로 보관할 수 있는 시설

라) 영업장으로 사용하는 바닥면적(「건축법 시행령」 제119조제1항제3호에 따라 산정한 면적을 말한다)의 합계가 100제곱미터(영업장이 지하층에 설치된 경우에는 그 영업장의 바닥면적 합계가 66제곱미터) 이상인 경우에는 「다중이용업소의 안전관리에 관한 특별법」 제9조제1항에 따른 소방시설 등 및 영업장 내부 피난통로 그 밖의 안전시설을 갖추어야 한다. 다만, 영업장(내부계단으로 연결된 복층구조의 영업장을 제외한다)이 지상 1층 또는 지상과 직접 접하는 층에 설치되고 그 영업장의

주된 출입구가 건축물 외부의 지면과 직접 연결되는 곳에서 하는 영업을 제외한다.

마) 휴게음식점·일반음식점 또는 제과점의 영업장에는 손님이 이용할 수 있는 자막용 영상장치 또는 자동반주장치를 설치하여서는 아니 된다. 다만, 연회석을 보유한 일반음식점에서 회갑연, 칠순연 등 가정의 의례로서 행하는 경우에는 그러하지 아니하다.

바) 일반음식점의 객실 안에는 무대장치, 음향 및 반주시설, 우주볼 등의 특수조명시설을 설치하여서는 아니 된다.

사) 건물의 외부에 있는 영업장에는 손님의 안전을 확보하기 위해 「건축법」 등 관계 법령에서 정하는 바에 따라 필요한 시설·설비 또는 기구 등을 설치해야 한다.

2) 단란주점영업

가) 영업장 안에 객실이나 칸막이를 설치하려는 경우에는 다음 기준에 적합하여야 한다.

(1) 객실을 설치하는 경우 주된 객장의 중앙에서 객실 내부가 전체적으로 보일 수 있도록 설비하여야 하며, 통로형태 또는 복도형태로 설비하여서는 아니 된다.

(2) 객실로 설치할 수 있는 면적은 객석면적의 2분의 1을 초과할 수 없다.

(3) 주된 객장 안에서는 높이 1.5미터 미만의 칸막이(이동식 또는 고정식)를 설치할 수 있다. 이 경우 2면 이상을 완전히 차단하지 아니하여야 하고, 다른 객석에서 내부가 서로 보이도록 하여야 한다.

나) 객실에는 잠금장치를 설치할 수 없다.

다) 「다중이용업소의 안전관리에 관한 특별법」 제9조제1항에 따른 소방시설등 및 영업장 내부 피난통로 그 밖의 안전시설을 갖추어야 한다.

3) 유흥주점영업

가) 객실에는 잠금장치를 설치할 수 없다.

나) 「다중이용업소의 안전관리에 관한 특별법」 제9조제1항에 따른 소방시설등 및 영업장 내부 피난통로 그 밖의 안전시설을 갖추어야 한다.

9. 위탁급식영업의 시설기준

가) 사무소

영업활동을 위한 독립된 사무소가 있어야 한다. 다만, 영업활동에 지장이 없는 경우에는 다른 사무소를 함께 사용할 수 있다.

나) 창고 등 보관시설

(1) 식품등을 위생적으로 보관할 수 있는 창고를 갖추어야 한다. 이 경우 창고는 영업신고를 한 소재지와 다른 곳에 설치하거나 임차하여 사용할 수 있다.

(2) 창고에는 식품등을 법 제7조제1항에 따른 식품등의 기준 및 규격에서 정하고 있는 보존 및 유통기준에 적합한 온도에서 보관할 수 있도록 냉장·냉동시설을 갖추어야 한다.

다) 운반시설

(1) 식품을 위생적으로 운반하기 위하여 냉동시설이나 냉장시설을 갖춘 적재고가 설치된 운반차량을 1대 이상 갖추어야 한다. 다만, 법 제37조에 따라 허가 또는 신고한 영업자와 계약을 체결하여 냉동 또는 냉장시설을 갖춘 운반차량을 이용하는 경우에는 운반차량을 갖추지 아니하여도 된다.

(2) (1)의 규정에도 불구하고 냉동 또는 냉장시설이 필요 없는 식품만을 취급하는 경우에는 운반차량에 냉동시설이나 냉장시설을 갖춘 적재고를 설치하지 아니하여도 된다.

라) 식재료 처리시설

식품첨가물이나 다른 원료를 사용하지 아니하고 농·임·수산물을 단순히 자르거나 껍질을 벗기거나 말리거나 소금에 절이거나 숙성하거나 가열(살균의 목적 또는 성분의 현격한 변화를 유발하기 위한 목적의 경우를 제외한다)하는 등의 가공과정 중 위생상 위해발생의 우려가 없고 식품의 상태를 관능검사로 확인할 수 있도록 가공하는 경우 그 재료처리시설의 기준은 제1호나목부터 마목까지의 규정을 준용한다.

마) 나)부터 라)까지의 시설기준에도 불구하고 집단급식소의 창고 등 보관시설 및 식재료 처리시설을 이용하는 경우에는 창고 등 보관시설과 식재료 처리시설을 설치하지 아니할 수 있으며, 위탁급식업자가 식품을 직접 운반하지 않는 경우에는 운반시설을 갖추지 아니할 수 있다.

10. 공유주방 운영업의 시설기준

가. 건물의 위치 등

1) 독립된 건물이거나 식품의 제조·가공·조리 등 용도 외에 사용되는 시설과 분리 또는 구획되어야 한다.

2) 건물의 위치는 축산폐수·화학물질, 그 밖에 오염물질의 발생시설로부터 식품에 나쁜 영향을 주지 아니하는 거리를 두어야 한다.

3) 건물의 구조는 제조하려는 식품의 특성에 따라 적정한 온도가 유지될 수 있고, 환기가 잘 될 수 있어야 한다.

4) 건물의 자재는 식품에 나쁜 영향을 주지 아니하고 식품을 오염시키지 아니하는 것이어야 한다.

나. 작업장 등

1) 영 제21조제1호의 식품제조·가공업, 같은 조 제2호의 즉석판매제조·가공업, 같은 조 제3호의 식품첨가물제조업, 같은 조 제5호가목의 식품소분업의 영업자가 사용하는 공유주방의 작업장은 제1호 나목의 요건을 갖춰야 한다.

2) 영 제21조제8호가목의 휴게음식점영업, 같은 호 나목의 일반음식점영업 및 같은 호 바목의 제과점영업의 영업자가 사용하는 공유주방의 영업장, 조리장은 제8호가목1)·2) 요건을 갖춰야 한다.

다. 식품취급시설 등

1) 여러 영업자가 함께 사용할 수 있는 시설 또는 기계·기구 등은 공용 사용임을 표시해야 한다.

2) 여러 영업자가 함께 사용하는 시설 또는 기계·기구 등은 모든 공유시설 사용자들이 사용할 수 있도록 충분히 구비해야 한다.

3) 영 제21조제1호의 식품제조·가공업, 같은 조 제2호의 즉석판매제조·가공업, 같은 조 제3호의 식품첨가물제조업, 같은 조 제5호가목의 식품소분업의 영업자가 사용하는 공유주방의 식품취급시설 등은 제1호다목의 요건을 갖추어야 한다.

라. 급수시설

1) 수돗물이나 「먹는물관리법」 제5조에 따른 먹는 물의 수질기준에 적합한 지하수 등을 공급할 수 있는 시설을 갖춰야 한다.

2) 지하수 등을 사용하는 경우 취수원은 화장실·폐기물처리시설·동물사육장, 그 밖에 지하수가 오염될 우려가 있는 장소로부터 영향을 받지 않는 곳에 위치해야 한다.

3) 먹기에 적합하지 않은 용수는 교차 또는 합류되지 않아야 한다.

마. 화장실

화장실은 제1호마목의 요건을 갖춰야 한다.

바. 창고 등의 시설

영업자별로 식품 등을 위생적으로 구분 보관·관리할 수 있는 창고를 갖춰야 한다. 다만, 영업자별로 구분하여 보관·관리할 수 있도록 창고를 대신할 수 있는 냉동·냉장시설을 따로 갖춘 경우 이를 설치하지 않을 수 있다.

사. 검사실

영 제21조제1호의 식품제조·가공업, 같은 조 제2호의 즉석판매제조·가공업, 같은 조 제3호의 식품첨가물제조업의 영업자가 사용하는 공유주방의 검사실은 제1호사목의 요건을 갖추어야 한다.

아. 시설기준 적용의 특례

공유주방의 작업장을 사용하는 영 제21조제1호의 식품제조·가공업, 같은 조 제2호의 즉석판매제조·가공업, 같은 조 제3호의 식품첨가물제조업, 같은 조 제5호가목의 식품소분업, 같은 조 제8호가목의 휴게음식점영업, 같은 호 나목의 일반음식점영업 및 같은 호 바목의 제과점영업은 영업자별로 시설의 분리, 구획 또는 구분 없이 작업장 등을 함께 사용할 수 있다.

13. 관광숙박업의 종류와 시설기준 〈관광진흥법 시행령 별표1〉

[별표 1] <개정 2024. 9. 10.>

관광사업의 등록기준(제5조 관련)

1. 여행업
  가. 종합여행업
    (1) 자본금(개인의 경우에는 자산평가액): 5천만원 이상일 것
    (2) 사무실 : 소유권이나 사용권이 있을 것
  나. 국내외여행업
    (1) 자본금(개인의 경우에는 자산평가액): 3천만원 이상일 것
    (2) 사무실 : 소유권이나 사용권이 있을 것
  다. 국내여행업
    (1) 자본금(개인의 경우에는 자산평가액): 1천500만원 이상일 것. 다만, 2024년 7월 1일부터 2026년 6월 30일까지 제3조제1항에 따라 등록 신청하는 경우에는 750만원 이상으로 한다.
    (2) 사무실 : 소유권이나 사용권이 있을 것
2. 호텔업
  가. 관광호텔업
    (1) 욕실이나 샤워시설을 갖춘 객실을 30실 이상 갖추고 있을 것
    (2) 외국인에게 서비스를 제공할 수 있는 체제를 갖추고 있을 것
    (3) 대지 및 건물의 소유권 또는 사용권을 확보하고 있을 것. 다만, 회원을 모집하는 경우에는 소유권을 확보하여야 한다.
  나. 수상관광호텔업
    (1) 수상관광호텔이 위치하는 수면은 「공유수면 관리 및 매립에 관한 법률」 또는 「하천법」에 따라 관리청으로부터 점용허가를 받을 것
    (2) 욕실이나 샤워시설을 갖춘 객실이 30실 이상일 것
    (3) 외국인에게 서비스를 제공할 수 있는 체제를 갖추고 있을 것
    (4) 수상오염을 방지하기 위한 오수 저장·처리시설과 폐기물처리시설을 갖추고 있을 것
    (5) 구조물 및 선박의 소유권 또는 사용권을 확보하고 있을 것. 다만, 회원을 모집하는 경우에는 소유권을 확보하여야 한다.
  다. 한국전통호텔업
    (1) 건축물의 외관은 전통가옥의 형태를 갖추고 있을 것
    (2) 이용자의 불편이 없도록 욕실이나 샤워시설을 갖추고 있을 것
    (3) 외국인에게 서비스를 제공할 수 있는 체제를 갖추고 있을 것
    (4) 대지 및 건물의 소유권 또는 사용권을 확보하고 있을 것. 다만, 회원을 모집하는 경우에는 소유권을 확보하여야 한다.
  라. 가족호텔업
    (1) 가족단위 관광객이 이용할 수 있는 취사시설이 객실별로 설치되어 있거나 층별로 공동취사장이 설치되어 있을 것
    (2) 욕실이나 샤워시설을 갖춘 객실이 30실 이상일 것
    (3) 객실별 면적이 19제곱미터 이상일 것
    (4) 외국인에게 서비스를 제공할 수 있는 체제를 갖추고 있을 것
    (5) 대지 및 건물의 소유권 또는 사용권을 확보하고 있을 것. 다만, 회원을 모집하는 경우에는 소유권을 확보하여야 한다.

마. 호스텔업
1) 배낭여행객 등 개별 관광객의 숙박에 적합한 객실을 갖추고 있을 것
2) 이용자의 불편이 없도록 화장실, 샤워장, 취사장 등의 편의시설을 갖추고 있을 것. 다만, 이러한 편의시설은 공동으로 이용하게 할 수 있다.
3) 외국인 및 내국인 관광객에게 서비스를 제공할 수 있는 문화·정보 교류시설을 갖추고 있을 것
4) 대지 및 건물의 소유권 또는 사용권을 확보하고 있을 것

바. 소형호텔업
(1) 욕실이나 샤워시설을 갖춘 객실을 20실 이상 30실 미만으로 갖추고 있을 것
(2) 부대시설의 면적 합계가 건축 연면적의 50퍼센트 이하일 것
(3) 두 종류 이상의 부대시설을 갖출 것. 다만, 「식품위생법 시행령」 제21조제8호다목에 따른 단란주점영업, 같은 호 라목에 따른 유흥주점영업 및 「사행행위 등 규제 및 처벌 특례법」 제2조제1호에 따른 사행행위를 위한 시설은 둘 수 없다.
(4) 조식 제공, 외국어 구사인력 고용 등 외국인에게 서비스를 제공할 수 있는 체제를 갖추고 있을 것
(5) 대지 및 건물의 소유권 또는 사용권을 확보하고 있을 것. 다만, 회원을 모집하는 경우에는 소유권을 확보하여야 한다.

사. 의료관광호텔업
(1) 의료관광객이 이용할 수 있는 취사시설이 객실별로 설치되어 있거나 층별로 공동취사장이 설치되어 있을 것
(2) 욕실이나 샤워시설을 갖춘 객실이 20실 이상일 것
(3) 객실별 면적이 19제곱미터 이상일 것
(4) 「교육환경 보호에 관한 법률」 제9조제13호 · 제22호 · 제23호 및 제26호에 따른 영업이 이루어지는 시설을 부대시설로 두지 않을 것
(5) 의료관광객의 출입이 편리한 체계를 갖추고 있을 것
(6) 외국어 구사인력 고용 등 외국인에게 서비스를 제공할 수 있는 체제를 갖추고 있을 것
(7) 의료관광호텔 시설(의료관광호텔의 부대시설로 「의료법」 제3조제1항에 따른 의료기관을 설치할 경우에는 그 의료기관을 제외한 시설을 말한다)은 의료기관 시설과 분리될 것. 이 경우 분리에 관하여 필요한 사항은 문화체육관광부장관이 정하여 고시한다.
(8) 대지 및 건물의 소유권 또는 사용권을 확보하고 있을 것
(9) 의료관광호텔업을 등록하려는 자가 다음의 구분에 따른 요건을 충족하는 외국인환자 유치 의료기관의 개설자 또는 유치업자일 것
(가) 외국인환자 유치 의료기관의 개설자
1) 「의료 해외진출 및 외국인환자 유치 지원에 관한 법률」 제11조에 따라 보건복지부장관에게 보고한 사업실적에 근거하여 산정할 경우 전년도(등록신청일이 속한 연도의 전년도를 말한다. 이하 같다)의 연환자수(외국인환자 유치 의료기관이 2개 이상인 경우에는 각 외국인환자 유치 의료기관의 연환자수를 합산한 결과를 말한다. 이하 같다) 또는 등록신청일 기준으로 직전 1년간의 연환자수가 500명을 초과할 것. 다만 외국인환자 유치 의료기관 중 1개 이상이 서울특별시에 있는 경우에는 연환자수가 3,000명을 초과하여야 한다.
2) 「의료법」 제33조제2항제3호에 따른 의료법인인 경우에는 1)의 요건을 충족하면서 다른 외국인환자 유치 의료기관의 개설자 또는 유치업자와 공동으로 등록하지 아니할 것
3) 외국인환자 유치 의료기관의 개설자가 설립을 위한 출연재산의 100분의 30 이상을 출연한 경우로서 최다출연자가 되는 비영리법인(외국인환자 유치 의료기관의 개설자인

경우로 한정한다)이 1)의 기준을 충족하지 아니하는 경우에는 그 최다출연자인 외국인환자 유치 의료기관의 개설자가 1)의 기준을 충족할 것

(나) 유치업자

1) 「의료 해외진출 및 외국인환자 유치 지원에 관한 법률」 제11조에 따라 보건복지부장관에게 보고한 사업실적에 근거하여 산정할 경우 전년도의 실환자수(둘 이상의 유치업자가 공동으로 등록하는 경우에는 실환자수를 합산한 결과를 말한다. 이하 같다) 또는 등록신청일 기준으로 직전 1년간의 실환자수가 200명을 초과할 것

2) 외국인환자 유치 의료기관의 개설자가 100분의 30 이상의 지분 또는 주식을 보유하면서 최대출자자가 되는 법인(유치업자인 경우로 한정한다)이 1)의 기준을 충족하지 아니하는 경우에는 그 최대출자자인 외국인환자 유치 의료기관의 개설자가 (가)1)의 기준을 충족할 것

3. 휴양콘도미니엄업

가. 객실

(1) 같은 단지 안에 객실이 30실 이상일 것. 다만, 2016년 7월 1일부터 2018년 6월 30일까지 제3조제1항에 따라 등록 신청하는 경우에는 20실 이상으로 한다.

(2) 관광객의 취사·체류 및 숙박에 필요한 설비를 갖추고 있을 것. 다만, 객실 밖에 관광객이 이용할 수 있는 공동취사장 등 취사시설을 갖춘 경우에는 총 객실의 30퍼센트(「국토의 계획 및 이용에 관한 법률」 제6조제1호에 따른 도시지역의 경우에는 총 객실의 30퍼센트 이하의 범위에서 조례로 정하는 비율이 있으면 그 비율을 말한다) 이하의 범위에서 객실에 취사시설을 갖추지 아니할 수 있다.

나. 매점 등

매점이나 간이매장이 있을 것. 다만, 여러 개의 동으로 단지를 구성할 경우에는 공동으로 설치할 수 있다.

다. 문화체육공간

공연장·전시관·미술관·박물관·수영장·테니스장·축구장·농구장, 그 밖에 관광객이 이용하기 적합한 문화체육공간을 1개소 이상 갖출 것. 다만, 수개의 동으로 단지를 구성할 경우에는 공동으로 설치할 수 있으며, 관광지·관광단지 또는 종합휴양업의 시설 안에 있는 휴양콘도미니엄의 경우에는 이를 설치하지 아니할 수 있다.

라. 대지 및 건물의 소유권 또는 사용권을 확보하고 있을 것. 다만, 분양 또는 회원을 모집하는 경우에는 소유권을 확보하여야 한다.

4. 관광객이용시설업

가. 전문휴양업

(1) 공통기준

(가) 숙박시설이나 음식점시설이 있을 것

(나) 주차시설·급수시설·공중화장실 등의 편의시설과 휴게시설이 있을 것

(2) 개별기준

(가) 민속촌

한국고유의 건축물(초가집 및 기와집)이 20동 이상으로서 각 건물에는 전래되어 온 생활도구가 갖추어져 있거나 한국 또는 외국의 고유문화를 소개할 수 있는 축소된 건축물 모형 50점 이상이 적정한 장소에 배치되어 있을 것

(나) 해수욕장

1) 수영을 하기에 적합한 조건을 갖춘 해변이 있을 것

2) 수용인원에 적합한 간이목욕시설·탈의장이 있을 것

3) 인명구조용 구명보트·감시탑 및 응급처리시 설비 등의 시설이 있을 것
4) 담수욕장을 갖추고 있을 것
5) 인명구조원을 배치하고 있을 것
(다) 수렵장
「야생생물 보호 및 관리에 관한 법률」에 따른 시설을 갖추고 있을 것
(라) 동물원
1) 「박물관 및 미술관 진흥법 시행령」 별표 2에 따른 시설을 갖추고 있을 것
2) 삭제 <2019. 4. 9.>
(마) 식물원
1) 「박물관 및 미술관 진흥법 시행령」 별표 2에 따른 시설을 갖추고 있을 것
2) 온실면적은 2,000제곱미터 이상일 것
3) 식물종류는 1,000종 이상일 것
(바) 수족관
1) 「박물관 및 미술관 진흥법 시행령」 별표 2에 따른 시설을 갖추고 있을 것
2) 건축연면적은 2,000제곱미터 이상일 것
3) 어종(어류가 아닌 것은 제외한다)은 100종 이상일 것
4) 삭제 <2016.3.22.>
(사) 온천장
1) 온천수를 이용한 대중목욕시설이 있을 것
2) 삭제 <2016.3.22.>
3) 정구장·탁구장·볼링장·활터·미니골프장·배드민턴장·롤러스케이트장·보트장 등의 레크리에이션 시설 중 두 종류 이상의 시설을 갖추거나 제2조제5호에 따른 유원시설업 시설이 있을 것
(아) 동굴자원
관광객이 관람할 수 있는 천연동굴이 있고 편리하게 관람할 수 있는 시설이 있을 것
(자) 수영장
「체육시설의 설치·이용에 관한 법률」에 따른 신고 체육시설업 중 수영장시설을 갖추고 있을 것
(차) 농어촌휴양시설
1) 「농어촌정비법」에 따른 농어촌 관광휴양단지 또는 관광농원의 시설을 갖추고 있을 것
2) 관광객의 관람이나 휴식에 이용될 수 있는 특용작물·나무 등을 재배하거나 어류·희귀동물 등을 기르고 있을 것
3) 재배지 또는 양육장의 면적은 2천제곱미터 이상일 것
(카) 활공장
1) 활공을 할 수 있는 장소(이륙장 및 착륙장)가 있을 것
2) 인명구조원을 배치하고 응급처리를 할 수 있는 설비를 갖추고 있을 것
3) 행글라이더·패러글라이더·열기구 또는 초경량 비행기 등 두 종류 이상의 관광비행사업용 활공장비를 갖추고 있을 것
(타) 등록 및 신고 체육시설업 시설
「체육시설의 설치·이용에 관한 법률」에 따른 스키장·요트장·골프장·조정장·카누장·빙상장·자동차경주장·승마장 또는 종합체육시설 등 9종의 등록 및 신고 체육시설업에 해당되는 체육시설을 갖추고 있을 것
(파) 산림휴양시설
「산림문화·휴양에 관한 법률」에 따른 자연휴양림, 치유의 숲 또는 「수목원 · 정원의

조성 및 진흥에 관한 법률」에 따른 수목원의 시설을 갖추고 있을 것

(하) 박물관

「박물관 및 미술관 진흥법 시행령」 별표 2 제2호가목에 따른 종합박물관 또는 전문 박물관의 시설을 갖추고 있을 것

(거) 미술관

「박물관 및 미술관 진흥법 시행령」 별표 2 제2호가목에 따른 미술관의 시설을 갖추고 있을 것

나. 종합휴양업의 등록기준

(1) 제1종 종합휴양업

숙박시설 또는 음식점시설을 갖추고 전문휴양시설 중 2종류 이상의 시설을 갖추고 있거나, 숙박시설 또는 음식점시설을 갖추고 전문휴양시설 중 한 종류 이상의 시설과 종합유원시설업의 시설을 갖추고 있을 것

(2) 제2종 종합휴양업

(가) 면적

단일부지로서 50만 제곱미터 이상일 것

(나) 시설

관광숙박업 등록에 필요한 시설과 제1종 종합휴양업 등록에 필요한 전문휴양시설 중 2종류 이상의 시설 또는 전문휴양시설 중 1종류 이상의 시설과 종합유원시설업의 시설을 함께 갖추고 있을 것

다. 야영장업

(1) 공통기준

(가) 침수, 유실, 고립, 산사태, 낙석의 우려가 없는 안전한 곳에 위치할 것

(나) 시설 배치도, 이용방법, 비상 시 행동 요령 등을 이용객이 잘 볼 수 있는 곳에 게시할 것

(다) 비상 시 긴급상황을 이용객에게 알릴 수 있는 시설 또는 장비를 갖출 것

(라) 야영장 규모를 고려하여 소화기를 적정하게 확보하고 눈에 띄기 쉬운 곳에 배치할 것

(마) 긴급 상황에 대비하여 야영장 내부 또는 외부에 대피소와 대피로를 확보할 것

(바) 비상 시의 대응요령을 숙지하고 야영장이 개장되어 있는 시간에 상주하는 관리요원을 확보할 것

(사) 야영장 시설은 자연생태계 등의 원형이 최대한 보존될 수 있도록 토지의 형질변경을 최소화하여 설치할 것. 이 경우 야영장에 설치할 수 있는 야영장 시설의 종류에 관하여는 문화체육관광부령으로 정한다.

(아) 야영장에 설치되는 건축물(「건축법」 제2조제1항제2호에 따른 건축물을 말한다. 이하 이 목에서 같다)의 바닥면적 합계가 야영장 전체면적의 100분의 10 미만일 것. 다만, 「초·중등교육법」 제2조에 따른 학교로서 학생 수의 감소, 학교의 통폐합 등의 사유로 폐지된 학교의 교육활동에 사용되던 시설과 그 밖의 재산(이하 "폐교재산"이라 한다)을 활용하여 야영장업을 하려는 경우(기존 폐교재산의 부지면적 증가가 없는 경우만 해당한다)는 그렇지 않다.

(자) (아)에도 불구하고 「국토의 계획 및 이용에 관한 법률」 제36조제1항제2호가목에 따른 보전관리지역 또는 같은 법 시행령 제30조제4호가목에 따른 보전녹지지역에 야영장을 설치하는 경우에는 다음의 요건을 모두 갖출 것 다만, 폐교재산을 활용하여 야영장업을 하려는 경우(기존 폐교재산의 부지면적 증가가 없는 경우만 해당한다)로서 건축물의 신축 또는 증축을 하지 않고 야영장 입구까지 진입하는 도로의 신설 또는 확장이 없는 때에는 1) 및 2)의 기준을 적용하지 않는다.

1) 야영장 전체면적이 1만제곱미터 미만일 것
2) 야영장에 설치되는 건축물의 바닥면적 합계가 300제곱미터 미만이고, 야영장 전체면적의 100분의 10 미만일 것
3) 「하수도법」 제15조제1항에 따른 배수구역 안에 위치한 야영장은 같은 법 제27조에 따라 공공하수도의 사용이 개시된 때에는 그 배수구역의 하수를 공공하수도에 유입시킬 것. 다만, 「하수도법」 제28조에 해당하는 경우에는 그렇지 않다.
4) 야영장 경계에 조경녹지를 조성하는 등의 방법으로 자연환경 및 경관에 대한 영향을 최소화할 것
5) 야영장으로 인한 비탈면 붕괴, 토사 유출 등의 피해가 발생하지 않도록 할 것

(2) 개별기준

(가) 일반야영장업
1) 야영용 천막을 칠 수 있는 공간은 천막 1개당 15제곱미터 이상을 확보할 것
2) 야영에 불편이 없도록 하수도 시설 및 화장실을 갖출 것
3) 긴급상황 발생 시 이용객을 이송할 수 있는 차로를 확보할 것

(나) 자동차야영장업
1) 차량 1대당 50제곱미터 이상의 야영공간(차량을 주차하고 그 옆에 야영장비 등을 설치할 수 있는 공간을 말한다)을 확보할 것
2) 야영에 불편이 없도록 수용인원에 적합한 상·하수도 시설, 전기시설, 화장실 및 취사시설을 갖출 것
3) 야영장 입구까지 1차선 이상의 차로를 확보하고, 1차선 차로를 확보한 경우에는 적정한 곳에 차량의 교행(交行)이 가능한 공간을 확보할 것

(3) (1) 및 (2)의 기준에 관한 특례

(가) (1) 및 (2)에도 불구하고 다음 1) 및 2)의 요건을 모두 충족하는 야영장업을 하려는 경우에는 (나) 및 (다)의 기준을 적용한다.
1) 「해수욕장의 이용 및 관리에 관한 법률」 제2조제1호에 따른 해수욕장이나 「국토의 계획 및 이용에 관한 법률 시행령」 제2조제1항제2호에 따른 유원지에서 연간 4개월 이내의 기간 동안만 야영장업을 하려는 경우
2) 야영장업의 등록을 위하여 토지의 형질을 변경하지 아니하는 경우

(나) 공통기준
1) 침수, 유실, 고립, 산사태, 낙석의 우려가 없는 안전한 곳에 위치할 것
2) 시설 배치도, 이용방법, 비상 시 행동 요령 등을 이용객이 잘 볼 수 있는 곳에 게시할 것
3) 비상 시 긴급상황을 이용객에게 알릴 수 있는 시설 또는 장비를 갖출 것
4) 야영장 규모를 고려하여 소화기를 적정하게 확보하고 눈에 띄기 쉬운 곳에 배치할 것
5) 긴급 상황에 대피할 수 있도록 대피로를 확보할 것
6) 비상 시 대응요령을 숙지하고 야영장이 개장되어 있는 시간에 상주하는 관리요원을 확보할 것

(다) 개별기준
1) 일반야영장업
가) 야영용 천막을 칠 수 있는 공간은 천막 1개당 15제곱미터 이상을 확보할 것
나) 야영에 불편이 없도록 하수도 시설 및 화장실의 이용이 가능할 것
다) 긴급상황 발생 시 이용객을 이송할 수 있는 차로를 확보할 것
2) 자동차야영장업
가) 차량 1대당 50제곱미터 이상의 야영공간(차량을 주차하고 그 옆에 야영장비 등을

설치할 수 있는 공간을 말한다)을 확보할 것
나) 야영에 불편이 없도록 상・하수도 시설, 전기시설, 화장실 및 취사시설의 이용이 가능할 것
다) 야영장 입구까지 1차선 이상의 차로를 확보하고, 1차선 차로를 확보한 경우에는 적정한 곳에 차량의 교행이 가능한 공간을 확보할 것

라. 관광유람선업
(1) 일반관광유람선업
(가) 구조
「선박안전법」에 따른 구조 및 설비를 갖춘 선박일 것
(나) 선상시설
이용객의 숙박 또는 휴식에 적합한 시설을 갖추고 있을 것
(다) 위생시설
수세식화장실과 냉·난방 설비를 갖추고 있을 것
(라) 편의시설
식당·매점·휴게실을 갖추고 있을 것
(마) 수질오염방지시설
수질요염을 방지하기 위한 오수 저장·처리시설과 폐기물처리시설을 갖추고 있을 것
(2) 크루즈업
(가) 일반관광유람선업에서 규정하고 있는 관광사업의 등록기준을 충족할 것
(나) 욕실이나 사워시설을 갖춘 객실을 20실 이상 갖추고 있을 것
(다) 체육시설, 미용시설, 오락시설, 쇼핑시설 중 두 종류 이상의 시설을 갖추고 있을 것

마. 관광공연장업
(1) 설치장소
관광지・관광단지, 관광특구 또는 「지역문화진흥법」 제18조제1항에 따라 지정된 문화지구(같은 법 제18조제3항제3호에 따라 해당 영업 또는 시설의 설치를 금지하거나 제한하는 경우는 제외한다) 안에 있거나 이 법에 따른 관광사업 시설 안에 있을 것 다만, 실외관광공연장의 경우 법에 따른 관광숙박업, 관광객이용시설업 중 전문휴양업과 종합휴양업, 국제회의업, 유원시설업에 한한다.
(2) 시설기준
(가) 실내관광공연장
1) 70제곱미터 이상의 무대를 갖추고 있을 것
2) 출연자가 연습하거나 대기 또는 분장할 수 있는 공간을 갖추고 있을 것
3) 출입구는 「다중이용업소의 안전관리에 관한 특별법」에 따른 다중이용업소의 영업장에 설치하는 안전시설등의 설치기준에 적합할 것
4) 삭제 <2011.3.30>
5) 공연으로 인한 소음이 밖으로 전달되지 아니하도록 방음시설을 갖추고 있을 것
(나) 실외관광공연장
1) 70제곱미터 이상의 무대를 갖추고 있을 것
2) 남녀용으로 구분된 수세식 화장실을 갖추고 있을 것
(3) 일반음식점 영업허가
「식품위생법 시행령」 제21조에 따른 식품접객업 중 일반음식점 영업허가를 받은 것

바. 외국인관광 도시민박업
(1) 주택의 연면적이 230제곱미터 미만일 것
(2) 외국어 안내 서비스가 가능한 체제를 갖출 것
(3) 소화기를 1개 이상 구비하고, 객실마다 단독경보형 감지기 및 일산화탄소 경보기(난방

설비를 개별난방 방식으로 설치한 경우만 해당한다)를 설치할 것

사. 한옥체험업

(1) 「한옥 등 건축자산의 진흥에 관한 법률」 제27조에 따라 국토교통부장관이 정하여 고시한 기준에 적합한 한옥일 것. 다만, 「문화재보호법」에 따라 문화재로 지정·등록된 한옥 및 「한옥 등 건축자산의 진흥에 관한 법률」 제10조에 따라 우수건축자산으로 등록된 한옥의 경우에는 그렇지 않다. <시행 2021. 4. 29>

(2) 객실 및 편의시설 등 숙박 체험에 이용되는 공간의 연면적이 230제곱미터 미만일 것. 다만, 다음의 어느 하나에 해당하는 한옥의 경우에는 그렇지 않다. <시행 2021. 4. 29>

(가) 「문화재보호법」에 따라 문화재로 지정·등록된 한옥

(나) 「한옥 등 건축자산의 진흥에 관한 법률」 제10조에 따라 우수건축자산으로 등록된 한옥

(다) 한옥마을의 한옥, 고택 등 특별자치시·특별자치도·시·군·구의 조례로 정하는 한옥

(3) 숙박 체험을 제공하는 경우에는 이용자의 불편이 없도록 욕실이나 샤워시설 등 편의시설을 갖출 것

(4) 객실 내부 또는 주변에 소화기를 1개 이상 비치하고, 숙박 체험을 제공하는 경우에는 객실마다 단독경보형 감지기 및 일산화탄소 경보기(난방설비를 개별난방 방식으로 설치한 경우만 해당한다)를 설치할 것

(5) 취사시설을 설치하는 경우에는 「도시가스사업법」, 「액화석유가스의 안전관리 및 사업법」, 「화재예방, 소방시설 설치·유지 및 안전관리에 관한 법률」 및 그 밖의 관계 법령에서 정하는 기준에 적합하게 설치·관리할 것

(6) 수돗물(「수도법」 제3조제5호에 따른 수도 및 같은 조 제14호에 따른 소규모급수시설에서 공급되는 물을 말한다) 또는 「먹는물관리법」 제5조제3항에 따른 먹는물의 수질기준에 적합한 먹는물 등을 공급할 수 있는 시설을 갖출 것

(7) 월 1회 이상 객실·접수대·로비시설·복도·계단·욕실·샤워시설·세면시설 및 화장실 등을 소독할 수 있는 체제를 갖출 것

(8) 객실 및 욕실 등을 수시로 청소하고, 침구류를 정기적으로 세탁할 수 있는 여건을 갖출 것

(9) 환기를 위한 시설을 갖출 것. 다만, 창문이 있어 자연적으로 환기가 가능한 경우에는 그렇지 않다.

(10) 욕실의 원수(原水)는 「공중위생관리법」 제4조제2항에 따른 목욕물의 수질기준에 적합할 것

(11) 한옥을 관리할 수 있는 관리자를 영업시간 동안 배치할 것

(12) 숙박 체험을 제공하는 경우에는 접수대 또는 홈페이지 등에 요금표를 게시하고, 게시된 요금을 준수할 것

5. 국제회의업

(가) 국제회의시설업

(1) 「국제회의산업 육성에 관한 법률 시행령」 제3조에 따른 회의시설 및 전시시설의 요건을 갖추고 있을 것

(2) 국제회의개최 및 전시의 편의를 위하여 부대시설로 주차시설과 쇼핑·휴식시설을 갖추고 있을 것

(나) 국제회의기획업

(1) 자본금 : 5천만원 이상일 것

(2) 사무실 : 소유권이나 사용권이 있을 것

14. 허가대상 축산폐수배출시설 〈가축분뇨의 관리 및 이용에 관한 법률 시행령 별표1〉

[별표 1] <개정 2015.3.24.>

허가대상 배출시설(제6조 관련)

배출시설의 종류	규모
돼지 사육시설	면적 1,000㎡ 이상. 다만, 수질보전특별대책지역 등에서는 면적 500㎡ 이상으로 한다.
소(젖소는 제외한다) 사육시설	축사 면적 900㎡ 이상 또는 운동장 면적 450㎡ 이상. 다만, 수질보전특별대책지역 등에서는 축사 면적 450㎡ 이상 또는 운동장 면적 200㎡ 이상으로 한다.
젖소 사육시설	축사 면적 900㎡ 이상 또는 운동장 면적 2,700㎡ 이상. 다만, 수질보전특별대책지역 등에서는 축사 면적 450㎡ 이상 또는 운동장 면적 1,350㎡ 이상으로 한다.
말 사육시설	면적 900㎡ 이상. 다만, 수질보전특별대책지역 등에서는 면적 450㎡ 이상으로 한다.
닭 또는 오리 사육시설	면적 3,000㎡ 이상

※ 비고

1. "수질보전특별대책지역 등"이란 제12조제1호부터 제5호까지 및 제8호에 해당하는 지역 또는 구역을 말한다.
2. "운동장"이란 휴식이나 운동을 목적으로 소·젖소가 일시적으로 머무르는 곳을 말한다. 다만, 소·젖소가 운동장에서 1일 8시간 이상 상시적으로 머무르는 경우에는 이를 축사로 본다.
3. 동일 사업장에 같은 종류의 시설이 둘 이상 있는 경우에는 각 시설의 면적을 합산한 것을 해당 시설의 규모로 한다.
4. 동일 사업장에 다른 종류의 시설이 둘 이상 있는 경우에는 다음 계산식에 따라 산출한 수치의 합이 1 이상이면 허가대상 배출시설로 본다.

$$\frac{\text{제1 배출시설의 면적}}{\text{해당 배출시설의 기준면적}} + \frac{\text{제2 배출시설의 면적}}{\text{해당 배출시설의 기준면적}} + \cdots$$

15. 중소기업자의 공장 〈중소기업기본법 시행령 별표1〉

주된 업종별 평균매출액등의 중소기업 규모 기준(제3조제1항제1호가목 관련)

해당 기업의 주된 업종	분류기호	규모 기준
1. 의복, 의복액세서리 및 모피제품 제조업	C14	평균매출액등 1,500억원 이하
2. 가죽, 가방 및 신발 제조업	C15	
3. 펄프, 종이 및 종이제품 제조업	C17	
4. 1차 금속 제조업	C24	
5. 전기장비 제조업	C28	
6. 가구 제조업	C32	
7. 농업, 임업 및 어업	A	평균매출액등 1,000억원 이하
8. 광업	B	
9. 식료품 제조업	C10	
10. 담배 제조업	C12	
11. 섬유제품 제조업(의복 제조업은 제외한다)	C13	
12. 목재 및 나무제품 제조업(가구 제조업은 제외한다)	C16	
13. 코크스, 연탄 및 석유정제품 제조업	C19	
14. 화학물질 및 화학제품 제조업(의약품 제조업은 제외한다)	C20	
15. 고무제품 및 플라스틱제품 제조업	C22	
16. 금속가공제품 제조업(기계 및 가구 제조업은 제외한다)	C25	
17. 전자부품, 컴퓨터, 영상, 음향 및 통신장비 제조업	C26	
18. 그 밖의 기계 및 장비 제조업	C29	
19. 자동차 및 트레일러 제조업	C30	
20. 그 밖의 운송장비 제조업	C31	
21. 전기, 가스, 증기 및 공기조절 공급업	D	
22. 수도업	E36	
23. 건설업	F	
24. 도매 및 소매업	G	
25. 음료 제조업	C11	평균매출액등 800억원 이하
26. 인쇄 및 기록매체 복제업	C18	
27. 의료용 물질 및 의약품 제조업	C21	
28. 비금속 광물제품 제조업	C23	
29. 의료, 정밀, 광학기기 및 시계 제조업	C27	
30. 그 밖의 제품 제조업	C33	
31. 수도, 하수 및 폐기물 처리, 원료재생업(수도업은 제외한다)	E (E36 제외)	
32. 운수 및 창고업	H	
33. 정보통신업	J	
34. 산업용 기계 및 장비 수리업	C34	평균매출액등 600억원 이하
35. 전문, 과학 및 기술 서비스업	M	
36. 사업시설관리, 사업지원 및 임대 서비스업(임대업은 제외한다)	N (N76 제외)	
37. 보건업 및 사회복지 서비스업	Q	
38. 예술, 스포츠 및 여가 관련 서비스업	R	
39. 수리(修理) 및 기타 개인 서비스업	S	
40. 숙박 및 음식점업	I	평균매출액등 400억원 이하
41. 금융 및 보험업	K	
42. 부동산업	L	
43. 임대업	N76	
44. 교육 서비스업	P	

비고
1. 해당 기업의 주된 업종의 분류 및 분류기호는 「통계법」 제22조에 따라 통계청장이 고시한 한국표준산업분류에 따른다.
2. 위 표 제19호 및 제20호에도 불구하고 자동차용 신품 의자 제조업(C30393), 철도 차량 부품 및 관련 장치물 제조업(C31202) 중 철도 차량용 의자 제조업, 항공기용 부품 제조업(C31322) 중 항공기용 의자 제조업의 규모 기준은 평균매출액등 1,500억원 이하로 한다.

16. 문화재의 보수 · 복원 또는 이전 〈문화유산의 보존 및 활용에 관한 법률법 제2조〉

① 이 법에서 "문화유산"이란 「국가유산기본법」 제3조제2호에 해당하는 다음 각 호의 것을 말한다.

1. 유형문화유산: 건조물, 전적(典籍: 글과 그림을 기록하여 묶은 책), 서적(書跡), 고문서, 회화, 조각, 공예품 등 유형의 문화적 소산으로서 역사적·예술적 또는 학술적 가치가 큰 것과 이에 준하는 고고자료(考古資料)
2. <삭제 2023.3.8.>
3. 기념물: 절터, 옛무덤, 조개무덤, 성터, 궁터, 가마터, 유물포함층 등의 사적지(史蹟地)와 특별히 기념이 될 만한 시설물로서 역사적·학술적 가치가 큰 것
4. 민속문화유산: 의식주, 생업, 신앙, 연중행사 등에 관한 풍속이나 관습에 사용되는 의복, 기구, 가옥 등으로서 국민생활의 변화를 이해하는 데 반드시 필요한 것

② 이 법에서 "문화유산교육"이란 문화유산의 역사적·예술적·학술적·경관적 가치 습득을 통하여 문화유산 애호의식을 함양하고 민족 정체성을 확립하는 등에 기여하는 교육을 말하며, 문화유산교육의 구체적 범위와 유형은 대통령령으로 정한다.

③ 이 법에서 "지정문화유산"이란 다음 각 호의 것을 말한다.

1. 국가지정문화유산: 문화재청장이 제23조부터 제26조까지의 규정에 따라 지정한 문화유산
2. 시·도지정문화유산: 특별시장·광역시장·특별자치시장·도지사 또는 특별자치도지사(이하 "시·도지사"라 한다)가 제70조제1항에 따라 지정한 문화유산
3. 문화유산자료: 제1호나 제2호에 따라 지정되지 아니한 문화유산 중 시·도지사가 제70조제2항에 따라 지정한 문화유산

④ 이 법에서 "등록문화유산"이란 지정문화유산이 아닌 문화유산 중에서 다음 각 호의 것을 말한다.

1. 국가등록문화유산: 문화재청장이 제53조에 따라 등록한 문화유산
2. 시·도등록문화유산: 시·도지사가 제70조제3항에 따라 등록한 문화유산

⑤ 이 법에서 "보호구역"이란 지상에 고정되어 있는 유형물이나 일정한 지역이 문화유산으로 지정된 경우에 해당 지정문화유산의 점유 면적을 제외한 지역으로서 그 지정문화유산을 보호하기 위하여 지정된 구역을 말한다. <개정 2019. 11. 26., 2023. 8. 8.>

⑥ 이 법에서 "보호물"이란 문화유산을 보호하기 위하여 지정한 건물이나 시설물을 말한다.

⑦ 이 법에서 "역사문화환경"이란 문화유산 주변의 자연경관이나 역사적·문화적인 가치가 뛰어난 공간으로서 문화유산과 함께 보호할 필요성이 있는 주변 환경을 말한다.

⑧ 이 법에서 "건설공사"란 토목공사, 건축공사, 조경공사 또는 토지나 해저의 원형변경이 수반되는 공사로서 대통령령으로 정하는 공사를 말한다.

⑨ 이 법에서 "국외소재문화유산"이란 외국에 소재하는 「국가유산기본법」 제3조제2호에 따른 문화유산(제39조제1항 단서 또는 제60조제1항 단서에 따라 반출된 문화유산은 제외한다)으로서 대한민국과 역사적·문화적으로 직접적 관련이 있는 것을 말한다.

⑩ 이 법에서 "문화유산지능정보화"란 문화유산데이터의 생산·수집·분석·유통·활용 등에 문화유산지능정보기술을 적용·융합하여 문화유산의 보존·관리 및 활용을 효율화·고도화하는 것을 말한다.

⑪ 이 법에서 "문화유산데이터"란 문화유산지능정보화를 위하여 정보처리능력을 갖춘 장치를 통하여 생성 또는 처리되어 기계에 의한 판독이 가능한 형태로 존재하는 정형 또는 비정형의 정보를 말한다.

⑫ 이 법에서 "문화유산지능정보기술"이란 「지능정보화 기본법」 제2조제4호에 따른 지능정보기술 중 문화유산의 보존·관리 및 활용을 위한 기술 또는 그 결합 및 활용 기술을 말한다.

⑬ 이 법에서 "문화유산디지털콘텐츠"란 문화유산 보존·관리 및 활용의 효용을 높이기 위하여 문화유산 기록 및 지식·정보·기술 등을 이용한 창작물로서 「문화산업진흥 기본법」 제2조제5호에 따른 디지털콘텐츠 및 같은 조 제7호에 따른 멀티미디어콘텐츠를 말한다.

17. 대지의 조성기준 〈건축법 시행규칙 제25조, 별표6〉

1. 성토 또는 절토하는 부분의 경사도가 1:1.5이상으로서 높이가 1m이상인 부분에는 옹벽을 설치할 것
2. 옹벽의 높이가 2미터이상인 경우에는 이를 콘크리트구조로 할 것. 다만, 별표 6의 옹벽에 관한 기술적 기준에 적합한 경우에는 그러하지 아니하다.
3. 옹벽의 외벽면에는 이의 지지 또는 배수를 위한 시설외의 구조물이 밖으로 튀어 나오지 아니하게 할 것
4. 옹벽의 윗가장자리로부터 안쪽으로 2미터 이내에 묻는 배수관은 주철관, 강관 또는 흡관으로 하고, 이음부분은 물이 새지 아니하도록 할 것
5. 옹벽에는 3제곱미터마다 하나 이상의 배수구멍을 설치하여야 하고, 옹벽의 윗가장자리로부터 안쪽으로 2미터 이내에서의 지표수는 지상으로 또는 배수관으로 배수하여 옹벽의 구조상 지장이 없도록 할 것
6. 성토부분의 높이는 법 제40조에 따른 대지의 안전 등에 지장이 없는 한 인접대지의 지표면보다 0.5미터 이상 높게 하지 아니할 것. 다만, 절토에 의하여 조성된 대지 등 허가권자가 지형조건상 부득이하다고 인정하는 경우에는 그러하지 아니하다.

[별표 6] <개정 2014.10.15.>

옹벽에 관한 기술적 기준(제25조관련)

1. 석축인 옹벽의 경사도는 그 높이에 따라 다음 표에 정하는 기준 이하일 것

구분	1.5m까지	3m까지	5m까지
멧쌓기	1 : 0.30	1 : 0.35	1 : 0.40
찰쌓기	1 : 0.25	1 : 0.30	1 : 0.35

2. 석축인 옹벽의 석축용 돌의 뒷길이 및 뒷채움돌의 두께는 그 높이에 따라 다음 표에 정하는 기준 이상일 것

구분높이		1.5m까지	3m까지	5m까지
석축용돌의뒷길이(cm)		30	40	50
뒷채움돌의두께(cm)	상부	30	30	30
	하부	40	50	50

3. 석축인 옹벽의 윗가장자리로부터 건축물의 외벽면까지 띄어야 하는 거리는 다음 표에 정하는 기준 이상일 것. 다만, 건축물의 기초가 석축의 기초 이하에 있는 경우에는 그러하니 아니하다.

건축물의층수	1층	2층	3층 이상
띄우는 거리(m)	1.5	2	3

18. 개발제한구역에 건축하는 농림어업 및 축산업시설
〈개발제한구역의 지정 및 관리에 관한 특별조치법 시행령 〈별표1〉

[별표 1] 〈개정 2021. 5. 11.〉

건축물 또는 공작물의 종류, 건축 또는 설치의 범위(제13조제1항 관련)

시설의 종류	건축 또는 설치의 범위
1. 개발제한구역의 보전 및 관리에 도움이 될 수 있는 시설	
가. 공공공지 및 녹지	
나. 하천 및 운하	하천부지에 설치하는 환경개선을 위한 자연생태시설, 수질개선시설, 홍보시설을 포함한다.
다. 등산로, 산책로, 어린이놀이터, 간이휴게소 및 철봉, 평행봉, 그 밖에 이와 비슷한 체력단련시설	가) 국가·지방자치단체 또는 서울올림픽기념국민체육진흥공단이 설치하는 경우만 해당한다. 나) 간이휴게소는 33제곱미터 이하로 설치하여야 한다.
라. 실외체육시설	가) 국가, 지방자치단체 또는 「공공기관의 운영에 관한 법률」 제4조에 따른 공공기관이 설치하는 「체육시설의 설치·이용에 관한 법률」 제6조에 따른 생활체육시설 중 배구장, 테니스장, 배드민턴장, 게이트볼장, 롤러스케이트장, 잔디(인조잔디를 포함한다. 이하 같다)축구장, 잔디야구장, 농구장, 야외수영장, 궁도장, 사격장, 승마장, 씨름장, 양궁장 및 그 밖에 이와 유사한 체육시설로서 건축물의 건축을 수반하지 아니하는 운동시설(골프연습장은 제외한다) 및 그 부대시설을 말한다. 나) 부대시설은 탈의실, 세면장, 화장실, 운동기구 보관창고와 간이휴게소를 말하며, 그 건축 연면적은 200제곱미터 이하로 하되, 시설 부지면적이 2천제곱미터 이상인 경우에는 그 초과하는 면적의 1천분의 10에 해당하는 면적만큼 추가로 부대시설을 설치할 수 있다. 다) 승마장의 경우 실내마장, 마사 등의 시설을 2,000제곱미터 이하의 규모로 설치할 수 있다.
마. 시장·군수·구청장이 설치하는 소규모 실내 생활체육시설	가) 게이트볼장, 배드민턴장, 테니스장 등 「체육시설의 설치·이용에 관한 법률」 제6조에 따른 생활체육시설과 그 부대시설(관리실, 탈의실, 세면장, 화장실, 운동기구 보관창고와 간이휴게소를 말한다)을 설치할 수 있다. 나) 건축연면적은 부대시설을 포함하여 각각 3,000제곱미터 이하의 규모로 설치하여야 한다. 이 경우 건축연면적이 1,200제곱미터 이상인 때에는「국토의 계획 및 이용에 관한 법률」 제113조제2항에 따른 시・군・구도시계획위원회의 심의를 거쳐야 한다. 다) 임야인 토지에는 설치할 수 없다.
바. 실내체육관	가) 개발제한구역 면적이 전체 행정구역의 50퍼센트 이상인 시·군·구에만 설치하되, 설치할 수 있는 부지는 복구사업지역과 제2조의2제4항에 따라 개발제한구역 관리계획에 반영된 개수 이내에서만 설치할 수 있다. 나) 시설의 규모는 2층 이하(높이 22미터 미만), 건축 연면적 5,000제곱미터 이하로 한다.

사. 골프장	가) 「체육시설의 설치·이용에 관한 법률 시행령」 별표 1의 골프장과 그 골프장에 설치하는 골프연습장을 포함한다. 나) 숙박시설은 설치할 수 없다. 다) 훼손된 지역이나 보전가치가 낮은 토지를 활용하는 등 자연환경을 보전할 수 있도록 국토해양부령으로 정하는 입지기준에 적합하게 설치하여야 한다.
아. 휴양림, 산림욕장, 치유의 숲, 수목원, 정원 및 유아숲체험원	가) 「산림문화·휴양에 관한 법률」에 따른 자연휴양림, 산림욕장 및 치유의 숲과 그 안에 설치하는 시설(산림욕장의 경우 체육시설은 제외한다)을 말한다. 나) 「수목원·정원의 조성 및 진흥에 관한 법률」 제2조제1호에 따른 수목원 및 같은 조 제1호의2에 따른 정원(같은 법 제4조제2호다목의 민간정원은 제외한다)과 그 안에 설치하는 시설을 말한다. 다) 「산림교육의 활성화에 관한 법률」에 따른 유아숲체험원과 그 안에 설치하는 시설을 말한다. 라) 부대시설로 설치하는 휴게음식점 및 일반음식점의 규모는 건축연면적 200제곱미터 이하로 한다.
자. 청소년수련시설	가) 국가 또는 지방자치단체가 설치하는 것으로서 「청소년활동진흥법」 제2조제2호에 따른 청소년활동시설 중 청소년수련관, 청소년수련원 및 청소년야영장만 해당한다. 나) 설치할 수 있는 지역 및 그 개수는 바목가)를 준용한다.
차. 자연공원	「자연공원법」 제2조제1호에 따른 자연공원과 같은 법 제2조제10호에 따른 공원시설(이 영에서 설치가 허용되는 시설에 한정한다)
카. 도시공원	「도시공원 및 녹지 등에 관한 법률」 제2조제3호에 따른 도시공원과 그 안에 설치하는 같은 조 제4호에 따른 공원시설(스키장 및 골프연습장은 제외한다)을 말한다.
타. 잔디광장, 피크닉장 및 야영장	국가·지방자치단체가 설치하는 경우 및 「공공기관의 운영에 관한 법률」 제4조제1항제1호 및 제6호에 따른 공공기관이 설치하는 경우(「하천법」 제2조제3호가목에 따른 제방에서 하천측 지역에 설치하는 경우로 한정한다)로서 그 부대시설·보조시설(간이시설만 해당한다)을 설치할 수 있다.
파. 탑 또는 기념비	가) 국가 또는 지방자치단체가 녹지조성과 병행하여 설치하는 것으로서 전적비와 충화탑 등을 포함한다. 나) 설치할 수 있는 높이는 5미터 이하로 한다.
하. 개발제한구역 관리·전시·홍보관련시설	개발제한구역을 합리적으로 보전·관리하고 관련 자료의 전시·홍보를 위한 시설을 말하며, 설치할 수 있는 지역은 「국토의 계획 및 이용에 관한 법률」 제10조에 따라 지정된 광역계획권별로 1개 시설(수도권은 2개)을 초과할 수 없다.
거. 수목장림	「장사 등에 관한 법률」에 따른 수목장림을 말하며, 다음의 요건을 모두 갖춘 경우에만 설치할 수 있다. 가) 삭제 <2017. 7. 11.> 나) 해당 시장·군수·구청장이 설치하려는 지역 주민의 의견을 청취하여 수립하는 배치계획에 따를 것 다) 수목장림 구역에는 보행로와 안내표지판을 설치할 수 있도록 하되, 수목장림 관리·운용에 필요한 사무실, 유족편의시설, 공동분향단, 주차장 등 필수시설은 최소한의 규모로 설치할 것
너. 방재시설	방풍설비, 방수설비, 방화설비, 사방(砂防)설비 및 방조설비를 말한다.

더. 저수지 및 유수지	
러. 모의전투게임 관련 시설	가) 주민의 여가선용과 심신단련을 위하여 모의총기 등의 장비를 갖추고 모의전투를 체험하게 하는 모의전투체험장을 관리·운영하는 데 필요한 시설을 말하며, 관리사무실, 장비보관실, 탈의실, 세면장 및 화장실 등을 합하여 건축 연면적 300제곱미터 이하로 설치할 수 있고, 이용자의 안전을 위하여 감시탑 및 그물망 등의 공작물을 설치할 수 있다. 나) 임야인 토지로서 다음의 어느 하나에 해당하는 경우에는 설치할 수 없다. ① 석축 및 옹벽의 설치를 수반하는 경우 ② 「자연환경보전법」 제34조제1항제1호에 따른 생태·자연도(自然圖) 1등급 권역에 해당하는 경우 다) 시설을 폐지하는 경우에는 지체 없이 이를 철거하고 원상복구해야 한다.
머. 자전거이용시설	「자전거이용 활성화에 관한 법률」 제2조제2호에 따른 자전거이용시설 중 자전거도로(같은 법 제3조제1호에 따른 자전거전용도로는 제외한다) 및 자전거주차장과 같은 법 시행령 제2조제4호에 따른 자전거이용자의 편익을 위한 시설 중 야영장, 벤치, 자전거 수리·대여소, 휴식소를 설치할 수 있다. 이 경우 자전거 수리·대여소 및 휴식소는 가설건축물로 설치하여야 한다.
버. 도시농업농장	「도시농업의 육성 및 지원에 관한 법률」 제14조제1항에 따른 공영도시농업농장과 그 안에 설치하는 시설을 말한다.
2. 개발제한구역을 통과하는 선형시설과 필수시설	가) 각 시설의 용도에 직접적으로 이용되는 시설과 이에 필수적으로 수반되어야만 기능이 발휘되는 시설로 한정한다. 나) 기반시설의 경우에는 다음 각 목에서 별도 로 정하는 경우를 제외하고는 도시·군계획시설로만 설치할 수 있다.
가. 철도	
나. 궤도	차목 및 제4호의 국방·군사시설로 설치·운영하기 위한 경우로 한정한다.
다. 도로 및 광장	고속국도에 설치하는 휴게소 및 일반국도·지방도에 설치하는 제설시설을 포함하며, 광장에는 교통광장, 경관광장만 해당한다.
라. 삭제 <2012.11.12>	
마. 관개 및 발전용수로	도시·군계획시설로 설치하지 아니할 수 있다
바. 삭제 <2012.11.12>	
사. 수도 및 하수도	
아. 공동구	
자. 전기공급설비	가) 「국토의 계획 및 이용에 관한 법률」 제2조제6호다목에 따른 전기공급설비(「신에너지 및 재생에너지 개발·이용·보급 촉진법」 제2조에 따른 신·재생에너지 설비 중 연료전지 설비, 태양에너지 설비, 풍력 설비, 지열에너지 설비 및 바이오에너지 설비를 포함한다)를 말한다. 나) 전기공급설비 중 변전시설을 옥내에 설치하는 경우와 송전선로를 도시·군계획시설부지의 지하에 설치하는 경우에는 도시·군계획시

	설로 설치하지 아니할 수 있다. 다) 연료전지 설비, 태양에너지 설비 또는 지열에너지 설비를 건축물(건축물의 대지를 포함한다) 또는 공작물이나 도시·군계획시설부지에 설치하는 경우에는 도시·군계획시설로 설치하지 아니할 수 있다. 라) 바이오에너지 설비는 개발제한구역 내의 공공하수처리시설, 폐기물처리시설 등의 시설에서 발생하는 연료를 활용하는 설비로 한정하며, 발전용량이 200킬로와트 이하인 경우에는 도시·군계획시설로 설치하지 아니할 수 있다.
차. 전기통신시설· 방송시설 및 중계탑 시설	도시·군계획시설만 해당한다. 다만, 중계탑 시설 및 바닥면적이 50제곱미터 이하인 이동통신용 중계탑은 설치되는 시설의 수, 주변의 경관 등을 고려하여 시장·군수·구청장이 개발제한구역이 훼손되지 아니한다고 인정하는 경우에는 도시·군계획시설로 설치하지 아니할 수 있다.
카. 송유관	「송유관 안전관리법」에 따른 송유관을 말한다.
타. 집단에너지공급시설	「집단에너지사업법」에 따른 공급시설 중 열수송시설을 말한다.
파. 버스 차고지 및 그 부대시설	가) 「여객자동차 운수사업법 시행령」 제3조제1호에 따른 노선 여객자동차운송사업용 버스차고지 및 그 부대시설(자동차 천연가스 공급시설, 수소연료공급시설 및 전기자동차 충전시설을 포함한다)에만 한정하며, 시외버스 운송사업용 버스 차고지 및 그 부대시설은 개발제한구역 밖의 기존 버스터미널이나 인근 지역에 버스차고지 등을 확보할 수 없는 경우에만 설치할 수 있다. 나) 노선 여객자동차운송사업용 버스차고지는 지방자치단체가 설치하여 임대하거나 「여객자동차 운수사업법」 제53조에 따른 조합 또는 같은 법 제59조에 따른 연합회가 도시·군계획시설로 설치하거나 그 밖의 자가 도시·군계획시설로 설치하여 지방자치단체에 기부채납하는 경우만 해당한다. 다) 부대시설은 사무실 및 영업소, 정류소 및 기종점지, 차고설비, 차고부대시설, 휴게실, 대기실, 직원용 식당, 자동차정비시설[해당 차고지를 이용하는 자동차를 정비하는 경우로 한정하되, 도장(塗裝)시설 및 건조시설(도포시설 및 분리시설을 포함한다)은 제외한다]만 해당하며, 기종점지에는 화장실, 휴게실 및 대기실 등 별도의 편의시설을 66제곱미터 이하의 가설건축물로 설치할 수 있다. 라) 시설을 폐지하는 경우에는 지체 없이 철거하고 원상복구하여야 한다.
하. 가스공급시설	「도시가스사업법」에 따른 가스공급시설로서 가스배관시설만 설치할 수 있다.
3. 개발제한구역에 입지해야만 그 기능과 목적이 달성되는 시설	해당 시・군・구의 관할구역 중 개발제한구역이 아닌 지역에 입지가 곤란하여 개발제한구역 내에 입지해야 한다고 시장・군수・구청장이 인정하는 시설을 말하며, 이미 훼손된 지역에 우선 설치해야 한다.
가. 공항(헬기장을 포함한다)	도시·군계획시설에만 한정하며, 항공표지시설을 포함한다.
나. 항만	도시·군계획시설에만 한정하며, 항로표지시설을 포함한다.
다. 환승센터	「국가통합교통체계효율화법」 제2조제13호의 시설로서 「대도시권 광

	역교통 관리에 관한 특별법」에 따른 대도시권 광역교통 시행계획에 반영된 사업에만 해당되며, 이 영에서 허용되는 시설을 부대시설로 설치할 수 있다.
라. 주차장	가) 개발제한구역 내 주차 수요가 있는 경우로서 다음의 어느 하나에 해당하는 경우만 해당한다. ① 국가 또는 지방자치단체가 설치하는 경우 ② 그 밖의 자가 도시・군계획시설로 설치하는 경우 나) 부대시설로 주차관리를 위한 20제곱미터 이하의 건축물을 설치할 수 있다.
마. 학교	가) 신축할 수 있는 경우는 다음과 같다. 다만, 개발제한구역 밖의 학교를 개발제한구역으로 이전하기 위하여 신축하는 경우는 제외한다. ① 「유아교육법」 제2조제2호에 따른 유치원: 개발제한구역의 주민(제2조제3항제2호에 따라 개발제한구역이 해제된 취락주민을 포함한다)을 위한 경우로서 그 시설의 수는 시장·군수 또는 구청장이 개발제한구역 및 해제된 취락의 아동 수를 고려하여 수립하는 배치계획에 따른다. ② 「초·중등교육법」 제2조에 따른 초등학교(분교를 포함한다)·중학교·고등학교·특수학교 (가) 개발제한구역에 거주하는 세대의 학생을 수용하는 경우와 같은 시·군·구(2킬로미터 이내의 다른 시·군·구을 포함한다)에 거주하는 세대의 학생을 주로 수용하는 경우로 한정한다. (나) 사립학교는 국립·공립학교의 설립계획이 없는 경우에만 설치할 수 있다. (다) 임야인 토지에 설치할 수 없다. (라) 특수학교의 경우는 (가) 및 (나)를 적용하지 아니한다. (마) 복구사업지역과 제2조의2제4항에 따라 개발제한구역 관리계획에 제2조의3제1항제8호의 관리방안이 반영된 지역에 설치하는 경우에는 4층 이하로 설치하고, 옥상녹화 등 친환경적 대책을 마련하여야 한다. 나) 개발제한구역 또는 2000년 7월 1일 이전에 개발제한구역의 인접지에 이미 설치된 학교로서 개발제한구역의 인접지에 증축의 여지가 없는 경우에만 증축할 수 있다. 다) 농업계열 학교의 교육에 직접 필요한 실습농장 및 그 부대시설을 설치할 수 있다.
바. 지역공공시설	가) 국가 또는 지방자치단체가 설치하는 보건소(「노인복지법」 제34조제1항제1호에 따른 노인요양시설을 병설하는 경우 이를 포함한다), 보건진료소 나) 국가 또는 지방자치단체가 설치하는 노인요양시설(「노인복지법」 제34조제1항제1호 및 제2호의 시설을 말한다) 다) 경찰파출소, 119안전신고센터, 초소 라) 「영유아보육법」 제2조제3호에 따른 어린이집으로서 개발제한구역의 주민(제2조제3항제2호에 해당하여 개발제한구역에서 해제된 지역을 포함한다)을 위한 경우만 해당하며, 그 시설의 수는 시장·군수 또

	는 구청장이 개발제한구역의 아동수를 고려하여 수립하는 배치계획에 따른다. 마) 도서관: 건축 연면적 2,000제곱미터 이하의 규모로 한정하며, 부대시설로 간이휴게소를 설치할 수 있다.
사. 국가의 안전·보안업무의 수행을 위한 시설	
아. 폐기물처리시설	가) 「폐기물관리법」 제2조제8호에 따른 시설을 말하며, 「하수도법」 제2조제9호에 따른 공공하수처리시설 부지에 해당 시설에서 발생하는 1일 처분능력 또는 재활용능력이 100톤 미만인 하수 찌꺼기를 처리하는 시설을 설치하는 경우 외에는 도시·군계획시설로 설치해야 한다. 나) 「건설폐기물의 재활용촉진에 관한 법률」에 따른 폐기물 중간처리시설은 다음의 기준에 따라 설치하여야 한다. ① 토사, 콘크리트덩이와 아스팔트콘크리트 등의 건설폐기물을 선별·파쇄·소각처리 및 일시 보관하는 시설일 것 ② 시장·군수·구청장이 설치·운영하여야 한다. 다만, 「건설폐기물의 재활용촉진에 관한 법률」 제21조에 따른 건설폐기물 중간처리업 허가를 받은 자 또는 허가를 받으려는 자가 대지화되어 있는 토지 또는 폐천부지에 설치하는 경우에는 시·군·구당 3개소 이내로 해당 토지를 소유하고 도시·군계획시설로 설치하여야 한다. ③ 시설부지의 면적은 1만제곱미터 이상, 관리실 및 부대시설은 건축 연면적 66제곱미터 이하일 것. 다만, 경비실은 조립식 공작물로 필요 최소한 규모로 별도로 설치할 수 있다. ④ 시설을 폐지하는 경우에는 지체 없이 이를 철거하고 원상복구할 것
자. 자동차 천연가스 공급시설	가) 「대기환경보전법」에 따른 자동차 천연가스 공급시설로서 그 부지면적은 3천300제곱미터 이하로 하며, 부대시설로 수소연료공급시설 및 세차시설을 설치할 수 있다 나) 시설을 폐지하는 경우에는 지체 없이 철거하고 원상복구하여야 한다.
차. 유류저장 설비	「국토의 계획 및 이용에 관한 법률」에 따른 계획관리지역과 공업지역이 없는 시·군·구에만 설치할 수 있으며, 시설을 폐지하는 경우에는 지체 없이 이를 철거하고 원상복구하여야 한다.
카. 기상시설	「기상법」 제2조제13호에 따른 기상시설을 말한다.
타. 장사 관련 시설	가) 공동묘지 및 화장시설(동물화장시설을 포함한다. 이하 같다)을 신설하는 경우는 국가, 지방자치단체에 한정하며, 그 안에 봉안시설, 자연장지 및 장례식장을 포함하여 설치할 수 있다. 나) 가)에도 불구하고 봉안시설 또는 자연장지는 다음 중 어느 하나에 해당하는 경우, 국가 또는 지방자치단체가 신설하는 공동묘지 및 화장시설이 아닌 곳에 설치할 수 있다. ① 기존의 공동묘지 안에 있는 기존의 분묘만을 봉안시설 또는 자연장지로 전환·설치하는 경우 ② 봉안시설을 사찰의 경내(존속 중인 건축물 및 제23조제2항제2호에 따라 증축된 건축물이 있는 부지로 한정한다)에 설치하는 경우 ③ 가족·종중 또는 문중의 분묘를 정비(개발제한구역 밖에 있던 분묘를 포함한다)하는 부지 안에서 봉안시설 또는 자연장지로 전환·설치하는 경우

	④ 자연장지를 사찰 소유의 건물ㆍ죽목 및 그 밖의 지상물(地上物)이 정착되어 있는 토지[불교 의식(儀式), 승려의 수행ㆍ생활 및 신도의 교화를 위하여 사용되는 사찰에 속하는 토지로 한정한다]나 이와 연결된 부속 토지에 설치하는 경우 다) 나)에 따라 봉안시설이나 자연장지로 전환·설치하는 경우 정비된 분묘가 있던 기존의 잔여부지는 임야·녹지 등 자연친화적인 부지로 원상복구하여야 한다.
파. 환경오염방지시설	
하. 공사용 임시 가설건축물 및 임시시설	가) 공사용 임시 가설건축물은 법 제12조제1항 각 호 또는 법 제13조에 따라 허용되는 건축물 또는 공작물을 설치하기 위한 경우로서 2층 이하의 목조, 시멘트블록, 그 밖에 이와 비슷한 구조로 설치하여야 한다. 나) 임시시설은 공사를 위하여 임시로 도로를 설치하는 경우와 해당 공사의 사업시행자가가 그 공사에 직접 소요되는 물량을 충당하기 위한 목적으로 해당 시·군·구에 설치하는 것으로 한정하며, 블록·시멘트벽돌·쇄석(해당 공사에서 발생하는 토석의 처리를 위한 경우를 포함한다), 레미콘 및 아스콘 등을 생산할 경우에 설치할 수 있다. 다) 공사용 임시 가설건축물 및 임시시설은 사용기간을 명시하여야 하고, 해당 공사가 완료된 경우에는 다른 공사를 목적으로 연장허가를 할 수 없으며, 사용 후에는 지체 없이 철거하고 원상복구하여야 한다.
거. 동물보호센터	가) 「동물보호법」 제15조에 따른 시설을 말한다. 나) 지방자치단체가 설치하는 경우에는 「수의사법」 제17조에 따른 동물병원을 병설할 수 있다. 다) 지방자치단체 외의 자가 설치하는 경우에는 기존 동식물시설을 용도변경하거나 기존 동식물시설을 철거한 후 신축할 수 있으며, 신축할 경우에는 철거한 기존 시설의 부지 전체면적을 초과할 수 없다.
너. 문화유산자연유산의복원과 문화유산자연유산 관리용 건축물	「문화유산의 보존 및 활용에 관한 법률」에 따른 문화유산, 「근현대문화유산의 보존 및 활용에 관한 법률」에 따른 근현대문화유산 및 「자연유산의 보존 및 활용에 관한 법률」에 따른 자연유산에 한정한다
더. 경찰훈련시설	경찰기동대·전투경찰대 및 경찰특공대의 훈련시설로서 사격장, 헬기장 및 탐지견 등의 훈련시설과 부대시설에 한정한다.
러. 택배화물 분류 관련 시설	가) 택배화물의 분류를 위한 것으로서 고가도로의 노면 밑의 부지를 활용(토지 형질변경을 포함한다)하는 경우만 해당한다. 나) 경계 울타리, 컨베이어벨트 및 비가림시설의 공작물과 100제곱미터 이하의 관리용 가설건축물을 설치할 수 있다.
머. 택시공영차고지 및 그 부대시설	가) 「택시운송사업의 발전에 관한 법률」 제2조제5호에 따른 택시공영차고지만 해당한다. 나) 부대시설은 사무실 및 영업소, 차고설비, 차고부대시설, 충전소, 휴게실 및 대기실만 해당한다. 다) 해당 시설의 용도가 폐지되는 경우에는 지체 없이 철거하고 원상복구를 하여야 한다.
버. 수소연료공급시설	가) 「환경친화적 자동차의 개발 및 보급 촉진에 관한 법률」에 따른 수소연료공급시설로서 그 부지면적은 3,300제곱미터 이하로 하며, 부대시설로 전기자동차 충전시설 및 세차시설을 설치할 수 있다.

	나) 시설을 폐지하는 경우에는 지체 없이 이를 철거하고 원상복구하여야 한다.
서. 전세버스 및 화물자동차 차고지(부대시설을 포함한다)	가) 「여객자동차 운수사업법 시행령」 제3조제2호가목에 따른 전세버스운송사업용 차고지 및 「화물자동차 운수사업법 시행령」 제3조에 따른 화물자동차 운송사업용 차고지를 설치하는 경우로서 다음의 어느 하나에 해당하는 경우만 해당한다. ① 지방자치단체가 설치하는 경우 ② 「여객자동차 운수사업법」 제53조에 따른 조합 또는 같은 법 제59조에 따른 연합회와 「화물자동차 운수사업법」 제48조에 따른 협회 또는 같은 법 제50조에 따른 연합회가 도시·군계획시설로 설치하는 경우 ③ 그 밖의 자가 도시·군계획시설로 설치하여 지방자치단체에 기 부채납하는 경우 나) 부대시설은 사무실 및 영업소, 차고설비, 차고부대시설, 주유소, 충전소, 자동차 천연가스 공급시설, 휴게실, 대기실, 수소연료공급시설 및 전기자동차 충전시설만 해당한다. 다) 해당 시설의 용도가 폐지되는 경우에는 지체 없이 철거하고 원상복구를 하여야 한다.
어. 물건 적치장 내 통로	가) 개발제한구역 지정 당시부터 지목이 잡종지인 경우에는 물건의 적치장 내에 적치물의 관리를 위한 통로를 필요 최소한의 규모로 설치할 수 있다. 나) 해당 시설의 용도가 폐지된 경우에는 가)에 따라 설치한 통로를 지체 없이 철거하고 원상복구를 해야 한다.
저. 전기자동차 충전시설	가) 「환경친화적 자동차의 개발 및 보급 촉진에 관한 법률」에 따라 전기자동차에 전기를 공급하는 시설로서 그 부지면적은 3,300제곱미터 이하로 하며, 부대시설로 세차시설을 설치할 수 있다. 나) 시설을 폐지하는 경우에는 지체 없이 이를 철거하고 원상복구해야 한다.
처. 청소차 공영차고지 및 부대시설	가) 지방자치단체가 청소차 차고지로 사용하기 위하여 고가도로 또는 고가철도의 노면 밑의 부지를 활용하는 경우만 해당한다. 나) 부대시설은 사무실, 차고설비, 차고부대시설, 휴게실 및 대기실만 해당한다.
커. 그 밖에 이와 유사한 것으로서 입지가 불가피한 시설	국가 또는 지방자치단체가 직접 설치하는 것으로서 「국토의 계획 및 이용에 관한 법률」 제106조에 따른 중앙도시계획위원회의 심의를 거쳐 개발제한구역에 입지하는 것이 불가피하다고 인정되는 시설에 한정한다.
4. 국방·군사시설 및 교정시설	가) 대통령 경호훈련장의 이전·신축을 포함한다. 나) 해당 시설의 용도가 폐지된 경우에는 지체 없이 이를 철거하고 원상복구하여야 한다. 다만, 국토교통부장관과 협의한 경우에는 그러하지 아니하다.
5. 개발제한구역 주민의 주거·생활편익 및 생업을 위한 시설	가) 가목 및 나목의 경우에는 개발제한구역에서 농림업 또는 수산업에 종사하는 자가 설치하는 경우만 해당한다. 나) 가목의 시설의 종류와 규모는 관할구역의 여건을 고려하여 시·

	군·구의 조례로 따로 정할 수 있다. 이 경우 시설의 종류는 가목에서 정하는 시설의 범위에서 정하되, 시설의 규모는 각 시설 면적의 20퍼센트의 범위에서 완화하여 정할 수 있다. 다) 이 영에서 정하는 사항 외에 축사, 작물 재배사, 육묘장, 종묘배양장 및 온실의 구조와 입지기준에 대하여는 시·군·구의 조례로 정할 수 있다. 라) 축사, 사육장, 작물 재배사, 육묘장, 종묘배양장 및 온실은 1가구[개발제한구역(제2조제3항제2호에 따라 개발제한구역에서 해제된 집단취락지역을 포함한다)에서 주택을 소유하면서 거주하는 1세대를 말한다. 이하 같다]당 1개 시설만 건축할 수 있다. 다만, 개발제한구역에서 2년 이상 계속 농업에 종사하고 있는 자가 이미 허가를 받아 설치한 축사, 사육장, 작물 재배사, 육묘장, 종묘배양장 및 온실을 허가받은 용도대로 사용하고 있는 경우에는 시·군·구의 조례로 정하는 바에 따라 영농계획에 부합하는 추가적인 건축을 허가할 수 있다.
가. 동식물 관련 시설	
1) 축사	가) 축사(소·돼지·말·닭·젖소·오리·양·사슴·개 의 사육을 위한 건축물을 말한다)는 1가구당 기존 면적을 포함하여 1천제곱미터 이하로 설치하여야 한다. 이 경우 축사에는 33제곱미터 이하의 관리실을 설치할 수 있고, 축사를 다른 시설로 용도변경하는 경우에는 관리실을 철거하여야 한다. 다만, 수도권과 부산권의 개발제한구역에 설치하는 축사의 규모는 상수원, 환경 등의 보호를 위하여 1천제곱미터 이하의 범위에서 국토교통부장관이 농림축산식품부장관 및 환경부장관과 협의하여 국토교통부령으로 정하는 바에 따른다. 나) 과수원 및 초지의 축사는 1가구당 100제곱미터 이하로 설치하여야 한다. 다) 초지와 사료작물재배지에 설치하는 우마사(牛馬舍)는 초지 조성면적 또는 사료작물 재배면적의 1천분의 5 이하로 설치하여야 한다. 라) 다음 어느 하나의 경우에 해당하는 지역에서는 축사의 설치를 허가할 수 없다. ① 「가축분뇨의 관리 및 이용에 관한 법률」에 따라 가축의 사육이 제한된 지역 ② 복구사업지역과 제2조의2제4항에 따라 개발제한구역 관리계획에 제2조의3제1항제8호의 관리방안이 반영된 지역 ③ 법 제30조제2항에 따라 국토교통부장관 또는 시·도지사로부터 시정명령에 관한 업무의 집행 명령을 받은 시·군·구
2) 잠실(蠶室)	뽕나무밭 조성면적 2천제곱미터당 또는 뽕나무 1천800주당 50제곱미터 이하로 설치하여야 한다.
3) 저장창고	소·말 등의 사육과 낙농을 위하여 설치하는 경우만 해당한다.
4) 양어장	유지(溜池)·하천·저습지 등 농업생산성이 극히 낮은 토지에 설치하여야 한다.
5) 사육장	꿩, 우렁이, 달팽이, 지렁이, 그 밖에 이와 비슷한 새·곤충 등의 사육을 위하여 임야 외의 토지에 설치하는 경우로서 1가구당 기존 면적을 포함하여 300제곱미터 이하로 설치하여야 한다.
6) 작물 재배사	가) 콩나물, 버섯, 새싹채소 등의 작물 재배를 위하여 1가구당 기존면적을 포함하여 500제곱미터 이하로 설치하여야 한다.

	나) 작물 재배사에는 10제곱미터 이하의 관리실을 설치할 수 있으며, 작물 재배사를 다른 시설로 용도변경하는 경우에는 관리실을 철거하여야 한다. 다) 1)라)② 및 ③의 지역과 임야인 토지에는 설치할 수 없다.
7) 삭제 <2015.9.8.>	
8) 퇴비사 및 발효퇴비장	기존 면적을 포함하여 300제곱미터(퇴비사 및 발효퇴비장의 합산면적을 말한다) 이하로 설치하되, 발효퇴비장은 유기농업을 위한 경우에만 설치할 수 있다.
9) 육묘장 및 종묘배양장	1가구당 기존 면적을 포함하여 500제곱미터 이하로 설치하여야 한다.
10) 온실	가) 수경재배·시설원예 등 작물재배를 위한 경우로서 1가구당 기존 면적을 포함하여 500제곱미터 이하로 설치하여야 한다. 나) 재료는 유리, 플라스틱, 그 밖에 이와 비슷한 것을 사용하여야 하며, 그 안에 온실의 가동에 직접 필요한 기계실 및 관리실을 66제곱미터 이하로 설치할 수 있다.
나. 농수산물 보관 및 관리 관련 시설	
1) 창고	가) 개발제한구역의 토지를 소유하면서 영농에 종사하는 자가 개발제한구역의 토지 또는 그 토지와 일체가 되는 토지에서 생산되는 생산물 또는 수산물을 저장하거나 농기계를 보관하기 위한 창고(「소금산업 진흥법」 제2조제3호에 따른 해주를 포함한다)는 기존 면적을 포함하여 150제곱미터 이하로 설치하여야 한다. 이 경우 해당 토지면적이 1만제곱미터를 초과하는 경우에는 그 초과하는 면적의 1천분의 10에 해당하는 면적만큼 창고를 추가로 설치할 수 있다. 나) 「농어업경영체 육성 및 지원에 관한 법률」 제16조에 따른 영농조합법인 및 같은 법 제19조에 따른 농업회사법인이 개발제한구역의 농작업의 대행을 위하여 사용하는 농기계를 보관하기 위한 경우에는 기존 면적을 포함하여 200제곱미터 이하로 설치하여야 한다.
2) 담배 건조실	잎담배 재배면적의 1천분의 5 이하로 설치하여야 한다.
3) 임시 가설건축물	농림수산업용 기자재의 보관이나 농림수산물의 건조 또는 단순가공을 위한 경우로서 기존 면적을 포함하여 100제곱미터 이하로 설치하여야 한다. 다만, 해태건조처리장 용도의 경우에는 200제곱미터 이하로 설치하여야 한다.
4) 지역특산물가공·판매장	가) 지역특산물(해당 지역에서 지속적으로 생산되는 농산물·수산물·축산물·임산물로서 시·도지사 또는 시장·군수가 인정하여 공고한 것을 말한다. 이하 같다)의 가공·판매 및 이와 관련된 체험·실습 등을 위한 시설로서 다음의 어느 하나에 해당하는 경우만 해당한다. ① 지정 당시 거주자가 설치하는 경우 ② 허가신청일 현재 해당 지역에서 5년 이상 지역특산물을 생산하는 자가 설치하는 경우 ③ 마을(제2조제3항제2호에 따라 개발제한구역에서 해제된 집단취락을 포함한다) 공동으로 설치하거나 행정안전부장관이 지정한 마을기업이 설치하는 경우. 이 경우 1회로 한정하며, 해당 마을의 50퍼센트 이상의 가구가 지역특산물가공·판매장을 설치한 경우는 제외한다. 나) 「물환경보전법」, 「대기환경보전법」 및 「소음·진동관리법」에 따른 배출시설 설치 허가 또는 신고의 대상이 아니어야 한다.

	다) 가)① 및 ②의 경우에는 1가구당 기존 면적을 포함하여 300제곱미터 이하로 설치할 수 있으며, 가)③의 경우에는 기존 면적을 포함하여 1천제곱미터 이하로 설치할 수 있다. 라) 가)③의 경우에는 임야인 토지에 설치할 수 없다.
5) 관리용 건축물	가) 관리용 건축물을 설치할 수 있는 경우와 그 규모는 다음과 같다. 다만, ①·②·④에 따라 관리용 건축물을 설치하는 경우에는 생산에 직접 이용되는 토지 또는 양어장의 면적이 2천제곱미터 이상이어야 한다. ① 과수원, 초지, 유실수·원예·분재 재배지역에 설치하는 경우에는 생산에 직접 이용되는 토지면적의 1천분의 10 이하로서 기존 면적을 포함하여 66제곱미터 이하로 설치하여야 한다. ② 양어장에 설치하는 경우에는 양어장 부지면적의 1천분의 10 이하로서 기존 면적을 포함하여 66제곱미터 이하로 설치하여야 한다. ③ 「농어촌정비법」 제2조제16호다목에 따른 주말농원에 설치하는 경우에는 임대농지면적의 1천분의 10 이하로서 기존 면적을 포함하여 66제곱미터 이하로 설치하여야 한다. ④ 「농어업경영체 육성 및 지원에 관한 법률」 제16조에 따른 영농조합법인 및 같은 법 제19조에 따른 농업회사법인이 개발제한구역의 농작업의 대행을 위하여 설치하는 경우에는 기존 면적을 포함하여 66제곱미터 이하로 설치하여야 한다. ⑤ 어업을 위한 경우에는 정치망어업면허 또는 기선선인망어업허가를 받은 1가구당 기존 면적을 포함하여 66제곱미터 이하로 설치하여야 한다. 나) 농기구와 비료 등의 보관과 관리인의 숙식 등의 용도로 쓰기 위하여 조립식 가설건축물로 설치하여야 하며, 주된 용도가 주거용이 아니어야 한다. 다) 관리용 건축물의 건축허가 신청 대상 토지가 신청인이 소유하거나 거주하는 주택을 이용하여 관리가 가능한 곳인 경우에는 건축허가를 하지 아니하여야 한다. 다만, 가)③·④의 경우에는 그러하지 아니하다. 라) 관리의 대상이 되는 시설이 폐지된 경우에는 1개월 이내에 관리용 건축물을 철거하고 원상복구하여야 한다. 마) 관리용 건축물의 부지는 당초의 지목을 변경할 수 없다.
6) 농막(農幕)	가) 「농지법 시행령」 제2조제3항제2호라목에 따른 농막으로서 조립식 가설건축물로 연면적 20제곱미터 이하로 설치해야 하며, 주거 목적이 아니어야 한다. 나) 농막의 부지는 당초의 지목을 변경할 수 없다. 다) 해당 시설의 용도가 폐지된 경우에는 1개월 이내에 농막을 철거하고 원상복구를 해야 한다.
다. 주택(「건축법 시행령」 별표 1 제1호가목에 따른 단독주택을 말한다. 이하 이 호에서 같다)	신축할 수 있는 경우는 다음과 같다. 가) 개발제한구역 지정 당시부터 지목이 대인 토지(이축된 건축물이 있었던 토지의 경우에는 개발제한구역 지정 당시부터 그 토지의 소유자와 건축물의 소유자가 다른 경우만 해당한다)와 개발제한구역 지

	정 당시부터 있던 기존의 주택[제24조에 따른 개발제한구역 건축물관리대장에 등재된 주택을 말한다. 이하 나) 및 다)에서 같다]이 있는 토지에만 주택을 신축할 수 있다. 나) 가)에도 불구하고 「농어업·농어촌 및 식품산업 기본법」 제3조제2호가목에 따른 농업인에 해당하는 자로서 개발제한구역에 기존 주택을 소유하고 거주하는 자는 영농의 편의를 위하여 자기 소유의 기존 주택을 철거하고 자기 소유의 농장 또는 과수원에 주택을 신축할 수 있다. 이 경우 생산에 직접 이용되는 토지의 면적이 1만제곱미터 이상으로서 진입로를 설치하기 위한 토지의 형질변경이 수반되지 아니하는 지역에만 주택을 신축할 수 있으며, 건축 후 농림수산업을 위한 시설 외로는 용도변경을 할 수 없다. 다) 가)에도 불구하고 다음의 어느 하나에 해당하는 경우에는 국토교통부령으로 정하는 입지기준에 적합한 곳에 주택을 신축할 수 있다. ① 기존 주택(공익사업의 시행으로 개발제한구역에서 해제된 지역의 기존 주택을 포함한다)이 공익사업의 시행으로 인하여 철거(시장·군수·구청장이 공익사업의 시행을 위하여 존치할 필요가 있다고 인정한 후 공익사업 시행자에게 소유권이 이전되는 경우를 포함한다)되는 경우에는 그 기존 주택의 소유자(해당 공익사업의 사업인정 고시 당시에 해당 주택을 소유하였는지 여부와 관계없이 같은 법에 따라 보상금을 모두 지급받은 자를 말한다)가 자기 소유의 토지[「건축물관리법」 제30조제1항에 따라 건축물의 해체 허가를 받거나 신고를 한 날(해체예정일 3일 전까지 건축물의 해체 허가를 받거나 신고를 하지 않은 경우에는 실제 건축물을 해체한 날을 말한다) 당시 소유권을 확보한 토지를 말하되, 공익사업의 시행을 위하여 기존 주택을 존치하는 경우에는 기존 주택의 소유권 이전 당시 소유권을 확보한 토지를 말한다]에 신축하는 경우 ② 기존 주택이 재해로 인하여 더 이상 거주할 수 없게 된 경우로서 그 기존 주택의 소유자가 자기 소유의 토지(재해를 입은 날부터 6개월 이내에 소유권을 확보한 토지를 말한다)에 신축하는 경우 ③ 개발제한구역 지정 이전부터 건축되어 있는 주택 또는 개발제한구역 지정 이전부터 다른 사람 소유의 토지에 건축되어 있는 주택으로서 토지소유자의 동의를 받지 못하여 증축 또는 개축할 수 없는 주택을 법 제12조제1항제2호에 따른 취락지구에 신축하는 경우
라. 근린생활시설	증축 및 신축할 수 있는 시설은 다음과 같다. 가) 주택을 용도변경한 근린생활시설 또는 1999년 6월 24일 이후에 신축된 근린생활시설만 증축할 수 있다. 나) 개발제한구역 지정 당시부터 지목이 대인 토지(이축된 건축물이 있었던 토지의 경우에는 개발제한구역 지정 당시부터 그 토지의 소유자와 건축물의 소유자가 다른 경우만 해당한다)와 개발제한구역 지정 당시부터 있던 기존의 주택(제24조에 따른 개발제한구역건축물관리대장에 등재된 주택을 말한다)이 있는 토지에만 근린생활시설을 신축할 수 있다. 다만, 「수도법」 제3조제2호에 따른 상수원의 상류 하

	천(「하천법」에 따른 국가하천 및 지방하천을 말한다)의 양안 중 그 하천의 경계로부터 직선거리 1킬로미터 이내의 지역(「하수도법」 제2조제15호에 따른 하수처리구역은 제외한다)에서는 「한강수계 상수원수질개선 및 주민지원 등에 관한 법률」 제5조에 따라 설치할 수 없는 시설을 신축할 수 없다. 다) 나)의 본문에도 불구하고 기존 근린생활시설이 「공익사업을 위한 토지 등의 취득 및 보상에 관한 법률」에 따른 공익사업의 시행으로 인하여 철거되는 경우에는 그 기존 근린생활시설의 소유자(해당 공익사업의 사업인정 고시 당시에 해당 근린생활시설을 소유하였는지 여부와 관계없이 같은 법에 따라 보상금을 모두 지급받은 자를 말한다)는 국토교통부령으로 정하는 입지기준에 적합한 자기 소유의 토지[「건축법」 제36조에 따른 건축물의 철거 신고일(철거예정일 3일 전까지 건축물의 철거 신고를 하지 않은 경우에는 실제 건축물을 철거한 날을 말한다) 당시 소유권을 확보한 토지를 말한다]에 근린생활시설을 신축할 수 있다.
1) 슈퍼마켓 및 일용품소매점	
2) 휴게음식점·제과점 및 일반음식점	가) 휴게음식점·제과점 또는 일반음식점을 건축할 수 있는 자는 5년 이상 거주자 또는 지정 당시 거주자이어야 한다. 나) 부대시설로서 인접한 토지를 이용하여 300제곱미터 이하의 주차장(건축물식 주차장은 제외한다)을 설치할 수 있다. 이 경우 해당 휴게음식점·제과점 또는 일반음식점의 소유자만 설치할 수 있다. 다) 휴게음식점 또는 일반음식점을 다른 용도로 변경하는 경우에는 주차장 부지를 원래의 지목으로 환원하여야 한다.
3) 이용원·미용원 및 세탁소	세탁소는 공장이 부설된 것은 제외한다.
4) 의원·치과의원·한의원·침술원·접골원 및 조산소	
5) 탁구장 및 체육도장	
6) 기원	
7) 당구장	
8) 금융업소·사무소 및 부동산중개업소	
9) 수리점	자동차전문정비업소, 자동차경정비업소(자동차부품의 판매 또는 간이수리를 위한 시설로서 「자동차관리법 시행령」 제12조제1항에 따른 자동차정비업시설의 종류에 해당되지 아니하는 시설을 말한다)를 포함한다.
10) 사진관·표구점·학원·장의사 및 동물병원	
11) 목공소·방앗간 및 독서실	
마. 주민 공동이용시설	
1) 마을 진입로, 농로, 제방	개발제한구역(제2조제3항제2호에 따라 집단취락으로 해제된 지역을 포함한다)의 주민이 마을 공동으로 축조(築造)하는 경우만 해당한다.
2) 마을 공동주차장, 마을 공동작업장, 경로당, 노인복지관, 마을 공동회관 및 읍·면·동 복지회관	가) 지방자치단체가 설치하거나 마을 공동으로 설치하는 경우만 해당한다. 나) 읍·면·동 복지회관은 예식장 등 집회장, 독서실, 상담실, 그 밖에 읍·면·동 또는 마을단위 회의장 등으로 사용하는 다용도시설을 말한다.

3) 공동구판장, 하치장, 창고, 농기계보관창고, 농기계수리소, 농기계용유류판매소, 선착장 및 물양장	가) 지방자치단체 또는 「농업협동조합법」에 따른 조합, 「산림조합법」에 따른 조합, 「수산업협동조합법」에 따른 수산업협동조합(어촌계를 포함한다)이 설치하거나 마을 공동으로 설치하는 경우만 해당한다. 나) 농기계수리소는 가설건축물 구조로서 수리용 작업장 외의 관리실·대기실과 화장실은 건축 연면적 30제곱미터 이하로 설치할 수 있다. 다) 공동구판장은 지역생산물의 저장·처리·단순가공·포장과 직접 판매를 위한 경우(건축 연면적의 100분의 30 미만에 해당하는 면적 범위에서 슈퍼마켓, 일용품소매점, 휴게음식점, 금융업소 또는 방앗간의 용도로 사용하기 위한 경우를 포함한다)로서 건축 연면적 1천 제곱미터 이하로 설치하여야 한다.
4) 공판장 및 화훼전시판매시설	가) 공판장은 해당 지역에서 생산되는 농산물의 판매를 위하여 「농업협동조합법」에 따른 지역조합이 설치하는 경우만 해당한다. 이 경우 수도권 또는 광역시에 설치하는 공판장은 다음의 기준을 모두 충족해야 한다. ① 시·군·구당 1개소로 한정하되, 해당 시·군·구의 개발제한구역 외의 지역에 공판장이 있는 경우에는 설치할 수 없다. ② 건축 연면적은 3,300제곱미터 이하로 한다. 나) 화훼전시판매시설은 시장 · 군수 · 구청장, 「농업협동조합법」 제2조제1호에 따른 조합, 「농어업경영체 육성 및 지원에 관한 법률」 제16조에 따른 영농조합법인이 화훼의 저장 · 전시 · 판매를 위하여 설치하는 것을 말한다. 이 경우 「농업협동조합법」 제2조제1호에 따른 조합, 「농어업경영체 육성 및 지원에 관한 법률」 제16조에 따른 영농조합법인이 설치하는 화훼전시판매시설은 다음의 기준을 모두 충족해야 한다. ① 수도권 또는 광역시에 설치하는 화훼전시판매시설은 시 · 군 · 구당 1개소로 한정하되, 해당 시 · 군 · 구의 개발제한구역 외의 지역에 화훼전시판매시설이 있는 경우에는 설치할 수 없다. ② 건축 연면적은 3,300제곱미터 이하로 한다.
5) 상여보관소, 간이휴게소, 간이쓰레기소각장 및 어린이놀이터 6) 간이 급수용 양수장	지방자치단체가 설치하거나 마을 공동으로 설치하는 경우만 해당한다.
7) 낚시터시설 및 그 관리용 건축물	가) 기존의 저수지 또는 유지를 이용하여 지방자치단체 또는 마을 공동으로 설치·운영하거나 기존의 양어장을 이용하여 5년 이상 거주자가 설치하는 경우만 해당한다. 나) 이 경우 낚시용 좌대, 비가림막 및 차양막을 설치할 수 있고, 50제곱미터 이하의 관리실을 임시가설건축물로 설치할 수 있다.
8) 미곡종합처리장·도정시설	가) 미곡종합처리장은 「농업협동조합법」에 따른 지역농업협동조합(지역농업협동조합이 전액 출자하여 설립한 조합공동사업법인을 포함한다. 이하 같다)이 개발제한구역에 1천헥타르 이상의 미작 생산에 제공되는 농지가 있는 시·군·구에 설치(시·군·구당 1개소로 한정한다)하는 경우로서 건축 연면적은 부대시설 면적을 포함하여 2천제곱미터 이하로 설치해야 한다. 나) 도정시설은 「농업협동조합법」에 따른 지역농업협동조합이 개발제

	한구역에 100헥타르 이상, 1천헥타르 미만의 미작 생산에 제공되는 농지가 있는 시·군·구에 설치(해당 시·군·구에 이미 도정시설이 있는 경우에는 설치할 수 없다)하는 경우로서 건축 연면적은 부대시설 면적을 포함하여 1천제곱미터 이하로 설치해야 한다. 다) 해당 시설의 용도가 폐지된 경우에는 지체 없이 철거하고 원상복구를 해야 한다.
9) 목욕장	지방자치단체가 설치하거나 마을 공동으로 설치·이용하는 경우에만 해당한다.
10) 휴게소(고속국도에 설치하는 휴게소는 제외한다), 주유소(「석유 및 석유대체연료 사업법 시행령」 제2조제9호에 따른 석유대체연료 주유소를 포함한다. 이하 같다) 및 자동차용 액화석유가스 충전소	가) 시장·군수·구청장이 수립하는 배치계획에 따라 시장・군수・구청장, 지정당시거주자 또는 허가신청일 현재 해당 개발제한구역에서 10년 이상 계속 거주하고 있는 사람(이하 "10년이상거주자"라 한다)이 국도·지방도 등 간선도로변에 설치하는 경우만 해당한다. 다만, 도심의 자동차용 액화석유가스 충전소(자동차용 액화석유가스 충전소 외의 액화석유가스 충전소를 겸업하는 경우를 포함한다. 이하 같다)를 이전하여 설치하는 경우에는 해당 사업자만 설치할 수 있다. 나) 지정당시거주자 또는 10년이상거주자가 설치하는 경우에는 각각의 시설에 대하여 1회만 설치할 수 있다. 다만, 공공사업에 따라 철거되거나 기존 시설을 철거한 경우에는 그러하지 아니하다. 라) 휴게소 및 자동차용 액화석유가스 충전소의 부지면적은 3천300제곱미터 이하로, 주유소의 부지면적은 1천500제곱미터 이하로 하고, 주유소 및 자동차용 액화석유가스 충전소에는 그 부대시설로서 수소연료공급시설, 전기자동차 충전시설 및 세차시설, 자동차 간이정비시설(「자동차관리법 시행령」 제12조제1항에 따른 자동차정비업시설의 종류에 해당하지 아니하는 정비시설을 말한다) 및 소매점을 설치할 수 있다. 이 경우 수소연료공급시설과 전기자동차 충전시설을 제외한 부대시설은 해당 주유소 및 자동차용 액화석유가스 충전소의 소유자만 설치할 수 있다. 마) 휴게소는 개발제한구역의 해당 도로노선 연장이 10킬로미터 이내인 경우에는 설치되지 아니하도록 하여야 하며, 주유소 및 자동차용 액화석유가스 충전소의 시설 간 간격 등 배치계획의 수립기준은 국토교통부령으로 정한다.
11) 버스 간이승강장	도로변에 설치하는 경우만 해당한다.
12) 효열비, 유래비, 사당, 동상, 그 밖에 이와 비슷한 시설	지방자치단체, 종교단체 또는 종중이 설치하거나 마을 공동으로 설치하는 경우에 한정한다. 다만, 종교단체가 설치하는 경우에는 「건축법」 제2조제1항제2호에 따른 건축물은 제외하고, 종중이 설치하는 경우에는 「공익사업을 위한 토지 등의 취득 및 보상에 관한 법률」에 따른 공익사업의 시행으로 인하여 개발제한구역 내에 있던 기존 사당을 이전하여 설치하는 경우로 한정한다.
13) 농어촌체험·휴양마을사업 관련 시설	가) 「도시와 농어촌 간의 교류촉진에 관한 법률」 제2조제5호에 따른 농어촌체험·휴양마을사업에 필요한 체험관, 휴양시설, 판매시설, 숙박시설, 음식점 등의 시설을 말한다. 나) 「도시와 농어촌 간의 교류촉진에 관한 법률」 제5조에 따라 농어촌체험·휴양마을사업자로 지정받은 자가 같은 조에 따라 제출한 사업계획서에 따라 설치하는 것이어야 한다. 다) 설치할 수 있는 시설의 전체 면적은 2,000제곱미터를 초과할 수 없다.

	라) 1회로 한정한다. 마) 「하수도법」 제2조제15호에 따른 하수처리구역으로 포함된 경우만 해당한다. 바) 임야인 토지에는 설치할 수 없다.
14) 액화석유가스 소형저장탱크 및 가스배관 시설	액화석유가스를 저장하기 위해 지상 또는 지하에 고정 설치된 탱크로서 그 저장능력이 3톤 미만인 탱크 및 그 배관시설을 말한다.
바. 공중화장실	
사. 야영장(제1호타목에 따른 야영장은 제외한다)	가) 마을공동, 10년이상거주자 또는 지정 당시 거주자만 설치할 수 있으며, 각각 1회로 한정한다. 다만, 공공사업에 따라 철거되거나 기존 시설을 철거한 경우에는 그러하지 아니하다. 나) 설치할 수 있는 시설의 수(시·도별 총 시설의 수는 관할 시·군·구 수의 3배 이내로 한다)는 시·도지사가 관할 시·군·구의 개발제한구역 면적, 인구 수 등 지역 여건을 고려하여 수립·공고한 시·군·구 배분계획에 따른다. 다) 임야인 토지로서 다음의 어느 하나에 해당하는 경우에는 설치할 수 없다. ① 석축 및 옹벽의 설치를 수반하는 경우 ② 「자연환경보전법」 제34조제1항제1호에 따른 생태·자연도 1등급 권역에 해당하는 경우 라) 설치할 수 있는 부대시설은 관리실, 공동취사장, 공중화장실 및 세면장 등 야영장 운영에 필요한 시설이며, 그 건축 연면적은 200제곱미터 이하로 하되, 시설 부지면적이 2,000제곱미터 이상인 경우에는 그 초과하는 면적의 1,000분의 10에 해당하는 면적만큼 추가로 설치할 수 있다.
아. 실외체육시설(제1호라목에 따른 실외체육시설은 제외한다)	가) 「체육시설의 설치·이용에 관한 법률」 제3조에 따른 체육시설 중 배구장, 테니스장, 배드민턴장, 게이트볼장, 롤러스케이트장, 잔디(인조잔디를 포함한다. 이하 같다)축구장, 잔디야구장, 농구장, 야외수영장, 궁도장, 사격장, 승마장, 씨름장, 양궁장 및 그 밖에 이와 유사한 체육시설로서 건축물의 건축을 수반하지 아니하는 운동시설(골프연습장은 제외한다) 및 그 부대시설을 말한다. 나) 부대시설은 탈의실, 세면장, 화장실, 운동기구 보관창고와 간이휴게소를 말하며, 그 건축 연면적은 200제곱미터 이하로 하되, 시설 부지면적이 2천제곱미터 이상인 경우에는 그 초과하는 면적의 1천분의 10에 해당하는 면적만큼 추가로 부대시설을 설치할 수 있다. 다) 승마장의 경우 실내마장, 마사 등의 시설을 2천제곱미터 이하의 규모로 설치할 수 있다. 라) 마을공동, 10년이상거주자 또는 지정 당시 거주자만 설치할 수 있으며, 각각의 시설에 대하여 각각 1회로 한정한다. 다만, 공공사업에 따라 철거되거나 기존 시설을 철거한 경우에는 그러하지 아니하다. 마) 설치할 수 있는 시설의 수(시·도별 총 시설의 수는 관할 시·군·구 수의 3배 이내로 한다)는 시·도지사가 관할 시·군·구의 개발제한구역 면적, 인구 수 등 지역 여건을 고려하여 수립·공고한 시·군·구 배분계획에 따른다. 바) 임야인 토지에는 설치할 수 없다.

19. 청소년보호법에서 정하는 유해업소 〈청소년보호법 제2조제5호〉

가. 청소년 출입·고용금지업소

1) 「게임산업진흥에 관한 법률」에 따른 일반게임제공업 및 복합유통게임제공업 중 대통령령으로 정하는 것

가) 일반게임제공업

나) 복합유통게임제공업. 다만, 둘 이상의 업종(1개의 기기에서 게임, 노래연습, 영화감상 등 다양한 콘텐츠를 제공하는 경우는 제외한다)을 같은 장소에서 영업하는 경우로서 제1호의 업소 및 법 제2조제5호가목2)부터 9)까지의 청소년 출입·고용금지업소가 포함되지 아니한 업소는 청소년의 출입을 허용한다.

2) 「사행행위 등 규제 및 처벌 특례법」에 따른 사행행위영업

3) 「식품위생법」에 따른 식품접객업 중 대통령령으로 정하는 것

가) 단란주점영업

가) 유흥주점영업

4) 「영화 및 비디오물의 진흥에 관한 법률」 제2조제16호에 따른 비디오물감상실업·제한관람가비디오물소극장업 및 복합영상물제공업

5) 「음악산업진흥에 관한 법률」에 따른 노래연습장업 중 대통령령으로 정하는 것

가) 다만, 청소년실을 갖춘 노래연습장의 경우에는 청소년실에 한정하여 청소년의 출입을 허용한다.

6) 「체육시설의 설치·이용에 관한 법률」에 따른 무도학원업 및 무도장업

7) 전기통신설비를 갖추고 불특정한 사람들 사이의 음성대화 또는 화상대화를 매개하는 것을 주된 목적으로 하는 영업. 다만, 「전기통신사업법」 등 다른 법률에 따라 통신을 매개하는 영업은 제외한다.

8) 불특정한 사람 사이의 신체적인 접촉 또는 은밀한 부분의 노출 등 성적 행위가 이루어지거나 이와 유사한 행위가 이루어질 우려가 있는 서비스를 제공하는 영업으로서 청소년보호위원회가 결정하고 여성가족부장관이 고시한 것

9) 청소년유해매체물 및 청소년유해약물등을 제작·생산·유통하는 영업 등 청소년의 출입과 고용이 청소년에게 유해하다고 인정되는 영업으로서 대통령령으로 정하는 기준에 따라 청소년보호위원회가 결정하고 여성가족부장관이 고시한 것

가) 영업의 형태나 목적이 주로 성인을 대상으로 한 술·노래·춤의 제공 등 유흥접객행위가 이루어지는 영업일 것

나) 주로 성인용의 매체물을 유통하는 영업일 것

다) 청소년유해매체물·청소년유해약물등을 제작·생산·유통하는 영업 중 청소년의 출입·고용이 청소년의 심신발달에 장애를 초래할 우려가 있는 영업일 것

10) 「한국마사회법」 제6조제2항에 따른 장외발매소(경마가 개최되는 날에 한정한다)

11) 「경륜·경정법」 제9조제2항에 따른 장외매장(경륜·경정이 개최되는 날에 한정한다)

나. 청소년고용금지업소

1) 「게임산업진흥에 관한 법률」에 따른 청소년게임제공업 및 인터넷컴퓨터게임시설제공업

2) 「공중위생관리법」에 따른 숙박업, 목욕장업, 이용업 중 대통령령으로 정하는 것
  가) 숙박업. 다만, 「관광진흥법」 제3조제1항제2호나목에 따른 휴양 콘도미니엄업과 「농어촌정비법」 또는 「국제회의산업 육성에 관한 법률」을 적용받는 숙박시설에 의한 숙박업은 제외한다.
  나) 목욕장업 중 안마실을 설치하여 영업을 하거나 개별실(個別室)로 구획하여 하는 영업
  다) 이용업. 다만, 다른 법령에 따라 취업이 금지되지 아니한 남자 청소년을 고용하는 경우는 제외한다.
3) 「식품위생법」에 따른 식품접객업 중 대통령령으로 정하는 것
  가) 휴게음식점영업으로서 주로 차 종류를 조리·판매하는 영업 중 종업원에게 영업장을 벗어나 차 종류 등을 배달·판매하게 하면서 소요 시간에 따라 대가를 받게 하거나 이를 조장 또는 묵인하는 형태로 운영되는 영업
  나) 일반음식점영업 중 음식류의 조리·판매보다는 주로 주류의 조리·판매를 목적으로 하는 소주방·호프·카페 등의 형태로 운영되는 영업
4) 「영화 및 비디오물의 진흥에 관한 법률」에 따른 비디오물소극장업
5) 「화학물질관리법」에 따른 유해화학물질 영업. 다만, 유해화학물질 사용과 직접 관련이 없는 영업으로서 대통령령으로 정하는 영업은 제외한다.
6) 회비 등을 받거나 유료로 만화를 빌려 주는 만화대여업
7) 청소년유해매체물 및 청소년유해약물등을 제작·생산·유통하는 영업 등 청소년의 고용이 청소년에게 유해하다고 인정되는 영업으로서 대통령령으로 정하는 기준에 따라 청소년보호위원회가 결정하고 여성가족부장관이 고시한 것
  가) 청소년유해매체물 또는 청소년유해약물등을 제작·생산·유통하는 영업으로서 청소년이 고용되어 근로할 경우에 청소년유해매체물 또는 청소년유해약물등에 쉽게 접촉되어 고용 청소년의 건전한 심신발달에 장애를 초래할 우려가 있는 영업일 것
  나) 외관상 영업행위가 성인·청소년 모두를 대상으로 하지만 성인 대상의 영업이 이루어짐으로써 고용 청소년에게 유해한 근로행위를 요구할 것이 우려되는 영업일 것

20. 기업부설연구소 〈기초연구진흥 및 기술개발지원에 관한 법률 제14조제1항제2호, 시행령 제16조〉

① 법 제14조제1항제5호에서 "연구 인력·시설 등 대통령령으로 정하는 기준에 해당하는 비영리 법인"이란 학사 이상의 학위를 소지한 사람으로서 3년 이상의 연구경력(학위 취득 전의 연구경력을 포함한다)을 가진 연구전담요원 3명 이상을 늘 확보하고 연구시설을 갖춘 비영리법인을 말한다.

구 분	연구전담요원 수
중소기업기본법 제2조에 따른 중소기업자가 설립한 기업부설연구소 (「중소기업기본법 시행령」 제8조제1항에 따른 소기업자가 설립한 기업부설연구소. 단, 해당 기업의 창업일부터 3년까지는 2명 이상)	5명 이상 (3명 이상)
국외에 있는 기업부설연구소	5명 이상
미래창조과학부령으로 정하는 과학기술 분야연구기관의 연구원 및 대학의 교원이 창업한 연구개발형 중소기업 또는 「벤처기업육성에 관한 특별조치법」 제2조에 따른 벤처기업이 설립한 기업부설연구소	2명 이상
「중견기업 성장촉진 및 경쟁력 강화에 관한 특별법」 제2조제1호에 따른 중견기업으로서 직전 3개 사업연도의 평균매출액(사업연도가 1개인 경우에는 해당 사업연도의 매출액으로, 2개인 경우에는 2개 사업연도의 평균매출액으로 하며, 사업기간이 1년 미만인 사업연도의 매출액은 1년으로 환산하여 계산한다)이 5천억원 미만인 중견기업이 설립한 기업부설연구소	7명 이상
그 밖의 기업부설연구소	10명 이상

② 법 제14조제1항제6호에서 "연구 인력·시설 등 대통령령으로 정하는 기준에 해당하는 의료법인"이란 보건의료기술 분야에서 3년 이상의 연구경력을 가진 의료인 2명 이상과 보건의료기술 분야에서 3년 이상의 연구경력을 가진 연구전담요원 3명 이상을 늘 확보하고 연구시설을 갖춘 의료법인을 말한다.

③ 법 제14조제1항제6호의2에서 "연구 인력 및 시설 등 대통령령으로 정하는 기준을 충족하는 기업"이란 사업주를 포함하여 1명 이상의 연구인력을 확보하고 연구시설을 갖춘 「1인 창조기업 육성에 관한 법률」 제2조에 따른 1인 창조기업을 말한다.

④ 법 제14조제1항제7호에서 "연구 인력·시설 등 대통령령으로 정하는 기준에 해당하는 국내외 연구 기관 또는 단체"란 해당 분야 학사 이상의 학위를 소지한 사람으로서 3년 이상의 연구경력(학위 취득 전의 연구경력을 포함한다)을 가진 연구전담요원 5명 이상을 늘 확보하고 연구시설을 갖춘 연구 기관 또는 단체로서 과학기술정보통신부장관이 인정하는 기관을 말한다.

⑤ 법 제14조제1항제7호에서 "연구 인력·시설 등 대통령령으로 정하는 기준에 해당하는 영리를 목적으로 하는 법인"이란 「연구산업진흥법」 제6조제1항에 따라 신고한 전문연구사업자로서 연구산업을 전문으로 하는 법인을 말한다.

⑥ 제1항부터 제5항까지에서 규정한 사항 외에 특정연구개발사업 참여기관 등이 확보하여야 하는 연구전담요원의 자격기준은 과학기술정보통신부령으로 정한다.

21. 특정연구기관 〈특정연구기관육성법 시행령 제3조〉

법 제2조에서 "대통령령으로 정하는 연구기관"이란 다음 각 호의 연구기관을 말한다.
1. 「한국과학기술원법」에 따른 한국과학기술원
2. 「광주과학기술원법」에 따른 광주과학기술원
3. 「대구경북과학기술원법」에 따른 대구경북과학기술원
3의2. 「울산과학기술원법」에 따른 울산과학기술원
4. 「한국원자력안전기술원법」에 따른 한국원자력안전기술원
5. 「방사선 및 방사성동위원소 이용진흥법」 제13조2에 따른 한국원자력의학원
6. 「원자력안전법」 제6조에 따른 한국원자력통제기술원
7. 「한국연구재단법」에 따른 한국연구재단
8. 「과학기술기본법」에 따른 한국과학기술기획평가원 및 한국과학창의재단
9. 「산업기술혁신 촉진법」에 따른 한국산업기술진흥원, 한국산업기술평가관리원, 한국세라믹기술원 및 한국산업기술시험원
10. 「정보통신산업 진흥법」에 따른 정보통신산업진흥원
11. 「국제과학비즈니스벨트 조성 및 지원에 관한 특별법」 제14조에 따른 기초과학연구원

22. 환경기준 〈환경정책기본법 시행령 별표1〉

[별표1] <개정 2022. 12. 6.>

환경기준(제2조 관련)

1. 대기

항 목	기 준
아황산가스 (SO_2)	연간 평균치 0.02ppm 이하 24시간 평균치 0.05ppm 이하 1시간 평균치 0.15ppm 이하
일산화탄소 (CO)	8시간 평균치 9ppm 이하 1시간 평균치 25ppm 이하
이산화질소 (NO_2)	연간 평균치 0.03ppm 이하 24시간 평균치 0.06ppm 이하 1시간 평균치 0.10ppm 이하
미세먼지 (PM-10)	연간 평균치 50㎍/㎥ 이하 24시간 평균치 100㎍/㎥ 이하
초미세먼지 (PM-2.5)	연간 평균치 15㎍/㎥ 이하 24시간 평균치 35㎍/㎥ 이하
오 존 (O_3)	8시간 평균치 0.06ppm 이하 1시간 평균치 0.1ppm 이하
납 (Pb)	연간 평균치 0.5㎍/㎥ 이하
벤젠	연간 평균치 5㎍/㎥ 이하

비고
1. 1시간 평균치는 999천분위수(千分位數)의 값이 그 기준을 초과해서는 안 되고, 8시간 및 24시간 평균치는 99백분위수의 값이 그 기준을 초과해서는 안 된다.
2. 미세먼지(PM-10)는 입자의 크기가 10㎛ 이하인 먼지를 말한다.
3. 미세먼지(PM-2.5)는 입자의 크기가 2.5㎛ 이하인 먼지를 말한다.

2. 소음

(단위: Leq dB(A))

지역 구분	적용 대상지역	기 준	
		낮 (06 : 00 ~ 22 : 00)	밤 (22 : 00 ~ 06 : 00)
일반 지역	"가"지역	50	40
	"나"지역	55	45
	"다"지역	65	55
	"라"지역	70	65
도로변 지역	"가" 및 "나"지역	65	55
	"다"지역	70	60

	"라"지역	75	70

비고
1. 지역구분별 적용 대상지역의 구분은 다음과 같다.
  가. "가"지역
    1) 「국토의 계획 및 이용에 관한 법률」 제36조제1항제1호라목에 따른 녹지지역
    2) 「국토의 계획 및 이용에 관한 법률」 제36조제1항제2호가목에 따른 보전관리지역
    3) 「국토의 계획 및 이용에 관한 법률」 제36조제1항제3호 및 제4호에 따른 농림지역 및 자연환경보전지역
    4) 「국토의 계획 및 이용에 관한 법률 시행령」 제30조제1호가목에 따른 전용주거지역
    5) 「의료법」 제3조제2항제3호마목에 따른 종합병원의 부지경계로부터 50미터 이내의 지역
    6) 「초·중등교육법」 제2조 및 「고등교육법」 제2조에 따른 학교의 부지경계로부터 50미터 이내의 지역
    7) 다음의 어느 하나에 해당하는 시설의 부지경계로부터 50미터 이내의 지역
      가) 「도서관법」 제4조제2항제1호에 따른 공공도서관
      나) 「도서관법」 제4조제2항제5호에 따른 특수도서관
  나. "나"지역
    1) 「국토의 계획 및 이용에 관한 법률」 제36조제1항제2호나목에 따른 생산관리지역
    2) 「국토의 계획 및 이용에 관한 법률 시행령」 제30조제1호나목 및 다목에 따른 일반주거지역 및 준주거지역
  다. "다"지역
    1) 「국토의 계획 및 이용에 관한 법률」 제36조제1항제1호나목에 따른 상업지역 및 같은 항 제2호다목에 따른 계획관리지역
    2) 「국토의 계획 및 이용에 관한 법률 시행령」 제30조제3호다목에 따른 준공업지역
  라. "라"지역
    「국토의 계획 및 이용에 관한 법률 시행령」 제30조제3호가목 및 나목에 따른 전용공업지역 및 일반공업지역
2. "도로"란 자동차(2륜자동차는 제외한다)가 한 줄로 안전하고 원활하게 주행하는 데에 필요한 일정 폭의 차선이 2개 이상 있는 도로를 말한다.
3. 이 소음환경기준은 항공기소음, 철도소음 및 건설작업 소음에는 적용하지 않는다.

3. 수질 및 수생태계

가. 하천

1) 사람의 건강보호 기준

항목	기준값(mg/L)
카드뮴(Cd)	0.005 이하
비소(As)	0.05 이하
시안(CN)	검출되어서는 안 됨(검출한계 0.01)
수은(Hg)	검출되어서는 안 됨(검출한계 0.001)
유기인	검출되어서는 안 됨(검출한계 0.0005)
폴리클로리네이티드비페닐(PCB)	검출되어서는 안 됨(검출한계 0.0005)
납(Pb)	0.05 이하
6가 크롬(Cr6+)	0.05 이하
음이온 계면활성제(ABS)	0.5 이하
사염화탄소	0.004 이하
1,2-디클로로에탄	0.03 이하

테트라클로로에틸렌(PCE)	0.04 이하
디클로로메탄	0.02 이하
벤젠	0.01 이하
클로로포름	0.08 이하
디에틸헥실프탈레이트(DEHP)	0.008 이하
안티몬	0.02 이하
1,4-다이옥세인	0.05 이하
포름알데히드	0.5 이하
헥사클로로벤젠	0.00004 이하

2) 생활환경 기준

등급		상태 (게릭디)	기 준								
			수소 이온 농도 (pH)	생물 화학적 산소 요구량 (BOD) (mg/L)	화학적 산소 요구량 (COD) (mg/L)	총유기 탄소량 (TOC) (mg/L)	부유 물질량 (SS) (mg/L)	용존 산소 량 (DO) (mg/L)	총인 (T-P) (mg/L)	대장균군 (군수/100mL)	
										총 대장균군	분원성 대장균군
매우 좋음	Ia	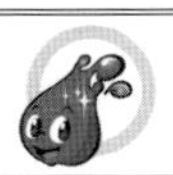	6.5~8.5	1 이하	2 이하	2 이하	25 이하	7.5 이상	0.02 이하	50 이하	10 이하
좋음	Ib		6.5~8.5	2 이하	4 이하	3 이하	25 이하	5.0 이상	0.04 이하	500 이하	100 이하
약간 좋음	II		6.5~8.5	3 이하	5 이하	4 이하	25 이하	5.0 이상	0.1 이하	1,000 이하	200 이하
보통	III	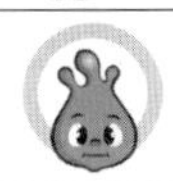	6.5~8.5	5 이하	7 이하	5 이하	25 이하	5.0 이상	0.2 이하	5,000 이하	1,000 이하
약간 나쁨	IV		6.0~8.5	8 이하	9 이하	6 이하	100 이하	2.0 이상	0.3 이하		
나쁨	V	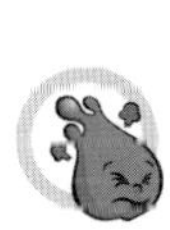	6.0~8.5	10 이하	11 이하	8 이하	쓰레기 등이 떠 있지 않을 것	2.0 이상	0.5 이하		
매우 나쁨	VI	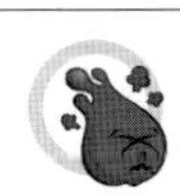		10 초과	11 초과	8 초과		2.0 미만	0.5 초과		

비고

1. 등급별 수질 및 수생태계 상태

가. 매우 좋음: 용존산소(溶存酸素)가 풍부하고 오염물질이 없는 청정상태의 생태계로 여과 · 살균 등 간단한 정수처리 후 생활용수로 사용할 수 있음.

나. 좋음: 용존산소가 많은 편이고 오염물질이 거의 없는 청정상태에 근접한 생태계로 여과·침전·살균 등 일반적인 정수처리 후 생활용수로 사용할 수 있음.
다. 약간 좋음: 약간의 오염물질은 있으나 용존산소가 많은 상태의 다소 좋은 생태계로 여과·침전·살균 등 일반적인 정수처리 후 생활용수 또는 수영용수로 사용할 수 있음.
라. 보통: 보통의 오염물질로 인하여 용존산소가 소모되는 일반 생태계로 여과, 침전, 활성탄 투입, 살균 등 고도의 정수처리 후 생활용수로 이용하거나 일반적 정수처리 후 공업용수로 사용할 수 있음.
마. 약간 나쁨: 상당량의 오염물질로 인하여 용존산소가 소모되는 생태계로 농업용수로 사용하거나 여과, 침전, 활성탄 투입, 살균 등 고도의 정수처리 후 공업용수로 사용할 수 있음.
바. 나쁨: 다량의 오염물질로 인하여 용존산소가 소모되는 생태계로 산책 등 국민의 일상생활에 불쾌감을 주지 않으며, 활성탄 투입, 역삼투압 공법 등 특수한 정수처리 후 공업용수로 사용할 수 있음.
사. 매우 나쁨: 용존산소가 거의 없는 오염된 물로 물고기가 살기 어려움.
아. 용수는 해당 등급보다 낮은 등급의 용도로 사용할 수 있음.
자. 수소이온농도(pH) 등 각 기준항목에 대한 오염도 현황, 용수처리방법 등을 종합적으로 검토하여 그에 맞는 처리방법에 따라 용수를 처리하는 경우에는 해당 등급보다 높은 등급의 용도로도 사용할 수 있음.

2. 상태(캐릭터) 도안

가. 모형 및 도안 요령

등급		도안 모형	도안 요령	색 상		
				원	물방울	입
매우 좋음	Ia		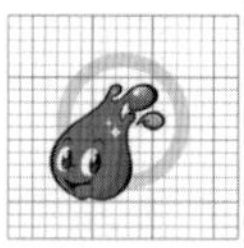	검은색(black, K) 15%	파란색(cyan, C) 100~90%, 빨간색(mazenta, M) 20~17%, 검은색(black, K) 5%	빨간색(mazenta, M) 60%, 노란색(yellow, Y) 100%
좋음	Ib		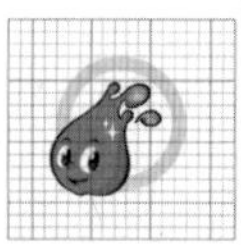		파란색(cyan, C) 85~80%, 노란색(yellow, Y) 43~40%, 빨간색(mazenta, M) 8%	빨간색(mazenta, M) 60%, 노란색(yellow, Y) 100%
약간 좋음	II		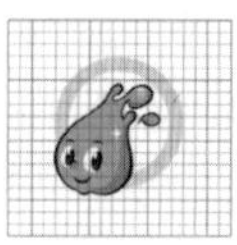		파란색(cyan, C) 57~45%, 노란색(yellow, Y) 96~85%, 검은색(black, K) 7%	
보통	III				파란색(cyan, C) 20%, 검은색(black, K) 42~30%	
약간 나쁨	IV		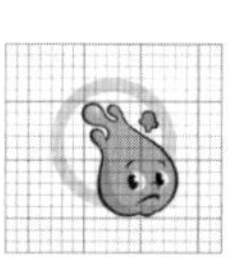		빨간색(mazenta, M) 35~30%, 노란색(yellow, Y) 100%, 검은색(black, K) 10%	

나쁨	V		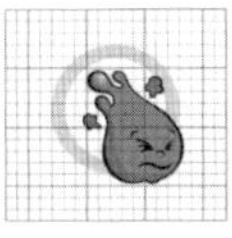	빨간색(mazenta, M) 65~55%, 노란색(yellow, Y) 100%, 검은색(black, K) 10%	
매우 나쁨	VI		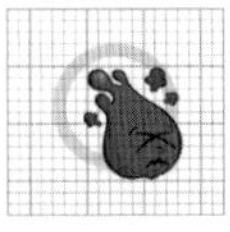	빨간색(mazenta, M) 100~90, 노란색(yellow, Y) 100%, 검은색(black, K) 10%	

나. 도안 모형은 상하 또는 좌우로 형태를 왜곡하여 사용해서는 안 된다.

3. 수질 및 수생태계 상태별 생물학적 특성 이해표

생물 등급	생물 지표종		서식지 및 생물 특성
	저서생물(底棲生物)	어류	
매우 좋음 ~ 좋음	옆새우, 가재, 뿔하루살이, 민하루살이, 강도래, 물날도래, 광택날도래, 띠무늬우묵날도래, 바수염날도래	산천어, 금강모치, 열목어, 버들치 등 서식	-물이 매우 맑으며, 유속은 빠른 편임. -바닥은 주로 바위와 자갈로 구성됨. -부착 조류(藻類)가 매우 적음.
좋음 ~ 보통	다슬기, 넓적거머리, 강하루살이, 동양하루살이, 등줄하루살이, 등딱지하루살이, 물삿갓벌레, 큰줄날도래	쉬리, 갈겨니, 은어, 쏘가리 등 서식	-물이 맑으며, 유속은 약간 빠르거나 보통임. -바닥은 주로 자갈과 모래로 구성됨. -부착 조류가 약간 있음.
보통 ~ 약간 나쁨	물달팽이, 턱거머리, 물벌레, 밀잠자리	피라미, 끄리, 모래무지, 참붕어 등 서식	-물이 약간 혼탁하며, 유속은 약간 느린 편임. -바닥은 주로 잔자갈과 모래로 구성됨. -부착 조류가 녹색을 띠며 많음.
약간 나쁨 ~ 매우 나쁨	왼돌이물달팽이, 실지렁이, 붉은깔따구, 나방파리, 꽃등에	붕어, 잉어, 미꾸라지, 메기 등 서식	-물이 매우 혼탁하며, 유속은 느린 편임. -바닥은 주로 모래와 실트로 구성되며, 대체로 검은색을 띰. -부착 조류가 갈색 혹은 회색을 띠며 매우 많음.

4. 화학적 산소요구량(COD) 기준은 2015년 12월 31일까지 적용한다.

나. 호소

1) 사람의 건강보호 기준: 가목1)과 같다

2) 생활환경 기준

등급	상태 (캐릭터)	기준								
		수소이	화학	총유기	부유	용존	총인	총질	클로	대장균군

			온농도 (pH)	적산소요구량 (COD) (mg/L)	탄소량 (TOC) (mg/L)	물질량 (SS) (mg/L)	산소량 (DO) (mg/L)	(T-P) (mg/L)	소 (T-N) (mg/L)	로필-a (Chl-a) (mg/m³)	(군수/100mL)	
											총 대장균군	분원성 대장균군
매우 좋음	Ia		6.5~8.5	2 이하	2 이하	1 이하	7.5 이상	0.01 이하	0.2 이하	5 이하	50 이하	10 이하
좋음	Ib		6.5~8.5	3 이하	3 이하	5 이하	5.0 이상	0.02 이하	0.3 이하	9 이하	500 이하	100 이하
약간 좋음	II		6.5~8.5	4 이하	4 이하	5 이하	5.0 이상	0.03 이하	0.4 이하	14 이하	1,000 이하	200 이하
보통	III		6.5~8.5	5 이하	5 이하	15 이하	5.0 이상	0.05 이하	0.6 이하	20 이하	5,000 이하	1,000 이하
약간 나쁨	IV		6.0~8.5	8 이하	6 이하	15 이하	2.0 이상	0.10 이하	1.0 이하	35 이하		
나쁨	V		6.0~8.5	10 이하	8 이하	쓰레기 등이 떠 있지 않을 것	2.0 이상	0.15 이하	1.5 이하	70 이하		
매우 나쁨	VI			10 초과	8 초과		2.0 미만	0.15 초과	1.5 초과	70 초과		

비고
1. 총인, 총질소의 경우 총인에 대한 총질소의 농도비율이 7 미만일 경우에는 총인의 기준을 적용하지 않으며, 그 비율이 16 이상일 경우에는 총질소의 기준을 적용하지 않는다.
2. 등급별 수질 및 수생태계 상태는 가목2) 비고 제1호와 같다.
3. 상태(캐릭터) 도안 모형 및 도안 요령은 가목2) 비고 제2호와 같다.
4. 화학적 산소요구량(COD) 기준은 2015년 12월 31일까지 적용한다.

다. 지하수

지하수 환경기준 항목 및 수질기준은 「먹는물관리법」 제5조 및 「수도법」 제26조에 따라 환경부령으로 정하는 수질기준을 적용한다. 다만, 환경부장관이 고시하는 지역 및 항목은 적용하지 않는다.

라. 해역

1) 생활환경

항 목	수소이온농도 (pH)	총대장균군 (총대장균군수/100mL)	용매 추출유분 (mg/L)
기 준	6.5 ~ 8.5	1,000 이하	0.01 이하

2) 생태기반 해수수질 기준

등급	수질평가 지수값(Water Quality Index)
Ⅰ(매우 좋음)	23 이하
Ⅱ(좋음)	24 ~ 33
Ⅲ(보통)	34 ~ 46
Ⅳ(나쁨)	47 ~ 59
Ⅴ(아주 나쁨)	60 이상

3) 해양생태계 보호기준

(단위: μg/L)

중금속류	구리	납	아연	비소	카드뮴	크롬(6가)
단기 기준*	3.0	7.6	34	9.4	19	200
장기 기준**	1.2	1.6	11	3.4	2.2	2.8

* 단기 기준: 1회성 관측값과 비교 적용
** 장기 기준: 연간 평균값(최소 사계절 동안 조사한 자료)과 비교 적용

4) 사람의 건강보호

등 급	항 목	기 준(mg/L)
모든 수역	6가 크롬(Cr^{6+})	0.05
	비소(As)	0.05
	카드뮴(Cd)	0.01
	납(Pb)	0.05
	아연(Zn)	0.1
	구리(Cu)	0.02
	시안(CN)	0.01
	수은(Hg)	0.0005
	폴리클로리네이티드비페닐(PCB)	0.0005
	다이아지논	0.02
	파라티온	0.06
	말라티온	0.25
	1.1.1-트리클로로에탄	0.1
	테트라클로로에틸렌	0.01
	트리클로로에틸렌	0.03
	디클로로메탄	0.02
	벤젠	0.01
	페놀	0.005
	음이온 계면활성제(ABS)	0.5

23. 농업생산기반 정비사업 〈농어촌정비법 제2조제5호〉

5. "농업생산기반 정비사업"이란 다음 각 목의 사업을 말한다.
  가. 농어촌용수 개발사업
  나. 경지 정리, 배수(排水) 개선, 농업생산기반시설의 개수·보수와 준설(浚渫) 등 농업생산기반 개량사업
  다. 농수산업을 주목적으로 간척, 매립, 개간 등을 하는 농지확대 개발사업
  라. 농업 주 생산단지의 조성과 영농시설 확충사업
  마. 저수지[농어촌용수를 확보할 목적으로 하천, 하천구역 또는 연안구역 등에 물을 가두어 두거나 관리하기 위한 시설과 홍수위(홍수위: 하천의 최고 수위) 이하의 수면 및 토지를 말한다. 이하 같다], 담수호 등 호수와 늪의 수질오염 방지사업과 수질개선 사업
  바. 농지의 토양개선사업
  사. 그 밖에 농지를 개발하거나 이용하는 데에 필요한 사업

24. 급성독성정도에 따른 농약의 구분 〈농약관리법 시행규칙 별표3의5〉

농약등의 독성 및 잔류성정도별 구분(제24조의2제1항 관련)

1. 급성독성정도에 따른 농약등의 구분

구 분	시험동물의 반수를 죽일 수 있는 양(mg/kg 체중)			
	급성경구		급성경피	
	고 체	액 체	고 체	액 체
Ⅰ급(맹독성)	5 미만	20 미만	10 미만	40 미만
Ⅱ급(고독성)	5 이상 50 미만	20 이상 200 미만	10 이상 100 미만	40 이상 400 미만
Ⅲ급(보통독성)	50 이상 500 미만	200 이상 2,000 미만	100 이상 1,000 미만	400 이상 4,000 미만
Ⅳ급(저독성)	500 이상	2,000 이상	1,000 이상	4,000 이상

비고: 가. 고체 및 액체의 분류는 농약등의 물리적 상태에 의한다.
  나. 해당 농약등이 휘발성이 높거나 중요 장기에 위해성이 있는 등 사람에 특히 위해한 것으로 명백히 밝혀진 농약등은 위 표에 해당되는 등급보다 더 높은 등급으로 구분할 수 있다.
  다. 급성독성시험의 수행이 곤란한 경우 등의 사유로 독성을 구분하기 어려운 경우에는 제형의 형태, 원제의 독성, 독성학적 영향 등을 종합적으로 평가하여 구분할 수 있다.

2. 어류에 대한 독성정도에 따른 농약등의 구분
  가. 농약등의 어류에 대한 독성(이하 "어독성"이라 한다)의 구분은 제품농약등이 어류의 반수(半數)를 죽일 수 있는 농도를 기준으로 하여 다음 표에 의하여 구분하되, 벼재배용 농약등의 경우에는 어류 또는 미꾸리에 대한 어독성중 어류 또는 미꾸리의 반수를 죽일 수 있는 농도 값이 낮은 것을 기준으로 구분한다.

구 분	반수를 죽일 수 있는 농도(mg/l, 96시간)
Ⅰ급	1 이하
Ⅱ급	1초과 10 이하
Ⅲ급	10 초과

나. 사용량을 고려한 벼재배용 농약등의 생태독성 구분

(1) 생태독성이 Ⅱ급 또는 Ⅲ급에 속하는 농약등으로서 10a당 평균사용량이 유효성분으로 0.1㎏을 초과하는 경우 잉어의 반수를 죽일 수 있는 농도(㎎/l)를 10a당 농약등 사용량에 대한 유효성분량(㎏)으로 나눈 값이 5 미만인 농약등은 Ⅰ급으로 구분할 수 있다.

(2) 생태독성이 Ⅰ급으로 분류되는 농약등중 10a당 평균사용량이 유효성분으로 0.01㎏ 미만인 농약등의 경우에는 다음과 같이 위험도 평가 후 생태독성을 구분할 수 있다.

• 위험도 Z=Y/X

X:농약등의 어류 LC_{50}(㎎/l)

Y:농약등의 논물중 기대농도치(㎎/l, 수심 5㎝)

• 어독성구분 Z〉5: Ⅰ급

0.1 〈Z 〈5: Ⅱ급

Z 〈0.1: Ⅲ급

다. 급성생태독성시험의 수행이 곤란한 훈증제, 훈연제, 연무제등은 농약등에 대한 생태독성시험 성적서 제출을 생략하는 대신 원제의 생태독성을 고려하여 생태독성을 구분·평가할 수 있다.

3. 잔류성에 의한 농약등의 구분

가. 작물잔류성농약등

농약등의 성분이 수확물중에 잔류하여 식품의약품안전청장이 농촌진흥청장과 협의하여 정하는 기준에 해당할 우려가 있는 농약등

나. 토양산류성농약등

토양중 농약등의 반감기간이 180일이상인 농약등으로서 사용결과 농약등을 사용하는 토양(경지를 말한다)에 그 성분이 잔류되어 후작물에 잔류되는 농약등

다. 수질오염성농약등

수서생물에 피해를 일으킬 우려가 있거나 「물환경보전」에 따른 공공수역의 수질을 오염시켜 그 물을 이용하는 사람과 가축 등에 피해를 줄 우려가 있는 농약등

25. 중금속의 위해성 기준을 초과하는 비료 〈비료관리법 시행령 별표1〉 〈개정 2021. 8. 10.〉

비료와 그 원료에 함유된 중금속의 위해성기준(제10조제1항 관련)

1. 비료

가. 보통비료

비료의 종류	중금속	함유할 수 있는 중금속의 최대량 또는 최대 비율
제3종 복합	비소	질소, 인산, 칼륨 성분 합계량의 함유율 1퍼센트에 대하여 비소의 함유율이 0.005퍼센트
	카드뮴	가용성인산의 함유율 1퍼센트에 대하여 카드뮴의 함유율이 0.00018퍼센트
규산질	니켈	1kg당 니켈의 함유량이 100mg
	크롬	1kg당 크롬의 함유량이 800mg
	티타늄	1kg당 티타늄의 함유량이 6,000mg
수용성발포규산	비소	1kg당 비소의 함유량이 20mg
	카드뮴	1kg당 카드뮴의 함유량이 2mg
	수은	1kg당 수은의 함유량이 1mg
	납	1kg당 납의 함유량이 50mg
	크롬	1kg당 크롬의 함유량이 90mg
	구리	1kg당 구리의 함유량이 120mg
	니켈	1kg당 니켈의 함유량이 20mg
	아연	1kg당 아연의 함유량이 400mg
황산구리(Copper sulphate)	비소	1kg당 비소의 함유량이 20mg
	카드뮴	1kg당 카드뮴의 함유량이 2mg
	수은	1kg당 수은의 함유량이 1mg
	납	1kg당 납의 함유량이 50mg
	크롬	1kg당 크롬의 함유량이 90mg
	니켈	1kg당 니켈의 함유량이 20mg
	아연	1kg당 아연의 함유량이 400mg
황산망간(Manganese sulphate)	비소	1kg당 비소의 함유량이 20mg
	카드뮴	1kg당 카드뮴의 함유량이 2mg
	수은	1kg당 수은의 함유량이 1mg
	납	1kg당 납의 함유량이 50mg
	크롬	1kg당 크롬의 함유량이 90mg
	구리	1kg당 구리의 함유량이 120mg
	니켈	1kg당 니켈의 함유량이 20mg
	아연	1kg당 아연의 함유량이 400mg
몰리브덴산나트륨(Sodium Molybdate), 킬레이트철(Iron Chelate)	비소	1kg당 비소의 함유량이 20mg
	카드뮴	1kg당 카드뮴의 함유량이 2mg
	수은	1kg당 수은의 함유량이 1mg
	납	1kg당 납의 함유량이 50mg
	크롬	1kg당 크롬의 함유량이 90mg
	구리	1kg당 구리의 함유량이 120mg

	니켈	1kg당 니켈의 함유량이 20mg
	아연	1kg당 아연의 함유량이 400mg
석회처리, 재(灰), 아미노산발효부산박	비소	1kg당 비소의 함유량이 45mg
	카드뮴	1kg당 카드뮴의 함유량이 5mg
	수은	1kg당 수은의 함유량이 2mg
	납	1kg당 납의 함유량이 130mg
	크롬	1kg당 크롬의 함유량이 250mg
	구리	1kg당 구리의 함유량이 400mg
	니켈	1kg당 니켈의 함유량이 45mg
	아연	1kg당 아연의 함유량이 1,000mg
상토(床土)1호, 상토2호	비소	1kg당 비소의 함유량이 25mg
	카드뮴	1kg당 카드뮴의 함유량이 4mg
	수은	1kg당 수은의 함유량이 4mg
	납	1kg당 납의 함유량이 200mg
	크롬(6가)	1kg당 크롬(6가)의 함유량이 5mg
	구리	1kg당 구리의 함유량이 150mg
	니켈	1kg당 니켈의 함유량이 100mg
	아연	1kg당 아연의 함유량이 300mg
숯	비소	1kg당 비소의 함유량이 10mg
	카드뮴	1kg당 카드뮴의 함유량이 5mg
	수은	1kg당 수은의 함유량이 1mg
	납	1kg당 납의 함유량이 5mg
	크롬	1kg당 크롬의 함유량이 30mg
	구리	1kg당 구리의 함유량이 30mg
	니켈	1kg당 니켈의 함유량이 20mg
	아연	1kg당 아연의 함유량이 100mg

나. 부산물비료

비료의 종류	중금속	함유할 수 있는 중금속의 최대량
가축분퇴비, 퇴비	비소	1kg당 비소의 함유량이 45mg
	카드뮴	1kg당 카드뮴의 함유량이 5mg
	수은	1kg당 수은의 함유량이 2mg
	납	1kg당 납의 함유량이 130mg
	크롬	1kg당 크롬의 함유량이 200mg
	구리	1kg당 구리의 함유량이 360mg
	니켈	1kg당 니켈의 함유량이 45mg
	아연	1kg당 아연의 함유량이 900mg
부숙(腐熟)겨, 분뇨잔사(糞尿殘渣), 부엽토, 건조축산폐기물, 부숙왕겨, 부숙톱밥	비소	1kg당 비소의 함유량이 45mg
	카드뮴	1kg당 카드뮴의 함유량이 5mg
	수은	1kg당 수은의 함유량이 2mg
	납	1kg당 납의 함유량이 130mg
	크롬	1kg당 크롬의 함유량이 250mg
	구리	1kg당 구리의 함유량이 400mg
	니켈	1kg당 니켈의 함유량이 45mg

	아연	1kg당 아연의 함유량이 1,000mg
가축분뇨발효액	비소	1kg당 비소의 함유량이 5mg
	카드뮴	1kg당 카드뮴의 함유량이 0.5mg
	수은	1kg당 수은의 함유량이 0.2mg
	납	1kg당 납의 함유량이 15mg
	크롬	1kg당 크롬의 함유량이 30mg
	구리	1kg당 구리의 함유량이 50mg
	아연	1kg당 아연의 함유량이 130mg
	니켈	1kg당 니켈의 함유량이 5mg
어박(魚粕), 골분(骨粉), 잠용유박(蠶蛹油粕), 대두유박, 채종유박, 면실(棉實)유박, 깻묵, 낙화생(落花生)유박, 아주까리유박, 그 밖의 식물성 유박, 미강(米糠)유박, 혼합유박	비소	1kg당 비소의 함유량이 20mg
	카드뮴	1kg당 카드뮴의 함유량이 2mg
	수은	1kg당 수은의 함유량이 1mg
	납	1kg당 납의 함유량이 50mg
	크롬	1kg당 크롬의 함유량이 90mg
	구리	1kg당 구리의 함유량이 120mg
	니켈	1kg당 니켈의 함유량이 20mg
	아연	1kg당 아연의 함유량이 400mg
가공계분(加工鷄糞)	비소	1kg당 비소의 함유량이 20mg
	카드뮴	1kg당 카드뮴의 함유량이 2mg
	수은	1kg당 수은의 함유량이 1mg
	납	1kg당 납의 함유량이 50mg
	크롬	1kg당 크롬의 함유량이 90mg
	구리	1kg당 구리의 함유량이 120mg
	니켈	1kg당 니켈의 함유량이 20mg
	아연	1kg당 아연의 함유량이 500mg
혼합유기질	비소	1kg당 비소의 함유량이 20mg
	카드뮴	1kg당 카드뮴의 함유량이 2mg
	수은	1kg당 수은의 함유량이 1mg
	구리	1kg당 구리의 함유량이 120mg
	니켈	1kg당 니켈의 함유량이 20mg
	아연	1kg당 아연의 함유량이 400mg
	납	1kg당 납의 함유량이 50mg
	크롬	1kg당 크롬의 함유량이 90mg
증제(蒸製) 가죽분	비소	1kg당 비소의 함유량이 20mg
	카드뮴	1kg당 카드뮴의 함유량이 2mg
	수은	1kg당 수은의 함유량이 1mg
	납	1kg당 납의 함유량이 50mg
	구리	1kg당 구리의 함유량이 120mg
	니켈	1kg당 니켈의 함유량이 20mg
	아연	1kg당 아연의 함유량이 400mg
	크롬	질소 함유율 1퍼센트에 대하여 증제 가죽분 1kg당 크롬의 함유량이 0.3mg
맥주오니(麥酒汚泥)	비소	1kg당 비소의 함유량이 20mg

	카드뮴	1kg당 카드뮴의 함유량이 2mg
	수은	1kg당 수은의 함유량이 1mg
	구리	1kg당 구리의 함유량이 120mg
	니켈	1kg당 니켈의 함유량이 20mg
	아연	1kg당 아연의 함유량이 400mg
	크롬	질소 함유율 1퍼센트에 대하여 맥주오니 1kg당 크롬의 함유량이 0.01mg
	납	질소 함유율 1퍼센트에 대하여 맥주오니 1kg당 납의 함유량이 0.005mg
유기복합, 혈분	비소	1kg당 비소의 함유량이 20mg
	카드뮴	1kg당 카드뮴의 함유량이 2mg
	수은	1kg당 수은의 함유량이 1mg
	납	1kg당 납의 함유량이 50mg
	크롬	1kg당 크롬의 함유량이 90mg
	구리	1kg당 구리의 함유량이 120mg
	니켈	1kg당 니켈의 함유량이 20mg
	아연	1kg당 아연의 함유량이 400mg
토양미생물제제	비소	1kg당 비소의 함유량이 20mg
	카드뮴	1kg당 카드뮴의 함유량이 2mg
	수은	1kg당 수은의 함유량이 1mg
	납	1kg당 납의 함유량이 50mg
	크롬	1kg당 크롬의 함유량이 90mg
	구리	1kg당 구리의 함유량이 120mg
	니켈	1kg당 니켈의 함유량이 20mg
	아연	1kg당 아연의 함유량이 300mg
건계분(乾鷄糞), 지렁이분	비소	1kg당 비소의 함유량이 45mg
	카드뮴	1kg당 카드뮴의 함유량이 5mg
	수은	1kg당 수은의 함유량이 2mg
	납	1kg당 납의 함유량이 130mg
	크롬	1kg당 크롬의 함유량이 250mg
	구리	1kg당 구리의 함유량이 400mg
	니켈	1kg당 니켈의 함유량이 45mg
	아연	1kg당 아연의 함유량이 1,000mg
동애등에분	비소	1kg당 비소의 함유량이 45mg
	카드뮴	1kg당 카드뮴의 함유량이 5mg
	수은	1kg당 수은의 함유량이 2mg
	납	1kg당 납의 함유량이 130mg
	크롬	1kg당 크롬의 함유량이 200mg
	구리	1kg당 구리의 함유량이 360mg
	니켈	1kg당 니켈의 함유량이 45mg
	아연	1kg당 아연의 함유량이 900mg

2. 원료

원료의 종류	중금속	함유할 수 있는 중금속의 최대 비율
가죽	크롬	질소 함유율 1퍼센트에 대하여 가죽에 대한 크롬의 함유율이 0.3퍼센트

26. 공공폐수처리시설의 종류 〈물환경보전법 제48조, 시행령 제61조〉

법 제48조제2항에 따른 폐수종말처리시설의 종류는 다음 각 호와 같다.

1. 산업단지 공공폐수처리시설: 「산업입지 및 개발에 관한 법률」 제6조·제7조 및 제7조의2에 따라 지정된 산업단지 또는 「국토의 계획 및 이용에 관한 법률」 제36조제1항제1호다목에 따라 지정된 공업지역에 설치되는 공공폐수처리시설
2. 농공단지 공공폐수처리시설: 「산업입지 및 개발에 관한 법률」 제8조에 따라 지정된 농공단지에 설치되는 공공폐수처리시설
3. 제1호 및 제2호 외의 공공폐수처리시설: 환경부장관이 하천 및 호소의 수질을 보전하기 위하여 폐수종말처리가 필요하다고 인정하여 지정·고시하는 지역에 설치되는 공공폐수처리시설

Checklist

허가체크리스트

5
검토 서식

4. 검토 서식

[1] 건축법 제43조(공개공지 등의 확보)

확 인 해 야 할 사 항	적합여부	검토의견
① 공개공지 등의 확보대상 건축물인가?		
② 확보한 공개공지 등 면적은 적합한가? (건축조례에 적합한가?)		
③ 공개공지 등의 시설은 적합한가?		
④ 공개공지 등의 확보대상 이외의 건축물로서 공개공지를 확보한 것인가?		
⑤ 공개공지 등의 확보로 건축기준을 완화 받았는가? (건축조례에 적합한가?)		

[1-1] 건축법 제44조(대지와 도로의 관계)

확 인 해 야 할 사 항	적합여부	검토의견
① 대지에 관한 도로의 너비는 적합한가?		
② 대지에 접한 도로의 길이는 적합한가?		
③ 예외규정의 적용 대상인가?		

[1-2] 건축법 제47조(건축선에 따른 건축제한)

확 인 해 야 할 사 항	적합여부	검토의견
① 건축물이나 담장이 건축선을 넘지 아니하는가? (지표하 부분은 제외)		
② 도로면으로부터 높이 4.5m 이하의 위치에 출입구, 창문 등을 개폐시 건축선을 넘지 아니하는가?		

[1-3] 건축법 제55조(건축물의 건폐율)

확 인 해 야 할 사 항	적합여부	검토의견
① 용도지역의 건폐율에 적합한가? (건축조례에 적합한가?)		
② 방화지구안에서 건폐율의 완화대상 건축물인가?		
③ 건폐율의 강화대상 건축물인가?		

[1-4] 건축법 제56조(건축물의 용적률)

확 인 해 야 할 사 항	적합여부	검토의견
① 용도지역의 용적률에 적합한가? (건축조례에 적합한가?)		
② 용적률의 완화 대상인가? (건축조례에 적합한가?)		
③ 운동장, 유원지, 공원의 경우 관계법령에 적합한가?		

[1-5] 건축법 제57조(대지의 분할제한)

확 인 해 야 할 사 항	적합여부	검토의견
① 분할제한 규모에 저촉되지 아니하는가? (건축조례에 적합한가?)		
② 분할하고자 하는 대지와 건축물이 건축법 기준에 저촉되지 아니하는가?		

[1-6] 건축법 제60조(건축물의 높이제한)

확 인 해 야 할 사 항	적합여부	검토의견
① 건축물의 최고높이 제한에 저촉되지 아니하는가? (건축조례에 적합한가?)		
② 건축물의 최고높이 제한을 완화받는 건축물인가?		
③ 최고높이 제한이 정하여지지 아니한 경우 건축법 제51조제3항의 규정에 적합한가?		

[1-7] 건축법 제61조(일조 등의 확보를 위한 건축물의 높이제한)

확 인 해 야 할 사 항	적합여부	검토의견
① 전용·일반주거지역안의 건축물로서 정북방향의 일조거리는 적합한가? (건축조례에 적합한가?)		
② 전용·일반주거지역안의 건축물로서 정남방향의 일조거리는 적합한가? (건축조례에 적합한가?)		
③ 공동주택과 인접대지 경계선과의 거리는 적합한가? (건축조례에 적합한가?)		
④ 공동주택의 동간거리는 적합한가? (건축조례에 적합한가?)		

[2] 국토의 계획 및 이용에 관한 법률 제54조(지구단위계획 구역 안에서의 건축 등)

확 인 해 야 할 사 항	적합여부	검토의견
① 지구단위계획에 맞는 건축인가?		
② 지구단위계획에 맞는 용도변경인가?		
③ 지구단위계획이 수립되지 않았거나 지구단위계획의 범위에서 시차를 두어 단계적으로 건축물을 건축하는가?		

[2-1] 국토의 계획 및 이용에 관한 법률 제56조(개발행위의 허가)

확 인 해 야 할 사 항	적합여부	검토의견
1. 토지형질변경허가		
① 형질변경허가 금지대상지역은 아닌가?		
② 형질변경허가 제한대상에 해당되지 아니하는가?		
③ 형질변경허가 대상규모에 적합 하는가? (지방자치단체 조례 확인)		
④ 형질변경허가시 검토기준에 적합 하는가?		
⑤ 도시지역과 계획관리지역의 산림에서의 임도설치와 사방사업에 해당되지 아니하는가?		
⑥ 보전관리지역·생산관리지역·농림지역 및 자연환경보전지역의 산림에서의 토지의 형질 변경 및 토석의 채취에 해당되지 아니한가?		

[2-2] 국토의 계획 및 이용에 관한 법률 제57조(개발행위허가의 절차)

확 인 해 야 할 사 항	적합여부	검토의견
① 신청서에 첨부한 계획서에는 적합한가?		
② 기반시설의 설치나 그에 필요한 용지의 확보에 관한 계획서 제출 면제 구역인가?		
③ 건축법 적용 대상의 건축물의 건축 또는 공작물의 설치일 경우 건축법에서 정하는 절차에 따라 신청서류를 제출 하였는가?		
④ 개발행위허가의 조건은 합당한가? (기반시설의 설지 또는 그에 필요한 용지의 확보, 위해 방지, 환경오염 방지, 경관, 조경 등)		

[2-3] 국토의 계획 및 이용에 관한 법률 제58조(개발행위허가의 기준)

확 인 해 야 할 사 항	적합여부	검토의견
1. 개발행위 허가기준		
① 용도지역별 특성을 고려한 개발행위 규모에 적합한가?		
② 도시·군관리계획의 내용에 어긋남이 없는가?		
③ 도시·군계획사업의 시행에 지장이 없는가?		
④ 주변환경이나 경관과 조화를 이루는가?		
⑤ 개발행위가 도시·군계획사업의 시행에 지장여부 의견을 청취했는가?		

[2-4] 국토의 계획 및 이용에 관한 법률 제59조 (개발행위에 대한 도시계획위원회의 심의)

확 인 해 야 할 사 항	적합여부	검토의견
① 개발행위가 도시계획위원회의 심의 대상인가?		
② 도시계획위원회 심의 대상에서 제외가 적합한가? (제59조제2항, 제3항 관련)		

[2-5] 국토의 계획 및 이용에 관한 법률 제60조(개발행위허가의 이행 보증 등)

확 인 해 야 할 사 항	적합여부	검토의견
① 이행보증금 예치 대상인가?		
② 이행보증금 산정 및 예치방법은 적합한가? (지방자치단체 조례 확인)		
③ 개발행위허가내용을 준수하고 있는가?		

[2-6] 국토의 계획 및 이용에 관한 법률 제61조(관련 인·허가 등의 의제)

확 인 해 야 할 사 항	적합여부	검토의견
① 관련서류가 구비되었는가?		
② 관계 행정기관의 장과 협의 대상인가?		
③ 관계 행정기관의 장의 의견제출이 있었는가?		

[2-7] 국토의 계획 및 이용에 관한 법률 제62조(준공검사)

확 인 해 야 할 사 항	적합여부	검토의견
① 건축법 제22조에 따른 건축물의 사용승인을 받았는가?		
② 관계 행정기관의 장과 준공검사·준공인가와 관련한 협의를 하였는가?		

[2-8] 국토의 계획 및 이용에 관한 법률 제63조(개발행위허가의 제한)

확 인 해 야 할 사 항	적합여부	검토의견
① 개발행위허가의 제한 지역에 해당하는가?		
② 개발행위허가의 제한 사유는 합당한가?		
③ 개발행위허가의 제한 기간은 합당한가?		

[2-9] 국토의 계획 및 이용에 관한 법률 제64조 (도시·군계획시설 부지에서의 개발행위)

확 인 해 야 할 사 항	적합여부	검토의견
① 도시·군계획시설의 설치 장소에 도시·군계획시설이 아닌 건축물 또는 공작물이더라도 개발행위가 가능한 대상인가?		
② 도시·군계획시설결정의 고시일로부터 2년이 경과 하였는가?		
③ 가설건축물의 건축이나 공작물의 철거기준에 맞게 명 하였는가?		

[2-10] 국토의 계획 및 이용에 관한 법률 제76조 (용도지역 및 용도지구에서의 건축물의 건축 제한 등)

확 인 해 야 할 사 항	적합여부	검토의견
① 용도지역에 적합한 건축물의 용도인가?		
② 용도지구에서의 건축물이나 그 밖에 시설의 용도·종류 및 규모 등과 관련하여 특별시·광역시·특별자치시·특별자치도·시 또는 군의 조례를 확인하였는가?		
③ 건축물이나 그 밖의 시설의 용도·종류 및 규모 등의 제한은 용도지역과 용도지구의 지정목적에 적합한가?		
④ 건축물이나 그 밖의 시설의 용도·종류 및 규모 등의 변경경우 변경 후의 건축물이나 그 밖의 시설의 용도·종류 및 규모등이 용도지역이나 용도지구의 제한에 적합한가?		
⑤ 용도지역 및 용도지구에서 건축물의 건축제한의 예외에 해당하는가?		
⑥ 타 법률에 따른 건축물이나 그 밖의 시설의 용도·종류 및 규모 등의 제한이 이 법에 따른 제한의 취지와 형평을 이루고 있는가?		

[2-11] 국토의 계획 및 이용에 관한 법률 제77조(용도지역 안에서의 건폐율)

확 인 해 야 할 사 항	적합여부	검토의견
① 용도지역에서 건폐율 최고한도를 특별시·광역시·특별자치시·특별자치도·시 또는 군의 조례에 적합한가?		
② 세분된 용도지역에서의 건폐율에 관한 기준에 적합한가?		
③ 취락지구·개발진흥지구·수산자원보호구역·자연공원·농공단지·국가산업단지·준산업단지의 지역의 건폐율에 대한 조례에 적합한가?		
④ 다음 각 호의 어느 하나에 해당하는 경우 특별시·광역시·특별자치시·특별자치도·시 또는 군이 정한 조례에 적합한가? 1. 토지이용의 과밀화를 방지하기 위하여 건폐율을 강화할 필요가 있는 경우 2. 주변 여건을 고려하여 토지의 이용도를 높이기 위하여 건폐율을 완화할 필요가 있는 경우 3. 녹지지역, 보전관리지역, 생산관리지역, 농림지역 또는 자연환경보전지역에서 농업용·임업용·어업용 건축물을 건축하려는 경우 4. 보전관리지역, 생산관리지역, 농림지역 또는 자연환경보전지역에서 주민생활의 편익을 증진시키기 위한 건축물을 건축하려는 경우		

[2-12] 국토의 계획 및 이용에 관한 법률 제78조(용도지역 안에서의 용적률)

확 인 해 야 할 사 항	적합여부	검토의견
1. 용도지역 미지정 또는 미세분 지역에서의 행위 제한 등		
① 용도지역에서 용적률 최고한도를 특별시·광역시·특별자치시·특별자치도·시 또는 군의 조례기준에 맞는지 확인하였는가?		
② 세분된 용도지역에서의 용적률에 관한 기준에 해당하는가?		
③ 개발진흥지구, 수산자원보호구역, 자연공원, 농공단지에 속하는가?		
④ 건축물의 주위에 공원·광장·도로·하천 등의 공지가 있거나 이를 설치하는 경우에 해당하는가?		
⑤ 도시지역(녹지지역만 해당함), 관리지역에서는 창고 등의 건축물 또는 시설물에 해당하는가?		

[2-13] 국토의 계획 및 이용에 관한 법률 제79조
(용도지역 미지정 또는 미세분지역에서의 행위제한 등)

확 인 해 야 할 사 항	적합여부	검토의견
1. 용도지역 미지정 또는 미세분 지역에서의 행위 제한 등		
① 용도가 지정되지 아니한 지역에 해당하는가?(자연환경보전지역에 관한 규정을 적용함)		
② 도시지역 또는 관리지역이 세부 용도지역으로 지정되지 아니하였는가?		

[2-14] 국토의 계획 및 이용에 관한 법률 제80조
(개발제한구역 안에서의 행위제한 등)

확 인 해 야 할 사 항	적합여부	검토의견
1. 개발제한구역 안에서의 행위제한		
개발제한구역의 지정 및 관리에 관한 특별조치법을 참고하였는가?		

[2-15] 국토의 계획 및 이용에 관한 법률 제81조
(시가화조정구역 안에서의 행위제한 등)

확 인 해 야 할 사 항	적합여부	검토의견
1. 용도구역에서의 행위제한		
① 시가화조정구역에서의 도시·군계획사업인가?		
② 특별시장·광역시장·특별자치시장·특별자치도지사·시장 또는 군수의 허가를 받았는가?		
③ 특별시장·광역시장·특별자치시장·특별자치도지사·시장 또는 군수는 허가 하려면 미리 해당하는 자와 협의하였는가?		
④ 시가화조정구역에서 허가를 받지 아니하고 건축물의 건축, 토지의 형질 변경 등의 행위를 하였는가?		

[3] 농지법 제32조(용도구역에서의 행위제한)

확 인 해 야 할 사 항	적합여부	검토의견
1. 용도구역에서의 행위제한		
① 농업진흥구역에서의 농업 생산 또는 농지 개량과 직접적으로 관련되지 아니한 토지이용행위인가?		
② 농업보호구역에서 할 수 없는 토지이용행위인가?		
③ 농업진흥지역 지정 당시 관계 법령에 따라 인가·허가 또는 승인 등을 받거나 신고하고 설치한 기존의 건축물·공작물에 해당하는가?		
④ 농업진흥지역 지정 당시 관계 법령에 따라 일정 행위에 대하여 인가·허가·승인 등을 받거나 신고하고 공사 또는 사업을 시행 중인가?		

[3-1] 농지법 제34조(농지의 전용허가 · 협의)

확 인 해 야 할 사 항	적합여부	검토의견
1. 농지의 전용허가 · 협의		
① 농지를 전용하려는 자는 농림축산식품부장관의 허가를 받았는가?		
② 주무부장관이나 지방자치단체의 장은 농림축산식품부장관과 미리 농지전용에 관한 협의를 하였는가?		

[3-2] 농지법 제35조(농지전용신고)

확 인 해 야 할 사 항	적합여부	검토의견
1. 농지전용신고		
① 농지를 일정 시설의 부지로 전용하려는 자는 시장·군수 또는 자치구구청장에게 신고하였는가? (신고사항 변경도 동일함)		
② ①에 따른 신고 대상 시설의 범위와 규모, 농업진흥지역에서의 설치 제한, 설치자의 범위 등에 관한 사항은 확인하였는가?		

[4] 군사기지 및 군사시설보호법 제13조(행정기관의 처분에 관한 협의 등)

확 인 해 야 할 사 항	적합여부	검토의견
1. 행정기관의 처분에 관한 협의		
① 관계 행정기관의 장은 보호구역 안에서 일정 행위에 대해 허가 등을 하려는 경우 국방부장관 또는 관할부대장등과 협의하였는가? (다만, 보호구역의 보호·관리 및 군사작전에 지장이 없는 범위 안에서 대통령령으로 정하는 사항은 그러하지 아니함)		
② 국방부장관 또는 관할부대장등은 협의요청을 받은 경우 소관 군사기지 및 군사시설 보호 심의위원회의 심의를 거쳐 30일 이내에 그 의견을 관계 행정기관의 장에게 통보하였는가?		
③ 행정기관의 장과 국방부장관 또는 관할부대장등과의 협의결과에 이의가 있는 허가 등의 당사자는 관계 행정기관의 장에게 국방부장관 또는 관할부대장등과 재협의하여 줄 것을 요청하였는가?		
④ 합동참모본부 군사기지 및 군사시설 보호 심의위원회의 심의를 거쳐야 하는가?		

[5] 자연공원법 제23조(행위허가)

확 인 해 야 할 사 항	적합여부	검토의견
1. 행위허가		
① 공원구역에서 공원사업 외의 행위를 하려는 자는 공원관리청의 허가를 받았는가? (다만, 경미한 행위는 공원관리청에 신고하거나 허가 또는 신고 없이 할 수 있음)		
② 공원관리청은 ①에 따른 허가를 하려는 경우에는 관계 행정기관의 장과 협의하였는가? (일정 규모 이상의 행위에 대하여 추가 해당 공원위원회의 심의를 거쳐야 함)		

[6] 수도권정비계획법 제7조(과밀억제권역의 행위 제한)

확 인 해 야 할 사 항	적합여부	검토의견
1. 과밀억제권역의 행위 제한		
① 과밀억제권역에서 일정 행위 및 허가 등을 하려는가?(허가 불가)		
② 관계 행정기관의 장이 국민경제의 발전과 공공복리의 증진을 위하여 필요하다고 인정 하는가?(허가 등 가능)		

[6-1] 수도권정비계획법 제8조(성장관리권역의 행위 제한)

확 인 해 야 할 사 항	적합여부	검토의견
1. 성장관리권역의 행위 제한		
① 지나친 인구집중을 초래하는 신설·증설에 해당 되는가?		
② 관계 행정 기관의 장은 성장관리권역에서 공업지역을 지정하려면 수도권정비계획으로 정하는 바를 따랐는가?		

[6-2] 수도권정비계획법 제9조(자연보전권역의 행위제한)

확 인 해 야 할 사 항	적합여부	검토의견
1. 자연보전권역의 행위제한		
① 허가할 수 있는 사항인가?		

[7] 택지개발촉진법 제6조(행위제한 등)

확 인 해 야 할 사 항	적합여부	검토의견
1. 행위제한		
① 특별자치도지사·시장·군수 또는 자치구의 구청장의 허가를 받았는가?(허가받은 사항을 변경하려는 경우도 동일함)		
② 허가를 받지 아니할 수 있는 행위인가?		
③ 허가를 받아야 하는 행위로서 택지개발지구의 지정 및 고시 당시 이미 관계 법령에 따라 행위허가를 받았거나 허가를 받을 필요가 없는 행위에 관하여 공사 또는 사업에 착수한 자는 특별자치도지사·시장·군수 또는 자치구의 구청장에게 신고하였는가?		

[8] 도시공원 및 녹지 등에 관한 법률 제24조(도시공원의 점용허가)

확 인 해 야 할 사 항	적합여부	검토의견
1. 도시공원의 점용허가		
① 그 도시공원을 관리하는 특별시장·광역시장·특별자치시장·특별자치도지사·시장 또는 군수의 점용허가를 받아야 하는가? (다만, 경미한 행위의 경우는 예외)		
② 허가신청을 받을 시 일정 허가요건을 모두 갖추었는가? (토지 소유자가 허가 신청한 경우에는 다른 사람에 우선하여 허가하여야함)		
④ 도시공원의 부지로 되어 있는 토지 중 지목이 대(垈)인 토지의 매수 청구를 받은 특별시장·광역시장·특별자치시장·특별자치도지사·시장 또는 군수가 그 토지를 매수하지 아니하기로 결정하거나 매수 결정을 통지한 날부터 2년이 지날 때까지 그 토지를 매수하지 아니하는 경우에 해당 하는가?		

[8-1] 도시공원 및 녹지 등에 관한 법률 제38조(녹지의 점용허가 등)

확 인 해 야 할 사 항	적합여부	검토의견
1. 녹지의 점용허가 등		
① 녹지를 관리하는 특별시장·광역시장·특별자치시장·특별자치도지사·시장 또는 군수의 점용허가를 받았는가?(경미한 행위는 제외)		
② ①에 따라 점용허가를 받아 녹지를 점용할 수 있는 대상 및 점용기준을 준수하였는가?		
③ 점용허가를 받은 사항을 변경하려는 경우인가?		
④ 녹지의 지목이 대인 토지에서의 건축물 또는 공작물의 설치에 관한 것인가? 녹지의 원상회복에 관한 것인가?		

[9] 공항시설법 제34조(장애물의 제한 등)

확 인 해 야 할 사 항	적합여부	검토의견
1. 장애물의 제한 등		
① 비행장의 설치 또는 변경이 고시된 후에는 그 고시에 표시된 장애물 제한표면의 높이 이상인 건축물·구조물·식물 및 그 밖의 장애물을 설치·재배하거나 방치하였는가? (다만, 관계 행정기관의 장이 국토교통부령으로 정하는 바에 따라 비행장설치자와 협의하여 설치 또는 방치를 허가하거나 그 비행장의 사용 개시 예정일 전에 제거할 예정인 장애물은 제외)		
② 비행장설치자는 ①을 위반하여 설치·재배 또는 방치한 장애물에 대한 소유권 및 그 밖의 권리를 가진 자에게 그 장애물의 제거를 요구 하였는가? (요구할 수 있다.)		
③ 비행장설치자는 대통령령으로 정하는 바에 따라 그 장애물에 대한 소유권 및 그 밖의 권리를 가진 자에게 장애물의 제거로 인한 손실을 보상하였는가?		
④ 토지의 소유자는 그 장애물의 제거로 인하여 그 장애물 또는 토지의 사용·수익이 곤란하게 된 경우인가?		
⑤ 국토교통부장관은 ③손실보상에 대하여 당사자 간의 협의가 이루어지지 아니하여 그 장애물을 제거할 수 없는 경우인가?(장애물 제거를 명할 수 있음)		
⑥ ⑤의 경우 국토교통부장관 또는 비행장설치자는 장애물에 대한 소유권 및 그 밖의 권리를 가진 자에게 그 장애물의 제거로 인한 손실을 보상하였는가?(손실보상 금액은 당사자 협의로 결정, 협의 불가시는 국토교통부장관이 결정함)		
⑦ 비행장설치자는 항공기 안전운항에 지장이 없도록 장애물을 관리하는가?		

[9-1] 공항시설법 제10조(행위 등의 제한)

확 인 해 야 할 사 항	적합여부	검토의견
1. 행위제한		
① 공항개발예정지역으로 지정·고시된 지역에서 건축물의 건축, 인공구조물의 설치, 토지의 형질변경, 토석의 채취, 토지분할, 물건을 쌓아 놓는 행위 등의 행위를 하려는 자는 국토교통부장관이나 특별자치도지사·시장·군수·구청장의 허가를 받았는가?		
② 허가를 받지 아니하고 할 수 있는 행위인가?		

[10] 교육환경 보호에 관한 법률 제9조(교육환경보호구역에서의 금지행위 등)

확 인 해 야 할 사 항	적합여부	검토의견
1. 학교환경위생 정화구역에서의 금지행위		
① 학교환경위생 정화구역에서 하여서는 아니 되는 행위 및 시설에 해당 되는가?		
② 교육감이나 교육감이 위임한 자가 학교환경위생정화위원회의 심의를 거쳐 학습과 학교보건위생에 나쁜 영향을 주지 아니한다고 인정하는 행위 및 시설인가?		

[11] 산지관리법 제6조(정화구역 안에서의 금지행위 등)

확 인 해 야 할 사 항	적합여부	검토의견
1. 정화구역 안에서의 금지행위 등		
① 보전산지 중 임업용산지가 공익용산지의 지정대상 산지에 해당하게 되는 경우에는 그 산지를 공익용산지로 변경·지정할 수 있다. 이에 해당하는가?		
② 보전산지 중 공익용산지가 공익용산지의 지정대상 산지에 해당되지 아니하고 임업용산지의 지정대상 산지에 해당되는가? 이 경우에는 그 산지를 임업용산지로 변경·지정할 수 있다.		
③ 산림청장이 보전산지의 지정을 해제할 수 있는 경우인가?		
④ 보전산지의 변경이나 지정해제를 할 때 관계 중앙행정기관의 장과의 협의 및 중앙산지관리위원회의 심의를 거치지 아니할 수 있는 경우인가?		

[11-1] 산지관리법 제8조(산지에서의 구역 등의 지정)

확 인 해 야 할 사 항	적합여부	검토의견
1. 산지에서의 구역 등의 지정		
① 산지를 특정 용도로 이용하기 위하여 지역·지구 및 구역 등으로 지정하거나 결정하려면 대통령령으로 정하는 산지의 종류 및 면적 등의 구분에 따라 산림청장등과 미리 협의하였는가?		
② 산림청장등은 ①에 따라 협의하는 경우에는 미리 대통령령으로 정하는 바에 따라 중앙산지관리위원회 또는 지방산지관리위원회의 심의를 거쳤는가?		
③ 산지를 산지의 보전과 관련되는 지역·지구·구역 등으로 중복하여 지정하지 않았는가?		

[11-2] 산지관리법 제10조(산지전용 · 일시사용 제한지역에서의 행위제한)

확 인 해 야 할 사 항	적합여부	검토의견
1. 산지전용 · 일시사용제한지역에서의 행위제한		
① 산지전용·일시사용제한지역에서는 일정 행위를 하기 위하여 산지전용 또는 산지일시사용을 하는 경우를 제외하고는 산지전용 또는 산지일시사용을 할 수 없다. 이에 해당하는가?		

[11-3] 산지관리법 제12조(보전산지에서의 행위제한)

확 인 해 야 할 사 항	적합여부	검토의견
1. 보전산지에서의 행위제한		
① 임업용산지에서 산지전용 또는 산지일시사용을 할 수 있는 일정 행위가 있다. 그 행위에 해당하는가?		
② 공익용산지에서 산지전용 또는 산지일시사용을 할 수 있는 일정 행위가 있다. 그 행위에 해당하는가?		
③ ②에도 불구하고 공익용산지(산지전용·일시사용제한지역은 제외한다) 중 다음 각 호의 어느 하나에 해당하는 산지에서의 행위제한에 대하여는 해당 법률을 각각 적용함. 이에 해당하는가? - 제4조제1항제1호나목4)부터 14)까지의 산지 -「국토의 계획 및 이용에 관한 법률」에 따라 지역·지구 및 구역 등으로 지정된 산지로서 산지관리법 시행령 제13조로 정하는 산지		

[11-4] 산지관리법 제14조(산지전용허가)

확 인 해 야 할 사 항	적합여부	검토의견
1. 산지전용허가		
① 산지전용을 하려는 자는 산림청장등의 허가를 받았는가? (변경하려는 경우도 동일함)		
② 농림축산식품부령으로 정하는 사항으로서 경미한 사항을 변경하려는 경우 산림청장등에게 신고로 갈음할 수 있음, 이에 해당하는가?		
③ 관계 행정기관의 장이 다른 법률에 따라 산지전용허가가 의제되는 행정처분을 하기 위하여 산림청장등에게 협의를 요청하는 경우에는 대통령령으로 정하는 바에 따라 검토하는 데에 필요한 서류를 산림청장등에게 제출하여야 함, 이에 따른 필요한 서류를 제출하였는가?		

[11-5] 산지관리법 제18조(산지전용허가기준 등)

확 인 해 야 할 사 항	적합여부	검토의견
1. 산지전용허가기준 등		
① 산지전용허가 신청을 받은 산림청장등은 그 신청내용이 아래의 기준에 맞는지 확인 하였는가? - 산지전용 · 일시사용제한지역에서의 행위제한과 보전산지에서의 행위제한에 따른 행위제한사항에 해당하지 아니할 것 - 인근 산림의 경영·관리에 큰 지장을 주지 아니할 것 - 집단적인 조림 성공지 등 우량한 산림이 많이 포함되지 아니할 것 - 희귀 야생 동·식물의 보전 등 산림의 자연생태적 기능유지에 현저한 장애가 발생하지 아니할 것 - 토사의 유출·붕괴 등 재해가 발생할 우려가 없을 것 - 산림의 수원 함양 및 수질보전 기능을 크게 해치지 아니할 것 - 산지의 형태 및 임목(林木)의 구성 등의 특성으로 인하여 보호할 가치가 있는 산림에 해당되지 아니할 것 - 사업계획 및 산지전용면적이 적정하고 산지전용방법이 자연경관 및 산림 훼손을 최소화하며 산지전용 후의 복구에 지장을 줄 우려가 없을 것		
② ①에도 불구하고 준보전산지의 경우 또는 아래의 요건을 모두 충족하는 경우에는 밑줄 부분의 기준을 적용하지 아니함. 해당 사항이 있는가? - 전용하려는 산지 중 임업용산지의 비율이 100분의 20 미만으로서 대통령령으로 정하는 비율 이내일 것 - 전용하려는 산지에 대통령령으로 정하는 집단화된 임업용산지가 포함되지 아니할 것 - 전용하려는 산지 중 제1호의 임업용산지를 제외한 나머지가 준보전산지일 것		
③ 산림청장등은 산림기능의 유지, 재해 방지, 경관 보전 등을 위하여 재해방지시설의 설치 등 필요한 조건을 붙였는가?		
④ 산림청장등은 대통령령으로 정하는 면적 이상의 산지에 대한 산지전용허가를 할 때 미리 그 산지전용타당성에 관하여 중앙산지관리위원회 또는 지방산지관리위원회의 심의를 거쳤는가?		
⑤ ①에 따른 산지전용허가기준의 적용 범위와 산지의 면적에 관한 허가기준, 그 밖의 사업별·규모별 세부 기준 등에 관한 사항은 대통령령으로 정하지만, 지역여건상 산지의 보전을 위하여 필요하다고 인정되면 대통령령으로 정하는 범위에서 산지의 면적에 관한 허가기준을 해당 지방자치단체의 조례로 정함, 이를 확인하였는가?		

[12] 도로법 제61조(도로의 점용)

확 인 해 야 할 사 항	적합여부	검토의견
1. 도로의 점용		
① 도로의 구역에서 공작물이나 물건, 그 밖의 시설을 신설·개축·변경 또는 제거하거나 그 밖의 목적으로 도로를 점용하려는 자는 관리청의 허가를 받았는가? 허가받은 사항을 연장 또는 변경하려는 경우 포함)		
② ①에 따라 도로의 점용허가를 받은 자가 도로의 굴착, 그 밖에 형질 변경이 수반되는 공사를 마친 때에는 국토교통부령으로 정하는 바에 따라 관리청의 확인을 받았는가? (다만, 대통령령으로 정하는 주요 지하 매설물을 설치하는 공사를 마친 때에는 준공도면을 관리청에 제출하여야 함, 관리청은 이를 보관·관리하여야 함)		
③ 관리청이 주요지하매설물이 설치된 도로에 대하여 굴착공사가 따르는 점용허가를 한다면 그 주요지하매설물의 관리자에게 이를 알렸는가?		
④ ①에 따라 도로의 점용허가를 받은 자가 주요지하매설물이 있는 도로에서 굴착공사를 하려면 그 주요지하매설물의 관리자가 입회한 가운데 공사를 시행하는가?		
⑤ ①에 따라 도로의 점용허가를 받은 자는 대통령령으로 정하는 바에 따라 안전표지의 설치 등 보행자를 위한 안전사고 방지대책을 마련 하였는가?		

[12-1] 도로법 제40조(접도구역 안의 행위제한)

확 인 해 야 할 사 항	적합여부	검토의견
1. 접도구역 안의 행위제한		
① 접도구역에 해당 하는가 ?		
② 접도구역에서는 아래의 행위를 하여서는 아니 된다. (다만, 도로법 시행령 제39조(접도구역의 지정 등)으로 정하는 행위는 제외됨) - 토지의 형질을 변경하는 행위 - 건축물이나 그 밖의 공작물을 신축·개축 또는 증축하는 행위		
③ 도로의 관리청은 도로의 구조나 교통의 안전에 대한 위험을 예방하기 위하여 토지, 나무, 시설, 건축물, 그 밖의 공작물(이하 "시설등"이라 한다)의 소유자나 점유자에게 아래의 조치를 하게 할 수 있다. 나무, 시설, 건축물, 그 밖의 공작물의 소유자나 점유자인가? - 시설등이 시야에 장애를 주면 그 장애물을 제거할 것 - 시설등이 붕괴하여 도로에 위해(危害)를 끼치거나 끼칠 우려가 있으면 그 위해를 제거하고 필요하면 방지시설을 할 것 - 도로에 토사 등이 쌓이거나 쌓일 우려가 있으면 그 토사 등을 제거하거나 방지시설을 할 것 - 시설등으로 도로 배수시설에 장애가 발생하거나 발생할 우려가 있으면 그 장애를 제거하거나 방지시설을 할 것		

[12-2] 도로법 제51, 52조(도로와 다른 도로 등과의 연결)

확 인 해 야 할 사 항	적합여부	검토의견
1. 도로와 다른 도로등과의 연결		
① 특별한 사유가 없으면 도로와 다른 도로등과의 연결 시 입체교차 시설로 설치 되었는가?		
② 자동차 전용도로나 ①에 따라 대통령령으로 정하는 도로에 다른 도로, 통로, 그 밖의 시설을 연결시키려는 자는 도로 관리청의 허가를 받았는가? 연결허가를 받은 경우 도로 점용허가를 받은 것으로 봄 (허가 받은 사항을 변경하려는 때에도 같음)		
③ ②에 따른 허가의 기준·절차 등 허가에 관하여 필요한 사항은 국도인 경우에는 국토교통부령으로 정하고, 그 밖의 도로인 경우에는 그 도로의 관리청이 속하여 있는 지방자치단체의 조례로 정함, 이를 확인하였는가?		
④ 관리청은 ②에 따른 허가를 할 때 도로, 통로, 그 밖의 시설을 연결함에 따라 대량의 교통수요를 유발할 우려가 있거나 교통체계상 다른 시설의 설치가 필요하다고 인정되면 그 시설의 연결을 허가받는 자에게 교통의 소통을 위한 시설의 설치·관리 등 필요한 조치를 하도록 하였는가?		

[13] 주차장법 제19조(부설주차장의 설치)

확 인 해 야 할 사 항	적합여부	검토의견
1. 부설주차장의 설치		
① 「국토의 계획 및 이용에 관한 법률」에 따른 도시지역, 같은 법 제51조제3항에 따른 지구단위계획구역 및 지방자치단체의 조례로 정하는 관리지역에서 건축물, 골프연습장, 그 밖에 주차수요를 유발하는 시설(이하 "시설물"이라 한다)을 건축하거나 설치하려는 자는 그 시설물의 내부 또는 그 부지에 부설주차장을 설치하였는가?		
② 시설물의 종류와 부설주차장의 설치기준을 준수하였는가?		
③ 부설주차장이 대통령령으로 정하는 규모 이하이면 시설물의 부지 인근에 단독 또는 공동으로 부설주차장을 설치할 수 있으며, 이 경우 시설물의 부지 인근의 범위는 대통령령으로 정하는 범위에서 지방자치단체의 조례로 정함. 이에 해당하는가?		
④ ①의 경우, 해당 주차장의 설치에 드는 비용을 시장·군수 또는 구청장에게 납부하여 부설주차장의 설치를 갈음할 수 있다. 이에 해당하는가?		
⑤ 시장·군수 또는 구청장은 ④에 따라 주차장의 설치비용을 납부한 자에게 대통령령으로 정하는 바에 따라 납부한 설치비용에 상응하는 범위에서 노외주차장을 무상으로 사용할 수 있는 노외주차장 무상사용권을 주어야 한다. 이에 해당하는가? (다만, 시설물의 부지 인근 범위에 노외주차장 무상사용권을 줄 수 있는 노외주차장이 없는 경우에는 그러하지 아니함)		
⑥ 시장·군수 또는 구청장은 ⑤에 따라 노외주차장 무상사용권을 줄 수 없는 경우 ④에 따른 주차장 설치비용을 줄여 줄 수 있다. 이에 해당 하는가?		
⑦ 시설물의 소유자가 변경되는 경우, 노외주차장 무상사용권은 새로운 소유자가 승계하였는가?		
⑧ ④~⑥에 따른 설치비용의 산정기준 및 감액기준 등에 관하여 필요한 사항은 해당 지방자치단체의 조례로 정한다. 이를 준수하였는가?		
⑨ 특별시장·광역시장·특별자치도지사 또는 시장은 부설주차장을 설치하면 교통 혼잡이 가중될 우려가 있는 지역에 대하여는 ①~② 에도 불구하고 부설주차장의 설치를 제한할 수 있다. 이에 해당하는가? (그 기준은 국토교통부령으로 정하는 바에 따라 해당 지방자치단체의 조례로 정함)		
⑩ 시장·군수 또는 구청장은 설치기준에 적합한 부설주차장이 제3항에 따른 부설주차장 설치기준의 개정으로 인하여 설치기준에 미달하게 된 기존 시설물 중 대통령령으로 정하는 시설물에 대하여는 그 소유자에게 개정된 설치기준에 맞게 부설주차장을 설치하도록 권고할 수 있다. 이에 해당하는가?		
⑪ 시장·군수 또는 구청장은 ⑩에 따라 부설주차장의 설치권고를 받은 자가 부설주차장을 설치하려는 경우 제21조의2제6항에 따라 부설주차장의 설치비용을 우선적으로 보조할 수 있다. 이에 해당하는가?		

[13-1] 주차장법 제19조의4(부설주차장의 용도변경 금지 등)

확 인 해 야 할 사 항	적합여부	검토의견
1. 부설주차장의 용도변경 금지 등		
① 부설주차장이 주차장 외의 용도로 사용 되는가 ?		
② 부설주차장 용도를 변경할 수 있는 사항은 아래와 같다. 이에 해당하는가? - 「도로교통법」에 따른 차량통행의 금지 또는 주변의 토지이용 상황 등으로 인하여 시장·군수 또는 구청장이 해당 주차장의 이용이 사실상 불가능하다고 인정한 경우. 이 경우 변경 후의 용도는 주차장으로 이용할 수 없는 사유가 소멸되었을 때에 즉시 주차장으로 환원하는 데에 지장이 없는 경우로 한정하고, 변경된 용도로의 사용기간은 주차장으로 이용이 불가능한 기간으로 한정함. - 시설물의 내부 또는 그 부지 안에서 주차장의 위치를 변경하는 경우로서 시장·군수 또는 구청장이 주차장의 이용에 지장이 없다고 인정하는 경우 - 해당 시설물의 부설주차장의 설치기준 또는 설치제한기준(시설물을 설치한 후 법령·조례의 개정 등으로 설치기준 또는 설치제한기준이 변경된 경우에는 그 변경된 설치기준 또는 설치제한기준을 말함)을 초과하는 주차장으로서 그 초과 부분에 대하여 시장·군수 또는 구청장의 확인을 받은 경우 - 「국토의 계획 및 이용에 관한 법률」 에 따른 도시·군계획시설사업으로 인하여 그 전부 또는 일부를 사용할 수 없게 된 주차장으로서 시장·군수 또는 구청장의 확인을 받은 경우 - 시설물의 부지 인근에 설치한 부설주차장을 그 부지 인근의 범위에서 이전(移轉)하여 설치하는 경우 - 「산업입지 및 개발에 관한 법률」 에 따른 산업단지 안에 있는 공장의 부설주차장을 시설물 부지 인근의 범위에서 이전하여 설치하는 경우 - 종전의 부설주차장은 새로운 부설주차장의 사용이 시작된 후에 용도변경하여야 함. (다만, 기존 주차장 부지에 증축되는 건축물 안에 주차장을 설치하는 경우에는 그러하지 아니함) - 부설주차장 본래의 기능을 유지하지 아니하여도 되는 경우는 밑줄 부분에 해당하는 경우와 기존 주차장을 보수 또는 증축하는 경우(보수 또는 증축하는 기간으로 한정한다)로 함.		
③ 해당 시설물의 이용자가 부설주차장을 이용하는 데에 지장이 없도록 부설주차장 본래의 기능을 유지하고 있는가?		
④ 시장·군수 또는 구청장은 ②~③을 위반하는 경우에는 해당 시설물의 소유자 또는 부설주차장의 관리책임이 있는 자에게 지체 없이 원상회복을 명하였는가?		
⑤ ②~③을 위반하여 부설주차장을 다른 용도로 사용하거나 부설주차장 본래의 기능을 유지하지 아니하는 경우에는 해당 시설물을 「건축법」 제79조제1항에 따른 위반 건축물로 봄, 이에 해당하는가?		

[14] 환경정책기본법 제38조(특별종합대책의 수립)

확 인 해 야 할 사 항	적합여부	검토의견
1. 특별종합대책의 수립		
① 환경보전을 위한 특별대책지역으로 지정 및 고시된 지역인가?		
② 해당 지역의 환경보전을 위한 특별종합대책을 수립되어 시행되고 있는가?		
③ 특별대책지역의 환경개선을 위하여 필요한 경우로서 대통령령으로 정하는 바에 따라 그 지역에서 토지 이용과 시설 설치가 제한되었는가?		

[15] 자연환경보전법 제16조(생태 · 경관보전지역에서의 금지행위)

확 인 해 야 할 사 항	적합여부	검토의견
1. 생태·경관보전지역에서의 금지행위		
① 해당 지역이 생태·경관보전지역인가 ?		
② 생태·경관보전지역 안에서는 아래의 행위를 하여서는 아니 됨. 해당 사항이 있는지? (다만, 군사목적을 위하여 필요한 경우, 천재·지변 또는 이에 준하는 대통령령이 정하는 재해가 발생하여 긴급한 조치가 필요한 경우에는 예외임) - 「물환경보전법」 제2조의 규정에 의한 특정수질유해물질, 폐기물관리법 제2조의 규정에 의한 폐기물 또는 「화학물질관리법」 제2조에 따른 유독물질을 버리는 행위 - 환경부령이 정하는 인화물질을 소지하거나 환경부장관이 지정하는 장소 외에서 취사 또는 야영을 하는 행위(핵심구역 및 완충구역에 한함) - 자연환경보전에 관한 안내판 그 밖의 표지물을 오손 또는 훼손하거나 이전하는 행위 - 그 밖에 생태·경관보전지역의 보전을 위하여 금지하여야 할 행위로서 풀·나무의 채취 및 벌채 등 대통령령이 정하는 행위		

[16] 수도법 제7조(상수원보호구역 지정 등)

확 인 해 야 할 사 항	적합여부	검토의견
1. 상수원보호구역 지정		
① 해당 지역이 상수원보호구역으로 지정되었는가?		
② 상수원보호구역에서 아래의 행위를 할 수 없다. 해당사항이 있는지? - 「물환경보전법」 제2조제7호 및 제8호에 따른 수질오염물질 · 특정수질유해물질, 「화학물질관리법」 제2조제7호에 따른 유해화학물질, 「농약관리법」 제2조제1호에 따른 농약, 「폐기물관리법」 제2조제1호에 따른 폐기물, 「하수도법」 제2조제1호 · 제2호에 따른 오수 · 분뇨 또는 「가축분뇨의 관리 및 이용에 관한 법률」 제2조제2호에 따른 가축분뇨를 사용하거나 버리는 행위 - 그 밖에 상수원을 오염시킬 명백한 위험이 있는 행위로서 대통령령으로 정하는 금지행위		
③ 상수원보호구역에서 아래에 해당하는 행위를 하려는 자는 관할 특별자치시장·특별자치도지사·시장·군수·구청장의 허가를 받아야 한다. 해당 되는 사항이 있는가?(다만, 경미한 행위인 경우는 신고함) - 건축물, 그 밖의 공작물의 신축·증축·개축·재축(再築)·이전·용도변경 또는 제거 - 입목(立木) 및 대나무의 재배 또는 벌채 - 토지의 굴착·성토(盛土), 그 밖에 토지의 형질변경		

[17] 도시교통정비 촉진법 제17조(교통영향분석개선 · 대책의 심의)

확 인 해 야 할 사 항	적합여부	검토의견
1. 교통영향분석·개선대책의 이행		
① 사업자는 교통영향분석·개선대책을 이행하였는가?		
② 승인관청은 제출된 교통영향분석·개선대책을 검토할 때에 승인관청 소속의 교통영향분석·개선대책심의위원회의 심의를 거쳤는가?		
③ 건축위원회의 건축심의 대상인 건축물의 교통영향분석·개선대책을 검토할 때에는 건축위원회의 심의를 거쳤는가? (교통분야 전문가 위원이 심의 참석 위원 수의 4분의 1이상 이어야 함)		
④ 아래의 경우에 승인관청이 중앙행정기관의 장 또는 시·도지사인 때에는 승인관청은 국토교통부장관 소속의 교통영향분석·개선대책심의위원회에, 승인관청이 시장·군수·구청장인 경우에는 시·도지사 소속의 교통영향분석·개선대책심의위원회에 그 사유를 첨부하여 교통영향분석·개선대책의 심의를 요청하였는가? - 대상사업이 둘 이상의 승인관청의 관할 구역에 걸치거나 대상사업의 시행으로 인하여 교통에 미치는 영향 범위 및 개신대책이 필요한 지역적 범위가 해당 승인관청의 관할 구역을 벗어나는 등 대통령령으로 정하는 요건에 해당하는 경우 - 승인관청이 국토교통부장관 또는 시·도지사와 미리 협의하여 국토교통부장관 또는 시·도지사 소속의 교통영향분석·개선대책심의위원회에서 교통영향분석·개선대책을 심의하도록 한 경우 - 교통영향분석·개선대책의 심의를 요청받은 날부터 1개월이 지날 때까지 교통영향분석·개선대책심의위원회를 구성하지 못하거나 건축위원회가 ③의 ( )안의 요건을 충족하지 못하는 경우		

[17-1] 도시교통정비 촉진법 제22조(교통영향분석개선 · 대책의 이행)

확 인 해 야 할 사 항	적합여부	검토의견
1. 교통영향분석·개선대책의 심의		
① 사업자는 교통영향분석·개선대책를 이행하였는가?		
② 사업자는 공사현장에 교통영향분석·개선대책을 적은 관리대장을 비치 및 관리하고, 교통영향분석·개선대책의 이행을 점검·보고하는 관리책임자를 지정하였는가?		
③ 사업자가 변경되는 경우 승계 받은 사업자는 국토교통부령으로 정하는 바에 따라 승계내용 등을 승인관청에 통보하였는가?		

[17-2] 도시교통정비 촉진법 제36조(교통유발부담금의 부과 · 징수)

확 인 해 야 할 사 항	적합여부	검토의견
① 도시교통정비지역에서 교통유발부담금(이하 "부담금"이라 한다)을 부과·징수 할 대상인가 ?		
② 부담금의 부과대상은 제3조제1항제1호에 해당하는 지역에 있는 시설물로서 그 면적이 도시교통정비촉진법 시행령 제16조(교통유발부담금의 부과대상)로 정하는 규모 이상의 것인가?		
③ 아래 사항에 해당하는 경우의 시설물에는 부담금을 부과하지 아니한다. 아래 사항에 해당하는가? - 주한 외국 정부기관, 주한 국제기구 및 외국 원조단체 소유의 시설물 - 주거용 건물(복합용도 시설물의 주거용 부분을 포함) - 교통유발량(交通誘發量)이 현저히 적거나 공익상 불가피한 사유로 부담금 부과가 적절하지 아니한 시설물 -「국가유공자 등 단체설립에 관한 법률」에 따른 국가유공자단체등 비영리공공단체가 직접 업무에 사용하는 시설물로서 도시교통정비 촉진법 시행령 제17조(부담금의 면제)로 정하는 시설물		

[18] 문화재보호법 제35조(허가사항)

확 인 해 야 할 사 항	적합여부	검토의견
① 국가지정문화재에 대하여 문화재청장의 허가를 받아야하는 사항인가(허가사항 변경 포함) ?		
② 국가지정문화재의 현상을 변경하는 행위인가?		
③ 국가지정문화재의 보존에 영향을 미칠 우려가 있는 행위인가?		
④ 국가지정문화재를 탁본 또는 영인하거나 그 보존에 영향을 미칠 우려가 있는 촬영을 하는 행위인가?		
⑤ 명승이나 천연기념물로 지정되거나 가지정된 구역 또는 그 보호구역에서 동물, 식물, 광물을 포획(捕獲)·채취(採取)하거나 이를 그 구역 밖으로 반출하는 행위인가?		
⑥ 문화재보호법 시행규칙 제15조로 정하는 경미한 사항의 변경허가에 관한 사항인가?		

[19] 전통사찰의 보존 및 지원에 관한 법률 제10조 (전통사찰 역사문화보존구역의 지정 등)

확 인 해 야 할 사 항	적합여부	검토의견
① 전통사찰 역사문화보존구역을 지정을 위해 미리 전통사찰보존위원회의 심의와 관계 행정기관장과의 협의를 거쳤는가?		
② 전통사찰 역사문화보존구역에서 도로나 철도의 건설 등 전통사찰의 보존 및 지원에 관한 법률 시행령 제10조(전통사찰 역사문화보존구역의 지정 및 지정 변경 · 해제)로 정하는 사업을 하려는 자는 그 사업의 실시계획 등에 관하여 관계 법령에 따른 인·허가 등을 받기 전에 시·도지사에게 사업계획서를 제출하였는가?		
③ 건축물의 용도·규모 및 형태가 전통사찰 및 수행 환경의 보호와 풍치 보존을 위하여 적합하지 아니 한가?		
④ 천재·지변, 그 밖의 사유로 인하여 전통사찰 역사문화보존구역으로서의 가치를 상실하거나 보존할 필요가 없게 되었는가?		
⑤ 전통사찰 역사문화보존구역의 지정 범위, 지정 절차, 그 밖에 지정·변경 및 해제에 필요한 사항은 전통사찰의 보존 및 지원에 관한 법률 시행령 제10조(전통사찰 역사문화보존구역의 지정 및 지정 변경 · 해제)를 준용하였는가?		

[20] 개발제한구역의 지정 및 관리에 관한 특별조치법 제12조 (개발제한구역 안에서의 행위제한)

확 인 해 야 할 사 항	적합여부	검토의견
① 개발제한구역에서 건축물의 건축 및 용도변경, 공작물의 설치, 토지의 형질변경, 죽목(竹木)의 벌채, 토지의 분할, 물건을 쌓아놓는 행위 인가?		
② 「국토의 계획 및 이용에 관한 법률」 제2조제11호에 따른 도시·군계획사업(이하 "도시·군계획사업"이라 한다)의 시행인가?		
③ 아래의 사항에 한해서는 개발제한구역에서도 특별자치도지사·시장·군수 또는 구청장(이하 "시장·군수·구청장"이라 한다)의 허가를 받아 행위를 행할 수 있다. 아래의 사항에 해당하는가? - 개발제한구역의 지정 및 관리에 관한 특별조치법 시행령 제13조(허가 대상 건축물 또는 공작물의 종류 등)으로 정하는 건축물의 건축 또는 공작물의 설치와 이에 따르는 토지의 형질변경 · 공원, 녹지, 실외체육시설, 시장·군수·구청장이 설치하는 노인의 여가활용을 위한 소규모 실내 생활체육시설 등 개발제한구역의 존치 및 보전관리에 도움이 될 수 있는 시설 · 도로, 철도 등 개발제한구역을 통과하는 선형(線形)시설과 이에 필수적으로 수반되는 시설 · 개발제한구역이 아닌 지역에 입지가 곤란하여 개발제한구역 내에 입지하여야만 그 기능과 목적이 달성되는 시설 · 국방·군사에 관한 시설 및 교정시설 · 개발제한구역 주민의 주거·생활편익·생업을 위한 시설 - 개발제한구역의 건축물로서 제15조에 따라 지정된 취락지구로의 이축(移築) -「공익사업을 위한 토지 등의 취득 및 보상에 관한 법률」 제4조 에 따른 공익사업(개발제한구역에서 시행하는 공익사업만 해당함)의 시행에 따라 철거된 건축물을 이축하기 위한 이주단지의 조성 - 「공익사업을 위한 토지 등의 취득 및 보상에 관한 법률」 제4 조에 따른 공익사업의 시행에 따라 철거되는 건축물 중 취락지구로 이축이 곤란한 건축물로서 개발제한구역 지정 당시부터 있던 주택, 공장 또는 종교시설을 취락지구가 아닌 지역으로 이축하는 행위 - 건축물의 건축을 수반하지 아니하는 토지의 형질변경으로서 영농을 위한 경우 등 개발제한구역의 지정 및 관리에 관한 특별조치법 시행령 제14조(건축물의 건축을 수반하지 아니하는 토지의 형질변경의 범위)로 정하는 토지의 형질변경 - 벌채 면적 및 수량(樹量), 그 밖에 개발제한구역의 지정 및 관리에 관한 특별조치법 시행령제15조(죽목의 벌채 면적 및 수량)로 정하는 규모 이상의 죽목(竹木) 벌채 - 개발제한구역의 지정 및 관리에 관한 특별조치법 시행령 제16조(토지의 분할)로 정하는 범위의 토지 분할 - 모래·자갈·토석 등 개발제한구역의 지정 및 관리에 관한 특별조치법 시행령제17조(물건의 적치)로 정하는 물건을 개발제한구역의 지정 및 관리에 관한 특별조치법 시행령제17조(물건의 적치)로 정하는 기간까지 쌓아 놓는 행위		

확 인 해 야 할 사 항	적합여부	검토의견
③ 아래의 사항에 한해서는 개발제한구역에서도 특별자치도지사·시장·군수 또는 구청장(이하 "시장·군수·구청장"이라 한다)의 허가를 받아 행위를 행할 수 있다. 아래의 사항에 해당하는가? - ② 또는 개발제한구역의 지정 및 관리에 관한 특별조치법 제13조에 따른 건축물 중 개발제한구역의 지정 및 관리에 관한 특별조치법 시행령 제18조(용도변경)로 정하는 건축물을 근린생활시설 등 개발제한구역의 지정 및 관리에 관한 특별조치법 시행령 제18조(용도변경)에서 정하는 용도로 용도변경하는 행위		
④ 주택 및 근린생활시설의 대수선 등 개발제한구역의 지정 및 관리에 관한 특별조치법 시행령 제19조(신고의 대상)로 정하는 행위는 시장·군수·구청장에게 신고하고 할 수 있다. 이에 해당 하는가?		
⑤ 개발제한구역의 지정 및 관리에 관한 특별조치법 시행령 제20조(주민의 의견청취 등의 대상 및 절차)로 정하는 바에 따라 주민의 의견을 듣고 관계 행정기관의 장과 협의한 후 특별자치도·시·군·구 도시계획위원회의 심의를 거쳐야 하는 행위인가?		
⑥ 국토교통부장관이나 시·도지사가 제1항제1호 각 목의 시설 중 「국토의 계획 및 이용에 관한 법률」 제2조제13호에 따른 공공시설을 설치하기 위하여 같은 법 제91조에 따라 실시계획을 고시하는 경우 고시 내용에 그 도시·군계획시설사업이 포함되어 있는가?		
⑦ ⑥의 허가를 의제 받으려는 자는 실시계획 인가를 신청하는 때에 허가에 필요한 관련 서류를 함께 제출하였는가?		
⑧ 국토교통부장관이나 시·도지사가 실시계획을 작성하거나 인가할 때에는 미리 관할 시장·군수·구청장과 협의하였는가?		

[20-1] 개발제한구역의 지정 및 관리에 관한 특별조치법 제13조 (존속 중인 건축물 등에 대한 특례)

확 인 해 야 할 사 항	적합여부	검토의견
① 존속 중인 건축물 등이 개발제한구역의 지정 및 관리에 관한 특별조치법 시행령 제23조(존속 중인 건축물 등에 관한 특례)에 해당 하는가?		

[20-2] 개발제한구역의 지정 및 관리에 관한 특별조치법 제15조 (취락지구에 대한 특례)

확 인 해 야 할 사 항	적합여부	검토의견
① 「국토의 계획 및 이용에 관한 법률」 제37조제1항제8호에 따른 취락지구에 해당하는가?		
② 취락을 구성하는 주택의 수, 단위면적당 주택의 수, 취락지구의 경계설정 기준 등이 개발제한구역의 지정 및 관리에 관한 특별조치법 시행령 제25조(취락지구의 지정기준 및 정비에 관한 사항)에 적합한가?		
③ 취락지구에서의 건축물의 용도·높이·연면적 및 건폐율에 관하여는 개발제한구역의 지정 및 관리에 관한 특별조치법 시행령 제25조(취락지구의 지정기준 및 정비)를 준용 하였는가?		

[21] 고도 보존 및 육성에 관한 특별법 제11조(지정지구에서의 행위제한)

확 인 해 야 할 사 항	적합여부	검토의견
① 특별보존지구에서 아래의 행위를 할 수 없다. 해당하는가? - 건축물이나 각종 시설물의 신축·개축·증축·이축 및 용도 변경 - 택지의 조성, 토지의 개간 또는 토지의 형질 변경 - 수목(樹木)을 심거나 벌채 또는 토석류(土石類)의 채취·적치(積置) - 도로의 신설·확장 및 포장 - 그 밖에 고도의 역사문화환경의 보존에 영향을 미치거나 미칠 우려가 있는 행위로서 고도 보존 및 육성에 관한 특별법 시행령 제18조(고도의 역사문화환경의 보존에 영향을 미치거나 미칠 우려가 있는 행위)로 정하는 행위를 말함.		
② 보존육성지구 안에서 아래에 해당하는 경우에는 고도 보존 및 육성에 관한 특별법 시행령 제18조(고도의 역사문화환경의 보존에 영향을 미치거나 미칠 우려가 있는 행위)로 정하는 바에 따라 지역심의위원회의 심의를 거쳐 해당 특별자치도지사 또는 시장·군수·구청장의 허가를 받아야 한다. 해당 하는가? - 건축물이나 각종 시설물의 신축·개축·증축 및 이축 - 택지의 조성, 토지의 개간 또는 토지의 형질변경 - 수목을 심거나 벌채 또는 토석류의 채취 - 도로의 신설·확장 - 그 밖에 고도의 역사문화환경 보존·육성에 영향을 미치는 행위로서 고도 보존 및 육성에 관한 특별법 시행령 제19조(고도의 역사문화환경 보존·육성에 영향을 미치는 행위)로 정하는 행위		
③ 보존육성지구 안에서 특별자치도지사 또는 시장·군수·구청장의 허가를 받지 아니하고도 할 수 있는 행위는 아래와 같다. 해당하는가? - 건조물의 외부형태를 변경시키지 아니하는 내부시설의 개·보수 - 60제곱미터 이하 토지의 형질변경(같은 목적으로 몇 회에 걸쳐 부분적으로 형질변경하거나 연접하여 형질 변경하는 경우 그 전체면적을 말함) - 고사(枯死)한 수목의 벌채 - 그 밖에 시설물의 외형을 변경시키지 아니하는 개·보수		
④ 지정지구에서의 행위에 대한 구체적인 허가기준은 고도 보존 및 육성에 관한 특별법 시행령 제 20조의2제1항을 참조		

[22] 소방시설 설치 및 관리에 관한 법률 제6조(건축허가등의 동의)

확 인 해 야 할 사 항	적합여부	검토의견
① 건축허가권한이 있는 행정기관이 건축허가 등을 할 때 미리 그 건축물 등의 시공지(施工地) 또는 소재지를 관할하는 소방본부장이나 소방서장의 동의를 받았는가?		
② 민원인은 건축허가에 따라 사용승인 시 시공지 또는 소재지를 관할하는 소방본부장이나 소방서장으로부터 소방시설공사의 완공검사증명서를 교부받았는가?		
③ 건축허가등의 권한이 있는 행정기관은 소방시설공사의 완공검사증명서를 확인하였는가?		
④ 건축허가 등을 할 때에 소방본부장이나 소방서장의 동의를 받아야 하는 건축물 등의 범위는 소방시설 설치·유지 및 안전관리에 관한 법률 시행령 제12조(건축허가등의 동의대상물의 범위 등)로 정하였다. 이를 확인하였는가?		

[23] 건축법 제20조(가설건축물)

확 인 해 야 할 사 항	적합여부	검토의견
① 도시계획시설 또는 도시계획시설예정지에서 가설건축물을 건축하는 경우에는 「국토의 계획 및 이용에 관한 법률」제64조에 적합한가?		
② 3층 이하로서 건축법 시행령 제15조(가설건축물)로 정하는 기준의 범위에서 조례로 정하는 바에 따라 특별자치도지사 또는 시장·군수·구청장의 허가를 받았는가?		
③ 건축법 시행령 제15조(가설건축물)로 정하는 용도의 가설건축물을 축조하려는 자는 건축법 시행령 제15조의2(가설건축물의 존치기간 연장)로 정하는 존치 기간, 설치 기준 및 절차에 따라 특별자치도지사 또는 시장·군수·구청장에게 신고한 후 착공하였는가?		
④ 특별자치도지사 또는 시장·군수·구청장은 가설건축물의 건축을 허가하거나 축조신고를 받은 경우 가설건축물대장에 이를 기재하여 관리하고 있는가?		

[24] 건축법 제83조(옹벽 등의 공작물에의 준용)

확 인 해 야 할 사 항	적합여부	검토의견
① 옹벽등의 공작물을 축조하려는 자는 건축법 시행령 제118조(옹벽등의 공작물에의 준용)로 정하는 바에 따라 특별자치도지사 또는 시장·군수·구청장에게 신고하였는가?		

[25] 국토의 계획 및 이용에 관한 법률 제86조(도시·군계획시설사업의 시행자), 제88조(도시계획시설사업의 실시계획인가)

확 인 해 야 할 사 항	적합여부	검토의견
1. 도시계획시설사업시행자 지정		
① 도시계획시설사업 대상인가?		
2. 도시계획시설사업의 실시계획인가		
① 도시계획시설사업시행자로 지정 받았는가?		
② 첨부서류는 규정에 맞는가?		

[26] 산지관리법 제14조(산지전용허가), 제15조(산지전용신고)

확 인 해 야 할 사 항	적합여부	검토의견
1. 산지전용허가		
① 산지의 종류 및 면적 등의 구분에 따라 산림청장등의 허가를 받았는가?		
② 농림축산식품부령으로 정하는 경미한 사항을 변경하려는 경우에 해당하는 경우 신고로 갈음할 수 있다. 이에 해당하는가?		
③ 관계 행정기관의 장이 산지전용허가가 의제되는 행정처분을 하기 위하여 산림청장등에게 협의를 요청하는 경우 필요한 서류를 산림청장등에게 제출하였는가?		
2. 산지전용신고		
① 해당 용도로 산지전용을 하려는 자는 국유림의 산지에 대하여는 산림청장에게, 국유림이 아닌 산림의 산지에 대하여는 시장·군수·구청장에게 신고하였는가?		
② 해당 용도는 다음과 같다. 아래의 용도에 해당하는가? - 산림경영·산촌개발·임업시험연구를 위한 시설 및 수목원·산림생태원·자연휴양림 등 대통령령으로 정하는 산림공익시설과 그 부대시설의 설치 - 농림어업인의 주택시설과 그 부대시설의 설치 - 「건축법」에 따른 건축허가 또는 건축신고 대상이 되는 농림수산물의 창고·집하장·가공시설 등 대통령령으로 정하는 시설의 설치		
③ 산지전용신고의 절차, 신고대상 시설 및 행위의 범위, 설치지역, 설치조건 등에 관한 사항을 확인하였는가?		
④ 관계 행정기관의 장이 산지전용신고가 의제되는 행정처분을 하기 위하여 산림청장등에게 협의를 요청하는 경우 필요한 서류를 산림청장등에게 제출하였는가?		

[27] 사도법 제4조(사도개설허가)

확 인 해 야 할 사 항	적합여부	검토의견
1. 사도개설허가		
① 6호 이상 사용하고자 하는 도로인가?		
② 타인토지를 사용하고자 할 경우 그 권한을 증명하는 서류를 첨부하였는가?		

[28] 도로법 제36조 (관리청 아닌 자의 공사시행)

확 인 해 야 할 사 항	적합여부	검토의견
1. 관리청이 아닌자		
① 관리청이 아닌 자는 관리청의 허가를 받았는가?		
2. 관리청의 허가를 받지 아니하여도 되는 경우		
① 상급도로의 관리청이 상급도로의 공사를 시행할 때 상급도로와 연결되거나 접속되는 하급도로의 연결구간 또는 접속구간의 도로공사를 시행하는 경우에 해당하는가? (하급도로 관리청과 미리 협의 필요)		
② 대통령령으로 정하는 경미한 도로 유지의 경우인가?		

[28-1] 도로법 제51, 52조(교차방법과 다른 시설의 연결)

확 인 해 야 할 사 항	적합여부	검토의견
1. 시설을 교차시키려 할 때		
① 입체교차시설로 하였는가?		
② 도로 관리청의 허가를 받았는가?(허가변경사항 포함), 연결허가 받은 경우에는 도로 점용허가를 받은 것으로 봄		
③ 국도(국토교통부령)인가? 그 밖의 도로(관리청소속 지방자치단체 조례)인가?		
④ 대량의 교통수요를 유발할 우려가 있거나, 교통체계상 다른 시설의 설치가 필요한가?		

[29] 하천법 제33조 (하천의 점용허가 등)

확 인 해 야 할 사 항	적합여부	검토의견
1. 하천의 점용허가		
① 관리청의 허가 대상인가?		
② 점용허가 기준에 저촉되지 아니하는가?		
③ 경합되는 신청일 경우 허가순위는?		
2. 하천예정지 및 연안구역안에서의 행위허가		
① 관리청의 허가 대상인가?		

[30] 하수도법 제34조 (개인하수처리시설의 설치)

확 인 해 야 할 사 항	적합여부	검토의견
1. 오수처리시설 설치신고		
① 오수처리시설 설치대상 건축물인가?		
② 오수처리시설 설치제외 대상에 포함되지 아니하는가?		
③ 설치기준에 적합한가?		
④ 오수발생량 산정기준에 의한 발생량은 얼마인가?		
2. 단독정화조의 설치신고		
① 단독정화조 설치대상 건축물인가?		
② 단독정화조 설치 제외대상에 포함되지 아니하는가?		
③ 설치기준에 적합한가?		
④ 단독정화조의 처리대상 인원은?		

[31] 하수도법 제27조(배수설비의 설치등)

확 인 해 야 할 사 항	적합여부	검토의견
1. 배수구역내의 배수시설의 설치		
① 배수구역내의 건축물인가?		
② 배수관의 종류는?		
③ 배수설비 설치신고시 포함될 하수의 수질과 양은?		
④ 배수설비의 설치 및 구조기준에 적합한가?		
⑤ 배수설비의 세부 설치기준에 적합한가?		

[32] 수도법 제38조(공급규정)

확 인 해 야 할 사 항	적합여부	검토의견
1. 수돗물의 공급신청		
① 자치단체조례에 적합한가?		

[33] 전기안전관리법 제8조 (자가용전기설비의 공사계획의 인가 또는 신고)

확 인 해 야 할 사 항	적합여부	검토의견
1. 자가용전기설비의 설치공사 또는 변경공사로서 산업통상자원부령으로 정하는 공사		
① 산업통상자원부령으로 정하는 공사를 하려는 자는 그 공사계획에 대하여 산업통상자원부장관의 인가를 받았는가?		
② 산업통상자원부령으로 정하는 공사를 하려는 자는 공사를 시작하기 전에 시·도지사에게 신고하였는가?		
③ 자가용전기설비의 설치 또는 변경공사에 관하여는 제61조제4항을 준용하였는가?		
2. 산업통상자원부령으로 정하는 저압(低壓)에 해당하는 자가용전기설비의 설치 또는 변경공사		
① 사용전검사(使用前檢査) 신청하여 공사계획신고에 갈음하였는가?		

[34] 물환경보전법 제33조(배출시설의 설치허가 및 신고)

확 인 해 야 할 사 항	적합여부	검토의견
1. 배출시설의 설치허가 및 신고		
① 환경부장관의 허가를 받았거나 환경부장관에게 신고 하였는가? 단, 폐수무방류배출시설을 설치하고자 하는 자는 환경부장관의 허가를 받아야 함.		
② 중요한 사항을 변경하고자 할 때 변경허가를 받았는가?		
③ 그 외의 사항으로 환경부령이 정하는 사항을 변경 시, 변경신고를 하였는가?		
④ 환경부령이 정하는 서류를 제출 하였는가? (허가·변경허가나 신고·변경신고를 하고자 하는 자가 방지시설설치의 면제기준에 해당하는 배출시설(폐수무방류배출시설을 제외)과 공동방지시설을 설치 또는 변경하고자 하는 경우)		
⑤ 배출시설의 설치 제한 대상시설인가?		
⑥ 환경부령이 정하는 특정수질유해물질을 배출하는 배출시설인가?		
⑦ 배출시설의 설치제한지역에서 폐수무방류배출시설을 설치할 수 있는 지역 및 시설인가?		
⑨ 아래의 허가 또는 변경허가의 기준을 준용하였는가? - 배출시설에서 배출되는 오염물질을 제32조에 따른 배출허용 기준 이하로 처리할 수 있을 것 - 다른 법령에 따른 배출시설의 설치제한에 관한 규정에 위반되지 아니할 것 - 폐수무방류배출시설을 설치하는 경우에는 폐수가 공공수역으로 유출·누출되지 아니하도록 대통령령이 정하는 시설 전부를 대통령령이 정하는 기준에 따라 설치할 것		

[35] 대기환경보전법 제23조(배출시설의 설치 허가 및 신고)

확 인 해 야 할 사 항	적합여부	검토의견
1. 배출시설의 설치 허가 및 신고		
① 환경부장관의 허가를 받거나 환경부장관에게 신고하였는가?		
② 중요한 사항을 변경하려면 변경허가를 받았는가?		
③ 그 밖의 사항을 변경 시, 환경부령이 정하는 바에 따라 변경신고를 하였는가?		
④ 환경부령이 정하는 서류를 제출 하였는가? (허가·변경허가를 받거나 신고·변경신고를 하려는 자가 일정시설을 설치하거나 변경하려는 경우)		
⑤ 허가 또는 변경허가의 기준으로 아래의 내용을 준용하였는가? - 배출시설에서 배출되는 오염물질을 제16조나 제29조제3항에 따른 배출허용기준 이하로 처리할 수 있을 것 - 다른 법률에 따른 배출시설 설치제한에 관한 규정을 위반하지 아니할 것		
⑥ 특정대기유해물질을 배출하는 배출시설의 설치 또는 특별대책지역에서의 배출시설 설치를 제한 할만한 심각한 위해를 끼칠 우려가 있다고 인정되는 바가 없는가?		

[36] 소음 · 진동관리법 제8조(배출시설의 설치 신고 및 허가 등)

확 인 해 야 할 사 항	적합여부	검토의견
1. 배출시설의 설치 신고 및 허가 등		
① 학교 또는 종합병원의 주변 등 대통령령으로 정하는 지역에 속하면 허가를 받아야한다. 대통령령으로 정하는 지역에 속하는가?		
② ① 외의 경우 특별자치도지사 또는 시장·군수·구청장에게 신고하였는가?		
③ 중요한 사항을 변경하려면 변경허가를 받았는가?		
④ 산업단지나 그 밖에 대통령령으로 정하는 지역에 위치한 공장에 배출시설을 설치하려는 자의 경우인가? (신고 또는 허가 대상에서 제외함)		

[37] 가축분뇨의 관리 및 이용에 관한 법률 제11조(배출시설의 설치)

확 인 해 야 할 사 항	적합여부	검토의견
1. 배출시설에 대한 설치허가 등		
① 대통령령이 정하는 규모 이상의 배출시설을 설치하고자 하는가?		
② 대통령령이 정하는 바에 따라 배출시설의 설치계획을 갖추었는가?		
③ 중요사항을 변경하고자 하는 때에는 변경허가를 받았는가?		
④ 그 밖의 사항을 변경하고자 하는 때에는 변경신고를 하였는가?		
③ ①,②에 해당하지 아니하는 배출시설 중 대통령령이 정하는 규모 이상의 배출시설을 설치하고자 하는 자는 환경부령이 정하는 바에 따라 신고하였는가?		

[38] 토양환경보전법 제12조(특정토양오염관리대상시설의 신고 등)

확 인 해 야 할 사 항	적합여부	검토의견
1. 특정토양오염관리대상시설의 신고		
① 특정토양오염관리대상시설을 설치하려는 자는 그 시설의 내용과 토양오염방지시설의 설치계획을 관할 특별자치도지사·시장·군수·구청장에게 신고하였는가?		
② 신고한 사항 중 환경부령으로 정하는 내용을 변경(특정토양오염관리대상시설의 폐쇄를 포함)할 때에도 신고하였는가?		
2.「위험물안전관리법」 및 「유해화학물질 관리법」과 그 밖에 환경부령으로 정하는 법령		
③ 그 밖에 환경부령으로 정하는 법령에 따라 특정토양오염관리대상시설의 설치에 관한 허가를 받거나 등록을 한 경우인가? (이는 ①,② 에 따른 신고를 한 것으로 봄)		
④ 허가 또는 등록기관의 장은 토양오염방지시설에 관한 서류를 첨부하여 그 사실을 관할 특별자치도지사·시장·군수·구청장에게 통보 하였는가?		
⑤ 특정토양오염관리대상시설의 설치자(그 시설을 운영하는 자를 포함한다. 이하 같다)는 토양오염방지시설을 설치하였는가?		

참고 : 의제처리 법령 검토서

[1] 건축법 제20조제2항(가설건축물의 축조신고)

<table>
<tr><th colspan="6">처 리 기 준</th><th>구 비 서 류</th></tr>
<tr><td colspan="6">1. 전체 개요</td><td rowspan="8">1. 배치도 1부
2. 평면도 1부
3. 대지사용승낙서(타인 소유 대지인 경우) 1부</td></tr>
<tr><td colspan="3">건축면적 ㎡</td><td colspan="3">연먼적 합계 ㎡</td></tr>
<tr><td colspan="6">존치기간 년 월 일 까지</td></tr>
<tr><td colspan="6">2l. 동별 개요</td></tr>
<tr><td>동별</td><td>구조</td><td>용도</td><td>건축면적(㎡)</td><td>연면적(㎡)</td><td>지상층수</td></tr>
<tr><td></td><td></td><td></td><td></td><td></td><td></td></tr>
<tr><td></td><td></td><td></td><td></td><td></td><td></td></tr>
</table>

[2] 건축법 제83조(옹벽 등의 공작물에의 준용)

<table>
<tr><th colspan="6">처 리 기 준</th><th>구 비 서 류</th></tr>
<tr><td rowspan="2">건축주</td><td colspan="2">성명</td><td colspan="3">생년월일(사업자 또는 법인등록번호)</td><td rowspan="22">1. 배치도 1부
2. 구조도 1부</td></tr>
<tr><td colspan="5">주소
(전화번호 :)</td></tr>
<tr><td rowspan="3">대지조건</td><td colspan="2">대지위치</td><td colspan="3">지역</td></tr>
<tr><td colspan="2">지번</td><td colspan="3">지구</td></tr>
<tr><td colspan="2">지목</td><td colspan="3">구역</td></tr>
<tr><td rowspan="3">※ 설계자</td><td colspan="2">성명</td><td colspan="3">자격번호</td></tr>
<tr><td colspan="2">사무소명</td><td colspan="3">신고번호</td></tr>
<tr><td colspan="5">주소</td></tr>
<tr><td rowspan="3">※ 공사시공자</td><td colspan="2">성명</td><td colspan="3">생년월일(사업자 또는 법인등록번호)</td></tr>
<tr><td colspan="2">회사명</td><td colspan="3">면허번호</td></tr>
<tr><td colspan="5">주소</td></tr>
<tr><td colspan="6">축조할 공작물의 종류
(「건축법 시행령」 제118조 제1항)
• 굴뚝, 장식탑, 기념탑, 광고탑, 광고판, 고가수조, 옹벽, 담장, 지하대피호, 골프연습장 철탑, 통신용 철탑, 기계식 주차장, 철골조립식 주차장, 기타 건축조례로 정한 공작물</td></tr>
<tr><td>종류</td><td>구조</td><td>높이 (m)</td><td>길이 (m)</td><td>면적 (㎡)</td><td>건폐율 (%)</td></tr>
<tr><td></td><td></td><td></td><td></td><td></td><td></td></tr>
<tr><td></td><td></td><td></td><td></td><td></td><td></td></tr>
<tr><td></td><td></td><td></td><td></td><td></td><td></td></tr>
</table>

[3] 국토의 계획 및 이용에 관한 법률 제56조(개발행위허가)

처 리 기 준

<table>
<tr><td colspan="7">허 가 신 청 사 항</td></tr>
<tr><td colspan="3">위 치(지 번)</td><td colspan="2"></td><td>지 목</td><td></td></tr>
<tr><td colspan="3">용 도 지 역</td><td colspan="2"></td><td>용 도 지 구</td><td></td></tr>
<tr><td rowspan="13">신청내용</td><td rowspan="2">공 작 물 설 치</td><td>신청면적</td><td colspan="2"></td><td>중 량</td><td></td></tr>
<tr><td>공작물구조</td><td colspan="2"></td><td>부 피</td><td></td></tr>
<tr><td rowspan="6">토지 형질 변 경</td><td rowspan="2">토지현황</td><td>경 사 도</td><td></td><td>토 질</td><td></td></tr>
<tr><td>토석매장량</td><td colspan="3"></td></tr>
<tr><td rowspan="2">입목식재현황</td><td>주요수종</td><td colspan="3"></td></tr>
<tr><td>입 목 지</td><td></td><td>무 입 목 지</td><td></td></tr>
<tr><td>신청면적</td><td colspan="4"></td></tr>
<tr><td>입목벌채</td><td>수 종</td><td></td><td>나 무 수</td><td>그루</td></tr>
<tr><td>토석 채취</td><td>신청면적</td><td colspan="2"></td><td>부 피</td><td></td></tr>
<tr><td>토지 분할</td><td>종전면적</td><td colspan="2"></td><td>분 할 면 적</td><td></td></tr>
<tr><td rowspan="3">물건 적치</td><td>중 량</td><td colspan="2"></td><td>부 피</td><td></td></tr>
<tr><td>품 명</td><td colspan="2"></td><td>평균적치량</td><td></td></tr>
<tr><td>적치기간</td><td colspan="4">년 월 일부터 년 월 일까지(개월간)</td></tr>
<tr><td colspan="3">개 발 행 위 목 적</td><td colspan="4"></td></tr>
<tr><td colspan="2">사 업 기 간</td><td>착 공</td><td colspan="2">년 월 일</td><td>준 공</td><td>년 월 일</td></tr>
</table>

구 비 서 류

1. 토지의 소유권 또는 사용권 등 신청인이 당해 토지에 개발행위를 할 수 있음을 증명하는 서류. 다만, 다른 법령에서 개발행위허가가 의제되어 개발행위허가에 관한 신청서류를 제출하는 경우에 다른 법령에 의한 인가·허가 등의 과정에서 본문의 제출 서류의 내용을 확인할 수 있는 경우에는 그 확인으로 제출서류에 갈음할 수 있습니다.
2. 배치도 등 공사 또는 사업관련 도서(토지의 형질변경 및 토석채취인 경우에 한함)
3. 설계도서(공작물의 설치인 경우에 한함)
4. 당해 건축물의 용도 및 규모를 기재한 서류(건축물의 건축을 목적으로 하는 토지의 형질변경인 경우에 한함)
5. 개발행위의 시행으로 폐지되거나 대체 또는 새로이 설치할 공공시설의 종류·세목·소유자 등의 조서 및 도면과 예산내역서(토지의 형질변경 및 토석채취인 경우에 한함)
6. 「국토의 계획 및 이용에 관한 법률」 제57조제1항의 규정에 의한 위해방지·환경오염방지·경관·조경 등을 위한 설계도서 및 그 예산내역서(토지분할인 경우를 제외한다). 다만, 「건설산업기본법 시행령」 제8조제1항의 규정에 의한 경미한 건설공사를 시행하거나 옹벽 등 구조물의 설치 등을 수반하지 아니하는 단순한 토지형질변경의 경우에는 개략설계서로 설계도서에, 견적서 등 개략적인 내역서로 예산내역서에 갈음할 수 있습니다.
7. 「국토의 계획 및 이용에 관한 법률」 제61조제3항의 규정에 의한 관계행정기관의 장과의 협의에 필요한 서류

[4] 국토의 계획 및 이용에 관한 법률 제86조(도시·국계획시설사업의 시행자)

처 리 기 준	구 비 서 류
1. 사업의 종류 및 명칭 2. 사업시행자의 성명 및 주소 (법인인 경우 법인의 명칭 및 소재지와 대표자의 성명 및 주소) 3. 토지 또는 건물의 소재지·지번·지목 및 면적, 소유권과 소유권외의 권리의 명세 및 그 소유자·권리자의 성명·주소 4. 사업의 착수예정일 및 준공예정일 5. 자금조달계획	

[4-1] 국토의 계획 및 이용에 관한 법률 제88조(실시계획의 작성 및 인가)

처 리 기 준	구 비 서 류
1. 사업의 종류 및 명칭 2. 사업의 면적 또는 규모 3. 사업시행자의 성명 및 주소 (법인인 경우에는 법인의 명칭 및 소재지와 대표자의 성명 및 주소) 4. 사업의 착수예정일 및 준공예정일	1. 사업시행지의 위치도 및 계획평면도 1부 2. 공사설계도서 (건축법 제25조에 따른 건축협의를 하여야 하는 사업인 경우에는 개략설계도서) 1부 3. 수용 또는 사용할 토지 또는 건물의 소재지·지번·지목 및 면적, 소유권과 소유권외의 권리의 명세 및 그 소유자·권리자의 성명·주소를 기재한 서류 4. 도시계획시설사업의 시행으로 새로이 설치하는 공공시설 또는 기존의 공공시설의 조서 및 도면(행정청이 시행하는 경우) 1부 5. 도시계획시설사업의 시행으로 용도폐지되는 국가 또는 지방자치단체의 재산에 대한 2 이상의 감정평가업자의 감정평가서(행정청이 아닌 자가 시행하는 경우) 1부 6. 도시계획시설사업으로 새로 설치하는 공공시설의 조서 및 도면과 그 설치비용계산서(새로운 공공시설의 설치에 필요한 토지와 기존의 공공시설이 설치되어 있는 토지가 동일한 토지인 경우에는 그 토지가격을 뺀 설치비용만을 계산) ※행정청이 아닌 자가 시행하는 경우 7. 국토의 계획 및 이용에 관한 법률 제92조제3항에 따른 관계 행정기관의 장과의 협의에 필요한 서류 1부 8. 국토의 계획 및 이용에 관한 법률 시행령 제97조제4항에 따른 특별시장·광역시장·시장 또는 군수의 의견청취 결과 1부

[5] 산지관리법 제14조(산지전용허가), 제15조(산지전용신고)

처 리 기 준

신청인	성명	생년월일
	주소	전화번호
	해당 산지에 대한 권리관계	

산지소유자	성명	생년월일
	주소	전화번호

전용대상산지	소재지	지번	지목	면적(㎡)			
				계	임업용산지	공익용산지	준보전산지

부산물 생산현황	벌채수종 및 수량			굴취 수종 및 수량			토석		
	수종	본수	재적	수종	본수	재적	계	석재	토사
		본	㎥		본	㎥	㎥	㎥	㎥

전용목적		전용기간	

변경사항	변경 전	변경 후	사 유

구 비 서 류

1. 산지전용허가신청
   가. 사업계획서(산지전용의 목적, 사업기간, 산지전용을 하려는 산지의 이용계획, 입목·죽의 벌채를 통한 이용 또는 처리 계획, 토사처리계획 및 피해방지계획 등이 포함되어야 합니다) 1부
   나. 「산지관리법」 제18조의2에 따른 산지전용타당성조사에 관한 결과서 1부. 이 경우 해당 결과서는 허가신청일 전 2년 이내에 완료된 산지전용타당성조사의 결과서를 말합니다.
   다. 산지전용을 하려는 산지의 소유권 또는 사용·수익권을 증명할 수 있는 서류 1부(토지 등기사항증명서로 확인할 수 없는 경우에 한정하고, 사용·수익권을 증명할 수 있는 서류에는 사용·수익권의 범위 및 기간이 명시되어야 합니다)
   라. 산지전용예정지가 표시된 축척 2만5천분의 1 이상의 지적이 표시된 지형도(「토지이용규제 기본법」 제12조에 따라 국토이용정보체계에 지적이 표시된 지형도의 데이터베이스가 구축되어 있지 않거나 지형과 지적의 불일치로 지형도의 활용이 곤란한 경우에는 지적도) 1부
   마. 「측량·수로조사 및 지적에 관한 법률」 제44조제3항에 따른 측량업의 등록을 한 자 또는 같은 법 제58조에 따른 대한지적공사(이하 "측량업자등"이라 합니다)가 측량한 축척 6천분의 1부터 1천200분의 1까지의 산지전용예정지실측도 1부
   바. 「산림자원의 조성 및 관리에 관한 법률 시행령」 제30조제1항에 따른 기술2급 이상의 산림경영기술자가 조사·작성한 것으로서 다음 각 목의 요건을 갖춘 산림조사서 1부(수목이 있는 경우에 한정하고, 「산지관리법 시행규칙」 제4조제2항제4호에 따라 산림조사서를 제출한 경우와 660㎡ 이하로 산지를 전용하려는 경우에는 이를 제출하지 않습니다)
      1) 임종·임상·수종·임령·평균수고·입목축적이 포함될 것
      2) 산불발생·솎아베기·벌채 후 5년이 지나지 않았을 때에는 그 산불발생·솎아베기·벌채 전의 입목축적을 환산하여 조사·작성한 시점까지의 생장율을 반영한 입목축적이 포함될 것
      3) 허가신청일 전 2년 이내에 조사·작성되었을 것
   사. 복구대상산지의 종단도 및 횡단도와 복구공종·공법 및 견냥도가 포함된 복구계획서 1부(복구해야 할 산지가 있는 경우에 한정합니다)
   아. 「산림자원의 조성 및 관리에 관한 법률 시행령」 제30조제1항에 따른 산림공학기술자 또는 「국가기술자격법」에 따른 산림기사·토목기사·측량및지형공간정보기사 이상의 자격증 소지자가 조사·작성한 표고 및 평균경사도조사서(수치지형도를 이용하여 표고 및 평균경사도를 산출한 경우에는 원본이 저장된 디스크 등 저장장치를 포함합니다) 1부. 다만, 「산지관리법 시행규칙」 제4조제2항제5호에 따라 평균경사도조사서를 제출하였거나 660㎡ 이하로 산지를 전용하려는 경우에는 평균경사도조사서를 제출하지 않습니다.
   자. 「농지법」 제49조에 따른 농지원부 사본 1부(신청인이 「산지관리법 시행규칙」 제7조제1호에 따른 농업인임을 증명해야 하는 경우만 해당합니다)
2. 산지전용변경허가신청: 변경사실을 증명할 수 있는 서류(토지 등기사항증명서로 확인할 수 없는 경우만 해당합니다)

[6] 농지법 제34조(농지의 전용허가·협의), 제35조(농지전용신고)

<table>
<tr><th>처 리 기 준</th><th>구 비 서 류</th></tr>
<tr><td>
<table>
<tr><td rowspan="7">전용
하려는
농지</td><td>소 재 지</td><td colspan="4">번지 외 필지</td></tr>
<tr><td>구 분</td><td>계(㎡)</td><td>답</td><td>전</td><td>농지개량시설부지</td></tr>
<tr><td>농업진흥구역</td><td></td><td></td><td></td><td></td></tr>
<tr><td>농업보호구역</td><td></td><td></td><td></td><td></td></tr>
<tr><td>농업진흥지역밖</td><td></td><td></td><td></td><td></td></tr>
<tr><td>계</td><td></td><td></td><td></td><td></td></tr>
<tr><td colspan="2">사업예정부지 총 면적(비농지 포함)</td><td colspan="4">㎡(농업진흥지역 ㎡)</td></tr>
<tr><td>사 업
기 간</td><td colspan="3">착공예정일: 년 월 일</td><td colspan="3">준공예정일: 년 월 일</td></tr>
<tr><td>전 용
목 적</td><td colspan="6"></td></tr>
</table>
</td><td>
1. 전용목적, 사업시행자 및 시행기간, 시설물의 배치도, 소요자금 조달방안, 시설물관리·운영계획, 「대기환경보전법 시행령」 별표 1 및 「수질 및 수생태계 보전에 관한 법률 시행령」 별표 13에 따른 사업장 규모 등을 명시한 사업계획서
2. 전용하려는 농지의 소유권을 입증하는 서류(토지 등기사항증명서로 확인할 수 없는 경우만 해당합니다) 또는 사용승낙서·사용승낙의 뜻이 기재된 매매계약서등 사용권을 가지고 있음을 입증하는 서류
3. 전용예정구역이 표시된 지적도등본·임야도등본 및 지형도
4. 해당 농지의 전용이 농지개량시설 또는 도로의 폐지 및 변경이나 토사의 유출, 폐수의 배출 또는 악취의 발생 등을 수반하여 인근 농지의 농업경영과 농어촌생활환경의 유지에 피해가 예상되는 경우에는 대체시설의 설치 등 피해방지계획서
5. 변경내용을 증명할 수 있는 서류를 포함한 변경사유서(변경허가 신청의 경우만 해당합니다)
</td></tr>
<tr><td>
<table>
<tr><td colspan="9">전용신고 농지명세서</td></tr>
<tr><td colspan="3">소 재 지</td><td rowspan="2">지 번</td><td rowspan="2">지 목</td><td rowspan="2">면적(㎡)</td><td rowspan="2">농업진흥지역 용도구분</td><td rowspan="2">전용면적(㎡)</td><td rowspan="2">주재배작물명</td></tr>
<tr><td>시·군</td><td>읍·면</td><td>리·동</td></tr>
<tr><td></td><td></td><td></td><td></td><td></td><td></td><td></td><td></td><td></td></tr>
<tr><td></td><td></td><td></td><td></td><td></td><td></td><td></td><td></td><td></td></tr>
<tr><td></td><td></td><td></td><td></td><td></td><td></td><td></td><td></td><td></td></tr>
<tr><td></td><td></td><td></td><td></td><td></td><td></td><td></td><td></td><td></td></tr>
</table>
</td><td>
1. 전용목적 및 시설물의 활용계획 등을 명시한 사업계획서
2. 전용하려는 농지의 소유권을 입증하는 서류(토지 등기사항증명서로 확인할 수 없는 경우만 해당합니다) 또는 사용승낙서·사용승낙의 뜻이 기재된 매매계약서 등 사용권을 가지고 있음을 입증하는 서류
3. 해당 농지의 전용이 농지개량시설 또는 도로의 폐지 및 변경이나 토사의 유출, 폐수의 배출, 악취의 발생 등을 수반하여 인근 농지의 농업경영과 농어촌생활환경의 유지에 피해가 예상되는 경우에는 대체시설의 설치 등 피해방지계획서
4. 변경내용을 증명할 수 있는 서류를 포함한 변경사유서(변경신고의 경우만 해당합니다)
</td></tr>
</table>

[7] 사도법 제4조(개설허가)

<table>
<tr><th colspan="5">처 리 기 준</th><th>구 비 서 류</th></tr>
<tr><td rowspan="3">공사개요</td><td>설치목적</td><td colspan="3"></td><td rowspan="9">1. 계획도면
2. 타인의 소유에 속하는 토지를 사용하고자 할 때에는 그 권한을 증명하는 서류
3. 공사계획서, 경비예산명세서, 설계도(평면도·종단면도·횡단면도, 주요부분에 대한 상세도), 구조검토서(교량 등 주요구조물을 설치하는 경우), 수리검토서(기존 배수체계를 저해할 우려가 있는 경우)
※ 제3호의 서류는 특별시장·광역시장·시장 또는 군수가 필요하다고 인정할 때에만 해당 서류를 첨부</td></tr>
<tr><td>연장</td><td colspan="3"></td></tr>
<tr><td>폭원</td><td colspan="3"></td></tr>
<tr><td colspan="2">착공예정연월일</td><td></td><td>준공예정연월일</td><td></td></tr>
<tr><td colspan="2">공사방법</td><td colspan="3"></td></tr>
<tr><td colspan="2">공사예산</td><td colspan="3"></td></tr>
<tr><td colspan="2">구간</td><td colspan="3"></td></tr>
</table>

[8] 도로법 제61조(도로의 점용)

<table>
<tr><th colspan="3">처 리 기 준</th><th>구 비 서 류</th></tr>
<tr><td rowspan="3">신청인</td><td>① 성 명
(법인명)</td><td>② 주민등록번호·외국인등록번호
(법인등록번호)</td><td rowspan="12">1. 설계도면(전자도면에 한정합니다) 1부
2. 주요지하매설물 관리자의 의견서(도로의 굴착을 수반하는 경우에만 해당합니다) 1부
3. 주요지하매설물의 사후관리계획(신청인이 주요지하매설물의 관리자인 경우에만 해당합니다) 1부
4. 「도로법 시행령」 제34조에 따른 도로관리심의회의 심의·조정 결과를 반영한 안전대책 등에 관한 서류</td></tr>
<tr><td>③ 주 소</td><td>전 자 우 편</td></tr>
<tr><td>④ 전화번호</td><td>휴대전화번호</td></tr>
<tr><td rowspan="9">신청내용</td><td colspan="2">⑤ 점 용 목 적</td></tr>
<tr><td colspan="2">⑥ 점용장소·면적</td></tr>
<tr><td>⑦ 점 용 기 간</td><td>⑧ 굴 착 기 간</td></tr>
<tr><td colspan="2">⑨ 공작물(시설)구조</td></tr>
<tr><td colspan="2">⑩ 공 사 시 설 방 법</td></tr>
<tr><td colspan="2">⑪ 공 사 시 기</td></tr>
<tr><td colspan="2">⑫ 도 로 복 구 방 법</td></tr>
<tr><td colspan="2">⑬ 도로의 종류 및 노선명</td></tr>
</table>

[9] 도로법 제36조(관리청 아닌자의 공사시행), 제51조(교차방법과 다른 시설의 연결)

<table>
<tr><th>처 리 기 준</th><th>구 비 서 류</th></tr>
<tr><td>
<table>
<tr><td colspan="4" rowspan="2">공사시행 허가신청서</td><td>처리기간</td></tr>
<tr><td>15 일</td></tr>
<tr><td rowspan="2">신청인</td><td>성 명</td><td></td><td>생년월일</td><td></td></tr>
<tr><td>주 소</td><td colspan="3"></td></tr>
<tr><td colspan="2">도로의종류(노선명)</td><td colspan="3"></td></tr>
<tr><td colspan="2">공사의 종류</td><td colspan="3"></td></tr>
<tr><td colspan="2">공 사 구 간</td><td colspan="3">부터 까지 (㎞)</td></tr>
<tr><td colspan="2">공 사 장 소</td><td colspan="3"></td></tr>
<tr><td colspan="2">착수예정일</td><td>년 월 일</td><td>준공예정일</td><td>년 월 일</td></tr>
<tr><td colspan="2">공 사 사 유</td><td colspan="3"></td></tr>
</table>
</td><td>1. 사업계획서와 설계서 각 1부 첨부</td></tr>
<tr><td>시식 20의 도로대장의 2.주요시실물 세원의 교량제원, 2-6.고가도로제원, 3-2교차시설에 교차방법과 길이를 표시하여야함.</td><td></td></tr>
</table>

[10] 하천법 제33조(하천의 점용허가 등)

<table>
<tr><th>처 리 기 준</th><th>구 비 서 류</th></tr>
<tr><td>
<table>
<tr><td colspan="4" rowspan="2">□ 하천점용허가
□ 하천예정지에서의 행위허가
□ 홍수관리구역 안에서의 행위허가
신청서</td><td>처리기간</td></tr>
<tr><td>뒤쪽 참조</td></tr>
<tr><td rowspan="2">신청인</td><td>① 성 명
(법인의 명칭)</td><td></td><td>② 주민등록번호(법인은 대표자의 성명 및 주민등록번호)</td><td></td></tr>
<tr><td>③ 주 소</td><td></td><td>④ 전화번호</td><td></td></tr>
<tr><td rowspan="4">점 용
(행위)
개 요</td><td>⑤ 하 천 명</td><td colspan="3"></td></tr>
<tr><td>⑥ 점용(행위) 위치</td><td></td><td>⑦ 점용(행위)면적</td><td>㎡</td></tr>
<tr><td>⑧ 점용(행위) 목적</td><td colspan="3"></td></tr>
<tr><td>⑨ 점용(행위) 기간</td><td colspan="3">년 월 일부터 년 월 일까지(일간)</td></tr>
</table>
</td><td></td></tr>
</table>

[11] 하수도법 제34조(개인하수처리시설의 설치)

처 리 기 준	구 비 서 류
신고인 ①성명 ②생년월일 ③주소 (전화번호:) **설치장소** ④건물연면적(㎡) ⑤건물용도 ⑥소재지 ⑦오수발생량(㎥/일) 또는 처리대상인원(명) **시공예정자** ⑧상호(대표자) ⑨등록번호 ⑩사업장 소재지 (전화번호:) ⑪착공예정일 ⑫준공예정일 ⑬처리방법 및 개요 ⑭처리용량(㎥/일) 또는 처리대상인원(00명용) **변경내용** ⑮변경 전 ⑯변경 후	1. 해당 시설 설계도서(개인하수처리시설제조업자가 제조한 개인하수처리시설을 설치하는 경우에는 그 시설의 주요 치수가 명확하게 기록된 설계도서) 1부(설치신고에 한한다) 2. 건물 등의 배수 계통도 1부(설치신고에 한한다) 3. 변경의 경우에는 개인하수처리시설의 변경 설계도서(개인하수처리시설제조업자가 제조한 개인하수처리시설로 변경하는 경우에는 그 시설의 주요 치수가 명확하게 기록된 설계도서) 1부 4. 그 밖에 개인하수처리시설의 변경사항을 증명하는 서류(변경신고의 경우에 한한다)

[12] 하수도법 제27조(배수설비의 설치 등)

처 리 기 준	구 비 서 류
신고인 ①성명 ②생년월일 ③주소 (전화번호:) **설치장소** ④건물연면적(㎡) ⑤건물용도 ⑥소재지 ⑦오수발생량(㎥/일) 또는 처리대상인원(명) **시공예정자** ⑧상호(대표자) ⑨등록번호 ⑩사업장 소재지 (전화번호:) ⑪착공예정일 ⑫준공예정일 ⑬처리방법 및 개요 ⑭처리용량(㎥/일) 또는 처리대상인원(00명용) **변경내용** ⑮변경 전 ⑯변경 후	1. 해당 시설 설계도서(개인하수처리시설제조업자가 제조한 개인하수처리시설을 설치하는 경우에는 그 시설의 주요 치수가 명확하게 기록된 설계도서) 1부(설치신고에 한한다) 2. 건물 등의 배수 계통도 1부(설치신고에 한한다) 3. 변경의 경우에는 개인하수처리시설의 변경 설계도서(개인하수처리시설제조업자가 제조한 개인하수처리시설로 변경하는 경우에는 그 시설의 주요 치수가 명확하게 기록된 설계도서) 1부 4. 그 밖에 개인하수처리시설의 변경사항을 증명하는 서류(변경신고의 경우에 한한다)

[13] 수도법 제38조(공급규정)

처 리 기 준	구 비 서 류
1. 해당 지방자치단체의 조례에 의함	

[14] 전기사업법 제61조(자가용전기설비의 공사계획의 인가 또는 신고)

1. 제출서류

<table>
<tr><th colspan="3">구분</th><th>제출대상기관</th><th>서식</th><th>첨부서류</th></tr>
<tr><td rowspan="5">인가신청·신고</td><td colspan="2">법 제61조제1항 전단</td><td>산업통상자원부장관</td><td>별지 제25호서식</td><td rowspan="4">가. 공사계획서
나. 전기설비의 종류에 따라 제2호에 따른 사항을 적은 서류 및 기술자료
다. 공사공정표
라. 기술시방서
마. 원자력발전소의 경우에는 원자로 및 관계 시설의 건설허가서 사본
바. 「전력기술관리법」 제12조의2제4항에 따른 감리원 배치확인서(공사감리 대상인 경우만 첨부한다). 다만, 전기안전관리자가 자체감리를 하는 경우에는 자체감리를 확인할 수 있는 서류로 한다.</td></tr>
<tr><td rowspan="2">법 제61조제3항 전단</td><td>1만킬로와트 이상 발전설비 또는 전압 20만볼트 이상인 송전·변전설비</td><td>산업통상자원부장관</td><td rowspan="3">별지 제26호서식</td></tr>
<tr><td>1만킬로와트 미만 발전설비 또는 전압 20만볼트 미만인 송전·변전설비</td><td>시·도지사</td></tr>
<tr><td colspan="2">법 제62조제2항 전단</td><td></td></tr>
<tr><td colspan="2">법 제62조제2항 전단 중 용량 1,000킬로와트 미만의 전기수용설비와 용량 500킬로와트 미만의 비상용 예비발전설비의 경우 또는 법 제62조제2항 전단에 따른 공사로서 별표 7 제2호 나목에 해당하는 변경공사의 경우</td><td>전기안전공사</td><td></td><td>가. 「전력기술관리법」 제2조제3호에 따른 설계도서
나. 「전력기술관리법」 제12조의2제4항에 따른 감리원 배치확인서(공사감리 대상인 경우만 첨부한다). 다만, 전기안전관리자가 자체감리를 하는 경우에는 자체감리를 확인할 수 있는 서류로 한다.</td></tr>
<tr><td rowspan="4">변경인가신청·변경신고</td><td colspan="2">법 제61조제1항 후단
법 제62조제1항 후단</td><td>산업통상자원부장관</td><td>별지 제25호서식</td><td rowspan="4">가. 공사계획서
나. 전기설비의 종류에 따라 제2호의 기재사항을 적은 서류 및 기술자료
다. 공사공정표
라. 기술시방서
마. 원자력발전소의 경우에는 원자로 및 관계 시설의 건설허가서 사본
바. 「전력기술관리법」 제12조의2제4항에 따른 감리원 배치확인서(공사감리 대상인 경우만 첨부한다). 다만, 전기</td></tr>
<tr><td colspan="2">법 제61조제2항</td><td>산업통상자원부장관</td><td rowspan="3">별지 제26호서식</td></tr>
<tr><td rowspan="2">법 제61조제3항후단</td><td>1만킬로와트 이상 발전설비 또는 전압 20만볼트 이상인 송전·변전설비</td><td>산업통상자원부장관</td></tr>
<tr><td>1만킬로와트 미만</td><td>시·도지사</td></tr>
</table>

		발전설비 또는 전압 20만볼트 미만인 송전·변전설비		안전관리자가 자체감리를 하는 경우에는 자체감리를 확인할 수 있는 서류로 한다. 사. 변경이유서 및 변경내용을 적은 서류
	법 제62조제2항 후단	전기안전공사		
	법 제62조제2항 후단 중 용량 1,000킬로와트 미만의 전기수용설비와 용량 500킬로와트 미만의 비상용 예비발전설비의 경우			가. 「전력기술관리법」 제2조제3호에 따른 설계도서 나. 「전력기술관리법」 제12조의2제4항에 따른 감리원 배치확인서(공사감리 대상인 경우만 첨부한다). 다만, 전기안전관리자가 자체감리를 하는 경우에는 자체감리를 확인할 수 있는 서류로 한다. 다. 변경이유서 및 변경내용을 적은 서류

비고
1. 변경공사 중 전기설비 폐지공사의 경우에는 전기사업용전기설비는 첨부서류 중 나목의 서류를, 자가용전기설비의 경우에는 첨부서류 중 나목부터 바목까지의 서류를 첨부하지 않을 수 있으며, 자가용전기설비 중 용량 1,000킬로와트 미만의 수용설비와 용량 500킬로와트 미만의 비상용예비발전설비의 경우에는 첨부서류를 제출하지 않는다.
2. 공사계획을 분할하여 인가신청 하거나 신고하려는 경우에는 해당 인가신청 또는 신고 부분 외의 공사계획의 개요를 적은 서류를 첨부해야 한다.
3. 저압에 해당하는 자가용전기설비의 설치 또는 변경공사인 경우로서 제31조제5항에 따른 사용전검사 신청을 한 경우에는 공사계획신고를 한 것으로 본다.
4. 전기사업용 전기설비의 공사계획인가 또는 신고의 첨부서류 중 바목의 「전력기술관리법」 제12조의2제4항에 따른 감리원 배치확인서(자체감리의 경우에는 이를 확인할 수 있는 서류)는 공사를 착공하는 날까지 제출할 수 있다.

2. 기재사항 및 기술자료

전기설비의 종류	기재사항	기술자료(해당 인가신청 또는 신고에 관한 것에 한정한다)
1. 발전소	(1) 발전소의 명칭 및 위치(동·리까지 적을 것) (2) 발전소의 출력(수력발전소의 경우에는 상시출력 및 상시첨두출력도 적을 것) (3) 수력발전소의 경우에는 사용수량, 유효낙차 및 이론수력(각각 최대·상시 및 상시첨두로 구분하여 적을 것)	(1) 송전계통도 (2) 발전소의 개요를 명시한 2만5천분의 1(수력발전소의 경우는 5만분의 1) 지형도 (3) 주요 설비의 배치상황을 명시한 평면도 및 단면도 (4) 단선결선도
가. 원동력설비 1) 수력설비		(1) 유량자료 (2) 사용수량의 결정에 관한 설명서 (3) 유효낙차, 이론수력 및 출력에 관한 계산서 (4) 유량의 조정방법 및 인수방법에 관한 설명서

		(5) 양수발전소의 양수량 결정에 관한 설명서 (6) 수차와 발전기를 수용하는 시설로서 지하에 시설하는 것의 주변 지반의 지질 및 유수 제거방법에 관한 설명서
가) 댐	(1) 종류・높이・여유고・마루높이・마루넓이・일류정표고・일류폭 및 일류수심 (2) 댐 본체의 체적, 최대부폭, 상하류면 기울기 또는 중심각 및 반경 (3) 기초지반의 처리방법 (4) 홍수토에 관한 다음의 사항 (가) 종류 및 용량 (나) 수문의 종류, 주요 치수 및 문의 수 (다) 수문조작용 동력설비의 종류 및 용량(상용과 예비로 구분하여 적을 것)	(1) 댐의 구조도 (2) 계획홍수유량계산서 (3) 댐의 강도 및 안전도에 관한 계산서 (4) 홍수토의 구조도 및 용량계산서
나) 취수설비	(1) 취수하는 하천의 명칭 및 취수지점의 위치(동・리까지 적을 것) (2) 취수방법 (3) 취수구의 주요 치수 및 취수구 상단표고 (4) 스크린의 주요 치수 (5) 모든 수문의 종류 및 주요 치수	취수설비의 구조도
다) 침사지	(1) 주요 치수 (2) 토사의 침전방법 및 침전된 토사의 제거방법	침사지의 구조도
라) 도수로	(1) 길이(본수로 및 지수로와 터널, 지하 도랑, 도랑, 수로교, 역사이폰 및 기타로 구분하여 적을 것) 및 압력 (2) 기울기, 표준단면형, 표준단면치수, 표준라이닝 두께 및 표준관 두께(각각 터널, 지하도랑, 도랑, 수로교, 역사이폰 및 기타로 구분하여 적을 것) (3) 합류조의 주요 치수	(1) 도수로의 구조도 (2) 통수용량계산서 (3) 압력도수로의 터널 경과지의지질 및 시공방법에 관한 설명서
마) 방수로	(1) 방수하는 하천의 명칭 및 방수지점의 위치(동・리까지 적을 것) (2) 길이, 기울기, 표준단면형, 표준단면 치수 및 표준라이닝 두께(각각 터널, 지하 도랑, 도랑 및 기타로 구분하여 적을 것)와 압력 (3) 방수구의 주요 치수 및 방수구	(1) 방수로의 구조도 (2) 통수용량계산서

	상단표고 (4) 서지 탱크의 종류 및 주요 치수 (5) 모든 수문의 종류 및 주요 치수	
바) 헤드탱크 또는 서지 탱크	(1) 종류 및 압력 (2) 탱크의 주요 치수 (3) 스크린의 주요 치수 (4) 모든 수문의 종류 및 주요 치수 (5) 여수로의 종류 및 주요 치수	헤드탱크 또는 서지 탱크의 구조도
사) 수압관로	(1) 압력 (2) 관 본체의 길이(본관 과 지관으로 구분하여 적을 것), 최대 관 두께, 최소 관 두께, 최대 안지름, 최소 안지름, 재료, 접합방법 및 지지방법 (3) 앵커블록의 종류 및 개수	수입관로의 구조도
아) 수차	(1) 종류·출력·회전수와 펌프수차의 경우에는 양수량·양정 및 입력 (2) 조속기의 종류 (3) 모든 수문 또는 모든 수밸브의 종류 및 주요 치수 (4) 흡출관의 종류 및 흡출고 (5) 펌프수차의 경우에는 구동장치의 종류 및 출력	펌프수차의 입력결정에 관한 설명서
자) 양수식 발전소의 양수용 펌프	(1) 종류, 양수량, 양정, 입력 및 회전수 (2) 모든 수문 또는 모든 수밸브의 종류 및 주요 치수 (3) 구동장치의 종류 및 출력	
차) 저수지 또는 조정지	(1) 전용량, 유효용량, 이용수심, 상시만수위, 최저수위, 서차지(surcharge)용량, 서차지수위 및 제한수위 (2) 주변의 보강방법	(1) 저수지 또는 조정지의 종단도 및 횡단도 (2) 수위 담수면적곡선도 (3) 수위용량곡선도 (4) 배수위계산서
2) 기력설비 가) 증기터빈	(1) 종류, 출력, 주증기 정지밸브 입구의 압력 및 온도, 재열증기 정지밸브 입구의 압력 및 온도, 추기압력, 배기압력, 회전수 (2) 냉각수의 종류 및 가능 취수량 (3) 조속장치 및 비상조속장치의 종류 (4) 복수기에 관한 다음의 사항 (가) 종류, 냉각수 표준온도, 냉각면적 및 튜브의 재료 (나) 공기추출기, 복수펌프 및 냉각수펌프의 종류·용량 및 대수 (다) 튜브누설감지장치의 종류 (5) 증기터빈에 부속하는 냉각탑 또는 냉각기의 종류, 용량, 입구	발전소 열정산도 증기터빈 구조도

	및 출구의 냉각수 표준온도, 설계외기온도, 설계외기습도, 주요 치수와 대수 (6) 증기터빈에 부속하는 열교환기의 종류, 발생증기량(가열증기량) 및 급수량, 입구 및 출구의 온도, 최고 사용압력(1차측과 2차측으로 구분하여 적을 것), 최고 사용온도(1차측과 2차측으로 구분하여 적을 것), 가열면적과 대수, 안전밸브의 종류, 주요 치수와 취부개소	
나) 왕복기관	(1) 종류, 출력, 기통수, 주증기 정지밸브 입구의 압력 및 온도, 배기압력과 회전수 (2) 조속장치의 종류 (3) 복수기에 관한 다음의 사항 (가) 종류, 냉각수 표준온도, 냉각면적 및 튜브의 재료 (나) 공기추출기 · 복수펌프의 종류 · 용량 및 대수 (다) 튜브누설감시장치의 종류 (4) 왕복기관에 부속하는 냉각탑 또는 냉각기의 종류, 용량, 입구 및 출구의 냉각수 표준온도, 설계외기습도, 설계외기온도와 대수 (5) 냉각수의 종류 및 사용수량	왕복기관의 구조도
다) 보일러	(1) 종류, 증발량, 출구의 압력 및 온도, 최고 사용압력 및 온도, 가열면적, 유효화상면적, 급수온도와 상용 및 예비의 구분 (2) 재열기 통과 증기량, 최고 사용압력, 최고 사용온도 및 가열면적 (3) 절탄기의 가열면적 (4) 안전밸브의 종류, 주요 치수 및 취부개소 (5) 보일러에 부속하는 급수설비에 관한 다음의 사항 (가) 급수펌프의 종류, 급수량, 토출압력, 대수(상용과 예비로 구분하여 적을 것)와 원동기의 종류 및 출력 (나) 저수설비의 종류, 용량 및 대수 (6) 보일러에 부속하는 급수처리설비 및 보일러수처리설비의 종류, 용량 및 대수 (7) 보일러에 부속하는 공기예열기의 종류, 입구 및 출구의	(1) 보일러 및 그 부속설비의 구조도 (2) 급수처리 계통도

	공기온도, 가열면적과 대수	
라) 연료연소설비	(1) 미분탄 연소용 기기에 관한 급탄기, 분쇄기, 수송장치 및 버너의 종류·용량과 대수 (2) 미분탄 외의 석탄의 연소용기에 관한 스토커(stoker)의 종류, 연소용량, 화상의 폭 및 길이와 개수 (3) 유류 연소용 기기에 관한 다음의 사항 (가)원유용과 원유 외의 석유용 구분 (나)수송장치 및 버너의 종류, 용량과 대수 (4) 가스연소용 기기에 관한 수송장치 및 버너의 종류, 용량과 대수 (5) 액화가스연소용 기기에 관한 다음의 사항 (가)액화가스의 종류 및 발열량 (나)버너의 종류, 용량 및 대수 (다)액화가스용 용기의 종류, 최고 사용압력, 최고 사용온도 및 대수 (6) 그 밖의 연료의 연소용 기기에 관한 수송장치 및 연소기의 종류, 용량과 대수 (7) 연료운반설비에 관한 다음의 사항 (가)양탄기 및 운탄기의 종류 (나)액화가스용 관의 종류, 최고 사용압력, 바깥지름의 두께 (다)액화가스용 압송기의 종류·능력·대수와 원동기의 종류 및 출력 (8) 연료저장설비에 관한 다음의 사항 (가)저탄장의 면적 및 저탄용량 (나)유류탱크 및 가스·액화가스 탱크의 종류, 용량과 대수 (9)회전수송장치의 종류, 용량 및 대수 (10)가스발생설비에 관한 액화가스용 기화기의 종류, 최고 사용압력, 최고 사용온도 및 대수	(1) 연료계통도 (2) 액화가스용 저장조 기화기냉동설비 및 가스홀더의 구조도 (3) 액화가스용 도관의 경로(지중·물밑 및 기타로 구분 표시) 경과지의 명칭 및 부근에 있는 주요도로, 건축물, 그 밖의 설비의 위치를 명시한 축척 3천분의 1 이상의 지형도
마) 공해방지설비	종류·용량과 예상발생량 및 배출량	공해방지설비의 구조도
바) 보조증기발생설비	보조증기발생설비의 용량, 최고 사용압력, 최고 사용온도 및 대수	보조증기발생설비 및 그 부속설비의 구조도
3) 가스터빈 설비	(1) 종류, 출력, 입구의 압력 및	발전소 열정산도

가) 가스터빈	온도, 설계외기온도와 회전수 (2) 조속장치 및 비상조속장치의 종류 (3) 가스터빈에 부속하는 기동용 장치의 종류, 용량 및 대수 (4) 가스터빈에 부속하는 굴뚝의 종류, 지표상의 높이 및 개수	가스터빈의 구조도
나) 공기압축기	종류, 입구와 출구의 압력 및 온도와 회전수	공기압축기의 구조도
다) 연료연소설비	(2)의 (라)에 열거한 사항	(2)의 (라)에 열거한 서류
4) 복합화력설비		발전소 열정산도
가) 가스터빈	(3)의 (가)에 열거한 사항	가스터빈의 구조도
나) 공기압축기	종류, 입구와 출구의 압력 및 온도와 회전수	공기압축도의 구조도
다) 보일러	(2)의 (다)에 열거한 사항	(2)의 (다)에 열거한 서류
라) 연료연소설비	(2)의 (라)에 열거한 사항	(2)의 (라)에 열거한 서류
마) 공해방지설비	종류, 용량과 예상발생량 및 배출량	공해방지설비의 구조도
바) 보조증기발생설비	보조증기발생설비의 용량, 최고사용압력, 최고 사용온도 및 대수	보조증기발생설비 및 그 부속설비의 구조도
사) 증기터빈	(2)의 (가)에 열거한 사항	증기터빈 구조도
5) 내연력설비		
가) 내연기관	(1) 종류, 출력 및 회전수 (2) 조속장치 및 비상조속장치의 종류 (3) 과급기의 종류, 출구의 압력, 회전수와 대수 (4) 내연기관에 부속된 냉각수설비의 용량	(1) 비상정지장치에 관한 설명서 (2) 연료계통도
6) 풍력설비		
가) 풍차	(1) 종류, 출력 및 회전수 (2) 날개 지름 및 재료 (3) 조속장치 및 비상조속장치의 종류	(1) 풍차정지 회로도 (2) 풍차 출력곡선 (3) 풍차구조도
7) 원자력설비		(1) 발전소 열정산도 (2) 예비안전성 분석 보고서(증기터빈 및 발전기 계통)
가) 증기터빈실비	(1) 증기터빈 기초구조물의 수요치수 (2) 증기터빈의 종류, 출력, 주증기 정지밸브의 종류, 개수, 입구의 압력 및 온도, 재열증기 정지밸브의 종류, 대수, 입구의 압력 및 온도, 추기압력, 배기압력 및 온도, 회전수, 비상정지장치의 종류 (3) 조속장치 및 비상조속장치의 종류 (4) 습분분리재열기 및 급수가열	(1) 증기터빈 구조도 (2) 증기터빈 정지 회로도 (3) 증기터빈 하반부 기초구조물의 구조도 (4) 증기터빈 기초구조물의 구조계산서 (5) 주증기 계통도 (6) 제어유 계통도 (7) 윤활유 계통도 (8) 밀봉증기 계통도

	기에 관한 다음의 사항 (가)종류, 대수, 입구 및 출구의 온도, 최고 사용압력 및 최고 사용온도(1차측과 2차측으로 구분하여 적을 것), 가열면적, 튜브의 재료 (나) 추기차단밸브의 종류 (5) 윤활유펌프, 저장조, 정화장치, 가열장치의 종류・용량・대수 및 윤활유냉각기의 대수, 입구 및 출구의 온도 (6) 제어유펌프 및 재킹오일펌프의 종류・용량・대수 (7) 터닝기어장치의 종류, 회전수 (8) 밀봉증기의 압력・온도 및 밀봉증기응축기, 배출팬의 종류・용량・대수 (9) 안전밸브의 종류, 분출압력 및 용량, 주요 치수, 취부개소, 개수	
나) 급수설비	(1) 급수장치에 관한 다음의 사항 (가)원동기의 종류・출력・대수 (나) 급수펌프의 종류, 급수량, 대수, 입구 및 출구의 압력 (2) 저수설비, 탈기기의 종류・용량 (3) 안전밸브의 종류, 분출압력 및 용량, 주요 치수, 취부개소, 개수	(1) 급수펌프의 구조도 (2) 급수계통도
다) 복수설비	(1) 복수기에 관한 다음의 사항 (가)종류, 냉각수 표준온도, 냉각면적 및 튜브의 재료 (나)공기추출기 또는 진공펌프의 종류・용량・대수 (다)튜브누설감시장치의 종류 (2) 냉각수펌프, 복수펌프의 종류・용량・대수・출구압력 (3) 급수처리장치에 관한 다음의 사항 (가)복수탈염펌프, 복수탈염저장조의 종류・용량・대수 (나)원수 및 순수제조설비의 종류・용량・대수	(1) 복수계통도 (2) 냉각수계통도 (3) 복수탈염계통도 (4) 원수 및 순수제조설비 배치도
라) 보조설비	(1) 기기냉각수장치에 관한 다음의 사항 (가)냉각수펌프의 종류・용량・대수 (나)냉각수열교환기의 종류, 대수, 입구 및 출구의 온도, 튜브의 재료 (2) 공기압축장치에 관한 다음의 사항	(1) 기기냉각수 계통도 (2) 공기압축장치 계통도 (3) 보조증기발생장치 구조도 및 계통도 (4) 공해방지설비의 배치도 및 계통도

	(가)압축기의 종류, 용량, 대수, 입구와 출구의 압력과 온도 (나)공기저장조의 용량 (3) 보조증기발생설비에 관한 다음의 사항 (가) 용량, 출구증기 압력 및 온도, 비상정지장치의 종류 (나) 급수펌프의 종류·용량·대수 (다) 연료의 종류, 저장조의 용량 (4) 제31조제2항의 용기 및 관의 최고 사용압력 (5) 안전밸브의 종류, 분출압력 및 용량, 주요 치수, 취부개소·개수 (6) 공해방지설비의 종류, 용량과 예상 발생량 및 배출량	
나. 발전기계통설비		
1) 발전기	(1) 종류·용량·역률·전압·상·주파수·회전수·결선법 및 냉각법과 발전전동기의 경우에는 출력(상용과 예비로 구분하여 적을 것) (2) 여자장치(勵磁裝置)의 종류·용량·회전수·구동방법 및 대수 (3) 보호계전장치의 종류 (4) 원동기와의 연결방법 (5) 발전기 냉각장치에 관한 다음의 사항 (가)밀봉유펌프 및 고정자냉각수펌프의 종류·용량·대수 (나)수소가스의 압력·온도·순도 (다)고정자 냉각수 냉각기의 종류·대수 (라)치환가스의 종류	(1) 발전기 정지회로도 (2) 발전기 밀봉유 계통도 (3) 발전기 냉각수 계통도 (4) 발전기 수소가스 계통도
2) 변압기	(1) 종류·용량·전압(1차·2차 및 3차로 구분하여 적고 부하 시 전압조정장치가 있는 것인 경우에는 전압조정범위와 탭수를 적을 것)·상·결선법 및 냉각법(상용과 예비로 구분하여 적을 것) (2) 보호계전장치의 종류	(1) 절연유 구외유출방지설비도면 및 계산서 (2) 수요 설비의 배치상황을 명시한 평면도 및 단면도 (3) 단선결선도
3) 차단기	(1) 종류·전압·전류 및 차단용량 (2) 보호계전장치의 종류	3선단락용량계산서
2. 변전소	(1) 변전소의 명칭 및 위치(동·리까지 적을 것) (2) 변전소의 출력	(1) 송전선로 계통도 (2) 주요 설비의 배치상황을 명시한 평면도 및 단면도

		(3) 단선결선도
가. 변압기	(1) 종류 · 용량 · 전압(1차 · 2차 및 3차로 구분하여 적고 부하 시 전압조정장치가 있는 것인 경우에는 전압조정범위와 탭수를 적을 것) · 상 · 결선법 및 냉각법(상용과 예비로 구분하여 적을 것) (2) 보호계전장치의 종류	
나. 차단기	(1) 종류 · 전압 · 전류 및 차단용량 (2) 보호계전장치의 종류	3상단락용량계산서
다. 조상설비	(1) 종류 · 전압 · 전류 및 차단용량 (2) 보호계전장치의 종류	
라. 제어장치	제어방법	제어방법에 관한 설명서
3. 송전선로	(1) 송전선로의 명칭 및 구간 (2) 송전선로의 전압(설계전압과 다른 경우에는 설계전압도 적을 것)	(1) 송전선로 계통도 (2) 송전선로의 경로 및 개폐소의 위치를 명시한 5만분의 1 지형도
가. 전선로	(1) 길이(공중 · 지중 · 물밑 및 기타로 구분하여 적을 것) (2) 전기방식, 중성점접지방식, 회전수(설계회선수와 다른 경우에는 설계회선수도 적을 것) 및 재폐로 방식 (3) 전선의 종류, 굵기 및 회선당 가닥수 (4) 공중전선로의 전선의 최저높이, 전선 간의 간격 및 연가의 방법 (5) 공중지선의 종류 · 굵기 및 가닥수 (6) 지지물의 종류 및 개수 (7) 지중선로의 부설방식 (8) 보호계전장치의 종류	(1) 전선로의 중심선(공중 · 지중 · 물밑 및 기타로 구분하여 표시할 것), 경과지(동 · 리까지 표시할 것)와 전선로에서 좌우 100미터 내에 있는 약전류전선로 · 철도 · 도로 · 건조물, 그 밖의 설비의 위치를 명시한 2만5천분의 1(시가지 경우에는 2천분의 1)의 지형도 (2) 케이블의 구조도 (3) 지중전선로 또는 물밑전선로의 부설도 (4) 전자유도전압계산서(통신선로와 공중전선로가 5킬로미터 이내의 이격거리로 500미터 이상 병행하는 경우이거나 통신선로가 지중전선로와 50미터 이내의 이격거리로 5킬로미터 이상 병행하는 경우에만 첨부한다) (5) 전파장해의 방지조치에 관한 설명서(전압 20만볼트 이상의 것에 관한 경우에만 첨부한다)
나. 개폐소	개폐소의 위치(동 · 리까지 적을 것)	주요 설비의 배치 상황을 명시한 평면도 및 단면도
4. 배전선로(공동구 및 전력구만 해당한다)	(1) 배전선로의 명칭 및 구간 (2) 배전선로의 전압	(1) 배전선로 계통 (2) 배전선로의 경로 및 개폐소의 위치를 명시한 1만분의 1 지형도
가. 전선로	(1) 길이 (2) 전기방식, 중성점 접지방식, 회선수 및 재폐로방식 (3) 전선의 종류 · 굵기 및 회선당 가닥수	(1) 전선로의 중심선, 경과지(동 · 리까지 표시할 것)와 전선로에서 좌우 20미터 내에 있는 약전류 전선로 · 철도 · 도로 · 건조물, 그 밖의 설비의 위치를 명시한

	(4) 지중선로의 부설방식 (5) 보호계전장치의 종류	2천분의 1 지형도 (2) 케이블의 구조도 (3) 지중전선로 부설도
나. 부대설비		조명 · 환기 · 배수설비의 단선결선도 및 평면도
5. 수용설비	(1) 수용설비의 위치(동 · 리까지 적고 사업자 명칭도 적을 것) (2) 수용설비의 최대전력 및 수용전압 (3) 수용설비에 직접 전기를 공급하는 발전소 또는 변전소의 명칭	(1) 주요 설비의 배치평면도 (2) 수용설비 단선결선도 및 배선계통도
가. 차단기	전압 1,000볼트 이상의 차단기에 관한 다음의 사항 (1) 종류 · 전압 · 전류 및 차단 용량 (2) 보호계전장치의 종류	
나. 변압기	전압 1,000볼트 이상의 변압기에 관한 다음의 사항 (1) 전압 · 상수 · 용량 및 결선법 (2) 보호계전장치의 종류	(1) 변압기용량 선정검토서 (2) 절연유구 외 유출방지설비 도면 및 계산서(10만볼트 이상인 경우에만 첨부한다)
다. 전선로	전압 1,000볼트 이상의 전선로에 관한 다음의 사항 (1) 공중 · 옥측(屋側) · 옥상 · 지중 및 기타의 구분 (2) 전기방식 및 중성점접지방식 (3) 공중전선로의 전선의 최저높이 및 전선 간의 간격 (4) 지지물의 종류 및 개수 (5) 철탑지지물의 구조도 및 강도계산서 (6) 애자의 종류 · 크기(현수형의 경우에는 일련의 개수) (7) 지중선로의 부설방식 (8) 보호계전장치의 종류	전압 5만볼트 이상의 것은 제3호 가목의 기재사항과 첨부서류에 따른다. 지중 또는 물밑전선로의 구조도

[15] 물환경보전법 제33조(배출시설의 설치허가 및 신고)

처 리 기 준

구분				
신청(신고인)	① 사업장명		사업자등록번호	
	② 대 표 자			
	③ 주 소 (전화번호:)			
	④ 사업장 소재지 (전화번호:)			
신청(신고) 내용	⑤사업종류	(분류번호)	⑥주생산품	
	⑦설치개시 예정일	년 월 일	⑧가동개시 예정일	년 월 일
	⑨ 폐수배출시설 및 수질오염방지시설			
	폐수배출시설명	제품별 생산능력(/일)	폐수배출량(㎥/일)	폐수처리의 방법 및 능력
	⑩폐수배출시설의 조업시간 및 연간 가동일	시간/일 일/연	⑪ 수질오염 방지시설의 조업시간 및 연간가동일	시간/일 일/연
	⑫수질오염물질 배출항목			
	⑬측정기기 부착항목			
	⑭ 비점오염원 신고대상	[ ] 해당(신고서 제출여부 [ ]제출 [ ]미제출) [ ] 해당없음		

구 비 서 류

1. 일반 제출서류: 다음 각 목의 서류 각 1부

가. 폐수배출시설의 위치도 및 폐수배출공정흐름도

나. 원료(용수를 포함합니다)의 사용명세 및 제품의 생산량과 발생할 것으로 예측되는 수질오염물질의 명세서(「수질 및 수생태계 보전에 관한 법률 시행규칙」 별표 4 제1호다목 단서에 따른 폐수배출시설의 경우에는 따로 용수의 수질분석자료를 제출하여야 합니다)

다. 수질오염방지시설의 설치명세서 및 그 도면(설치신고를 하는 경우에는 도면을 배치도로 갈음할 수 있습니다) 또는 수질오염방지시설 설치면제 대상 폐수배출시설을 설치하는 경우에는 「수질 및 수생태계 보전에 관한 법률 시행규칙」 제43조에 따라 제출하여야 하는 서류

라. 「수질 및 수생태계 보전에 관한 법률 시행령」 별표 7 비고 제2호 따른 측정기기 부착 일부항목 면제이유, 제5호에 따른 측정기기 항목 선정 이유를 증명하는 서류

2. 폐수무방류배출시설을 설치하는 경우:

다음 각 목의 서류 각 1부

가 제1호 각 목에 따른 서류

나. 「수질 및 수생태계 보전에 관한 법률 시행령」 제31조제7항 각 호의 시설설치계획서와 그 도면

다. 「수질 및 수생태계 보전에 관한 법률 시행령」 별표 6에 따른 세부설치기준 이행계획서와 그 도면

3. 공동방지시설을 설치하는 경우: 「수질 및 수생태계 보전에 관한 법률 시행규칙」 제45조제1항 각 호에 따른 서류 각 1부

[16] 대기환경보전법 제23조(배출시설의 설치 허가 및 신고)

처 리 기 준

신청인	상호(사업장 명칭)	사업자등록번호
	성명(대표자)	생년월일
	전화번호	휴대전화번호
	주소	
	사업장소재지	전화번호

신청내용(신고내용)

업 종	주생산품명
설치예정일	가동개시예정일

대기오염물질 배출시설 및 방지시설

생산공정	배출시설	휘발성유기화합물 배출시설 중복 여부	용 량	수 량	방지시설명	용 량	수 량

배출시설의 조업(예정) 시간			대기오염물질 발생량(먼지,SO_2,NO_2)				대기오염물질 배출량		
생산공정	배출시설	일일조업(예정) 시간(연간 가동일)	종류	연료 및 원료 사용량	배출계수	발생량	종류	배출량	처리방법

구 비 서 류

1. 원료(연료를 포함합니다)의 사용량 및 제품의 생산량과 대기오염물질 등의 배출량을 예측한 명세서(허가를 신청하는 경우에만 제출합니다) 1부
2. 배출시설 및 방지시설 설치내역서 1부
3. 방지시설의 일반도 1부
4. 방지시설의 연간 유지관리계획서 1부
5. 방지시설 설치면제 관련서류(방지시설 설치면제자만 제출합니다) 1부
6. 자가방지시설 설계시공 관련서류(자가방지시설 설계시공자만 제출합니다) 1부
7. 공동 방지시설 설치 관련서류(공동방지시설을 설치하려는 자만 제출합니다) 1부
8. 저황유 외 연료 사용 관련서류(저황유 외 연료를 사용하려는 경우에만 제출합니다) 1부
9. 고체연료 사용승인신청 관련서류(고체연료 사용승인을 얻으려는 경우에만 제출합니다) 1부
10. 휘발성유기화합물을 배출하는 시설 및 배출억제·방지시설 설치의 명세서(휘발성유기화합물 배출시설에 해당되는 경우에만 제출합니다) 각 1부
11. 대기오염물질 발생량 산정에 관한 자료 1부
12. 수질 및 소음·진동의 배출시설 설치허가 또는 신고 시의 첨부서류(수질 및 소음·진동의 배출시설에 해당하는 시설을 신설하는 경우에만 제출합니다)
13. 수질 및 소음·진동의 변경허가신청 또는 변경신고 시의 첨부서류(처리용량 또는 주요 설비의 변경으로 수질 및 소음·진동의 변경허가 및 변경신고를 받아야 될 경우에만 제출합니다)

[17] 소음·진동관리법 제8조(배출시설의 설치 신고 및 허가 등)

처 리 기 준

구분						
신청인(신고인)	①상호(사업장명칭)					
	②성 명 (대표자)			③생년월일		
	④주 소	(전화번호:)				
⑤사업장 소재지		(전화번호:)				
신청내용(신고내용)	⑥업 종			⑦주생산품		
	⑧가동개시 예정일	년 월 일				
	⑨소음·진동배출시설 및 방지시설					
	배출시설명	용량(마력)	수 량(대)	방지시설명	규격	수 량
	⑩배출시설의 일조업(예정)시간					

구 비 서 류

1. 방지시설 설치명세서(방지시설의 설치가 면제되는 경우는 제외함) 및 배치도(허가를 신청하는 경우에만 제출합니다) 1부
2. 방지시설의 설치명세서와 그 도면(허가를 신청하는 경우에만 제출합니다) 1부
3. 방지시설의 의무를 면제받으려는 경우에는 제2호의 서류를 갈음하여 면제를 인정할 수 있는 서류

[18] 가축분뇨의 관리 및 이용에 관한 법률 제11조(배출시설에 대한 설치허가 등)

처 리 기 준

구분				
신청인	①상호(명칭)			
	②성명(대표자)		③사업자등록번호(외국인은 외국인등록 번호 또는 여권번호 기재)	
	④주소		(전화 :)	
신청내용	⑤사업장 소재지		(전화 :)	
	⑥착공 예정일		⑦준공 예정일	
	⑧오염물질 등을 배출하는 배출시설 및 처리시설			
	배출시설 시설명칭		규모(㎡)	
	배출시설 수량		배출량(㎥)	
	처리시설 시설명칭			
	처리시설 용량(㎥/일)		수량	
	⑨초지 또는 농경지		⑩사용 용수량(㎥/일)	
	⑪가축분뇨 처리내용			
	⑫퇴비저장시설(㎥)			
	⑬위탁처리내용 (위탁자, 위탁량)			

구 비 서 류

1. 배출시설의 설치명세서 1부
2. 가축사육 마릿수와 가축분뇨 배출량에 대한 예측명세서 1부
3. 처리시설의 설치명세서와 그 도면 또는 「가축분뇨의 관리 및 이용에 관한 법률」 제16조 단서에 따른 표준설계도서(처리시설의 설치의무가 면제되는 자인 경우에는 이를 인정할 수 있는 서류) 1부
4. 초지 또는 농경지의 확보명세서나 액비의 살포를 재활용신고자에게 위탁한 사실을 증명하는 액비살포에 관한 계약서(액비화시설을 설치하는 경우에만 해당한다) 1부
5. 사업장배치도 및 가축분뇨배출배관도 각 1부
6. 최종오니의 예측발생량과 처리방법명세서(정화시설을 설치하는 경우에만 첨부함) 1부

[19] 자연공원법 제23조(행위허가)

처 리 기 준

신청인	성명			
	생년월일		전화번호	
	주소			
신청내용	자연공원의 명칭			
	행위의 종류			
	행위장소 및 면적			
	행위기간	년 월 일부터 년 월 일까지 ( )일간		
	점용(사용)기간	년 월 일부터 년 월 일까지 ( )일간		
	원상복구방법			

구 비 서 류

1. 점용 또는 사업계획서 1부(법 제23조제3항에 따른 공원위원회 심의를 거치는사항만 해당합니다)
2. 위치도 및 평면도 1부
3. 토지사용승낙서(법 제23조제1항제1호부터 제3호까지, 제9호 및 이 영 제20조 각 호의 어느 하나에 해당하는 행위로서 신청인 소유의 토지가 아닌 경우만 해당합니다) 1부

[20] 도시공원 및 녹지 등에 관한 법률 제24조(도시공원의 점용허가)

처 리 기 준

[□ 도시공원] [□ 녹지] 점용허가신청서				처리기간 15일
신청인	성명 (법인명)		주민등록번호 (법인등록번호)	
	주소	(전화 :)		
도시공원(녹지)의 명칭 및 위치	명칭			
	위치			
점용목적 및 대상				
점용장소 및 면적	장소			
	면적			
점용기간	년 월 일 (부터) 년 월 일 (까지) ( ) 일			

구 비 서 류

1. 사업계획서(위치도 및 평면도를 포함합니다)
2. 공사시행계획서
3. 원상회복계획서

[21] 토양환경보전법 제12조(특정토양오염관리대상시설의 신고 등)

<table>
<tr><th colspan="5">처 리 기 준</th><th>구 비 서 류</th></tr>
<tr><td rowspan="3">신고인</td><td colspan="4">상호(명칭)</td><td rowspan="10">1. 특정토양오염관리대상시설의 위치·구조 및 설비에 관한 도면 1부
2. 위험물 제조소·저장소·취급소 설치허가서 및 저장시설별 구조 설비 명세표 1부
3. 그 밖에 시장·군수·구청장이 필요하다고 인정하는 사항

※「토양환경보전법 시행령」 제6조제1항 단서에 따라 군용 유류저장시설의 경우에는 제1호 및 제2호의 첨부서류 중 설비에 관한 도면과 구조 설비 명세표를 제출하지 않을 수 있습니다.
※「토양환경보전법」 제13조제1항 단서 및 같은 법 시행규칙 제15조의2에 따라 누출검사대상시설 확인을 신청할 경우 누출검사대상시설 여부를 판단할 수 있는 토양관련전문기관의 의견서를 제출해야 합니다.</td></tr>
<tr><td colspan="3">성명(대표자)</td><td>생년월일</td></tr>
<tr><td colspan="3">주소(사업장소재지)</td><td>전화번호</td></tr>
<tr><td colspan="2">착공예정일
년 월 일</td><td colspan="3">준공예정일
년 월 일</td></tr>
<tr><td colspan="5"></td></tr>
<tr><td rowspan="4">특정토양오염관리대상시설</td><td colspan="4">관리대상시설의 종류 및 명칭</td></tr>
<tr><td colspan="4">오염물질의 종류</td></tr>
<tr><td colspan="4">관리대상시설의 규모 및 부지면적</td></tr>
<tr><td colspan="4">그 밖의 관리대상시설의 주요 내용 및 특성(지하매설 저장시설의 경우 재질, 탱크 수 등)</td></tr>
</table>

국토교통부고시 제2021-930호, 2021. 7. 1., 일부개정

범죄예방 건축기준 고시

제1장 총 칙

제1조(목적) 이 기준은 「건축법」 제53조의2 및 「건축법 시행령」 제63조의2에 따라 범죄를 예방하고 안전한 생활환경을 조성하기 위하여 건축물, 건축설비 및 대지에 대한 범죄예방 기준을 정함을 목적으로 한다.

제2조(용어의 정의) 이 기준에서 사용하는 용어의 정의는 다음과 같다.

1. "자연적 감시"란 도로 등 공공 공간에 대하여 시각적인 접근과 노출이 최대화되도록 건축물의 배치, 조경, 조명 등을 통하여 감시를 강화하는 것을 말한다.
2. "접근통제"란 출입문, 담장, 울타리, 조경, 안내판, 방범시설 등(이하 "접근통제시설"이라 한다)을 설치하여 외부인의 진·출입을 통제하는 것을 말한다.
3. "영역성 확보"란 공간배치와 시설물 설치를 통해 공적공간과 사적공간의 소유권 및 관리와 책임 범위를 명확히 하는 것을 말한다.
4. "활동의 활성화"란 일정한 지역에 대한 자연적 감시를 강화하기 위하여 대상 공간 이용을 활성화 시킬 수 있는 시설물 및 공간 계획을 하는 것을 말한다.
5. "건축주"란 「건축법」 제2조제1항제12호에 따른 건축주를 말한다.
6. "설계자"란 「건축법」 제2조제1항제13호에 따른 설계자를 말한다.

제3조(적용대상) ① 이 기준을 적용하여야 하는 건축물은 다음 각 호의 어느 하나에 해당하는 건축물을 말한다.

1. 「건축법 시행령」(이하 "영"이라 한다) 별표 1 제2호의 공동주택(다세대주택, 연립주택, 아파트)
2. 영 별표 1 제3호가목의 제1종근린생활시설(일용품 판매점)
3. 영 별표 1 제4호거목의 제2종근린생활시설(다중생활시설)
4. 영 별표 1 제5호의 문화 및 집회시설(동·식물원을 제외한다)
5. 영 별표 1 제10호의 교육연구시설(연구소, 도서관을 제외한다.)
6. 영 별표 1 제11호의 노유자시설
7. 영 별표 1 제12호의 수련시설
8. 영 별표 1 제14호나목2)의 업무시설(오피스텔)
9. 영 별표 1 제15호다목의 숙박시설(다중생활시설)

10. 영 별표 1 제1호의 단독주택(다가구주택)

② 삭제

제2장 범죄예방 공통기준

제4조(접근통제의 기준) ① 보행로는 자연적 감시가 강화되도록 계획되어야 한다. 다만, 구역적 특성상 자연적 감시 기준을 적용하기 어려운 경우에는 영상정보처리기기, 반사경 등 자연적 감시를 대체할 수 있는 시설을 설치하여야 한다.

② 대지 및 건축물의 출입구는 접근통제시설을 설치하여 자연적으로 통제하고, 경계 부분을 인지할 수 있도록 하여야 한다.

③ 건축물의 외벽에 범죄자의 침입을 용이하게 하는 시설은 설치하지 않아야 한다.

제5조(영역성 확보의 기준) ① 공적(公的) 공간과 사적(私的) 공간의 위계(位階)를 명확하게 인지할 수 있도록 설계하여야 한다.

② 공간의 경계 부분은 바닥에 단(段)을 두거나 바닥의 재료나 색채를 달리하거나 공간 구분을 명확하게 인지할 수 있도록 안내판, 보도, 담장 등을 설치하여야 한다.

제6조(활동의 활성화 기준) ① 외부 공간에 설치하는 운동시설, 휴게시설, 놀이터 등의 시설(이하 "외부시설"이라 한다)은 상호 연계하여 이용할 수 있도록 계획하여야 한다.

② 지역 공동체(커뮤니티)가 증진되도록 지역 특성에 맞는 적정한 외부시설을 선정하여 배치하여야 한다.

제7조(조경 기준) ① 수목은 사각지대나 고립지대가 발생하지 않도록 식재하여야 한다.

② 건축물과 일정한 거리를 두고 수목을 식재하여 창문을 가리거나 나무를 타고 건축물 내부로 범죄자가 침입할 수 없도록 하여야 한다.

제8조(조명 기준) ① 출입구, 대지경계로부터 건축물 출입구까지 이르는 진입로 및 표지판에는 충분한 조명시설을 계획하여야 한다.

② 보행자의 통행이 많은 구역은 사물의 식별이 쉽도록 적정하게 조명을 설치하여야 한다.

③ 조명은 색채의 표현과 구분이 가능한 것을 사용해야 하며, 빛이 제공되는 범위와 각도를 조정하여 눈부심 현상을 줄여야 한다.

제9조(영상정보처리기기 안내판의 설치) ① 이 기준에 따라 영상정보처리기기를 설치하는 경우에는 「개인정보보호법」 제25조제4항에 따라 안내판을 설치하여야 한다.

② 제1항에 따른 안내판은 주·야간에 쉽게 식별할 수 있도록 계획하여야 한다.

제3장 건축물의 용도별 범죄예방 기준

제10조(100세대 이상 아파트에 대한 기준) ① 대지의 출입구는 다음 각 호의 사항을 고려하여 계획하여야 한다.

1. 출입구는 영역의 위계(位階)가 명확하도록 계획하여야 한다.
2. 출입구는 자연적 감시가 쉬운 곳에 설치하며, 출입구 수는 효율적인 관리가 가능한 범위에서 적정하게 계획하여야 한다.
3. 조명은 출입구와 출입구 주변에 연속적으로 설치하여야 한다.

② 담장은 다음 각 호에 따라 계획하여야 한다.

1. 사각지대 또는 고립지대가 생기지 않도록 계획하여야 한다.
2. 자연적 감시를 위하여 투시형으로 계획하여야 한다.
3. 울타리용 조경수를 설치하는 경우에는 수고 1미터에서 1.5미터 이내인 밀생 수종을 일정한 간격으로 식재하여야 한다.

③ 부대시설 및 복리시설은 다음 각 호와 같이 계획하여야 한다.

1. 부대시설 및 복리시설은 주민 활동을 고려하여 접근과 자연적 감시가 용이한 곳에 설치하여야 한다.
2. 어린이놀이터는 사람의 통행이 많은 곳이나 건축물의 출입구 주변 또는 각 세대에서 조망할 수 있는 곳에 배치하고, 주변에 경비실을 설치하거나 영상정보처리기기를 설치하여야 한다.

④ 경비실 등은 다음 각 호와 같이 계획하여야 한다.

1. 경비실은 필요한 각 방향으로 조망이 가능한 구조로 계획하여야 한다.
2. 경비실 주변의 조경 등은 시야를 차단하지 않도록 계획하여야 한다.
3. 경비실 또는 관리사무소에 고립지역을 상시 관망할 수 있는 영상정보처리기기 시스템을 설치하여야 한다.
4. 경비실·관리사무소 또는 단지 공용공간에 무인 택배보관함의 설치를 권장한다.

⑤ 주차장은 다음 각 호와 같이 계획하여야 한다.

1. 주차구역은 사각지대가 생기지 않도록 하여야 한다.
2. 주차장 내부 감시를 위한 영상정보처리기기 및 조명은 「주차장법 시행규칙」에 따른다.
3. 차도와 통로 및 출입구의 기둥 또는 벽에는 경비실 또는 관리사무소와 연결된 비상벨을 25미터 이내 마다 설치하고, 비상벨을 설치한 기둥(벽)의 도색을 차별화하여 시각적으로 명확하게 인지될 수 있도록 하여야 한다.
4. 여성전용 주차구획은 출입구 인접지역에 설치를 권장한다.

⑥ 조경은 주거 침입에 이용되지 않도록 식재하여야 한다.

⑦ 건축물의 출입구는 다음 각 호와 같이 계획하여야 한다.

1. 출입구는 접근통제시설을 설치하여 접근통제가 용이하도록 계획하여야 한다.
2. 출입구는 자연적 감시를 할 수 있도록 하되, 여건상 불가피한 경우 반사경 등 대체 시설을 설치하여야 한다.

3. 출입구에는 주변보다 밝은 조명을 설치하여 야간에 식별이 용이하도록 하여야 한다.
4. 출입구에는 영상정보처리기기 설치를 권장한다.

⑧ 세대 현관문 및 창문은 다음 각 호와 같이 계획하여야 한다.

1. 세대 창문에는 별표 1 제1호의 기준에 적합한 침입 방어 성능을 갖춘 제품과 잠금장치를 설치하여야 한다.
2. 세대 현관문은 별표 1 제2호의 기준에 적합한 침입 방어 성능을 갖춘 제품과 도어체인을 설치하되, 우유투입구 등 외부 침입에 이용될 수 있는 장치의 설치는 금지한다.

⑨ 승강기·복도 및 계단 등은 다음 각 호와 같이 계획하여야 한다.

1. 지하층(주차장과 연결된 경우에 한한다) 및 1층 승강장, 옥상 출입구, 승강기 내부에는 영상정보처리기기를 설치하여야 한다.
2. 계단실에는 외부공간에서 자연적 감시가 가능하도록 창호를 설치하고, 계단실에 영상정보처리기기를 1개소 이상 설치하여야 한다.

⑩ 건축물의 외벽은 침입에 이용될 수 있는 요소가 최소화되도록 계획하고, 외벽에 수직 배관이나 냉난방 설비 등을 설치하는 경우에는 지표면에서 지상 2층으로 또는 옥상에서 최상층으로 배관 등을 타고 오르거나 내려올 수 없는 구조로 하여야 한다.

⑪ 건축물의 측면이나 뒷면, 정원, 사각지대 및 주차장에는 사물을 식별할 수 있는 적정한 조명을 설치하되, 여건상 불가피한 경우 반사경 등 대체 시설을 설치하여야 한다.

⑫ 전기·가스·수도 등 검침용 기기는 세대 외부에 설치한다. 다만, 외부에서 사용량을 검침할 수 있는 경우에는 그러하지 아니한다.

⑬ 세대 창문에 방범시설을 설치하는 경우에는 화재 발생 시 피난에 용이한 개폐가 가능한 구조로 설치하는 것을 권장한다.

제11조(다가구주택, 다세대주택, 연립주택, 100세대 미만의 아파트, 오피스텔 등에 관한 사항) 다가구주택, 다세대주택, 연립주택, 아파트(100세대 미만) 및 오피스텔은 다음의 범죄예방 기준에 적합하도록 하여야 한다.

1. 세대 창호재는 별표 1의 제1호의 기준에 적합한 침입 방어성능을 갖춘 제품을 사용한다.
2. 세대 출입문은 별표 1의 제2호의 기준에 적합한 침입 방어 성능을 갖춘 제품의 설치를 권장한다.
3. 건축물 출입구는 자연적 감시를 위하여 가급적 도로 또는 통행로에서 볼 수 있는 위치에 계획하되, 부득이 도로나 통행로에서 보이지 않는 위치에 설치하는 경우에 반사경, 거울 등의 대체 시설 설치를 권장한다.
4. 건축물의 외벽은 침입에 이용될 수 있는 요소가 최소화되도록 계획하고, 외벽에 수직 배관이나 냉난방 설비 등을 설치하는 경우에는 지표면에서 지상 2층으로 또는 옥상에서 최상층으로 배관 등을 타고 오르거나 내려올 수 없는 구조로 하여야 한다.
5. 건축물의 측면이나 뒤면, 출입문, 정원, 사각지대 및 주차장에는 사물을 식별할 수 있는 적정

한 조명 또는 반사경을 설치한다.

6. 전기·가스·수도 등 검침용 기기는 세대 외부에 설치하는 것을 권장한다. 다만, 외부에서 사용량을 검침할 수 있는 경우에는 그러하지 아니한다.
7. 담장은 사각지대 또는 고립지대가 생기지 않도록 계획하여야 한다.
8. 주차구역은 사각지대가 생기지 않도록 하고, 주차장 내부 감시를 위한 영상정보처리기기 및 조명은 「주차장법 시행규칙」에 따른다.
9. 건축물의 출입구, 지하층(주차장과 연결된 경우에 한한다), 1층 승강장, 옥상 출입구, 승강기 내부에는 영상정보처리기기 설치를 권장한다.
10. 계단실에는 외부공간에서 자연적 감시가 가능하도록 창호 설치를 권장한다.
11. 세대 창문에 방범시설을 설치하는 경우에는 화재 발생 시 피난에 용이한 개폐가 가능한 구조로 설치하는 것을 권장한다.
12. 단독주택(다가구주택을 제외한다)은 제1호부터 제11호까지의 규정 적용을 권장한다.

제12조(문화 및 집회시설·교육연구시설·노유자시설·수련시설에 대한 기준) ① 출입구 등은 다음 각 호와 같이 계획하여야 한다.

1. 출입구는 자연적 감시를 고려하고 사각지대가 형성되지 않도록 계획하여야 한다.
2. 출입문, 창문 및 셔터는 별표 1의 기준에 적합한 침입 방어 성능을 갖춘 제품을 설치하여야 한다. 다만, 건축물의 로비 등에 설치하는 유리출입문은 제외한다.

② 주차장의 계획에 대하여는 제10조제5항을 준용한다.

③ 차도와 보행로가 함께 있는 보행로에는 보행자등을 설치하여야 한다.

제13조(일용품 소매점에 대한 기준) ① 영 별표 1 제3호의 제1종 근린생활시설 중 24시간 일용품을 판매하는 소매점에 대하여 적용한다.

② 출입문 또는 창문은 내부 또는 외부로의 시선을 감소시키는 필름이나 광고물 등을 부착하지 않도록 권장한다.

③ 출입구 및 카운터 주변에 영상정보처리기기를 설치하여야 한다

④ 카운터는 배치계획상 불가피한 경우를 제외하고 외부에서 쉽게 볼 수 있는 위치에 배치하고 경비실, 관리사무소, 관할 경찰서 등과 직접 연결된 비상연락시설을 설치하여야 한다.

제14조(다중생활시설에 대한 기준) ① 출입구에는 출입자 통제 시스템이나 경비실을 설치하여 허가받지 않은 출입자를 통제하여야 한다.

② 건축물의 출입구에 영상정보처리기기를 설치한다.

③ 다른 용도와 복합으로 건축하는 경우에는 다른 용도로부터의 출입을 통제할 수 있도록 전용출입구의 설치를 권장한다. 다만, 오피스텔과 복합으로 건축하는 경우 오피스텔 건축기준(국토교통부고시)에 따른다.

제15조(재검토기한) 국토교통부장관은 「훈령·예규 등의 발령 및 관리에 관한 규정」(대통령 훈령 제431호)에 따라 이 고시에 대하여 2021년 7월 1일 기준으로 매3년이 되는 시점(매 3년째의 6월 30일까지를 말한다)마다 그 타당성을 검토하여 개선 등의 조치를 하여야 한다.

부　칙

제1조(시행일) 이 고시는 공포한 날부터 시행한다.

제2조(적용례) 이 기준은 시행 후 「건축법」 제11조에 따라 건축허가를 신청하거나 「건축법」 제14조에 따라 건축신고를 하는 경우 또는 「주택법」 제15조에 따라 주택사업계획의 승인을 신청하는 경우부터 적용한다. 다만, 「건축법」 제4조의2에 따른 건축위원회의 심의 대상인 경우에는 「건축법」 제4조의2에 따른 건축위원회의 심의를 신청하는 경우부터 적용한다.

[별표 1]

건축물 창호의 침입 방어 성능기준

(제10조제8항제1호 및 제2호, 제11조제1호 및 제3호, 제12조제1항제2호, 제14조제3항 관련)

1. 창문의 침입 방어 성능기준은 다음과 같다.

가. KS F 2637(문, 창, 셔터의 침입저항 시험 방법 -동하중 재하시험)에 따라 연질체 충격원을 300mm 높이에서 낙하하여, 시험체가 완전히 열리거나, 10mm 이상의 공간이 발생하지 않아야 하고, 시험체의 부품 또는 잠금장치가 분리되지 않도록 하여야 한다.

나. KS F 2638(문, 창, 셔터의 침입저항 시험 방법 -정하중 재하시험)에 따라 하중점 F1(1kN으로 재하)는 변형량 10mm 이하, 하중점 F2(1.5kN으로 재하)는 변형량 20mm 이하, 하중점 F3(1.5kN으로 재하)는 변형량 15mm 이하 이여야 한다.

2. 출입문의 침입 방어 성능기준은 다음과 같다.

가. KS F 2637(문, 창, 셔터의 침입저항 시험 방법 -동하중 재하시험)에 따라 강성체 충격원을 165mm, 연질체 충격원을 800mm 높이에서 낙하하여, 시험체가 완전히 열리거나, 10mm 이상의 공간이 발생하지 않아야 하고, 시험체의 부품 또는 잠금장치가 분리되지 않도록 하여야 한다.

나. KS F 2638(문, 창, 셔터의 침입저항 시험 방법 -정하중 재하시험)에 따라 하중점 F1(3kN으로 재하)는 변형량 10mm 이하, 하중점 F2(3kN으로 재하) 변형량 20mm 이하, 하중점 F3(3kN으로 재하)는 변형량 10mm 이하 이여야 한다.

3. 셔터의 침입 방어 성능기준은 다음과 같다.가. KS F 2637(문, 창, 셔터의 침입저항 시험 방법 -동하중 재하시험)에 따라 강성체 충격원을 165mm이, 연질체 충격원을 800mm 높이에서 낙하하여, 시험체가 완전히 열리거나 시험체에 10mm 이상의 공간이 발생하지 않아야 하며, 시험체의 부품 또는 잠금장치가 분리되지 않도록 하여야 한다.

비고

1. 건축물 창호의 침입 방어 성능기준의 증명은 다음과 같다

  가. 「국가표준기본법」 제23조에 따른 시험·검사기관의 시험 성적서

  나. 「산업표준화법」 제15조에 따라 한국산업표준에 적합함을 인증받거나 같은 법 제27조에 따라 단체표준인증을 받은 제품의 인증서

참고 범죄예방 건축기준 활용 예시

자연적 감시가 가능한 출입구 계획(1번)

투시형 담장 계획(2번)

여성 주차 공간 계획(3번)

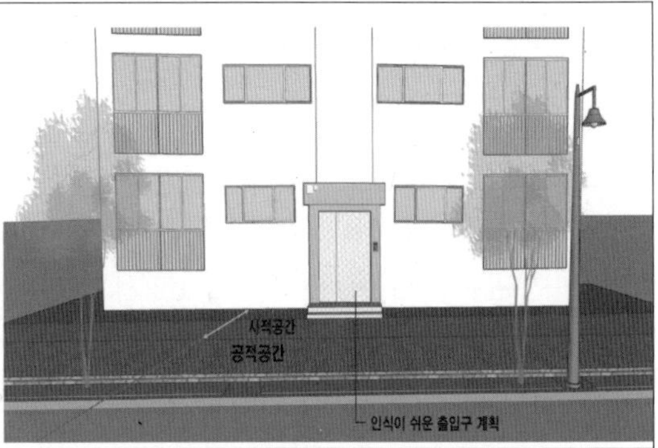

사적·공적 공간을 구분, 인식이 쉬운 출입구 계획(4번)

외부로부터 침입을 방지하는 조경 계획(5번)

비상벨을 설치한 주차장 계획(6번)

침입 방어 성능을 갖춘 현관문(7번)

접근통제를 위한 배관계획(8번)

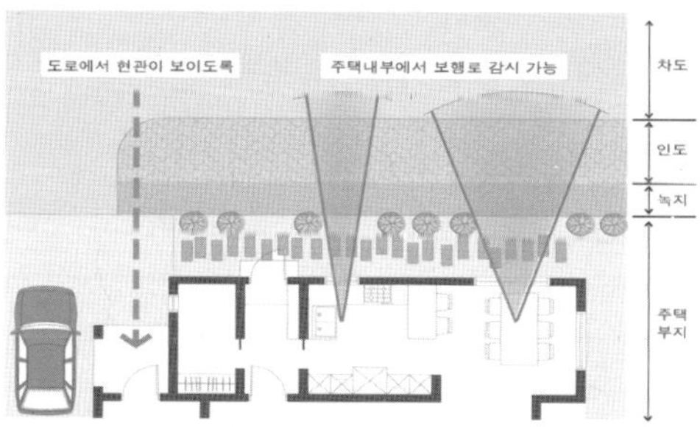

자연적 감시를 고려한 공간계획(9번)

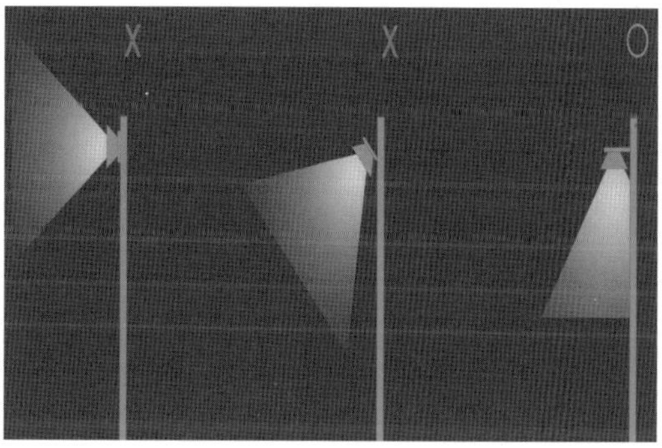

적절한 범위와 각도로 조명설치(10번)

침입 방어 성능을 갖춘 도어체인(11번)

Checklist
건축법용도 · 허가체크리스트

2025년 2월 7일 1판 발행

김경준 · 김홍용 공편저

펴낸이 / 김기현

발행처 / 도서출판 시공문화사
등　록 / 1993년 3월 12일
주　소 / (03733) 서울시 서대문구 독립문공원길 13 극동프라자 5층
전　화 / 02)3147-1212 · 2323
팩　스 / 02)3147-2626

인　쇄 / 예림인쇄
제　본 / 보경문화사
제　판 / 에코프린트
용　지 / (주)대림지업사

ISBN 978-89-5592-488-6

정가 30,000원

※본서에 수록된 내용들은 발매시점의 개정사항 등을 반영하였으므로
　법규 적용시 반드시 확인하시기 바랍니다.